全国网管技能水平考试唯一指定教材

全国网管师职业评定指定考试教材

金牌网管师（中级）
网络工程方案规划与设计

王　达　阚京茂　等编著

中国水利水电出版社
www.waterpub.com.cn

内 容 提 要

本书是"全国网管技能水平考试"（NMSE，"网管师"认证）中级考试和认证中，面向专业、综合的网络系统设计的指定教材。全书共三篇，16 章，前两篇（共 14 章）侧重于介绍企业网络中通信子系统、网络安全子系统的规划与设计，最后一篇介绍了在大型企业网络中才可能需要的网络存储子系统设计的基础知识。在通信子系统和安全子系统的规划与设计中，从最初的用户需求调查、拓扑结构设计等，一直到综合的网络系统方案设计与配置都进行了较为详细的介绍。

本书是目前国内 IT 图书市场中唯一一本全面、系统、深入地介绍 3 个主要网络子系统规划与设计的图书，不仅可作为网络工程设计人员的自学教材，还是高校网络系统设计专业的最佳教材选择。

图书在版编目（CIP）数据

金牌网管师（中级）网络工程方案规划与设计 / 王达等编著. -- 北京 : 中国水利水电出版社，2010.2
全国网管技能水平考试唯一指定教材. 全国网管师职业评定指定考试教材
ISBN 978-7-5084-7164-8

Ⅰ. ①金… Ⅱ. ①王… Ⅲ. ①计算机网络－水平考试－教材 Ⅳ. ①TP393

中国版本图书馆CIP数据核字(2010)第012285号

策划编辑：周春元　　责任编辑：张玉玲　　封面设计：李 佳

书　　名	全国网管技能水平考试唯一指定教材 全国网管师职业评定指定考试教材 金牌网管师（中级）网络工程方案规划与设计
作　　者	王 达　阚京茂　等编著
出版发行	中国水利水电出版社 （北京市海淀区玉渊潭南路 1 号 D 座　100038） 网址：www.waterpub.com.cn E-mail：mchannel@263.net（万水） sales@waterpub.com.cn 电话：（010）68367658（营销中心）、82562819（万水）
经　　售	全国各地新华书店和相关出版物销售网点
排　　版	北京万水电子信息有限公司
印　　刷	北京蓝空印刷厂
规　　格	210mm×285mm　16 开本　35 印张　1000 千字
版　　次	2010 年 4 月第 1 版　2010 年 4 月第 1 次印刷
印　　数	0001—5000 册
定　　价	68.00 元

序

21 世纪被称为信息时代，信息资源对社会发展的重大意义人所共知，有着全球最大网络用户的中国随着网络产业的不断发展，具备实际操作能力的网络管理人才的大量短缺逐渐成为制约我国信息化发展的“瓶颈”之一。计算机网络业在中国发展不过十几年时间，计算机网络管理职业到 2002 年才被正式承认。在中国还未有一个针对我国网络管理人员制定的科学培训体系推出，大学里也没有专门为网管人员设置的专业培训课程。

党中央、国务院高度重视网络建设和管理，为此制定了一系列大政方针，出台了一系列政策法规。2007 年 1 月 23 日，国家主席胡锦涛在中央政治局第 38 次集体学习会议上发表“以创新的精神加强网络文化建设和管理”的重要讲话。胡锦涛指出，各级党委和政府要从加强规划、完善制度、规范管理、充实队伍等方面采取措施，加强信息产业发展与网络文化发展的统筹协调，切实把一手抓发展、一手抓管理的要求贯彻到网络技术、产业、内容、安全等各个方面。要加快网络文化队伍建设，形成与网络文化建设和管理相适应的管理队伍、舆论引导队伍、技术研发队伍，培养一批政治素质高、业务能力强的干部。各级领导干部要重视学习互联网知识，提高领导水平和驾驭能力，努力开创网络文化建设的新局面。

为了提升我国计算机网络管理的核心竞争实力，为了贯彻胡锦涛同志关于“加强网络文化建设和管理”的讲话精神，落实《2006-2020 年国家信息化发展战略》关于人才保障的规划，结合社会对网络管理人才的实际需求和网络管理专业人员职业发展的切身需要，特别是为用人单位提供科学规范的网管技能考评体系，国家工业和信息化部直属中国电子信息产业发展研究院培训中心（原国家信息产业部电子信息中心职业技能培训中心）在 2008 年推出了全国网管技能水平考试（Network Management Skills Examination，简称 NMSE）科学评定体系。本套科学评定体系整合了国家相关教育资源，结合国际技术认证标准，面向就业市场推出网络管理人员技能水平考试。NMSE 按当前网络管理行业实际情况科学划分为四个等级：助理级网管（网吧网管）、初级网管师、中级网管师、高级网管师。

“十一五”期间，我们将按照科学发展观、全面建设小康社会进程，构建社会主义和谐社会，加快实现社会主义现代化的重要战略机遇期的要求，在国家相关部门的监管要求下，不断完善和推广全国网管技能水平考试，为我国信息化建设特别是计算机网络管理行业发展培养出一支适应全球化竞争的高层次、复合式、应用型的中国特色网络管理技术人才队伍。

全国网管技能水平考试管理办公室

阚京茂

前　言

一直以来不断有网友问我，网管到底能不能拿高薪，如何才能拿高薪，或者问到底什么样才算专业，……。对于这类提问，我一般都是反问对方，如果让你自己一人设计一个企业网络，能胜任吗？作为中级网管师，我们不仅要强调具备大中型企业的网络系统管理能力，更重要的是要具备设计出一个大中型企业网络系统的能力。

谈到网络系统设计，许多人并不真正了解，甚至错误地认为那很简单，无非是一些软/硬件产品的组合。其实这是极端错误的。有时我问一些网友是否可以设计出一套网络系统时，有的回答得很干脆，说没问题。可是当我再具体地问一下，某个方面的设计思路和方法，或者所涉及的一些具体技术时，可以说没有一个人能有个全局的概念，最多就是知道把几个相关的技术简单地拼凑起来，至于为什么要这么组合，根本说不出理由。

要真正设计出一套高水平，满足用户应用、安全、存储和管理需求的网络系统，并不是一件容易的事，也不是可以轻松达到的。首先要对相应领域系统设计的基础知识、产品、技术和方案有一个比较深入的了解；然后还需要对相应领域的这些知识、产品、技术和方案有一个全局统领、管理的能力；再就是要有一个如何组织、应用这些技术、产品和方案的清晰的思路与方法。这就是笔者在与读者交流过程中一直强调的系统、全局观念；一定得先经过系统、全面、深入地学习，而不是只孤立地学习某一个方面；一定得有相应领域丰富的管理经验才能胜任专业的网络系统设计工作的原因。因为任何一个网络系统设计都可能要面对整个网络领域的方方面面，正如我们在书中说到的那样，在一个比较完整的网络系统设计中，就可能要面对像通信子系统、安全子系统、存储子系统、应用子系统、办公子系统这 5 个基本模块。如果你只注重某一方面的学习，就不可能全面胜任这样一个复杂的网络系统设计工作，当然也就不可能拿到相应级别的工资待遇。

设计一套网络系统要掌握什么，具体还真说不清，太多、太广了。但任何事情都有一个主流，我们在学习过程中不可能把所有技术、应用和方案都精通掌握，但可以尽可能地掌握当前主流的，这就是本书中所讲的内容。本书介绍了上面所说的五大基本设计模块中的三个主要子系统：通信子系统、安全子系统和存储子系统的规划与设计。对于绝大多数大中型企业来说，通信子系统和安全子系统又更为普遍，所以书中侧重介绍这两个子系统的规划与设计，对于存储子系统，因为目前来说通常只有大型企业网络才需要设计专门的存储子系统，所以在本书中只介绍了基础的网络存储知识和技术。

第 1 章先从宏观角度介绍网络系统设计的基本要素、原则和思路，第 2 章集中介绍在网络系统设计过程中用户需求调查的内容和方法。

在通信子系统的规划与设计篇中，本书按照通信子系统规划与设计的基本步骤，用 5 章内容进行了详细介绍：

第 3 章：网络系统拓扑结构规划与设计，介绍企业局域网和广域网拓扑结构的规划与设计思路和方法。

第 4 章：综合布线系统规划与设计，介绍企业网络中双绞线和光纤综合布线系统的规划与设计思路和方法。

第 5 章：网络设备的选型，介绍企业网络通信子系统中的主要网络设备（如网卡、服务器、交换机、AP、路由器和 UPS 等）的选型考虑和选型方法。

第 6 章：网络体系架构规划与设计，介绍网络系统体系架构的规划与设计的考虑和方法，如网络管理模式的选择、服务器与客户端操作系统的选择、域控制器/DNS/DHCP 服务器的规划与设计、域信任关系的设计考虑等。

第 7 章：企业网络通信子系统结构方案，介绍 Cisco、H3C 等主流网络设备品牌针对各种规模企业网络提供的局域网和广域网系统结构方案，并且对各个方案的方案配置方法和特点进行了详细介绍。

在网络安全子系统的规划与设计篇中，本书按照 OSI/RM 参考模型用 7 章内容对各层主流可用的网络安全技术、方案以及配置方法进行了详细介绍。

第 8 章：网络安全系统设计综述，从宏观角度介绍网络安全子系统规划与设计的基本思路和方法，以及 OSI/RM 各层中主要流可用的安全技术和方案。

第 9 章：物理层安全方案，介绍 OSI/RM 中物理层可用的主要安全方案，如线路屏蔽、机房屏蔽、物理隔离、线路和设备冗余等。

第 10 章：数据链路层安全方案及应用配置，介绍 OSI/RM 中数据链路层可用的主要安全方案及相关的配置方法，如数据链路加密、WLAN 网络中的各种链路加密方法，以及 MAC 地址与 IP 地址绑定方法等。

第 11 章：网络层 Kerberos 和 IPSec 安全方案及应用配置，介绍 OSI/RM 中网络层的两种主要身份认证技术：Kerberos 和 IPSec 的身份认证原理、体系架构及应用方案配置。

第 12 章：网络层证书服务和 PKI 安全方案及应用配置，介绍 OSI/RM 中网络层的另一种主要身份认证技术——证书服务，以及利用证书服务及其他相关技术的 PKI 安全系统方案设计方法。

第 13 章：传输层安全方案及应用配置，介绍 OSI/RM 中网络层可用的主要安全方案及相关的配置方法，如 TLS、SSL、WTLS、SSH、SOCKS 的技术原理及综合应用配置方法。

第 14 章：Web 服务器安全系统设计与配置，以 Web 服务器为代表介绍应用层 Web 服务器的综合安全系统设计考虑以及相关的配置方法。

在网络存储子系统的规划与设计篇中，由于篇幅原因仅用了两章内容（第 15 和 16 章）介绍与网络存储密切相关的主要技术，如服务器磁盘接口技术、磁盘阵列技术、各种 FC-SAN 和 IP-SAN 存储技术等。

最后，我要衷心感谢许许多多一直关心我、信任我、支持我的读者朋友和各界老师、朋友，是您们的信任与支持，才使我有决心和恒心为国内广大网管、网工朋友编写一部又一部著作，也才使我宁愿牺牲所有的节假日和休息时间，把我毕生的经验积累奉献给大家。当然，无论我再怎么努力，由于时间和精力的原因，书中仍可能存在一些疏漏甚至错误，恳请大家原谅的同时，还望能及时联系我或者出版社，我们将尽快修正。

本书由 NSME 专家团队共同策划并编写，由王达主笔并统稿。参加编写、校验和排版的人员有：马亮、阚京茂、赵增祥、宋希岭、刘中洲、潘朝阳、刘伟、何艳辉、王珂、沈芝兰、马平、何江林、周建辉、周志雄、洪武、高平复、尚宝宏、姚学军、李翔等，在此一并表示由衷的感谢。

若读者有什么问题或建议可以在笔者博客（http://winda.blog.51cto.com、http://blog.zdnet.com.cn/html/84/447184-type-index.html、http://blog.csdn.net/lycb_gz）、学生大本营（http://student.csdn.net/space.php?uid=2334）、以下 13 个分地区的读者服务 QQ 群（每人只能加入对应地区的一个群，另有一个 VIP 读者群）中提出，我们都将尽量及时地为大家解答。

群 1（17201450）：北京、天津、河北

群 2（21566766）：广东、广西、海南

群 3（32354930）：湖北、安徽、河南

群 4（5208368）：宁夏、青海、甘肃、浙江

群 5（13836245）：山东、山西、陕西、上海

群 6（4789821）：云南、贵州、四川、重庆

群 7（73417650）：新疆、西藏、内蒙古、广东

群 8（57828783）：湖南、江西、福建

群 9（17838740）：上海、江苏、浙江

群 10（21576699）：辽宁、吉林、黑龙江、江苏

群 11（74496579）：北京、上海、广东

群 12（69537591）：上海、江苏、浙江、新疆、内蒙古

群 13（19129079）：湖南、湖北、江西、福建、四川

编　者

2009 年 10 月

目　录

第二篇 网络安全子系统规划与设计

第三篇 网络存储子系统设计篇

第 1 章

网络工程设计综述

网络工程设计是网络系统集成工程的前期工作，也是网络系统集成最重要的工作。网络工程设计的最终结果就是工程设计报告和施工规范，用于指导后期的网络工程施工、维护和管理。工程设计报告又是网络系统集成工程竞标的最主要文件，所以网络工程设计的好坏直接关系着工程竞标的成败，非常关键。即使是不用参加竞标的工程，网络系统设计的好坏也是非常重要的，因为它直接决定了最终构建的网络系统是否符合用户要求，也就相当于决定了工程的最终成败。

目前，对于中型以上的企业网络来说，整个网络工程设计主要包括：网络通信子系统、网络安全子系统和网络存储子系统这 3 个主要子系统（还可能有像网络应用子系统、自动办公子系统等）的设计。本章首先从宏观角度介绍这 3 个子系统的设计，然后再各单独用一篇来介绍这 3 个子系统的设计和主要方案。但要注意的是，本章所介绍的基本流程是按大中型网络工程的设计流程来展开的，并不要求所有网络工程的设计都要严格遵守这个设计流程，因为有些小型网络工程设计中有些步骤是无须进行的，如小型办公室网络就不需要综合布线考虑，只需要考虑网络布线部分；也可能对网络安全没有那么高要求，无须专门设计网络安全子系统。

教学（自学）课时安排

<table>
<tr><td>课时安排</td><td colspan="2">本章老师共需安排 2 个授课课时。</td></tr>
<tr><td>授课课时</td><td>主要内容</td><td>重点</td></tr>
<tr><td>1</td><td>①网络系统集成主要内容
②网络通信协议的选择考虑
③网络规模和网络结构考虑
④网络功能和应用需求考虑
⑤可扩展性和可升级性考虑</td><td>①网络通信协议的选择考虑
②网络规模和网络结构考虑
③网络功能和应用需求考虑
④可扩展性和可升级性考虑</td></tr>
<tr><td>2</td><td>①网络工程设计的一般步骤
②网络工程设计的基本原则
③局域网系统设计的主要内容
④广域网系统设计的主要内容</td><td>①网络工程设计的一般步骤
②网络工程设计的基本原则
③局域网系统设计的主要内容</td></tr>
</table>

1.1　网络工程设计基础

网络工程设计所做的工作就是整个网络系统（包括网络的各方面，如网络通信子系统、网络安全子系统、网络存储子系统、网络应用子系统、网络办公子系统等）的设计，是工程施工的依据和后期维护、管理的重要参考。具体要设计哪些子系统模块，要因不同网络规模和应用需求来区别对待。如在绝大多数中小型企业网络中，通常只有网络通信子系统的设计模块，没有专门的网络安全和网络存储两个子系统模块，只是把这两个子系统模块附属在网络通信子系统的设计过程中来考虑。本书将以典型的大中型企业网络系统设计为例介绍上述这 3 个子系统设计过程中的主要方法和案例。

1.1.1　网络系统集成概述

网络工程设计是整个网络系统集成（System Integration，SI）工程的前期工作，是通过结构化的综合布线系统和计算机网络技术将各个分离的设备（如用户计算机、打印机、网络设备等）、功能和信息等集成到相互关联的、统一和协调的系统之中，使资源达到充分共享，实现集中、高效、便利的管理。系统集成应采用功能集成、网络集成、软件界面集成等多种集成技术。系统集成实现的关键在于解决系统之间的互连和互操作性问题，它是一个多厂商、多协议和面向各种应用的体系结构。这需要解决各类设备、子系统间的接口、协议、系统平台、应用软件等与子系统、建筑环境、施工配合、组织管理和人员配备相关的一切面向集成的问题。

总体来说，系统集成主要还是包括硬件集成和软件集成两个方面，硬件集成就是网络设备系统集成，而软件集成可以看成是应用系统集成。

1．设备系统集成

设备系统集成，通常也直接称为系统集成，或者称为弱电系统集成，以区分于机电设备安装类的强电集成。它是指以构建组织机构内的信息化管理平台为目的，利用综合布线技术、楼宇自控技术、计算机网络通信技术、网络设备互联技术、多媒体应用技术、网络安全防护技术等将相关设备、软件进行集成设计、安装调试、界面定制开发和应用支持。

设备系统集成也可分为智能建筑系统集成、计算机网络系统集成、安防系统集成3个方面。

- 智能建筑系统集成

智能建筑系统集成（Intelligent Building System Integration，IBSI）是将建筑物内各弱电子系统集成在一个计算机网络平台上，从而实现子系统间信息、资源和任务的共享，为物业管理者提供高效、便利、可靠的管理手段，给物业使用者提供全面、优质、安全、舒适的综合服务。

- 计算机网络系统集成

计算机网络系统集成（Computer Network System Integration，CNSI）是指通过结构化的综合布线系统和计算机网络技术，将各个分离的设备（如个人计算机）、功能和信息等集成到相互关联的、统一和协调的系统之中，使资源达到充分共享，实现集中、高效、便利的管理。计算机网络系统集成包括功能集成、网络集成、软件界面集成等多种集成技术。其实现的关键在于解决系统之间的互连和互操作性问题，因为它是一个多厂商、多协议和面向各种应用的综合体系结构，需要解决各类设备、子系统间的接口、协议、系统平台、应用软件等与子系统、建筑环境、施工配合、组织管理和人员配备相关的一切面向集成的问题。

- 安防系统集成

安防系统集成（Security System Integration，SSI）是指以构建组织机构内的安全防范管理平台为目的，利用综合布线技术、计算机网络通信技术、网络设备互联技术、多媒体应用技术、安全防范技术、网络安全技术等将相关设备、软件进行集成设计、安装调试、界面定制开发和应用支持。安防系统集成实施的子系统包括门禁系统、楼宇对讲系统、监控系统、防盗报警、一卡通、停车管理、消防系统、多媒体显示系统、远程会议系统。安防系统集成既可作为一个独立的系统集成项目，也可作为一个子系统包含在智能建筑系统集成中。

2．应用系统集成

应用系统集成（Application System Integration，ASI）是以全局、系统的高度为客户量身设计一整套计算机网络应用解决方案，是系统集成的高级阶段，也是建立在系统集成基础之上的，独立的应用软件供应商将成为核心。应用系统集成已经深入到用户的具体业务和应用层面。在大多数场合，应用系统集成又称为行业信息化解决方案集成。

1.1.2 网络工程设计综述

“网络工程设计”是“网络系统集成”中的先期工作，是针对具体用户所需网络中的所有软硬件系统方案设计的，从最基础网络拓扑结构、综合布线系统，到 Office 办公系统、文件打印系统，再到当前主流的 MIS 管理系统和 ERP、B2C 电子商务应用系统，最后到互联网应用和外网的互联，这一切无不都是网络工程设计需要解决的内容。

因为网络工程设计所需设计的项目非常多，涉及面非常广，这就涉及了各具体项目之间的关联（也就通常所说的“接口”问题）和综合考虑。在网络工程设计中，不仅要考虑到当前系统的应用，还要考虑到与之关联的其他系统的应用与互联；不仅要考虑到网络应用需求，还要考虑到网络安全需求；不仅要考虑到当前的应用需求，还要考虑到在未来一段时间内的应用需求发展；不仅要考虑到关键应用的性能需求，还要尽可能平衡各用户节点的性能；不仅要考虑到高性能，还要追求高的性价比，……，是一项综合的系统工程。正因为如此，在进行网络工程设计时一定要有全局观念、系统观念，当然这也要求工程设计人员具有全面、系统、专业的工程设计水平。

【经验之谈】在这里，要特别注意的一点是，现在许多人认为，从事网络工程设计只要具备网络设备连接、配置和调试方面的能力就行了，其实这是非常错误的。网络工程系统的设计不仅是网络拓扑结构的设计，更是网络应用系统、网络管理系统、网络安全系统、网络存储系统等的设计。没有专业的网络系统管理经验，是不可能设计出真正符合用户需求，符合网络应用、管理、安全和存储需求的系统的。所以笔者一直奉劝那些一毕业就想进网络集成公司，成为专业的网络工程师的大学毕业生，最好不要这样规划自己的职业人生，因为这是不科学的职业规划，也不符合网络职业发展规律，也必将严重影响自己将来的网络职业发展之路。万丈高楼平地起，网管是网工的基础，必须先做好一个专业的网管才可能成为一名专业的网络工程师。

有些小型个体企业，为了节省投资，通常是从二手市场中购买一些淘汰的设备，如 10Mb/s 的集线器或交换机，结果尽管网络规模相当小，但仍可能导致当前的一些基本网络应用都无法顺利进行。同时这也是一种对原有投资不负责任的态度，因为这些早已淘汰的设备在未来的网络应用中根本无法使用，这是对当前或未来一段时间内主流网络应用需求考虑不周所导致的。还有些用户的网络虽然能正常连通，一般的文件和资源共享应用也没什么问题，但却在网络安全上考虑得不够，给网络中的服务器甚至客户机带来极大的安全风险。也有些网络没有充分考虑到网络用户的发展需求，在经过了小规模的扩展后，因核心层交换机端口带宽的不足导致整个网络连接性能的大幅下降。还有些工程师在网络工程设计时没有充分考虑网络系统的升级与扩展，在需要升级时便发现有许多设备根本无法通过现有组件、模块或者固件升级而实现，需要重新购买，浪费了大量的软硬件投资。

另外，如今的网络应用不再仅局限于单一局域网中，许多关键性的应用通常涉及多个局域网的互联（如通过 VPN 互联而实现的不同局域网系统数据库、ERP 系统互联等），或者与其他外部网络（如互联网）的连接，如电子商务。在这样一个彼此关联的网络系统中，网络应用所需的带宽和安全需求就成了重中之重。因为像网络连接性能和安全性能严格遵循木桶原理，最终的性能不是取决于网络中最好的那部分，而是取决于最差的那部分。

通常的局域网系统设计包括：机房规划、基本网络拓扑结构、综合布线结构、IP 地址规划、域系统结构、各种网络服务器（如 DNS 服务器、DHCP 服务器、WINS 服务器等）部署、服务器选型（包括服务器档次、服务器架构、所支持的磁盘阵列级别等）、服务器操作系统、客户端操作系统、OA 办公系统、打印系统、数据库系统、MIS 系统、ERP 系统、电子商务、数据存储系统、数据备份与容灾系统、防火墙系统（包括 DMZ 区域部署）、病毒防护系统、入侵检测系统等。当然以上各方面并不要求在设计之初就全部到位，有些应用（如网络打印、ERP、电子商务和入侵检测系统等）可能暂时没有部署的必要，也不是要求所有网络系统都需要设计以上各部分，特别是网络功能和应用系统部分，但在网络系统设计时最好兼顾考虑，这样就可以为日后的应用扩展打下很好的基础。

如果是广域网系统设计，则要充分考虑的是：网络接入方式、网络中继传输方式和数据交换方式。当然在这些网络选型中一定要结合所支持的业务类型和成本综合考虑。另外，选择合适的 ISP（因特网服务提供商）或 NSP（网络服务提供商）也是非常重要的。

以上这些局域网系统设计和广域网系统设计项目在具体实施前都需要建立在全面、详细的用户调查之上。这虽然是前期工作，但对于整个系统设计却关系重大，稍不谨慎就可能导致最终付出了高昂代价的系统不能满足用户的需求，甚至产生与用户之间的矛盾。

1.2 网络工程设计的考虑

本章前面就已经说到，网络工程设计需要考虑的内容非常多，涉及网络系统中所有软硬件系统的方方面面。首先需要从宏观上确定一些主要方面，然后再根据这些主要方面逐步展开、细化，最终形成一个完整的工程设计方案。

1.2.1 网络通信标准和协议的选择考虑

现在的企业计算机网络一般不是单独的局域网应用那么简单了，所以现在设计一个网络工程系统都需要从局域网和广域网两个方面来考虑。在网络通信协议上，也需要考虑局域网通信协议和广域网通信协议两个方面。当然这只是一个最粗放的划分方式，在局域网和广域网通信协议中又要根据实际的网络通信、应用需求选择具体的通信协议。通信协议的选择一定要根据具体的网络类型、网络应用和网络管理等方面的需求来考虑。

- 局域网通信标准和规范的选择考虑

在网络类型方面，现在的局域网基本上都是基于 TCP/IP 协议的以太网络。在以太网中，又有许多不同的以太网标准和规范，现在主流的有 10/100Mb/s 快速以太网、1000Mb/s 千兆位以太网、10Gb/s 万兆以太网。10/100Mb/s 快速以太网最多只应用于接入层，1000Mb/s 是目前最主流应用的以太网标准，10Gb/s 主要是在一些大型的局域网核心层中应用。

而在这些不同的以太网标准中又有许多具体的以太网规范，如快速以太网的 100Base-TX、100Base-T、100Base-FX 规范，千兆位以太网的 1000Base-LX、1000Base-SX、1000Base-LH、1000Base-ZX、1000Base-LX10 和 1000Base-BX10 等；在万兆以太网标准中，应用于局域网的基于双绞线（6 类以上）的万兆以太网规范有 10GBase-CX4、10GBase-KX4、10GBase-KR 和

10GBase-T，而应用于局域网的基于光纤的万兆以太网规范有 10GBase-SR、10GBase-LR、10GBase-LRM、10GBase-ER、10GBase-ZR 和 10GBase-LX4。这些不同的以太网规范对应于不同的网络类型和应用，使用不同的传输介质，可承受不同的传输距离等。有关这些以太局域网规范的详细知识参见本系列丛书的《金牌网管师（初级）职业指南和网络基础》一书。

- 广域网通信协议的选择考虑

在网络通信协议选择方面，主要是针对广域网应用方面的通信协议考虑，因为局域网中的通信协议只是用于建立网络连接，其他的应用直接通过系统层就可以完成。

广域网通信协议主要包括网络接入协议、网络互联协议、网络传输协议、网络路由协议等。在广域网接入方面的互联网接入协议目前主要有 ADSL 拨号/专线接入、FTTx 光纤接入、Cable Modem 有线电视接入、DDN 专线等几种。企业中目前主要选择的是前两种，因为这两种技术目前比较成熟，而且可提供较高带宽。

在广域网络互联和接入方面，目前主要采用的还是 VPN（Virtual Private Network，虚拟专用网）连接技术。另外，在广域网接入方面，仍在使用的技术包括 X.25 分组网络、FR（帧中继）和 ATM（Asynchoronous Transfer Mode，异步传输模式）等。

在广域网中，数据的网络传输方式和所采用的传输协议也是要加以充分考虑的。如音视频的传输目前可以采用的传输协议有多种，如 FTP（File Transport Protocol，文件传输协议）、RTP（Real-time Transport Protocol，实时传输协议）、RTCP（Real-time Transport Control Protocol，实时传输控制协议）、RTSP（Real-time Streaming Protocol，实时流协议）、SIP（Session Initiation Protocol，会话初始化协议）、HTTP（Hypertext Transfer Protocol，超文本传输协议）等。这些传输协议应用在不同层次，适宜传输的数据类型也不一样。以上除 RTP 协议工作在 OSI/RM 的传输层外，其他各协议均是工作在 OSI/RM 的应用层。

在广域网的网络路由方面，主要是要考虑所采用的动态路由协议，如 RIP（Routing Information Protocol，路由信息协议）、OSPF（Open Shortest Path First，开放最短路径优先协议）、IS-IS（Intermediate System-Intermediate System，中间系统到中间系统）、IGRP（Interior Gateway Routing Protocol，内部网关路由协议）、EIGRP（Enhanced Interior Gateway Routing Protocol，增强内部网关路由协议）等。这些路由协议不仅特性、所采用的路由算法不一样，而且所支持的网络规模、网络结构类型也不一样，决定了他们的适用范围也不一样。在中小型局域网中，通常是采用静态路由或者 RIP 动态路由协议；在集团公司与异地分支机构网络互联中，通常是采用 OSPF、IGRP、EIGRP 等动态路由协议；在多个对等网络互联中，通常是采用 IS-IS 动态路由协议。

在广域网通信方面，安全保护非常重要，所以在网络工程设计时要充分考虑网络安全方面的需求，采用适宜的安全保护方案。网络安全协议主要体现在 OSI/RM 数据链路层以及以上层次的安全保护方面，如数据链路层的加密协议、网络层的身份认证协议、传输层的数据和传输通道加密协议、应用层的数据加密和邮件签名协议等。这些具体的安全协议选择在本书第二篇将有详细介绍。

1.2.2 网络规模和网络拓扑结构考虑

在做网络工程设计时，网络规模和网络拓扑结构是不得不考虑的两个重要方面。网络规模在相当大程度上决定了以后具体网络设计中所采取的技术和设备，因为不同规模的网络对网络技术的采用、网络拓扑结构的配置、IP 地址的分配和设备的选择都有不同的要求。

如只有几十个用户的小型网络，可以只选用普通的快速以太网、普通的 C 类局域网专用 IP 地址网段（192.168.0.0～192168.255.255）、两层结构的星型以太网拓扑结构，以及普通的二层快速以太网设备，如图 1-1 所示。这样，一方面可以满足网络应用需求，另一方面可以节省大笔的网络组建投资。当然这些二层设备即使在将来网络升级了，仍可以得到继续使用，保护了用户的以往设备投资。对于这类小型网络，广域网的连接需求通常比较简单，就是宽带互联网连接，所以所采用的广域连接方法也主要是诸如代理服务器共享、网关服务器共享和宽带路由器（包括有线和 WLAN 无线宽带路由器两种）等主要共享方式。如果采用的是宽带路由器共享方式，宽带路由器通常是连接在核心交换机的一个普通端口即可。

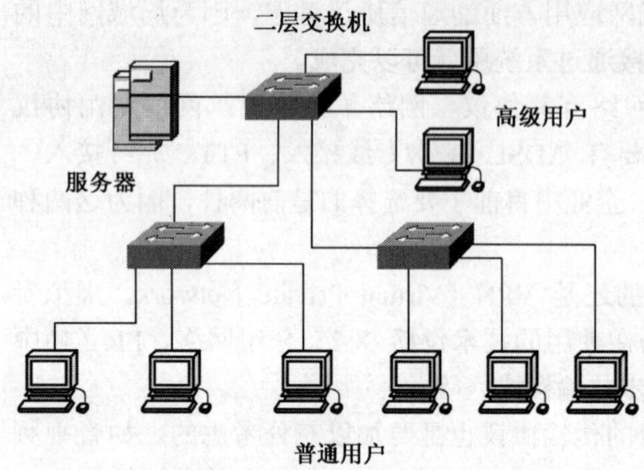

图 1-1　典型小型办公室网络拓扑结构

而如果用户数在 100～254 之间（属中小型网络），在技术上就要提升一个档次了。至少要在核心层（也可称“骨干层”）采用千兆位以太网技术，以确保总体网络性能；网络拓扑结构也要达到 3 层（核心层、汇聚层和接入层）；网络设备中的核心交换机通常是采用三层千兆位以太网交换机。典型网络拓扑结构如图 1-2 所示。IP 地址也可采用单网段的 C 类局域网专用地址。当然在需要时，可以根据子网掩码重新划分子网，或者根据各种 VLAN 划分方式配置多个 VLAN 组。有关子网划分方面的知识参见本系列丛书的《金牌网管师（初级）职业指南和网络基础》一书，有关 VLAN 划分和配置方面的知识参见本系列丛书的《金牌网管师（中级）大中型企业网络组建、配置与管理》一书。

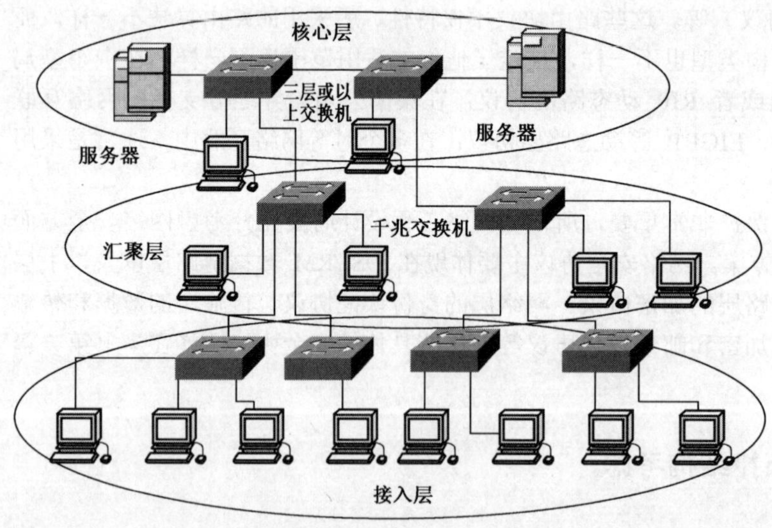

图 1-2　典型中小型网络拓扑结构

这类中小型网络的广域网连接需求就要比 100 节点以内的小型办公室网络的高，所以通常不是选择宽带路由器，更不会是像代理服务器、网关服务器这类的软件共享方式，而是要选择企业级边界路由器来与外网连接。这里的外网可能不仅指常见的互联网，还可能包括集团公司的分支机构、供应商、合作伙伴等其他公司专用网络，互联后就可以组成广域网络。这类小型企业的边界路由器通常需要支持多种 WAN 连接方式，如 ADSL、FTTx、VPN 等。

如果网络用户数在 254 个以上（属大中型网络），单个 C 类局域网专用 IP 地址网段已不能满足用户的需求。此时就有多种选择，既可以仍然采用 C 类局域网专用 IP 地址网段的地址（此时就需要用到多个不同的网段）与中间节点路由器或三层交换机连接，也可以在这类大中型网络中通常是选用 B 类甚至 A 类 IP 地址中局域网专用的 IP 地址段（B 类地址中用于专用网络的 IP 地址段为 172.18.0.1～172.31.255.254，A 类地址中用于专用网络的 IP 地址段为 10.0.0.1～10.255.255.254）。为了便于管理，可能仍会划分多个子网或 VLAN 组，各子网或 VLAN 组的连接同样需要用到中间节点路由器或三层交换机，以提供必要的网络互访功能。此时的拓扑结构就会更复杂，虽然网络层次可能仍然只有三层，但每一层所用的交换机设备可能非常多。网络设备肯定要有千兆或万兆的核心设备。

对于 254 节点以上的大中型企业网络，广域网连接要基于企业边界路由器，这些路由器性能通常也较上面提到的小型企业网络中的边界路由器要高，通常是属于企业级的，采用专门的集成电路芯片（ASIC），以提供高的接入性能和高的安全防护功能。同时还将支持像语音（VoIP）、路由器对路由器 VPN 呼叫等方面的应用。

1.2.3　网络功能和应用需求考虑

在网络功能方面，一般的小型企业网络没有什么特别需求，基本上就是网络资源共享和共享上网这两个主要方面。在网络资源共享方面，一般是仅通过局域网访问进行的，一般也无需专门的文件服务器或 FTP 站点。但对于一些行业用户或者中大型企业网络系统，网络功能方面的需求可能就比较多，不容忽视。如高级别的磁盘阵列系统、具有全面保护技术的内存结构、全面的网络管理系统、专门的服务器管理系统、共享上网访问控制需求、容错系统需求、网络存储系统需求，以及特殊的 Web 网站、FTP 网站、邮件服务器系统和各种复杂的广域网连接需求等，这些都是需要认真调查并加以具体分析的。

网络性能方面的需求是由网络规划决定的，但在具体的网络应用环境中，单位的网络应用需求同样左右着网络中所采用的技术和设备档次，即使是只有几十个用户的小型网络。如在一个多媒体教室中，虽然用户数可能就几十个，但由于要演示的是多媒体教学软件，这类数据传输需要较高的网络带宽，所以在这类网络中所采用的技术通常也比较高，一般都选择千兆位以太网技术和支持千兆位以太网技术的交换机设备。

在网络应用方面，也可以分为局域网应用和广域网应用两个方面。在局域网应用方面主要包括 Web 网站、FTP 站点、E-mail 邮件系统、OA 自动化办公系统等。在广域网应用方面，主要需要考虑到在网络中传输的数据类型以及网络传输实时性的要求。一般的网络文件共享没有另外的要求，但如果网络中主要传输的是图片（如图片 FTP 站点等）、图像（如视频点播、多媒体教学等）、动画（如多媒体企业网站、动画教学等），这时如果没有足够的带宽保证，就无法保证上述任务正常地工作，可能出现停滞、不连续，甚至死机现象。

在企业网络应用方面，还有一种比较普遍的现象，那就是现在各种信息化数据库软件（如进销存软件、财会软件、ERP 和 B2B、B2C 电子商务软件等）的使用。由于这类软件一般同时有非常多的用户在持续使用，所以对网络带宽要求也较高，在网络设计时要充分考虑这些用户的网络应用对所连网络的带宽需求。

1.2.4　可扩展性和可升级性考虑

网络技术的发展，虽然不能用一日千里来形容，但发展速度也是相当快的，不仅原有技术在不断升级换代，而且不断有新的技术在出现。再加上，公司的网络应用需求也在不断提升，这一切都对网络升级提出了迫切需求。企业网络设计之初又不可能有很全面的前瞻性，在网络中部署所有未来的技术和应用接口。而单位网络经常重建的可能非常小，一般都是采取升级的方式来提高网络的性能。这就要求网络设计之初的网络规划就要充分考虑到这一点。

网络的可升级性主要体现在综合布线、网络拓扑结构、网络设备、网络操作系统、数据库系统等多个方面。在综合布线方面，在设计之初就要考虑到将来各部门的人员都有可能大幅增加，就必须在最初布线时留下一定量的端口用于连接终端用户或下级交换机，否则就可能在需要扩展用户时需要重新敲开墙面或者更换线槽，不仅工程量大，还会带来巨大的工程成本、影响网络系统的持续正常使用。同时，还要充分考虑传输介质的升级，如原来的网络较小，都是采用廉价的双绞线，现在网络规模大了，某些关键节点的应用需求提高了，这时可能就要改变传输介质，如采用光纤，这要求在综合布线和网络设备选择时给予充分考虑。

网络拓扑结构的可升性考虑就是要使在网络用户增加时，能灵活拓展，添加网络设备，改变网络层次结构。我们知道，局域网中的网络拓扑结构有多种，其中包括双绞线、光纤电缆使用的星型以太网结构，同轴电缆、光纤使用的环型结构和总线型结构，还有一种是由星型结构和总线型结构混合组成的混合型结构。这 4 种主要拓扑结构的可扩展性能不同，总体上来说，混合型的可扩展性能最好，适用于较大型、地理位置比较分散（如分布在多栋建筑物之间、不同楼层之间）的网络；星型网络次之，适用于在同一楼层的小型以太网；单纯的总线型和环型网络已很少在企业局域网中使用。

网络设备方面，可扩展性主要体现在网络设备是否是模块化结构，可以灵活地通过添加模块来扩展网络用户接口。一般因为模块化结构的网络设备价格昂贵，所以不必所有网络设备都支持模块化，而只是对处于核心层的网络设备有这方面的需求。汇聚层和接入层的网络设备一般可直接通过添加设备数接在核心层设备上来扩展。

在网络设备中，一个最为关键的设备就是网络服务器，它在相当大程度上影响着整个网络的性能和可扩展性。现在部门级以上的服务器都在可扩展性方面有了明显的要求，如 IBM 的按需扩展理念。就是在需要时，可随时通过扩展服务器中的 CPU 数量、扩展插槽数量和磁盘数量来提升服务器性能。另一个关键设备就是网络打印机，特别是汇聚层和骨干层交换机，最好具有如 GBIC（Gigabit Interface Converter，吉比特接口转换）、SFP（Small Form Pluggables，小型可插拔头）之类的千兆模块结构，支持多种不同传输介质和接口类型，以便灵活选用。

在网络设备的可升级方面还有一个重要方面需要充分考虑，那就是在网络升级后，原有设备的可用性。这就涉及到技术问题了。在设计网络之初，应尽可能在相应网络层次上应用当前最主流的网络技术，如核心层需要考虑千兆位以太网技术，汇聚层和接入层至少要考虑百兆快速以太网技术，而根本不要考虑早已过时的 10Mb/s 网络设备。这样在网络升级后，原有网络设备就不至于全部淘汰。如在一个企业网络中，网络升级后新添加了核心层交换机，则原来担当核心交换机的就要下降到汇聚层，甚至接入层。而原网络中的汇聚层或接入层的设备性能太差（如 10Mb/s 的交换机或集线器），则可能不能满足升级后网络的应用需求，面临淘汰。所以，我们在组建网络选择设备时就要考虑到日后的升级，不要贪一时便宜，选择太低档的网络，否则网络升级后所承受的投资浪费就可能更大。

1.2.5　其他方面的考虑

除了上面介绍的几个主要方面外，在进行网络工程设计时，还应该对以下几个方面进行适当考虑。而且这些方面，在某些环境下，同样非常重要。

- 性能均衡性考虑

许多网管朋友喜欢特别注重像服务器、核心交换机之类的关键设备，购买这类设备时非常大方，专门选择高档的，可是在选择汇聚层和接入层的网络设备时就非常随意了，有的干脆就沿用早几年淘汰下来的网卡或 10Mb/s 集线器，甚至网线、水晶头、模块之类的小附件也不舍得购买好一些的，总是贪便宜，结果购买的全是非正品。这样做的结果是很显然的，整个网络性能非常不均衡，瓶颈无处不在，根本无法享受到高档服务器、核心交换机所带来的高能性。这也是有许多网友在 QQ 群中问，我们单位的核心交换机和服务器都非常高档，都是名牌的，可是用户总感觉到共享访问非常慢，内网中传一个文件都非常困难的根本原因了。因为，网络性能与网络安全都遵循一个“木桶”规则，那就是一条链路上的网络性能取决于最差的那一段。如某一链路上层虽然可以达到千兆，可是连接到客户机的网卡只是 10Mb/s，这样客户机在访问连接在千兆上的服务器、客户机或者其他网络设备时最终的性能也只能是 10Mb/s。

鉴于这一因素，要求我们在设计网络时，一定要对整个网络性能综合考虑，上层（核心层和汇聚层）的是要好些，但下层（接入层）的也不能太差，通常是按“千－千－百”、“千－百－百”或者是“万－千－千”、“万－千－百”的原则来设计，也就是在核心层如果是千兆位以太网，则汇聚层和接入层至少应该是百兆的快速以太网；如果核心层达到了万兆，则汇聚层至少应该是千兆的快速以太网，接入层至少是百兆的快速以太网。这不仅要求各层的交换机端口达到这个要求，而且还要求用户端的网卡以及传输介质都达到这个要求。

- 性价比考虑

现在什么都讲究性价比，性价比越高，实用性越强。在网络组建时也一样，特别是在大型网络组建时。搞不好，虽然网络性能足够了，但这么高的性能企业目前或者未来相当长一段时间内都不可能用得上，造成网络投资浪费。如只有几十人的小型办公室网络，也没有什么在带宽上有特别要求的网络应用，却配置了全部为千兆网络的可网管型交换机，这显然是没有必要的。不要看没几台设备，不同档次，价格相差很远。如一般的 24 口二层快速以太网交换机在 2000 元以内，但如果选择的是可网管型交换机则至少要 3000 元以上，如果是三层千兆交换机，则至少要 5000 元以上，通常是上万元。

- 成本考虑

网络组建需要花一大笔钱，特别是大型网络，少则几万，多则成百上千万。这么一大笔钱又不是用来直接产生经济效益，所以多数老板是不愿意出的。这时做网络管理的我们，就要多为老板考虑了，尽可能在有限的资金下，建设一个性价比最好、最符合企业实际应用需求的网络系统。

在网络投资成本中，最大一笔投资就是网络设备。这些设备中少则一台上千元，多则几十万元，甚至上百万元。购买时一定要慎之又慎，千万别一时冲动，看了某产品的广告就购买了，一定要与自己企业的网络以及总的投资成本结合起来考虑。一般来说，网络设备投资中，重中之中的是服务器、核心交换机、路由器和防火墙这 4 类。而这几类设备中，除了服务器外，其他的一般只有一到两台。这 4 类设备的总成本要占到总成本的 80%左右，也就是同样遵循 80/20 原则。

另外，影响投资成本的另一个重要因素就是网络技术的采用了。同样的交换机，采用不同技术的价格相差很远。如 10Gb/s 24 口三层交换机与 1Gb/s 24 口交换机的价格就相差起码 5000 元以上。而百兆 24 口快速以太网交换机与千兆 24 口以太网交换机的价格又相差千元以上。服务器更是这样，部门级与工作组级的服务器价格相差在 3 万元左右，企业级与部门级的服务器价格则相差在 5 万元以上。

还有就是设备的品牌，同一档次的设备，不同厂家的产品价格也可能相差很远。如交换机和路由器，Cisco 的肯定比其他品牌的要贵很多。即使同是国内品牌，一线的比二线或以下的也要贵很多，如 H3C 的交换机、路由器，就比一般的实达、D-LINK 等品牌的要贵很多。服务器当然是 IBM、HP、SUN 的最贵，国内的就要属浪潮、联想、曙光三甲的贵了。当然这些品牌的设备之所以贵，除了产品性能更好之外，还有就是服务更周到。这就要权衡考虑了。

1.3 网络工程集成设计的步骤和原则

网络工程集成设计是一个系统工程，必须遵循一些基本的步骤和原则，按部就班地按流程进行，不能操之过急，更不能仅凭“想当然”。而且一定要详细文档化，不能仅凭口头或者简单的框架进行描述；否则系统设计出来后，连设计人员自己都不清楚是否符合用户需求，更别说得到用户的认可和褒奖了，也极不利于将来网络系统的维护、管理、升级和改造。

1.3.1 网络工程集成设计的一般步骤

做任何事都应该遵循一定的先后次序，也就是所谓的“步骤”。像做网络工程设计这么庞大的系统工程，这个“步骤”就显得更加重要了，否则轻则效率不高，重则最终导致设计工作无法进行下去，因为整个工程没有一个严格的进程安排，各分项目之间彼此孤立，失去了系统性和严密性，这样设计出来的系统不可能是一个好的系统。图 1-3 所示是整个网络系统集成的一般步骤，除了其中包括的“网络组建”工程外，其余的都属于“网络工程设计”工程所需进行的工作。因为有关具体的网络组建与配置方法在本系列丛书的《金牌网管师（初级）中小型企业网络组建、配置与管理》和《金牌网管师（中级）大中型企业网络组建、配置与管理》两本书中有详细的介绍，所以在此不再赘述。

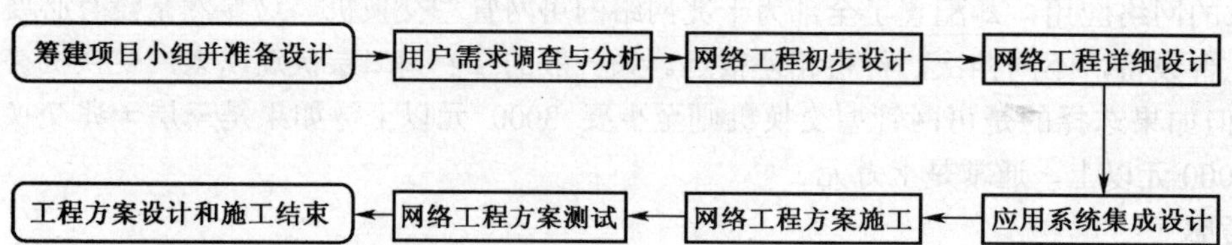

图 1-3　网络工程集成的一般步骤

下面是一般意义上的网络工程设计应遵循的步骤的描述。

【说明】本流程所包括的步骤和所需考虑的事项并不要求所有网络工程设计都严格遵守，因为一些小型网络中，有些步骤并不需要做，如小型办公室网络中的综合布线系统设计就无须考虑其他弱电系统；有些考虑事项并不需要，如单建筑物中的综合布线系统设计就无须考虑建筑群系统之间的连接；对于大多数企业，也无须构建群集系统。另外也有一些步骤，在一些小型网络中也不需要进行下面介绍的那样全面，如用户需求调查和应用系统配置等方面。总之，一定要根据实际网络规模、用户行业特点、应用需求等因素具体分析实际需要进行的步骤和所进行的全面性，不可死守流程。

（1）用户需求调查与分析。

这是最首先要做的，也是在正式进行系统设计之前需要做的。我们是为用户设计网络系统，那么用户自己对所设计的系统到底有什么要求和期望呢？用户现在的网络系统情况又怎么样呢？这就需要我们去向用户充分了解，然后通过了解到的数据分析出新系统的设计方向和设计方法。设计人员应做好以下几个方面的需求分析工作：

● 一般状况调查

在设计具体的网络系统之前，先要比较确切地了解用户当前网络系统的运行情况，以及用户对现有系统的主要不满之处，然后要了解用户对新系统的各方面需求，以及用户未来 3~5 年内的网络规模和应用发展预期。还要分析用户当前的设备、人员、资金投入、站点分布、地理分布、业务特点、数据流量和流向，以及现有软件和通信线路的使用情况等。从这些信息中可以得出新的网络系统所应具备的基本配置需求。

● 性能和功能需求调查

就是向用户（通常是公司老板或者 IT 经理、项目负责人等）了解用户希望新的网络系统所实现的功能、接入速率、所需存储容量（包括服务器和工作站两方面）、响应时间、扩充要求、安全需求，以及行业特定应用需求等。这些都非常关键，一定要仔细询问，并做好记录。

● 应用和安全需求调查

这两个方面在整个用户调查中也非常重要，特别是应用需求，这决定了所设计的网络系统是否满足用户的应用需求。安全需求方面的调查，在当今网络安全威胁日益增强、安全隐患日益增多的今天就显得格外重要。一个安全没有保障的网络系统，再好的性能、再完善的功能、再强大的应用系统都没有任何意义。

● 成本/效益评估

根据用户的需求和现状分析，对设计新的网络系统所需要投入的人力、财力、物力，以及可能产生的经济、社会效益进行综合评估。这项工作是集成商向用户提出系统设计报价和让用户接受设计方案的最有效参考依据。

● 书写需求分析报告

详细了解用户需求并进行现状分析和成本/效益评估后，就要以报告的形式向用户和项目经理人提出，以此作为下一步正式的系统设计的基础与前提。

（2）网络工程初步设计。

在全面、详细地了解了用户需求，并进行了用户现状分析和成本/效益评估后，在用户和项目经理人认可的前提下，就可以正式进行网络工程设计了。首先需要给出一个初步的方案，其中主要包括以下几个方面：

● 确定网络的规模和应用范围

确定网络覆盖范围（这主要是根据终端用户的地理位置分布而定）、定义网络应用的边界（着重强调的是用户的特定行业应用和关键应用，如 MIS 系统、ERP 系统、数据库系统、广域网连接、企业网站系统、邮件服务器系统、VPN 连接等）。

● 统一建网模式

根据用户网络规模和终端用户地理位置分布确定网络的总体架构，比如是集中式还是分布式，是采用客户机/服务器模式还是对等模式等。

● 确定初步方案

将网络系统的初步设计方案用文档记录下来，并向项目经理人和用户提交，审核通过后方可进行下一步运作。

（3）网络工程详细设计。

● 网络协议体系结构的确定

根据应用需求，确定用户端系统应该采用的网络拓扑结构类型，可选择的网络拓扑通常包括总线型、星型、树型和混合型 4 种。如果涉及广域网系统，则还需要确定采用哪一种中继系统，确定整个网络应该采用的协议体系结构。

● 节点规模设计

确定网络的主要节点设备的档次和应该具备的功能，这主要是根据用户网络规模、网络应用需求和相应设备所在的网络位置而定。局域网中核心层设备最高档，汇聚层的设备性能次之，接入层的性能要求最低。广域网中，用户主要考虑的是接入方式的选择，因为中继传输网和核心交换网通常都是由 NSP 提供的，无需用户关心。

● 确定网络操作系统

一个网络系统中，安装在服务器中的操作系统决定了整个网络系统的主要应用和管理模式，也基本上决定了终端用户所能采用的操作系统和应用软件系统。网络操作系统方面，目前主流应用的有 Microsoft 公司的 Windows Server 2003 和 Windows Server 2008 系统，是目前应用面最广、最容易掌握的操作系统，在中小型企业中绝大多数是采用这两种网络操作系统。另外还有一些 Linux 系统版本，如 RedHat Enterprise Linux 5.0、Red Flag DC Server 5.0 等。UNIX 系统品牌也比较多，目前最主要应用的是 SUN 公司的 Solaris 10.0、IBM AIX 5L 等几种。

- 选定通信介质

根据网络分布、接入速率需求和投资成本分析为用户端系统选定适合的传输介质，为中继系统选定传输资源。在局域网中，通常是以廉价的五类/超五类双绞线为传输介质，而在广域网中则主要是以电话铜线、光纤、同轴电缆作为传输介质，具体要视所选择的接入方式而定。

- 网络设备的选型和配置

根据网络系统和计算机系统的方案，选择性能价格比最好的网络设备，并以适当的连接方式加以有效的组合。

- 结构化布线设计

根据用户的终端节点分布和网络规模设计整个网络系统的结构化布线（也就是通常所说的“综合布线”）图，在图中要求标注关键节点的位置和传输速率、传输介质、接口等特殊要求。结构化布线图要符合结构化布线的国际、国内标准，如 EIA/TIA 568A/B、ISO/IEC 11801 等。

- 确定详细方案

确定网络总体及各部分的详细设计方案，并形成正式文档交项目经理和用户审核，以便及时地发现问题，及时纠正。

（4）应用系统集成设计。

前面 3 个步骤是设计网络架构的，接下来要做的是进行应用系统集成设计。其中包括各种用户计算机应用系统设计和数据库系统、MIS 管理系统选择等，具体包括以下几个方面：

- 应用系统设计

分模块地设计出满足用户应用需求的各种应用系统的框架和对网络系统的要求，特别是一些行业特定应用和关键应用，如进销存数据库系统、电子商务应用系统、财务管理系统、人事管理系统等。

- 计算机系统设计

根据用户业务特点、应用需求和数据流量，对整个系统的服务器、工作站、终端以及打印机等外设进行配置和设计，还可根据用户网络管理方面的需求选择适当的 MIS 管理系统对整个网络系统设备进行集中监控和管理。

- 机房环境设计

确定用户端系统的服务器所在机房和一般工作站机房的环境，包括温度、湿度、通风等要求。

- 确定系统集成详细方案

将整个应用系统涉及的各个部分加以集成，并最终形成系统集成的正式文档。

完成好应用系统集成后，就可以开始进行工程施工了，然后再进行下面的方案测试和试运行。

（5）网络工程方案测试。

系统设计后还不能马上投入正式的运行，而是要先做一些必要的性能测试和小范围的试运行。性能测试一般是通过专门的测试工具进行，主要测试网络接入性能、响应时间，以及关键应用系统的并发用户支持和稳定性等方面。试运行通常是就网络系统的基本性能进行评估，特别是对一些关键应用系统。试运行的时间一般不得少于一个星期。小范围试运行成功后即可全面试运行，全面试运行时间不得少于一个月。

在试运行过程中出现的问题应及时加以解决和改进，直到用户满意为止，当然这也结合用户的投资和实际应用需求等因素综合考虑。

1.3.2 网络工程集成设计的基本原则

做任何事都是有规律可循的，也必须遵守一定的原则。根据目前计算机网络的现状和需求分析以及未来的发展趋势，在网络工程设计时应遵循以下几个原则：

- 开放性和标准化原则

首先采用国际标准和国家标准，其次采用广为流行的、实用的工业标准，只有这样，网络系统内部才能方便地从外部网络快速获取信息。同时还要求在授权后网络内部的部分信息可以对外开放，保证网络系统适度的开放性。这是非常重要而且非常必要的，同时又是许多网络工程设计人员经常忽视的。我们在进行网络工程设计时，在有标准可执行的情况下，一定要严格按照相应的标准进行设计，而不要我行我素，特别是在像网线制作、结构化布线和网络设备协议支持等方面。采用开放的标准后就可以充分保障网络工程设计的延续性，即使将来当前设计人员不在公司了，后来人员也可以通过标准轻松地了解整个网络系统的设计标准，保证互连简单易行。

- 实用性与先进性兼顾原则

在进行网络工程设计时首先应该以注重实用为原则，紧密结合具体应用的实际需求。在选择具体的网络技术时一定同时考虑当前及未来一段时间内主流应用的技术，不要一味追求新技术和新产品，一则新的技术和产品还有一个成熟的过程，立即选用则可能会出现各种意想不到的问题；另一方面，最新技术的产品价格肯定非常昂贵，会造成不必要的资金浪费。

如在以太局域网技术中，目前千兆以下的以太网技术都已非常成熟，产品价格也已降到了合理的水平，但万兆以太网技术还没有得到普及应用，相应的产品价格仍相当昂贵，所以如果没有十分的必要，则不要选择万兆以太网技术的产品。

另外在选择技术时，一定要选择主流应用的技术，如像同轴电缆的令牌环以太网和 FDDI 光纤以太网目前已很少使用，就不要选用了。目前的以太网技术基本上都是基于双绞线和光纤的，其传输速率最低都应达到 10/100Mb/s。

- 无瓶颈原则

这个非常重要，否则会造成花了高的成本购买了主档次设备却得不到相应的高性能。网络性能与网络安全一样，最终取决于网络通信链路中性能最低的那部分。

如某汇聚层交换机连接到了核心交换机的 1000Mb/s 双绞线以太网端口上，而该汇聚层交换机却只有 100Mb/s 甚至 10Mb/s 的端口，很显然这个汇聚层交换机上所连接的节点都只能享有 10Mb/s 或 100Mb/s 的性能。如果上联端口具有 1000Mb/s 性能，而各节点端口支持 100Mb/s 连接，则性能就完全不一样了。

还如服务器的各项硬件配置都非常高档（达到了企业级标准），但所用的网卡却只是普通的 PCI 10/100Mb/s 网卡，显然这又将成为服务器性能发挥的瓶颈。再好的其他配置，最终也无法正常发挥。再如，服务器的处理器达到了 4 个至强处理器，而内存容量却只有初始配置的 1GB，或者磁盘采用了读写性能较低的 IDE RAID 或 SATA RAID，这样配置的结果同样会使服务器的性能大打折扣，浪费了高性能配置资源。

这类现象还非常多，在此就不一一列举了。这就要求在进行网络工程设计时一定要全局综合考虑各部分的性能，而不能只注重局部的性能配置。特别是交换机端口、网卡和服务器组件配置等方面。

- 可用性原则

我们知道服务器的“四性”中有一个“可用性”，网络系统也一样。它决定了所设计的网络系统是否能满足用户应用和稳定运行的需求。网络的“可用性”其实就表现在网络的“可靠性”和“稳定性”上，要求网络系统能长时间稳定运行，而不要经常出现这样或那样的问题。

否则给用户带来的损失可能是非常巨大的，特别是大型、外贸、电子商务类型的企业。当然这里所说的“可用性”还表现在所选择的产品要能真正用得上，如所选择的服务器产品只支持UNIX系统，而用户系统中根本不打算用UNIX系统，则所选择的服务器就用不上。

网络系统的“可用性”通常是由网络设备（软件系统其实也有“可用性”要求）的“可用性”决定的，主要体现在服务器、交换机、路由器、防火墙等重负荷设备上。这就要求在选购这些设备时一定不要一味地贪图廉价，而要选择一些国内外主流品牌、应用主流技术和成熟型号的产品。对于这些关键设备千万不要选择那些杂牌，一方面性能和稳定性无法保障，另一方面售后服务更将是无法弥补的长久的痛。

另外，网络系统的电源供应在可用性保障方面也非常重要，特别是对于关键网络设备和关键用户机。这时就需要为这些节点配置足够功率的不间断电源（UPS），在市电出现不稳定或者停电时可以持续一段时间供用户保存数据、退出系统，以免数据丢失。通常像服务器、交换机、路由器、防火墙之类的关键设备要接在支持数个小时以上（通常是3小时）的UPS电源上，而关键用户机则需要接在支持15分钟以上的UPS电源上。

- 适度安全性原则

网络安全涉及许多方面，最明显、最重要的就是对外界入侵、攻击的检测与防护。现在的网络几乎时刻受到外界的安全威胁，稍有不慎就会被那些病毒、黑客入侵，致使整个网络陷入瘫痪。在一个安全措施完善的计算机网络中，不仅要部署病毒防护系统、防火墙隔离系统，还可能要部署入侵检测、木马查杀系统和物理隔离系统等。当然所选用系统的具体等级要根据相应网络规模的大小和安全需求而定，并不一定要求每个网络系统都全面部署这些防护系统。在安全系统方面，要适度，不能片面强调什么安全第一。

除了病毒、黑客入侵外，网络系统的安全性需求还体现在用户对数据的访问权限上，一定要根据对应的工作需求为不同用户、不同数据配置相应的访问权限，对安全级别需求较高的数据则要采取相应的加密措施。同时，用户账户，特别是高权限账户的安全也应受到高度重视，要采取相应的账户防护策略（如密码复杂性策略和账户锁定策略等），保护好用户账户，以防被非法用户盗取。

在安全性防护方面，还有一个重要的方面，就是数据备份和容灾。这非常重要，在一定程度上决定了企业的生存与发展，特别是企业数据主要是电子文档的电子商务类企业。在设计网络系统时，一定要充分考虑到用户对数据备份和容灾的需求，部署相应级别的备份和容灾方案。如中小型企业通常是采用Microsoft公司Windows Server 2003和Windows Server 2008系统中的备份工具进行数据备份和恢复，而对于大型企业，则可能要采用第三方专门的数据备份系统，如Veritas（维他斯，现已并入赛门铁克公司）的Backup Exec系统。

- 适度可扩展性原则

这是为了适应用户业务和网络规模发展的需求，相当重要，特别是对于中小型企业网络来说。这类企业一般成长较快，很可能不到三年时间，网络用户规模就要翻倍，关键应用带宽需求也可能成倍增加。这时如果所设计的网络系统的可扩展性不强，就会给网络用户和性能的扩充带来极大的不便。

网络的可扩展性保证主要是通过交换机端口、服务器处理器数、内存容量、磁盘架数等方面来保证。通常要求核心层或骨干层，甚至汇聚层交换机的高速端口（通常为千兆端口）要有两个以上用于维护和扩展（通常是用加连接新增加的下级交换机），不要在设计之初就只想到当前所需的这类端口数，把所有高速端口都占用完。当然也不要为将来的网络留有太多这样的端口或设备，否则就会给网络工程设计带来巨大的成本压力，也会造成巨大的投资浪费。

在服务器方面，可扩展性就显得更加重要了，因为服务器是整个网络数据交换的核心所在，所有用户都是通过服务器进行网络访问（此处指的是域控制器）的。在服务器的可扩展性方面要求所选的服务器支持“按需扩展”理念，也就是可以在需要时随时扩展，而不用在购买时一次到位。服务器的可扩展性主要是通过所支持的对称处理器数（大中型企业网络通常最好选择支持 4 路或以上处理器的，小型企业网络也建议选择能支持 2 路处理器的）、内存最大容量（一般应选择 4GB 以上的，大中型企业网络服务器应选择能支持 8GB 以上的）、磁盘架数（这里所说的磁盘架数实际上就是所支持的磁盘数，它决定了所能配置的磁盘阵列级别，也就决定了服务器的磁盘总体容量和读写性能，一般应选择 5 个以上磁盘架的）等衡量的。

- 尽可能利用现有资源原则

这同样非常重要，但却是许多网络工程设计人员经常没有遵守的。任何一个用户都希望尽可能降低网络投资成本，尽管他们都希望尽可能用到性能高的网络系统。如果企业原来已有网络，则设计新网络系统时要充分考虑到对现有计算机、网络设备、打印机、磁盘资源和数据资料的利用，避免资源浪费。如原来有网络仅是用 10Mb/s 的网卡、集线器或交换机连接，新网络中本来是不建议再使用早已淘汰的 10Mb/s 设备的，但是如果 100Mb/s 或以上端口资源紧缺的情况下，另外有些用户确实比较少用计算机，或者其应用相应简单，则完全可以重新利用原来的 10Mb/s 设备。对于配置较低的计算机也是如此，在可以不用重新购买的情况下，尽可能不要另外购买，用回原来的资源。

在资源的利用上还有一个重要方面需要着重考虑，那就是数据资源。如企业邮件、数据库数据等。在设计新的系统时一定要充分考虑对这些资源的利用，尽可能不要使新设计的系统与原有系统完全不兼容，使原有数据根本无法导入到新系统中，最终导致企业数据资源的严重丢失。如您公司原来用的是 Exchange Server 邮件系统，现在却采用了 IBM 的 Notus 邮件系统，这样不仅原来的邮件不能很好地利用，而且还可能使得客户不能熟练地使用。数据库系统也一样，如原来用的是 Visual Basic 系统编写，现在却改用 Visual FoxPro 系统编写，接口不一样，则原有的数据就很难得到继续利用。当然实在不能向下兼容时，在征得客户的同意后，也可以采用全新的系统方案。

- 易管理性原则

随着网络规模和复杂程度的增加，管理和故障排除就越来越困难。在网络设计中，我们将提供先进而完善的网络管理软硬件系统，灵活设置用户对 Internet 的访问功能，能够对用户实行管理，并且支持 QoS，保证多媒体网络应用，网络系统需要具有服务质量的控制机制，以保证多媒体业务在网络传输时具有较高的优先级。

之所以充分考虑网络的可管理性，这不仅是为了把网管员从繁杂的网络管理琐事中解脱出来，更重要的是为了便于日后的网络维护与管理、提高网络维护和管理的效率、使企业网络发挥最充分的性能和效率。网络的易管理性是必不可少的，否则请再多的管理员也可能无济于事。

一般来说，一个中小型局域网只有一个网络管理员，大一些的通常也只有 3 个左右。面对几百甚至几千个用户，日常维护量非常之大，少数几个网络管理员有时显得非常力不从心。究其原因就是网络缺乏可管理性，事事都得手动去分析，而且每一次维护都要到实地操作，非常耗时。

为了尽可能提高工作效率，减少网络停顿时间，同时为未来网络的发展打下基础，必须在企业网络设计之初就把良好的可管理性充分考虑进去。选择方案时应考虑以下几个方面：

- 对网络实行集中监测、分权管理，并统一分配资源。
- 选用先进的网络管理平台，可以集中对全网设备（路由器、以太网交换机等）实施具体到端口的管理能力，并可提供及时的故障报警和日志。
- 选用的网络设备及其他连接在网络上的重要设备都应支持远程管理。
- 设计时需要充分考虑运行维护的问题，特别是在工程结束时，应该要求建设方提供足够的设计及实施文档。

以上，其实绝大多数功能都可以通过一种称为网络管理系统的软件来完成，它不仅可集中管理网络中各支持网管的设备，还可以自动精确地发现网络中的错误位置，及时通知网络管理员进行维护、处理，大大提高了网络维护的水平。当然，这样一套系统的价格也是非常惊人的，并不是所有企业都能承受得起的。

- 易维护性原则

网络的维护工作在整个网络使用过程中占有相当大的份量，也是网络管理的基本工作之一。好的网络系统可以使得网络管理起来非常方便、非常简单，不好的网络则可能使网络管理员整天陷入到网络维护的陷阱中。

网络系统的可维护性好坏主要取决于所设计的网络系统结构是否合理；所用传输介质和接口连接是否符合相应标准；布线走线是否规范、是否条理清晰；是否有完善的标记措施记录各节点所对应的交换端口；是否在设计之初就作了详细的设计记录等。当然如果能有一个好的网络管理系统，可以为网络维护带来极大的方便，但这并不是每个企业所能承受得起的。

- 低成本原则

这里所说的“低成本”并不是要求我们少投资在网络组建上，而是强调用尽可能少的钱来组建一个满足公司需求，并且尽可能高效、稳定、具有良好扩展性、易管理与维护的网络，也就是通常所说的“用最少的钱，办最多、最好的事”。前提就是所设计的系统要能满足用户需求。

另外，在这里的“成本”不仅体现在组建成本上，更多的是要考虑网络建成后的维护和管理成本。网络组建成本是一次性的，再多也只是那些设备价格和安装、施工成本，而维护和管理成本则可能是一笔无底数的投入。少则可以是具体的维护和管理人员工资、材料，以及支付给服务商的报酬等，也是一笔有限的数；怕就怕由于网络的原则导致公司停产、停工，甚至影响客户下单，这个损失就大了，而且可能是无法估量的，特别是对外贸型企业来说。

基于上述原因，如果能在网络建设之初多投入一些资金，以能确保在今后的维护和管理中带来极大的方便，大大降低相应的成本，则一定要向老总提出来，一定要与老总算一下成本总账，而不是总着眼于当前的网络组建成本。另外，如果公司用户对网络的性能、稳定性和安全性有特别需求的一定要在网络设计之初就充分考虑到，该购买什么软硬件一定要对老总说明，连同之所以要购买这些昂贵的软硬件的原因。否则出了问题，作为管理员的您无论如何也是承担不起的。

另外，还应当注意以下几点：多倾听第三方专家的意见，对由厂商自己介绍的先进技术必须加以确认；从使用的角度倾听集成公司或其他用户的意见；各主流厂商都有其优秀产品，关键看是否符合自己的实际需求、性价比是否合理等。

1.3.3 局域网系统设计的主要内容

局域网系统设计是最常见的，也是网络工程设计的重点，因为一般的广域网连接需要借助于 ISP 或 NSP，用户只需要选择相应的接入方式和业务类型即可，中间的广域连接系统无须用户考虑。

在局域网系统设计中，具体的设计内容会因不同用户需求、不同网络规模和不同应用而有所不同，特别是一些行业应用系统。基本的局域网系统一般主要包括以下几个方面：

- 网络拓扑结构设计

网络拓扑结构设计是整个设计的开始，通常人们所说的“把架子搭起来”就是这个意思。这个“架子”指的就是网络拓扑结构。具体的系统设计就是在这个“架子”上展开的。

局域网和广域网拓扑结构一般有星型、总线型、树型、网状等几种，具体如何选择要根据相应的网络规模和网络应用需求而定，将在第 3 章介绍。

- 综合布线系统设计

综合布线系统设计非常重要，设计得是否合理关系到网络应用的具体应用。综合布线系统设计主要考虑传输介质、中继传输系统、网络接口和速率的匹配等重要方面。其中最重要的是机房布线系统的设计，因为所有的关键设备通常都是集中在机房中，各种布线多而杂，如何正确标识和布线是整个布线系统的关键。综合布线系统的设计是根据网络用户的位置分布和传输距离进行的，当然还得考虑网络系统将来的扩展和其他布线系统，如强电系统、消防系统、电话系统等。

具体的综合布线系统设计将在第 4 章介绍。

- 网络体系架构设计

在确定了网络拓扑结构和布线系统后，就要设计网络体系架构了，因为它关系着后面将要进行的网络设备选型和连接。在此仅以 Windows 网络操作系统平台为例进行介绍。小型局域网的域系统比较好设计，因为一般都是单域控制器系统，而对于大中型局域网系统则肯定不止一台域控制器，不仅如此，还可能有多个子域、多个子网、多个 DNS、DHCP、WINS 服务器。那么服务器之间的关系如何，则要好好规划，不是仅通过简单的连接就可以完事的。当然以上是假设网络操作系统是 Microsoft 公司的 Windows 网络操作系统而言的，如果是其他网络操作系统，则还需要进行具体的考虑。

具体的域系统将在第 5 章介绍。

- 用户系统的选择与设计

用户系统包括用户终端计算机系统和应用系统两个方面。用户计算机系统的选择与设计主要涉及用户计算机硬件配置、操作系统、办公系统、工具软件系统的选择等方面。应用系统并不是每个用户都需要，只是对需要的用户进行选择与设计，主要就应用系统的种类和功能模块进行选择与配置。常见的应用系统包括人事管理系统、财务管理系统、进销存管理系统、酒店管理系统、餐饮管理系统、VOD 管理系统、网站管理系统、书店管理系统等。也可能是特定开发的 ERP 系统，它将全面包括用户的所有应用系统。

此部分本书不作具体介绍。

- 网络设备的选型和连接

确定了网络结构、域系统和用户系统后，就可以正式选购各种网络设备了。主要的网络设备有服务器、用户计算机、网卡、交换机、路由器、防火墙等。如果有网络存储系统，则还有相应的网络存储设备，如数据存储交换机、各种媒介存储设备等。网络设备的选购最主要考虑的是网络功能和应用需求，同时兼顾设备品牌、售后服务水平和成本。

在网络设备选购中还要考虑到整个网络系统之间的接口和扩展性能问题，不要孤立地考虑某一个设备。网络接口类型的不同又直接影响了传输介质的选择，间接地影响了总体成本。

具体的网络设备选型和连接将在第 6 章介绍。

- 数据备份与恢复系统设计

一般的企业网络系统都会有一个适合自己应用需求的数据备份和恢复系统，通常小型企业是选择 Windows 网络操作系统中的“备份”工具，而对于有特殊要求的和大中型企业用户来说，则通常是另外选择更加专业的第三方数据备份与恢复系统，甚至还可能部署复杂的网络存储系统。第三方专业的数据备份与恢复系统一般可支持异地存储、各种应用系统的数据备份与恢复、智能存储等功能。

目前可选择的第三方数据备份与恢复系统有 Veritas 的 Backup Exec 10.0、BrightStor ARCserve Backup R11、Microsoft System Center Data Protection Manager 2006、腾龙备份大师 2006、Norton Ghost 10.0、Acronis True Image 9.0 等多个。不同系统，功能不同，适合环境不同，价格和售后服务水平也不同，用户要根据自身需求来选择。

有关数据备份与恢复方面参见本系列丛书的《金牌网管师（初级）中小型企业网络组建、配置与管理》一书。

- 网络管理系统和服务器管理系统设计

网络管理系统也有高、中、低档之分，高档的网络管理系统基本都是出自大的专业公司，如 IBM Tivoli NetView、CA Unicenter、HP OpenView、AT-SNMPc 等。中档的主要是国内一些厂商开发的网络管理系统，如游龙科技的 SiteView、青鸟网硕、清华紫光比威 BitView、锐捷网络 StarView 和网强网络管理系统等。而小型网络管理系统则属于网络管理工具软件，如网路岗、网络执法官等，属于共享类型的。

除了对整个网络进行管理外，现在还有一些专门针对具体服务器进行管理的管理系统，那就是服务器管理系统。它可以根据不同服务器的主要应用进行不同的网络监控、用户权限配置等。如网强服务器管理系统、传名内部服务器管理系统等。

此部分本书不作介绍。

1.3.4 广域网系统设计的主要内容

广域网的设计首先要确定设计的广域网系统的用途，是仅用来进行互联网连接，还是用于与集团总部、分支公司、合作伙伴、供应商等的局域网互联，或者是用来为广大用户提供公共网络服务、内容服务。不同的用途，广域网系统的设计方法、所选择的技术也不相同。

如果仅是进行互联网连接，则只需选择一种适合用户的互联网接入方式即可。可选择的互联网接入方式包括 Modem 拨号、ISDN 拨号、ADSL、Cable Modem、光纤接入、DDN 专线接入等几种。所用的广域网连接设备包括各种互联网终端，如 Modem、ADSL Modem、Cable Modem、DDN 终端和宽带路由器等。

如果是想进行多局域网互联，则有专线连接和非专线连接之分。如果是非专线连接方式，则不仅要考虑互联网络中各用户网络的接入方式，还要选择网络中继、数据交换方式，这就是端对端通信问题了。在端对端系统中，网络的接入可以选择 Modem、ISDN、ADSL、HDSL、VDSL、光纤接入、LMDS、MMDS 等几种。

中继线路通常是公共骨干网络，如公用交换电话网（PSTN）、中国科技网（CSTNET）、中国公用计算机互联网（CHINANET）、中国教育和科研计算机网（CERNET）、中国联通计算机互联网（UNINET）、中国网通公用互联网（CNCNET）、中国国际经济贸易互联网（CIETNET）、中国长城互联网（CGWNET）、中国移动互联网（CMNET）、中国卫星集团互联网（CSNET）、中国金桥信息网（CHINAGBN）。

数据交换网主要是利用国内的四大公用数据网：中国公用数字数据网（CHINADDN）、中国公用分组交换网（CHINAPAC）、中国公用帧中继网（CHINAFRN）和中国公用电子信箱系统（CHINAMAIL）。

如果是采用专线连接方式，则要确定采用的专线方式是借助于 ISP，还是自己组建。通常如果互联的局域网相隔很远，则采用租用 ISP 专用线路的方案；如果相隔比较近，如在同一城市中，在有实力的基础下可以自己用光纤进行连接。在连接的局域网较多的情况下，要考虑好整个网络结构和交换性能问题。

具体选择哪种中继和交换网络，是租用线路，还是自建线路，以及网络拓扑结构等都要视具体的应用需求和业务类型而定。当然一定要综合考虑网络建设、网络接入和维护、管理成本，因为它相对局域网系统来说，各项投资可能更高。

在复杂广域网应用的网络中，除了要确定具体的接入和交换方式外，另一个重点就是相应路由器设备的选型。因为不同类型的路由器性能和所支持的通信协议、路由协议和功能（如 ACL 访问控制列表配置、VPN、数据加密等）都不同，这需要非常具体的选择。具体的中小型网络和大中型网络的广域网连接方案将在第 7 章介绍。

第2章

用户需求调查与分析

用户需求调查与分析是整个网络工程设计工作的第一步，而且是非常重要的一步，因为它在相当大程度上决定了整个工程设计的成败，毕竟不同企业用户的网络需求和网络环境都相差很大。

用户需求调查涉及面非常广，也可以非常细。总的来说，可以分为用户一般状况调查、应用需求调查、功能需求调查、安全需求调查和性能需求调查等几个大的方面。调查之后还要根据调查收集到的信息进行用户需求分析，得出成本/效益评估报告，并以正式文件向项目负责人和用户提交需求分析报告。这不仅要求具体实施用户调查的网络工程人员具备必要、足够的用户调查经验，全面掌握相应网络系统的细节，还要求调查分析工程人员具有深入的数据、成本分析能力。

在正式进行网络工程设计之时，如果发现仍有某些细节需要向用户了解，则一定要先进行调查，而不要想当然。这是许多网络系统设计人员经常犯的大错，他们总认为这些问题自己都知道，或者认为是小问题，而有时候却恰好是这些小问题影响了系统的最后成功交付。因为不同行业有不同的行业特点，从事网络系统设计的人不可能对所有行业都非常了解。

本章的重点就是用户需求调查与分析，调查是基础，调查的结果是用于分析的。而恰当的用户需求分析是进行正确网络工程规划与设计的基础和前提，网络工程规划与设计的绝大多数技术、产品选型和功能配置等都依据需求分析的结果进行。

教学（自学）课时安排

课时安排	本章老师共需安排 2 个授课课时。	
授课课时	主要内容	重点
1	①一般企业状况调查 ②应用需求调查 ③功能需求调查 ④性能需求调查 ⑤管理需求调查	①应用需求调查 ②功能需求调查 ③性能需求调查 ④管理需求调查
2	①接入速率需求分析 ②吞吐性能需求分析 ③可用性能需求分析 ④并发用户数需求分析 ⑤可扩展性需求分析	①接入速率需求分析 ②可用性能需求分析 ③可扩展性需求分析

2.1 用户调查内容

网络系统工程设计之初的用户调查工作非常重要，是工程规划与设计的基础和前提，非常必要。网络工程规划与设计的用户调查一般可分为：一般企业状况调查、应用和安全需求调查、性能和功能需求调查、管理需求调查和成本/效益评估这五大部分工作。我们把整个用户调查项目分为两大类：一般状况调查和需求调查。一般状况用户调查包括用户网络系统使用环境、企业组织结构、地理分布、发展状况、行业特点、人员组成（包括人员对计算机和网络使用的熟练水平）和分布，以及用户对网络系统的期望和要求。而需求调查是多方面的，有性能上的要求，有功能上的需求，有应用上的需求，还有网络安全和网络管理方面的需求等。要求从事用户调查的工程人员（通常是由负责网络系统具体部分设计的工程师担当）对所负责的设计部分有全面的技术和功能需求掌握。调查对象因不同的调查项目可能会不同，不过一般是向用户网络管理员调查（因为这方面，在企业中一般来说网络管理员是最清楚的），必要时可向具体应用部门负责人调查。本节就从不同侧面具体介绍用户调查所需进行的调查项目。

【注意】各种需求调查不仅要调查当前的实际需求，还需要调查企业未来 3～5 年内的潜在需求。这个非常重要，否则新设计的系统可能在仅过了短短的一两年时间就不能满足用户的需求了。但也不能仅凭经验或者想当然地把系统设计成非常超前或者留有大量用户根本在未来 3～5 年不可能达到规模的扩展余地，这样会造成用户投资的浪费。况且不同企业有不同的行业和应用特点，发展速度也不一样，很难仅凭以往的经验来做出恰当的结论。

在安全这方面，说实话是个无底洞，但你永远都没有可能做到 100%安全。这就要求我们不仅要全面了解用户对网络安全方面的真实需求，同时也要充分了解当前主流的网络安全保护技术和方案。更重要的是要结合用户的实际网络应用、网络应用环境，以及与外网连接的情况来综合考虑，选择一种适宜的网络安全部署方案。千万不能动辄就“安全第一”，否则整个网络安全成本就可能非常高，很难控制工程的总体成本。同时对用户来说，有时过高的安全策略要求对用户具不是真正需要的。因为本书第二篇将具体介绍网络安全系统的设计，所以在此不作具体介绍。

2.1.1 一般企业状况调查

所谓“一般企业状况”调查就是对企业的总体情况进行调查，了解企业的网络用户规模、网络环境和人员分布等基本情况。一般企业状况调查通常包括如下项目：

- 企业组织架构

企业组织架构一般是企业网络拓扑结构、网络体系架构，以及网络应用系统规划与设计的基础。如有些企业需要根据不同部门配置不同的 OU 或子域或者应用系统（如隔离模式的 FTP 站点、多站点的邮件系统等），还将影响文件的用户访问权限等方面的配置。

- 网络系统地理位置分布

这同样非常重要，涉及了网络系统的最终拓扑结构、传输介质选用和远程网络互连方式，还涉及了各交换节点的位置安排。在同一地理位置的网络系统，综合布线系统设计最重要的参考依据就是网络系统的地理位置分布，而对于不同地理位置的分布式环境，在进行网络体系架构设计、域网络的站点部署，以及远程网络互连接入方式的选择等就需要对地理位置分布加以充分考虑。

- 人员组成和分布

终端用户数决定了整个网络的规模大小，而各具体应用人员的组成和分布决定了各具体应用系统软硬件配置和相应权限配置。这里所说的人员组成不仅需要了解各部门或功能软件使用人员的配置，更要清楚这些人员中对各功能软件，甚至操作系统、OA 办公系统等的熟练程度，应尽可能避免采用大部分人不熟悉的系统或软件。而网络规模大小又影响了网络系统的最终拓扑结构和网络连接方式、设备档次选择、投资成本等。

- 外网连接

这里所指的外网连接是与包括集团公司网络、分支公司网络、供应商网络、合作伙伴网络，以及互联网的连接情况。如果有这方面的连接需求，则在网络系统设计时一定要预留出口，当然这相应地要增加一些软硬件设施等。网络互连方式很多，有像 ADSL Modem 拨号、HDSL、VDSL、分组交换网、帧中继网络和 ATM 网等的非专线连接，也有像 DDN、T1、E1、T3、E3、光纤等的专线连接，还有 VPN 这类应用非常普遍的局域网互连技术。具体可参见笔者编写的《网络工程师必读——接入网与交换网》一书。

- 企业的行业特点

行业特点的调查主要是为一些行业应用系统设计做准备，毕竟我们不可能对所有行业都十分了解。不同行业的用户对网络需求可能存在很大区别。如一般的企业网络应用主要是资源共享，而一些外贸、电子商务型的行业用户，它们的网络应用则主要体现在电子商务应用上，其重点就是各种电子商务应用系统。当然这也决定了它们对网络安全的需求也不同。一般中小型企业用户对网络安全要求不是很高，通常只是配置了杀病毒软件和软件防火墙，因为主要应用是在内网进行的；而对于那些外贸、电子商务型的行业用户来说，他们对网络安全要求可能非常高，尽管公司可能非常小，但仍可能要配置硬件防火墙、各种互联网应用安全保护方案，如邮件加密和签名、严密的身份认证方案等。

- 可预期发展状况

可预期发展状况是指网络规模和系统应用水平这两个方面，这要根据企业最近三年左右的平均发展状况和计划未来 3～5 年的发展水平来估算。企业发展状况影响着在网络系统设计时为各关键节点预留的扩展能力，也就影响着整个网络系统的网络设备配置和投资成本。

- 现有可用资源

这是从用户角度出发进行考虑的。如果用户原来已有网络，则要充分考虑原有网络中有哪些网络设备和资源可以利用。这里不仅要考虑现有的网络设备资源，还包括现有的数据资源。相对来说，现有数据资源的利用对用户来说可能更加重要。了解这些可用资源后就可以为新系统的网络设备选购和应用系统设计提供参考，在不影响性能的前提下能利用现有资源的一定不要重新购买，能利用现有数据资源的，一定不采用完全不兼容的新系统，以避免造成资源浪费。

- 投资预算

网络系统工程设计是一个比较大的项目，需要有投资保障，特别是一些大的网络系统工程；否则不仅可能会影响工程质量，还可能影响到整个公司的正常运作。当然这个预算也只是一个初步估计，并不需要很准确，也可以在系统设计之时适当调整。

- 对新系统的期望和要求

最后顺便调查一下用户对新系统的最大期望和要求是什么，这样也好在具体设计时参考满足。这其实也是做系统设计的人员最想了解的，让客户满意就是我们自己最大的满足。

表 2-1 列出了一些进行一般企业状况调查所需调查的主要项目，调查人员可直接拿着表向用户网络管理员、项目负责人或者企业老总调查相关项目。

表 2-1　一般状况调查表

调查项目	调查结果	签名（附日期）
企业组织结构（建议具体到功能群体）		
网络系统地理位置分布（包括各分支机构和各主要功能部门）		
人员组成与分布（包括各分支机构和部门的人员数与地理位置分布）		
外网连接（外网连接类型和方式）		
企业的行业特点		
发展状况（分当前和未来 3～5 年内两方面介绍）		
现有可用资源（包括设备资源和数据资源两部分）		
投资预算（最好包括各主要部分的细化预算）		
最主要期望和要求		
其他调查项目		

2.1.2　应用需求调查

在一定程度上，需求决定一切，所以我们在组建新网络或改造原有网络前一定要详尽了解企业当前乃至未来 3～5 年内的主要网络应用需求。必须详细地列出所有可能的应用，需要找各个部门负责具体网络应用的人士进行面对面的分析和询问，并做好记录，而不是简单的口头询问。

网络应用的范围非常广，如一般中小型企业的网络应用主要是资源共享、共享上网、小型企业内部电子邮件系统、小型企业内部 FTP 系统、公司的小型网站、一些内嵌数据引擎的进销存软件系统。但对于一些大中型企业来说，网络应用的范围相当广泛，不仅包括中小型企业的那些应用，还在应用服务器方面需要采用更加专业的应用服务器软件系统或功能来进行配置。如 Web 网站系统中，在大中型企业中可能需要采用更加稳定的 Apache 系统，FTP 站点可能需要采用 IIS 中的不同用户隔离模式，邮件系统可能需要采用 Exchange Server 或 Sendmail 等功能更加强大的系统。另外，还可能包括像专门的 SQL 数据库、Oracle 系统，或者像大型的人事管理系统、工程项目管理系统、营销管理系统、OA 办公系统、电子商务应用系统等。对于一些特殊的行业，它们可能又有一些特殊的应用需求。我们在调查时一定不能想当然，一定要在问了用户之后再做决定。

在了解了以上大的应用系统需求后，还要了解用户对具体应用系统的一些期望，毕竟同类系统的软硬件产品方案非常多，不仅功能和价格可能相差很大，而且当前用户的熟练掌握程度和期望都不一样。应用需求调查项目主要包括以下几个方面：

- 熟练或期望使用的操作系统（包括服务器端和客户端）
- 熟练或期望使用的办公软件系统（如 Office 系统）
- 熟练或期望采用的数据库系统（如 SQL Server 2005、Oracle 10 等）

- 打印、传真和扫描业务是否多
- 主要的内部网络应用
- 内网 OA 办公系统
- 内（外）部电子邮件系统
- 内（外）部 Web 网站系统
- 内（外）部 FTP 文件服务器系统
- 与外部网络连接的主要应用
- 经常要与外部网络连接的方式和用户数
- 是否需要用到一些特定的行业管理系统
- 对各种管理系统的应用需求
- 其他应用需求

以上调查通常是以部门为单位进行的，调查对象通常是部门负责人或具体应用人员。项目调查同样可以表格方式进行，如表 2-2 所示。

表 2-2　应用需求调查表

部门	调查项目	当前及未来 3～5 年的应用需求	受调查人签字
	期望的操作系统		
	期望的办公软件系统		
	期望的数据库系统		
	打印、传真和扫描业务		
	内（外）网电子邮件系统		
	内（外）网 Web 网站系统		
	内（外）网 FTP 站点系统		
	内网主要应用		
	外网主要应用		
	各管理系统功能及要求（可仅指出所需功能的主要模块）		
	其他应用需求		

2.1.3　功能需求调查

网络系统功能其实包括前面所提到的 3 个子系统（网络通信子系统、网络安全子系统、网络存储子系统）的功能。网络功能需求调查主要侧重于网络自身的功能，而不包括应用系统。调查的对象通常是企业网络管理员或网络系统项目负责人。网络自身功能也只是指基本功能之外的那些比较特殊的功能，如是否配置网络管理系统、服务器管理系统、第三方数据备份和容灾系统、磁盘阵列系统、网络存储系统、服务器容错系统，是否需要多域或多子网、多服务器。

以上是从总体上进行的功能分析，更多的网络功能需求还是体现在具体的网络设备上，如硬件服务器系统可以选择的特殊功能配置包括：磁盘阵列、内存阵列、内存镜像、处理器对称或并行扩展、服务器群集等；交换机可以选择的特殊功能包括：二层端口镜像、三层路由、VLAN、四层 QoS、七层应用协议支持等；路由器可以选择的特殊功能包括：NAT 地址或端口转换、网络隔离、流量控制、身份验证、数据加密等。还可以包括防火墙等安全设备，以及所用的安全技术要求，表 2-3 列出了一些应注意调查的主要网络功能需求。

表 2-3　网络功能需求调查表

功能需求项目		原来网络使用情况	新系统的具体需求	受调查人签名
网络管理系统需求				
服务器管理系统需求				
数据备份和容灾系统需求				
服务器容错系统需求				
多林、多域、多站点需求				
多 DC、DNS、DHCP、WINS 服务器需求				
共享上网行为管理需求				
服务器功能需求	CPU 类型和数量			
	总线支持			
	内存保护技术支持			
	RAID 类型和级别			
	服务器群集支持			
	服务器操作系统支持			
	其他功能需求			
交换机功能需求	VLAN、VTP、STP、RSTP、ACL 支持			
	端口镜像和绑定支持			
	三层路由支持			
	端口流量控制等 QoS 支持			
	用户认证支持			
	其他功能需求			
路由器功能需求	网络类型和接入支持			
	路由协议支持			
	流量控制等 QoS 支持			
	VLAN、VTP 支持			
	NAT、ACL 支持			
	身份认证等安全协议支持			
	其他功能需求			
网络存储功能需求（所需的 NAS、SAN 技术和产品方案）				
其他安全需求（各层中采用哪种安全技术和产品方案）				

2.1.4 性能需求调查

网络系统性能需求调查决定了整个网络系统的性能档次、所采用的技术和设备档次。这里的调查对象主要是针对一些主要用户（如公司管理层领导）和关键应用人员或部门。当然这里的调查仅供参考，不一定就是最后进行系统设计的依据，因为有些用户所提的需求可能不符合实际需求，也有可能与公司的实际投资成本不相符。最终的确定要在详细、具体分析后，经项目经理和用户项目负责人批准后采用。

性能需求涉及非常多的具体方面，有总体网络接入方面的性能需求，还有交换机、路由器和服务器等关键设备的响应性能需求、磁盘读写性能需求等。具体的、细的性能非常之多，每个设备都有非常多的性能指标。

- 用户接入速率需求

在局域网方面，用户接入速率最基本的是由端口速率决定的。在以太网终端用户中，接入速率通常是按 10Mb/s、100Mb/s 和 1000Mb/s 三个档次划分的，不过目前通常是要求百兆到桌面，支持 10/100Mb/s 自适应速率即可。当然对于核心层、汇聚层的端口速率通常需要支持千兆，甚至万兆速率。实际的接入速率受很多因素影响，包括端口带宽、交换设备性能、服务器性能、传输介质、网络传输距离、网络应用等。

为了提高一些关键节点的接入速率，在交换机方面，各厂商都有不同的技术，最著名的就是 Cisco 的 FEC（Fast EtherChannel，快速以太网通道）和 GEC（Gigabit EtherChannel，千兆位以太网通道）技术（H3C、锐捷等公司的网络设备都有对应的链路汇聚技术），通过这两种技术分别可以实现最高 800Mb/s、8Gb/s 双绞线链路聚合和 400Mb/s、4Gb/s 光纤链路聚合。10Gb/s 技术也有相应的链路汇聚技术，最高可汇聚 4 个 10Gb/s 链路，实现单一的 40Gb/s 链路，满足一些高带宽需求的设备或网络连接需求。这样就有效地提高了交换机与一些关键设备（如服务器和路由器）之间的链路带宽，当然这要求互联双方都支持相应的技术才行。

在广域网方面，接入速率是由相应的接入方式和相应的网络接入环境决定的，在这方面用户一般没有太多选择权，只能根据自己的实际接入速率需求选择符合自己的接入网类型。目前主要是各种宽带和专线接入方式，如 ADSL、Cable Modem、光纤接入（OAN）、DDN、LMDS、MMDS 等。

- 扩展性需求

网络系统的扩展性能非常重要，它是不断满足用户需求的基本保证。网络系统的扩展性需求是通过在网络结构设计和网络设备选型方面来保证的。在网络结构设计上要求所采用的技术必须是主流的，且具有一定的超前性，这里所说的超前是指适当超出企业当前应用的需求，以便日后在技术上平滑升级。如当前实际需求只是普通的百兆，在设计时就可以考虑核心双绞线千兆；如果当前的实际需求为核心双绞线千兆，则在设计时就要在核心层实现光纤千兆的支持。另外，扩展性需求方面还体现在网络结构中不同速率端口的配置上，一定要留有适当的冗余，一方面为日后的网络规模扩展留下空间，另一方面也是为网络维护考虑的，当一些端口失效后，就可以用冗余的端口替代。所预留的端口类型一定要齐全，包括端口速率和端口介质类型，高速率端口用于连接扩展交换机、服务器等关键节点设备，低速率接口用于连接普通用户。

网络设备的可扩展性除了体现在以上所说的交换机上外，还主要体现在服务器上，因为服务器性能的好坏直接决定了整个网络性能的好坏，特别是在集中式管理的网络类型中。服务器的扩展性主要体现在性能的扩展上，通常是通过增加处理器数提高处理器性能，增加内存容量提高内存性能，增加磁盘容量提高磁盘性能（如磁盘阵列级别）等来保证的。

- 吞吐速率

吞吐速率是指单位时间（通常是指一秒）内传输的数据容量。吞吐量与接入速率指标密切相关，也是由许多因素共同决定的，如端口带宽、交换设备性能、服务器性能、传输介质和网络应用等。在局域网中网络的吞吐速率主要是由各级交换机背板交换矩阵的带宽、所采用的交换方式和交换机的硬件配置等因素决定的，特别是位于核心层或汇聚层的交换机。

在单台交换机背板带宽一定的前提下，可以通过交换机堆叠来扩展交换机的背板带宽，因为堆叠在一起的多台交换机可以当作一台交换机来管理，这样堆叠后的交换机背板带宽就相当于多台独立交换机背板带宽的总和。虽然堆叠后的交换机总端口数也是原来独立交换机端口数的总和，但是同一时刻都处于数据收或发的端口一般不会是所有端口，这样就在无形之中提高了各端口实际可用的背板带宽，也就提高了交换机的交换性能，即吞吐速率。H3C 公司的 IRF（Intelligent Resilient Framework，智能弹性架构）技术也是类似的堆叠技术。

- 响应时间

响应时间是指从用户发出指令到网络响应并开始执行用户指令所需的时间，响应时间越短，性能就越好，效率越高。局域网的响应时间通常为 1～3ms，而广域网的响应时间通常为 60～1000ms，要求越高，所对应的网络设备配置就越高档，成本越高。这个响应时间也要看具体应用而定，对于一般的文字工作，通常的响应标准是可以满足的，但对于大容量的多媒体文件传输，如视频点播、远程视频教学等，响应时间就不能按正常标准要求那么高了，因为这样会对整个网络硬件，特别是服务器配置要求相当高，会大大增加成本。

- 并发用户数支持

并发用户数支持是指某一系统可以承载的同时访问的用户数，支持的并发用户数越多，系统性能越好，当然所需的配置就越高档。并发用户数是指对相应应用服务器的性能要求，通常是由服务器的整体硬件配置决定的。具体的并发用户支持数需求要看正常情况下同时使用同一系统的人数而定，所确定的并发用户数要稍高于实际值。而有关服务器的并发用户支持数的计算方法因为不同的应用类型而不同，有的主要从处理器性能考虑，有的则主要从磁盘读写性能考虑，详情参见笔者编写的《网管员必读——服务器与数据存储》（第 2 版）一书。具体的并发用户数支持能力也是通过专门的压力测试软件（如 Loadrunner、Testmaker、Jmeter、Web Application Stress）进行的。

- 磁盘读写性能

磁盘读写性能要求主要是针对各种服务器的，因为一般终端用户只是用于一个用户的文件读写，一般的磁盘系统都可以满足。在服务器系统中，通常要支持几十、几百，甚至几千个用户同时访问，如一个大型局域网文件服务器或者是一个大型的网站服务器等。这么多用户同时访问，如果磁盘系统的读写性能不好，就会出现延时甚至死机的现象。

磁盘读写性能与磁盘接口是密切相关的，目前主流应用的磁盘接口包括 SATA（150MB/s）、SATA 2.0（300MB/s）、SAS 1.1（300MB/s）、SAS 2.0（600MB/s），而原来的 SCSI 接口最高为 Ultra 320 SCSI 的 320MB/s，IDE 最高也就是 ATA 133 的 133MB/s。还有一种 FC（光纤通道）的磁盘接口类型，1.0 版本是 200MB/s，2.0 版本可以达到 400MB/s。在服务器端目前一般是采用 SCSI、SAS、FC 这 3 种接口类型，在工作站端一般是采用 IDE、SATA。这些接口的具体特性将在第三篇介绍。

虽然目前这些接口速率已有了相当大的提高，但是磁盘读写性能的最终瓶劲还是在盘片的转速上，为了弥补这方面的不足，现在正推出一种称为“固态硬盘”的技术，但目前还没有真正进入实质应用阶段，目前的解决方案仍是各种 RAID 技术。有关 RAID 技术也将在第三篇介绍。

- 可用性

可用性是个概念性的指标，没有一个具体的量，主要包括稳定性和可靠性这两个方面。稳定性通常是指服务器和其他关键网络设备连续工作时间的长短。在一些小型企业中，通常不要求服务器长期开启，而一些大中型企业中，则要求网络长期保持通畅。要求不同，对服务器等硬件设备的配置也不同。系统的稳定性也可以通过专门的测试工具软件测试得出，它是通过对相应系统加载满负荷进行测试的，能稳定运行的时间越长，稳定性就越好。

可靠性通常与稳定性相关联，稳定性越好的网络系统，可靠性也越好，也是由网络软硬件系统综合性能决定的。目前，可靠性通常是指系统在发生故障时的自愈能力，许多企业级网络设备都具有相应的自愈能力，如交换机、路由器、服务器等。除了这些设备外，网络本身也可以有一些提高可靠性的方法，如冗余链路连接就是一种常用的方法。除此之外，还可通过配置UPS电源来防止意外断电所带来的损失，这也是提高网络可靠性的一种手段。

在一些大型网络系统中，为了确保整个网络长期保持通畅，为汇聚层配置了冗余链路，关键节点，如汇聚层与核心层交换机之间、服务器与核心交换机之间的连接都采取冗余的双链路连接。一旦某一条链路出现故障，另一条链路可随时接替原链路的工作，继续为用户服务，如图2-1所示。但这样做会出现环路，引起网络风暴，所以需要在交换机上启用STP或RSTP协议。这样就可以在确保链路容错的前提下不会出现网络环路。

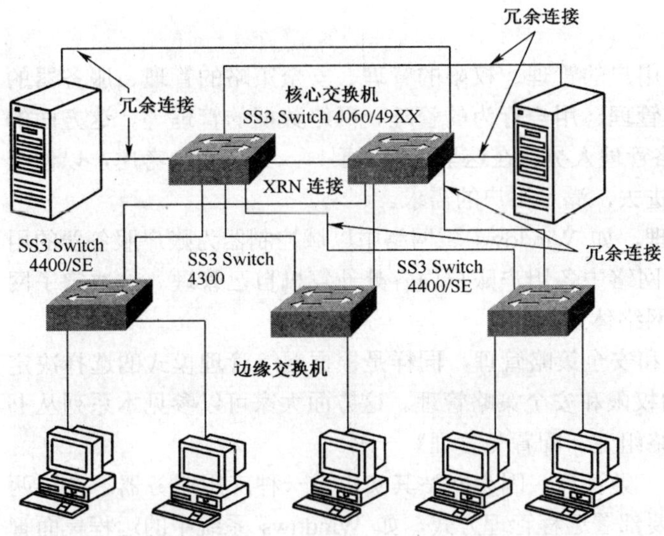

图2-1 冗余连接示例

以上各项性能调查是根据具体部门进行的，也可直接调查网络管理员或项目负责人。可以根据表2-4所示进行调查，记得最后一定要求受调查人签名确认，并留下签名日期。

表2-4 用户性能需求调查表

部门	主职工作	调查项目	当前及未来3～5年的需求	签名（附日期）
		接入速率需求（包括广域网接入速率要求，分不同的关键节点说明）		
		扩展性需求（从网络结构、服务器组件配置等方面具体说明）		
		吞吐速率需求（分不同的关键节点说明）		
		响应时间需求（分不同的关键节点说明）		
		并发用户数需求（对不同服务系统写出具体的需求）		
		磁盘读写性能需求（指出所用磁盘类型和阵列级别）		
		可用性需求（指出具体部分的可用性需求）		
		其他功能需求		

【说明】表中的“主职工作”一栏中要求填写用户所使用的一些关键应用系统，如财务系统、营销系统、MIS 管理系统或其他数据库系统等，以便在进行相应系统设计时加以充分考虑。

另外，由于视频会议、视频点播、IP 电话等多媒体技术的日趋成熟，网络传输的数据已不再是单一的文件类数据了，多媒体网络传输成为当前网络应用的新趋势。在有这方面需求的企业，应着眼于未来，对网络的多媒体支持是必然趋势。随着企业对多媒体技术的广泛应用，视频数据、音频数据也越来越耗费网络带宽。如果网络没有高性能，会导致系统反应缓慢，甚至在业务量突增时，发生系统崩溃、中止和异常等现象。

2.1.5 管理需求调查

网络系统的管理涉及许多方面，如用户的管理、权限的管理、安全策略的管理、服务器的管理、网站的管理、网络系统或设备的管理、用户行为的管理、网络数据的管理等。这方面的调查通常是直接调查 IT 部门经理或网络管理人员。在这里我们就要一一给予充分考虑，以便在做具体的系统设计时把这些需求一一加进去，满足用户的需求。

在用户的管理方面，有集中式的管理，如 Windows 域网络中以域控制器为账户服务器的用户管理，也有分散式的管理，如工作组网络中各用户账户由各处计算机自己管理。这决定了网络管理模式的选择，同时也影响了整个网络体系架构。

与用户管理类似，后面的权限管理和安全策略管理，同样是根据网络管理模式的选择决定的。Windows 域网络可以实现集中式的权限和安全策略管理。这方面大家可以参见本系列丛书的《金牌网管师（初级）中小型企业网络组建、配置与管理》一书。

服务器与网站的管理可以看成是同一类管理，因为网站其实也是一种应用服务器。在这两方面的管理中，我们通常要考虑是否需要部署远程管理方式，如 Windows 系统中的远程桌面管理、远程 Web 管理等。如果需要，则在相应的服务器系统配置中要加入这方面的功能设置。

网络系统或设备管理对于一般的中小型企业来说通常是不需要的，因为设备比较少，而且大多数是不可管理的。但对于像一个集团式的大中型企业来说，网络设备分布非常广，数量非常多，这时只有通过专门的网络设备管理系统才可能有效地管理。通过对设备的管理，一方面可以了解各设备当前的运行状况，监视和控制网段和端口，以及进行网络流量的统计和错误统计；另一方面，还可以自动检测网络拓扑结构，自动收集和管理网络设备事件；对设备进行性能分析，并给出相应的分析报告。在一些大的品牌网络设备公司，如 Cisco、H3C、锐捷，都有自己的设备管理系统，如 Cisco 的 Cisco Network Connectivity Monitor、H3C 的 H3C-DM 系统、锐捷的 StarView 等。但这些厂商自己的管理系统一般只能用于自己设备的管理。除了设备厂商自己的管理系统外，还有一些第三方的网络设备管理系统，如 HP 的 HP Open View、游龙的 SiteView NNM、网强网络管理系统等。

在用户行为管理方面，现在许多公司都已开始重视，因为现在的企业行为基本上已离不开互联网。但是又不能对员工的上网（这里特指上互联网）行为不加任何约束，否则轻则浪费了公司的网络带宽资源，浪费了正常的工作时间，重则泄露公司机密，破坏公司网络和数据的安全。用户行为管理主要表现为对员工上网的时间段进行限制，对员工可以进行的互联网应用进行限制（如不能下载/上传文件、不能玩游戏、不能执行可执行程序、不能向外发送邮件等），对员工可以访问的网站进行限制（如仅访问公司和合作伙伴网站），对用户的互联网接入带宽占用进行限制（通过限制其端口上传、下载速率实现）。

网络数据的管理也可以分为集中管理和分散管理两种。当然对于企业来说，都是希望至少对公司共有数据进行集中存储和管理，而对用户私有文件（只用于员工自己工作的文件）则可分开存储和管理。集中存储又可以分为本地存储和异地存储两种。本地存储就是存储在本地服务器上，而异地存储则是存储在其他服务器上，可以是本地网络中的其他服务器，也可以不同本地网络的服务器，还可以是离线存储，如外部的磁带、磁盘或光盘存储。这些不同的存储和管理方式，其实也决定了不同的数据管理或者说安全级别。一般来说本地的分散存储管理级别最低，安全性最低，异地集中存储管理级别最高，安全性最高。

可以表 2-5 的形式对以上各主要管理需求向 IT 部门经理或网络管理人员进行调查。

表 2-5　管理需求调查表

调查项目	当前及未来 3～5 年的应用需求	签名（附日期）
用户管理需求		
权限和安全策略管理需求		
服务器和网站管理需求		
网络系统或设备管理需求		
用户行为管理需求		
网络数据管理需求		
其他管理需求		

2.2　用户性能需求分析

在全面了解了用户的需求后，接下来就要根据所掌握的用户需求进行分析，为后面的正式系统设计提供技术基础，毕竟用户只知道需要什么功能，具体在网络系统设计中如何体现并不清楚。下面各节同样分性能需求分析、功能需求分析、应用需求分析和安全需求分析四大部分进行介绍。本节介绍的是用户性能需求分析。

用户对网络性能方面的要求主要体现在终端用户接入速率、响应时间、稳定性、可扩展性和并发用户支持等几个方面。这几个方面的要求看似比较简单，却关系到了整个网络技术的选择、网络传输介质和网络设备的选择。

2.2.1　接入速率需求分析

在局域网系统组建方面，终端用户的接入速率是一个综合指标，由整个网络各方面的性能共同决定，如用户网卡、所连交换机端口速率，以及核心层或汇聚层交换机端口速率、背板交换带宽、服务器网卡类型和速率、服务器硬件配置和传输介质类型等方面。如果局域网中用了中间节点路由器连接，则还关系到路由器的整体性能。这些设备的选择方法将在第 7 章详细介绍。在此仅从技术方面进行介绍，因为实际上网络设备的主要性能还是由所选用的网络技术决定的。

撇开非正常情况，总的来说，用户接入速率保证需要考虑：网卡接口速率、交换机接口速率配置和传输介质类型这 3 个方面。

1．局域网接口速率配置

目前网卡和交换机接口速率基本上有 10/100Mb/s、100Mb/s、10/100/1000Mb/s 和 1000Mb/s

这 4 种。采用双绞线 RJ-45 接口的通常是自适应类型的，如 10/100Mb/s 和 10/100/1000Mb/s，而采用光纤传输介质的通常是固定速率的，如 100Mb/s 和 1000Mb/s。不过，目前采用 100Mb/s 速率的光纤接口比较少见，因为事实上现在已完全可以通过普通的双绞线接口来实现。工作站用户机上通常只需配置 10/100Mb/s 接口网卡即可，而服务器上通常是采用支持 1000Mb/s 速率的接口，而且有多种选择，如 1000 Base-T 和 1000Base-CX 等的双绞线 RJ-45 接口、1000Base-SX 和 1000Base-LX 等的单/多模光纤接口。各种以太网标准参见本系列丛书的《金牌网管师（初级）职业指南和网络基础》一书。

在局域网中，目前基本上都是用 IEEE 802.3 标准的以太网技术，其中传统的 10Mb/s 以太网和 FDDI 光纤数据网技术目前基本上已被淘汰，ATM 网络技术也由于其性价比与双绞线以太网相比不具有任何优势，所以在局域网中也已基本不用。当然根据用户现有网络资源也可适当考虑在局部使用以上局域网技术。如用户原来网络中有这部分的设备，也可尽可能地安排使用，可以给那些接入性能要求不高的用户使用，通常是那些上了年纪的行政部门员工使用，他们基本上只进行一些简单的文字处理。如网络中需要进行较长距离的互连，则也可考虑使用同轴电缆的 10Base-2 和 10Base-5 技术，因为它们单段网线的最长长度均比双绞线的长（粗同轴电缆单段可达 500m，细同轴电缆单段可达 180m，而单段双绞线长度只有 100m）。

目前终端用户的接入速率通常是支持快速以太网（IEEE 802.3u）标准的 10/100Mb/s 自适应类型，对于一些应用较为复杂的终端用户，如视频教学用户、需要从网络上进行大型多媒体动画演示的用户，可以采用千兆位以太网（IEEE 802.3z）标准的 1000Mb/s 接入速率。万兆以太网和七类双绞线目前在局域网中的应用仍然比较少，主要应用于广域网连接中，如 SDH 网络。它具有 5 种不同的光纤网络接口规范，对应于不同波段的光纤介质。为了确保用户链路接入性能没有性能瓶颈通常是按图 2-2 所示的端口速率按网络结构层进行标准配置。同样，可以利用各种端口汇聚技术，如 Cisco 的 FEC 和 GEC，聚合多条链路以得到一个非常高带宽（在全双工情况下，最高达到 8Gb/s）的链路。

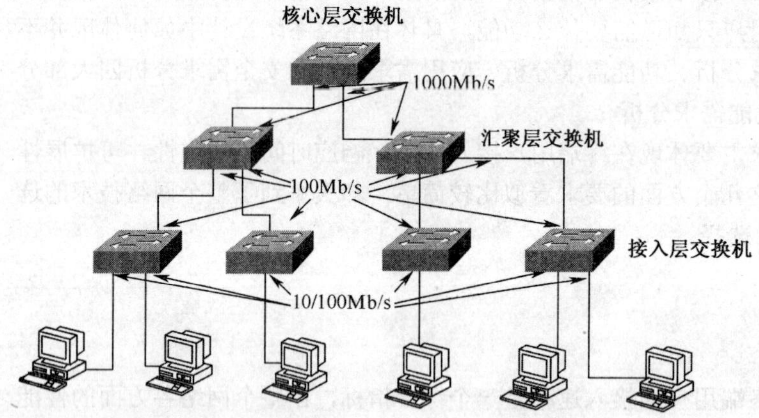

图 2-2　交换机端口速率配置参考

【经验之谈】接入速率不仅是由用户端网卡和所连接交换机端口的速率决定，还受上级交换机、服务器、路由器（如果有的话）的影响，这就是性能瓶颈的影响。一个所连支路交换机与核心交换机的连接只有 100Mb/s 的用户端，即使终端用户配置了 1000Mb/s，也享受不了千兆性能所带来的好处。

2. 传输介质选择

在确定了端口速率后，接下来就要选择适当的传输介质了。其实在一定程度上，传输速率决定了传输介质的类型。如通常 100Mb/s 以下选择的是五类或超五类双绞线。虽然也可以选择光纤，但就目前的五类（超五类）双绞线技术来说，百兆网络采用除了可以延长传输距离外，其他方面的优势并不明显。而六类/超六类双绞线则主要用于千兆位以太网中，当然此时如果采用光纤作为传输介质，传输性能会好很多，不仅是传输距离。而光纤作为传输性能最好的传输介质，目前主要用于千兆或以上的网络（如万兆以太网和其他诸如 GPON、GEPON 等光纤接入网络）中。

至于同轴电缆，目前比较少用，除了一些传输性能要求较低的广域网或者互联网接入系统（如 HFC 网络）中。在局域网中主要用于相互访问不是很频繁、访问带宽要求比较低的局域网互联。因为它的传输速率比较低（最高仅为 16Mb/s），传输距离虽然较双绞线的 100m 长，但较光纤的 10km（目前最长可达 70km 以上）来说，还是要短很多的。

从以上的分析可以得出，在一般的局域网系统中，通常都是采用五类/超五类（百兆速率）、六类/超六类（千兆速率）双绞线进行连接的。对于一些关键的应用系统，如网络存储系统、文件服务器等可以采用性能更佳的光纤进行连接。对于互联访问不是很频、应用比较简单的局域网互联，可以采用总线进行互联；对于互联访问比较频繁、应用比较复杂的局域网互联通常采用光纤进行。

3．广域网接入速率配置

对于广域网连接，如果是需要利用公共网络系统，如 PSTN、HFC、电力网等只需要用相应公用网络的传输介质（PSTN 的双绞电话铜线、HFC 的同轴电缆+光纤、电力网的电线）即可。而如果是采用专线连接，则通常是采取光缆进行的。各主要接入网性能比较如表 2-6 所示。

表 2-6　广域接入网比较

接入方式	传输介质	最高上行速率	最高下行速率	最长传输距离	主要特点	主要应用
普通 Modem	电话铜线	48Kb/s（v.92 标准下）	56Kb/s	10km 以上	速率低，但安装方便、实现容易、应用灵活	一般的网络接入、远程网络登录
ADSL	电话铜线	640Kb/s	8Mb/s	5.5km	速率较高，实现也比较容易，应用较广，但传输距离受限	互联网接入
HDSL	电话铜线	2.048Mb/s	2.048Mb/s	5km	速率一般，且上下行对称，但传输距离受限	经常需要上传数据的中小企业用户的互联网接入或局域网互联
VDSL	电话铜线	55.2Mb/s	19.2Mb/s	300m（为 55.2Mb/s 时），一般可达 1.5km	上下行速率均比较高，但传输距离非常短，标准未最终确立	适用于短距离的互联网高速接入和短距离之间的局域网互联
Cable Modem	电视同轴电缆	10Mb/s	对称时：10Mb/s 非对称时：40Mb/s	10km 以上	速率一般，因为 10Mb/s 速率被同一节点的所有用户共享，但传输距离较长，且实现容易，但服务费用较高	互联网接入和数字影音传输
SDH	光纤	目前为 9953.28Mb/s	目前为 9953.28Mb/s	100km	速率非常高，传输距离也很远，但频带利用率较低	TDM 数据

续表

接入方式	传输介质	最高上行速率	最高下行速率	最长传输距离	主要特点	主要应用
APON	光纤	155.52Mb/s	对称时：155.52Mb/s 非对称时：622.08Mb/s	20km	传输速率比较高，传输距离远，但对非 ATM 业务支持不是很好	ATM 业务
EPON	光纤	1.25Gb/s	1.25Gb/s	10km	传输速率高，兼容性好，且支持现有以太网技术，但标准未正式确立	主要支持以太网数据业务，对 TDM 业务的支持不是很好
GPON	光纤	1.244Gb/s	2.488Gb/s	20km	传输速率和效率均很高，传输距离远，兼容性好，同时支持 TDM 业务，但成本较高	适用于大客户的 ATM 和 GFP 业务
GEPON	光纤	1Gb/s	1Gb/s	20km	传输速率高、传输距离远、兼容性好，特别是与现有主流 IP 业务兼容良好，最有发展前景	商业或个人用户的以太网数据接入，对 TDM 业务的支持不是很好
DDN	主要为光纤	2.048Mb/s	2.048Mb/s	7km	传输速率和传输距离均一般，专线接入，安全性能好，但接入费用高，目前已很少有用户采用	一般的数据传输
LMDS	大气	155Mb/s	155Mb/s	5km	传输速率高，但传输距离短，运营成本高，但发展前景良好	所有业务
MMDS	大气	2.048Mb/s	2.048Mb/s	50km	传输速率一般，且主要用于电视信号的传输，带宽较窄，但传输距离很远，适合长距离无线电视传输	无线 CATV

2.2.2 吞吐性能需求分析

在新系统交付使用时，我们经常会问这样一个问题，那就是新系统是否达到了预期的性能（如 10Mb/s、100Mb/s、1000Mb/s）？而对于一个正在使用的网络，如果它的性能比正常情况慢了许多，如何来查找网络中的瓶颈？在企业要增加某种应用时，如何知道现有带宽是否满足要求？

对于这些问题，有一些网络管理者使用 PING 和类似软件的方式进行验证，但经常会发现 PING 报告结果很好，而性能依旧很差。因为仅靠发送 ICMP 包进行测试有很多局限性：① PING 是 ICMP（Internet Control Message Protocol，英特网控制消息协议）报文，这种单一形式的数据与网络中真实的流量有很大差异；②ICMP 工作方式虽然可以定制尺寸，但是报文的逐一发送和确认（每隔一秒发送一个 ICMP 报文）不能形成易于评估的高速流量；③ICMP 会报告可达性和网络环回时间，不易计算反映链路上下行传输能力的吞吐量。

要解决上述问题，服务商或企业网管理者需要测试网络吞吐量。而且吞吐量测试常常需要跨越局域网、广域网或 VPN 网络。负责网络安装、维护和故障诊断的网络工程师、网络管理员、提供高速光纤链路以太网至用户的电信部门的工程师都会在工作中使用吞吐量和加压测试来检查链路的性能。

网络中的数据是由一个个数据包组成的，交换机、路由器、防火墙等设备对每个数据包的处理要耗费资源。吞吐量理论上是指在没有帧丢失的情况下，设备能够接受的最大速率。其测试方法是：在测试中以一定速率发送一定数量的帧，并计算待测设备传输的帧，如果发送的帧与接收的帧数量相等，那么就将发送速率提高并重新测试；如果接收帧少于发送帧则降低发送速率重新测试，直至得出最终结果。吞吐量测试结果以 b/s 或 B/s 表示。

通过吞吐量测试可以解决以下问题：

- 测试端对端广域网或局域网间的吞吐量。
- 测试跨越广域网连接的 IP 性能，并用于对照服务等级协议（SLA），将目前使用的广域网链路的能力和承诺的信息速率（CIR）进行比较。
- 在安装 VPN 时进行基准测试和拥塞测试。
- 测试网络设备不同配置下的性能，从而优化和评估相关设置。
- 在网络故障诊断过程中，帮助判断网络的问题是局域网的问题还是广域网的问题，从而快速定位故障。
- 在增加网络的设备、站点、应用时检测其对广域网链路的影响。

吞吐量测试需要在链路两端进行，网络工程师通过选择两点来确定被测链路，仪表的主端在一边，远端在另一边，确定测试参数后进行测试。

通过网络吞吐量测试，可以在一定程度上评估网络设备之间的实际传输速率以及交换机、路由器等设备的转发能力。当然我们应当知道网络的实际传输速率同网络设备的性能、链路的质量、终端设备的数量、网络应用系统等因素都有很大关系。这种测试同样适用于广域网点到点之间的传输性能测试。如果您所在公司同各分公司的网络是通过 DDN、Frame relay 等线路连接，而您亟需了解该链路的实际传输性能，那么这项测试同样可以为您提供满意的答案。

吞吐量和报文转发率是关系路由器、防火墙等设备应用的主要指标，一般采用 FDT（Full Duplex Throughput，全双工传输）包来衡量，指 64 字节数据包的全双工吞吐量，该指标既包括吞吐量指标，也涵盖了报文转发率指标。

随着 Internet 的日益普及，内部网用户访问 Internet 的需求在不断增加，一些企业也需要对外提供诸如 WWW 页面浏览、FTP 文件传输、DNS 域名解析等服务，这些因素会导致网络流量的急剧增加，而路由器、防火墙作为内外网之间的唯一数据通道，如果吞吐量太小，就会成为网络瓶颈，给整个网络的传输效率带来负面影响。因此，考察路由器、防火墙的吞吐能力有助于更好地评价其性能表现。这也是测量路由器、防火墙性能的重要指标。

吞吐量的大小主要由路由器、防火墙内网卡和程序算法的效率决定，尤其是程序算法。大多数号称 100Mb/s 的路由器、防火墙，由于其算法依靠软件实现，通信量远远没有达到 100Mb/s，实际可能只有 10～20Mb/s。硬件路由器、防火墙由于采用硬件进行运算，因此吞吐量可以达到线性 90～95Mb/s，可以算是真正的 100Mb/s 的路由器和防火墙了。对于中小型企业来讲，选择吞吐量为百兆级的路由器、防火墙即可满足需要，而对于电信、金融、保险等行业的公司和大企业就需要采用吞吐量为千兆级的路由器、防火墙产品。

2.2.3 可用性能需求分析

可用性这个性能指标有些模糊，很难有一个确切、具体的数值来描述。通常是通过系统的稳定性、可靠性、无故障工作时间和故障恢复难易程度来体现的。

1. 可用性的概念

网络系统可用性是 Internet 站点涉及的一个概念，包括可靠性、故障恢复和故障时间等几个方面。最常用的可用性计量标准之一就是“9”的个数。这一数字可以转换为某一系统可正常工作的时间百分比。例如，运行时间百分比为 99.999 的系统可以说成其可用性为 5 个“9”。表 2-7 给出了 9 的个数和时间之间的对应关系。

表 2-7 “9”的个数和时间之间的对应关系

可接受的运行时间百分比	每天的停机时间	每月的停机时间	每年的停机时间
95	72.00 分钟	36 小时	18.26 天
99	14.40 分钟	7 小时	3.65 天
99.9	86.40 秒钟	43 分钟	8.77 小时
99.99	8.64 秒钟	4 分钟	52.60 分钟
99.999	0.86 秒钟	26 秒钟	5.26 分钟

从表 2-7 可以看出，可接受运行时间为百分之 99.9 的系统平均每天只有 86.40 秒钟或每月只有 43 分钟是不可运行的。要获得更多个 9 的可用性，必须要对系统部署、软件和解决方案实施的管理加以改进。要预测一个系统何时甚至是隔多久会发生故障是非常困难的，因此要获得更好的可靠性，一个关键的规划方法是要缩短故障的恢复时间。如果您的系统可以在 86.4 秒钟之内从故障中恢复过来，那么系统即使每天发生一次故障，仍然能够达到 3 个 9 的可用性。

上述的可用性概念是作为运行时间的函数分析的，与此相反是将可用性作为成功交易的函数来分析可用性这个概念。换句话说，如果某一个 Web 站点每天处理 100000 个请求，那么百分之 99.9 的可用性就意味着每天有 100 个请求是失败的。如果您将此作为衡量可用性的标准，那么在业务规划中对可用性的要求就可能会发生变化。例如，在一天之内一个 Web 站点的通信量是在改变的。在凌晨两点的时候，您的站点每小时的访问次数可能还不到 100。如果您的站点在这期间发生故障，那么此时发生的失败请求数量大约是下午 5 点时 1/4，那个时候是一天中的峰值时刻，每小时的访问次数为 400 次或更多。

网络系统的可用性同样是由许多方面共同决定的，如网络设备自身的稳定性、网络系统软件和应用系统软件的稳定性、网络设备的吞吐能力（相当于接收/发送能力）、应用系统的可用性等方面。因为吞吐性能在上节已有详细分析，下面仅就网络系统的稳定性和应用系统的可用性两个方面进行介绍。

2. 网络系统的稳定性

网络稳定性主要是指设备在长期工作下的热稳定性和数据转发能力。设备的热稳定性一般只能由品牌来作保证，因为它关系到其中所用的元器件。一般好的品牌产品选用的元器件质量都比较好，制造工艺也比较先进，热稳定性自然就好。而一些杂牌的设备产品采用质量较差的元器件组装、生产，也没有先进的制造工艺，生产出来的产品还可能不符合相应产品的国际、国家或者行业标准，热稳定性要大打折扣。这一点可以通过观察身边的网络设备来发现。如有些 ADSL Modem 稍微用久一些，连接速率就会大幅下降，甚至无法继续使用，而关机让它降温后又可恢复好的连接性能。而一些好的品牌的设备就很少有这种问题出现。

在网络系统中，与稳定性有关的设备主要有网卡、交换机、路由器、防火墙等，在使用时最好把这些设备安装在通风条件比较好的机房中（一般条件比较好的企业网络机房都装有空调）。经常感知一下这些设备的温升，特别是核心层、汇聚层交换机和边界路由器，因为这些设备的数据流量比较大，长时间处于高负荷状态，容易引起温升。

至于网络设备的数据吞吐能力就与具体设备的档次有关了。当然不可能一味追求高吞吐能力的设备，这样的投资成本会非常高。在选择设备时一定要选择吞吐能力适合对应网络规模、网络应用水平和发展水平的设备。像网卡的吞吐能力是由网卡芯片型号、接口带宽、接品类型等因素共同决定的，而交换机的吞吐能力是由交换机芯片型号、相应端口带宽、背板带宽和接口类型等因素共同决定的；路由器吞吐能力主要由路由器处理器型号、端口带宽、路由表大小、支持的路由协议和接口等因素共同决定。

稳定性的要求根据不同网络规模、不同应用水平和不同用户都有不同的需求，如有的大型网络系统要求 7×24 不间断运行，而有些中小型企业网络系统则没有这个要求。有关网络设备的具体选购方法将在第 6 章具体介绍，在此不再赘述。

3．应用系统的可用性

关于可用性的测试和评估，在国外现在已经形成一个新的专业，称为可用性工程（Usability Engineering）。由于是一个专业，因此就有专门的人员来从事这项工作，并发展出一整套的方法和技术来进行可用性的测试和评估。一个软件可用性的测试和评估应该遵循以下原则：

- 最具有权威性的可用性测试和评估不应该是专业技术人员，而应该是产品的用户。因为无论这些专业技术人员的水平有多高，无论他们使用的方法和技术有多先进，最后起决定作用的还是用户对产品的满意程度。因此，对软件可用性的测试和评估，主要应由用户来完成。
- 软件的可用性测试和评估是一个过程，这个过程早在产品的初样阶段就开始了。因此一个软件在设计时反复征求用户意见的过程应与可用性测试和评估过程结合起来进行。当然，在设计阶段反复征求意见的过程是后来可用性测试的基础，不能取代真正的可用性测试。但是如果没有设计阶段反复征求意见的过程，仅靠用户最后对产品的一两次评估是不能全面反映出软件的可用性的。
- 软件的可用性测试必须是在用户的实际工作任务和操作环境下进行。可用性测试和评估不能靠发几张调查表，让用户填写完后，经过简单的统计分析就下结论。可用性测试必须是用户在实际操作以后，根据其完成任务的结果进行客观的分析和评估。
- 要选择有广泛代表性的用户。因为对软件可用性的一条重要要求就是系统应该适合绝大多数人使用，并让绝大多数人都感到满意。因此参加测试的人必须具有代表性，应能代表最广大的用户。

4．提高可用性的技术

表 2-8 所列的技术可以用来提高系统的可用性，并且介绍了它们能够应用在哪些故障点上。在部署中遇到的单点故障越少，这种部署就更具有高可用性。

表 2-8 提高可用性的一些方法

高可用性技术	网络	服务器	磁盘	应用程序	数据库
多块网络接口卡	×				
多个 Internet 服务提供商	×				
地理上分散的数据中心	×	×	×	×	×
不间断电源（UPS）	×	×	×	×	×
双电源	×	×	×	×	×
双路由器	×				
数据备份		×	×	×	×
RAID 磁盘阵列			×		
磁盘镜像			×		
双磁盘控制器			×		
负载均衡的冗余服务		×		×	
群集配置		×	×	×	×
数据复制		×	×	×	×

2.2.4 并发用户数需求分析

并发用户数需求是整个用户性能需求的重要方面，通常是针对具体的服务器和应用系统，如域控制器、Web 服务器、FTP 服务器、E-mail 服务器、数据库系统、MIS 管理系统、ERP 系统等，并发用户数支持的多少决定了相应系统的可用性和可扩展性。所支持的并发用户数多少是通过一些专门的工具软件进行测试的，测试过程就是模拟大量用户同时向某系统发出访问请求，并进行一些具体操作，以此来为相应系统加压。但是不同的应用系统所用的测试工具不同。

并发性能测试的过程是一个负载测试和压力测试的过程，即逐渐增加负载，直到系统的瓶颈或者不能接收的性能点，通过综合分析交易执行指标和资源监控指标来确定系统并发性能的过程。负载测试（Load Testing）是确定在各种工作负载下系统的性能，目标是测试当负载逐渐增加时，系统组成部分的相应输出项，例如通过量、响应时间、CPU 负载、内存使用等来决定系统的性能。负载测试是一个分析软件应用程序和支撑架构、模拟真实环境的使用，从而来确定能够接收的性能过程。压力测试（Stress Testing）是通过确定一个系统的瓶颈或者不能接收的性能点，来获得系统能提供的最大服务级别的测试。

并发性能测试的目的主要体现在 3 个方面：以真实的业务为依据，选择有代表性的、关键的业务操作设计测试案例，以评价系统的当前性能；当扩展应用程序的功能或者新的应用程序将要被部署时，负载测试会帮助确定系统是否还能够处理期望的用户负载，以预测系统的未来性能；通过模拟成百上千个用户，重复执行和运行测试，可以确认性能瓶颈并优化和调整应用，目的在于寻找到瓶颈问题。

当一家企业自己组织力量或委托软件公司代为开发一套应用系统的时候，尤其是以后在生产环境中实际使用起来时，用户往往会产生疑问，这套系统能不能承受大量的并发用户同时访问？这类问题最常见于采用联机事务处理（OLTP）方式的数据库应用、Web 浏览和视频点播等系统。这种问题的解决要借助于科学的软件测试手段和先进的测试工具。

在测试方案运行中，如果出现了大于 3 个用户的业务操作失败，或出现了服务器 shutdown（死机）的情况，则说明在当前环境下系统承受不了当前并发用户的负载压力，那么最大并发用户数就是前一个没有出现这种现象的并发用户数。如果测得的最大并发用户数达到了性能要求，且各服务器资源情况良好，业务操作响应时间也达到了用户要求，那么就可以了。否则，再根据各服务器的资源情况和业务操作响应时间进一步分析原因所在。

2.2.5 可扩展性需求分析

网络系统的可扩展性需求决定了新设计的网络系统适应用户企业未来发展的能力，也决定了网络系统对用户投资的保护能力。试想一个花了几十万构建的网络系统，可就在使用不到一年时，因为公司用户量的小幅增加，或者增加、改变了一些应用功能模块就无法适应了，需要重新淘汰一部分原有设备或者应用系统，甚至需要全面改变原有网络系统的拓扑结构，其损失之大是一般企业都无法承受的，也是不允许的。

网络系统的可扩展性能到底需要多高并不是凭空设想的，而是要根据具体用户网络规模的发展速度（根据最近一年的发展情况和对未来发展的预计估算）、关键应用特点。网络系统的可扩展性需求保证主要是为了适应网络用户的增加，网络性能需求的提高、网络应用功能的增加或改变等方面。

网络系统的可扩展性最终体现在网络拓扑结构、网络设备，特别是硬件服务器的选型，以及网络应用系统的配置等方面。下面进行简单分析。

- 网络拓扑结构的扩展性需求分析

在网络拓扑结构方面，所选择的拓扑结构要方便扩展，要能满足用户网络规模发展需求。在网络拓扑结构中，网络扩展需求全面体现在网络拓扑结构的三层（通常为三层，即核心层、汇聚层和接入层）。一般的网络规模扩展主要是关键节点和终端节点的增加，如服务器、各层交换机和终端用户的增加。这就要求在拓扑结构中的核心层交换机上要留有一定量的冗余高速端口（具体要冗余多少端口要根据相应用户的发展速度而定），以备新增加的服务器、汇聚层交换机等关键节点的连接。通常是少数关键节点的增加可直接在原结构中的核心交换机上冗余的端口上连接，如果需要增加的关键节点比较多，则可以通过增加核心层交换机或汇聚层交换机集中连接。而在汇聚层，也应留有一定量的高速端口，以备新增加的接入层交换机或终端用户的连接。少数的终端用户增加也应可以直接使用接入层交换机上的冗余端口连接，如果增加的终端用户比较多，则可使用汇聚层的高速冗余端口，新增一个接入层交换机集中连接这些新增的终端用户。

- 交换机的扩展性需求分析

交换机端口的冗余可通过实际冗余和模块化扩展两种方式来实现。实际冗余是对于固定端口配置的交换机而言，而模块化结构交换机的端口可扩展能力要远好于固定端口配置的交换机，当然价格也贵很多。另外，通过交换机堆叠可以比较好地解决交换机端口不足的问题，还可以集中管理；通过交换机集群功能可以克服单一交换机性能不足和负载均衡问题。但堆叠功能一般只是中低档交换机才具有，集群功能则比较多的交换机具有。

交换机的可扩展性需求还体现在端口类型和速率配置上，特别是核心层和汇聚层交换机。如原来网络比较小，但企业网络规模发展比较快，此时在选择核心层、汇聚层交换机时就要注意评估一下是否要选择支持光纤的千兆交换机，尽管目前可能用不上，但可能在很短的几年后就要用到高性能的光纤连接，如与服务器、数据存储系统等的连接。当然双绞线千兆的支持是必不可少的，而且还要评估一下需要多少个这样的端口，要冗余多少个双绞线和光纤端口。如果在网络系统设计时没有充分地考虑，则当用户规模增大或者应用需求提高，需要使用光纤设备时，则原来所选择的核心层和汇聚层交换机就都不适用了，需要重新购买，原来的只能作为接入层交换机使用，浪费了用户的投资。

- WLAN 网络的扩展性需求分析

与交换机类似的设备就是 WLAN 网络中的无线接入点（AP），它同样有连接性能问题。目前建议选择最新的支持 300Mb/s 接入速率的 IEEE 802.11n 标准企业级 WLAN 设备，特别是 AP 设备，因为以前 WLAN 标准设备的连接性能较低，连接的用户数比较少。在 WLAN 网络的可扩展性方面，要注意的是频道的分配，因为总的可用频道有限（15 个），而在同一覆盖范围中可用的频道就更少（只是 3 个），所以在网络系统设计之初应尽可能预留一些频道供将来扩展，不要全部占用。而且 AP 的安装位置也很重要，尽量不要使 AP 间的信号在同一区域中覆盖。

- 服务器系统的扩展性需求分析

网络设备的可扩展性需求的另一个重要方面就是硬件服务器的组件配置，非常重要。现在国内外几大主要服务器厂商，如 IBM、HP、SUN、联想、浪潮、曙光等都有类似的“按需扩展”理念，为客户提供灵活的扩展方案。因为一般的服务器价格非常贵（入门级的价格通常在 2 万元以内，工作组的价格通常在 5 万元以内，部门级的价格通常在 8 万元以内，企业级的价格通常在 12 万元以上），如果因为扩展性不好，在短时间内遭到淘汰的话，则是一种极大的投资浪费。服务器的可扩展性主要体现在支持的 CPU 数、内存容量、磁盘架数、I/O 接口数和服务器有群集能力等几个方面。部门级以下的服务器通常都是采用 SMP（Symmetrical Multi-Processing，对称多处理器）来支持处理器扩展的，目前最高的 SMP 处理器数为 8 个，超过 8 个的通常是采取 MMP（Massively Parallel Processor，大规模并行处理器）和 NUMA（Non-Uniform Memory Access，非一致内存访问）处理器并行扩展技术来实现的。小企业应选择支持至少 2 路或者以上的 SMP 对称系统，中型企业则应选择至少 4 路或以上的对称系统，而大型企业应选择 8 路或以上的 NUMA 系统。

内存容量通常要看服务器中每根内存插槽可以支持的内存容量以及内存插槽数。一般每根内存插槽所支持的内存容量为 1GB，所配置的内存插槽数一般最少为 4 条，最好有 8 条或以上，以备扩展。所支持的最大内存容量也要视不同的网络规模和应用而定，小型普通企业服务器系统应支持至少 4GB 内存，中型普通企业服务器系统应支持至少 8GB 内存，而大型普通企业服务器系统应至少支持 12GB 以上的内存容量。对于应用较复杂的企业，其所支持的最大内存容量需要在相应级别上进行适当增加。

在磁盘扩展性方面，通常是取决于所提供的磁盘架（其实也就是磁盘接口数），当然在一定程度上也决定了相应服务器系统所能提供的最大磁盘容量。通常小型企业应选择至少能支持 5 个磁盘架的服务器系统，中型企业则应选择 8 个以上的磁盘架服务器系统，而大型企业则需要选择具有 12 个以上的磁盘架服务器系统。

I/O 接口的扩展性是指 PCI、PCI-X、PCI-E 等扩展插槽数，这方面的需求一般不会因企业网络规模的改变而有大的改变，因为这些扩展插槽主要应用于像网卡、磁盘阵列卡或 SCSI（也可能是 IDE、SATA）控制卡、内置 Modem 等设备。通常应预留有两个以上的冗余 I/O 插槽，扩展插槽类型要视服务器系统所采用的 I/O 设备接口类型而定。

以上服务器组件的扩展，在需求较低的情况下可以完全通过在原系统中冗余来保证，但是在扩展性需求较高的情况下，原有系统就很难保证了，毕竟服务器的机箱空间有限，再加上外接太多扩展设备在机箱后，机箱的温度会有显著上升，给服务器系统带来不稳定性。于是，像 IBM 这样的顶级服务器厂商就提供了远程 I/O 连接的方案，把需要扩展的 I/O 设备安装在服务器机箱外面（称之为 Remote I/O），通过一条电缆与服务器主板连接即可。这样，一方面扩展性大大增强，另一方面也不会因增加的 I/O 设备给服务器机箱系统带来温升，造成系统的不稳定性。

- 广域网系统的可扩展性需求分析

以上是针对局域网系统进行介绍的，在广域网中同样存在可扩展性方面的需求，如 WAN 连接线路、WAN 连接方式，以及支持的用户数和业务类型等方面。一方面体现在像路由器之类的网络边界设备的 WAN 端口数和所支持的 WAN 网络接口类型上，另一方面体现在所选择的广域网连接方式所能提供的网络带宽是否可以满足用户数的不断增加，是否支持当前和未来可能需要的业务类型上。如现在的网吧级宽带路由器就可以支持多线路，不仅可以提供容错，还可以实现负载自动均衡。另外，像分组交换网、帧中继、DDN 专线的速率通常是在 2Mb/s 以内，通常只适用于小型用户的普通电话类业务，不适用于大中型企业用户和像实时的多媒体业务和大容量的数据传输。而 ATM 的传输速率可达 622Mb/s，全面支持几乎所有接入网类型和业务，但实现成本较高，并且对以太网业务的支持不是很好。具体各种广域网中的接入网和交换网技术的优缺点请参见笔者编写的《网络工程师必读——接入网与交换网》一书。

- 应用系统的可扩展性需求分析

在网络应用系统功能配置上一方面要全面满足当前及可预见的未来一段时间内的应用需求，另一方面要能方便地进行功能扩展，可灵活地增、减功能模块。在这方面的选择需要考虑网络应用软件的功能和性能支持，如邮件服务器方面，Windows Server 2003 系统自带的 POP3 服务器系统就只支持不到 100 个用户的小型企业使用，而 CMServer 这类的邮件服务器系统则可以支持 1000 个以上的用户，而像 Exchange Server 2003 或 Exchange Server 2007、Sendmail 这样的邮件服务器系统则可以支持更高的用户数。其他应用系统也一样，具体要在选择应用软件时充分考虑。

网络通信子系统设计篇

第一篇

在第 1 章的综述中就说到了，在一般的企业网络系统工程设计中，主要包括：网络通信子系统设计、网络安全子系统设计、网络存储子系统设计三大部分。本篇先介绍网络通信子系统的设计。

在网络通信子系统的设计中，要确定网络拓扑结构、网络综合布线系统、网络设备的选型和网络体系架构的规划与设计等几个重要方面。它是网络通信子系统的整体架构，也是后面的网络安全子系统和网络存储子系统规划与设计的基础。

在第 2 章中，已对整个网络工程设计中的前期用户调查和分析工作进行了详细的介绍。在本篇中，按照一般的网络工程设计流程安排了以下几章内容：

- 第 3 章：网络拓扑结构规划与设计
- 第 4 章：综合布线系统规划与设计
- 第 5 章：网络设备的选型
- 第 6 章：网络体系架构规划与设计
- 第 7 章：企业网络通信子系统结构方案

第3章

网络拓扑结构规划与设计

在进行网络通信子系统的规划与设计过程中，网络拓扑结构的规划与设计是在明确了用户需求后所要进行的第一步。网络拓扑结构是一个网络系统的基础结构，其他各种子系统的规划与设计，以及其他规划与设计步骤都是建立在网络拓扑结构设计的基础上，如后面将要介绍的综合布线系统设计、设备选型、应用系统的部署、网络安全子系统和网络存储子系统的规划与设计等。

网络拓扑（Topology）结构是指用传输介质互连各种设备的物理布局，体现了网络中各网络设备的相互连接关系。网络拓扑结构取决于所采用的网络技术、网络规模、用户分布和传输介质等主要方面。在局域网中通常采用的是以太网技术，可采用的网络拓扑结构主要有星型、环型、总线型、混合型等几种，传输介质目前主要是双绞线和光纤。而在广域网中，网络拓扑结构可以有集中式、分布式、分散式、全互联式和不规则式等几种，传输介质则通常是电话铜线和光纤。当然不同的广域网接入所采用的具体网络拓扑结构并不一样。

网络拓扑结构是以网络拓扑结构图的形式体现的，所以本章介绍如何利用工具软件进行网络拓扑结构图的绘制，当然更重要的是要掌握各种类型的网络拓扑结构规划与设计的基本思路。

教学（自学）课时安排

课时安排	本章老师共需安排3个授课课时。	
授课课时	主要内容	重点
1	①广域网拓扑结构 ②网络拓扑结构绘制	①广域网拓扑结构 ②网络拓扑结构绘制
2	①小型星型网络结构设计 ②中型扩展星型网络结构设计 ③大型混合型网络结构设计 ④园区网络结构设计 ⑤无线局域网结构设计	①小型星型网络结构设计 ②中型扩展星型网络结构设计 ③大型混合型网络结构设计 ④园区网络结构设计 ⑤无线局域网结构设计
3	①小型企业互联网接入拓扑结构设计 ②X.25广域网接入拓扑结构设计 ③FR广域网接入拓扑结构设计 ④ATM广域网接入拓扑结构设计 ⑤光纤接入广域网拓扑结构设计	①小型企业互联网接入拓扑结构设计 ②X.25广域网接入拓扑结构设计 ③ATM广域网接入拓扑结构设计 ④光纤接入广域网拓扑结构设计

3.1 网络拓扑结构

拓扑（Topology）结构是将各种物体的位置表示成抽象位置。在网络中，拓扑结构形象地描述了网络的安排和配置，包括各种节点和节点的相互关系。拓扑结构不关心事物的细节，也不在乎相互的比例关系，只将讨论范围内的事物之间的相互关系通过图表示出来。网络中的计算机等设备要实现互联，就需要以一定的结构方式进行连接，这种连接方式就叫做“网络拓扑结构”，通俗地讲就是这些网络设备是如何连接在一起的。

从拓扑学的观点来看，局域网可以看成是由一组节点和链路组成的网络。而网络中节点和链路的几何位置排列就是我们所要讨论的局域网拓扑结构。局域网的拓扑结构决定了局域网的工作原理和数据传输方法，一旦选定一种局域网的拓扑结构，则同时需要选择一种适合于该拓扑结构的局域网工作方法和信息的传输方式。另外，拓扑结构又与所采用的局域网技术和实现方式有关。

3.1.1 局域网拓扑结构

随着电子集成技术和通信技术的发展，局域网拓扑结构也在不断地变化和更新。在 20 世纪 60 年代推出了环型拓扑结构和星型拓扑结构，随着分布式控制的发展，20 世纪 70 年代推出了总线型和树型拓扑结构。目前，局域网的拓朴结构主要有：星型、环型、总线型、树型和混合型等几种。其中前 3 种是广泛应用的网络拓扑结构单元，实际的企业网络拓扑结构基本上是这 3 种网络结构单元混合组成的，如后面的树型、混合型结构。网状结构在局域网中目前基本上不单独采用，只是在一个网络中的局部采用，主要用于冗余连接。

在 WLAN 无线局域网中，根据其数据交换原理分为无无线集中连接设备 AP 的 Ad-Hoc 点对点结构和有无线集中连接设备 AP 的 Infrastructure 集中式结构两种。

因有线局域网和 WLAN 网络拓扑结构在本系列丛书的《金牌网管师（初级）职业指南和网络基础》一书的第 3 章已有详细介绍，在此不再赘述。

3.1.2 广域网拓扑结构

在广域网中，网络拓扑结构类型的划分主要是从管理和访问控制功能角度进行的，而不是从结构外形角度，所以广域网的拓扑结构不是称为某某形状，而是称为某某式。下面是按功能分布角度划分的广域网拓扑结构：

- 集中式拓扑（Centralized Topology）结构
- 分布式拓扑（Distributed Topology）结构
- 分散式拓扑（Decentralized Topology）结构
- 全互连（网状）拓扑（Mesh Topology）结构
- 不规则拓扑（Abnormity Topology）结构

1. 集中式拓扑结构

集中式拓扑结构中，网络用户管理和访问业务处理集中在较少的几台服务器上，这些服务器通常是被集中放置在网络中心的通信控制处理机（NC，如复用器、交换机等），或称“节点计算机”，如各种功能服务器。在其之下，可以有许多级的集中器（Concentrator）。它们的作用仅是进行用户网络的物理连接，用户身份的验证和业务处理仍是由顶端的通信控制处理机负责。

在集中式拓扑结构中，信息必须是由中心节点（如中心交换机/服务器群）来完成的，整体物理结构其实与有线局域网中的星型结构是一样的。如图 3-1 所示是一个集中式拓扑结构单元，而如图 3-2 所示是集中式结构的扩展模式，由多个集中式结构组成，相当于有线局域网中的星型结构扩展模式。图中的 H 是 Host（主机）的简写；T 是 Terminal（终端）的简写；NC 是 Node Computer（节点计算机，如服务器），也称“通信控制处理机”（如复用器、交换机等）的缩写；C 是 Concentrator（集中器）的简写。下同，不再赘述。

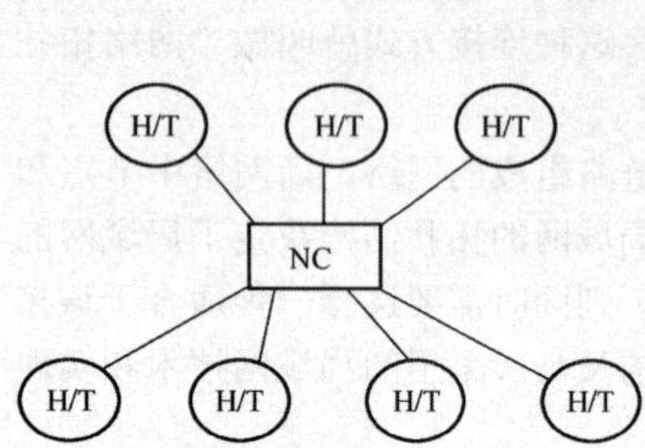

图 3-1　基本集中式结构示例

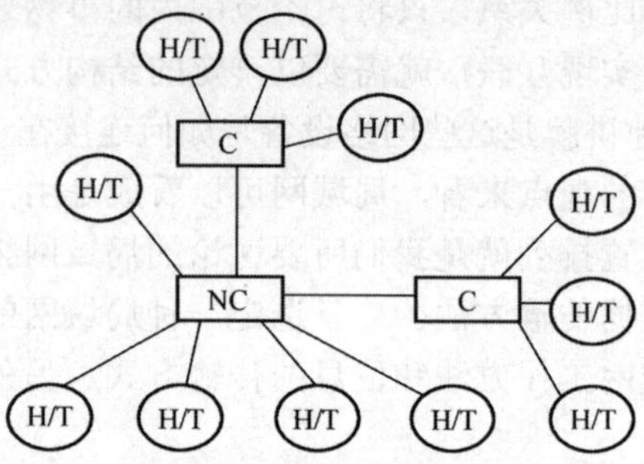

图 3-2　两级集中式结构示例

在集中式网络结构中通常在靠近用户终端较集中的某处设置集中器或多路复用器，利用集中器或多路复用器集中连接，并接收和发送数据，如 ADSL 接入方式、光纤以太网接入方式等都是采用这种拓扑结构的。集中式体系结构的特点是用户的登录控制是由一个或相互均衡的多个通信控制处理机担当的，而集中连接器只负责用户的集中连接和数据转发。

采取集中式拓扑结构有 3 个主要原因：第一，它们是从主机系统（如局域网）中继承的传统应用结构（如星型拓扑结构）；第二，单一（或较少）的节点主机减少了数据库一致性问题的发生；第三，这种集中式结构也简化了用户的管理工作。所以说这种结构的主要优点就是管理和用户扩展容易。这种结构的问题在于由于所有的用户终端都需要访问中央服务器，网络流量会汇集到网络主干上，这将导致传统的共享网络主干上交通拥挤，从而导致系统应用性能下降。幸运的是，由交换技术提供的高速链路为这一问题的解决提供了办法。由于具有高速度、低延迟的特性，交换机具有更好的响应速度。低延迟意味着从客户机到服务器之间的网络连接所跨越的交换机数量对实际响应时间影响较小。

这种结构的主干可以看做是多级的、连接不同“星”的“星”。像小溪流进大河一样，“小溪”和“大河”都可以看做星型网络中的“星”。在集中式结构中，数据通信被汇聚到主干中，所以中心交换机需要采用高速网络技术，如快速以太网、千兆甚至万兆光纤以太网、ATM 等。这种结构中，中央设备将成为一个集中失效点，一旦该设备失效就会导致应用瘫痪，所以一定要选用高可靠性、容错性好的设备。

2．分布式拓扑结构

分布式是相对集中式而言的，在这里要着重理解“分布”的含义，否则就无法与下面将要介绍的“分散式拓扑结构”区分开来。这里的“分布”是指网络中的用户管理功能和用户业务处理都交给相应功能域的通信控制处理机（如子服务器、交换机和复用器等）、集中器完成，而中心节点交换机/服务器群只负责网络的总体控制和管理。分布式拓扑结构如图 3-3 所示。

分布式拓扑结构很明显是从功能上进行描述的，也就是功能上分布。它就像我们经常听到的分布式防火墙系统一样。在分布式防火墙系统中，在最顶端有一个管理中心负责整个防火墙系统的管理，下面还有服务器系统、客户端系统，分别负责为服务器系统计算机和工作站系统计算机进行通信保护，管理中心并不直接负责用户的通信处理。这实际上就是把原来由少数服务器完成的业务工作分布在许多服务器中共同承担，减轻了主干网络交换机和服务器的负担。通常是按不同的业务类型来划分的，如把所有电话通信业务用一台（也可能是几台，下同）服务器专门负责，而互联网连接业务用一台服务器负责，而把所有邮件通信业务用一台服务器负责等，这样也简化了各功能服务器的配置，降低了应用的复杂性，可提高服务器的稳定性。

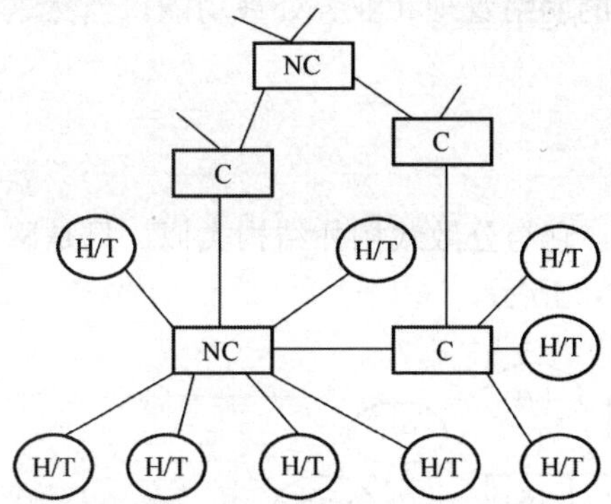

图 3-3　分布式拓扑结构示例

分布式拓扑结构中，往往把各种功能的应用服务器设置在靠近用户的最大集中点。支持分布模式拓朴的网络，要求把网络用户分配到不同的应用领域，每个应用域需要为所有域用户访问的主要应用提供访问。在分布式网络中，可以由交换机/服务器群的分布形状看出应用域的物理表现形式。用户和其相关的服务器被连接到同一个交换机上，这种把客户机和服务器都作为网络叶节点的形式使整个网络的结构变得平坦。

在分布式结构中，可以采用这么一个简单的设计原则：当一台服务器需要被许多用户共享且响应时间很重要时，就在那里放置一台交换机。把整个企业应用分配到很多的交换机/服务器群中，每个服务器中装载了该域用户经常访问的数据和应用。这样一来，客户机/服务器的事务就基本在本地进行，而网络主干仅用于服务器间的数据同步。这种结构的设计要点是，把服务器放置在最佳位置利用，分布式数据库技术和交换机的能力使数据通信尽量发生在本地。这种结构的主干也可以看做连接不同“星”的“网”，这种结构的“网”特性使得主干的容错性能较好，一个点的失效不会导致整个企业应用的瘫痪。但这种结构的管理比较复杂。其流量情况比较复杂，需要根据具体情况核定，以选择足够带宽的链路。

分布式拓扑结构的优点是由于采用分散控制，即使整个网络中的某个局部出现故障，也不会影响全网的操作，因而具有很高的可靠性；网中的路径选择最短路径算法，故网上延迟时间少、传输速率高，但控制复杂；各个节点间均可以直接建立数据链路，信息流程最短；便于全网范围内的资源共享。它的缺点是连接线路用电缆长、造价高；网络管理软件复杂；报文分组交换、路径选择、流向控制复杂。

3．分散式拓扑结构

这种拓扑结构的关键就是“分散”这两个字。它与前面介绍的“分布式拓扑结构”的区别也就在于“分布”与“分散”之间的区别。“分布”是根据功能划分，把总体业务处理功能根据具体业务类型移植在多个下级通信处理机或集中器中完成，以减轻主干交换机/服务器的负担，使得整个网络从业务处理上来看显得更为“平坦”；而“分散”则不是根据业务功能来划分的，而纯粹是根据地理位置分布来划分的，它是按照一定的地理范围和用户数来确定控制处理机（如交换机/服务器群、用户复用器）设置的。每一个交换机/服务器群和复用器节点都同时负责该区域中所有用户的所有业务处理和用户管理，当然在中心节点的服务器中也可对整个网络进行统一管理。分散式拓扑结构如图 3-4 所示。

这个概念其实与我们常见的域网络中的父域与子域的关系非常类似。这里的中心节点交换机/服务器群和多路复用器就相当于父域，而下面各级交换机/服务器群和复用器则相当于各级子域。在子域中是有自己的用户管理功能的，也负责着自己子域系统中用户的网络访问和数据通信，但在父域中，同样可以对下面的各级子域进行管理，如组策略、安全策略、配置文件等。在分散式拓扑结构中也一样，中心节点的交换机/服务器群和多路复用器也对下面的子节点交换机/服务器群和复用器进行管理，必要时可取消某个子节点的网络管理和业务处理功能。当然这些都需要通过特定的管理系统来完成。

4．全互连拓扑结构

全互连拓扑结构也就是通常所说的“网状拓扑结构”。它与分散式拓扑结构类似，只是网中的所有交换机、集中器或复用器节点都相互连接，如图 3-5 所示。

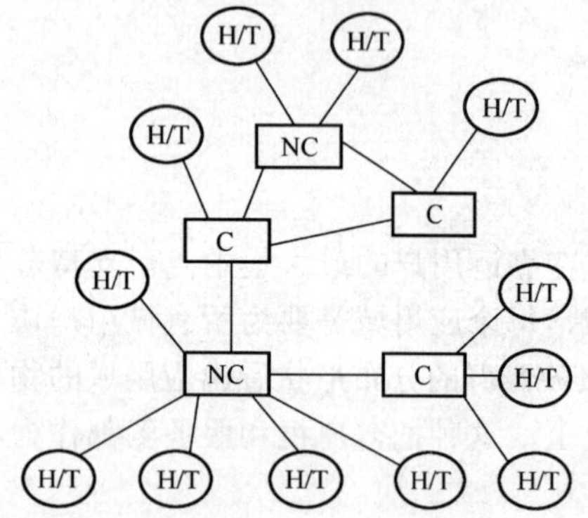

图 3-4　分散式拓扑结构示例

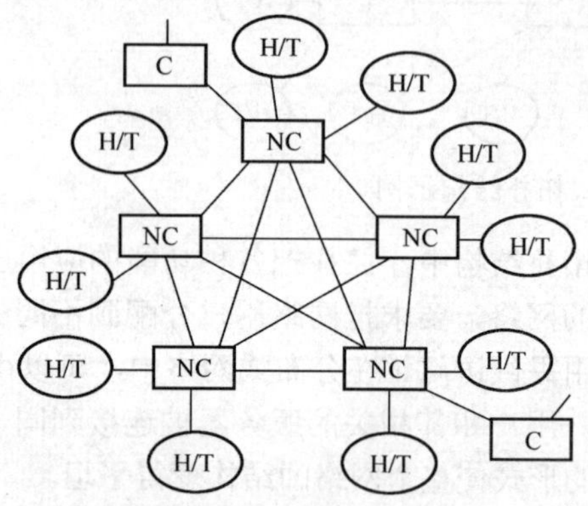

图 3-5　全互连拓扑结构示例

在全互连式网络结构中，各交换机/服务器群和复用器节点都负责网络中所有用户的所有业务处理，相互连接后，就相当于起到均衡和冗余的双重作用，当某一节点繁忙时，它可以把本来连接在该节点上的用户业务处理交给网络中互连的其他节点来处理；当网络中互连的某节点失效时，它原来的业务可由原来互连节点中仍正常工作的其他几个节点分担。所以这种网络结构可用性比较好，但是网络布线复杂，特别是在相距比较远的多个节点之间。

全互连拓扑结构的主要优点有如下几个方面：

- 网络可靠性高，一般通信子网中任意两个节点交换机之间存在着两条或两条以上的通信路径，这样，当一条路径发生故障时，还可以通过另一条路径把信息送至节点交换机。
- 网络可组建成各种形状，采用多种通信信道、多种传输速率。
- 网内节点共享资源容易。
- 可改善线路的信息流量分配。
- 可选择最佳路径，传输延迟小。

全互连拓扑结构的缺点是网络控制和软件功能配置复杂、线路费用高、不易扩充。

5．不规则拓扑结构

不规则拓扑结构实际上就是指不是采用以上介绍的某一种固定的结构模式，而可能是几种结构的混合，也可能是根本没有考虑到采用什么固定结构（所以也有人认为这不是一种拓扑结构），只是根据实际需要进行配置。通常广播式通信网都属于不规则结构网，如无线电或卫星通信网，网中所有通信处理机都共享通信信道，网络通信范围大，覆盖面广且通信容量大。

3.2　网络拓扑结构绘制

组建企业网络系统过程中，在详细地了解企业网络应用和安全需求后，接下来就要为具体的网络设计与应用需求、当前实际建筑物空间分布，以及企业网络规模、行业特点等相适应的网络拓扑结构。在这里不仅需要设计出网络的总体结构，最好还要细化到关键节点的具体位置，并标出哪些节点属于保留备用的，哪些节点用来连接什么样的主机，这为后面将要进行的综合布线系统设计提供重要依据。当然为了更明确地指示出拓扑结构的全面信息，还需要以文字的形式在相应结构图中或图的外面作具体说明，以解决图示方式不能很好标注的问题。

拓扑结构的设计非常重要，不得随意应付，因为它关系到后面的网络具体部署和网络设备、软件系统等的选购。一个结构不明确、不完善的网络规划方案肯定不是一份合格的好方案。首先介绍一下网络拓扑结构的绘制方法，这是许多读者朋友所不了解的，在下节将介绍一些典型网络拓扑结构设计的基本思路。

3.2.1 简单网络拓扑结构图元的获取

在网络拓扑结构设计中，图元是结构图中的基本元素。如何获取这些基本的图元是绘制一个美观的拓扑结构的关键之一。许多读者朋友画网络拓扑结构图时采用的基本上是一些小型的免费或共享软件（如 Windows 系统中的“画图”软件和 Hyper-Snap-DX 等），这样这些图元就显得非常重要了，因为我们都不是学美术的，直接利用这些绘图工具软件是很难绘制出漂亮的基本图元的。

1．工作积累法

其实图元的获取有多种途经，最简单的方式就是自己平时在工作中注意积累，看到一个比较好的元素图就保存下来，当然这些图元要符合通用的标准，不是随意的。如计算机、服务器、打印机、交换机、路由器和防火墙的基本元素图基本上是采用如图 3-6 所示的图示。在这些图元中，有的是实际设备的缩略图（如计算机、服务器、打印机等），有的则是大家都认可的通用图标，如交换机、路由器和防火墙等。尽管不同厂商（如 Cisco、华为、3COM 等）的图元都不一样，但在拓扑结构设计时其实没有必要区分设备的品牌，只要在相应设备中标注相应设备的型号即可。

图 3-6 几种主要的网络设备拓扑结构元素图

当然这些也不是唯一的，如工作站计算机、服务器和防火墙设备还可以采用如图 3-7 所示的图示，同样可以清晰地体现相应图示的含义，只要图片清晰、有象征意义即可。

图 3-7 工作站、服务器和防火墙的另外一种图示

2．工具软件截取法

实际网络拓扑结构中可能涉及的网络设备非常多，远不止图 3-6 和图 3-7 所示的那几种，

这时如果遇到一些自己保存的元素图中没有的设备，则可以用工具软件中的图形绘制工具绘制简单的图形，然后加以文字标注即可。还可以通过专门的拓扑结构绘制软件，如 Visio、LAN MapShot、亿图等绘制而直接获得，如图 3-8 所示是 Visio 2003 中的一些图元。

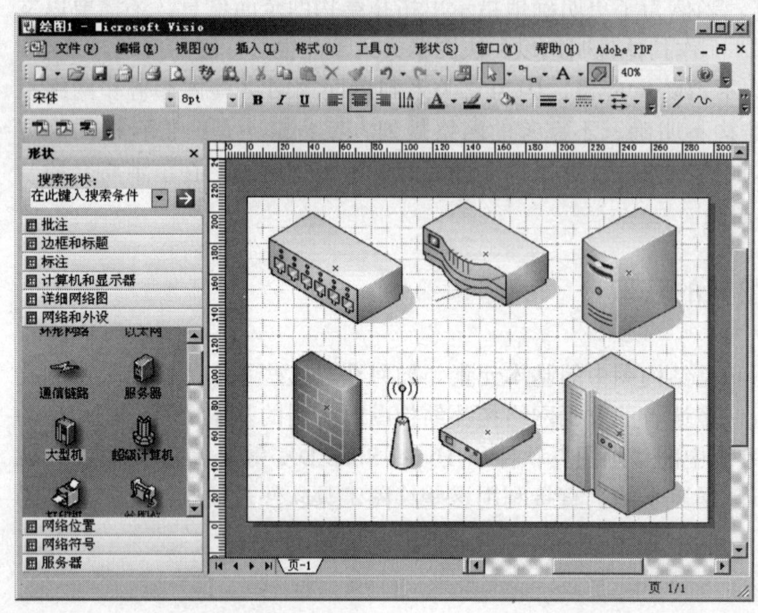

图 3-8　Visio 2003 图元面板示例

图 3-9 所示是亿图中的一个网络拓扑结构示例，其中就有各种常见类型的网络设备图元，可以直接从中复制。其中左侧窗格中显示的是 Cisco 各类设备的图元，而且产品图元比较齐全，方便选择使用。但没有 H3C 设备的图元。

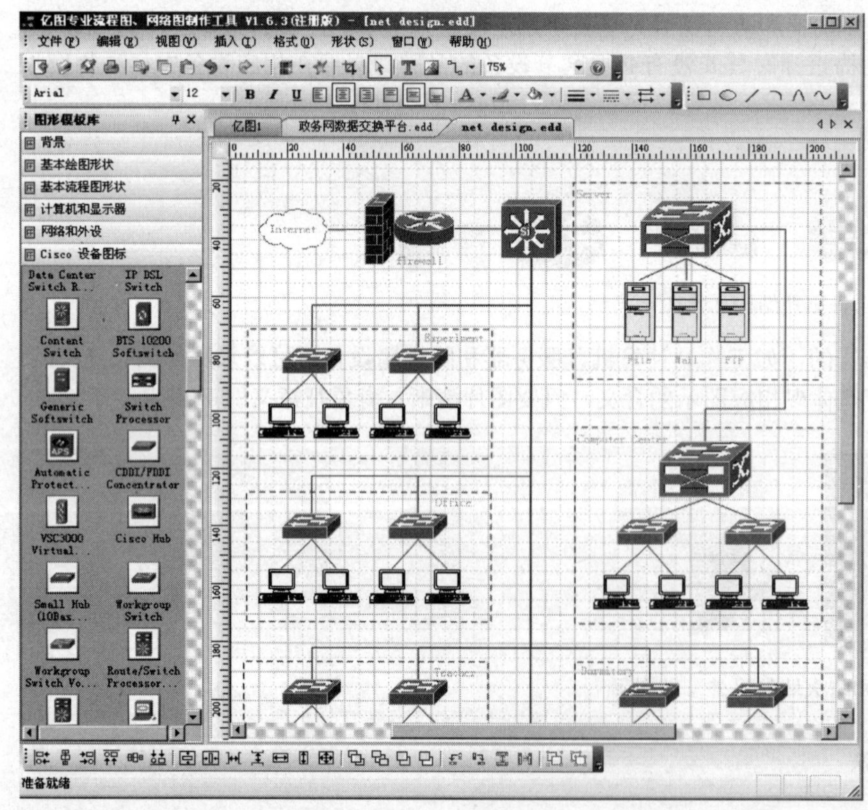

图 3-9　用亿图软件绘制的一个网络拓扑结构示例

3.2.2 拓扑结构绘制

对于小型、简单的网络拓扑结构可能比较好画，因为其中涉及的网络设备可能不是很多，图元外观也不会要求完全符合相应的产品型号，通过简单的画图软件（如 Windows 系统中的"画图"软件、HyperSnap 等）即可轻松实现。而对于一些大型、复杂网络拓扑结构图的绘制则通常不是采用那些免费或简单的画图工具，而是需要采用一些非常专业的绘图软件，如 Visio、LAN MapShot、亿图等。在这些专业的绘图软件中，不仅会有许多外观漂亮、型号多样的产品外观图，而且还提供圆滑的曲线、斜向文字标注、各种特殊的箭头和线条绘制工具。

如图 3-8 所示是 Visio 2003 中的一个界面，在图的中央是笔者从左侧的图元面板中拉出的一些网络设备图元（从左上到右下依次为：集线器、路由器、服务器、防火墙、无线访问点、Modem 和大型主机），从中可以看出，这些设备图元外观都非常漂亮。当然实际中可以从软件中直接提取的图元远不止这些。这些都可以从左侧的图元面板中直接得到。下面简单介绍 Visio 2003 和 LAN MapShot 这两款软件在网络拓扑结构绘制应用中的基本使用方法。

1. Visio 2003 的拓扑结构绘制方法

Visio 系列软件是微软公司开发的高级绘图软件，属于 Office 系列，可以绘制流程图、网络拓扑图、组织结构图、机械工程图、流程图等。它功能强大、易于使用，就像 Word 一样。它可以帮助网络工程师创建商业和技术方面的图形，对复杂的概念、过程以及系统进行组织和文档备案。Visio 2003 还可以通过直接与数据资源同步自动画数据图形，提供最新的图形，还可以自定制来满足特定需求。下面是绘制网络拓扑结构的基本步骤。

（1）运行 Visio 2003 软件，打开如图 3-10 所示的窗口，在"类别"列表框中选择"网络"选项，然后在右侧窗格中选择一个对应的选项，或者在 Visio 2003 主界面中执行"文件"→"新建"→"网络"菜单下的某项菜单项操作，均可打开如图 3-11 所示的界面（在此仅以选择"详细网络"选项为例）。

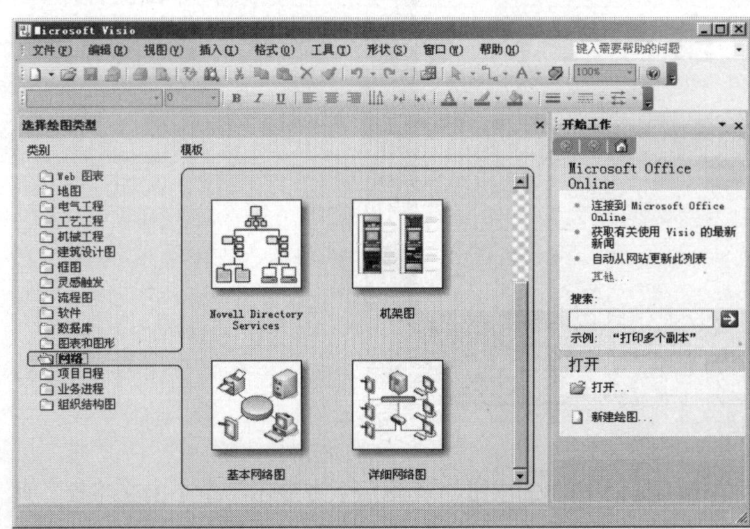

图 3-10 Visio 2003 的主界面

（2）在左侧图元列表中选择"网络和外设"选项，在其中的图元列表中选择"交换机"选项（因为交换机通常是网络的中心，所以首先确定好交换机的位置），按住鼠标左键把交换机图元拖到右侧窗格中的相应位置，然后松开鼠标左键，即得到一个交换机图元，如图 3-12 所示。还可以在按住鼠标左键的同时拖动四周的绿色方格来调整图元大小，还可以按住鼠标左键的同时旋转图元顶部的绿色小圆圈以改变图元的摆放方向，把鼠标放在图元上，然后在出现 4 个方向箭头时按住鼠标左键可以调整图元的位置。如图 3-13 所示是调整后的一个交换机图元。通过双击图元可以查看它的放大图。

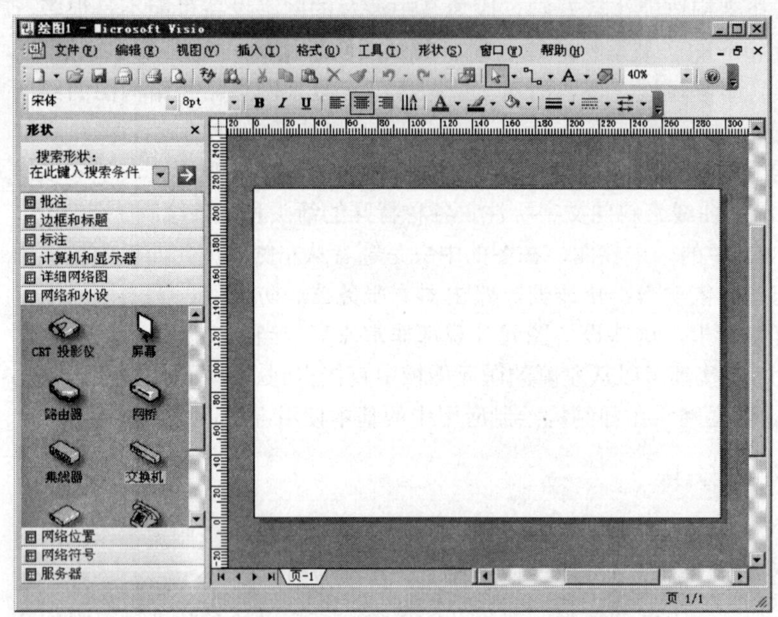

图 3-11 “详细网络”拓扑结构绘制界面

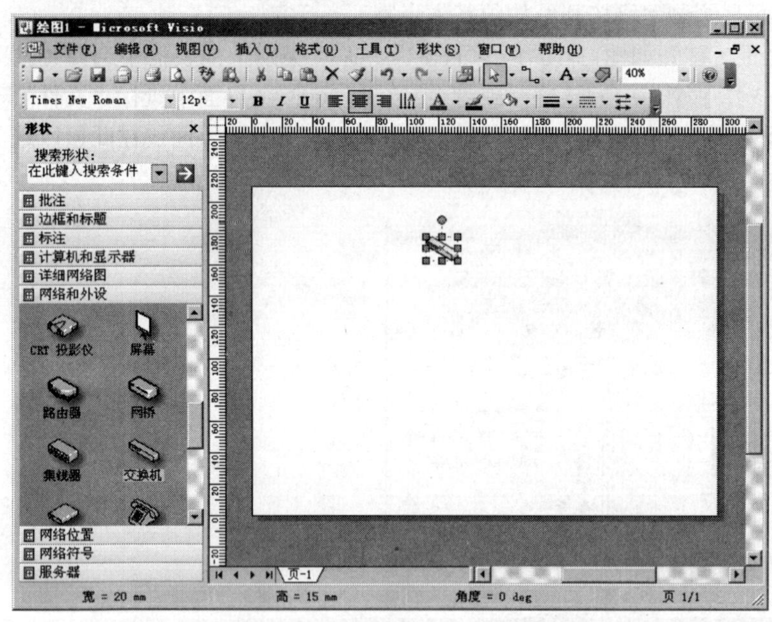

图 3-12 图元拖放到绘制平台后的图示

（3）要为交换机标注型号可单击工具栏中的A按钮，在图元下方显示一个小的文本框，此时可以输入交换机型号或其他标注，如图 3-14 所示。输入完成后在空白处单击即可完成输入，图元又恢复原来调整后的大小。

标注文本的字体、字号和格式等都可以通过工具栏中的 Times New Roman 12pt B I U 来调整，如果要使调整适用于所有标注，则可在图元上右击，在弹出的快捷菜单中选择“格式”→“文本”选项，打开如图 3-15 所示的对话框，在此可以进行详细的配置。标注的输入文本框位置也可通过按住鼠标左键来移动。

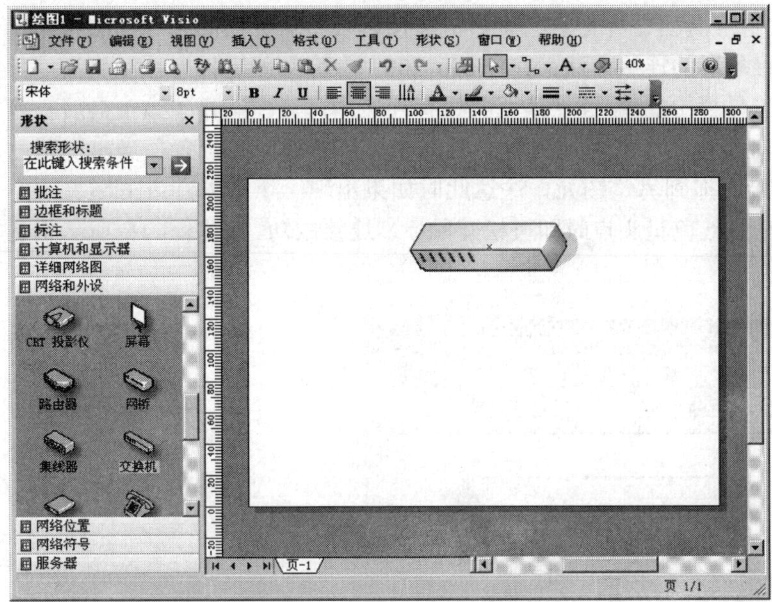

图 3-13　调整交换机图元大小、方向和位置后的图示

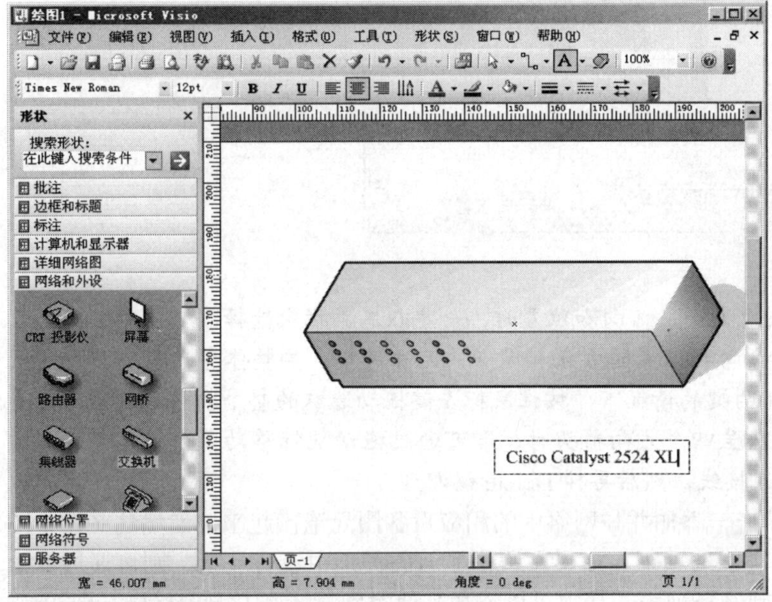

图 3-14　给图元输入标注

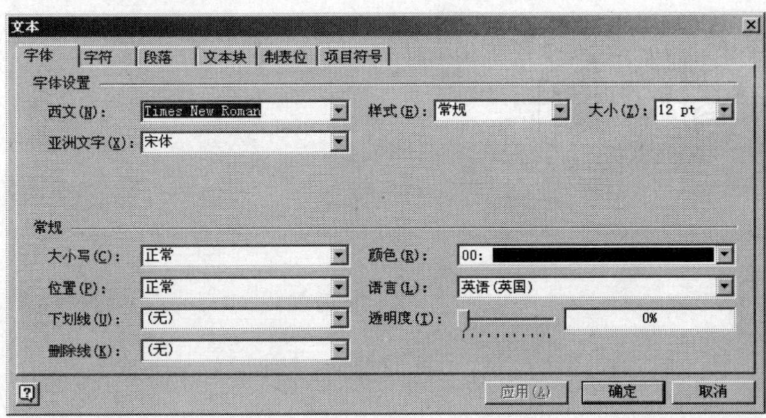

图 3-15　标注文本的通用设置对话框

（4）以同样的方法添加一台服务器，并把它与交换机连接起来。服务器的添加方法与交换机一样，在此只介绍交换机与服务器的连接方法。在 Visio 2003 中介绍的连接方法很复杂，其实可以不用管它，只需要使用工具栏中的连接线工具进行连接即可。在选择了该工具后，单击要连接的两个图元之一，此时会有一个红色的方框，移动鼠标选择相应的位置，当出现紫色星状点时按住鼠标左键，把连接线拖到另一图元，注意此时如果出现一个大的红方框则表示不宜选择此连接点，只有当出现小的红色星头点时即可松开鼠标，连接成功。如图 3-16 所示就是交换机与一台服务器的连接。

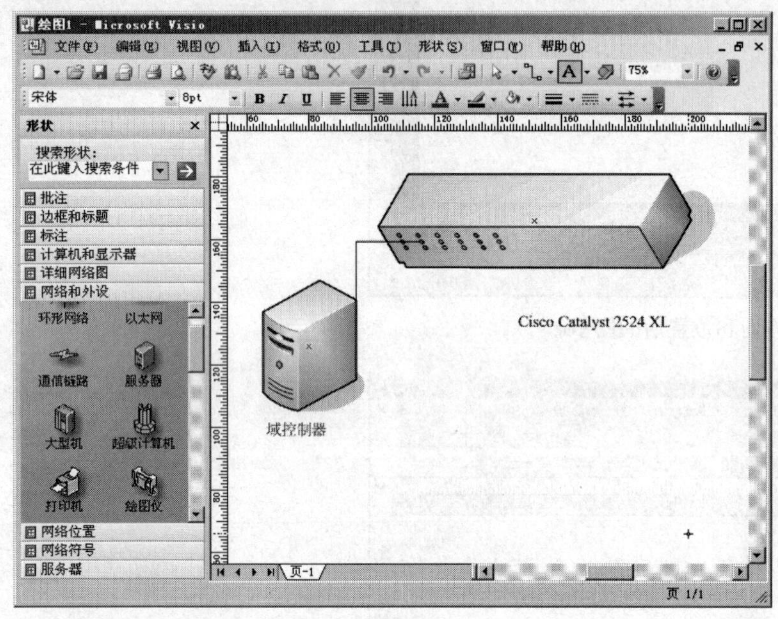

图 3-16　图元之间的连接示例

【经验之谈】在移动高速图元大小、方向和位置时，一定在工具栏中选择“选取”工具，否则不会出现图元调整大小、方向和位置的方点和圆点，无法调整。要整体移动多个图元的位置，可在同时按住 Ctrl 和 Shift 两键的情况下，按住鼠标左键拖动选取的整个要移动的图元，当出现一个矩形框，并且鼠标箭头呈四个方向箭头时，即可通过拖动鼠标移动多个图元了。要删除连接线，只需先选取相应的连接线，然后再按 Delete 键即可。

（5）把其他网络设备图元一一添加并与网络中的相应设备图元连接起来，当然这些设备图元可能会在左侧窗格中的不同类别选项下。如果左边已显示的类别中没有包括，则可通过单击工具栏中的按钮打开一个类别选择列表，从中可以添加其他类别显示在左侧窗格中。图 3-17 所示是一个通过 Visio 2003 绘制的简单网络拓扑结构示意图。

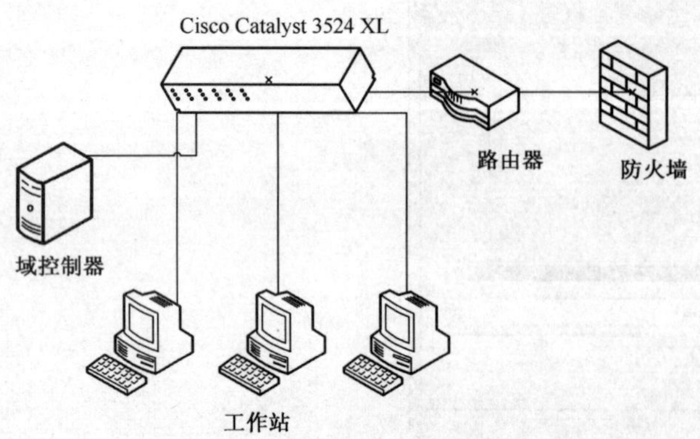

图 3-17　用 Visio 2003 绘制的简单网络拓扑结构示例

以上只是介绍了 Visio 2003 的极少一部分网络拓扑结构绘制功能，对于复制的网络拓扑结构绘制来说，绘制起来就没那么简单了。这时不仅要充分考虑拓扑结构中各层次设备的摆放位置，还要充分考虑不同网络设备之间的互联关系、连接线类型、连接线颜色和长短，以及整个网络拓扑结构的层次感。绘制拓扑结构的一般顺序是按核心层→汇聚层→接入层的顺序依次绘制，而且首先要确定各层主要设备的位置，如核心层交换机、汇聚层交换机、接入层交换机、路由器、防火墙、各种服务器等。最难控制的就是各设备的摆放位置，因为它确定了整个网络拓扑结构是否合理。

2. 利用 LAN MapShot 绘制网络拓扑结构

除了微软的 Visio 外，还有一款非常著名的网络拓扑结构绘制软件，那就是美国福禄克网络公司的 LAN MapShot。2004 年 3 月，美国华盛顿福禄克网络公司宣布全新的 LAN MapShot 2.0 版本软件作为 Microsoft Office Visio 2003 资源工具的一部分（需要与 Visio 一起使用）提供给 IT 专业人员，扩充了市面上流行的 Microsoft Office Visio 2003 绘图软件的功能。

另外，还有一些小的拓扑结构软件也可以辅助选用，如 NetworkView、Fast Draw（速画）和亿图专业流程图、网络图制作工具等。NetworkView 软件是一个自动绘制网络拓扑图的工具，启动该软件后会自动扫描处于本网段内的所有网络设备，包括路由器、交换机以及防火墙设备。然后根据扫描结果自动绘制出一个网络拓扑图来。Fast Draw 软件适用于多种行业，可广泛用于多种行业的多种应用领域，例如可以开发电力、工业机器等各种工业监控软件以及图形建模工作流图、图形管理、工程制图、GIS 系统等专业应用，适合开发工作流平台或工作流建模工具，可以根据行业的不同制作个性流程图符号、任意建立符号之间的相互关系。速画（Fast Draw）的功能较多，具有合并、拆分、画线、旋转、缩小、放大等功能。

下面着重介绍 LAN MapShot 的基本使用方法。

LAN MapShot 网络拓扑专家软件 2.0 版本现在还对厂商专有的管理信息库（MIB）提供广泛的交换机支持，包括 Cisco Systems、Extreme Networks、Avaya 以及 Dell 等公司的产品。福禄克公司的 LAN MapShot 软件与 Microsoft Office Visio 2003 的结合让网络工程师轻点鼠标即可绘制出交换以太网的详细拓扑图。因为它的具体拓扑结构绘制还是借助于 Visio，所以详细的配置方法参见上节的介绍。

除了利用 Visio 绘制网络拓扑结构图外，LAN MapShot 2.0 还有它自身的一些独特功能，如自动发现网络拓扑结构；简单易用的单键绘制功能；快速设备查找；简明网络接线图显示；用户自定义报告样式，可以设置自己的 Logo；提供管道和端口详细资料；显示通过自己节点的形象路由图等。这些都是针对现成网络所具备的拓扑结构的搜索、发现功能，其实不属于本节所要介绍的网络拓扑结构设计的范畴，但了解这一软件的基本使用方法还是有一定意义的，可以大大方便日后的管理。

LAN MapShot 2.0 是作为微软 Visio 2003 的一个补充软件，如果要手工绘制结构图时，必须与 Visio 2003 一起安装在您的系统中。运行 LAN MapShot 2.0 后打开的是如图 3-18 所示的主界面。在正式使用之前，最好先对一些基本选项进行设置，特别是第一次使用时，理解一些基本选项的作用和设置方法是非常必要的。

Discovery/Maps 选项卡可用于网络拓扑结构的自动发现，并按用户要求自动绘制网络拓扑结构图。如果想要让软件自己发现网络结构，则可直接单击 Start Discovery 按钮，软件便自动搜索网络中相应的设备，并分析它们之间的逻辑关系。

【注意】这里只能发现本地网络中的网络设备，只能包括一个路由器一侧，也就是说它只能发现本地广播域中的网络设备，包括一个路由器。如果要显示整个网络的所有广播域设备，则要利用下面将要介绍的 Broadcast Domains（广播域）选项来手工绘制。

自动发现完成后，可以用 Draw New Map 按钮让系统自动绘制自己想要的网络结构图，只需在 Network Maps 下拉列表框中选择要想让软件自动给出的网络结构图类型，如图 3-19 所示。其中包括很多选项，具体如何选择不仅要根据自己企业的实际网络结构类型，更重要的是根据自己想要得到什么类型的结构图。

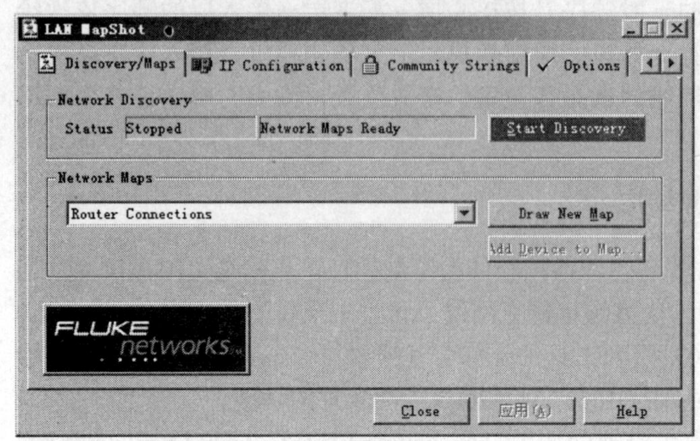

图 3-18 LAN MapShot 2.0 的主界面

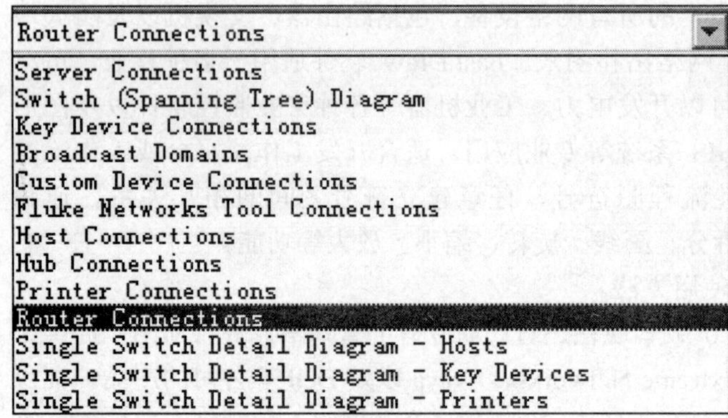

图 3-19 Network Maps 类型选择下拉列表框

图中各选项说明如下：

- Server Connections：显示广播域中的服务器、交换机和连接集线器设备。
- Switch（Spanning Tree）Diagram：显示广播域中的交换机和连接集线器设备。
- Key Device Connections：显示广播域中的服务器、路由器和连接集线器设备。
- Broadcast Domains：显示在网络和路由器连接中所有发现的广播域。
- Custom Device Connections：允许用户选择在自己定义的客户端结构图中显示的发现设备。
- Fluke Networks Tool Connections：显示在广播域中福禄克公司的网络工具、交换机和连接集线器设备。
- Host Connections：显示广播域中所有发现的主机设备、交换机和连接集线器设备。
- Hub Connections：仅显示广播域中的集线器设备。
- Printer Connections：显示广播域中的打印机、交换机和连接集线器设备。
- Router Connections：显示广播域中的路由器、交换机和连接集线器设备。
- Single Switch Detail Diagram –Hosts：显示单一交换机结构图中的详细主机。
- Single Switch Detail Diagram –Key Devices：显示单一交换机结构图中所连接的关键设备，包括服务器、路由器、交换机和连接集线器等。
- Single Switch Detail Diagram –Printers：显示单一交换机结构图中所连接的打印机，包括连接集线器和打印机设备。

选择好后，单击图 3-19 所示界面中的 Draw New Map 按钮，打开 Visio 2003 软件就会自动显示相应类型的拓扑结构图。下面给出几个 LAN MapShot 2.0 根据以上选择自动生成的典型网络拓扑结构图。如图 3-20 所示是一个本地广播域中，在如图 3-19 所示的下拉列表框中选择 Single Switch Detail Diagram –Key Devices 选项后所生成的拓扑结构图；图 3-21 所示是在选择 Broadcast Domains 选项后自动生成的广播域结构图；图 3-22 所示是在选择 Key Device Connections 选项后自动生成的关键设备结构图。

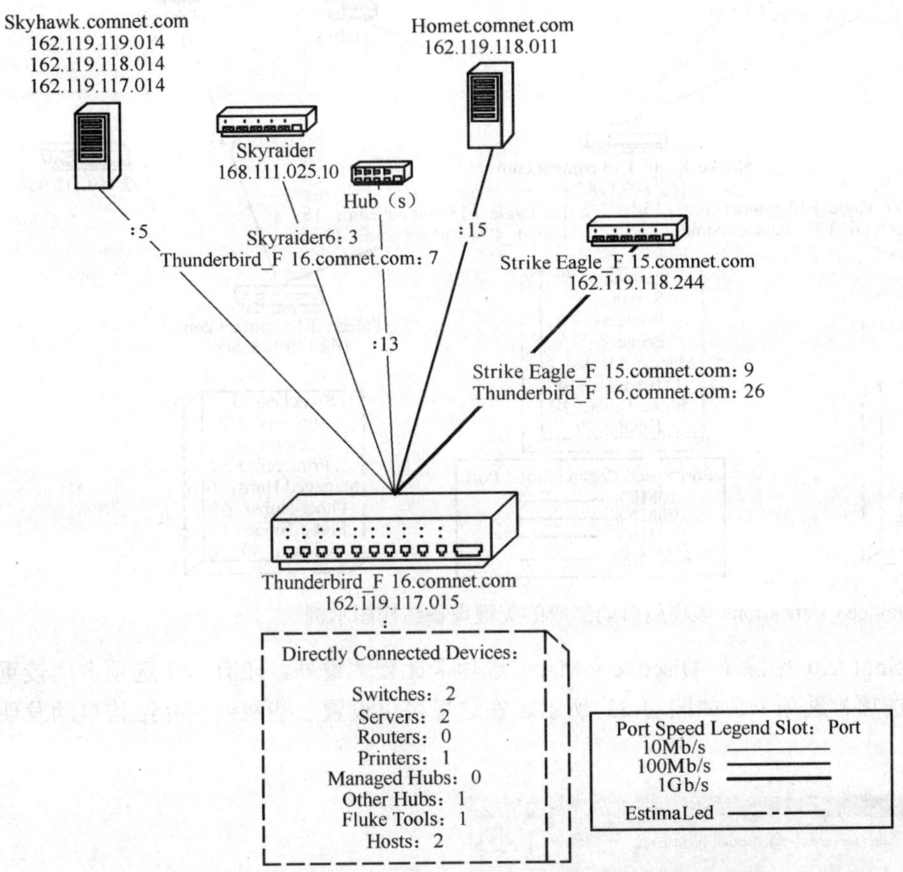

图 3-20　选择 Single Switch Detail Diagram –Key Devices 选项后所生成的拓扑结构图示例

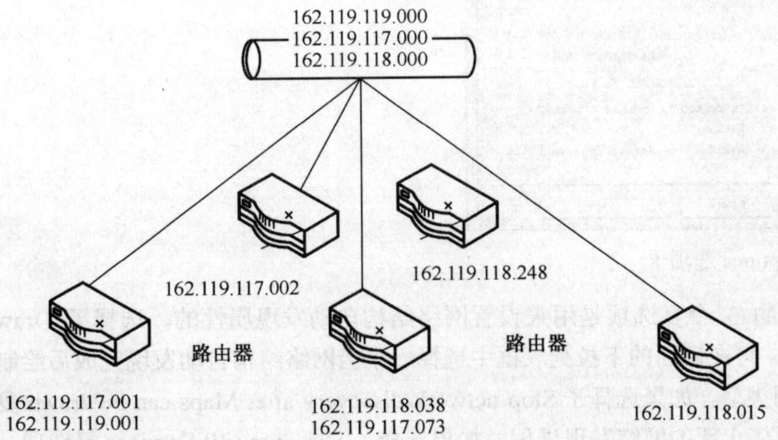

图 3-21　选择 Broadcast Domains 选项后自动生成的广播域结构图示例

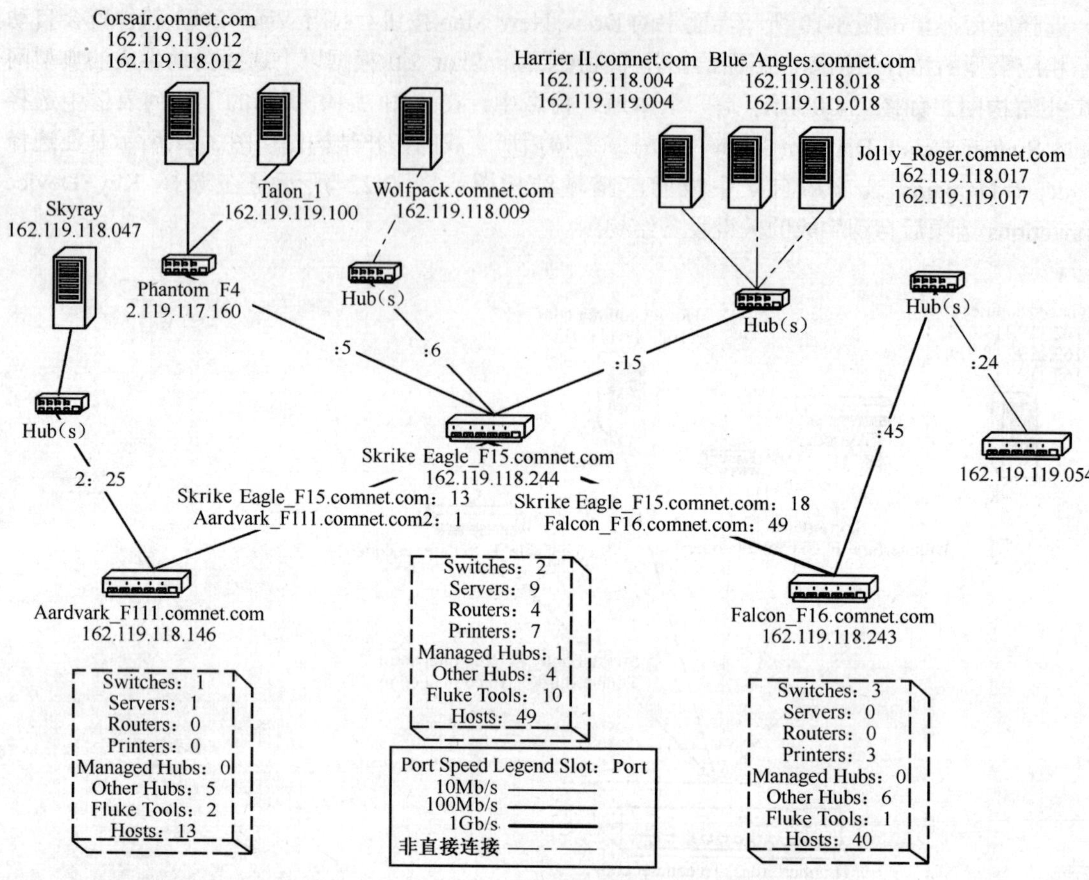

图 3-22　选择 Key Device Connections 选项后自动生成的关键设备结构图示例

在 LAN MapShot 2.0 中除了 Discovery/Maps 选项卡比较关键外，还有一个选项卡比较重要，即 Options（选项）选项卡，如图 3-23 所示。在这里可以设置一些网络拓扑结构自动发现和绘制基本属性。

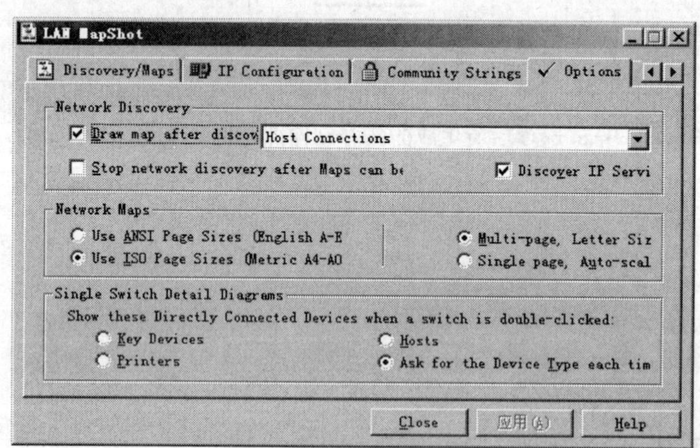

图 3-23　LAN MapShot 2.0 的 Options 选项卡

Network Discovery 栏中的 3 个复选项是用来设置网络结构自动发现属性的，选择了 Draw map after discovery 复选项后，可在后面的下拉列表框中选择一个当网络结构自动发现完成后绘制结构图时所默认选择的结构图类型。如果选择了 Stop network discovery after Maps can be drawn 复选项，则当进行结构图绘制时停止新的网络发现进程。如果选择了 Discovery IP Services 复选项，则当自动发现时，同时将企图发现像 HTTP、SMTP、POP2、POP3 或 IMAP4 等 IP 服务。

Network Maps 栏中的 4 个单选项是用来设置自动绘制网络结构图属性的。如果您的

Windows 系统是英文版的，则自动默认选择 Use ANSI Page Sizes（English A-E）单选项，使用 ANSI 标准的 A 幅面大小；如果您的 Windows 系统是其他语言的，则自动选择 Use ISO Page Sizes（Metric A4-A0）单选项，使用 ISO 标准的 A4 幅面大小；如果选择 Multi-page, Letter Size 单选项，则选择连续纸显示、打印所绘制的网络结构图；如果选择 Single page, Auto-scaled 单选项，则分面显示和打印所绘制的网络结构图。

Single Switch Detail Diaframs 栏中的 4 个单选项用来选择当双击某一交换机时显示的直接连接设备类型，分别是 Key Devices（关键设备，包括服务器、路由器和连接集线器）、Hosts（主机设备，包括 PC 主机和连接集线器）、Printers（包括打印机和连接集线器）和 Ask for the Devices Type each time（每次询问设备类型）。

3.3 网络拓扑结构设计

介绍完网络拓扑结构的基本绘制方法后，下面着重介绍网络拓扑结构的设计思路，这是本章的重点与难点。虽然有些网络拓扑结构看起来非常复杂，但如果把它划分为不同层次的话，也就不难看出它的基本结构了。有了这些基本的层次结构，设计起来就可以顺理成章了。

3.3.1 小型星型网络结构设计示例

星型网络主要是以相对廉价的双绞线为传输介质的，网线的两端各用一个 RJ-45 水晶头作为网络连接器。这里所指的小型星型网络是指只有一台交换机（当然也可以是集线器，但目前已很少使用）的星型网络，主要应用于小型独立办公室企业和 SOHO 用户中。这类小型星型网络所能连接的用户数一般在 20 个左右，当然也有可以连接高达 40 多个用户的，如 48 口的交换机，具体要根据交换机的可用端口数而定。

【示例说明】某小型办公室网络，是以一台具有 24 个 10/100Mb/s、2 个 10/100/1000Mb/s 自适应 RJ-45 端口的以太网交换机进行集中连接的。网络中配置一台服务器、一台用于互联网访问的宽带路由器、一台网络打印机和 20 个以内的用户。现请为这个小型办公室设计出具体的网络拓扑结构。

1．网络要求

- 所有网络设备都与同一台交换机连接。
- 整个网络没有性能瓶颈。
- 要有一定的可扩展余地。

2．设计思路

设计思路是与以上的网络要求紧密结合考虑的，主要可按如下思路考虑（本章后面其他网络结构的设计思路也可参考）：

（1）确定网络设备总数。

这是整个网络拓扑结构设计的基础，因为一个网络设备至少需要连接一个端口，设备数一旦确定，所需交换机的端口总数也就确定下来了。这里所指的网络设备包括工作站、服务器、网络打印机、路由器和防火墙等所有需要与交换机连接的设备。本示例的设备总数就是 20 个以内的工作站用户+一台服务器+一台宽带路由器+一台网络打印机≤23。根据这样的计算结果，24 口是最低要求，而本示例中的交换机有 24 个 10/100Mb/s 端口、2 个 10/100/100Mb/s 端口，一共 26 个端口，可以满足该网络的连接需求，但最好选择端口数更多的交换机。

（2）确定交换机端口类型和端口数。

一般中档二层交换机都会提供两种或以上类型的端口，如本示例中的 10/100Mb/s 和 10/100/100Mb/s，都是采用双绞线 RJ-45 端口。有的还提供各种光纤接口。之所以要提供这么多不同类型的端口就是为了满足不同类型设备网络连接的带宽需求。

一般来说，网络中的服务器、边界路由器、下级交换机、网络打印机、特殊用户工作站等所需的网络带宽较高，所以通常连接在交换机的高带宽端口上。如本示例中的服务器所承受的工作负荷是最重的，直接与交换机的其中一个千兆端口连接（另一个保留用于网络扩展）；其他设备的带宽需求不是很明显（宽带路由器目前的出口带宽受连接线路限制，一般在 10Mb/s 以内，所以在局域网端口方面就没必要连接高带宽端口了，其他企业级路由器则不同），只需连接在普通的 10/100Mb/s 快速自适应端口上即可。

（3）保留一定的网络扩展所需端口。

交换机的网络扩展主要体现在两个方面：一是用于与下级交换机连接的端口，二是用于连接后续添加的工作站用户。与下级交换机连接方面，一般是通过高带宽端口进行的，毕竟下级交换机所连的用户都是通过这个端口进行的。如果交换机提供了 Uplink（级联）端口，则可以直接用这个端口，因为它本身就是一个经过特殊处理的端口，其可利用的背板带宽比一般的端口宽。但如果没有级联端口，则只能通过普通端口进行，这时为了确保下级交换机所连用户的连接性能，最好选择一个较高带宽的端口。本示例中可以留下一个千兆端口用于扩展连接，当然在实际工作中，这个高带宽端口还是可以得到充分利用的，只是到需要时能重新空余下来即可。

（4）确定可连接工作站总数。

交换机端口总数不等于可连接的工作站用户数，因为交换机中的一些端口还要用来连接那些不是工作站的网络设备，如服务器、下级交换机、网络打印机、路由器、网关、网桥等。如本示例中，网络中有一台专门的服务器、一台宽带路由器和一台网络打印机，所以网络中可连接的工作站用户总数就为 26（24 个 10/100Mb/s 端口+2 个 10/100/100Mb/s 端口）-3=23 个。如果要保留一个端口用于网络扩展（在小型网络中保留一个扩展端口基本上可以满足要求，因为在一般的交换机上还有一个用于级联下级交换机的级联端口 Uplink），则实际上可连接的最多工作站用户数为 22 个。

3．设计步骤

在明白了网络拓扑结构设计的基本思路后，接下来的具体设计步骤就非常明朗了。在本示例中，网络用户和交换机规格都已定下来了，现在要做的就是根据这些已有条件设计一个实用的小型办公室网络方案。在此所介绍的方法仍是手工绘制法。具体步骤如下：

（1）确定关键设备连接，把需要连接在高带宽端口的设备连接在交换机的可用高带宽端口上。如本示例中，把交换机图示（从自己积累的元素图中获取或者通过专门的拓扑结构软件获得）放在设计的平台中心位置，然后把服务器与交换机连接的一个 10/100/1000Mb/s 端口连接起来，并标注其端口类型，如图 3-24 所示。当然这要求服务器的以太网卡也是支持双绞线千兆位以太网标准的。因为该交换机只有一个可用（另一个要用于保留）的千兆端口，所以在此理论上仅需要把最关键的网络服务器作为关键设备与高带宽端口连接即可。

【经验之谈】实际上在近期没有网络扩展需求的情况下，另一个保留的千兆端口也可以暂时用于其他需要较高带宽设备的连接，而把一个普通的 10/100Mb/s 自适应端口保留起来，到了需要用 LAN 端口级联扩展时，再把连接在保留千兆端口的设备移到空余的普通百兆端口上即可。

（2）把所有工作站用户计算机设备和网络打印机分别与交换机的 10/100Mb/s 端口连接，如图 3-25 所示。

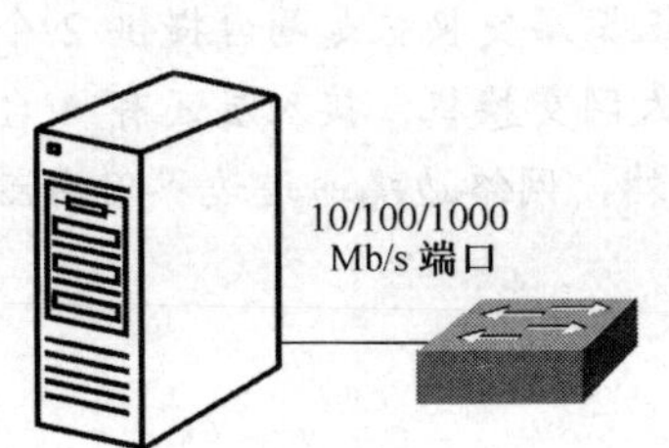

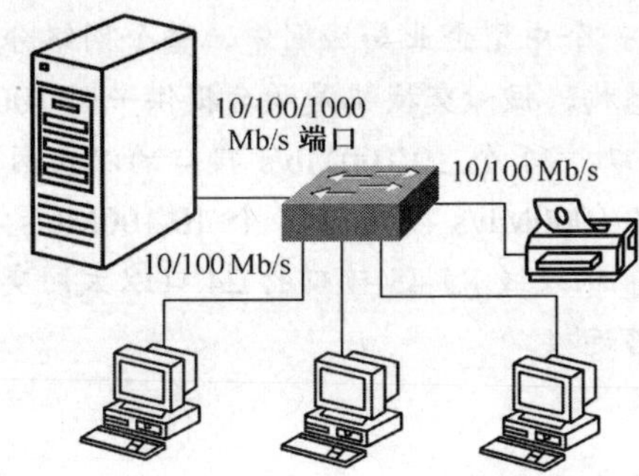

图 3-24 服务器与交换机千兆端口连接　　图 3-25 把工作站及其他网络设备与交换机普通端口连接

【说明】相同设备连接在相同端口的，则只需对其中一个设备端口进行端口类型标注；而如果相同设备但采用不同类型的端口，则需要特别标注。对于一些有特殊连接需求的办公室，可在结构图中专门标注节点位置，以备真正布线时正确布线。另外，在画网络结构图时，并不要求把所有工作站等设备都画出来，只给出一部分代表即可。但一定要全面包括网络中所有不同类型的网络设备，也就是说不同类型的网络设备，在图中至少要有一个。

（3）如果网络系统要通过路由器与其他网络连接（如本例中通过宽带路由器与互联网连接），则还需要设计互联网连接。路由器与外部网络连接是通过路由器的 WAN 端口进行的。虽然路由器的 WAN 端口类型有多种，但宽带路由器提供的 WAN 端口基本上也都是普通的 RJ-45 10/100Mb/s 以太网端口，直接与互联网宽带设备连接即可，如图 3-26 所示。如属小区光纤以太网连接，则无需宽带设备。

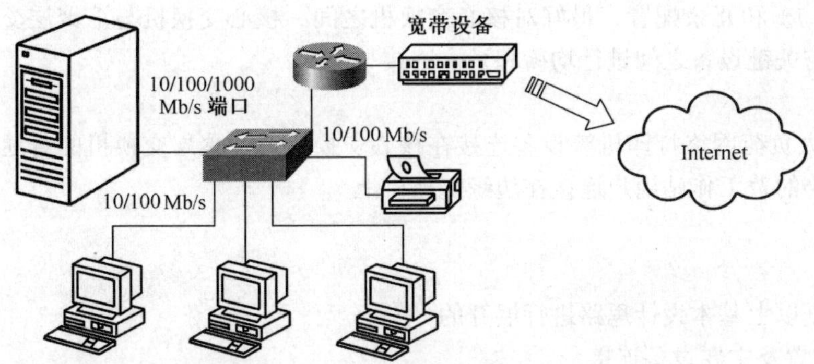

图 3-26 加入互联网接入线路的完整网络结构

通过以上简单的 3 步就把这个只有一台交换机设备的简单小型办公室星型网络结构设计好了。从这里可以看出，整个步骤非常简单，最关键的是思路要清晰，分门别类地把有不同带宽需求的设备连接在交换机的对应类型端口上，确保整个网络不会出现性能瓶颈。另外一个就是，在选择交换机时，一定要注意端口数一定要大于现有网络所有需要与交换机连接的网络设备总数，因为还要预留一定数量的端口用于将来扩展。

3.3.2 中型扩展星型网络结构设计示例

中型扩展星型网络是指在整个网络中包括多个交换机，而且各交换机是通过级联方式的分层结构。在中型或以上的星型网络中，一般有“接入层”、“汇聚层”和“核心层”3 个层次。各层中的每一台交换机又各自形成一个相对独立的星型网络结构。这主要应用于同一楼层的中小型企业网络中。在这种网络中通常会有一个单独的机房，集中摆放所有关键设备，如服务器、管理控制台、核心层或汇聚层交换机、路由器、防火墙、UPS 等。

【示例说明】在一个中型企业局域网中，整个网络分布在同一楼层的多间办公室中。整个网络的交换机分三层结构，核心交换机是两台提供一个 1000Mb/s SC 光纤接口、4 个 RJ-45 双绞线 10/100/1000Mb/s 接口、24 个 10/100Mb/s 接口的以太网交换机；汇聚层交换机是两台提供 2 个 RJ-45 双绞线 10/100/1000Mb/s 接口、48 个 10/100Mb/s 接口的以太网交换机；接入层还有 4 台全是 10/100/100Mb/s 双绞线 RJ-45 接口的 24 口以太网交换机。另外，网络边缘通过边界路由器和防火墙与外界网络连接。

1．网络要求

- 核心交换机能提供负载均衡和冗余配置。
- 所有设备都必须连接在网络上，且使各服务器负载均衡，整个网络无性能瓶颈。
- 各设备所连交换机要适当，不要出现超过双绞线网段距离的 100m 限制。
- 从结构图中可清晰地知道各主要设备所连端口的类型和传输介质。

2．设计思路

这种扩展型星型网络比起前面介绍的小型星型网络要复杂很多，其中涉及的网络技术也复杂得多。下面是设计这类网络结构的基本思路：

（1）采用自上而下的分层结构设计。

首先确定的是核心交换机的连接，然后再是汇聚层交换机的连接，再次是接入层的交换机连接。

（2）把关键设备冗余连接在两台核心交换机上。

要实现核心交换机负载均衡和冗余配置，最好对核心交换机之间、核心交换机与汇聚层交换机之间，以及核心交换机与关键设备之间进行均衡和冗余连接与配置。

（3）连接其他网络设备。

把关键用户的工作站和大负荷网络打印机等设备连接在核心交换机或汇聚层交换机的普通端口上，把工作负荷相对较小的普工作站用户连接在边缘交换机上。

3．设计步骤

以下的设计步骤也是根据以上基本设计思路进行展开的。

（1）确定核心交换机位置及主要设备连接。

本示例中两台核心交换机是通过 SC 光纤端口进行负载均衡和冗余连接的，所以首先把两台交换机的 SC 端口用一条光纤电缆连接起来，然后再把与核心交换机连接的服务器通过两块双绞线千兆网卡与两台核心交换机进行冗余连接。本示例的连接如图 3-27 所示。

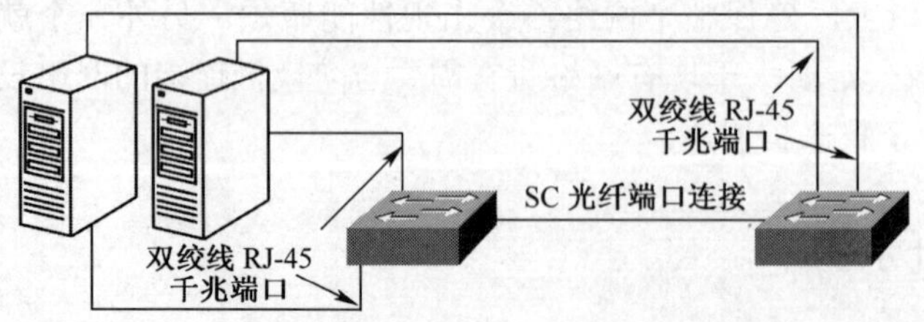

图 3-27　核心交换机间及核心交换机与服务器间的冗余连接

【说明】所谓冗余连接就是一台服务器同时要与两台核心交换机分别连接，这样当一台核心交换机出现故障时，另一台交换机同样可提供正常的连接服务。在两台核心交换机都正常的情况下，又可相互分担负荷，实现负载均衡。因为所采用的端口及传输介质类型比较特别，所以在此要特别注明各端口类型及所采用的连接电缆。

（2）级联下级汇聚层交换机。

通过普通双绞线连接核心交换机与汇聚层交换机的千兆端口，以实现扩展级联。当然，为了实现冗余连接，汇聚层的每台交换机都要与每台核心交换机分别连接。因为本示例中核心交换机和汇聚层交换机都有足够的 RJ-45 千兆端口，可以满足冗余连接要求。然后把其他要与核心交换机连接的网络设备连接起来，如管理控制台、一些特殊应用的工作站、负荷较重的网络打印机等。但要注意至少每台交换机要留有两个以上的备用端口。本示例的连接如图 3-28 所示。

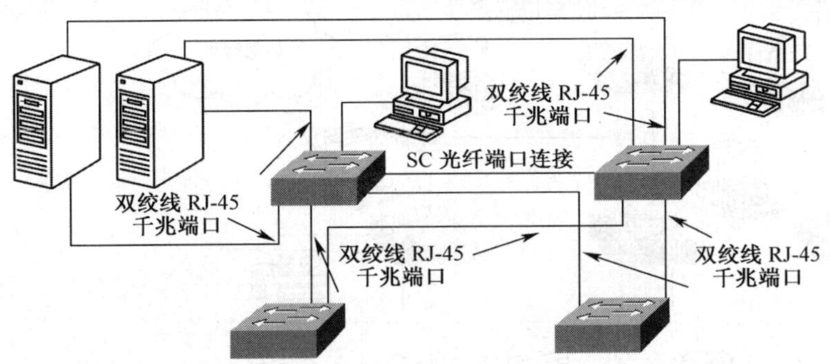

图 3-28　核心交换现与骨干交换机间的冗余级联

（3）级联接入层交换机。

通过普通的双绞线把接入层交换机与汇聚层交换机的 10/100Mb/s 端口（因为已没有千兆端口了）对应级联起来，此处不必配置冗余连接。同时要把需要与汇聚层以及接入层交换机连接的其他网络设备与普通 10/100Mb/s 端口连接起来。同样在汇聚层每台交换机上至少要留有两个以上的备用端口。本示例的连接如图 3-29 所示。这样，整个局域网部分就全部连接完成了。

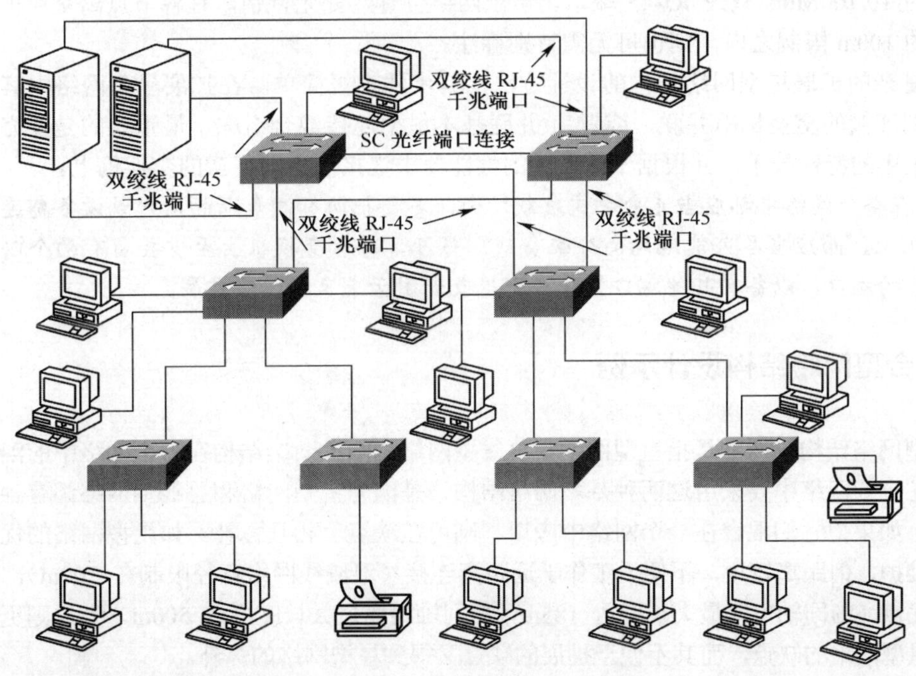

图 3-29　示例中的局域网连接部分

【说明】如果接入层交换机有专门的 Uplink 级联端口，则可通过级联端口与汇聚层交换机的普通端口连接。

（4）为了确保与外部网络之间的连接性能，通常与外部网络连接的防火墙或路由器是直接连接在核心交换机上的。如果同时有防火墙和路由器，则防火墙直接与核心交换机连接，而路由器直接与外部网络连接，因为路由器的 WAN（广域网）端口很丰富。本示例的连接如图 3-30 所示。

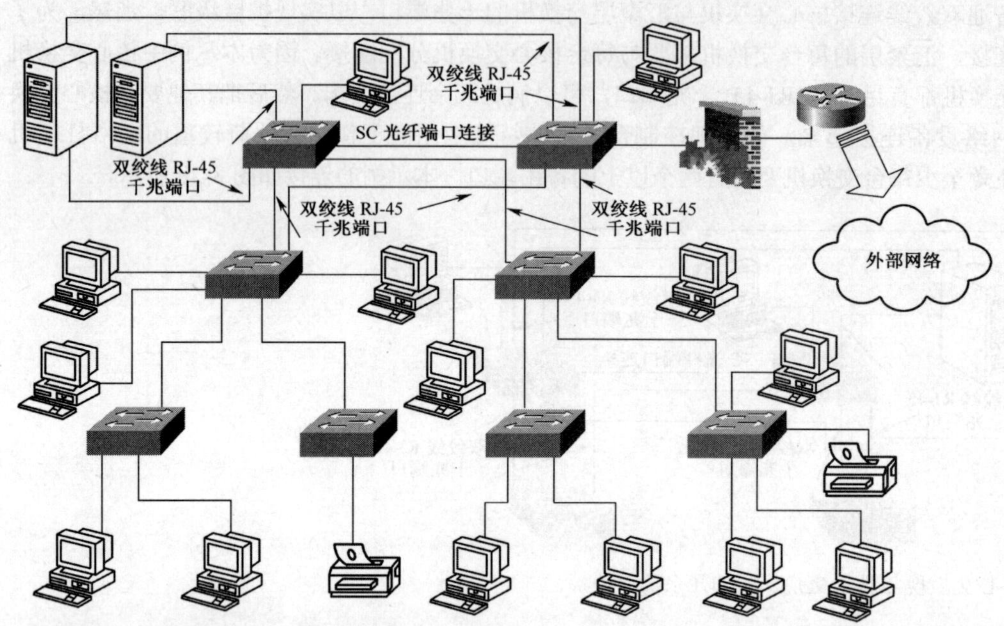

图 3-30　最终的中小型网络拓扑结构图

以上网络结构是一个典型、高效的企业局域网结构，适合于 200 用户左右的中型企业局域网选用。网络中的冗余和负载均衡配置也是目前企业局域网中经常采用的，当然这要求核心交换机支持这两方面的技术，在选购时要充分考虑。在网络结构中没有特别标注的端口和传输介质类型都为普通的 10/100Mb/s 双绞 RJ-45 端口。至于网络位置，如无特别，且各节点离交换机的距离都在规定的 100m 限制之内，则也可无需特别标注。

以上就是较复杂的扩展星型网络结构的设计方法，其步骤也很简单。在扩展星型网络中其实就是一个个星型连接的交换机串并联，或者串/并联基本星型连接混合组成。最重要的是要充分考虑网络中所采用的特殊技术，并根据不同用户的性能要求连接在不同层次的交换机上。

【经验之谈】在整个网络中都应当充分考虑负载均衡，不要把所有高负荷的用户或设备都连接在同一台交换机上，而应当尽可能地均衡分配负载。另外，每台交换机上至少要留有两个以上（通常是 4 个）的端口，以备有其他端口损坏时更换或者用于未来的网络扩展。

3.3.3　大型混合型网络结构设计示例

所谓的混合型网络结构，通常是指星型网络与总线型网络这两种网络结构在一个网络中的混合使用。之所以在企业网络中要采用这两种基本网络结构，是因为星型网络和总线型网络都有各自不同的优缺点，如果把它们混合在一个网络中应用，则可在缺点上相互弥补。如星型网络的优点是便于扩展和维护，但距离较短，不便于工作于远距离连接（双绞线网络直径限制在 200m）；而总线型网络的优点（细同轴电缆最大长度达 185m，粗同轴电缆最大长度可达 500m，光纤则更长）正好弥补了星型网络的缺点，而其不便于扩展的缺点又得到星型网络的弥补。

【说明】当前在大型企业网络中，更多的是采用分层结构的星型网络结构，具体将在下节介绍。当超过双绞线传输距离时，则采用光纤，这样就解决了连接距离超过双绞线单段 100m 的限制的问题，同时还可提供千兆以上的传输速率，远高于总线连接方式中不同建筑物和不同楼层之间的 16Mb/s 互联速度。本节先介绍总线型和星型混合网络拓扑结构的设计方法，至于用光纤连接的分层星型结构方法与单星型网络设计方法一样，不同的只是各建筑物之间的网络连接直接采用光纤连接，当然这时就要求各建筑物网络骨干交换机要支持光纤连接。

【示例说明】某大型企业网络，分布在生产楼、行政楼和市场楼 3 栋建筑物中，各楼间相距在 100m 左右。整个网络的网络中心设在行政楼，生产楼和工程楼均配置高性能核心交换机及汇聚层交换机。分布于不同楼的 3 台核心交换机之间采用光纤总线型连接（此处采用性能较高的多模光纤，满足以上连接距离要求），各楼内部采用普通星型网络连接。为了便于说明，现假设各楼都配置：核心交换机为一台支持链路聚合的多模光纤连接千兆位以太网交换机，汇聚层交换机是两台支持可堆栈的双绞线千兆位以太网交换机，在接入层是若干台普通的快速以太网交换机。另外在行政楼还部署了边界路由器和防火墙，以备与外部网络连接。

1．网络要求

- 网络中的所有设备都必须用上，且必须尽可能保障负载均衡，无性能瓶颈。
- 各楼的核心交换机用一条光纤电缆以总线型网络类型连接在一起，为各楼用户间访问提供 10Mb/s 的网络连接。
- 核心交换机通过两个双绞线千兆端口采用链路聚合技术与汇聚交换机连接，提供最高可达 2000Mb/s 的连接性能。
- 汇聚层的两台交换机采用堆栈技术连接，进一步扩展端口的实际可用带宽。
- 核心交换机和汇聚层交换机都要留有可扩展端口。
- 从结构图中可清晰知道各主要设备所连端口类型和传输介质类型。

2．设计思路

很明显这样一个混合型网络其实就是多个扩展星型网络的互联，本示例为 3 个扩展星型网络的互联。基本思路如下：

（1）确定主干网络中各楼核心交换机的光纤总线连接。在本示例中，各楼核心交换机要求与汇聚层交换机采用链路聚合技术，以实现双千兆（达 2Gb/s 连接性能）网络连接，以提高整体网络连接性能。

（2）再针对各楼星型网络的具体网络要求一一部署。在汇聚层交换机中选用的是支持堆栈技术的可堆栈交换机，所以在具体连接前也需要先把各楼的两台汇聚层交换机堆栈连接好。

（3）对各楼内部的扩展星型网络进行部署。具体各楼内部的星型网络结构设计思路参见上节介绍的方法。

3．设计步骤

根据以上设计思路，具体的设计步骤如下：

（1）用一条长度为 250m 左右、带宽为 200MHz/km、波长为 62.5/125μm 的多模光纤电缆（最大长度为 275m）以总线方式连接到各楼核心交换机的多模光纤端口上。注意在光缆的两端要加上终接器，以抵消回路信号反射，如图 3-31 所示。

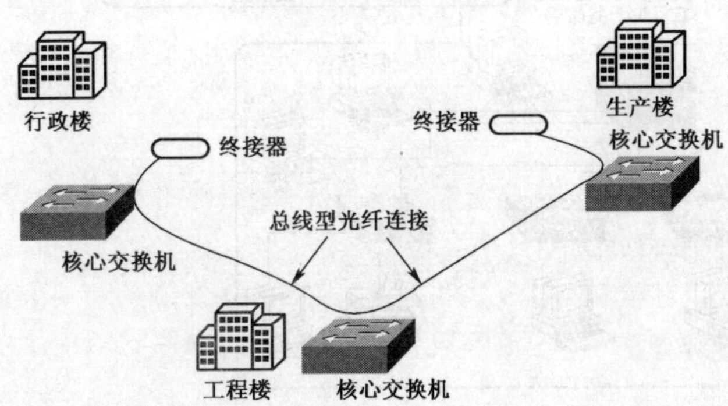

图 3-31　用光纤电缆以总线方式连接各楼核心交换机

（2）把需要与核心交换机或汇聚层交换机连接的工作站、管理控制台、网络打印机等设备（除路由器和防火墙外）与普通 10/100Mb/s 以太网端口连接起来，如图 3-32 所示。不过在此，要充分考虑各交换机上所承受的负载，既要考虑不能有性能瓶颈，同时又要充分考虑各交换机的负载尽可能均衡，特别是同一层次交换机之间。同时还要注意在各核心交换机和汇聚层交换机上要留有两个以上的备用端口。

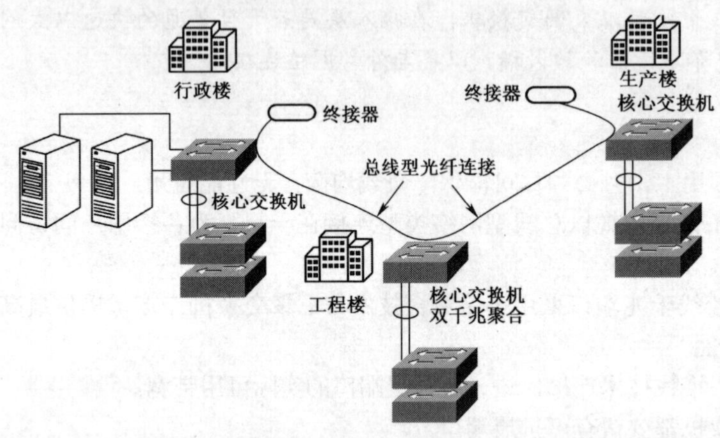

图 3-32　连接域控制器和汇聚层交换机后的网络拓扑结构

（3）各楼核心交换机的总线连接完成后，再把域控制器、汇聚层交换机分别与对应的核心交换机连接。网络中的两台域控制器是直接与行政楼核心交换机的一个双绞线千兆端口连接的，各楼的汇聚层交换机分别与对应楼的核心交换机以链路聚合技术连接，实现双千兆双绞线端口连接，以实现 2000Mb/s 的连接速率，仍参见图 3-32 所示。

（4）对所有工作站及其他网络设备按带宽需求和应用负荷大小进行分类，把最高需求的连接在核心交换机的空余普通端口上，把次等需求的设备连接在汇聚层交换机的空余普通端口上，把余下的网络设备连接在接入层交换机的空余普通端口上。但要注意的是，在核心层和汇聚层交换机上不能把所有端口都用上，每台交换机至少要保留两个端口用于替换损坏端口和网络扩展。连接后的网络结构如图 3-33 所示。

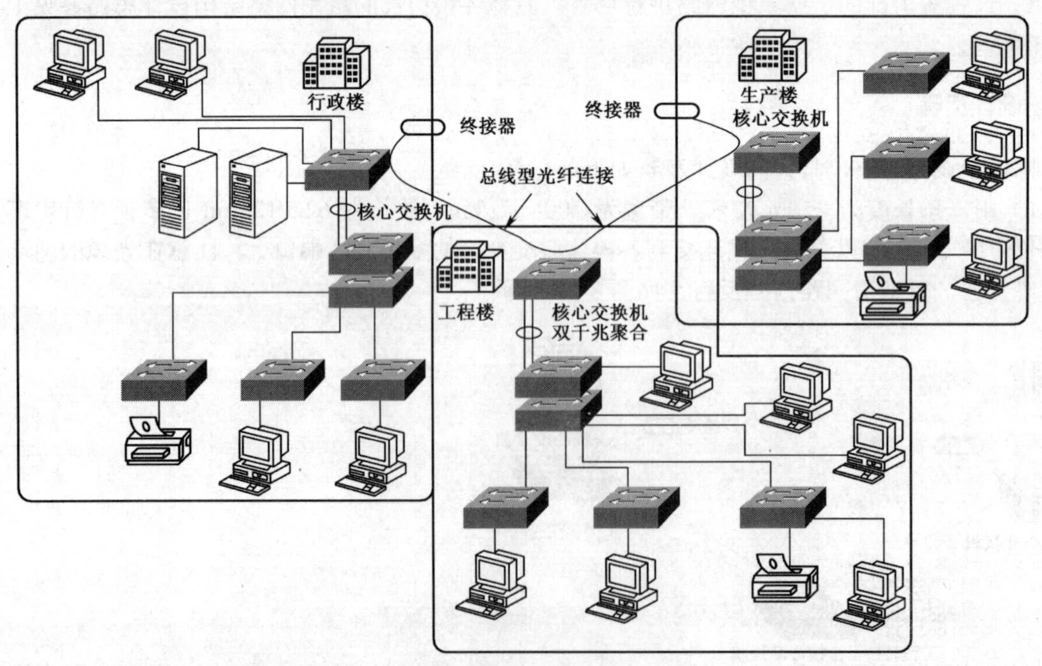

图 3-33　连接工作站和打印机等设备后的网络拓扑结构

以上是局域网部分的全部连接。因为一般的企业局域网，与外部网络连接是必不可少的，所以最后还要部署内部网络与外部网络之间的连接。在行政楼核心交换机的一个端口（具体端口类型根据实际应用需要而定）上连接防火墙和路由器设备，以连接外部网络。最终的网络结构如图 3-34 所示。

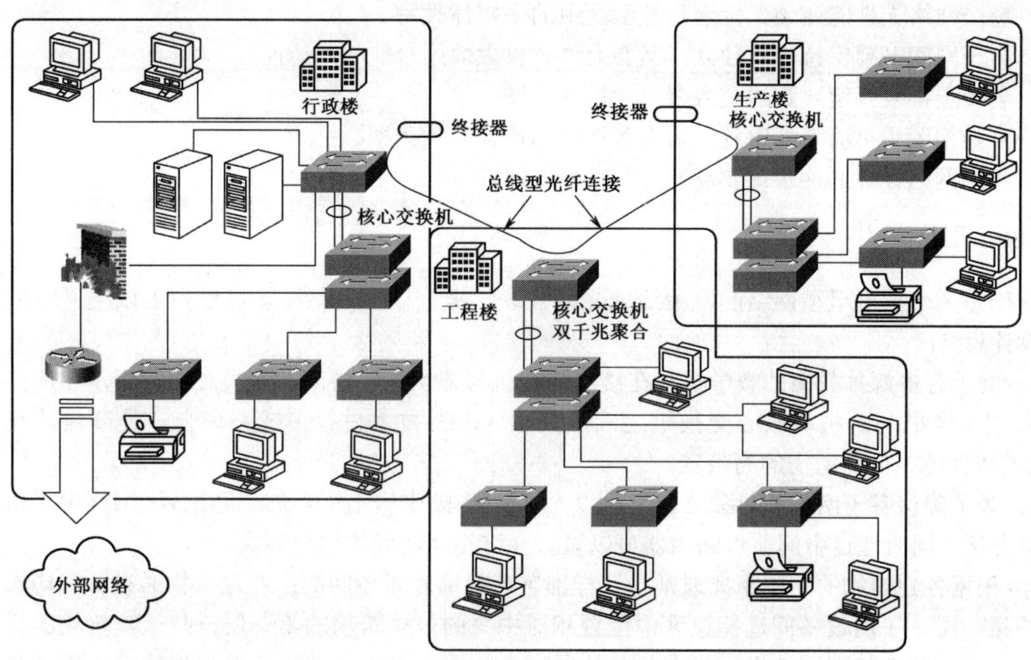

图 3-34　最终的混合型网络拓扑结构

通过以上简单的 4 步，就完成了网络拓扑结构的设计，其实也很简单，关键是思路要清晰：哪些端口连接哪些设备，采用哪种连接方式、哪种传输介质。当然对于网络中的一些特殊技术应用需求，我们应当格外注意，在开始设计网络结构时就要留意，以便于工作时有相应类型的端口使用。

【注意】总线型网络受传输速度限制（最高仅 16Mb/s），所以尽可能避免使用。另外，在连接设备时要遵循这样一个原则：应用越复杂、工作负荷越重的设备连接在层次越高、带宽越宽的交换机端口上。但同时要确保每台交换机上至少留下两个备用端口不用连接任何设备，这是为了在某端口损坏或者网络扩展时使用。层次越高的交换机留有的备用端口应越多，而且特别需要注意的是高带宽端口同样要有备用端口。

3.3.4　园区网络结构设计示例

在上节介绍了一个多栋建筑物通过光纤总线互联的网络拓扑结构设计示例，在前面也介绍到了，在实际的大型企业网络，特别是园区网络设计中，不是采用上节介绍的总线连接方式，而仍是采用星型连接方式，只不过此时园区不同建筑物网络之间的连接是通过光纤进行的。另外，在园区网络中，还可能有多个子网，此时就需要用到中间节点路由器（或三层交换机）进行互联了。本节介绍一个具体的示例。

【示例说明】某大学校园网中，整个网络分布于大学的教学区、学生宿舍区、教师家属区和娱乐区（如图书馆、阅览室等）。各部分都划分成一个相对独立的子网，子网间用中间节点路由器互联。而且在教学区、学生宿舍区、教师家属区和娱乐区 4 个子网中，各楼层网络之间的连接是通过双绞线进行星型连接的（因为教学楼、宿舍楼、教师家属楼和图书馆等建筑物最高只有 8 层，总高度在 30m 以内），不同的建筑物之间用光纤进行星型连接。

1．网络要求

通过对用户网络结构和应用的分析可以得出这样一个大型校园网，必须具备以下基本网络要求：

- 整个网络无性能瓶颈，特别是教学区中的多媒体教室。
- 各子网间既要保持相对独立，又要允许有权限的用户能相互访问。
- 各楼层都要预留一定的交换端口，以备扩展。
- 从结构图中可清晰知道各主要设备连接的传输介质类型。
- 整个网络设计的性价比要高。

2．设计思路

本示例是多个扩展星型网络的双绞线或光纤互联。根据以上网络要求可以得出以下网络结构基本设计思路：

（1）对于有多媒体教室的教学楼，在楼层交换机与建筑物设备间交换机之间，以及相应建筑物设备间交换机与总机房核心交换机之间可采用 GEC 技术进行多链路聚合，最高可达到 8Gb/s 的连接性能，确保所需的高带宽。

（2）为了确保各子网间相对独立，又可以允许有权限用户间的互访，可在各区网络中采用子网划分方法，同时通过中间节点路由器可以设置允许相互访问的用户列表。

（3）根据各建筑物的相隔距离通常是这样部署各机房和设备间的：各建筑物的设备间均设在各楼的第一层，子网设备间选择该区中位置相对中央的一建筑物的第一层，与该建筑物的设备间共处一室，整个校园网的机房设在整个校园网中位置相对中央的一栋教学楼的第一层，与该教学楼甚至该建筑物所在子网的设备间共处一室。

（4）主干网络中各子网核心交换机与总机房路由器之间，以及同一子网内部建筑物设备间交换机与子网核心交换机之间都采用光纤星型连接，而同一建筑物的不同楼层则采用双绞线千兆连接。

（5）楼层交换机所需预留的端口较多，而设备间和机房核心交换机则可预留少数端口，因为端口的使用主要体现在最终用户端上。

本节主要介绍各楼层交换机与建筑物设备间核心交换机、建筑物设备间交换机与子网设备间核心交换机，以及子网设备间核心交换机与网络总机房路由器之间的连接，具体各楼内部的星型网络结构设计思路参见 3.3.2 节。

3．设计步骤

根据以上设计思路，具体的设计步骤如下：

（1）选择好用于总机房的教学楼，将其第一层的某房间作为总机房，各建筑物的第一层也用一个房间作为建筑物设备间。各建筑物设备间交换机用一条带宽为 400MHz/km、波长为 50/125μm 的多模光纤（最大长度为 500m）连接到总机房的路由器的多模光纤端口上（要求路由器支持相应的光纤连接类型）。教学区子网由于有多媒体教室之类的高带宽需求应用，所以采取 GEC 技术（要求相应的核心交换机和路由器都支持 GEC 技术和千兆位以太见解技术），把两个千兆端口聚合起来，实现 2Gb/s 的链路。如图 3-35 所示是教学区、学生宿舍区、教师家属区和娱乐区 4 个子网设备间核心交换机与总机房路由器的连接。

一般来说，子网设备间会和该子网中其中一栋建筑物设备间在同一房间部署的。因为网络总机房设在教学区的一栋建筑物中，所以在教学区中会有一个机房同时部署网络总机房、教学区子网设备和该建筑物交换设备，担当 3 种角色。

【说明】如果各子网间的访问比较频繁，建议用三层交换机替代图中的中间节点路由器，因为中间节点路由器的交换性能远不如三层交换机（三层交换机的不同网络间的数据交换只是在同样目的地址的第一次交换时需要路由，以后不需要）。而且在子网之间的互访更多体现在数据交换上，而不是路由上。当然三层交换机同样具有子网路由功能。

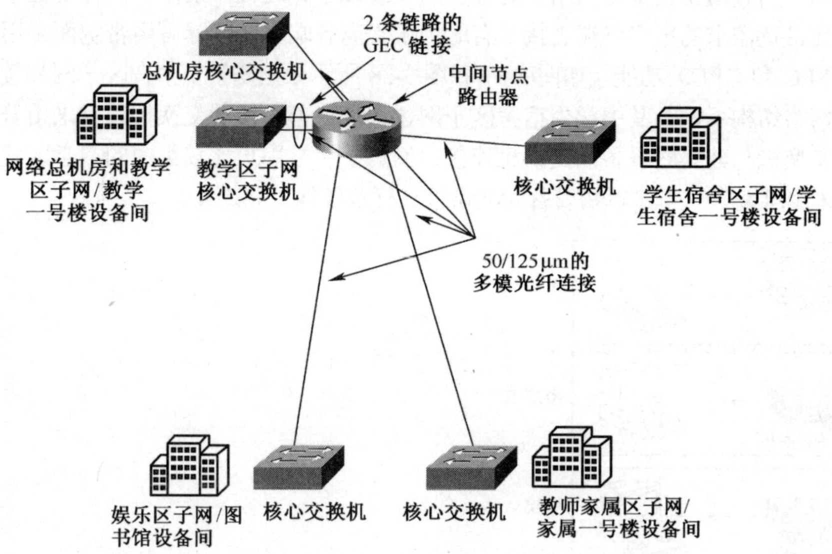

图 3-35　各子网之间的连接

（2）把各子网中不同建筑物设备间的交换机通过带宽为 400MHz/km、波长为 50/125μm 的多模光纤电缆与子网设备间的核心交换机连接起来，并标注相应的连接介质。如图 3-36 所示仅是一个示例，图中各子网设备间与其中一个建筑物设备间在同一房间中部署。图中建筑物设备间交换机与子网核心交换机之间，以及各子网核心交换机与总机房中间节点路由器之间的连接均为多模光纤千兆连接。

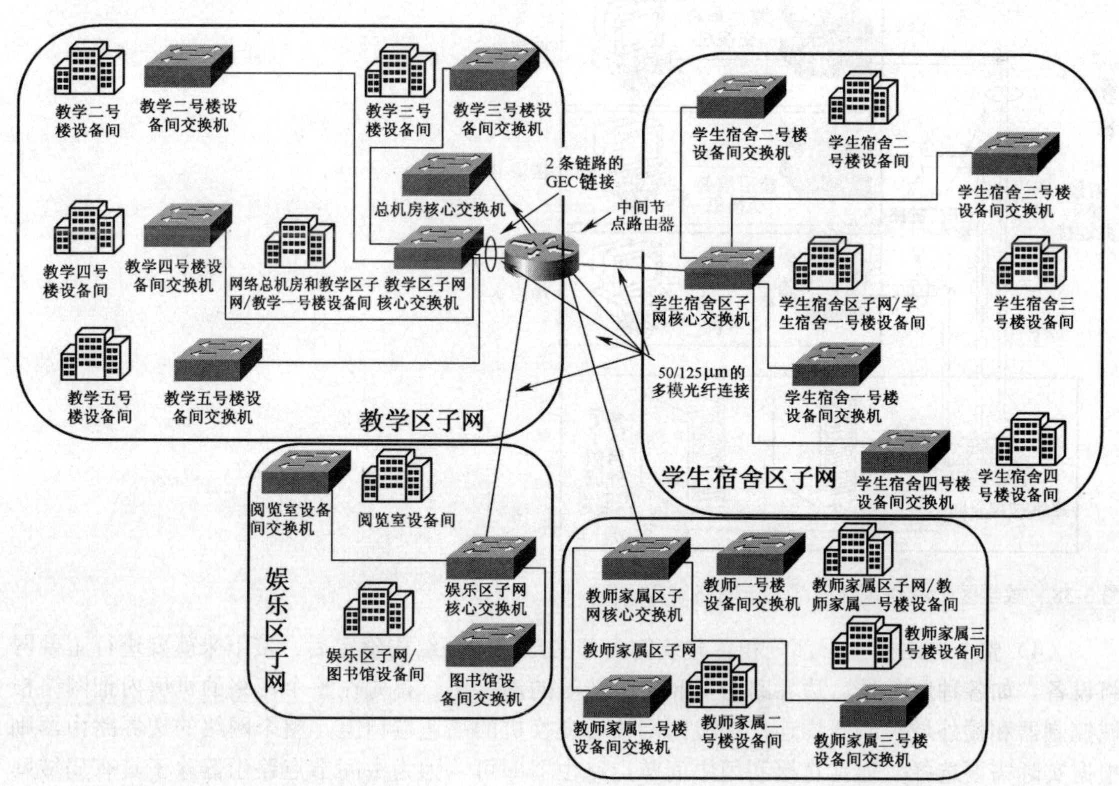

图 3-36　校园网主干网络结构示例

（3）整个网络的主干部分设计好后，接下来就要对各建筑物内部各楼层的交换网络结构进行设计。在这样一个大型校园网络中，因为教学区子网的带宽需求较高，所以在各教学楼内部所采用的交换机档次通常要高一些，当然通常也都是采用相对廉价的双绞线千兆连接，主要不同体现在千兆端口的数量较多，用于高带宽需求的用户终端连接。有时为了提高各端口的实际可用带宽而采用堆叠或者链路聚合（包括 FEC 和 GEC）功能。如图 3-37 和图 3-38 所示分别是学生宿舍区子网和教学区子网各一建筑物主干网络结构示例，其中学生宿舍区子网建筑物内部各楼层交换机通常采用普通的双绞线千兆位以太网交换机与建筑物设备间交换机连接，而对于终端用户比较集中的教学区建筑物内部各楼层交换机则采用堆叠方式与建筑物设备间交换机进行双绞线千兆连接。

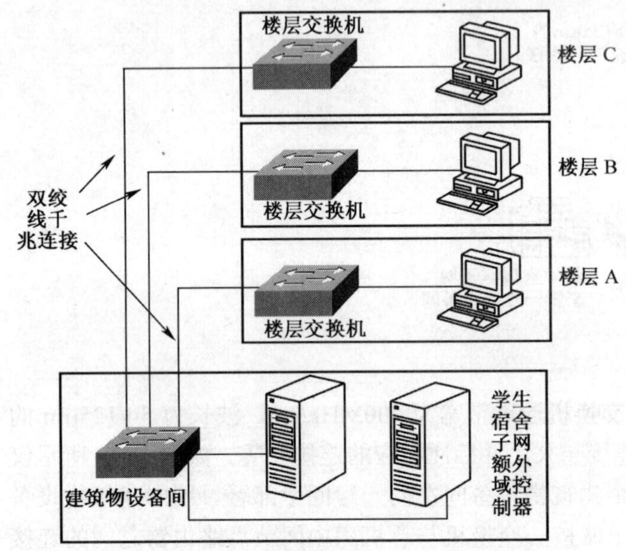

图 3-37　学生宿舍区子网建筑物内部主干网络结构示例

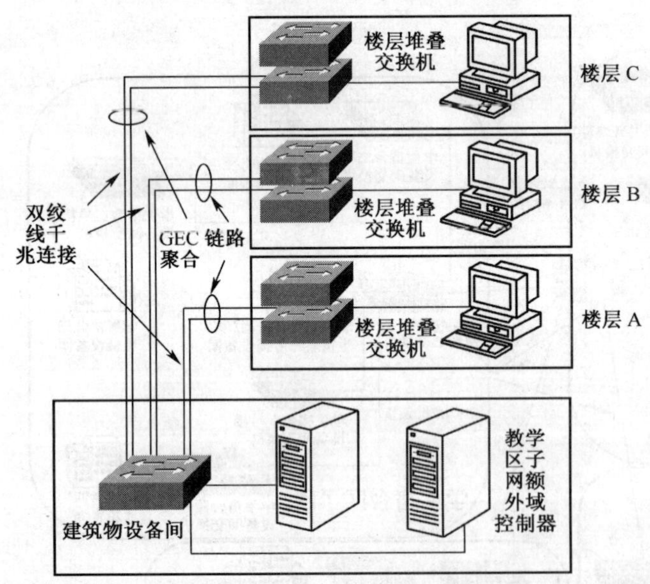

图 3-38　教学区子网建筑物内部主干网络结构示例

（4）整个网络的主干部分和各建筑物内部的主干网络结构确定后，接下来就要进行主要网络设备，如各种服务器、边界路由器和防火墙等的连接了。首先在整个网络的机房内把网络根域控制器和额外域控制器均连接在校园网核心交换机的高速端口上，整个网络的边界路由器则根据实际需要选择，通常直接利用中间节点路由器即可，因为中间节点路由器除了具有局域网内部网段连接功能外，同样具有外部网络连接功能，支持多种接入方式。然后再把边界防火墙接在路由器的一个 WAN 端口上（也可把防火墙连接在路由器与校园网核心交换机之间）。另外，还需要配置一台管理控制台计算机，直接连接在校园网机房核心交换机的普通端口上。

在各子网设备间同样把子网的域控制器连接在子网设备间交换机的高速端口上，在各建筑物设备间中分别部署一台子网额外域控制器，起到负载均衡和域控制器冗余作用，参见图 3-37 和图 3-38 所示。同样在子网设备间和建筑物设备间都可以部署一台管理控制台计算机，连接在交换机的普通端口上即可。

（5）把各建筑物内部的用户终端连接在各建筑物内部各楼层交换机的普通端口上，要注意的是各交换机所连接的用户终端数和负荷要尽可能均衡，同时要为每台交换机预留至少 4 个以上的端口用来维护和未来扩展。

【说明】在设计大型网络拓扑结构时常常会遇到在一张普通的 A4 纸中无法全面体现的情况，此时可以选择其他更大的幅面纸张，但笔者更建议选择分层次、分子网、分建筑物，甚至分楼层分别设计的方式，这样在每个分结构中只需要用箭头表示与其他部分的连接接口即可。

3.3.5 无线局域网结构设计示例

虽然我们知道在无线局域网中可以有 Ad-Hoc 和 Infrastructure 两种网络拓扑结构可选，但由于对等的 Ad-Hoc 结构属于点对点连接，且连接性能低下，所以在企业网络中这种无线网络结构是很少采用的，除非是只有少数几个用户的无线网络。另外，在企业网络中，无线网络一般是作为有线网络的补充与有线网络连接，而不是单独采用。无线网络部分通常是用于像会议室等之类的临时网络和较难布线的厅堂、广场之类的位置。本示例将向大家介绍一种在企业中广泛采用的多无线 AP 的办公室无线局域网结构设计方法。

【示例说明】有一家公司的一个办公室是老式建筑，现为了避免重新打墙布线，欲采用 WLAN 无线局域网布线方式。办公室用户数在 30 个左右，准备了两台 IEEE 802.11g 标准的无线 AP。另外，无线网络要与已有的有线网络进行互联。

1．网络要求

- 所有该办公室的用户均可通过无线 AP 与有线网络连接，且不能有冲突。
- 两台无线 AP 负载要相对均衡，避免出现性能瓶颈。
- 所有无线网络用户均能通过有线网络中的宽带路由器访问互联网。

2．设计思路

这类网络结构其实设计起来也很简单，基本思路如下：

（1）把两台无线 AP 安装在办公室的适当位置，同时在距离上要确保两台无线 AP 能很好地覆盖对应的无线网络用户范围。

（2）把两台无线 AP 通过一条直通双绞线连接在有线网络交换机的一个普通端口上，然后按有线网络一样的方法配置各无线用户的 TCP/IP 协议，即可实现与有线网络的连接。如果有线网络中本来就配置有宽带路由器，无线网络用户就可以直接利用宽带路由器上网了，当然要确保这些用户没有在宽带路由器的用户排除范围之内。

（3）在无线 AP 上配置两 AP 所采用的信道不能有重叠现象，配置各无线网络用户选择使用对应的无线 AP 网络。具体请参见本系列丛书的《金牌网管师（初级）中小型企业网络组建、配置与管理》一书。

3．设计步骤

本示例仅说明无线网络部分的设计步骤，有线网络部分的设计参照前面的几个示例。而且本示例有线网络部分以最基本的网络结构为代表，实际上可以是任何复杂的网络结构。只需要把无线网络中的无线 AP 连接到有线网络的交换机（通常是核心交换机）即可。

（1）确定无线网络用户的基本位置，把整个无线网络用户划分成两个区域。划分区域时不仅要考虑到网络用户数，还要充分考虑到各用户的具体网络应用性能需求，尽可能使得两个区域的用户带宽总需求基本一致。

（2）把两台 IEEE 802.11g 标准的无线 AP 分别安装在以上两个用户区域的中间位置，如图 3-39 所示。

（3）从两台无线 AP 的 RJ-45 LAN 端口中拉出一条直通双绞线到有线网络至少汇聚层的一个普通 LAN 端口，以实现与有线网络的连接。

以上就是基础结构的无线局域网拓扑结构的设计步骤。下面简单介绍一下网络中各 AP 的信道配置问题。

配置的两台无线 AP 的信道 ID 不能重叠。在工作于 2.4GHz 频段的 IEEE 802.11b 和 IEEE 802.11g 两标准中均提供了 13 个可供选择的信道，默认为第 6 信道。在单一无线 AP 的网络中，这里可以随便选择，而如果在无线网络中还有其他无线 AP，则一定要注意，各 AP 选择的信道所覆盖的频段不能重叠。根据经验所得，一般在一个半径为 50m 以内的区域中，只允许有 3 个无线 AP，所选的 3 个子信道只能是 1、6、11，或者 2、7、12，或者 3、8、13 这样的组合，主要是为了避免各 AP 所发出的信号相互干扰和冲突。

图 3-39　无线网络与有线网络的连接

3.4　广域网网络拓扑结构设计

以上介绍的是局域网拓扑结构的设计方法，本节介绍一些典型的广域网拓扑结构的设计方法。相对局域网的拓扑结构设计来说，广域网的拓扑结构设计要简单一些，因为广域网通常是网络边界的连接，而不考虑网络内部的结构，而且多数广域网连接是借助于 ISP 公用网络（如互联网）的，当然也有借助于 NSP 的专用网络进行连接的，如 VPN 局域网互联。

3.4.1 小型企业互联网接入拓扑结构设计

一般的企业网络，特别是小型企业网络与广域网的连接都是基于互联网连接的，目前互联网接入方式非常多，如 Modem 拨号、ISDN 拨号、ADSL、HDSL、VDSL、Cable Modem、FTTx、LDMS、MMDS 等，但目前在企业网络中所采用的互联网接入方式是 ADSL、Cable Modem、FTTx 三种。本节主要介绍这 3 种主要类型互联网接入方式网络拓扑结构的设计思路和基本接入方案。

1．ADSL 接入

这是目前应用最广的一种互联网接入方式，无论是个人用户还是企业用户。ADSL 接入方式利用的还是 ISP 电信电话网（PSTN）的用户固话线路，但它又不同于以前的 Modem 拨号和 ISDN 拨号，因为它实现了与语音线路的分离（通过语音分离器实现），所以它呼叫的不是对方的电话号码，而是一个具体的账户。目前企业用户一般使用的是下行 2Mb/s 或以上接入速率。

ADSL 接入的实现很简单，在用户端只需购买一台 ADSL Modem 即可。在网络的另一端直接接入 ISP 的交换网络中，而 ISP 的交换机的另一端直接连接互联网出口。对于用户来说，ISP 端的网络根本不用操心，由 ISP 自己解决。各用户之间组成一个星型网络。

在 ADSL 接入方式中，又可分为虚拟拨号（PPPoE）接入和 PPPoA 或 IPoA 专线接入，但无论是哪种方式，在企业网络中应用的网络结构都是基本一样的，通常都是为多用户提供共享。共享方法有多种，主要有代理服务器共享、网关服务器共享（这两种共享方式的网络拓扑结构均如图 3-40 所示）和宽带路由器共享（网络拓扑结构如图 3-41 所示）3 种，具体参见本系列丛书的《金牌网管师（初级）中小型企业网络组建、配置与管理》一书。

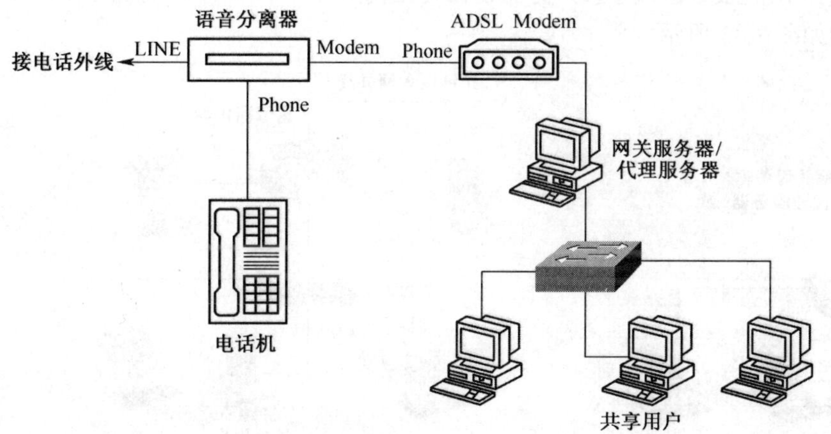

图 3-40 ADSL 的代理服务器/网关服务器共享方式网络拓扑结构示例

2．Cable Modem 接入

与上面介绍的 ADSL 不同，Cable Modem 彻底摆脱了以前互联网接入离不开 PSTN 网络的束缚，它采用的是有线电视所用的 HFC（同轴电缆/光纤混合网）网络。这种接入方式的网络结构与 ADSL 相似，用户也只需一个 Cable Modem 终端即可。它同样需要一个分线器，用来分离电视信号和计算机网络的数据信号。但这种接入方式采用的是同轴电缆/光纤的总线型网络结构，所以各用户是带宽共享方式，接入性能不如 ADSL，尽管它的下行速率最高可达 40Mb/s（实际使用的目前基本上是 10Mb/s）。

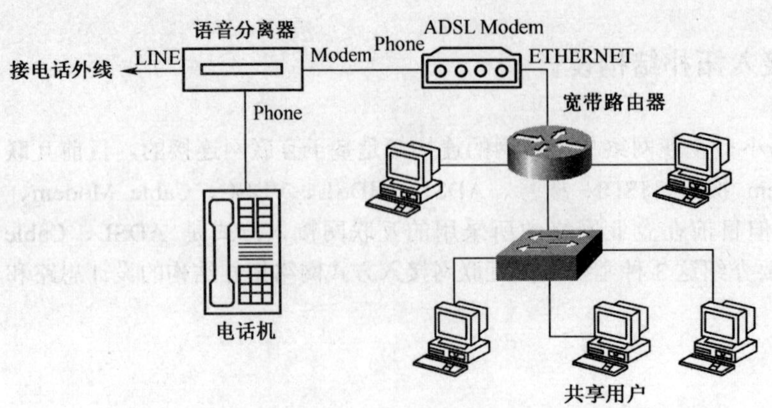

图 3-41　ADSL 的宽带路由器共享方式网络拓扑结构示例

Cable Modem 的几种共享方式基本网络仍可参见图 3-40 和图 3-41 所示，不同的只是图中的 ADSL Modem 要改为 Cable Modem，语音分离器改为有线电视分线器即可。当然它再也不接电话机了。

3. FTTx 光纤以太网接入

FTTx 是一种光纤和双绞线混合（也可以是纯光纤接入方式）的星型以太网接入方式，也是目前应用最广的一种互联网接入方式。因为是以太网直接接入方式，所以这种接入方式的最大特点就是用户端无须配置任何额外的网络设备（除网卡外），用户可以直接通过一条双绞线与外线连接。这种接入方式较 ADSL 和 Cable Modem 接入方式都具有明显的优势，当然不仅体现在用户设备成本上，更体现在它的接入性能上，目前使用的基本上都是 10Mb/s，而它完全可以轻松地实现百兆甚至千兆，而且这个速率还不是多用户共享的。

光纤接入的代理服务器/网关服务器共享接入方式的网络结构如图 3-42 所示，而宽带路由器共享接入方式的网络结构如图 3-43 所示。

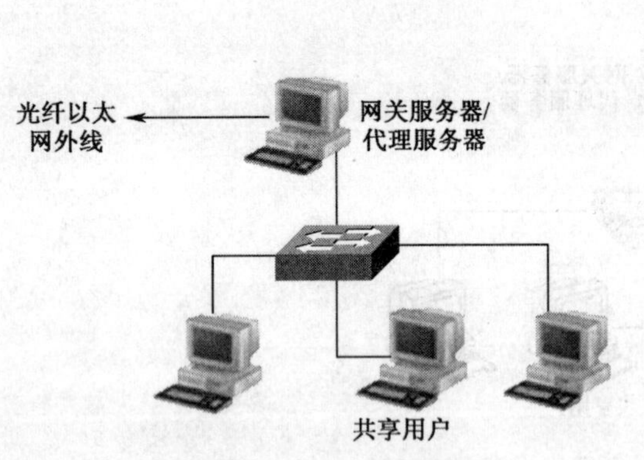

图 3-42　FTTx 接入的代理服务器/网关服务器共享网络结构示例

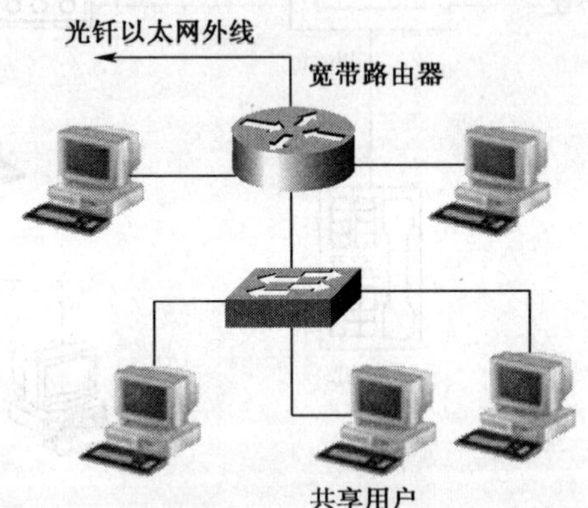

图 3-43　FTTx 接入的宽带路由器共享网络结构示例

3.4.2　X.25 广域网接入拓扑结构设计

X.25 分组交换网接入方式在广域网接入中也是应用比较多的，我国有专门的分组交换网骨干网 ChinaPAC。X.25 属于分组交换网中的一种，采用的是分组交换方式，数据传输是一个个分组进行的。

X.25 网是面向连接的、支持交换式虚电路和永久式虚电路的网络，但不支持数据报服务。

X.25 可以通过虚电路（VC）传送多种上层协议（如 IP、IPX 等）数据，将网络连接到各种类型的网络系统中。X.25 通常用于分组交换网络上，如电话行业，是根据订户使用的网络进行收费的。同时因为 X.25 是面向连接的业务，所以可以确保数据包的顺序传输。

1．选择 X.25 连接的考虑

在选择 X.25 作为广域网的专用网络连接时，需要考虑以下几方面的问题：

- 接入速率

X.25 与 ISDN 的接入速率相近，最高都是 2.048Mb/s，所以它也仅适用于应用不是很复杂的网络环境，对于像多媒体、动画播放、大容量数据存储之类的高带宽需求应用不理想。

- 所需终端设备

采用 X.25 接入方式，所需的用户终端设备包括 X.25 网卡、分组拆装设备 PAD、支持分组交换机的分组交换机，以及支持分组交换的路由器等。

- X.25 属于一种趋于淘汰的网络交换技术

因为 X.25 分组交换技术在速率上与 ISDN 以及后面将要介绍的 FR 和 ATM 等相比没有任何优势，在业务类型支持和成本上相对 FR 和 ATM 等接入方式来说也处于劣势，更重要的是它的交换效率不如 FR、ATM 和光纤交换方式，所以建议不要选择这种接入方式。

- 业务支持类型

分组交换网的业务类型主要包括以下几种：

  - 基本业务功能：包括“交换虚电路”（SVC）和“永久虚电路”（PVC）两个子类。
  - 任选业务功能：包括“在预约合同期的任选业务”和“在每次呼叫基础上的任选业务”两个子类。
  - 增值业务。

2．X.25 广域网连接拓扑结构

利用 X.25 组网，可通过 X.25 将 PC 接入局域网，其中有两种实现方式（网络结构如图 3-44 所示）：

- 如果是单一 PC，则可利用 X.25 网卡与同步 Modem 或 ISDN 实现。
- 如果是局域网，则可通过路由器与同步 Modem 或 ISDN 实现。

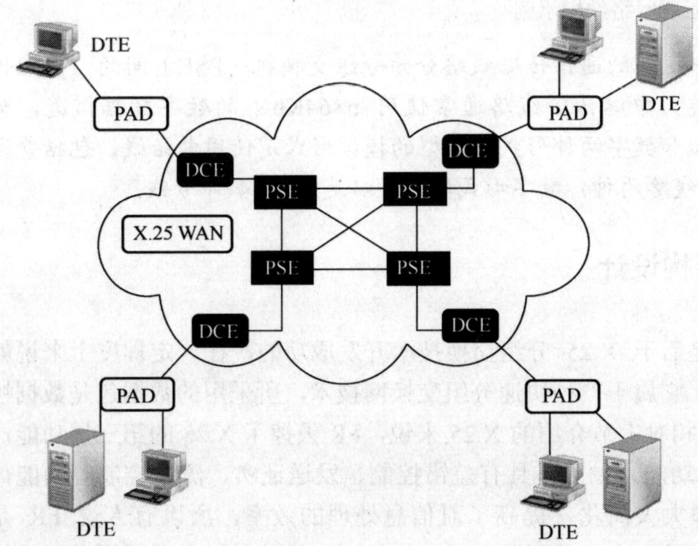

图 3-44　X.25 广域网连接拓扑结构示例

在图中的 DCE（Data Circuit Equipment，数据电路设备）是数据通信设备或电路连接设备，包括 X.25 适配器、Modem、访问服务器或包交换机等网络设备，用来将 DTE（Data Terminal Equipment，数据终端设备）连接到 X.25 网络上。DTE 设备是将用户信息转换为传输信号或将接收到的信号恢复为用户信息的一种终端设备，包括诸如计算机、路由器、网桥等。

PAD（Packet Assenbler/Disassembler，包拆装器）是一种将分组打包为 X.25 格式，并添加 X.25 地址信息的设备。当包到达目标 LAN 时，可以删除 X.25 的格式信息。它位于 DTE 与 DCE 之间，实现 3 个功能：缓冲、打包、拆包。PAD 中的软件可以将数据格式化，并提供广泛的差错检验功能。每个 DTE 都是通过 PAD 来连接在 DCE 上的。PAD 具有多个端口，可以给每一个连接于其上的计算机系统建立不同的虚拟电路。DTE 向 PAD 发送数据，PAD 按 X.25 格式将数据格式化并编址，然后通过 DCE 管理的包交换电路将其发送出去。DCE 连接在包交换机 PSE 上，PSE 是 X.25 WAN 网络中位于 NSP 网络内部的一种交换机。

如图 3-44 给出的是 PC（或服务器）之间通过 X.25 网络的互联，其实通过 X.25 还可实现局域网间的远程互连，此时双方均需要路由器和同步 Modem 或 ISDN，只需把图 3-44 中的 PC 机（或服务器）换成路由器，一端直接连接局域网交换机，再把 X.25 网络中的 DCE 设备换成同步 Modem 或 ISDN，与路由路的另一端连接即可，如图 3-45 所示（A、B 两网络的互联）。

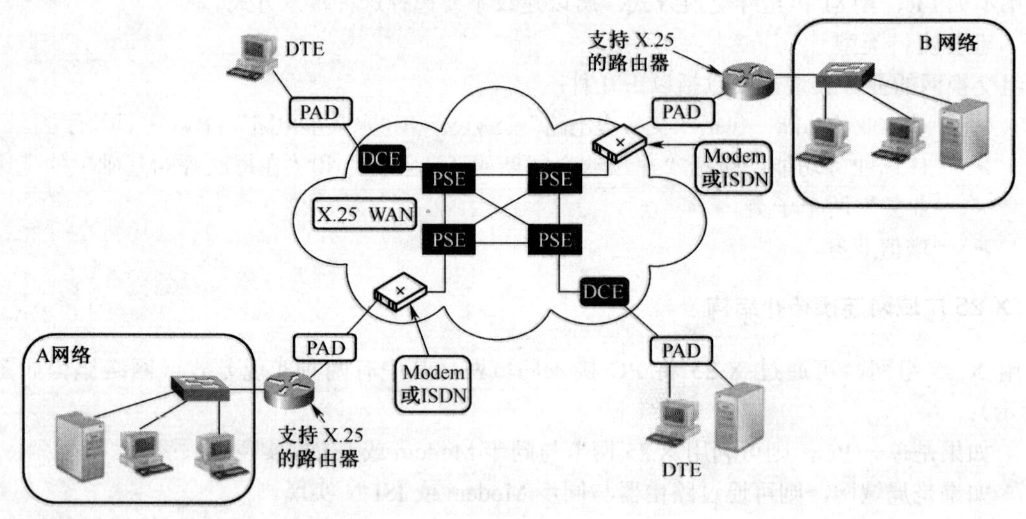

图 3-45　通过 X.25 网络的两个局域网互联网络结构示例

【说明】在 X.25 分组交换网中，它的通信传输线路分为分组交换机（PSE）间的“中继传输线路”和“用户传输线路”两类。中继传输线路通常使用 n×64Kb/s 的数字数据信道，如 DDN 专线等。用户传输线路有模拟和数字两种形式，典型的模拟形式是使用电话线，包括普通 Modem 的模拟线路和 ISDN 的数字线路两种，数字形式仍然可以是 DDN 数字专线。

3.4.3　FR 广域网接入拓扑结构设计

FR（Frame Relay，帧中继）是后于 X.25 分组交换技术开发成功的，在一定程度上来说就是用来取代 X.25 分组交换技术的。它属于一种快速分组交换网技术，所采用的数据包是数据帧（Frame），而不是分组（Packet）。相对上节介绍的 X.25 来说，FR 去掉了 X.25 的第三层功能，同时在数据链路层上也简化了部分功能，如不再具有差错控制、发送证实、流量控制等功能，使得线路中的帧中继交换机的处理大大简化，提高了对信息处理的效率，所以有人说 FR 是 X.25 的一种简化版本。但传输速率基本上仍是局限于 2.048Mb/s，所以它仍主要适用于比较简单的网络连接应用环境。我国的帧中继骨干网为 ChinaFRN。

1. 选择 FR 连接的考虑

FR 作为 X.25 的一种改进版本分组交换技术，目前在国内外的应用要远比 X.25 技术广，特别是在智能化终端非常普及的今天（后面将介绍实现 FR 接入的基本条件）。但在选择 FR 作为广域网专用网络的连接时，仍建议要考虑以下几个方面：

- 接入速率

FR 的最高接入速率也是 2.048Mb/s，所以它也仅适用于应用不是很复杂的基本网络应用，对于像多媒体、动画播放、大容量数据存储之类的高带宽需求应用不理想。

- 用户终端设备

FR 接入所需的用户终端与 X.25 类似，也需要 FR 终端、分组拆装设备 FRAD、支持 FR 的帧中继交换机，以及支持 FR 的帧中继路由器等。

- 实现 FR 接入是需要条件的

由于帧中继业务中不提供错帧通知、错帧恢复及出错帧的重传服务，因此业务的开展必须具有两个基本条件：

  - 必须采用智能化的用户终端，在其上运行高层通信协议，以完成纠错、流量控制等功能。
  - 中继线路必须具有较好的传输性能（如光纤线路或其他高带宽数字线路），以避免因传输差错造成过多的帧丢失，影响网络服务质量。

- 支持的业务类型

帧中继网络提供的业务有两种：永久虚电路（PVC）和交换虚电路（SVC）。永久虚电路是指在帧中继终端用户之间建立固定的虚电路连接，并在其上提供数据传送业务。交换虚电路是指在两个帧中继终端用户之间通过虚呼叫建立虚电路连接，网络在建好的虚电路上提供数据信息的传送服务，终端用户可通过呼叫清除操作终止虚电路。目前国内主要运营商基本上都只提供永久虚电路的帧中继网络业务。

目前，国内外的帧中继业务基本上都是双向对称式 PVC，速率为 $n\times64$Kb/s（$n\leq32$）。国内外帧中继业务可提供的承诺速率有 4Kb/s、8Kb/s、16Kb/s、32Kb/s、56Kb/s、64Kb/s、96Kb/s、128Kb/s、192Kb/s、256Kb/s、320Kb/s、384Kb/s、448Kb/s、512Kb/s、576Kb/s、640Kb/s、704Kb/s、768Kb/s、832Kb/s、896Kb/s、960Kb/s、1Mb/s、1.5Mb/s、2Mb/s 等。

2. FR 广域专用网络连接拓扑结构

帧中继与 X.25 一样，都是一种简单的面向连接的分组电路，基于开放系统互连模型的数据链路层，此项业务的开发既可以满足局域网互连所需的大容量的传送，也可以满足用户对数据传输时延小的要求。帧中继的几种典型用户接入形式如图 3-46 所示：具有标准 UNI 接口的帧中继终端（FDTE）可直接通过帧中继交换机接入帧中继网；非帧中继终端（NFDTE）则需要借助于 FRAD（Frame Relay Access Data，帧中继接入设备）转接于帧中继交换机，然后再接入帧中继网络；对于局域网的端对端连接，则同样需要用到路由器，当然此时需要路由器支持 FR 协议。其实这一结构图同样适用于上节介绍的 X.25 网络，只需要把相应的网络类型和接入设备所支持的协议类型换成 X.25 网络或协议即可。

与图 3-46 对应的网络结构如图 3-47 所示。图中作为帧中继网络核心设备的 FR 交换机（FRS）的作用与 X.25 网络中的包交换机（PSE）类似，都是在数据链路层完成对帧的传输，只不过 FR 交换机处理的是 FR 帧，而不是 X.25 网络中的分组，而且 FR 交换机相对 X.25 交换机来说，功能更加简单，因为它无需重传、应答、监视和流量控制等功能。帧中继网络中的用户设备负责把数据帧送到帧中继网络，用户设备分为帧中继终端和非帧中继终端两种，其中非帧中继终端必须通过帧中继装拆设备（FRAD）才能接入帧中继网络。在这里要注意一个事实，就是 FR 协议去掉了 X.25 协议的第三层，所以支持 FR 的交换机都可以直接与 FR 网络的 DCE 设备连接（参见图 3-47 中的两个作为 DTE 设备的交换机），而可以不用路由器，当然使用支持 FR 协议的路由器仍是通过 FR 进行局域网互联的首选。

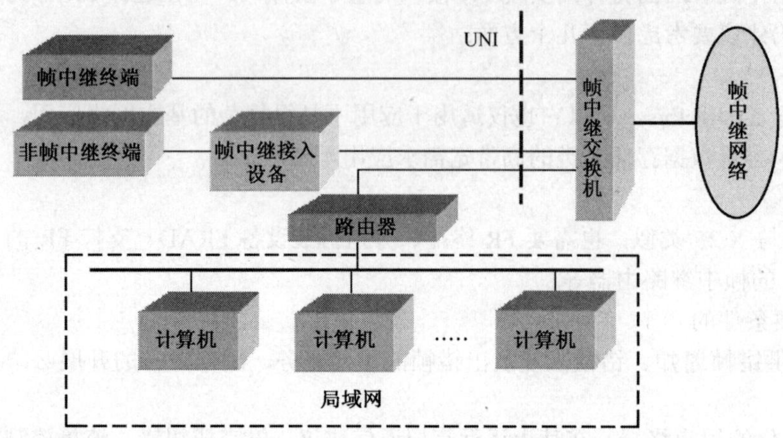

图 3-46　帧中继接入方式

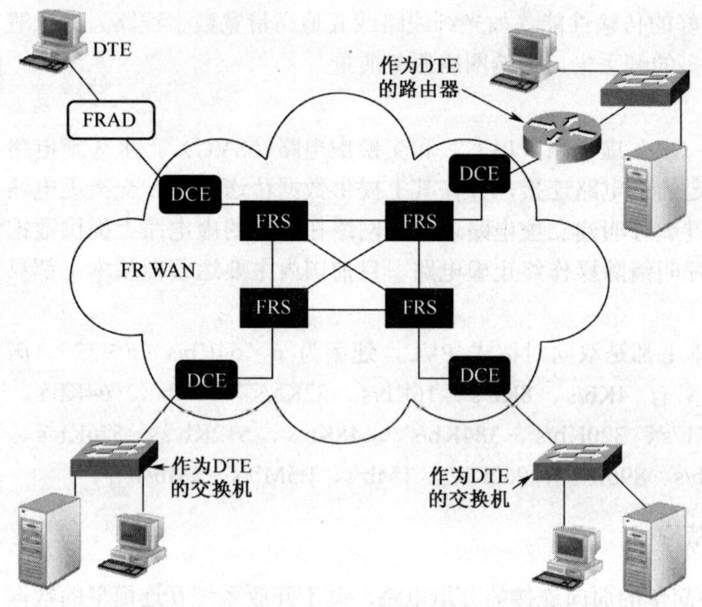

图 3-47　典型帧中继网络拓扑结构

3.4.4　ATM 广域网接入拓扑结构设计

ATM（Asynchoronous Transfer Mode，异步传输模式）与分组交换网、帧中继网一样，也是一种面向连接（Connection Oriented，CO）技术，即网络必须提供从用户到用户的连接通路，但这不是电路交换那种实连接，而是与分组交换相似的虚连接。连接分为永久性虚电路（PVC）的连接和动态交换虚电路（SVC）的连接。对于动态的交换连接，其连接控制（包括连接的建立、保持和释放）是通过信令系统完成的，而永久性的连接是由网络管理系统设置的。

ATM 与 FR 一样也属于快速分组交换网类型，但它与 FR 和 X.25 有着本质的区别，采用的是固定大小的信元交换方式，交换效率远比 X.25 和 FR 要高，传输速率也从 X.25 和 FR 的 2.048Mb/s 提高到了 155Mb/s，最高可达到 622Mb/s。所以，ATM 是目前应用最广的一种广域网数据交换技术（最开始主要应用于局域网中，但由于成本极高，加上新型的以太网技术无论在性能上还是在成本上都比 ATM 更具优势，所以 ATM 最终逐渐退出了在局域网中的应用）。

1．选择 ATM 连接的考虑

选择 ATM 作为广域网专用网络连接方式时，建议考虑以下几个方面的问题：

- 接入速率

ATM 的接入速率最高可达 622Mb/s，基本速率也在 155Mb/s，远比 X.25 和 FR 2.048Mb/s 的接入速率要高，当然也可以小于这个基本速率，所以它适用的领域非常广，从基本应用的局域网互联到复杂应用（如远程教学、远程医疗、远程电视会议等）的网络互联均适用。

- 可同时应用于局域网和广域网

ATM 最开始设计的目的就是要全面应用于局域网和广域网，所以它可全面应用于局域网和广域网环境，而不是像 X.25 和 FR 那样仅适用于广域网的连接。

- 成本较高，配置较复杂

ATM 技术虽然具有较高的接入性能，但它的成本非常高，像 ATM 网卡就较普通网卡要贵上几倍，甚至十几倍。其他的一些 ATM 设备价格也一样。正因为如此，目前它在局域网中的应用基本上很少见到，除了一些特殊行业，如电信、金融、保险和证券等。但总的来说，它的性价比还是相当高的，特别是在广域网应用中。

- 支持的业务类型

ATM 网络可以提供的业务种类非常全面，覆盖到现在绝大多数网络业务，具体如下：

  - ATM 永久虚连接业务（ATM PVC 业务）
  - ATM 交换虚连接业务（ATM SVC 业务）
  - 帧中继承载业务（FBBS）
  - 电路仿真业务

从以上业务类型可以看出，ATM 不仅可以支持自身的业务类型，而且还可以支持 FR 上承载的业务，所以在相当广的领域中得到了广泛应用。当然，ATM 自身的业务是最主要的，这是由它的接入和应用性能决定的。

2．ATM 网络应用的拓扑结构

之所以此处不像前两节那样专门讲在广域网专用网络互联的拓扑结构，是因为 ATM 不仅应用于广域网中，还可应用于局域网中，这些 ATM 局域网目前主要是一些专用 ATM 网络。所以 ATM 网络可分为三大部分：公用 ATM 网、专用 ATM 网和 ATM 接入网。

公用 ATM 网是由电信管理部门经营和管理的 ATM 网，它通过公用用户网络接口连接各专用 ATM 网和 ATM 终端。作为骨干网，公用 ATM 网应能保证与现有各种网络的互通，应能支持包括普通电话在内的各种现有业务，另外还必须有一整套维护、管理和记费的功能。

专用 ATM 网是指一个单位或部门范围内的 ATM 网，由于它的网络规模比公用网要小，而且不需要记费等管理规程，因此专用 ATM 网是首先进入实用的 ATM 网络，新的 ATM 设备和技术也往往先在 ATM 专用网中使用。目前专用网主要用于局域网互连或直接构成 ATM LAN，以在局域网上提供高质量的多媒体业务和高速数据传送。

接入 ATM 网主要指在各种接入网中使用 ATM 技术，传送 ATM 信元，如基于 ATM 的无源光纤网络（APON）、混合光纤同轴（HFC）、非对称数字环路（ADSL）以及利用 ATM 的无线接入技术等。在目前的应用中，ATM 广域网的连接主要体现在公用 ATM 网与专用 ATM 网的连接上，如银行 ATM 网络中除了连接分布在各地的 ATM 柜员机和其他设备外，还要与银行内部的网络设备互联。ATM 广域网应用的典型拓扑结构如图 3-48 所示。

从图中可以看出，专用 ATM 网与公用 ATM 网之间的连接可直接通过 ATM 交换机进行，而 ATM 网络与其他网络的互联则一定要通过支持 ATM 协议的路由器进行。

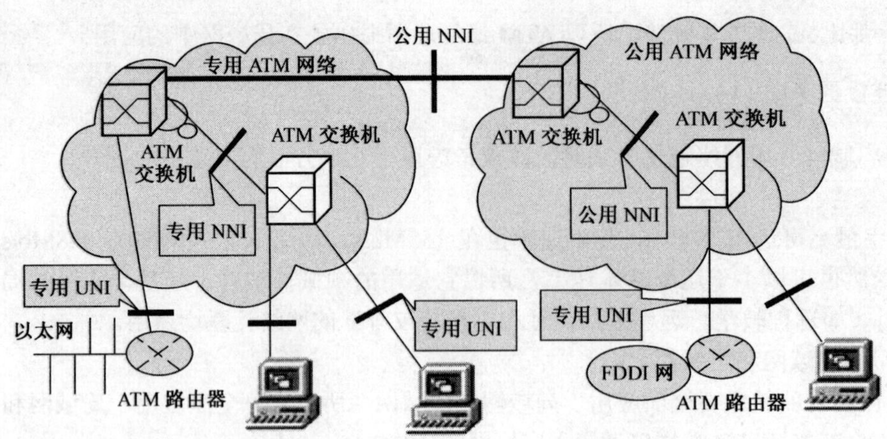

图 3-48　ATM 广域网连接示意图

而 ATM 在局域网（如银行内部网络）中的应用拓扑结构如图 3-49 所示，在这里各种网络设备的连接首先是通过支持 ATM 协议的普通局域网交换机集中连接，然后再汇聚连接到 ATM 交换机上，由 ATM 交换机与公用 ATM 网的 ATM 交换机连接，实现公用 ATM 网络与专用 ATM 网络的互联。

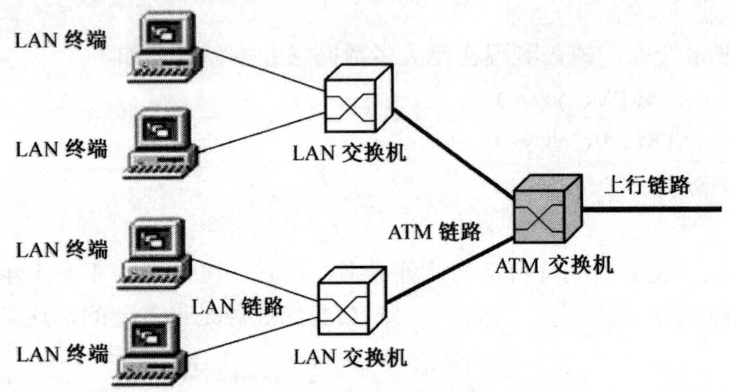

图 3-49　ATM 与 LAN 网络的混合连接

3.4.5　光纤接入广域网拓扑结构设计

相对于前面介绍的几种广域网接入方式来说，此处所介绍的光纤接入网有着明显的不同，它不再是一种接入方式，而属于独立的一类，完全与前面介绍的各种接入方式不同，因为它在线路中传输的不再是电信号，而是光信号。正因为如此，光纤接入网中有着完全不一样的各种设备，自成体系。在光纤接入网中又有许多不同的接入方式。本节将进行总体介绍。

光纤接入网的拓扑结构，是指传输线路和节点之间的结构，表示了网络中各节点的相互位置与相互连接的布局情况。在光纤接入网络中，主要采用总线型、环型和星型这 3 种基本的网络拓扑结构，当然在大的网络中，同样可以派生出一些混合型的拓扑结构，如总线－星型结构、树型、双环型等多种组合应用形式，各有特点、相互补充。在此仅对以上 3 种基本的光纤接入网络拓扑结构进行简单介绍。要注意的是，本节所给出的网络结构为最基本的模块式结构，实际的光纤网络中还涉及了许多器件和设备的连接。

1．总线型结构

总线型结构是光纤接入网的一种应用非常普遍的拓扑结构，它是以光纤作为公共总线（母线），一端直接连接服务提供商的中继网络，另一端则连接各个用户。各用户终端通过某种耦合器与光纤总线直接连接所构成的网络结构，用户计算机与总线的连接可以是同轴电缆，也可以是双绞线，当然也可以仍是光纤，与在局域网中介绍的总线型拓扑结构是一样的，如图 3-50 所示。其中的中继网络可以是像 PSTN、X.25、FR、ATM 等任意一种，下同，不再赘述。我们在前面介绍的 Cable Modem 接入方式就采用这样一种接入方式。

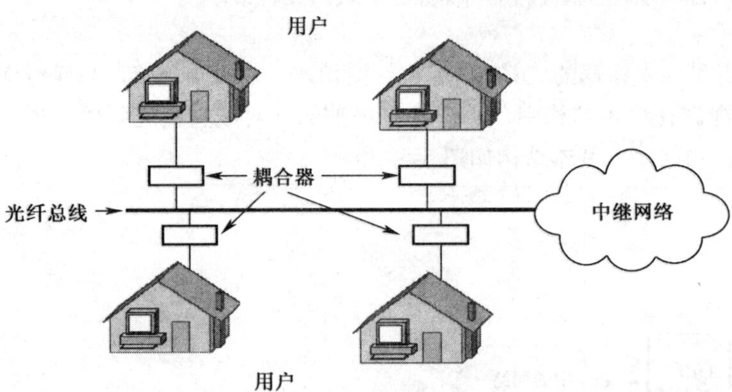

图 3-50 总线型光纤接入网基本结构

这种结构属串联型结构，特点是：共享主干光纤、节省线路投资、增删节点容易、彼此干扰较小；缺点是共享传输介质，连接性能受用户数多少影响较大。

2. 环型结构

环型结构与局域网中通常所讲的环型拓扑结构是一样的，是指所有节点共用一条光纤环链路，光纤链路首尾相接自成封闭回路的网络结构，当然光纤的一端同样需要连接到服务提供商的中继网络，基本网络结构如图 3-51 所示。用户与光纤环的连接也是通过各种耦合器进行的，所采用的介质可以是同轴电缆，也可以是双绞线，当然更可以是光纤。

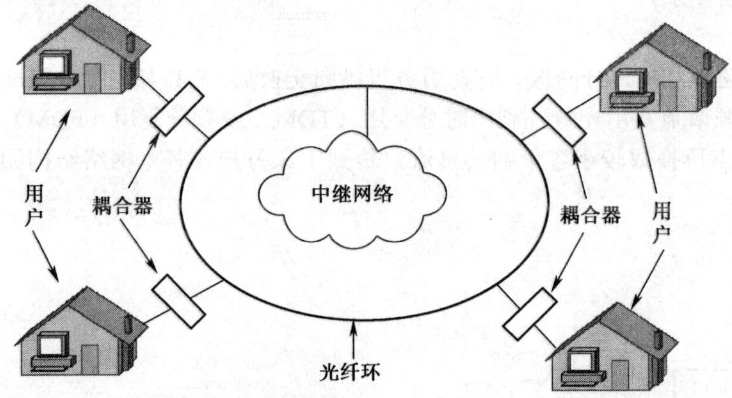

图 3-51 光纤环接入网基本网络结构

这种结构的突出优点是可实现网络自愈，即无须外界干预，网络即可在较短的时间里从失效故障中恢复所传业务。缺点是连接性能差，因为也是共享传输介质的，所以通常适用于较少用户的接入中；而且故障率较高，故障影响面广，只要光纤环一断，整个网络就中断了。

3. 星型结构

这里所说的星型结构与局域网中所说的“星型结构”也是一样的，不过此处强调的是传输介质为光纤，而并非通常所说的双绞线。在这种星型结构的光纤接入网中，各用户终端通过一个位于中央节点（设在端局内）具有控制和交换功能的星型耦合器进行信息交换。它属于并联结构，不存在损耗累积的问题，易于实现升级和扩容；各用户之间相对独立，业务适应性强。但缺点是所需光纤数较多（第用户单独一条），成本较高；另外，由于在这种结构中，所有节点都需要经过中央节点的数据交换才能与中继网络连接，所以中央节点的星型耦合器工作负荷比较重，对可靠性要求极高，一旦中央节点出现故障，则整个网络也将瘫痪。

星型结构又分为单星型结构、有源双星型结构和无源双星型结构 3 种。

- 有源单星型结构

该结构是用光纤将位于服务提供商交换局的 OLT 与用户直接相连，点对点连接，与现有双绞铜缆局域网的星型结构基本一样。在这种结构中，每户都有单独的一对线直接连到服务提供商的局端与中继网络相连的 OLT。网络接入基本结构如图 3-52 所示。

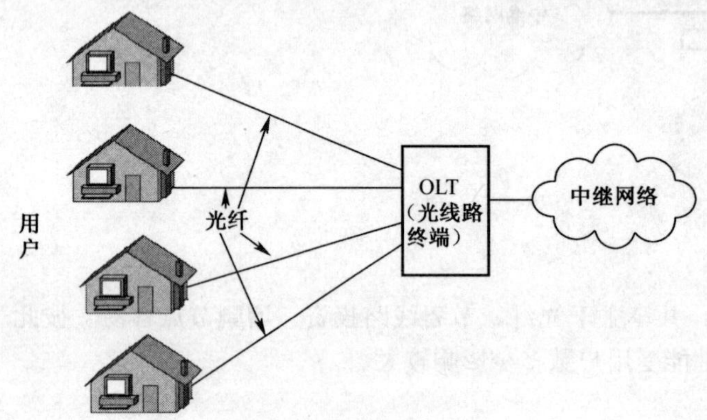

图 3-52　单星型光纤网基本结构

这种结构接入方式的优点主要表现为用户之间互相独立，保密性好；升级和扩容容易，只要将两端的设备更换就可以开通新业务，适应性强。缺点是成本太高，每户都需要单独的一对光纤或一根光纤（双向波分复用），要通向千家万户，就需要上千芯的光缆，难于处理，而且每户都需要专用的光源检测器，相当复杂。

- 有源双星型结构

双星型结构实际上就是一个树型结构，分两级。它在服务提供商交换局 OLT 与用户之间增加了一个有源节点。交换局与有源节点共用光纤，利用时分复用（TDM）或频分复用（FDM）传送较大容量的信息，到有源节点再换成较小容量的信息流，传到千家万户。基本网络结构如图 3-53 所示。

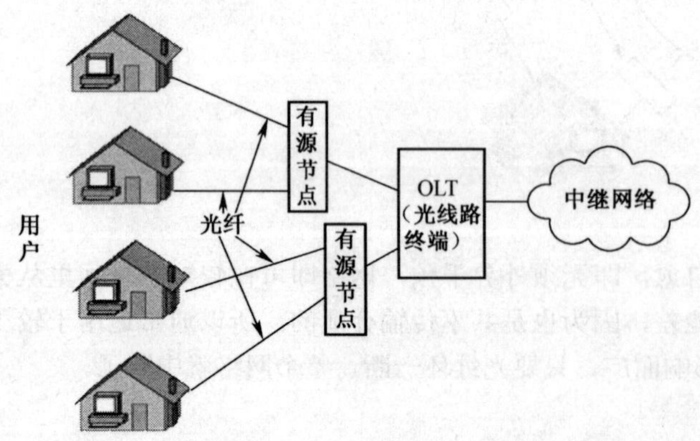

图 3-53　有源双星型基本网络结构

这种网络结构的优点是灵活性较强，中心局有源节点间共用光纤，光缆芯数较少，降低了费用。缺点是有源节点部分复杂，成本高，维护不方便；另外，如要引入宽带新业务，将系统升级，则需要更换所有光电设备或采用波分复用叠加的方案，这比较困难。

- 无源双星型结构

这种结构保持了有源双星型结构光纤共享的优点，只是将有源节点换成了无源分路器，维护方便、可靠性高、成本较低。由于采取了一系列措施，保密性也很好，是一种较好的接入网结构。

4. EPON广域网连接拓扑结构

EPON 网络采用一点至多点的拓朴结构，取代点到点结构，大大节省了光纤的用量和管理成本。无源网络设备代替了传统的 ATM/SONET 宽带接入系统中的中继器、放大器和激光器，减少了中心局端所需的激光器数目，并且 OLT 由许多 ONU 用户分担。而且 EPON 利用以太网技术，采用标准以太帧，无须任何转换就可以承载目前的主流业务——IP 业务。因此 EPON 十分简单、高效、建设费用低、维护费用低，是最适合宽带接入网需求的。

EPON 与 APON 光路结构类似，都遵循 G·983 协议，最终它将以更低的价格、更宽的带宽和更强的服务能力取代 APON。一个典型的 EPON 系统也是由 OLT、ONU、ODN 组成的，如图 3-54 所示。

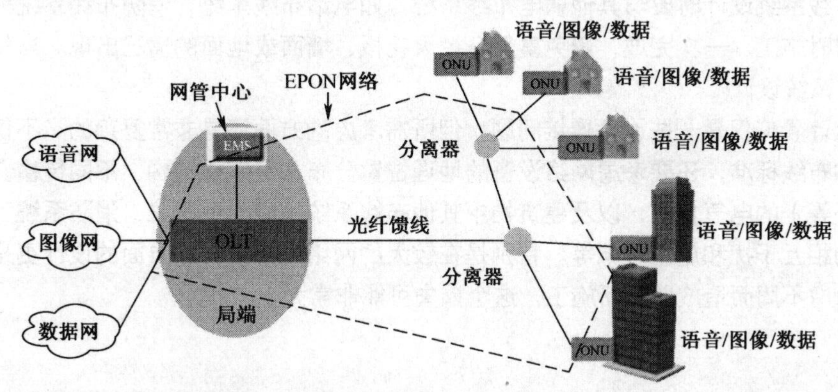

图 3-54　EPON 网络基本结构

OLT 放在中心机房，ONU 为用户端设备。ODN（Optical Distributed Network，光纤分配网）是光配线网，主要由一个或数个光分离器（Splitter）来连接 OLT 和 ONU，用于分发下行数据并集中上行数据。OLT 既是一个交换机或路由器，又是一个多业务提供平台，提供面向无源光纤网络的光纤接口。OLT 除了提供网络集中和接入的功能外，还可以针对用户的 QoS/SLA（服务水平协议）的不同要求进行带宽分配、网络安全和管理配置。Splitter 是一个简单设备，不需要电源，可以置于全天候的环境中，一般一个 Splitter 的分线率为 2、4 或 8，并可以多级连接。在 EPON 中，OLT 到 ONU 间的距离最大可达 20km，如果使用光纤放大器（有源中继器），距离还可以延长。

如图 3-54 所示，光信号通过光分路器把光纤线路终端（OLT）一根光纤下行的信号分成多路给每一个光网络单元（ONU），每个 ONU 上行的信号通过光耦合器合成在一根光纤里给 OLT。因而 EPON 中包括无源网络设备和有源网络设备。无源网络设备包括单模光缆、无源光分路器/耦合器、适配器、连接器和熔接头等。它一般放置于局外，也称为局外设备。无源网络设备十分简单、稳定可靠、寿命长、易于维护、价格极低。有源网络设备包括中心局机架设备、光网络单元和设备管理系统（EMS）。中心局机架上插装光纤线路终端、网络界面模块（NIM）和交换模块（SCM），因此这 3 种设备也统称为中心局机架设备。

中心局机架设备提供 EPON 系统与服务提供商核心的数据、视频和语音网络的接口。它也通过设备管理系统与服务提供商的核心运行网络相连接。

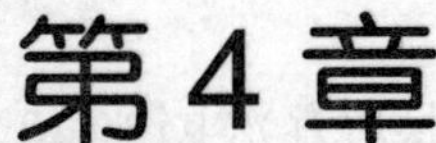

第4章

综合布线系统规划与设计

网络系统系统结构设计好后，下面就来根据网络拓扑结构进行综合布线系统的规划与设计。综合布线中的“综合”两字是指在进行网络布线系统设计时要与其他弱电布线系统，如电话布线系统、消防布线系统等综合考虑，尽量争取同时设计、同时施工、一次完成，避免重复开挖天花板、墙面或地面的情况出现。当然这里仅介绍综合布线中的网络布线系统设计。

综合布线中的网络布线系统设计看似仅是一些设备连接问题，但所需考虑的方面还是非常复杂的。不仅要考虑具体的网络拓扑结构和各种布线标准，还要考虑网络设备的地理位置分布、建筑物结构、不同传输介质（包括双绞线、同轴电缆和光纤等）的电气性能，以及建筑物中其他布线系统（如电话系统、消防系统、警报系统等许多弱电系统）之间的相互干扰和施工影响等。特别是在较大的网络系统中，这方面的设计更是应当高度重视，否则因为某方面考虑不周而造成要重新施工，这个损失可能非常大。

教学（自学）课时安排

课时安排	本章老师共需安排 3 个授课课时。	
授课课时	主要内容	重点
1	①综合布线系统的构成 ②综合布线系统的特点 ③制定综合布线标准的国际组织 ④综合布线标准的发展历程 ⑤我国主要综合布线标准	①综合布线系统的构成 ②制定综合布线标准的国际组织 ③综合布线标准的发展历程 ④我国主要综合布线标准
2	①双绞线综合布线标准 ②双绞线布线标准中的参数测试规范 ③光缆布线装置和标准 ④综合布线系统设计的基本步骤 ⑤综合布线系统的设计要领	①双绞线综合布线标准 ②双绞线布线标准中的参数测试规范 ③光缆布线装置和标准 ④综合布线系统设计的基本步骤 ⑤综合布线系统的设计要领
3	①工作区子系统设计要点 ②水平子系统设计要点 ③垂直干线子系统设计要点 ④设备间子系统设计要点 ⑤管理子系统设计要点 ⑥建筑群子系统设计要点	①工作区子系统设计要点 ②水平子系统设计要点 ③垂直干线子系统设计要点 ④设备间子系统设计要点 ⑤管理子系统设计要点 ⑥建筑群子系统设计要点

4.1 综合布线系统概述

综合布线系统（Premises Distribution System，PDS）是一种将某个组织内部所在建筑物或建筑群内的信息节点通过标准结构化布线方式连接起来，以实现组织内语音、数据、影像和其他信息等在各节点间快速自由传递的系统。综合布线系统是企业实现管理信息化的基础结构平台，也是企业信息安全的基本保障。

【注意】在这里要强调的是，综合化布线通常是用于整栋建筑物或多栋建筑群，特别是新完工的智能大厦进行的统一布线，而不是就某楼层、具体用户而进行的单独布线。如果是属于独立的办公室或楼层，则通常无需考虑本章所介绍的全部子系统，也可能无需考虑计算机网络通信以外的系统，只需根据需要对相应子系统进行部署即可。如办公室或同一楼层网络就无需考虑建筑群子系统，也可能无需考虑电话语音、消防、监控等系统。

4.1.1 综合布线系统的由来

在综合布线技术出现以前，现在我们称之为传统布线系统。传统布线方式的不足主要表现在：不同应用系统（如电话系统、计算机网络系统、楼宇监控系统等）的布线各自独立，不同的设备采用不同的传输系统构成各自的网络。另外，传统布线方式中，连接线缆的插座、模块及配线架的结构和生产标准不同，相互之间达不到共用的目的。加上施工时期不同，致使形成的布线系统存在极大差异，难以互换通用。

这种传统布线方式由于没有统一的设计，施工、使用和管理都不方便，限制了应用系统的变化以及网络规模的扩充和升级。当工作场所需要重新规划，设备需要更换、移动或增加时，只能重新敷设线缆，安装插头、插座，并且需要中断办公。为了克服传统布线系统的缺点，美国 AT&T 公司贝尔实验室的专家们经过多年的潜心研究，于 20 世纪 80 年代末率先推出了 SYSTIMAX PDS 综合布线系统。

综合布线系统是为适应综合业务数字网（ISDN）的需求而发展起来的一种特别设计的布线方式。它为智能大厦和智能建筑群中的信息设施提供了多厂家产品兼容、模块化扩展和系统灵活重组的可能性。综合布线系统应用高品质的标准材料，以非屏蔽双绞线和光纤作为传输介质，采用组合压接方式，统一进行规划设计，组成一套完整而开放的布线系统。该系统将语音、数据、图像信号的布线与建筑物安全报警、监控管理信号的布线综合在一个标准的布线系统内。在墙壁上或地面上设置有标准插座，这些插座通过各种适配器与计算机、通信设备以及楼宇自动化设备相连接。这种系统使用物理分层星型拓扑结构，积木式、模块化设计，遵循统一标准，使系统的集中管理成为可能，也使每个信息点的故障、改动或增删不影响其他的信息点，使安装、维护、升级和扩展都非常方便，并且节省了费用。目前，综合布线系统已成为现代化建筑的重要组成部分。

4.1.2 综合布线系统的组成

在综合布线系统中，布线硬件主要包括：配线架、传输介质、通信插座、插座板、线槽和管道等。传输介质主要有双绞线和光纤，在我国主要采用无屏蔽双绞线与光缆混合使用的方法。光纤主要用于高质量信息传输及主干连接，按信号传送方式可分为多模光纤和单模光纤两种，线径分别为 62.5/125μm。在水平连接上主要使用多模光纤，在垂直主干上主要使用单模光纤。现在使用 100Ω非屏蔽双绞线已成为一种共识，目前主要使用的有五类、超五类和六类线 3

种，七类线目前仍只是在一些行业用户，如电信企业等中应用，在一般的企业用户中没有得到普及应用。

根据美国的 ANSI/TIA/EIA-568-A 和 ANSI/TIA/EIA-568-B.1 标准，五类线（包括超五类线）综合布线系统可划分成 6 个部分，其中 3 个子系统：配线（水平）子系统（TO-FD）、干线（垂直）子系统（FD-BD）、建筑群子系统（BD-CD）；外加 3 个部分：工作区（TO-TE）、设备间、管理区，如图 4-1 所示。

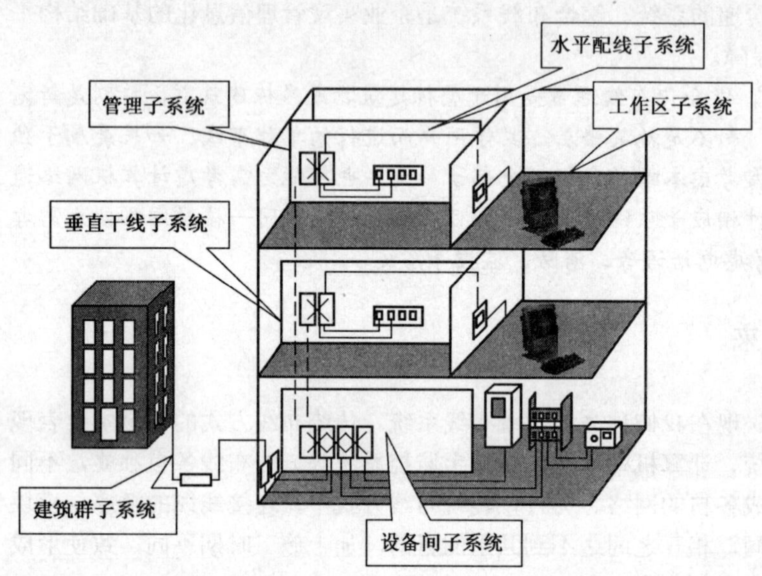

图 4-1　PDS 的 6 个部分

- 垂直干线子系统（Riser Backbone Subsystem）

垂直干线子系统由各楼层配线架与主配线架间的大对数多芯铜缆或光缆组成，或二者混用。它是综合布线系统的神经中枢，其主要功能是将主配线架系统与各楼层配线架系统连接起来。在垂直干线子系统中常用以下几种线缆：①5e 以上 4 对双绞线电缆（UTP 或 STP），一般用于传输数据和图像；②3 类 100Ω大对数双绞电缆（UTP 或 STP），一般用于电话语音传输；③62.5/125 μm 多模光纤；④8.3/125 μm 单模光纤。线缆的一端端接于设备机房的主配线架上，另一端端接在楼层接线间的各个分配线架上，提供建筑物的干线（馈电线）电缆的路由。实际上可以这么简单理解，垂直干线就是用于总机房配线器与各楼层机房配线架之间的连接。

- 水平子系统（Horizontal Subsystem）

水平子系统指从楼层配线间至工作区用户信息插座（FD-TO），由用户信息插座、水平电缆、配线设备等组成。它是指从管理间子系统中的配线架的 JACK 端口至工作区的信息插座的电缆长度，最大水平距离为 90m（295ft）。水平布线子系统一端端接于信息插座上，另一端端接在干线接线间、卫星接线间或设备机房的管理配线架上。水平子系统区别于干线子系统的地方是：水平子系统处于同一楼层，并端接在信息插座或区域布线的中转点上。

- 工作区子系统（Work Area Subsystem）

工作区子系统是由配线（水平）布线系统的信息插座延伸到工作站终端设备处的连接电缆及适配器组成。工作区的每一个信息插座均应支持电话机、数据终端、计算机、电视机及监视器等终端的设置和安装。一般都是采用双绞线这种相对廉价的传输介质，双绞线信息插座的引脚组合为：1/2、3/6、4/5、7/8。在需要高带宽的应用终端，也可以采用光缆。

- 管理子系统（Administration Subsystem）

管理子系统由配线架、信息插座式配线架以及相关跳线组成，为连接其他子系统提供连接。交连和互连允许您将通信线路定位或重新定位到建筑物的不同部分，以便能更容易地管理通信线路。通过卡接或插接式跳线，交叉连接允许您将端接在配线架一端的通信线路与端接于另一端配线架上的线路相连。插入线为重新安排线路提供了一种简易的方法，而且不需要安装跨接线时使用的专用工具。

- 设备间子系统（Equipment Room Subsystem）

设备间子系统由主配线架和各公共设备组成。它的主要功能是将各种公共设备（如计算机主机、数字程控交换机、各种控制系统、网络互连设备）等与主配线架连接起来。该子系统还包括电气保护装置等。通常该子系统设计与网络具体应用有关，相对独立于通用的结构布线系统。

- 建筑群子系统（Campus Subsystem）

建筑群子系统将一个建筑物中的电缆延伸到建筑群的另外一些建筑物中的通信设备和装置上。它是整个布线系统中的一部分（包括传输介质），并支持提供楼群之间通信设施所需的硬件，其中有双绞线、同轴电缆、光缆和防止电缆的浪涌电压进入建筑物的电气保护设备。

4.1.3 综合布线系统的特点

与传统的布线相比，综合布线系统有许多特点，如开放性、灵活性、模块化、扩展性和独立性等。

开放性是指综合布线系统采用开放式体系结构，符合多种国际上现行的标准。它几乎对所有著名厂商的产品都是开放的，并支持所有的通信协议。这种开放性的特点使得设备的更换或网络结构的变化都不会导致综合布线系统的重新铺设，只需进行简单的跳线管理即可。

灵活性是指综合布线系统具有 3 个方面的灵活性：灵活组网、灵活变位和应用类型的灵活变化。综合布线系统采用星型物理拓扑结构，为了适应不同的网络结构，可以在综合布线系统管理间进行跳线管理，使系统连接成为星型、环型、总线型等不同的逻辑结构，灵活地实现不同拓扑结构网络的组网；当终端设备位置需要改变时，除了进行跳线管理外，不需要进行更多的布线改变，使工位移动变得十分灵活；同时，综合布线系统还能够满足多种应用的要求，如数据终端、模拟或数字式电话机、个人计算机、工作站、打印机和主机等，使系统能灵活地连接不同应用类型的设备。

模块化是指综合布线系统的接插元件，如配线架、终端模块等采用积木式结构，可以方便地进行更换插拔，使管理、扩展和使用变得十分简单。

扩展性是指综合布线系统（包括材料、部件、通讯设备等设施）严格遵循国际标准，因此，无论计算机设备、通讯设备、控制设备随技术如何发展，将来都可很方便地将这些设备连接到系统中去。综合布线系统灵活的配置为应用的扩展提供了较高的裕量。系统采用光纤和双绞线作为传输介质，为不同应用提供了合理的选择空间。对带宽要求不高的应用，采用双绞线，而对高带宽需求的应用采用光纤到桌面的方式。语音主干系统采用大对数电缆，既可作为语音的主干，也可作为数据主干的备份，数据主干采用光缆，其高的带宽为多路实时多媒体信息传输留有足够裕量。

独立性是指综合布线系统仅与 OSI/RM 的物理层和数据链路层相关，而网络层和应用层与物理布线完全不相关。即网络传输协议、网络操作系统、网络管理软件及网络应用软件等与物理布线相互独立。无论网络技术如何变化，其局部网络逻辑拓扑结构都是总线型、环型、星型、树型或以上几种形式的结合。因此采用综合布线方式进行物理布线时，不必过多地考虑网络的逻辑结构，更不需要考虑网络服务和网络管理软件，也就是说综合布线系统具有与应用的独立性。

4.2 综合布线标准

随着计算机和通信技术的飞速发展，网络应用成为人们日益增长的一种需求。而综合布线是网络实现的基础，能够支持数据、语音及图形图像等的传输要求，成为现今和未来的计算机网络和通信系统的有力支撑环境。同时也形成了一系列的国际、国内标准。

4.2.1 综合布线标准的发展历程

20 世纪 50 年代，经济发达的国家在城市中兴建新式大型高层建筑，为了增加和提高建筑的使用功能和服务水平，首先提出楼宇自动化的要求。在房屋建筑内装有各种仪表、控制装置和信号显示设备等，并采用集中控制、监视，以便于运行操作和维护管理。因此，这些设备都需要分别设有独立的传输线路，将分散设置在建筑内的设备相连，组成各自独立的集中监控系统，这种线路一般称为专业布线系统。然而由于这些系统基本采用人工手动或初步的自动控制方式，科技水平较低，所需的设备和器材品种繁多而复杂，线路数量很多，平均长度也较长，不但增加了工程造价，而且不利于施工和维护，所以这种布线方式并没有给整个网络系统带来多少好处。

20 世纪 80 年代以来，随着科学技术的不断发展，尤其是通信、计算机网络、控制和图形显示技术的相互融合与发展，高层房屋建筑服务功能的增加和客观要求的提高，传统的专业布线系统已经不能满足需要。为此，发达国家开始研究和推出现在所说的"综合布线系统"，80 年代后期才逐步引入我国。近几年来随着我国国民经济持续高速发展，城市中各种新型高层建筑和现代化公共建筑不断涌现，这样作为信息化社会象征之一的智能化建筑中的综合布线系统就成为了现代化建筑工程中的热门话题，也成为建筑工程和通信工程中设计和施工相互结合的一项十分重要的内容。

1984 年世界上第一座智能大厦诞生，即改造后的美国哈特福特市的一座大楼。通过综合布线系统，把原大楼的空调、电梯、照明、防火防盗系统等采用计算机监控，同时为客户提供语音通讯、文字处理、电子邮件、情报资料等信息服务。

1985 年初计算机工业协会（CCIA）提出对大楼综合布线进行标准化的倡仪，并得到了业界的广泛支持。于是美国电子工业协会（EIA）和美国电信工业协会（TIA）受命开始了第一次的综合布线系统标准化制定工作。

1991 年 7 月，美国电子工业协会和美国电信工业协会联合美国国家标准学会（ANSI）组成的 TIA TR 41.8.1 工作组推出了第一部综合布线系统标准——ANSI/EIA/TIA-568（即《商业大楼电信布线标准》），同时与布线通道和空间、管理、电缆性能及连接硬件性能等有关的相关标准也同时推出。

1995 年底，EIA/TIA-568 标准正式更新为 EIA/TIA-568-A，这里的 A 代表第一个修订版。同时，国际标准化组织（ISO）和国际电工委员会（IEC）在 TIA-568 标准的基础上推出了另一个综合布线系统标准 ISO/IEC 11801。但要注意的是，这两个出自不同标准化组织的布线标准存在非常大的差异。ISO 的 11801 标准因属于国际标准化组织编写，在制定时充分考虑了成员国的实际，所以得到了较多国家的采用，而美国 EIA/TIA 推出的 568 标准因主要参考了美国当时的实际，所以当时在许多方面与其他国家的实际有较大距离，存在应用上的困难。

2001 年 3 月，美国 EIA/TIA 联合 ANSI 正式发布了 ANSI/EIA/TIA-568-B 标准。在 TIA-568-B 标准中采用了新的永久链路的定义模式，结束了人们长期关于现场测试模型的混乱（原来在 568-A 标准中采用的是基本链路测试模式）。在这个标准中分了 3 部分：ANSI/EIA/TIA-

568-B.1（《商业建筑电信布线标准一第 1 部分：一般要求》）、ANSI/EIA/TIA-568-B.2（《商业建筑电信布线标准一第 2 部分：平衡对绞线布线元件》）和 ANSI/EIA/TIA-568-B.3（《商业建筑电信布线标准一第 3 部分：光纤布线元件》）。ANSI/EIA/TIA-568-B.1 标准是关于超五类（5e）双绞线的布线标准，而 ANSI/EIA/TIA-568-B.2 标准则是针对六类双绞线的布线标准，ANSI/EIA/TIA-568-B.3 是针对光纤这种传输介质的布线标准。一般在企业局域网中谈论的 TIA-568-B 实际只是指 ANSI/EIA/TIA-568-B.1 标准。

2002 年，ISO 发布了 11801 的第二个版本 ISO/IEC IS 11801:2002。在这一标准中采用的布线通道最低要求是超五类双绞线电缆。

【说明】基本链路（Basic Link）是在 TIA TSB-67 标准中定义的，应用于 TIA-568-A 标准。对应的基本链路测试所测试的区域包括永久安装的水平电缆、布线室中链路两端的连接（也就是跳线）、链路终端的网络通信信息插座（Telecommunications Outlet）、可选的传输点（常用于模块结构设备中）和从信息插座到测试仪或用户的电缆。而永久链路（Permanent Link）是在 TIA-568-B 和 ISO 11801-AM2 标准中定义的。对应的永久链路测试与前面介绍的基本链路测试相比，只是少了对从信息插座到测试仪或用户间的电缆性能测试，只测试永久链路部分。两者的对比如图 4-2 所示。

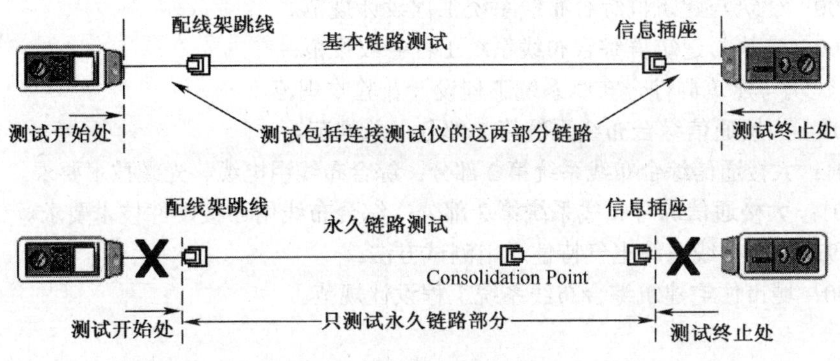

图 4-2　基本链路测试与永久链路测试的对比

4.2.2　我国等效采用的综合布线标准

综合布线系统标准基本上都是由具有相当影响力的国际或大国标准组织制定的，如上节介绍的国际标准化组织（ISO）、国际电工委员会（IEC）、美国通信工程协会（TIA）等，其他各国基本上是等效采用相关的国际标准。我国也一样。

目前，各国生产的综合布线系统的产品较多，其产品的设计、制造、安装和维护中所遵循的基本标准主要有两种：一种是美国标准 ANSI/EIA/TIA-568-B：2001《商务建筑电信布线标准》；另一种是国际标准化组织/国际电工委员会标准 ISO/IEC 11801：2002《信息技术——用户房屋综合布线》。但这两种标准有极为明显的差别，如从综合布线系统的组成来看，美国标准把综合布线系统划分为建筑群子系统、干线（垂直）子系统、配线（水平）子系统、设备间子系统、管理子系统和工作区子系统 6 个独立的子系统。国际标准则将其划分为建筑群主干布线子系统、建筑物主干布线子系统和水平布线子系统 3 部分，并规定工作区布线为非永久性部分，工程设计和施工也不涉及为用户使用时临时连接的这部分。

综合布线系统刚刚引入我国时采用的是美国标准，但经过实践证明这个标准规定的内容与我国国情和习惯做法并不一致，在具体工作时感到不便。主要是设备间子系统和管理子系统与干线子系统和配线子系统分离另立，造成系统性不够明确、界限划分不清、子系统过多，出现支离破碎的情况，与我国过去通常将通信线路和接续设备组成整体的系统概念不一致，在工程设计、施工安装和维护管理工作中都极不方便。因此，我国原邮电部于 1997 年 9 月发布通信行业标准《大楼通信综合布线系统》（YD/T 926.1－3），该标准等效采用国际标准化组织（ISO）/国际电工委员会标准（IEC）的 ISO/IEC 11801：1995《信息技术——用户房屋综合布线》，同时参考了美国的 ANSI/EIA/TIA-568-A：1995《商务建筑电信布线标准》，并根据我国具体情况予以吸收和完善，它的组成和子系统划分与国际标准是完全一致的。随后随着 ISO 的新标准的出台，也跟随采用新的 ISO/IEC 11801：2002。因此，我国通信行业标准既密切结合我国国情，也符合国际标准，是综合布线系统工程中必须执行的权威性法规。

目前在我国等效采用的国际和国内综合布线设计标准主要有以下几种：

- ANSI/EIA/TIA-568-B：商业建筑电信布线标准。
- ISO/IEC 11801-2002：信息技术——用户房屋综合布线。
- EIA/TIA-569：电信通道和空间的商业大楼标准（CSA T530）。
- EIA/TIA-570：住宅和 N 型商业电信布线标准（CSA T525）。
- ANSI/EIA/TIA-606：商业大楼电信基础设施的管理标准（CSA T528）。
- ANSI/EIA/TIA-607：商业大楼接地/连接要求（CSA T527）。
- ANSI/IEEE 802.5-1989：令牌环网访问方法和物理层规范。
- GB/T 50311-2000：建筑与建筑群综合布线系统工程设计规范。
- GB/T 50312-2000：建筑与建筑群综合布线系统工程验收规范。
- CECS72：97：建筑与建筑群综合布线系统工程设计及验收规范。
- YD/T 926.1-2001：大楼通信综合布线系统第 1 部分：总规范。
- YD/T 926.2-2001：大楼通信综合布线系统第 2 部分：综合布线用电缆、光缆技术要求。
- YD/T 926.3-2001：大楼通信综合布线系统第 3 部分：综合布线用连接硬件技术要求。
- YD/T 1013-1999：综合布线系统电气特性通用测试方法。
- CECS119：2000：城市住宅建筑综合布线系统工程设计规范。

4.3 综合布线系统中的传输介质标准

在本章前面已经说到，在综合布线系统中所采用的传输介质是双绞线和光纤两种。因为双绞线已在本系列丛书的《金牌网管师（初级）中小型企业网络组建、配置与管理》一书中作了详细介绍，在此仅对双绞线布线标准进行简单介绍。另外，本节将介绍光纤布线方面的基础知识及布线标准。

4.3.1 双绞线综合布线标准

双绞线（Twisted Pairwire，TP）是综合布线工程中最常用的一种传输介质。双绞线是由两根 22～26 号绝缘铜导线按一定密度互相绞在一起而成的。相互绞合的铜线可降低信号干扰的程度，每一根导线在传输中辐射的电波也会被另一根线上发出的电波所抵消。在局域网中常用的五类、六类、七类双绞线就是由四对双绞线组成的。在双绞线内，不同线对具有不同的扭绞长度，一般地说，扭绞长度在 14～38.1cm 之间，按逆时针方向扭绞，相邻线对的扭绞长度在 12.7cm 以上。

随着网络技术的发展和应用需求的提高，双绞线这种传输介质标准也得到了一步步的发展与提高。从最初的一、二类线，发展到今天最高的七类线，而且据悉这一介质标准还有继续发展的空间。在这些不同标准中，它们的传输带宽和速率也相应得到了提高，七类线已达到 600MHz 甚至 1.2GHz 的带宽和 10Gb/s 的传输速率，支持万兆以太网的传输。这些不同类型的

双绞线标注方法是这样规定的，如果是标准类型则按 CATx 方式标注，如常用的五类线和六类线，则在线的外包皮上标注为 CAT 5、CAT 6。而如果是改进版，则按 xe，如超五类线标注为 5e（字母是小写，而不是大写）。

通过 4.2.2 节介绍，我们知道适用于双绞线布线的标准目前主要有 3 个：适用于五类及以前双绞线类型的 ANSI/EIA/TIA-568-A（简称 T568A）标准、适用于超五类双绞线类型的 ANSI/EIA/TIA-568-B.1 标准、适用于 6 类（包括 6a 类）双绞线类型的 ANSI/EIA/TIA-568-B.2 标准（两者都属于 ANSI/EIA/TIA-568-B 系列标准，简称 T568B）。其实已经有了 C 标准，对应 B 标准依次是 TIA-568-C.1、TIA-568-C.2 和 TIA-568-C.3，但目前 C 标准还没有得到实质性应用。

ANSI/EIA/TIA-568-A 和 ANSI/EIA/TIA-568-B（包括 ANSI/EIA/TIA-568-B.1 和 ANSI/EIA/TIA-568-B.2 这两个基本的 B 类双绞线布线标准）这两大类标准最主要的不同就是芯线序列的不同，即（具体如图 4-3 所示）：

- TIA-568-A 标准：绿白－1，绿色－2，橙白－3，蓝色－4，蓝白－5，橙色－6，棕白－7，棕色－8
- TIA-568-B 标准：橙白－1，橙色－2，绿白－3，蓝色－4，蓝白－5，绿色－6，棕白－7，棕色－8

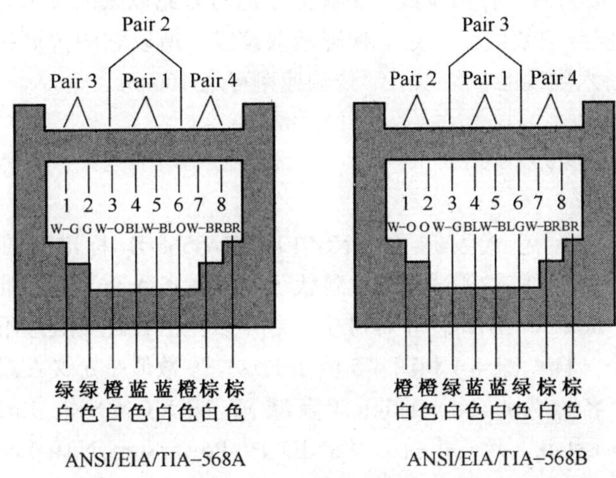

图 4-3　EIA/TIA-568-A 与 EIA/TIA-568-B 标准的芯线排列顺序

【注意】这两种颜色代码之间的唯一区别就是橙色和绿色线对的互换。由于向后兼容性问题，T568-B 配线图被认为是首选的配线图。在这两个标准中，本质的问题是要保证在交叉电缆中：1/2 芯线对是一个绕组，3/6 芯线对是一个绕组，4/5 芯线对是一个绕组，7/8 芯线对是一个绕组。但要注意，不要在电缆一端用 T568-A 标准，另一端用 T568-B 标准。T568-A/T568-B 的混用是跨接线的特殊接线方法，一般的企业局域网组建工程中使用比较多的是 T568-B 打线方法。

下面对各双绞线类型所对应的双绞线布线标准进行简要说明。

- 一类线：是 ANSI/EIA/TIA-568-A 标准中最原始的非屏蔽双绞铜线电缆，但它开发之初的目的不是用于计算机网络数据通信，而是用于电话语音通信。
- 二类线：是 ANSI/EIA/TIA-568-A 和 ISO 2 类/A 级标准中第一个可用于计算机网络数据传输的非屏蔽双绞线电缆，传输频率为 1MHz，传输速率达 4Mb/s。主要用于旧的令牌网。
- 三类线：是 ANSI/EIA/TIA-568-A 和 ISO 3 类/B 级标准中专用于 10BaseT 以太网的非屏蔽双绞线电缆，传输频率为 16MHz，传输速度可达 10Mb/s。
- 四类线：是 ANSI/EIA/TIA-568-A 和 ISO 4 类/C 级标准中用于令牌环网络的非屏蔽双

绞线电缆，传输频率为 20MHz，传输速度达 16Mb/s。主要用于基于令牌的局域网和 10Base-T/100Base-T。

- 五类线：是 ANSI/EIA/TIA-568-A 和 ISO 5 类/D 级标准中用于运行 CDDI（CDDI 是基于双绞铜线的 FDDI 网络）和快速以太网的非屏蔽双绞线电缆，传输频率为 100MHz，传输速度达 100Mb/s。
- 超五类线：是 ANSI/EIA/TIA-568-B.1 和 ISO 5 类/D 级标准中用于运行快速以太网的非屏蔽双绞线电缆，传输频率也为 100MHz，传输速度也可达到 100Mb/s。与五类线缆相比，超五类在近端串扰、串扰总和、衰减和信噪比 4 个主要指标上都有较大的改进。
- 六类线：是 ANSI/EIA/TIA-568-B.2 和 ISO 6 类/E 级标准中规定的一种非屏蔽双绞线电缆，它也主要应用于百兆快速以太网和千兆位以太网中。因为它的传输频率可达 200MHz～250MHz，是超五类线带宽的 2 倍，最大速度可以达到 1000Mb/s，满足千兆位以太网需求。
- 超六类（6a）线：是六类线的改进版，同样是 ANSI/EIA/TIA-568-B.2 和 ISO 6 类/E 级标准中规定的一种非屏蔽双绞线电缆，主要应用于千兆网络中。在传输频率方面与六类线一样，也是 200MHz～250MHz，最大传输速度也可达到 1000Mb/s，但在串扰、衰减和信噪比等方面有较大改善。
- 七类线：是 ISO 7 类/F 级标准中最新的一种双绞线，主要为了适应万兆以太网技术的应用和发展。但它不再是一种非屏蔽双绞线，而是一种屏蔽双绞线，所以它的传输频率至少可达 500MHz，是六线和超六类线的 2 倍以上，传输速率可达 10Gb/s。

4.3.2 双绞线布线标准中的参数测试规范

2001 年 3 月，美国通信工业协会 TIA 正式发布了 ANSI/EIA/TIA-568-B 标准。在 ANSI/EIA/TIA-568-B 标准中 TIA 采用了新的永久链路测试模式，替代了原来在 TIA-568-A 标准中的基本链路测试模式。在 TIA-568-A 和 TIA-568-B 这两个标准中，除了以上芯线连接顺序不一样外，还在对双绞线的物理特性要求上不一样。图 4-4 和图 4-5 所示的这些参数值是定义在温度 20℃时的规范。各参数对应的中文名称为：Attenuation（衰减）、NEXT（Near End Crosstalk，近端串扰）、FEXT（Far End Crosstalk，远端串扰）、PSNEXT（PowerSum Near-End Crosstalk，功率和近端串扰）、ELFEXT（Equal Level Far-End Crosstalk，等电平远端串扰）、PSELFEXT（PowerSum Equal Level Near-End Crosstalk，功率和等电平近端串扰）、PSELFEXT（PowerSum Equal Level Far-End Crosstalk，功率和等电平远端串扰）、RL（Return Loss，回波损耗）、Propagation Delay（传输延迟）、Delay Skew（延迟差异）。其中的 MHz 是指所用的测试信号工作频率。

Category 5e channel specifications(TIA/ EIA 568B.1)

MHz	Attenuation (dB)	Next (dB)	PSNEXT (dB)	ELFEXT (dB)	PSELFEXT (dB)	RL (dB)	DELAY ns	DELAY SKEW ns
1.0	2.2	>60	>57	57.4	54.4	17.0	–	–
4.0	4.5	53.5	50.5	45.4	42.4	17.0	–	–
8.0	6.3	48.6	45.6	39.3	36.3	17.0	–	–
10.0	7.1	47.0	44.0	37.4	34.4	17.0	555	50
16.0	9.1	43.6	40.6	33.3	30.3	17.0	–	–
20.0	10.2	42.0	39.0	31.4	28.4	17.0	–	–
25.0	11.4	40.3	37.3	29.4	26.4	16.0	–	–
31.25	12.9	38.7	35.7	27.5	24.5	15.1	–	–
62.5	18.6	33.6	30.6	21.5	18.5	12.1	–	–
100.0	24.0	30.1	27.1	17.4	14.4	10.0	–	–

图 4-4 超 5 类线的测试参数规范

Category 6 channel specifications(TIA/ EIA 568B.2)

MHz	Attenuation (dB)	Next (dB)	PSNEXT (dB)	ELFEXT (dB)	PSELFEXT (dB)	RL (dB)	DELAY ns	DELAY SKEW ns
1.0	2.1	65.0	62.0	63.3	60.3	19.0	–	–
4.0	4.0	63.0	60.5	51.2	48.2	19.0	–	–
8.0	5.7	58.2	55.6	45.2	42.2	19.0	–	–
10.0	6.3	56.6	54.0	43.3	40.3	19.0	555	50
16.0	8.0	53.2	50.6	39.2	36.2	18.0	–	–
20.0	9.0	51.6	49.0	37.2	34.2	17.5	–	–
25.0	10.1	50.0	47.3	35.3	32.3	17.0	–	–
31.25	11.4	48.4	45.7	33.4	30.4	16.5	–	–
62.5	16.5	43.4	40.6	27.3	24.3	14.0	–	–
100.0	21.3	39.9	37.1	23.3	20.3	12.0	–	–
200.0	31.5	34.8	31.9	17.2	14.2	9.0	–	–
250.0	35.9	33.1	30.2	15.3	12.3	8.0	–	–

图 4-5　6 类线的测试参数规范

在以上这些参数中，像 FEXT、ELNEXT、PSELNEXT 这 3 个参数因为意义不大，所以一般不用测试，具体原因下面将介绍。下面分别介绍这些参数的具体含义。

- Attenuation（或 Insertion Loss，衰减）

Attenuation 其实是 EIA/TIA-568-A 标准的叫法，在新的 EIA/TIA-568-B 标准中已改成为 Insertion Loss。简单地说，衰减就是在传输过程中信号的损失。影响衰减大小的因素很多，如传输距离越长，信号损失越多；信号工作频率越高，信号损失越多；环境温度越高，信号损失越多；线材本身的电阻耦合电容阻抗越大，信号损失越多等。另外，外界的干扰源也是影响信号衰减的重要因素，如电力干扰、电磁干扰等。

- NEXT（近端串扰）和 FEXT（远端串扰）

首先必须了解什么是串扰（Crosstalk）。先以一个现实生活中的示例来说明。如在打电话时，突然听到了不是对方发来的声音，而好像是其他电话中的通话声音，这种现象就是串扰（或者“串音”）。对于计算机网络来说，串扰就是信号在线对传输时跑到别的线对上去的现象。

那么这些信号为什么会跑到其他线对上呢？原来是因为导线在传输信号时会产生电磁场，这样就会在相邻的导线对上产生感应电压，相当于提供了信号“落跑”的管道。当两根导线处于平行状态时，信号就更容易“落跑”，这也就是要把两根导线相互缠绕在一起的原因了。也正因为串扰是一个很容易发生的干扰因素，所以标准里面规范了双绞线被打开的长度限制：在 5 类和超 5 类双绞线中，规定不得超过 0.5 英寸；在 6 类和 6a 类双绞线中规定不得超过 0.375 英寸。一旦双绞线对被打开超过这个距离限制，几乎都无法通过电缆测试仪的测试。

NEXT 是指在信号从一对线发送出去时，却在另一对线与发送端同一边上测量到的信号串扰。也就是这是一对线发送的信号对另一对线同一端信号的串扰。

与 NEXT 相类似的就是 FNEXT。FNEXT 是指在信号从一对线发送出去时，在另一对线与发送端不同边（也就是链路远端）上所测量到的信号串扰。也就是这是一对线发送端信号对另一对线另一端的串扰。实际上远端串扰的影响并不大，因为“脱逃”的信号本身能量就不会很大，再很努力跑到另外那一端时，一路衰减下去就没什么影响了。所以一般也不测试远端串扰这个参数了。

近端串扰和远端串扰的单位都是 dB。近端串扰有一个用于计算的公式：

NEXT（dB） = 10 Log(测量到的落跑信号强度/原先发送信号强度)

【经验之谈】在半双工模式下，两对线传输是一对发送，一对接收（但并不是只允许单方向的发送和接收），如图 4-6 所示。当我们在另一对线的远端侦测到远端串扰发生时，因为这对线这一端本身是固定用于发送信号，不接收信号，所以这些远端串扰并不会影响另一对线远端信号发送的准确性，最多是造成信号间彼此的碰撞，但因为远端串扰信号的能量低，所以影响不大。但是如果是近端串扰，则影响会很大。因为另一线对侦测到近端串扰的地方刚好是接收端，所以这些不该出现的信号都会被接收，然后在下一数据交换进程中发送出去，使得远端接收端接收到的信号发生误判。当然，对于那些没有用到的两个线对来说，不管是近端串扰还是远端串扰，都没什么影响。

如果再把应用推到最新的 1000Base-T 全双工模式，那么这时候你就会理解到，不管是近端串扰还是远端串扰都会造成影响，因为每对线都同时进行双方向的数据发送和接收。在这里之所以谈这么多新的测试项目，其实都是因为未来的高速传输都要靠 4 对线同时发送和接收，如图 4-7 所示。ANSI/EIA/TIA-568-B 标准已经把 4 对线同时收发的因素都考虑进来了。

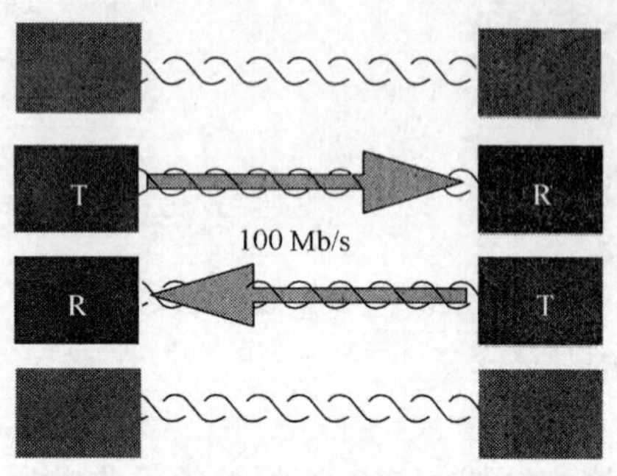

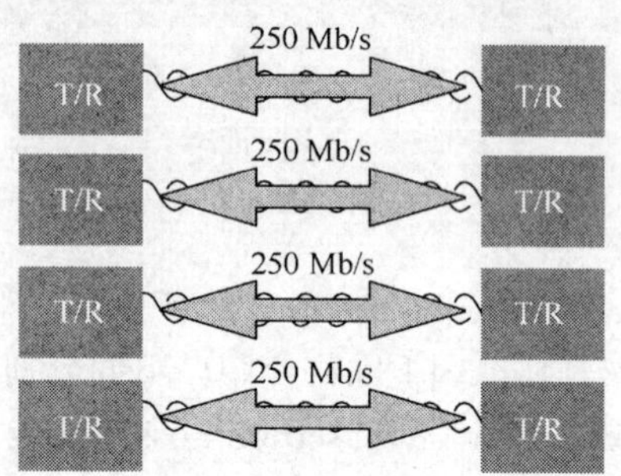

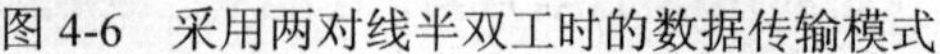
图 4-6　采用两对线半双工时的数据传输模式　　　　图 4-7　采用 4 对线全双工时的传输模式

因为远端串扰（FEXT）中脱逃的信号本身能量就不大，再加上长度的影响导致能量的衰减，实际上在远端测得的串扰信号会很微弱，所以在 ANSI/EIA/TIA-568-B 中 FEXT 不是标准中的测试项目，而是采用影响更大的下面将要介绍的 ELFEXT（等电平远端串扰）来当作远端串扰的测试项目。

- ELFEXT（等电平远端串扰）、PSNEXT（等电平近端串扰）、PSELFEXT（功率和等电平远端串扰）和 PSELNEXT（功率和等电平近端串扰）

ELFEXT 是指远端串扰在扣除衰减因素后的数据，也就是标示了在扣除衰减因素后远端串扰对数据传输的影响，即：ELFEXT = FEXT - Insertion Loss(Attenuation)。同样 PSNEXT 是指近端串扰在扣除衰减因素后的数据，也就是标示了在扣除衰减因素后近端串扰对数据传输的影响。

PSELFEXT 是 3 对线对另一对线造成的 ELFEXT 的总和，也就是 3 对线的等电平远端串扰对另外一对线的影响总和。因为近端串扰中衰减因素影响比较小，所以像 ELNEXT 和 PSNEXT 这两个参数没有太多实际意义，在标准中不规定需要测试，只需测试 NEXT 参数即可。

- RL（回波损耗）

RL 是指因为阻抗不匹配，让电子信号像撞到隐形墙壁一样倒弹回来而造成的信号损耗。连接器（RJ-45 水晶头）是常发生阻抗不匹配的地方。主要是因为连接器本身的质量不过关，或结构设计不合理，或者是制作水晶头时手工质量不好等，都是发生 RL 的原因。当然线材本身的质量瑕疵或是施工时绑束带绑得太紧等，都有机会造成回流损失。对于全双工运作来说，RL 会造成接收信号的错误，对于 1000Base-T 这种 4 对线同时全双工的模式影响会更大。

- Propagation Delay（传输延迟）和 Delay Skew（延迟差异）

Propagation Delay 其实代表的就是信号在单位电缆长度上的传输时间，也表征了传输速度。单位为 ns。通常是以 100m 双绞线长度为单位的，传输延迟通常必须控制在 500ns 左右。

在双绞线中，4 对线的双绞密度是不同的，所以这 4 对线的实际长度是不一样的，也都会比整段网络线要长。距离不同当然花的时间就不同，最快和最慢的差距就是延迟差异（Delay Skew）。通常要求每 100m 电缆这个差异在 50ns 以内。如果发送端送出的同一组数据的延迟差异太大，则会造成接收端无法正确接收。轻则经常性的重传，重则线路整个断掉，所以测试标准中要求必须测试这个参数。

4.3.3 光缆布线装置

由于光纤接入技术本身直到目前仍处于高速发展阶段，所以光纤接入设备也经历了不同的历史发展时期，不同时期有不同类型的设备代表。本节要介绍的是当前主流应用的光纤接入装置。总的来说，这些装置分为以下三大类：

- 光纤通信接续装置：用于通信网络与计算机网络终端连接，如光纤跳线、光纤连接器、光纤适配器等。
- 光纤收发器装置：适用于计算机网络数据传输，包括光纤盒、光纤耦合器和配线箱（架）等。
- 光缆工程设备、光缆测试仪表（大型工程专用）：如光纤熔接机、光纤损耗测试仪器等。

1．光纤跳线和连接器

跳线本身是不带连接器的电缆线对或电缆单元，用在配线架上交接各种链路。但一般来说，由专门公司生产的跳线是与连接器在一起做好的，用户可直接拿来使用。光纤连接器是指光纤两端都装上连接器接头，用来实现光路活动连接；一端装有接头则称为尾纤。本节所介绍的光纤跳线也是两端都做好了连接器的跳线。

光纤跳线用于长途及本地光纤传输网络、数据传输及专用网络，以及各种测试和自控系统。光纤跳线是通过精密设备经过多道工序精磨而成，具有插入损耗低、回波损耗高、重复性好等优点，可广泛应用于各种光纤器件和各种光纤通信系统中。

光纤跳线的种类有很多，根据连接器形状可分为 FC、SC、ST、LC、MT-RJ、MU 等；根据插芯的类型可分为 PC、UPC、APC 等；根据光纤种类可分为单模、50/125 多模、62.5/125 多模、保偏等；根据光纤直径可分为 900μm、2mm、3mm 等。在根据连接器形状的划分中，单模光纤可使用的连接器类型有 FC、SC、ST、FDDI、SNA、LC、MT-RJ 等，多模光纤连接器类型有 FC、SC、ST、FDDI、SMA、LC、MT-RJ、MU、VF45 等。单模跳线包括 SC/PC、SC/APC、FC/PC、FC/APC、ST/PC、LC/PC、LC/APC、MU/PC、MU/APC、MT-RJ，多模跳线包括 SC/PC、FC/PC、ST/PC、LC/PC、MU/PC、MT-RJ。

根据光纤连接器形状主要可划分为 FC、SC、ST、LC、MT-RJ、MU 这 6 种。

FC（Ferrule Connector）光纤连接器通常是圆形的金属套，紧固方式为螺纹式，主要应用于配线架上。最早，FC 类型的连接器采用的陶瓷插针的对接端面是平面接触方式。此类连接器结构简单、操作方便、制作容易，但光纤端面对微尘较为敏感，且容易产生菲涅尔反射，提高回波损耗性能较为困难。后来，对该类型连接器做了改进，采用对接端面呈球面的插针，连接器一般是圆形带螺纹的，而外部结构没有改变，使得插入损耗和回波损耗性能有了较大幅度的提高。如图 4-8 所示就是一条两端都带 FC 连接器接头的 FC/FC 光纤跳线。

ST 光纤连接器也是圆形的，所采用的插针与耦合套筒的结构尺寸与 FC 型完全相同，不同的是它的插针端面多采用 PC 型或 APC 型研磨方式，而且紧固方式为螺丝扣。此类连接器适用于各种光纤网络，操作简便，且具有良好的互换性。如图 4-9 所示为一条两端均为 ST 连接器的 ST/ST 光纤跳线。

LC 光纤连接器是著名的 Bell 公司为了满足顾客对连接器小型化、高密度连接的要求而开发的一种新型连接器，采用操作方便的模块化插孔（RJ）闩锁机理制成。LC 型光纤连接器压缩了整个网络中面板、墙板及配线箱所需的空间，使其占有的空间只相当于传统 ST 和 SC 连接器的一半。目前，在单模 SFF（小封装）方面，LC 类型的连接器实际已经占据了主导地位，在多模方面的应用也增长迅速。如图 4-10 所示为一条两端均为 LC 连接器的 LC/LC 光纤跳线。

MT-RJ 光纤连接器是由美国 AMP 公司开发出的一种小型光纤连接器。它也是为了满足广大用户对小型、低成本、使用简捷的光纤连接器产品日益增长的需求而开发的一种小型连接器。它与 LC 连接器一样，压缩了整个网络中有源设备、面板、墙板及配线箱所需的空间，使其占有的空间只相当于传统 ST 和 SC 连接器的一半（与 LC 连接器大小一样），从而提高了经济适用性，特别适合光纤到桌面的应用。它带有与 RJ-45 型连接器（RJ-45 水晶头）相同的闩锁机构，通过安装于小型套管两侧的导向销对准光纤。为便于与光信号收发机相连，连接器端面光纤为双芯排列设计（间隔 0.75mm，RJ-45 水晶头为单芯排列），是主要用于数据传输的高密度光连接器，光纤路由器和交换机上用得最多。图 4-11 所示为一条两端均为 MT-RJ 连接器的 MT-RJ/MT-RJ 光纤跳线。

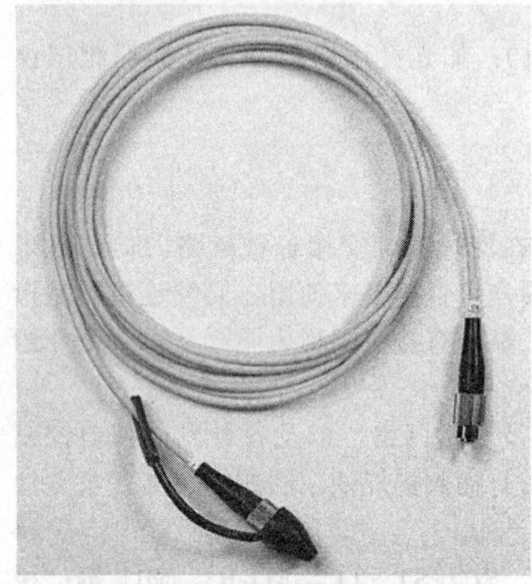
图 4-8　FC/FC 光纤跳线示例

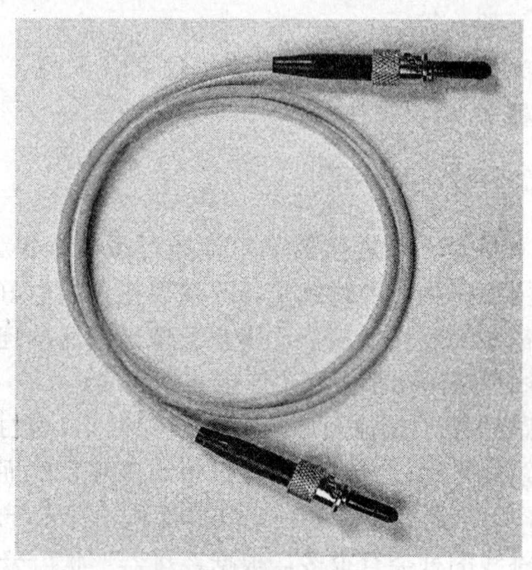
图 4-9　ST/ST 光纤跳线示例

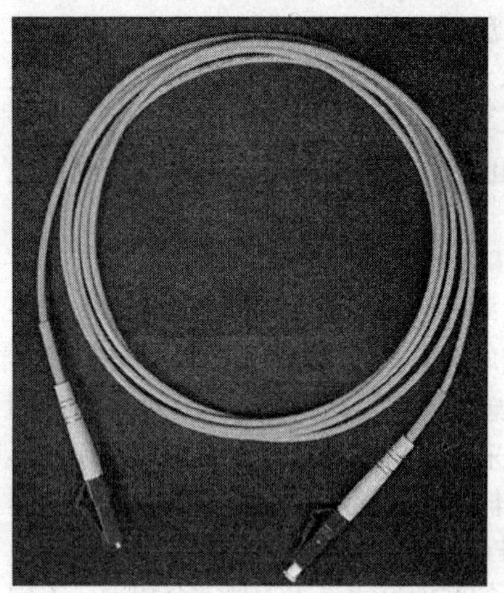
图 4-10　LC/LC 光纤跳线示例

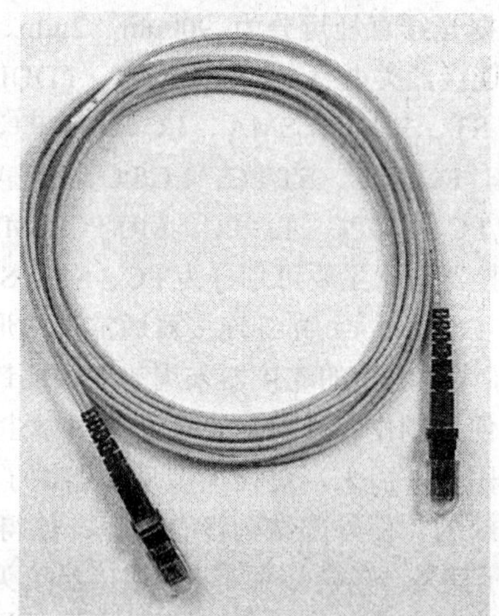
图 4-11　MT-RJ/MT-RJ 光纤跳线示例

SC 光纤连接器外壳呈方形，所采用的插针和耦合套筒的结构尺寸与 FC 型完全相同，其中插针的端面多采用 PC 型或 APC 型研磨方式；紧固方式采用插拔销闩式，不需要旋转。图 4-12 所示为一条两端均为 SC 连接器的 SC/SC 光纤跳线。

MU（Miniature Unit Coupling）光纤连接器是以 SC 连接器为基础研发的世界上最小的单芯光纤连接器。采用的插头直径为 1.25mm，从插头到安装尺寸都较 SC 连接器减小了一半，所以 MU 光纤连接器在光缆配线架中的密度大为提高，是在光缆配线架上广泛采用的新型连接器。图 4-13 所示为数条一端均为 MU 连接器与 MU 连接器模块连接的示意图。

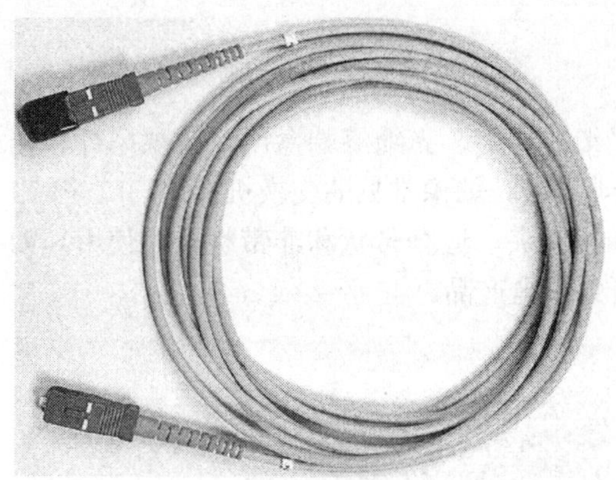

图 4-12　SC/SC 光纤跳线示例

图 4-13　MU 光纤跳线示例

【说明】以上各图所列的光纤连接器仅是一个型号产品的外观，不同品牌、不同型号的对应产品外观上可能有些区别。如有些接口长些，有些短些；也有些连接器外套是采用金属做的，而有些是采用塑料或者陶瓷做的。还有单、多模之分。但是，无论是哪一个品牌、哪一个型号，对应类型连接器的基本结构肯定是相同的。我们主要需要从外观上区分这些不同连接器的类型，以便在实际工作中识别和应用它们。

另外，光纤跳线中不一定要求两端是一样的光纤连接器。两端不一样的连接器的跳线可以连接不同类型接口的光纤设备，就像平常经常用到的 RJ-45 转串口（COM）电缆一样。

2．光纤适配器

以上介绍的光纤连接器是一种接头，既然有接头，就肯定有适配器接口与这些连接器匹配连接，就像局域网 RJ-45 水晶头一定要在网卡、配线架、交换机或路由器等设备上有 RJ-45 网络接口与它配合连接一样。光纤适配器用于光纤与光纤、光纤与设备之间的连接。光纤之间是由适配器通过其内部的开口套管连接起来的。在上节介绍的 6 种主要光纤连接器中所对应的适配器如图 4-14 所示。

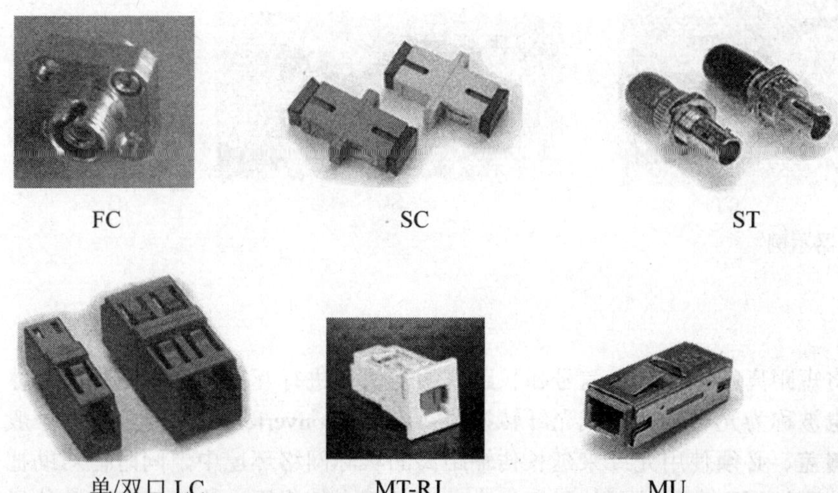

图 4-14　6 种主要类型的光纤适配器示例

【注意】这里列出这些适配器的用意也只是让大家知道各种适配器的基本结构，不同品牌和型号的适配器产品外观上可能有些差异。而且还有单口、双口甚至多口连在一起的适配器，如图中的 LC 适配器中就有单双口之分。

3．光纤终端盒

光纤终端盒具备光缆固定、熔接功能、起终接光缆的作用，光缆终端盒用于实现尾纤和光缆的连接，有不同芯数容量配置，如 8 芯、12 芯、24 芯等，就像常见的交换机有 8、12 和 24 口等一样。在光纤终端盒内设光缆固定器、熔接盘和过线夹，适合带状和非带状光缆使用。如图 4-15 所示左图和右图分别为一款 12 芯和 24 芯光纤终端盒产品。

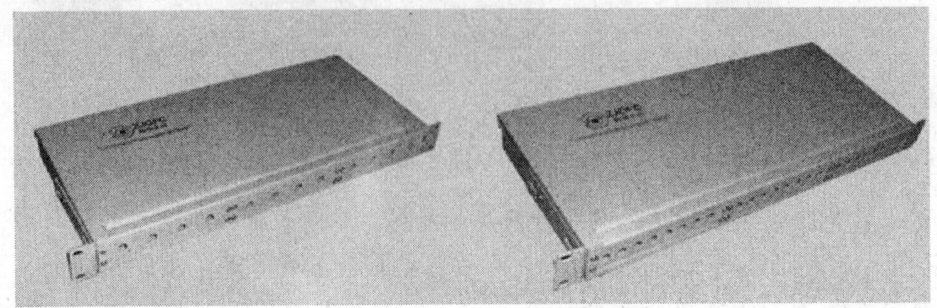

图 4-15　12 芯和 24 芯光纤终端盒

4．光纤耦合器

光纤耦合器（Coupler）又称分歧器（Splitter），是将光信号从一条光纤中分至多条光纤中的器件，实现光信号分路/合路的功能。它是一种 Y 型分支，由一根芯线一端输入的光可用它来加以等分。在电信网路、有线电视网路、用户回路系统、区域网路中都会应用到。

光纤耦合器可分单口对单口（主要用于延长光纤长度，一端为连接器接头，一端为适配器接口）、双分支耦合器（即一个输入，两个输出，将光信号分成两个功率的分信号）、星状/树状耦合器、波长多工器（WDM，若波长属高密度分出，即波长间距窄，则属于 DWDM）等几种类型。制作方式则有烧结（Fuse）、微光学式（Micro Optics）、光波导式（Wave Guide）3 种，而以烧结式方法生产占多数（约为 90%）。如图 4-16 所示为 3 种光纤连接器的单口耦合器。

FC

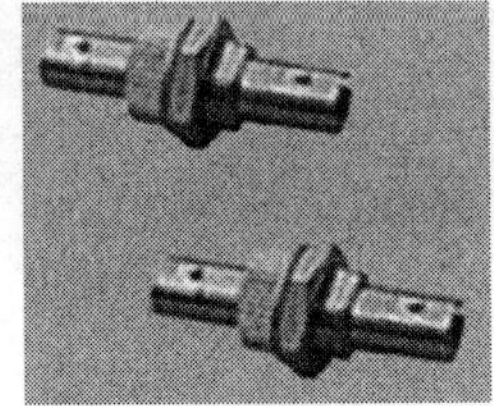

ST

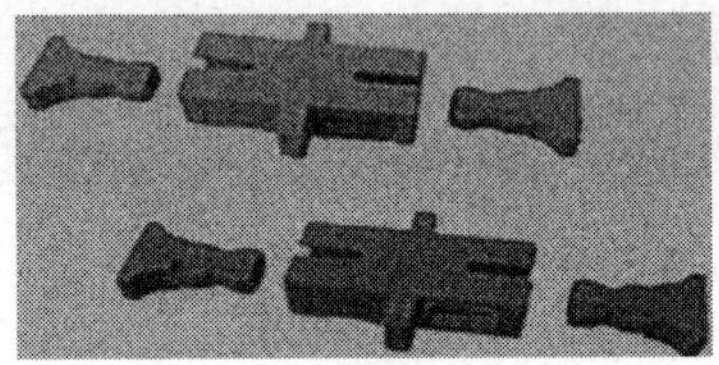

SC

图 4-16　3 种单口光纤耦合器示例

5．光纤收发器

光纤收发器是一种将短距离的双绞线电信号和长距离的光信号进行互换的以太网传输媒体转换单元，在很多地方也被称为光电转换器或光纤转换器（Fiber Converter）。光纤收发器一般应用在以太网电缆无法覆盖、必须使用光纤来延长传输距离的实际网络环境中，同时在帮助把光纤最后一公里线路连接到城域网和更外层的网络上也发挥了巨大的作用。为了保证与其他厂家的网卡、中继器、集线器和交换机等网络设备的完全兼容，光纤收发器产品必须严格符合 10Base-T、100Base-TX、100Base-FX、IEEE 802.3 和 IEEE 802.3u 等以太网标准。除此之外，在 EMC 防电磁辐射方面应符合 FCC Part15。时下由于国内各大运营商正在大力建设小区网、校园网和企业网，因此光纤收发器产品的用量也在不断提高，以更好地满足接入网的建设需要。如图 4-17 所示是两款光纤收发器。

图 4-17　两款光纤收发器示例

这两款收发器都属于 10/100M 自适应以太网光纤收发器，可以将 10/100Base-TX 的双绞线电信号和 100Base-FX 的光信号进行相互转换。它将网络的传输距离极限从铜线的 100m 扩展到 100km（单模光纤）。典型应用是以太网距离互连，例如小区机房与城域网的连接。由于具有自适应的功能，在与交换机连接时，交换机不需要任何设置。

6．光纤配线架

光纤配线架（ODF，Optical Fiber Distribution Frame）是光传输系统中一个重要的配套设备，主要用于光缆终端的光纤熔接、光连接器安装、光路的调接、多余尾纤的存储及光缆的保护等。它对于光纤通信网络的安全运行和灵活使用有着重要的作用。

光纤配线架是专为光纤通信机房设计的，由光纤分配单元和机柜或机架组成，每单元最大配线能力为 24 纤，单元结构为 19 英寸机箱，一般高度为 9cm，适合于标准机柜或机架。用户可根据实际需求选配单元数量或单元规格。光纤配线架既可用作光纤分配，又可作为光缆终端盒使用；既可单独装配成光纤配线架，也可以与数字配线单元、音频配线单元同装在一个机柜/架内构成综合配线架。适用于光纤接入网中的光纤终端点，具有光缆的配线和熔接功能，可以实现光缆纤芯的灵活跳线及存储。

光纤配线架作为光缆线路的终端设备拥有以下 4 项基本功能：固定功能、熔接功能、调配功能和存储功能。在选择光纤配线架时，也要注意其不同类型。总体来说，可分为机箱式和机架式两种。机箱式光纤配线架一般是箱体结构的，适用于较大规模的光纤网络。机架式光纤配线架既可直接安装在标准的机柜中，又可安装在墙面或桌面上，适用于光缆条数和光纤芯数都较小的场所。如图 4-18 所示左图和右图分别为一款机箱式和机架式配线架。

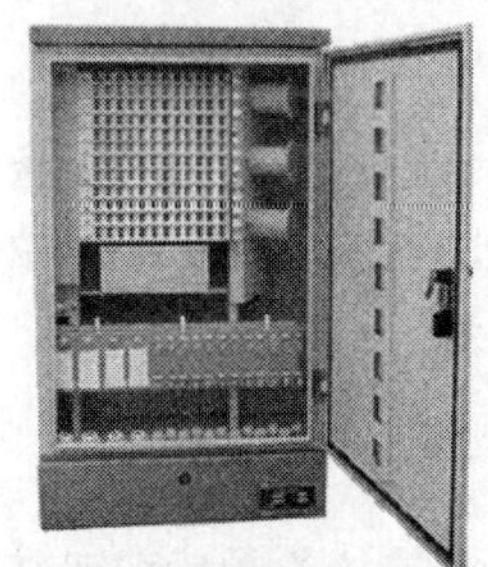

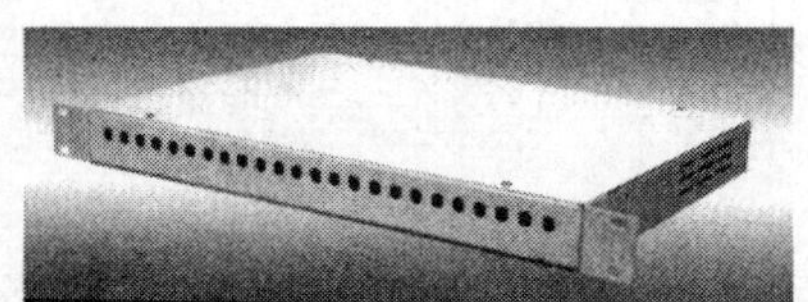

图 4-18　机箱式配线架和机架式配线架

另外，机架式配线架又分为两种：一种是固定配置的配线架，光纤耦合器被直接固定在机箱上；另一种采用模块化设计，用户可根据光缆的数量和规格选择相对应的模块，便于网络的调整和扩展。

4.3.4　光缆布线标准

在本章前面已经介绍了，目前最新的布线标准中，光缆布线采用的是 ANSI/EIA/TIA-568-

B.3 标准。它制定了光缆布线系统（如线缆、连接头等）所用器件及传输质量的要求。这里的“线缆”是指 50/125μm、62.5/125 μm 多模光缆和单模光缆。

在 ANSI/EIA/TIA-568-B.3 标准中规定，室外光缆/电缆必须遵照 ANSI/ICEA S-87-640 标准，室内光缆/电缆必须遵照 ANSI/ICEA S-83-596 标准。

每种光缆符合表 4-1 中的分级性能特性。光纤制造厂家可使用本表中的数据来证明其生产的光纤的信息传输能力是否达到上述要求。

表 4-1　不同规格光缆传输性能参数

光缆类型	波长（mm）	最大衰减（dB/km）	最大信息传输能力（MHz*km）
50/125μm	850	3.5	500
	1300	1.5	500
62.5/125μm	850	3.5	160
单模（室内电缆系统）	1300	1.5	500
	1310	1	N/A
	1550	1	N/A
多模（室内电缆系统）	1310	0.5	N/A
	1550	0.5	N/A

水平区域光缆是至少两芯的 50/125μm 或 62.5/125μm 多模光纤组成，而骨干光缆则是 50/125μm 或 62.5/125μm 的多模或单模光纤组成。依据 ANSI/TIA/EIA-598-A 标准，单根光纤和成组光纤必须是可以识别的。线缆必须要按照电气编码和建筑编码的要求列出清单和做出详细标识。下面介绍 ANSI/EIA/TIA-568-B.3 标准中的一些主要规范。

1．室内/外光缆特性要求

室内光缆的机械和环境特性必须与 ANSI/ICEA S-83-596 标准一致。用于水平或集中布线的 2 芯和 4 芯光缆，在空载的条件下必须支持 25mm（1 英寸）的弯曲半径。在 2 芯和 4 芯光缆安装至水平管路时，在 222 牛顿（50 磅）拉力下必须支持 50mm（2 英寸）的弯曲半径。其他室内光缆在不考虑拉力时必须支持 10 倍电缆外径的弯曲半径，考虑拉力时（额定限制内）必须支持 15 倍电缆外径的弯曲半径。

室外光缆的机械和环境特性必须与 ANSI/ICEA S-87-640 标准一致。另外，室外光缆必须为防水结构，并符合标准 ANSI/ICEA S-87-640 关于复合流和流体渗透的要求。室外光缆的最小拉力必须大于 2670 牛顿（600 磅）。在不考虑拉力时必须支持 10 倍电缆外径的弯曲半径，考虑拉力时（额定限制内）必须支持 20 倍电缆外径的弯曲半径。

2．连接头和适配器

光缆的连接头设计必须满足对应的 TIA FOCIS 文件的要求。例如，SC 连接头和适配器必须满足 ANSI/TIA/EIA-604-3。指定 FICIS 3P-0-2-1-1-0 为单模插头的标准要求，指定 FICIS 3P-0-2-1-4-0 为多模插头的标准要求，指定 FOCIS 3A-2-1-0 为适配器的标准要求。

多模连接头或它的可视部分必须是浅褐色的，多模适配器或出口必须是浅褐色的颜色识别；单模连接头或它的可视部分必须是蓝色的，单模适配器或出口必须是蓝色的颜色识别。

因为光缆只能同时进行一个方向的数据传输，所以在一个完整的数据交换系统中，光缆必须成对（A 线与 B 线）地连接，而且 SC 连接头和相应的 SC 适配器中光纤的位置必须指定 A 位和 B 位，也就是对应光缆所插入的孔位。交替连接头设计必须使用相似的标号和标识图。

3．跳线

本条款包含了在建筑物布线标准中公认的光纤跳线性能特性。这些跳线用于在配线架上连接光纤；或作为设备或工作区跳线，用于在水平或主干布线中连接电信设备。

光纤跳线必须为 2 芯光缆，它与室内应用的光纤布线系统为同一种光纤类型，光纤跳线连接头也必须满足前面有关连接头方面的要求。

光纤跳线，无论是交叉连接还是与设备互连，必须按照一种方向（交叉）：一对光纤的其中一根是从 A 位到 B 位，另一根是从 B 位到 A 位。如果连接器分成单一部件的话，光纤跳线的每一端必须作上标识以表示 A 位和 B 位。对交替连接头的设计利用了闭锁，闭锁与钥匙定位的方式是一样的。对单个连接头，插入接收器的连接头是位置 A，插入发射器的连接头是位置 B。

4.4 综合布线系统设计

综合布线是智能大厦建设中的一项新兴技术工程项目，不完全是建筑工程中的“弱电”工程。智能建筑是由智能化建筑环境内系统集成中心利用综合布线系统连接和控制“3A”系统组成的。综合布线系统设计是否合理，直接影响到智能化建筑“3A”的功能。3A 是指 BA（Building Automation，楼宇自动化）、OA（Office Automation，办公自动化）和 CA（Communication Automation，通信自动化）。

4.4.1 综合布线系统设计的基本步骤

设计与实现一个合理的综合布线系统一般需要经过以下 6 个步骤：

（1）获取建筑物平面图：这是整个综合布线系统设计的基础，因为无论哪个子系统都直接与建筑物结构平面图息息相关。

（2）分析用户需求：这一步当然不能少，毕竟是用户最终使用。具体选择哪种布线方式、哪个工作区布置多少个信息点、干线系统采用什么电缆、配线间和设备间打算安排在哪个位置等，都在相当大程度上是从分析用户需求的基础上决定的。

（3）布线系统结构设计：这是综合布线系统设计的开始，主要完成布线系统的总体结构，特别是各工作区、水平子系统的布线系统设计。

（4）布线系统路由设计：这一步是完成整个布线系统中各工作区子系统通过干线子系统与设备间子系统、管理子系统的路由连接设计，以及建筑群子系统（可选）之间的路由连接设计的。

（5）绘制布线施工图：这相当于综合布线系统施工的工艺图，用来指导布线人员的施工。在这个施工图中要对一些关键信息点、交接点、电缆拐点等位置的施工注意事项和布线槽（或线管）规格、材质等进行详细的标注或说明。

（6）编制布线用料清单：这也是用来指导具体布线施工的，因为这些材料都需要在具体布线施工中用到，当然对于一些特殊材料所用的位置需要在布线图中加以说明。布线材料包括各种规格的电缆（如双绞线、光纤）长度、水晶头、跳线、配线架、线槽、线管等。

4.4.2 3 个综合布线系统设计等级

综合布线系统应能满足所支持的语音、数据、图像系统的传输速率和标准要求，并应选用相应等级的传输电缆和设备。综合布线系统所有设备之间的连接端子、塑料绝缘的电缆或电缆扎线带都应有色标。不仅各个线对是用颜色识别的，而且各线束组也使用同一图表中的色标。

这样有利于维护检修。

另外，综合布线系统中的星型拓扑结构特点可使任一子系统单独地布线，每一子系统均为一独立的单元组，更改任一子系统时，均不会影响其他子系统，这给整个布线系统设计带来了极大便利。一个设计完善的布线系统，其目标是允许在有新需求的集成过程中，不必再去进行水平布线，损坏建筑装饰而影响审美。为了使综合布线系统设计具体化，根据实际需要，可将综合布线系统分为 3 个设计等级：基本型、增强型、综合型。

1．基本型

基本型适用于综合布线系统中配置标准较低的场合，用铜芯电缆组网。基本型综合布线系统配置如下：

- 每个工作区（站）有一个信息插座。
- 每个工作区（站）的配线电缆均为一条独立的 4 对双绞线（通常是 5 类以上），引至楼层配线架。
- 完全采用夹接式交接硬件（如配线架、配线箱）。
- 每个楼层的干线电缆（即楼层配线架至设备间中心配线架电线）至少有 2 对双绞线。

基本型综合布线系统的主要特点如下：

- 是一种最经济的方案，但同样能支持绝大多数企业所需的语音和数据应用（一般没有对带宽需求过高的多媒体应用，如电视教学、可视电话等）。
- 一般采用气体放电管式过压保护和能够自恢复的过流保护。

2．增强型

增强型适用于综合布线系统中中等配置标准的场合，也是用铜芯电缆组网。增强型综合布线系统配置如下：

- 每个工作区（站）有两个以上信息插座，一方面可以用来冗余，另一方面可以用来扩展。
- 每个工作区（站）的配线电缆均为一条独立的 4 对双绞线（通常是 5 类以上），引至楼层配线架。
- 采用夹接式（110A 系列）或接插式（110P 系列）交接硬件（如配线架、配线箱）。
- 每个楼层的干线电缆（即楼层配线架至设备间中心配线架）至少有 3 对双绞线，其中 2 对用于数据传输，1 对用于语音传输。

增强型与基础型综合布线系统相比，主要区别就是提供了扩展余地，在功能上没有什么太大区别，同样支持语音和数据应用，但它可按需要利用端子板进行管理。综合起来，它具有以下几个基本特点：

- 每个工作区至少有两个信息插座，不仅功能齐全，而且还留有相当大的扩展余地。
- 任何一个信息插座都可提供语音和高速数据应用。
- 按需要可利用端子板进行管理。
- 通常也是采用气体放电管式过压保护和能够自恢复的过流保护。

3．综合型

综合型适用于综合布线系统中配置标准较高的场合，采用光纤和铜芯电缆混合组网。综合型综合布线系统配置与增强型系统相比就是增设了光缆系统，可适用于规模较大的建筑物或建筑群，其余特点与基本型或增强型相同。

以上基本型、增强型、综合型 3 种综合布线系统都能支持语音、数据、图像等系统，当然采用了光纤的综合型对带宽的支持能力更高，可以轻松满足千兆或以上的多媒体影像数据传输需求。它们之间的主要区别在于：

- 支持语音和数据服务所采用的布线方式，可以是双绞线和光纤。
- 对数据带宽需求的支持能力，很明显，双绞线的支持能力要次于光纤。
- 在移动和重新布局时实施线路管理的灵活性，增强型和综合型可采用端子板进行灵活管理，基础型的不可。

4.4.3 综合布线系统的设计要领

综合布线系统设计可以说也是一项系统工程，因为几乎涉及了整个网络系统设计的各个方面。在具体设计时一定要保持清醒的头脑，并掌握下面介绍的基本设计要领。

1．设计起始阶段

在正式设计之初，先要根据用户需求、建筑物结构和相应的网络技术对以下方面进行评估：

- 评估用户的通信需求和计算机网络应用需求。
- 评估用户楼宇控制设备的自动化程度。
- 评估安装设施的实际建筑物或建筑群的环境和结构。
- 确定通信、计算机网络、楼宇控制所使用的传输介质。

2．正式设计阶段

在全面进行有效评估后，将初步的布线系统设计方案（具体设计时的设计要点将在下节介绍）和预算成本通知用户。

3．设计设计文档阶段

在收到最后合同批准书后，需要完成以下的系统配置、布局蓝图和文档记录：

- 电缆线路由文档
- 光缆分配及管理
- 布局和接合细节
- 光缆链路，损耗预算
- 施工许可证
- 订货信

设计文档一定要齐全，因为这是自己和用户单位检验指定的 PDS 设计等级是否符合所规定的标准的主要依据。而且在验收系统符合全部设计要求之前，也必须备有这种设计文档，双方都应有备案。

4．系统测试阶段

完成系统设计后，应对关键交接点和关键应用工作区的性能进行具体的测试，以验证系统是否满足用户和设计需求。特别是光链路，应始终确保已完成合同规定的光缆链路一致性测试，而且光缆链路损耗是可接受的。

5．其他要领

在布线系统设计时，除了以上各主要阶段需要注意的一些要点之外，还有一些看似常见，却关系着整个布线系统性能的细节，如传输介质、信息插座、屏蔽系统的选择等。

在传输介质方面，主要有双绞线和光纤。在我国主要采用双绞线与光缆混合使用的方法。

光纤主要用于高质量信息传输及主干连接，按信号传送方式可分为多模光纤和单模光纤两种，线径为 62.5/125（内、外径）μm。在水平连接上主要使用多模光纤，在垂直主干上主要使用单模光纤。

另外，在每个工作区至少应有两个信息插座：一个用于语音，一个用于数据，通常都是使用双绞线，插座的管脚组合为：1&2、3&6、4&5、7&8。当然在综合型的布线系统中，还需要安装满足于高性能传输的光纤插座。

布线系统的屏蔽系统是为了保证在有干扰环境下系统的传输性能。抗干扰性能包括两个方面，即系统抵御外来电磁干扰的能力和系统本身向外发射电磁干扰的能力。对于后者，欧洲通过了电磁兼容性测试标准 EMC 规范。实现屏蔽的一般方法是在连接硬件外层包上金属屏蔽层以滤除不必要的电磁波，现已有 STP（带有金属箔护套的屏蔽双绞线，如 5 类、超 5 类屏蔽双绞线）和 S-STP（带有金属箔护套和金属编织屏蔽层双层屏蔽，通常用于 6、7 类双绞线）两种不同结构的屏蔽线供选择。

屏蔽系统的屏蔽层应该接地。在频率低于 1MHz 时，一点接地即可。当频率高于 1MHz 时，EMC 认为最好在多个位置接地，通常的做法是在每隔波长十分之一的长度处接地，且接地线的长度应小于波长的十二分之一。如果接地不良就会产生电势差，这样将构成保证屏蔽系统性能的障碍和隐患。

【注意】此处所说的屏蔽电缆不能决定布线系统的整体 EMC 性能。屏蔽系统的整体性能取决于系统中最弱的元器件，如跳接面板、连接器信息口、设备等。因此若屏蔽线在安装过程中出现裂缝，则构成了屏蔽系统中最危险的环节。

4.5 综合布线系统设计要点

综合布线系统遵循了智能建筑工程的设计原则：开放式结构、标准化介质及外型规格、标准化的连接界面。本节以普及应用的 EIA/TIA-568-B 标准为例介绍有关综合布线系统设计的基本考虑，所需掌握的基本要领是千兆位以太网的基本设计方法。

综合布线系统设计的一般原则是兼容性、开放性、灵活性、可靠性、先进性、可扩展性、经济性、标准化和规范化。综合布线设计的一般步骤是：分析用户需求→获取建筑物平面图→系统结构设计→布线路由设计→可行性论证→绘制综合布线施工图→编制综合布线用料清单。

4.5.1 工作区子系统设计要点

按照 ANSI/EIA/TIA-568-B 标准，综合布线系统设计也就是所包括的 6 个子系统的设计，所以，在整个系统设计中，需要考虑的问题也是基于这 6 个子系统的。本节首先介绍的是综合布线系统的最末端系统——工作区子系统。

工作区子系统是整个布线系统的终端子系统，是用户的最终工作区，也是 6 个子系统中最简单的一个子系统。它包括终端设备（如用户计算机、电话等）到信息插座的区域，如图 4-19 所示。设计这个系统的目的就是为相应用户部署网络接口，也就是网络信息点。在这一子系统中，最关键的布线设施就是信息插座，通常是安装在墙面或桌面上。设计这一子系统时通常可根据用户的需求分为：语音用户、数据用户和光纤多媒体用户 3 类，也就是在用户工作区的信息插座上要能同时提供相应功能的接口。语音接口就是电话线 RJ-11 接口，而数据用户接口则一般是普通的 RJ-45 双绞线接口，多媒体用户则一般是单模光纤接口（LX）或多模光纤接口（SX），以满足多媒体用户的高带宽需求。

工作区子系统的设计要点包括：

- 工作区内线槽的敷设要合理、美观。
- 信息插座设计在距离地面 30cm 以上。
- 信息插座与计算机设备的距离保持在 5m 范围内。
- 网卡接口类型要与线缆接口类型保持一致。
- 所有工作区所需的水晶头、信息模块、信息插座、面板的数量要准确。

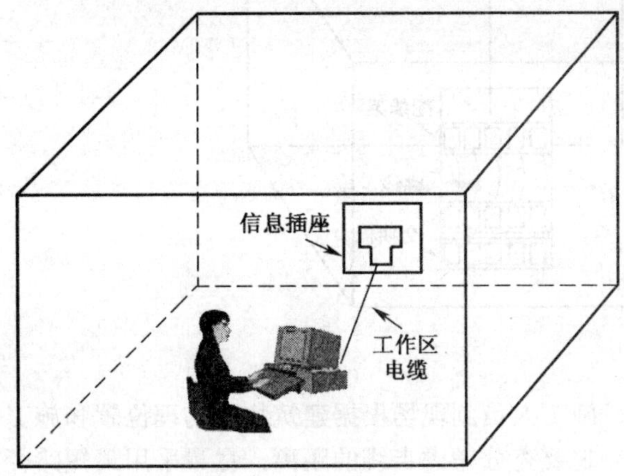

图 4-19　工作区子系统

最后，还要注意工作区电缆、跳线（可选）和设备连接线（可选，如需要经过收发器转发的）总长度不能超过 10m。

【注意】这时可能有读者会问，不是综合布线吗，为什么在此仅考虑计算机方面的通信需求，而没有考虑诸如消防、电力、监控等方面的需求呢？这是因为就目前来说，要全面考虑以上各方面，满足各方面的需求是很难达到的，特别是消防安全方面的需求，当然这将在后面介绍具体设计时会作详细说明。

4.5.2　水平子系统设计要点

水平子系统是指从楼层配线间到工作区信息插座之间的连接，经过工作区信息插座、楼层配线间的配线架，最终是楼层各级交换机端口。设计该子系统时要针对用户对带宽的需求选择相应的传输介质，目前一般是超 5 类、6 类（有的甚至是 7 类）双绞线和光纤，它们的组合可以支持 100Mb/s～10Gb/s 主流速率段，既可实现普通的语音、数据传输，又可满足多媒体及视频会议传输等高带宽需求。设计者要根据建筑物的结构特点，从路由（线）最短、造价最低、施工方便、布线规范等几个方面来考虑。

水平子系统布线一般可采用以下 3 种类型：

- 直接埋管式。
- 先走吊顶内线槽，再走支管到信息出口的方式。
- 适合大开间及后打隔断的地面线槽方式。

图 4-20 所示的是以天花吊顶方式走线的。

水平子系统设计在布线距离上有如下要求：

- 水平电缆、水平光缆最大长度为 90m，但在能保证链路性能时，水平光缆距离允许适当加长，超过 90m。
- 工作区接插线、设备接插线和楼层配线架上的跳线总长度一般≤10m。
- 在一些较大的房间，可以在楼层配线架与信息插座之间设置转接点（最多转接一次）。

水平干线子系统设计涉及水平子系统的传输介质和部件集成，主要有 6 点：①确定线路走向；②确定线缆、槽、管的数量和类型；③确定电缆的类型和长度；④订购电缆和线槽；⑤如果打吊杆走线槽，则需要用多少根吊杆；⑥如果不用吊杆走线槽，则需要用多少根托架。

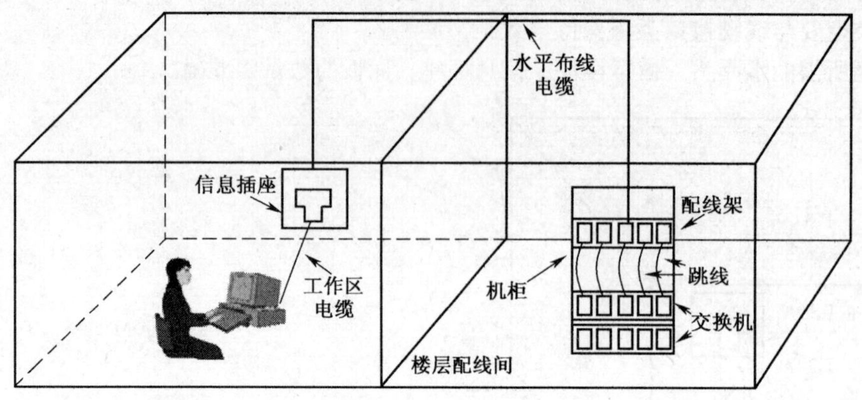

图 4-20　水平子系统

确定线路走向一般要由用户、设计人员、施工人员到现场根据建筑物的物理位置和施工难易度来确定。另外，在设计水平子系统时，一定要充分考虑走线的距离，尽量采用最短路径方式，一定要为直线，也应尽量以水平或垂直方式走线。通常在水平子系统中是双绞线为传输介质的，这就要求整个水平子系统的布线长度不能大于 90m（因为要预留 10m 为工作区中终端连接线长度）。当然如果是光纤，则基本没有限制，因为光纤所支持的最长距离通常要远大于同一楼层各点之间的直线距离。

在综合布线系统设计中，电缆量的预算是非常重要的。设计人员可根据以下方法来确定所需线缆长度：打吊杆走线槽时，一般是间距 1m 左右一对吊杆。吊杆的总量应为水平干线的长度（m）×2（根）；使用托架走线槽时，一般是 1～1.5m 安装一个托架，托架的需求量应根据水平干线的实际长度去计算。

最后计算所需的总电缆长度。所需电缆总量的计算还要考虑损耗和富余。计算方法有 3 种：

（1）订货总量（总长度 m）=所需总长+所需总长×10%+n×6。

其中“所需总长”是指 n 条布线电缆所需的理论长度，“所需总长×10%”为备用部分，“n×6”为端接容差。

（2）整幢楼的用线量=Σ N C。

其中“N”为楼层数，“C”为每层楼用线量。

C=[0.55×(L+S)+6]×n

其中“L”为本楼层离水平间最远的信息点距离，“S”为本楼层离水平间最近的信息点距离，“n”为本楼层的信息插座总数，“0.55”为备用系数，“6”为端接容差。

（3）总长度=A+B/2×N×3.3×1.2。

其中“A”为最短信息点长度，“B”为最长信息点长度，“N”为楼内需要安装的信息点数，“3.3”为将米（m）换成英尺（ft）的系数，“1.2”为余量参数（富余量）。

因为电缆通常是按箱数购买的，所以在得到总的电缆长度后还要计算出总的用线箱数，它用订货总量除以 305 即可得出，因为双绞线电缆每箱长度都是 305m。

4.5.3　垂直干线子系统设计要点

垂直干线子系统又叫干线子系统，指提供建筑物的主干电缆的路由（要与网络层之间的路由区别开来，这里可以是不同网络之间的路由，也可以是同一网络不同部分之间的网络连接路径），是实现中心配线架（位于中心配线间）与楼层配线架、PBX（Private Branch Exchange，用户交换机）、控制中心与各管理子系统间的连接。垂直干线子系统布线通常是通过弱电竖井统一布线的，所采用的电缆通常是大对数双绞线或多模光纤，如图 4-21 所示。如果是大对数双绞线，则总长度也不能超过 100m。

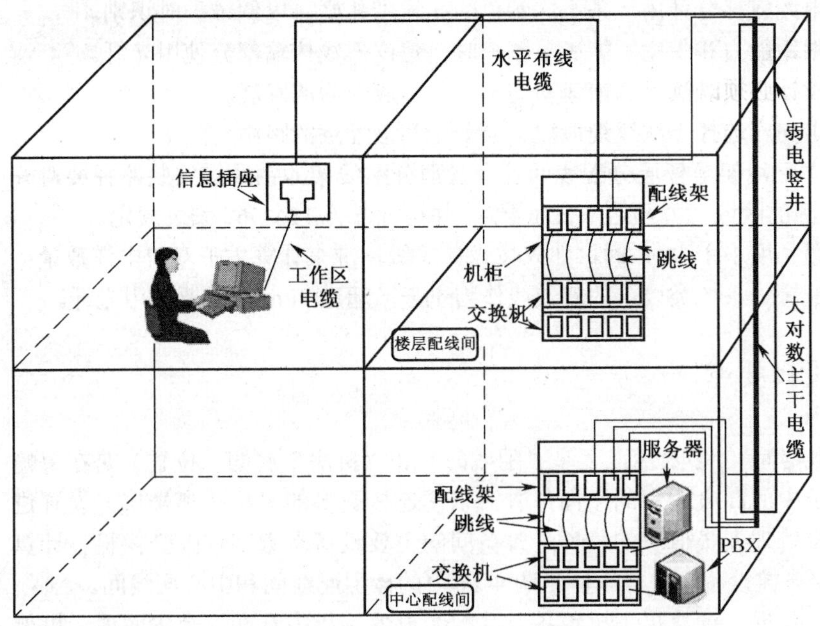

图 4-21　垂直干线子系统

干线电缆的布线可以有：点对点端接、分支递减端接和电缆直连 3 种方法。点对点端接是最简单、最直接的连接方式，就是每一楼层配线架用单独一根电缆与中心配线架连接，干线子系统每根干线电缆直接延伸到指定的交接间或楼层设备间，然后所有楼层干线都会有一个金属线槽（或线管）集中起来布线。分支递减端接是用一根大对数干线电缆（如图 4-22 所示，左图为一 100 对 3 类双绞线，右图为一 25 对 5 类双绞线）支持若干个交接间或楼层设备间的通信容量，经过电缆接头保护箱分出若干根小电缆，它们分别延伸到每个交接间或楼层设备间。电缆直接连接方法是特殊情况下使用的技术，相当于跳线连接方式，它主要应用于以下两种情况：一种情况是一个楼层的所有水平端接都集中在干线交换间，另一种情况是二级交接间太小，需要在干线交接间完成端接。

【注意】从图 4-22 可以看出，一条大对数电缆可以制作出十几条，甚至几十条、上百条双绞网线（语音类网线只需要用一对线，而数据类网线需要用两对线），各对线都是由不同颜色对的芯线扭绞的，这就需要在制作网线时（不一定要制作水晶头，因为有的是直接用线对插入或夹接配线架的）一定要标注好各条网线的颜色，以便网线两端都使用相同的线对。

图 4-22　3 类和 5 类大对数双绞电缆

如果设备间与计算机机房处于不同的地点，而且需要把语音电缆连至设备间，把数据电缆连至计算机机房，则宜在设计时选取不同的干线电缆或干线电缆的不同部分来分别满足不同路由语音和数据的需要。当需要时，也可采用光缆系统予以满足。

在设计时需要注意以下几点：

- 垂直干线子系统应为星型拓扑结构。
- 语音和数据主干电缆应该分开用一条不同颜色的扎线带扎好，以便维护时识别。
- 当大对数铜缆的限距能力和带宽不能满足要求时，建议干线传输部分使用光纤。
- 干线传输电缆的设计必须既满足当前速率需求，又适应今后的发展。
- 干线子系统布线走向应选择干线线缆最短、最安全和最经济的路由。
- 从大楼主设备间主配线架至楼层分配线间各个管理分配线架的铜线缆安装路径要避开高 EMI 电磁干扰源的区域（如马达、变压器），并符合 EIA/TIA-569 安装规定。
- 大楼垂直主干线缆长度小于 90m 时，建议按设计等级标准来计算主干双绞电缆数量；但每个楼层至少配置一条 5 类以上的双绞线作为主干，超过 90m 时需要采用光纤。

4.5.4 设备间子系统设计要点

设备间（通常称为“电信间”，多数情况下是“配线间”和“机房”属同一位置）是在每幢大楼的适当地点（一般位于中间高度的中间平面位置，以便连接更多的对称距离楼层）设置进线设备，进行网络管理以及管理人员值班的场所。设备间的主要设备有数字程控交换机、计算机网络设备、服务器、楼宇自控设备主机等。参见图 4-21 中的楼层配线间和中心配线间。

设备间子系统的电话、数据、计算机主机设备及其配线设备宜集中设在一个房间内，机架设备可以通过机柜统一安装在一起。在设备间的布线中建议设备间内的所有进线终端设备宜采用色标来区别各类用途的配线区，如图 4-23 所示。

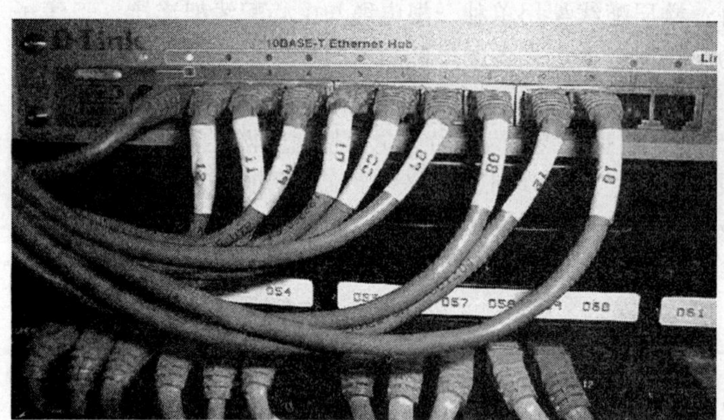

图 4-23 不同颜色的电缆和工作区标注

在较大型的综合布线中，可以将计算机设备、数字程控交换机、楼宇自控设备主机分别设置机房，把与综合布线密切相关的硬件设备放置在设备间，计算机网络设备的机房放在离设备间不远的位置。注意和其他专业的配合，比如地板荷载、房间照度、温湿度等环境条件。按规模的重要性选择双电源末端互投供电，再设置 UPS；或者单电源加 UPS 供电。但程控电话交换机及计算机主机房离设备间的距离不宜太远。在这一子系统中，主要布线就是各种规格的跳线，可以是双绞线、光纤，还可以是电话线或同轴电缆等，根据实际端口连接需求而定。

设备间子系统空间用于安装电信设备、连接硬件、接头套管等；为接地和连接设施、保护装置提供控制环境；是系统进行管理、控制、维护的场所，可以说是整个网络系统的核心所在，非常重要。设备间位置及大小应根据设备的数量、重量、规模、地板承受能力、最佳网络中心等内容综合考虑确定；设备间子系统所在的空间还有对门窗、天花板、电源、照明、接地的要求。另外，因为设备间安装了大量的设备，会散发大量的热量，所以对设备间的温度和通风散热要求比较高，通常是安装有空调，要求通风良好。这一点相当重要，一方面是对设备保养的需求；另一方面，设备间一般还会有维护管理人员在其中工作，通风不良的设备间会有很大的气味，对工作人员的身心将造成非常不良的影响，甚至会引起疾病。对于这一点，笔者是深有感触的。

另外，在湿度、防鼠咬、虫蛀和安全性等方面也有严格的要求，湿度要控制在一个适宜（50%左右）的范围之内，否则可能会引起设备和布线系统屏蔽性能下降、漏电，甚至导致设备打电、烧坏。防鼠咬、虫蛀等方面也非常重要，因为如果有它们的存在，则整个布线系统则可能毁于一旦，经常出现布线系统故障，而且这类故障通常很难查找。在设备间也不允许有安全性方面的缺陷，主要是要制订进出机房的管理制度，还要有安全可靠的门禁措施，包括牢固的大门和门锁等。

4.5.5 管理子系统设计要点

在综合布线的 6 个子系统中，对管理子系统的理解定义上各标准、厂商有所差异，单单从布线的角度上看，称之为楼层配线间或中心配线间是合理的，而且也很形象化；但从综合布线系统的最终应用——数据、语音网络的角度去理解，称之为管理子系统更合理。它是综合布线系统区别于传统布线系统的一个重要方面，更是综合布线系统灵活性、可管理性的集中体现。因此在 EIA/TIA-568 标准中称之为管理子系统。

管理子系统设置在楼层配线间，是水平系统电缆端接的场所，也是主干系统电缆端接的场所，由大楼主配线架、楼层分配线架、跳线、转换插座等组成。用户可以在管理子系统中更改、增加、交接、扩展线缆，用于改变线缆路由。建议采用合适的线缆路由和调整件组成管理子系统。管理子系统提供了与其他子系统连接的手段，使整个布线系统与其连接的设备和器件构成一个有机的整体。调整管理子系统的交接则可安排或重新安排线路路由，因而传输线路能够延伸到建筑物内部的各个工作区，是综合布线系统灵活性的集中体现。

管理子系统的 3 种应用：水平/干线连接、主干线系统互相连接、入楼设备的连接。线路的色标标记管理可在管理子系统中实现，参见图 4-23。一般考虑 200 个信息插座需要设置一台配线架。配线架是管理子系统中最重要的组件，是实现垂直干线和水平布线两个子系统交叉连接的枢纽。配线架通常安装在机柜或墙上。通过安装附件，配线架可以全线满足 UTP、STP、同轴电缆、光纤、音视频的需要。在网络工程中常用的配线架有双绞线配线架和光纤配线架两种。如图 4-24 所示，上图和下图分别是一款 200 对和 100 对有腿（还有一种是无腿的，如图 4-25 所示）双绞线线架，如图 4-26 所示是两款光纤配线架，当然这其实是一个光纤配线箱，其中安装的就是一个个单独配线架。

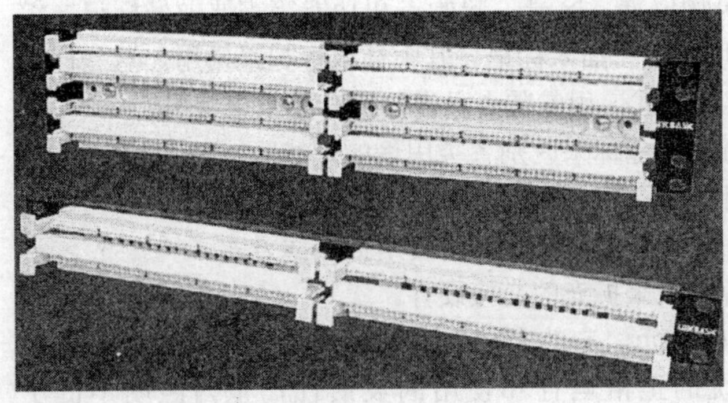

图 4-24 有腿双绞线配线架

图 4-25 无腿双绞线配线架

图 4-26 两款光纤配线架

双绞线配线架的作用是在管理子系统中将双绞线进行交叉连接，用在主配线间和各分配线间中。双绞线配线架的型号有很多，每个厂商都有自己的产品系列，并且对应 3 类、5 类、超 5 类、6 类和 7 类线缆分别有不同的规格和型号，在具体项目中，应参阅产品手册，根据实际情况进行配置：满足或优于现行的超 5 类传输，符合 T568-A 和 T568-B 线序，一般都备有 50 对、100 对、300 对无腿和有腿跳线架，适用于设备间水平布线或设备端接、集中点的互配端接。光纤配线架的作用是在管理子系统中将光缆进行连接，通常用在主配线间和各分配线间中。

在设计管理子系统时应充分考虑以下几个方面：

- 管理子系统宜采用单点管理双交接

交接场的结构取决于工作区、综合布线系统规模和选用的硬件。在管理规模大、复杂、有二级交接间时，才设置双点管理双交接。在管理点上，宜根据应用环境用标记插入条来标出各个端接场。单点管理位于设备间里面的交换机附近，通过线路不进行跳线管理，直接连至用户房间或服务接线间里面的第二个接线交接区。双点管理除交接间外，还设置第二个可管理的交接。双交接为经过二级交接设备。在每个交接区实现线路管理的方式是在各色标场之间接上跨接线或插接线，这些色标用来分别标明该场是干线电缆、配线电缆还是设备端接点。这些场通常分别分配给指定的接线块，而接线块则按垂直或水平结构进行排列。

- 交接区应有良好的标记系统

在管理子系统中，像建筑物名称、建筑物位置、区号、起始点和功能等需要做好标记。综合布线系统使用了 3 种标记：电缆标记、场标记和插入标记。其中插入标记最常用。这些标记通常是写上相应说明的硬纸片、塑料片或其他方式，由安装人员在需要时取下来使用。

- 交接间及二级交接间的本线设备宜采用色标来区别各类用途的配线区。
- 交接设备连接方式的选用宜符合下列规定：对楼层上的线路较少进行修改、移位或重新组合时，宜使用夹接线方式；在经常需要重组线路时使用插接线方式。
- 在交接场之间应留出空间，以便容纳未来扩充的交接硬件。
- 管理子系统是整个配线系统的中心单元，它的布放、选型及环境条件的考虑是否恰当，都直接影响到将来信息系统的正常运行和使用的灵活性，室内照明不低于 150Lx，室内应提供 UPS 电源配电盘，以保证网络设备运行及维护的供电。

- 每个电源插座的容量不小于 300W，管理子系统（配线室）应尽量靠近弱电竖井旁，而弱电竖井应尽量在大楼的中间，以方便布线并节省投资。

4.5.6 建筑群子系统设计考虑

建筑群子系统由两个以上建筑物的电话、数据、监视系统组成一个建筑群综合布线系统，其连接各建筑物之间的缆线和配线设备，组成建筑群子系统。建筑群环境中的 3 种电缆布线方法是架空法、直埋法和管道系统法。

架空安装方法通常应用于有现成电线杆，而且电缆的走法不是主要考虑内容的场合，如图 4-27 所示。在这种布线方式中，通常要求从电线杆至建筑物的架空进线距离以不超过 100 英尺（30m）为宜。建筑物的电缆入口可以是穿墙的电缆孔或管道。入口管道的最小口径为 2 英寸（5 厘米）。建议另设一根同样口径的备用管道。如果架空线的净空有问题，可以使用天线杆型的入口。这个天线杆的支架一般不应比屋顶高 4 英尺（120 厘米）以上。如果再高，就应使用拉绳固定。此外，天线型入口杆高出屋顶的净空应有 8 英尺（240 厘米），这个高度正好使工人可摸到电缆。

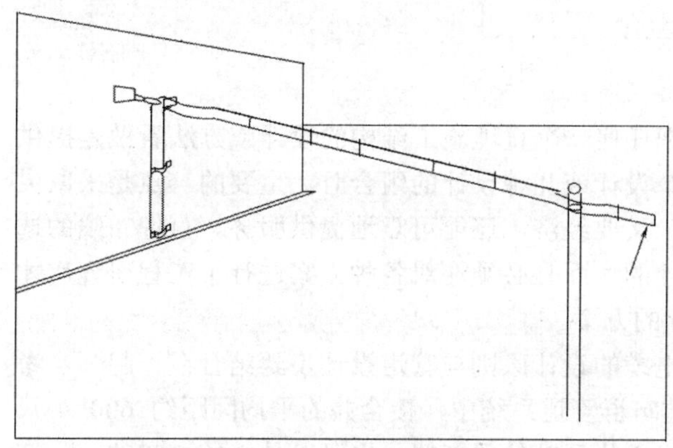

图 4-27　建筑群子系统的架空布线方式示例

管道内布线是由管道和入孔组成的地下系统，它们用来对网络内的各个建筑物进行互连。图 4-28 所示是一根或多根管道通过基础墙进入建筑物内部，由于管道是由耐腐蚀材料做成的，所以这种方法对电缆提供了最好的机械保护，使电缆受损和维修停用的机会减少到最小程度，它能保护建筑物的原貌。

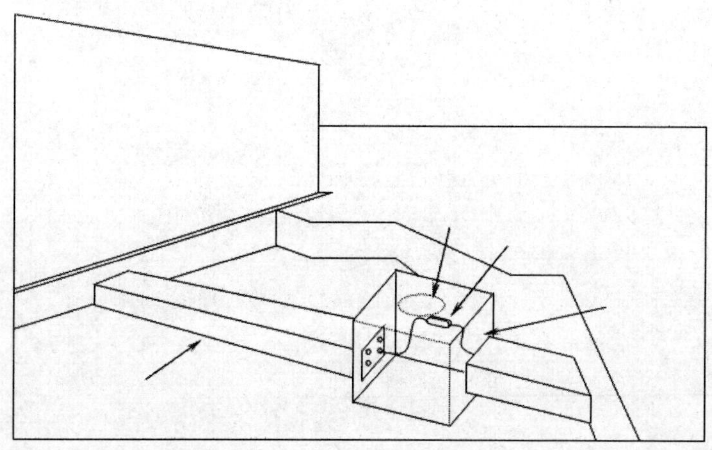

图 4-28　建筑群子系统的管道布线方式示例

直埋布线方式除了要穿过基础墙的那部分电缆以外，电缆的其余部分没有给予保护，基础墙的电缆孔应往外尽量延伸，达到没有动土的地方，以免以后有人在墙边挖土时损坏电缆，如图 4-29 所示。直埋布线法可保持建筑物的外貌，但是在以后还要挖土的地方，还是以不使用这种方法为上策。直埋电缆通常应埋在距地面 24 英寸（60.96cm）以下的地方，或者应按照当地的有关法规去做。如果在同一土沟里埋入了通信电缆和电力电缆，应设立明显的共用标志。

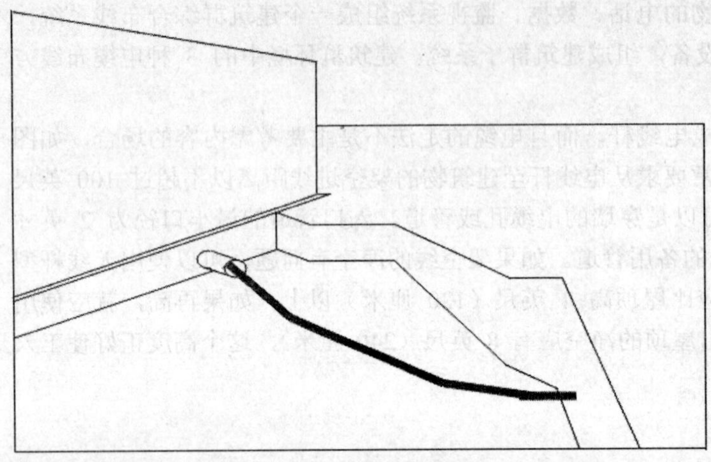

图 4-29　建筑群子系统的直埋布线方式示例

直埋布线法优于架空布线法，但切不要把任何一个直埋施工结构的设计或方法看做是提供直埋布线的最好方法或唯一方法。在选择某个设计或几种设计的组合时，重要的一点是采取灵活的、思路开阔的方法。这种方法既要适用，又要经济，还能可靠地提供服务。直埋布线的选址和布局实际上是针对每项作业对象专门设计的，而且必须在对各种方案进行了工程研究后才作出决定。工程的可行性决定了何者为最实际的方案。

管道系统的设计方法就是把下列的直埋电缆的设计原则与管道设计步骤结合在一起。当考虑建筑群管道系统时，还要考虑接合井。在建筑群管道系统中，接合井的平均间距约 600 英尺（180m），或者在主结合点处设置接合井。接合井可以是预制的，也可以是现场浇筑的。应在结构方案中标明使用哪一种接合井。

第5章

网络设备的选型

在网络通信子系统拓扑结构、综合布线系统设计好后，接下来就要根据拓扑结构和布线系统，以及用户需求来选购所需的网络设备了。这是一项非常复杂，也非常繁重的工作，当然也是一项非常重要的工作，因为它可以说是所设计的网络系统的最终体现。

在网络设备选型方面，要考虑的方面非常多，如用户的各方面需求，设备的稳定性、可用性、可管理性和成本，以及售后服务等。但无论是哪一种网络设备，网络设备类型、品牌和型号都非常多，用户的需求和选择可能千差万别，要全面、准确地介绍这些设备的选型非常困难，在此仅就企业网络中主要用到的一些网络设备，如交换机、路由器、防火墙、UPS、网卡、WLAN AP 等的选型进行介绍。在第 7 章中将通过一些具体的网络通信子系统工程方案的设计介绍一些主要品牌的典型网络工程方案中的网络设备选购方案。

教学（自学）课时安排

课时安排	本章老师共需安排 3 个授课课时。	
授课课时	主要内容	重点
1	①有线以太网卡的选型 ②无线局域网网卡的选型 ③网卡的综合选型考虑 ④服务器处理器架构的选型 ⑤服务器的综合选型考虑	①有线以太网卡的选型 ②无线局域网网卡的选型 ③网卡的综合选型考虑 ④服务器处理器架构的选型 ⑤服务器的综合选型考虑
2	①交换机的综合选型考虑 ②无线 AP 的综合选型考虑 ③边界和中间节点路由器的选型 ④宽带路由器的选型 ⑤企业级路由器的综合选型考虑	①交换机的综合选型考虑 ②边界和中间节点路由器的选型 ③企业级路由器的综合选型考虑
3	①防火墙的选型 ②防火墙的综合选型考虑 ③UPS 的主要作用和分类 ④主要 UPS 技术 ⑤UPS 的综合选型考虑	①防火墙的选型 ②防火墙的综合选型考虑 ③UPS 的主要作用和分类 ④UPS 的综合选型考虑

5.1 网卡的选型

网卡是用来连接网络中的其他计算机和网络设备的最基础网络设备，同样也是故障率较高的一种网络设备。网卡有许多种不同的分类，不同的计算机网卡的选型要根据具体的网络环境、应用位置和应用需求等因素而定。而且，以前只有有线网卡这一种，但随着2000年无线局域网（WLAN）技术进入实质应用后，无线局域网网卡（当然还有其他类型的无线网卡）也开始成为网卡行列中的重要组成部分。本节首先介绍基于各种技术和应用环境下的各种类型网卡，从中得出网卡的选型、选购主要考虑。

5.1.1 有线以太网卡的选型

在企业局域网中，有线网卡通常就是指以太网卡，所以在此仅限于以太网卡，而不再涉及其他网络类型的网卡，如令牌环网卡、令牌总线网卡和FDDI网卡等。另外，网卡除了要区分网络类型外，还可根据所应用的环境分为普通工作站网卡和服务器网卡两类。网卡类型的复杂性主要体现在服务器网卡方面。

1．工作站网卡的选型

目前，在有线网络工作站中通常是采用支持10/100Mb/s自适应的快速以太网卡，价格也很便宜，一般在100元以内，大一些品牌（如3COM）的产品网卡也在150元左右。

有线以太网卡的主机接口通常是PCI接口的（笔记本主机通常用PCMCIA接口的，参见下面将要介绍的PCMCIA接口无线局域网网卡），在网络接口方面，工作站网卡基本上都是采用双绞线作为传输介质的RJ-45接口，如图5-1所示。至于PCI总线位数，则通常是普通的32位，不过目前的新品基本上都是64位的。

综上所述，工作站以太网卡在技术上基本没有太多考虑，通常只需选择普通的10/100Mb/s自适应速率的快速以太网卡（目前市面上到处都是，已不再有仅支持10Mb/s的新网卡了）即可。相反，工作站网卡的考虑主要体现在品牌上，因为在一定程度上，品牌决定了产品的质量。目前在以太网卡方面比较好的品牌有3COM、IBM、Intel、D-LINK、TP-LINK等。不过这仅是针对独立网卡而言的，现在的PC机一般都集成了一块甚至两块10/100Mb/s或者10/100/1000Mb/s千兆位以太网卡，这样一来，网卡的选择就成了PC机选择的一部分。

2．服务器网卡的选型

在企业局域网中，服务器网卡虽然目前也主要是以太网类型，但是它相对于工作站网卡来说要复杂得多。这些技术主要是为了提高网卡的性能。一方面，网卡的接入速率提高到了1000Mb/s千兆位以太网技术标准。另一方面，在服务器以太网卡方面，还涉及网络接口部分的改进，因为千兆位以太网技术最好的支持是光纤这种传输介质，当然5类、超5类、6类双绞线也可以以普通的RJ-45接口方式支持千兆位以太网，但性能不如采用光纤作为传输介质的。所以在服务器以太网卡的网络接口中就有RJ-45接口和单模SX（如图5-2所示）、多模SC（如图5-3所示）光纤接口几类。当然支持光纤传输介质的要比支持双绞线的贵很多。

除此之外，在服务器网卡方面还应充分注意网卡的主机接口技术。虽然目前都已是64位的，但采用不同的总线技术网卡性能还是有较大区别的。下面分别介绍64位PCI、PCI-X（已比较少见了）和PCI-E总线技术的服务器网卡。

图 5-1　RJ-45 接口以太网卡

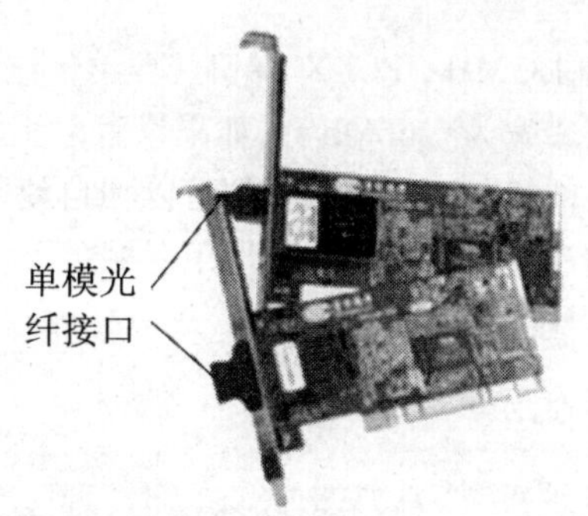

图 5-2　单模光纤接口网卡

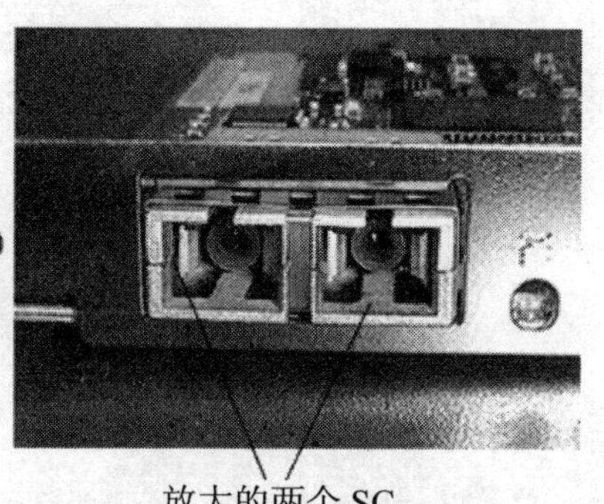

图 5-3　多模光纤接口网卡及接口放大图

- 64 位 PCI 总线网卡

PCI 接口有 32 位和 64 位两种，在服务器上基本上全是 64 位的。32 位与 64 位 PCI 接口的金手指结构不同，64 位的多了一个缺口位（有两个缺口位），而且长度也不同（多了一节），如图 5-4 所示左图和右图分别为 32 位 PCI 接口与 64 位 PCI 接口的对比图。

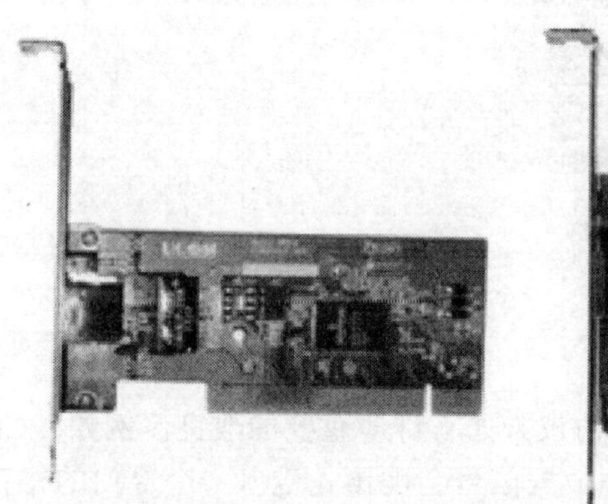

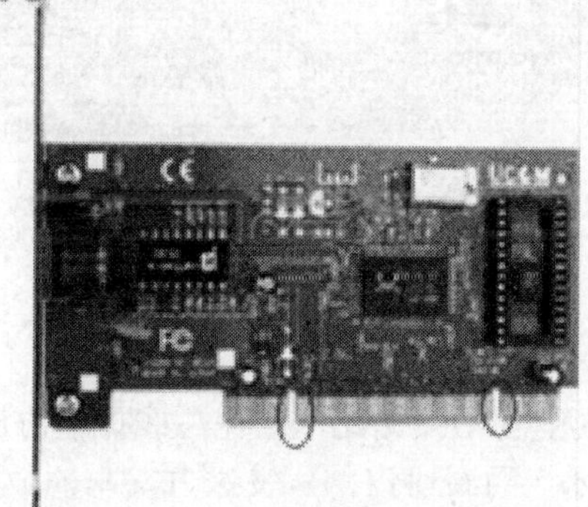

图 5-4　32 位与 64 位 PCI 接口网卡的对比

也有一些 PCI 网卡同时支持 32 位和 64 位标准的兼容网卡，这类网卡相比前面介绍的纯 64 位 PCI 网卡来说，在外观上也有一个明显的区别，那就是它又多了一个缺口，有 3 个缺口，如图 5-5 所示。64 位 PCI 接口的速率可达到第一版本 32 位 PCI 的两倍，达到了 266Mb/s。如图 5-6 所示是 32 位 PCI 主板插槽与 64 位 PCI 主板插槽的比较。

- PCI-X 总线网卡

PCI-X 接口是由 IBM 最初开发的，目前的最新版本为 2.0，接口插槽如图 5-7 所示。在外观上，它与 64 位 PCI 接口差不多。目前主要有 100MHz 和 133MHz 两种外频模式，不过目前主要采用的是 133MHz PCI-X 接口，理论传输速率达到了 1.06Gb/s。如果 4 组设备并行工作，则每组设备可用带宽为 266Mb/s；如果只有两组设备并行，那么每组设备就可分得 533Mb/s；而在连接一组设备的情况下，该设备便可以独自使用全部的 1.06Gb/s 带宽。相对于 64 位 PCI 总线，PCI-X 的提升相当明显，在它的帮助下，服务器内部总线资源紧张的难题得到一定的缓解。

图 5-5　同时支持 32 位和 64 位的 PCI 接口网卡

这个就是 32 位 PCI 插槽，比 64 位的短很多，也只有一个缺口卡位

这些都是 64 位 PCI 插槽，它们都有两个缺口卡位

图 5-6　32 位 PCI 与 64 位 PCI 插槽的比较

不过，PCI-X 带来的变化不仅如此，它在总线传输协议方面有许多重要的改良，例如 PCI-X 启用“寄存器到寄存器”的新协议——发送方发出的数据信号会被预先送入一个专门的寄存器内；寄存器可将信号保持一个时钟周期，而接收方只要在这个时钟周期内作出响应即可。而原来的 PCI 总线就没有这个缓冲过程，如果接收方无暇处理发送方的信号，那么该信号就会被自动抛弃，容易导致信号遗失。PCI-X 的另一个重要优点在于，它可以完全兼容之前的 64 位 PCI 扩展设备，用户已有投资可以获得充分保障。平滑过渡的方式让 PCI-X 在服务器/工作站领域大获成功，并很快取代了 64 位 PCI 成为新的标准。

以上是 PCI-X 1.0 标准，它没有辉煌太长时间，基于 PCI 基础改良的性质让它不可能彻底解决带宽不足的问题。2002 年 7 月，PCI-SIG 推出更快的 PCI-X 2.0 规范，它包含较低速的 PCI-X 266 及高速的 PCI-X 533 两套标准，分别针对不同的应用。同样，PCI-X 2.0 并没有对总线架构做什么大改动，而只是将工作频率分别提升到 266MHz 和 533MHz，以此获得更高的传输效能。PCI-X 266 标准可提供 2.1Gb/s 共享带宽，PCI-X 533 标准则更是达到 4.2Gb/s 的高水平。这两者最多都可以支持 8 组设备，扩展力相当强大；如果系统只安装 4 组设备，那么最高级的 PCI-X 533 标准允许每个设备获得超过 1Gb/s 的总线带宽，这完全可以满足多路千兆位以太网、光纤通道、SAS RAID 系统的需求。此外，PCI-X 2.0 也保持良好的兼容性，它的接口与 PCI-X 1.0 完全相同，可无缝兼容之前所有的 PCI-X 1.0 设备和 PCI 扩展设备。

图 5-7　PCI-X 与 64 位插槽的比较

受到 PCI-X 2.0 成功的鼓舞，PCI-SIG 组织在 2002 年 11 月宣布将开发 PCI-X 3.0 标准，也就是 PCI-X 1066。据悉，该标准将工作在 1066MHz 的高频上，共享带宽达到 8.4Gb/s，每个设备至少都拥有 1.06Gb/s 带宽。但十分可惜，这项计划后来并没有下文，原因很可能是遭遇了来自 PCI Express 阵营的冲击。

- PCI-E 总线网卡

在 2001 年的春季 IDF 论坛上，英特尔公司提出 3GIO（Third Generation I/O Architecture，第三代 I/O 体系）总线的概念，它以串行、高频率运作的方式获得高性能，而 3GIO 的体系设计也十分富有前瞻性，它将被设计为满足未来十年 PC 系统的性能需要。3GIO 计划获得广泛响应，后来英特尔将它提交给 PCI-SIG 组织，于 2002 年 4 月更名为 PCI Express（简称 PCI-E），并以标准的形式正式推出。它的效能十分惊人，仅仅是×16 模式的显卡接口就能够获得 8Gb/s 带宽。更重要的是，PCI Express 改良了基础架构，彻底抛弃落后的共享结构，一个新的时代开始了。如图 5-8 所示就是一条×16 PCI-E 接口插槽与普通 PCI 插槽的比较，从中可以看出，它只有一个缺口。

在工作原理上，PCI Express 与并行体系的 PCI 没有任何相似之处，它采用串行方式传输数据，而依靠高频率来获得高性能，因此 PCI Express 也一度被人们称为“串行 PCI”。由于串行传输不存在信号干扰，总线频率提升不受阻碍，PCI Express 很顺利就达到了 2.5GHz 的超高工作频率。其次，PCI Express 采用全双工运作模式，最基本的 PCI Express 拥有 4 根传输线路，其中 2 线用于数据发送，2 线用于数据接收，也就是发送数据和接收数据可以同时进行。相比之下，PCI 总线和 PCI-X 总线在一个时钟周期内只能作单向数据传输，效率只有 PCI Express 的一半；加之 PCI Express 使用 8b/10b 编码的内嵌时钟技术，时钟信息被直接写入数据流中，这比 PCI 总线能更有效地节省传输通道，提高了传输效率。第三，PCI Express 没有沿用传统的共享式结构，它采用点对点工作模式（Peer to Peer，P2P），每个PCI Express设备都有自己的专用连接，这样就无需向整条总线申请带宽，避免多个设备争抢带宽的糟糕的情形发生，而此种情况在共享架构的PCI系统中是经常可以见到的。

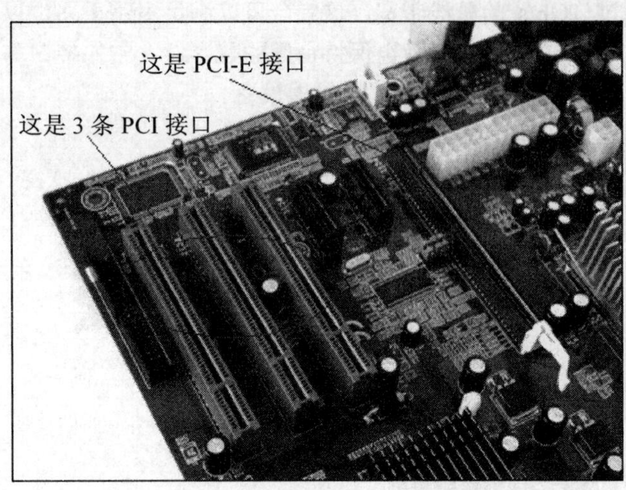

图5-8 PCI-E与PCI插槽的比较

由于工作频率高达2.5GHz，最基本的PCI Express总线可提供的单向带宽便达到250Mb/s（2.5Gb/s×1 B/8bit×8b/10b=250Mb/s），再考虑全双工运作，该总线的总带宽达到500Mb/s——这仅仅是最基本的PCI Express×1模式。如果使用两个通道捆绑的×2模式，PCI Express便可提供1Gb/s的有效数据带宽。依此类推，PCI Express×4、×8和×16模式的有效数据传输速率分别达到2Gb/s、4Gb/s和8Gb/s。这与PCI总线可怜的共享式133Mb/s速率形成极其鲜明的对比，更何况这些都还是每个PCI Express可独自占用的带宽。

除了带宽方面的优势外，PCI-E相比PCI-X总线来说，还具有一些其他方面的明显优势。首先它具有裁剪带宽的能力，信道可以聚集，以增加总带宽。PCI-E通道的有效组合为×1、×2、×4、×8、×16和×32，可用的带宽直接与通道的数目成比例，通道数加倍带宽也加倍。一个10Gb/s以太网控制器可以使用4条PCI-E通道来与控制器的带宽相匹配。由于PCI-E通道不是被多个设备共享的，它的结构本质上是可热替换的。PCI-E使用消息传递来处理一些PCI所提供的边带信号。

其次，PCI-E还提供了把大的信道分成小的信道的能力，一个8通道的PCI-E连接能分为两个4通道的连接、4个2通道的连接或8个1通道的连接。

3．以太网卡的选型考虑

在有线网卡的选择上，工作站的网卡基本上统一采用10/100Mb/s的RJ-45接口快速以太网卡即可。在服务器方面这要根据具体的网络规模和网络应用而定：如果只是一般的中小型企业局域网，则可以采用相对廉价的RJ-45双绞线接口千兆网卡；而如果网络规模较大，或者网络应用较复杂，如有大型的数据库系统、复杂的电子商务应用，则可采用光纤接口的千兆网卡，这种网卡的性能较双绞线接口的要好很多。服务器集成的网卡通常都是兼容性的10/100/1000Mb/s双绞线以太网卡。

至于采用哪种主机总线接口类型，则要充分考虑相应的服务器插槽配置，64位PCI插槽比较普遍，但传输性能较差，PCI-X一般是在IBM、SUN或其他OEM服务器（或服务器主板）厂商的主板上提供，并不是很普及，在购买前一定要清楚服务器是否支持这种主机接口。PCI-E总线接口因目前尚处于推广阶段，再加上它的性能非常好，所以目前使用这种接口的网卡通常非常贵，也比较少见。总之，具体是选择64位PCI还是PCI-X或PCI-E，一方面要视具体应用对网卡带宽的需求而定，另一方面还要充分考虑对应服务器主板的总线接口支持和投资成本。

目前服务器使用的千兆位以太网卡价格因采用不同的介质类型有较大差别，普通的 32 位双绞线 RJ-45 接口千兆网卡价格在 100 元左右，而支持 64 位的双绞线 RJ-45 接口千兆网卡价格稍贵，在 300 元左右，而光纤接口的则贵很多，通常在千元以上。PCI-X 和 PCI-E 总线接口的网卡通常都是光纤的，价格均在 2000 元以上。

5.1.2 无线局域网网卡的选型

在无线局域网网卡方面，相对有线网卡来说要简单一些。主要考虑网卡的主机接口和所使用的无线局域网技术标准、主机接口，以及所支持的安全保护技术等。

在接入标准方面，新选购 WLAN 网卡时最好选择支持最新的，传输速率可达 300Mb/s 的 IEEE 802.11n 标准的网卡，至少也要选购支持 54 Mb/s 的 IEEE 802.11g 标准的。IEEE 802.11n 标准不仅在接入速率方面较以前最高的 IEEE 802.11g 标准提高了 6 倍，在传输距离方面也可以达到 300m，提高了 3 倍。这一切都得益于它采用了最新的 MIMO（Multiple-Input Multiple-Output，多进多出）技术。而且 IEEE 802.11n 标准仅是最基本的 MIMO 模型，目前采用的是双路天线系统，在一至两年内，修订版 IEEE 802.11n 标准可以通过 3 路甚至 4 路天线系统，实现传输速率达到 450Mb/s 或 600Mb/s 的接入速率。

【说明】 MIMO 是一种用来描述多天线无线通信系统的抽象数学模型，能利用发射端的多个天线各自独立发送信号，同时在接收端用多个天线接收并恢复原信息。该技术最早是由马可尼于 1908 年提出的，他利用多天线来抑制信道衰落（fading）。与之对应的早期技术有单进单出（Single-Input Single-Output，SISO）、单进多出（Single-Input Multiple-Output，SIMO）和多进单出（Multiple-Input Single-Output，MISO）。通过 MIMO 技术，不仅使得数据传输速率大大提升，而且增强了整体信号的发射功率，使无线连接的有效距离和连接性能（如稳定性）也大大提高了。

在主机接口方面，安装在台式机上的 WLAN 网卡仍是采用普通的 32 位 PCI 和 USB 接口。但要注意的是，支持新型 IEEE 802.11n 标准的 WLAN 网卡由于目前采用的是双路天线系统的 MIMO 技术，所以 WLAN 网卡上会有两根天线，而以前标准的 WLAN 网卡只有一根天线，两类标准的网卡分别如图 5-9 的左图和右图所示。

图 5-9 IEEE 802.11n 和以前标准的 WLAN 网卡

对于笔记本电脑用户则可以选择 PCMCIA 和 USB 两种接口类型的无线局域网网卡。而 PCMCIA 接口又分 16 位的 PCMCIA 和 32 位的 CardBus 两种接口类型，如图 5-10 的左图和右图所示。很明显 32 位接口的性能要优于 16 位的。由于 PCMCIA 和 CardBus 这两种接口 WLAN 网卡的天线是隐形的，所以 IEEE 802.11n 标准的这两种 WLAN 网卡与以前标准的这两类网卡外观没有什么区别。

图 5-10　16 位的 PCMCIA 和 32 位的 CardBus 两种接口类型无线局域网卡

现有的 54Mb/s 速率 IEEE 802.11g 或 IEEE 802.11a 标准的 WLAN 设备仍可使用，IEEE 802.11n 标准可以与这两个标准兼容。但 11Mb/s 速率的 IEEE 802.11b 标准 WLAN 设备则建议不要使用了，速率太低，没什么意义。况且，随着 IEEE 802.11n 新标准的推出，IEEE 802.11g 标准设备的价格已大幅下降。

在 WLAN 安全标准上，目前的 WLAN 设备一般都支持 WPA2 或 IEEE 802.11i 安全标准，支持 IEEE 802.1x 安全认证技术。不要再选择仅支持 WEP 加密技术的 WLAN 设备。有关这些安全技术将在第二篇中具体介绍。

在 WLAN 网卡品牌选择上，主要有 Cisco、H3C、NetGear、Intel、D-LINK、TP-LINK、Benq 等，具体要根据网卡的具体网络位置而定。一般来说，越重要的位置，所选择的品牌越好，这样可在网卡性能和稳定性等方面提供足够的保障。

5.1.3　网卡的综合选型考虑

网卡作为最基础的网络设备，它对网络性能影响是最彻底的。虽然在一般的家庭网络中，网卡的影响好象并不大，但对于大型网络和服务器网卡，网卡对整个网络性能的发挥却非常重要。经常出现网络掉线、访问速度慢、数据掉包等现象多数是由网卡性能不良造成的。

网卡性能主要由所使用的网卡芯片技术和开发、生产厂家的工艺水平、制造水平决定。现在的计算机主板一般都集成了一块 10/100Mb/s 快速以太网卡，甚至 10/100/1000Mb/s 的千兆网卡，这为工作站计算机和服务器的网络连接提供了方便。虽然在所支持的技术标准上都一样，但实际的性能水平有时相差却很大。下面是网卡选购的一些主要注意事项（主要就有线以太网网卡进行介绍，WLAN 网卡的选购考虑在一些方面可参考下面的介绍）。

1．技术方面的选择

网卡技术主要由网卡芯片技术和所采用的网络标准决定。在这方面，要根据具体网卡的应用环境和应用需求选择。

- 网卡芯片的选型考虑

生产网卡芯片的厂家比较多，如 Realtek（瑞昱）、VIA（威盛）、3COM、Intel、Broadcom、Davicom 等。在国内最受欢迎应用最广的还是基于 Realtek 公司的 RTL 系列芯片。不仅在独立网卡市场中随处可见，在许多品牌（如磐正、华擎、技嘉等）计算机主板上集成的网卡芯片也都是由 Realtek 公司生产的 RTL 系列芯片，如 RTL 8139（A/B/C/D/8130）/810X/8139C_Plus/8169/8169S/8110S 等系列。主要是因为这个品牌的芯片性能较好，受到大众认可。而且，瑞昱公司的网卡驱动程序更新较快，这也对 Realtek 网卡提升性能与稳定性起了很大的作用。

采用 Realtek 公司 RTL 系列芯片生产的独立网卡品牌也非常多，如著名的 TP-LINK、金浪、腾达等。市场上常见的产品有 TP-LINK TF-3239D 网卡、金浪 8139D 网卡、腾达

TENDA9940 网卡（8139D，支持无盘）、帝鲨 DESHARK 10M/100M（8139D）网卡、腾鹏 TP-8139D 豪华版网卡、UGR UGR-8139D 网卡、艾迪康 8139D 网卡、D-LINK 8139D 网卡、达盟 8139D 网卡等。

上面主要介绍的是工作站计算机中所用的以太网卡，基本上都是支持 10/100Mb/s 的快速以太网技术。对于服务器网卡方面，以上主要芯片品牌也有相应的产品。

- 网卡类型的选型考虑

目前主流应用的以太网网卡主要有 10/100Mb/s 快速以太网卡和 10/100/1000Mb/s 千兆网卡两种。对于大多数工作站用户来说只需选择 32 位 PCI 接口的 10/100Mb/s 自适应快速以太网卡即可，而对于应用较复杂的工作站用户和服务器来说，则最好选择支持光纤的 64 位 PCI 或 PCI-X，甚至 PCI-E 接口网卡，以避免出现瓶颈。

- 网卡技术的选型考虑

网卡技术包括远程唤醒、出错冗余、负载均衡和快速通道等，这主要是针对一些特殊应用的工作站和服务器网卡而开发的。远程唤醒技术主要用在需要远程启动的无盘工作站上，通过远程启动方式，管理员可以无须亲自到相应工作站计算机旁边就可以实现远程工作站的启动，提高了管理效率。在这类网卡上都带有 BOOTROM（启动芯片）芯片，并加入防病毒功能。

AFT（Adapter Fault Tolerance，出错冗余）技术是一种在服务器和交换机之间建立冗余连接的技术。它是在服务器上安装两块网卡：一块为主网卡，另一块作为备用网卡，然后用两根网线将两块网卡都连到交换机上。很显然这种技术主要应用于服务器所用的高档网卡上。AFT 技术的基本工作原理是，当主网卡工作时，智能软件通过备用网卡对主网卡及连接状态进行监测，发送特殊设计的“试探包”。若连接失效，“试探包”将无法送达主网卡，智能软件立即将工作移交给备用网卡。

ALB（Adapter Load Balancing，负载均衡）技术是一种通过聚合多条链路，以实现通道带宽增加，让服务器更多、更快地传输数据的技术。该技术是通过在多块网卡之间平衡数据流量来增加吞吐量的，因为每增加一块网卡，就能增加相应的网络带宽。另外，ALB 还具有 AFT 同样的容错功能，当服务器网卡成为网络瓶颈时，ALB 技术无须划分网段，网络管理员只需在服务器上安装两块具有 ALB 功能的网卡，并把它们配置成 ALB 状态，便可迅速、简便地解决通道瓶颈问题。

FEC（Fast Ether Channel，快速通道）技术是针对 Web 浏览及 Intranet 等对吞吐量要求较大的应用而开发的一种增大带宽的新技术。它可为应用系统提供高可靠性和高带宽，也主要用于应用型服务器和需要高性能数据交换的工作站用户。FEC 具有 AFT 和 ALB 的全部功能。在服务器上，FEC 与 ALB 相似，在几块网卡间可实现容错和负载平衡。而且，与具备 FEC 特性的交换机连接，服务器可实现多块网卡双向平衡通信。

2．制造方面的选择

以上从技术方面介绍了网卡的一般选择原则，下面再从网卡的制造上介绍几点网卡选购的注意事项。

- 一看材料

优质的网卡均采用喷锡板，而劣质的网卡一般采用非喷锡板材，又叫画金板，即直接进行清洗的铜板，颜色为黄色。采用画金板会极大地影响焊接的质量，造成虚焊、脱焊等，影响网卡的使用。用户可以通过肉眼来识别：喷锡板的裸露部分为白色，而画金板的裸露部分为黄色。

- 二看工艺

优质网卡的电路板焊点大小均匀，焊脚干净。而劣质网卡的焊点不均匀，有时可以看到细小的气眼，出现堆焊或虚焊的现象。良好的焊接质量可以保证数据的稳定传输。

- 三看布线

优质网卡应该遵循信号线和地之间回路面积最小，减少信号之间串扰的可能性。信号线转弯处应按工业标准走 45 度角，节点处应为圆弧形设计。劣质网卡多数走线凌乱，不按照工业标准进行设计，这样容易造成信号传输波动较大，影响系统的稳定和造成 PC 机工作频率的波动，严重的会造成 PC 机的损坏。

- 四看晶振的选材

优质网卡应选用优质的晶振来保证高精度的时钟频率，并且在线路的设计上应使晶振尽可能地接近主芯片，以缩短信号线的长度，增加传输的稳定性。而劣质的网卡常常省掉晶振或者使用劣质的晶振，从而使数据传输速度减慢或者造成数据的丢失。

- 五看元件的选择

优质的网卡除了电解电容和高压瓷片电容以外，其他的阻容器件都应选择 SMT 贴片元件，因为贴片元件比插件的可靠性高出很多，并且可以减小电路体积，增强散热的效果。由于贴片元件在焊接工艺上采用贴片机波峰焊接，使焊点的质量有了可靠的保证。

- 六看金手指的工艺

金手指是指网卡和主板的接触部分，优质网卡应选择镀钛金工艺，而劣质的网卡则选择镀铜工艺，容易掉色和锈蚀，造成网卡插入主板时接触不良。

5.2 服务器的选型

服务器是网络中最核心的网络设备，在相当大程度上决定了整个网络的性能。它既是网络的文件中心，同时又是网络的数据中心。但服务器技术和产品的发展相当快，所以对于服务器的选购方面也是在不断更新。服务器的类型也很复杂，仅从外观结构上就经常听到诸如塔式、机架式、刀片式 3 种，分别如图 5-11 的左、中、右图所示。

图 5-11 常见的 3 种不同结构服务器

然而服务器这一网络设备不仅有非常多的类型划分标准，不同服务器之间在价格和性能等方面还存在非常大的差异。如何选购合适的服务器设备是一件非常不容易的事，需要对服务器硬件设备本身有一个较全面的了解。在此仅就与企业网络服务器选型、选购方面相关的最基本、最主要方面向大家进行介绍。

5.2.1 服务器处理器架构的选型

服务器首先要确定其处理器芯片架构，与计算机架构一样，处理器的架构决定了服务器的总体技术和性能。但不同的处理器架构所包括的处理器系列和型号都在不断发展变化，对应于不同的技术和性能支持。目前主要分 3 个大的架构类型：Intel IA32/64 架构、AMD x86 架构和主要应用于 UNIX 系统中的 RISC（精减指令）架构。

IA32/64 架构中的代表芯片如 Intel Xeon（至强）和 Itanium（安腾），其中 Xeon 处理器目前又有 32 位和 64 位之分，64 位的新 Xeon 向下兼容原来的 32 位程序，是目前应用最广的一个服务器处理器系列。Itanium 处理器则是纯 64 位的，对 32 位的兼容性不是很好，但性能高、价格贵。如图 5-12 和图 5-13 所示分别是 Intel 最新的 6 核心 7400 系列 Xeon 处理器和 900 系列 Itanium II 处理器。

图 5-12　Intel 7400 系列 Xeon 处理器

图 5-13　Intel 900 系列 Itanium II 处理器

AMD x86 架构处理器的代表产品就是它的 Opteron 系列处理器，如图 5-14 所示是一款 AMD 最新的 4 核心 Opteron 系列处理器。它的最大优点就是向下兼容 32 位程序，并且能在条件满足时提供 64 位性能，价格较 Intel 同档次的 Xeon 处理器和 Itanium II 系列处理器要便宜很多。

以上介绍的两种架构的服务器处理器主要应用于中低端市场，而中高端市场中，以前还有像 IBM、SUN、HP 这些代表性的 RISC 架构处理器，但近两年 RISC 架构处理器遭到来自 Intel 和 AMD 的全面剿杀，目前仅有 IBM 声称还将继续开发它的 Power 系列 RISC 架构处理器，HP 和 SUN 的 RISC 架构处理器先后宣布不再继续开发。

目前，在市面中的服务器中还可见到的主流 RISC 架构服务器处理器有 SUN（目前已被 Oracle 并购）的 UltraSPARC 系列和 IBM 的 Power 系列。目前最新产品为 SUN 的 8 核心 UltraSPARC T2 和 IBM 的主频高达 4.7GHz 的双核心 Power 6 的处理器，分别如图 5-15 和图 5-16 所示。早期还有 HP 的 PA-8800 和 PA-8900 处理器。

图 5-14　AMD 4 核心 Opteron 处理器

图 5-15　SUN 8 核心 UltraSPARC T2 处理器

至于选择哪一种处理器架构，要视具体应用需求和企业经济承受能力而定。另外，采用

RISC 架构处理器的服务器一般安装的是 UNIX 服务器系统，而且只用于在对应品牌自己的服务器上安装；IA 和 x86 架构的则通常支持大众使用的 Windows 服务器系统，几乎所有品牌的服务器都有基于这两种架构的服务器供用户选择。而且基于 RISC 架构处理器的服务器价格通常较基于 IA 和 x86 架构的要贵上一倍以上。所以，目前绝大多数企业还是选择基于 IA 和 x86 架构处理器的服务器，因为目前这类服务器性能已相当不错，而且现在基本上都是多核心、多线程、支持硬件虚拟化的，在多路并行架构支持下，完全可以满足绝大多数企业当前及将来相当一段时间的发展需求。

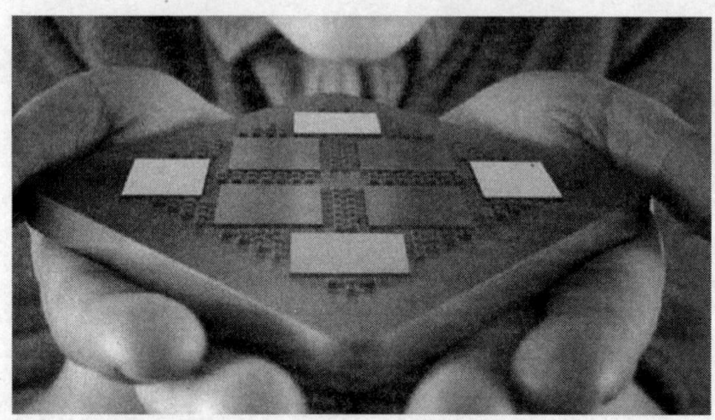

图 5-16 IBM 双核心的 Power 6 处理器

5.2.2 服务器的综合选型考虑

服务器是一个非常复杂的网络设备，所涉及的技术非常复杂，需要考虑许多方面，如处理器架构、处理器系列和型号、服务器主板（主要是考虑对应的芯片组）、价格、服务等。与计算机的选购一样，其实服务器主板芯片组就在相当大程度上决定了服务器各方面的性能，如扩展插槽、磁盘架、各种接口等的扩展能力、新技术的支持等。

- 服务器处理器的选型考虑

这方面其实上节已经作了详细介绍，在这里仅简单说明。目前就服务器来说，主要的处理器架构就是 Intel 的 IA 架构和 AMD 的 x86-64 架构，当然仍有逐渐少见的 RISC 架构。不同的处理器架构在相当大程度上决定了服务器的性能水平和服务器整体价格。

随着 Intel 和 AMD 在服务器处理器方面技术的成熟，现在的服务器处理器架构基本上就是 Intel 的 IA 架构和 AMD 的 x86-64 架构的天下了。以前大家通常认为，这类处理器一般只具较低的可扩展能力，并行扩展路数一般在 8 路以下，只适合中小型企业选用。但现在，随着多核心技术和硬件虚拟化技术的完善，现在使用 Intel 的 IA 架构和 AMD 的 x86-64 架构的服务器完全可以满足非常高端的企业应用需求，在大中型企业，甚至电信级运营商中发挥着主要作用。所以，现在对于处理器架构的选择更多体现在对 Intel 和 AMD 这两个品牌的选择上。

Intel 和 AMD 这两个品牌的处理器，又基本上全面覆盖了大、中、小型企业的应用环境。如 Intel 目前对于中小型企业主推的是双核心的至强 3000 系列，对于中等企业主推的是双核心或四核心的至强 5000 系列处理器，而对于大中型企业则主推的是六核心的至强 7400 系列。AMD 也有对应的双核心、四核心和六核心 Operator 处理器，因为系列和型号比较多，在此不作具体介绍，可以通过 AMD 的官方网站 http://www.amd.com 了解。

- 服务器扩展能力的选型考虑

服务器的可扩展能力表现在多个方面，如处理器的扩展、扩展插槽的扩展、磁盘架位的扩展等多个方面。

处理器的扩展最常见的就是 SMP（对称多处理器）技术，它允许在同一个服务器系统中同时安插多个相同的处理器，以实现服务器性能的提高。低档入门级的服务器通常只具有 2 路以内，而工作组级则可以达到 4 路，中、高档的部门级和企业级服务器则可达到 8 路、16 路，甚至 100 多路。其实这也要区别不同的处理器架构，IA 和 x86-64 架构的最大扩展能力比较低，通常在 8 路以下，达到 8 路的即称为企业级，而 RISC 架构则工作组级的也有可达到 8 路的，企业级的更是高达 100 多路，如 SUN 的 UltraSPARC 系列处理器。

但是，就目前来说，处理器的扩展技术似乎不再是提高服务器性能的关键技术，因为现在的服务器处理器已普遍支持多核心、多线程，甚至支持硬件虚拟化。这样一来，一个处理器就可以相当于原来几个单核心、单线程的处理器。如原来的 8 路单核心单线程处理器的服务器，现在如果使用四核心、双线程的处理器，则只需要安装一颗这样的处理器（4×2=8）就基本上可以达到原来 8 路处理器服务器的性能。现在八核心双线程的服务器处理器已经诞生，一台服务器上只要安装两颗（8×2=16）这样的处理器，就相当于原来的 16 路处理器的服务器。扩展方式更加简单。加上硬件虚拟化的支持，就可以在一台物理服务器上部署多种服务器应用，使得一台物理服务器可以担当多种不同服务器角色，一方面大大节省了服务器的投资成本，另一方面也简化了服务器的管理。

服务器的扩展能力方面还表现诸如主板总线插槽数、磁盘架位和内存插槽数等，这些也非常重要，但这通常是由服务器主板和机箱决定的。一般来说服务器上安装的各种插件比一般的 PC 机要多很多，所以要求所提供的 PCI 或 PCI-X、PCI-E 插槽数量要多一些，至少应在 5 个以上。磁盘架位更是如此，在服务器中，通常需要非常大的磁盘容量，所以可能需要安装多个磁盘或磁盘阵列，一般低档服务器的磁盘架位在 4 个左右，中档的可以达到 6 个，高档的可以达到 10 位或以上。

内存插槽方面也是如此，而且更为重要。因为我们知道内存是决定计算机性能的一个关键因素，而服务器因为所承担的负荷要远比一台普通 PC 机高，所以服务器内存通常比较大。特别要注意的是，现在的服务器操作系统都非常庞大，最低标准配置都要 4GB 内存，要承担比较大规模的网络服务，则至少要安装 8GB 内存。如果要求服务器支持多种应用服务器的虚拟应用，则至少在 10GB 以上（单条内存建议至少是 2GB，通常是选择 4GB 的，这样更有利于内存容量的扩展）。在内存选购方面，还要考虑所用的内存技术和品牌，现在的服务器内存通常是 DDR-2 或 DDR-3 技术，工作频率在 800MHz 以上。内存品牌方面，像三星、金士顿、南亚易胜、现代等目前都比较好。当然，由于服务器内存制造工艺和技术与普通的 PC 机内存有很大区别，所以服务器内存价格也要远比普通 PC 机内存价格要贵，如 2GB 的普通 PC 机内存价格在 200 元左右，而 2GB 的服务器内存价格为 350～500 元，4GB 服务器内存有的更是高达 2500 元以上。

- 服务器结构的选型考虑

这里所指的服务器结构主要是从服务器的整体结构上来讲的，它分为塔式、机架式和刀片式 3 种。它们各自具有不同的优点。塔式结构是最传统的服务器结构，就像我们平常所用的立式 PC 机一样，不过服务器的塔式机箱一般比较大，因为它要容纳更多的接插件，并需要更大的空间来散热。所以塔式结构的优点就是可扩展更多的总线、内存插槽，提供更多的磁盘架位，还可以更好地散热。不足就在于它的体积太大，对于机房空间比较宝贵的企业用户来说，可能不是最佳选择。

而机架式结构就像我们平常所见到的交换机一样，呈盒状，重量也比较轻，可以轻易地安装在墙上，甚至桌面上，这就是它的优点。但同时，因为它的空间非常有限，所以它的扩展能力一般比较有限，而且对服务器配件的热稳定性要求也比塔式的要高，因为它的空间小，散热不易，所以它的优点也带来了相应的缺点。

至于刀片式结构则是一种新型的服务器结构，它比机架式结构更小，但它具有非常灵活的扩展性能，因此它可通过安装在一个刀片机柜中实现类似于多服务器群集的功能。因为刀片服务器本身体积非常小，就像其他设备的模块化板件一样，所以在一个机柜中可以安装几个，甚至几十个这样的刀片服务器，实现整体服务器性能的成倍提高。

目前刀片服务器技术发展非常迅速，它既可以满足中小企业的业务扩展需求，又可以满足大中型企业高性能的追求，还有智能化管理功能，是未来发展的一种必然趋势。

- 新技术的选型考虑

服务器也与常见的 PC 机一样，主板在很大程度上决定了主机的整体性能和所采用的技术水平。而主板的性能同样是由相应的芯片组决定的。芯片组可以决定的主要包括支持的处理器类型和主频、总线类型（PCI、PCI-X 或 PCI-E 等）、内存类型和容量、磁盘接口类型、磁盘阵列和硬件虚拟化支持等。而这些都对于服务器来说是非常重要的。在总线类型方面，目前基本上都是采用 PCI-E 总线，内存通常是 DDR2-800、DDR-800 或以上，而磁盘接口方面，在服务器领域基本上都是采用 SATA2 或 SAS、SAS2。

- 品牌的选型考虑

品牌似乎永远与产品质量、产品价格和服务水平联系在一起，所以在此注重强调品牌，是要把品牌、质量（包括产品质量和服务质量两方面）和价格三者联系在一起综合考虑的，而不是单纯谈品牌。基本上是好的品牌才有好的产品质量，也才有好的服务保证，但相应的产品价格都比一般的要贵些，这就要求用户均衡利弊来选择。

在几年前，服务器产品主要是以国外品牌为主，如 IBM、HP、SUN（称为国际服务器市场的“三甲”）等，但近几年国内服务器品牌发展迅速，服务器产品的技术水平和性能都得到了极大的提高。如国内有联想、浪潮和曙光（称为国内服务器市场的“三甲”），其服务器技术水平已比较接近国外著名品牌。在市场占有率方面，在中档市场上已接近甚至超过国外品牌。所以，现在选购服务器并不一定要求非国外品牌不选，就像现在我们平常选购家电一样。国内品牌服务器同样具有非常高的技术水平和性能，而且采用的是本土化服务，更加贴近实际需求，服务也可能更到位。

在国内市场中，目前除了联想、浪潮和曙光三甲的产品外，还有像方正、宝德、网新易得等都是不错的品牌，在国内市场上占有率较高。

5.3 交换机和无线 AP 的选型

之所以把交换机与无线 AP 放在一起介绍，是因为两者在不同网络中的功能类似，都是把工作站集中连接起来。但 AP 的功能其实只是与有线集线器类似，因为都是共享介质的。

5.3.1 交换机的综合选型考虑

交换机选型方面的考虑也是比较多的，如交换机类型、端口数、端口类型、是否支持堆栈和网管等方面，而且这些方面都在一定程度上决定了交换机的性能和价格。

- 交换机类型的选型考虑

这里所说的交换机类型是指交换机在 OSI/RM 中的工作层次，如二层交换机、三层交换机、四层交换机和七层交换机。目前选择最多的是三层交换机，目前的新品交换机也基本上是三层交换机。即使是原来只支持二层的 Cisco CatOS 以太网交换机，通过多功能交换卡（MFSC）同样可以实现三层功能，因为现在三层应用太普遍了。因为纯二层交换机只有访问端口（Access Port），而没有可路由端口（Routed Port），也不支持基于协议或 IP 地址的 VLAN 配置，更没有基于策略的 QoS 服务。

对于核心层和汇聚层交换机，都建议选择三层交换机，对于小型网络的接入层可以考虑选择纯二层交换机。如果要有基于四层流量控制之类的 QoS 应用，则要选择四层交换机，如果有基于应用层（如担当各种应用服务器）的功能配置，则又要选择七层交换机。

- 端口数的选型考虑

我们知道交换机是有线局域网中最关键网络设备之一，集中连接所有网络设备，包括服务器、工作站、网络打印机等。正因为如此，交换机与目前已彻底淘汰的集线器产品一样，具有多个网络端口，少则 4～5 个，多则可达 48 个之多，而且同类端口数相当多。如图 5-17 和图 5-18 所示分别是两款具有 12 口和 48 口的交换机。

图 5-17　12 口交换机

图 5-18　48 口交换机

交换机端口数多少的选择不仅要考虑网络中需要连接的用户数多少，还要考虑单端口的成本和交换机所处的位置。一般来说，端口数越多，单端口成本越低，但也不是说越多越好，通常建议控制在 48 端口之内。而且越是上层的交换机，端口可以越少，越下层的交换机，端口可以越多。一方面是因为上层交换机通常需要较高性能，端口速率较高（如 10Gb/s、10000Mb/s），而实际网络中需要这样速率的设备并不是很多。另一方面，太多这样的高带宽端口不仅会造成浪费，同时还会大大增加成本。一般固定端口的核心层或骨干层交换机选择 24 端口以内 12 端口以上的为宜，而汇聚层和边缘层交换机则可以选择最多 48 端口的交换机，通常也是 24 端口的。当然端口数还要区分具体类型的端口，这一点将在后面介绍。在模块式交换机上端口数则是可变的，可以随着企业网络规模的发展而扩展，企业级的交换机通常都是模块式的，一般可以扩展到百个以上的不同类型端口，只需插入相应的交换模块即可。

- 端口类型的选型考虑

交换机端口与网卡一样，也有许多种不同类型，以支持不同的网络技术和传输介质。普通的以太网交换机都是采用 RJ-45 接口的双绞线，而且最高可以支持 1000Mb/s；而有些高档的交换机为了获得高性能，采用了光纤作为传输介质，这就需要提供适合相应类型光纤的网络接口。如图 5-19 所示是一款 16 口 SX 单模光纤接口交换机，而图 5-20 所示是一款具有 8 个多模 SC 光纤端口的光纤交换机。

具体需要多少个光纤端口也要视具体网络规模、应用需求和所处位置而定。通常对于大中型网络，则在核心层或骨干层交换机中应该提供多一些的光纤端口，通常在 4 个以上（一方面用于连接实际需要采用光纤连接的用户和核心设备，另一方面也用于冗余）。有些采用光纤作为传输介质比较多的网络中，采用了全光纤端口的交换机，当然这类交换机的端口数通常是在 12 端口以内，因为多光纤端口的交换机价格非常昂贵。而处于汇聚层和边缘层的交换机则通常只需 2 个左右的光纤端口即可。至于是采用单模光纤接口，还是采用多模光纤接口，则要根据所连接的下级设备的传输性能需求和投资成本预算而定，多模的性能好，但价格贵，一般在企业局域网中是采用单模 SX 接口。

图 5-19　16 口单模光纤接口交换机

图 5-20　8 口多模光纤端口交换机

- 端口带宽的选型考虑

端口带宽是一个交换机的最基本技术指标，反映了交换机的网络连接性能。随着以太网技术的发展，交换机的端口带宽也随之发展。目前普通的二层交换机端口都是 10/100Mb/s、100Mb/s，对于那些三层或以上的骨干交换机则基本上都提供双绞线或光纤千兆速率端口，还有一些最新的高档核心交换机则采用了最新的 10G 以太网技术，提供了 10Gb/s 光纤端口。

至于交换机端口带宽的选择主要根据所选购的交换机的应用位置和网络环境，对于小型企业网络，所有交换机都可以选择普通的 10/100Mb/s 二层以太网交换机。对于中型或以上网络，处于骨干层以下的交换机仍可以选择普通的 10/100Mb/s 二层以太网交换机，而对于骨干层和核心层交换机则要根据网络规模大小和网络应用复杂程度来选择，一般采用支持普通双绞线千兆位以太网的即可；网络规模较大或网络应用较复杂的则可以选择支持光纤的千兆位以太网交换机。对于一些行业用户（如电信、金融、证券等）甚至可以选择最新支持 10G（万兆）以太网的光纤交换机。

- 性能档次的选型考虑

交换机与服务器一样，也有档次之分，而且划分的类型也基本一样，从低到高依次为：桌面级交换机、工作组级交换机、部门级交换机、企业级交换机，当然档次越高价格越贵。桌面级交换机通常只是作为网络中最低层的交换机，直接连接终端用户，通常是低档的二层交换机。因为具有的性能比较低、所提供的端口数也非常少，所以一般只适用于小型办公室、SOHO 网络选择使用。

在一般的小企业中，担当核心交换机的也是工作组级交换机，仅具有一般的二层交换机性能，只有最多两个层次，二级交换机采用的多数是桌面级交换机。在这样一个交换机连接的局域网中，当然是最简单的，也是性能最低的，不具有网管功能。交换机的级联也是通过普通的交换端口进行的，无专门的级联端口（Uplink），更不用说堆栈了。

在中型或以上企业网络中，或者在有复杂应用的网络中，担当核心层或骨干层交换机的通常是部门级或企业级交换机。这类交换机通常是三层或以上交换机，具有网管、堆栈、

VLAN、路由功能和模块结构，其交换性能也得到了极大的加强，方便用户使用、管理和扩展。在三层交换机中通常对千兆位以太网技术提供支持，至少提供一个 1000Mb/s 双绞线 RJ-45 或光纤接口，以便与域控制器或其他应用服务器（如数据库服务器、邮件服务器、视频点播服务器等）进行高带宽连接。

● 可扩展性能的选型考虑

局域网交换机的可扩展性是选择局域网交换机时要重要考虑的一个问题，特别是对于那些骨干层或核心层交换机。但要注意的是，可扩展性好并非仅仅是产品拥有很多端口数量，而是交换机随着网络规模的扩大或者应用的添加，端口数量、类型和带宽的扩展能力。

交换机的扩展能力可以通过两种方式来提高，即：堆栈和模块化。通过堆栈，不仅可以成倍地提高交换端口数量，而且还可以实现端口的实际可使用带宽提高，因为堆栈后的多台交换机可以像一台交换机那样一起使用和管理总的背板带宽。但并不是所有的交换机都支持堆栈，只有具备堆栈模块的交换机才具有堆栈能力，而且每台可堆栈交换机又有一个最大可堆栈数限制，在选购时要询问清楚。

至于模块化，则是交换机为了将来应用的扩展来专门推出的一种技术，这在其他设备中也有。模块化的交换机在需要提高端口数、需要提供其他类型的网络接口时非常有用。通过在模块插槽中插入模块结构卡即可实现上述功能。如原来为 24 端口的，通过扩展模块可实现更多端口，还可能原来的交换机只支持 10/100Mb/s 双绞线快速以太网，但现在需要支持光纤千兆位以太网，此时模块化方案就可以实现这一要求。当然这也不是所有交换机都具有的，一般是中高档交换机才有。

● 背板带宽的选型考虑

交换机拥有一条很高带宽的背部总线和内部交换矩阵，这个背板总线带宽（俗称“背板带宽”）相对于每个端口带宽来说要高出很多，通常交换机背板带宽是交换机每个端口带宽的几十倍，但不一定是所有端口带宽的总和。背板带宽的单位也是每秒通过的数据包个数（pps），表示交换机接口处理器或接口卡和数据总线间所能吞吐的最大数据量。一台交换机的背板带宽越高，所能处理数据的能力就越强，但同时成本也将会越高。一般普通的交换机背板带宽只有几个 Gb/s，而高档交换机的背板带宽可达几百甚至上千个 Gb/s。

● 数据转发方式的选型考虑

交换机的数据包转发方式主要分为“直通式转发”（现为准直通式转发）和“存储式转发”。由于不同的转发方式适用于不同的网络环境，因此，应当根据自己的需要作出相应的选择。直通式由于只检查数据包的包头，不需要存储，所以切入方式具有延迟小、交换速度快的优点。

存储转发方式在数据处理时延时大，但它可以对进入交换机的数据包进行错误检测，并且能支持不同速度的输入/输出端口间的交换，有效地改善了网络性能。同时这种交换方式支持不同速度端口间的转换，保持高速端口和低速端口间协同工作。

低端交换机通常只拥有一种转发模式，或者是存储转发模式，或者是直通模式，往往只有中高端产品才兼具两种转发模式，并具有智能转换功能，可根据通信状况自动切换转发模式。通常情况下，如果网络对数据的传输速率要求不是太高，可选择存储转发式交换机；如果网络对数据的传输速率要求较高，可选择直通转发式交换机。

● 功能配置的选型考虑

交换机的功能非常多，不要把它仅看成具有设备连接的设备，当然不同层次、不同级别的交换机所具有的功能不完全一样。纯二层交换机目前比较少见了，所提供的功能一般仅限于基本的端口配置、基于端口的 VLAN 配置、交换机堆叠配置、端口绑定配置、端口镜像配置、管理 IP 地址的配置等；而三层交换机的功能非常丰富，不仅可以具有二层交换机的那些功能，还具有像基于通信协议、IP 地址、策略的 VLAN 配置，交换机集群配置，以太网通道配置，

DNS、DHCP 服务器配置，ACL 访问控制策略的配置，三层静态和动态路由配置，IEEE 802.1x 安全认证配置，QoS 策略配置等。具体要根据自己企业的网络应用或网络安全需求来选择。有关这些技术的详细情况参见笔者编写的《Cisco/H3C 交换机配置与管理完全手册》一书。

QoS 服务在一些新的网络应用中非常重要，可以在网络出现拥塞时确保高优先级的流量优先获得带宽。交换机首先需要对进入交换机的流量根据预先设定的策略进行分类，将分类后的流量放进输出端口上的优先级队列进行排队。在实际应用中，通常把最高优先级队列分配给 VoIP 或电视会议等对延迟要求很高的应用；把次高优先级队列分配给 VOD 等视频业务；把第三优先级队列分配给重要的数据应用；把最低优先级用于网络中所有其他的数据。通过设定各个队列的深度来保证在链路出现拥塞时不同类别的流量可以获得其所需的最低带宽。因此，为了满足实际网络环境对服务质量的保证，交换机必须在各个网络端口上提供足够数量的硬件优先级队列。那些只提供 2～3 个优先级队列的交换机是很难满足用户网络的服务质量需要的。

完善的队列调度算法是不同优先级队列中的数据获得所需服务质量的保证。队列调度算法包括先进先出队列（FIFO）、轮转算法（Round Robin）、加权算法（Weighted Round Robin，WRR）和加权公平队列（Weighted Fair Queue，WFQ）。在这些算法中，以 WFQ 的实现最复杂、效果最好。因此，用户应当采用支持硬件 WFQ 的交换机来实现服务质量保证。

- 网管功能的选型考虑

交换机的复杂性就体现在网管功能上，而不像普通的二层交换机那样接上去就可以用，它是需要根据实际应用来进行较复杂的配置的。识别一个交换机是否具有网管功能的最直接方法就是看交换机是否具有提供网管配置的串行端口（有的是插孔式的母头，有的是插针式的公头），如图 5-21 所示。是否需要支持网管也不能一概而论，一般核心层和骨干层、汇聚层交换机最好支持网管功能，以便管理员维护，而边缘层交换机则通常无需支持网管功能。当然如果在网络中安装部署有大型的网管系统，则最好全部选择支持 SNMP 协议的网管型交换机，这样管理员就可以通过网管系统全面有效地监控网络中的所有交换机和所连接的用户设备，这在大型网络中是非常必要的。但要注意的一点是，现在纯二层交换机都是有管理 IP 地址的（都有专门的管理接口），不是非要三层交换机才具有管理 IP 地址。

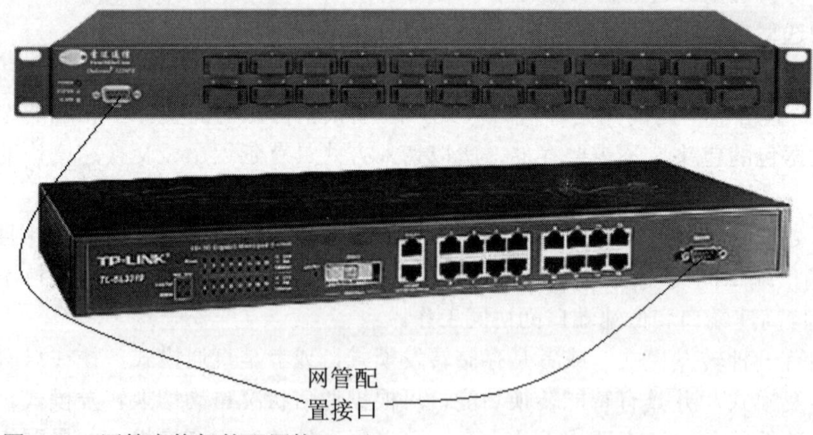

图 5-21　网管交换机的配置接口

- 堆栈功能的选型考虑

除了网管功能外，在一些三层交换机中（有些二层交换机也有此功能）还具有堆栈功能，就是把几个具有堆栈功能的交换机堆在一起连接，当作一个交换机使用，不仅可以提高交换机的端口数，更主要是可以提高每个交换机端口的实际有效带宽，因为堆栈后的交换机背板带宽是整个堆栈交换机的背板带宽总和，而实际上同时进行通信的端口不可能是全部端口总数。具体的堆栈技术将在本章后面介绍。堆栈的方式如图 5-22 所示，它是需要用厂商提供的专门电缆进行连接的，而不是普通的双绞网线。要说明的是，并不是所有交换机都支持堆栈技术（一般只有中低档的才支持），在选择交换机之前就要充分考虑这一点，而且一般是在汇聚层或接入层采用交换机堆叠技术。

图 5-22　堆栈连接的交换机

- 品牌的选型考虑

交换机品牌也非常多，比较著名的品牌有 Cisco、H3C、华为、锐捷、D-LINK、TP-LINK 等。与其他任何产品一样，越是大的品牌，同档次产品的价格就越贵，但同时性能和售后服务也可能越好。对于具体选择哪家公司的产品没有硬性规定，这要根据具体的网络规模、网络应用和投资预算而定。但一般建议同一层的交换机选择同一品牌的产品，这样可以做到最大限度地兼容。另外，对于核心层和骨干层交换机建议选择大品牌（如 Cisco、H3C）的产品，边缘层的交换机选择比较随意，当然也不能随便选择一些杂牌，至少应选择国内的二线品牌，如 TP-LINK、D-LINK 等。但总体来说，在一个网络中要尽量用同一个品牌，最多 2～3 个品牌，不要任意选择。

5.3.2　无线 AP 的综合选型考虑

随着 IEEE 802.11n 标准的出台，整个 WLAN 领域的应用得到前所未有的推进，但据透露，IEEE 802.111n 标准还仅是 WLAN 发生质的飞跃的第一步，IEEE 并没有将目光仅放在 802.11n 上，很可能在近几年再次出现像它这样在接入速率和连接性能方面的质的飞跃。据透露，目前 IEEE 组织已经有两个小组正在研究 1Gb/s 的无线局域网规范，计划在 2012 年发布达到千兆级的 IEEE 802.11ac（采用 60GHz 以下频段，用于中短距离无线通信）和 802.11ad（采用 60GHz 频段，用于家庭娱乐）。到那时，可能 WLAN 的应用将在许多领域全面取代现有的有线以太网。现在新出的 WLAN 设备基本上都是支持 IEEE 802.11n 标准的，包括最新的笔记本电脑。

在无线 AP 选型上，主要考虑所支持的无线局域网技术标准、有效距离，以及安全保护技术等。AP 的选择其实与前面介绍的 WLAN 网卡的选择考虑是一样的，新的 IEEE 802.11n 标准的 WLAN AP 有一个明显特征，那就是它有两根（以后可能还有 3 根甚至 4 根）天线，因为它要支持 MIMO 技术。如图 5-23 左图所示的是一款支持双路天线系统的 IEEE 802.11n 标准的 AP 产品，而右图所示是一款以前标准的 AP 产品（只有一根天线）。

在安全方面，目前的 WLAN 新品都是支持 WPA、WPA2、IEEE 802.1x 等安全技术的，而不再是像以前的 WEP 加密技术那么简单。据悉新的 WLAN 安全标准 IEEE 802.11w 标准也在开发之中，专门针对 IEEE 802.11n 及以后的 IEEE 802.11ac 和 IEEE 802.11ad 接入标准进行 WLAN 安全保护措施的改进。对于 WPA 和 WPA2 都有针对 SOHO 用户和企业用户两种版本，SOHO 用户分别为 WPA-PSK 和 WPA2-PSK，企业用户则没有后面的“-PSK”。SOHO 级的 AP 在进行安全认证时是直接在 AP 上进行的，而企业级的 AP 安全认证是通过专门的 RADIUS（Remote Authentication Dial In User Service，远程身份认证拨入用户服务）服务器进行的，需要部署专门的远程访问服务器。这方面的安全技术及应用配置方法将在第二篇有专门的介绍。

在有多个无线 AP 的网络环境中，无线 AP 可以通过有线交换机集中连接在一起，也可以通过无线网桥连接在一起。在单一无线 AP 的网络环境中，如家庭用户、SOHO 办公用户和小型办公室用户等，它通常是与有线宽带路由器连接，实现共享上网的，如图 5-24 所示。

图 5-23　IEEE 802.11n 和以前标准的 WLAN AP

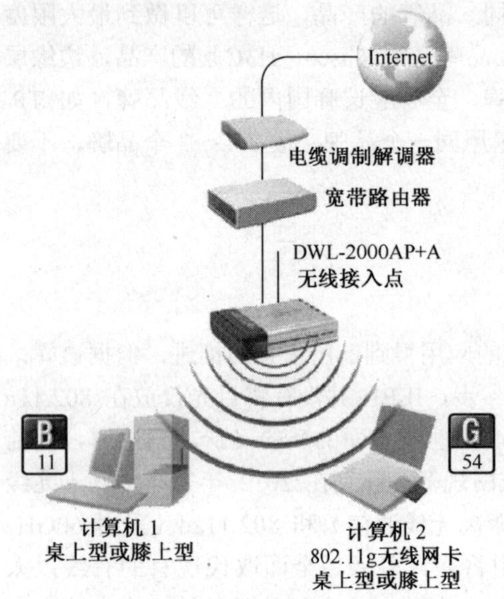

图 5-24　单一无线 AP 的网络应用结构

在无线 AP 产品品牌上，比较著名的同样有 Cisco、H3C、D-LINK、NETGEAR（网件）、SMC、Linksys、TP-LINK、BENQ（明基）等，国内用户普遍认可的是 NETGEAR、D-LINK、TP-LINK 这 3 个品牌。

5.4　路由器的选型

路由器工作在 OSI 参考模型的网络层，用于网络间的相互连接，而前面介绍的交换机则是同一网络间的网络设备连接设备。正因为如此，路由器一般同时提供至少一个以太局域网端口和广域网接口，分别用于与内、外网的连接。至于端口类型要根据所连接的网络类型而定，如局域网是普通的双绞线以太网，则通常为 RJ-45 接口，如果要采用光纤连接，则可能是单模/多模 SC 光纤接口。在广域网方面，同样有多种选择，如双绞线 RJ-45 接口、光纤接口、ATM 接口、FDDI 接口等。

说到路由器，许多读者朋友会立即想到位于网络边界，用于与其他网络连接的边界路由器。其实随着路由器技术的广泛应用，现在的路由器产品已发生了多样化的变化，不仅有主流的边界路由器，还有用于局域网内部不同网段或子网间的中间节点接入路由器、用于宽带接入连接的宽带路由器，在无线局域网中也有无线宽带路由器。

5.4.1 边界和中间节点路由器的选型

网络间的边界路由器仍是路由器技术和产品市场的主流，企业局域网要与其他网络（互联网除外）进行连接的话，就必须采用边界路由器进行连接。如总公司局域网与子公司、分支办公室、供应商、合作伙公司的局域网连接等。

1. 边界路由器与中间节点路由器

边界路由器一般是与防火墙设备一起与外界网络进行连接的，防火墙作为内外部网络之间的第一个安全关口，而边界路由器则是内外部网络间接入的第一个接入关口，如图 5-25 所示。

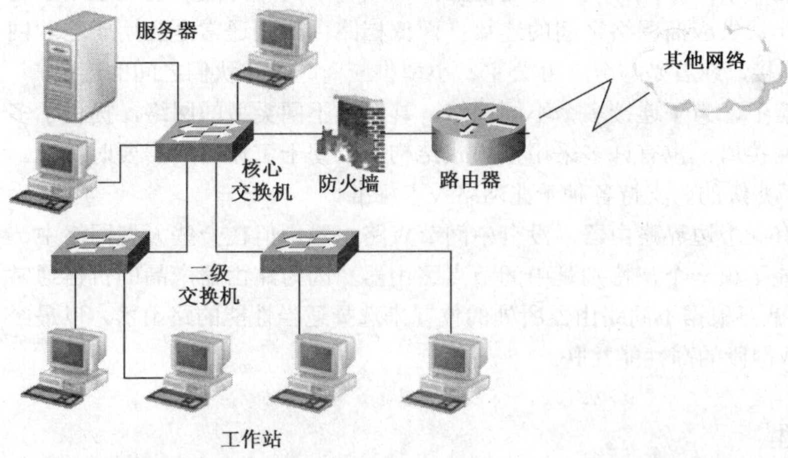

图 5-25 边界路由器的典型应用图示

除了边界路由器外，在一些较大型的网络中，中间节点路由器的应用也非常广泛。它用来连接局域网内部的不同网络或子网，如图 5-26 所示。由于这些网络规模较大（如电信企业、ISP 服务商等），中间节点路由器连接的用户较多，所以中间节点路由器有的还非常高档，远高于边界路由器，而并非多数人认为的边界路由器才是最复杂、最先进的那样。

2. 路由器的选型考虑

随着路由器技术的不断发展，现在边界路由器技术也多种多样，不同历史发展时期又有相应的技术代表。人们把目前的交叉开关式结构路由器称为第五代，在这之前的四代产品分别是：第一代单总线、单/双 CPU 路由器；第二代单总线对称式 CPU 路由器；第三代多总线多 CPU 路由器；第四代共享内存式结构路由器。目前除了第一代的路由器产品很少见外，其余 4 代的路由器产品在市场中都仍在广泛使用，用户在选择时一定要注意。

路由器与其他网络设备一样，也有一个按性能来划分不同档次的标准，那就是按路由器的背板带宽来划分的高、中、低档。通常是将背板交换能力大于 40Gb/s 的路由器称为高档路由器（有的高达几百甚至上千 Gb/s）；背板交换能力在 25Gb/s～40Gb/s 之间的路由器称为中档路由器；低于 25Gb/s 的为低档路由器。

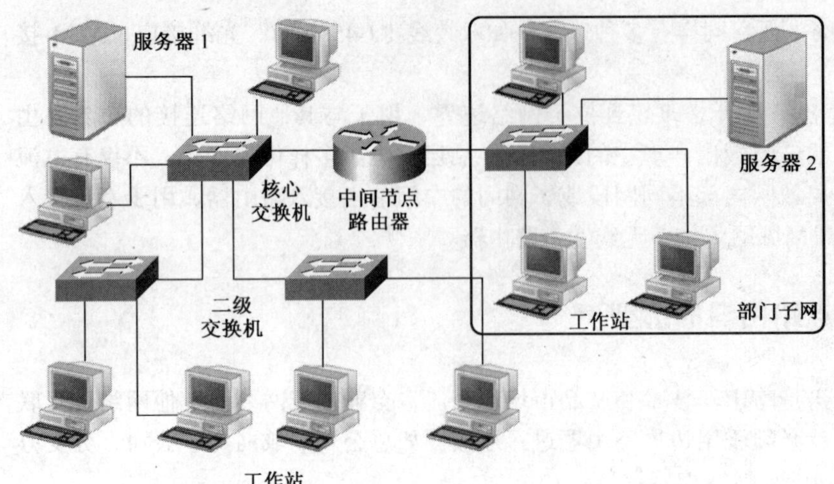

图 5-26　中间节点路由器的典型应用图示

不同档次的路由器其实也决定了相应路由器在网络中应用的位置，如高档路由器通常属于核心级或企业级路由器，主要应用于大型企业网络中心或者用于与其他大型网络的连接，而中档路由器则通常用于大型企业网络内部，担当二级路由器，连接各子网或网段，也可应用于与其他中型分支机构、合作伙伴、供应商网络之间的连接；而低档路由器则通常是应用于企业网络与互联网服务器商之间的连接，或者是与分支办公室、小型供应商、合作伙们之间的连接。

在核心级或企业级路由器中，为了连接多个不同网络，甚至是不同类型的网络，提供了多个不同类型的局域网或广域网接口，也有许多采用模块式结构，以便于工作用户需要时扩充。当然这类路由器接口通常是千兆级的，支持各种千兆网络技术标准。

一般的小型网络可能只有一个边界路由器，没有中间节点路由器，但在一些大型网络中，边界和中间节点路由器都可能不止一个，特别是中间节点路由器。因为路由器产品的价格通常非常贵（在几万元以上），这就要根据不同路由器所处的位置来选择适当性能的路由器，以最经济的方式实现各网络、子网或网段的高性能互联。

5.4.2　宽带路由器的选型

此处所说的“宽带路由器”包括“有线宽带路由器”和“无线宽带路由器”两种。“宽带路由器”顾名思义就是用于互联网宽带连接的。这是近几年才兴起的，特别是无线宽带路由器更是近两年才出现的。宽带路由器一般集成了多种实用的功能，如 DHCP 服务、防火墙、NAT、VPN 或 VPN 透传（Pass-Through）等，有些还集成了打印服务器功能。通过这些集成的功能，可以十分方便地在对等类型共享网络中实现自动 IP 地址分配、NAT 地址转换、防火墙保护和 VPN 透传等，而这些功能都是目前的应用热点，在许多领域均有需求。

1．有线宽带路由器

有线宽带路由器一般除了宽带接入的广域网接口外，通常还提供 4 个用于与局域网工作站用户连接的交换端口，如图 5-27 所示。

有些宽带路由器提供了双或多 WAN 端口，不仅可以实现对多条同一 ISP 接入线路进行汇聚和负载均衡，可以提高宽带路由器的广域网连接速率，还可以实现不同 ISP 线路上的负载均衡。如图 5-28 所示就是一款双 WAN 端口的网吧路由器。由于这类宽带路由器的功能非常简单，性能要求不高，一般来说相对前面介绍的专用路由器来说在价格上要实惠许多，便宜的 SOHO 级宽带路由器在 200 元左右，企业级的网吧型宽带路由器也基本上在 5000 元以内。正因为如此，目前宽带路由器的应用非常广泛，无论是家庭、SOHO 办公，还是企业互联网连接都在选用宽带路由器作为共享上网设备。通过一个宽带路由器就可以使网络中的各用户独立地使用一条互联网接入线路自由上网，而不受其他用户和设备的影响。这一点相对于网关型共享和代理服务器共享来说有着明显的优势。

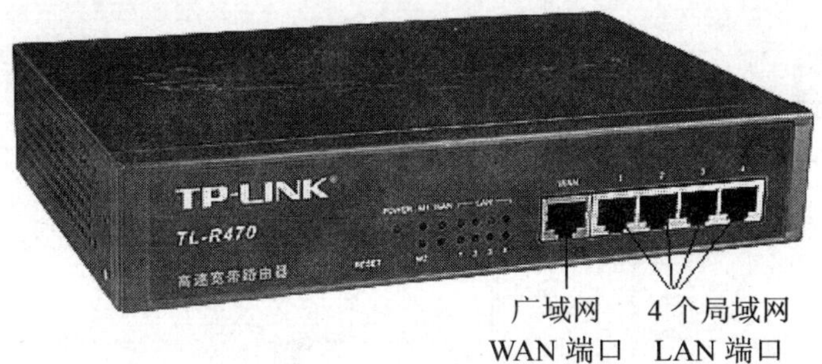

图 5-27　普通宽带路由器

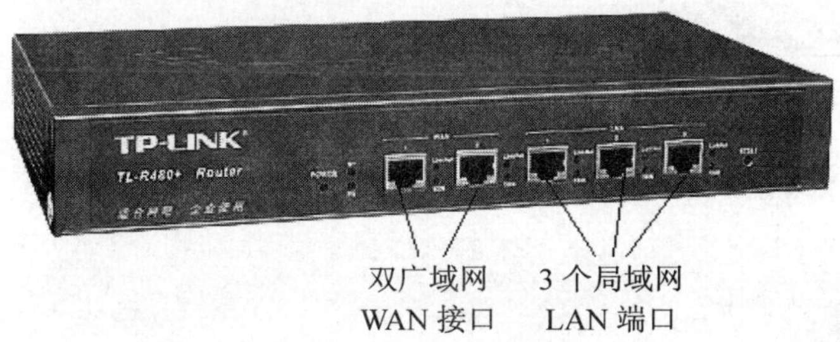

图 5-28　双 WAN 端口网吧宽带路由器

有关网吧级宽带路由器的配置参见本系列丛书的《金牌网管师（助理级）网吧网管》一书。

有线宽带路由器的选型一般要考虑路由器的处理器、内存、缓存、闪存等硬件配置，还要考虑路由器的 WAN 端口数、是否支持端口汇聚。一般来说对于企业用的路由器建议不要选择 SOHO 级的，而要选择网吧级的，这类宽带路由器的 CPU 一般选择 Intel Xscale 芯片技术，主频在 533MHz 以上，最好不要再选择 ARM9、MIPS 系列 SOHO 级处理器。内存容量一般选择 32MB 以上的，缓存、闪存建议都选择 32KB 以上的。另外，对于宽带路由器的 WAN、LAN 端口不要再选择仅支持 10Mb/s 速率的 RJ-45 端口，尽管目前 10Mb/s 仍基本上是最高的 WAN 接入速率，但相信不久的将来 100Mb/s 的 WAN 接入肯定会得到普及。

在有线宽带路由器品牌方面，目前主要有 Cisco、华为、3COM、D-LINK、TP-LINK、锐捷、NetCore（磊科）、欣向、中怡数宽等，其中欣向、TP-LINK、锐捷等几家在多 WAN 宽带路由器方面实力较强，当然是否选择多 WAN 端口要根据自己企业的实际需要而定，如果企业网络中没有多条 WAN 线路或者没有必要汇聚多条 WAN 线路以提供高出口带宽，则不必选择多 WAN 端口路由器。

2. 无线宽带路由器的选型考虑

无线宽带路由器其实与有线宽带路由器差不多。对于无线宽带路由器（如图 5-29 所示）来说，用户的连接就相对简单，而且在数量扩展上也较有线宽带路由器方便，因为它不仅有 4 个有线交换端口，而且还可以通过无线方式连接多个无线共享上网用户（一般的无线路由器都集成了无线 AP 功能），网络连接如图 5-30 所示。当然对于有线共享上网的用户超过 4 个的情况还要先用有线交换机集中连接，而且有些无线宽带路由器并不提供 4 个交换端口，而是一个，它是用来与有线网络连接的。

图 5-29　无线宽带路由器

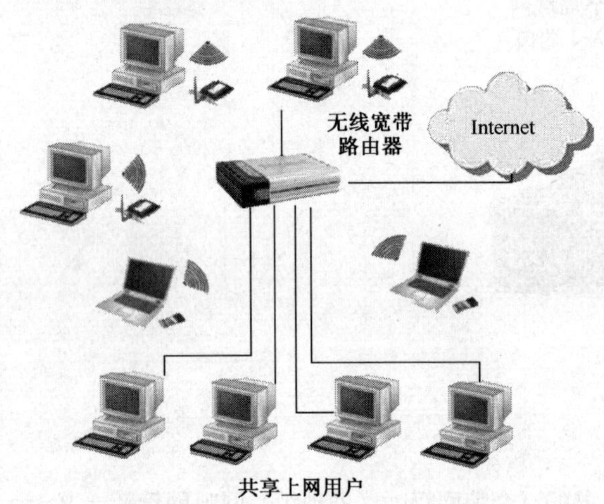

图 5-30　无线宽带路由器共享上网用户连接图示

如果无线宽带路由器没有集成无线 AP 功能，则不能像图 5-30 所示那样连接，因为它不具有无线连接功能，此时需要先用无线 AP 连接无线用户，再通过有线方式把无线 AP 和无线宽带路由器连接起来。在无线宽带路由器选型方面，与其他所有 WLAN 设备的选型一样，最关键的一点考虑就是所支持的 WLAN 标准，目前当然是首选支持 300Mb/s 的 IEEE 802.11n 标准的路由器，当然现有的 IEEE 802.11g 标准宽带路由器在满足了应用需求前提下仍是可用的。

在无线宽带路由器品牌方面，与有线宽带路由器的主要品牌差不多，但也有一些仅在无线路由器领域具有特别的优势，如 NetGear（网件）、3COM 和 SMC 等，其他方面的考虑与有线的一样。另外，现在的宽带路由器通常还具备像基本的防火墙、DHCP、VPN 透传、DMZ（非军事区）等附加功能，在选择时最好选择功能比较全面的。特别是要部署 VPN 网络连接的用户，尽管宽带路由器一般都不提供 VPN 连接功能，但是它可以提供 VPN 透传（“透明传输”，也就是不受任何影响的意思）功能，让 VPN 数据包通过路由器，而不会受到任何影响，否则到真正要部署 VPN 连接时，您的宽带路由器就不能用了。

5.4.3　企业级路由器的综合选型考虑

路由器因为它的价格昂贵，且配置复杂，所以绝大多数用户对路由器的选购显得非常茫然，大多数系统管理员对此也都是一无所知。为此我在这里就路由器的选购方面作一个简单的说明，希望对朋友们能有所帮助。路由器的选购主要从以下几个方面加以考虑：

- 通信协议的选型考虑

路由器是用来连接不同网络的，这里连接的不同网络可能采用的是同一种通信协议，也可能采用的是不同的通信协议。这就要在选购路由器时进行充分考虑。如果路由器不支持一方的协议，那就无法实现它在网络之间的路由功能，为此在选购路由器时就要注意所选路由器所能支持的网络路由协议有哪些，特别是在广域网中的路由器。因为广域网路由协议非常多，网络也相当复杂，如目前电信局提供的广域网线路主要有 X.25、FR（帧中继）、DDN 等多种。但是对于用于局域网之间的路由器来说相对就较为简单些，因此选购的路由器要考虑路由器目前及将来的企业实际需求，以决定所选路由器要支持何种协议。

- 路由协议的选型考虑

路由协议是指动态路由协议。在绝大多数企业网络中，路由器的路由协议的支持都可以满足企业需求，如 RIP、OSPF、BGP、IS-IS、IGRP 等，所以这方面只需要查看相应路由器的用户手册即可了解，根据需要选择即可。

- 背板能力的选型考虑

背板能力通常是指路由器背板容量或总线带宽能力（通常中档路由器的包转发能力均应在 1Mp/s（Million Packet Per Second，每秒百万包数）以上），这个性能对于保证整个网络之间的连接速度是非常重要的。如果所连接的两个网络速率都较快，而由于路由器的带宽限制，这将直接影响整个网络之间的通信速度。一般来说如果是连接两个较大的网络，网络流量较大时应格外注意一下路由器的背板容量，但是如果在小型企业网之间一般来说这个参数也是不用特别在意的，因为一般来说路由器在这方面都能满足小型企业网之间的通信带宽要求。但要注意，背板能力只能在设计中体现，一般无法测试。

- 丢包率的选型考虑

路由器作为数据转发的网络设备就存在一个丢包率的概念。丢包率就是在一定的数据流量下路由器不能正确进行数据转发的数据包在总的数据包中所占的比例。丢包率的大小会影响到路由器线路的实际工作速度，严重时甚至会使线路中断，通常正常工作所需的路由器丢包率应小于 1%。小型企业一般来说网络流量不会很大，所以出现丢包现象的机会也很小，在此方面小型企业不必作太多考虑，而且一般来说路由器在此方面都还是可以接受的。但如果网络规模比较大，网络中的中心路由器就可能需要充分考虑这一指标。

- 转发延时的选型考虑

路由器的转发延时是从需转发的数据包最后一比特进入路由器端口到该数据包第一比特出现在端口链路上的时间间隔，当然是越短越好（以毫秒（ms）计）。时延与数据包长度和链路速率都有关，通常在路由器端口吞吐量范围内测试。时延对网络性能影响较大，作为高速路由器，在最差情况下，要求对 1518 字节及以下的 IP 包时延均都小于 1ms。

- 路由表容量的选型考虑

路由表容量是指路由器运行中可以容纳的路由数量。一般来说越是高档的路由器路由表容量越大，因为它可能要面对非常庞大的网络。这一参数是与路由器自身所带的缓存大小有关，一般而言，高速路由器应该能够支持至少 25 万条路由，平均每个目的地址至少提供 2 条路径，系统必须支持至少 25 个 BGP（Border Gateway Protocol，边界网关协议）对等和至少 50 个 IGP（Internal Gateway Protocol）邻居。一般的选型考虑的路由器也不需要太注重这一参数，因为一般来说都能满足网络需求。

- 扩展能力的选型考虑

扩展性是考察路由器产品性能的一个关键点。随着计算机网络应用的逐渐增加，现有的网络规模有可能不能满足实际需要，会产生扩大网络规模的要求，因此扩展能力是一个网络在设计和建设过程中必须要考虑的。网络规模的扩展对于路由器扩展方面的影响主要体现在路由器的子网连接能力上。当然用户数的支持也是路由扩展能力方面的一个重要体现。还有一个就是企业与外部网络的连接上。由于各种原因限制，对方网络可能采用一些与当前路由器所支持的广域网连接方式不同的连接方式，这就要求路由器具有灵活的连接类型支持能力，通过扩展模块实现多种不同连接方式的支持。

● 可靠性的选型考虑

可靠性是指路由器的可用性、无故障工作时间和故障恢复时间等指标，当然这一指标只能凭开发商自己鼓吹了，新买的路由器暂时无法验证。不过这可以从选购信誉较好、技术先进的品牌上加以保障。

● 安全性的选型考虑

现在网络安全也越来越受到用户的高度重视，无论是个人还是单位用户。路由器作为单位内部网和外部进行连接的设备，能否提供高要求的安全保障极其重要。目前许多厂家的路由器可以设置访问权限列表，达到控制哪些数据可以进出路由器，实现防火墙的功能，防止非法用户的入侵。另外一个就是路由器的 NAT（网络地址转换）功能，使用路由器的这种功能，就能够屏蔽公司内部局域网的网络地址，利用地址转换功能统一转换成电信局提供的广域网地址，这样网络上的外部用户就无法了解到公司内部网的网络地址，进一步防止了非法用户的入侵。

● 管理方式的选型考虑

路由器最基本的管理方式是利用终端（如 Windows 系统所提供的“超级终端”）通过专用配置电缆连接到路由器的 Console 端口（控制端口，可能是串口，也可能是 RJ-45 以太网口）直接进行的。因为新购买的路由器配置文件是空的，所以用户购买路由器以后一般都是先使用此方式对路由器进行本地基本配置。但有时利用本地配置方式存在诸多不便，这时就可以用其他远程配置方式来进行配置。如 Web 方式、Telnet 终端方式、TFTP 方式等，最好能提供多种管理方式，以供灵活选择。

● 网管能力的选型考虑

在大型网络中，由于路由器有非常关键和重要的控制任务，因此随着网络规模的不断增大，其网络的维护和管理负担就越来越重，所以在路由器这一层上支持标准的网管系统尤为重要。不过，一般的路由器厂商都会提供一些与之配套的网络管理系统软件，有些还支持标准的 SNMP 管理系统进行集中管理。当在选择路由器时，务必要关注网络系统的监管和配置能力是否强大，设备是否可以提供统计信息和深层故障检测的诊断功能等。

5.5 防火墙的选型

通常所说的“防火墙”是指位于网络连接边界的边界防火墙，是内外部网络间的第一道安全关口，网络结构参见图 5-25。如图 5-31 所示是一款边界防火墙，一般的防火墙都提供两个以内的 WAN 端口、4 个左右的 LAN 端口。当然它也有百兆、千兆之分，还有双绞线和光纤传输介质之分。它的主要作用就是通过不同的过滤规则或安全防护策略保护内部网络不受外部网络的攻击。但它不能防止病毒的入侵，病毒入侵的防止是通过病毒防护软件进行的。

图 5-31　一款边界防火墙

5.5.1 防火墙的选型

防火墙相对前面介绍的交换机、路由器来说，在选型方面的考虑要简单些，主要考虑是选择软件防火墙还是硬件防火墙，以及防火墙的少数几种包过滤类型、防火墙产品的品牌和服务等方面。

1. 软硬防火墙的选型考虑

防火墙有软件防火墙和硬件防火墙两种。软件防火墙是安装在计算机平台的软件产品，它通过在操作系统底层工作来实现网络管理和防御功能的优化。硬件防火墙的硬件和软件都单独进行设计，采用专用的网络芯片处理数据包。同时，采用专门的操作系统平台，从而避免通用操作系统的安全性漏洞。所以硬件防火墙无论在性能还是在自身安全性方面都较软件防火墙先进很多。

软件防火墙因为是基于主机方式的，所以通常用于保护单台主机，而硬件防火墙则是基于网络方式的，所以常用于网络的保护。目前还有一种称为“分布式防火墙”，它也有两种不同的类型，有的是纯软件系统的（如安氏分布式防火墙系统），而有些则是软件防火墙系统+硬件防火墙网卡（如 3COM 的分布式防火墙系统）。在这种分布式防火墙系统中，既对关键主机实施保护，也在网络边界处部署防火墙软件系统或者硬件防火墙卡，通过管理中心进行集中的安全策略管理，以达到主机和网络的双重保护。不过，可能由于效果不是很理想，目前这一防火墙技术还没有得到广泛应用。

无论采用哪种安全防护方式，在企业网络边界上，部署硬件边界防火墙是必不可少的，即使在分布式防火墙系统中，在网络边界部署的同样是硬件防火墙。

2. 防火墙类型的选型考虑

在防火墙的选型问题上，关键是要明确选择采用哪种防火墙技术的防火墙。目前市场中的防火墙根据所采用的主要过滤技术可分为包过滤型防火墙、应用代理型防火墙和状态包过滤型防火墙 3 种。

包过滤型防火墙目前在广大中小企业中应用最广，主要是它的价格比较便宜，而且性能也相当不错。它的安全性不足之处在这类企业中也表现得不是很明显。包过滤（Packet Filter）最先应用在路由器上，并且大多数商用路由器都提供了包过滤的功能。包过滤是在通信协议的网络层上对符合事先设定的安全规则定义的 IP 包进行包过滤，IP 包过滤规则包括：源 IP 地址、目的 IP 地址、TCP/UDP 源端口及 TCP/UDP 目的端口等，凡不符合事先设定的安全规则定义的 IP 包进行排除，并按照设定的策略对 IP 包进行统计和日志记录。因为包过滤防火墙工作在 IP 层和 TCP 层，所以处理包的速度要比下面的应用代理型防火墙快，而且提供透明的服务，用户不用改变客户端程序，这是它的优点。但因为只涉及 TCP 层，所以与代理服务型防火墙相比，它提供的安全级别很低；而且不支持用户认证，包中只有来自哪台机器的信息却不包含来自哪个用户的信息；也不提供日志功能。这些缺点在选购时一定要仔细权衡，以确定是否符合本企业网络的安全管理需求。

在应用代理型防火墙中，应用代理服务运行于内部网络与外部网络之间的主机上。当用户需要访问应用代理型防火墙另一侧的主机时，对符合安全规则的连接，应用代理型防火墙会代替主机进行响应，并重新向主机发出一个相同的请求。代理系统工作在 OSI 参考模型的最高层——应用层，对于用户而言，感觉是直接与外部网络相连接的。应用代理型防火墙相对于包过滤防火墙来说具有比较明显的优点：它对内部网络用户是透明的，而外部网络无法了解内部网络的拓扑，所以就逻辑拓扑而言，代理服务型防火墙要比包过滤型更安全；代理服务型防火墙可以配置成唯一的可被外部看见的主机，以保护内部主机免受外部攻击；还可以强制执行用户认证；代理工作在客户机和真实服务器之间完全控制会话，所以能提供较详细的审计日志，所以总的来说，应用代理型防火墙所提供的安全级别高于包过滤型防火墙。它的一个明显缺点就是速度比包过滤型防火墙慢。

应用代理型防火墙目前是最为主流的防火墙技术，也是应用最广的一种防火墙类型，特别是在一些中型或以上网络中。它有非常全面的安全防护技术和措施，可以为企业网络提供全方位的安全防护和管理，但价格比包过滤型防火墙要贵很多。

状态包过滤型防火墙是为了克服包过滤型防火墙明显的安全不足而开发的。它在包过滤技术的基础上，通过基于上下文的动态包过滤模块检查增强了安全性检查，不再只是分别对每个进来的包简单地就地址进行检查。对新建的应用连接，状态检测检查预先设定的安全规则，允许符合规则的连接通过，并在内存中记录下该连接的相关信息，生成状态表。对该连接的后续数据包，只要符合状态表，就可以通过。这一类型的防火墙的优点在于：传输效率和安全性得到进一步提高。而且目前有些状态包过滤型防火墙还具备了部分应用代理型防火墙的应用代理功能，可以代理如 HTTP、FTP、SMTP、POP3、Telnet 和 Socks4/Socks5 等常用协议。这样一来，这种防火墙就属于混合类型的防火墙，具有包过滤和应用代理两种技术的优势。

目前这种类型的防火墙尚处于发展之中，也只是在一些较大型企业或者应用较复杂的互联网应用中采用，如 Web 服务器、数据库应用和电子商务应用等。另外，也有专门的无线防火墙，当然是为了应用于无线局域网中，不过目前这一设备还没有得到广泛应用。

最后要说明的是，防火墙不仅可以应用在网络边界中，在网络内部同样可以为一些关键部门部署防火墙系统，这就是俗称的“内部防火墙”，但目前比较少用。

5.5.2 防火墙的综合选型考虑

其实防火墙的选购与其他网络设备的选购差不多，主要是考虑品牌和性能。关于品牌，有名的大家或许都早已知道一些，但是对于技术和性能，不同品牌、不同型号差别较大，是整个防火墙选购注意事项中的关键所在。下面所要介绍的选购注意事项主要是从防火墙的技术和性能角度来考虑。

- 防火墙类型的选型考虑

防火墙的产品分类标准较多，本书介绍的主要是硬件防火墙，而且只考虑传统边界防火墙。在边界防火墙中，如果从硬件结构来看，基本上有两大类：路由器集成式防火墙和硬件独立式防火墙。前者是在边界路由器基础上辅以软件，添加一些包过滤功能，通常称为包过滤防火墙，如 Cisco IOS 防火墙等；而独立式硬件防火墙通常是基于应用级网关、自动代理等较先进的过滤技术，各种过滤技术有不同的优点和适用环境，要注意选择。

另外，防火墙所用的系统也非常关键，它关系到防火墙自身的安全性能。目前包过滤型的路由器防火墙是没有单独的操作系统的，而独立式的硬件防火墙有的采用通用操作系统，而有的则采用专门开发的嵌入式操作系统。相比之下，专门开发的操作系统比较安全，因为它所包括的服务比较小，安全漏洞比较少。

- LAN 端口类型和数量的选型考虑

防火墙的接口虽然没有路由器那么复杂，但也因具体的应用环境不同，所用的接口类型也不同。主要表现在内部网络接口类型上，防火墙的 LAN 端口类型要符合应用环境的网络连接需求。主要的 LAN 端口类型有以太网、快速以太网、千兆位以太网、ATM 等主流网络类型。在企业局域网中，通常只需要能支持以太网、快速以太网，新型的防火墙还支持千兆位以太网。注意支持的接口类型越多，价格越贵，因为在防火墙主板中的电路会越复杂。不要一味贪全，网络中当前及将来相当一段时间不可能需要连接的网络类型，则不要选择。

在防火墙 LAN 端口支持方面，还要考虑其最大的 LAN 端口数，如果企业只有一个网络需要保护，则可以选择具有一个 LAN 端口的，而需要组建多宿主主机模式，则需要选择能提供多个 LAN 端口的防火墙（有的提供了高达 4 个或以上的 LAN 端口），以实现保护不同内网的目的。当然接口数越多，价格也越贵。

- 协议支持的选型考虑

防火墙要对各种数据包进行过滤，就必须对相应数据包通信方式提供支持，除了广泛受支持的 TCP/IP 协议外，还有可能需要支持 AppleTalk、DECnet、IPX 及 NETBEUI 等协议，当然这要根据具体的应用环境而定，通常只需支持 TCP/IP 协议即可。如果防火墙要支持 VPN 通信，则一定要选择支持 VPN 隧道协议（PPTP 和 L2TP）、IPSec 安全协议等。

- 访问控制配置的选型考虑

防火墙的访问规则是防火墙的一项重要而又基本的功能。在防火墙中的访问规则列表中，不同的防火墙有不同的配置方式，也就体现了不同防火墙系统的安全策略完善程度。好的防火墙过滤规则应涵盖所有出入防火墙的数据包的处理方法，对于没有明确定义的数据包，也应有一个默认处理方法。同时要求过滤规则应易于理解，易于编辑修改，并具备一致性检测机制，防止各条规则间相互冲突而不起作用。

防火墙能否在应用层提供代理支持也是非常重要的，如 HTTP、FTP、Telnet、SNMP 代理等；在传输层是否可以提供代理支持、是否支持 FTP 文件类型过滤、允许 FTP 命令防止某些类型文件通过防火墙；在应用级代理方面，是否具有应用层高级代理功能，如 HTTP、POP3。

在安全策略上，防火墙应具有相当的灵活性。首先防火墙的过滤语言应该是灵活的，编程对用户是友好的，还应具备若干可能的过滤属性，如源和目的 IP 地址、协议类型、源和目的 TCP/UDP 端口及入出接口等。只有这样用户才能根据实际需求采取灵活的安全策略保护自己企业网络的安全。另外，防火墙除应包含先进的鉴别措施外，还应采用尽量多的先进技术，如包过滤技术、身份识别及验证、信息的保密性保护、信息的完整性校验、系统的访问控制机制、授权管理等技术等，这些都是防火墙安全系统所必须考虑的。

在身份认证支持方面，一般情况下防火墙应具有一个以上的认证方案，如 RADIUS、Kerberos、TACACS/TACACS+、口令方式、数字证书等。防火墙能够为本地或远程用户提供经过认证与授权的对网络资源的访问，防火墙管理员必须决定客户以何种方式通过认证。列出防火墙所能支持的认证标准和 CA 互操作性（厂商可以选择自己的认证方案，但应符合相应的国际标准），以及实现的认证协议是否与其他 CA 产品兼容互通。

- 自身安全性的选型考虑

防火墙本身就是一个用于安全防护的设备，当然其自身的安全性也就显得更加重要了。防火墙的安全性能取决于防火墙是否采用了安全的操作系统和是否采用专用的硬件平台。因为现在第二代防火墙产品通常不再依靠用户的操作系统，而是采用自己单独开发的操作系统。应用系统的安全性能是以防火墙自身操作系统的安全性能为基础的，同时，应用系统自身的安全实现也直接影响到整个系统的安全性。

在硬件配置方面，提高防火墙的可靠性通常是通过提高防火墙部件的强健性、增大设计阈值和增加冗余部件进行的。

- 防御功能的选型考虑

在提供病毒扫描功能的防火墙中，要验证其扫描的文档类型，如是否会对电子邮件附件中的 DOC 和 ZIP 文件、FTP 中的下载或上载文件内容进行扫描，以发现其中包含的危险信息。

验证防火墙是否具有抵御 DoS 攻击的能力。在网络攻击中，拒绝服务攻击是使用频率最高的手段。拒绝服务攻击（DoS）就是攻击者过多地占用共享资源，导致服务器超载或系统资源耗尽，而使其他用户无法享有服务或没有资源可用。防火墙通过控制、检测与报警等机制，应可有效地防止或抵御黑客的 DoS 攻击。

当然除了防火墙要具备这些能力外，还可以对网络系统进行完善，增强网络自身的 DoS 攻击防御能力。拒绝服务攻击可以分为两类：一类是由于操作系统或应用软件在设计或编程上存在缺陷而造成的，这种类型只能通过打补丁的办法来解决，如常见的各种 Windows 系统安全补丁；另一类是由于协议本身存在缺陷而造成的，这种类型的攻击虽然较少，但是造成的危害却非常大。对于第一类问题，防火墙显得有些力不从心，因为系统缺陷与病毒感染不同，没有病毒码作为依据，防火墙常常会作出错误的判断。但防火墙有能力对付第二类攻击。

随着黑客攻击手段的提高，新的入侵手段也已开始普遍，如基于 ActiveX、Java、Cookies、JavaScript 程序的入侵。防火墙应该能够从 HTTP 页面剥离 Java Applet、ActiveX 等小程序及从 Script、PHP 和 ASP 等代码中检测出危险代码或病毒，并向浏览器用户报警。同时，能够过滤用户上载的 CGI、ASP 等程序，当发现危险代码时，向服务器报警。

- 连接性能的选型考虑

因为防火墙位于网络边界，需要对进入网络的所有数据包进行过滤，这就要求防火墙能以最快的速度及时地对所有数据包进行检测，否则就可能造成比较长的延时，甚至死机。这个指标非常重要，体现了防火墙的可用性。如果防火墙对网络造成较大的延时，就是以牺牲性能为代价来换取网络安全，显然这不是当前用户之所想，会给用户造成较大的损失。这一点我们在使用个人防火墙时可能深有感触，有时在打开防火墙时上网速度非常慢，而一旦去掉防火墙速度就上来了，原因就是防火墙在过滤数据包时效率不高。

就防火墙类型来说，包过滤型速度最快，对原有网络性能影响最小。在防火墙端口带宽足够宽（如现在的千兆防火墙）的情况下，其影响还不足以让人感觉到。而先进的动态包过滤、应用级网关、自适应代理防火墙，虽然其包检测机制比包过滤先进，但所需时间要比包过滤多，因而在效率方面就不如包过滤型。但同时又应看到，包过滤防火墙本身就存在许多不足，所以尽管它的数据处理性能最佳，仍不宜在安全性要求较高的网络中采用。虽然采用新型过滤技术的防火墙在包处理性能上有所限制，但还是可以找到一个平衡点的，而且它们的安全性能是包过滤型所无法比拟的，所以还是建议尽可能采用支持新型过滤技术的防火墙。

- 管理功能的选型考虑

在管理方面，主要是出于网络管理员对防火墙的日常管理工作的方便性角度来考虑，防火墙要能为管理员提供足够的信息或操作便利。

通常网络管理员需要对防火墙进行如下管理工作：通过防火墙的身份鉴别编写防火墙的安全规则；配置防火墙的安全参数；查看防火墙的日志，通过日志记录信息修改安全规则、调整网络部署等。在这些日常管理工作中，有的要在本地执行，而有的允许通过远程管理方式进行远程管理。这就要求防火墙支持相应的远程管理方式。在防火墙配置方面它也有几种方式，如本地控制端口 Console 配置方式、远程 Telnet、FTP 甚至 HTTP 方式，查看所选防火墙所支持的配置方式是否满足公司的实际需求。

在大型网络中，如果存在多个防火墙，则还要考虑防火墙是否支持集中管理，通过集成策略集中管理多个防火墙可以大大减轻网络管理负担。另一方面，还要考虑防火墙是否提供基于时间的访问控制、是否支持 SNMP 监视和配置。

在大中型企业防火墙管理中，还需要考虑以下几方面的性能：是否支持带宽管理；是否支持负载均衡特性；是否支持失效恢复特性（Failover）。支持带宽管理的防火墙能够根据当前的流量动态调整某些客户端占用的带宽；负载均衡特性可以看成动态的端口映射，将一个外部地址的某一 TCP 或 UDP 端口映射到一组内部地址的某一端口；而失效恢复特性是一种容错技术，如双机热备份、故障恢复、双电源备份等。

- 记录和报表功能的选型考虑

这项功能是对采用应用级网关、自适应代理服务器等新技术的防火墙而言的，对于包过滤路由器防火墙是不具备此功能的。在防火墙的日志记录和报表功能上，主要考虑以下几个方面：

- 防火墙处理完整日志的方法：防火墙应该规定对于符合条件的报文进行日志记录，同时还需要提供日志信息管理和存储方法。
- 是否提供自动日志扫描：指防火墙是否具有日志的自动分析和扫描功能，对于帮助管理员进行有效的管理非常重要，通过防火墙的自动分析和扫描功能，管理员可以获得更详细的统计结果，以便管理员有针对性进行相应方面的完善。
- 是否具有警告通知机制：防火墙应提供警告机制，在检测到网络入侵及设备运转出现异常情况时，通过警告信息来通知管理员采取必要的措施，警告方式包括 E-mail、状态显示、声音报警、呼叫报警等。
- 是否提供简要报表（按照用户 ID 或 IP 地址）：这是防火墙日志记录的一种输出方式，具有这种功能的防火墙可按管理员要求提供相应的报表，分类打印。这样可灵活满足各种管理需求。
- 是否提供实时统计：这也是防火墙日志记录的一种输出方式，通过实时统计状态显示，管理员可及时地分析当前网络的安全状态，及时地发现和解决安全隐患，一般是以图表方式显示的。

● 灵活的可扩展和可升级性的选型考虑

用户的网络不可能永远一成不变，随着业务的发展，公司内部可能组建不同安全级别的子网。这样防火墙不仅要在公司内部网和外部网之间进行过滤，还要在公司内部子网之间进行过滤（现在的分布式防火墙不仅可以做到这一点，而且还可以在内部网各用户之间过滤）。目前的防火墙一般标配 3 个网络接口，分别连接外部网、内部网和公共网络（如为公共用户提供的各种服务器）。用户在购买防火墙时必须弄清楚是否可以增加网络接口，因为有些防火墙无法扩展。

通常小型企业接入互联网的目的一般是为了方便内部用户浏览 Web、收发 E-mail 以及发布主页。这类用户在选购防火墙时，主要要注意考虑保护内部（敏感）数据的安全，特别要注重安全性，对服务协议的多样性以及速度等可以不作特殊要求。建议这类用户选用一般的代理型防火墙，具有 HTTP 和邮件等代理功能即可。

而对于有电子商务应用的企业和网站等用户来说，这些企业每天都会有大量的商务信息通过防火墙。如果这些用户需要在外部网络发布 Web（将 Web 服务器置于外部的情况），同时需要保护数据库或应用服务器（置于防火墙内），这就要求所采用的防火墙具有传送 SQL 数据的功能，而且必须具有较快的传送速度。建议这些用户采用高效的包过滤型防火墙，并将其配置为只允许外部 Web 服务器和内部传送 SQL 数据使用。

● 协同工作能力的选型考虑

因为防火墙只是一个基础的网络安全设备，它不代表网络安全防护体系的全部。通常它需要与防病毒系统和入侵检测系统等安全产品协同配合，才能从根本上保证整个系统的安全。所以在选购防火墙时就要考虑它是否能够与其他安全产品协同工作。如何检验它是否具有这个能力，通常是看它是否支持 OPSEC（开放安全结构）标准，通过这个接口与入侵检测系统协同工作，通过 CVP（内容引导协议）与防病毒系统协同工作。

● 品牌的选型考虑

之所以把它放在最后介绍，那是因为它不能说是一项硬件选购指标，只能是一项通用参考指标。而且具有通用性，几乎所有商品选购都要考虑这一点。

防火墙产品属高科技产品，生产这样的设备不仅需要强大的资金作后盾，而且在技术实力上需要有强大的保障。选择了好的品牌在一定程度上也就选择了好的技术和服务，将来的使用更加有保障。所以在选购防火墙产品时千万别贪图一时便宜，选购一些杂牌产品。目前国外在防火墙产品的开发、生产中比较著名的品牌有：3COM、Cisco、NetScreen、Check Point 等，这些品牌技术实力比较强，而且都能提供高档产品，当然价格也相比下面要介绍的国产品牌要贵很多（通常在 15 万元以上）甚至贵一倍以上。这些品牌对于大中型有资金实力的企业来说比较理想，因为购买了这类品牌产品，相对来说在技术方面更有保障，能满足公司各方面的特殊需求，而且可扩展性比较强，适宜公司的发展需要。

国内开发、生产防火墙的品牌主要有：联想、天网、实达、东软、天融信等。这些品牌相对国外著名品牌来说都处于中低档次。当然价格要便宜很多（通常在 10 万元以下），而且还能提供全中文的使用说明书，方便安装、调试和维护。对于中小企业来说国产品牌是理想的选择。

以上介绍了在选购防火墙时所要注意的各个方面，事实上很难找到完全符合以上各项要求的防火墙产品，而且如何评估防火墙是一个十分复杂的问题。一般说来，防火墙的安全和性能（速度等）是最重要的指标，用户接口（管理和配置界面）和审计追踪次之，然后才是功能上的扩展性。用户时常会面对安全和性能之间的矛盾，代理型防火墙通常更具安全性，但是性能要差于包过滤型防火墙。

5.6 UPS 的选型与选购

在局域网中配置 UPS（不间断电源）是非常必要的，特别是对于服务器和一些关键应用的用户机，它可以在市电网供电停止的情况下继续给相应设备提供电源，以便这些设备完成数据存储和正常退出，而不会出现因断电而造成的系统或数据损坏和丢失。如图 5-32 所示是几种 UPS 电源。如果想要从直观上来分辨也非常简单，就是它的份量非常沉，一般至少也在 10 斤以上，连接服务器用的大功率 UPS 则可能重达几百、上千斤。

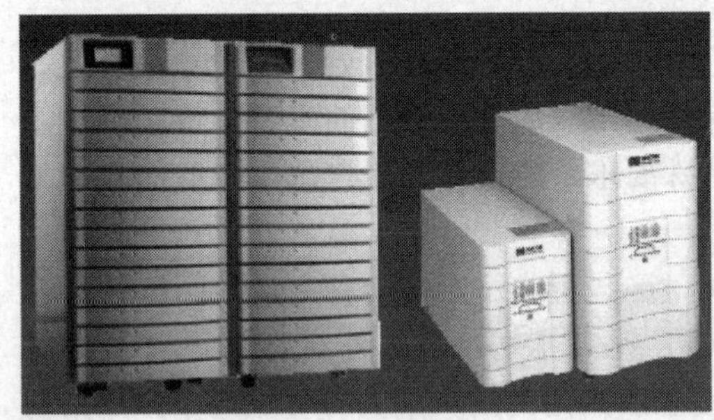

图 5-32　UPS 电源

UPS 虽然不能算是一种网络设备，但它却在企业网络中担负着非常重要甚至关键的角色，是信息技术领域中一个重要的组成部分。UPS 是一种集电力技术、控制技术和信号检测及通讯技术于一身的高科技电源设备，被广泛应用于计算机及网络系统、电信、移动通讯及各种自动生产流水线等多个应用领域。

5.6.1 UPS 的主要作用和分类

如何合理正确地配置和选择不间断电源装置已成为局域网正常运行的关键因素之一，在正式介绍 UPS 的选型考虑之前，先来了解一下 UPS 的主要作用及主要分类。

1. UPS 的主要作用

对于 UPS 的作用大多数人认为就是断电后提供后备电源，以实现负载设备的不间断运行。其实这是非常片面的，电源问题除了市电中断（Power Failure）外，还有电压突降（Power Sags）、脉冲电压（High Voltage Spikes）、暂态过电压（Switching Transients）、电压浪涌（Power

Surges）、杂讯干扰（Noise）、频率变化（Frequency Variation）、电压起伏及闪烁（Brownout）等问题存在。这些都可以造成计算机设备或精密仪器当机、内部组件损坏或缩短使用寿命等，也可能造成资料丢失等损失。在局域网中，配置 UPS 的主要目的是用来为局域网中的各类用电设备提供稳定可靠和高品质的电力供应。它的作用主要体现在以下 3 个方面：

- 为各类用电设备提供后备电源，以防止突然断电给局域网造成损害，影响正常运行。
- 提供稳定、干净的电源，可以消除市电系统中产生的诸如浪涌、谐波干扰、频率漂移、波形断续、电压过高或过低等现象，改善电源质量，使局域网中各类设备的电子元部件免受破坏性损害。
- 抑制电网中其他用电设备产生的诸如高频信号等杂波，以免除因杂波造成数据传输失效等故障，提高网络的可靠性。

2. UPS 的主要分类

UPS 的分类主要有两种划分标准：一种是常见的按后备供电原理划分，另一种是按 UPS 的电压输入/输出类型和功率容量划分。按后备供电原理可分为：在线式（On-Line）及离线式（Off-Line）两大类，但近年已有厂商推出在线互动式（Line Interactive），其特性介于在线式与离线式之间，但就其动作特性与供电方式而言，仍应归类于离线式。

按电压输入/输出相数及功率容量可分为：单相输入单相输出（应用于 10kVA 以下的离线式、在线交互式、在线式等小容量）、三相输入单相输出（应用于 10kVA 以上的在线式）、三相输入三相输出（应用于 20kVA 以上的在线式大容量）三大类。

- 后备式 UPS

这种 UPS 是在市电正常时它不提供供电，连接设备直接由市电供电，同时利用市电向自身充电，以备市电断开后向所连设备供电。当市电电压波动超过规定值时启动逆变电路将电池的直流电转换为稳定的交流电输出，给负载供电。

后备式 UPS 平时由于是由市电直接给负载供电，所以无法消除市电电网上存在的浪涌、尖峰、频率漂移等电气污染，而且容量比较小。但是它的技术简单、成本较低、价格相对低廉，用于许多对电压稳定性要求不高的场合。

- 在线式 UPS

在线式 UPS 是当市电正常供电时，市电经滤波回路及突波吸收回路后，分为两个回路同时动作，其一是经由充电回路对电池组充电，另一个则是经整流回路作为变流器的输入，再经过变流器的转换提供净化过的交流电力给负载使用；此时若市电发生异常，则变流器的输入改由电池组来供应，变流器持续提供电力，达到完全不断电。由此可知，在线式不断电系统的输出完全由变流器来供应，不论市电电力品质如何，其输出均是稳定且纯净的正弦波电源。

- 在线互动式 UPS

这是一种智能化的 UPS，除具有在线式 UPS 的功能外，还可以自动侦测市电的电压，可以提供高精度的正弦波交流电输出。在线互动式 UPS 还具有与计算机进行通讯的功能，有的还可以连接互联网，可以通过网络对 UPS 进行管理，而且可以根据计算机及网络系统的工作状况自动调整 UPS 本身的工作状况和输出状况；并能在 UPS 出现故障时，可以通知计算机系统，启动冗余的备用电源。一般用于网络系统中的服务器、路由器和大型骨干网的交换机以及部分工作站等对电源要求较高的场合。它将大大提高计算机系统的可靠性，但价格相当昂贵。

5.6.2 主要 UPS 技术

随着 USP 电源应用的深入，UPS 技术也处于日益发展之中，其中在局域网中应用最广的就是 UPS 智能通讯管理、监控和报警技术。

1. 智能化管理技术

现在的在线互动式和在线式 UPS 都具备通过 RS-232/RS-485 或者以太网接口与计算机进行通信的功能，大大提高了 UPS 电源的可管理性。

所谓“智能化 UPS”是指在 UPS 主机上增设通信接口，利用它经过专用的通信电缆或经过调制解调器等与计算机服务器、路由器、网关等设备上相对应的通信接口相连，建立起双向通信调控管理功能。并安装能适应各种操作平台的电源监控软件，管理 UPS 的运行、操作，提高 UPS 电源的可管理性。智能化 UPS 能实时监视 UPS 的输入/输出电压、输入/输出频率、输出电流、电池电压、UPS 主机温度等运行参数，在 UPS 故障或电池供电规定时间后将计算机中的数据自动存档，退出并关闭系统，还有的可能通过传呼、E-mail 等方式通知系统管理人员等。对于网络化智能 UPS 还必须配置相应的网卡，将 UPS 作为一个真正的网络设备，纳入网络管理系统中。

当然这种智能化的 UPS 系统价格是相当昂贵的，通常只是在机房中为关键设备供电的 UPS 中采用，如服务器、交换机、路由器和防火墙等。工作站中的 UPS 一般无需具有这种智能管理技术。

2. UPS 的监控技术

要实现 UPS 的管理，就必须建立有效的电源监控系统。一个完整的电源管理系统，通常由电源管理软件和智能附件组成，也就是说，智能 UPS 的监控是由硬件、软件监控两部分组成。

一般，UPS 监控技术主要有以下几种：

- 基于串行通信方式的监控技术

串行通信是传统的 UPS 通信方式，由于受串行接口通信速率和连接距离等方面的限制，多用于中小功率 UPS。其优点是安全、可靠、安装简单，但这种通信方式的局限性是通信距离短、通信速率低（一般在 9.6Kb/s 以内），所以主要用于小型局域网 UPS 的监控。

- 基于 Web 的监控技术

基于 Web 的监控技术是随着 Internet 的发展而诞生的，主要附件是嵌入式 Web 浏览器软件和 SNMP Management Card（SNMP 管理卡）。目前这种网络管理方式最为流行，在几乎所有网管型设备中都支持这种简单、直观的管理方式。

由于这种 Web 方式是通过 TCP/IP 协议网络方式进行的，所以监控效率较串口方式要好很多，而且功能也强大很多，主要应用于数据中心或大型计算机网络中，通过 Web 浏览器软件与计算机及 UPS 通信，系统管理员可对分布在较广范围内的 UPS 进行监控，定期产生 UPS 的状态报告。

- 基于 SNMP 的监控技术

基于 SNMP（简单网络管理协议）的监控技术与网管产品的发展有紧密的联系，通过网络管理系统可以把 UPS 作为可管理的网络节点与其他设备一起集中管理，只需要支持 SNMP 协议即可。在这种监控技术中，需要给 UPS 配上网卡或直接将 SNMP 适配器集成到 UPS 中，把 UPS 作为网络中的独立节点进行控制和诊断。很明显这种监控技术适应性更广，性能也非常不错，主要用于 UPS 数量多、分布广的企业级网络中。

- 基于 Modem/电话/寻呼网络方式的监控技术

这种方式是通过拨号上网方式，通过使用 Internet 浏览器实现 UPS 的远程监控，以各种方式显示 UPS 的工作状态，定时开/关机、自检；在故障情况下通过电话或寻呼等多种方式报警，恢复后取消关机动作，并发出相应的信息。拨号上网监控方式只是一种传统的 UPS 监控技术，监控通信性能低下、监控内容简单，但它们对于远程 UPS 监控来说是一种必不可少的监控方式。但以电话或寻呼方式的错误报警则是许多智能型 UPS 都可支持的。

3. UPS 监控技术的发展趋势

UPS 系统与 Internet 技术的紧密结合，使其增加整个信息系统的易用性比以往任何时候都更有意义。虽然传统技术如电话拨号、SNMP、Telnet 等已实现了对 UPS 的远程和集中监控，但这些技术通常要求特定的设备配置和操作技能。随着 Internet 的普及，使用浏览器的 Web 监控 UPS 将成为 UPS 监控技术的主流。

由于未来网络的广泛化和全球化，必然带来网络的复杂化，多种形式的网络系统将连接在一起。作为网络系统的一部分，要求 UPS 能够实现在各种网络平台上的监控，而且随着 Internet、Intranet 和电子商务的高速发展，用户对网络可用性的要求会越来越高，使 UPS 从对网络关键设备的保护延伸至对整个网络路径的保护。因此，监控软件除了要提供完善的监控保护功能，还必须支持主流操作系统、跨平台操作并具有即插即用的功能；支持主流数据库及应用软件；与主流服务器管理工具集成；与主流网络管理系统集成。

5.6.3 UPS 的综合选型考虑

一个典型的局域网通常拥有服务器、网络交换机、路由器、网管工作站、数据存储器、PC、打印机以及其他各种终端设备。由于局域网的节点数量多，而且各个节点可能分散在不同的地点，这样就会有位于不同地点的多台 UPS 需要维护，因此，在局域网中使用的 UPS 有其自身的特点，在选型和配置时必须加以注意。

通常，局域网的中心机房应采用 10kVA～20kVA 中等容量的在线式 UPS 集中供电方式，并采用双机热备份或并联供电，确保供电安全可靠。而对于局域网中众多的无法集中设置的 PC、路由器、打印机等设备，通常采用后备式或在线互动式 500VA～2kVA 小容量 UPS 提供电力保障，当然有条件而且有需要的话，也可以选用对电网没有污染的在线式 UPS。这是因为后备式或互动式 UPS 都属于低端产品，其可靠性和故障率等技术性能都不如在线式 UPS；另外在遇到比较恶劣的电网环境时，基本上无法抑制电网干扰传至网络设备，容易影响局域网正常工作。主要 UPS 种类及各网络设备 UPS 选用原则如表 5-1 所示。

表 5-1　主要 UPS 种类及其适用负载

UPS 种类 / 比较项目	后备式	在线互动式	在线式
容量	500VA～2kVA	1kVA～5kVA	1kVA～1000kVA
功能	基本功能	较完善的保护功能	完善的保护功能
转换时间	<10ms	4ms	0ms
输出波形	方波	正弦波	正弦波
适用负载	PC 工作站、终端	工作站、网络设备	服务器、小型机

【经验之谈】确定所需 UPS 的功率（VA）值的方法是把所需保护设备的标称功率（（w）值或电流（A））值按如下方式计算得出。如是功率（w）值，则除以 0.7 即得到 VA 值；如是市电电流（A）值，则乘以 220，也可得到 VA 值。将所有设备 VA 值相加，即得到 UPS 所连负载的总 VA 值，然后将总 VA 值加上 20%～30%预备容量即可得到所需 UPS 的 VA 值。

在 UPS 选型方面，应当着重注意以下几个方面：

- 品牌的选型考虑

现在市场上常见的 UPS 品牌主要有山特、山顿、APC、飞瑞、致茂、HP 等，最好选择这些经受过市场考验，并得到广大用户认可的品牌。在我国，主要是以山特、APC、山顿等少数几个品牌的 UPS 产品应用最广。而且从作者的使用经验来看，这几家的售后服务也相当不错，都能做到及时响应。

- UPS 种类的选型考虑

前面已经介绍到，目前主要有后备式、在线式和在线互动式 3 种 UPS 电源，虽然从理论上来说在线式最好，但要注意同时它的价格也是最贵的。所以在选型时也要根据 UPS 的具体应用领域，综合价格因素来选择具体的 UPS 类型。具体可参见表 5-1。

- 功率容量的选型考虑

UPS 的价格除了与品牌和种类有密切关系外，还与所提供的功率密切相关，通常当然是功率越大，价格越贵。所以，从经济角度来考虑，也要根据具体应用选择不同功能的 UPS 电源。当然 UPS 的最大功率一定要比所连接负载的总功率高 20%～30%，这样才能使 UPS 更好地为负载供电。具体可参见前面介绍的计算方法。

有时不能单看 UPS 的标称功率，还要看它实际承受负载的能力。这时就可以做一个实验，首先看它的充电时间，然后在带一定负载的情况下让它为设备供电，看它能否达到厂家所标称的后备供电时间值。有人认为充电时间无关紧要，这在大多数情况下是这样的，但在一些经常停电的地区，这个充电时间指标还是相当重要的。因为只有足够快的充电速度，才能确保第二次停电时有足够的电力应对后面的停电。

- 供电时间的选型考虑

对于关键设备所配置的 UPS 则要远比一般设备的 UPS 的供电时间长，一般要在 4 个小时以上。这就要求这些设备所配置的 UPS 的功率非常大，通常是几百 kVA 以上。而且 UPS 类型都是在线式或在线互动式的，而不是普通的后备式的。

- 高可靠性的选型考虑

机房中的 UPS 所连接的都是网络中的关键设备，如服务器、交换机和路由器等，所以对机房 UPS 的可靠性要求比一般工作站用户的 UPS 更高。这类 UPS 系统应具有提供 365×24 连续提供高质量的 UPS 逆变电源的供电能力。这就意味着，在 UPS 供电系统的运行中，既不允许出现任何瞬间供电中断/停电事故，也不允许出现由普通的市电经交流旁路直接向用户负载供电的情况。目前中高档大型 UPS 设备的平均无故障工作时间（MTBF）可以达到 20 万～40 万小时。还可以采用具有高度容错功能的“N+1”型 UPS 冗余并机系统，来进一步提高 UPS 供电系统的可靠性（“1+l”型冗余并机系统的典型 MTBF 值可达 140 万～200 万小时）。

还有，一套好的 UPS 系统不应存在单点瓶颈故障隐患，允许在 UPS 逆变电源连续供电的条件下执行不停电的维护和检修操作。

- 高抗干扰性的选型考虑

大量的运行实践表明：电源干扰问题是造成互联网设备的“可利用率”下降的重要原因之一。因为电源干扰不仅来源于普通的市电电网，还来源于设计不完善的 UPS 本身及用户的互联网设备本身。如配置在机房内的服务器、磁盘阵列机和交换机等均内置有开关电源，这种整流滤波型非线性负载会向 UPS 供电系统反射多次低次谐波干扰，可能带来降低语音质量的恶果。实践证明，过大和过频地出现电源干扰，轻者会导致互联网的传输速率下降、网络服务器的数据丢包率增大等隐性故障，从而导致互联网设备被迫进入“降额使用”状态，重则可能会导致整个网络瘫痪。由此可见，UPS 系统的抗干扰性也是一个非常重要的选型注意事项。

- 警报功能的选型考虑

这项功能对于关键设备（如服务器）的 UPS 来说非常重要，这样才能以最快捷的方式通知管理员，特别是在夜间。一般来说 UPS 的警报功能有屏幕消息提示、邮件发送，有的还具有自动寻呼、语音拨号和手机短信提示警报功能。具体要选择哪种警报提示功能，要根据企业中实际的需求而定，通常只需要具备屏幕提示、邮件发送两项功能即可。

第6章

网络体系架构规划与设计

在网络硬件架构确定后，接下来的工作就是设计软件系统架构。软件系统方面包括多个方面，如网络操作系统体系架构、网络应用体系架构等。本章介绍的是网络操作系统体系架构的规划与设计。这里所说的“网络操作系统体系架构”不是前两章所提到的物理拓扑架构和布线系统架构，而是从工作和管理方式上来表现的逻辑架构，通常意义上说就是网络架构模型。

在企业局域网中，总体来说分为两种架构模型：对等（Peer-to-Peer，P2P）工作组模型和客户机/服务器（Client/Server，C/S）模型两种。对等工作组网络模型因为没有固定意义上的客户机和服务器，属于分布式管理类型，无论是用户，还是安全管理都存在相当大的困难。通常仅用于在用户和网络安全集中管理方面没有强烈要求的网络环境，如运营商的各独立服务器系统管理，主要采用 UNIX 或 Linux 系统的企业网络等。但并不是说 P2P 网络只适用于小型网络，有的 P2P 网络可能非常庞大。

C/S 架构模型在局域网中的表现则通常就是域模式，也就是整个网络有专门的服务器（域控制器以及其他服务器），属于集中式管理类型。无论从用户，还是网络安全管理方面来说，C/S 架构模型都较 P2P 对等网模型要方便。现在绝大多数 Windows 服务器系统企业网络都是采用域架构的 C/S 工作模型，对网络用户、数据和安全策略进行集中管理。也正是由于它的集中管理特点，它在广域网中的应用却难以开展，因为广域网中的用户是分散的。

教学（自学）课时安排

课时安排	本章老师共需安排 3 个授课课时。	
授课课时	主要内容	重点
1	①两种网络架构模型 ②P2P 工作组局域网架构设计考虑	①两种网络架构模型 ②P2P 工作组局域网架构设计考虑
2	①域网络操作系统选择的考虑 ②林和域的规划基础 ③新建林、子域和域树的考虑 ④域命名空间规划考虑 ⑤域和林信任关系的设计考虑 ⑥多域环境下的访问控制策略规划与设计	①林和域的规划基础 ②新建林、子域和域树的考虑 ③域命名空间规划考虑 ④域和林信任关系的设计考虑 ⑤多域环境下的访问控制策略规划与设计
3	①域控制器和成员服务器的规划与设计 ②DNS 服务器的规划考虑 ③DHCP 服务器的规划考虑	①域控制器和成员服务器的规划与设计 ②DNS 服务器的规划考虑 ③DHCP 服务器的规划考虑

6.1　两种网络架构模型

在计算机网络中，最基本的网络体系架构划分只有两类：P2P（Peer-to-Peer，点对点）对等架构和 C/S（Client/Server，客户机/服务器）架构。从管理角度来看，这两种架构分别对应于分散管理和集中管理。从它们的管理特点可以明显地看出，P2P 更适合用户分布比较散的广域网环境，而 C/S 架构则更适合于用户比较集中的局域网环境。P2P 与 C/S 两个网络模型逻辑架构分别如图 6-1 和图 6-2 所示。

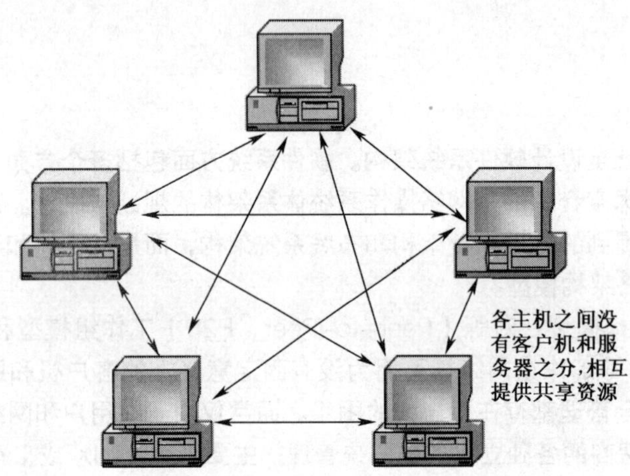

图 6-1　P2P 网络架构模型

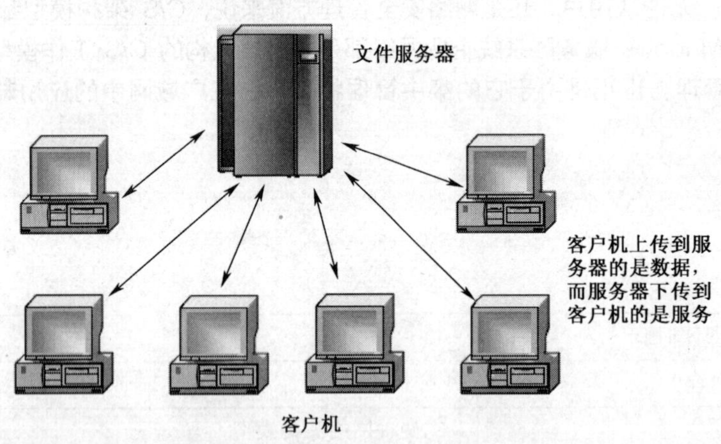

图 6-2　C/S 网络架构模型

【说明】图中的连接和箭头并不是指实际的物理介质连接，而是代表着它们在资源提供和管理上的逻辑关系。而且两图中的箭头含义也不完全相同，在图 6-1 中，各主机之间的连接就没有客户机和服务器之分，它们每台主机都同时是客户机和服务器。它们既向别的主机提供共享资源（指向别的主机的箭头），同时也使用别的主机上的共享资源（从别的主机上指向自己的箭头）。整个网络没有统一的管理者；图 6-2 中客户机指向服务器的箭头表明他们把数据存储在服务器上，由服务器统一提供数据资源，服务器指向客户机的箭头则表明服务器向客户机提供共享资源和服务，并对客户机进行统一管理。

在局域网中，最具代表性的 P2P 模型网络就是通常所说的工作组网络，最具代表性的 C/S 模型网络就是 Windows NT 核心的 Windows 域网络。有关域网络与工作组网络各自的主要特性和选择考虑参见本系列丛书的《金牌网管师（初级）中小型企业网络组建、配置与管理》一书。

6.1.1 P2P 网络架构模型

目前，在学术界、工业界对于 P2P 计算模式还没有一个统一的定义。通常认为 P2P 是一种分布式网络，各用户可以处于网络中的任意位置，各用户间可以共享他们所拥有的一部分硬件资源（处理能力、存储能力、网络连接能力或打印机等），这些共享资源能被其他对等节点（Peer）直接访问而无需经过中间实体，这是 P2P 网络中各用户组成网络的唯一目的。在此网络中的参与者既是资源（服务和内容）提供者（Server），又是资源（服务和内容）获取者（Client）。

虽然各种 P2P 网络模型定义可能稍有不同，但它们的共同点是网络中的每个节点（Peer）的地位都是对等的，每个节点既充当服务器，为其他节点提供服务；同时也充当客户端角色，享用其他节点提供的服务。P2P 网络架构模型的主要特点体现在以下几个方面：

- 非中心管理

P2P 网络中的资源和服务分散在网络中的所有节点上，信息的传输和服务的实现都直接在节点之间进行，可以无需经过中间环节和服务器，避免了网络连接中可能存在的瓶颈，因为各用户之间的访问链路是分散的，没有一条链路必须经过。P2P 的非中心管理特点带来了其下面将要介绍到的可扩展性、健壮性等方面的优势。

- 可扩展性好

在 P2P 网络中，随着用户的加入，不仅服务的需求增加了，系统整体的资源和服务能力也在同步地扩充，始终能较容易地满足用户的需要。整个体系是全分布的，不存在瓶颈。理论上其可扩展性几乎可以认为是无限的。通常所说的 P2P 架构模型只适用于小型局域网，那是从网络管理角度来考虑的，并不是针对网络连接性能或其他方面而言的。在广域网中，P2P 网络用户之间基本上不存在管理与被管理的关系，所有用户都是平等的，可以随时加入，也可以随时退出（当然有些 P2P 加入时也会有一些身份验证措施，如共享密钥等），用户的增加不会增加网络中任何其他节点的负担，所以用户可以任意扩展。

- 健壮性好

P2P 架构天生具有耐攻击、高容错的优点。由于服务是分散在各个节点之间进行的，而且都是对等的，所以部分节点或网络遭到破坏对其他部分的影响很小（所受的影响就是不能访问到这些被攻击的节点了）。P2P 网络一般在部分节点失效时能够自动调整整体拓扑架构，通过其他链路继续保持其他节点的连通性。P2P 网络还能够根据网络带宽、节点数、负载等变化不断地做自适应式的调整。

- 良好的负载均衡性

这一点其实与上一个优势——健壮性好是相关的。P2P 网络环境下由于每个节点既是服务器，又是客户机，减少了对传统 C/S 架构服务器计算能力、存储能力的要求，各种复杂的运算和数据处理任务则由网络中相应连接的各计算机共同完成。同时因为资源分布在多个节点，更好地实现了整个网络的负载均衡，没必要单独配置高性能的 PC 机或服务器。

- 高性价比

性能优势是 P2P 被广泛关注的一个重要原因。随着硬件技术的发展，个人计算机的计算和存储能力以及网络带宽等性能依照摩尔定理高速增长，目前一台普通计算机的性能和存储能力都要远胜过十年前的高性能服务器。采用 P2P 架构可以有效地利用互联网中散布的大量普通节点，将计算任务或存储数据分布到所有节点上。利用其中闲置的计算能力或存储空间，达到高性能计算和海量存储的目的。通过利用网络中的大量空闲资源，可以用更低的成本提供更高的计算和存储能力。当然这是相对于广域网来说的。

- 隐私保护

在 P2P 网络中，由于信息的传输分散在各节点之间进行而无需经过某个集中环节，用户的隐私信息被窃听和泄漏的可能性大大减小。此外，目前解决 Internet 隐私问题主要采用中继转发的技术方法，从而将通信的参与者隐藏在众多的网络实体之中。在传统的一些匿名通信系统中，实现这一机制依赖于某些中继服务器节点。而在 P2P 中，所有参与者都可以提供中继转发的功能，因而大大提高了匿名通信的灵活性和可靠性，能够为用户提供更好的隐私保护。

以上是 P2P 网络的一些主要优势，绝大部分是从广域网应用方面来考虑的。在企业局域网中，P2P 的应用却没有在广域网中那么火热。这是由局域网这种专有网络的特点，也是由它的两个主要不足之处，即不便管理、网络和数据安全性差决定的。在公用的广域网中，每个节点的用户具有比较广泛的自主权，只求扩展数据存储能力和服务的多样性，数据随便放在哪里都不重要，只要相应的主机对它进行管理即可。用户认为不需要就可以自己删除，也无须管理具体的用户。而在局域网中，这些就不得不考虑了，因为这里面的用户都是在一个组织内部，从行政角度来看，仍是需要服从组织的统一安排和管理的。企业网络中的数据通常是工作产生的记录，不能由用户自己决定是否删除，也不能由用户自己决定把它存放在哪里，因为它关系着整个企业网络和数据的安全，也可能关系到企业的生存与发展。

基于上述分析，P2P 网络模型在局域网中的主要不足就是管理能力差，它体现在网络数据、网络用户、网络安全策略等许多方面。也正因为如此，P2P 网络模型在局域网中的应用反而不及广域网中。

6.1.2 C/S 网络架构模型

在局域网中，应用比较广的还是 C/S（客户机/服务器）架构模型，如 Windows 系统中的域网络。在这种网络管理模式中，网络中的各计算机地位不再平等，而是由一台或多台计算机担当整个网络的管理角色，称为“服务器”，为整个网络中的计算机提供服务和管理；而其他计算机是受这些服务器管理的，这些计算机称为“工作站”（或称“客户机”）。

这种 C/S 模型与上节介绍的 P2P 模型相比，主要具有以下几方面的特点：

- 计算机地位不平等

网络中各计算机的地位不再平等，而是由“服务器”计算机担当管理角色，“工作站”计算机被服务器管理，这不仅是从资源角度来看，更重要的是从用户对象权限、安全策略等方面的管理。服务器通过对用户权限的限制和管理制度的控制来达到管理工作站的目的，使它们不能随意存储数据，更不能随意删除数据或进行其他受限的网络活动。

- 便于网络管理

在这种网络中，整个网络的管理工作交由少数服务器担当，所以整个网络的管理非常集中、方便，这一优势在大规模网络中更加明显。主要体现在对用户账户、权限和组策略的管理上（是由域控制器担当）。在对等网中，用户账户和权限没有统一管理者，全由使用者自己作主，这就给网络安全带来了极大的威胁。另一方面，网络数据管理（由文件服务器担当）也开始集中化，凡是与工作有关的数据均会要求存储在服务器磁盘中，统一进行备份和管理，极大地降低了数据丢失或损坏所带来的风险。这些对于企业局域网的管理都是非常重要的。

- 网络配置复杂

相比对等网来说，这种网络配置较为复杂，这主要是由于在这种网络的服务器中所安装的是专门的网络操作系统，如 Windows 2000 Server、Windows Server 2003 和 Windows Server 2008 服务器域控制器系统，负责对整个网络的用户、资源和安全策略管理。在服务器的网络操作系统中集成了许多专门的网络服务和网络管理工具，必须正确地配置才能发挥作用，起到集中管理的作用。而这些网络工具必须依靠相应的服务才能发挥作用，所以相对来说配置要复杂很多。

另外，还存在着各种各样的用户权限、网络安全策略配置，更使整个网络显得复杂。这也正是一些小型企业网管员经常说无事可做的一个重要原因，因为在这些企业中的 P2P 网络中，根本无需做什么特别的配置，只要连上网络，配置一些适当的共享和 NTFS 安全访问权限即可。当然在工作组局域网中，从管理的灵活性方面来讲，还是远不如 Windows 的域网络。这一点在学习了本系列丛书的《金牌网管师（中级）大中型企业网络组建、配置与管理》一书中的 Linux 系统用户和权限管理的内容后会有深刻体会的。无论是从可以配置的文件访问权限，还是从配置权限的作用对象来看，都非常不灵活。

- 扩展困难

因为 C/S 模型网络中需要专门的服务器对用户进行管理，所以服务器系统通常需要购买相应数量的用户许可证，而不是像 P2P 网络那样，只要把网络一连即可加入，没有用户许可证限制。另外，同样由于用户加入这种网络需要进行较复杂的配置，所以用户的扩展相对来说要困难很多，特别是在大型网络中。

- 网络构建费用较贵

由于在这种 C/S 模式网络中存在有专门的服务器，负责整个网络的管理，并对整个网络提供各种特殊的服务，所以这些服务器计算机需要有较高的配置，这就决定了它的价格相对要贵很多。通常一台入门级的服务器的价格相当于 2 台左右的高性能 PC 机价格的总和，而一台中高档服务器的价格通常在几万元，甚至几十、上百万元。

有关工作组网络与域网络的详细分析比较参见本系列丛书的《金牌网管师（初级）中小型企业网络组建、配置与管理》一书。

6.2 P2P 工作组局域网架构设计考虑

在 P2P 工作组网络中，计算机之间直接进行通信，而不需要专门的服务器来管理用户和安全策略，但是可以有专门的服务器来集中存放数据。一些小型企业，由于管理员水平或者出于管理的简便性考虑，选择了 P2P 对等网架构模型。在这样一种网络中，管理员所需要管理的仅是维护网络的连通性，对用户权限和数据安全性的考虑均非常少，甚至根本不考虑。但要注意的是，采用这种网络架构的网络同样可以有专门用来集中存放数据的文件服务器，以及各种其他应用服务器，只不过它没有像域控制器之类专门管理用户、计算机等对象、资源和安全策略的域控制器。在这样一种相对简单的网络中，在正式部署之前最好也做一些简单的设计，做到心中有数，也好为后面的网络设备购买提供详细的依据。在设计 P2P 工作组网络时，通常只需要考虑下面几个简单方面的问题。

1. 操作系统选择

工作组网络是最传统的网络架构模式，无论是在微软的 Windows 系统，还是在其他诸如 UNIX、Linux 和 Macintosh（麦金塔）的系统中都支持。即使最古老的 DOS 系统也可以轻松地加入到有 Windows XP 系统的工作组中。在操作系统方面，工作组网络可以不用怎么考虑，用户需要或者喜好什么系统就用什么系统，适用性非常广。目前在工作组网络中，用户端最常用的操作系统是 Windows XP、Windows Vista、Windows 7，以及各种 Linux 当前的主流发行版本，如 RedHat Enterprise Linux 5 Desktop、Fedora 11/12、Ubuntu 9、SUSE Linux Enterprise Desktop 10/11 等。对于各种网络服务器（如 DNS、DHCP、NFS、Samba 等）或应用服务器（如 Web、FTP、E-mail 服务器等），所选择的操作系统则要选择相应的企业级服务器操作系统，如 Windows Server 2003、Windows Server 2008、RedHat Enterprise Linux 5、SUSE Linux Enterprise Server 11、Red Flag Asianux Server 3 等。

有关这些服务器操作系统的配置参见本系列丛书初级和中级的其他教材。

2．网络连接与访问考虑

在 P2P 企业局域网中，各用户只需连接好网络的物理连接，配置好对应的 IP 地址和子网掩码（没有配置路由的情况下，要求所有用户均在同一网段中）即可实现对等网络连接。用户要访问网络中的其他计算机时，只需通过"网上邻居"功能即可，当然这也需要在相应计算机上为相应用户配置相应的访问权限或者直接开启 Guest 账户，允许匿名访问。如果要更方便地访问网上的其他计算机，则最好为他们创建一个个工作组，把这些计算机按需要分别放进相应的工作组中，当然还需要配置好 TCP/IP 协议，这样通过桌面上的"网上邻居"即可查看网络上所有的其他允许相应用户查看的计算机和共享资源。但在 P2P 网络中，要访问对方的共享资源，你必须要拥有且正确输入对方计算机上的用户账户和密码才行，当然所输入的账户还必须要有访问相应资源的权限。除非对方计算机是允许匿名访问的。而不能像域网络中那样，随便一个域账户都可以在授权的情况下访问域网络中的所有共享资源。这样，就要求你在选择网络管理模式时充分考虑用户的网络访问方式需求。如果网络用户计算机间的访问比较频繁，且一般不允许匿名访问，则建议不要选择 P2P 工作组网络管理架构，如果网络中各用户计算机间的访问比较少或者允许匿名访问，则选择工作组网络管理模式也是可以的。

有关工作组网络的配置参见本系列丛书的《金牌网管师（初级）中小型企业网络组建、配置与管理》一书。

3．工作组及其名称考虑

在一个网络中可以有多个工作组，而且它们是相对独立的，不存在相互之间的包含和管理关系。如可以按部门划分工作组，也可以按职务层次划分工作组，还可以按工作性质划分等。划分工作组的目的就是为了便于查询和管理员的基本用户管理。试想一下，如果一个公司有几百台计算机，如果仅有一个组，要在"网上邻居"中找到某个用户的计算机，则可能比较困难。划分成多个工作组后，每个工作组中的用户计算机数就少了许多，查找起来就方便多了。但是工作组不是网络安全边界，网络中的各工作组成员是可以相互访问的，只要对方计算机授权了就可以。并不存在你所在的工作组就只能访问你所在工作组计算机中的共享资源，但一个计算机只能隶属于一个工作组。

在工作组命名中一定不能和计算机名相同。工作组名称（是采用 NetBIOS 协议解析的）可为 15 个或更少的字节，但不能包含下列任何符号：冒号、分号、双引号、尖括号、星号、加号、等号、反斜杠、破折号、问号和逗号。

4．文件管理考虑

虽然在工作组中没有像域控制器这样的专门服务器来管理用户账户和网络服务资源，但是仍可以配置专门的文件服务器，用它来统一管理网络中需要集中管理的数据和其他共享（如打印机）资源。这也是出于对数据安全而考虑的，通常所采用的系统是网络操作系统，如 Windows Server 2003、Windows Server 2008 或者各种 Linux 服务器操作系统。只不过不把它们配置成域控制器，而是配置成独立的文件服务器（通过"配置您的服务器向导"进行配置）而已。

尽管它不是在域网络中，但担当这种角色的计算机仍可以当成服务器来看待。正因为如此，担当文件服务器的计算机在硬件配置上就要求比一般用户计算机高许多，特别是磁盘容量和传输性能（也可以选择 SCSI、SATA、SAS 接口的独立磁盘或磁盘阵列），当然 CPU 和内存等配置也要相应提高配置。如果用户数较多，还建议选择专业的服务器来担当，而不要使用高性能的 PC 机。

另外，在文件访问方面，同样可以通过共享权限和 NTFS 安全访问权限来配置，以限制用户对具体共享资源的访问权限。

5．NetBIOS、DNS、DHCP、WINS 协议考虑

在工作组网络中，因为它不属于域网络，所以可以无须配置 DNS 服务器（但要注意，事实上在 Linux 和 UNIX 工作组网络中，是可以采用 DNS 进行名称解析的），计算机等对象的名称解析是通过 NetBIOS 或 WINS 协议完成的，所以在这种网络中要配置 NetBIOS 服务器（大的工作组网络还可配置 WINS 服务器）。

WINS 服务是微软私有的服务，可为注册和查询网络上计算机和用户 NetBIOS 名称的动态映射提供分布式数据库，名称解析能力比 NetBIOS 服务更强。而且它不是广播式的查询，查询效率也比 NetBIOS 服务更高。从以上的作用可以看出，WINS 服务可为网络上计算机和用户 NetBIOS 名称提供动态解析服务，一方面提高了名称解析效率，另一方面也可实现路由环境中的 NetBIOS 名称解析。WINS 服务主要应用于以下两种网络环境中：

（1）网络中存在早期的 Windows 系统。在早期版本的 Microsoft 操作系统中，NetBIOS 名称对于创建网络服务是必需的。尽管 NetBIOS 命名协议可跟 TCP/IP 以外的其他网络协议一起使用，但 WINS 还是为专门支持 TCP/IP 上的 NetBIOS（NetBT）而设计的。

（2）网络规模较大，需要提供跨网名称解析服务。虽然 DNS 也可以通过路由提供跨网名称解析服务，但是它的解析效率仍不如 WINS，因为 WINS 设计之初就是专门针对网际网名称解析而进行优化的。通常情况下，WINS 是与 DNS 服务一起提供集成式服务的，以克服双方的不足。

DHCP 协议与是否是域网络无关，它在 P2P 工作组网络中同样可以使用，所以如果想为工作组网络采用自动 IP 地址分配方式，则也可以配置 DHCP 服务器。不仅像 Windows Server 2003 或 Windows Server 2008 这样的服务器 Windows 操作系统可以配置 DHCP 服务器，各种 Linux 企业级操作系统都可以配置 DHCP 服务器。有关这两种平台下 DHCP 服务器的配置方法分别参见本系列丛书的《金牌网管师（初级）中小型企业网络组建、配置与管理》和《金牌网管师（中级）大中型企业网络组建、配置与管理》两本书。

6．其他考虑

在 P2P 工作组局域网中，其他应用服务器的配置与域网络没有太大区别，如 Web、FTP、E-mail、Samba 服务器等。它们可以通过相应的 Windows 和 Linux 网络操作系统进行配置，但用户的管理方式和应用服务器可采用的身份认证方法会与 Windows 域网络中的这些服务器配置有所不同，具体要求参见本系列丛书的《金牌网管师（初级）中小型企业网络组建、配置与管理》和《金牌网管师（中级）大中型企业网络组建、配置与管理》两本书。当然这些服务器角色计算机的硬件配置就要相应提高，而且在软件系统中最好也进行相应优化。最好不要再提供给用户使用，让他们单独作为服务器角色，当然这几种服务器根据实际需要也可以配置在同一台计算机上。

但也有些例外，特别是微软的一些大型应用服务器，如 SQL Server、Exchange Server 等，他们的最新版本（有些在前几个版本就这样）都需要与 Active Directory（活动目录）集成使用，所以这些版本就不能应用于 P2P 工作组网络中。

6.3 域网络架构设计的基本考虑

C/S 网络模型中，在局域网中的主要代表就是最常见的域模型。在域网络中，所需考虑的

事项要远比 P2P 工作组网络多，因为它主要应用于大中型企业网络中，网络架构和网络应用可以非常复杂。下面所列是 C/S 域网络中的一些主要考虑：

- 网络体系架构考虑

首先是整个网络体系架构的规划考虑，如林、域、子域、域树架构以及相互之间的信任关系。这是网络的基础架构，在正式部署前一定要有一个详细的架构和信任关系图，只有这样在正式部署网络系统时才可做到心中有数，也才能确保满足实际的网络应用和安全需求。

- 各种服务器的规划考虑

这就是网络中各种服务器类型、数量和位置的规划考虑，采用什么样的服务器系统（如 UNIX、Linux、Windows 2000 Server/Server 2003/Server 2008 等）、需要多少台各种服务器（如域控制器、DNS、DHCP、WINS、NFS、Samba 服务器等）、各服务器的位置分布等。

- 各服务器间的关系考虑

在较大的域网络中，通常会需要部署多台域控制器，DNS、DHCP、WINS 等服务器，而这些服务器之间通常又不是孤立的，而是有一个主服务器，其他都可称为额外/辅助服务器，如额外域控制器，辅助 DNS、DHCP、WINS 服务器等。这些主服务器与额外服务器之间，甚至额外/辅助服务器之间都会有一个数据库复制关系，在网络体系架构设计时就要予以充分考虑。

本节以及以下各节均是以上各方面考虑的具体介绍。

6.3.1 域网络操作系统选择的考虑

网络操作系统主要是指运行在各种服务器上的操作系统，是网络中的一个重要部分，与网络的应用紧密相关。在 Windows 域网络中，域控制器操作系统主要有 Windows Server 2003 和 Windows Server 2008 两个版本。但像 RedHat Enterprise Linux 等企业级 Linux 或 UNIX 操作系统中，也可以加入 Windows 域网络，或者担当域中的 DNS 服务器、DHCP 服务器、Samba 文件服务器等角色，成为 Windows 域的成员服务器。有关 Linux 系统如何加入域，请参见本系列丛书的《金牌网管师（中级）大中型企业网络组建、配置与管理》一书中的 ads 模式 Samba 服务器配置。在以上这些网络操作系统的选择方面，需要考虑以下几个方面：

- 成本考虑

网络操作系统的价格相对来说比一般操作系统、应用软件的要贵很多，因为它的开发比较困难，而且目前基本上是处于垄断环境，只有少数几家国外大公司才有实力开发操作系统。

在以上网络操作系统中，Linux 平台由于采用开源（开放源代码）方式，并且是一类新兴的系统平台，用的人还较少，总体来说是最便宜的。UNIX 系统与 Linux 系统一样也采用开源方式，但它的发展历史相当悠久，且多由几个国际服务器巨头所掌握（如 IBM、HP、SUN 等），所以这个平台的网络操作系统价格并不便宜，比起 Windows 平台的还要贵很多。但它由于采用开源方式，所以用户升级的成本同样非常低，不比微软的 Windows 平台，升级方式与重新购买方式价格上相差不大，而且只能是直接向微软公司购买升级服务，因为它不属于开源方式。微软的 Windows 系统平台价格居中，但由于不属于开源方式，所以用户升级的费用仍比较贵。

具体选择哪一种，还不能仅从购买价格来衡量，还必须同时要与维护和管理成本架构起来考虑。对于一个网络来说，实际上，从长远来看，购买网络操作系统的费用只是整个成本的一小部分。网络管理的大部分费用是技术维护的费用和员工培训的费用，在运行一个网络操作系统的花费中占到 70%。所以，网络操作系统越容易管理和配置，其运行成本越低。一般来说，Windows 平台比较简单易用，适合于技术维护力量较薄弱的网络环境中，而要请专业的 UNIX 和 Linux 网络管理员的代价远比 Windows 系统的高。

- 实用性考虑

上面分析了 3 类主要网络操作系统产品的价格，但这其实并不是一项非常重要的选择依据，因为价格再怎么贵，就目前来说，也就是几千、几万元的事，对于绝大多数企事业单位来说还是小事一桩。问题的关键是，所选择的系统对于本公司是否实用。这个实用性主要体现在是否支持公司当前或者未来的应用需求、公司员工是否熟练使用这套系统、网络管理员是否能熟练管理这套系统。

UNIX 和 Linux 两平台采用的基本是命令方式，就连软件安装和卸载这样在 Windows 系统中非常简单的操作，在这两个系统中仍显得非常复杂，需要熟练掌握各种命令和繁多的参数功能。所以，能熟练使用这两个平台的用户相当少，只是在一些员工素质较高的大中型企业（如电信、金融、电力、保险等）或者部分部门中使用。而微软的 Windows 系统采用的是可视化图形界面，而且许多配置都是向导式的，所以非常容易使用和掌握，这也是微软 Windows 系统在中小型企业中几乎一统天下的根本原因。

一套再好的系统，如果不能满足公司的应用需求，公司中绝大部分员工无法使用，或者网络管理员无法管理，或者另请一个管理员需要花费较高的成本，这都是不可取的。因为网络是用来应用的，它是一个工具，必须有人用才能体现它的价值。

● 可用性考虑

可用性主要包括稳定性和可靠性两个方面。对于域网络来说，服务器的稳定性和可靠性的重要性是不言而喻的，因为它们是域网络中的核心，是一个网络得以持续高效运行的根本保证。我们知道，UNIX 和 Linux 两平台的系统配置主要是采用 Shell（命令提示符）界面，服务器配置程序也都可以通过纯文本方式的配置文件进行，所以所需消耗的系统资源相对较少，这样由于系统资源不足而引起的不稳定现象就要少很多。所以，相对来说，UNIX 和 Linux 两平台的稳定性要高于微软的图形界面 Windows 服务器系统。但是最新推出的 Windows Server 2008 系统在稳定性和可靠性两个方面都又较前一版本 Windows Server 2003 有了明显提高，所以在这方面，Windows 平台服务器系统同样具有较高的保障，况且 Windows 服务器系统的功能要远比 UNIX 和 Linux 服务器系统要强大，配置更灵活，所以可用性方面的考虑则主要从用户的需求和爱好来选择。但对于像电信、金融、证券、保险等行业公司或大型的 Web、FTP、E-mail 服务器等，采用 UNIX 和 Linux 平台确实还是有一些优势。

● 安全性考虑

网络操作系统的安全是整个计算机网络安全的基础。一个健壮的网络必须具有一定的防病毒及防外界侵入的能力。从网络安全性来看，UNIX 和 Linux 两个系统由于采用的是非图形界面的文本配置方式，加上文件系统格式比较特别，所以就目前来说，在安全防御方面有一些优势。有些读者甚至反映在 Linux 系统中不安装杀病毒软件照样可以在互联网上四处遨游（俗称"裸奔"），但对于 Windows 系统平台，这样是很难想象的。但这并不能完全说 Windows 系统非常不安全，而 UNIX 和 Linux 系统就很安全，在相当大程度上是由于用 Windows 系统的用户更多，黑客和病毒开发者更关注 Windows 系统平台，Windows 平台下的病毒或木马开发也很容易造成的。另一方面，一旦成功入侵 Windows 系统，受感染的面就可能相当庞大，这些黑客或病毒开发者就能更感受到成就感。因为使用 Windows 系统平台的用户多，受关注程度高，所以才有那么多人专门研究 Windows 系统中的安全漏洞；相反，UNIX 和 Linux 系统较少人使用，关注度较低，所以很少见到这两类系统的安全漏洞曝光，并不是说它们就没有安全漏洞，它们同样会发布各种安全补丁，只是很少人知道而已。其实一般来说，微软 Windows 的安全性足够满足绝大多数用户的应用需求，是不用太担心的。加上基于 Windows 系统的安全防护措施远比 UNIX 和 Linux 系统的多，所以根本不必对 Windows 系统平台的安全有太多的担忧。

● 可扩展性考虑

网络操作系统都应用于各种类服务器中，而服务器是整个网络的核心所在，不仅体现了前面介绍的网络的实用性、稳定性和可靠性，还体现在它的可扩展能力上。当然扩展性方面的考虑，对于绝大多数中小型企业来说，上述 3 类系统都完全可以满足，在此主要是针对大型企业或者成长速度非常快的中小型企业来考虑的。

在大型网络中，所容纳的各种应用系统和平台非常复杂，这就要求网络操作系统平台有良好的开放性。只有开放才能兼容并蓄，才能实现对各种软硬件平台的支持，真正实现网络的功能，满足用户各方面的应用需求。

另外，网络应用需求也是在不断增长的，今天的服务器配置可能对当前的应用是绰绰有余的，但不能保证过几年后仍然这样。网络操作系统的可扩展性就是对现有系统的扩充的能力。当用户应用的需求增大时，网络处理能力也要随之增加、扩展，这样可以保证用户在早期的投资不至于浪费，也为今后的发展打好基础。网络服务器硬件可通过扩展 CPU、内存、磁盘或者群集等提高性能，但这还需要网络操作系统本身支持这种硬件扩展技术，如 SMP 处理器扩展、服务器群集等。

上面介绍了在购买网络操作系统时用户应关心的一些问题。当然购买时，最重要的还是要和自己的网络环境结合起来。如中小型企业及网站建设中，多选用 Windows Server 2003 或者最新的 Windows Server 2008 系统；用作大型网站的服务器和邮件服务器时多选用 Linux；而像金融、证券、保险、电力、军事等对网络稳定性、可靠性、安全性要求较高的特殊行业，则最好选用 UNIX 或 Linux 系统，因为 Linux 和 UNIX 系统运行所需占用的硬件资源相对低些，更有利于这些应用服务器为更多用户提供高可靠、稳定的应用服务。

6.3.2 林和域的规划基础

在 Windows 2000 Server、Windows Server 2003 和 Windows Server 2008 网络操作系统中，林是与域相伴相随的，自建立起第一台服务器起，就同时建立了林和域。单域也有林，当然林中也可以包括多个域。但要注意的是，在一个企业网络中，不仅可以有多个域，而且还可以有多个林，同一域中还可以有多个子域，形成一个个域树。这就要求在为企业网络设计网络架构时，一定要先设计好网络中的林、域和域树架构。

1. 几个基本概念

首先从定义上了解几个与林和域架构规划息息相关的重要概念。

● 林

林是共享相同类和属性定义（架构）、站点和复制信息（配置），以及林范围搜索能力（全局编录）的一个或多个 Active Directory 域。同一个林内的域是按双向可传输的信任关系进行链接的。

● 域

在 Active Directory 中，域是指由管理员定义的计算机、用户和组对象的集合。这些对象共享公用目录数据库、安全策略以及与其他域之间的安全关系。在 DNS 中，域是指 DNS 名称空间内的任意树或子树。尽管 DNS 域的名称通常与 Active Directory 域对应，但不能混淆 DNS 域和 Active Directory 域，因为在 Linux 和 UNIX 系统中同样可以有 DNS 域。

● 域树

在 DNS 中，域树是指用来索引域名的反向分层树架构。域树在目的和概念方面与磁盘存储的计算机文件归档系统所使用的目录树类似。例如，当磁盘上存储了很多文件时，就可以用目录将文件组织成逻辑集合。仅当需要创建其 DNS 名称空间与林中的其他域不相关的域时，才创建新的域树。这就是说，树根域（及所有子域）的名称可以不必包含父域的完整名称。一个林可以包含一个或多个域树。当域树有一个或多个分支时，每一个分支都可以将名称空间中使用的域名组织成逻辑集合。在 Active Directory 中，域树是指一个或多个域的分层架构，通过可传递的、双向信任实现连接，从而形成了一个连续的名称空间。多个域树可以属于同一个林。

【注意】在创建新域树之前，当想要与当前林中的域具有完全不同的 DNS 名称空间时，建议考虑创建另一个林。不同的林可提供管理自治、架构和配置目录分区的隔离、单独的安全边界，以及为每个林使用独立名称空间设计的灵活性。

● 根域

根域是 DNS 名称空间的开始部分。在 Active Directory 中，根域是指 Active Directory 树上的初始域，也是林的初始域，如 grfw.com，当然根域也可以是三级域名，如 gz.grfw.com。这里要与“域根”相区别。域根是指域的根，就是每个 DNS 域名最后的小圆点（.）。如 grfw.com 域名其实应为“grfw.com.”，最后的小圆点代表的就是域根。每个域都有一个域根，而且都是最后的那个小圆点。

● 父域

对于 DNS 和 Active Directory 来说，父域都是直接位于其他派生域名（子域）之上的名称空间树中的域。例如，grfw.*com* 是子域 gz.*grfw.com* 的父域。

● 子域

对于 DNS 和 Active Directory，子域都是指直接位于另一个域（父域）之下的名称空间树中的域。例如，gz.*grfw.com* 是父域 grfw.*com* 的一个子域。

2. 林、域和域树之间的关系

林与域之间的关系就相当于现实中的森林与树木之间的关系。森林是由树木组成的，没有树木也就没有森林。域树可以比喻为一个山头，在山头中有许多树林。也就是林中可以包括域树或者域，域树下面包括域和子域，没有域也就没有所谓的林和域树。林是随根域的形成而形成的，根域名也就是林名。当然在一个根域下可以派生多个甚至多级子域。各级子域与根域之间就形成了域树。林与域，域与域树的关系如图 6-3 所示。

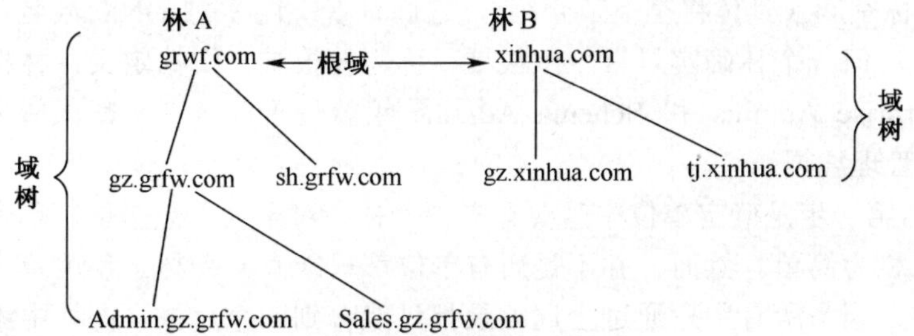

图 6-3 林与域，以及域与域树之间的关系

在图中有两个林（林 A 和林 B），其中林 A 中的根域 grfw.com 下包括两级子域：gz.grfw.com 和 sh.grfw.com，其中 gz.grfw.com 子域下面又分两个子域：admin.gz.grfw.com 和 Sales.gz.grfw.com。整个域的分支架构就是域树。在林 A 的域树架构中包括 3 个分支：admin.gz.grfw.com→gz.grfw.com→grfw.com、sales.gz.grfw.com→gz.grfw.com→grfw.com、sh.grfw.com→grfw.com。而林 B 的两级域树架构中包括两个分支：gz.xinhua.com→xinhua.com 和 tj.xinhua.com→xinhua.com。

【说明】在图 6-3 中，grfw.com 和 xinhua.com 这两个根域下面形成的域树分别在两个不同的林中，这是因为这两个域树中的各级域名之间根本没有任何包含关系，所以创建了两个不同的林。其实也可以把它们放在一个林中，尽管它们之间没有任何包含关系，但这样两个域树之间就没有安全边界了，因为同一林中的域树是双向信任的。

6.3.3 新建林、子域和域树的考虑

在一个网络中既可以有多个域、域树或多级子域，还可以有多个林，那么在什么情况下需

要创建域和林呢？这肯定不是随意的，否则会给整个网络的管理带来不利。

1．新建林的考虑

当在单位中创建第一个域控制器的时候，也就在创建第一个域（也称为“林根”域）和第一个林。最上层 Active Directory 容器被称为林。林由一个或多个共享公共架构和全局编录的域组成。一个单位可以有多个林。利用“配置您的服务器向导”工具创建新林的方法是在如图 6-4 所示的对话框中选择“新域的域控制器”单选项，然后单击“下一步”按钮，在打开的如图 6-5 所示的对话框中选择“在新林中的域”单选项，随后再按向导向下进行即可。

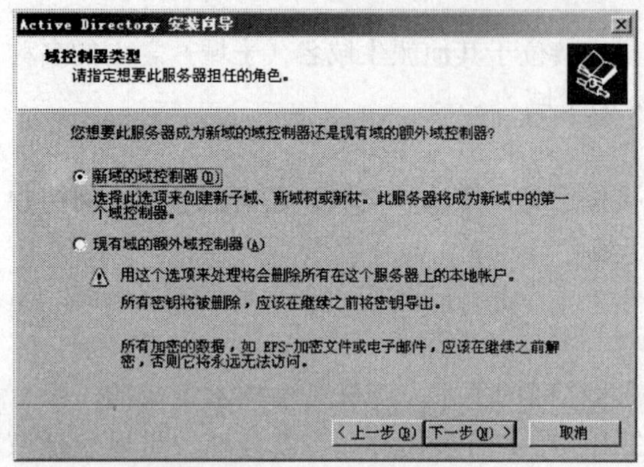

图 6-4　“域控制器类型”对话框

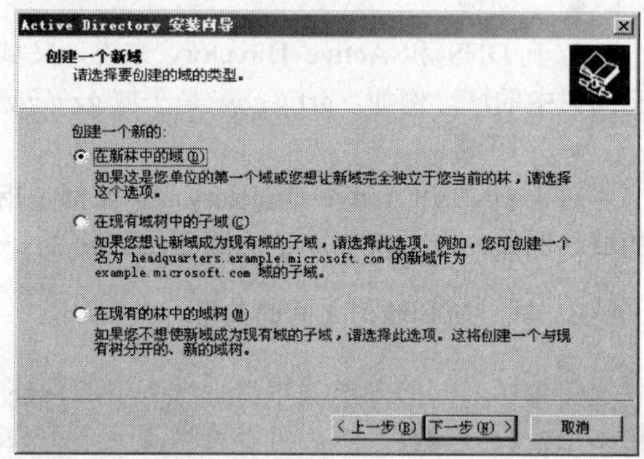

图 6-5　“创建一个新域”对话框

林是驻留在该林内的所有对象的安全和管理边界。相对而言，域是管理对象（例如用户、组和计算机）的管理边界。此外，每个域都有单独的安全策略和与其他域的信任关系。单个林内的多个域树不能构成连续的名称空间（具体将在下节介绍），它们有着不连续的 DNS 域名。尽管林中的域树不共享名称空间，但一个林确实只有一个根域，称为林根域。根据定义，林根域是林中创建的第一个域。Enterprise Admins 和 Schema Admins 组就位于此域中。默认情况下，这两个组的成员有林范围的管理凭据。

Active Directory 设计过程的第一步是确定单位中需要有多少个林。对于大多数单位，单个林的设计是首选模型，管理起来最为简单。然而，并不是所有单位都只能有一个林。使用单个林时，用户不需要考虑目录架构，因为所有用户通过全局编录都只能看到一个目录。向林中添加新域时，不需要任何其他的信任配置，因为林中的所有域都是通过双向可传递信任连接的。在有多个域的林中，只需要应用一次配置更改即可更新所有的域。

但是，在以下这些情况下，在您公司的网络中可能需要创建多个林：

- 将 Windows NT 域升级到 Windows Server 2003 林时

在这种情况下，可以将 Windows NT 域升级成为新的 Windows Server 2003 林中的第一个域。要执行此操作，必须首先升级该域中的主域控制器，然后可以随时升级备份域控制器、成员服务器和客户端计算机。还可以通过在运行 Windows Server 2003 的成员服务器上安装 Active Directory，保留 Windows NT 域，并创建新的 Windows Server 2003 林实现。

- 提供管理自治

当为了管理自治的目的而分段网络时（如同一集团公司中的多个子公司网络），可以创建新的林。单位中当前管理自治分部 IT 架构的管理员可能想要继续林所有者的角色，并以自己的林设计继续进行。然而，在其他情况下，某些林所有者可能选择将其自治分部合并到单个林中，以降低设计和操作自己的 Active Directory 的开销或帮助资源共享。

- 创建与现有林不同的域名系统（DNS）名称空间

当需要使用不同于网络中现有林的不连续 DNS 名称空间时，可以创建新的林。建议当想要创建不同的 DNS 名称空间时创建新林，而不是在现有林内创建具有不连续 DNS 名称空间的其他域树。如 grfw.com 和 lycb.local 就属于两个完全没有连续 DNS 名称空间的域，最好是放在两个不同的林中，而不是放在同一林下的两个域树下。

2．新建子域的考虑

域仅存储有关位于该域的对象（如用户和计算机）的信息，所以通过在新林内创建多个域，可以将 Active Directory 分区或分段（分不同子公司或不同部门），从而更好地服务于不同的用户群。最容易管理的域架构就是单个林内的单个域。规划时，应从单域开始，并且只有在单域模式不能满足您的要求时，才增加其他的子域。

当想要创建与一个或多个域共享连续的名称空间的域时，请创建新的子域。这意味着新域的名称将包含父域的全名。例如，gz.grfw.com 将成为 grfw.com 的子域。作为一种最佳操作，可以创建一个新域，作为林中根域的子域。可以通过使用 Active Directory 安装向导在父域下创建新域来创建新的子域。

利用“配置您的服务器向导”工具创建子域的方法是在如图 6-4 所示的对话框中选择“新域的域控制器”单选项，然后单击“下一步”按钮，在打开的如图 6-5 所示的对话框中选择“在现有域树中的子域”单选项，随后再按向导向下进行即可。

3．新建域树的考虑

仅当需要创建其 DNS 名称空间与林中的其他域不相关的域，但在组织关系上又有一定关系时才考虑创建新的域树。这就是说，树根域（及所有子域）的名称可以不必包含父域的完整名称。一个林可以包含一个或多个域树。

如当前服务器加入了 gz.grfw.com 子域，现在要创建一个域名为 grfwzh.com 的域，它与 gz.grfw.com 所在域树的名称空间没有包含关系，但新建的域与原来域树中的域存在一定的组织关系时，建议考虑另外创建新的域树。利用“配置您的服务器向导”工具创建新域树的方法是在如图 6-4 所示的对话框中选择“新域的域控制器”单选项，然后单击“下一步”按钮，在打开的如图 6-5 所示的对话框中选择“在现有的林中的域树”单选项，随后再按向导向下进行即可。

当然，当所创建的域树与现有林中的域树完全不同的 DNS 名称空间时，最好考虑新建另一个林。多个林可提供管理自治、架构和配置目录分区的隔离、单独的安全边界，以及为每个林使用独立名称空间设计的灵活性。

无论哪种方式，在正式部署网络系统前一定要像图 6-3 那样详细地画出整个网络中各部分（如林、域、域树）的架构图。另外，还应标注各部分的信任关系，这一点将在本章后面介绍。

6.3.4　域命名空间规划考虑

在一个大型网络中，可能包括非常多的子域和域树，而在域系统中通常是通过 DNS 服务进行名称解析的，所以这时就得对各级域的命名空间事先进行统一规划，否则就会出现混乱现象，甚至网络根本无法正常工作，因为 DNS 无法正确解析各级子域之间的关系。

1．域命名空间基础

DNS 域命名空间是基于命名域树的概念。树的每个等级都可代表树的一个分支或叶，分支是多个名称被用于标识一组命名资源的等级；叶代表在该等级中仅使用一次来指明特定资源的单个名称，如图 6-6 所示。

图中显示了如何通过 Internet 根服务器将 Microsoft 指派为 Internet 上的 DNS 域命名空间树中自己部分的授权机构。DNS 客户端和服务器使用查询作为将树中的名称解析为特定资源信息类型的基本方法。DNS 服务器在对 DNS 客户端的查询响应中提供该信息，DNS 客户端随后提取该信息并将其传输至请求程序以解析查询名称。在解析名称的过程中，请记住 DNS 服务器通常作为 DNS 客户端来查询其他服务器，以完全解析查询名称。

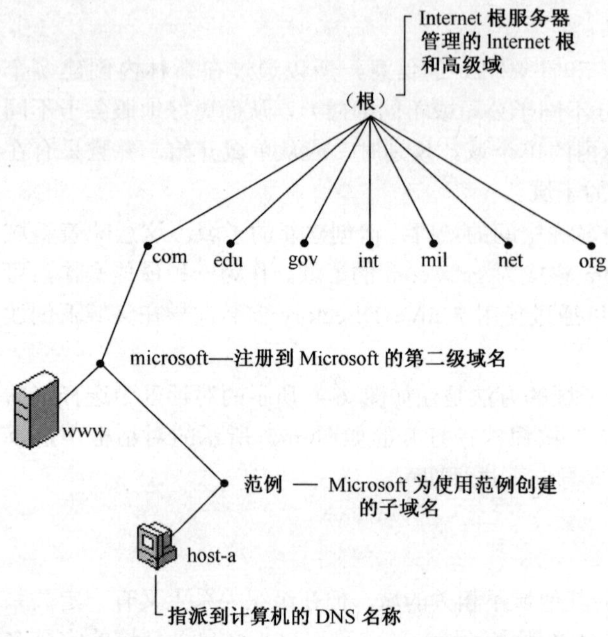

图 6-6　域命名空间架构示例

在树中使用的任何 DNS 域名从技术上说都是域。但是，大多数对 DNS 的讨论都是以表 6-1 所示的 5 种方式之一标识名称。例如，注册到 microsoft.com.域的 DNS 域名称为二级域，这是因为该名称有两个部分（称为标号），这两个部分显示它比树的顶级或根低两个等级。大多数 DNS 域名有两个或多个标号，每一个都表示树中的新等级。名称中使用句点分隔标号。

表 6-1　与 DNS 命名空间有关的术语

名称类型	描述	示例
域根	这是树的顶级，它表示未命名的等级。它有时显示为两个空引号（""），以表示空值。在 DNS 域名中使用时，它由尾部句点（.）表示，以指定该名称位于域层次架构的最高层或根。在这种情况下，DNS 域名被认为是完整名称并指向名称树中的确切位置。以这种方式表示的名称称为完全限定的域名（FQDN）	在名称末尾使用的单个句点（.），如“example.microsoft.com.”
顶级域	由两三个字母组成的名称用于指示国家/地区或使用名称的单位类型，详细信息请参阅顶级域	“.com”，它表示在 Internet 上从事商业活动的公司注册的名称
二级域	为了在 Internet 上使用而注册的个人或单位的长度可变的名称。这些名称始终基于相应的顶级域，这取决于单位的类型或使用的名称所在的地理位置	“microsoft.com.”，它是由 Internet DNS 域名注册人员注册到 Microsoft 的二级域名
子域	单位可创建的其他名称，这些名称从已注册的二级域名中派生。包括为扩大单位中名称的 DNS 树而添加的名称，并将其分为部门或地理位置	“example.microsoft.com.”是由 Microsoft 指派的虚拟子域，用于文档示例名称中
主机或资源名称	代表名称的 DNS 树中的叶节点并且标识特定资源的名称。DNS 域名最左边的标号一般标识网络上的特定计算机。例如，如果位于该层的名称在主机（A）RR 中使用，则使用它可以根据其主机名搜索计算机的 IP 地址	“host-a.example.microsoft.com.”，其中第一个标号（“host-a”）是网络上特定计算机的 DNS 主机名

2. DNS 命名空间规划的考虑

在进行域名系统设计时，建议从以下几个方面来考虑域名称空间问题：

- 选择第一个 DNS 域名

配置 DNS 服务器时，建议首先选择和注册一个可用于维护 Intranet 或 Internet 上单位的唯一父 DNS 域名（在局域网中当然选择的是用于 Intranet 中的 DNS 域名，Internet 上的域名是需要事先向专门的域名机构申请注册的），假设 grfw.com 名称是在 Intranet 或 Internet 上使用的一个顶级域内的二级域（顶级域为.com）。而且所选择的域名最好具有象征意义，特别是子域名，让人一看就知道它属于哪个部分。一旦选择了父域名，就可以将该名称与单位内使用的位置或单位名称组合起来形成其他子域名。例如，如果添加了子域，如 Admin.grfw.com（行政部门子域）。同样在这个部门下还可以有子域。例如，在该部门从事人事管理（HR）的一组员工可以把他（她）们划分为单独的子域，如 HR.Admin.grfw.com 的子域。同样，对于在该部门提供后勤工作的另一组工作人员可以使用 Logi.Admin.grfw.com。

如果是应用于 Internet 上，还需要在确定单位在 Internet 上使用的父 DNS 域名之前，先执行搜索以查看该名称是否已经注册给另一个单位或个人。Internet DNS 名称空间目前由 Internet 网络信息中心（InterNIC）管理，可到相关域名申请机构查询。

- 规划 Active Directory DNS 名称空间

如果准备使用 Active Directory，则需要先规划名称空间。当 DNS 域名称空间可正确执行之前需要有可用的 Active Directory 架构，所以从 Active Directory 设计着手，并用适当的 DNS 名称空间来支持。经过审阅，如果检测到任何规划中有不可预见的或不合要求的结果，则要根据需要进行修改。

Active Directory 域使用 DNS 名称来命名。选择 DNS 名称用于 Active Directory 域时，需要以单位保留在 Internet 上使用的已注册 DNS 域名后缀开始（如 microsoft.com），并将该名称和单位中使用的地理名称或部门名称结合起来，组成 Active Directory 域的全名。例如，Microsoft 的测试小组可以称其域为 test.example.microsoft.com。该命名方法可确保每个 Active Directory 域名在全球是唯一的。而且，这种命名方法一旦被采用，使用现有名称作为创建其他子域的父名称以及进一步增大名称空间，以供单位中的新部门使用的过程将变得非常简单。

当然，对于仅使用单个域或小型多域模式，并无 Internet 域名的小型企业，可以直接进行规划，并按照与以前范例相似的方法操作，而不用考虑在 Internet 上的域名，因为这些企业的域名只应用于企业网络内部。

【经验之谈】规划 DNS 和 Active Directory 名称空间时，建议使用不同组而且不重叠的可分辨名称作为内部和外部 DNS 使用的基础。例如，假定单位的父域名是 example.microsoft.com。对于内部 DNS 名称的使用，可以使用诸如 internal.example.microsoft.com 的名称；对于外部 DNS 名称的使用，可以使用诸如 external.example.microsoft.com 的名称。保持内部和外部名称空间始终是分离的而且截然不同，这样可以简化某些配置的维护工作，如域名筛选器或排除列表。

- 选择 DNS 名称

在 DNS 名称中，允许使用的字符在征求意见文档（RFC）1123 中定义如下：所有大写字母（A～Z）、小写字母（a～z）、数字（0～9）和连字符（-）。强烈建议仅在名称中使用这样的字符，即允许在 DNS 主机命名时使用的 Internet 标准字符集的一部分。

对于以前投资使用 NetBIOS 技术的单位，现有的计算机名称可能只符合 NetBIOS 命名标准。如果出现这种情况，请考虑根据 Internet DNS 标准修改计算机名称。要从 NetBIOS 名称轻松转换为 DNS 域名，DNS 服务器服务应包含扩展 ASCII 和 Unicode 字符支持。但是，该附加字符支持只能在运行 Windows 2000 或 Windows Server 2003 家族中的产品的计算机网络环境中使用。这是因为大多数其他的DNS解析程序客户软件是基于RFC 1123的，这是标准化Internet主机命名要求的规范。如果在安装过程中输入了非标准DNS域名，屏幕上将会出现建议改用标准DNS名称的警告信息。

在运行Windows NT 4.0及更早版本的网络中，NetBIOS名称用来标识运行Windows操作系统的计算机。在运行Windows 2000或Windows Server 2003家族中的产品的计算机网络中，可以按下列任意方式标识计算机：

- NetBIOS计算机名称是可选的，而且用于与较早版本的Windows系统互用。
- 完整的计算机名称是计算机的默认名称。除了NetBIOS名称外，在完整的计算机名称中还要由计算机（主机）名和连接特定域名组成的FQDN标识计算机，FQDN在计算机上被配置，并应用于特定网络连接。

完整的计算机名称是计算机名和计算机的主要DNS后缀的结合。该计算机的DNS域名是计算机系统属性的一部分，并且与任何特定安装的网络组件没有关系。但是，既不使用网络，也不使用TCP/IP的计算机，则没有DNS域名。表6-2所示是NetBIOS和DNS计算机名的比较。

表6-2 NetBIOS和DNS计算机名的比较

限制	Windows NT 4.0中的DNS（标准DNS）	Windows 2000以上版本中的DNS	NetBIOS
字符	支持RFC 1123，它允许使用所有大写字母（A～Z）、小写字母（a～z）、数字（0～9）和连字符（-）	支持RFC 1123和UTF-8。可配置DNS服务器允许或不允许使用UTF-8字符。可基于每个服务器进行该操作，详细信息请参阅Unicode字符支持	不允许使用以下字符：Unicode字符、数字、空格和符号（/\、[、]、:、|、<、>、+、=、;、,、?、*）
主机名和FQDN长度	每个标签63个字节，每个FQDN 255个字节（254个字节用于FQDN，1个字节用于终止点）	与标准DNS相同，外加UTF-8支持。字符数不足以确定大小，因为某些UTF-8字符的长度超过了一个8位字节。域控制器的FQDN仅限于155个字节	长度为15个字节

为确保Windows中NetBIOS和DNS命名之间的互操作性，引入了一个新的称为NetBIOS计算机名称的命名参数。该参数值（Windows 2000或Windows Server 2003环境下不需要它）是从DNS计算机全名中的前15个字符派生的。

如果计算机的全名是计算机名和计算机的主要DNS后缀的组合，重新命名和从NetBIOS名称空间转换为DNS名称空间的影响可以达到最小。如果名称有15个字符或更少，则可以使它与NetBIOS计算机的名称一致，然后管理员也可以给每台计算机分配一个DNS域名。这可以通过使用远程管理工具来实现。

- 支持多名称空间的综合规划

除了内部DNS名称空间支持，许多网络还需要解析外部DNS名称支持，例如Internet上使用的支持。DNS服务器服务提供了集成和管理分离名称空间的方法，在这些名称空间中，外部和内部DNS名称都可在您的网络上解析。

在决定如何集成名称空间的过程中，确定下面的哪种方案最符合您的情况和使用DNS的目的：

- 仅在自己的网络上使用的内部DNS名称空间。
- 具有对外部名称空间引用和访问权限的内部DNS名称空间，例如对Internet上DNS服务器的引用或转发。
- 只在诸如Internet的公用网络上使用的外部DNS名称空间。

如果你决定将名称服务DNS的使用限制在专用名称空间内，对于如何设计和实现它则不存在限制。可以选择任何 DNS 命名标准配置 DNS 服务器，使之作为网络 DNS 分布式设计的有效根服务器，或形成一个自身包含 DNS 域树的架构和层次。需要提供对外部 DNS 名称空间的引用或 Internet 上的整个 DNS 服务时，需要考虑专用和外部名称空间之间的兼容性。另外，Internet 服务要求为您的单位注册父域名称。

3. DNS 域命名空间规划示例

下面要以示例的形式向大家介绍域网络系统中的域命名空间规划。

现假设有一个集团公司 grfw，它的二级域名为 grfw.com（顶级域名为.com），也是整个集团公司域网络的根域。grfw 集团公司下面又有名为 A、B、C 的 3 个分支公司，每个分支公司都有自己的网络，但都成为集团公司总部网络的子域，而各分支公司下面又有几个部门需要部署子域网络。这样一来，整个集团公司的网络就有 3 层。

根据域名命名规则可得知子域名必须全部包括父域名，而 3 个分支公司网络的共同父域就是集团公司的域名 grfw.com。这样就把集团公司的域名 grfw.com 作为各分支公司子域名的后缀，然后再加上各分支公司的公司名和“.”号，则可以得出 3 个分支公司的子域名分别为 A.grfw.com、B.grfw.com 和 C.grfw.com。这是整个集团公司的一级子域。

至于 3 个分支公司的 3 个部门子网的子域名可以用同样的方法得出，这是整个集团公司的二级子域。现假设 3 个分支公司中需要组建单独子域的部门分别为行政部（Admin）、生产部（Produ）和市场部（Sales），各公司的这 3 个部门所对应的父域就是 3 个分支公司的子域名。把这 3 个分支公司的子域名作为相应分支公司部门子网的子域名后缀，可以得出 A 分支公司 3 个部门的子网域名分别为 Admin.A.grfw.com、Produ.A.grfw.com 和 Sales.A.grfw.com；B 分支公司 3 个部门的子网域名分别为 Admin.B.grfw.com、Produ.B.grfw.com 和 Sales.B.grfw.com；C 分支公司 3 个部门的子网域名分别为 Admin.C.grfw.com、Produ.C.grfw.com 和 Sales.C.grfw.com。这样这个集团公司的域架构就有 3 层，两级子域，整个集团公司域架构如图 6-7 所示。

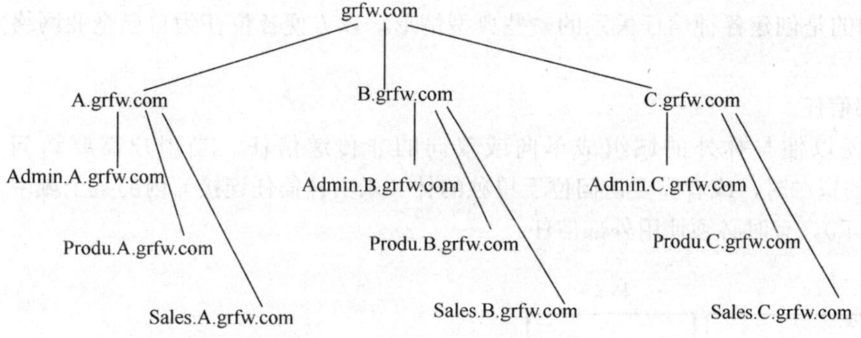

图 6-7　grfw 集团公司的域架构

从图中可以分析出，整个集团公司只有一个林，林中也只包括一个域树；一个根域（grfw.com）、二级 12 个子域（分别为 3 个分支公司子域和 3 个分支公司中的 3 个部门子域）、3 个域树（分别由 3 个分支公司所对应）。

6.3.5　域和林信任关系的设计考虑

在 Windows 域网络中，除了基本的林、域、域树架构设计之外，还需要对各部分的信任关系进行明确的确定，以便在具体部署网络系统时有据可依，同时也可满足用户的实际网络应用和安全需求。

在 Windows Server 2003 域中，包括两类：默认信任和非默认信任。默认信任是在使用

“Active Directory 安装向导”时所创建的两个信任：父域与子域间（父－子之间）的双向可传递信任和同一林中树根间（同林树根之间）的双向可传递信任。但在有其他域系统（如早期的Windows NT 4.0 系统、使用 Kerberos 身份验证协议的非 Windows 系统）、多林环境时可能还需要使用其他的 4 种非默认信任：外部信任、领域信任、林信任和快捷信任。在使用“新建信任向导”或 Netdom 命令行工具时，可以创建这 4 种信任类型。表 6-3 定义了这些信任，它们都是可以删除的。

表 6-3　非默认的 4 种信任

信任类型	传递性	方向	说明
外部信任	不可传递	单向或双向	在 Windows Server 2003 域与 Windows NT 4.0、Windows 2000 域中，或者在不同林中的 Windows Server 2003 域之间创建，以便访问这些域的资源
领域信任	不可传递	单向或双向	在 Active Directory 域与非 Windows Kerberos 领域之间创建
林信任	可传递	单向或双向	在 Windows Server 2003 林功能级别的林根域间创建。使用林信任可在各个林之间共享资源。如果林信任是双向信任，则任一个林中的身份验证请求都可以到达另一个林
快捷信任	可传递	单向或双向	在同一个域树或同一林中的域之间直接创建信任，而不用沿着信任路径来进行身份验证。使用快捷信任可改善 Windows Server 2003 林内的两个域之间的用户登录时间。当两个域被两个域树分隔开时，这是很有用的

因为有关 Windows 2000 Server 和 Windows Server 2003 系统中的域和林信任关系在本系列从书的《金牌网管师（中级）大中型企业网络组建、配置与管理》一书中已有介绍，在此不再赘述。下面仅介绍在设计域和林信任关系时所必需的考虑。

1. 创建信任的几种典型情形

本节要向大家介绍的是创建各种信任关系的一些典型情形，以方便各位在为自己企业网络设计信任关系时参考。

- 何时创建外部信任

可以创建外部信任以便与林外的域组成单向或双向的非传递信任。当用户需要访问 Windows NT 4.0 域中的资源时，或者需要访问位于单独的林（未由林信任连接）内的某个域中的资源时（如图 6-8 所示），有时必须使用外部信任。

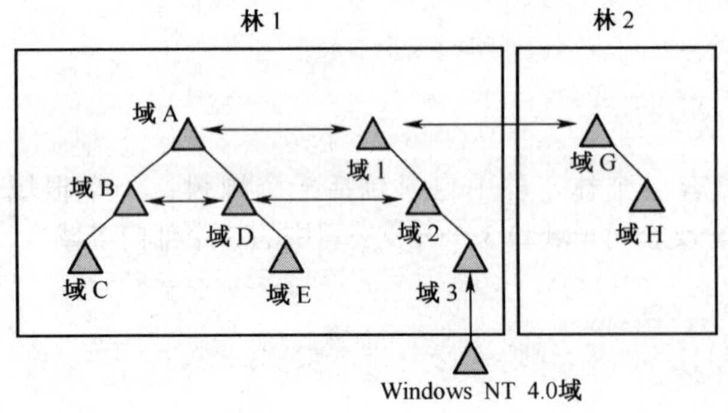

图 6-8　创建外部信任的两种情形

在特定林的域和该林外的域之间建立信任关系后，来自外部域的安全主体可以访问内部域中的资源。Active Directory 在内部域中创建外部安全主要成员对象，用以表示受信任的外部域中的每个安全主体。这些外部安全主要成员可成为内部域中本地域组的成员。本地域组可以有来自该林外的域的成员。由 Active Directory 创建外部安全主体的目录对象不应该手动修改。可以通过启用高级功能查看“Active Directory 用户和计算机”管理工具的外部安全主体对象。

【经验之谈】在其功能级别设置为 Windows 2000 混合的域中，建议删除来自运行 Windows Server 2003 的域控制器的外部信任。对于 Windows NT 4.0 域的外部信任可由运行 Windows NT 4.0 的域控制器上的授权管理员删除。但是，只有此关系的被信任方才能在运行 Windows NT 4.0 的域控制器上删除。此关系的信任方（在 Windows Server 2003 域中创建）不会被删除，并且即使它是不可操作的，此信任关系仍将显示在“Active Directory 域和信任关系”中。要完全删除此信任，需要从信任域的 Windows Server 2003 域控制器中删除此信任。如果外部信任不小心从 Windows NT 4.0 的域控制器中被删除了，则将需要从信任域中运行 Windows Server 2003 的任何域控制器中重建此信任。

- 何时创建领域信任

可以在任何非 Windows Kerberos V5 领域（如 UNIX 领域）和 Windows Server 2003 域之间建立领域信任。该信任关系允许与基于其他 Kerberos V5 版本（如 UNIX 和 MIT 实现）的安全服务之间进行跨平台的互操作。领域信任可以从不可传递切换为可传递，并可反向切换。领域信任也可以是单向的或双向的。

- 何时创建林信任

只能在一个 Windows Server 2003 林中的林根域和另一个 Windows Server 2003 林中的林根域之间创建林信任。在两个 Windows Server 2003 林之间创建林信任可为任一林内的各个域之间提供一种单向或双向的可传递信任关系。林信任适用于应用程序服务提供商、正在经历合并或收购的公司、合作企业 Extranet，以及寻求管理自治解决方案的公司。

林信任也可以是单向信任和双向信任两种。创建了单向信任关系后，两个林之间的单向林信任允许受信任林的成员使用信任林中的资源。但是，此信任只是单向的。例如，当在林 A（受信任林）和林 B（信任林）之间创建单向林信任时，林 A 的成员可以访问林 B 中的资源，但林 B 的成员不能使用同一个信任访问林 A 中的资源。创建了双向信任关系后，两个林之间的双向林信任允许任一个林的成员使用另一个林中的资源；每个林中的域隐式信任另一个林中的域。例如，当林 A 和林 B 之间建立双向林信任时，林 A 的成员可以访问林 B 中的资源，林 B 的成员也可以使用同一个信任访问林 A 中的资源。

- 何时创建快捷信任

快捷信任是当管理员需要优化身份验证过程时，可以使用的单向或双向可传递信任。身份验证请求必须首先通过域树之间的信任路径，在复杂的林中，这是很花费时间的，而快捷信任可以缩短该时间。信任路径是为了传递任何两个域之间的身份验证请求而必须遍历的一系列的域信任关系。当某个域中经常有许多用户登录林中的其他域时，有必要使用快捷信任。例如，以图 6-9 为例，可以在域 B 和域 D 或域 A 和域 1 等之间建立快捷信任。

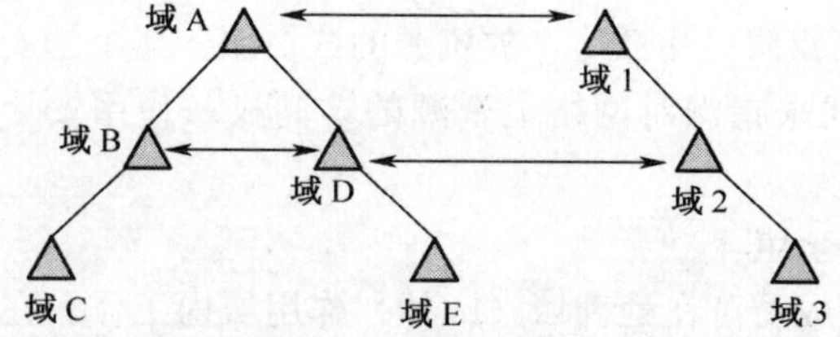

图 6-9　创建快捷信任关系的典型情形

快捷信任可有效地缩短在两个不同树中的域之间进行身份验证所要经过的路径。它也分单向信任和双向信任两种。建立在不同域树中的两个域之间的单向快捷信任可以减少完成身份验证请求所需的时间，但只能在一个方向上。例如，当在域 A 和域 B 之间建立单向快捷信任时，域 A 到域 B 的身份验证请求可以利用新的单向信任路径。但是，域 B 到域 A 的身份验证请求仍然需要经过很长的信任路径。建立在不同域树中的两个域之间的双向快捷信任可以减少完成源自其中任一域的身份验证请求所需的时间。例如，当在域 A 和域 B 之间建立双向快捷信任时，从其中一个域到另一个域的身份验证请求都可以利用新的双向信任路径。

2．规划域和信任关系的最佳操作

在规划域和信任关系时，最好遵循以下最佳操作规范：

- 建议不要使用管理凭据登录到您的计算机。如果在不具备管理凭据的情况下登录到计算机，可以使用“运行方式”（可在相应程序上右击来得到此菜单项）完成管理任务，这样更加安全。
- 在每个域中重命名或禁用管理员账户（和来宾账户）以防止对域的攻击。
- 在加锁的房间中放置所有域控制器以保证物理安全性。
- 管理两个林之间的安全关系并简化跨林的安全管理和身份验证。
- 要对 Active Directory 架构提供额外保护，可删除 Schema Admins 组中的所有用户，并且仅在需要更改架构时再将用户添加到该组中。完成更改以后，立即从该组中删除此用户。
- 限制用户、组和计算机访问共享资源，并筛选“组策略”设置。
- 避免为 Active Directory 管理工具禁用已签名的或已加密的 LDAP 通信。
- 指派给特定默认组的某些默认用户权限，可能允许这些组的成员在该域中获得其他的权限，包括管理权限。因此，必须同样信任作为 Enterprise Admins、Domain Admins、Account Operators、Server Operators、Print Operators 和 Backup Operators 组成员的所有有特殊权限的人员。
- 当林中包含具有许多域的域树时，可以通过在域树中间层的域之间创建快捷信任关系来优化域之间的信任路径。
- 保留一份现有信任关系的列表供日后参考。可以使用 Nltest.exe 显示并记录一份信任关系的列表。
- 对域控制器执行定期备份以便保留域内的所有信任关系。

6.3.6 多域环境下的访问控制策略规划与设计

建议您根据单位的资源需求认真规划出最有效的访问控制策略。其中一个需要重点考虑的因素是单个林的每个域中安全组的设计与实施。在开始进行规划之前，应当了解和充分考虑诸如安全组、嵌套组、组作用域、域功能等概念和系统应用需求。

1．安全组的规划考虑

用户权利可应用到 Active Directory 中的组，而权限可指派给存放资源的成员服务器上的安全组。请小心使用，安全组提供了一种有效的方式来指派对网络上资源的访问权。使用安全组，可以：

- 将用户权利指派到 Active Directory 中的安全组。
- 对安全组指派用户权利以确定该组的哪些成员可在处理域（或林）作用域内工作。在安装 Active Directory 时系统会自动将用户权利指派给某些安全组，以帮助管理员定义域中人员的管理角色。例如，在 Active Directory 中被添加到 Backup Operators 组的用户能够备份和还原域中每个域控制器上的文件和文件夹。这可能是因为在默认情况下，系统将备份文件和目录以及还原文件和目录用户权利自动指派给 Backup Operators 组。因此该组的用户继承了指派给该组的用户权利。

- 使用组策略将用户权利指派给安全组，以帮助委派特定任务。在指派委派的任务时始终应谨慎处理，因为在安全组上被指派太多权利的未经培训的用户有可能对您的网络产生重大损害。
- 给安全组指派对资源的权限。

用户权利和权限不应混淆。对共享资源的权限将指派给安全组。权限决定了谁可以访问该资源以及访问的级别，比如完全控制。系统将自动指派在域对象上设置的某些权限，以允许对默认安全组（如 Account Operators 组或 Domain Admins 组）进行多级别的访问。

在定义对资源和对象的权限的 DACL 中列出了安全组。为资源（文件共享、打印机等）指派权限时，管理员应将那些权限指派给安全组而非个别用户。权限可一次分配给这个组，而不是多次分配给单独的用户。添加到组的每个账户将接受在 Active Directory 中指派给该组的权利以及在资源上为该组定义的权限。

像通讯组一样，安全组也可用作电子邮件实体。给这种组发送电子邮件会将该邮件发给组中的所有成员。当您对安全组概念完全理解之后，就可以确定每个部门和地理区域的资源需求，从而有助于规划工作的进行。

在任何时候，组都可以从安全组转换为通讯组，反之亦然，但仅限于域功能级别设置为 Windows 2000 本机或更高模式的情况下。当域功能级别被设置为 Windows 2000 混合模式时，不可以转换组。

2. 嵌套组的规划考虑

嵌套安全组的能力取决于组作用域和域功能。通过使用嵌套，可将组添加为另一个组的成员。嵌套组可合并成员账户并减少复制通信量。嵌套选项取决于 Windows Server 2003 域的域功能是设置为 Windows 2000 本机还是设置为 Windows 2000 混合。

在设置为 Windows 2000 本机功能级别的域中的组，或设置为 Windows 2000 混合功能级别的域中的通讯组可以有下列成员：

- 具有通用作用域的组可以有下列成员：账户、计算机账户、具有通用作用域的其他组，以及来自任何域且具有全局作用域的组。
- 具有全局作用域的组具有下列成员：来自相同域的账户和来自相同域且具有全局作用域的其他组。
- 具有域本地作用域的组可以具有下列成员：账户、具有通用作用域的组和具有全局作用域的组（来自任意域）。该组还可将来自相同域中的具有本地域作用域的其他组作为其成员。

在设置为 Windows 2000 混合功能级别的域中的安全组仅限于如下类型的成员身份：

- 具有全局作用域的组，只将账户作为其成员。
- 具有本地域作用域的组，把具有全局作用域的其他组和账户作为其成员。

在其域功能级别设置为 Windows 2000 混合的域中不能创建具有通用作用域的安全组，因为只有在域功能级别设置为 Windows 2000 本机或 Windows Server 2003 的域中才支持通用作用域。

3. 组作用域的规划考虑

组（不论是安全组还是通讯组）都有一个作用域，用来确定在域树或林中该组的应用范围。有 3 种组作用域：通用、全局和本地域。通用组的成员可包括域树或林中任何域中的其他组和账户，而且可在该林中所有信任域中的任何域中指派权限；全局组的成员可包括本地域中的其他组和账户，但可在林中所有信任域中指派权限；本地域组的成员可包括本地域中的其他组和账户，但只能在本地域内指派权限。这 3 种组作用域的具体介绍如表 6-4 所示。

表 6-4　3 种组作用域的说明

通用作用域	全局作用域	本地域作用域
当域功能级别被设置为 Windows 2000 本机或 Windows Server 2003 时，通用组的成员可包括来自任何域的账户、全局组和通用组	当域功能级别被设置为 Windows 2000 本机或 Windows Server 2003 时，全局组的成员可包括来自相同域的账户或全局组	当域功能级别被设置为 Windows 2000 本机或 Windows Server 2003 时，本地域组的成员可包括来自任何域的账户、全局组或通用组，以及来自相同域的本地域组
当域功能级别被设置为 Windows 2000 混合时，不能创建具有通用组的安全组	当域功能级别被设置为 Windows 2000 混合时，全局组的成员可包括来自相同域的账户	当域功能级别被设置为 Windows 2000 混合时，本地域组的成员可包括来自任何域的账户或全局组
当域功能级别被设置为 Windows 2000 本机或 Windows Server 2003 时，组可被添加到其他组并在任何域中指派权限	组可被添加到其他组并且在任何域中指派权限	组可被添加到其他本地域组并且仅在相同域中指派权限
组可转换为本地域作用域。只要组中没有其他通用组作为其成员，就可以转换为全局作用域	只要组不是具有全局作用域的任何其他组的成员，就可以转换为通用作用域	只要组不把具有本地域作用域的其他组作为其成员，就可以转换为通用作用域

（1）何时使用具有本地域作用域的组。

具有本地域作用域的组将帮助您定义和管理对单个域内资源的访问。这些组可将以下组或账户作为它的成员：

- 具有全局作用域的组
- 具有通用作用域的组
- 账户
- 具有本地域作用域的其他组
- 上述任何组或账户的混合体

例如，要使 5 个用户访问特定的打印机，可以在打印机权限列表中添加全部 5 个用户。如果以后希望这 5 个用户都能访问新的打印机，则需要再次在新打印机的权限列表中指定全部 5 个账户。如果采用简单的规划，可通过创建具有本地域作用域的组并指派给其访问打印机的权限来简化常规的管理任务。将 5 个用户账户放在具有全局作用域的组中，并且将该组添加到有本地域作用域的组。当希望使 5 个用户访问新打印机时，可将访问新打印机的权限指派给有本地域作用域的组。具有全局作用域的组的成员自动接受对新打印机的访问。

（2）何时使用具有全局作用域的组。

使用具有全局作用域的组管理那些需要每天维护的目录对象，如用户和计算机账户。因为有全局作用域的组不在自身的域之外复制，所以具有全局作用域的组中的账户可以频繁更改，而不需要对全局编录进行复制以免增加额外的通信量。

虽然权利和权限指派只在指派它们的域内有效，但是通过在相应的域中统一应用具有全局作用域的组，可以合并对具有类似用途的账户的引用。这将简化不同域之间的管理，并使之更加合理化。例如，在具有两个域（如 Europe 和 UnitedStates）的网络中，如果 UnitedStates 域中有一个称为 GLAccounting 的具有全局作用域的组，则 Europe 域中也应有一个称为 GLAccounting 的组（除非 Europe 域中不存在账户管理功能）。强力推荐在指定复制到全局编录的域目录对象的权限时使用全局组或通用组，而不是本地域组。

（3）何时使用具有通用作用域的组。

使用具有通用作用域的组来合并跨越不同域的组。为此，请将账户添加到具有全局作用域的组并且将这些组嵌套在具有通用作用域的组内。使用该策略，对具有全局作用域的组中的任何成员身份的更改都不影响具有通用作用域的组。

例如，在具有 Europe 和 UnitedStates 这两个域的网络中，在每个域中都有一个名为 GLAccounting 的全局作用域的组，创建名为 GLAccounting 且具有通用作用域的组，可以将两个 GLAccounting 组 UnitedStates\GLAccounting 和 Europe\GLAccounting 作为它的成员。这样就可以在企业的任何地方使用 UAccounting 组。对个别 GLAccounting 组的成员身份所做的任何更改都不会引起 UAccounting 组的复制。具有通用作用域的组成员身份不应频繁更改，因为对这些组成员身份的任何更改都将引起整个组的成员身份复制到树林中的每个全局编录中。

4．域功能的规划考虑

信任域和受信任域的域功能级别可以影响像嵌套组这样的组功能。Windows Server 2003 Active Directory 中引入的域和林的功能提供了在您的网络环境中启用域或林范围的 Active Directory 功能的一种方法。根据您的环境，提供了不同级别的域功能和林功能。如果您的域或林中的所有域控制器都运行 Windows Server 2003 系统，并且功能级别设置为 Windows Server 2003，那么可以使用 Windows Server 2003 域和林范围的所有功能，对应于 Windows Server 2003 域或林功能级别；如果您的域或林中不仅有运行 Windows Server 2003 的域控制器，同时也有 Windows NT 4.0 或 Windows 2000 域控制器，那么会限制 Active Directory 功能，对应于 Windows 2000 混合或 Windows 2000 域或林功能级别。域和林功能级别的提升方法参见本系列丛书的《金牌网管师（中级）大中型网络组建、配置与管理》一书。域功能级别必须在每个域控制器上分别更改，只有在林中所有域控制器的域功能级别都更改好后才能更改对应的林功能级别。林功能级别只能而且只需在担当架构主机角色的域控制器上进行更改。

一旦提升域功能级别之后，就不能再将运行旧版操作系统的域控制器引入该域中。例如，如果将域功能级别提升至 Windows Server 2003，则不能再将运行 Windows 2000 Server 的域控制器添加到该域中。表 6-5 描述了为 3 种域功能级别启用的域范围的功能。

表 6-5　3 种域功能级别启用的域范围的功能

域功能	Windows 2000 混合	Windows 2000 纯模式	Windows Server 2003
域控制器重命名工具	已禁用	已禁用	启用
用户和计算机账户的不同位置选项	已禁用	已禁用	启用
更新登录时间戳	已禁用	已禁用	启用
InetOrgPerson 对象的用户密码	已禁用	已禁用	启用
通用组	对通讯组启用，对安全组启用	启用，同时允许安全组和通讯组	启用，同时允许安全组和通讯组
组嵌套	对通讯组启用，对安全组禁用，除了可以将全局组作为其成员的本地域安全组	启用，允许完全的组嵌套	启用，允许完全的组嵌套
转换组	已禁用，不允许组转换	启用，允许在安全组和通讯组之间转换	启用，允许在安全组和通讯组之间转换
SID 历史记录	已禁用	启用，允许从一个域向另一个域迁移安全主体	启用，允许从一个域向另一个域迁移安全主体

一旦提升林的功能级别之后，就不能再将运行旧版操作系统的域控制器引入该林中。例如，如果将林功能级别提升至 Windows Server 2003，则不能再将运行 Windows 2000 Server 的域

控制器添加到该林中。表 6-6 描述了为 Windows 2000 和 Windows Server 2003 林功能级别启用的林范围的功能。

表 6-6　Windows 2000 和 Windows Server 2003 林功能级别启用的林范围的功能

林功能	Windows 2000	Windows Server 2003
全局编录复制改进	如果两个复制伙伴都在运行 Windows Server 2003，则启用；否则，禁用	启用
已失效的架构对象	已禁用	启用
林信任	已禁用	启用
链接值复制	已禁用	启用
域的重命名	已禁用	启用
改进的 Active Directory 复制算法	已禁用	启用
动态辅助类别	已禁用	启用
InetOrgPerson objectClass 更改	已禁用	启用

6.3.7　域控制器和成员服务器的规划与设计

对于 Windows Server 2003 Standard Edition、Windows Server 2003 Enterprise Edition 或 Windows Server 2003 Datacenter Edition，域内的服务器可以拥有下面两种角色之一：域控制器和成员服务器。即使在安装完成后，也可以在域控制器和成员服务器（或独立服务器）这两个角色之间来回更改服务器的角色。不过，建议在运行安装程序之前计划域，并只在必要的时候才更改服务器的角色（和服务器名称）。

1．域控制器与操作主机角色

与单个的域控制器相比，多域控制器为用户提供了更好的支持。对于多域控制器，您拥有用户账户数据和其他 Active Directory 数据的多个副本；不过，执行定期备份（包括自动系统故障恢复备份）和熟悉恢复域控制器的方法仍然很重要。另外，多域控制器可协同工作以支持域控制器功能，如执行登录验证。

Active Directory 支持域中所有域控制器之间的目录数据存储的多主机复制，因此域中的所有域控制器实质上都是对等的。但是，某些更改不适合使用多主机复制执行，因此对于每一个此类更改，都有一个称为“操作主机”的域控制器接收此类更改的请求。

在每个林中，至少有 5 个指派给一个或多个域控制器的操作主机角色。在每个林中，林范围的操作主机角色必须只出现一次。在林中的每个域中，域范围的操作主机角色必须在每个域中出现一次。

每个林必须具有以下角色：

- 架构主机
- 域命名主机

在林中这些角色必须是唯一的。这意味着在整个林中，只能有一个架构主机和一个域命名主机。架构主机域控制器控制对架构的全部更新和修改。要更新林的架构，必须拥有架构主机的访问权。在整个林中，只能有一个架构主机。担当域命名主机角色的域控制器控制林中域的添加或删除。在整个林中只能有一个域命名主机。

【注意】与设置成 Windows 2000 功能级别的林中的域命名主机不同，设置成 Windows Server 2003 功能级别的林中的域命名主机不要求作为全局编录来启用。

林中的每个域都必须有下列角色：

- 相对 ID（RID）主机
- 主域控制器（PDC）仿真主机
- 架构主机

在每个域中这些角色都必须是唯一的，即林中的每个域都只能有一个相对 ID 主机、PDC 仿真主机和架构主机。有关这些操作主机角色的具体介绍、转换或抢占方法参见本系列丛书的《金牌网管师（中级）大中型企业网络组建、配置与管理》一书。

2．域控制器和操作主机角色规划考虑

域控制器和操作主机角色方面主要是要考虑域控制器的多少，以及各种操作主机角色的分布。在一般的小型（100 个用户以内）局域网中，域只需要一个域控制器，而且所有操作主机角色都集中在域控制器（第一台服务器）上。而当网络规模大了以后，考虑到域控制器的负荷，通常建议在安装了第一台服务器之后再配置另一台或几台额外域控制器，以均衡分担第一台域控制器的负荷。这些额外域控制器同样具有第一台服务器的 Active Directory 目录副本，所以它们也可在其他域控制器失效时接替所有的工作继续提供网络服务，直到失效域控制器恢复，这其实在一定方面又起到了冗余的作用。在安装有多台域控制器时，此时建议把 5 种操作主机角色分布在不同的域控制器上，这样不致于第一台服务器崩溃后所有操作主机角色也跟着失效，影响网络的正常工作。

至于要安装多少台额外域控制器，这就要视具体的网络规模和网络应用。前面说了通常 100 个用户以内只需最多两台（出于容错考虑）域控制器，而每增加 100 个用户建议增加一台额外域控制器。对于网络应用较复杂（如基于大型数据库系统、大容量多媒体应用等）的环境下，则建议每增加 50 个用户增加一台额外域控制器。当然以上也只是笔者个人的一些通常意义下的经验总结，而且还受域控制器硬件配置的影响，并不是固定的标准，具体要根据自己企业的实际应用状况和企业网络投资预算而定。

在安装额外域控制器时，要在如图 6-10 所示的对话框中选择“现有域的额外域控制器”单选项；而在安装子域控制器时需要在如图 6-11 所示的对话框中选择“在现有域中的子域”单选项。

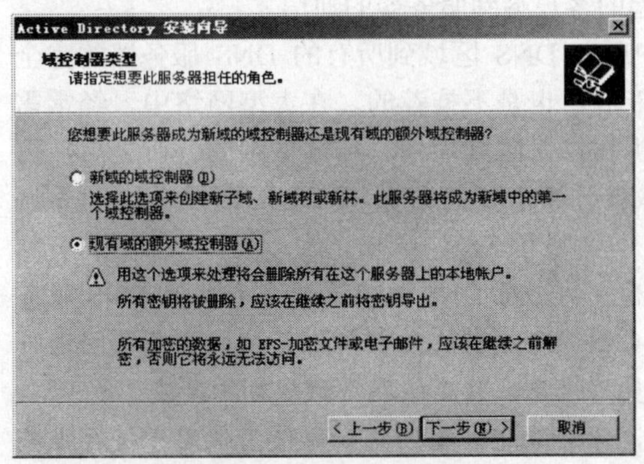

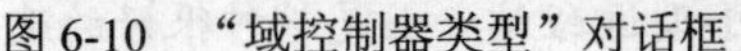
图 6-10 “域控制器类型”对话框

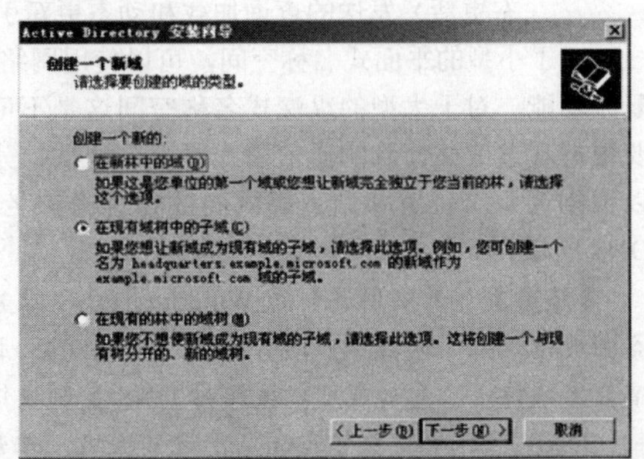

图 6-11 “创建一个新域”对话框

至于操作主机角色，可根据实际需要配置，一般是把“架构主机”和“域命名主机”角色配置在集团公司根域的第一台域控制器上，亦即林中的第一台服务器上。而各域（包括子域）中的 RID 和 PDC 主机也建议部署在相应域的第一台域控制器上，而基础架构主机通常是工作量比较大的一种主机角色，所以通常把它单独部署在一台域控制器上，当然也必须是在对应域或子域上进行的。

6.3.8 DNS 服务器的规划考虑

在正式安装、配置 DNS 服务器前的网络系统设计中，同样要首先根据实际的网络环境和应用需求对整个网络中的 DNS 服务器进行规划，只有这样才能部署一个层次分明、架构严谨的 DNS 域树，满足企业实际的网络应用需求。其中主要包括 DNS 区域规划和 DNS 服务器规划等。

1．DNS 区域规划

在大型的网络中，可能有非常多的各级域，也会有很多 DNS 服务器。如果把整个网络都设成一个区域，则 DNS 服务器之间的目录同步可能非常困难，因为目录信息非常大，而且要复制的 DNS 服务器也非常多。为了解决这一矛盾，可以把整个网络的 DNS 空间划分成一个个相对较小的区域，但这个区域的划分又不是随意的。

通常 DNS 区域是按照域来划分的，一个域对应一个区域，但也不是绝对的。如果各种域或子域都有自己的主 DNS 服务器，则需要在父域的 DNS 服务器上只对子域 DNS 区域进行委派，而无须在父域 DNS 服务器上为各子域专门创建新的 DNS 区域。另外，对于应用服务器中的域，如 grfw.com 域下的 www.grfw.com 和 ftp.grfw.com 等，可以单独在 DNS 服务器上为这些应用域创建新的 DNS 区域，也可以仅通过为这些应用域创建对应的 A 记录来实现，把 www.grfw.com 和 ftp.grfw.com 中的 www 和 ftp 作为对应服务器的主机名。具体参见本系列丛书的《金牌网管师（中级）大中型企业网络组建、配置与管理》一书。

另外，尽管 DNS 在设计上有利于减少本地子网之间的广播通信，但它在服务器和客户端之间产生了一些因名称查询而产生的通信量，尤其是在 DNS 用于路由网络的情况下。要检查 DNS 通信，可以使用系统监视器提供的 DNS 服务器统计信息或 DNS 性能计数器。除路由通信外，请考虑以下 DNS 相关通讯的公用类型的影响，尤其在广域网上通过慢速链路操作时：

- 由与其他 DNS 服务器进行的区域传送和其他 DNS 服务器的互操作（例如在启用 WINS 搜索时）引起的服务器到服务器的通信。
- 由 DNS 客户端或 DHCP 服务器（为早期版本的不支持动态更新的 DNS 客户端提供动态更新）发送的查询加载和动态更新引起的客户端到服务器的通信。

对于小型的平面式名称空间，可以使用网络中所有 DNS 区域到所有的 DNS 服务器的完全复制功能。对于大型的纵深式名称空间这是不可能的，也是不推荐的。在大型网络中，经常需要根据观察或估计到的通信模式研究、测试、分析和修正区域规划。经过仔细的分析之后，可以根据为每个位置和站点提供高效和容错的名称服务而需要的数据将 DNS 区域分区和委派 DNS 区域。

【注意】如果使用混合的 Windows DNS 服务器，切记在 DNS 服务器服务和其他 DNS 服务器实现系统之间的区域传送有时会很慢。DNS 服务器服务支持在复制标准区域的服务器间进行增量区域传送。此功能可以缓解对 DNS 复制通信量的忧虑，且应该在区域规划中复查。

DNS 区域规划尽管它有利于规划区域，但是，你可能还需要研究如何使用仅用于缓存服务器，此服务器不主持 DNS 区域。仅用于缓存的 DNS 服务器在小型远程站点上是一种很好的选择，这种站点对 DNS 名称服务的使用非常少而且很稳定，但访问它需要跨越广域网，在广域网上通过慢速链接对大区域的复制可能会耗费大量资源。

2．DNS 服务器规划

在有多个 DNS 服务器的大网络中，对 DNS 服务器进行规划时，如下考虑非常重要：

- 进行容量规划，并检查服务器硬件要求。

- 确定网络中需要的DNS服务器的数量和它们的作用。
- 确定要使用的DNS服务器的数量时，需要决定哪些服务器将存放区域的主要副本和辅助副本。另外，如果要使用Active Directory，请确定服务器计算机是否将作为域控制器或该域的成员服务器运行。
- 根据通信负载、复制和容错问题，确定在网络上放置DNS服务器的位置。
- 确定是对所有DNS服务器仅使用运行Windows Server 2003的DNS服务器，还是混和运行Windows和其他DNS服务器系统。

（1）服务器容量规划。

在网络上规划和配置DNS服务器需要检查网络的多方因素以及你打算使用的任何DNS服务器的容量需求。在进行规划时要考虑如下问题：

- 希望DNS服务器加载和存放多少区域？
- 该服务器为提供服务而加载的每个区域究竟能有多大（基于区域文件的大小或区域内使用的资源记录的数量）？
- 对多宿主DNS服务器启用多少接口，以侦听和响应与子网连接的每个服务器上的DNS客户端？
- 希望DNS服务器接收和响应多少来自其所有客户端的全部DNS查询请求？

在很多情况下，向DNS服务器添加更多的内存能够明显改善性能。这是因为DNS服务器的服务在启动时将其配置的所有区域完全加载到内存。如果服务器正在运行并加载大量的区域，并且区域客户端频繁地动态更新，则附加内存可以给你带来很大帮助。

典型的使用情况DNS服务器所消耗的系统内存大约如下：

- 在DNS服务器不加载任何区域启动时将使用大约4MB的内存。
- 每次向服务器增加区域或资源记录时，DNS服务器都要消耗额外的服务器内存。

估计每向服务器区域中增加一个资源记录，将平均使用大约100字节的服务器内存。例如，如果将一个包含1000个资源记录的区域添加到服务器，则需要大约100KB的服务器内存。

当然这里的建议并不是为了指明DNS服务器的最大性能或限制。而且，这些数字都是近似值，并可能会受到以下因素的影响：在区域中输入的资源记录的类型、具有相同所有者名称的资源记录的数量、在特定DNS服务器上使用的区域数量。

（2）DNS服务器位置的规划。

一般将DNS服务器放在客户端可集中访问的网络位置。通常，在每个子网上使用一个DNS服务器是最实用的。决定在何处需要DNS服务器时，需要考虑以下几个因素：

- 如果准备配置DNS以支持Active Directory，则DNS服务器计算机是否也是域控制器或将来很可能升级为域控制器？
- 如果DNS服务器停止响应，那么这个服务器的本地客户端能否访问备用的DNS服务器？
- 当DNS服务器位于距离它的一些客户端较远的子网上时，如果支持路由的连接停止响应，可使用其他哪些DNS服务器或名称解析选项？

网络资源需要DNS来定位Active Directory域控制器。可选择将DNS服务器服务设置为使用“Active Directory安装向导”进行的Active Directory安装的一部分，在服务器上安装Active Directory时，服务器被升级为域控制器角色。在服务器上安装Active Directory时，“Active Directory安装向导”会提供选项自动安装DNS服务器服务，并在本地添加新的区域。选择使用“Active Directory安装向导”安装与配置DNS服务器的选项时，将根据在该向导中指定的DNS名称创建区域。

冗余与容错的简单方法是在每个域控制器上运行DNS服务器。对于每个子网，应让两个域控制器同时运行DNS服务器服务，并创建集成了Active Directory的区域，也就是在两个域控制器上配置相同的DNS服务器区域。

对于所有DNS服务器的安装，均可采用以下服务器放置和规划原则：

- 如果有一个支持路由的局域网和可靠的高速链路，则对于较大的、有多重子网的网络区域可能只需使用一个DNS服务器。如果在单个子网的设计中使用了大量的客户端节点，那么在首选DNS服务器停止响应时，可能希望向子网中添加多个DNS服务器，以提供备份和故障转移。
- 确定需要使用的DNS服务器数量时，请估计在网络中的较慢链路上进行区域传送和DNS查询通信的执行效果。尽管DNS在设计上能帮助减少本地子网之间的广播通信量，但它确实会在服务器和客户端之间产生一些新的通信量，尤其是当它在复杂路由的局域网或广域网环境中使用的时候。所以需要考虑在较慢链路上的区域传送的执行效果，像那些通常用在广域网连接中的慢速连接。
- 尽管DNS服务器服务支持增量区域传送，并且DNS客户端和服务器能缓存近期使用的名称，但是通信量的考虑有时仍然是个问题，尤其是当DHCP租约被缩短，并且导致DNS中的动态更新更为频繁的时候。用于处理广域网链路上远程位置的一个选项是在这些位置上设立DNS服务器，以提供仅使用缓存的DNS服务。
- 对于大多数安装配置来说，为了实现容错，至少应该在每个DNS区域上使用两台服务器计算机。DNS被设计成每个区域有两台服务器：一个是主服务器，另一个是备份或辅助服务器。最终确定要使用多少服务器之前，需要先估测网络所需要的容错水平。

【经验之谈】在单个子网环境中的小型LAN上仅使用一个DNS服务器时，可以配置这个服务器扮演区域的主服务器和辅助服务器两种角色。为获取最佳效果和简化DNS管理，可考虑对所有的DNS服务器使用Windows Server 2003 DNS服务器服务。

管理由DNS服务器服务创建的区域文件时，建议使用DNS控制台工具修改文件。但是也可以使用任何支持在文本模式下保存文件的应用程序手动管理DNS区域的所有文件。不管是用文本编辑器手动编辑区域文件还是使用DNS控制台修改文件，都请选择一种用于更新区域的方式并统一使用。这有助于防止对区域的编辑被覆盖或拒绝，这在从一种方式转换为另一种方式时完全可能发生。

6.3.9 DHCP服务器的规划考虑

在DHCP服务器规划中，首先要充分考虑并确认以下问题：

- 如何确定要使用的DHCP服务器的数目
- 如何支持其他子网上的DHCP客户端
- DHCP网络路由规划
- 企业网络规划的其他考虑事项

1. DHCP服务器规划的一般考虑

以下是进行DHCP服务器规划时的一般注意事项：

（1）可用80/20设计规则平衡地址的作用域分布，通过配置多个DHCP服务器来为相同作用域提供服务。

在相同子网上使用多个DHCP服务器为DHCP客户端服务将提供更强的容错能力。在有两个DHCP服务器的情况下，如果一个服务器不可用，那么另一个服务器可以取代它并继续租用新的地址或续订现有客户端。在两个DHCP服务器之间平衡单个网络和地址作用域范围的通常做法是让一个DHCP服务器分配80%的地址，而剩余的20%则由第二个服务器提供。

（2）在 LAN 环境中的每个子网上对多个 DHCP 服务器使用超级作用域。

启动时，每个 DHCP 客户端都将 DHCP 发现消息（DHCPDiscover）广播给本地子网以尝试查找 DHCP 服务器。由于 DHCP 客户端在初始启动期间使用了广播，所以如果在同一子网中有多个活动的 DHCP 服务器，那么将无法预见哪个服务器会响应客户端的 DHCP 发现请求。

例如，如果有两个 DHCP 服务器服务于同一子网及其客户端，那么任一服务器都可以为客户端提供租用服务。分配给客户端的实际租约取决于哪个服务器首先响应特定的客户端。之后，当该客户端试图续订时，起先由客户端在获取租约时选定的服务器可能无法使用。此时，客户端将延迟续订租约的尝试直至它进入重新绑定状态。在这种状态下，客户端在子网上进行广播，以便定位有效的 IP 配置并在网络上不中断地继续进行下去。此时，其他 DHCP 服务器可能对客户端请求作出响应。如果出现这种情况，响应的服务器可能在应答中发送 DHCP 否定确认消息（DHCPNAK）。即使起先为客户端提供租用服务的原始服务器在网络上可用，也可能发生这种情况。

若要在相同子网上使用多个 DHCP 服务器时避免这些问题，请使用一个在所有服务器上配置相似的新的超级作用域。超级作用域应包含子网中的所有有效作用域作为其成员作用域。在各台服务器上配置成员作用域时，地址只能在子网上的某一个可用 DHCP 服务器上可用。对于子网上的所有其他服务器，在配置相应作用域时，应对相同的地址作用域范围使用排除范围。

（3）仅在需要从服务中永久删除作用域时，停用作用域。

一旦激活了作用域，除非你准备在网络上撤消该作用域及其所包含的地址范围，否则不要停用作用域。一旦停用了作用域，DHCP 服务器就不再将那些作用域地址作为有效地址接受。这仅在需要将使用中的作用域永久撤消时才有用；否则，停用作用域将导致服务器向客户端发送不需要的 DHCP 否定确认消息（DHCPNAK）。

如果目的只是要暂时停用作用域地址，那么可以在活动作用域中编辑或修改排除范围，这样能够获得预期结果，同时不会造成负面影响。

（4）仅在需要时使用 DHCP 服务器上的服务器端冲突检测。

在租用或使用地址之前，DHCP 服务器或客户端可使用冲突检测功能确定 IP 地址是否已在网络上使用。如果运行 Windows 2000 或 Windows XP 的 DHCP 客户端计算机获得了 IP 地址，那么在完成配置并使用由服务器提供的 IP 地址之前，客户端会使用免费 ARP 请求执行基于客户端的冲突检测。如果 DHCP 客户端检测到冲突，它将向服务器发送 DHCP 拒绝消息（DHCPDECLINE）。

如果网络中存在旧版的 DHCP 客户端（运行 Windows 2000 之前的 Windows 版本的客户端），可以在特定情形下使用由 DHCP 服务器服务提供的服务器端冲突检测。例如，该功能在删除和重建作用域时的故障恢复期间也许很有用。

在默认情况下，DHCP 服务不执行任何冲突检测。要启用冲突检测，请增加在客户端租用地址之前 DHCP 服务对每个地址执行 ping 操作的次数。请注意，DHCP 服务每多执行一次额外的冲突检测尝试，都会使 DHCP 客户端协商租约时所需的秒数增加。

通常，如果使用 DHCP 服务器端冲突检测，则应该设置由服务器进行的冲突检测尝试次数，最多使用一次或两次 ping 尝试。这将在不降低 DHCP 服务器性能的条件下提供预期效果。

（5）应该在所有可能为保留的客户端提供服务的 DHCP 服务器上创建保留。

可以使用客户端保留来确保 DHCP 客户端计算机在启动时总是收到相同的 IP 地址租约。如果有多个 DHCP 服务器供保留客户端访问，那么请在其他每个 DHCP 服务器上添加保留。

这将允许其他 DHCP 服务器服从为保留客户端创建的客户端 IP 地址保留。如果 DHCP 服务器要对客户端保留进行操作，那么相应的保留地址必须是该服务器可用地址池中的一部分；而你可以在其他 DHCP 服务器上创建相同的保留来把该地址排除在外。

（6）对于服务器的性能，请注意 DHCP 需要频繁使用磁盘，购买具有最佳磁盘性能的硬件。

DHCP 需要对服务器硬盘进行频繁操作。为提供最佳性能，在为服务器计算机购买硬件时可以考虑采用能够改善磁盘访问时间的 RAID 解决方案。

评估 DHCP 服务器的性能时，应把 DHCP 作为整个服务器完整性能评估的一部分。通过在利用率最高的区域（CPU、内存、磁盘输入/输出）监视系统硬件性能，可以准确地评估 DHCP 服务器何时过载或需要升级。DHCP 服务中含有几个可用于监视服务的“系统监视”计数器。

（7）坚持使用审核日志以便用于故障排除。

在默认情况下，DHCP 服务启用服务相关事件的审核记录。审核日志提供了一种长期的服务监视工具，从而保证对服务器磁盘资源的限制性使用和安全使用。

（8）对使用路由和远程访问服务进行远程访问的 DHCP 客户端减少租用时间。

如果在网络上使用路由和远程访问服务来支持拨号客户端，那么你可以在为这些客户端提供服务的作用域上将租用时间调整为小于默认值（8 天）。在作用域中支持远程访问客户端的一种推荐方式是，添加并配置为标识客户端而提供的内置 Microsoft 供应商类别。

（9）如果可用地址空间足够，那么可以为大型、稳定且固定的网络延长作用域租约期限。

对于小型网络（例如未使用路由器的物理 LAN），默认的租约期限通常是 8 天。对于较大的路由网络，可以考虑将作用域租用时间延长，如 16～24 天。这样可以减少与 DHCP 相关的网络广播通信，特别是当客户端一般保持在固定位置而且作用域地址充足（至少有 20%或更多的地址仍可使用）时更为有效。

（10）将 DHCP 与其他服务集成，如 WINS 和 DNS。

WINS 和 DNS 都可用于在网络上注册动态的名称到地址的映射。要提供名称解析服务，必须对 DHCP 与这些服务的交互操作进行规划。大多数实施 DHCP 的网络管理员也要规划 DNS 和 WINS 服务器的实施策略。

对于路由网络，请使用中继代理或设置相应的定时器来避免对 BOOTP 和 DHCP 消息通信进行不必要的转发和中继。

如果有多个物理网络通过路由器连接在一起，而且并非所有网络段中都存在 DHCP 服务器，那么路由器必须能够中继 BOOTP 和 DHCP 通信。如果没有这样的路由器，可以在每个路由子网中的某一台运行 Windows Server 2003 的服务器上安装 DHCP 中继代理组件。中继代理将中转本地物理网络上启用 DHCP 的客户端和位于另一物理网络上的远程 DHCP 服务器之间的 DHCP 和 BOOTP 消息通信。使用中继代理时，必须设置在把消息转发到远程服务器之前中继代理等待的初始延时时间（以秒计算）。

（11）根据网络上启用 DHCP 的客户端数量使用适当数量的 DHCP 服务器。

在小型 LAN 中（例如一个不使用路由器的物理子网中），单个 DHCP 服务器就可以向所有启用了 DHCP 的客户端提供服务。对于路由网络，需要增加的服务器数量由下面几个因素决定：启用 DHCP 的客户端数量、网段之间的传输速度、网络链路速度、DHCP 服务用于整个企业网络还是仅用于选定的物理网络、网络的 IP 地址类。

（12）对于由 DHCP 服务执行的 DNS 动态更新，请使用默认的客户端首选设置。

可以将 Windows Server 2003 DHCP 服务配置成按照客户端所请求的更新执行方式为 DHCP 客户端执行 DNS 动态更新。该设置提供了代表客户端执行动态更新的 DHCP 服务最佳使用方法。运行 Windows 2000、Windows XP 或 Windows Server 2003 操作系统的 DHCP 客户端计算机会显式请求 DHCP 服务器仅更新在 DNS 中用来反向查找和将客户端的 IP 地址解析成其名称的指针（PTR）资源记录。这些客户端为其本身更新地址（A）资源记录；运行 Windows 早期版本的客户端不能显式请求 DNS 动态更新协议首选项，对于这些客户端，DHCP 服务将同时更新其 PTR 和 A 资源记录（如果该服务已被配置成这样做）。

（13）在DHCP服务器控制台中使用手动的备份和恢复方法。

使用DHCP控制台中的“操作”→“备份”命令，可以按照一定的时间间隔执行DHCP服务的完全备份，这样可防止丢失重要数据。使用手动备份方法时，所有的DHCP服务器数据都将包含在备份中，其中包括所有的作用域信息、日志文件、注册表项以及DHCP服务器配置信息（DNS动态更新凭据除外）。请不要将这些备份保存在安装了DHCP服务的硬盘上，而且需要确保该备份文件夹的访问控制列表（ACL）中仅含有Administrators组和DHCP Administrator组两个成员。除执行手动备份之外，还应备份到其他位置（如磁带驱动器），并确保未经授权的用户无法访问备份副本。为此，可以使用Windows备份。

还原DHCP服务时，请使用通过手动“备份”命令创建的备份或使用由DHCP服务借助同步备份功能创建的数据库副本。此外，还可以在DHCP控制台中使用“操作”→“还原”命令来还原DHCP服务器。

（14）在安装DHCP服务器之前，请明确：DHCP服务器的硬件和存储要求；哪些计算机可以立即配置为具有动态TCP/IP配置的DHCP客户端，哪些计算机需要使用静态TCP/IP配置参数和静态IP地址手动配置；为DHCP客户端预定义的DHCP选项类型和值。

2. DHCP服务器数量规划

由于对DHCP服务器可以服务的客户端最大数量或可以在DHCP服务器上创建的作用域数量没有固定限制，因此在确定要使用的DHCP服务器数目时，最主要的考虑因素是网络体系架构和服务器硬件。例如，在单一的子网环境中仅需要一台DHCP服务器，但你可能希望使用两台服务器或部署DHCP服务器群集来增强容错能力。在多子网环境中，由于路由器必须在子网间转发DHCP消息，因此路由器性能可能影响DHCP服务。在这两种情形中，DHCP服务器的硬件都会影响对客户端的服务。

Windows Server 2003的DHCP服务器服务是一个支持群集的应用程序。通过使用Windows Server 2003 Enterprise Edition附带提供的群集服务部署DHCP服务器群集，可以实现更高的DHCP（或MADCAP）服务器可靠性。通过使用DHCP的群集支持，可以实现一种本地进行的DHCP服务器故障转移，从而获得更高的容错能力。也可以通过组合使用远程故障转移配置与DHCP服务器群集来增强容错能力，例如通过使用分隔的作用域配置。因为DHCP群集在企业网络中的实际应用比较少，特别是在中小型企业网络中，所以在此不再赘述。

（1）80/20规则。

为了平衡DHCP服务器的使用率，较好的做法是使用80/20规则将作用域地址划分给两台DHCP服务器。如果将服务器1配置成可使用大多数地址（约80%），则服务器2可以配置成让客户端使用其他地址（约20%）。图6-12所示是80/20规则的典型示例，其中DHCP服务器1含有20%的地址，而DHCP服务器2含有80%的地址，是通过“排除范围”来实现的。新建作用域时，用于创建它的IP地址不应该包含当前已静态配置的计算机（如DHCP服务器）的地址。这些静态地址应位于作用域范围之外，或者应将它们从作用域地址池中排除。

（2）规划DHCP服务器数目时的考虑。

在确定要使用的DHCP服务器的数目时，需要考虑以下事项：

- 路由器在网络中的位置以及是否希望每个子网都有DHCP服务器。
- 在跨跃多个网络扩展DHCP服务器的使用范围时，经常需要配置额外的DHCP中继代理，而且在某些情况下还需要使用超级作用域。
- 为其提供DHCP服务的网段之间的传输速度保障。如果有较慢的WAN链路或拨号链路，可能在这些链路两端都需要配备DHCP服务器来为客户端提供本地服务。
- DHCP服务器计算机上安装的磁盘驱动器的速度和随机存取内存（RAM）的数量。为获得最优的 DHCP 服务器性能，请尽可能使用最快的磁盘驱动器和最多的 RAM。在规划 DHCP 服务器的硬件需求时，请仔细评估磁盘的访问时间和磁盘读写操作的平均次数。

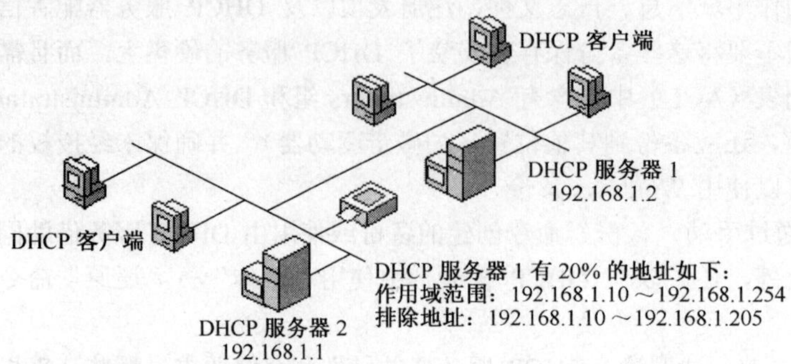

图 6-12　DHCP 的 80/20 规则应用示例

- 选择使用的 IP 地址类型和其他服务器配置细节方面的实际限制。在组织网络中部署 DHCP 服务器前，可以先对它进行测试以确定硬件的限制和性能并了解网络体系架构、通信和其他因素是否影响 DHCP 服务器的性能。通过硬件和配置测试，还可以确定每台服务器要配置的作用域数量。

为提供 DHCP 服务器性能的一般性概念，请在测试实验室环境中运行使用 Windows Server 2003 的 DHCP 服务器，并针对该服务器使用自定义强度应用程序。在向服务器添加大量作用域时，请注意每个作用域都将导致对磁盘空间量的相应需求，即递增性地增加用于 DHCP 服务器注册表和服务器页面文件的额外磁盘空间量。运行 Windows Server 2003 的 DHCP 服务器提供了可用来测试和监视服务器性能的监视工具。

3．DHCP 服务器规划的其他考虑

除了以上考虑外，在大型网络中规划 DHCP 服务器还需要考虑以下几方面的事项：

（1）备用 DHCP 服务器的考虑。

大多数网络需要一个主要的联机 DHCP 服务器和一个作为辅助或备份服务器的其他 DHCP 服务器。如果选择不实现两个 DHCP 服务器使用 80/20 规则平衡作用域，但想继续提供具有潜在容错能力的方案，则可能需要考虑实现作为备用方案的备份或热待机 DHCP 服务器。

在热待机配置中，待机 DHCP 服务器是其安装和配置与主 DHCP 服务器完全一样的另一台服务器计算机。在待机情况下，唯一的区别是待机服务器及其作用域在一般情况下没有被激活使用。虽然配置了重复的作用域，但除非在紧急情况下才需要，否则并不激活。例如在主 DHCP 服务器停止或长时间脱机时取而代之。

因为热待机解决方案需要特别注意其配置，而且还需要手动管理，以确保 DHCP 客户端可以使用它进行故障转移。作为一个规划方案，比较而言，更推荐您选用 2～3 台 DHCP 服务器来平衡活动作用域的使用情况。

（2）支持其他子网的考虑。

为了使 DHCP 服务支持网络上的其他子网，必须首先确定用来连接邻近子网的路由器是否支持 BOOTP 和 DHCP 消息的中继。如果路由器不能用于 DHCP 和 BOOTP 中继，可以为每个子网设置以下任一方案：

- 配置运行 Windows NT Server 4.0、Windows 2000 Server 或 Windows Server 2003 操作

系统的计算机使用 DHCP 中继代理组件。这台计算机只是在本地子网的客户端与远程 DHCP 服务器之间来回转发消息，并使用远程服务器的 IP 地址。DHCP 中继代理服务仅在运行 Windows NT Server 4.0、Windows 2000 Server 或 Windows Server 2003 操作系统的计算机上可用。

- 将运行 Windows Server 2003 操作系统的计算机配置成本地子网的 DHCP 服务器。此服务器计算机必须包含和管理它所服务的本地子网的作用域和其他可配置地址的信息。

（3）规划路由 DHCP 网络的考虑。

在使用子网划分网段的路由网络中，规划 DHCP 服务选项时必须遵循一些特定的要求，以便完全实现 DHCP 服务。这些要求包括：

- 在路由网络中，一个 DHCP 服务器必须至少位于一个子网中。
- 为了使 DHCP 服务器能支持其他被路由器分开的远程子网上的客户端，必须使用路由器或远程计算机作为 DHCP 和 BOOTP 中继代理程序以支持子网之间 DHCP 通信的转发。

第7章

企业网络通信子系统结构方案

在完成了以上各章的规划与设计后，网络通信子系统的设计工作就基本完成了，则会有一整套的设计报告书。其中最重要的内容当然就是具体网络通信子系统的工程方案。本章介绍的是一些比较好的主要品牌网络通信子系统网络拓扑结构方案。在这些拓扑结构方案设计中，一定要充分结合本书前面各章的考虑，要先进行用户需求调查，选择好相应的拓扑结构类型和分布方式，以及各主要网络设备的选型。

网络拓扑结构的设计一定要充分考虑用户的网络规模、应用需求和未来的发展速度等因素，不能简单而又轻率地做出决定。如本章在介绍不同规模的企业网络拓扑结构设计中，不仅考虑了用户当前网络节点的需求，还充分考虑了用户的网络应用及成本需求，特别是在互联网接入方式选择方面。

本章中针对不同规模的企业网络，提供了多种不同的工程方案，并具体介绍了各个方案的主要特点。如在介绍中小型企业网络系统方案时，为了更有针对性，把这类网络划分为 50 个节点以内的小型办公室网络、100 个节点左右的小型局域网和 200 个节点左右的中小型局域网 3 类。而对于大中型企业，本章主要介绍了 500 节点左右的大中型企业网络拓扑结构方案。至于 500 节点以上的大型企业方案，将在本系列丛书的高级课程中介绍。

本章老师可不专门安排上课课时，学员自学即可。

7.1　小型 SOHO 办公室网络系统结构方案

一般把单 C 类地址网段（节点数在 254 个以内）的网络定义为中小型企业网络。在中小型企业网络系统方案中又可根据不同规模分为：50 节点以内、100 节点左右、200 节点左右 3 种不同的配置方案。小型 SOHO 办公室局域网的网络规模通常在 50 节点以内，是一种结构简单、应用较为单一的小型局域网。在做出方案选择前，要结合这类企业网络的通用特点分析当前企业网络的实际需求，同时还要充分考虑网络方案的投资成本，力求使所做的方案经济、高效和实用。

7.1.1　小型 SOHO 办公室网络方案的特点与要求

这种小型 SOHO 办公室网络方案的特点与要求主要体现在以下几个方面：

（1）网络结构非常简单。

这类企业网络通常是由少数几台交换机（通常在 3 台以内）组成一个包括核心交换机和边缘层（接入层）交换机的双层网络结构，没有中间的汇聚层，如图 7-1 所示。有的还可能是一个没有层次结构的单交换机网络，如图 7-2 所示，通常的网络规模在 20 个用户左右。

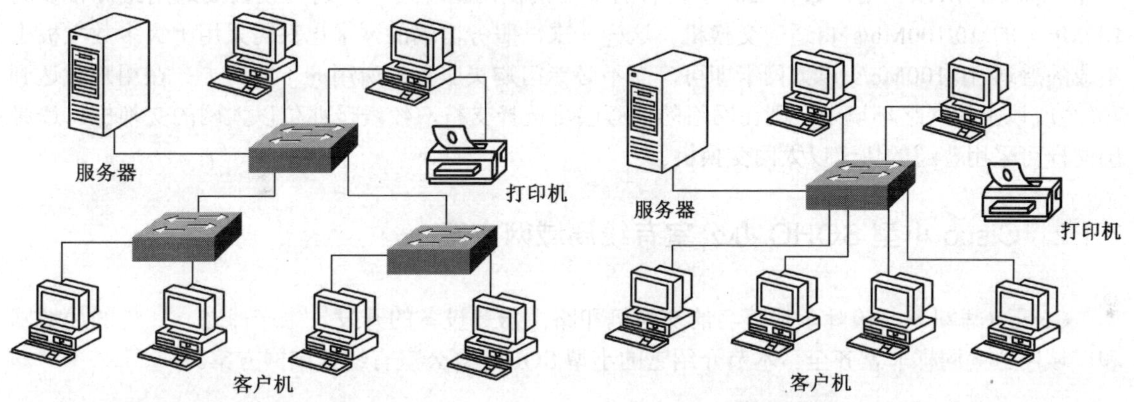

图 7-1　双层交换结构的小型办公室局域网　　　图 7-2　单交换机的小型办公室局域网

（2）普通技术支持。

在这一类网络方案中，出于成本和实际应用需求考虑，不必刻意追求高、新技术，只需采用当前最普通的双绞线千兆核心服务器连接、百兆到桌面的以太网接入技术即可。虽然现在的以太网技术最高达到了 10Gb/s，但具有这样高带宽设备的价格非常昂贵，同时实际上在这类企业网络中根本用不上。由于用户数少、网络应用也比较简单，所以在这类企业网络中核心交换机只需要选择普通的 10/100Mb/s 设备，有条件和需求的企业可选择带有双绞千兆位以太网端口的千兆位以太网交换机（建议选择此方案）。但无论哪种选择，都可以最大限度地保护企业的原有投资，因为如果核心交换机选择的仅是普通的 10/100Mb/s 快速以太网交换机，在网络规模扩大，需要用到千兆连接时，原有的核心交换机可降为汇聚层或边缘层使用；而如果核心交换机选择的是支持双绞线千兆连接的，在网络规模扩大时，仍可保留在核心层使用。

（3）软件类设备较多。

在这类企业网络中，出于成本和应用需求考虑，对于那些价格昂贵，又对网络应用实际影响不是很大的路由器和防火墙，通常是采用软件类型。与互联网连接方面，通常采用的是软件网关和代理服务器或者廉价的宽带路由器方案。当然有条件或有需求的企业也可以选择较低档的边界路由器方案，这类路由器可以支持更多的互联网接入方式。防火墙产品通常也是采用软件防火墙。打印机也只是采用普通的串/并口打印机，通常不会选择价格昂贵的网络打印机。

（4）需要充分考虑网络扩展。

这类企业多数成长较快，通常只需一两年，网络规模和应用都将发生非常大的改变，所以，在选择网络设备时要充分考虑网络的扩展。网络扩展方面的考虑主要体现在交换机端口和所支持的技术上。在端口方面要留有一定量的余地，不要选择只满足当前网络节点数端口的交换机，如目前只有 50 个用户，则至少要使总的端口数在 60 个甚至更多；在技术支持方面，最好选择支持千兆位以太网技术的交换机，至少有两个以上的双绞线千兆位以太网端口。

（5）投资成本要尽可能低。

由于这类企业自身的经济实力一般较差，所以在网络上的成本投资一般比较低。这就要求在进行方案设计时要充分考虑方案投资成本，在满足企业网络应用和未来发展的前提下，尽可能降低成本，使所选方案具有较高的性价比。

因为用户数非常少，从经济角度考虑，应尽可能选择端口数多的交换机。如企业用户在 30 个左右，则不必选择两台 24 口的交换机，而最好选择一台 48 口的交换机。这样一方面总设备投资成本可能低很多，同时还可使网络结构更加简单，便于维护和管理。当然对于用户数在 50 个左右的网络，则最好采取分层结构，而且核心交换机的端口数也不必太多（通常是在 12 个以内），而且最好提供两个或以上的双绞线光纤接口。

在这类企业网络中，虽然服务器是负荷最重的网络设备，但由于用户数非常少，网络应用也非常简单，所以当用户数在 20 个左右的单交换机网络环境中，通常仅需要选用最高带宽为 100Mb/s 的 10/100Mb/s 自适应交换机。这样一来，服务器端的网卡也只需采用绝大多数主板上集成的普通 10/100Mb/s 以太网卡即可，而不必专门购买服务器所用的千兆网卡。在用户数达到 40 个或以上的网络环境中，则在网络的核心层可选择支持双绞线千兆位以太网的交换机，边缘层同样可采用普通的快速以太网交换机。

7.1.2 Cisco 小型 SOHO 办公室有线局域网方案

Cisco（思科）是国际上最著名的交换机和路由器等设备的开发、生产商之一。它的局域网和广域网方案同样非常齐全。本节介绍它的小型 SOHO 办公室有线局域网方案。

1. 方案产品介绍

在 Cisco 的交换机产品方案中，适用于小型分支办公室局域网的方案包括可担当核心交换机的 Catalyst 3500 XL 系列，以及适用于边缘层的 Catalyst 2900 XL 系列。但要注意，本方案中的设备 Cisco 公司已停产，所以新品可能比较少了。

（1）Catalyst 3500 XL 系列交换机。

Catalyst 3500 XL 系列（如图 7-3 所示）是一个具有 10/100Mb/s 快速以太网自适应端口和千兆端口的可扩展、可堆叠交换机系列。它允许从一个 IP 地址管理所有 Cisco 交换端口，并提供互连的交换机和一个独立的保护桌面端口的高速堆叠总线。另外，通过 Catalyst 3500 XL 系列和 Cisco 交换集群技术，可以进一步提高整体交换机特别是核心交换机的性能。由于所有 Catalyst 3500 XL、2900 XL 和 Catalyst 1900 交换机上都支持交换机集群，因此用户可以从一个单一 IP 地址管理 380 多个端口，并能够通过广泛的以太网、快速以太网和千兆位以太网介质连接所有的交换机，而无论它们的物理位置在哪里。

Catalyst 3500 XL 系列高性能交换机包括 Cisco IOS 软件和 Cisco Visual Switch Manager（CVSM）软件，以及一个易于使用的基于 Web 的管理界面。所有 Catalyst 3500 XL 系列交换机均包括标准版和企业版。企业版交换机提供先进的软件特性，包括全面的 802.1Q 和 ISL VLAN 支持、TACACS+安全和由 Uplink Fast 实现的容错特性。

图 7-3 Catalyst 3500 XL 和 Catalyst 2900 XL 两系列

Catalyst 3512 XL、Catalyst 3524 XL 和 Catalyst 3548 XL 交换机是 Cisco 公司 Catalyst 3500 XL 系列产品的成员，分别能够提供 12、24 或 48 个 10/100Mb/s 端口，以及 2 个内置的千兆比特以太网端口，性能最高可以达到 8.0Mp/s。10.8Gb/s 的交换网和最高 8.0Mp/s 的转发速率使这些交换机成为建立高性能局域网的理想选择。它们能够为客户提供基于千兆比特以太网的配置选项、新的 Cisco 交换机集群多设备管理结构，以及综合的 IP 语音和电话支持能力。以上 3 种机型的具体比较如表 7-1 所示。

表 7-1 Catalyst 3500 XL 系列交换机比较

比较项目 \ 产品型号	Catalyst 3512 XL	Catalyst 3524 XL	Catalyst 3548 XL
交换机类型	二层交换	二层交换	二层交换
端口数	共 14 个端口	共 26 个端口	共 50 个端口
端口带宽	12 个 10/100Mb/s 自适应端口和 2 个基于 GBIC 的光纤千兆端口	24 个 10/100Mb/s 自适应端口和 2 个基于 GBIC 的光纤千兆端口	48 个 10/100Mb/s 自适应端口和 2 个基于 GBIC 的光纤千兆端口
是否可网管	可网管，拥有 Cisco 虚拟交换机管理器（CVSM）的基于 Web 的管理工具，支持基于 Web 的管理方式		
传输介质	10/100Mb/s 端口采用双绞线连接，而 GBIC 端口则采用不同规格的光纤连接		
其他功能	支持通过 GBIC 端口与本系列或 Catalyst 2900 XL 和 Catalyst 1900 XL 系列交换机堆叠和群集，可在一个菊花链配置中提供 1Gb/s 半双工连接或者在专用交换机到交换机的配置中提供 2Gb/s 全双工连接		
主要应用	小型网络的核心层或汇聚层		

内置的千兆比特以太网端口适合插入多种 GBIC 收发器，包括 Cisco GigaStack GBIC、1000Base SX、1000Base LX/LH 和 1000Base ZX GBIC。基于 GBIC 的双千兆比特以太网的实现为客户提供了巨大的配置灵活性，它允许客户实现当今典型的堆叠和上行链路配置，同时保留将来对这一配置进行修改的选项。

【说明】前面的 Mp/s 是一个交换机包转发率的单位，标志了交换机转发数据包能力的大小。包转发速率是指交换机每秒可以转发多少百万个数据包（Mp/s），即交换机能同时转发的数据包的数量。包转发率以数据包为单位体现了交换机的交换能力。一般交换机的包转发率在几十 Kp/s 到几百 Mp/s 之间。

GBIC 是 Giga Bitrate Interface Converter（千兆接口转换器）的缩写，是将千兆位电信号转换为光信号的接口器件。GBIC 设计上可以为热插拔使用，是一种符合国际标准的可互换产品。采用 GBIC 接口设计的千兆位交换机由于互换灵活，在市场上占有较大的市场份额。

Catalyst 3500 XL 交换机是多种网络应用中实现桌面连接的理想选择。拥有 12 个端口的 Catalyst 3512 XL 以较低的入门级价格提供了较低的端口密度；而 Catalyst 3524 XL 和 Catalyst 3548 XL 交换机能够以较低的每端口价格向个人用户和服务器提供专用的 10Mb/s 或 100Mb/s 带宽。这 3 种桌面交换机都拥有基于 GBIC 的双千兆比特以太网端口，能够为千兆比特以太网上行链路或 GigaStack GBIC 堆叠解决方案提供一个极为灵活的、可扩展的解决方案。无论在桌面上还是在配线室里，这些交换机都很容易配置，并且能够得到 Cisco IOS 软件的支持。利用 Cisco 交换机集群多设备管理技术，对 Cisco 桌面 Catalyst 交换机的管理能够变得更加方便。

（2）Catalyst 2900 XL 系列交换机。

Catalyst 2900 XL 系列是 Cisco 提供的一个全系列 10/100Mb/s 自适应快速以太网交换机，也集成了 Cisco IOS 软件。Catalyst 2900 XL 系列包括 Catalyst 2912 XL、Catalyst 2924 XL、Catalyst 2924C XL、Catalyst 2924M XL 和 Catalyst 2912MF XL 五个型号，每一个型号拥有不同的端口密度、配置选项和价格，可以满足广泛的网络设计要求。Catalyst 2900 XL 包括标准版和企业版 IOS 系统，并且可以升级，因此可以保证投资可以随网络的发展或变化而得到保护。它们的配置比较如表 7-2 所示。

表 7-2　Catalyst 2900 XL 系列交换机比较

产品型号 比较项目	Catalyst 2912 XL	Catalyst 2924 XL	Catalyst 2924C XL	Catalyst 2924M XL	Catalyst 2912MF XL
交换机类型	二层交换		二层交换		二层交换
端口数	12 个	24 个	26 个	32 个	20 个
端口带宽	12 个全为 10/100Mb/s	24 个全为 10/100Mb/s	24 个 10/100Mb/s 和 2 个 100BaseFX	24 个 10/100Mb/s 和 2 个 4 端口 10/100Mb/s TX 模块，或者 2 端口的 100（或 1000）Mb/s FX 模块	12 个 10/100Mb/s 和 2 个 4 端口 10/100Mb/s TX 模块，或者 2 端口的 100（或 1000）Mb/s FX 模块
是否可网管	可网管，支持简单网络管理协议（SNMP）和 Telnet 接口，支持基于命令行接口（CLI）的管理控制台、Cisco Visual Switch Manager 软件和 Cisco Works Windows 和 Cisco Works 2000 网络管理软件等管理功能				
传输介质	10/100Mb/s TX 端口采用双绞线连接，而 10/100Mb/s TX 和 1000Mb/s 模块端口则可采用 SC 连接器，50/125 和 62.5/125 μm 多模光纤布线				
其他功能	通过 Fast Ether Channel（FEC，快速以太网通道）技术实现的带宽聚集功能增强了容错性能和在交换机、路由器和独立服务器之间提供高达 800Mb/s（全双工情况下）的带宽				
	根据不同应用，可应用于网络的各个层次				
主要应用	边缘层				

24 端口的 Catalyst 2924M XL 交换机非常适合给单个用户提供 10Mb/s 或 100Mb/s 的带宽。12 端口 Catalyst 2912MF XL 交换机对于通过 100BaseFX 光纤连接集合中小型园区网络非常理想。Catalyst 2912MF XL 和 Catalyst 2924M XL 的 2 个通用模块插槽提供扩展功能、更高速度的连接和特性模块支持，允许灵活地升级网络，保护投资。12 端口 Catalyst 2912MF XL 对于通过中小型园区环境的 100BaseFX 光纤连接集合地理位置分散的快速以太网工作组非常理想，2 个高速上行链路插槽能使用户另外增加多达 8 个 100BaseFX 或 10BaseT/100BaseT 端口。

2．方案简介

在本方案中，Catalyst 3500 XL 和 Catalyst 2924 XL 两系列交换机都可用于桌面连接，给工作站和服务器提供专用 10Mb/s 或 100Mb/s，并作为一个拥有独特 IP 地址的独立单元部署。Catalyst 3500 XL 系列中的千兆位以太网端口将用于面向企业主干网的上行链路连接，当然也可以在核心交换机中用来连接服务器或下级交换机。

（1）对于 50 节点以内的小型办公室网络，如果网络节点数小于 26 个，则可直接用一台 Catalyst 3524 XL 交换机连接，24 个 10/100Mb/s 端口用于普通工作节点的连接，而 2 个千兆端口中的一个可用于服务器连接，另外一个用于冗余。

（2）如果网络节点数在 26～50 之间，而且只想用一台交换机连接，则可直接用 Catalyst 3548 XL 连接，它的 48 个 10/100Mb/s 端口可连接普通工作站节点，而 2 个千兆端口中的一个可用于服务器连接，另外一个用于冗余。以上两种情况下的网络拓扑结构仍参见图 7-2。

（3）如果网络节点数在 26～50 之间，而且想采用分层交换结构，则可采用 Catalyst 3512 XL（当然也可以采用 Catalyst 3524 XL 型号）作为核心交换机，而边缘层交换机则可以采用 Catalyst 2924 XL 系列中的任何一款。当然，其中的 Catalyst 2924C XL、Catalyst 2924M XL 和 Catalyst 2912MF XL 三款具有 10/100Mb/s 的光纤连接，而且 Catalyst 2924M XL 和 Catalyst 2912MF XL 两款具有 GBIC TX 端口模块式结构，可灵活扩展网络规模。当采用 Catalyst 2912 XL 或 Catalyst 2924 XL 这两个型号的交换机时，需要用双绞线与 Catalyst 3512XL 交换机的普通 10/100Mb/s 端口级联，而采用 Catalyst 2924C XL、Catalyst 2924M XL 和 Catalyst 2912MF XL 三个型号的交换机时，则可采用光纤连接，但采用 Catalyst 2924C XL 型号时连接速率仍仅是 10/100Mb/s，而当采用千兆速率模块的 Catalyst 2924M XL 和 Catalyst 2912MF XL 时连接速率可达到 1000Mb/s。以上各种组合方式的网络拓扑结构仍参见图 7-1。

3．方案成本预算和特点

在这里仅就本方案中的交换机设备的投资进行预算，粗略估算如表 7-3 所示。

表 7-3　Cisco 方案交换机参考报价

产品型号	Catalyst 3512 XL	Catalyst 3524 XL	Catalyst 3548 XL	Catalyst 2912 XL
市场参考价	11000 元	13000 元	25000 元	2800 元
产品型号	Catalyst 2924 XL	Catalyst 2924C XL	Catalyst 2924M XL	Catalyst 2912MF XL
市场参考价	5200 元	5500 元	7200 元	3500 元

Cisco 的这个 Catalyst 3500 XL 和 Catalyst 2900 XL 系列组合方案技术功能比较丰富，像堆叠、集群、快速以太网通道（FEC）、千兆位以太网通道（GEC）、GBIC 模块等都具有，但价格还算是比较贵的，适用于规模更大一些的企业网络选用。对于这类小型办公企业，建议还是选择下面将要介绍的 H3C 产品方案。

7.1.3　H3C 小型 SOHO 办公室有线局域网方案

H3C 是早两年由我国著名的网络设备商华为公司和美国 3COM 公司共同组成的新公司，以共同提高竞争实力。它也可同时提供交换机、路由器及其他许多类型的网络设备。本节和本章后面所介绍的交换机和路由器产品均是新公司中的产品。

在小型 SOHO 办公室网络中，按照经济的原则，可以选择 Quidway S3900 和 Quidway S2100-SI 两系列的部分型号交换机进行组合。Quidway S3900 和 Quidway S2100-SI 两系列交换机在华为公司的总体分类中都属于接入层层次的，但对于这类 50 节点以内的网络规模，它们同样可以组成完整的网络层次，Quidway S3900 系列交换机位于核心层，而 Quidway S2100-SI 系列交换机位于边缘层。

1．方案产品介绍

与介绍 Cisco 的产品方案一样，在介绍具体的方案前先来了解一下方案中的产品基本特性。

（1）Quidway S3900 系列交换机。

Quidway S3900 系列智能弹性以太网交换机是华为-3COM 公司为设计和构建高弹性、高智

能网络需求而推出的新一代以太网交换机产品。系统采用华为-3COM 公司创新的 IRF（Intelligent Resilient Framework，智能弹性架构）技术，将多台分散的设备组成统一的交换矩阵（相当于 Cisco 的堆叠技术），非常适合作为关注扩展性、可靠性、安全性和易管理性的办公网、业务网和驻地网的汇聚层和接入层交换机。

Quidway S3900 系列智能弹性交换机目前包含的型号为：S3924-SI、S3928P-SI、S3928TP-SI、S3952P-SI、S3928P-EI、S3928F-EI、S3928P-PWR-EI、S3952P-EI、S3952P-PWR-EI。产品外观如图 7-4 所示。Quidway S3900 系列交换机提供标准型（SI）和增强型（EI）两种产品版本，标准型支持二层和基本的三层功能、提供部分的 IRF 功能（分布设备管理和基本的分布冗余路由）。增强型支持复杂的路由协议和丰富的业务特性，支持全部的 IRF 功能（分布设备管理、分布冗余路由和分布链路聚合）。在本小型办公室网络方案中只需选用标准型版本的即可。该系列 9 个型号的产品基本配置比较如表 7-4 所示。

S3924-SI

S3928-SI/S3928TP-SI/S3928P-EI/S3928P-PWR-EI

S3952P-SI/S3952P-EI/S3952P-PWR-EI

图 7-4 Quidway S3900 系列交换机

表 7-4 Quidway S3900 系列交换机比较

<table>
<tr><td colspan="2" rowspan="3">产品型号
比较项目</td><td rowspan="3">S3924-SI</td><td>S3928P-SI</td><td rowspan="3">S3928TP-SI</td><td rowspan="3">S3928F-EI</td><td>S3952P-SI</td></tr>
<tr><td>S3928P-EI</td><td>S3952P-EI</td></tr>
<tr><td>S3928PWR-EI</td><td>S3952PWR-EI</td></tr>
<tr><td colspan="2">交换机类型</td><td colspan="5">线速二/三层交换，所有端口支持线速转发；包转发率 3.6Mp/s（S3924）/8.6Mp/s（S3928）/13.2Mp/s（S3952）；背板带宽为 32Gb/s</td></tr>
<tr><td colspan="2">管理端口</td><td colspan="5">1 个 Console 口</td></tr>
<tr><td rowspan="7">业务端口描述</td><td>固定端口</td><td>24 个 10/100Mb/s 电口</td><td>24 个 10/100Mb/s 电口和 4 个千兆 SFP 口</td><td>24 个 10/100Mb/s 电口、2 个千兆 SFP 口和 2 个 10/100/1000 Mb/s 电口</td><td>24 个百兆 SFP 口、2 个千兆 SFP 口和 2 个 10/100/1000 Mb/s 电口</td><td>48 个 10/100Mb/s 电口和 4 个千兆 SFP 口</td></tr>
<tr><td rowspan="6">可选模块</td><td rowspan="6">无</td><td colspan="4">1000Base-SX-SFP</td></tr>
<tr><td colspan="4">1000Base-LX-SFP</td></tr>
<tr><td colspan="4">1000Base-LH-SFP</td></tr>
<tr><td colspan="4">1000Base-ZX-LR-SFP</td></tr>
<tr><td colspan="4">1000Base-ZX-VR-SFP</td></tr>
<tr><td colspan="4">1000Base-T-AN-SFP</td></tr>
</table>

续表

比较项目 \ 产品型号	S3924-SI	S3928P-SI S3928P-EI S3928PWR-EI	S3928TP-SI	S3928F-EI	S3952P-SI S3952P-EI S3952PWR-EI
端口类型	10/100Base-T	10/100Base-T 1000Base-SFP 100Base-SFP（S3928F-EI）			
是否可网管	可网管，支持命令行接口（CLI）配置；支持 Telnet 远程配置；支持通过 Console 口配置；支持 SNMP 协议；支持 RMON （Remote Monitoring，远程镜像）1、2、3、9 组 MIB；支持华为 QuidView 网管系统；支持 Web 网管；支持系统日志；支持分级告警				
其他功能	支持 4000 个符合 IEEE 802.1Q 标准的 VLAN；支持基于端口的 VLAN；支持 STP/RSTP/MSTP 生成树协议 在端口汇聚方面，支持通过命令行手动进行端口汇聚；支持 FE（Fast Ethernet）端口汇聚；支持 GE（Gigabit Ethernet）端口汇聚；支持每个汇聚组最大端口数 8FE 或 4GE；支持多对一的端口镜像，即多个源端口，一个镜像端口，在端口镜像方面，支持流镜像；EI 系列支持在堆叠范围内跨设备的镜像功能；支持 RSPAN（远程端口镜像）				

【说明】SFP 是 Small Form Pluggable（小型可插拔结构）的缩写，是一种小型可插拔式新型光学模块收发器，可以简单地理解为 GBIC 的升级版本，属于微型 GBIC（mini GBIC）。SFP 模块体积比 GBIC 模块减少一半，可以在相同的面板上配置多出一倍以上的端口数量。SFP 模块的其他功能基本和 GBIC 一致。有些交换机厂商称 SFP 模块为小型化 GBIC（MINI-GBIC）。

（2）Quidway S2100-SI 系列交换机。

Quidway S2100-SI 系列包括 S2107-SI、S2116-SI、S2126-SI，分别提供 8、16、24 端口 3 种规格的二层交换机。该系列的 3 个型号交换机的基本配置比较如表 7-5 所示。

表 7-5　Quidway S2100-SI 系列交换机比较

比较项目 \ 产品型号	S2107-SI	S2116-SI	S2126-SI
固定端口	8 个 10/100Mb/s 以太网电口和 1 个 Console 口	16 个 10/100Mb/s 以太网电口和 1 个 Console 口	24 个 10/100Mb/s 以太网电口和 1 个 Console 口
扩展槽位数量	0	1	2
扩展接口模块种类	无	100Base-FX 多模模块、100Base-FX 单模模块、100Base-FX 单模中距模块、10/100Base-TX 电口模块	100Base-FX 多模模块、100Base-FX 单模模块、100Base-FX 单模中距模块 10/100Base-TX 电口模块
网线类型	10Base-T/100Base-Tx: 3/4/5 类非屏蔽双绞线，支持 100m 传输距离 5 类屏蔽双绞线，支持 100m 传输距离	10/100Base-TX：3/4/5 类非屏蔽双绞线，支持 100m 传输距离；5 类屏蔽双绞线，支持 100m 传输距离 100Base-FX 多模：62.5/125μm 多模光纤，支持 2km 传输距离 100Base-FX 单模：9/125μm 单模光纤，支持 15km 传输距离 100Base-FX 单模中继：9/125μm 单模光纤，支持 40km 传输距离	

续表

比较项目 \ 产品型号	S2107-SI	S2116-SI	S2126-SI
线速二层交换	所有端口支持线速转发 包转发率：S2107-SI 为 1.19Mp/s，S2116-SI 为 2.53Mp/s，S2126-SI 为 3.87Mp/s		
是否可管理	可网管，支持通过 Console 口的命令行配置；支持 HGMP V2 集群管理（作为成员交换机）；支持 HGMP 网管系统		
其他功能	支持符合 IEEE 802.1Q 标准的 VLAN（Virtual Local Area Network），最多支持 256 个 VLAN；支持基于端口的 VLAN；最多可以支持 4/8/12 组端口汇聚和镜像，每个端口汇聚组最多可以有 8 个端口；支持 IEEE 802.3x 流控（全双工）；支持 Back-pressure Based Flow Control（背压式流控）（半双工）		
应用领域	边缘层		

Quidway S2100-SI 系列交换机可分别提供 6.4Gb/s、6.4Gb/s 和 8.6Gb/s 的总线带宽，为交换机所有的端口提供二层线速交换能力，保证所有端口无阻塞地进行报文转发。均支持最大 256 个 802.1Q VLAN 和 HGMP 集群管理，是为要求具备高性能且易于安装的网络环境而设计的楼道级/桌面级二层线速以太网交换产品。具备在户外环境下正常工作的能力，适用于城域网 IP 接入和金融、院校、政府以及其他企业工作组用户接入。而且，S2100-SI 系列交换机支持 QuidView 网管系统，也可以进行 CLI 命令行配置、HGMP 集群管理，使设备管理更加方便。在本方案中，它可作为网络的边缘层（接入层）交换机。

2．方案简介

在以上两个系列中，针对小型办公室网络，可部署如下基本方案：

（1）如果网络节点数在 24 个以内，则可选择 S3928TP-SI 型号交换机直接连接，它提供了 24 个 10/100Mb/s 自适应以太网端口，2 个 10/100/1000Mb/s 双绞线千兆位以太网端口和 2 个千兆 SFP 口（光纤接口）。24 个快速以太网端口可用于普通工作站设备连接，而 2 个双绞线千兆或者 2 个 SFP 光纤端口中的一个可用于服务器的连接，其余的千兆端口用来冗余。它是一款可网管三层交换机，可提供线速交换。

（2）如果网络节点数在 26～50 之间，而且只想用一台交换机连接，则可直接用 S3952P-SI、S3952P-EI 或 S3952PWR-EI 三者之一连接，它们提供了 48 个 10/100Mb/s 自适应以太网端口，用于普通工作站设备连接；4 个 SFP 光纤端口中可用两个甚至三个来与各种服务器连接，但它们均只提供 SFP 光纤端口，所以与服务器连接时，服务器网卡要支持 SFP 光纤连接。

以上两种情况下的网络拓扑结构仍参见图 7-2。

（3）如果网络节点数在 26～50 之间，而且想采用分层交换结构，则有较多不同的组合。首先仍可选择 S3928TP-SI 型号交换机作为核心交换机，边缘层交换机可用两台 S3924-SI 型号的交换机，总端口数为 74 个，可以有足够的冗余。核心交换机与两台边缘交换机之间可通过普通的 10/100Mb/s 端口级联，S3928TP-SI 交换机的一个 10/100/1000Mb/s 可用于服务器连接，另一个用来冗余。

另一种方案是核心交换机可选择 S3928F-EI，边缘层交换机仍选择 S3924-SI 型号的交换机。S3928F-EI 除了具有 S3928TP-SI 交换机的所有端口外，还具有 2 个 SFP 千兆光纤端口，为服务器及其他关键设备提供了更高性能的介质连接选择。

在这种应用中，还可选择 S3928P-SI、S3928P-EI 和 S3928PWR-EI 三个型号的交换机作为核心交换机，边缘层交换机可选择 S2116-SI 和 S2126-SI 型号的交换机。核心交换机与边缘交换机之间可通过普通的 10/100Mb/s 端口级联，也可通过带有普通光纤接口与 SFP 光纤接口转换的电缆，通过 S3928P-SI、S3928P-EI 和 S3928PWR-EI 三个型号的核心交换机的 SFP 口连接到 S2116-SI 或 S2126-SI 交换机的 100Mb/s FX 光纤端口。以上几种方案的网络拓扑结构均可参见图 7-1。

3．方案成本预算和特点

在以上方案中所用到的交换机设备的市场参考报价如表 7-6 所示。

表 7-6　方案产品比较

产品型号	S2107-SI	S2116-SI	S2126-SI	S3924-SI
市场参考价	1200 元	1800 元	2300 元	2800 元
产品型号	S3928P-SI	S3928P-EI	S3928PWR-EI	S3928TP-SI
市场参考价	5000 元	6600 元	9500 元	4800 元
产品型号	S3928F-EI	S3952P-SI	S3952P-EI	S3952PWR-EI
市场参考价	9500 元	8500 元	11000 元	15500 元

H3C 的这个 Quidway S3900 和 Quidway S2100-SI 两系列交换机组合方案相对来说，无论是在技术上还是在投资成本上，都属于本章前面介绍的 3COM 和 Cisco 两方案的中间位置。在端口技术上，H3C 的交换机模块通常是选择 SFP 接口类型的，而不是 GBIC，SFP 端口属于一小型化的 GBIC 端口，在同样面积下可以支持更多的端口数。但要注意，所选用的设备也要同时运行这种端口，否则连接时在中间就需要有一个转换器。

另外，H3C 的这两个系列都支持二层的 VLAN 技术和端口汇聚技术，如果是快速以太网端口，则可以支持最多 8 个端口的汇聚，如果是 GE 千兆位以太网端口，则最多只能支持 4 个端口的汇聚。除此之外，Quidway S3900 和 Quidway S2100-SI 两系列交换机都属于网管型交换机，支持端口镜像（就是通常所说的端口映射）技术，还可以多对一地镜像。

总体来说，这一方案算是比较好的，它不仅有着非常丰富的技术，满足企业相当长一段时间的发展需求，这一方案的投资成本也比较低廉。

7.1.4　小型 SOHO 办公室的 WLAN 方案

在 50 个节点以内的小型 SOHO 办公室网络中，除了用有线以太网来部署外，还可以用纯 WLAN 无线网络进行部署。现假设有一个 50 个左右用户的小型企业，用户分散在开发部、生产部、技术部、市场部、行政部等几个部门办公室之中（是否在同一楼层不重要，因为本方案中可每个部门采用一个 AP 负责集中接入），并且每个部门的用户数基本上都在 10 个左右，每个办公室采用一个单独的 AP，每个办公室中各无线用户通过无线网卡与相应办公室的 AP 连接，然后通过有线交换机与各 AP 的连接把各用户集中在一起，再与其他部分的有线网络连接（如服务器等），网络拓扑结构如图 7-5 所示。

对于这样一个典型的应用环境，就目前来说最好选择目前最新的可以支持 300Mb/s 传输速率的 IEEE 802.11n 标准无线网络设备组合方案，因为新的 IEEE 802.11n 标准在传输速率、信号发射功率、连接性能和有效覆盖范围等方面都较以前的 WLAN 标准有了大幅提高。当然，因为 IEEE 802.11n 标准还刚刚颁布不久，所以目前支持这一标准的 WLAN 设备价格比前一版本的 IEEE 802.11g 标准的要贵很多（起码 3 倍以上）。每个办公室可以只用一个 AP，即可实现 300Mb/s 的高性能连接。当然，如果考虑到成本因素，在网络传输速率要求不是很高的情况下仍可以使用前一版本——IEEE 802.11g 或 IEEE 802.11g+标准方案。在此以 D-LINK 公司的 WLAN 产品方案进行介绍。

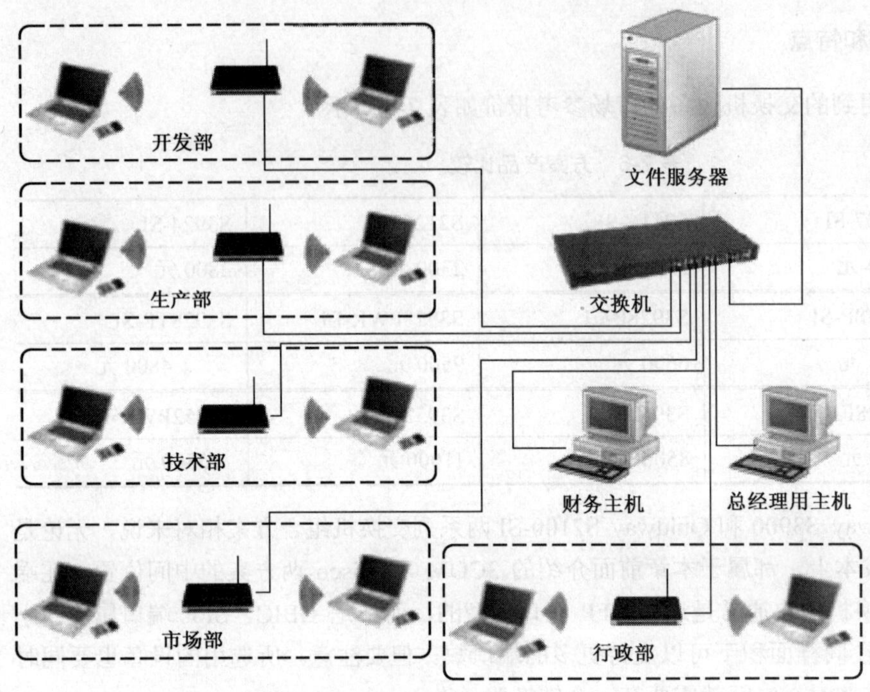

图 7-5　SOHO 企业办公室 WLAN 网络方案结构

在 D-LINK 公司中，它的 WLAN 无线产品方案非常齐全，从最基本的 IEEE 802.11b 标准，到自己开发且性能更高的 108Mb/s 802.11g+规范，再到现在最新的 IEEE 802.11n 标准产品应有尽有。对于这类 50 节点以内的小型办公室网络来说，目前的选择余地非常大，在 D-LINK 产品方案中就有 3 种：54Mb/s IEEE 802.11g 标准产品方案、自己开发的 802.11g+规范产品方案和最新的 IEEE 802.11n 标准产品方案。但从经济和实用角度考虑，选择 D-LINK 公司自己开发的增强型 802.11g+规范产品方案更加合适，新型的 IEEE 802.11n 标准产品方案更加适合有较大规模和带宽需求的应用环境。下面介绍在小型办公室环境下的 D-LINK 802.11g+规范产品方案。

增强型 802.11g+方案采用的是 D-LINLK 公司的 AirPremior 108M 或 AirPlus XtremeG 108M 高功率、高性能商用无线产品系列。在此仅以经济实惠的 AirPremior 108M 系列产品方案进行介绍。该系列，在完全由 D-Link 108M 系列产品构建的网络环境中，可达到 108Mb/s 的无线网络传输速率，不但可完全兼容 802.11b 11M 无线产品，同时信息吞吐量高达一般 802.11b 产品的 15 倍，也比一般纯 54M 802.11a 和 802.11g 标准无线产品的信息吞吐量高出一倍。在安全保护方面，支持最新无线安全标准 WPA 和 WPA2，满足商用环境中数据保密及安全的最高等级要求。

在这一方案中，可选的无线 AP 产品主要有两种：DWL-3200AP 和 DWL-8200AP，外观如图 7-6 所示。DWL-3200AP 和 DWL-8200AP 都具有以太网供电（PoE）能力，具备 WDS（无线分布系统）特性。它们可以配置成为 3 种工作模式之一：无线接入点、点对点（P2P）网桥、点对多点（P2MP）网桥。WDS 的特性使 DWL-3200AP 和 DWL-8200AP 成为在办公室或其他工作地点，甚至在热点快速创建和扩展无线局域网的理想选择。DWL-3200AP 和 DWL-8200AP 使用 WPA（Wi-Fi 保护访问）和 802.1X 认证以提供更高的数据传输安全级别。

在 AirPremior 108M 系列方案的无线网卡方面，PCI 接口无线网卡产品型号为 DWL-G550（如图 7-7 所示），笔记本电脑专用的 PCMCIA 接口无线网卡产品型号为 DWL-G680（如图 7-8

所示）。这两款高功率、高性能商用无线网卡专为必须传递更远距离或穿透较强阻隔物之商用环境设计使用，具有比一般无线产品更高的输出功率，可传送更远的距离。而且能自动更改 SSID 与其接收的 SSID 一致，可有效地实现在不同 SSID 环境间的无缝漫游；支持最新的 WPA 和 WPA2 安全技术。

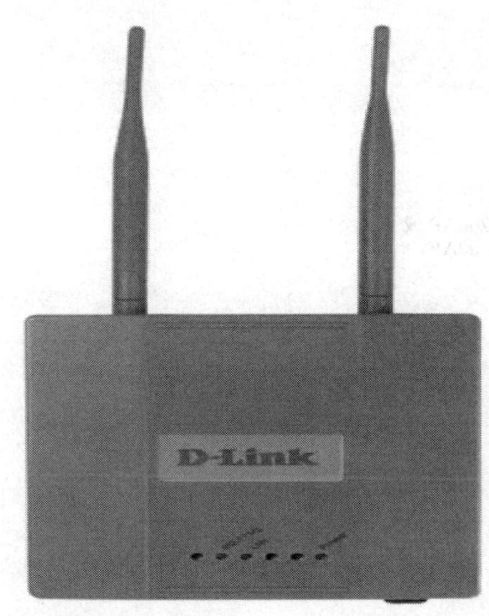

图 7-6 DWL-3200AP

图 7-7 DWL-G550 PCI 无线网卡

要实现无线上网，还可以借助无线或有线宽带路由器（如图 7-9 所示是 D-LINK 公司的 DI-624S 108M 无线路由器），直接无线或有线连接到各 AP，网络拓扑结构如图 7-10 所示。在网络中有多个无线 AP 时，一定要注意，各 AP 所选用的信道不能重叠，否则会造成不同 AP 间的发射信号相互干扰。IEEE 802.11b/g 这两个标准一般都只有 13 条，并且在一个 AP 有效传输距离范围内只有 3 条是非重叠信道（有 3 种组合方式：1、6、11，2、7、12，3、8、13）；而工作在商用频道的 IEEE 802.11a 标准拥有 12 条非重叠信道，在信道可用性方面更具优势，这是因为 802.11a 工作在更加宽松的 5GHz 频段。

图 7-8 DWL-G680 PCMCIA 无线网卡

图 7-9 DI-624S 无线路由器

【说明】IEEE 802.11b/g 两个标准的信道因不同地区有所不同：北美/FCC 标准，采用 2.412GHz～2.462GHz 频段，共有 11 信道，其中 1、6、11 信道为不重叠的传输信道；欧洲/ETSI 标准，采用 2.412GHz～2.472GHz 频段，共有 13 信道，其中 1、6、13 信道为不重叠的传输信道；日本，采用 2.412GHz～2.484GHz 频段，共有 14 信道。我国普遍采用的是欧洲/ETSI 标准，所以在我国销售的 WLAN 设备中共有 13 个频道，但也只有 1、6、13 这 3 个频道是非重叠的。

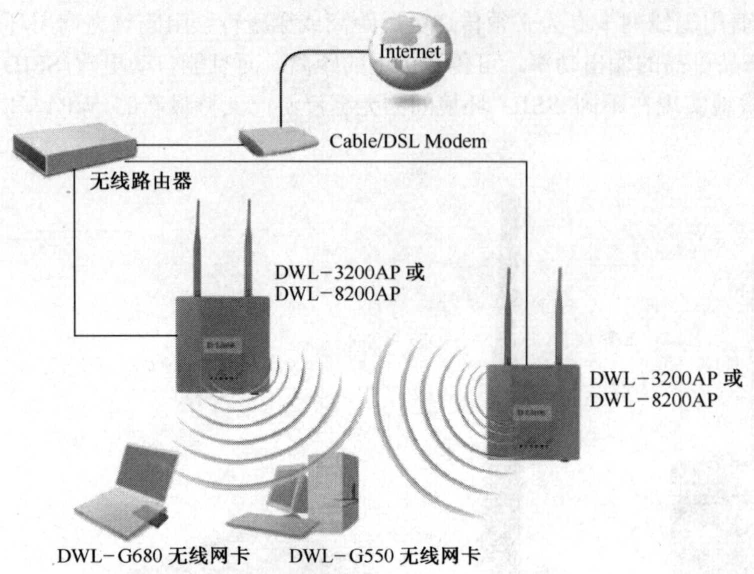

图 7-10　D-LINK 无线互联网接入方案示例

7.1.5　小型 SOHO 办公室局域网的互联网连接

在小型 SOHO 办公室企业局域网中通常对外网的连接没有太多要求，只要能共享上网即可。所采用的互联网线路通常是像小区光纤以太网（FTTx）、ADSL 或 Cable Modem 之类。所采用的共享上网方式通常是像 ICS 之类的网关服务器共享、像 CCProxy/Wingate 之类的代理服务器共享和利用宽带路由器进行的路由器共享 3 种方式，其中在企业网络中又以代理服务器共享和宽带路由器共享两种方式比较普遍。代理服务器共享方式的上网控制能力比较强，不仅可以控制哪些用户具有上网权限，还可以控制每个上网用户的上网内容、上网时间和可进行的网络应用。

利用宽带路由器共享上网性能较好，加上现在的宽带路由器价格相当便宜，一般 SOHO 级的宽带路由器也在 2000 元以内，企业网吧级的也都在 5000 元以内。这种共享方式的网络结构如图 7-11 所示。注意，如果是采用小区光纤以太网互联网接入方式，则不用图中的“互联网线路终端”设备，外线直接接入到宽带路由器的 WAN 端口上。

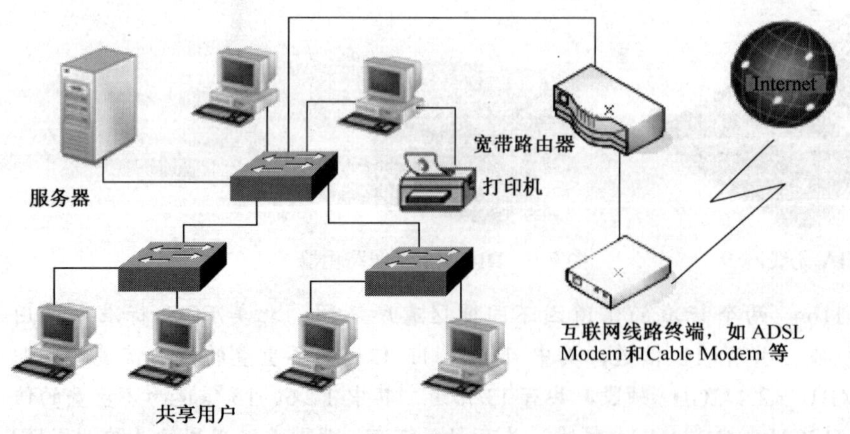

图 7-11　利用宽带路由器共享上网的网络连接

【经验之谈】在 WLAN 无线网络中，也可以用有线宽带路由器，当然也可以采用无线宽带

路由器，但是对于企业用户来说，选择无线路由器的意义不大，因为尽管它一般也具有无线接点功能，但是它的接入性能非常有限，只适用于少数几个用户的接入，无线路由器目前还没有真正称得上是企业级的宽带路由器，只是SOHO级的。

以上仅是对于一般的小型办公室网络而言，而对于一些需要进行 ISDN、FR、ATM 等广域网连接的用户，选择边界路由器仍是必不可少的。关于这类路由器产品的选购可参见下节介绍的100节点小型企业网络方案。

至于以上所说到的 3 种共享上网方式的具体配置方法在本系列丛书的《金牌网管师（初级）中小型企业网络组建、配置与管理》一书中有详细介绍，在此不再赘述。

7.2 中小型企业网络系统结构方案

随着中小型企业数量的不断增长，目前 100 节点左右的中小规模网络建设已经成为网络市场的热点。许多著名的网络设备商都针对这类主要用户提供了全面的解决方案。本节也将介绍Cisco和H3C这两家网络设备商的解决方案。

7.2.1 中小型企业局域网方案的特点与要求

100 节点左右的中小型企业在国内非常多（不是指企业中的员工数，通常是指企业网络中的网络设备数），这类网络方案通常具有以下主要特点与要求：

- 高性能的千兆位以太网核心

网络用户的数量和网络应用的种类在不断增加，网络主干的带宽日趋紧张，同时随着10/100Mb/s 网络的成本不断下降，目前大部分用户的桌面系统均采用百兆到桌面。桌面的速度已经提升到了百兆，主干部分基本上都需要采用千兆位以太网。与以前的局域网技术相比，千兆网络具有简单、高效、建设成本低等显著优势。尤其是基于铜缆双绞线的千兆位以太网技术产品的推出，使千兆网络的建设成本进一步降低，千兆网络无疑已经成为中小型企业网络核心建设的最佳之选。

- 端到端的智能化需求

目前，用户的网络需要承载各种结合数据、语音、视频、图形图像等多种信息载体的应用。而它们对网络传输服务的需求也是不同的，比如语音和视频信息的传输需要恒定的网络带宽，同时对网络的延时和延时抖动要求严格，而传统的数据信息则是突发性的传输，图形图像信息则对网络带宽要求较高。即使是传统的数据信息的传输对于不同的业务应用其网络服务要求也是不同的，比如，关键业务应用需要快速的响应，对网络延时比较敏感，而电子邮件等办公应用显然要求要低一些。这样需要网络能针对不同类型的应用满足它们对网络传输服务质量的要求。同时网络用户的种类和规模也在不断地扩展，对于不同的业务应用和网络资源的访问需要进行安全控制。解决网络质量服务和网络安全的关键在于网络的智能化。

- 高可靠性的需求

现在企业业务的运营与管理都是基于网络业务应用而实现的，网络系统的稳定可靠运行是关键。用户需要高可靠性的网络。

- 简单的网络管理

网络的用户数量和规模在不断地增加，网络承载的业务应用在不断地增加，网络技术和产品的采用在不断地增加，这意味着网络的复杂度也在不断增加，同时网络的管理成本和管理风险也在同步提高。尤其对于中小规模的网络用户，大多不可能像大型网络用户那样，去雇佣大量高水平的技术人员来维护网络。所以中小规模的网络用户更需要建设能够简单管理的网络。

● 实用性与先进性并举

市场竞争日趋激烈，市场环境在不断地变化，用户的规模和业务需求同样也在不断地变化。用户将越来越注重网络投资的实效性和渐进式投入，将根据企业现在和未来的实际业务需求建设高投资回报的网络。

7.2.2 Cisco 中小型企业有线局域网方案

Cisco 中小型企业的组网方案的解决方案充分考虑了局域网、广域网连接、网络管理和安全性等要素。从总体上看，这些解决方案具有以下共同特征：

（1）采用高性能、全交换的方案，充分满足了用户需求。

（2）网络管理简单，可以采用免费的 CVSM——Cisco 交换机可视化管理器，它基于易用的浏览器方式，以直观的图形化界面管理网络，因此网管人员无需专门培训。

（3）用户可以采用 ISDN 连接方式实现按需拨号、按需使用带宽，从而降低广域网链路费用，当然也可以选用 DDN、帧中继、模拟拨号等广域网连接方式（具体的广域网连接方案将在本章后面介绍）。

（4）带宽压缩技术，有效降低广域网链路流量。

（5）随着公司业务的发展，所有网络设备均可在升级原有网络后继续使用，有效实现了投资保护。

（6）系统安全、保密性高，应用了适合中小型企业的低成本的网络安全解决方案——路由器内置的 IOS 软件防火墙。

1. 方案简介

在 Cisco 的这一方案中，核心交换机采用 Cisco 的 Catalyst 4000 系列，边缘交换机与核心交换机之间可以通过 GEC 通道进行聚合；边缘交换机选用 Catalyst 2900 XL 系列的 Catalyst 2924XL 或 Catalyst 3500 XL 系列的 Catalyst 3524 XL 型号交换机，它们都可以提供普通的 10/100Mb/s 双绞线端口，而 Catalyst 3500 XL 还提供千兆上行链路端口。拓扑结构如图 7-12 所示。其中要特别注意的是核心交换机 Catalyst 4000 系列与边缘交换机的 FEC 和 GEC 通道聚合技术。

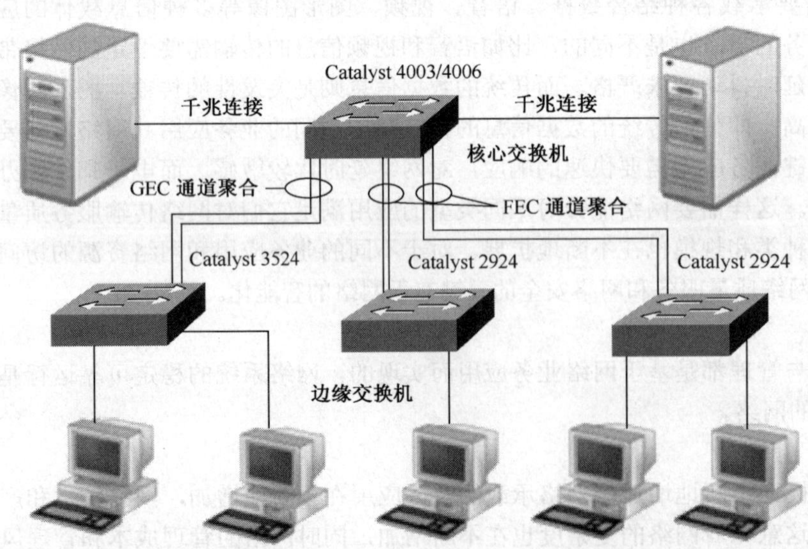

图 7-12 Cisco 小型企业网络方案

2．方案产品介绍

本方案中的两个边缘层交换机 Catalyst 2924XL 和 Catalyst 3524 在本章前面介绍的 Cisco 小型办公室网络方案中也有用到。但在此处可以用到它的一些更高级功能，如交换机堆叠、集群、以太网通道等。

（1）堆叠/集群。

除了基本的连接外，对于 Catalyst 3500 XL 系列和支持千兆位以太网的 Catalyst 2900 XL 系列交换机，还可通过低成本的 Cisco GigaStack GBIC 模块端口对其进行堆叠。双端口的 GigaStack GBIC 提供了很多高度灵活的堆叠和性能选择，客户可以在一个菊花链层叠配置中配置一个 1Gb/s 的独立堆叠底板（俗称“菊花链法”），或使用 Catalyst 3508G XL 千兆位以太网集合交换机，在星型网络配置中将其升级为 5Gb/s 带宽（俗称“点对点法”）。如图 7-13 所示是第一种堆叠方式，即 Catalyst 3500 XL 和带有千兆位功能的 Catalyst 2900 XL 系列交换机使用 GigaStack GBIC 创建的一个独立的堆叠总线。由于安装了 GigaStack GBIC 模块，因此所有 Catalyst 3500 XL 系列和包含千兆位的 Catalyst 2900 XL 系列交换机都可以部署在一个堆叠配置中。GigaStack GBIC 通过标准千兆位以太网端口连接提供一个 1Gb/s 的独立堆叠总线，允许通过一个单一 IP 地址堆叠和管理最多 9 个交换机。

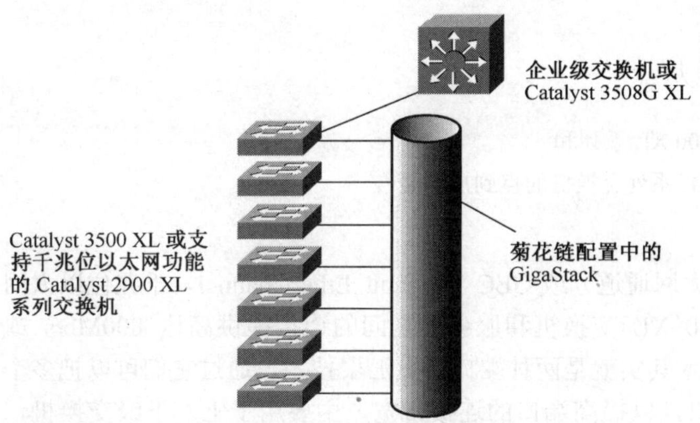

图 7-13　Catalyst 3500 XL 的一种堆叠方式

如图 7-14 所示是第一种独立堆叠底板堆叠方式中的另一种堆叠情形。它通过顶部和底部交换机中的辅助 GigaStack GBIC 端口实现冗余环回连接支持。

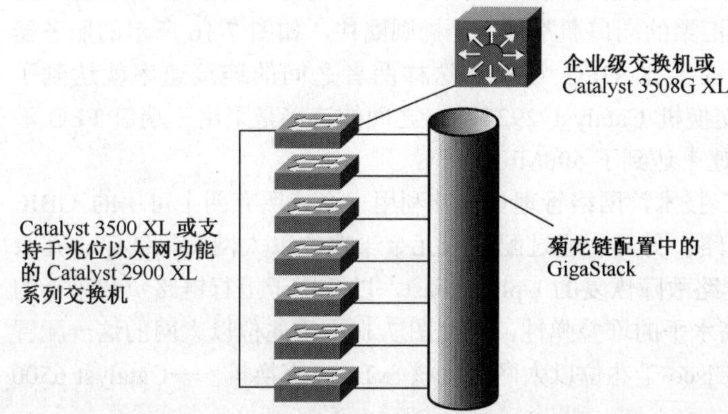

图 7-14　使用 GigaStack GBIC 创建一个冗余环回连接

第二种堆叠方式就是点对点连接方式，如图 7-15 所示。它通过使用 8 端口 Catalyst 3508G XL 千兆位以太网交换机，最多可以堆叠 8 个交换机，在 Catalyst 3508G XL 和每一个连接的交换机之间提供 2Gb/s 的全双工带宽。Catalyst 3508G XL 为整个 Catalyst 3512 XL、3524 XL 和带有千兆位以太网功能的 Catalyst 2900 XL 系列交换机堆叠提供 5Gb/s 的转发速率。

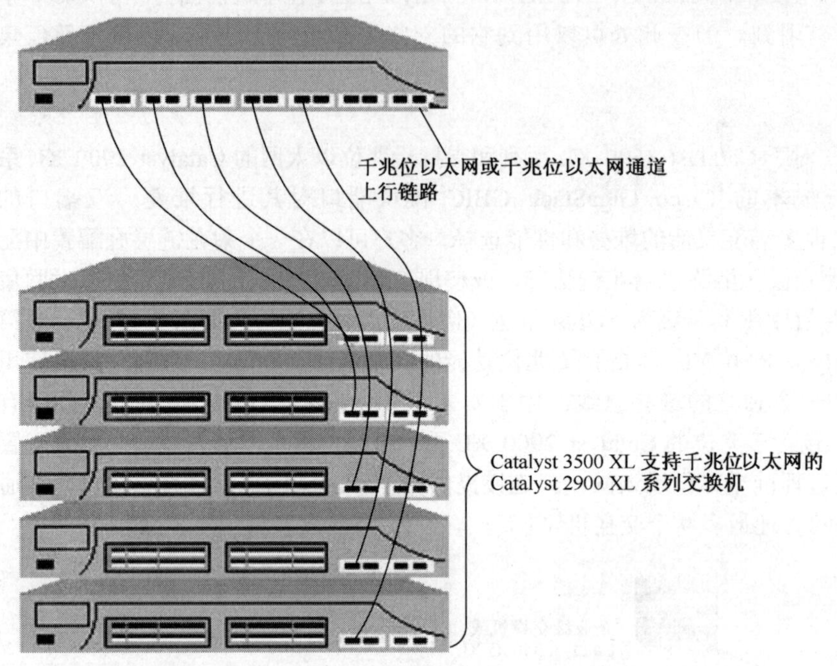

图 7-15　使用 GigaStack GBIC、Catalyst 3500 XL 系列和带有千兆位功能的 Catalyst 2900 XL 系列交换机的点到点堆叠

（2）FEC 和 GEC。

FEC（Fast EtherChannel，快速以太网通道）或 GEC（Gigabit EtherChannel，千兆位以太网通道）技术能够为 Cisco Catalyst 2900 XL 交换机和服务器之间的连接提供高达 800Mb/s 或 4Gb/s 的高性能带宽。FEC 和 GEC 技术其实就是两种端口带宽汇聚技术，通过它们可以把多个低带宽的端口汇聚成一个高带宽的端口，以提高端口的连接带宽，主要用于上、下级交换机，以及交换机与服务器之间。如果应用于交换机与服务器之间，则要求服务器的网卡支持相应技术，当然同时还需要安装相应数量（最多 4 块）的相同网卡。之所以是最高 800Mb/s 或 4Gb/s 带宽，是因为 FEC 技术可以汇聚 4 个全双工的快速以太网端口，也就是 2×4×100=800Mb/s。而光纤连接中没有双工传输方式，每一个传输方向用一条光纤单独进行，所以它最高也就是 4×1000=4Gb/s。FEC 和 GEC 技术所汇聚的端口通常用一个椭圆圈住，如图 7-16 所示的服务器与 Catalyst 3512 XL 采用了双端口的千兆 GEC 连接，这样两者之间的连接速率就达到了 2Gb/s，而 Catalyst 3512 XL 与下级交换机 Catalyst 2924 XL 之间的连接是采用三端口 FEC 汇聚，因为支持全双工技术，所以连接速率达到了 600Mb/s。

使用标准的千兆位以太网或 GEC 技术，网络管理员能够利用一个或所有两个可用的 GBIC 端口创建通往网络核心的高速上行链路。另外，通过配置双冗余千兆位以太网上行链路、冗余 GigaStack 回环线路、用于高速上行链路故障恢复的 Uplink Fast，以及用于上行链路负载平衡的 VLAN 生成树（PVST+），可以实现高水平的堆叠弹性，参见图 7-14。千兆位以太网的这一配置灵活性使 Catalyst 3500 XL 系列成为 Cisco 千兆位以太网优化核心 LAN 交换机——Catalyst 6500 家族产品的理想 LAN 边缘产品补充。

（3）集群连接。

Cisco 的 Catalyst 3500 XL、Catalyst 2900 XL 和 Catalyst 1900 系列交换机都可以部署在一个互连的交换机集群配置中，以一个单一 IP 地址进行管理，如图 7-17 所示。其中一个交换机被指定为命令交换机，用作集群的单一管理点；剩下的交换机被指定为成员交换机。客户可以在这种集群配置中使用以太网、快速以太网、Fast EtherChannel（快速以太网通道）、低成本GigStack GBIC（千兆 GBIC 堆叠模块）、千兆位以太网端口或 Gigabit EtherChannel（千兆位以太网通道）连接。Cisco 交换机集群给客户提供巨大的灵活性，因为集群中的所有交换机可以定位在不同的物理位置，通过基于标准的介质连接。

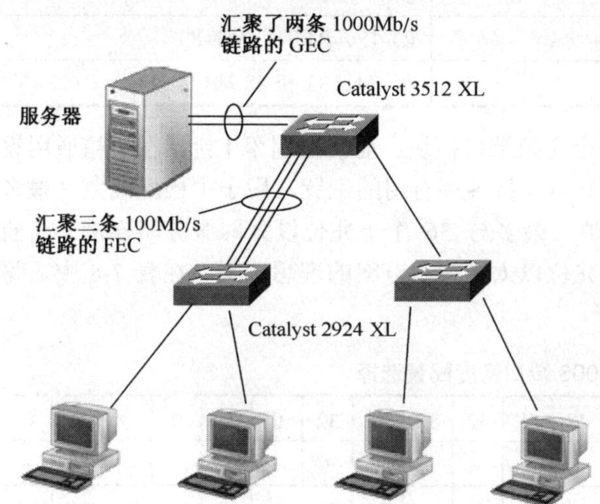

图 7-16　FEC 和 GEC 应用示例

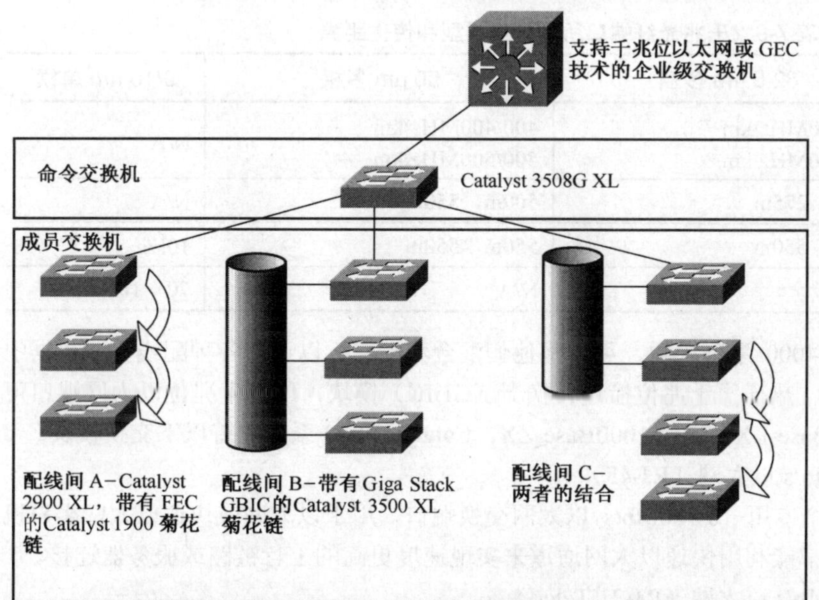

图 7-17　Cisco 的 Catalyst 3500 XL、Catalyst 2900 XL 和 Catalyst 1900 系列交换机集群示例

（4）Catalyst 4000 系列交换机。

在 Catalyst 4000 系列交换机中目前主要有两种型号：Catalyst 4003 和 Catalyst 4006。Catalyst 4003 提供了全面、可伸缩的 10/100/1000Mb/s 以太网交换机模块，支持热插拔，提供了方便的发展和灵活的保护来紧跟未来越来越高的网络需求。

Catalyst 4006 支持一个 Supervisor II 和 5 个交换端口模块。具有双千兆位以太网上行链路的 Supervisor II 包括在机箱通用设备中，并且安装在 1 号插槽中。Catalyst 4006 将支持各种有用的配置，用于中档和高端配线室（最多 240 个快速以太网端口）。每个以太网类型的最低和最高端口数量，以及端口密度和接口类型等列于表 7-7 中。

表 7-7　Catalyst 4006 10/100 端口密度配置选择

Catalyst 4006	以太网	快速以太网
系统最少端口	32	4
系统最多端口	240	240
接口类型	RJ-45、RJ-21	RJ-45、RJ-21、MT-RJ
快速以太网端口密度的增量	32 和 48 端口	4、24、32 和 48 端口

Catalyst 4003 支持一个 Supervisor I 和 2 个交换端口模块。监控器引擎 I 包括在机箱通用设备中，并且安装在 1 号插槽中。Catalyst 4003 将支持各种有用的配置，用于中档配线室（最多 96 个快速以太网端口）和数据中心服务器组群（最多与 36 个千兆位以太网服务器连接）。监控器 I 的无阻塞性能是中型数据中心的 L2 千兆位以太网解决方案的理想选择。在表 7-8 中，每一列给出了 Catalyst 4003 的潜在端口配置选择。

表 7-8　Catalyst 4003 端口密度配置选择

10/100 以太网端口数量	96	80	64	48	48	48	48	32	32	32	32	0	0	0	0	0	0
	+	+	+	+	+	+	+	+	+	+	+	+	+	+	+	+	+
千兆位以太网端口数量	0	2	4	0	6	14	18	2	8	16	20	6	12	18	24	28	36

Catalyst 4000 系列的千兆光纤端口所用的光纤类型和传输距离如表 7-9 所示。

表 7-9　千兆光纤端口所用光纤类型和传输距离

光纤内芯类型	62.5 μm 多模	50 μm 多模	9/10 μm 单模
光纤模态带宽	160/500MHz/km 200/500MHz/km	400/400MHz/km 500/500MHz/km	N/A
1000Base-SX	220m，275m	500m，550m	N/A
1000Base-LX/LH	550m，550m	550m，550m	10km
1000Base-ZX	N/A	N/A	70～100km

目前有各种 Catalyst 4000 系列模块，可以将他们混合和配套，以适合各种配线室或数据中心应用。通过使用灵活的、热插拔千兆位接口转换器（GBIC）模块，所有千兆位以太网端口可以是 1000Base-SX、1000Base-LX/LH 或 1000Base-ZX。Catalyst 4000 系列支持以下交换模块：

- 48 端口 10/100Mb/s 以太网（RJ-45）

这一模块提供了 48 个专用 10/100Mb/s 以太网交换端口，用于以太网或快速以太网客户机或服务器交换。所有端口都能利用快速以太网通道来实现速度更高的上行链路或服务器连接。

- 48 端口 10/100 Mb/s 以太网（RJ-21 Telco）

这一模块提供了 48 个专用 100Mb/s 以太网交换端口，用于快速以太网客户机或服务器交换。所有端口能利用快速以太网通道实现速度更高的上行链路或服务器连接。这种接口类型虽然平常比较少用，但是它在配线间中的应用还是比较广泛的，因为它的体积小。

- 32 端口 10/100 Mb/s 以太网和具有 L3 服务引擎的 2 端口千兆位以太网上行链路

这一模块使所有 Catalyst 4000 系列 Supervisor 引擎能实现 L3 服务，给整个机箱提供 L3 路由能力。另外，这一模块提供了 32 个专用 10/100Mb/s 以太网交换端口，用于以太网或快速以太网客户机或服务器交换，并有 2 个专用千兆位以太网连接端口，用于千兆位以太网通道连接到高速核心或千兆位以太网服务器上。所有 10/100Mb/s 端口都能利用快速以太网通道实现速度更高的上行链路或服务器连接。

- 24 端口 100Mb/s 以太网 100Base-FX（MT-RJ）

这一模块提供了 24 个专用 100Mb/s 光纤快速以太网客户机或服务器交换端口，所有端口都能利用快速以太网通道实现速度更高的上行链路或服务器连接。

- 48 端口 100Mb/s 以太网 100Base-FX（MT-RJ）

这一 48 端口板卡（单插槽）基于与具有 MT-RJ 连接器的 24 端口 100Base-FX 板卡相同的结构。两种板卡提供了光纤连接的安全性和复原能力，考虑到距离限制、入侵和射频干扰等诸多因素，特别适合网络使用。处理机密信息或提供电子交易的政府机构和企业客户是这种板卡的最佳用户。

- 32 端口 10/100 Mb/s 以太网和 2 端口千兆位以太网上行链路

这一模块提供了 32 个专用 10/100Mb/s 以太网交换端口，用于以太网或快速以太网客户机或服务器交换，并有 2 个专用千兆位以太网连接端口，用于千兆位以太网通道连接到高速核心或千兆位以太网服务器上。所有 10/100Mb/s 端口都能利用快速以太网通道实现速度更高的上行链路或服务器连接。

32 端口 10/100 Mb/s 以太网 BASE 加上模块化上行链路支持——这一模块提供了 32 个专用 10/100Mb/s 以太网交换端口，用于以太网或快速以太网客户机或服务器交换。当连接到 32 端口 10/100BASE 卡上时，可选的上行链路子卡提供了 4 端口 100Base-FX 多模光纤连接。所有端口可以利用一个以太网通道连接来连接到高速核心或千兆位以太网通道上。所有的 10/100Mb/s 端口都能使用快速以太网通道来实现速度更高的上行链路或服务器连接。

- 4 端口 100 Mb/s 快速以太网上行链路模块

这一子卡选件为客户机或服务器交换提供了 4 个专用 100Mb/s 快速以太网（多模）交换能力（备注：要求 32 端口 10/100 Mb/s 以太网 BASE 卡）。

- 6 端口千兆位以太网（GBIC 插槽）

这一模块提供了 6 个专用 100Base-X 千兆位以太网上行链路端口，用于高速骨干网交换机到交换机应用或较小的服务器组群应用。它利用了通用 GBIC 技术，这样可以将内部构建的多模连接与远距离园区单模连接相互混合。所有端口能使用千兆位以太网通道实现高速互连应用。

- 18 端口千兆位以太网（GBIC 插槽）

这一模块专门针对构建经济高效的 1000Base-X 千兆位以太网服务器组群，而不是骨干网交换机到交换机应用。它提供了 2 个专用千兆位以太网上行链路，以及每个模块最多 16 个端口，以实现高性能千兆位以太网服务器连接。16 个服务器端口可以提升到千兆位以太网线路速率，并共享交换机结构中的 8 Gb/s 全双工带宽。因为所有端口都使用 GBIC，所以通过改变使用的 GBIC 的数量，可以控制过预订量。服务器端口使用标准 IEEE 802.3x 流程控制（暂停帧）机制来控制千兆位以太网主机流量。

- 铜线传输的 14 端口千兆位以太网（12 端口 RJ-45 和 2 端口 GBIC 插槽）

这一模块专门针对构建经济高效的 1000Base-T 千兆位以太网服务器组群。它提供了 2 个专用千兆位以太网上行链路，以及每个模块最多 12 个端口，以实现高性能千兆位以太网服务器连接。12 个服务器端口可以提升到千兆位以太网线路速率，并共享交换机结构中的 6 Gb/s 全双工带宽。因为所有端口都使用 GBIC，所以通过改变使用的 GBIC 的数量，可以控制过预订量。服务器端口使用标准 IEEE 802.3x 流程控制（暂停帧）机制来控制千兆位以太网主机流量。

3. 方案的主要特点

本方案是在 Cisco 的小型办公室方案基础上加以提高的，它直接把原方案中的核心交换机 Catalyst 3524 XL 和边缘层的 Catalyst 2924 XL 作为该方案的边缘层交换机，而核心交换机则采用了新的可网管的 Catalyst 4000 系列交换机。这一新系列交换机的最大特点就是同时支持 OSI

第二层和第三层，Catalyst 4006 端口还可以应用于 WAN、IP 电话、第 4 层到第 7 层 Web 交换。另外，端口密度非常大（Catalyst 4006 最高可配置 240 个端口），也是 Catalyst 4000 系列交换机的重要特点，提高了许多适用于不同应用环境的快速以太网和千兆位以太网模块，方便用户灵活选择、应用。

Cisco 中小型企业网络解决方案实现的应用有以下几个方面：首先是资源共享，网络内的各个桌面用户可共享数据库、共享打印机，实现办公自动化系统中的各项功能；其次是通信服务，最终用户通过广域网连接可以收发电子邮件、实现 Web 应用、接入互联网、进行安全的广域网访问；再次是多媒体应用，该方案支持多媒体组播，具有卓越的服务质量保证；此外，在某些方案中系统支持远程接入，可以实现多达 32 路远程模拟电话线拨号访问。

在 Cisco 的小型有线局域网方案中通常是采用快速以太网骨干配置，这一方案的主要特点如下：

- 1000Mb/s 连接高流量服务器
- 骨干连接采用 1000Mb/s
- 10/100Mb/s 连接桌面用户
- 线速核心三层交换
- 空余的 GBIC 插槽提供低成本的千兆连接
- 核心采用模块化交换机，具有更强的扩充能力
- 配线间交换机可通过千兆堆叠扩充用户数
- 使用专门的网管软件系统 Cisco Works for Windows
- 可将全网中低端交换机配置为单一集群（Cluster）统一管理

7.2.3 H3C 中小型企业有线局域网方案

在 H3C 公司中，最适合于作为中小型企业网络核心交换机的系列是 Quidway S5000 系列（其中 3 个主要型号产品如图 7-18 的左图所示），边缘层则可以采用 Quidway S2100-SI 系列以太网交换机或 Quidway S3000 系列千兆智能以太网交换机（如图 7-18 的中图和右图所示），Quidway S2100-SI 系列以太网交换机在本章前面已作了全面介绍，在此边缘层仅介绍 Quidway S3000 系列千兆智能以太网交换机。

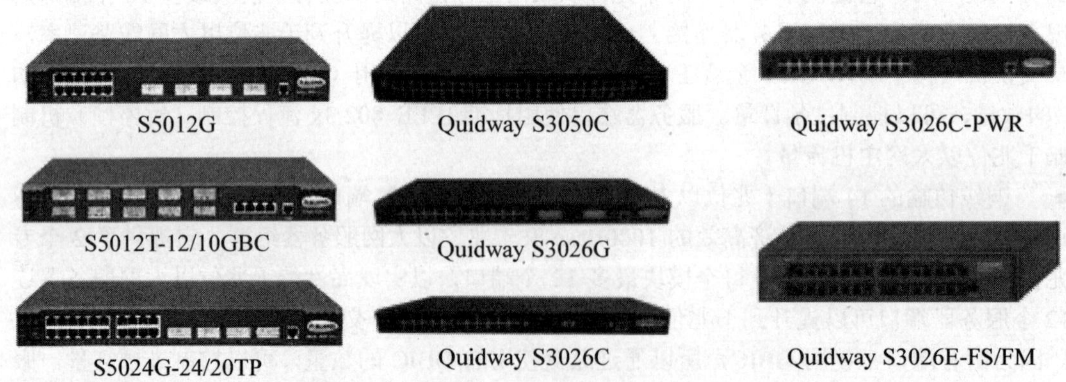

图 7-18 Quidway S5000 和 Quidway S3000 系列交换机

1. 方案产品介绍

前面说明了本方案中所选用的核心交换机和边缘层交换机系列号，下面分别进行介绍。

（1）核心交换机——Quidway S5000 系列交换机。

Quidway S5000 系列全千兆智能以太网交换机是 H3C 公司自主开发的二层线速全千兆位以太网交换产品，是为企业网高速互连和千兆到桌面应用而设计的智能型可网管交换机。Quidway S5000 系列以太网交换机应用在城域网，可以提供多路千兆光口，从而能够进行城域网汇聚，解决高端设备的 GE 端口紧张的问题；Quidway S5000 系列还提供设备电源冗余备份保护。

Quidway S5000 系列以太网交换机目前包含的型号如下：

- S5012G：采用交流（AC）电源供电。提供 12 个 10/100/1000Base-T 自协商的以太网端口（RJ-45 连接器）和 4 个 Combo GBIC 端口。
- S5012G-DC：采用直流（DC）电源供电。端口配置与 S5012G 交换机一样。
- S5012T-12/10GBC：采用交流（AC）电源供电。提供 10 个 GBIC 端口、2 个 10/100/1000Base-T 以太网端口和 2 个 Combo RJ-45 端口。
- S5012T-12/10GBC-DC：采用直流（DC）电源供电。端口配置与 S5012T-12/10GBC 交换机一样。
- S5024G-24/20TP：采用交流（AC）电源供电。提供 20 个 10/100/1000Mb/s 自协商的以太网端口（RJ-45 连接器）和 4 个 GBIC 端口。
- S5024G-24/20TP-DC：采用直流（DC）电源供电。端口配置与 S5024G-24/20TP 交换机一样。

【说明】在这里要解释一下 Combo 端口的含义。以 S5012G 以太网交换机为例，Combo GBIC 端口（端口号为 9+）与其对应的 10/100/1000Base-T 以太网端口（端口号为 9）在逻辑上光电复用，用户可根据实际组网情况选择其一使用，但二者不能同时工作，并且，在二者都连通的情况下，只有以太网端口处于有效的工作状态。同理，对 S5012T-12/10GBC 交换机来说，Combo RJ-45 端口与其对应的 GBIC 端口也在逻辑上光电复用，在二者都连通的情况下，只有 Combo RJ-45 端口处于有效的工作状态。GBIC 是一种可以热插拔的数据通信连接器。

S5012G、S5012G-DC 交换机结构上除了电源插座部分有区别外，其他类似，所以实际上来说，Quidway S5000 系列交换机实际上只有 3 个不同的型号。本节下面的介绍如无特别说明，S5012G、S5012G-DC 交换机均以 S5012G 交换机代替；同理，S5012T-12/10GBC、S5012T-12/10GBC-DC 交换机均以 S5012T 代替；S5024G-24/20TP、S5024G-24/20TP-DC 交换机均以 S5024G 代替。

（2）边缘层交换机——Quidway S3000 系列智能二层交换机。

Quidway S3000 系列智能二层交换机是 H3C 公司为充分满足高 QoS 保证的需求而推出的智能型以太网交换机。系统采用高性能的 ASIC，采用灵活的模块化结构，提供 2～7 层的智能的流分类和完善的服务质量（QoS），实现完备的业务控制和用户管理能力，可作为关注业务管理控制和网络安全保障能力的企业网和城域网的接入层交换机。

S3000 系列二层交换机包括：S3050C、S3026G/T/C、S3026C-PWR、S3026E-FS/FM 几种型号。

- Quidway S3050C：采用 1U 高的盒式设备，支持 19 英寸机架安装，可不依赖于其他设备独立运行；提供固定的 48 个 10Base-T/100Base-TX 的自适应端口、1 个 Console 口及 2 个后扩展槽。
- Quidway S3026G/S3026T/S3026C/S3026C-PWR：1U 高的盒式设备，支持 19 英寸机架安装，可不依赖于其他设备独立运行。系统提供固定的 24 个 10/100Base-TX 的自适应端口、1 个 Console 口及 2 个 GBIC/1000Base-T/前扩展槽，可以根据需求灵活选择设备。
- Quidway S3026E-FS/S3026E-FM：2U 高的盒式设备，支持 19 英寸机架安装，可不依赖于其他设备独立运行。系统提供固定的 12 个 100Base-FX 单模/多模百兆光口、1 个 Console 口、2 个 6 端口百兆模块前扩展槽和 2 个单端口后扩展槽（可支持千兆和百兆），提供灵活的上行端口配置。

2．方案简介

在这一方案中，针对这 3 个系列的交换机可以配置出不同的具体方案，下面介绍几种典型的配置方案：

（1）在这一配置方案中核心交换机采用 S5012G 交换机，它们具有 12 个 10/100/1000Base-T 自协商的以太网端口和 4 个 Combo GBIC 端口，全部的 16 个端口均为千兆端口，用于连接 Quidway S3000 系列边缘层交换机。它们可以通过 GBIC 端口或扩展槽实现与核心交换机的双绞线或光纤千兆连接。而且在这其中又以选择 S3050C 作为边缘层交换机配置方案最经济，因为这提供了高密度的 48 端口普通的快速以太网端口。

（2）在这一配置方案中核心交换机采用 S5024G，它们均可提供 20 个 10/100/1000Mb/s 自协商的以太网端口（RJ-45 连接器）和 4 个 GBIC 端口，同样可以满足下级交换机和关键设备的高性能连接，但是这类高带宽端口比较多的配置成本较高，对于只有 100 个节点左右的小型企业网络来说有些不适宜。边缘层仍可采用 Quidway S3000 系列交换机中的任一型号，同样选择 S3050C 作为边缘层交换机配置方案最经济。

（3）在这一配置方案中核心交换机采用 S5012T，它们可以提供 10 个 GBIC 端口、2 个 10/100/1000Base-T 以太网端口和 2 个 Combo RJ-45 端口。在这种方案中的边缘层仍可采用 Quidway S3000 系列交换机中的任一型号，同样选择 S3050C 作为边缘层交换机配置方案最经济。但核心交换机中只有 2 个 10/100/1000Base-T 以太网端口，更多的是以 GBIC 或 Combo RJ-45 端口的方式提供，单端口成本相对来说要高很多。

（4）最后一种可用的配置方案就是核心交换机随便采用 Quidway S5000 系列交换机中的任一型号，而边缘层交换机采用 Quidway S2100-SI 系列交换机，但由于这一系列最高只能是百兆端口，所以如果采用这一方案，核心交换机的千兆端口和高交换性能就有些浪费了，建议不要选择。

3．方案的主要特点

在这一方案中，除了具有这种规模网络的共同特点外，更多的是体现在方案中所选用的产品上。在此要对 Quidway S5000 系列和 Quidway S3000 系列的主要特点进行介绍。它们的特点和优点就是方案的特点和优点。

（1）Quidway S5000 系列的主要特点。

这一系列产品的特点如下：

- 交换能力强

在这一系列中，S5012（包括 S5012G 和 S5012T 两类）系统交换容量为 24Gb/s，包转发能力为 18Mp/s；S5024 系统的交换容量为 48Gb/s，包转发能力为 36Mp/s。

- 网络适应能力强

该系列产品在 IEEE 802.1x 的身份认证实现中，不仅支持协议所规定的用户端口接入认证方式，还对其进行了优化，接入控制方式可以基于端口，也可以基于 MAC 地址，极大地提高了安全性和可管理性。另外，该系列交换机支持广播风暴抑制功能，配置了某 VLAN 的广播风暴抑制比后，即可对该 VLAN 上收到的广播流量进行监控，当广播流量的带宽超过配置的限度时，交换机将过滤该 VLAN 上超出的流量，保证网络的业务，使广播所占的流量比例降低到合理的范围。

在扩展能力上，该系列交换机支持堆叠、级联，设备平滑升级，可扩展性好。

- 业务特性丰富

这方面主要体现在以下几个方面：该系列交换机支持基于 IEEE 802.1p 标记优先级控制，

支持 8 个优先级队列；支持第二层到第七层的流分类，在流分类的基础上可以进行 ACL 和 QoS 方面的多种操作，如带宽限制、优先级修改、过滤、端口镜像、重定向等。每个输出端口支持 8 个内部 COS（服务类别）队列，可以支持基于 IEEE 802.1P 或基于 DSCP（DiffServ Codepoint，差分服务代码点）域的到 COS 队列的优先级映射。支持两种队列调度模式：严格优先级调度、加权轮询调度，满足不同的业务接入的 QoS 要求。

- 网管维护功能实用

该系列交换机采用 H3C 公司统一的 VRP 平台，与 Quidway 路由器的配置风格一脉相承，用户培训成本大大降低。VRP 平台提供了大量的维护、调试命令和日志功能，为产品的开通、维护、故障诊断提供了丰富的手段。支持 RMON、SNMP V3、可支持 Open View 等通用网管平台，以及华为公司开发的 iManager 网管系统。

- 支持 HGMP（Huawei Group Management Protocol，华为组管理协议）功能

【说明】HGMP 协议是 H3C 公司自主开发的，用于管理 H3C 公司研制的低端以太网交换机的协议。通过 HGMP 协议上级设备可以对下面连接的大量低端以太网交换机进行集中管理和配置，以减轻工程和维护的工作量。这一技术与前面介绍的 CGMP 协议相当。

（2）Quidway S3000 系列交换机的主要特点。

该系列交换机的主要技术特点如下：

- 全线速的二层交换

Quidway S3000 系列智能二层交换机 12.8/18.5Gb/s 的总线带宽为交换机所有的端口提供二层线速交换能力，硬件能够识别、处理四到七层的应用业务流，所有端口都具有单独的数据包过滤，区分不同应用流，并根据不同的流进行不同的管理和控制。

- 完备的安全智能控制策略

Quidway S3000 系列智能二层交换机支持 IEEE 802.1x 认证，在用户接入网络时完成必要的身份认证，还可以通过灵活的 MAC、IP、VLAN、PORT 任意组合绑定，有效地防止非法用户访问网络。

支持多种 ACL 访问控制策略，能够对用户访问网络资源的权限进行设置，保证网络的受控访问。

- 高可靠性

Quidway S3000 系列智能二层交换机不仅支持 STP/RSTP（生成树/快速生成树）协议，还提供了基于多 VLAN 的生成树 MSTP，极大地提高了链路的冗余备份，提高了容错能力，保证网络的稳定运行。

另外，支持可选的冗余电源系统（RPS），提高容错能力和网络正常运行时间。

【说明】STP 和 RSTP 都是生成树协议，都是通过一定的算法阻断某些冗余路径，将环路网络修剪成无环路的树型网络，从而避免物理环路引起的广播风暴；都可以起到链路备份的作用。RSTP 和 STP 的不同点有两个：①RSTP 是快速生成树协议，其“快速”体现在根端口和指定端口进入转发状态的延时在某种条件下大大缩短，从而缩短了网络拓扑稳定需要的时间；②RSTP 对应的 IEEE 标准是 802.1w，而 STP 对应于 802.1d。具体参见本系列丛书的《金牌网管师（中级）大中型企业网络组建、配置与管理》一书。

- 优异的远程供电功能

Quidway S3026C-PWR 以太网交换机支持 PoE（Power over Ethernet），即可通过以太网双绞线向远端下挂 PD（Powered Device）设备（IP Phone、WLAN AP、Network Camera 等）提供-48V 直流电源，实现对下挂 PD 设备远端供电。作为供电方 PSE（Power Sourcing Equipment）设备，满足 IEEE802.3af 线路供电标准。

Quidway S3026C-PWR 可通过 3/5 类双绞线的数据线（1、3、2、6）同时传递数据和电流，

也可通过 3/5 类双绞线的数据线（1、3、2、6）传递数据、空闲线（4、5、7、8）传递电流。可通过命令行进行相关供电参数配置，也可通过模式按钮进行选择。

Quidway S3026C-PWR 最多可以向 24 台下挂以太网交换机进行远程供电，最长供电距离为 100m。每个以太网口向下挂设备提供的最大功率为 15.4W。

- 丰富的 QoS 策略

在 QoS 策略方面，Quidway S3000 系列智能二层交换机有以下主要特性：

➢ 支持基于源 MAC 地址、目的 MAC 地址、源 IP 地址、目的 IP 地址、端口、协议的第二层到第七层复杂流分类；支持 1000 个流规则。

➢ 提供了 3 种各具特色的队列调度算法：严格优先级（Strict-Priority Queue，PQ）、加权轮询（Weighted Round Robin，WRR）调度算法和 Delay bounded WRR 调度算法。

➢ 支持带宽控制功能，确保进入交换机的特定业务流有一个最小的带宽，即使在网络拥塞时，也能满足一定的丢包、时延及时延抖动等 QoS 需求。

➢ 支持 CAR（Committed Access Rate）功能，流量限速的粒度为 1Mb/s。

- 良好的扩展性

Quidway S3000 系列智能二层交换机提供良好的堆叠功能，最大可支持 16 台设备的堆叠，同时支持不同设备的混合堆叠，从而保证了网络的平滑升级，降低了扩建成本。

- 多样的管理方式

Quidway S3000 系列智能二层交换机支持 SNMP，可支持 Open View 等通用网管平台，以及 Quidview、iManager 网管系统。支持 CLI 命令行、Web 网管、Telnet、HGMP 集群管理，使设备管理更方便。

从以上介绍的两个系列产品的主要特点可以看出，这两个智能交换机系列都具有非常丰富的功能，而且智能化程度非常高。在 QoS 策略、用户认证方式和 VLAN 配置方面具有非常全面的功能，用户可以非常灵活地选用、配置相应的功能，实现各种特殊需求。

7.2.4 Cisco 1800 的中小型企业广域网连接方案

Cisco 1800 系列集成多业务路由器是 Cisco 1700 系列路由器的下一代产品。它包括的 Cisco 1801、1802、1803、1811 和 1812 路由器使用固定配置（如图 7-19 所示），Cisco 1841 则使用模块化配置（如图 7-20 所示）。

图 7-19 Cisco 1800 系列固定配置路由器

图 7-20 Cisco 1800 系列模块配置路由器

因为有 Cisco IOS 软件，Cisco 1800 系列路由器能够借助多种先进的安全服务和管理功能支持思科自防御网络，这其中包括硬件加密加速、IPSec VPN（AES、3DES、DES）、防火墙保护、内部入侵防御（IPS）、网络准入控制（NAC）和 URL 过滤支持等。为简化管理和配置，Cisco 1800 预装有基于 Web 的直观思科路由器和安全设备管理器（SDM）。与上一代的 Cisco 1700 系列路由器相比，固定配置路由器专为宽带、城域以太网和无线的安全连接而设计，可以提供显著的性能提升、功能改进、丰富的用途和更高的价值。

1. Cisco 1800 系列固定配置路由器及其主要应用

与上一代的 Cisco 1700 系列路由器相比，固定配置路由器专为宽带、城域以太网和无线的安全连接而设计，可以提供显著的性能提升、功能改进、丰富的用途和更高的价值。

Cisco 1801、1802 和 1803 固定配置路由器可以通过基于基本电话服务的非对称 DSL（ADSL）（Cisco 1801）；基于 ISDN 的 ADSL（Cisco 1802）或者对称高速 DSL（G.SHDSL）（Cisco 1803）提供高速 DSL 宽带接入，同时利用集成的备用 ISDN S/T BRI 确保可靠的网络连接。Cisco 1811 和 1812 不仅可以通过两个 10/100 Base-T 快速以太网 WAN 端口提供高速宽带或以太网接入，还能够通过一个 V.92 模拟调制解调器（Cisco 1811）或 ISDN S/T BRI 接口（Cisco 1812）提供集成的备用 WAN 连接。表 7-10 列出了各型号的功能配置。

表 7-10 Cisco 1800 系列固定配置路由器的功能配置

特性	Cisco 1801	Cisco 1802	Cisco 1803	Cisco 1811	Cisco 1812
DSL WAN 端口	基于 POTS 的 ADSL	基于 ISDN 的 ADSL	G.SHDSL（4 线）	-	-
10/100 FE WAN 端口	1	1	1	2	2
8 端口可管理交换机	支持	支持	支持	支持	支持
ISDN BRI 备用拨号连接	支持	支持	支持	-	支持
V.92 模拟调制解调器备用拨号连接	-	-	-	支持	-
USB 2.0 端口	0	0	0	2	2
802.11a/b/g 无线选项	支持	支持	支持	支持	支持
辅助和控制台端口	支持	支持	支持	支持	支持

2. Cisco 1800 系列固定配置路由器的网络应用

固定配置的 Cisco 1800 系列路由器主要应用于以下几个方面：

（1）安全的网络连接。

网络安全已经成为任何一个网络的基本要素。Cisco 1800 系列固定配置路由器可以帮助客户部署高性能的、并发的关键任务型数据应用，获得集成化的端到端安全功能。网络结构如图 7-21 所示。

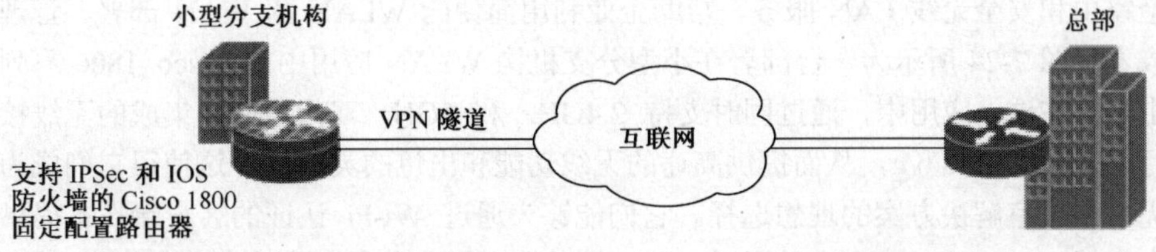

图 7-21 利用 Cisco 1800 系列固定配置路由器保护小型分支机构的网络结构

Cisco 1800 系列固定配置路由器的安全连接功能是通过所集成的 Cisco IOS 软件来实现的。它可以在主板上实现基于硬件的加密和其他一系列强大的安全功能，例如 Cisco IOS 防火墙、URL 过滤、IPS 支持、IPSec VPN（DES、3DES 和 AES）、动态多点 VPN（DMVPN）、Easy VPN 服务器和客户端支持、用于防范蠕虫和病毒的 NAC、安全策略实施、Secure Shell（SSH）协议 2.0 版本，以及简单网络管理协议（SNMP）。

（2）高度可用的互联网连接。

Cisco IOS 软件高级 IP 服务功能集可以提供基本和高级路由功能，因而能够进行故障恢复和负载平衡。这些功能包括边界网关协议（BGP）、开放最短路径优先协议（OSPF）、增强内部网关路由协议（EIGRP）、路由信息协议（RIP），以及按需拨号路由（DDR）和基于对象跟踪的可靠静态路由。每台 Cisco 1800 系列固定配置路由器都配备了一个 ISDN BRI 或 V.92 模拟调制解调器端口，以及一个用于建立备用 WAN 连接的以太网端口。如果主 DSL、有线网络或以太网接入 WAN 因为某种原因发生中断，路由器将会检测到故障，并自动切换到备用 WAN。如图 7-22 和图 7-23 所示，Cisco 1800 系列固定配置路由器可以帮助客户部署高性能的、高度可用的关键任务型业务应用。

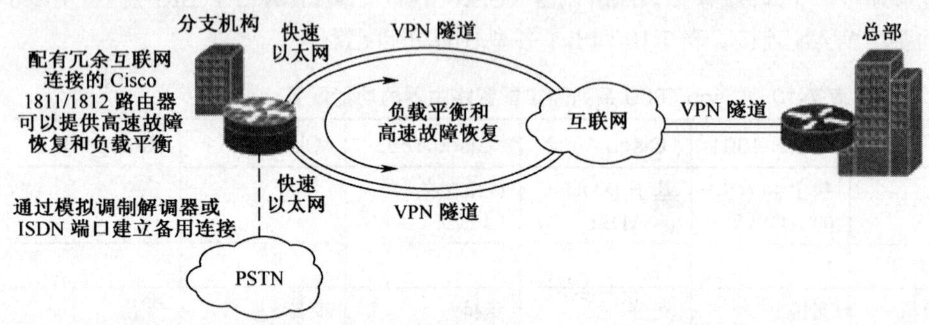

图 7-22　基于 Cisco 1811 或 1812 路由器的高可靠性小型分支机构网络结构

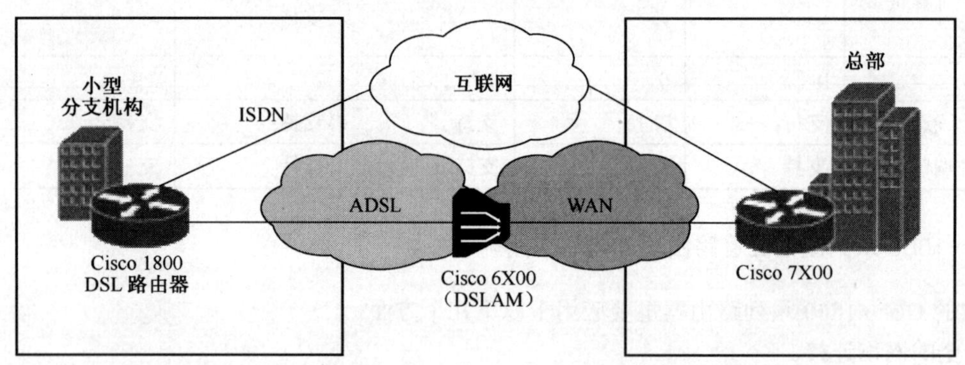

图 7-23　基于 Cisco 1801、1802 或 1803 路由器的高可靠性小型分支机构网络

（3）集成化 WLAN 功能。

Cisco 1800 系列固定配置路由器中的某些型号提供了一个集成化的无线接入点，能够在同一个设备中提供安全路由和安全无线 LAN 服务，帮助企业利用简便的 WLAN 和 WAN 部署、管理功能降低总拥有成本。图 7-24 所示为一台部署在小型分支机构 WLAN 应用中的 Cisco 1800 系列固定配置无线路由器。在这一应用中，通过同时支持 2.4GHz 和 5GHz 双频通信，集成的无线接入点可以同时运行 IEEE 802.11a/b/g，从而提供高速的无线功能和出色的灵活性。这使得它们成为公共热点部署和无线办公室解决方案的理想选择。它们能够为通过 Wi-Fi 认证的客户端设备提供全面的支持，其中包括 Cisco Aironet 和多种通过 Wi-Fi 认证的思科兼容客户端设备。

采用集成化无线接入点的 Cisco 1800 系列无线路由器通过了 Wi-Fi 认证，可以通过 Cisco IOS 软件的功能支持 Wi-Fi 保护访问（WPA），从而提供安全的双向身份验证和加密。这些产品还可以支持多个无线 VLAN。通过一定的设置，这些 VLAN 能够为无线用户提供额外的安全保护、分区和隔离功能。在结合思科服务选择网关（SSG）和用户边缘服务管理器（SESM）使用这些路由器时，托管电信运营商可以集成基于服务的授权和记账，以及服务和用户管理功能，从而提供可定制的、随需应变的无线服务，例如无线热点。包括本地身份验证在内的其他一些功能让用户可以在远程身份验证服务器发生故障时继续保持与路由器的无线连接。它们还支持基于 Wi-Fi 多媒体（WMM）的服务质量（QoS）。

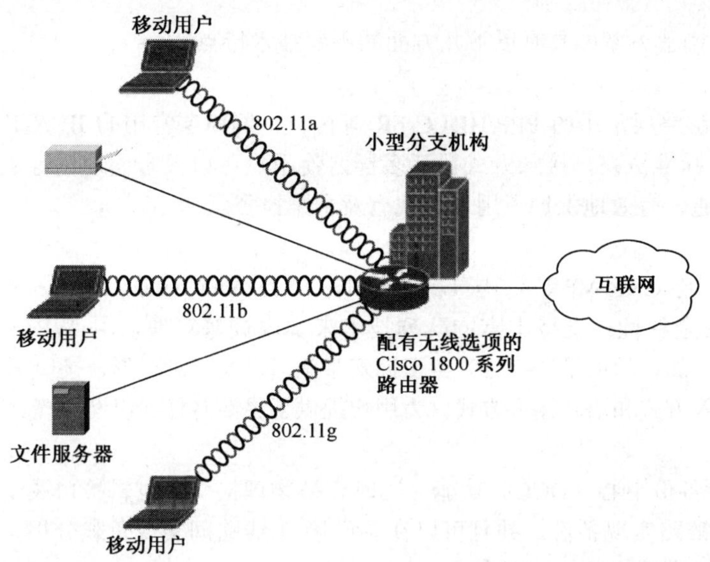

图 7-24　Cisco 1800 系列固定配置无线路由器在小型分支机构 WLAN 中的应用

7.2.5　H3C 中小型企业广域网连接方案

H3C 公司的路由器产品线也是相当齐全的，针对小型企业，H3C 公司提供了一个 Quidway R26 系列路由器解决方案，包括 Quidway R2611、Quidway R2621 和 Quidway R2631E 三个型号，如图 7-25 所示。

Quidway R2611 路由器后视图

Quidway R2621 路由器后视图

Quidway R2631E 路由器后视图

图 7-25　Quidway R26 系列路由器的 3 款机型

Quidway R26 系列路由器采用模块化结构，在提供了集成的快速以太网接口、AUX 口和同/异步串口的同时，又提供了丰富的可选配的智能接口卡 SIC（Smart Interface Card，智能接口卡）及多功能接口模块 MIM（Multifunctional Interface Module，多功能接口模块）。它具有更高的性价比和可扩展能力，既适合于在一些大的分支机构中担当接入路由器，又可以在中小型企业网中担当核心路由器，可与 Quidway 系列路由器、以太网交换机一起为电信、ISP、金融、税务、公安、铁路等行业用户和大中型企业用户提供全方位的端到端的网络解决方案。

1．方案的技术特点

在 Quidway R26 系列模块化路由器方案中具有以下几方面的主要技术特点：

- 完善的协议支持能力

Quidway R26 系列路由器支持链路层常用的 PPP/HDLC/FR 等协议，网络层常用的 IP 及其静态路由、动态路由 RIP/OSPF 等标准协议，接入方式灵活多样，使用户可以很方便地进行组网配置，与其他厂商的设备全面互通，有效地保护了用户的现有及未来投资。

- 丰富的功能特性

Quidway R26 系列路由器支持三层 GRE VPN、二层 L2TP VPN；支持 AAA 认证、NAT、基于时间段的 ACL、IPSec 加密等安全特性；支持丰富的队列技术来实现拥塞管理，用 WRED（Weighted Random Early Detection，加权随机早期检测）实现拥塞避免，以及流量整形、接口/流量线速等 QoS 技术；丰富的终端接入方式和语音接入方式。为用户提供了灵活多样的组网选择。

- 良好的可靠性支持

Quidway R26 系列路由器支持备份中心（DCC）功能，同时支持物理接口和逻辑接口及子接口，可以灵活地选择不同的接口链路实现备份。并且可以在备份接口/线路间实现负载分担，最大限度地利用已有资源，为用户提高网络性能，节省成本。

- 简单便捷的网络检测工具

HWPing 是测量网络上运行的各种协议性能的一种工具，它是对 ping 功能的增强。它可以实现端到端的网络状况监测，包括时延、抖动、丢包率等。不仅能使用 ICMP 协议来测试数据包在本端和指定的目的端之间的往返时间，从而判断目的主机是否可达，还可以探测 DLSw、DHCP、FTP、HTTP、SNMP 服务器是否打开，以及测试各种服务的响应时间等，提供对网络应用的质量检测。

2．方案的主要应用

Quidway R26 系列路由器在广域网连接方面的应用主要体现在以下几个方面：

（1）中小型企业综合组网方案。

中小型企业中可以利用 Quidway R26 系列和 Quidway R1600/2500 系列路由器联合组网，连接所有的分支机构，并且为远程用户提供家庭办公、移动办公等服务。网络结构如图 7-26 所示。在这一方案中，公司总部采用 Quidway R26 系列路由器，利用路由器内置的防火墙（Access-List、NAT 等）一方面可以限制企业网内部主机对外部信息的访问；另一方面可以对外提供 WWW 等服务，满足现代企业上网的需求。企业分支机构及移动办公用户可通过 DDN 及 PSTN/ISDN 连接到企业内部网络。对于拨号用户只有通过验证的合法用户才能访问企业网内部信息。

（2）金融行业“一体化”终端解决方案。

Quidway R26 系列路由器面向金融行业开发的终端接入、POS（Point Of Sale，电子收款机系统）接入、SNA/DLSw（Data-Link Switching Protocol，数据链路交换协议）等功能，即保证了银行等金融部门为用户提供最新的 IP 服务，又实现了原有 SNA 网络同 TCP/IP 网络的共存。网络结构如图 7-27 所示。在这一方案中，银行业务中心使用 Quidway R26 系列路由器，通过主用线路 DDN 及备份线路 PSTN 或 ISDN 与下属网点相连。在银行的分行网点使用 Quidway R26 系列路由器，通过异步串口连接终端 ATM（Automatic Teller Machine，自动取款机）。利用 Quidway R26 系列路由器快速以太网接口连接其他 PC 主机，实现增值服务。

（3）中小型企业 VoIP 语音应用。

Quidway R26 系列路由器还可作为公司各个办事机构的语音网关设备，网络结构如图 7-28 所示。办事处、分支机构和公司总部的 Quidway R26 系列路由器作为语音网关直接连接普通电话机/传真机，或采用 AT0、E&M 及 E1 中继与 PBX 连接，连接方式灵活多样。公司员工可以在总部内部各机构间享受到IP实时传真、语音和数据信息同时传输、一次拨号/二次拨号等服务。

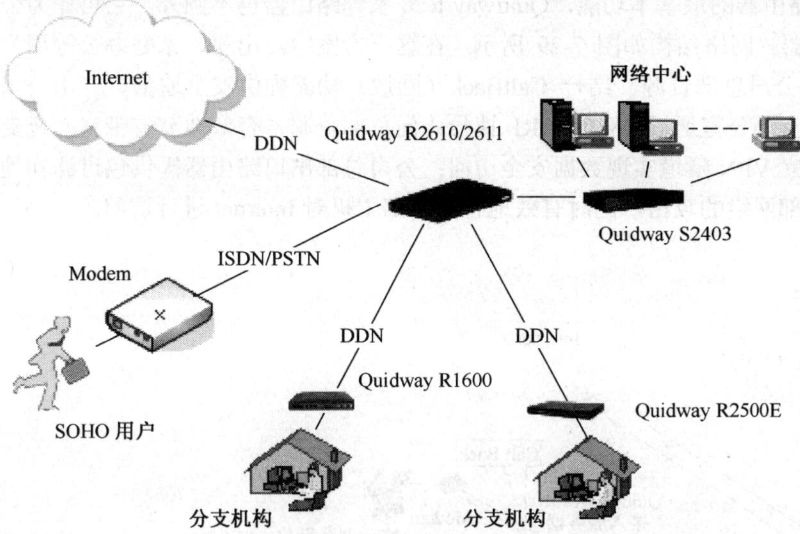

图 7-26　Quidway R26 系列模块化路由器的中小型企业综合组网方案

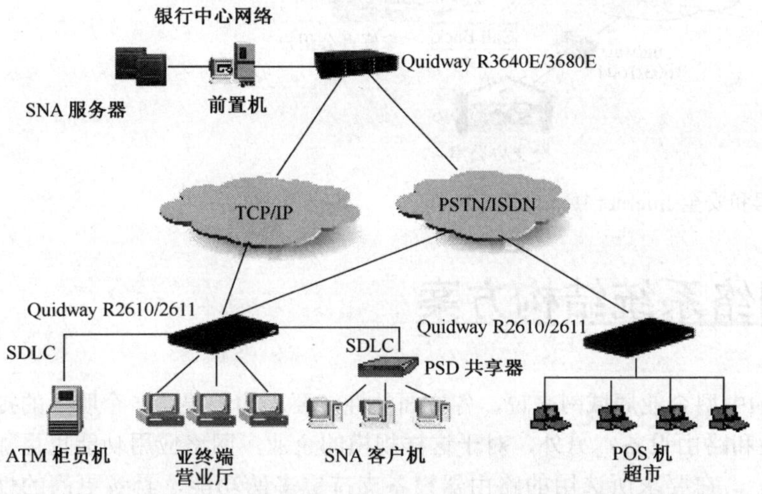

图 7-27　Quidway R26 系列路由器金融行业“一体化”终端解决方案

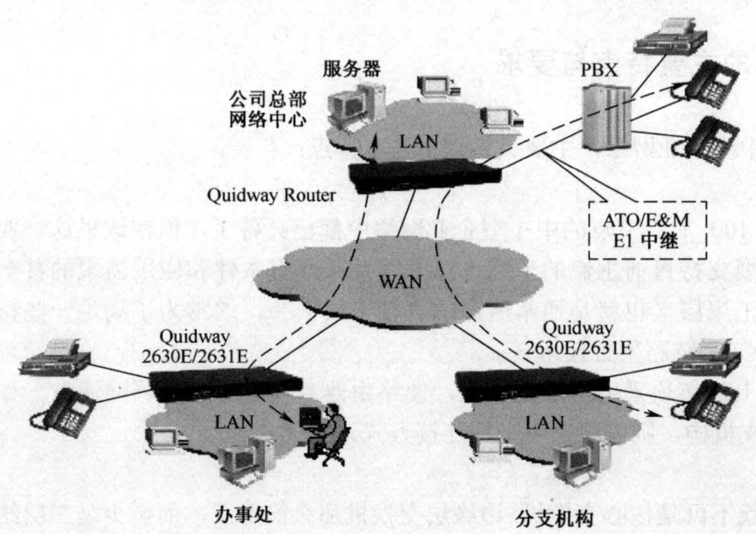

图 7-28　Quidway R26 系列路由器中小型企业 VoIP 语音应用方案

（4）安全接入 Internet。

安全的 Internet 接入是路由器的最基本功能，Quidway R26 系列路由器也不例外。它可作为公司访问 Internet 的接入服务器。网络结构如图 7-29 所示。在这一方案中，出差、家庭办公等用户通过 Modem 拨号方式访问公司总部资源，结合 CallBack（回拨）功能提供安全通信，并由公司统一支付办公通信费用；分支办公室通过 ISDN BRI 拨号访问总部资源，有效地节省带宽；分支机构通过和公司总部之间建立 VPN 隧道实现数据安全访问；公司总部出口路由器提供包过滤和地址转换功能，防止外界对内部网络的攻击，同时有效地管理内部主机对 Internet 进行访问。

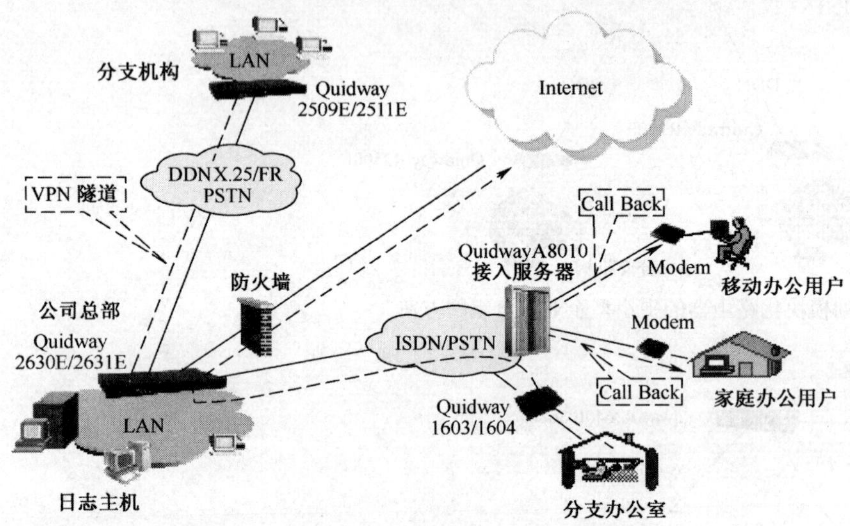

图 7-29　Quidway R26 系列路由器和安全 Internet 接入方案

7.3　中型企业网络系统结构方案

对于节点数达到 200 个的中型企业局域网来说，各方面的性能要求均需要有一个明显的提高，特别是位于核心层的交换和路由设备。另外，对于这样规模的企业，网络应用功能也更加多样化，所以在广域网连接上，它要求所选用的路由器设备支持更多的功能，具备更高的性能。下面首先一下这类企业网络的主要特点。

7.3.1　中型企业网络方案的主要特点与要求

节点数达到 200 个左右的中型企业网络，主要具备以下基本特点：

- 高性能，全交换

这方面其实在上节介绍的 100 左右节点的中小型企业网络中都已具备了，但在这里这一要求更加明显。在核心层肯定是要支持目前主流的千兆位以太网接入，有条件和应用需求的甚至可以达到最新的万兆接入。在汇聚层（也就是通常所说的“骨干层”），通常为了满足一些特殊应用的高带宽需求，常采用 GEC 链路聚合技术。

而且核心层和骨干层基本上都必须采用三层交换机，使路由器专注于处理广域网流量。如果需要连接远距离的厂房或分支机构，则需要采用光纤连接方式。

- 网络结构更复杂

在这种网络中，网络结构就不再是核心交换机+边缘层交换机那么简单了，而至少是三层结构，即：核心层交换机+汇聚层交换机+边缘层交换机，核心交换机通常也不再是一台，而是两台或以上。而且核心层和汇聚层通常采取冗余连接（也就是每台汇聚层交换机都与上级的每台核心层交换机连接），这样可进一步提高网络的可用性，如图 7-30 所示。有的甚至还有 4 层，在核心层交换机与汇聚层交换机之间加上一个“骨干层”。

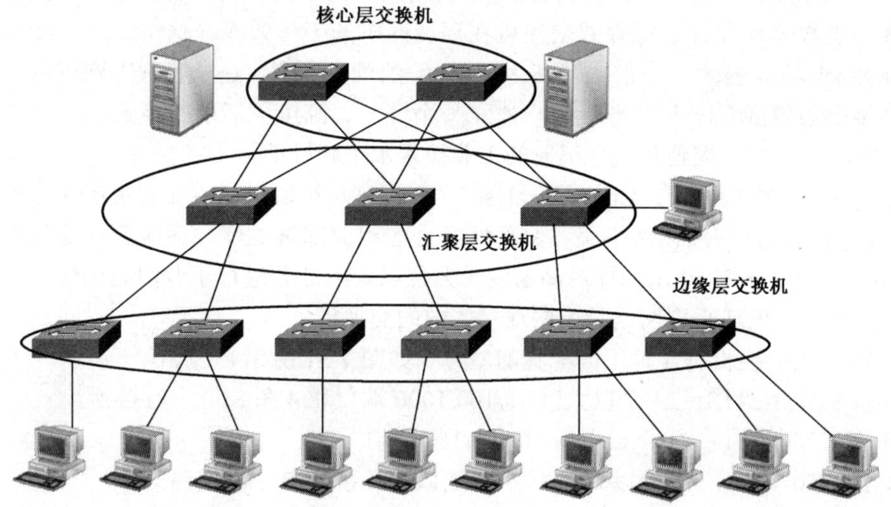

图 7-30　200 节点左右的中型企业网络结构示例

- 灵活、高效、可靠的广域网连接

在这种企业网络中的广域网应用更加多样化，要求边界路由器设备支持多种广域网接入方式，如 ISDN、DDN、FR 和 ATM 等。还要支持数据、语音、视频多业务集成；最好有广域网链路备份；具备丰富的带宽优化技术：QoS、按需拨号、按需带宽、链路压缩等方法，降低链路费用，保护关键及实时业务；支持几十、上百个移动用户的远程拨号访问，也就是要有远程访问服务器功能。

- 可扩展性强

可扩展性方面主要是通过级联、堆栈、集群和功能模块来实现的，前 3 个本章前面都已有介绍，在此着重介绍模块在扩展性方面的要求。

在这种规模的企业网络中，通常是采用 GBIC 模块来实现低成本千兆连接的；核心层需要采用更高端模块化交换机，具有更强的扩充能力、更高的性能；配线间采用模块化交换机或通过千兆堆叠扩充用户数；更高端的路由器、更强的处理能力和扩展能力。

- 系统安全，保密性高

因为这种规模的企业网络用户通常是需要进行与分支机构、合作伙伴等的广域网连接（如 VPN 连接），所以在安全性方面要求更高。除了需要专门的软硬件集成防火墙解决方案外，还要提供 VPN 连接及各种加密算法支持；支持按需划分虚拟网络；支持 ACLs、TACACS+和基于交换机端口的安全管理。

7.3.2　Cisco 中型企业局域网方案

思科的中型企业局域网方案可以由两个交换机系列的不同型号进行组合来实现，那就是 Cisco Catalyst 3750 系列交换机和 Cisco Catalyst Express 500 系列交换机。首先介绍这两个系列交换机中不同型号产品的基本配置和主要特性。

1．方案产品介绍

在思科的这一中型企业局域网方案中，使用的是 Cisco Catalyst 3750 和 Cisco Catalyst

Express 500 两系列交换机，其中由 Cisco Catalyst 3750 系列交换机担当核心层交换机，而 Cisco Catalyst Express 500 系列交换机中的不同型号分别用于汇聚层和边缘层交换机。

（1）Cisco Catalyst 3750 系列交换机。

思科新推出的 Cisco Catalyst 3750 系列交换机是一个创新的产品系列，它结合业界领先的易用性和最高的冗余性，里程碑地提升了堆叠式交换机在局域网中的工作效率。这个新的产品系列采用了最新的思科 StackWise 技术，不但实现高达 32Gb/s 的堆叠互联，还从物理上到逻辑上使若干独立交换机在堆叠时集成在一起，便于用户建立一个统一、高度灵活的交换系统，就好像是一整台交换机一样。这代表了堆叠式交换机新的工业技术水平和标准。

对于中型组织和企业分支机构而言，Cisco Catalyst 3750 系列可以通过提供配置灵活性，支持融合网络模式，已经自动配置智能化网络服务，降低融合应用的部署难度，适应不断变化的业务需求。此外，Cisco Catalyst 3750 系列针对高密度千兆位以太网部署进行了专门的优化，其中包含多种可以满足接入、汇聚或小型网络骨干网连接需求的交换机。

Cisco Catalyst 3750 系列交换机有 4 种不同配置的型号（如图 7-31 所示），如下：

- Cisco Catalyst 3750G-24TS：24 个以太网 10/100/1000 端口和 4 条 SFP 上行链路。
- Cisco Catalyst 3750G-24T：24 个以太网 10/100/1000 端口。
- Cisco Catalyst 3750-48TS：48 个以太网 10/100 端口和 4 条 SFP 上行链路。
- Cisco Catalyst 3750-24TS：24 个以太网 10/100 端口和 2 条小型可插拔（SFP）上行链路。

图 7-31　Cisco Catalyst 3750 系列交换机

Cisco Catalyst 3750 系列可以使用标准多层软件镜像（SMI）或增强多层软件镜像（EMI）。SMI 功能集包括先进的服务质量（QoS）、速率限制、访问控制列表（ACL）和基本的静态路由信息协议（RIP）路由功能。EMI 可以提供一组更加丰富的企业级功能，包括先进的、基于硬件的 IP 单播和组播路由。

除此之外，在这一系列交换机中，还应着重提到的就是它所采用的思科 StackWise 技术，它是一种针对千兆位以太网优化的、先进的堆叠架构。该技术的设计目的是及时地对设备添加、移除和重新部署做出反应，同时保持稳定的性能。利用特殊的堆叠互联电缆和堆叠软件，思科 StackWise 技术最多可以将 9 台单独的 Cisco Catalyst 3750 交换机连接到一个统一的逻辑单元中。如图 7-32 所示是 4 台交换机的堆叠连接示例。堆叠后的多台交换机就相当于一个单一的交换单元，由一个从成员交换机中选出的主交换机管理。主交换机可以自动地创建和升级所有的交换信息和可选的路由表。一个工作中的堆叠可以在不中断服务的情况下添加新的成员或移除旧的成员。

（2）Cisco Catalyst Express 500 系列交换机。

新型 Cisco Catalyst Express 500 系列交换机，为员工数量不超过 250 名的企业提供了智能、简单和安全的联网功能。这一第二层可管理快速以太网和千兆位以太网交换机系列提供了无阻塞的线速性能，以及一个针对数据、无线和 IP 通信进行了优化的安全网络平台。表 7-11 列出了此系列中的 4 种产品型号。

图 7-32　4 台 Cisco Catalyst 3750 系列交换机的堆叠示例

表 7-11　Cisco Catalyst Express 500 系列交换机的 4 个型号配置说明

产品名称	说明
Cisco Catalyst Express 500-24TT（WS-CE500-24TT）	24 个 10/100 端口，用于桌面连接 2 个 10/100/1000Base-T 端口，用于上行链路或服务器连接
Cisco Catalyst Express 500-24LC（WS-CE500-24LC）	20 个 10/100 端口，用于桌面连接 4 个 10/100 以太网供电（PoE）端口，用于桌面、无线接入点、IP 电话或闭路电视摄像头连接 2 个 10/100/1000Base-T 或小机架可插拔（SFP）端口，用于上行链路或服务器连接
Cisco Catalyst Express 500-24PC（WS-CE500-24PC）	24 个 10/100 PoE 端口，用于桌面、无线、IP 电话或闭路电视摄像头连接 2 个 10/100/1000Base-T 或 SFP 端口，用于上行链路或服务器连接
Cisco Catalyst Express 500G-12TC（WS-CE500G-12TC）	8 个 10/100/1000Base-T 端口、4 个 10/100/1000Base-T 或 SFP 端口，用于交换机汇聚或服务器连接

2．方案简介

了解了两个系列的产品后，下面具体说明一下针对这两个系列交换机可部署的中小型企业局域网方案。其实很简单，具体如下：

采用 Cisco Catalyst 3750G-24T 或 Cisco Catalyst 3750G-24TS 型号交换机作为核心交换机，它们都提供了 24 个以太网 10/100/1000 端口，充分满足了这类网络规模中高带宽端口的需求。一方面这些千兆端口可以与下级汇聚层交换机连接，另外这些千兆端口还可与各类服务器、边界路由器、高带宽需求工作站、高负荷网络打印机等连接。Cisco Catalyst 3750G-24TS 还提供了 4 个 SFP 上行链路端口，在网络规模扩大后，该交换机可以降级使用，仍可以有充分的发挥空间。

汇聚层交换机则选用 Cisco Catalyst Express 500 系列交换机中的 Cisco Catalyst Express 500-24TT、Cisco Catalyst Express 500-24PC 或 Cisco Catalyst Express 500G-12TC 型号，它们都可提供双绞线千兆端口，可与核心交换机级联。但作为汇聚层交换机，可用的端口应尽量多，所以建议选择 Cisco Catalyst Express 500-24TT 和 Cisco Catalyst Express 500-24PC 两个型号。Cisco Catalyst Express 500-24PC 和 Cisco Catalyst Express 500G-12TC 两个型号的交换机都可提供 SFP 端口，用于实现与核心交换机的高性能连接。

边缘层交换机则可选择 Cisco Catalyst Express 500-24LC，也可以选择 Cisco Catalyst 3750-48TS 和 Cisco Catalyst 3750-24TS 型号交换机，它们均提供了比较多的普通 10/100Mb/s 自适应端口，建议选择 Cisco Catalyst 3750-48TS 和 Cisco Catalyst 3750-24TS 两个型号，因为它们都提供了 SFP 千兆上行链路端口，也可以与汇聚层交换机实现高性能级联。

3．方案的主要特点

这一方案的主要特点体现在以下几个方面：

● 高可用性

在这一方案中，无论是汇聚层与核心层的连接，还是边缘层与汇聚层的连接都可以实现不中断的第二层或第三层千兆连接性能。Cisco Catalyst 3750 系列还可以提高可堆叠交换机的可用性，这在核心层和汇聚层相当重要。每个交换机可以充当主控制器和转发处理器。堆叠中的每台交换机都可以充当一个主交换机，从而为网络控制创建了一种 1:N 的可用性机制。在某个单元发生故障时（尽管发生这种情况的可能性很小），所有其他单元都可以继续转发流量和保持正常运行。

● 高可扩展性

Cisco Catalyst 3750 系列最多可以将 9 个交换机堆叠在一起，构成一个统一的逻辑单元，其中总共包含 468 个以太网 10/100 端口或 252 个以太网 10/100/1000 端口。各个 10/100 和 10/100/1000 单元可以根据网络的需要任意组合。

堆叠可以由 Cisco Catalyst 3750 交换机的任意组合构成。需要混用 10/100 和 10/100/1000 端口的客户可以逐步地发展接入环境，即只为他们需要的功能付费。

● 智能组播

利用思科 StackWise 技术，Cisco Catalyst 3750 系列可以为组播应用（例如视频）提供更高的效率。每个数据分组只需要在堆叠互联上发送一次，从而可以为更多的数据流提供更加有效的支持。

● 出色的服务质量

Cisco Catalyst 3750 系列可以提供千兆位以太网速度和智能化的服务，从而可以保持所有数据的平稳传输，即使在十倍于正常网络速度时。业界领先的标记、分类和调度机制可以为数据、语音和视频流量提供业界最佳的性能——全部都以线速提供。

● 全面的安全保障

Cisco Catalyst 3750 系列支持一组针对连接性和接入控制的、全面的安全功能，其中包括 ACL、身份认证、端口级安全和基于身份识别的、支持 802.1x 及其扩展的网络服务，可实现对接入环境的精确控制。

● 单一 IP 管理

每个 Cisco Catalyst 3750 系列堆叠都作为一个统一的对象进行管理，拥有一个单一的 IP 地址，实现多台交换机共享一个 IP 地址。单一 IP 管理可以支持故障检测、虚拟 LAN 创建和更改、安全和 QoS 控制等功能。

● 支持 IPv6

Catalyst 3750 可以通过基于硬件的 Ipv6 路由（需要未来软件升级来启动功能）获得最大限度的性能。随着网络设备的增加和对于更大的地址空间和更高的安全性的需求变得日益迫切，Catalyst 3750 将可以满足人们的需求。

● 灵活的管理选项

Cisco Catalyst 3750 系列可以提供一个用于精确配置、有出色的命令行界面（CLI）和用于根据预设模板进行快速配置的思科集群管理套件（CMS）软件，这是一种基于 Web 的工具。此外，CiscoWorks 也可以在整个网络范围内对 Cisco Catalyst 3750 系列进行管理。

Cisco Catalyst Express 500 系列交换机可以通过嵌入式设备管理器或思科网络助理管理，适用于员工数量不超过 250 名的客户。

7.3.3 H3C 中型局域网方案

在H3C 的中小型局域网方案中，我们选择了 Quidway 3000、H3C 3600 和 H3C S5600 三个交换机系列。其中 Quidway 3000 系列用于边缘层，H3C 3600 系列用于汇聚层，H3C S5600 系列用于核心层，网络结构如图 7-33 所示。Quidway 3000 系列已在本章前面介绍的 H3C 局域网方案中有了详细介绍，在此不再赘述。

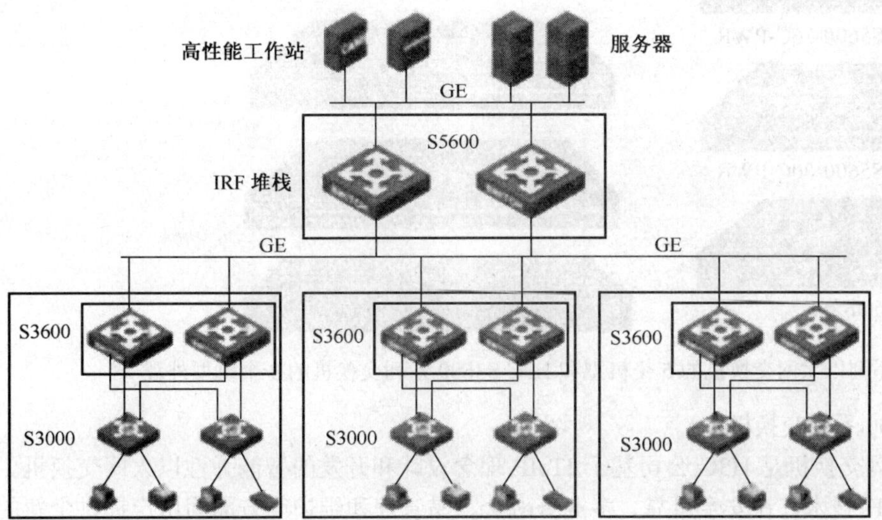

图 7-33 H3C 中型局域网方案

1．方案产品介绍

在此仅介绍汇聚层和核心层两个系列交换机。

（1）核心交换机——H3C S5600 系列交换机。

H3C S5600 系列全千兆智能弹性交换机是 H3C 公司为设计和构建高弹性和高智能网络需求而推出的新一代以太网交换机产品。系统采用 H3C 公司创新的 IRF（Intelligent Resilient Framework，智能弹性架构）技术，支持高达 96Gb/s 的堆叠带宽和高密度千兆端口，支持万兆上行。特别适合作为需要高带宽、高性能和高扩展性的中小企业网核心、大型企业网络和园区网的汇聚层以及数据中心的服务器接入设备。

S5600 系列交换机具有 192G/240G 的交换容量和 66M/102Mp/s 的二/三层包转发能力，支持所有端口线速转发。设备最大提供 24/48 端口 10/100/1000M 电接口、32 个 SFP 千兆光接口或 2 个 10Gb/s 接口，充分满足客户对高密度 GE 和万兆上行设备的需求。设备具备强大的 IRF 堆叠扩展能力，极大地节省了用户对设备的投资。

H3C S5600 系列以太网交换机目前包含 5 个型号（如图 7-34 左图所示），具体配置说明如下：

- S5600-26C：24 个 10/100/1000Base-T 以太网端口和 4 个 1000Base-X SFP 千兆位以太网端口（Combo），后面板提供两个固定的堆叠接口和一个扩展模块插槽。
- S5600-26C-PWR：24 个 10/100/1000Base-T 以太网端口和 4 个 1000Base-X SFP 千兆位以太网端口（Combo），后面板提供两个固定的堆叠接口和一个扩展模块插槽，带 POE 功能。
- S5600-50C：48 个 10/100/1000Base-T 以太网端口和 4 个 1000Base-X SFP 千兆位以太网端口（Combo），后面板提供两个固定的堆叠接口和一个扩展模块插槽。

- S5600-50C-PWR：48 个 10/100/1000Base-T 以太网端口和 4 个 1000Base-X SFP 千兆位以太网端口（Combo），后面板提供两个固定的堆叠接口和一个扩展模块插槽，带 POE 功能
- S5600-26F：48 个 10/100/1000Base-T 以太网端口和 4 个 1000Base-X SFP 千兆位以太网端口（Combo），后面板提供两个固定的堆叠接口和一个扩展模块插槽。

图 7-34　H3C S5600 系列以太网交换机的 5 个机型和 H3C S3600 系列交换机的 3 个机型外观

（2）H3C S3600 系列交换机。

H3C S3600 系列交换机是 H3C 公司基于 IToIP 理念设计和开发的智能弹性以太网交换机。系统采用创新的 IRF 技术，在安全可靠、多业务融合、易管理和维护等方面为用户提供全新的技术特性和解决方案，是理想的办公网、业务网和驻地网的汇聚、接入交换机以及中小企业、分支机构的核心交换机。H3C S3600 系列交换机分为 SI 和 EI 特性版本。SI 版本支持高级 QoS、ACL 功能、基本三层路由（静态/RIP）和 IRF 基本功能（单一 IP 管理），EI 版本支持更加丰富和完备的企业特性，包括基于硬件的 IP 单播路由、组播路由和全部的 IRF 特性。

H3C S3600 系列智能弹性交换机目前包含 8 个型号（如图 7-34 右图所示，外观结构实际上只有 3 个），具体配置说明如下：

- S3600-28P-SI：24 个 10/100Base-T 以太网端口、4 个 1000Base-X SFP 千兆位以太网端口。
- S3600-28TP-SI：24 个 10/100Base-T 以太网端口、2 个 1000Base-X SFP 千兆位以太网端口、2 个 10/100/1000Base-T 以太网端口。
- S3600-52P-SI：48 个 10/100Base-T 以太网端口、4 个 1000Base-X SFP 千兆位以太网端口。
- S3600-28P-EI：24 个 10/100Base-T 以太网端口、4 个 1000Base-X SFP 千兆位以太网端口。
- S3600-28F-EI：24 个 100Base-X SFP 百兆以太网端口、2 个 1000Base-X SFP 千兆位以太网端口、2 个 10/100/1000Base-T 以太网端口。
- S3600-28P-PWR-EI：24 个 10/100Base-T 以太网端口（带 POE）、4 个 1000Base-X SFP 千兆位以太网端口。
- S3600-52P-EI：48 个 10/100Base-T 以太网端口、4 个 1000Base-X SFP 千兆位以太网端口。
- S3600-52P-PWR-EI：48 个 10/100Base-T 以太网端口（带 POE）、4 个 1000Base-X SFP 千兆位以太网端口。

2．方案的主要特点

本方案的主要特点体现在两大系列交换机的功能和特性上，具体如下：

- IRF 智能弹性架构技术

H3C S5600 和 H3C S3600 两系列交换机均支持 H3C 公司创新的 IRF 技术。与传统组网技术

相比，在扩展性、可靠性、整体架构的性能方面具有强大的优势。有关 IRF 技术的这些优势参见本节后面的介绍。

- 大容量全线速的多层交换

H3C S5600 系列交换机具有 192G/240G 的交换容量和 66M/102Mp/s 的二/三层包转发能力，支持所有端口线速转发。设备最大提供 24/48 端口 10/100/1000M 电接口、32 个 SFP 千兆光接口或 2 个 10Gb/s 接口，充分满足客户对高密度 GE 和万兆上行设备的需求。设备具备强大的 IRF 堆叠扩展能力，极大地节省了用户对设备的投资。硬件支持二/三层线速交换，能够识别、处理四到七层的应用业务流，所有端口都具有单独的数据包过滤，区分不同应用流，并根据不同的流进行不同的管理和控制。

- 完备的安全控制策略

H3C S5600 系列交换机基于最长匹配的路由策略；支持集中式 MAC 地址认证和 IEEE 802.1x 认证；支持 DUD（Disconnect Unauthorised Device，不明设备阻断）认证；支持 QoS Profile（服务质量配置）功能；支持 SSH（Secure Shell，安全外壳）特性等。并且，交换机网络操作系统采用逐包转发方式，保证了所有报文均获得相同的转发性能，对“红码病毒”和“冲击波病毒”的攻击具有天生的防御能力，有效保证了设备安全。

- 高可靠性

H3C S5600 系列交换机采用 IRF 技术组网后，能够在整个堆叠组内实现控制平面和数据平面所有信息的冗余备份，极大地增强了设备和网络的可靠性，消除了单点故障，避免了业务中断。同时 H3C S5600 和 H3C 3600 两系列交换机不仅支持 STP/RSTP 生成树协议，还提供了基于多 VLAN 的生成树 MSTP，极大地提高了链路的冗余备份，提高了容错能力，保证网络的稳定运行。

另外，H3C S5600 和 H3C 3600 两系列交换机支持 VRRP 虚拟路由冗余协议，与其他三层交换机构建 VRRP 备份组。构建故障时的冗余路由拓朴结构，保持通讯的连续性和可靠性，有效保障网络稳定。支持在设备上配置多条等价路由的方式实现上行路由的冗余备份，当主上行路由发生故障时自动切换到下一条备份路由，实现上行路由的多级备份。采用交、直流双输入电源模块供电，也可以通过更换电源模块来支持 PoE 功能，提供所有固定端口的 PoE 满负载。

- 丰富的 QoS 策略

H3C S5600 系列交换机支持基于源 MAC 地址、目的 MAC 地址、源 IP 地址、目的 IP 地址、端口、协议的 2～7 层复杂流分类；每端口支持 100 个流规则，整机支持 3200/5600 个流规则，充分保障了复杂网络对 QoS 规则的要求。

提供灵活的队列调度算法，可以同时基于端口和队列进行设置，支持 SP（Strict Priority）、WRR（Weighted Round Robin）、SP+WRR 三种模式；支持 8 个优先级队列。支持 CAR（Committed Access Rate）功能，可以实现基于端口和基于流的速率限制，限制的粒度可以精确至 64Kb/s，为网络带宽的精细化管理提供了手段。

- 多样的管理方式

H3C S5600 系列交换机支持 CLI（命令行）、Telnet、Console 口配置，支持 H3C 的 Quidview 和 iManager 网管系统，支持 Web 网管，使设备管理更加方便。通过各种开放的标准 MIB 和扩展 MIB 的支持可以提供完善的基于 SNMP 的第三方管理能力。

3．H3C 的 IRF 技术

因为 H3C 公司的 IRF 技术是一项新的实用技术，所以在此专门介绍。通过前面的介绍已经知道，IRF 技术提供了 DDM、DRR 和 DLA 三方面的技术优势。

（1）DDM（分布设备管理）。

DDM 是 IRF 的基本特性之一，也就是说，用户可以将整个 IRF Fabric 看成一台整体设备进行管理。用户可以通过 Console、SNMP、Telnet、Web 等多种方式来管理整个 IRF Fabric，用户通过任何连接到一个端口、任何一个 IP 地址来管理整个 Fabric，而不需要关心自己具体连接到了哪个单元上，该技术应用的网络结构如图 7-35 所示。

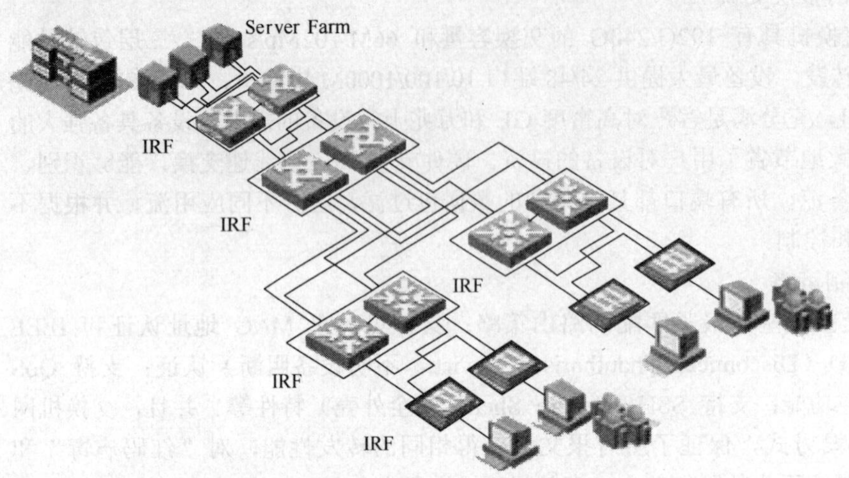

图 7-35　用户将一个 Fabric 当成一台整体设备进行管理示例

（2）DRR（分布冗余路由）。

IRF 的一个重要特征是 DRR，也就是说，IRF Fabric 的多个单元在外界看来是一台单独的三层交换机。IRF Fabric 将作为一个整体设备来执行路由能力和二三层的报文转发，并且完全支持路由协议的热备份技术，在单个单元发生故障时，转发和路由功能可以完全不受影响。IRF 在多台设备之间提供了的完全冗余备份，在路由可靠性上达到了一个新的高度。

（3）DLA（分布链路聚合）。

在 IRF Fabric 中，用户可以将不同单元的多个端口进行聚合。也就是说，在 Fabric 的范围内有统一的聚合管理，可以跨越设备地进行聚合和解除聚合。这不仅可以使得聚合的设定更加方便，同时，跨越设备的链路聚合也有效地避免了单点故障的发生。只要聚合链路所连接的多个单元、多个端口还有一个在工作，聚合链路就不会失效。

同时，IRF 还支持 802.3ad 所规定的标准 LACP 协议，通过 LACP 协议，可以使链路聚合的设定和管理更加简单。LACP 协议在需要聚合的链路上运行，可以自动发现和解除聚合。

7.3.4　Cisco 中型企业网络的广域网连接方案

在中型企业网络的广域网连接中，Cisco 推出了 Cisco 2800 系列产品方案，是一个全新的集成多业务路由器系列。它进行了专门的优化，可安全、线速地同时提供数据、语音和视频服务，重新定义了最佳中小型企业路由方案。

1. 方案产品的主要特性和优势

该路由器系列包括 4 个平台：Cisco 2801、Cisco 2811、Cisco 2821 和 Cisco 2851，如图 7-36 所示。与价格类似的前几代思科路由器相比，Cisco 2800 系列将性能提高了 5 倍，将安全和语音性能提高了 10 倍，并且可以提供新的嵌入式服务选项，因而可以为客户提供重要的附加值。它可以在大幅度提升插槽性能和密度的同时，支持 Cisco 1700 和 2600 系列中现有的 90 多种模块。

Cisco 2800 系列能以线速为多条 T1/E1/xDSL 连接提供多种高质量的并发服务。这些路由器提供了内嵌加密加速和主板语音数字信号处理器（DSP）插槽；入侵保护和防火墙功能；集成化呼叫处理和语音留言；用于多种连接需求的高密度接口；以及充足的性能和插槽密度，以用于未来的网络扩展和高级应用。

图 7-36　Cisco 2800 系列路由器

该系列路由器方案具有非常明显的特性优势，主要体现在以下几个方面：

（1）架构特性和优势。

Cisco 2800 系列路由器架构的特别设计可满足中小型分支机构和中小型企业对于目前和未来应用日益提高的需求。Cisco 2800 系列将业界范围最广的连接选项与领先的可用性和可靠性特性相结合。此外，Cisco IOS 软件支持全套传输协议、服务质量（QoS）工具，以及先进的安全和语音应用。具体架构特性和优势如表 7-12 所示。

表 7-12　Cisco 2800 系列路由器架构特性和优势

特性	优势
模块化架构	● 具有范围广泛的 LAN 和 WAN 选项。网络接口可现场升级，以适应未来技术 ● 若干插槽类型可在未来以“随发展而集成”的模式添加连接和服务 ● Cisco 2800 支持 90 多种模块，包括大部分现有 WIC、VIC、网络模块和 AIM（注：Cisco 2801 路由器不支持网络模块）
内嵌安全硬件加速	Cisco 2800 系列路由器中的每一款都配备了内嵌硬件加密加速器，当与可选 Cisco IOS 软件升级相结合时，有助于实现 WAN 链路安全和 VPN 服务
更多默认内存	● Cisco 2811/2821/2851 路由器提供了 64MB 闪存和 256 MB DRAM 内存。 ● Cisco 2801 路由器配备 64 MB 闪存和 128 MB DRAM 内存
集成双快速以太网或千兆位以太网端口	Cisco 2800 系列在 Cisco 2801 和 Cisco 2811 上提供了两个 10/100 端口，在 Cisco 2821 和 Cisco 2851 上提供了两个 10/100/1000 端口
支持 Cisco IOS 12.3T 特性集	● Cisco 2800 全面支持最新的、基于 Cisco IOS 软件的 QoS、带宽管理和安全特性，有助于实施端到端解决方案 ● 支持 Cisco 1800、2600、3700 和 3800 的路由器上具有通用特性和命令集结构，简化了特性集选择、部署、管理和培训
用于发送以太网电源（PoE）的可选集成电源	● 内部电源的可选升级为可选集成交换机模块提供了馈线电源 ● 基于标准的电源可提供符合 802.3af 标准的 PoE 或思科预标准馈线电源
可选集成通用直流电源	Cisco 2811/2821/2851 路由器上有一个可选直流电源，扩展了可能的部署环境，如中央办公机构和工业环境（注：Cisco 2801 上不具备此特性）
集成冗余电源（RPS）连接器	Cisco 2811/2821/2851 上，有一个内置外部电源连接器，可简便地增加可与其他思科产品共享的外部冗余电源，通过保护网络组件，使其免于因电源故障而停运，从而缩短了网络停运时间

（2）模块化特性和优势。

Cisco 2800 系列提供了大幅增强的模块化功能（如表 7-13 所示），同时保持了投资保护。其模块化架构进行了重设计，以支持不断提高的带宽要求、时分多路（TDM）互联，以及到支持IEEE 802.3af PoE或思科馈线电源的模块的全面集成式电源分发，同时仍支持大多数现有模块。凭借90多种与Cisco 1800、2600、3700和3800系列等其他思科路由器共享的模块，Cisco 2800系列的接口可方便地与其他思科路由器互换，在网络升级时提供最高投资保护。此外，利用网络上的通用接口卡，可大大降低管理库存需求的复杂度，实现了大型网络部署，并可保持各种规模分支机构中的配置。

表 7-13　Cisco 2800 系列路由器模块化特性和优势

特性	优势
增强网络模块（NME）插槽	● NME 插槽支持现有网络模块（注：仅在 Cisco 2811/2821/2851 上支持 NM 和 NME） ● NME 插槽提供高吞吐率功能（高达 1.6Gb/s）和对以太网电源（POE）的支持 ● NME 插槽高度灵活，在未来可支持扩展 NME（仅在 Cisco 2821 和 2851 上支持 NME-X）和增强双宽 NME（NME-XD）（注：仅限 Cisco 2851）
带增强功能的高性能 WIC（HWIC）插槽	● Cisco 2811/2821/2851 上的 4 个集成 HWIC 插槽以及 Cisco 2801 上的 2 个集成 HWIC 插槽，可实现更为灵活、密集的配置 ● HWIC 插槽也可支持 WIC、VIC 和 VWIC ● HWIC 插槽提供了高数据吞吐量功能（高达 400Mb/s 全双工或 800Mb/s 总吞吐量）和以太网电源（POE）支持 ● 灵活的机型支持多达 2 个双宽 HWIC（HWIC-D）模块
双 AIM 插槽	双 AIM 插槽支持多种并发服务，如硬件加速安全、ATM 划分和组装（SAR）、压缩和语音留言
主板上的分组语音 DSP 模块（PVDM）插槽	用于 Cisco PVDM2 的插槽集成在主板上，使路由器上的插槽可提供其他服务
扩展语音模块（EVM）插槽	EVM 无需占用网络模块插槽，即可支持更多语音服务和密度（注：仅在 Cisco 2821 和 2851 上提供）

（3）安全联网特性和优势。

Cisco 2800系列具有增强安全功能，如表7-14所示。基于硬件的加密加速集成在每种Cisco 2800系列路由器的主板上，可卸载加密过程，与基于软件的解决方案相比，以较少的CPU开支为路由器提供了更高的IPSec吞吐量。凭借可选VPN模块（用于提高性能和隧道数）、基于Cisco IOS软件的防火墙、网络访问控制、内容引擎网络模块或入侵保护网络模块的集成，思科为分支机构路由器提供了业界最强大的可适应安全解决方案。

表 7-14　Cisco 2800 系列路由器安全联网特性和优势

特性	优势
Cisco IOS Firewall	先进的安全性和策略实施提供了众多特性，如基于应用的状态过滤（基于环境的访问控制）、每用户验证和授权、实时报警、透明防火墙和 IPv6 防火墙
板载 VPN 加密加速	Cisco 2800 系列路由器不占用 AIM 插槽，即可支持 IPSec 数字加密标准（DES）、三重 DES（3DES）、高级加密标准（AES）128、AES 192 和 AES 256 加密
NAC	思科自防御网络计划旨在大幅提高网络识别、防御和适应威胁的能力，仅允许针对符合标准的可信任端点设备的网络接入
多协议标签交换（MPLS）VPN 支持	Cisco 2800 系列凭借虚拟路由和转发（VRF）防火墙以及 VRF IPsec，支持特定供应商边缘功能，以及将客户的 MPLS VPN 网络扩展至客户边级的机制
板载 USB 1.1 端口	USB 端口将用于提供未来功能

续表

特性	优势
基于 AIM 的安全加速	对一个可选专用安全 AIM 的支持，可通过第三层压缩提供二到三倍的内嵌加密性能
入侵保护	● 通过 Cisco IOS 软件或高性能入侵检测系统（IDS）网络模块，提供了灵活的支持 ● 新的 IDS 特征可独立于 Cisco IOS 软件版本而动态加载
Cisco Easy VPN 远程和服务器支持	Cisco 2800 系列路由器可主动地将新安全策略从单一头端推向远程地点，简化了点到点 VPN 的管理
DMVPN	DMVPN 是一款 Cisco IOS 软件解决方案，可方便、可扩展地构建 IPSec+通用路由封装（GRE）VPN
URL 过滤	URL 过滤可通过一个可选内容引擎网络模块板载提供，或由一个运行 URL 过滤软件的 PC 服务器外部提供
思科路由器和安全设备管理器（SDM）	直观、易用、基于 Web 的设备管理工具内置于 Cisco IOS 软件接入路由器中；它可远程访问，以更为快速、方便地部署思科路由器，用于 WAN 接入和安全特性

（4）IP 电话支持特性和优势。

Cisco 2800 系列路由器使网络经理无需投资于一次性的解决方案，即可提供可扩展的模拟和数字电话（如表 7-15 所示），使企业能更好地满足其融合电话需求。Cisco 2800 系列路由器采用语音和传真模块，可部署用于多种应用，其范围从 IP 语音（VoIP）和帧中继语音（VoFR）传输到使用思科远程电话应急呼叫（SRST）的强大、集中解决方案或使用 Cisco Call Manager Express（CME）的分布式呼叫处理。此架构具有高度可扩展性，能支持多达 12 条 T1/E1 中继线路、52 个外部交换终端（FXS）端口或 36 个外部交换局（FXO）端口，同时提供数据路由和其他服务。

表 7-15 Cisco 2800 系列路由器 IP 电话支持特性和优势

特性	优势
IP 电话支持	对于针对以太网交换网络模块和 HWIC 的可选思科馈线配电支持，可用于为思科 IP 电话供电
EVM 模块插槽	仅在 Cisco 2821 和 Cisco 2851 上提供的扩展语音模块插槽支持用于语音和传真的思科高密度模拟和数字扩展模块，在不占用一个网络模块插槽的情况下支持共 24 个语音和传真进程
主板上的 PVDM 插槽	DSP 模块支持模拟和数字语音、会议、语音编码转换和安全实时传输协议（RTP）应用
集成呼叫处理	Cisco CME 是一个内嵌于 Cisco IOS 软件中的可选解决方案，为思科 IP 电话提供呼叫处理。Cisco CME 提供与企业用户常用的特性相似的电话特性，以满足中小型机构的要求
集成语音留言	通过集成一个可选的语音留言 AIM 或网络模块，用 Cisco Unity Express 语音留言系统可支持多达 100 个语音信箱。Express 语音留言系统可支持多达 100 个语音信箱
范围广泛的语音接口	用于本地电话、个人用户交换机（PBX）和网关连接的接口包括：FXS，FXO，直接内部拨号（DID），E&M，集中自动信息记账（CAMA），ISDN 基本速率接口（BRI），带 ISDN 主速率接口（PRI）的 T1、E1 和 J1，QSIG，以及几种其他通道相关信令（CAS）信号机制
支持 SRST	分支机构可利用集中呼叫控制，并通过 SRST 冗余性为 IP 电话经济有效地提供本地分支机构备份

2．方案的主要应用

Cisco 2800 系列路由器主要应用于以下几个方面：

（1）用于数据、语音和视频的安全网络连接。

安全已成为网络的基本构建块。路由器在网络防御战略中起重要作用，因为安全性需要内嵌于整个网络之中。Cisco 2800 系列路由器具有先进、集成的端到端安全性，以用于提供融合服务和应用。凭借 Cisco IOS 软件的高级安全特性集，Cisco 2800 在一个解决方案集中提供了一系列强大的通用安全特性，如 Cisco IOS Software Firewall、入侵保护、IPSec VPN、Secure Shell（SSH）协议 2.0 和简单网络管理协议（SNMPv3）。同时，通过将安全功能直接集成入路由器，思科可提供其他安全设备不能提供的独特智能安全解决方案，如用于病毒防御的网络准入控制（NAC）；当结合语音、视频和 VPN 时可增强服务质量（QoS）的语音和视频型 VPN（V3PN）；以及可实现更优可扩展性和可管理性的 VPN 网络的动态多点 VPN（DMVPN）和 Easy VPN。

此外，思科提供了一系列安全加速硬件，如用于加密的入侵保护网络模块和高级集成模块（AIM），使 Cisco 2800 系列成为业界适用于分支机构的、最强大的可适应安全解决方案。如图 7-37 所示，Cisco 2800 系列使客户能以线速提供具有集成、端到端安全性的并发的关键任务型数据、语音和视频解决方案。

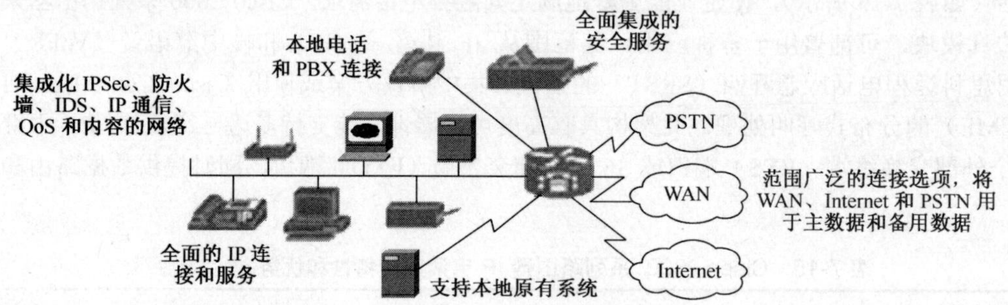

图 7-37　Cisco 2800 系列路由器融合 IP 通信的安全网络连接

（2）融合 IP 通信。

如图 7-37 所示的方案中，Cisco 2800 系列路由器可满足中小型企业和企业分支机构的 IP 通信需求，同时在单一路由平台中提供业界领先的安全性。Cisco Call Manager Express（CME）是一个内嵌于 Cisco IOS 软件的可选解决方案，为思科 IP 电话提供了呼叫处理。此解决方案适用于有数据连接需求、对于为多达 72 部电话部署一个融合 IP 电话解决方案感兴趣的客户。凭借 Cisco 2800 系列，客户可在单一平台上为其中小型分支机构安全地部署数据、语音和 IP 电话，以便简化其运营、降低网络成本。带集成 Cisco CME 的 Cisco 2800 系列提供了一个核心电话特性集，以满足客户日常业务需求。

7.3.5　H3C 中型企业网络的广域网连接方案

针对中型企业网络的广域网连接，H3C 公司提供了一个 Quidway AR 27-09B 路由器（如图 7-38 所示）方案。

Quidway AR 27-09B 路由器是 H3C 公司自主开发的边缘接入路由器。它采用模块化结构，在提供了集成的快速以太网接口、AUX 口和同/异步串口的同时，又提供了丰富的可选配的智能接口卡 SIC 及多功能接口模块 MIM。AR 27-09B 支持 H3C 公司成熟应用的 VRP 软件平台，具有良好的稳定性和可靠性。与同类产品相比，Quidway AR 27-09B 路由器具有更高的性价比和可扩展能力，可与 Quidway 系列路由器、以太网交换机一起为电信、ISP、金融、税务、公安、铁路等行业用户和中小型企业用户提供全方位的端到端的网络解决方案。

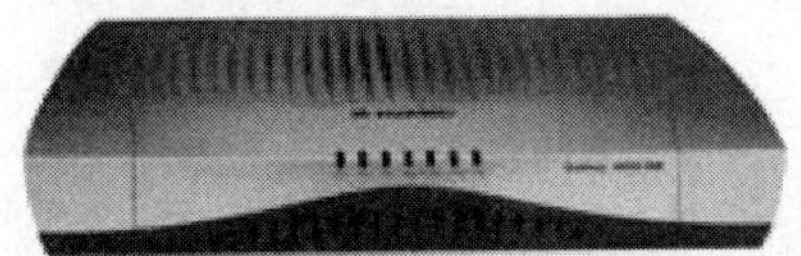
Quidway AR 27-09B 路由器前视图

Quidway AR 27-09B 路由器后视图

图 7-38　Quidway AR 27-09B 路由器的前后视图

1．方案产品的主要特点

Quidway AR 27-09B 路由器具有以下几个方面的特点：

- 丰富的协议支持能力

Quidway AR 27-09B 路由器支持链路层常用的 PPP、HDLC、FR 等协议以及网络层常用的 IP 及其静态路由、动态路由 RIP 和 OSPF 等标准协议，接入方式灵活多样，使用户可以很方便地进行组网配置，与其他厂商设备全面互通，有效保护了用户现有及未来投资。

- 良好的可靠性支持

Quidway AR 27-09B 路由器支持备份中心（DCC）功能，同时支持物理接口和逻辑接口及子接口，可以灵活地选择不同的接口链路实现备份。并且可以在备份接口/线路间实现负载分担，最大限度地利用已有资源，为用户提高网络性能，节省成本。

- 简单便捷的网络检测工具

Quidway AR 27-09B 路由器支持的 HWPing 功能是测量网络上运行的各种协议性能的一种工具，它是对 ping 功能的增强。它可以实现端到端的网络状况监测，包括时延、抖动、丢包率等。不仅能使用 ICMP 协议来测试数据包在本端和指定的目的端之间的往返时间，从而判断目的主机是否可达，还可以探测 DLSw、DHCP、FTP、HTTP、SNMP 服务器是否打开，以及测试各种服务的响应时间等，提供对网络应用的质量检测。

- 完善的功能特性

Quidway AR 27-09B 路由器具备丰富的功能特性。支持三层 GRE VPN、二层 L2TP VPN；支持 AAA 认证、NAT、基于时间段的 ACL、IPSec 加密等安全特性；支持丰富的队列技术来实现拥塞管理，WRED 实现拥塞避免，以及流量整形、接口/流量线速等 QoS 技术；丰富的终端接入方式和语音接入方式。为用户提供了灵活多样的组网选择。

2．方案的主要应用

Quidway AR 27-09B 路由器可以应用于以下几种应用环境：

（1）SMB（中小企业）综合组网。

在这一应用中，可将 Quidway AR 27-09B 路由器置于各分支机构边界，一方面可将分支机构内部网络连接到总公司，另一方面可为家庭办公、移动办公人员提供拨号服务。网络结构如图 7-39 所示。

在这一方案的公司总部中，核心路由器 Quidway AR 46 使用广域网接口，通过 DDN/FR/X.25 网络连接各个分公司，作为公司网络互连的主用线路；使用 ISDN PRI、AM/AS（模拟调制解调器接口/异步接口）等接口，通过 PSTN/ISDN 连接各个分公司，作为公司网络互连的备用线路。

在各分支机构，Quidway AR 27-09B 使用广域网接口，通过 DDN/FR/X.25 网络连接总公司，作为公司网络互连的主用线路；使用 ISDN BRI、AM/AS 等接口，通过 PSTN/ISDN 连接总公司，作为公司网络互连的备用线路。主用线路与备用线路之间的自动切换由路由器完成，备份方式可以使用拨号备份、路由备份等。分支机构的 Quidway AR 27-09B 可采用 AM/AS 等接口为家庭办公、移动办公人员提供拨号服务。

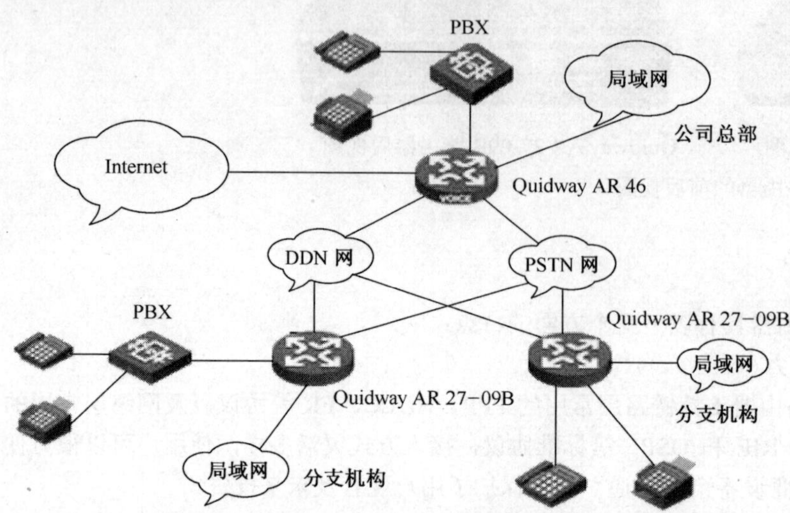

图 7-39　Quidway AR 27-09B 路由器实现 SMB 综合组网方案

（2）宽带接入。

Quidway AR 27-09B 路由器可以提供多达 3 个 10/100Mb/s 以太网口，在利用以太网口连接内部局域网的同时，还可以采用 10/100Mb/s 宽带方式接入 Internet（取到宽带路由器的功能），满足公司、企业、政府机关日益增长的带宽需求。

在该应用方案中，Quidway AR 27-09B 路由器实现宽带接入网方案。对外，Quidway AR 27-09B 路由器通过 10/100Mb/s 以太网口连接到互联网上，实现局域网宽带接入。在公司、企业大楼内，Quidway AR 27-09B 路由器通过一个 10/100Mb/s 以太网口连接服务器群，通过另一个 10/100Mb/s 以太网口连接内部局域网。网络结构如图 7-40 所示。

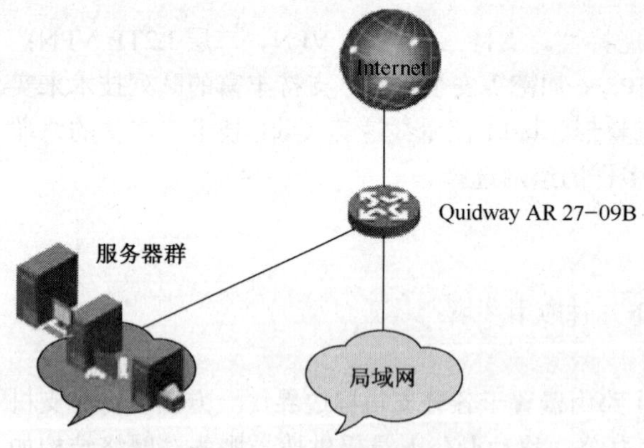

图 7-40　Quidway AR 27-09B 路由器实现宽带接入方案

（3）语音解决方案。

在这一应用方案中，总公司采用 Quidway AR 46 系列路由器作为语音网关设备，在 E1 线路上实现 VoIP 功能；在各分支机构采用 Quidway AR 27-09B 连接 PBX 或普通电话，实现语音信号在传统电路交换网络和 IP 网络之间的转换，为企业提供高质量、低费用的语音解决方案。网络结构如图 7-41 所示。

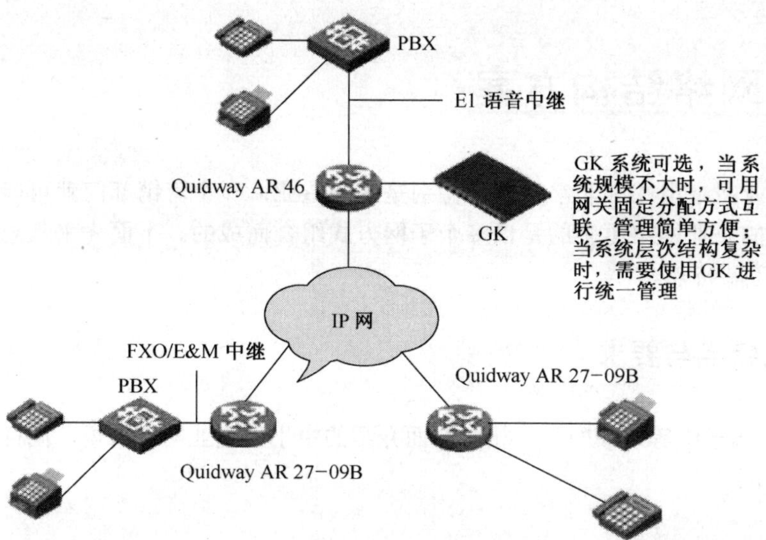

图 7-41　Quidway AR 27-09B 路由器语音解决方案

在方案的网络中心中，Quidway AR 46 系列路由器通过 E1 线路与程控交换机连接，在 E1 接口上实现 VoIP 功能。网络中心与分支机构通过 IP 网络互连，实现语音信号在 IP 网络上的传输。在分支机构，Quidway AR 27-09B 路由器可以通过语音接口卡/语音接口模块的 FXS 接口直接连接普通电话机或传真机，通过 FXO/E&M 中继接口连接 PBX 交换机，实现 VoIP 语音业务功能。

（4）VPN 连接。

在这一应用方案中，总公司利用 Quidway AR 46 系列路由器，在分公司或合作伙伴处利用 Quidway AR 27-09B 路由器通过 Internet 互联，构建私有专网，并通过 VRP 内部集成的 IPSec、IKE 等技术确保 VPN 的安全。网络结构如图 7-42 所示。在该应用方案中，企业分支机构可采用 Quidway AR 27-09B，以 Access Intranet 方式搭建 VPN Tunnel 访问公司总部资源。在合作伙伴处，可采用 Quidway AR 27-09B，以 Extranet VPN 方式将企业网络延伸至外部，使不同企业间通过公网进行安全、私有的通讯。在 Quidway AR 27-09B 路由器中选择使用 NDEC（Network Data Encrypt Card，网络数据加密卡），可以大幅提高 IPSec 加密算法的处理性能，满足多媒体等大数据量业务的需要。

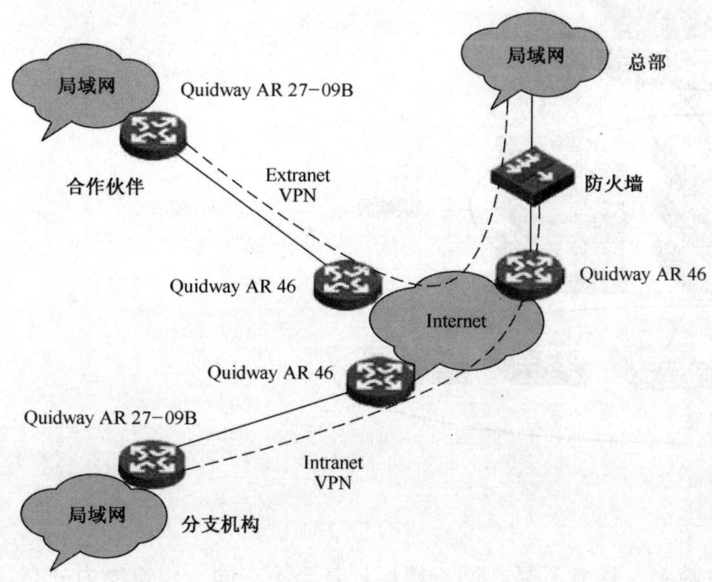

图 7-42　Quidway AR 27-09B 路由器 VPN 解决方案

7.4 大中型企业网络结构方案

500 左右节点的大中型企业网络现在都非常普遍，特别是在制造业，一个营销部门就可能有上百个用户。当然这种规模的企业网络更多的是以多个子网方式组合而成的。下面先来从总体上了解这种规模企业网络的主要特点。

7.4.1 大中型网络方案的特点与要求

这种 500 节点左右的网络属于中等规模网络，相对前面介绍的中小型企业网络来说，同样具有非常明显的特点，具体如下：

- 网络结构复杂

在这种中等规模的网络中，网络结构又要较上面介绍的中小型网络复杂一些。在整个网络结构中，通常分为：核心层、骨干层、汇聚层和边缘层（接入层）4 层，比中小型网络多了“骨干层”这一层，但也不是绝对的，也可以没有骨干层，仍只有核心层、汇聚层和边缘层三层）。当然从整个网络结构来看，变化不仅体现在结构层次上多了一个层次，更体现在各层的交换机设备数量、端口类型和端口数更多（通常是采用堆叠方式）上。如图 7-43 所示是一个大中型网络交换结构示例，图中核心层、骨干层和汇聚层均采用交换机堆叠方式，而且核心层与骨干层交换机之间，以及骨干层与汇聚层交换机之间均采取了链路冗余技术，以提高整体网络的可用性。当然也可以是仅核心层与骨干层交换机之间采用链路冗余技术。

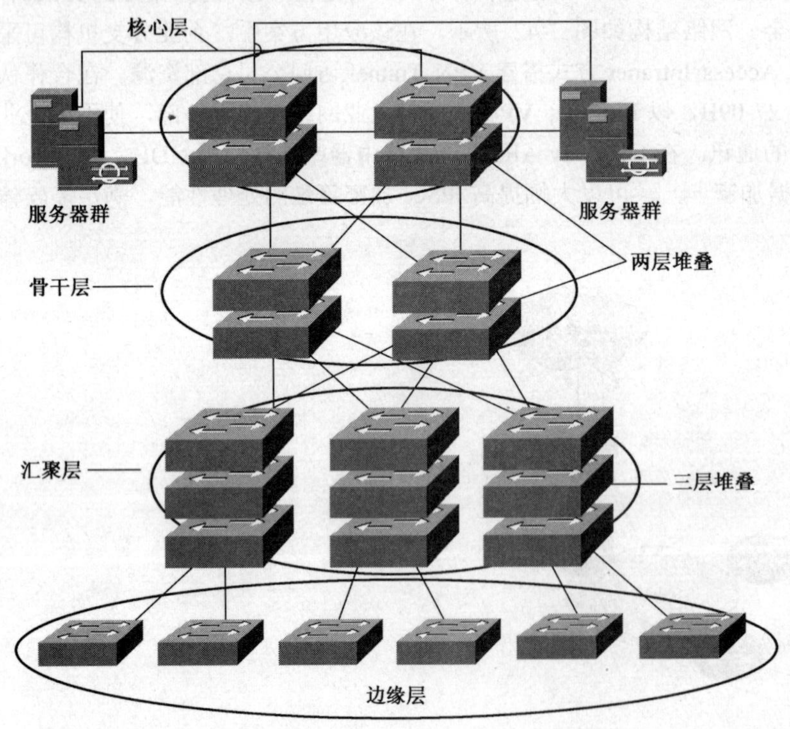

图 7-43 大中型网络交换结构示例

- 用户分布广

在这样一个网络中，由于用户数多，通常不是在同一楼层，甚至不在同一建筑物内分布，这就要求在各楼层或者各建筑物之间采用高性能的远距离连接方式。另外，还可能是组成多个分支子网，如在大型集团公司网络中，网络中心位于公司总部，而下面的各分公司各有自己的网络，这些网络当作整个公司网络的子网，与总部网络连接。

- 网络设备多而高档

这类中型企业网络用户多、网络设备多，不仅要提供网络的高性能、高安全性，还要提供全网设备的统一管理。更重要的一点是这类网络的核心层和骨干层交换设备通常是采用模块化结构，并以堆叠方式连接，以进一步提高核心层和骨干层的交换性能。

- 高背板带宽和交换速率

网络规模大、应用复杂，所以核心层，乃至骨干层交换机都需要高的背板带宽和交换速率。在中小企业网络中，核心交换机通常只需要具有 100Gb/s 以内的背板带宽，20Mp/s 左右包转发速率即可。而在此处的中型网络中，核心交换机的背板带宽通常需要 200Gb/s，包转发速率也都在 100Mpps 以上。

- 高密度千兆端口

在这类网络中，核心层、骨干层和汇聚层都需要较多的千兆速率端口，特别是核心层和骨干层。而且在核心层通常还需要有较多的光纤千兆甚至万兆端口。这些高性能端口主要用于各类服务器、边界路由器和网络存储设备的连接，而不是像中小型网络那样采用普通双绞线。

- 网络应用更复杂

在这种中等规模的网络中，核心交换机的档次会更高，具有更加丰富和先进的交换机技术，如三层 VLAN、智能化管理、快速数据交换和多模块化结构等。这主要是因为在这类网络中具体的网络应用通常较复杂，如大型的数据库系统、ERP 系统、MIS 系统和互联网应用服务器等，所以对网络带宽和交换机的吞吐性能要求较高。

- 可靠性和扩展性要求高

在这样一个网络中，网络的可靠性相当重要。为了提高网络的可靠性，通常是采取冗余连接，如汇聚层与骨干层交换机的连接、骨干层与核心层交换机的连接，以及关键设备（如服务器）与核心层交换机的连接通常都要求采取冗余连接方式，参见图 7-43。这样即使通信链路中的某一交换机失效，它同样可以利用其他冗余链路进行正常通信。

在可扩展性方面，这种中型网络与中小型网络相比，要求更高，因为涉及的部门或分公司多，每个部门或分公司只要增加少数几个用户，整个网络就可能增加几十、上百个用户。在可扩展性方面，一般是通过交换机的模块化结构、级联和堆叠连接来实现的。模块化结构可以使交换机增加和改变端口类型变得简捷，而级联技术主要用于扩展连接距离，当然也可以成倍增加交换机的端口数。交换机堆叠技术却使得交换机端口和背板总带宽得以成倍增加，提高了每个端口的实际可用带宽。当然堆叠也不是可随意的，一般最多只是 9 台相同或者不同型号的交换机进行堆叠，而且也不是所有型号的交换机都支持堆叠技术。

- 智能化要求高

由于网络规模较大，结构较复杂，网络设备多，如果没有良好的网络管理系统，管理员就很难有效地管理这样一个庞大的网络。所以在这类网络中通常要求至少骨干层以上的设备是可网管的，有的甚至需要所有设备都是可管理的。

7.4.2 Cisco 大中型局域网方案

Cisco 公司针对 500 左右节点的中型企业，提供了如下产品方案（网络结构仍参见图 7-43）：

- 核心交换机采用 Cisco Catalyst 6503 交换机来实现骨干千兆的交换，同时为骨干层交换机和服务器提供了其他关键设备的连接。
- 骨干层交换机选用 Cisco Catalyst 4948 交换机，它是一款线速、低延迟、第二到四层、1 机架单元（1RU）固定配置交换机。

- 汇聚层交换机选用 Cisco Catalyst 3750 系列交换机，它可最大限度地进行堆叠。
- 边缘层可选用 Cisco Catalyst 2950 系列交换机，它是一个直接面向桌面的快速以太网交换机系列。

1．方案产品介绍

下面简单介绍一下本方案所用的 4 个系列交换机产品。

（1）Cisco Catalyst 6503 交换机。

Catalyst 6503 是思科公司 Cisco Catalyst 6500 系列交换机中的一个型号，它采用 3 个插槽机箱，提供多个集成式服务模块，包括数千兆位网络安全性、内容交换、语音和网络分析模块。

Cisco Catalyst 6500 系列提供了范围最广泛的 10/100Mb/s 和 10/100/1000Mb/s 以太网介质、馈线供电选择、密度、性能、互操作性和机箱部署。Catalyst 6500 10/100Mb/s 和 10/100/1000 Mb/s 模块能在一个 Cisco Catalyst 机箱中从 16 个端口扩展到 576 个端口，因而可以满足基本布线室、小型园区分布/核心层和高性能数据中心的要求。

Cisco Catalyst 6500 系列以太网接口模块是专门为布线室、分布层和核心层、数据中心应用，以及服务供应商和城域以太网环境而设计的，采用了下列以太网接口类型中的一种：

- 10/100Mb/s 铜缆

适用于提供带自动协商功能的 10/100Mb/s 性能和支持 IEEE 802.3af 以太网电源（馈线电源）的布线室；每个模块 96 个端口；包标准接口模块和 CEF256 接口模块。

- 10/100/1000Mb/s 千兆铜缆

适用于提供带自动协商功能的 10/100/1000Mb/s 性能和支持 IEEE 802.3af 以太网电源（线内电源）的布线室和数据中心；每个模块 48 个端口；包括标准接口模块、CEF256 和 CEF720 接口模块。标准接口模块 WS-X6147-GE-TX 和 CEF256 接口模块 WS-X6547-GE-TX 可以利用标准的 RJ-45 连接器（如图 7-44 所示），提供 10/100/1000Mb/s 千兆位网络接入。

WS-X6148-GE-TX

WS-X6548-GE-TX

图 7-44　Cisco Catalyst 6500 系列 48 端口 RJ-45 10/100/1000Mb/s 以太网接口模块

- 100Mb/s 光纤

适用于安全布线室、远距离路由器和交换机连接；每个模块 24 个端口；包括标准接口模块和支持 CEF256 的接口模块。

- 1Gb/s

适用于提供 1Gb/s 性能的分布层、核心层和数据中心；每个模块 48 个端口；包括标准接口模块，CEF256、dCEF256 和 CEF720 接口模块。

- 10Gb/s

适用于在 2 端口或 4 端口模块中提供 10Gb/s 性能的分布层和核心层；包括 CEF256、aCEF720 和 dCEF720 接口模块。

（2）Cisco Catalyst 4948 型号交换机。

Cisco Catalyst 4948（如图 7-45 所示）是一款线速、低延迟、第二到四层、1 机架单元（1RU）固定配置交换机，可提供进行了优化设计的服务器集群机架的交换。Cisco Catalyst

4948 以成熟的 Cisco Catalyst 4500 系列硬件和软件架构为基础，为高性能服务器和工作站的低密度、多层汇聚提供了出色的性能和可靠性。

图 7-45 Cisco Catalyst 4948 交换机

Cisco Catalyst 4948 具有 48 个线速 10/100/1000BASE-T 端口，并另有 4 个线速端口，可容纳可选 1000BASE-X 小型可插拔（SFP）光接口 1。可选的内部 AC 或 DC 1+1 热插拔电源和带冗余风扇的一个热插拔风扇架提供了优秀的可靠性和可维护性。它提供了 96Gb/s 无阻塞交换矩阵，可实现高达 72Mpps 的二、三、四层转发和 IP 路由，以及基于硬件的第二到四层交换引擎（基于专用应用集成电路（ASIC）），支持动态端口汇聚协议（DTP）、VLAN 端口汇聚协议（VTP）、VTP 域、每 VLAN 生成树协议（PVST+）和每 VLAN 迅速生成树协议（PVRST）等。

（3）Cisco Catalyst 3750 系列交换机。

Cisco Catalyst 3750 系列交换机采用了最新的思科 StackWise 技术，不但实现高达 32Gb/s 的堆叠互联，还从物理上到逻辑上使若干独立交换机在堆叠时集成在一起，便于用户建立一个统一、高度灵活的交换系统，就好像是一整台交换机一样。主要型号及端口配置如下：

- Cisco Catalyst 3750G-24TS：24 个以太网 10/100/1000 端口和 4 条 SFP 上行链路。
- Cisco Catalyst 3750G-24T：24 个以太网 10/100/1000 端口。
- Cisco Catalyst 3750-48TS：48 个以太网 10/100 端口和 4 条 SFP 上行链路。
- Cisco Catalyst 3750-24TS：24 个以太网 10/100 端口和 2 条小型可插拔（SFP）上行链路。

在本方案中主要选择 Cisco Catalyst 3750G-24T 和 Cisco Catalyst 3750G-24TS 两个型号的产品。

Cisco Catalyst 3750 系列可以使用标准多层软件镜像（SMI）或者增强多层软件镜像（EMI）。SMI 功能集包括先进的服务质量（QoS）、速率限制、访问控制列表（ACL）和基本的静态和路由信息协议（RIP）路由功能。EMI 可以提供一组更加丰富的企业级功能，包括先进的、基于硬件的 IP 单播和组播路由。

（4）Cisco Catalyst 2950 系列交换机。

Cisco Catalyst 2950 系列智能以太网交换机（如图 7-46 所示）是一个固定配置、可堆叠的独立设备系列，提供了线速快速以太网和千兆位以太网连接。这是一款最廉价的 Cisco 交换产品系列，为中型网络和城域接入应用提供了智能服务。

图 7-46 Cisco Catalyst 2950 系列智能交换机

Catalyst 2950 系列包括 Catalyst 2950T-24、2950-24、2950-12 和 2950C-24 交换机。Catalyst 2950-24 交换机有 24 个 10/100 端口；2950-12 有 12 个 10/100 端口；2950T-24 有 24 个 10/100 端

口和 2 个固定 10/100/1000 BASE-T 上行链路端口；2950C-24 有 24 个 10/100 端口和 2 个固定 100 BaseFX 上行链路端口。每个交换机占用一个机柜单元（RU），这样它们可以方便地配置到桌面和安装在配线间内。

2．方案简介

在这一方案中，可用的配置方案如下：

（1）核心层采用一台 Catalyst 6503 交换机，骨干层则采用两台，而汇聚层采用四台 Cisco Catalyst 3750G-24T 交换机堆叠，边缘层采用若干台 Catalyst 2950-24 型号交换机进行堆叠（最多 8 台）。核心交换机与骨干交换机采用 SFP 光纤千兆连接，关键设备（如服务器、网络存储设备）也可以通过 SFP 端口线速连接；而骨干层与汇聚层交换机之间，以及汇聚层与边缘层交换机之间都可以采用普通双绞线的千兆连接。

这种组合方案的主要特点是，整个网络的上行链路都可以实现千兆连接，核心交换机与骨干层交换机还要实现光纤线速连接，在性能上基本没有瓶颈，属于普通经济型选择方案。

（2）这一方案中，核心层当然仍是 Catalyst 6503 交换机，骨干层交换机也是两台 Cisco Catalyst 4948 交换机堆叠，但汇聚层则采用 Cisco Catalyst 3750G-24TS 型号交换机，边缘层仍采用若干台 Catalyst 2950-24 型号交换机进行堆叠。可以看出，这一组合方案中，变化的只是汇聚层，此时核心交换机和骨干层交换机之间，以及骨干层与汇聚层交换机之间都可以采用 SFP 端口进行光纤线速连接，因为此时的 Cisco Catalyst 3750G-24TS 也提供了 4 条 SFP 上行链路端口，进一步提高了汇聚层与骨干层连接的性能。汇聚层与边缘层交换机之间的连接仍可采用普通双绞线进行千兆连接。

这种组合方案的主要特点是，整个网络自下而上性能基本上都可达到线速支持，进一步提高了方案的可用性和整个网络的性能，但成本比上一方案更高，属于高性能选择方案。

3．方案的主要特性和优势

在以上两种产品组合方案中，核心交换机和骨干交换机的主要特性基本上决定了整个网络的主要特点。有关汇聚层 Cisco Catalyst 3750 系列交换机的一些主要特点在上一章已有介绍，在此不再赘述。

（1）Cisco Catalyst 6503 的主要特性和优势。

Cisco Catalyst 6503 交换机不但能为企业和电信运营商提供市场领先的服务、性能、端口密度和可用性，还能提供无与伦比的投资保护能力，包括：

- 良好的可扩展性能

利用分布式 Cisco Express Forwarding dCEF720 平台提供业界最高的交换机性能——400Mp/s，并且支持多种 Cisco Express Forwarding（CEF）实现方式和交换矩阵速率。在布线室、核心、数据中心、广域网边缘部署以及电信运营商网络均可提供最优配置。

- 丰富的第三层网络服务

多协议第三层路由支持满足了传统的网络要求，并能为企业网络提供平滑的过渡机制。Cisco Catalyst 6503 交换机从硬件上支持从企业级到电信运营商级的大规模路由表；硬件支持 IPv6，提供高性能的 IPv6 服务，并在硬件中提供 MPLS 及 MPLS/VPN 的支持，可应用在高速电信运营商的网络核心和城域以太网上，提供丰富的 MPLS 服务。

- 增强的数据、语音和视频服务

在所有 Cisco Catalyst 6500 系列平台上提供集成式 IP 通信，提供 10/100Mb/s 和 10/100/1000Mb/s 接口模块，借助在接口模块内增加电源子卡即可让这些接口模块提供在线的电源，提供 IEEE 802.3af 的支持，保护今天的投资。另外也提供高密度的 T1/E1 和 FXS 的 VoIP 语音网关接口，可与公共电话网（PSTN）、传统的电话、传真和 PBX 连接，提供 VoIP 服务；

支持高性能的 IP 组播视频和音频应用；提供一个统一管理的、经济的、可灵活扩展的网络。

- 最高的接口灵活性、可扩展性和端口密度

Cisco Catalyst 6503 交换机的高密度模块化结构满足了大型关键业务布线室、企业核心层和分布层需要的端口密度和接口类型，每台设备可提供 576 个支持语音的、具有在线电源的 10/100/1000M 铜线接口，提供 192 个 GBIC 千兆位以太网接口，并率先推出业界第一个万兆以太网接口，并可提供高密度的 OC-3 POS 接口的通道化的 OC-48 接口。另外，通过在 FlexWAN 模块上使用 Cisco 7xxx 系列端口适配器（PA），Cisco Catalyst 6503 可支持 T1/E1～OC-48 广域网接口，具有很高的投资保护能力。

- 高速广域网接口

一般来说在交换机上不提供广域网接口，但 Cisco Catalyst 6503 交换机所提供的广域网接口就像局域网接口一样非常丰富。它提供与其他核心路由器兼容的高速广域网、ATM 和 SONET 接口，单一平台实现广域网汇聚以及园区网和城域连接管理。并且所有引擎上都支持 Cisco IOS Software 和 Cisco Catalyst Operating System Software 系统；10/100Mb/s 和 10/100/1000Mb/s 以太网模块可现场升级为随线供电的模块，可让用户在需要时升级实现 IP 电话技术和无线局域网连接；可在各种应用场合中添加不断推出的网络服务模块，包括网络安全性、内容交换和语音功能等。

- 适用于城域以太网广域网服务

Cisco Catalyst 6503 交换机所支持的 IEEE 802.1Q 和 IEEE 802.1Q 隧道（QinQ）提供点到点和点到多点以太网服务；EoMPLS（Ethernet over Multiprotocol Label Switching，多协议标签交换以太网）的功能提供了 VLAN 的透传功能，大幅提升 MPLS 骨干网中的以太网服务扩展能力；通过在第 2 层和第 3 层 QoS 功能中提供速率限制和流量整形，可在城域以太网服务中提供分级的带宽服务；增强的生成树协议、IEEE 802.1s、IEEE 802.1w 和 Cisco EtherChannel IEEE 802.3ad 链路汇聚功能提供了网络超高的可用性。

（2）Cisco Catalyst 4948 的主要特性和优势。

Cisco Catalyst 4948 的主要特性和优势表现在如下几个方面：

- 线速 10/100/1000 连接性能

Cisco Catalyst 4948 采用了一个 96Gb/s 交换矩阵，在硬件中为第 2～4 层流量提供了 72Mp/s 的转发速率，从而为数据密集型应用提供了线速吞吐率和低延迟。无论有多少路由条目或启用了多少第 3 层和第 4 层服务，都能保证交换性能。基于硬件的思科快速转发路由架构提高了可扩展性和性能，为多子网的架构提供了充分的性能保障。

- 高可扩展性

Cisco Catalyst 4948 交换机在前面板上有 52 个物理交换端口（48 个 10/100/1000Mb/s 端口和 4 个 SFP 端口）。在任意时间，最多能以任意组合激活其中的 48 个端口。

- 电源冗余可实现不间断运营

Cisco Catalyst 4948 通过 1+1 冗余热插拔内部 AC 或 DC 电源，为关键应用提供了可靠性。当电源连接到不同电路时，1+1 电源设计提供了 A 到 B 故障转换。同一设备中可混用 AC 和 DC 电源，以实现最大的部署灵活性。Cisco Catalyst 4948 也拥有一个带 4 个冗余风扇的热插拔风扇架，可提供更高的可维护性和可用性。

- 强大的安全性

在单一 Cisco Catalyst 4948 上，可安全地建立多个服务器群。此交换机能同时隔离不同的第二层群组流量，并保留 IP 地址空间。在万一发生服务器遭破坏的情况下，Cisco Catalyst 4948 无需更改服务器配置即能防止中间人和 IP 电子欺骗攻击群组的其余部分。Cisco Catalyst 4948 会记录这些攻击，以进行审查。

Cisco Catalyst 4948 提供了丰富的网络流量安全功能。安全策略可通过访问控制列表

（ACL）方便地制订。所有 ACL 查询都在硬件中完成，所以在网络中实施基于 ACL 的线速安全性时，不会影响线速转发和路由性能。Cisco Catalyst 4948 也支持 SSH（版本 1 和 2）协议以及简单网络管理协议版本 3（SNMPv3），用于安全远程访问和网络管理。

所有这些安全措施都与核心交换机 Cisco Catalyst 6503 的高级安全性能提供了极好的配合。

● 全面的管理

Cisco Catalyst 4948 包括一个单一、专用的 10/100Mb/s 控制台端口和一个单一、专用的 10/100Mb/s 管理端口，用于离线灾难恢复。通过 SNMP、Telnet 客户机、BOOTP 和普通文件传输协议（TFTP），实现了远程带内管理。对于本地或远程带外管理的支持是通过与控制台接口相连的终端或调制解调器提供的。管理端口可帮助 Cisco Catalyst 4948 在几秒钟内从 TFTP 服务器重载一个新镜像。

Cisco Catalyst 4948 还具有一个全面的管理工具集，为服务器交换提供了所需的可视性和控制能力。Cisco Catalyst 4948 可经由 CiscoWorks 解决方案和内嵌 CiscoView 进行管理，能通过配置提供设备、VLAN、流量和策略管理。这些基于 Web 的管理工具提供了多种服务，包括软件部署和快速隔离故障等。

7.4.3 H3C 大中型局域网方案

在 H3C 公司中，针对 500 节点左右的大中型企业局域网，我们可以选择以下产品组合方案：核心层采用 H3C S7500 系列中的 H3C S7503 型号交换机，骨干层采用 H3C S5600 系列交换机，汇聚层采用 H3C S5100EI 系列交换机，边缘层采用 H3C S3600 系列交换机。在这一产品组合方案中，自下而上都实现了千兆位以太网连接，保证了整个网络的高性能。

1. 方案产品介绍

除了 H3C S7503 型号交换机外，本方案中所用到的其他系列交换机均在上一章的相应方案中有所介绍，所以在此不对这些已介绍的交换机系列进行详细介绍，仅介绍其主要型号和基本配置。

（1）H3C S7503 交换机。

H3C S7500 系列交换机（如图 7-47 左图所示）是 H3C 公司面向以业务为核心的企业网络架构而推出的新一代高端多业务路由交换机。该产品基于 H3C 公司自适应安全网络的技术理念，在提供稳定、可靠、安全的高性能 L2/L3 层交换服务基础上，进一步提供了业务流分析、基于策略的 QoS、可控组播等智能的业务优化手段，从而为企业 IT 系统构建面向业务的网络平台，实现通信整合、数据整合奠定了基础。

图 7-47 H3C S7500 和 H3C S5600 系列交换机

H3C S7503 型号交换机配置支持高达 96Gb/s 交换容量、72Mp/s 包转发速率、至少 640Gb/s

背板带宽容量的高速引擎。它支持 IEEE 802.3af 标准和电源冗余，支持二、三层数据交换和三层路由、VLAN，最多 8 个 FE 或 GE 端口聚合；提供 L2/3/4 ACL 流规则过滤和支持基于端口和 VLAN 的 ACL；通过配置多功能业务板支持 NetStream 网流分析功能，可以对网络中的通信量和资源使用情况进行分类和统计，并生成报表，进行网络透视，并提供标准 V5、V8、V9 格式统计输出；通过配置多功能业务板支持 NAT、动态 NAT、动态 NAPT、ALG、多 ISP、EasyIP、NAT 策略、NAT 日志、NAT 黑名单、内部服务器等功能特性。

H3C S7503 型号交换机最大的特点就是它可以配置 3 个业务插槽、1 个主控插槽，所插入的业务板接口和模块类型非常繁多，如 48 端口百兆以太网电接口、48 端口百兆以太网光接口、24 端口百兆以太网多模光接口、8/20/48 端口千兆位以太网电接口、8/20/48 端口千兆位以太网光接口、12 端口千兆位以太网电口+4 端口千兆位以太网 SFP 光接口、4 端口千兆位以太网电接口+12 端口千兆位以太网 SFP 光接口、1 端口万兆以太网光接口业务板；支持 2/4 端口万兆以太网接口、16 端口千兆电接口+8 端口千兆光接口以太网接口、8 端口千兆无源光线路（EPON）接口、4 端口千兆无源光线路（EPON）接口、48 端口百兆/千兆位以太网电接口模块等。H3C S7503 型号交换机可广泛适用于 IP 城域网、中型企业园区网的核心层和汇聚层，同时也可作为以太无源光网络（EPON）的光线路终端（OLT）设备，为用户提供多种业务接入、交换、路由一体化的安全融合网络解决方案。

H3C S7503 高端多业务路由交换机不仅可以作为企业网络的骨干交换机承担园区内快速的二/三层交换，同时通过多功能网络处理板还可以进一步提供 NAT 和策略路由功能，可以解决根据源（或目的等）IP 地址指定 ISP 选择不同的上网通路、为园区内不同的用户提供有区别的服务。图 7-48 所示是 H3C S7503 型号交换机在校园网中的路由应用示例。

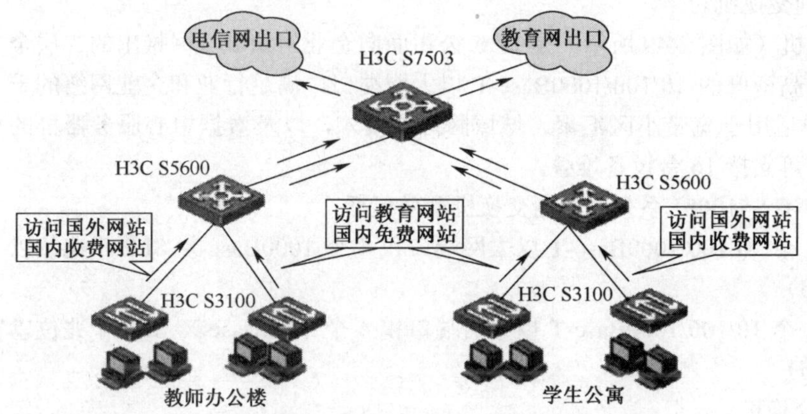

图 7-48　H3C S7503 型号交换机在校园网中的路由应用示例

在此，我们仅用于局域网连接，所以仅选择支持千兆位以太网电接口、光接口、SFP 端口业务板即可，在满足用户网络不断扩展、灵活应用需求的前提下，最大限度地降低企业投资成本。具体可选择的业务板和模块如下：

- LS8M1T12PEH：12 端口 10/100/1000Base-T RJ-45 和 4 端口 1000Base-X SFP 接口。
- LS8M1P12TEH：12 端口 1000Base-X SFP 和 4 端口 10/100/1000Base-T RJ-45 接口。
- LS8M1T12PH：12 端口 10/100/1000Base-T RJ-45 和 4 端口 1000Base-X SFP 接口。
- LS8M1P12TH：12 端口 1000Base-X SFP 和 4 端口 10/100/1000Base-T RJ-45 接口。
- LS8M1GT20AH：20 端口 10/100/1000Base-T Ethernet Interface 模块，RJ-45 接口。
- LS8M1GT48H：47 端口 10/100/1000Base-T Enhanced Ethernet Interface 模块，RJ-45 接口。
- LS8M1GP20AH：20 端口 1000Base-X Ethernet Optical Interface 模块，SFP 等接口。

- LS8M1GP48H-XG：47 端口 1000Base-X Ethernet Optical Interface 模块，SFP 等接口。
- LS8M1GT48BH-XG：47 端口 10/100/1000Base-T Ethernet Interface 模块，RJ-45 接口。
- LS8M1T16PH-XG：16 端口 10/100/1000Base-T RJ-45 和 7 端口 1000Base-X SFP 接口。

（2）H3C S5600 系列交换机。

H3C S5600 系列全千兆智能弹性交换机（如图 7-47 右图所示）是 H3C 公司为设计和构建高弹性和高智能网络需求而推出的新一代以太网交换机产品。系统采用 H3C 公司创新的 IRF（Intelligent Resilient Framework，智能弹性架构）技术，支持高达 96Gb/s 的堆叠带宽和高密度千兆端口，支持万兆上行。特别适合作为需要高带宽、高性能和高扩展性的中小企业网核心、中型企业网络和园区网的汇聚层以及数据中心的服务器接入设备。

在本方案中，使用的 H3C S5600 系列以太网交换机型号包括：

- S5600-26C：24 个 10/100/1000Base-T 以太网端口和 4 个 1000Base-X SFP 千兆位以太网端口（Combo），后面板提供两个固定的堆叠接口和一个扩展模块插槽。
- S5600-26C-PWR：24 个 10/100/1000Base-T 以太网端口和 4 个 1000Base-X SFP 千兆位以太网端口（Combo），后面板提供两个固定的堆叠接口和一个扩展模块插槽，带 POE 功能。
- S5600-50C：48 个 10/100/1000Base-T 以太网端口和 4 个 1000Base-X SFP 千兆位以太网端口（Combo），后面板提供两个固定的堆叠接口和一个扩展模块插槽。
- S5600-50C-PWR：48 个 10/100/1000Base-T 以太网端口和 4 个 1000Base-X SFP 千兆位以太网端口（Combo），后面板提供两个固定的堆叠接口和一个扩展模块插槽，带 POE 功能。

（3）H3C S5100EI 系列交换机。

H3C S5100EI 系列交换机（如图 7-49 所示）是 H3C 公司面向企业网和城域网推出的二层全千兆位以太网交换机，提供高密度的 10/100/1000Base-T 以太网端口，满足行业和企业网络的千兆位以太网接入和汇聚，也适用于宽带小区汇聚、城域网边缘接入，以及数据中心服务器群的连接，组网方式灵活，最高可支持 16 台设备堆叠。

在本方案中，使用的 H3C S5100EI 系列以太网交换机型号包括：

- S5100-24P-EI：24 个 10/100/1000Base-T 以太网端口和 4 个 1000Base-X SFP 千兆位以太网端口（Combo）。
- S5100-48P-EI：48 个 10/100/1000Base-T 以太网端口和 4 个 1000Base-X SFP 千兆位以太网端口（Combo）。

（4）H3C S3600 系列交换机。

H3C S3600 系列交换机（如图 7-50 所示）是 H3C 公司基于 IToIP 理念设计和开发的智能弹性以太网交换机，是理想的办公网、业务网和驻地网的汇聚、接入交换机以及中小企业、分支机构的核心交换机。

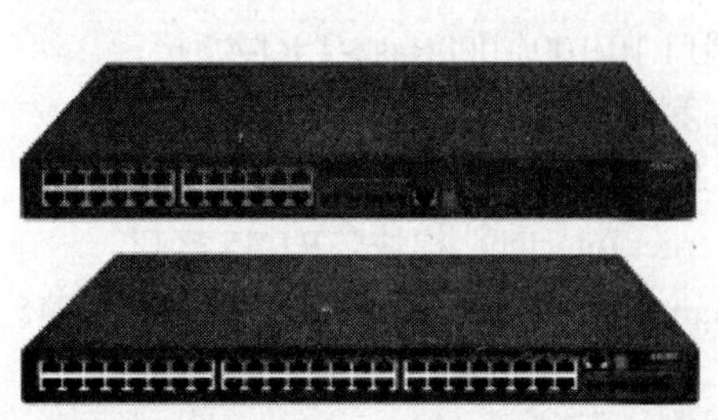

图 7-49　H3C S5100EI 系列交换机

图 7-50　H3C S3600 系列交换机

H3C S3600 系列交换机分为 SI 和 EI 特性版本。SI 版本支持高级 QoS、ACL 功能、基本三层路由（静态/RIP）和 IRF 基本功能（单一 IP 管理），EI 版本支持更加丰富和完备的企业特性，包括基于硬件的 IP 单播路由、组播路由和全部的 IRF 特性，IRF 技术允许交换机利用互联电缆实现多台设备的堆叠扩展。H3C S3600 系列智能弹性交换机目前包含的型号有：

- S3600-28P-SI：24 个 10/100Base-T 以太网端口，4 个 1000Base-X SFP 千兆位以太网端口；
- S3600-28TP-SI：24 个 10/100Base-T 以太网端口，2 个 1000Base-X SFP 千兆位以太网端口，2 个 10/100/1000Base-T 以太网端口；
- S3600-52P-SI：48 个 10/100Base-T 以太网端口、4 个 1000Base-X SFP 千兆位以太网端口。
- S3600-28P-EI：24 个 10/100Base-T 以太网端口、4 个 1000Base-X SFP 千兆位以太网端口。
- S3600-28F-EI：24 个 100Base-X SFP 百兆以太网端口、2 个 1000Base-X SFP 千兆位以太网端口、2 个 10/100/1000Base-T 以太网端口。
- S3600-28P-PWR-EI：24 个 10/100Base-T 以太网端口（带 POE）、4 个 1000Base-X SFP 千兆位以太网端口。
- S3600-52P-EI：48 个 10/100Base-T 以太网端口、4 个 1000Base-X SFP 千兆位以太网端口。
- S3600-52P-PWR-EI：48 个 10/100Base-T 以太网端口（带 POE）、4 个 1000Base-X SFP 千兆位以太网端口。

在本方案中，我们仅选择 S3600-28P-SI、S3600-28TP-SI、S3600-52P-SI、S3600-28P-EI、S3600-28P-PWR-EI、S3600-52P-EI 和 S3600-52P-PWR-EI 这 7 种型号。

2．方案简介

对本方案中所用的产品有了比较全面的了解后，下面就来围绕这些产品配置不同的具体产品组合方案，以适用于不同经济实力、不同网络环境的企业。

（1）首先介绍一种最经济的产品组合方案。在核心交换机 H3C S7503 中选择 LS8M1T12PEH（12 端口 10/100/1000Base-T RJ-45 和 4 端口 1000Base-X SFP 接口）或 LS8M1T12PH（12 端口 10/100/1000Base-T RJ-45 和 4 端口 1000Base-X SFP 接口）业务板，它们都提供了 12 个 RJ-45 千兆接口和 4 个 SFP 光纤千兆接口，基本满足了 500 节点左右的中型企业网络核心层的连接需求。

在骨干层选择 4 台 H3C S5600 系列中的 S5600-26C 或 S5600-26C-PWR 型号交换机利用 IRF 技术进行堆叠，它们每台都提供了 24 个 10/100/1000Base-T 双绞线以太网端口和 4 个 1000Base-X SFP 千兆位以太网端口（Combo），后面板还提供两个固定的堆叠接口和一个扩展模块插槽。只是 S5600-26C-PWR 型号交换机还支持 POE（通过以太网供电）功能，可适用于难以进行电源布线的环境。

汇聚层选择 8 台 H3C S5100-EI 系列中的 S5100-48P-EI 型号交换机进行堆叠（最多可堆叠 16 台），每台提供了 48 个 10/100/1000Base-T 双绞线以太网端口和 4 个 1000Base-X SFP 千兆位以太网端口（Combo），高密度端口具有极高的性价比。

边缘层则选择若干台 H3C S3600 系列中的 S3600-28P-SI 型号交换机（基本上不选择堆叠方式，当然也可以选择堆叠方式），它提供了基本的 24 个 10/100Base-T 以太网端口、4 个 1000Base-X SFP 千兆位以太网端口。

在这一方案中，核心交换机与骨干层交换机之间、核心交换机与关键设备（如服务器、网络存储设备等）之间、骨干层与汇聚层交换机之间，以及汇聚层与边缘层交换机之间均采用 SFP 端口进行光纤线速千兆连接。这样就可以保证整个网络的各层交换设备，以及关键设备之间的连接都是线速高性能。各层交换机的 10/100/1000Mb/s 双绞线千兆端口可用于连接次一等的高带宽需求设备，保障了整个网络无性能瓶颈，基本上实现了千兆到桌面。

（2）第二种组合方案是核心交换机采用两台 H3C S7503 进行冗余连接，提高核心层的可用性。所选择的业务板或模块同样可以是 H3C S7503 中的 LS8M1T12PEH（12 端口 10/100/1000Base-T RJ-45 和 4 端口 1000Base-X SFP 接口）或 LS8M1T12PH（12 端口 10/100/1000Base-T RJ-45 和 4 端口 1000Base-X SFP 接口）业务板和 LS8M1GT20AH（20 端口 10/100/1000Base-T Ethernet Interface 模块，RJ-45 接口）模块，这一配置方案提高了核心层连接设备的能力，满足了一般的扩展需求。

在骨干层选择 4 台 H3C S5600 系列中的 S5600-26C 或 S5600-26C-PWR 型号交换机进行堆叠，它们每台都提供了 24 个 10/100/1000Base-T 双绞线以太网端口和 4 个 1000Base-X SFP 千兆位以太网端口（Combo），后面板还提供两个固定的堆叠接口和一个扩展模块插槽；或者选择两台 S5600-50C 或 S5600-50C-PWR 型号交换机利用 IRF 技术进行堆叠，它们均提供了 48 个 10/100/1000Base-T 以太网端口和 4 个 1000Base-X SFP 千兆位以太网端口（Combo），后面板提供两个固定的堆叠接口和一个扩展模块插槽。S5600-26C-PWR 和 S5600-50C-PWR 两型号交换机还支持 POE（通过以太网供电）功能，可适用于难以进行电源布线的环境。

汇聚层中同样选择 8 台 H3C S5100-EI 系列中的 S5100-48P-EI 型号交换机进行堆叠，每台提供了 48 个 10/100/1000Base-T 双绞线以太网端口和 4 个 1000Base-X SFP 千兆位以太网端口（Combo），高密度端口具有极高的性价比。对于用户分布比较散的网络，可选择 4 台 S5100-24P-EI 型号交换机进行堆叠，它提供了 24 个 10/100/1000Base-T 以太网端口和 4 个 1000Base-X SFP 千兆位以太网端口（Combo）。前一种性能更好、管理更方便，后一种更适用于分散性用户的网络环境。

边缘层则选择若干台 H3C S3600 系列中的 S3600-28P-SI 型号交换机（基本上不选择堆叠方式，当然也可以选择堆叠方式），它提供了基本的 24 个 10/100Base-T 以太网端口、4 个 1000Base-X SFP 千兆位以太网端口。对于用户比较集中的网络环境，则还可选择高端口密度的 S3600-52P-SI、S3600-52P-E 或 S3600-52P-PWR-EI 型号交换机，它们都可以提供 48 个 10/100Base-T 以太网端口、4 个 1000Base-X SFP 千兆位以太网端口，S3600-52P-PWR-EI 型号交换机还支持 POE 功能，适用于电源布线比较困难的网络环境。

在这一方案中同样可以采用上述方案（1）的各层交换机和关键设备 SFP 线速光纤千兆连接方式，保障了整个网络无性能瓶颈，基本上实现了千兆到桌面。

3．方案的主要特性和优势

在这一方案中，骨干层、汇聚层和边缘层所用交换机的主要特性和优势在上一章已有介绍，在此不再赘述，在此仅从网络方案整体和 H3C S7503 型号交换机角度进行分析、总结。

本方案的一个最大特点就是各级交换机、关键网络设备之间均实现了 SFP 线速千兆连接，保障了整个网络无性能瓶颈，且基本上实现了千兆到桌面。另外一个重要特点就是，在骨干层、汇聚层和边缘层都可以采用堆叠技术进行多台交换机堆叠，以进一步提高每个用户的实际可用带宽。核心交换机的许多不同类型插槽和模块支持也使得本方案在网络扩展和应用方面的灵活性大大增强，适合这类中型网络的发展特点。

下面是 H3C S7503 型号交换机的一些主要特性和优势。

● 模块化结构

H3C S7503 型号交换机目前提供 4 个插槽，支持多种不同端口数量、类型组合的业务板和模块，可以满足不同规模企业不同网络层次的应用需求。同时这些模块化机架式交换机采用统一的硬件和软件平台、完全兼容的引擎和接口板，以及相同的软件版本，可以适应不断发展的企业网络，充分保护用户的投资。

● 分布式业务处理体系结构

H3C S7503 交换机采用先进的全分布式体系结构设计，通过主引擎和分布式高速业务接口板上内置的 Crossbar 交换网芯片实现板内、板间二/三层流量的线速分布式转发，通过分布式高速业务接口板上内置的高性能 CPU 与位于主控引擎上的 CPU 协同工作，实现 ACL、流分类、QoS、组播等业务的全分布式处理。

● 强大的 L2/L3 转发性能

H3C S7503 交换机拥有 96Gb/s 交换容量的高速引擎，提供 72Mp/s 的数据转发能力，最大可以提供 292 个 GE 或 240GE，使大型企业网、校园网络的核心层、汇聚层网络全面升级至万兆平台成为可能。

● 电信级、自适应的可靠性设计

H3C S7503 交换机支持无源背板，支持双路电源供电，支持引擎、电源、风扇的冗余，支持单板热插拔，并可以支持 STP/RSTP/MSTP/VRRP 等协议实现链路冗余，同时它所具有的 RRPP 弹性环网保护技术可以提供亚秒级别的链路故障业务快速恢复手段，这些使得以 S7503 交换机为核心的骨干网络的可靠性大大提高，保障了业务的永续性。

● 完善的自适应网络安全特性

H3C S7503 系列交换机遵从最小服务原则，所有可能遭受到攻击的网络服务在默认情况下均关闭。支持安全的 SSH 登录、基于用户安全策略的 SNMPv3、MAC+IP+VLAN 绑定、802.1x 认证等安全策略，支持防网络风暴攻击、防 DOS/DDOS 攻击、防扫描窥探攻击、防畸形报文攻击、防网络协议报文攻击等安全技术，支持 H3C EAD 端点安全防御解决方案。

● 丰富的多业务支持

H3C S7503 交换机支持强大的组播功能、灵活 QinQ、IEEE 802.1x、内置 DHCP-Server、NAT、PBR、POE+Voice VLAN、EPON 等多种业务特性，这些业务特性极大地提高了企业网络业务部署的简便性和灵活性，同时增强了对 IP 语音、视频、WLAN 的支持能力，为企业 IT 系统实现通信整合提供了便利。基于 ASIC+NP 的体系结构，可以灵活地支持业务功能的不断扩展，通过多功能网络处理器模块可以进一步支持 NAT、PBR 等多种高级业务特性。

● 特色的网络流量分析功能

H3C S7503 交换机可以支持 NetStream（网流分析）功能，通过 NetStream 与 H3C XLOG 网络分析器相互配合，可以帮助网络管理员轻松地获得详细的网络应用信息，使网络系统变得透明、可见。例如查看 Web、文件传输协议（FTP）、Telnet 和其他著名的 TCP/IP 应用所占通信资源的百分比，以及用户利用网络和应用资源的详细情况，进而用于高效地规划和分配资源，并保障网络的安全运营。

7.4.4 Cisco 大中型网络广域网连接方案

虽然同样是 500 节点左右的大中型企业，但对于广域网连接的应用需求可能有非常大的差异，毕竟企业网络的应用需求通常主要还是体现在局域网上。在此介绍针对基本的广域网应用提出的 Cisco 3800 系列集成多业务路由器方案。

1. 方案产品介绍

作为思科的旗舰产品，Cisco 3800 系列路由器让客户可以在使用并发数据、安全、语音和高级服务时获得最高的性能、可用性、密度和最大限度的增长空间。Cisco 3800 系列路由器采用了嵌入式安全处理、板载分组语音 DSP 模块（PVDM），重要的性能和内存改进，以及更高性能的新型接口，因而可以满足要求严格的企业分支机构的需求。Cisco 3800 系列包括两个高度模块化的、灵活的平台：Cisco 3825 和 Cisco 3845，如图 7-51 所示。它们可以支持现有的 90 多种 Cisco 2600 和 3700 模块，能够提供长期的投资保护。

Cisco 3800 系列路由器还具有内嵌安全处理、大幅系统和内存优化以及全新高密度接口，可在要求最严格的企业环境中提供扩展关键任务安全性、IP 电话、商业视频、网络分析和 Web

应用所需的性能、可用性和可靠性。Cisco 3800 系列路由器的设计核心就是出色的性能，能以线速 T3/E3 提供多种同步服务。

图 7-51　Cisco 3800 集成多业务路由器

Cisco 3800 系列路由器的集成化服务路由架构构建于强大的 Cisco 3700 系列路由器的基础之上，它内嵌并集成了安全和语音处理以及先进的服务，以迅速部署新应用，包括应用层功能、智能网络服务和融合通信。Cisco 3800 系列路由器支持每插槽多个快速以太网接口、时分多路复用（TDM）互联，以及对于支持 802.3af 以太网电源（PoE）的全面集成配电等的带宽要求。它同时仍支持现有模块化接口系列。这确保了持续投资保护，可在部署新服务和应用时支持网络扩展或技术变动。通过将多个独立设备的功能集成入单一小巧的设备之中，Cisco 3800 系列大幅降低了管理远程网络的成本和复杂度。

2．方案的主要特性和优势

全球经济越来越依赖于联网的企业应用和互联网，将其作为迎接紧急业务挑战的不可缺少的工具。成功的公司需要能快速调整以支持动态业务、且有助于提升竞争优势和提高网络效率的安全、高性能网络。他们必须投资于采用了重要技术并可在不干扰核心业务功能的情况下改进通信模式的网络基础设施。Cisco 3800 系列路由器可帮助公司在网络化经济中安全运营，方便地部署将改善其业务的网络服务，且不会影响现有运营情况或降低网络性能。Cisco 3800 系列路由器的主要特性和优势如表 7-16 所示。

表 7-16　Cisco 3800 系列路由器的主要特性和优势

特性	优势
针对服务扩展而优化的架构	此高性能架构针对同时服务部署进行了优化，为未来的服务扩展提供了更大的默认及最高内存。它的 PVDM 插槽可安装数字信号处理器（DSP）模块，用于分组语音处理；增强机箱接口有助于实现前所未有的性能和服务密度；高级服务接口直接将应用集成入路由器，无需独立设施。这些高级服务接口包括： ● 网络分析模块（NAM）：集成流量监控有助于支持网络流量的应用级可视性，用于远程排障和流量分析 ● 思科入侵检测系统（IDS）模块：思科 IDS 模块能检查所有通过路由器接口的流量，识别未授权或恶意行为，如黑客攻击、蠕虫或拒绝服务攻击，并中止非法流量来抑制威胁 ● 思科内容引擎网络模块：提供了应用层服务，包括 Web 应用加速、商业视频流、软件分发和 URL 过滤
内嵌安全处理和最佳安全特性支持	Cisco 3800 系列路由器用于卸载加密服务处理的集成化硬件，无需独立模块，即支持 IPSec DES、3DES 以及 AES 128、AES 192 和 AES 256 加密；Cisco IOS 软件特性支持针对安全威胁的识别、防范和调整，并可维持一个自防御网络，包括 Cisco SDM 2.0、NAC（防病毒）、动态多点 VPN、动态馈线 IDS、Cisco IOS Firewall 和 URL 过滤功能

续表

特性	优势
适用于集成 IP 电话的理想平台	Cisco 3800 系列路由器的板载 DSP（PVDM）支持模拟语音、数字语音、会议、语音编码转换和安全实时传输协议（SRTP）介质，同时支持网络模块或 AIM 插槽，用于交换、并发应用、内容和语音留言。 DSP 有助于支持分组语音技术，包括 H.323、介质网关控制协议（MGCP）和进程启动协议（SIP）等 VoIP 协议，帧中继语音和 ATM 语音（包括 ATM 适应层 5（AAL5）和 AAL2 适应层）。此平台为集中和分发式呼叫处理提供了以下可扩展性： ● 带集中 Cisco CallManager 的 SRST：多达 480 个电话 ● Cisco Unity Express（CUE）语音留言：多达 100 个邮箱 ● Cisco CallManager Express IP 电话：24～240 个 IP 电话 ● 各种规模的分支机构连接：多达 24 条 T1/E1 中继 ● 模拟电话、传真机、按键系统和会议工作站：多达 88 个 FXS 端口 ● 采用 EVM（扩展语音）模块的本地或远程呼叫：多达 48 个外部交换局（FXO）或 32 个基本速率接口（BRI）端口 Cisco IOS 软件提供了定制特性和应用，如工具命令语言（TCL）和语音可扩展标记语言（VXML）支持。使用 Cisco 3800 路由器，即可通过 Cisco CallManager 和思科 IP 电话实现以下安全呼叫： ● 使用 IPSec、传输层安全（TLS）和安全实时协议（SRTP）为 IP 电话间、IP 电话到模拟电话或公共交换电话网络（PSTN）网关提供了基于标准的安全介质和信令验证及加密 ● 保持中高度复杂的编译码器的信道容量
投资保护	Cisco 3800 系列上支持可现场升级的模块化组件，使客户无需升级整个分支机构网络即能方便地更改网络接口。Cisco 3800 系列利用了现有 WIC、VIC、网络模块和 AIM 系列，降低了备份、培训、配置、安装和维护的成本
可用性	Cisco 3800 系列通过可用性特性缩短了停机时间，其中包括可选冗余电源、用于改进故障隔离和修复的错误检查和修复（ECC）内存、用于方便地恢复镜像的 USB 闪存、先进的温度监控和变速风扇、用于缩短启动时间的 Cisco IOS 软件热重启、网络模块在线插拔，以及风扇、主板和电源等可现场更换的组件（仅限 Cisco 3845）

3．Cisco 3800 系列路由器的应用

Cisco 3800 系列路由器的主要应用如下：

（1）用于数据、语音和视频的安全网络连接。

作为思科自防御网络的一个重要组件，Cisco 3800 系列拥有业界内嵌和集成在路由器中的最全面的安全服务，为客户提供了一个用于迅速部署安全网络和应用的永续平台。

思科集成多业务路由器提供了先进的安全服务和管理功能，如内置硬件加密加速、IP 安全性（IPSec）、VPN（高级加密标准（AES）、三重数字加密标准（3DES）、DES 和多协议标签交换（MPLS））、状态防火墙保护、动态入侵防御（入侵防御系统（IPS））和 URL 过滤支持。Cisco IOS 安全特性集支持所有上述丰富的安全特性，以及网络准入控制（NAC）、动态多点 VPN（DMVPN）和语音及视频型 VPN（V3PN）等应用。

为简化管理和配置，Cisco 3800 系列也采用了基于 Web 的直观思科路由器和安全设备管理器（SDM）。为实现安全的服务管理，每个思科集成多业务路由器支持 Secure Shell 2（SSHv2）和简单网络管理协议版本 3（SNMPv3）协议，以对管理会话加密。

（2）融合 IP 通信。

如图 7-52 所示，Cisco 3800 系列满足大中型分支机构的 IP 通信要求，并在单一路由平台中提供了业界领先的安全性。通过将语音服务内嵌于路由器，思科为客户提供了最高的部署灵活性，以及用于工作站、中继和会议的更高密度。

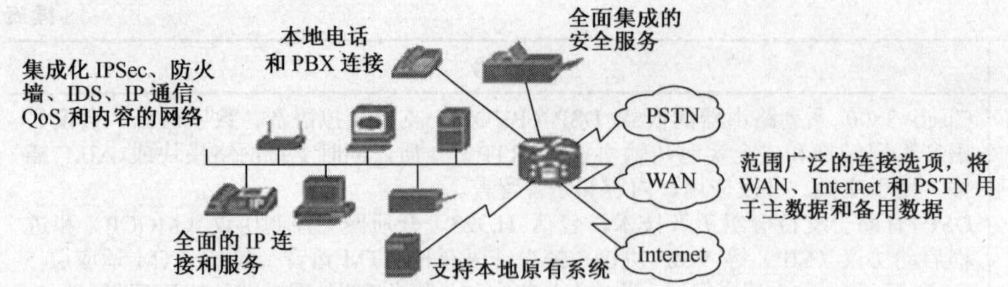

图 7-52　带融合 IP 通信的安全网络连接

Cisco 3800 系列路由器提供了思科 IP 电话解决方案、Cisco CallManager Express（CME），作为一个可选特性集内嵌于 Cisco IOS 软件之中。此解决方案适用于想通过融合语音和数据网络而降低成本和复杂度的客户。通过向此解决方案添加一个 Cisco Unity Express 高级集成模块（AIM）或网络模块，小型机构和分支机构可受益于全面一体化的数据、语音处理、语音留言和自动接听系统。对于较大的集中 IP 通信部署，客户可通过一个中央 Cisco CallManager 在其 Cisco 3800 系列路由器中部署远程电话应急呼叫功能（SRST），以实现高度可扩展、高度可用的企业 IP 通信。SRST 是思科端到端 IP 电话产品的一个重要组件，提供了功能丰富的呼叫处理冗余性，同时还可利用分支机构的现有基础设施。

Cisco 3800 系列路由器还拥有范围最广的语音网关接口，使用网络模块、扩展语音模块（EVM）、语音接口卡（VIC）、语音/WAN 接口卡（VWIC）和板载分组语音 DSP 模块（PVDM）的组合，以满足各种规模的分支机构对于语音端接密度的需求。客户可拥有前所未有的可扩展性，支持多达 24 条 T1/E1 中继和 88 个外部交换站（FXS）端口，用于模拟电话、传真机、按键系统和会议工作站。

第二篇 网络安全子系统规划与设计

随着互联网的广泛应用，网络安全形势变得越来越严峻，也受到了各行各业网络用户，特别是企业用户的高度重视。目前，基于网络的安全隐患已从过去简单的病毒感染和简单的网络入侵和攻击，演变成了当今无孔不入的恶性非法网络入侵和攻击式犯罪。如文件、邮件等重要数据的非法访问、截取、篡改和删除，信息扫描，网站（或网页）挂马，系统服务拒绝攻击，应用服务器攻击等。

在这样一个大背景下，IT 经理就面临了前所未有的挑战。如何适度、有效地防范这些非法入侵和攻击，许多 IT 经理都感到无可适从。因为目前的网络安全隐患已渗透到 OSI/RM 参考模型的各个层次，需要综合各方面的安全防范措施才能有效地从根本上杜绝非法入侵和攻击的后门。因为网络安全威胁主要来自网络外部，体现在外部网络用户对本地网络的访问上，所以基于 OSI/RM 网络层的安全技术和方案特别多，而且配置更为复杂。当然，现在面对应用层（特别是各种应用服务器和电子商务应用）的攻击也越来越频繁，所以用于加强网络应用层保护的安全技术和方案近年来也备受重视，新技术层出不穷，如电子签章、邮件加密和数字签名、S/MIME 和 SET 协议等。

本篇先从宏观角度，以 OSI/RM 为主线，全面、系统、深入地介绍各主要层次当前可以有效采用的安全防范措施（其实在初级课程中对一些主要的安全防护技术已作了简单介绍，本篇将结合实际应用配置进行深入剖析），最后介绍网络安全领域中最突出的两个方面的网络安全综合部署方案，即 WLAN 网络综合安全部署方案和配置、Web 服务器的综合安全部署方案和配置。

本篇包括以下几章内容：

- 第 8 章：网络安全系统设计综述
- 第 9 章：物理层安全方案
- 第 10 章：数据链路层安全方案及应用配置
- 第 11 章：网络层 Kerberos 和 IPSec 安全方案及应用配置
- 第 12 章：网络层证书服务和 PKI 安全方案及应用配置
- 第 13 章：传输层 TLS/SSL 安全方案及应用配置
- 第 14 章：应用层 Web 服务器综合安全方案及配置

第8章

网络安全系统设计综述

随着计算机网络的普及应用，网络安全也面临了前所未有的考验，来自各方面的安全隐患，在黑客或者一些业内精英，甚至只是对网络安全感到好奇的人士的研究下一个个被暴露。现在的网络安全不再仅是几个计算机病毒那么简单，以前的计算机病毒防护系统+防火墙的安全保护策略早已不能满足现在网络的安全需求。因为，现在的网络安全已自成系统，不再是网络的一个附属可有可无，已经成为计算机网络必不可少的一个重要组成部分。为此，必须为自己的网络设计适度、有效的全面安全保护系统，这就是本章所说的网络安全子系统设计。

网络安全子系统设计是一个软硬综合、技术复杂且涉及面广的系统工程，必须要以全局的视角，长远发展的眼光看待一个个网络安全风险。本章首先综合介绍网络安全系统设计的一些基础知识，从宏观、全局的角度了解当前主要的网络安全隐患，以及网络安全系统设计的一般考虑、基本思路和步骤。

教学（自学）课时安排

课时安排	本章老师共需安排2个授课课时。	
授课课时	主要内容	重点
1	①网络安全威胁综述 ②企业网络的主要安全隐患 ③常用网络安全防护策略 ④网络安全系统设计基本原则 ⑤OSI/RM 物理层到网络层的安全保护	①网络安全威胁综述 ②企业网络的主要安全隐患 ③常用网络安全防护策略 ④网络安全系统设计基本原则 ⑤OSI/RM 物理层到网络层的安全保护
2	①OSI/RM 传输层到应用层的安全保护 ②安全隐患分析和基本系统结构信息的收集 ③调查和分析当前网络的安全需求 ④现有网络安全策略评估 ⑤设计细化的新网络安全策略初稿 ⑥方案的测试、评估和修改	①传输层的安全保护 ②安全隐患分析和基本系统结构信息的收集 ③调查和分析当前网络的安全需求 ④设计细化的新网络安全策略初稿

8.1 网络安全系统设计基础

“网络安全”这一名词已成为当前 IT 领域中的热点和焦点，因为它已成为制约网络应用发展和网络系统自身稳定的关键因素，已自成完整的系统，不仅渗透到 OSI/RM 的各个层次，而且还涉及各个软硬件系统，不再只是网络本身的附属角色。在此首先要了解什么是“网络安全系统”以及网络安全系统的基本组成，这是设计网络安全系统的基础。

8.1.1 网络安全系统的发展

网络安全系统的发展与网络技术的发展几乎是同步的。最早的网络是由连接哑终端到中央服务器的串行点到点线路构成。要突破这样简单的网络系统，只需要获得对终端或串行端口的物理访问权即可。这时的网络安全主要体现在物理层安全机制上。为了增加用户访问的灵活性，后来在串行端口上增加了调制解调器（Modem），这使得用户和攻击者都可以从电话线路到达任何地方进行访问。他们主要通过拨号式扫描方式寻找应答 Modem，从而获得未授权访问的机会。这时的安全系统主要是通过回拨这样的技术来保证。

【说明】哑终端表示一个相对于其他种类比较“聪明”的计算机终端来说，功能较为有限的计算机终端。在老式的采用 RS-232 串行口连接的计算机终端里，哑终端指不能执行诸如“删行”（Clearing a Line）、“清屏”（Clearing a Screen）或“控制指针位置”（Control Cursor Position）的一些特殊换码操作的计算机终端。

在计算机网络发展的初始阶段，资源的共享成为计算机网络的主要应用。互联网诞生后，在使计算机用户能够从单个系统交换和访问到大量外部网络用户上的共享信息的同时，也为黑客创造了新的攻击机会和攻击方式。随后就出现了第一代防火墙技术，用它来从入口上确保外部网络用户对内部网络访问的安全（因为防火墙的防护原理就是“防外不防内”）。但第一代防火墙技术只是基于两台过滤型路由器之间的堡垒主机在 TCP/IP 的网络连接级提供保护。“堡垒主机”就相当于通信线路上设置的一道道关卡（在此是以战争年代的“城堡”进行类比），经过这些主机的通信流都需要进行各种特定的过滤，只有符合了相应过滤条件的通信流才允许通过。

随着计算机网络技术的发展，“网络安全防护”与病毒、攻击网络等似乎成为相辅相承的产业，因为其中都牵涉到巨大的产业链和经济利益，使得网络安全形势更加严峻。在利益的驱动下，入侵与反入侵、攻击与反攻击技术都得到长足的发展，攻击技术和方式也变得越来越复杂，越来越隐蔽。因此也催生了后来的多代防火墙技术，同时也诞生了许多其他网络安全技术和设备，如入侵检测系统（Intrusion Detection System，IDS）、入侵防护系统（Intrusion Prevention System，IPS）和网络隔离设备等。现在的防火墙已经开始与其他许多安全设备和应用程序联合起来保护网络。这时“网络安全系统”的概念才逐渐在人们的脑海中形成，就像当初由“计算机网络”产生到现在的“计算机网络系统”一样。所以，“网络安全系统”是从“网络安全”发展而来的。以前我们都是在讨论“网络安全”，但后来随着“网络安全”技术不断发展，范围不断扩大，而且就总的方面来说，已自成一个相对完整的体系，这时大家心目中就有“网络安全系统”这个概念。但是“网络安全系统”叫了这么多年，可真正对“网络安全系统”的权威定义至今都没有见到。或许这根本不需要有专门的定义，只是靠大家各自的理解即可。

笔者认为，“网络安全系统”是针对具体网络环境、网络应用需求而设计的，由多个具体网络安全方案共同构成的一个相对完整的网络安全防御系统，而不是空洞地在谈网络安全。“网络安全系统”作用的对象可大可小，大的对象可以是整个网络系统，小的对象可以仅是某个具体的网络应用方案，如 FTP 服务器、E-mail 服务器等。但这些网络安全方案间不是完全独立的，更不是毫无联系的，而是彼此间相互支撑、相互弥补、相互兼容，共同形成一个相对完善的安全保障体系。也正因为如此，本书所讲的“网络安全系统设计”也绝不是一个个小的网络安全方案的简单拼凑，而是事先需要从全局角度考虑，考虑到各个安全方案间的接口与支持等。

【经验之谈】不同对象网络安全系统中所需包括的网络安全技术、产品和方案并不相同，并不是一讲到“网络安全系统”就希望把所有与网络安全有关的技术、产品和方案都囊括进来，这是不可能的，也是根本没有必要的。事实上，也没有人能讲清在网络安全系统中到底有多少技术、产品和方案可以使用，因为“网络安全”所涉及的技术、产品和方案太多、太广了，而且每时每刻都在发展和变化，就像其他技术一样。具体的安全系统所包括的主要技术、产品和方案都是需要根据具体的网络环境、应用需求和成本预算而定的。

8.1.2 网络安全威胁综述

网络安全保护的最终目的是预防各种各样的非法网络入侵、网络访问和网络攻击。但因为非法入侵、访问和攻击的方式、角度，或者说途经可能各不相同，所以才会有基于各种不同角度、不同层次的安全防御技术和方案。在设计网络安全系统时，需要了解当前网络中存在的实施各种攻击的人员、通常所采取的攻击方式，以及最终可能导致的结果等。只有这样，才能做到有的放矢，设计出一个全面、系统、符合实际安全需求的网络安全系统；也只有这样，才能正确地评估一个网络安全系统的优劣。

在网络入侵和访问方面最典型的就是各种病毒、木马、恶意软件的入侵以及非法访问。入侵传播的方式非常多，有物理的，如通过光盘、硬盘、U 盘等进行，还可以通过网络访问，特别是互联网的访问。目前最主要的网络入侵方式就是网页挂马（也就是在网页代码中嵌入木马执行命令）和系统注入（注入一些木马程序或恶意代码），最典型的攻击方式就是拒绝服务攻击，让你的服务器系统承受不了大量的访问而崩溃。

1. 攻击者类型

不要一看到攻击就说肯定是黑客所为，其实有许多攻击并非如此，特别是小型的企业网络，黑客们攻击它的意义并不大。实施攻击的人主要有如下几种类型：

- 普通人员

这些人员实施攻击的目的不是为了获得什么，有的只是想证实一下自己从书上或者其他途径学到的一些黑客知识；有的只是出于一种报复心理（如被老板解雇，或者没有被某公司录用等）。这些人实施攻击通常只是利用一些简单的工具命令或第三方工具软件进行，破坏性一般不强。如近期在全国范围内对法国家乐福网站进行的攻击，大多数普通网友出于一份爱国心也参与到了攻击行动中。但他们所掌握的攻击技能并不多，只是采用以大包不断地 ping 家乐福和 CNN 网站，或者不停地连接家乐福和 CNN 网站，当然也可能采用其他的手段。

- 精英分子

这类人员相对上面说的普通人员，在专业技术方面有了明显的增强。但这类人士通常也不会以实施网络攻击为业，只是在一些重大事件发生时担当攻击主力。如近期的家乐福和 CNN 网站攻击事件中，就有许多在这方面有特长的人士专门设计了许多适合于各类人员参与攻击行动的攻击方案，如打开一个网页就可以不停地打开家乐福网站，而不需要人为干预，还有的设计出了一个批处理，双击执行一次即可自动不停地对家乐福或 CNN 网站进行大包 ping 操作。

- 黑客

这类人员是最可怕的，因为这些人员不仅掌握了专业的网络攻击技术，而且还基本上以此为业，进行商业攻击行为。如前一段出现的熊猫烧香蠕虫病毒、灰鸽子病毒的制造者，每年仅靠这两个病毒就可以收入几百、上千万。而且这还不算高的，有的黑客专门为一些用户开发出专门针对某个目标进行攻击的黑客软件，一个小小的软件可能就是几万，甚至十几万，满足那些需要用这些黑客软件进行报复或者进行恶意竞争的用户的需求。

2. 攻击类型

攻击手段可以说是千变万化的，但攻击类型不外乎以下几种：

- 读取攻击

读取攻击就是攻击者非法读取文件信息，了解系统设置信息和账户信息。如前面介绍的网页挂马中的木马就读取了我的淘宝店账户和密码。

- 操纵攻击

操纵攻击就是攻击者通过远程控制功能对服务器或者其他目标用户计算机进行控制，也可能利用目标主机作为“肉鸡”，实施对其他目标的攻击。许多远程控制类木马软件都有这个功能，如灰鸽子就是这类软件中最典型、影响最大的一个。

- 词典攻击

这是通常采用的一种密码或账户猜测手段，是在破解密码或账户时，逐一尝试用户自定义词典中的单词或短语的攻击方式。与强力破解的区别是，强力破解会逐一尝试所有可能的组合密码，而词典攻击会使用一个预先定义好的单词列表。词典攻击需要一个包含单词的字典文件，这里的单词通常是常用单词和数字的组合，如password123等。

- 欺骗攻击

欺骗类攻击主要有MAC地址欺骗（如ARP欺骗）、IP地址欺骗（如用一连串无点分的数字替代IP地址）、网关地址欺骗（也如ARP欺骗）、网页或网站欺骗（如我上面所说的亲身示例，以及像在网站域名上只是一个字母或数字上的区别，如用数字“1”替代真正网站中的小写字母“l”，用数字“0”替代字母“o”，还可以用看似域名的账户进行欺骗）等几种。攻击的目的就是让被攻击者错误地接受攻击者发来的危险数据或者使目标计算机不能上网。

- 泛洪攻击

泛洪攻击是针对服务进行的，它是通过不断地向目标主机发起相应服务的请求或数据包，以造成目标主机的服务溢出或者资源匮乏，不能及时响应其他正常用户的服务请求，而使相应服务瘫痪。最常见的就是TCP（使TCP连接无法进行）、DNS/ICMP/DHCP（使这些服务器无法正常工作，甚至会用非法的相应服务器来取代，造成用户的巨大损失）泛洪攻击。

- 重定向攻击

重定向攻击就是攻击者把用户的请求重新定向到非法的地址，如把用户对正规Web网站（特别是一些网上交换网站，如银行、电子商务网站）的访问转到非法的网站上，从而实施进一步的攻击，如截取用户账户信息或者令用户计算机感染病毒、木马等。

- 重放攻击

所谓重放攻击就是攻击者发送一个目的主机已接收过的包来达到欺骗系统的目的，主要用于身份认证过程，也就是黑客截获了用户登录时的数据包。为了抵御重放攻击，现在的身份认证一般采用挑战应答方式。为每个包配置了一个序列号字段（也就是数据包的标识字段），这样目的主机在收到数据包后通过序列号就可以知道是否是重复发送的数据包。

- 混合攻击

混合攻击就是可能同时采用具有以上两种或者多种攻击类型的攻击行为。

3. 弱点类型

无论是哪种攻击，其实施的首要任务就是寻找目标用户各方面的弱点。弱点也就是通常所说的漏洞或BUG。综合来说，网络中的弱点主要有：软件弱点、硬件弱点、配置弱点、策略弱点、使用弱点和管理弱点这 6 个方面。

软件弱点是软件在开发时就存在的漏洞；硬件弱点是硬件在开发时就存在的漏洞；配置弱点是用户在配置软件或硬件时，由于用户自身水平的不足而导致的一些漏洞；策略弱点是指用户在设计安全策略时的不周全而导致的安全漏洞；使用弱点是指由于用户对软件或硬件的使用不当造成的漏洞，如在客户机上没有打开系统防火墙和安装计算机病毒防护系统的情况下连接互联网，与网络中的其他用户共享资源等；管理弱点可能是最容易被人忽视的，是由于管理制度制定的不完善或者制度没有很好地执行而造成的安全漏洞，如用户随意进出机房、管理员离开机房却不上锁等。管理弱点是非常严重的一个弱点，同时也是黑客们最常利用的一个弱点。

虽然大家都知道，要降低安全风险就要尽量减少这些弱点，但实际上没有一样是我们可以做到百分百的，有时甚至是我们一般终端用户无能为力的。如操作系统、应用软件和网络设备本身的弱点不要说修复，就是发现都不是一件容易的事。而其他的弱点也并不是我们想怎么克服就能克服的，有的是受网络管理员、网络工程师自身的技术水平、工作经验或者管理水平制约的，有的还需要整个公司员工的共同努力和配合。在我们设计网络安全系统时，就要充分考虑这些弱点，尽可能地全面降低这些弱点发生的可能性和所造成的损失，因为网络安全已是一个全局、完整的系统了。

4. 攻击结果

遭受攻击的结果并不是千篇一律的，危害程度也各不相同。主要的几种攻击结果是：信息泄漏、信息损坏、拒绝服务、服务被盗、权限改变。

信息泄漏主要包括非法截取公司文件、邮件、账户信息和其他机密信息；信息损坏包括公司文件、邮件、账户信息或机密文件被篡改、删除或者感染病毒等；拒绝服务主要是指服务器的某项服务因为服务溢出而导致不能正常工作，甚至整个服务器瘫痪；服务被盗主要是反映服务器的某项服务被黑客所控制，致使使用该服务的用户也被黑客控制，实施非法的操作；权限改变主要是指黑客入侵后改变自己的账户权限或者改变文件中用户的访问权限，造成系统设置紊乱、系统无法正常工作、用户的文件访问不正常等。

8.1.3 企业网络的主要安全隐患

一个专业的网络安全系统设计工程师首先要具备的素质就是对当前各种网络环境和应用中存在的主要安全隐患、入侵和攻击方式和对应的预防技术、方案了如指掌，否则就不可能设计出既符合用户需求，又充分体现当前最新的安全技术、产品和方案的安全策略。

现在网络安全系统所要防范的不再仅是病毒感染，更多的是那些基于网络的非法入侵、攻击和访问，但这些非法入侵、攻击和访问的途经是非常多的，可以涉及整个网络通信过程的每个细节。当然也有难易之分，我们要区别对待。如果对这些安全隐患认识不足，很可能给企业网络留下巨大的安全隐患。由于企业网络安全隐患的来源有内、外网之分，所以作为安全系统设计人员必须要全面地考虑，不要顾此失彼，千万不要小看内部网络中存在的安全隐患。在很多情况下内部网络的安全威胁要远远大于外部网络，因为在内部网络中实施入侵和攻击更加容易。下面是笔者总结的作为网络安全系统设计人员在为用户设计网络安全系统时应考虑的几个主要方面：

- 病毒、木马和恶意软件的入侵
- 来自各方面（特别是网页挂马、脚本注入）的网络攻击
- 文件或邮件的非法访问、操作与窃取，或者重要信息的泄漏
- 外网用户的非法入侵、访问和攻击

- 备份数据和存储媒体的破坏、篡改与丢失

从以上几个主要方面来看，可以把它们划分为以下几大类：病毒、木马和恶意软件的入侵与感染；外部网络用户的入侵、访问和攻击；内部网络的非法访问与操作；数据备份的破坏。就目前来说，尽管更多的安全威胁仍主要表现在计算机病毒、木马和恶意软件的入侵与感染上，但就危害性质来说，网络攻击、非法访问、文件窃取类的安全事件性质更加恶劣，对企业的危害更大，所以在这些方面的安全考虑应该更加加强。

8.1.4 常用网络安全防护策略

上节介绍到了，网络安全系统是一个相对完整的安全保护体系。那么这些安全保障措施具体包括哪些，又如何体现呢？这可以从 OSI/RM 的七层网络结构来一一分析。因为计算机的网络通信都离不开 OSI/RM 的这七层（注意，并不是所有计算机网络通信都需要经过完整的七层）。当然，网络安全系统又不仅体现在 OSI/RM 的七层结构中，因为安全风险还可以不是在计算机网络通信过程中产生的，如操作系统（这是不属于 OSI/RM 体系架构中的系统层）、应用软件、用户账户信息的保护、数据的容灾和备份，以及机房的管理等。

针对上节介绍的主要安全隐患类型，我们所采取的安全策略最常见的就包括：

- 安装专业的网络版病毒防护系统（目前通常都已包括木马、恶意软件的检测和清除功能），当然也要加强内部网络的安全管理，因为这些也可以通过内部网络进行传播。
- 配置好防火墙、交换机和路由器过滤策略，以及系统自身的各项安全措施（如针对各类攻击所进行的通信协议安全配置）。
- 及时安装操作系统、应用软件的安全漏洞补丁，尽可能地堵住操作系统、应用软件本身所带来的安全漏洞。
- 有条件的用户还可以在内、外网之间安装网络扫描检测、网络嗅探器（Sniffer）、入侵检测（IDS）和入侵防御（IPS）系统，以便及时发现和阻止来自各方面的攻击。
- 配置网络安全隔离系统，对内、外网络进行安全隔离；加强内部网络安全管理，严格实行“最小权限”原则，为各用户配置好恰当的用户权利和权限；同时对一些敏感数据进行加密保护，对发出去的数据还可采取数字签名措施。
- 根据企业实际需要配置好相应的数据容灾策略，并按策略认真执行。

以上具体安全措施将在后面章节中体现。但总体来说，一个完善的网络安全系统应该包括计算机网络通信过程中针对 OSI/RM 的全部层次的安全保护和系统层的安全保护，如图 8-1 所示。系统层的安全保护主要包括操作系统、应用服务器和数据库服务器等的安全保护。这样就可以构成一个立体的多层次、全方位的安全保护体系。

OSI/RM 各个层次的安全保护就是为了预防非法入侵、非法访问、病毒感染和黑客攻击的，而非计算机网络通信过程中的安全保护则是为了预防网络的物理瘫痪和网络数据损坏的。

【注意】并不是所有计算机网络通信都需要对 OSI/RM 的所有七层采取安全保护措施，因为有些计算机网络中只有其中的少数几层，例如同一个局域网内部的通信仅有物理层和数据链路层两层，在 TCP/IP 网络中，又可以把 OSI/RM 参考模型中的“会话层”、“表示层”和“应用层”合并在一个 TCP/IP 参考模型中的“应用层”，不必一层层采取单独的安全保护措施。具体的安全系统方案要视网络环境、网络安全需求和投资预算等而定。

以上这些方面就构成了一个完善的网络安全系统。OSI/RM 参考模型中各层可采取的安全措施如图 8-2 所示，各层的安全保护分析将在下节进行。当然，这里显示的不可能是所有可以采用的安全保护方案的汇总，而仅提供一个基本的防护方向，具体的安全保护方案不仅非常多，而且还会不断发生变化，不断有新的可行的安全保护方案出现。各层所用的主要安全技术、产品和方案将在本篇后面各章具体介绍。

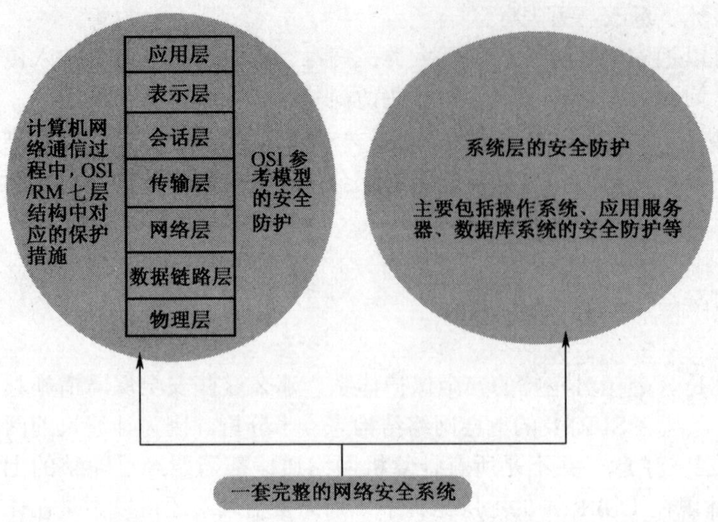

图 8-1 网络安全系统的基本组成

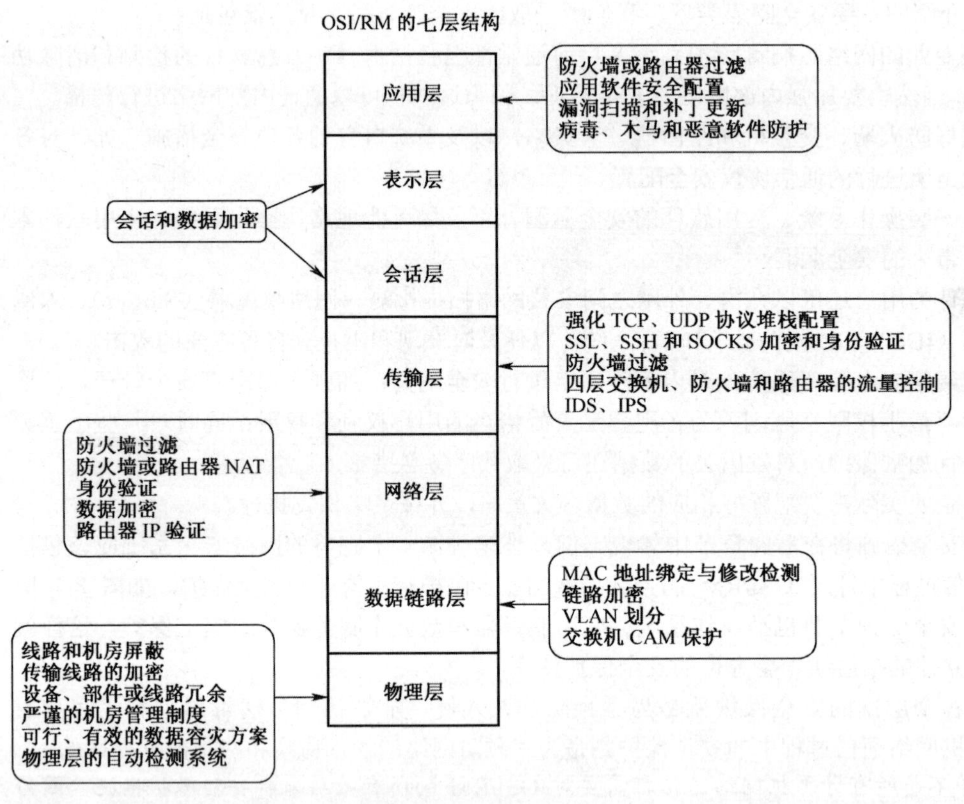

图 8-2 OSI/RM 参考模型各层可采取的安全保护措施

8.1.5 网络安全系统设计基本原则

虽然任何人都不可能保证能设计出绝对安全的网络系统，包括最大的软件开发商 Microsoft 也一样，但是如果在设计之初就遵循一些合理的原则，那么相应网络系统的安全性就更加有保障了。如果设计时不全面考虑，消极地将安全措施寄托在事后“打补丁”的思路是相当危险的，因为一旦出现事故，其损失可能是无法弥补的。根据防范安全攻击的安全需求、需要达到的安全目标、对应安全机制所需的安全服务等因素，参照 SSE-CMM（系统安全工程能力成熟模型）和 ISO17799（信息安全管理标准）等国际标准，综合考虑可实施性、可管理性、可扩展性、综合完备性、系统均衡性等方面，网络安全系统设计过程中应遵循以下十大原则：

- 木桶规则

这个规则大多数网络管理员和网络工程师都知道，但是并没有很好地去理解和执行。“木桶规则”就是保证网络安全系统对所有方面均能有一个适当的保护，而不是只强调某一个方面。因为无论是什么安全隐患导致的灾难，其结果可能都一样，要么是信息泄密，数据破坏和丢失，要么是服务器或网络瘫痪，无法正常工作。

“木桶规则”理论来自客观事实，那就是木桶的最大容积取决于最短的一块木板。网络系统是一个复杂的计算机系统，本身在物理上、操作上、管理上和软/硬件上都可能存在种种安全漏洞。尤其是多用户网络系统自身的复杂性、资源共享性使单纯的技术保护防不胜防。攻击者使用的是“最易渗透原则”，必然在系统中最薄弱的地方进行攻击。因此，全面、充分、完整地对网络系统的安全漏洞和安全威胁进行分析、评估和检测，是设计信息安全系统的必要前提条件。而不要专门注重某一方面，如计算机病毒的防护或者基于防火墙在网络层的攻击防护，而忽视了基于 OSI 物理层、应用层的攻击防护，甚至是管理制度的建设。只要某一个方面做得不好，就可能导致其他所有安全保护措施的失效。如 OSI 各层的安全保护工作都做得很全面，但是用户账户信息管理不善，导致用户账户（特别严重的是像系统管理员这样的高权限账户）信息泄漏，这样黑客就可以像合法用户一样自由出入网络，这样一来，黑客要进行破坏活动就易如反掌了。

- 整体性原则

整体性原则就是在安全保护策略中要全面包含：安全保护、监测和应急恢复方案，而不能仅要预防或者仅有监测，而没有其他的。网络安全保护是需要一整套安全保护机制来保障的，这套机制就是，在没有出现安全事故前的预防和监测机制、在出现了安全事故后的补救机制。所以信息安全系统应该包括 3 种机制：安全保护机制、安全监测机制、安全恢复机制。安全保护机制是根据具体系统存在的各种安全漏洞和安全威胁采取相应的防护措施，避免安全风险的发生；安全监测机制是监测系统的运行情况，及时发现和制止对系统进行的各种入侵和攻击行为；安全恢复机制是在安全保护机制和监测机制都失效的情况下所需要采取的最后补救措施，使尽可能及时地恢复信息，减少因为灾难所带来的损失。

另外，在安全管理的时候，要考虑到多层次的问题。因为安全问题是在多层次上体现的，包括管理层面和技术层面。管理层面涉及管理策略和管理方法两个方面，首先要制定出一个符合实际需要的策略，并用高效、经济的方法来实现。同时，一个黑客破坏和入侵某个系统时，往往有很多种方法，包括搭线窃听、MAC/IP 地址伪装、利用网络协议和应用漏洞等，这些地方都需要得到良好的保护，而一个安全方法和安全技术是无法实现全部防护的，所以需要全面规划，层层设防。

- 均衡性原则

对于任何网络而言，绝对安全是不可能达到的，也不一定是必要的，所以需要建立合理的实用安全性与用户需求评价和平衡体系。安全体系设计要正确处理需求、风险与代价的关系，做到安全性与可用性相融，使其更易执行。这就要求我们在设计安全策略时，要全面地评估企业的实际安全需求等级及企业的实际经济能力，寻找安全风险与实际需求之间的一个均衡点。当然，我们知道，要真正评价一个这么大的网络系统的安全性并找到一个均衡点，确实很难做到，只能从企业用户需求和具体网络应用环境出发进行细致的分析。

- 可行性原则

任何一个企业在网络安全需求方面都有它的独特性，对网络安全系统的部署成本也有不同的承受能力。我们不能一味地要求企业老总花高代价来部署高安全性的防护系统，而应结合该企业的实际安全需求进行综合评价。其实这一原则与前面介绍的“均衡性原则”类似，但侧重点不同。前者侧重于从同一企业角度来考虑，而后者则是从整个行业的角度出发。如一个只有几十人的小型生产企业，平常工作中需要借助互联网的机会不多。虽然说高档的硬件防火墙产品可以实现更好的安全保护，但它的价格往往是许多中小型企业难以承受的，而且像这类小型企业，部署一个价格高昂的防火墙产品，其实并没有必要，只能说是一种资源浪费。所以，在进行网络安全策略设计时，一定要结合实际安全等级需求和企业经济承受能力来综合考虑。

● 等级性原则

这里所说的等级是指安全层次和安全级别。良好的信息安全系统必然是分为不同等级的，包括对信息保密程度分级、对用户操作权限分级、对网络安全程度分级（安全子网和安全区域）、对系统实现结构分级（应用层、网络层、链路层等），从而针对不同级别的安全对象提供全面、可选的安全算法和安全体制，以满足网络中不同层次的各种实际需求。

● 一致性原则

安全保护系统是一个庞大的系统工程，其安全体系的设计必须遵循一系列的标准，只有这样才能确保各个分系统的一致性，使整个系统安全地互联互通、信息共享。

● 易操作性原则

首先，安全措施需要人去完成，如果措施过于复杂、对人的要求过高，本身就降低了安全性。其次，措施的采用不能影响系统的正常运行。

由于互联网络的开放性和通信协议存在的安全缺陷，以及在网络环境中数据信息存储和对其访问与处理的分布性特点，在网上传输的数据信息很容易泄露和被破坏，网络受到的安全攻击非常严重，因此建立有效的网络安全防范体系就更为迫切。实际上，保障网络安全不但需要参考网络安全的各项标准以形成合理的评估准则，更重要的是必须明确网络安全的框架体系、安全防范的层次结构和系统设计的基本原则，分析网络系统的各个不安全环节，找到安全漏洞，做到有的放矢。

● 技术与管理相结合原则

安全保护系统是一个复杂的系统工程，涉及人力、技术、操作和管理等方面的因素，单靠技术或单靠管理都不可能实现，因此，必须将各种安全技术与运行管理机制、人员思想教育与技术培训、安全规章制度建设结合起来全盘考虑。

● 统筹规划，分步实施原则

由于政策规定、服务需求的不明朗，以及随着环境、条件、时间的变化，黑客们所采用的攻击手段也在不断更新，我们的安全保护策略不可能一步到位。这样就要求我们在部署安全保护策略时可以考虑先在一个比较全面的安全规划下，根据网络的实际需要建立基本的安全体系，保证基本的、必需的安全性，然后随着网络规模的扩大及应用的增加、网络应用复杂程度的变化，调整或增强安全保护力度，保证整个网络最根本的安全需求。

● 动态发展原则

在制定策略时要明确应根据网络的发展变化和企业自身实力的不断增强，对安全系统进行不断的调整，以适应新的网络环境，满足新的网络安全需求，如可以采取更先进的检测和防御措施、增加安全冗余设备、提高安全系统的可用性等。

8.2 OSI/RM 各层的安全保护概述

在上节已介绍到，在计算机网络安全系统中，需要对计算机网络通信中 OSI/RM 参考模型的所有七层都要采取对应的安全保护措施。其实现在已有相应组织针对各层的安全保护开发了相应的技术、产品和方案。下面分别介绍 OSI/RM 七层结构中各层主要可以采用的安全保护措施。

8.2.1 物理层的安全保护

物理层是 OSI/RM 七层结构参考模型中的最低层，它是用来进行计算机网络的物理连接，为数据通信提供传输通道的。其中规范的是计算机网络接口的机械、电气和规程特性。处于物理层的就是各种传输介质，如同轴电缆、双绞网线、光纤、无线网络中的空间，以及提供线路中继的集线器、中继器等设备。各种网络设备（包括传输介质）本身也可以作为物理层的资源。

物理层的安全保护对于绝大多数用户来说是比较忽视的，也是最脆弱的。当然在局域网内部的计算机网络通信中，对于大多数用户来说，物理层安全保护的重要性与其他层相比确实要次要些，因为物理层的攻击比较容易被发现，黑客们一般不采取这种方式进行攻击。但对于一些安全级别较高的行业或单位，物理层的安全保护仍不能放松，如银行、证券、保险、公安等。否则一旦出现故障，其后果往往是难以估计的。

物理层的网络安全就包括了通信线路的安全、物理设备的安全、机房的安全和数据的安全等几个方面。在物理层上存在的安全风险主要体现在传输线路上的电磁泄漏、网络线路和网络设备的物理破坏，以及数据的备份与恢复。黑客通过相应的技术手段，在传输线路上依靠电磁泄漏进行侦听，可以实现非法截取通信数据；也可以通过非法手段对网络设备进行破坏，致使网络全部或局部的瘫痪。

针对物理层上存在的以上两个主要方面的安全风险，可以采取以下安全保护措施：

- 对传输线路进行屏蔽，防止电磁泄漏。
- 配备设备冗余、线路冗余和电源冗余。
- 完善各种管理制度，并相互配合，特别是机房、账户管理，以及计算机设备（如光盘、移动硬盘、U 盘等）的管理。
- 部署数据容灾方案。

目前也有一些专门针对物理层安全保护的系统，它们可以自动监测针对物理层的各种侦听，自动监测网络线路和设备的工作状态，以便及时发现安全隐患和非法攻击，及时排除。

在这里着重说一下系统层（也就是针对具体的计算机或服务器）的安全防护工作，它也是整个网络安全防护的重点。网络通信过程的安全保护工作做得再好，如果最后因为病毒，或者服务器磁盘阵列或其他存储媒体损坏而导致网络数据毁于一旦，那么还是没有用。为此我们必须有一个最后的数据安全保护措施，那就是本节所说的数据容灾、备份与恢复了，这是数据安全保护的最后一道防线。

数据容灾是一套系统方案，就是为了预防因某种不可预料的灾难（如火灾、地震、战争等）而导致最后的数据的破坏、丢失情况的发生。其中就包括后面要进行的数据备份与恢复。容灾方案可分多种不同的级别（有 7 级之多），主要是指数据存储媒体存放的地点和备份的数量。低级别的一般在本地，备份存储媒体最多是本城市的银行保管，备份数量一般是 1～2 份，中级的一般是备份存储媒体在两个以上的异地城市的银行中保管，备份数量一般是 2～3 份；高级的可能是在本国和别国银行分别保管，备份数量一般是 3～5 份。

数据备份与恢复中也有不同级别的可选方案，最简单的是本地磁盘备份，或者用 GHOST 备份，或者创建备份还原点之类，稍专业一些的则采用专业备份软件，如 Windows 系统中的备份工具以及第三方备份工具软件，进行磁带、光盘备份，更高级一些的则可能是采用专用的数据存储网络，如 NAS、SAN 进行网络备份。在设计数据容灾方案时，一方面要考虑得十分周全，另一方面要对其容灾方案的可行性进行检验，可以进行事先多次的模拟演练。

有关物理层的安全保护方案将在第 9 章介绍。关于数据备份容灾方案参见第三篇——网络存储子系统设计。

8.2.2 数据链路层的安全保护

数据链路层是 OSI/RM 七层结构的非常重要的一层，也是安全保护比较脆弱的一层，特别是在局域网中，因为局域网中只有OSI/RM的最低两层：物理层和数据链路层。

数据链路层的功能就是为网络通信提供数据传输链路，并把在物理层上传输的比特流数据打包成帧、编码，标识数据源MAC地址，寻找目的MAC地址，并对数据在链路上的传输提供差错和流量控制。在这里要明白的一点就是“数据链路”和“网络线路”之间的区别。“数据链路”是逻辑意义上的，而“网络线路”是物理意义上的。它们之间的关系可以用“道路”与“车道”来形容，网络线路是整条道路，而数据链路是整条道路上被划分的一个个车道。这样就很容易明白在一条线路上可以同时存在多条数据链路的道理了。但要注意的是，这里的数据链路并不是永久存在的，只是在对应网络通信发生时才建立，完成后相应链路将同时释放，以便给其他通信建立数据链路提供空间。这就与道路上的“车道”有些不一样了。究其原因就是，在一条网络线路上要进行的网络通信可能非常多，如A主机与网络中的B主机通信，A主机也可以同时与C、D、E等主机通信，他们之间的每两个主机进行的网络通信都需要一条专门的链路。而每个具体的网络通信所需要的数据链路特性（如链路带宽、传输速率、链接方式等）都可能不同，不能直接采用以前其他通信所建立的链路来进行。所以每一条数据链路都是有生命周期的，其周期就是整个通信过程的时长。这样就使得在有限的网络线路带宽下可以建立无限的数据链路（并不是指同时）。而且，要注意，一个完整的数据通信不能直接在线路上进行，而是在逻辑意义上的数据链路上进行，因为只有在数据链路上才具有 OSI/RM 参考模型数据链路层的功能。这与车可以在没有划分车道的道路上行驶也不一样。

数据链路层的设备主要是网卡、网桥和交换机。在数据链路层中主要的协议就是局域网中的各种以太网协议，WLAN 网络的各种接入规范、加密协议等，广域网中的 PPP、HDLC 协议，以及基于 PPP 协议扩展得到的其他协议，如 PPPoE、PPPoA，另外还有像 VPN 通信中的 PPTP、L2TP 隧道协议等。对这些协议的安全保护在本书中就不作具体介绍了，因为涉及的内容非常广。

数据链路层的主要功能就是形成 MAC 地址，并对物理层上的比特流进行编码、成帧、拆帧以及链路控制，为链路层提供可靠的数据传输。这样一来，黑客基于数据链路层的攻击行为也就清楚了，一是进行 MAC 地址欺骗，如 ARP 病毒，再就是对数据编码、成帧机制进行干扰，致使形成错误的数据帧，也可以导致数据在数据链路上的传输错误，甚至数据丢失。另外，数据链路层还有一个安全风险就是大量的广播包，致使网络链路带宽资源匮乏，而最终使网络瘫痪。黑客还可能直接针对数据链路层设备进行攻击，如向交换机的内容可寻址存储器（Coment-Addressable Memory，CAM）中存入大量无效源 MAC 地址，致使交换机无法存入有效的MAC地址，而导致不能正常进行MAC寻址。

基于以上数据链路层上存在的安全风险，可以采取的防护措施如下：

- 对传输中的链路进行加密，防止非法修改数据源，干扰数据的编码和成帧。
- 绑定MAC地址与IP地址、端口，或者自动监测MAC地址修改。
- 缩小广播域，如划分VLAN。

在以上数据链路层可采用的安全技术和方案中，VLAN 方案在本系列丛书的《金牌网管师（中级）大中型企业网络组建、配置与管理》一书中有详细介绍，其他方面都将在第 10 章介绍。

8.2.3 网络层的安全保护

在一个局域网内部的网络通信就只在以上的物理层和数据链路层进行，所以单一的局域网内部网络通信可以仅进行以上两个层的安全保护。当然这仅是针对网络通信部分，在系统层同样涉及网络层及以上各层的安全防护。同时，如果涉及多个局域网或者广域网通信，则OSI/RM 后面 5 层的安全保护同样非常重要，其中最主要的就是网络层的安全保护。

网络层主要提供的是网络地址寻址、路由，实现网络间的数据转发。当然在这之前还要对来自数据链路层的数据帧重新打包，形成数据分组，在分组中会添加源网络和目的网络的网络地址和目的主机地址信息，以便数据包能正确地传送到目的网络的目的用户主机上。

工作在网络层的设备主要是路由器、网关和三层交换机。网络层的主要协议包括 IP、IPX、IPSec（Internet Protocol Security，因特网协议安全）、VPN（Virtual Private Network，虚拟专用网络），以及像 BGP、OSPF、IGRP 等路由协议（注意，RIP 路由协议工作在应用层）。网络层的寻址是基于 IP 地址的，而不再是基于数据链路层上提供的 MAC 地址的，MAC 地址只在单一局域网内部传输时才起作用，不同网络中的数据传输是依靠 IP 地址进行识别的。

网络寻址功能的实现就是通过路由器、三层交换机和网关等设备的路由表、默认网关地址来实现的。路由又分为静态路由和动态路由两种，静态路由是通过配置固定的路由 IP 地址实现的，而动态路由则是通过各种路由协议来自动计算的。

因为网络层是连接不同网络的，所以在网络层中一个关键因素就是对外部网络用户的身份进行验证。当然身份验证方式有很多种，如 NTLM（NT LAN Manager，NT 系统局域网管理）、Kerberos 的令牌、密钥验证方式，IPSec 的证书、密钥验证方式，当然还有最简单的口令验证（也就是通常所说的账户/密码验证方式）。

除了网络访问用户的身份验证外，来自外网的网络通信中，还有一个非常重要的安全领域，就是对数据的安全过滤。过滤方式同样有多种，有基于发送者 IP 地址、MAC 地址或者端口的，也有基于数据包内容本身的，还有基于用户账户的等。

基于网络层入侵和攻击的安全隐患非常多，主要体现在来自外部网络的入侵和攻击、数据包修改，以及 IP 地址、路由地址和网络地址的欺骗。正因为如此，专门的网络层安全保护技术和方案也是非常多的，主要有如下几个：

- 部署防火墙系统 ACL，过滤非法数据通信请求。
- 部署防火墙或路由器的 NAT 技术，不把内网 IP 地址暴露在外。
- 配置 VPN，以确保网络间的通信和数据安全。
- 配置严谨的身份验证系统，如 Kerberos、IPSec 协议和公钥证书，防止非法用户的访问。
- 配置用于远程访问保护的 AAA（Authenitification Authorisation Accounting，认证、授权和计费）、RADIUS（Remote Authentication Dial In User Service，远程身份验证拨入用户服务）、TACACS（Terminal Access Controller Access-Control System，终端访问控制器访问控制系统）协议。
- 部署入侵检测系统（IDS）和入侵防御系统（IPS），以尽快发现并排除攻击隐患。

以上有关网络层可采用的网络安全技术和方案中，有关防火墙系统的应用部署在本系列丛书的《金牌网管师（初级）职业指南和网络基础》一书的第 10 章已有介绍，在此不再赘述；有关 Kerberos 和 IPSec 身份验证技术和加密方案将在第 11 章介绍；有关证书和 PKI 身份认证方案将在第 12 章介绍。ACL 和 NAT 在本系列丛书的《金牌网管师（中级）大中型企业网络组建、配置与管理》一书中做了介绍。VPN 方面因涉及的内容太多，本书不专门介绍了。

8.2.4 传输层的安全保护

OSI/RM 的传输层是计算机网络通信中安全性最重要的一层，因为它是真正的端到端（End-to-End）数据传输的第一层。传输层只存在于端口开放系统中，是介于低三层（物理层、数据链路层和网络层）通信子网系统和高三层（会话层、表示层和应用层）资源子网之间的一层；同时传输层是属于资源子网的最低层，起到承上启下的不可或缺的作用，负责端到端的通信；传输层是面向网络通信的低三层和面向应用的高三层之间的中间层，是面向通信的最高层。以上介绍的传输层在 OSI/RM 参考模型中的特殊位置关系如图 8-3 所示。

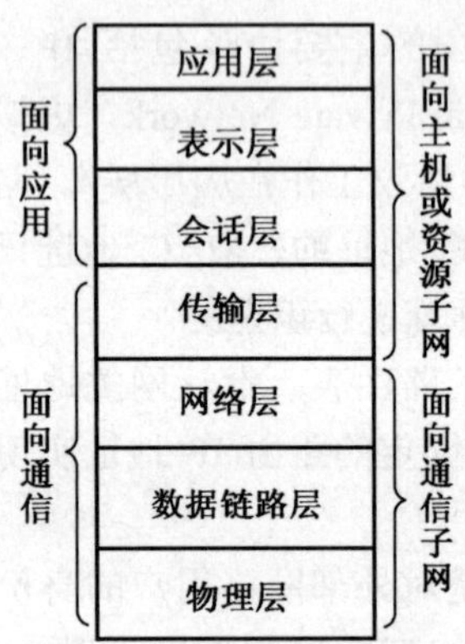

图 8-3 传输层的特殊位置

工作在传输层的设备主要有四层交换机、具有流量控制功能的路由器和防火墙。传输层协议主要有 TCP 和 UDP。TCP 是面向连接的可靠的传输层协议，而 UDP 是无连接的非可靠的传输层协议。目前这两种协议都很常见，TCP 主要用于传输大容量、可靠性要求高的数据，而 UDP 通常用于小容量、可靠性要求不是很高的数据。因为 UDP 的无连接性，不易被发现，所以黑客经常利用它进行非法数据传输，如病毒、木马程序文件的传输。

另外，在实时性要求比较高的数据通信（如视频会议、现场直播等）中经常应用的传输层协议有 DCCP（Datagram Congestion Control Protocol，数据报拥塞控制协议）和 RTP（Real-Time Transport Protocol，实时传输协议）。

传输层的最终目的就是提供可靠、无差错的数据传输。整个数据传输服务一般要经历传输连接建立阶段、数据传送阶段、传输连接释放阶段 3 个阶段。其中每个阶段都可能被黑客利用，进行非法攻击。如传输连接建立阶段，黑客们通过获取目的端的 IP 地址和端口，以及必要的验证信息即可进行攻击；数据传送阶段，黑客可能会非法截取或者篡改传输中的数据，还可能在传输过程中发送大量无效数据或者命令请求，造成带宽资源匮乏，引起传输服务瘫痪；在传输连接释放阶段，黑客则可以发送错误的服务命令，导致传输连接非正常释放，从而引起数据传输错误、数据丢失。这就是典型的黑客攻击，其中最常见的就是各种拒绝服务攻击（DoS）。

针对以上传输层存在的安全风险，可以采取的安全保护措施如下：

- 强化操作系统 TCP、UDP 协议安全配置，抵制黑客攻击。
- 采用 TLS/SSL、SSH、SOCKS 对传输数据进行加密，并提供数据完整性检查和身份验证。
- 部署防火墙系统，抵制基于传输层的黑客攻击。
- 部署四层交换机、防火墙或路由器的流量控制功能和差错检测功能。

以上传输层可采取的安全方案中，有关 TCP、UDP 协议堆栈的强化安全配置，因为内容较

NOTES

多，在本书中不作介绍。有关 TLS/SSL 技术和方案将在第 13 章介绍。

8.2.5 会话层和表示层的安全保护

“会话层”是 OSI 七层参考模型的第五层，也是面向应用高三层中的第一层。设置会话层的目的是管理用户应用进程之间的对话（Dialogue）过程，即提供进程间的会话服务。所谓“对话”是指本地系统的会话实体与远程对等的会话实体之间交换数据的过程。会话层提供的服务可使应用建立和维持会话，并能使会话获得同步。会话层使用校验点可使通信会话在通信失效时从校验点继续恢复通信。也就是我们常说的断点续传，这种能力对于传送大的文件极为重要。总的来说，会话层的主要功能是：建立会话连接、会话连接管理、数据流同步，并在同步失败时重新同步。

会话层和传输层有着显著的区别：传输协议负责产生和维持在两个端点之间的逻辑连接；会话协议则在上述基本的连接服务的基础上，用增值的办法提供一个用户接口。

表示层的作用就是要处理应用数据以什么样的表示形式来进行传送，才能达到任意应用系统之间的信息沟通。具体来说，表示层的作用是对源端内部的数据结构进行编码，形成适合于传送的比特流，到了目的端再进行解码，转换成用户所要求的格式（必须保持数据的意义不变）。至于数据比特流的传送，则由表示层的下面五层提供可靠、透明、按序的数据传送。另外，随着通信网的发展，表示层也从一开始单纯地进行数据格式的转换演变成为处理数据的转换、压缩和加密等。

总体来说，在会话层和表示层中可以提供的安全保护措施就是会话进程和格式转换后数据的加密，当然它与在其他层次上进行的数据加密所采取的技术和方法都不一样。

8.2.6 应用层的安全保护

应用层是 OSI/RM 七层结构中的最高层，也是最复杂的一层，因为其中包括了各方面的应用协议，如常见的 Web、FTP、SMTP、DNS、DHCP 服务等。应用层的主要作用就是网络通信的最终目的，也就是具体的网络应用。应用层向应用程序提供服务，这些服务按其向应用程序提供的特性分成组，并称为服务元素。有些可被多种应用程序共同使用，有些则被较少的一类应用程序使用。

因为应用层主要体现在各种具体应用或者说是具体的应用程序上，所以应用层的安全性也是最复杂的，各种不同应用程序有着不同的安全考虑和相应的防护措施。可以工作在应用层的网络设备主要是七层交换机和应用代理型的防火墙、路由器。在应用层上可以采取的安全保护措施如下：

- 在防火墙或路由器上部署基于应用的通信过滤。
- 为各具体应用软件配置相应的安全保护选项。
- 原始数据加密、邮件加密和签名。
- 及时发现操作系统和应用软件的安全漏洞，更新安全补丁。
- 安装专业的计算机病毒、木马和恶意软件防护系统，并及时更新。

本书仅以 Web 服务器的安全配置为例，综合介绍应用服务器的网络安全系统设计与配置方法。

8.3 网络安全系统设计的基本思路

前面介绍了各个方面可以采取的安全保护措施，但是我们不应该对所有网络、所有应用采取同样级别的安全保护标准，因为这些都是需要巨大的资金支持的，而且具体用户对网络的安全需求也不一样，所设计的网络安全系统方案一定要与用户网络的网络结构、用户的实际安全需求和经济实力结合起来考虑。另外，安全系统设计不能完全推倒当前的安全策略重来，这样可能使整个网络处于极高的安全风险之中。总体来说，网络安全系统设计的基本思路如下：

（1）安全隐患分析和基本系统结构信息的收集。

（2）调查和分析当前网络的安全需求。

（3）现有网络安全策略评估。

（4）设计细化的新网络安全策略初稿。

（5）第一次小范围测试、评估和修改。

（6）第二次中大范围测试、评估和修改。

（7）新网络安全策略终稿。

（8）新网络安全策略系统的正式应用。

下面分别介绍以上 8 个主要步骤。

8.3.1 安全隐患分析和基本系统结构信息的收集

在做一个详细的安全策略方案之前，首先要十分清楚哪些是对企业网络安全构成威胁的主要因素，然后再从主要因素入手，逐一搜集当前网络系统的基本系统结构和安全配置信息。应该主要搜集自己所在企业的网络系统硬件平台、操作系统、数据库管理系统、应用程序、网络类型/结构、连通性能等方面的具体数据信息。通过这些数据可以对网络系统结构有一个较完全的了解，可以得到一份完全的功能级的系统图表和对所有主要硬件、软件资源功能的详尽描述，这对开发安全策略是十分重要的。虽然在本章开始部分就已介绍了企业网络安全隐患的主要来源，但那只是从宏观方面进行的阐述，具体到一个企业还是有许多细节要充分考虑的。

总的来说，企业网络的安全隐患是多方面的，综合起来可以分为：网络安全隐患、物理安全隐患和网络设备自身的安全隐患三大类。

1. 网络安全隐患

在企业网络方面可能存在的安全隐患主要表现在以下几个方面：

（1）网络拓扑不合理带来的安全隐患。

企业网络中，应当做到内部网络与外部网络的安全隔离，体现在企业网络拓扑设计上就是统一采用服务器经过路由器和防火墙上网，原则上不允许企业内部用户从自己的计算机上通过拨号上网，因为这种直接拨号上网在无形之中就给整个企业网络开了一个后门，要想连接外部网络必须通过企业防火墙的过滤与监控。如果条件许可，可以采用尽可能安全的网络体系结构，甚至划分 DMZ 非军事区，在非军事区的两端分别过滤指定的数据包。

（2）OSI/RM 参考模型中各层通信的安全隐患。

OSI/RM 参考模型的每层都可能成为攻击的目标，因为在每层中运行的服务和协议都可能存在一些安全漏洞。我们必须依靠相应的技术、产品和方案来加以弥补。具体 OSI/RM 参考模型中的主要安全隐患分析参见 8.2 节，具体的防护措施将在本书后面各章中介绍。

（3）病毒和黑客安全隐患。

随着近年来计算机的普及，病毒也越来越泛滥，为了保护数据，企业应当完善病毒防御体系，避免数据被病毒破坏。当然这里的防毒体系不再是平常我们个人所用的单机版杀毒软件，而强烈建议采用网络版的杀毒系统。

（4）数据下载和数据存储安全隐患。

随着 Internet 的普及，很多软件都可以共享，在使用每一个应用程序时都要注意其出处，尽量到大的、可信站点下载，以免受到木马程序或数据驱动型病毒的攻击。另外还要注意使用的应用程序存在的各项漏洞，及时修正。在数据的保护方面应该采用数据备份与灾难恢复体系，根据企业的需求采用相应的数据备份策略，为关键应用提供在线的热备份系统，如果要求很高还应当考虑采用异地容灾体系。

（5）用户身份认证安全隐患。

在网络系统中，有远程访问权限的用户应尽可能少，而且对具有远程访问权限的用户连接也应尽量采用先进的加密与身份认证手段，及时弥补认证手段中存在的缺陷。另外当员工向自己的客户或供应商发送关键邮件时，最好采用邮件加密和数字签名等手段，以确保数据传输的安全。不允许在工作中通过 QQ 或 MSN 向外发送数据。

（6）防火墙的局限性隐患。

不要认为公司使用了防火墙就能够万无一失了，因为防火墙必须开放某些端口，同时还有很多可以绕过防火墙的攻击方法。各种类型的防火墙都有其局限性和缺陷，应当及时与防火墙的厂家联系，取得防火墙的最新补丁。另外，设置不当的防火墙过滤规则可能会起到相反的作用，在配置防火墙策略时一定要注意。

（7）软件本身的安全漏洞隐患。

迄今为止没有一款软件是牢不可摧的，各种系统总会有大大小小的安全漏洞，应当及时修补这些漏洞，并对系统做好尽可能安全的各项设置，尽量采用服务最小化原则。目前所发现的微软 Windows 系统的安全漏洞比较多，更应及时安装补丁。

在软件方面，主要是考虑各种网络服务器操作系统和应用服务器的安全，因为这是攻击者首选的攻击目标。目前主流的网络服务器操作系统有 Windows、UNIX 和 Linux 三种，但是不管是哪种类型的操作系统，每隔一段时间都会被发现有一些大大小小的漏洞，其中有很多漏洞可以使攻击者直接取得系统管理员的高级控制权限。服务器一旦被控制，后果是不堪设想的，轻则会被拿来作为进攻其他机器的跳板，重则可能造成信息泄漏，更有甚者可能会破坏你所有的数据。但是只要扎扎实实地做好系统的各项安全设置工作，及时打上各种操作系统的补丁，堵住一系列的安全漏洞，同时加强在系统及企业信息安全方面的管理，我们还是可以抵御绝大多数入侵的。

另外，有很多基于操作系统的软件或者是数据库系统的漏洞也可能使得攻击者取得系统权限，例如 IIS 的各种大大小小的漏洞、MS SQL Server 的漏洞和 Oracle 的漏洞等。同时操作系统和数据库系统等的弱密码策略也是系统的巨大安全隐患，所以也必须加强操作系统和数据库系统的密码管理，提高密码的复杂性。

同时要注意，网络上没有绝对安全的服务器，也没有绝对安全的主机，即使在一段时间内实现了安全，但是随着新的漏洞被发现，新的攻击手段被发现，你的服务器又会处于威胁之下。所以我们必须保持对服务器和所有工作系统进行及时更新，以及时堵住黑客入侵、攻击的途径。

（8）IT 管理漏洞带来的安全隐患。

公司内部员工的权限设置、离职员工的账号处理等都是企业存在的安全隐患。对于暂停使用的员工账户，网络管理员要立即禁用。对于已离开公司的员工的账户一定要及时注销或者删除。内、外网用户的访问控制必须有适当的身份验证机制，对外网的远程访问网络活动应及时监控。第 10 章介绍了 Windows Server 2003 系统的基准安全策略配置方法。

（9）文件共享和用户权限安全隐患。

在企业网络内部有时必须为所有或部分用户提供一些共享文件，但如果共享权限配置不当，这些都可能给企业网络带来安全隐患。如具有写权限的账户就可以在对方计算机上放置文件，这些文件就可能是黑客们安排的恶意程序。还有就是对一些企业的敏感数据，一定要严格限制用户的访问权限。

2．物理安全隐患

物理安全隐患是指网络设备或工作场所使用不当可能带来的安全隐患，特别严重的是采用无线局域网连接的企业用户。主要包括机房安全隐患、数据安全隐患和用户习惯安全隐患。

（1）机房安全隐患。

机房作为企业网络系统的核心所在，其安全性应该是最高的。因为在其中不仅集中了整个企业网络的核心设备，而且它还是整个企业网络正常运行的核心、企业信息中心和企业数据中心。对于这么重要的工作场所，现在绝大多数企业没有给予足够的重视，所有员工进出机房就像进出办公大厅一样随便，还有的企业甚至允许员工进入机房使用服务器等设备登录，更有甚者在管理员不在的情况下机房长期开敞，这些都可能给整个企业网络带来巨大的安全隐患。只要有一些别有用心的人，就很容易使整个企业网络处于停止、瘫痪，甚至崩溃状态。因为虽然网络服务器可能进不去，但是对其他各种网络设备，包括 UPS 电源等都是十分容易控制的，只要把某些网线一拔，电源一关就可能造成严重的安全事件。而对于一些技能高超的黑客来说，在机房中长时间没人或者被允许使用服务器登录时就可以很轻松地窃取服务器中的关键数据或信息，为他日后进行网络攻击打下基础。这样的安全隐患，对于一个有责任心的 IT 经理或网络管理员来说，真是想都不敢想，然而却实实在在地在许多企业，特别是中小企业中存在。

一般来说，为了杜绝机房不安全事件的发生，我们必须在下班后或者在管理员不在机房的情况下，用有效的锁锁住机房，并且尽可能封锁其他进入机房的途径。对于本企业中一些用户需要进入机房的情况，要事先做好相应的规定，这样一来执行起来就容易得多了，否则很可能上下不讨好。同时要注意，现在无线网络技术已非常发达，一些技术高超的黑客可以通过各种无线手段，如电磁渗透技术窃取服务器数据，所以建议在机房周围划出一定的安全区，防止别人通过电磁手段截取网络中的数据，甚至是截获屏幕显示。

（2）数据安全隐患。

对于企业网络数据应当及时做好各种类型的备份（具体选择哪种备份类型，依据各自企业的容灾方案而定），而且数据的备份媒体应当保存在安全的专用保管柜或租用的银行保管箱中。这里的安全包括物理上的安全（是指钥匙不容易自配、保管柜不容易被撬开）和环境上的安全（如不潮湿，没有虫咬、鼠咬危险）。

如有必要采用双机热备份甚至是异地容灾系统，计算机应当处于 UPS 不间断电源的保护之下，防止因突然断电导致数据意外丢失。网络的电缆也不能暴露在可视范围内，防止别人采用电子手段通过电缆的电磁泄漏窃取重要数据（如果条件许可，尽量采用光纤）。另外，敏感的信息不能放在桌面或抽屉等别人可以接触到的地方，对于敏感的打印文档和磁带应当及时申请销毁。

（3）用户习惯安全。

IT 经理或网络管理员必须做好员工培训计划，使企业中所有使用计算机的员工养成当离开自己的计算机或服务器时随时锁住计算机或注销登录账户的习惯，不要把写有密码或密码提示的便条放在桌面上。如果员工所使用的计算机在 CMOS 中有开机密码设置项，建议由系统管理员设置开机密码（之所以应由管理员来设，主要是为了预防员工离职后不给管理员密码，带来不必要的麻烦），这样在关机后其他不知道密码的用户就不能使用这台计算机登录系统了。

还有，如果自己所使用的计算机装有软驱、光驱，最好在平常不用时在 CMOS 中禁用这两个驱动器，只是在需要使用时再启用它们。但这个 CMOS 设置一定要加密码保护。加密码后，其他用户就不能随便更改了，杜绝了非法用户修改 CMOS 设置进入系统，或者使用一些可能给网络带来安全隐患的设备，如软驱、光盘（它们都可能因使用带毒媒体而感染网络）。

3．网络设备自身的安全隐患

尽管，网络硬件设备受攻击的难度要远比软件高，但在一些特殊行业中，网络设备自身的安全性也要受到足够的重视。因为攻击者都知道，一旦成功入侵并实施攻击，可以获得巨大的利益，这点攻击难度也就不是主要考虑的方面了。

目前企业网络中最主要的网络设备包括交换机、路由器和防火墙这三大类，还有就是各种 WLAN 设备。对这些设备自身的安全保护考虑主要是采用部件、设备和线路冗余方式进行。

在了解了以上各方面的网络安全隐患后，我们接下来就要按上述隐患收集当前企业网络安全系统的运行情况。当然还要包括整个企业网络系统结构，这对于网络安全策略的设计非常重要。

8.3.2 调查和分析当前网络的安全需求

对照以往的安全策略文档和现在的网络应用需求，再结合用户的实际经济承受能力，分析当前网络的实际安全需求。此时可以通过修改以往的安全策略文档来编写新的安全策略文档初稿。

网络安全需求调查主要是就用户自身对安全保护功能和产品的需求调查（因为调查对象不太可能对深入的技术有全面的了解，注意要充分考虑到未来相当一段时间的需求发展），一般可按表 8-1 所列的主要项目进行。需求调查对象通常是企业网络管理员或网络系统项目负责人和单位老总。

表 8-1　网络安全需求调查表

调查项目	当前及未来 3～5 年的安全需求	方案预算	受调查人签名
病毒防护系统类型和产品			
防火墙类型和产品			
主要防火墙功能			
入侵检测系统类型和产品			
主要入侵检测功能			
是否需要网络隔离			
网络隔离类型和产品			
网络身份验证方法			
网络通信数据加密、签名方法			
是否需要配置容灾系统			
是否需要配置其他安全工具			
其他安全需求			

网络安全需求分析是结合以上两节介绍的用户网络安全信息集和用户安全需求调查进行的，由网络安全设计人员或者项目工作组成员进行。

8.3.3 现有网络安全策略评估

一个有经验的安全系统设计人员在为用户设计网络安全系统时，通常不是全部自己一一设计，不会随便否认用户以前所部署的安全策略，他总是会在借鉴和评估现有安全策略的基础上来进一步进行新网络安全系统的设计。因为一个安全系统设计人员往往对用户网络了解得不是很全面，特别是用户网络的以往安全历史。这时就需要安全系统设计人员先在征求用户同意后，调看以往的安全策略部署文档，然后结合信息收集、需求调查与分析对原策略进行一一分析，查出其不足之处，进行完善。

在收集了企业网络安全系统的比较详细的信息后，首先要检查现有安全策略中各项具体安全措施的可行性、实施效果及主要优缺点，然后对照当前的企业网络安全需求对原有安全策略进行评估。千万别看不起那些原有策略文件，因为以前所建立的策略文档肯定也有它的出发点。我们在制作新的策略文档时完全可以参考这些旧的文档，在旧文档的基础上进行更新、改进，效率会提高很多，而且还可以发现一些我们原本没有考虑到的安全因素。

为了进行保护需求的评估，可以使用自动的风险评估工具和专家来收集、分析有关物理的、行政管理的和技术安全方面的信息。这些信息可以用来划分数据类型、存储位置，并且可以满足需求。在大多数情况下，用户并不知道什么数据需要被保护，也不想知道它们为什么需要被保护。在这个过程中需要进行广泛的调查和分析，从而决定数据如何存储、哪些数据允许哪些人访问。

8.3.4 设计细化的新网络安全策略初稿

进行完以上三步后，设计人员就会对用户的需求和当前的网络安全策略有一个比较全面的了解了，然后在这个基础上就可以开始具体的新安全策略设计了。在这里要涉及到具体的安全技术、产品和方案的部署。当然这些具体方案的设计一定要结合用户的网络结构、实际应用需求和经济承受能力进行，绝不能千篇一律地追求大而全，更不能一味追求高安全性和新技术、新产品。最好要有具体的方案成本预算，提供给单位老总审批。

在初稿中，建议以表格形式列出主要的安全策略项目，其中包括具体安全策略项目所包括的技术、产品和方案部署方法，以及相应策略所包含技术的先进性、安全等级、成本预算、配合人员和其他事项。方案的部署方法可以以附件的形式具体阐述，提供给用户网络管理员，为方便日后的网络安全维护与管理提供文件依据。这样一来，企业老总和用户网络管理人员就可以从表格中看出该安全系统所包括的具体策略项目，分析策略的可行性、可用性和完整性。在此过程中，可能还要经过多次、反复的讨论与修改，最终形成新的安全策略初稿。

在新的安全策略文档的设计中必须要考虑你已经收集和分析的数据，在设计文档时也要听取用户的意见。设计过程就像一个迭代过程，你通常要生成一个草稿让用户来检查。第一次的草稿难免有些局限性，在和用户的交流中你可以对草稿做进一步的完善。虽然只是一个文档，但是它里面可能蕴涵了重要的安全机制，可以对整个企业的安全起到保护作用。

为了方便各位编写策略文档，现把一些在策略文档中通用的项目列出来供大家参考。其实这也是我们编写策略文档的一般考虑。若按这个考虑进行文档编写、设计则可以做到非常严谨，一般不会遗漏大的安全项目。当然，其中也可能有许多项目并不适用于你所在的企业，具体编写时可根据自己企业的实际来编排。

1. 企业网络数据物理安全保证

企业网络数据物理安全保证包含两方面的含义：“数据物理安全保证”和“数据的物理安全威胁”。“数据物理安全保证”是为了防范“数据的物理安全威胁”而对网络系统的物理设备采取的数据物理保护措施。“数据的物理安全威胁”主要包括如下几个方面：

- 放置计算机的场地或机房环境的事故，如地震、火灾、水灾等，主要是指自然灾害。
- 计算机系统物理设备的事故，包括物理设备的被盗或毁坏、电磁信息辐射泄漏、线路截获、电磁干扰和电源失效等。
- 计算机系统媒体介质的事故，如数据存储磁盘、磁带或光盘等被盗、被毁坏、被非法访问或非法复制。

网络系统的物理设备所包括的内容比较广，大到机房、机架、服务器，小到交换机、路由器、防火墙、终端及各类外设等。对这些设备所采取的“数据的物理保护措施”如下：

- 采用符合规范的计算机场地和机房。
- 主要网络设备要置于专门的屏蔽室中，以防线路窃取。
- 采用光电转换接口和光缆，减少线路窃取几率。
- 采用低辐射终端设备，既保护员工的身体健康，又可降低通过电磁辐射窃取数据的可能性。
- 采用信息扩散干扰设备，也是为了防止通过电磁辐射窃取数据，不过一般企业不具备这一条件，也没有太大的必要，除非是非常机密的企事业单位。
- 实施设备的访问控制机制。
- 实施数据加密机制。

2．数据机密和完整性保证

“数据机密保证”是指使非法用户（包括黑客）不能获取其不应获取的数据和数据服务。通常采用如下方式来提供数据机密保证：

- 采用加密机，使数据以密文的形式传输。
- 在网络系统的各个层次（物理设备、网络配置、操作系统、数据库、应用系统）建立权限管理、身份验证和访问机制，对专门的网络资源定义专门的权限角色，保障网络资源不被非法访问。
- 建立完善的防毒体系，如网络版杀病毒软件。
- 企业公网上的网站有独立域名。

“数据完整性保证”是指数据没有遭受非法修改。采用如下方式来提供数据完整性保证：

- 按上面所介绍的方式提供数据机密保证。
- 利用数据校验技术，防止数据在传输过程中被篡改。
- 利用数字签名技术和数字时间戳技术，防止对已存档数据的篡改。
- 提供审计与监测保证。

3．数据可用性保证

“数据可用性保证”是指得到授权的实体（包括软硬件和数据）在有效时间内能够访问和使用其所要求的数据和服务。通常采用如下方式来提供数据可用性保证：

- 选择性能和质量可靠的软硬件。
- 正确、可靠的节点参数配置（包括工作站主机、服务器、终端及各类外设等）。
- 正确、可靠的平台参数配置（包括操作系统、数据库管理系统和系统工具等）。
- 配置专业的系统安装与维护人员。
- 对应用服务器和数据服务器进行双机备份（可以是热备份和冷备份两种方式）。
- 要求数据中心在业务部门的协作下规范实施事件处理和数据恢复。
- 利用病毒防治和防火墙技术，防止病毒和黑客对系统的攻击。
- 利用网络安全审计技术和网络安全检测技术发现系统异常情况，同时防止入侵者对系统的攻击。
- 制定并遵循《信息安全管理规范》，确保安全审计、数据备份、事件处理和数据恢复能被规范实施。

4．身份验证保证和数据鉴别保证

“身份验证保证”是指确保任何设备、软件、系统和数据不被没有授予相应权限的用户访问、操作或控制。目前进行身份验证的方法有多种，通常采用如下方式来提供身份验证保证：

- 在网络系统的各个层次（物理设备、网络配置、操作系统、数据库、应用系统）建立用户使用权限列表，检查每个用户使用网络资源的合法性。
- 利用防火墙技术实现网络节点的身份验证，过滤一些非法外网地址和数据包传输。
- 业务系统用户模型保障只有被授权的合法用户才能使用业务系统功能和访问业务数据，任何用户只能访问其授权范围内的业务资源。
- 利用数字凭证技术来标识各业务部门。

"数据鉴别保证"是指确保接收到的数据出自所要求的来源。在这一方面通常采用数字签名和对称密钥方式来提供鉴别保证。

5. 防火墙的使用

尽管目前的网络安全设备已经非常多，但防火墙（此处仅指硬件防火墙）仍是企业网络安全方面的最重要的防护设备，是提供信息安全服务、实现网络和信息安全的基础设施。防火墙可以被设置在不同网络（如可信任的企业内部网和不可信的公共网）或网络安全域之间，作为不同网络或网络安全域之间信息的唯一出入口，根据企业的安全策略控制（允许、拒绝）出入网络的信息流，且本身具有较强的抗攻击能力。

防火墙可以提供的能力包括：过滤进出网络的数据、管理进出网络的访问行为、封堵禁止的业务流、应用代理、防止 IP 欺骗、截断攻击、非军事区应用（DMZ）、虚拟专用网（VPN）、网络地址转换（NAT）、负载均衡、计费、透明接入、流量统计与控制、实时监控、审计与日志、检测与报警及安全管理（包括远程安全管理）等。

选择防火墙产品需要考虑以下因素：

- 品牌实力：大的品牌就是产品技术、质量和售后服务的保障，在经济允许的情况下，尽可能选择大品牌的产品。目前主流的企业级防火墙产品品牌包括 Cisco、H3C、Juniper 等。
- 是否满足企业对网络安全功能的需求，如有特殊要求的企业更应注意，如是否要求支持 VPN 透传或者 VPN 发起功能、对所支持的 ACL 表数的要求等。
- 过滤机制：主要查看防火墙自身所具有的各种过滤机制，如 IP 地址过滤、网络协议类型过滤、协议端口过滤、内容过滤等。不同的过滤机制，阻止攻击的能力不同。
- 能否满足性能需求：性能方面主要从防火墙自身的硬件配置方面考虑，如所采用的 CPU 类型和型号、内存大小、缓存大小、网络接口数量和带宽等。性能通常与价格相关联，具体要根据企业的实际需求和经济承受能力而定。对于大中型网络，通常需要选择大品牌、性能较高、技术较先进的防火墙产品。
- 是否具有方便的配置和管理功能：这方面主要体现在防火墙的各种过滤机制的配置上，如所自带的配置命令、配置语句（或者图形配置窗口）是否符合一般的配置习惯、是否精练、是否具有可操作性的用户手册、是否支持 SNMP 管理等。这一点非常重要，如果配置和管理不够方便的话，一方面会严重影响产品的配置和管理效率，还可能导致不能正确地配置和管理防火墙产品。
- 是否有健全的状态监视手段（日志、报警）：防火墙日志对于分析企业网络的安全状态非常重要，好的防火墙产品会有非常丰富的日志记录功能（所以防火墙都是自带硬盘的）。当网络出现故障时，管理员可以随时调用日志进行分析，并可能跟踪和追查攻击者。
- 防火墙自身是否强壮：现在专业的黑客所掌握的技术已非常先进，已有一些可以成功绕过防火墙实施对企业内部网络的攻击，这就要求防火墙自身要非常强壮。

6．数据加密

对传输中的数据流加密，用来防止通信线路上的窃听、泄漏、篡改和破坏。加密可以在通信的 3 个不同层次来实现，即链路加密（位于 OSI 网络层以下的加密）、节点加密和端到端加密（传输前对文件加密，位于 OSI 网络层以上的加密）。

专门的加密机可以在链路层和 IP 层实现硬件加密，但只适用于通信双方都使用加密机的情况。若要在互联网上实现广泛的信息交流，端到端的加密或许是当前最可行的办法。网络上传输的信息包括访问控制信息和数据。TCP/IP 协议本身没有加密的特性，访问控制信息和数据均被以明文的形式传输，使用网络嗅探器（Sniffer）可以查看到一个网段内的大量敏感信息，如 E-mail、FTP 和 Telnet 的登录名和口令，以及通信过程中的所有内容。而端到端的加密工具可以提供以下保证：安全登录，使访问控制信息不能被解读；加密被传输的数据。为了实现端到端的加密，也需要通信双方使用遵循相同加密协议的工具，如 TLS、SSL、IPSec 等。

在密钥管理方面可以实现以下目标：

- 间歇性地产生与所要求的安全级别相称的合适密钥。
- 根据访问控制的要求，对于每个密钥决定哪个实体应该接受密钥的拷贝。
- 用可靠办法使这些密钥对开放系统中的实体是可用的或将这些密钥分配给它们。

7．病毒防治

病毒防治包括预防病毒、检测病毒和杀毒 3 种技术。

（1）预防病毒技术。

预防计算机病毒的技术是通过常驻系统内存，优先获得系统的控制权，监视和判断系统中是否有病毒存在，进而阻止计算机病毒进入计算机系统和对系统进行破坏。这类技术包括：加密可执行程序、引导区保护、系统监控与读写控制（如防病毒卡、病毒疫苗等）。另外，杀毒软件本身也具有防毒功能。

（2）检测病毒技术。

检测病毒技术是通过计算机病毒的特征来进行判断的技术，如自身校验、关键字、文件长度的变化等。这是杀毒软件必备的功能，所以在任何网络中杀毒软件的安装是必不可少的。防火墙是不能检测到计算机病毒的，除非是通过网络通信进行攻击类型的木马程序。

（3）杀毒技术。

通过对计算机病毒的分析，开发出能够删除病毒程序并恢复原文件的软件，这就是杀病毒软件。目前在网络中，通常采用的是具有集中管理特点的网络版杀毒软件系统，而不是只能在各个主机上孤立运行的单机版杀毒软件。网络版杀毒软件系统通常是在服务器中安装服务器系统专用的客户端杀毒软件、安全中心和下载服务器等，而在各工作站安装工作站专用的客户端杀毒软件，所有服务器和工作站的客户端软件由安装在服务器上的安全中心统一管理、统一部署安全策略，还可以通过下载服务器进行统一的软件更新。这样整个网络就被一个严密的防毒网所笼罩，安全很多。

但是任何杀病毒软件对病毒的查杀能力都是滞后于病毒的，因为杀病毒软件也只能在病毒出现之后才能分析出该病毒的特征，开发出相应的清除方法。所以不要期望，安装了杀病毒软件就认为 100%不会感染病毒了。

8．安全检测和紧急响应

网络系统安全性的高低取决于网络系统中最薄弱的环节。如何及时发现网络系统中最薄弱的环节？如何最大限度地保证网络系统的安全？最有效的方法是定期对网络系统进行安全性分析，及时发现并修补存在的弱点和漏洞。如 Microsoft 就开发了这样一种检测 Windows 操作系统（包括 IIS、IE 等重要组件）、SQL 数据库、Office 办公软件漏洞的综合安全检测工具——MBSA（Microsoft Baseline Security Analyzer，Microsoft 基准安全分析器）。

网络安全检测工具通常是一个网络安全性评估分析软件，其功能是用实践性的方法扫描分析网络系统，检查报告系统存在的弱点和漏洞，提出应采取的补救措施和安全策略，达到增强网络安全性的目的。当然，网络安全检测工具同时又是破坏者手中的探测器。常见的有集成在各种杀毒软件中的漏洞扫描程序，如金山毒霸、瑞星杀毒软件和江民 KV 杀毒软件等。当然除了这些基本的漏洞检测工具外，还有许多网络安全检测工具，如各种端口扫描工具和入侵检测工具等。

网络安全检测的内容包括以下几个方面：

- 系统入侵检测（系统账户、系统日志、后门程序、木马程序、本地溢出程序、信任主机、攻击来源）。
- 用户安全检测（控制台安全、用户口令安全、用户文件及目录许可权限安全）。
- 操作系统安全检测（系统日志/审计策略、受信主机安全、安全终端设置、系统文件完整性及存取许可安全、SUID/SGID 许可程序安全）。
- 网络服务检测（HTTP 服务安全、DNS 服务安全、网络文件系统 NFS 安全、Telnet 服务安全、FTP 服务安全、SMTP 服务安全、POP 服务安全、Finger 服务安全、RPC 服务安全、WINS 服务安全、共享服务安全、Proxy 服务安全）。
- 系统程序安全检测（后门程序检测、危险程序访问权限）。

安全检测完毕后需要弥补漏洞、总结安全检测报告。当主机或网络正遭到攻击或发现入侵成功的痕迹时，应当实施紧急响应措施，其过程可以描述为：发现并解决问题→保存可能的记录证据→追查问题来源→总结紧急响应报告。

9．安全审计与监控

安全审计是记录用户使用计算机网络系统进行所有活动的过程，它是提高安全性的重要工具。安全审计跟踪机制的价值在于经过事后的安全审计可以检测和调查安全漏洞，它不仅能够识别谁访问了系统，还能指出系统正被怎样地使用。在确定是否存在网络攻击时，审计信息对于确定问题和攻击源很重要。同时系统事件的记录能够帮助管理员更迅速和系统地识别问题，并且它是在后面阶段进行事故处理的重要依据。通过对安全事件的不断收集、积累和分析，有选择性地对其中的某些站点或用户进行审计跟踪，可以为发现可能产生的破坏性行为提供有力的证据。

在进行安全审计跟踪时主要考虑以下几项内容：

- 要选择记录什么信息。
- 在什么条件下记录信息。
- 为了交换安全审计跟踪信息所采用的语法和语义定义。

收集审计跟踪的信息，通过列举被记录的安全事件的类别能满足各种不同的需要。安全审计的存在可对某些潜在的侵犯安全的攻击源起到威慑作用。安全审计的内容包括：网络运行日志（路由器日志、防火墙日志）、操作系统运行日志、数据库访问日志和业务应用系统运行日志。

除使用一般的网管软件和系统监控管理系统外，还应使用目前已较为成熟的网络监控设备或实时入侵检测设备，以便对进出各级局域网的常见操作进行实时检查、监控、报警和阻断，从而防范针对网络的攻击与犯罪行为。多数网络设备和核心软件都自带审计和监控功能。也有专门的审计和监控工具，它们具有以下功能：

- 专门针对一类事物进行跟踪记录或监控。
- 根据用户设定的要求，过滤审计结果，以提取和突出重要信息。

- 对审计结果进行分类加工，以多种形式（表格、直方图、饼图）输出报表。

10．数据备份与恢复

数据备份系统为一个目的而存在，那就是在灾难出现后，尽可能快地全盘恢复运行计算机系统所需的数据和系统信息。备份不仅在网络系统硬件出现故障或发生人为失误时起到保护作用，而且在入侵者进行非授权访问或对网络攻击及破坏数据完整性时起到保护作用，同时也是系统灾难恢复的前提之一。根据系统安全需求可选择的备份机制如下：

- 本地高速度、大容量、自动的数据存储、备份与恢复。
- 异地数据存储、备份与恢复。
- 对关键网络设备提供冗余备份，如网卡、UPS、核心交换机、路由器和防火墙等。

一般使用 Windows 系统自带的备份工具所进行的数据备份操作有以下 5 种：

- 正常备份：正常备份用于复制所有选定的文件，并且在备份后标记每个文件。使用正常备份，只需备份文件或磁带的最新副本即可还原所有文件。通常，在首次创建备份集时执行一次正常备份。
- 副本备份：副本备份可以复制所有选定的文件，但不将这些文件标记为已经备份（也就是不清除文件的存档属性）。如果要在正常和增量备份之间备份文件，复制是很有用的，因为它不影响其他备份操作。
- 每日备份：每日备份用于复制执行每日备份的当天更改过的所有选定文件。备份的文件将不会标记为已经备份，亦即不清除文件的存档属性。
- 差异备份：差异备份用于复制自上次正常或增量备份以来所创建或更改的文件。它不将文件标记为已经备份。如果要执行正常备份和差异备份的组合，则将上次已执行过正常备份和差异备份的文件及文件夹还原。
- 增量备份：增量备份仅备份自上次正常备份或增量备份以来创建或更改的文件。它将文件标记为已经备份（也就是存档属性被清除）。如果将正常备份和增量备份结合使用，您至少需要具有上次的正常备份集和所有增量备份集，以便还原数据。

组合使用正常备份和增量备份来备份数据需要最少的存储空间，并且是最快的备份方法。然而，恢复文件是耗时和困难的，因为备份集可能存储在几个磁盘或磁带上。

在确定备份方式和备份方案之后，就要选择安全的存储媒介和技术进行数据备份。总的来说有“冷备份”和“热备份”两种：

（1）热备份：指在线状态下的备份，即存储备份的数据是正在工作的，它主要用于实时同步备份。这种备份方式可以使备份数据与主服务器数据时刻处于一致状态。热备份中还可能实现双机互援，即在主服务器出现故障时，备份服务器立即接替主服务器继续提供网络服务，这样就可以实现连续地提供网络服务，因服务器故障而发生的损失当然最小。

（2）冷备份：是指不在线状态下的备份，采用这种方式备份的数据不是正在运行的数据。很显然采用这种备份方式只能备份那些已完成运行的数据，对当前正在运行的数据不能备份，所以不能保证备份数据时刻与主服务器数据一致。冷备份方式也可以实现双机互援，但因为所备份的系统并不能保证与主服务器时刻同步，所以接替主服务器工作时可能出现一些数据遗失的情况。

8.3.5 方案的测试、评估和修改

安全策略初稿形成后首先要进行第一次小范围的测试。测试范围可以是几个用户、一个部门或者一个子网，这主要是考虑当前系统会不会影响用户的正常工作和应用服务器的运行效率。用于测试的安全策略主要是选择用户网络的核心安全领域，用安全策略中的对应方案进行

测试。如用户主要是从事电子商务的，则电子商务应用就是用户的核心安全领域，需要重点保护；如用户网络中远程访问比较频繁，则对用户的远程访问安全策略进行测试就成为了必要。当然我们测试时，尽可能对策略中的各方案进行全面测试，以确保安全策略都具有可执行性。测试时长最好在10天以上。

通过以上第一次小范围的测试，可以评估原策略的有效性、可执行性等。在测试中，还可能会发现原来策略中存在的一些问题和不足，如运行效率、对正常网络应用的影响、安全的有效性等，也可以发现一些被遗漏的方面。这时就可以有针对性地对原策略进行修改或者改进。但在修改时，建议通过批注或副本的方式进行，而且还要注明修改日期和修改人，以备追查。也可以用不同版本标注，如修订版次1、修订版次2等。

第二次测试相对第一次测试而言，无论是测试范围，还是测试策略本身，都有了较大的变化。测试范围基本上是至少一个子网，如果网络本身比较小，如仅是单子网，则可能是全网络的测试；测试策略则一般是把所有新安全策略都加入进去。在测试时间上，也要比第一次测试长，一般是一个月以上，以便尽可能让新的安全策略得到充分应用，这样可以尽可能多地发现问题，更好地完善整个安全策略。

通过第二次大范围的测试，可能会发现许多原来没有考虑周全的问题，甚至根本没有考虑到的问题，然后对新的安全策略进行第二次评估和修改。同样，在修改时，建议通过批注或副本的方式进行，而且还要注明修改日期和修改人，以备追查。也可以用不同版本标注，如修订版次1、修订版次2等。

8.3.6 方案定稿和应用

通过以上两次测试、评估和修改后，新的安全策略文档就产生了。这样的安全策略就可以保证最大限度地符合各方面的用户和网络应用要求，确保运行后不会有大的问题出现。

对于大的网络，还可能要进行第三次，甚至更多次测试和评估，这要视具体网络和用户需求而定，没有硬性的规定。

新的安全策略定稿后，接下来要做的就是全网应用，正式应用新的安全策略了。当然在这个全网应用过程中可能还会有一些小问题出现，这没关系，适时记录下来，到有需要时，再与有关人员一起评估一下，看是否需要修改安全策略。这时的修改就要以表格的形式加以备注了，而且小的修改建议不要修改版次。

任何一个方案都是在不断完善之中，安全策略也一样。即使在以后的长期应用中，也会不时地出现一些问题，只要我们遵循一个适当的评估原则即可。没有百分之百完美的人，也没有百分之百完美的方案。不要非等到方案被所有人认为是最好的才去应用，这样只会浪费时间和精力，因为谁也无法保证在今后的应用中不会出现新的安全问题，不会出现安全策略不能满足用户和应用需求的情况。

第9章

物理层安全方案

物理层的安全风险主要指由于网络周边环境和物理特性引起的网络设备、线路的不可用，或者网络通信数据泄漏，或者遭受非法入侵与攻击。如设备被盗/被损、设备老化、意外故障、搭线窃听、电磁泄漏、账户被窃等都可以算是物理层的安全隐患。如果局域网采用广播方式（如采用集线器作为集中连接设备），那么本广播域中的所有信息都可以通过线路窃听方式被侦听。在交换式网络中，目的地址的第一次数据包发送也都是以广播方式进行的，也可以被窃听。

然而，网络物理层的安全却很少能得到用户的重视。笔者到多家不同规模的公司工作过（有几家是著名的跨国公司），但没有一家主动采取了针对 OSI/RM 物理层的全面安全保护措施。当然这并不是说这些公司做的都不对，因为物理层的安全保护的必要性的确相对其他层来说要次要一些，而且物理层的安全风险相对其他层来说也更低一些。所以事实上，绝大多数企业用户的网络是没有必要在物理层的安全保护上花大的投入的，特别是在线路屏蔽这一方面。但对于一些特殊行业（如金融、证券、保险、军事等）或者一些在安全性方面要求比较高的公司来说，物理层的安全保护同样不可忽视。所以本章所介绍的网络线路/机房屏蔽技术和方案一般只适合于那些对安全性要求非常高的行业用户或者极少数企业用户，对于大多数企业，特别是小型企业用户来说，本章的内容并不是很适合，因为成本太高。

针对 OSI/RM 参考模型物理层上存在的主要方面安全风险，可以采取以下防护措施：

- 对传输线路、机房、设备进行屏蔽，防止通过电磁侦听方式进行的数据截取
- 配备设备冗余、线路冗余和电源冗余
- 完善各种管理制度，相互配合，特别是机房管理制度以及服务和账户管理制度
- 制定恰当的数据容灾、加密保护方案

教学（自学）课时安排

课时安排	本章老师共需安排 2 个授课课时。	
授课课时	主要内容	重点
1	①物理层的线路窃听技术分析 ②选择屏蔽性能好的传输介质和适配器 ③屏蔽机房和机柜的选择 ④主要物理隔离产品 ⑤物理隔离网闸隔离原理	①物理层的线路窃听技术分析 ②选择屏蔽性能好的传输介质和适配器 ③屏蔽机房和机柜的选择 ④主要物理隔离产品 ⑤物理隔离网闸隔离原理
2	①网络设备部件冗余 ②网络设备整机冗余 ③网络线路冗余 ④机房和账户安全管理 ⑤泛达综合布线实时管理系统 ⑥Molex 综合布线实时管理系统	①网络设备部件冗余 ②网络设备整机冗余 ③网络线路冗余

9.1 物理层的线路窃听技术分析

物理层的网络安全设计应从 3 个方面考虑：环境安全、设备安全和线路安全。对应可以采取的措施包括：线路和机房屏蔽、物理隔离、电源接地、设备或线路冗余、机房和账户安全管理、数据安全存储等方面。从本节开始，将分别介绍以上在 OSI/RM 参考模型的物理层可以采用的安全技术和方案。

在物理层实施线路窃听主要采用两种方法：搭线窃听、电磁泄漏窃听。在局域网内部，这两种窃听方式都不容易实现，因为局域网中的线路所覆盖的范围比较小，都是在网络管理员和全公司员工的可控范围之中的，所以这种窃听方式主要是在广域网、城域网通信，而且特别是专线、电话线接入方式的广域网、城域网通信中发生。

1．搭线窃听

通信线路一般是电话线、专线、微波、双绞线、光缆或无线系统，这些线路易遭受物理破坏，易被搭线窃听，无线通信（像 WLAN）易遭截获、监听等。网络规模越大，通信线路越长，这种弱点也随之增加。搭线窃听以前最常见的是在电话线路上窃听别人的通话。只要在目标电话线路上的任何一处搭线（搭线方式是通过小探针方式）接上相应的接收或窃听设备，就能截获线路上传送的所有信息，包括各种数据和图像信息。如是语音信息，可直接听辨，如是其他信息，则需要进行解调处理。如有一种移动式的小型传真窃听器，可同时窃听几条传真线路，只要将窃听线并联到电话线上，线路上传输的全部传真信息都可被记录下来存入计算机，然后转换成图文符号打印出来。现在在计算机网络通信中，也出现了类似的技术和装置。

搭线窃听的原理是通过在目标网络中使用 DSS（Decision Support System，决策支持系统）系统，然后将一台非法工作站连接到线缆上，就可以搭线窃听到重要的信息。DSS 是一个基于计算机的信息系统，它将数据和模型结合起来，试图解决大量的半结构化问题。DSS 本来是用于正当应用的，后来才被非法应用，就像远程控制软件一样。窃听既可以在企业外，也可以在企业内进行。如果是在企业内，可以利用网络监视软件来发现非法工作站。对于外部线缆，则可以在公共通信网络的线路上进行物理保护。

搭线窃听的目的主要有两个：其一，利用磁记录设备或计算机终端从信道中截获有关计算机信息，然后对记录信息进行加工、综合、分析，提取有用信息；其二，搭线者不仅截获有关信息，而且试图更改、延迟被传送的信息，从而造成更大的威胁。在广播式网络信息系统中，每个节点都能读取网上的数据。对广播网络的基带同轴电缆或双绞线进行搭线窃听是很容易的，安装通信监视器和读取网上的信息也很容易。网络体系结构允许监视器接收网上传输的所有数据帧而不考虑帧的传输目的地址，这种特性使得偷听网上的数据或非授权访问很容易且不易被发现。如 Sniffer 就属于这种窃听。

2．电磁泄漏窃听

由于计算机硬件是由各种电子线路、电子器件设备构成的，根据电磁原理我们可以知道，作为数据传输的通信线路，工作时都会在线缆周围形成不同强度的磁场，并向四面传播。因此，计算机内的信息可以通过磁波形式泄漏出去，任何人都可以借助不复杂的探测设备在一公里以外收集计算机站的电磁辐射信息，并且能区分不同计算机终端的信息。如“黑客”们利用电磁泄漏或搭线窃听等方式可截获机密信息，或通过对信息流向、流量、通信频度和长度等参数的分析，推出有用信息，如用户口令、账号等重要信息。

电磁信息泄漏给国家安全带来的危害也越来越严重，给国家、单位和相关人员造成重大损失。1985 年，荷兰人范•艾克在国际计算机安全会议上演示的电磁窃听技术让各国代表大为震惊：他用简单的器件对普通电视机进行改造后安装在汽车里，停在大街上就接收到了放置在 8 层楼上的计算机电磁波的信号，并还原、显示出计算机屏幕上的图像。这种窃取信息的技术（TEMPEST）并不复杂，且发展很快，被敌对分子作为窃取秘密情报的重要手段之一。据报道：目前的接收装置在距离普通计算机 1600m 的地方可以实现电磁窃密。

9.2 计算机网络通信线路屏蔽

“屏蔽”是用金属网或金属板将信号源包围，利用金属层来阻止内部信号向外发射，同时也可以阻止外部的信号进入到金属层内部。线路屏蔽的主要用途就是可以防止受环境干扰、防止非法用户通过线路窃听来窃取通信数据。

通信线路的屏蔽主要体现在两个方面：一方面是采用屏蔽性能好的传输介质，另一方面是把传输介质、网络设备、机房等整个通信线路安装在屏蔽的环境中。

9.2.1 选择屏蔽性能好的传输介质和适配器

传输介质方面，目前在企业局域网中最常采用的是普通的双绞线，还有一些网络在局部要用到同轴电缆和光纤。当然与它们对应的就是各自的适配器，如 RJ-45 双绞线水晶头、非 RJ 型的七类双绞线适配器、BNC/AUI（细同轴电缆/粗同轴电缆）适配器，以及 SC、FC 等各种光纤适配器。

1．屏蔽双绞线和 RJ-45 水晶头的选择

在双绞线方面，普通以太局域网中，绝大部分传输介质都是采用非屏蔽的五类、超五类双绞线；只是在一些规模比较大或者网络性能要求比较高的企业网络骨干层可能采用屏蔽类型的六类或者七类双绞线。因为屏蔽类双绞线与非屏蔽的双绞线价格相差几乎是翻倍的（注意，七类双绞线没有非屏蔽类型），而非屏蔽双绞线对于普通的快速以太局域网来说，在网络性能上的影响几乎可以忽略不计。当然对于双全工的千兆或者万兆以太网来说，影响就相当明显了，所以在这些网络中都要求采用屏蔽类型的双绞线。所以，如果对物理层安全比较重视的话，则要求所有双绞网线都要采用屏蔽类型的。屏蔽与非屏蔽的普通五类、超五类双绞线的主要区别就是屏蔽类双绞线中 8 条（4 对）芯线外集中包裹了一屏蔽层，如图 9-1 所示（a 为屏蔽双绞线，b 为非屏蔽双绞线）。而六类屏蔽双绞线和七类双绞线除了五类、超五类屏蔽双绞线的这一层统一屏蔽层外，还在每对芯线外面单独包裹了一屏蔽层，如图 9-2 所示（a 为六类屏蔽双绞线，b 为七类双绞线）。这些屏蔽层就是用来进行电磁屏蔽的，一方面防止外部环境干扰网线中的数据传输，另一方面也防止因传输途中的电磁泄漏而被一些别有用心的人侦听到。

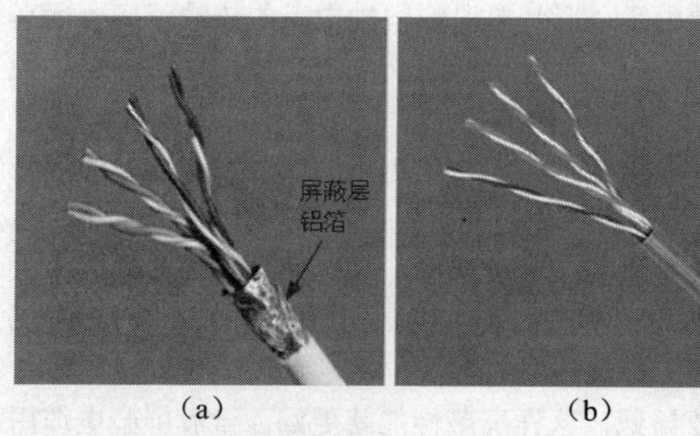

图 9-1 屏蔽与非屏蔽双绞线

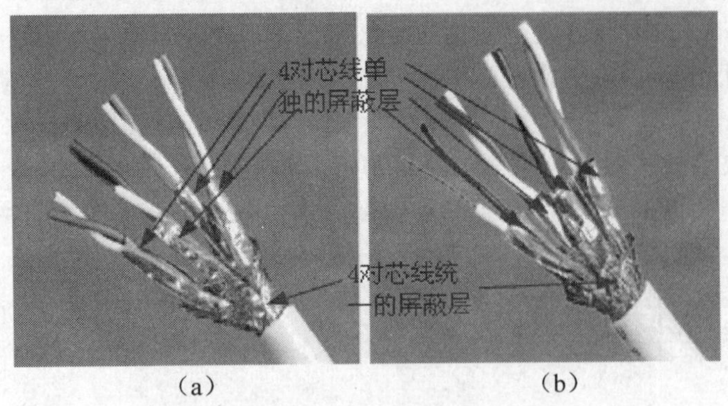

（a）　　　　（b）

图 9-2　六类屏蔽双绞线和七类双绞线的屏蔽层

在适配器方面，七类以下双绞网线是采用 RJ-45 水晶头，如果在屏蔽性能要求高的环境中，可以采用带有金属外壳的屏蔽类型 RJ-45 水晶头，如图 9-3 所示。

2．屏蔽同轴电缆的选择

同轴电缆尽管在目前的计算机网络，特别是局域网中基本上不用了，但在一些老式企业网络中的某些部分可能仍然存在。相比普通的五类、超五类非屏蔽双绞线来说，同轴电缆的屏蔽性能要好很多，特别是粗同轴电缆，这可以从它的结构看出（如图 9-4 所示，不仅有用于接地的专门屏蔽层，还有一个专门的绝缘层，也可以起到一定的屏蔽作用）。

图 9-3　屏蔽 RJ-45 水晶头

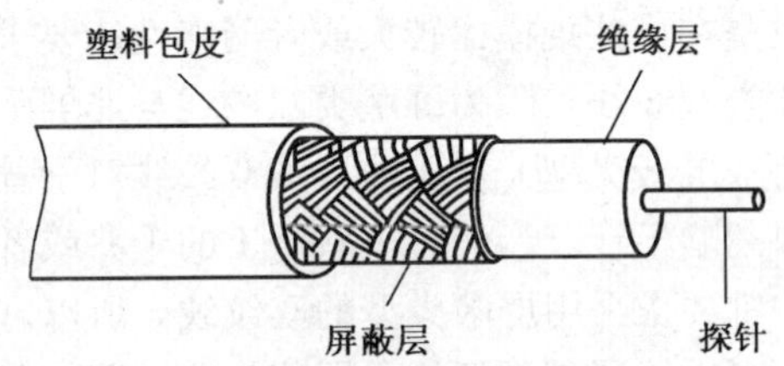

图 9-4　同轴电缆的结构

如果传输介质是同轴电缆（如在总线或混合型网络中的干线上），尽管细同轴电缆也有屏蔽层，都要与适配器的金属外壳（相当于机器的地）连接，但相对粗同轴电缆的屏蔽层来说，要稀疏很多，屏蔽能力也要弱很多。当然粗同轴电缆的成本也要比细同轴电缆贵很多。所以，如果在安全方面有需求，同时经济成本可以承受的话，则在采用同轴电缆作为传输介质的部分（特别是骨干网络传输线路部分）要采用粗同轴电缆，况且单段粗同轴电缆的传输距离要远高于细同轴电缆（单段细同轴电缆的最长距离为 185m，而单段粗同轴电缆的最长距离可以达到 500m）。

同轴电缆的传输特性优于双绞线，这主要是缘于同轴电缆使用更粗的铜导体和更好的屏蔽层。更粗的铜导体可以提供更宽的频谱，一般可达数百 MHz。另外信号传输时的衰减更小，也可以提供更长的传输距离。普通的非屏蔽双绞线是没有接地屏蔽的，因此同轴电缆的误码率大大优于双绞线，可以达到 10^{-9} 的水平。同轴电缆中的屏蔽层既可以是铜质网状的，也可以是铝质薄膜状的。

在这里要着重强调的是同轴电缆屏蔽层需要接地，这样屏蔽性能就更好。一般屏蔽电缆用在信号线中，信号线都是微弱电压，容易被附近的大功率动力冲击波或者电磁波干扰而影响信号的准确度。屏蔽层要接地，最好独立接地，不与其他动力设施共地。接地方法一般用 2～2.5m 铜棒打入较潮湿的地下，但铜棒成本高，也可以选择铁棒，但铁棒电阻大又容易生锈，效果稍差。

在同轴电缆适配器方面，因为 BNC、AUI 适配器本身通常都是金属外壳的，且与同轴电缆的屏蔽层连接，所以同轴电缆的适配器本身也是具有屏蔽功能的，无需另外再加屏蔽外壳。

3．光纤网络的屏蔽

随着千兆、万兆，甚至 10 万兆的逐步应用，光纤这种传输介质的优势越来越得到体现，应用也必将越来越广。我们知道，光纤是不分屏蔽与非屏蔽的，因为光纤通信中，光纤传输的不是双绞线、同轴电缆中传输的电信号，而是光信号。人们普遍认为光缆是不受 EMI（Electromagnetic Interference，电磁干扰）/RFI（Radio Frequency Interference，射频干扰）影响的，因为它采用玻璃纤维作为信息的载体，传输信号是光，而不是电。而光信号是不易泄漏的，不存在电磁方面的问题，所以光纤电缆是不配备屏蔽层的。但其适配器则可以选择具有屏蔽功能的。

正因为如此，我们在使用光纤互连网络时，不会考虑设备的屏蔽，这是设计工程师通常会犯的错误。其实，和其他系统一样，对光纤系统进行屏蔽也是必要的，因为光纤通信同样可能会受到电磁和射频干扰。在光纤网络中，适配器和光缆等大量光纤连接元件采用的是非金属聚合物。在硬件设计师试图使光纤通信系统达到 EMI/RFI 兼容时，这些塑料元件就会产生一些问题。

实现屏蔽的一个简单方法是通过蒸发电镀的工艺对非金属聚合物元件进行金属化。这一方法的优点是成本低、重量轻和设计操作的标准化；缺点在于表面抛光不均匀、欠缺鲁棒性（也就通常所说的“健壮性”或“强壮性”）、表面容易产生划痕，甚至镀层脱落，而且在磨损处聚集的灰尘可能会污损光纤表面。

要获得更高级别的屏蔽，可以使用带有 EMI/RFI 垫圈的金属件，例如使用镀镍的锌压铸结构的光纤 EMI 适配器和传导 EMI 垫圈（可以有各种形状的）。EMI 垫圈通过填充元件接触面的缝隙使 EMI/RFI 最小化，同时还给适配器和设备的附件提供了传导通路。如图 9-5 所示是莫仕（Molex）品牌的多种不同结构的 EMI 光纤适配器。与传统的塑料光纤适配器相比，EMI 光纤适配器考虑到适应机械设计方面的要求，增加了屏蔽效果，并使前面板更加美观大方。同时带有专利遮光系统，既可护眼，又可防尘。适配器本体为压铸件，由 EMI 垫圈进行电气密封，安装在面板上面，非常适合于电信、数据通信和试验设备等应用。

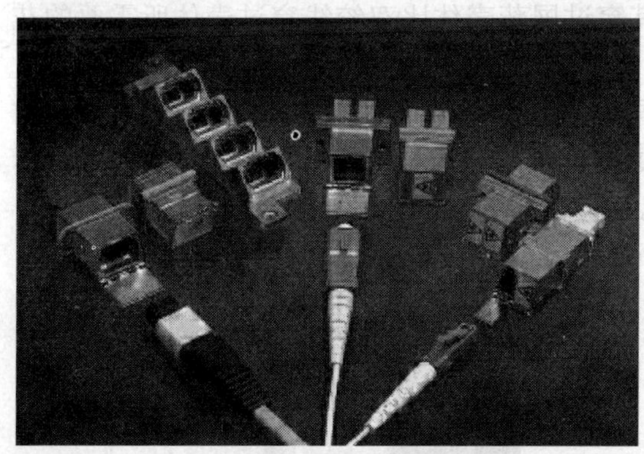

图 9-5　光纤 EMI 屏蔽适配器

除了传输介质和适配器本身的屏蔽外，如果对计算机网络线路的安全性要求很高，还可以对整个布线采用屏蔽线管（通常是带有良好接地的金属管），把传输介质穿在屏蔽线管中。这样就相当于有了双重屏蔽，效果会更好些。

9.2.2 屏蔽机房和机柜的选择

如果把上节介绍的传输介质屏蔽功能延伸到网络和设备机房中，就有了现在的屏蔽机房。对一些安全性要求高的行业网络（如电信、金融等）机房，可以对机房进行整体屏蔽。屏蔽的主要目的一方面是防止外界环境中的电磁干扰影响通信过程中数据在设备中的处理与传输；另一方面也可以防止计算机网络中主要的电磁泄漏源的电磁泄漏，被别有用心的人实施线路窃听，当然还有一个好处就是可以防止电磁泄漏对工作人员的身体造成伤害。

机房屏蔽的方法是在机房外部以接地良好的金属膜、金属网或者金属板材（主要是钢板）包围，其中包括六面板体和一面屏蔽门。板体可以是焊接式，也可以是组装式。当然这些都不是可以自己随便组装的，需要购买专业公司生产的屏蔽机房。根据机房屏蔽性能的不同，可以将屏蔽机房划分为 A、B、C 三个级别，它们的屏蔽性能是依次增强的。最高级别的 C 级屏蔽机房结构如图 9-6 所示。图 9-7 所示是一个屏蔽机房示例。

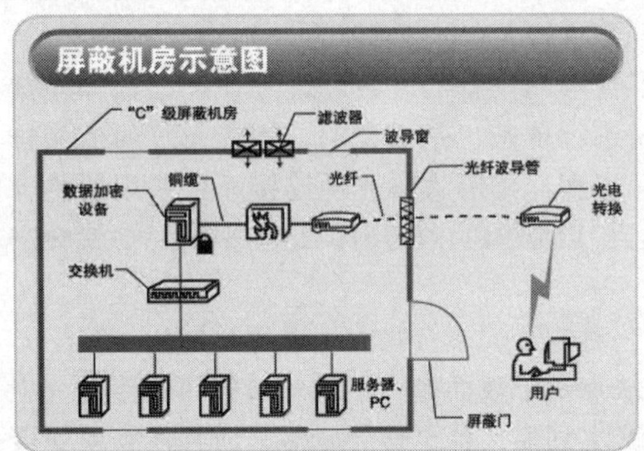

图 9-6　C 级屏蔽机房结构示意图

图 9-7　屏蔽机房示例

在 C 级屏蔽机房中，整个机房六面用金属钢板包围，包括地面和天花板，称之为屏蔽壳体。它是屏蔽机房的主要组成部分。此外，屏蔽门是影响机房屏蔽效果的主要因素之一，按照开启方式的不同，可分为手动、电动和气动 3 种（分别如图 9-8 的左、中、右图所示）。为了机房内部保持空气的流通，还需要在屏蔽壳体上开出窗子，但必须安装符合相应标准的波导窗，波导窗的功能是保证空气流通的同时能阻止电磁信号的泄漏。同样，机房内部的供电由外部电源通过滤波器接入机房，数据通过光纤波导管接入机房，语音等信号也通过相应的滤波装置接入到机房内部，这样既可以保证数据的正常通信，又可以保证机房的屏蔽效果。基于成本的考虑，同时也因为光纤具有很好的传输性能，其穿过屏蔽壳体比双绞线穿过壳体所需要的花费低很多，所以可以加入相应的光电转换设备。

除此之外，还可以对机房中的设备进行单独屏蔽。这其中主要是采用屏蔽类型的机柜。它通常是采用冷扎钢板围闭而成，如图 9-9 所示。这些机柜的结构与普通机柜是一样的，都是标准尺寸的。网络设备可以直接安装在其中，但它已对所有网络设备进行了屏蔽。

图 9-8　屏蔽门示例

图 9-9　屏蔽机柜

9.2.3 WLAN 无线网络的物理层安全保护

以上是针对有线网络而言的，对于无线网络，如 WLAN，因为采用的传输介质是大气，没有选择的余地。但是就因为大气是非固定有形线路，安全风险比有线网络更高，所以在无线网络中的物理层安全保护就显得更加重要了。

虽然在无线网络通信中，不可能把整个大气都屏蔽起来，但是在公司内部的 WLAN 网络中，还是可以进行屏蔽的，即按上节介绍的将机房，甚至整个公司屏蔽起来，但这样做的成本非常高。目前主要是采用其他方式来保证 WLAN 网络的安全，如多位数共享密钥、WPA/WPA2 动态密钥、IEEE 802.1x 身份验证等。这些都将在本书后面介绍 OSI/RM 数据链路层的加密技术时再做介绍。

根据 Carleton 大学计算机科学院的研究实验，最新的无线宽带接入技术——WiMAX 对于来自物理层的攻击，如网络阻塞、干扰，显得更加脆弱，因为 WiMAX 在物理层没有安全机制。研究报告《WiMAX/802.16 风险分析》的作者 MichelBarbeau 认为，网络阻塞将会是一种常见的攻击方式，它将导致用户的服务请求被拒绝。因为 WiMAX 属于公共接入技术，不能采取屏蔽方式全封闭运行，目前 WiMAX 网络只可以采取措施提高对网络阻塞的承受度，比如提高发射信号功率、增加信号带宽和使用包括跳频、直接序列等扩频技术。

9.3 物理线路隔离

在物理层的安全保护方案设计中，物理线路或物理网络的隔离（都简称“物理隔离”）是经常被采用的，特别是一些安全级别要求相当高的行业中。物理隔离主要应用在用户内部网络（简称“内网”）与外部网络（简称“外网”）之间，以确保用户内部网络的安全。我国 2000 年 1 月 1 日起实施的《计算机信息系统国际联网保密管理规定》第二章第六条规定，“涉及国家秘密的计算机信息系统，不得直接或间接地与国际互联网或其他公共信息网络相连接，必须实行物理隔离”。而物理隔离方案中，最主要采用的就是物理隔离卡和物理隔离网闸设备等。

9.3.1 主要的物理隔离产品

常见的物理隔离设备有物理隔离卡、物理隔离集线器和物理隔离网闸三大类。以上三类物理隔离设备的应用方案在笔者编著的《网管员必读——网络安全》（第 2 版）中有详细介绍，本节及下节仅分别介绍这些设备的基本隔离原理和应用。

- 物理隔离卡

物理隔离卡（也称“网络安全隔离卡”，Net Security Separate Card）是物理隔离的低级实现形式。目前的物理隔离卡产品非常多样，不同品牌或型号的隔离卡产品与客户端硬盘存储设备的连接控制方式可能不同。有的是采用电源控制法，就是在隔离卡上提供两个硬盘电源接口，把硬盘的电源连接在隔离卡的不同接口上（如图 9-10 所示）；而有些采用的是电源+数据线控制法，就是在隔离卡上同时提供两个硬盘电源和数据电缆接口，把硬盘的电源和数据电缆连接在隔离卡的不同电源和数据电缆接口上（如图 9-11 所示）。还有的隔离卡采用了 PCI 结构，直接插到主板的 PCI 插槽中，所以无需另外提供电源，也就没有这样一个电源接口了，如图 9-12 所示。

尽管隔离卡的磁盘接口和主机可能不同，但却通常都提供双网络接口，用于连接内、外网网络。当然也有一些型号的隔离卡产品虽然提供了双网络接口，但同时适用于单网线隔离模式。隔离卡的内、外网切换是通过与隔离卡连接或者附在隔离卡上的切换开关实现的。一个物理隔离卡只能管一台个人计算机，甚至只能在 Windows 环境下工作，每次切换都需要开关机一次。物理隔离卡的功能就是以物理方式将一台个人计算机虚拟为两个计算机，实现工作站的双重状态。物理隔离网络结构如图 9-13 所示。

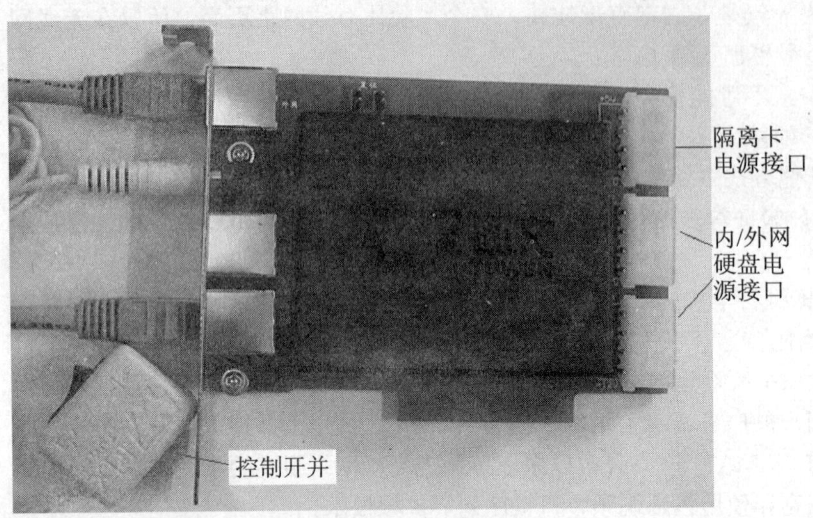

图 9-10　仅带有硬盘电源接口的隔离卡

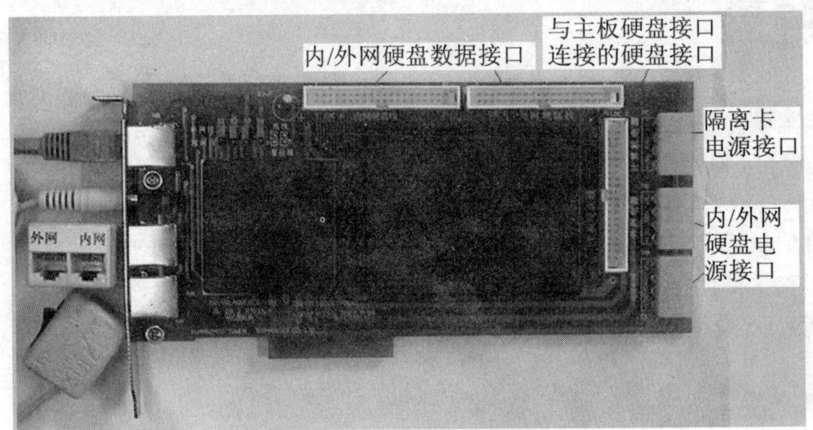

图 9-11　同时带有硬盘数据电缆接口和电源接口的隔离卡

图 9-12　PCI 主机接口隔离卡

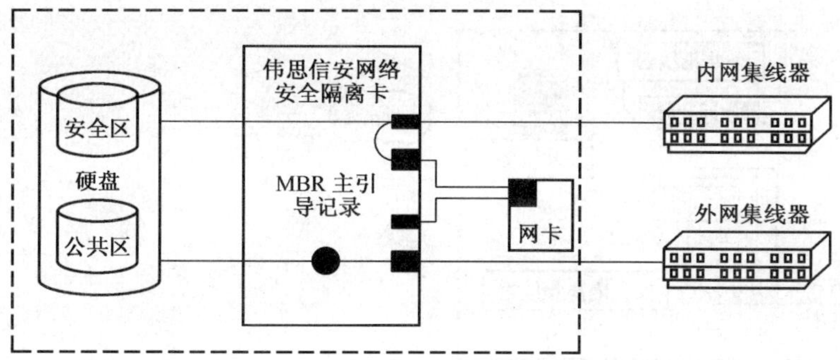

图 9-13　物理隔离卡应用的网络结构

在这种网络结构中，既可在安全状态，又可在公共状态，两个状态是完全隔离的，从而使一台工作站可以在完全安全的状态下连接内、外网。物理隔离卡实际是被设置在 PC 机中最低的物理层上，通过卡上一边的 PCI 总线连接主板，另一边连接 IDE 硬盘，内、外网的连接均须通过网络安全隔离卡（参见最常见的如图 9-11 所示的隔离卡）。PC 机硬盘被物理分隔成为两个区域，在 IDE 总线物理层上，在固件中控制磁盘通道，在任何时候，数据只能通往一个分区。在安全状态时，主机只能使用硬盘的安全区与内部网连接，而此时外部网（如 Internet）连接是断开的，且硬盘的公共区的通道是封闭的。在公共状态时，主机只能使用硬盘的公共区，可以与外部网连接，而此时与内部网是断开的，且硬盘安全区也是被封闭的。

- 物理隔离集线器/交换机

当用户需要连接两个不同的网络，如 LAN 和 Internet，或者用户在已有的网络结构上需要再连接一个网，如果仍采用隔离卡方案显然行不通，因为需要对网络进行整体改造，成本很高，工作量也非常大。而作为网络安全隔离卡的一项配套产品——物理隔离集线器，将是一个完善的解决方案，这将节省额外的布线，并可使用已有的单条以太网/快速以太网将已装有网络安全隔离卡的用户安全地从桌面连接到两个不同的网络上去。

物理隔离集线器/交换机（也称“网络线路选择器”和“网络安全集线器/交换机”等，Net Security Separate Hub/Switch）是一种多路开关切换设备，与物理隔离卡配合使用。物理隔离集线器/交换机具有标准的 RJ-45 接口，划分为 3 个部分：一部分是用于与计算机物理隔离卡相连的，另外两部分分别是用于与内、外网络的集线器/交换机相连的，如图 9-14 所示是一款典型的物理隔离交换机产品。物理隔离集线器/交换机的隔离方案网络结构如图 9-15 所示。在这种物理隔离方案中，隔离集线器/交换机检测物理隔离卡发出的特殊信号，识别出所连接的计算机，自动将其网络线切换至相应的网络集线器/交换机上。实现多台独立的安全计算机与内外两个网络的安全连接以及自动切换，进一步提高了系统的安全性。并且解决了多网布线问题，可以让连接两个网络的安全计算机只通过一条网络线即可与多网切换连接。对现存网络改进有较大帮助。

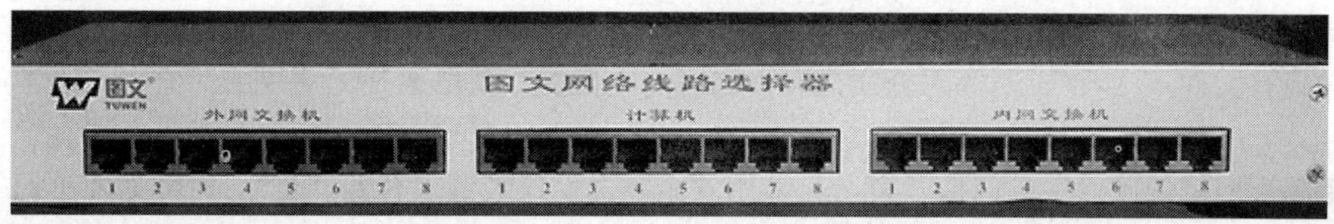

图 9-14　物理隔离交换机产品示例

在安装了网络安全隔离卡的工作站上，实际上也存在着安全区与公共区两种状态，当工作站通过网络安全隔离集线器/交换机连接外网时，工作站将只能连接外部网，而处于安全状态时，则只能连接内部网。在双绞电缆上增加一个“带外”DC（直电流）电压信号能够可靠地控制两个不同网络间的转接。信号的极性可以测定哪一个网络通过网络安全隔离集线器/交换机与工作站连接。

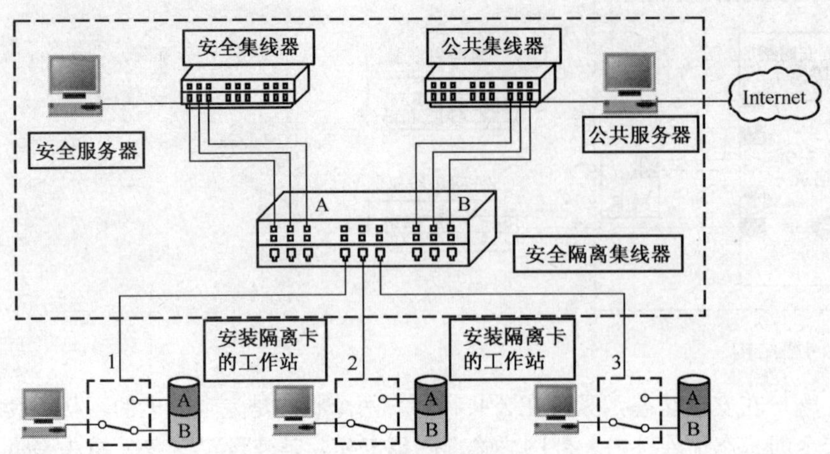

图 9-15　物理隔离集线器/交换机应用的网络结构

这种网络安全隔离集线器/交换机与数据安全保护器的设置允许用户顺利地进行额外的网络工作，避免了向桌面铺设新电缆的争论。所有的附属设施被连接在通信机箱与后面的中枢上。此外，数据安全隔离集线器/交换机操作是全透明的，无需维修，且对以太网/快速以太网的标准通信没有任何影响。对于那些对安全要求高，一方面寻求向他们的用户提供 Internet 连接，另一方面保证内部数据安全的用户来说，就只需在桌面工作站内安装数据安全保护器，然后添加普通的商业 Internet 访问解决方案即可。

- 物理隔离网闸

物理隔离网闸（也称“网络安全隔离网闸”，Net Security Separate GAP）是使用带有多种控制功能的固态开关存储介质连接两个独立主机系统的信息安全设备。它可以实现内外两个网络的物理隔离，但逻辑上能够实现数据交换。物理隔离网闸技术在两个网络之间创建了一个物理隔断，这意味着网络 IP 包不能从一个网络流向另外一个网络，系统命令不可能从一个网络流向另外一个网络，网络协议也不可能从一个网络流向另外一个网络。并且可信网络上的计算机和不可信网络上的计算机从不会有实际的连接。对于有连接的 PC，黑客使用各种方法，通过网络能够建立连接来对它们进行控制，然而物理隔断却能杜绝这种情况发生。物理隔离网闸技术除可以实现物理隔断外，还可以允许可信网络和不可信网络之间的数据、资源和信息的安全交换。这样就造成了物理隔离网闸的一个最重要特征，即内网与外网永不连接，内网和外网在同一时间最多只有一个同隔离网闸设备建立非 TCP/IP 协议的数据连接，其数据传输机制是存储和转发。物理隔离网闸的好处是明显的，即使外网在最坏的情况下，内网也不会有任何破坏。恢复外网系统也非常容易。

物理隔离网闸是利用双主机形式，从物理上来隔离阻断潜在攻击的连接。其中包括一系列的阻断特征，如没有通信连接、没有命令、没有协议、没有 TCP/IP 连接、没有应用连接、没有包转发，只有文件“摆渡”，对固态介质只有读和写两个命令。其结果是无法攻击、无法入侵、无法破坏。

物理隔离网闸的硬件主要包括 3 部分：专用安全隔离切换装置（存储介质）、内部处理单元和外部处理单元。系统中的专用安全隔离切换装置分别连接内部处理单元和外部处理单元。这种独特和巧妙的设计，保证了安全隔离切换装置中的数据暂存区在任一时刻仅连通内部处理单元或外部处理单元，从而实现内外网的安全隔离。具体工作原理在下节介绍。

9.3.2　物理隔离网闸隔离的原理

采用物理隔离网闸隔离的计算机网络依据物理连接和逻辑连接来实现不同网络之间、不同主机之间、主机与终端之间的信息交换与信息共享。物理隔离网闸设备既然隔离、阻断了网络的所有连接，实际上就是隔离、阻断了网络的连通。网络被隔离、阻断后，两个独立主机系统之间如何进行信息交换？在这时我们就要清楚一个事实，那就是网络只是信息交换的一种方式，而不是信息交换方式的全部。在出现计算机网络以前，信息不照样进行交换吗，如数据文件复制（拷贝）、数据摆渡、数据镜像、数据反射等，物理隔离设备就是使用数据“摆渡”的方式实现两个网络之间的信息交换。此处的物理隔离中所依赖的信息交换方式就是——摆渡。其实就是通过一个中介传输媒体来实现两个物理中隔离的网络的数据通信。就像我们过渡轮一样。

网络的外部主机系统通过物理隔离网闸设备与网络的内部主机系统“连接”起来，物理隔离设备将外部主机的 TCP/IP 协议全部剥离，将原始数据通过存储介质以“摆渡”的方式导入到内部主机系统，实现信息的交换。物理隔离网闸设备的原始数据“摆渡”机制是原始数据通过存储介质的存储（写入）和转发（读出）。

物理隔离网闸隔离的具体原理如下：

（1）在内网与外网之间无信息交换时，物理隔离网闸与内网、物理隔离网闸设备与专网，以及内网与外网之间是完全断开的，即三者之间不存在物理连接和逻辑连接（当然并不是没有任何物理连接，设备之间的连接还是正常的），如图 9-16 所示。

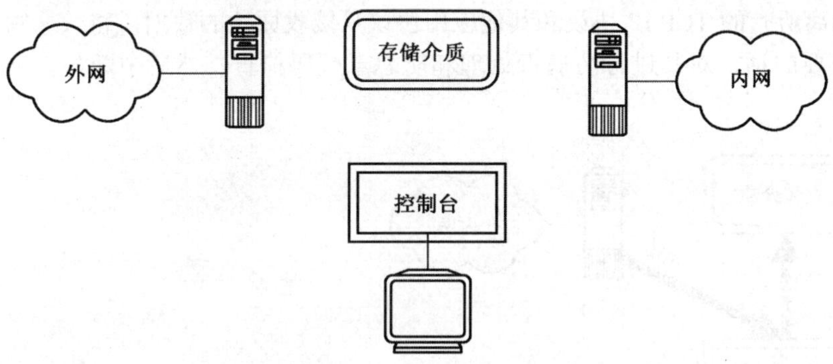

图 9-16　内外网没有通信要求情况下的断开状态

（2）当外网需要有数据到达内网的时候，控制电路控制隔离网闸设备与外网服务器建立非 TCP/IP 协议的数据连接，如图 9-17 所示。此时隔离网闸设备将所接收的外网数据进行协议剥离，然后将原始的数据写入外网存储设备中。

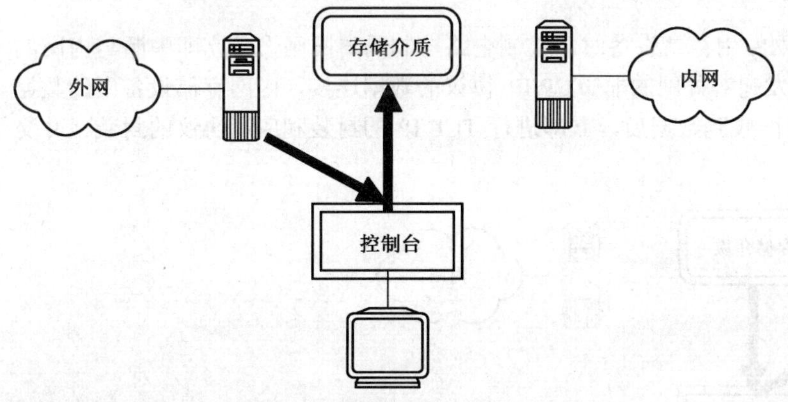

图 9-17　外网向内网发起非 TCP/IP 连接

（3）一旦数据完全写入外网存储设备，隔离网闸设备在控制电路的控制下立即中断与外网的连接，转而发起对内网的非 TCP/IP 协议的数据连接，如图 9-18 所示。然后将存储在外网存储设备中的数据转发给内网存储设备。内网收到数据后，立即进行 TCP/IP 协议和其他应用协议的封装，并交给应用系统。

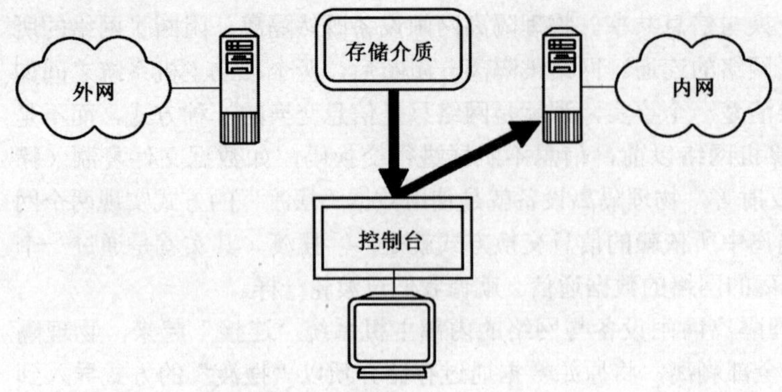

图 9-18　向内网转发数据

（4）在控制台收到完整的交换信号之后，控制电路控制隔离网闸设备立即切断隔离设备与内网的连接，又回到如图 9-16 所示的内、外网完全断开状态。这样就完成了外网向内网发送数据的全过程。

（5）如果这时，内网有文件要发出（如发送电子邮件），隔离网闸设备在收到内网建立连接的请求之后，控制电路控制隔离网闸设备建立与内网之间的非 TCP/IP 协议的数据连接，如图 9-19 所示。隔离网闸设备剥离所有的 TCP/IP 协议和其他应用协议只接收原始的数据，将数据写入外网专用存储设备中。必要的话，对其进行防病毒处理和防恶意代码检查，然后中断与内网的直接连接。

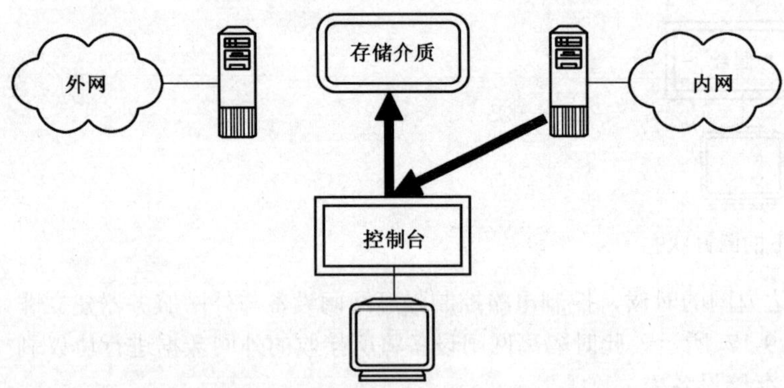

图 9-19　向外网发起非 TCP/IP 连接

（6）当数据完全写入内网专用存储设备时，控制电路控制隔离网闸设备立即中断与内网的连接，如图 9-20 所示。转而发起对外网的非 TCP/IP 协议的数据连接，内网存储设备中的数据转发到外网专用存储设备。外网收到数据后，立即进行 TCP/IP 的封装和应用协议的封装，并交给系统向外发送。

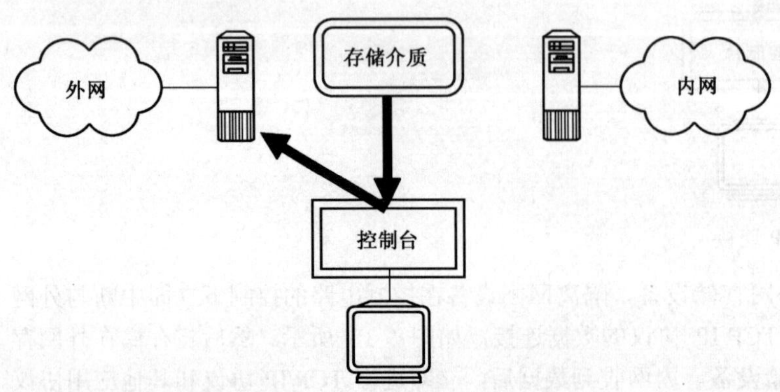

图 9-20　向外网转发数据

（7）在所有数据发送完成后，控制电路就会控制隔离网闸设备立即中断隔离网闸设备与外网的连接，恢复到如图 9-16 所示的完全隔离状态。这样就完成了一次完整的内网向外网发送数据的全过程。

以上每一次数据交换，隔离设备经历了数据的接收、存储和转发 3 个过程。物理网闸隔离的一个特征就是，内网与外网永不连接，内网和外网在同一时间最多只有一个同隔离设备建立非 TCP/IP 协议的数据连接。其数据传输机制是存储和转发。物理网闸隔离的好处是明显的，即使外网在最坏的情况下，内网也不会有任何破坏。修复外网系统也非常容易。

9.4 设备和线路冗余

再好的设备都有可能出现故障，只是不知道具体出故障的时间。网络设备一出现故障，就可能导致整个网络线路故障。这时我们就可以通过简单的设备或线路冗余来实现基于物理层的网络安全保护，通俗点说就是提供备用的设备和线路。让网络在当前运行设备和线路出现故障时自动切换到备用的设备和线路之上继续正常工作。但要注意的是，这里的备用不是静态的，而是动态智能的，能及时、自动地接替故障设备或线路的工作。本节就分别介绍网络设备和线路两方面的冗余技术和方案。

9.4.1 网络设备部件冗余

网络设备的冗余包括两个方面：一是网络设备中的关键部件的冗余，如电源、风扇、磁盘，甚至可以是 CPU、内存、网卡等组件；二是网络设备整机冗余。

1. 电源和风扇的冗余

在像服务器、交换机、路由器和防火墙这些关键网络设备中，一般比较高档的都有像电源和风扇的冗余，因为这两个组件比较容易发生故障。这些冗余的组件时刻处于待命状态，一旦发现当前正在工作的相应部件出现故障，则立即接替故障组件的工作继续保持设备的正常运行。如图 9-21 和图 9-22 所示分别是一台服务器的两个电源和一台交换机上的两个风扇。

图 9-21 服务器的冗余电源

图 9-22 交换机上的冗余风扇

2. 网卡的冗余

在服务器上，除了电源和风扇可以冗余外，还可以是磁盘、网卡，甚至是 CPU 和内存。网卡冗余在一些应用服务器中也经常见到。把服务器的地址同时绑定在两块网卡上，其中只启用一块进行工作，另一块处于待命状态，当原来工作的网卡出现故障时，待命的网卡立即接替原来的网卡工作，保持服务器的网络连接不中断，外部用户访问也就不中断。

网卡冗余其实就是指网卡的 Teaming 技术。简单来讲，Teaming 就是把同一台服务器上的多个物理网卡通过软件绑定成一个虚拟的网卡，也就是说，对于外部网络而言，这台服务器只

有一个可见的网卡。对于任何应用程序，以及本服务器所在的网络而言，这时服务器就相当于只有一个网络链接，或者说只有一个可以访问的 IP 地址。

3．内存冗余

在内存冗余方面，目前主要有内存镜像和内存阵列两种技术。IBM 和 HP 服务器上都有对应的内存保护技术。

IBM 的内存镜像技术的工作原理很像磁盘镜像，就是将数据同时写入到两个独立的内存卡中（两个内存卡的配置是一样的），平时的内存数据读取只在激活的内存卡中进行。如图 9-23 所示是 CPU 同时把数据写入到两片内存中的示意图。如果一个内存中发生足以引起系统报警的软故障，系统频繁报告管理员这个内存条将要出故障或者整个内存条都要彻底损坏，服务器就会自动地切换到镜像内存卡，直到有故障的内存被更换。镜像内存允许进行热交换（Hot swap）和在线添加（Hot add）内存。因为镜像内存的存在，对于软件系统来说也就只有整个内存的一半容量是可用的。如果不希望镜像，在 BIOS 中进行禁止即可。

HP 服务器还有热插拔 RAID 内存技术。它可以为长时间不间断运行的应用程序提供极高的实用性、灵活性和容错能力。即使是内存设备彻底地发生故障，内存仍然可以正常工作。RAID 内存的工作原理如图 9-24 所示。

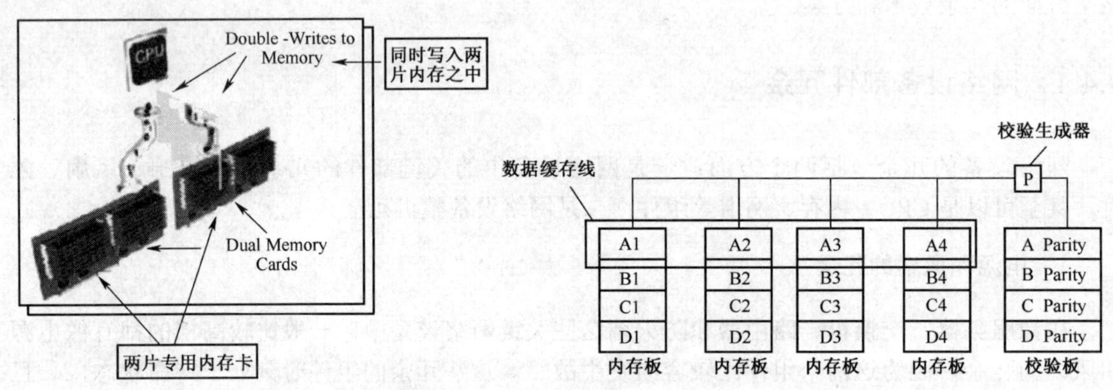

图 9-23　内存镜像工作原理　　图 9-24　RAID 内存原理图

HP 热插拔 RAID 内存（HP Hot Plug RAID Memory）技术在概念上和 RAID 4 磁盘存储技术是相似的，在系统架构上更像一个硬盘，所以采用了热插拔 RAID 内存保护模式的系统可以达到像 RAID 硬盘一样随意替换内存的效果。但在一些关键的性能上会有所不同，两者的实现方式也不一样。与磁盘阵列不同，HP 热插拔 RAID 内存使用并行的点对点连接方式写数据，而不是通过连接多块磁盘的串行总线，这种方式的优点是数据可以同时被写入多个存储区（内存盒），不存在延时（Mechanical delay），消除了因存储系统使用 RAID 技术而带来的写数据的瓶颈问题。而在一个磁盘冗余存储阵列中，通常情况下 RAID 控制器在写数据之前会先读现有的奇偶信息，如果有专门的奇偶校验驱动器做这项工作，那么就会带来瓶颈。但 HP 不是这样做的，HP 热插拔 RAID 内存运行在整个数据缓存线上，所以在写数据前没有必要读现有的奇偶信息。

4．CPU 的冗余

单独在 CPU 方面的冗余比较少见，通常是应用在单机容错服务器中。这是一种最高级别的冗余，达到了 100%冗余。在这样一个服务器中，对所有部件都提供了冗余，任何单一部件的损坏都不会造成硬盘中的数据丢失。其实这也是一种单机容错技术，就是在一台服务器中提供了两套完整的服务器配件，当然都不是简单地堆放，而是采取了相应的技术进行连接，同时也应用了相适应的冗余部件监控和管理程序，一旦发现某部件失效，立即启用冗余部件。它比我们后面将要介绍的双机容错技术的容错级别高些，不过采用这种冗余方式的代价较高，远不止两台相同服务器的价格，因为还需要许多相关技术来支撑。在实际中较少使用，除非在一些对容错性能要求特别苛刻的环境，如金融、证券系统等。

如在 NEC 公司单机容错服务器中，对处理器、内存、硬盘及电源等所有主要组件均实行双重配置，实现容错。在同一时刻，双份的容错硬件部件处理相同的指令。在一个部件出现故障的情形下，故障部件自动分离，其冗余部件就像激活了的备份，继续正常操作。系统不会停机，也不会丢失数据。每一组双重配置的硬件均同时完成相同的工作，为银行、证券等有着特别苛刻需求的关键领域提供高等级的可靠性。

5．磁盘冗余

磁盘方面的冗余相信大家都知道，那就是磁盘冗余阵列——RAID（Redundant Array of Inexpensive Disks）。但磁盘阵列的冗余功能与前面讲到的电源、风扇、网卡、CPU、内存的冗余有些不同，它不是通过物理替换方式进行的，而是通过镜像或者奇偶校验方式提供冗余保护功能的。但是要注意，并不是所有阵列模式都有冗余保护功能，像 JBOD 和 RAID0 两模式就只是可以提高磁盘容量（RAID0 还可以提高磁盘读写性能），没有任何安全保护功能，包括冗余功能。各种阵列模式的工作原理和特性将在第三篇——网络存储子系统中介绍。

9.4.2 网络设备整机冗余

网络设备整机冗余主要体现在服务器、交换机和路由器这 3 种主要网络设备中，其中服务器和交换机的冗余最为常见。

服务器的冗余

服务器冗余是指服务器的容错，也就是现在通常所说的“容错服务器”。

“容错”是指服务器对于错误的容纳能力，是应用过程中对于服务器稳定性追求的一个目标。容错服务器系统允许服务器出现一定的错误（事实上也可以称为“故障”），但是服务器系统中要有自动修复和冗余机制，当错误出现时，这些出错的部件可以得到及时的修复或者用相同功能的部件接替出错部件的工作，继续保持服务器不间断运行。其实也就是现在人们常说的“解决单点故障”，不要因某部分出现故障而影响服务器的整体运行。为了这样一个目标，有几种技术上的实现方法，目前国内谈论最多的有 3 种：服务器群集技术、双机冗余服务器方案和单机容错技术。

- 服务器容错

单机容错其实就是上面所说的部件冗余，双机容错也称双机热备份，有两种实现模式：一种是比较标准的存储共享方式，就是两台服务器通过一个共享的存储设备（磁盘阵列或存储区域网 SAN），并且安装双机软件，实现双机热备份，称为共享方式；另一种是镜像（Mirror）方式，是通过纯软件来实现的。

双机热备份系统采用“心跳”方法保证主系统与备用系统的联系。所谓“心跳”，指的是主从系统之间相互按照一定的时间间隔发送通信信号，表明各自系统当前的运行状态。一旦“心跳”信号表明主机系统发生故障或者备用系统无法收到主机系统的“心跳”信号，则系统的高可用性管理软件认为主机系统发生故障，使主机停止工作，并将系统资源转移到备用系统上，备用系统将替代主机发挥作用，以保证网络服务运行不间断。

纯软件双机冗余方案是一个更加经济的方案，其没有集中式存储设备，其数据保存在服务器各自的硬盘上，通过支持镜像的双机软件将数据实时复制到另一台服务器上。纯软件方案其数据同步运行在两台服务器上，如果一台服务器出现故障，可以及时切换到另一台服务器上。

采用纯软件方式避免了磁盘阵列的单点故障；节约投资，不需要购买昂贵的磁盘阵列；不受距离的限制；可以灵活地部署服务器。

无论采用哪一个厂商的双机冗余服务器解决方案，所采用的双机或集群软件是其中的关键，软件定了，方案的容错水平也就定了。目前市场上在 Windows 平台下比较常见的双机软件有 DataWare、Lander Cluster 和 LifeKeeper；在 Linux 平台下有 DataWare、ROSE HA、PCL HA、LifeKeeper 和 Lander Cluster 等。此外，在 SCO UNIX 和 Sun Solaris 平台下常用的软件有 Lander Cluster 和 PCL HA。

在双机热备份方案中，根据两台服务器的工作方式可以有 3 种不同的工作模式，即双机热备模式、双机互备模式和双机双工模式。双机热备模式和双机互备模式的网络结构分别如图 9-25 和图 9-26 所示。

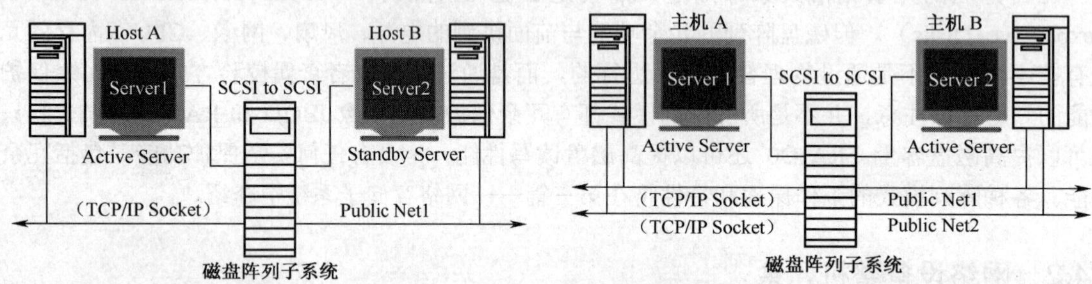

图 9-25　双机热备模式网络结构　　图 9-26　双机互备模式网络结构

- 服务器群集

服务器集群是由一组相互独立的计算机通过高速的通信网络而组成的一个单一的计算机系统。其出发点是提供高可靠性、可扩充性和抗灾难性。它的工作原理是：在一个集群中，用一个节点服务器充当集群管理者（Cluster Manager）的角色，它最先收到用户发来的请求，然后判断一下集群中哪个节点的负载最轻，接着就把这个请求发向负载最轻的节点。集群中的所有节点都会在本地内存中开设缓冲区，这个缓冲区类似 NUMA（Non-Uniform Memory Access，非一致内存访问）系统中的桥接板。当一个节点需要使用其他节点内存中的数据时，这些数据会通过网络先放入本地缓冲区。

集群系统的一个优点是容错性好，例如，在由两个节点组成的集群中，如果一个节点失效了，另一个节点可以通过检查缓冲区中的内容将失效节点的任务接管过去。但它的容错级别又没有容错服务器和双机容错级别高。目前最为流行的集群方式是用高速或超高速网络传输设备将几台服务器相连，实现并行处理，屏蔽单点失效。对集群技术需求迫切、发展最快的领域主要有：电子商务应用、数据库应用、科学精确计算、远程医疗和远程存储系统等。

集群系统可以通过使用纯硬件的方式或采用软硬件结合的方式来搭建。很明显利用纯硬件方式搭建的集群系统的性能高，但实现成本也高；采用纯软件方式，如利用微软的网络操作系统（Windows 2000 Server、Windows Server 2003）搭建的服务器集群，虽然成本较低，但性能也较低。因此，纯软件方式非常适用于组建中小规模的服务器集群。

另外，对于关键设备要配备 UPS（不间断电源），以在突然停电时有足够的时间保存数据，通知用户正常退出网络，然后正常关闭服务器和其他关键设备。

9.4.3　网络线路冗余

网络线路的冗余是通过对关键设备提供冗余链路来实现的。如在核心层和骨干层，甚至汇聚层的服务器、交换机和路由器上，采取双线路，甚至多线路连接。如图 9-27 所示是服务器与核心层交换机之间，以及下级交换机与核心交换机之间的冗余连接方案。每台服务器、下级交换机与两台核心交换机采取双线路冗余连接。正常情况下，双线路连接均可以负担用户对核心交换机层的连接请求，一旦其中一台核心交换机出现故障，服务器和下级交换机仍可以通过与另外一台核心交换机的连接提供完整的网络线路，为网络用户提供服务。该方案中的两个核心层交换机也采取了冗余连接方式，那就是两个核心交换机之间通过两对端口直接连接。

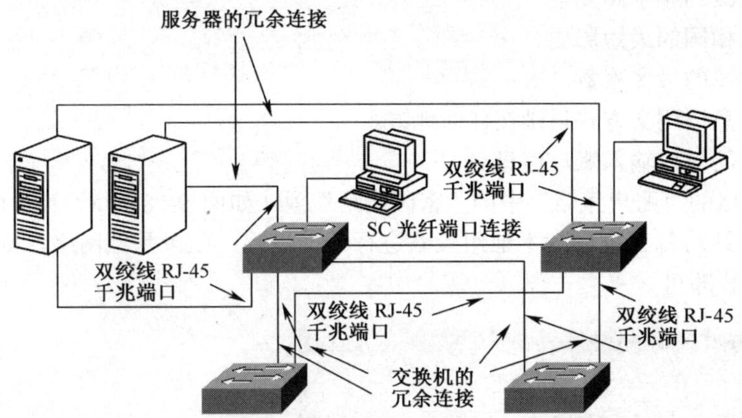

图 9-27　网络线路冗余示例

但要注意的是，链路的冗余会增加广播风暴的风险，所以一般是通过 STP（生成树协议）、RSTP（快速生成树协议）技术控制冗余链路的可用性的。有关 STP、RSTP 协议的具体工作原理参见本系列丛书的《金牌网管师（中级）大中型企业网络组建、配置与管理》一书。

9.5　机房和账户安全管理

在物理层的安全保护方面，机房和用户账户的安全管理也是一个重要的方面。机房是用户网络的核心和神经中枢所在，其中安装了网络的核心层和骨干层，甚至汇聚层网络连接设备和服务器等。这里面的任何一台设备出现问题，都可能会导致整个网络通信的瘫痪。而用户账户又是最重要的用户信息，账户信息一旦泄漏，黑客和其他非法用户就可以很容易地入侵到网络，实施网络攻击，最后的结果也可能是整个网络无法正常工作，或者公司数据遭到破坏、泄漏，其损坏比网络瘫痪可能还更严重。

9.5.1　机房安全管理

除了本章前面介绍的在必要时对机房进行屏蔽保护外，还要制定严格的机房管理制度，以确保机房设备和线路不遭受破坏，如关掉设备电源、拔掉设备跳线或用户网线等。机房管理制度中应包括以下几方面内容（细节方面可根据公司实际自己灵活规定，具体的机房管理制度可以自己扩展）：

- 机房设备、电源设备、插座和线路的功率和容量要能满足设备正常工作需求和消防要求，并配备足够的消防设施。
- 保持机房适宜的温度和湿度，并保持机房通风良好。
- 杜绝一切鼠、虫进入机房，并且没有雨淋危险。
- 非机房设备管理人员不得进入机房。
- 管理人员近距离离开机房时，要关好机房门；远距离离开机房时，要给机房上锁。

9.5.2 账户安全管理

账户管理主要考虑以下几个方面（其他方面可根据实际进行扩展）：

- 采取复杂性要求限制，防止用户设置过于简单的账户密码。
- 限定最低、最高密码更改的频率和期限。
- 限定两个周期密码可以相同的最短历史。
- 限定用户登录时允许尝试的最多次数。
- 要求用户不得把账户信息以明文方式记录在任何地方。
- 不得在有其他人在旁边的时候输入账户信息。

以上账户策略可以通过组策略的“账户策略”中的“密码策略”项（如图 9-28 所示）进行配置，如果是工作组网络，则要针对每台机器的本地组策略进行一一设置；如果是域网络，则只需针对域组策略进行一次性配置即可。

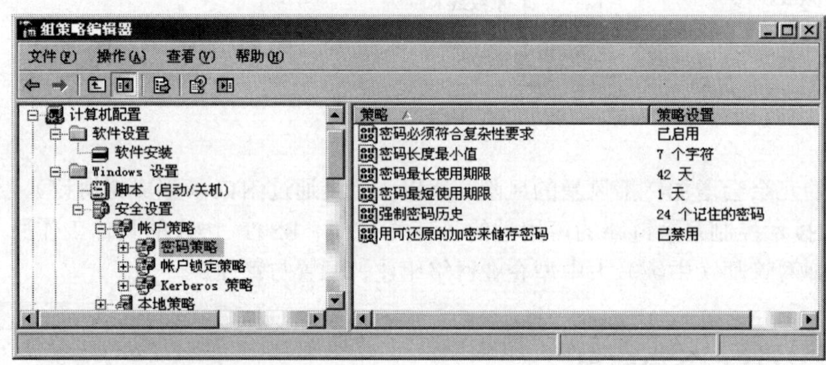

图 9-28 组策略中的“密码策略”

有关数据安全管理中的数据备份与恢复参见本系列丛书的《金牌网管师（初级）中小型企业网络组建、配置与管理》一书。

9.6 物理层安全管理工具

尽管我们平时在网络管理中很少看到有基于计算机网络物理层的管理工具，但事实上确实存在，只是很少有用户用到它们而已，因为本来考虑到物理层安全的用户就没有多少。实际上这类管理工具还是很多的。

在物理层安全保护中，一个重要方面就是布线系统，所以出现了许多综合布线智能实时管理系统，也就是通常所说的物理层管理系统。这类综合布线实时管理系统主要有：美国 AVAYA 公司的 SYSTIMAXSCS 的 iPatch 系统和美国的 DynaTrax 系统、Panduit 泛达公司推出的 PANVIEW 综合布线实时智能管理系统、以色列 RIT 推出的 PATCHVIEW 综合布线实时智能管理系统、ITRACS 公司推出的 iTRACS 系统、美国 Molex 推出的实时布线系统、南京普天智能布线物理层网络管理系统、泰科电子推出的 AMPTRAC 智能布线管理系统等。下面介绍两个典型的综合布线实时管理系统。

9.6.1 泛达综合布线实时管理系统

在结构化布线系统中，“管理”一直是非常重要的环节。长期以来，人们采用粘贴标签、文挡记录等方式对链路连接状态进行管理。但往往会由于种种原因造成记录与实际情况不符的问题，故障发生时会浪费大量的查找时间，为用户造成不必要的损失。为了解决长期以来的困扰，美国泛达公司推出了 PANVIEW 实时布线管理系统，实现对布线系统的 7×24 小时实时监控，实时显示网络的状态，为用户提供最新的网络信息。

PANVIEW 系统是为实时管理网络设施设计的一种完整的硬件和软件系统。PANVIEW 软件与 PANVIEW 扫描仪和支持 PANVIEW 的配线架相结合，可以控制、勘测和监控物理层和网络资源，允许自动地实现物理层网络存档和维护程序。采用浏览器的界面形式，可以简便地存取所有信息，包括从能够上网的任何地方监测和维护系统。通过使用软件提供实时端到端连接信息，可以监测和维护整个网络。网络管理员可以实时查看物理层网络信息。图形图像和实时信息相结合，可以协助管理员制定在企业中进行移动、添加和变更（MAC）的关键决策。系统内的连接报告提供了与网络有关的各种信息，包括整个网络配置直到单个用户连接的详细信息，提供了对管理公司网络资源至关重要的记录。

1. PANVIEW 系统的硬件组成

PANVIEW 系统的硬件包括以下几个主要部分：

- 主控制设备（Master）

主控制设备（如图 9-29 所示）从扫描仪中采集、保存和发送连接数据，根据其控制的扫描仪报告的连接变动更新 PanView 管理工作站。

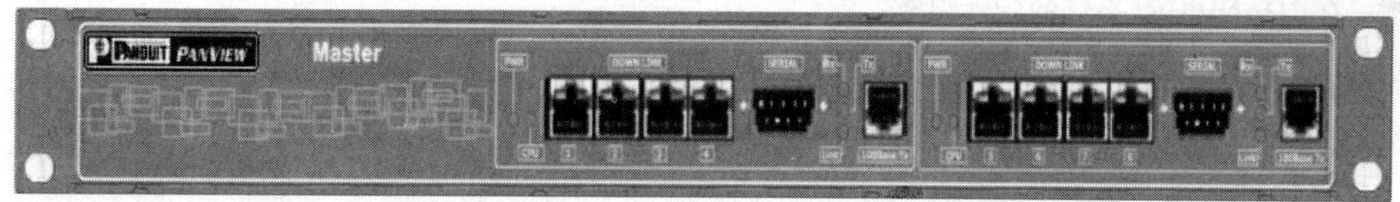

图 9-29　4 端口 Master

Master 连接到位于同一座建筑物的扫描仪上，对所管理的站点进行监测。每个 Master 的端口被视为一个单独的站点。Master 还可以连接到扩展器上，增加所管理的电子配线架的数量，增加所能管理的信息点的数量。

- 扫描仪（Scanner）

PANVIEW 扫描仪（如图 9-30 所示）位于各个配线机架中。配线架连接到 PANVIEW 扫描仪，PANVIEW 扫描仪连接到扩展器或者直接连接到主设备。每台 PANVIEW 扫描仪可以直接监测最多 12 台配线架，或使用分路器监测最多 24 台配线架。

图 9-30　扫描仪 Scanner

- 扩展设备（Expander）

扩展设备提高了 Master 的功能。可以把 PANVIEW 扫描仪连接到扩展器，扩展器连接到 Master，因此 Master 可以连接各种地点的大量 PANVIEW 扫描仪。每个扩展器可以连接最多 8 台 PANVIEW 扫描仪，扩展器可以以级联方式连接其他扩展器，这提高了连接到 Master 的 PANVIEW 扫描仪数量。通过级联扩展器，可以把数量不限的 PANVIEW 扫描仪连接到一个站点中的一台 Master 上，实现对信息点的最大化管理。

- 支持 PANVIEW 的电子配线架

泛达提供了多种支持 PANVIEW 的配线架（如图 9-31 所示），可以灵活地适应大多数应用

需求。扫描仪采集各个配线架的接插信息，通过局域网把这些信息报告给 PANVIEW 服务器。配线架上的 LED 指示灯表明了技术人员应该采取的措施。LED 灯通过闪烁或者持续发亮的不同状态显示系统的不同需求，向工作人员明确表示出所要完成的工作任务。

图 9-31　PANVIEW 电子配线架

2. PANVIEW 系统的软件组成

PANVIEW 软件作为整个系统的重要组成部分，采用浏览器界面的形式，提供了信息点端到端的实时信息，支持远程监测和维护系统，监控网络的整个物理层状态。

（1）资产管理。

PANVIEW 软件采用全面的结构精良的 Catalog 模块和 Inventory 模块，存档和管理网络资产的各个方面。提供每个网络组件的档案，可以包括厂商信息、项目类型、功能类型和项目等详细信息。为构建数据库提供了所需的全面的项目类型、功能类型、组和项目列表。

（2）工作单模块。

PANVIEW 工作单模块提供了全面的、使用简便的系统，简化了工作单流程。规划人员可以生成工作单，然后划分成不同的任务。每项任务分配给一名技术人员，可以确定任务完成日期。技术人员对任务负责，执行分配给自己的任务。一旦任务完成，数据库将自动更新，而不需要手动输入数据。从发起工作单到工作单结束，可以监测整个工作单或分配的任务的状况。

（3）P-LET 模块。

P-LET 模块提供了新型自动发现网络功能及连接和资产跟踪系统，可以发现网络上的所有活动设备，并勘测其位置和链路信息。在发现过程中，采集设备相关信息，包括 IP 地址、MAC 地址和主机名称，并将所有这些信息自动输入到数据库，以图形表示的方式提供给网络管理员。用户可以从工作站到物理连接硬件到网络设备（局域网交换机、程控交换机），分析与整个网络连接有关的信息。它具有以下两方面的基本功能：

- 发现网络设备

P-LET 模块可以自动发现网络中的所有网络设备，而不管其在机构中的物理位置如何。PANVIEW 系统识别每台工作站，在数据库中自动创建工作站及每台工作站的相关链路。

- 设备位置定位

实际设备将会自动放在系统中的相应位置。例如，如果 IP 电话从一个房间挪到另一个房间，那么在下次运行模块时将自动进行位置更新。

3．PANVIEW 系统的功能

PANVIEW 作为物理层网络管理系统，提供了用户与设备间中的设备之间的相关连接的实时信息。它把所有连接变化报告给运行 PANVIEW 程序的管理系统（NMS），引导网络管理员规划和实现布线变动。

- 检查跳线连接

系统可以提供所有端口连接信息、跳线的通断情况，不需要人工手动跟踪电缆和连接。

- 实时报告任何配置变动和差异

PANVIEW 系统采用扫描仪对系统进行扫描，可以实时发现网络中线路的变化情况，包括跳线的插拔、终端设备的连接等，并及时将连接变动情况报告给运行 PANVIEW 软件的服务器，以保证信息的准确性、及时性、完整性。

- 重新配置接插

管理人员可以在系统中定义链路任务，通过 SNMP 代理发送到扫描仪。当现场执行任务的人员启动重新配置流程时，配线架上的 LED 指示灯将引导现场工作人员完成任务。

- 全面的报告生成能力

PANVIEW 可以根据不同的用户要求提供对布线系统和 PANVIEW 本身的报告。同时根据用户的权限有选择地发送。系统中已经内置了多种形式的报告，包括链路的连接情况、连接状态、工作命令记录、信息点的通断等，用户可以根据自己的需要进行选择存档和打印。

- 可以电子邮件形式通知网络变化

对特定的事件，系统可以进行电子邮件通知，由用户指定通知事件类型。可以根据事件类型、不同的设备、时间等进行自定义，当感兴趣的事件发生时，管理人员可以在第一时间接收到来自 PANVIEW 系统的电子邮件通知。

9.6.2 Molex 综合布线实时管理系统

Molex 综合布线实时管理系统是一种观念创新的智能布线管理方案，可提供全面的实时布线信息，有助于监管布线系统的移动、增加和改动，还能自动完成网络勘测、数据库更新、故障追踪及文档编制工作。系统配置十分简单，其内置的“自学端口”具有自动识别功能，可加快系统设置。该系统还具备“无上限”的扩展功能，有利于本地或远程运行，还可通过网络连接进行管理，支持多媒体连接，把铜缆、光纤、同轴电缆等多种介质混用，发挥最大作用。它由硬件和软件组成，包括系统监视器、配线架、跳线、链路/接口电缆、集成条、管理软件等。

- 实时系统监视器

实时系统监视器（如图 9-32 所示）是实时布线管理系统的中心。它以电子方式连接被监视的所有端口。实时系统监视器分成 1U（256 端口）和 6U（可扩充到 2048 端口）两种配置。每个实时系统监视器随机带有一个实时端口条码读入器，用于勘测、归档、检修和测试监视的设备端口。与每个机架都要求单独端口监视器的其他系统相比，Molex 实时布线管理系统监视器占用的机架空间要少得多，并且提供了几乎无上限的扩充能力。

- 实时配线架

实时配线架（如图 9-33 所示）分为超五类和六类两种型号，在每个配线架端口上方有内置传感器，是实时接口电缆连接器的一部分。这些 24 端口和 48 端口高密度 IDC 配线架具有业内的标准 RJ-45 端口，并带有容易阅读的标签。已获专利的连接器使用 V-8 IDC KATT 连接器端接在背面，这些模块具有独特的“V”形触点，无论重新端接的次数有多少，模块均不易损坏，确保稳定的信息传输。内置配线架端口传感器登记所有端口的状态（已连接或没有连接），并通过系统监视器把这些信息传送到实时布线管理软件中。

图 9-32 实时系统监视器

图 9-33 实时配线架

- 实时跳线

实时跳线设计了一根第九条导线（普通双绞线是 8 芯线），这条导线的长度与跳线长度相同，其每一端接有一个监视针脚，同样分为超五类和六类两种型号。实时跳线在实时配线架端口传感器和有源设备上安装的集成条之间提供了电子触点，可以获得“实时”网络连接信息。实时跳线消除了人为错误的风险，它们不会被欺骗，因此您可以一直信赖您的数据库。

- 实时链路/接口电缆

实时链路电缆把链路系统监视器连接到主系统监视器上。每个主系统监视器可以连接 9 个链路系统监视器。实时链路电缆在电缆每端采用一个端接 13 线对的迷你型 SCSI 连接器。

实时接口电缆把监视的设备连接到实时系统监视器上。实时接口电缆一端采用单列直插（SIL）连接器，连接实时配线架或集成条，另一端采用双列直插（DIL）连接器，连接实时系统监视器。

- 实时集成条

实时集成条可以把现有的基于 RJ-45 的设备集成到实时布线系统中。集成条可以用于业内目前常用的有源设备和无源设备。

集成条是由实时传感器组成的阵列，这些实时传感器相应地进行分组及定位，可以兼容其针对的设备。每个集成条都具有专门的分组、分组间距、传感器数量和传感器间距。集成条使用强力胶粘在现有的有源设备或无源设备表面，实现了实时布线系统管理功能。

- 实时软件

Real Time 实时软件为管理员即时提供了网络上实时管理的所有端口的活动信息。综合布线实时智能管理系统的软件可以是一套典型的客户机/服务器系统，由服务器端和工作站端构成标准的体系。它的服务器端是构建在 SQL Server 基础上的数据库系统，对各项数据进行标准化的管理。客户端一般为自行研发的系统，承担着数据库系统与管理员之间的交互式管理职责。该软件可以连续监视通信室配线架和有源网络设备的端口。它自动监视所有连接/断开，在数据库中更新所有 MAC，识别和确认端口可达性，把任何计划外或非法网络布线变动通知管理员。实时软件不需要纸面的或电子表格的布线设施记录。软件每次递增 256 个端口；可扩充，端口数量没有上限。购买基本软件时随机提供两个实时用户许可。

第10章

数据链路层安全方案及应用配置

在第 1 章已经介绍到了，在 OSI 的数据链路层我们可以采用的安全保护方案主要包括：数据链路加密、MAC 地址绑定、VLAN 网段划分、网络嗅探预防、交换机设备的 CAM（Coment-Addressable Memory，内容可寻址存储器）的保护等。因为 VLAN 方面，在本系列丛书的《金牌网管师（中级）大中型企业网络组建、配置与管理》一书中有详细介绍，所以在此不再赘述。本章仅介绍像数据链路加密、WLAN 数据加密保护和 MAC 地址欺骗保护等安全保护方案。

基于数据链路层的加密在有线网络中比较少用，而在无线的 WLAN 网络中，这却是一项必不可少的技术方案，因为 WLAN 网络中没有有形的物理传输介质，其中的数据链路层处于开放的公共大气空间中。本章介绍的数据链路层加密方案中主要包括数据链路加密机方案、WLAN 网络的各种数据链路层加密，以及身份验证方案（主要包括 WEP、WPA、WPA2、IEEE 802.1x 等）。

MAC 地址绑定方面先介绍了 MAC 地址欺骗原理、查看和预防方法，然后介绍了 Cisco 设备中基于端口和 IP 地址的 MAC 地址绑定方法。

教学（自学）课时安排

课时安排	本章老师共需安排 3 个授课课时。	
授课课时	主要内容	重点
1	①基于“消息摘要”的算法 ②“对称/非对称密钥”加密算法 ③数据加密技术 ④链路加密机 ⑤网卡集成式链路加密原理	①基于“消息摘要”的算法 ②“对称/非对称密钥”加密算法 ③数据加密技术 ④网卡集成式链路加密原理
2	①WLAN SSID 安全技术及配置方法 ②WLAN MAC 地址过滤及配置 ③WLAN WEP 加密 ④WLAN WPA/WPA2 加密认证 ⑤无线 AP/路由器的 WPA 和 WPA2 设置	①WLAN WEP 加密 ②WLAN WPA/WPA2 加密认证 ③无线 AP/路由器的 WPA 和 WPA2 设置
3	①ARP 和 RARP 协议工作原理 ②MAC 地址欺骗原理 ③MAC 地址欺骗源的查找和预防 ④Cisco 设备基于端口的 MAC 地址绑定 ⑤Cisco 设备基于 IP 地址的 MAC 地址绑定	①ARP 和 RARP 协议工作原理 ②MAC 地址欺骗原理 ③MAC 地址欺骗源的查找和预防 ④Cisco 设备基于端口的 MAC 地址绑定 ⑤Cisco 设备基于 IP 地址的 MAC 地址绑定

10.1 典型的数据加密算法

“加密”是 OSI/RM 数据链路层主要可以采用的安全技术手段，当然，加密技术不仅应用在数据链路层，在网络层、传输层、会话层、应用层都有相应的加密技术和方案，这可以在后面各章得到体现。在计算机网络的数据链路层中，特别是在 WLAN 无线网络中，可以采取的加密技术和方案还比较多。在此先介绍与数据加密息息相关的“加密算法”。当然，这些加密技术不是直接、孤立地应用在各种加密方案中，而是通过与其他功能（如身份验证、密钥交换、完整性检查等）组合在一起，随一个程序集提供的。

要进行数据加密，就必须采用一定的加密算法。不同的加密算法，安全性也不一样，当然对用户在使用加密文件方面的影响也不一样。在整个数据加密发展历程中，加密标准非常之多，最主要的有 4 种：DES（或 3DES）、MD5（早先采用 MD2、MD3、MD4）、SHA-1（早先采用 SHA-0）和 RSA 加密。以上这些加密算法可以归为两大类，即“基于‘消息摘要’的算法”和“对称 / 非对称密钥加密算法”，下面分别予以介绍。

10.1.1 基于“消息摘要”的算法

“消息摘要”（Message Digest，MD）是一种能产生特殊输出格式的算法。这种加密算法的特点是无论用户输入什么长度的原始数据，经过计算后输出的密文都是固定长度的。这种算法的原理是根据一定的运算规则对原数据进行某种形式的提取，这种提取就是“摘要”。被“摘要”的数据内容与原数据有密切联系，只要原数据稍有改变，输出的“摘要”便完全不同。因此基于这种原理的算法便能对数据完整性提供较为健全的保障。但是，由于输出的密文是提取原数据经过处理的定长值，所以它已经不能还原为原数据，即消息摘要算法是“不可逆”的，理论上无法通过反向运算取得原数据内容。因此它通常只能被用来做数据完整性验证，而不能作为原数据内容的加密方案使用，否则无法还原。尽管如此，“消息摘要”算法还是为密码学提供了健全的防御体系，因为连专家也无法根据拦截到的密文还原出原来的密码内容。

如今常用的“消息摘要”算法经历了多年验证发展而保留下来的强者分别是 MD2、MD4、MD5、SHA、SHA-1/256/383/512 等，其中最广泛应用的是基于 MD4 发展而来的 MD5 和 SHA-1 算法。

1. MD5 算法

MD5 诞生于 1991 年，在 20 世纪 90 年代初，是由 mit laboratory for computer science 和 rsa data security inc 公司的 Ronald l. Rivest 开发的。后来发展了多个版本，如 MD2、MD3、MD4 和 MD5。最新版本的 MD5 克服了 MD4 的缺陷，可以生成 128 位的摘要信息串。MD5 出现之后迅速成为主流算法，并在 1992 年被收录到 RFC 中。

不管是 MD2、MD4 还是 MD5，它们都需要获得一个随机长度的信息，并产生一个 128 位的信息摘要。虽然这些算法的结构或多或少有些相似，但 MD2 的设计与 MD4 和 MD5 完全不同，那是因为 MD2 是为 8 位机做过设计优化的，而 MD4 和 MD5 是面向 32 位机的。这 3 个算法及其 C 语言源代码在 Internet rfcs 1321 中有详细的描述（http://www.ietf.org/rfc/rfc1321.txt），这是一份最权威的文档，由 Ronald l. Rivest 在 1992 年 8 月向 ieft 提交。

Rivest 于 1989 年开发出 MD2 算法。在这个算法中，首先对信息进行数据补位，使信息的字节长度是 16 的倍数。然后，以一个 16 位的检验和追加到信息末尾，并且根据这个新产生的信息计算出散列值。后来，Rogier 和 Chauvaud 发现如果忽略了检验和将产生 MD2 冲突。

为了加强算法的安全性，Rivest 在 1990 年又开发出了 MD4 算法。MD4 算法同样需要填补信息以确保信息的字节长度加上 448 后能被 512 整除。然后，一个以 64 位二进制表示的信息的最初长度被添加进来。信息被处理成 512 位 damg?rd/merkle 迭代结构的区块，而且每个区块要通过 3 个不同步骤的处理。Den Boer 和 Bosselaers 以及其他人很快地发现了攻击 MD4 版本中第一步和第三步的漏洞，于是 MD4 被很快淘汰了。

尽管 MD4 算法在安全上有个这么大的漏洞，但它对在其后才被开发出来的多种信息安全加密算法的出现却有着不可忽视的引导作用。除了 MD5 以外，其中比较有名的还有 SHA-1、Ripe-md、Haval 等。

一年以后，即 1991 年，Rivest 开发出技术上更为趋近成熟的 MD5 算法。它在 MD4 的基础上增加了“安全－带子”（safety-belts）的概念。虽然 MD5 比 MD4 稍微慢一些，但却更为安全。这个算法很明显的地方是它是由 4 个和 MD4 设计有少许不同的步骤组成。在 MD5 算法中，信息摘要的大小和填充的必要条件与 MD4 完全相同。Den Boer 和 Bosselaers 曾发现 MD5 算法中的伪冲突（pseudo-collisions），但除此之外就没有其他被发现的加密后结果了。

MD5 以 512 位分组来处理输入的信息，且每一分组又被划分为 16 个 32 位子分组，经过一系列的处理后，算法的输出由 4 个 32 位分组组成，将这 4 个 32 位分组级联后将生成一个 128 位散列值。

在 MD5 算法中，首先需要对信息进行填充，使其字节长度对 512 求余的结果等于 448。因此，信息的字节长度将被扩展至 n×512+448，即 n×64+56 个字节，n 为一个正整数。填充的方法如下：在信息的后面填充一个 1 和无数个 0，直到满足上面的条件时才停止用 0 对信息的填充；然后在这个结果后面附加一个以 64 位二进制表示的填充前信息长度。经过这两步的处理，现在的信息字节长度=n×512+448+64=(n+1)×512，即长度恰好是 512 的整数倍。这样做的原因是为了满足后面处理中对信息长度的要求。

MD5 中有 4 个 32 位被称为链接变量（Chaining Variable）的整数参数，它们分别为：a=0x01234567，b=0x89abcdef，c=0xfedcba98，d=0x76543210。当设置好这 4 个链接变量后，就开始进入算法的四轮循环运算。循环的次数是信息中 512 位信息分组的数目。

MD5 的典型应用是对一段信息（Message）产生信息摘要（Message-Digest），以防止被篡改。MD5 将整个文件当作一个大文本信息，通过其不可逆的字符串变换算法产生了这个唯一的 MD5 信息摘要。如果在以后传播这个文件的过程中，无论文件的内容发生了任何形式的改变（包括人为修改或者下载过程中线路不稳定引起的传输错误等），只要你对这个文件重新计算 MD5 时就会发现信息摘要不相同，由此可以确定你得到的只是一个不正确的文件。如果再有一个第三方的认证机构，用 MD5 还可以防止文件作者的抵赖，这就是所谓的数字签名应用。

MD5 还广泛用于加密和解密技术上。比如在 UNIX 系统中用户的密码就是以 MD5（或其他类似的算法）经加密后存储在文件系统中。当用户登录的时候，系统把用户输入的密码计算成 MD5 值，然后再去和保存在文件系统中的 MD5 值进行比较，进而确定输入的密码是否正确。通过这样的步骤，系统在并不知道用户密码的明码的情况下就可以确定用户登录系统的合法性。这不但可以避免用户的密码被具有系统管理员权限的用户知道，而且还在一定程度上增加了密码被破解的难度。

2. SHA-1 算法

SHA（Secure Hash Algorithm，安全哈希算法）诞生于 1993 年，由美国国家安全局（NSA）设计，之后被美国标准与技术研究院（NIST）收录到美国的联邦信息处理标准（FIPS）中，成为美国国家标准。SHA（后来被称为 SHA-0）于 1995 被 SHA-1（RFC3174）替代。

SHA-1 生成长度为 160 位的摘要信息串，虽然之后又出现了 SHA-224、SHA-256、SHA-

384 和 SHA-512 等被统称为“SHA-2”的系列算法，但仍以 SHA-1 为主流。

SHA-1 和 MD5 都属于散列（Hash，又称“哈希”）算法，其作用是可以将不定长的信息（原文）经过处理后得到一个定长的摘要信息串，对同样的原文用同样的散列算法进行处理，每次得到的信息摘要串相同。Hash 算法是单向的，一旦数据被转换，就无法再以确定的方法获得其原始值。事实上，在绝大多数情况下，原文的长度都超过摘要信息串的长度。因此，在散列计算过程中，原文的信息被部分丢失，这使得原文无法从摘要信息重构。散列算法的这种不可逆特征使其很适合被用来确认原文（例如公文）的完整性，因而被广泛用于数字签名的场合。

如果除了原文之外，对于另外一段不同的信息进行相同的散列算法，得到的摘要信息与原文的摘要信息相同，则称之为碰撞，散列算法通常可以保证碰撞也很难根据摘要被求出。

MD5 和 SHA-1 是当前应用最为广泛的两种散列算法。由于 MD5 与 SHA-1 均是从 MD4 发展而来的，它们的结构和强度等特性有很多相似之处，SHA-1 与 MD5 的最大区别在于其摘要比 MD5 摘要长 32 比特。对于强行攻击，产生任何一个报文使之摘要等于给定报文摘要的难度：MD5 是 2^{128} 数量级的操作，SHA-1 是 2^{160} 数量级的操作。产生具有相同摘要的两个报文的难度：MD5 是 2^{64} 数量级的操作，SHA-1 是 2^{80} 数量级的操作。因而，SHA-1 对强行攻击的强度更大。但由于 SHA-1 的循环步骤比 MD5 多（80:64），且要处理的缓存大（160 比特:128 比特），SHA-1 的运行速度比 MD5 慢。常见的 UNIX 系统口令以及多数论坛/社区系统的口令都是经 MD5 处理后保存其摘要信息串，在互联网上，很多文件在开放下载的同时都提供一个 MD5 的信息摘要，使下载方（通过 MD5 摘要计算）能够确认所下载的文件与原文件一致，以此来防止文件被篡改。

MD5 和 SHA-1 还常被用来与公钥技术结合以创建数字签名。当前几乎所有主要的信息安全协议中都使用了 SHA-1 或 MD5，包括 SSL（HTTPS 就是 SSL 的一种应用）、TLS、PGP、SSH、S/MIME 和 IPSec，因此可以说 SHA-1 和 MD5 是当前信息安全的重要基础之一。

不过，从技术上讲 MD5 和 SHA-1 的碰撞可在短时间内被求解出来，并不意味着两种算法完全失效。例如，对于公文的数字签名来说，寻找到碰撞与寻找到有特定含义的碰撞之间仍有很大的差距，而后者才会使伪造数字公文成为现实。但近期我国的王小云教授所掌握的方法已经使短时间内寻找到 MD5 或 SHA-1 的碰撞成为可能，从理论上来讲目前普遍采用的 MD5 或 SHA-1 算法很难成为现在的文件加密和数字签名算法的依据。但是由于到目前为止还没有找到一种比 MD5 和 SHA-1 算法更难破解的算法，因此在 2005 年的 4 月 1 号，我国还是正式批准了采用这两种算法的电子签名法。

10.1.2 “对称/非对称密钥”加密算法

由于“摘要”算法加密的数据仅仅能作为一种身份验证的凭据使用，如果我们要对整个文档数据进行加密，则不能采用这种“不可逆”的算法，因此“密钥”算法（Key Encoding）的概念被提出。此类算法通过一个被称为“密钥”的凭据进行数据加密处理，接收方通过加密时使用的“密钥”字符串进行解密，即双方持有的“密钥”相同（对称）。如果接收方不能提供正确的“密钥”，则解密出来的就不是原来的数据。

以上是“对称密钥”的概念，“非对称密钥”就是加密和解密文件的密钥不一样。用于加密的是“公钥”（Public Key），而用于解密的是“私钥”（Private Key），公钥是可以公开的，而私钥则不能公开。这种算法规定，对方给你发送数据前，可以用你的“公钥”加密后再发给你，但是这个“公钥”也无法解开它自己加密的数据，即加密过程是单向的，这样即使数据被中途拦截，入侵者也无法对其进行破解。当文件到达自己的计算机后，可以用自己的“私钥”解密，而且只有对应的私钥才可以解密用相应用户的公钥加密的文件。这就是“非对称密钥”加密算法，也称为“公共密钥算法”，这两者均建立在 PKI 验证体系结构上。

基于“对称密钥”的加密算法有 DES、TripleDES、RC2、RC4、RC5 和 Blowfish 等；基于“非对称密钥”的加密算法有 RSA、Diffie-Hellman 等。

1. DES 算法

DES（Data Encryption Standard，数据加密标准）是最早、最著名的保密密钥或对称密钥加密算法。它是由 IBM 公司在 20 世纪 70 年代发展起来的，美国国家标准局于 1977 年公布把它作为非机要部门使用的数据加密标准。30 多年来，它一直活跃在国际保密通信的舞台上，扮演了十分重要的角色。

目前在国内，随着三金工程尤其是金卡工程的启动，DES 算法在 POS、ATM、磁卡及智能卡（IC 卡）、加油站、高速公路收费站等领域被广泛应用，以此来实现关键数据的保密，如信用卡持卡人的 PIN 的加密传输、IC 卡与 POS 间的双向认证、金融交易数据包的 MAC 校验等，均用到 DES 算法。

DES 是一个分组加密算法，它以 64 位为分组对数据加密。同时 DES 也是一个对称算法：加密和解密用的是同一个算法。它的密匙长度是 56 位（因为每个字节的第 8 位都用作奇偶校验），密钥可以是任意的 56 位的数，而且可以任意时候改变。其中有极少量的数被认为是弱密钥，但是很容易避开他们，所以其保密性依赖于密钥。

DES 算法具有极高的安全性，到目前为止，除了用穷举搜索法对 DES 算法进行攻击外，还没有发现更有效的办法。而 56 位长的密钥的穷举空间为 2^{56}，这意味着如果一台计算机的速度是每秒钟检测一百万个密钥，则它搜索完全部密钥就需要将近 2285 年的时间，可见这是难以实现的。当然，随着科学技术的发展，当出现超高速计算机后，还可以考虑把 DES 密钥的长度再增长一些，以此来达到更高的保密程度。

DES 算法的入口参数有 3 个：Key、Data、Mode。其中 Key 为 8 个字节，共 64 位，是 DES 算法的工作密钥；Data 也为 8 个字节，64 位，是要被加密或被解密的数据；Mode 为 DES 的工作方式，有两种：加密或解密。如 Mode 为加密，则用 Key 去对数据 Data 进行加密，生成 Data 的密码形式（64 位）作为 DES 的输出结果；如 Mode 为解密，则用 Key 去把密码形式的数据 Data 解密，还原为 Data 的明码形式（64 位）作为 DES 的输出结果。在通信网络的两端，双方约定一致的 Key，在通信的源点用 Key 对核心数据进行 DES 加密，然后以密码形式在公共通信网（如电话网）中传输到通信网络的终点，数据到达目的地后，用同样的 Key 对密码数据进行解密，便再现了明码形式的核心数据。这样，便保证了核心数据在公共通信网中传输的安全性和可靠性。通过定期在通信网络的源端和目的端同时改用新的 Key，便能更进一步提高数据的保密性，这正是现在金融交易网络的流行做法。

DES 算法的工作原理为：DES 对 64 位的明文分组进行操作，通过一个初始置换将明文分成左半部分和右半部分，然后进行 16 轮完全相同的运算，最后经过一个末置换便得到 64 位密文。每一轮的运算包含扩展置换、S 盒代换、P 盒置换和两次异或运算，另外每一轮中还有一个轮密钥（子密钥）。具体过程如下：DES 对一个 64 位的明文分组（m）进行加密操作，m 经过一个初始的 P 置换成 m0，将 m0 明文分成左半部分和右半部分 m0=(L0,R0)，各 32 位长。然后进行 16 轮完全相同的运算，这些运算被称为函数 f，在运算过程中数据与密匙结合。在每一轮中，密匙位移位，然后再从密匙的 56 位中选出 48 位。通过一个扩展置换将数据的右半部分扩展成 48 位，并通过一个异或操作替代成新的 32 位数据。这 4 步运算构成了函数 f。然后，通过另一个异或运算，函数 f 的输出与左半部分结合，其结果成为新的右半部分，原来的右半部分成为新的左半部分，这就是 S 盒代换。经过 16 轮这样的转换后，左、右半部分再合在一起经过一个末置换，这样就完成了整个加密过程。

DES 加密和解密唯一的不同是密匙的次序相反。如果各轮加密密匙分别是 K1、K2、K3…K16，那么解密密匙就是 K16、K15、K14…K1。

目前在 DES 算法中，采用最多的还是更复杂、更安全的 3DES（TripleDES），是 DES 加密算法的一种模式。3DES 使用 3 条 64 位的密钥对数据进行 3 次加密，密码强度是 168 位（3×56）。3DES 是 DES 向 AES 过渡的加密算法（1999 年，NIST 将 3DES 指定为过渡的加密标准）。它以 DES 为基本模块，通过组合分组方法设计出分组加密算法。

2．RC 算法

RC 系列算法是由大名鼎鼎的 RSA 三人组设计的密钥长度可变的流加密算法，其中最流行的是 RC4 算法。RC 系列算法可以使用 2048 位的密钥，但该算法的速度却可以达到 DES 加密的 10 倍左右，所以受到用户的广泛欢迎和普遍采用。

RC4 算法的原理包括初始化算法和伪随机子密码生成算法两大部分。在初始化的过程中，密钥的主要功能是将一个 256 字节的初始数簇进行随机搅乱，不同的数簇在经过伪随机子密码生成算法的处理后可以得到不同的子密钥序列，得到的子密钥序列和明文进行异或运算（XOR）后，得到密文。

由于 RC4 算法加密采用的是异或，所以一旦子密钥序列出现了重复，密文就有可能被破解。

3．RSA 算法

RSA 算法也是 RSA 三人设计组设计的，是目前最流行的公钥密码算法。它使用长度可以变化的密钥，是第一个既能用于数据加密，也能用于数字签名的算法。

RSA 算法的原理如下：

（1）随机选择两个大质数 p 和 q，p 不等于 q，计算 N=pq。

（2）选择一个大于 1、小于 N 的自然数 e，e 必须与(p-1)(q-1)互素。

（3）用公式 d×e = 1(mod(p-1)(q-1))计算出 d。

（4）销毁 p 和 q。

最终得到的 N 就是“公钥”，d 就是“私钥”，发送方使用 N 去加密数据，接收方只有使用 d 才能解开数据内容。

RSA 的安全性依赖于大数分解，小于 1024 位的 N 已经被证明是不安全的。而且由于 RSA 算法进行的都是大数计算，使得 RSA 最快的情况也比 DES 慢一倍以上，这是 RSA 最大的缺陷。因此，通常只能用于加密少量数据或者加密密钥，但 RSA 仍然不失为一种高强度的算法。

10.2 数据加密

加密技术是网络安全技术的基础，在 OSI/RM 的多层中都可以采用，如在数据链路层、网络层、传输层、表示层和应用层都有各自的加密技术和方法。本章仅介绍基于 OSI/RM 数据链路层的加密——链路加密技术和应用方案，其他各层中所采用的加密技术在后面各章中体现。

10.2.1 数据加密技术

数据加密技术主要分为数据传输加密和数据存储加密两种。数据传输加密技术主要是对传输中的数据流进行加密，常用的有链路加密、节点加密和端到端加密 3 种方式；而数据存储加密则有像 EFS、PGP 这样的静态文件加密。

1．链路加密

链路加密是指传输数据仅在 OSI/RM 数据链路层上进行加密，只对中间的传输链路进行加密，不考虑信源和信宿（也就是信号的发送节点和接收节点）。

链路加密过程中，所有消息在从源节点流出后，被传输之前需要由加密设备（加密机或者集成在网卡上的安全模块）使用下一个链路的密钥对数据进行加密，在下一个中间节点接收消息前再由加密设备用本链路的密钥进行解密；然后在流出该中间节点进行下一链路传输前再由加密设备使用下一个链路的密钥对消息进行加密；然后再进行传输，直到消息到达目的节点，如图 10-1 所示。

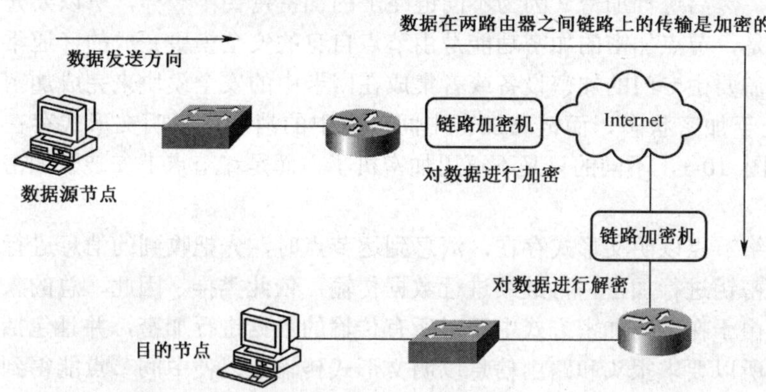

图 10-1　链路加密示意图

由此可以看出，链路加密只是用于保护数据在通信节点间的传输安全，节点中的数据并不是加密的。在到达目的节点之前，一条消息可能要经过许多条通信链路的传输，中间要经过许多中间节点，这样也就需要加、解密多次。由于在每一个中间节点消息均被解密后重新进行加密，因此包括路由信息在内的链路上的所有数据在传输链路上均是以密文形式出现的。

尽管链路加密在计算机网络中使用相当普遍，但它仍存在以下几方面的不足：

- 加密过程复杂

从以上加密原理可以看出，链路加密只是对两节点间的通信链路中的数据进行加密，在出、入节点前均需要由专门的加密设备进行加密和解密。如果中间节点较多的话，一条消息到达目的节点就需要经过多次加、解密过程，显然过于复杂。

- 影响网络传输性能

链路加密通常用在点对点的同步或异步线路上，要求先对在链路两端的加密设备进行同步，然后使用一种链模式对链路上传输的数据进行加密。这就给网络的性能和可管理性带来了副作用。

- 安全实用性不是很高

链路加密仅在通信链路上提供安全性，在一个网络节点上消息是以明文形式存在的，因此所有节点在物理上必须是安全的，否则就会泄漏明文内容。然而保证每一个节点的安全性需要较高的费用。

- 密钥管理成本高

在传统的加密算法中，用于解密消息的密钥与用于加密的密钥是相同的（也就是通常所说的对称密钥），该密钥必须被秘密保存，并按一定规则进行变化。这样，密钥分配在链路加密系统中就成了一个问题，因为每一个节点必须存储与其相连接的所有链路的加密密钥，这就需要对密钥进行物理传送或者建立专用网络设施。而网络节点地理分布的广阔性使得这一过程变得复杂，增加了密钥连续分配时的费用。

针对链路加密的特点和不足，可以知道链路加密方法是比较简单的。但由于需要在每个链路上进行加密、解密过程，一方面整个加、解密过程比较复杂，另一方面成本比较高，所以链路加密比较适用于网络结构简单、链路中间节点很少（最好没有中间节点）的单链路两端点之间的网络通信，如专线接入、帧中 ATM 等接入方式，或者局域网内部（特别是 WLAN 网络）端点间的通信，或者需要加密的链路比较少（如仅其中的一条）的多链路两端点间通信，参见图 10-1。

2. 节点加密

节点加密与上面介绍的链路加密有相同的地方，也有一些不同。相同的是它与链路加密一样，是基于数据链路层的加密，两者均在通信链路上为传输的消息提供安全性，而且都需要在中间节点上先对消息进行解密，然后进行加密（因为不同链路上的加密密钥不一样，所以要先解密，然后再加密）；不同的是，节点加密的加密功能是由节点自身的安全模块完成的（通常是集成在网卡中，而链路加密需要由专门的加密设备或者集成在网卡中的安全模块来完成加密功能），而且消息在节点中处于加密状态，而链路加密中间节点中的消息是以明文形式存在的。节点加密示意图可以参见图 10-1，不同的只是不再用加密机了，而是在节点上安装了加密系统。

节点加密不允许消息在网络节点以明文形式存在，消息到达节点时，先把收到的消息进行解密，然后采用另一个不同的密钥进行加密，再继续进行数据传输，依此类推。因此，总的来说，它较链路加密更安全。但由于在节点加密方式中要对所有传输的数据进行加密，并且包括节点和传输链路都是加密的，所以要求报头和路由信息以明文形式传输，以便中间节点能得到如何处理消息的信息。这样就带来了一定的安全风险，特别是对于通信业务分析类型的攻击。再由于也是需要对每条链路分别加密，所以节点加密也比较适合于经过较少链路的两端点间通信，如专线接入、帧中 ATM 等接入方式，或者局域网内部端点间的通信。

【经验之谈】链路加密和节点加密中，每条链路（或者说是每两个相邻节点）都是独立加密的，加密的密钥通常都不一样，为的是保证数据通信的安全。不同的密钥可以避免一旦攻击获悉了某一链路上的加密密钥后在其他链路上进行同样的攻击，尽最大可能保护数据在传输链路上的安全。

3. 端到端加密

端到端加密是数据通信中的一端到另一端的全程加密方式，而且加密、解密过程只进行一次，中间节点没有这两个过程，如图 10-2 所示。在端到端加密方式中，数据在发送端被加密，只在接收端解密，中间节点处不以明文的形式出现。但端到端加密是在应用层完成的。

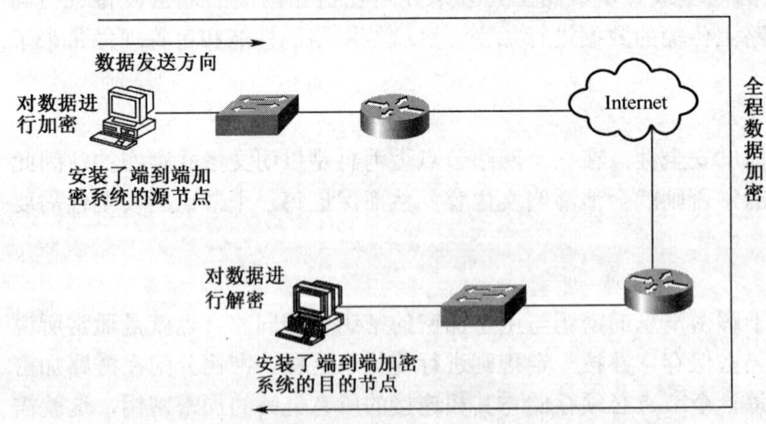

图 10-2　端到端加密示意图

在端到端加密中，除报头外的报文均以密文的形式贯穿于全部传输过程，只是在发送端和接收端才有加、解密设备，而在中间任何节点报文均不解密，因此中间节点不需要有密码设备。与链路加密相比，由于只对通信的源端和目的端进行加、解密操作，所以中间节点无需配备加、解密设备，可以减少整个加密过程和密码设备的数量，大大降低了加密成本。另一方面，信息是由报头和报文组成的，报文为要传送的信息，报头为路由选择信息；由于网络传输中要涉及到路由选择，在端到端加密时，由于通道上的每一个中间节点虽不对报文解密，但为将报文传送到目的地，必须检查路由选择信息，因此只能加密报文而不能对报头加密。这与节点加密是机同的，同样会被某些通信分析发觉而从中获取某些敏感信息。

端到端加密方案总体成本低些，并且与链路加密和节点加密相比更可靠，更容易设计、实现和维护。端到端加密还避免了其他加密系统所固有的同步问题，因为每个报文包均是独立被加密的，所以一个报文包所发生的传输错误不会影响后续的报文包。此外，从用户对安全需求的直觉上讲，端到端加密更自然些。单个用户可能会选用这种加密方法，以便不影响网络上的其他用户。

端到端加密方式是目前应用最广的一种方式，本书后面介绍的 IPSec、TLS/SSL 等加密技术都属于端到端加密方式。

10.2.2 链路加密机

在本节前面已经介绍到，链路加密技术中，完成加密功能的主要设备就是加密机。加密机有很多种，而且现在的加密机通常不仅提供基于数据链路层的加密，还提供为 VPN 通信提供加密的网络层加密功能。单纯提供链路加密的加密机，我们称之为“链路加密机”，而提供网络层加密功能的称之为“网络加密机”。本章仅介绍链路加密机。

链路加密机指的是针对具体的链路层协议提供数据加密功能的设备，比如 ATM 加密机、帧中继加密机、分组加密机、DDN 加密机、电话加密机等，分别对应 ATM、Frame Relay、X.25、DDN、PSTN 等数据链路层协议。有些链路加密机可以同时支持多种链路协议，而有些则是专门针对某一种链路协议（如 ATM 或 DDN 等）而开发的，当然前者价格更贵，适用于存在多种链路的网络应用的行业，如银行、证券等。链路加密机在一些政府机构或者特殊行业（如金融、证券、军事等）还有比较多的应用，如中国人民银行就经常采购链路加密机。但真正应用到企业局域网内部的链路加密机好象很少见，毕竟在局域网内部也采用这种加密的话，成本非常高，而必要性又不是很高。但在局域网中仍可实现链路加密，这就是下节将要介绍的网卡集成式加密方案（加密功能在网卡的加密模块中实现）。

【说明】随着 Internet 和宽带网络的发展，链路加密机已经不适合在 Internet 和宽带网络环境下应用了，因为企业利用 Internet 构建 Intranet 时，企业两个分支机构之间的网络连接可能会跨越很多种链路，比如一方接入利用 ADSL，然后通过运营商的骨干 ATM 网络到达另外一段城域网，在这样的网络环境下利用链路加密机实现端到端的网络保护是不可能的。

另外，随着像 X.25、FR、ATM、DDN 等接入技术日趋被淘汰，单纯提供链路加密的加密机也越来越少见了，现在常见的是基于网络层和应用层的加密机。

链路加密机的特点是必须在链路两端配对使用，比如一个企业租用一条 64K 的链路，那么必须在链路两端分别部署加密机。利用链路加密机可以实现链路两端的网络之间通信的保密性，但是其组网方式也因此受到限制，不能实现任意两点之间灵活的加密保护。

1. SafeNet（赛孚耐）链路加密机

如图 10-3 所示是 SafeNet 的一款名为“SafeNet SafeEnterprise 链路安全保护服务器”的链路加密机。它支持各种网络设备和多种链路协议，如 X.25、FR、DDN、ATM、PSTN 等。所支持的设备包括：路由器、前端处理器、PBX 中继线路、多媒体数字信号编解码器、桥接器和多路复用器。

图 10-3　一款链路加密机

SafeNet 链路加密机的主要功能特性包括：

- AES 或 3DES 安全算法
- 全自动的 Diffie-Hellman 公钥管理
- 支持 2.4Kb/s～52Mb/s 操作
- 采用标准接口：HSSI、V.35、RS-449、X.21、EIA-530、RS-232、T1、E1、T3
- 遵循 FIPS（Federal Information Processing Standard，联邦信息处理标准）140-1（只限 3DES 模式）和 FIPS 140-2（用于 AES/3DES 模式）

【说明】FIPS 140-1 标准是 NIST（National Institute of Standards and Technology，美国国家标准和技术研究院）于 1994 年 1 月公布的。它将加密模块的安全等级分成四级，同时宣布 FIPS140-1 的加密模块产品验证（Cryptographic Module Validation, CMV）计划，并在 1994 年 6 月 30 日正式生效。1997 年 1 月，美国政府下令相关产品需要通过此项标准的认证。随后又对该标准进行了改进，最新版本为 FIPS 140-3，是 2007 年 7 月 13 日公布的。FIPS 140-3 规定了密码模块必须符合的安全需求，并规范五个逐级增强的安全等级，以全面涵盖应用系统与环境的范围。每一安全等级提供比前一级更高的安全强度，即“安全等级一”是防护最弱的等级，“安全等级五”是防护最强的等级。

作为专门的硬件安全防护设备，SafeEnterprise 链路安全保护服务器可以提供最强大的安全性，同时它还易于管理、配置和升级。Diffie-Hellman 密钥管理提供了一个全自动化的系统，对于人工管理、分发密钥的安全防护网络，使用 Diffie-Hellman 密钥管理可以免除人工操作和维护成本。SafeEnterprise 链路安全保护服务器提供完整的即插即用操作，同时设有前面板触摸板和 LCD 显示器，易于配置。此外，通过 SafeEnterprise 安全管理中心 SMC 可以对 SafeEnterprise 链路安全保护服务器进行安全的管理和配置，SMC 是一个基于 SNMP 的功能强大的安全管理平台，它可以对网络中的所有 SafeEnterprise 链路安全保护服务器及其他 SafeNet 硬件安全设备进行统一的远程管理操作。

使用时，只需要把它安装在通信链路的两端即可。本地端与 DCE（Data Communications Equipment，数据通信设备，如各种调制解调器等）设备连接，远程端与 DTE（Data Terminal Equipment，数据终端设备，如路由器、拨号服务器等）设备连接。

2．帧中继加密机

此处介绍的是 Weston 公司的一款单链路协议支持的链路加密机——帧中继数据密码机。帧中继加密机系统由帧中继加密机和密钥管理中心组成，为帧中继网络用户提供端到端的加密服务（所以总体上来讲，它也不是一款纯链路加密机，而属于端到端加密机）。密钥管理采用在线式自动密钥分发。整机集成度高，可靠性好。加密机通信时能够自动定时更换消息密钥，确保用户的通信安全，在正常情况下，系统换钥过程不会损伤、丢失任何网上传输的数据。帧中继加密机配置在线路传输设备（如基带 Modem、光端机等）和用户终端设备（如路由器、交换机等）之间（如图 10-4 所示），数据加密服务对用户完全透明，能够适应各种网络拓扑结构，即插即用，无须修改网络配置，减小了用户的操作管理负担。

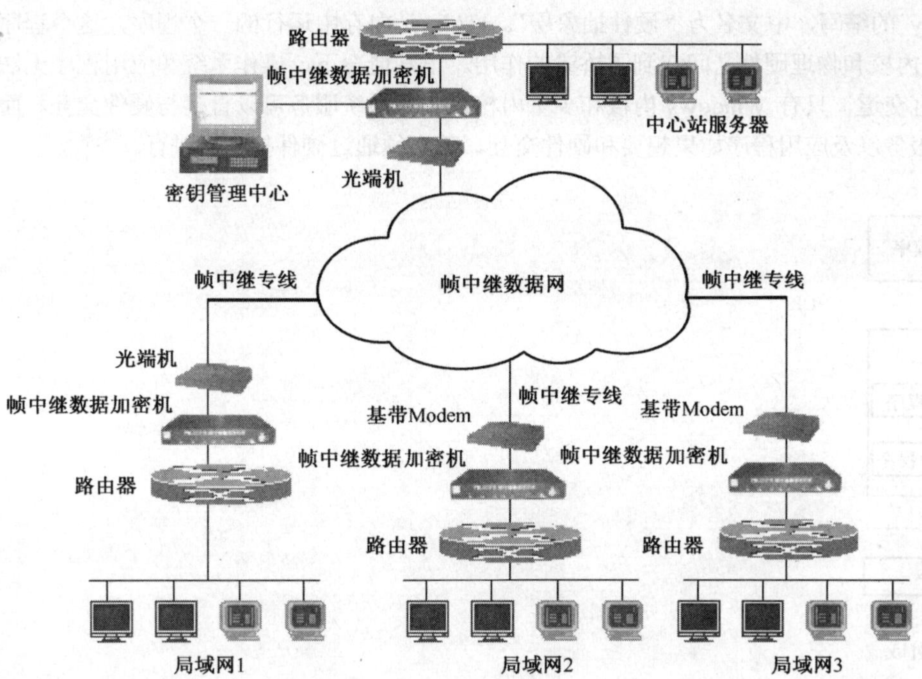

图 10-4　帧中继数据加密机应用网络结构

10.2.3　网卡集成式链路加密原理

除了使用专门的链路加密机进行链路加密外，应用更广的是一种网卡集成式链路加密方案。这种方案最大的特点就是实现容易、成本低，只需要购买有相应加密功能的网卡即可。可以在局域网内部广泛使用。

在 Windows 环境下，要对网卡接收和发送的数据进行处理，首先要了解网络驱动程序接口规范。

1．网络驱动程序接口规范 NDIS

Microsoft 和 3Com 公司于 1989 年联合开发出了 NDIS（Network Driver Interface Specification，网络驱动程序接口规范）。NDIS 规范了网络驱动程序间的标准接口，也维护着网络驱动程序的参数和状态信息，包括指向函数的指针、句柄和链接参数块的指针，以及其他系统参数。它使得不同的协议和网络适配器分离，符合 NDIS 的网络驱动程序直接或稍加修改就可以在各种 Windows 平台上运行。Windows 软件开发者也可以开发出能够和多种协议栈进行通信的网络驱动程序。

网络驱动程序不是直接调用操作系统的例程，而是通过 NDIS 进行系统调用，而 NDIS 驱动程序所存在的环境都是由 NDIS 库（Ndis.sys）所创建的。这个库处理网络通信中涉及的许多细节，并且输出一组由所有 NDIS 驱动程序使用的标准接口，提供一个形如 NdisXxx 的系统函数集，使各 NDIS 驱动程序不需要直接与操作系统进行通信，为驱动开发者提供了方便。

根据其作用不同，NDIS 支持以下几种网络驱动程序形式：

- 微端口驱动程序（Miniport drivers）
- 中间驱动程序（Intermediate drivers）
- 协议驱动程序（Protocol drivers）

NDIS 各层驱动程序以及它们之间的关系如图 10-5 所示。其中 HAL 为 Hardware Abstraction

Layer Connectivity 的缩写，中文名为“硬件抽象层”。HAL 是内存中运行的一个程序，这个程序在 Windows 系统内核和物理硬件之间起到了桥梁的作用。正常情况下，操作系统和应用程序无法直接与物理硬件打交道，只有 Windows 内核和少量内核模式的系统服务可以直接与硬件交互。而其他大部分系统服务以及应用程序如果想要和硬件交互，就必须通过硬件抽象层进行。

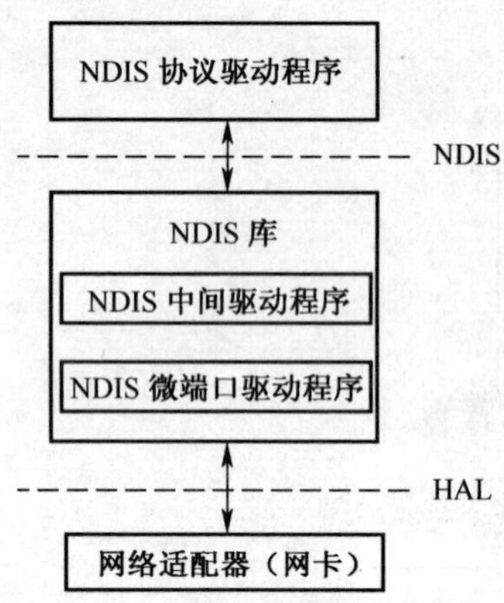

图 10-5　NDIS 的组成

2．网卡驱动程序

网卡驱动程序向下管理物理硬件，向上提供接口。上层可以通过该驱动向网络发送数据、处理中断、查询驱动程序运行状态。在 Windows 环境下，网卡驱动程序也就是对应于 NDIS 的微端口驱动程序。微端口驱动程序工作在数据链路层，是与网络适配器（也就是网卡）结合最紧密的一层驱动程序。它调用 NDIS 库提供的接口函数来完成 NIC 与上层驱动程序之间的相互通信。NDIS 库导出一组函数集合（NdisXxx 函数）来封装所有微端口需要调用的操作系统函数，而微端口也输出一组 MiniportXxx 函数供 NDIS 和上层驱动程序调用。

3．网卡集成式链路加密的实现原理

如果采用链路加密，则网络中每条通信链路上的加密是独立实现的。对每条链路可以使用不同的密钥，这样当某条链路受到破坏时也不会导致其他链路上传递的加密信息被解出。

NDIS 微端口驱动位于链路层，是网络驱动中与网卡结合最紧密的驱动程序。因此可以对微端口驱动程序进行改造，把加解密模块加入其中，在驱动程序中实现对数据帧的截取，并调用加解密模块对数据进行加解密。对驱动程序的改造大体可以分为两步：截取数据帧和加解密模块的实现。

（1）截取数据帧。

NDIS 库为微端口驱动程序提供了一系列接口函数。微端口驱动程序可以利用这些函数在主机与网络之间建立联系，也可以利用这些函数来截取数据。

在发送本机数据到网卡之前，可以在微端口驱动程序中加入截取子程序截获数据帧，并把数据帧送入加密模块进行加密，然后将加密后的密文送入网卡缓冲区中。接收数据时，从网卡缓冲区中接收的密文被送入主机内存。密文在送往上层网络驱动程序之前被接收截取子程序截获，并调用解密模块将其解密成明文，之后再将明文数据送交上层处理。

（2）加/解密模块。

考虑到帧长的限制，对于数据帧加密要求必须保证其明文和密文长度相等。因此在加解密模块当中采用分组密码算法。分组密码的工作方式是将明文分成固定长度的组（块），用同一密钥对每一块加密，输出也是固定长度的密文。

考虑到软件加解密过程速度较慢，为了提高速度，直接将加/解密模块嵌入到微端口驱动程序中，这样所有对数据的处理将全部在系统底层进行，大大提高了数据处理的效率。最后将所有模块集成在一起，编译生成网卡驱动程序 MYNE200.SYS 文件，分别安装在两台主机中进行测试。

10.3 WLAN 数据链路层保护方案

WLAN 是以开放式的大气作为传输介质进行网络通信的，所以它的数据传输链路也是在大气之中。这样一来，它的安全性相对有线网络来说，显得更加严峻，更加重要。在 WLAN 网络中，基于链路层的加密技术或标准主要有：SSID、MAC、WEP、WPA 和 IEEE 802.11i。它们都是属于网卡集成式的链路加密方式。本节将分别介绍以上 WLAN 基于数据链路层的保护技术和方案配置方法。

10.3.1 WLAN SSID 安全技术及配置方法

有过配置 WLAN 网络经验的朋友都清楚，其中有一项就是关于 SSID（Service Set Identifier，服务设置标识符）的配置，可以说它是一个密码，也可以说它是一个类似于有线网络中的工作组名称。SSID 最多可以有 32 个字符，配备无线网卡（SSID 配置对话框如图 10-6 所示）、无线 AP（SSID 配置对话框如图 10-7 所示）、无线路由器时都必须配置 SSID，而且无线网卡上配置的 SSID 一定要与无线访问点（AP）或无线路由器配置的 SSID 相同。如果配置的 SSID 与 AP 或无线路由器的 SSID 不同，那么 AP 或无线路由器将拒绝他通过本服务区/工作组上网。因此可以认为 SSID 是一个简单的口令，从而提供口令认证机制，实现一定的安全。要更改无线网卡的 SSID，除了在无线网卡配置程序中进行外，还可以在操作系统中直接更改。

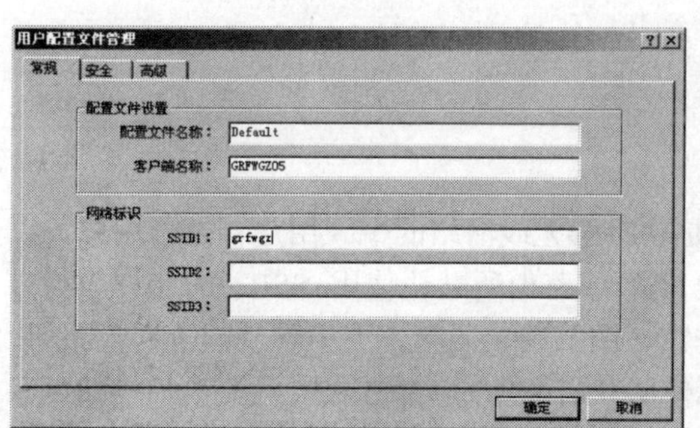

图 10-6　WLAN 无线网卡的 SSID 配置对话框

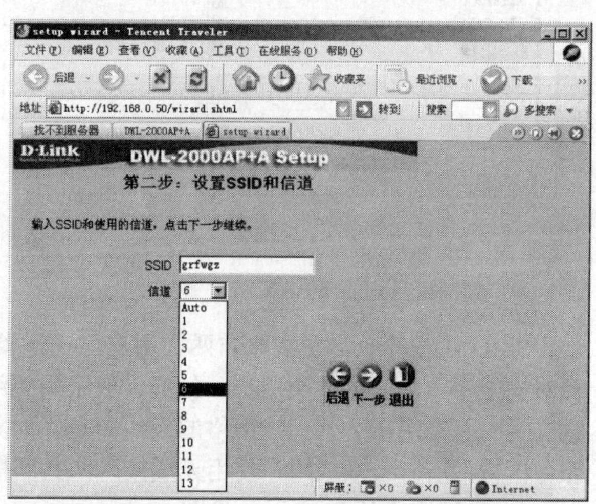

图 10-7　WLAN 无线 AP 的 SSID 配置对话框

在 SSID 技术中还有两个概念，即 BSSID（Basic SSID，基础服务设置标识）和 ESSID（Extended SSID，扩展服务设置标识）。BSSID 是 48 位的，用来对较小 BSS 区域进行标识，每个主机在这个较小的区域里进行通信；ESSID 可以让不同的 BSS 扩展至 ESS。每个 BSS 有一个 AP，如果 ESSID 相同就可以相互通信。如果你的网络较大，最少拥有两个支持 BSSID AP，多个 BBDIS AP 就构成了一个 ESS 区域，如图 10-8 所示。

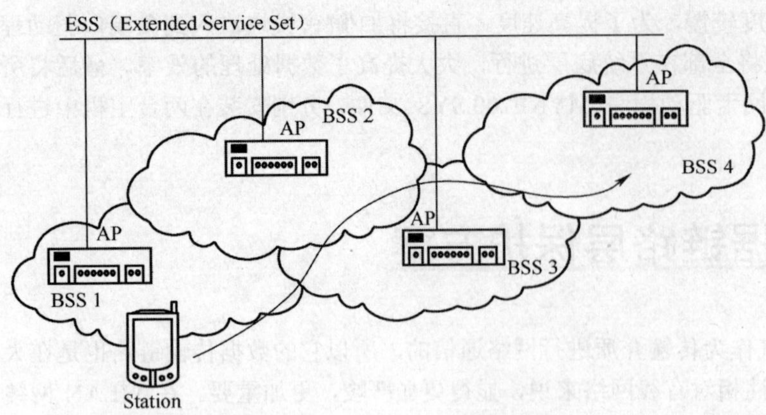

图 10-8　ESS 区域的组成

但 WLAN 技术发展至今，无论是 BSSID 还是 ESSID，其安全性已经不足以保证 WLAN 网络的安全了。一方面是 AP 默认是允许向外广播其 SSID 的，使安全程度下降。无线用户端只要一扫描即可看到这些网络的 SSID，如图 10-9 所示是一个 WLAN 客户端扫描后得到的结果。从中可以看出，不仅这些 WLAN 网络的 SSID 一目了然，而且是否加密（在图中显示一把钥匙的则采取了加密方式，否则为没有采取加密技术）、信号强度、所用信道（也就是图中的“频道”列）等也是一清二楚。另一方面，一般情况下，用户自己配置客户端系统，所以很多人都知道该 SSID，很容易共享给非法用户。最可怕的是，有的厂家支持“任何（ANY）”SSID 方式，只要无线客户端处在 AP 范围内，它都会自动连接到 AP，这将绕过 SSID 的安全功能，也就使得 SSID 形同虚设。

可用基础结构和 Ad Hoc 网络

网络名称 (SSID)		Super	XR	信号强度	频道	无线模式
				-12 dB	6	2.4 GHz 5
AR7WRD				10 dB	1	2.4 GHz 5
CTC-2fba				0 dB	1	2.4 GHz 5
default				49 dB	6	2.4 GHz 5
HG520s				1 dB	1	2.4 GHz 5
HG520s				-2 dB	1	2.4 GHz 5
tigernet				-2 dB	1	2.4 GHz 5

激活(A)　刷新　确定

图 10-9　扫描后得到的 WLAN 网络

SSID 的安全问题主要来自两类用户群：一类是初接触无线网络的个人用户、办公用户，以及对安全不太关心的此类用户，他们一般采用无线 AP 或路由所默认使用 SSID 的允许广播方式；另一类是用于公共无线网络的无线热点（如宾馆、图书馆、酒吧、大中学校园等），为了让服务区内的所有公众或用户使用无线接入，其同样使用开启 SSID 广播方式。只要一扫描即可获知 WLAN 网络中的 SSID，参见图 10-9。

此外，另一种严重的安全问题就是，如果一个公共热点区域广播了其 SSID，只要稍懂一点技术的人都知道使用同一个 SSID 便可以设置另一个 802.11 接入点。如果新设置 AP 的信号比热点的信号强或者不比其差的时候，一般用户都会很容易地选择强者并根据熟悉的 SSID 而进入。这样你在“免费”享用它的服务的同时，你的一切便可能已在黑客的掌握之中。

更糟糕的是，为了方便性，在 Windows 操作系统中，由于用户在设置无线网络时一般设置无线网络自动连接到相同的无线网络，DHCP 不会真正地关心你连接的是哪个热点，这更让用户不知不觉地进入与公共无线接入点类同的 SSID 无线接入点中。所以，对于一般用户来说，在通过无线接入点免费"服务"大众的同时，如果自己有较重要的资料需要安全保障，还是在实际设置时将大多数无线 AP 或无线路由器在出厂时默认的"允许广播 SSID"设为"不广播 SSID"。如图 10-10 所示是 TP-LINK 公司的一款 WLAN 无线宽带路由器的 SSID 广播设置页面。这样其他用户要想自动进入你的无线接入点，就要先手工输入正确的 SSID 才能进入网络，这先在一定程度上保证了 WLAN 的使用安全，防止不怀好意的用户在并不太安全或并不太懂安全的个人 WLAN 里随意"乱逛"。

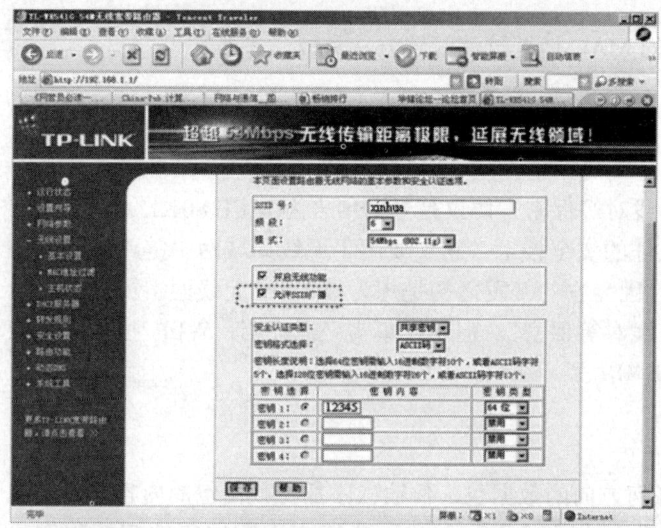

图 10-10　SSID 广播设置页面

10.3.2　WLAN MAC 地址过滤及配置

MAC 地址过滤功能在有线网络中也经常使用。它可以允许或者禁止部分主机与局域网的连接。WLAN 的 MAC 地址过滤功能也可以对接入客户机针对 MAC 地址进行过滤，可以灵活地允许或者禁止某部分 MAC 地址的主机接入对应的 WLAN 网络。不过，这项功能在早期的 WLAN 无线 AP 和 WLAN 路由器中比较少，通常是在支持 IEEE 11.g 标准以上的设备中出现。如图 10-11 所示是 D-LINK 公司的一款 IEEE 802.11g 标准的 AP 的 MAC 地址过滤设置页面。

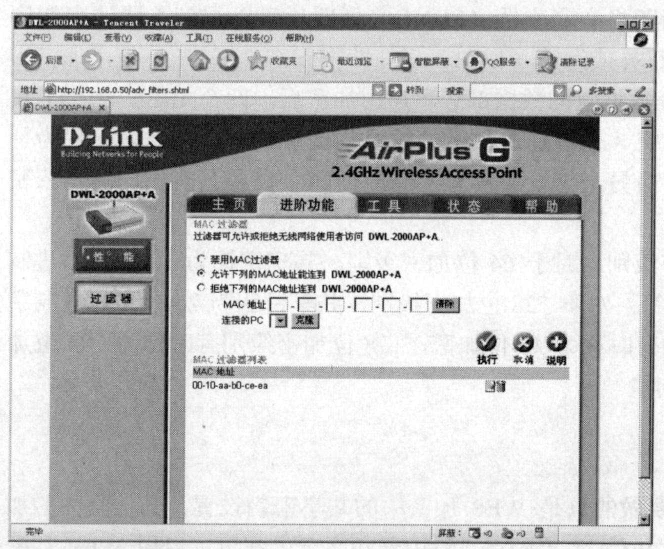

图 10-11　WLAN 路由器 MAC 地址过滤配置页面示例

在这个页面中可以选择允许或者禁止在 MAC 地址列表中的 MAC 地址用户访问网络，然后在下面输入要允许或禁止访问的主机 MAC 地址。如果记不清 PC 的 MAC 地址或者不想那么麻烦输入长串的 MAC 地址，则可以在下面的"连接的 PC"下拉列表中选择要允许或者禁止的已连接到 WLAN 网络的 PC 主机名，然后单击"克隆"按钮把 MAC 地址复制到上面的 MAC 地址中，最后单击"执行"按钮即把该项 MAC 地址添加到下面的"MAC 地址过滤表"中。可以继续添加其他要允许或者禁止的主机 MAC 表项，当然添加的 MAC 地址表项还可以随时修改或删除。

其他的 WLAN 无线路由器或者 AP 的 MAC 地址过滤配置方法类似，参照即可。

10.3.3 WLAN WEP 加密

WEP（Wired Equivalent Privacy，有线对等保密）协议是专门用来为 IEEE 802.11x 系列标准 WLAN 网络进行帧数据流加密和节点认证的安全技术。它主要用于无线局域网中链路层信息数据的保密，也属于链路加密技术的一种。因为它的开发之初是想为 WLAN 无线网络提供与有线 LAN 一样的安全级别，所以称之为"有线对等保密"。但现在事实已经证明，WEP 技术并不能达到这个安全级别，所以目前基本上已被淘汰了。

1. WEP 加密原理

在 WEP 加密原理中，对于发送到任何方向的数据包，传输程序都将数据包的内容与数据包的检查和组合在一起。然后，WEP 标准要求传输程序创建一个特定于数据包的初始化向量（Initialization Vector，IV），再与密钥组合在一起，用于对数据包进行加密。接收方的伪随机数产生器（Pseudo Random Number Generator，PRNG）生成自己的匹配数据包密钥序列，并用它对数据包进行解密。WEP 加密和解密的过程均是在两节点的链路中进行的，加/解密功能集成在 WLAN 设备中，如 WLAN AP、WALN 无线路由器、WLAN 网卡等。

WEP 采用对称加密机制和 RC4 加密算法，数据的加密和解密采用相同的密钥和加密算法。RC4 加密算法是 RC 算法族中的一种，包括初始化算法（也就是前面说到的"初始化向量"）和伪随机子密码生成算法（也就是前面说到的"伪随机数产生器"）两大部分。所以在 WEP 加密架构中，每个包包含一个 IV 和基础密钥（Base Key）两部分。

RC4 的加密基本原理为：在初始化的过程中，密钥的主要功能是将一个 256 字节的初始数簇进行随机搅乱，不同的数簇在经过伪随机数产生器（PRNG）处理后可以得到不同的密钥序列。然后再将得到的密钥序列和明文进行异或运算（XOR）后，即得到密文。WEP 使用加密密钥加密 IEEE 802.11x 网络上交换的每个数据包的数据部分。启用加密后，两个 IEEE 802.11 设备要进行通信，必须具有相同的加密密钥（也就是通常所见的"共享密钥"），并且均配置为使用加密。如果配置一个设备使用加密，而另一个设备没有，则即使两个设备具有相同的加密密钥也无法通信。

WEP 支持 64 位和 128 位两种加密级别。对于 64 位加密级别，共享密钥为 10 个十六进制字符（0～9 和 A～F）或 5 个 ASCII 字符；对于 128 位加密级别，共享密钥为 26 个十六进制字符或 13 个 ASCII 字符。64 位加密级别有时称为 40 位加密，128 位加密级别有时称为 104 位加密，均是因为其中包括了 24 位初始化向量。

2. WEP 加密的配置方法

在 WLAN 的 WEP 加密中，我们要做的只是 WEP 加密中的共享密钥设置，其他具体的加密过程对用户是透明的，不用理会。在 WLAN 接入点、路由器和网卡上都可以启用 WEP 加密（当然这需要相应的 WLAN 设备支持 WEP 加密），而且客户端 WLAN 网卡上的 WEP 共享密钥一定要与用来进行集中连接的 AP 或无线路由器上配置的 WEP 共享密钥一样，否则客户端不能成功连接到 AP 或者无线路由器所组建的 WLAN 网络。如图 10-12 至图 10-14 所示分别是 WLAN 网卡、AP、路由器的 WEP 加密配置界面示例。可以有 64 位、128 位两种加密级别，密钥格式可以是十六进制数字和 ASCII 字符两种。如果选择的是 40 位加密级别，则共享密钥为 10 个十六进制字符（0～9 和 A～F）或 5 个 ASCII 字符；对于 128 位加密级别，共享密钥为 26 个十六进制字符或 13 个 ASCII 字符。要注意的是，在同一个 WLAN 网络中，各节点配置的 WEP 共享密钥一定要相同。

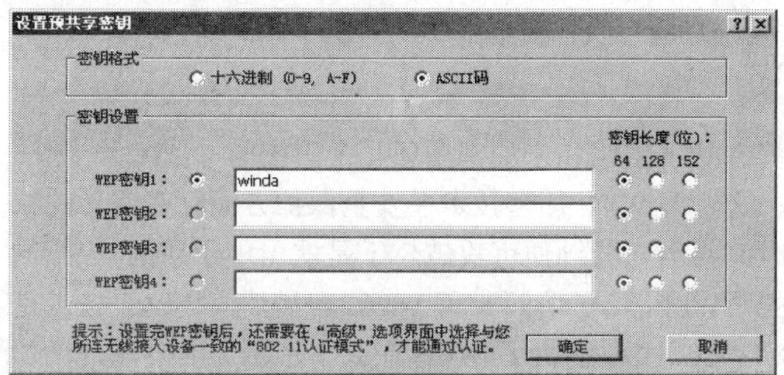

图 10-12　WLAN 网卡的 WEP 共享密钥配置界面示例

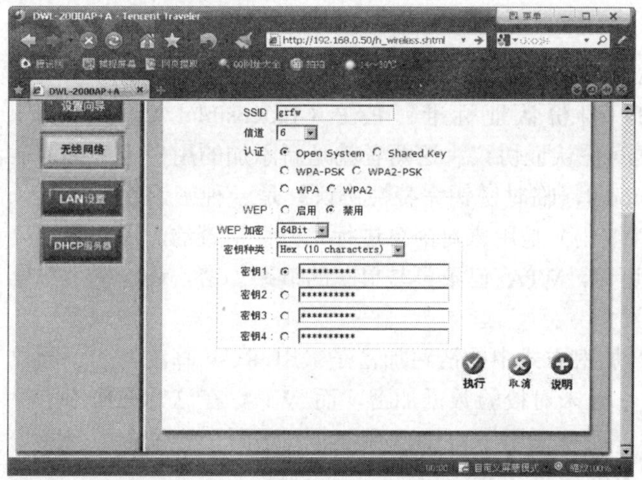

图 10-13　WLAN AP 的 WEP 共享密钥配置界面示例

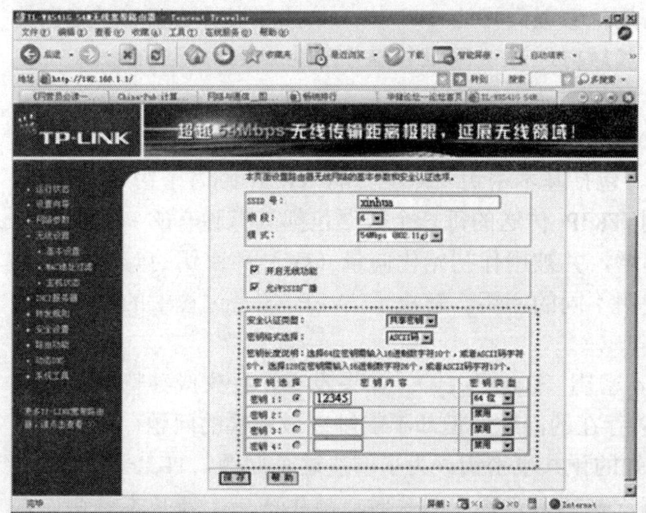

图 10-14　WLAN 路由器的 WEP 共享密钥配置界面示例

在图 10-13 所示的认证配置界面中针对 WEP 加密有两个可选的单选项：Open System（开放系统）和 Shared Key（共享密钥）。如果选择的是 Open System 单选项，则允许任何设备的网络接入。如果网络上未启用加密，任何知道该接入点的“服务集标识符”（SSID）的设备都可以接入该网络，显然不够安全。大多数情况下是选择 Shared Key 单选项，则要求客户端配置一个静态 WEP 密钥。只有当客户端通过了基于挑战的验证后，才允许其接入。

从以上可以看出，在设备上可以配置多个不同级别或形式的共享密钥，只要用户正确输入了其中一个即可成功连接到 WLAN 网络中。

10.3.4 WLAN WPA/WPA2 加密认证

由于上节介绍的 WEP 加密技术使用静态共享密钥和未加密循环冗余码校验（CRC），无法保证加密数据的完整性，并存在弱密钥等。这使得 WEP 加密技术在安全保护方面存在明显的缺陷，对熟练的入侵者而言，往往只需很短时间甚至几分钟便可攻破。于是就出现了新的 WLAN 加密技术——WPA（Wi-Fi Protected Access，Wi-Fi 保护访问）和 WPA2。显然，WPA2 技术是 WPA 技术的升级版。从技术角度看，WPA/WPA2 主要解决了 WEP 在共享密钥上的漏洞，添加了数据完整性检查和用户级认证措施。

1. WPA 加密技术

Wi-Fi 联盟给出的 WPA 定义为：WPA = 802.1x + EAP + TKIP + MIC。

其中，802.1x 是指 IEEE 的 802.1x 身份认证标准；EAP（Extensible Authentication Protocol，扩展身份认证协议）是一种扩展身份认证协议。这两者就是新添加的用户级身份认证方案。TKIP（Temporal Key Integrity Protocol，临时密钥完整性协议）是一种密钥管理协议；MIC（Message Integrity Code，消息完整性编码）是用来对消息进行完整性检查的，用来防止攻击者拦截、篡改甚至重发数据封包。由此可见，WPA 已不再是单一的链路加密，还包括了身份认证和完整性检查两个重要方面。

通过前面的介绍我们已经知道，WEP 加密方式中的链路加密是采用 RC4 算法的，不同数据封包中的密钥过于相似，甚至可能重复，且未对校验数据加密，而 WPA 在这方面作出了很大的改进。不再采用 WEP 的 RC4 算法，而是采用了 TKIP 和 MIC 这两个协议全面保障了 WLAN 无线网络数据链路的加密和数据完整性检查功能。

- TKIP

TKIP 采用了 802.1x/EAP 的架构，密钥位数最高可达 128 位，并且是临时动态的（这也是“临时密钥完整性协议”名称的由来），然后再通过认证服务器分配的多组密钥进行认证，取代了 WEP 的单一静态密钥。

TKIP 的一个重要特性就是它的“动态”性，也就是它变化每个数据包所使用的密钥的特性。密钥通过将多种因素混合在一起生成，包括基本密钥（即配置的 TKIP 临时密钥）、发射站的 MAC 地址以及数据包的序列号。利用 TKIP 传送的每一个数据包都具有独有的 48 位序列号，这个序列号在每次传送新数据包时递增，并被用作初始化向量（IV）和密钥的一部分。将序列号加到密钥中，确保了每个数据包使用不同的密钥，解决了 WEP 加密过程中的“碰撞攻击”安全问题。

TKIP 密钥中的最重要的部分还是基本密钥（Base Key）。如果没有一种生成独特的基本密钥的方法，尽管 TKIP 可以解决许多 WEP 存在的问题，但却不能解决最糟糕的问题：所有人都在无线局域网上不断重复使用一个众所周知的预共享密钥。为了解决这个问题，TKIP 生成混合到每个包密钥中的基本密钥。无线站点每次与接入点建立联系时，就生成一个新基本密钥，这就是“临时密钥”的由来。这个基本密钥通过将特定的会话内容与用接入点和无线站点生成的一些随机数，以及接入点和无线站点的 MAC 地址进行散列处理来产生。由于采用 802.1x 认证，这个会话内容是特定的，而且由认证服务器安全地传送给无线站。

认证服务器在接收用户的身份认证信息后，使用 802.1x 来为运算阶段产生一组唯一的配对密钥。TKIP 将这组密钥分配给无线客户端以及无线 AP 或无线路由器，建立密钥层级以及管理系统，然后使用配对密钥来动态产生唯一的数据加密密钥，并以此加密在无线传输阶段所传输的数据封包。

- MIC

MIC 是用来防止攻击者拦截、篡改甚至重发数据封包的。MIC 提供了一个强壮的计算公式，其中接收端与传送端必须各自计算值，并与 MIC 值比较。如果不符，它便假设数据已遭篡改，而该封包也会被丢弃。除了和传统的 IEEE 802.11 一样继续保留对每个 MPDU（MAC Protocol Data Unit，媒体协议数据单元）进行 CRC 校验外，WPA 为 IEEE 802.11 的每个 MSDU（MAC Service Data Unit，媒体服务数据单元）都增加了一个 8 个字节的消息完整性校验值。它采用 Michael 算法，具有很高的安全性。当 MIC 发生错误的时候，数据很可能已经被篡改，系统很可能正在受到攻击。此时，WPA 还会采取一系列的对策，如立刻更换组密钥、暂停活动 60 秒等，来阻止黑客的攻击。

2．WPA2 加密技术

WPA2 是 WPA 的第二个版本，是对 WPA 在安全方面的改进版本。与第一版的 WPA 相比，主要改进的是所采用的加密标准，从 WPA 的 TKIP/MIC 改为 AES-CCMP。两个版本的对比如表 10-1 所示。所以可以认为：WPA2 = IEEE 802.11i = IEEE 802.1x/EAP +AES-CCMP。

表 10-1　WPA 和 WPA2 比较

应用模式	WPA	WPA2
企业应用模式	身份认证：IEEE 802.1x/EAP	身份认证：IEEE 802.1x/EAP
	加密：TKIP/MIC	加密：AES-CCMP
SOHO/个人应用模式	身份认证：PSK	身份认证：PSK
	加密：TKIP/MIC	加密：AES-CCMP

在 WPA2 中，采用了加密性能更好、安全性更高的加密技术——AES-CCMP（Advanced Encryption Standard – Counter mode with Cipher-block chaining Message authentication code Protocol，高级加密标准－计数器模式密码区块链接消息身份验证代码协议），取代了原 WPA 中的 TKIP/MIC 加密协议。因为 WPA 中的 TKIP 虽然针对 WEP 的弱点作了重大的改进，但保留了 RC4 算法和基本架构，也就是说，TKIP 亦存在着 RC4 本身所隐含的弱点。CCMP 采用的是 AES（Advanced Encryption Standard，高级加密标准）加密模块，AES 既可以实现数据的机密性（加密），又可以实现数据的完整性。这是在 IEEE 802.11i 标准中指定的用于无线传输隐私保护的一个新方法。AES-CCMP 提供了比 TKIP 更强有力的加密保障。

AES-CCMP 是面向大众的最高级无线安全协议。总体来说，CCMP 提供了加密、认证、完整性检查和重放保护四重功能。CCMP 使用 128 位 AES 加密算法实现机密性，使用其他 CCMP 协议组件实现其余 3 种服务。CCMP 是基于 CCM（Counter-Mode/CBC-MAC）方式的，该方式使用了 AES 加密算法，所以 AES-CCMP 加密协议也称 AES-CCM 加密协议。从它的名称可以看出，CCM 配备了两种运算模式，即计数器模式（Counter Mode）和密码区块链信息认证码模式（CBC-MAC Mode），其中计数器模式用于数据流的加密/解密，而密码区块链信息认证码模式用于身份认证及数据完整性校验。CCM 保护 MPDU 数据和 IEEE802.11 MPDU 帧头部分域的完整性。AES 定义在 FIPS PUB 197，所有的在 CCMP 中用到的 AES 处理都使用一个 128 位的密钥和一个 128 位大小的数据块；CCM 方式定义在 RFC 3610。CCM 是一个通用模式，它可以用于任意面向块的加密算法。

WPA 和 WPA2 都有两种风格：WPA/WPA2 个人版和 WPA/WPA2 企业版。WPA/WPA2 企业版需要一台具有 802.1x 功能的 RADIUS 服务器。没有 RADIUS 服务器的 SOHO 用户可以使用 WPA/WPA2 个人版，其口令长度为 20 个以上的随机字符，或者使用 McAfee 无线安全或 Witopia SecureMyWiFi 等托管的 RADIUS 服务。

3. WPA/WPA2 中的 IEEE 802.1x 身份认证系统

WPA/WPA2 以 IEEE 802.1x 协议和 EAP 作为其用户身份认证机制的基础。这样，用户在接入无线网络前，需要首先提供相应的身份证明，通过与对应网络上合法的用户数据库进行比对检查来确认是否具有加入权限。任何要登入网络的人都必须通过这样的认证过程。

IEEE 802.1x 是一种为了适应宽带接入不断发展的需要而推出一种身份认证协议，是基于端口的访问控制协议（Port Based Network Access Control Protocol），但它并不是专为 WLAN 设计的。当无线工作站（STA）与无线访问点（AP）关联后，是否可以使用 AP 的服务要取决于 802.1x 的认证结果。如果认证通过，则 AP 为 STA 打开这个逻辑端口，否则不允许用户连接网络。802.1x 协议仅仅关注端口的打开与关闭，对于合法用户（根据账号和密码）接入时，该端口打开，而对于非法用户接入或没有用户接入时，则该端口处于关闭状态。认证的结果在于端口状态的改变，而不涉及通常认证技术必须考虑的 IP 地址协商和分配问题，是各种认证技术中最简化的实现方案。

IEEE 802.1x 包括 3 个重要的部分：Supplicant System（应用系统，也就是"客户端"）、Authenticator System（认证系统）、Authentication Server System（认证服务器系统）。整个 802.1x 体系架构如图 10-15 所示。

图 10-15　IEEE 802.1x 体系架构

应用系统一般为用户终端系统。该终端系统通常要安装一个客户端软件，用户通过启动这个客户端软件发起 IEEE 802.1x 协议的认证过程，是位于局域网段一端的一个实体，由该链路另一端的设备端对其进行认证。客户端一般为一个用户终端设备，用户可以通过启动客户端软件发起 802.1x 认证。客户端必须支持 EAPOL（Extensible Authentication Protocol over LAN，基于局域网的扩展身份认证协议）。为支持基于端口的接入控制，客户端系统需要支持 EAPOL 协议。

认证系统通常为支持 IEEE 802.1x 协议的网络设备，是位于局域网段一端的另一个实体。设备端通常为支持 802.1x 协议的网络设备，它为客户端提供接入局域网的端口，该端口可以是物理端口，也可以是逻辑端口。该设备对应于不同用户的端口有两个逻辑端口：受控端口（Controlled Port）和不受控端口（Uncontrolled Port）。不受控端口始终处于双向连通状态，主要用来传递 EAPOL 协议帧，可保证客户端始终可以发出或接收认证。受控端口只有在认证通过的状态下才打开，用于传递网络资源和服务。受控端口可配置为双向受控、仅输入受控两种方式，以适应不同的应用环境。如果用户未通过认证，则受控端口处于未认证状态，则用户无法访问认证系统提供的服务。

认证服务器通常为 RADIUS（Remote Authentication Dial In User Service，远程用户拨号认证系统）服务器，是为设备端提供认证服务的实体。RADIUS 用于实现对用户进行认证、授权和计费，并可存储有关用户的信息，如用户所属的 VLAN、优先级、用户的访问控制列表等。当用户通过认证后，认证服务器会把用户的相关信息传递给认证系统，由认证系统构建动态的访问控制列表，用户的后续流量就接受上述参数的监管。认证服务器和 RADIUS 服务器之间通过 EAP 协议进行通信。

802.1x 认证系统使用 EAP（Extensible Authentication Protocol，可扩展认证协议）来实现客户端、设备端和认证服务器之间认证信息的交换。在客户端与设备端之间，EAP 协议报文使用 EAPOL 封装格式，直接承载于 LAN 环境中。在设备端与 RADIUS 服务器之间，可以使用两种方式来交换信息：一种是 EAP 协议报文使用 EAPOR（EAP over RADIUS）封装格式承载于 RADIUS 协议中；另一种是 EAP 协议报文由设备端进行终结，采用包含 PAP（Password Authentication Protocol，密码验证协议）或 CHAP（Challenge Handshake Authentication Protocol，质询握手验证协议）属性的报文与 RADIUS 服务器进行认证交互。

4．WPA2 相对 WEP 的改进

总体来说，WPA2 针对 WEP 的不足进行了如表 10-2 所示的改进。

表 10-2 WPA2 针对 WEP 的改进

WEP 存在的弊端	WPA2 的解决方法
初始化向量（IV）太短	在 AES-CCMP 中，IV 被替换为“数据包编号”字段，并且其大小将倍增至 48 位
不能保证数据完整性	采用 WEP 加密的校验和计算已替换为可严格实现数据完整性的 AES CBC-MAC 算法。CBC-MAC 算法计算得出一个 128 位的值，然后 WPA2 使用高阶 64 位作为消息完整性代码（MIC）。WPA2 采用 AES 计数器模式加密方式对 MIC 进行加密
使用主密钥而非派生密钥	与 WPA 和“临时密钥完整性协议”（TKIP）类似，AES-CCMP 使用一组从主密钥和其他值派生的临时密钥。主密钥是从“可扩展身份验证协议－传输层安全性”（EAP-TLS）或“受保护的 EAP”（PEAP）802.1x 身份验证过程派生而来的
不重新生成密钥	AES-CCMP 自动重新生成密钥以派生新的临时密钥组
无重播保护	AES-CCMP 使用“数据包编号”字段作为计数器来提供重播保护
无身份认证	采用 IEEE 802.1x 进行身份认证

10.4 无线 AP/路由器的 WPA 和 WPA2 设置

要使用 WPA 或 WPA2 WLAN 数据加密和身份认证安全技术，需要从无线 AP 或者路由器与无线客户端方面同时考虑。因为 WPA、WPA2 都有个人模式和企业模式两种不同的加/解密方案，所以设置方法也有所不同。本节以 D-LINK 公司的一款 IEEE 802.11g 标准的无线 AP 为例介绍无线 AP/路由器的 WPA 和 WPA2 加密、认证设置方法。

10.4.1 个人用户无线 AP/路由器的 WPA-PSK 或 WPA2-PSK 设置

对于个人和 SOHO 用户，在没有 RADIUS 服务器的情况下，使用的是 WPA 或者 WPA2 的简化版本——WPA-PSK（预先共享密钥 Wi-Fi 保护访问）或 WPA2-PSK，注意要对应选择。需要强调的是，WPA 和 WPA-PSK、WPA2 和 WPA2-PSK 采用了相同的加密机制，其区别仅在于 WPA-PSK、WPA2-PSK 的认证机制只有简单的一般密码，而不是针对用户特定的账户属性进行身份认证。虽然这种一般密码式的方法存在被暴力破解的可能性，但与 WEP 相比，无线网络的安全性仍然大大强化。

如图 10-16 所示是 D-LINK 公司一款无线 AP 采用 WPA-PSK 模式的配置界面。需要在“认证”区域中选择 WPA-PSK 单选项，然后在下面输入两次预共享密钥（密钥字符个数在 8～63

个之间），最后单击“执行”按钮即可使设置生效。当然也有些 WLAN 的 WPA 配置界面有些不同，如图 10-17 所示为在 NetGear WGR614 中设置使用 WPA-PSK 的界面，除了可以设置预共享密钥外，还可以配置密钥的存活时间。密钥存活时间的设置就是设定无线路由器自动更新所有客户端设备密钥的周期，这就给如暴力破解之类设置了更多的障碍，可以在一定程度上提高无线网络的安全性。

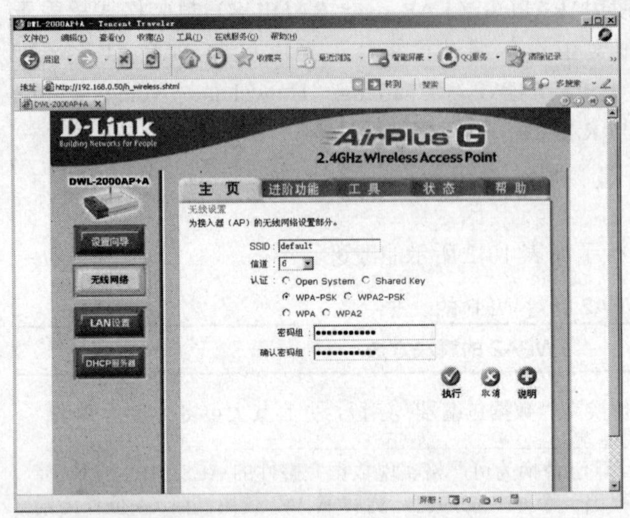

图 10-16　WPA-PSK 配置界面示例

【注意】WPA、WPA2 的预共享密钥字符可以包含符号和空白字符串，比 WEP 中限定的字符要广很多，这也就增加了密钥的强壮性。

如果设备支持 WPA2，并且需要采用 WPA2-PSK，则要选择 WPA2-PSK 认证方式，配置方法与 WPA-PSK 配置一样。如图 10-18 所示是 D-LINK 公司一款无线 AP WPA2-PSK 的配置界面。也可像图 10-17 所示的一样设置密钥存活时间。

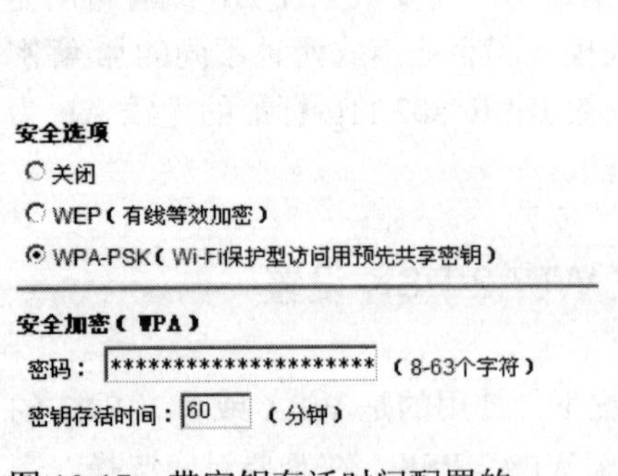

图 10-17　带密钥存活时间配置的 WPA-PSK 配置界面

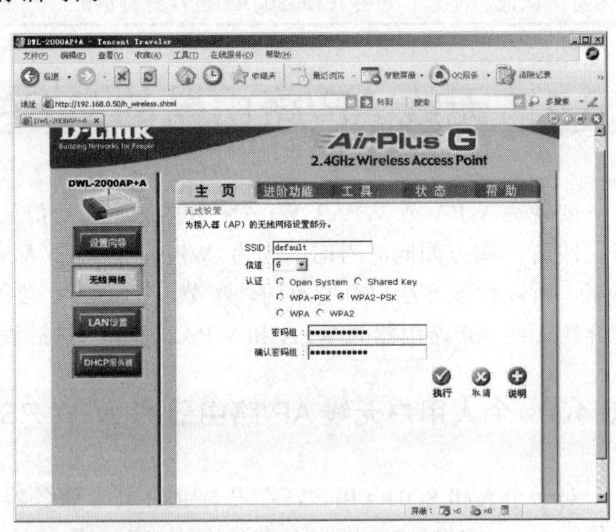

图 10-18　WPA2-PSK 配置界面示例

10.4.2　企业级无线 AP/路由器的 WPA 或 WPA2 设置

在企业级 WLAN 应用中，身份认证是通过 RADIUS 服务器进行的，采了全功能的 WPA 或

WPA2 技术。RADIUS 服务器的用户账户身份认证机制取代了 WPA-PSK 认证过程中的单一密码机制。首先是无线 AP/路由器在接到访问请求后会把用户的认证请求传送到 RADIUS 服务器，RADIUS 服务器则根据它其中的账户系统对请求用户进行身份认证。

设置 WPA 或 WPA2 时只要输入 RADIUS 服务器的 IP 地址、连接端口号（默认值为 1812，建议不要更改）、RADIUS 分享密钥（类似 WPA-PSK 密码）即可。有些 WLAN 设备可以配置两个，甚至多个 RADIUS 服务器，以确保 WPA 或 WPA2 认证的可用性。如图 10-19 所示是 D-LINK 公司的一款无线 AP 的 WPA 配置界面。如图 10-20 所示是 D-LINK 公司的一款无线 AP 的 WPA2 配置界面，与图 10-19 对比可以看出，两者的配置方法是完全一样的，只是其内部的加密和认证原理有些不同而已。当然现在许多设备都同时支持 WPA 和 WPA2 两个版本，以便能与网络中以前的设备在认证方式上保持兼容。同样也有些设备支持 WPA、WPA2 的密钥存活时间配置，进一步提高了无线网络的安全性。

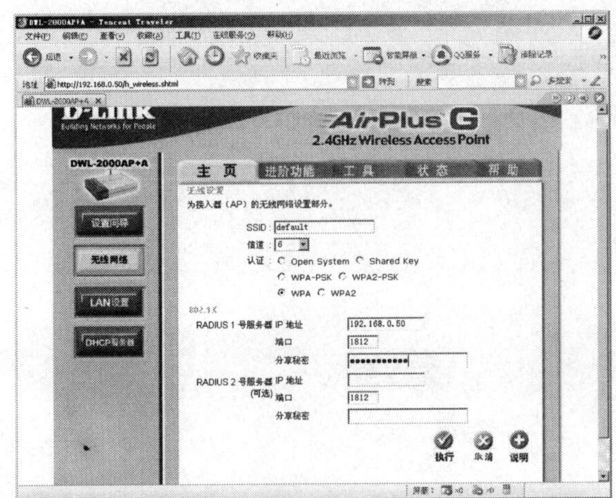

图 10-19　WPA 配置界面示例

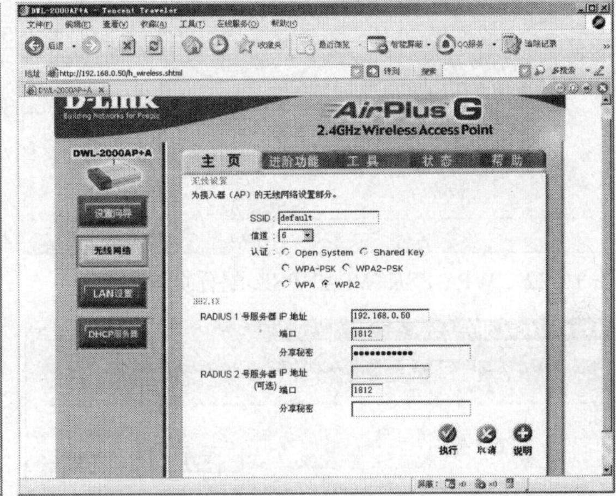

图 10-20　WPA2 配置界面示例

10.4.3　WLAN 客户端第三方软件的 WPA 和 WPA2 设置

在 WLAN 无线客户端，WAP、WPA2 同样存在个人用户和企业用户两种不同的设置方法，分别针对没有 RADIUS 和有 RADIUS 服务器的两种不同的 WLAN 网络环境。下面以 TP-LINK 公司的一款 IEEE 802.11g 标准的无线网卡配置为例进行介绍。

1．无线客户端的 WPA-PSK 或 WPA2-PSK 设置

本示例中的 TP-LINK IEEE 802.11g 标准 WLAN 网卡提供了第三方驱动程序和配置程序，WPA-PSK、WPA2-PSK 设置方法如下：

（1）打开网卡管理程序，进入“配置文件管理”选项卡，如图 10-21 所示。

（2）选择正确的配置文件（也可以在此新建配置文件），然后单击“修改”按钮，在打开的对话框中选择“安全”选项卡，如图 10-22 所示。

（3）对于 WLAN 网络中没有配置 RADIUS 服务器的个人或 SOHU 用户，则要选择其中的“WPA/WPA2 密码短语”单选项，然后单击下面的“配置”按钮，打开如图 10-23 所示的“定义 WPA/WPA2 预共享密钥”配置对话框。密钥可以是 8～63 个 ASCII 字符或者 64 个十六进制字符。

在图 10-22 中最下面的 Group Policy Delay 是专门为 WPA/WPA2、WPA-PSK/WPA2-PSK 和 IEEE 802.11i 安全认证方式提供的策略延时设置的，也就相当于前面讲到的“密钥存活时间”设置。当到达设置的时间后，程序会自动更换密钥，作为临时共享密钥，防止黑客攻击。

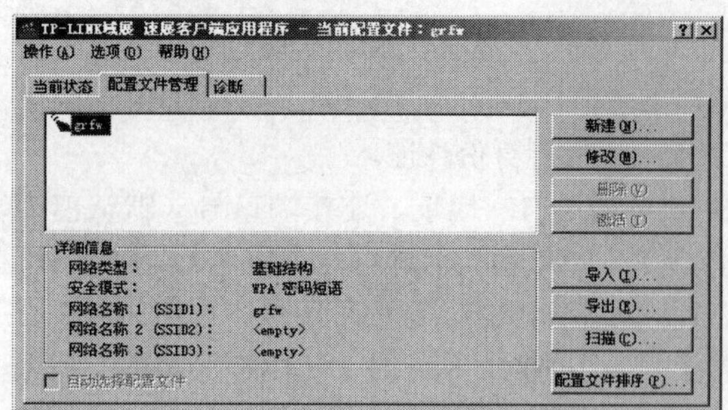

图 10-21　WLAN 网卡管理程序的“配置文件管理”选项卡

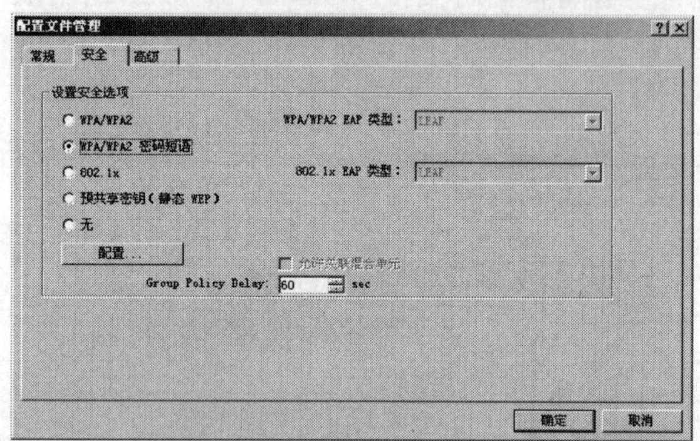

图 10-22　WPA-PSK/WPA2-PSK 配置页面示例

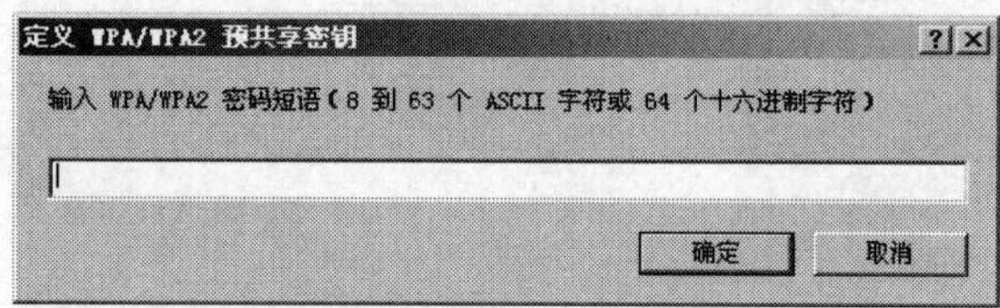

图 10-23　WPA/WPA2 预共享密钥配置对话框

2．无线客户端的 WPA/WPA2 设置

WPA-PSK 与标准的 WPA 或称企业级 WPA 模式的唯一不同在于认证机制。在 WPA-PSK 模式中，认证过程在无线 AP 或无线路由器中完成，无线工作站通过输入无线 AP/路由器和无线客户端设备的预先保存密钥作为身份认证。在企业级 WPA 模式中，认证机制是由认证服务器使用各种形态的身份认证来完成，其中包含了数字证明、唯一的用户名称和密码、智能卡或其他安全的 ID，这时无线 AP 或无线路由器所承担的任务只是在无线与有线网络之间建构起认证桥梁。

对于 WLAN 网络中有 RADIUS 服务器的环境，则要采用 WPA 或 WPA2 安全认证方式。此时要在如图 10-24 所示的对话框中选择 WPA/WPA2 单选项，然后在右边的“WPA/WPA2 EAP 类型”下拉列表框中选择适当的 EAP（扩展认证协议）身份验证类型。

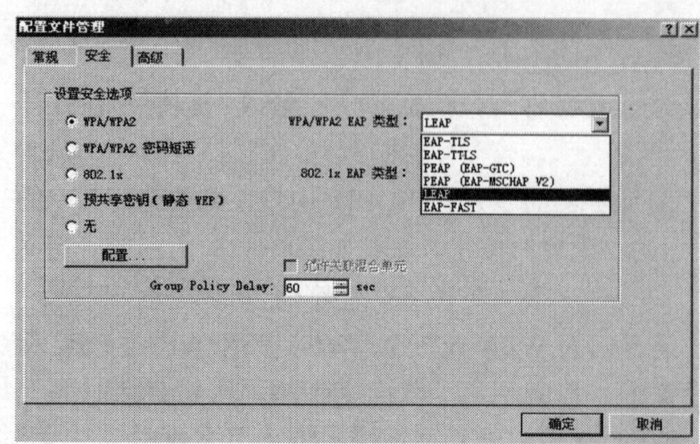

图 10-24　WPA/WPA2 配置页面示例

WPA/WPA2 使用 802.1x 中的 EAP（扩展认证协议）来强迫用户级的认证机制使用 802.1x 连接基础结构 WLAN 网络。EAP 可延伸支持多种认证方式与协议，具体的支持方式会随所使用的客户端服务请求软件和服务器认证机制而不同。具体如下（它们的对比如表 10-3 所示）：

表 10-3　主要 EAP 认证方式比较

802.1x EAP 类型	TLS	TTLS	FAST	LEAP	PEAP
需要客户端证书	是	否	否（采用 PAC）	否	否
需要服务器证书	是	否	否（采用 PAC）	否	是
WEP 密钥管理	是	是	是	是	是
Rouge AP 检测	否	否	是	是	否
提供商	MS	Funk	Cisco	Cisco	MS
验证属性	相互	相互	相互	相互	相互
部署难易程度	难（因为客户端证书配置的缘故）	一般	一般	一般	一般
无线安全	很高	高	高	在使用强密码时高	高

- EAP-TLS（EAP-Transport Layer Security，扩展认证协议－传输层安全）

它为客户端和网络提供基于证书及相互式的验证。它依赖客户端和服务器方面的证书进行验证，可用于动态生成基于用户和通话的 WEP 密钥以保障 WLAN 客户端和接入点之间的通信。EAP-TLS 的不足之处在于必须由客户端和服务器端双方管理证书。对于较大的 WLAN 安装，则是比较重的任务。

- EAP-TTLS（EAP-Tunneled Transport Layer Security，扩展认证协议－隧道传输层安全）

它是由 Funk Software and Certicom 公司开发的，作为 EAP-TLS 的扩展。此安全方法通过加密通道（或“隧道”）为客户端和网络之间提供基于证书的相互验证，同时可基于每个连接动态生成用户对话的 WEP 密钥。与 EAP-TLS 不同，EAP-TTLS 仅需要服务器方面的证书。

- EAP-FAST（Flexible Authentication via Secure Tunneling，扩展认证协议－通过安全隧道灵活认证）

它是由 Cisco 公司开发的。相互认证是通过 PAC（保护访问资格）而不是使用证书实现的，PAC 可以由认证服务器动态管理，既可手动也可自动配备（一次性分发）给客户端。手动配备是通过磁盘或可靠的网络分发方法配送到客户端，自动配备是指带内以无线方式分发。

- LEAP（Lightweight Extensible Authentication Protocol，轻型可扩展验证协议）

这是一种主要用于 Cisco Aironet WLAN 的 EAP 验证类型。它使用动态生成的 WEP 密钥对数据传输进行加密，并支持相互验证。至于其所有权，Cisco 已通过 Cisco Compatible Extensions 计划，将 LEAP 授权给其他制造商许可使用。

- PEAP（Protected Extensible Authentication Protocol，受保护的可扩展验证协议）

它是通过 802.11 无线网络提供了一种安全传输验证数据的方法，包括传统的密码保护协议。PEAP 通过使用 PEAP 客户端和验证服务器之间的“隧道”来实现。同竞争对手标准“隧道传输层安全”（TTLS）一样，PEAP 使用服务器单边证书来验证无线 LAN 客户端，从而简化了安全无线 LAN 的执行和管理。Microsoft、Cisco 和 RSA Security 都开发了 PEAP，Microsoft 的称为 EAP-MSCHAP v2，Cisco 的称为 EAP-GTC。

在图 10-24 所示的对话框中具体要选择哪种认证方式，则要视具体网络环境和 RADIUS 服务器，以及 AP/路由器设备所支持的认证方式而定。选择了一种认证方式后单击下面的"配置"按钮即可打开详细的安全认证配置对话框。但要注意，不同认证方式的配置对话框也不一样。如图 10-25 所示是选择 EAP-TLS 选项后的配置对话框，图 10-26 所示是选择 EAP-TTLS 选项后的配置对话框。

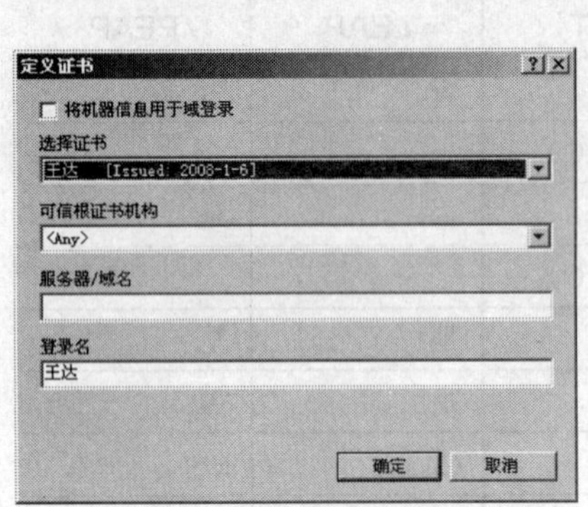

图 10-25 EAP-TLS 认证配置对话框

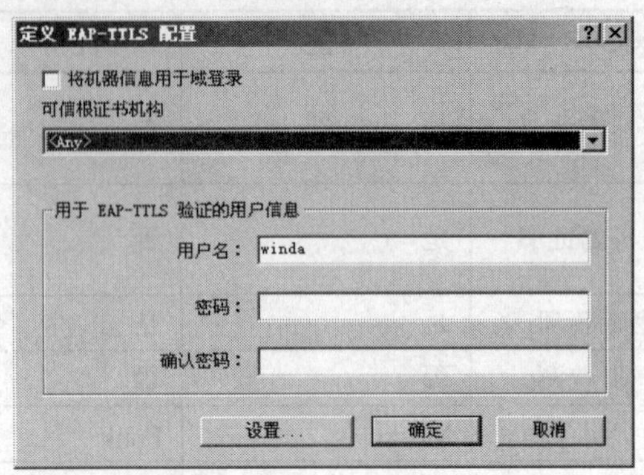

图 10-26 EAP-TTLS 认证配置对话框

10.4.4 Windows XP 无线客户端 WPA/WPA2 配置

除了使用网卡厂商第三方管理程序来配置 WLAN 网卡的安全认证外，还可以使用 Microsoft Windows 2000/XP/Server 2003/Vista/Server 2008 等系统自带的 WLAN 网卡管理程序进行配置。现以 Windows XP 系统为例进行介绍，具体步骤如下：

（1）安装好 WLAN 网卡驱动程序后，在 WLAN 网卡无线连接上右击，在弹出的快捷菜单中选择"属性"选项，在打开的对话框中选择"无线网络配置"选项卡，如图 10-27 所示。

【注意】如果在图 10-27 中没有"无线网络配置"选项卡，则可能是因为没有启用 WZC（无线零配置）服务，在如图 10-28 所示的"服务"控制台中启动 Wireless Zero Configuration（WZC）服务即可。

（2）选择"用 Windows 配置我的无线网络设置"复选项，如果还没有加入一个 WLAN 网络，则可以单击"添加"按钮，打开如图 10-29 所示的对话框；如果已加入了一个 WLAN 网络中，则可以直接在"首选网络"列表框中选择相应的 WLAN 网络项，然后单击"属性"按钮，打开的对话框类似图 10-29 所示。在这里针对 WPA、WPA2 可以配置的主要选项是"网络身份验证"和"数据加密"两个。

（3）如果是没有 RADIUS 认证服务器的个人或 SOHO WLAN 网络，则要在"网络身份验证"下拉列表框中选择 WPA-PSK 或 WPA2-PSK 选项（如图 10-29 所示），然后在下面的"数据加密"下拉列表框中对应选择用于数据加密的算法类型，WPA-PSK 支持的是 TKIP 算法，而 WPA2-PSK 支持的是 AES。最后在下面的"网络密钥"和"确认网络密钥"两个文本框中输入预共享密钥（也是 8～63 个字符）。

如果加入的网络是有 RADIUS 服务器的 WLAN 网络，则要在"网络身份验证"下拉列表框中选择 WPA 或 WPA2 选项（如图 10-30 所示），然后同样在"数据加密"下拉列表框中对应选择 TKIP 或 AES 加密算法选项。

（4）如果是选择了 WPA 或 WPA2 网络身份验证类型，则在图 10-30 所示的对话框中单击"验证"选项卡，如图 10-31 所示。在这里默认是强制使用 EAP 身份认证的，可以选择 PEAP、智能卡或其他扩展身份认证类型。选择好后单击"属性"按钮还可以对所选择的扩展身份认证类型进行具体配置。如图 10-32 所示是选择了 PEAP 认证类型时打开的属性对话框，在这里可以指定证书服务器和证书颁发机构等属性。

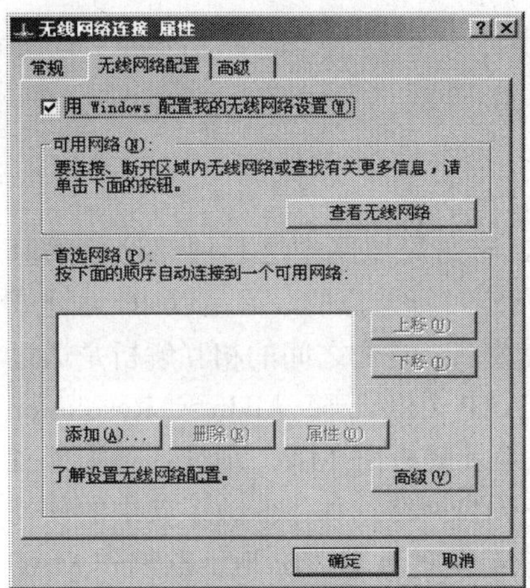

图 10-27 “无线网络连接 属性”对话框的“无线网络配置”选项卡

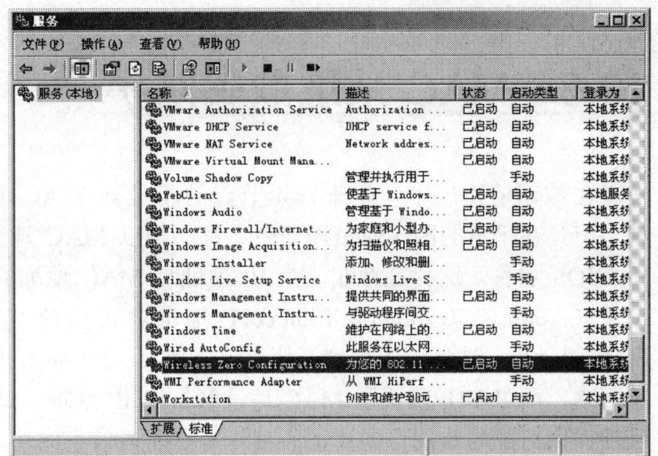

图 10-28 “服务”服务控制台中的 WZC 服务

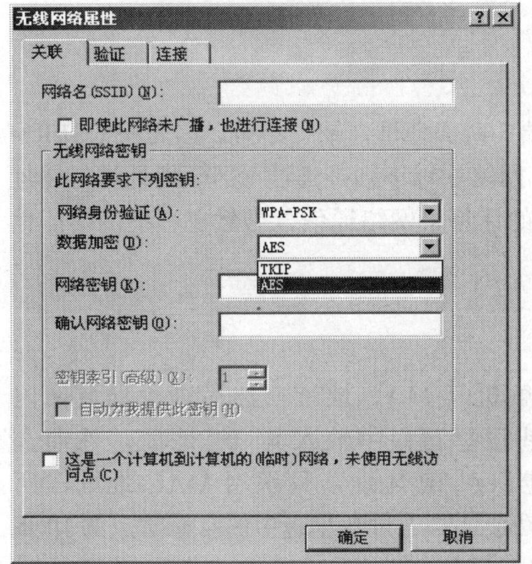

图 10-29 WPA-PSK/WPA2-PSK 认证配置页面

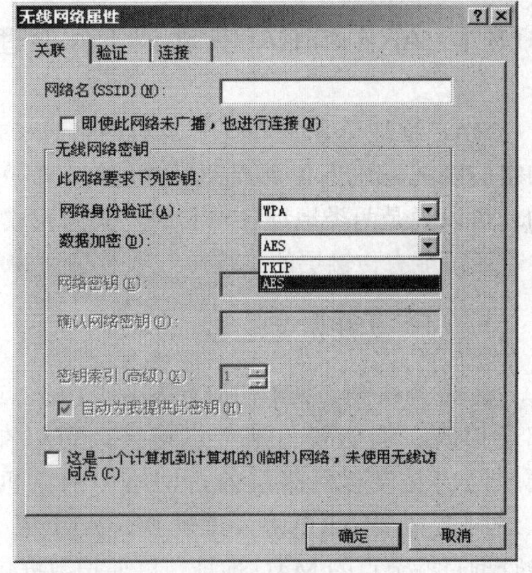

图 10-30 WPA/WPA2 认证配置页面

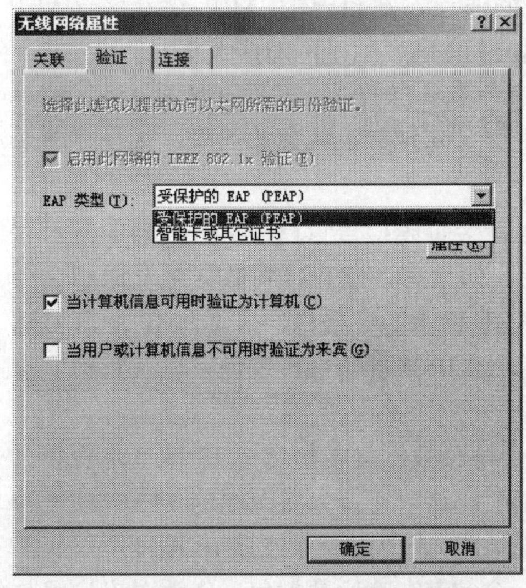

图 10-31 配置 EAP 类型的“验证”选项卡

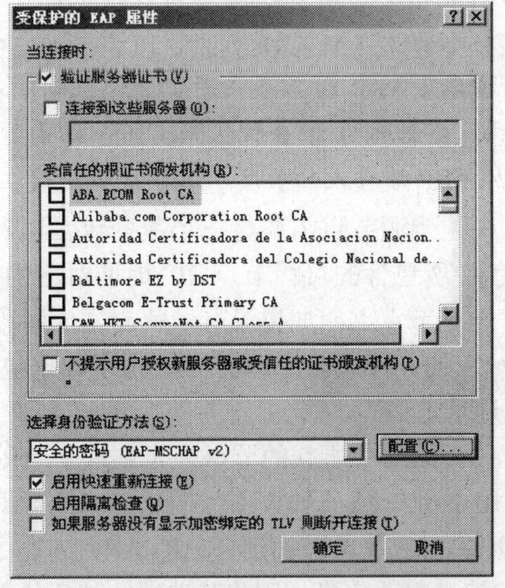

图 10-32 PEAP 属性对话框

（5）以上配置好后单击“确定”按钮完成网卡的安全认证配置。

10.5 MAC 地址欺骗防护

在数据链路层中，用来标识节点的就是其 MAC 地址。它是局域网中进行网络通信的基础。但是在平常的网络通信操作中，都不是以 MAC 地址来指定目标节点的，而是以 IP 地址或 NetBIOS 名称。这样就存在一个 IP 地址与 MAC 地址的对应关系，它们之间的相互解析是通过 ARP（Address Resolution Protocol，地址解析协议）或 RARP（Reverse Address Resolution Protocol，反向地址解析协议）协议进行的：ARP 负责由 IP 地址解析出 MAC 地址，适用于有盘网络，而 RARP 负责从 MAC 地址解析出 IP 地址，适用于无盘网络。如果修改了其中的任何一项，则可能导致找不到真正的目标节点而通信不成功。这就是两种欺骗：IP 地址欺骗和 MAC 地址欺骗。IP 地址欺骗是基于网络层的，而 MAC 地址欺骗是基于数据链路层的。在此仅介绍 MAC 地址欺骗。

10.5.1 ARP 和 RARP 协议工作原理

MAC 地址与 IP 地址是计算机网络通信中非常重要的两类地址，缺一不可。因为在 OSI/RM 网络层以上是通过 IP 地址进行寻址的，而在 OSI/RM 网络层以下则是通过 MAC 地址进行寻址的。可以说是两类地址各司其职，共同完成一个完整的计算机网络通信。当然在一些网络通信中，还可能有传输层的“端口”号参与到 IP 寻址中。

1. ARP 工作原理

前面介绍到，ARP 协议是用于由节点 IP 地址解析其 MAC 地址，然后进行局域网内部通信的。例如要与某主机连接，可以在浏览器或运行窗口中输入其 IP 地址，然而在局域网内是没有网络层的，网络中的主机设备不能识别 IP 地址，只识别 MAC 地址，所以这时就需要 ARP 协议来转换。ARP 协议的基本功能就是通过数据包中的目标节点的 IP 地址查询目标节点的 MAC 地址，以便把数据包发送到目标设备中。

ARP 的基本工作原理如下：

（1）每台主机都会根据以往在网络中与其他节点的通信，在自己的 ARP 缓存区（ARP Cache）中建立一个 ARP 列表，以表示网络中节点 IP 地址和 MAC 地址的对应关系。

【说明】ARP 缓存表采用了老化机制，在一段时间内如果表中的某一行没有使用（Windows 系统的这个时间为 2 分钟，而 Cisco 路由器的这个时间为 5 分钟），就会被删除，这样可以大大减少 ARP 缓存表的长度，加快查询速度。

（2）当源节点需要将一个数据包发送到目标节点时，会首先检查自己 ARP 列表中是否存在该包中所包含的目标节点 IP 地址对应的 MAC 地址。如果有，则直接将数据包发送到这个 MAC 地址节点上；如果没有，就向本地网段发起一个 ARP 请求的广播包，查询此 IP 地址目标节点对应的 MAC 地址。此 ARP 请求数据包里包括源节点的 IP 地址、硬件地址，以及目标节点的 IP 地址。

（3）网络中所有的节点在收到这个 ARP 请求后，会检查数据包中的目标 IP 地址是否和自己的 IP 地址一致。如果不相同就忽略此数据包；如果相同，该节点首先将源端的 MAC 地址和 IP 地址的对应表项添加到自己的 ARP 列表中。如果发现 ARP 表中已经存在该 IP 地址所对应的 MAC 地址表项信息，则将其覆盖，然后给源节点发送一个 ARP 响应数据包，告诉对方自己是它需要查找的 MAC 地址节点。

（4）源节点在收到这个 ARP 响应数据包后，将得到的目标节点的 IP 地址和 MAC 地址对应表项添加到自己的 ARP 列表中，并利用此信息开始数据的传输。如果源节点一直没有收到 ARP 响应数据包，则表示 ARP 查询失败。

2. RARP 工作原理

ARP 协议是根据 IP 地址找其对应的 MAC 地址，而 RARP 则是根据 MAC 地址找其对应 IP 地址，所以称之为“反向 ARP”。具有本地磁盘的系统引导时，一般是从磁盘上的配置文件中读取 IP 地址，然后即可直接用 ARP 协议找出与其对应的主机 MAC 地址。但是无盘机，如 X 终端或无盘工作站，启动时是通过 MAC 地址来寻址的，这时就需要通过 RARP 协议获取 IP 地址。

RARP 的基本工作原理如下：

（1）发送端发送一个本地的 RARP 广播包，在此广播包中声明自己的 MAC 地址，并且请求任何收到此请求的 RARP 服务器分配一个 IP 地址。

（2）本地网段上的 RARP 服务器收到此请求后，检查其 RARP 列表，查找该 MAC 地址对应的 IP 地址。如果存在，RARP 服务器就给源主机发送一个响应数据包，并将此 IP 地址提供给对方主机使用；如果不存在，RARP 服务器对此不做任何响应。

（3）源端在收到从 RARP 服务器来的响应信息后，利用得到的 IP 地址进行通信；如果一直没有收到 RARP 服务器的响应信息，则表示初始化失败。

10.5.2 MAC 地址欺骗原理

在正式介绍 MAC 地址欺骗或者说 ARP 欺骗之前，先举一个现实生活中比较容易理解的例子，因为它与本节所要讲的 MAC 地址欺骗原理类似。

在现实生活中，我们每个人都有一个姓名和身份证号，如果有快递公司送来一份需要身份确认的快递，快递中包括了收件人的姓名和身份证号。而在某单位中有两个或者更多同名又同姓的人。如果直接依靠姓名来送达邮件，肯定不行。送件人送到某单位，叫收件人姓名时，肯定会有两个或多个人响应。这时该送给谁呢？此时，送件人就可以把真正收件人的身份证号对这几位同名同姓的人进行公布，以验证谁是真正的收件人。正常情况下，肯定只有一个人说自己的身份证号就是公布的这个身份证号。但是如果那天恰好真正的收件人不在场，而同名同姓的人中有人假冒了与真正收件人一样的身份证号的身份证。因为姓名也一样，送件人就会把邮件送给这个持假身份证的同名同姓的人（因为一般送件人是不会鉴别身份证真假的）。很明显，这样就会出现问题。发件人问真正的收件人是否收到他的快递时，真正的收件人肯定就会说没有，而快递公司却非常肯定地说收件人已收到了快递。出于减少麻烦的心态，发件人可能再次通过同家快递公司发送快递想给真正的收件人。如果送件人仍是原来这个的话，他可能就会直接把快递送给上次他认识了的那个“假”收件人了。这就是一种欺骗，而且这是一种人为的欺骗。如果把收件人的姓名比作计算机的 IP 地址，而身份证号比作计算机的 MAC 地址的话，这就形成了“MAC 地址”欺骗。ARP 病毒所进行的 MAC 地址欺骗的原理就是这样的。

现在以一个模拟 MAC 地址欺骗为例再次阐述一下 MAC 地址欺骗的原理。

现假设有一个寻找 IP 地址为 192.168.0.10 的 MAC 地址的 ARP 广播包，正确的 MAC 地址应该是 AA-AA-AA-AA-AA-AA，而黑客所在主机的 MAC 地址为 BB-BB-BB-BB-BB-BB。

MAC 地址欺骗的基本原理如下：

（1）这个 ARP 广播包会在网络中进行广播，网络中的所有节点都可以接收到。

（2）正常节点在接收 ARP 广播包后，在比较了自己网络接口上配置的 IP 地址确认不是自己的后，就不作应答。而安装了黑客程序的主机可能就不一样了。本来自己的 IP 地址不是 ARP 广播包中的目标 IP 地址——192.168.0.10，但它也应答，说自己的 IP 地址是 192.168.0.10，并不断地向源端发送 ARP 响应包（也有 ARP 缓存表会定期自动更新的原因）。响应包当然包含的是正确的目标节点 IP 地址和不正确的 MAC 地址（黑客程序所在主机网卡的 MAC 地址 BB-BB-BB-BB-BB-BB）对应信息。

（3）此时尽管网络中可能真正是目标 IP 地址的节点也向源端发出了 ARP 响应，但是由于黑客程序会不断地发送响应包，这样在源端会强制以黑客程序发送的响应包中的信息来更新 ARP 缓存表。这样就会在源端 ARP 缓存表中存在错误的 IP 地址和 MAC 地址对应表项。本来应为 192.168.0.10 与 AA-AA-AA-AA-AA-AA，现在就变成了 192.168.0.10 与 BB-BB-BB-BB-BB-BB。

（4）当下次再收到要发往目标 IP 地址为 192.168.0.10 的数据包时，源端就不会再广播了，而直接发到 MAC 地址为 BB-BB-BB-BB-BB-BB 的主机上，也就是黑客所在的主机上。显然这样的通信不会真正成功，因为其 IP 地址根本就不是 192.168.0.10。

以上是黑客仿冒一般的节点，如果黑客仿冒的是网关 IP 地址，那么全网用户就不能上网成功了。这就是 ARP 病毒之所以会造成全网用户上网不成功的原因。因为 ARP 病毒把网关重定向到了非正确的网关接口上，这完全可以通过执行 ARP 命令来查看验证。

10.5.3 MAC 地址欺骗源的查找和预防

MAC 地址欺骗不一定是 ARP 病毒所为，其他黑客程序也可以实现类似的功能，而且还可以主动发送 ARP 包，强制更新目标主机的 ARP 缓存表。不过，本节仍以最常见的 ARP 病毒中的 MAC 地址欺骗为例介绍其预防方法。

1. ARP 病毒源查找和 ARP 病毒清除

ARP 欺骗主要是修改网关 IP 地址与 MAC 地址的映射关系（是通过把网关 IP 地址与其他 MAC 地址映射实现的），可用以下方法查找 ARP 病毒源主机：

（1）ping 网关 IP 地址，使得在本机上有相应 IP 地址的 ARP 缓存。

（2）利用 arp -a 命令查看 ARP 缓存即可见到网关 IP 地址所对应的 MAC 地址。

（3）用 LANSEE 之类的局域网工具软件查看这个 MAC 地址所对应的主机即可知道是哪台主机感染了 ARP 病毒。这时就可以有针对性地对这台主机进行 ARP 病毒清理了（通常是通过杀病毒软件进行）。

另外，可以使用工具查找并清除病毒源。在这里介绍两款查找 ARP 病毒源主机的工具软件：nbtscan 和 Anti ARP Sniffer。

- nbtscan

nbtscan 是一个扫描 Windows 网络 NetBIOS 信息的小工具，但只能用于局域网，可以显示 IP、主机名、用户名称和 MAC 地址等。

首先从网上下载 nbtscan.rar 到硬盘后解压，然后将 cygwin1.dll 和 nbtscan.exe 两个文件拷贝到任何目录下，进入 MSDOS 窗口中，并定位到存放以上两个文件的目录下，即可输入命令：nbtscan -r *IP 地址段*（如 192.168.0.0/24，假设本机所处的网段是 192.168.0.0，掩码是 255.255.255.0），结果显示类似于图 10-33 所示。

【说明】加入 r 参数的目的是使命令仅从 137 号端口进行扫描，Windows 95 系统仅支持这种方式。如果是 Windows 95 以后版本的系统，则可以不加 r 参数。

也可以仅对特定 IP 地址段进行查看，此时可以有两种方式：①采用“-”符号连接要扫描的起始和终止 IP 地址，如 192.168.0.10 - 192.168.0.200，则仅对这两个起始和终止地址之间的 IP 地址段进行扫描；②用“-”符号连接起始和终止 IP 地址的最后主机位，如前面的 192.168.0.10 - 192.168.0.200 也可以直接输入 192.168.0.10-200。两种运行方式的效果是一样的，分别如图 10-34 的上、下部分所示。

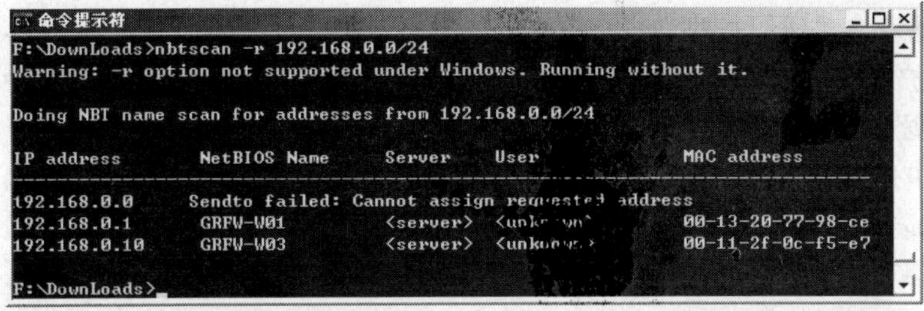

图 10-33　运行 nbtscan 命令后的窗口

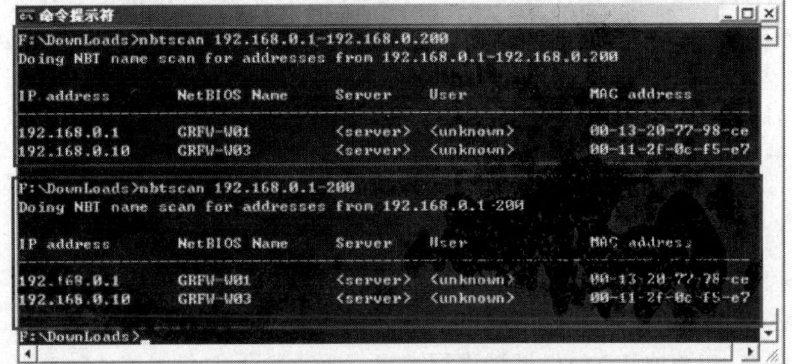

图 10-34　两种 IP 地址段扫描方式

在 nbtscan 软件包中还有一个命令，即 gui.exe 命令，它是一种窗口式的 MAC 地址扫描器，如图 10-35 所示。它可以自定义扫描的范围。

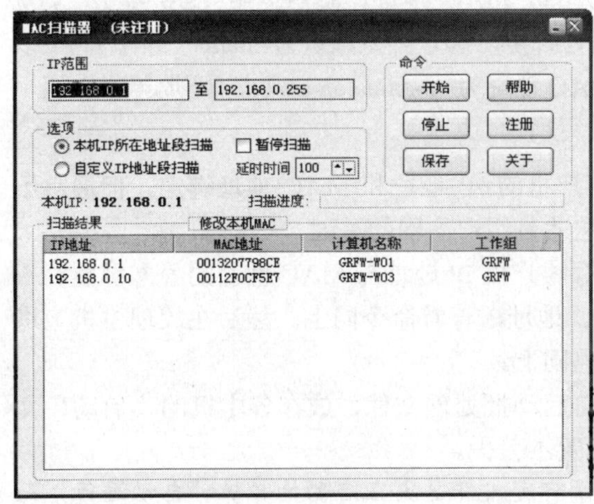

图 10-35　MAC 扫描器对话框

通过以上两种扫描工具扫描后，如果发现有两个不同 IP 地址的主机所对应的 MAC 地址一样，则证明肯定其中有一个是盗用了另一个用户主机（通常是网关服务器）的 MAC 地址，只要对照一下原网关服务器的 MAC 地址即可发现 ARP 病毒源主机所对应的 IP 地址，这样就可以确定 ARP 病毒源了。然后再对其进行断网，并用专门的工具软件进行病毒清理。

【注意】使用 nbtscan 时，有时因为有些计算机安装了防火墙软件，nbtscan 的输出不全，但在计算机的 arp 缓存中却能有所反映，所以使用 nbtscan 时，还可同时查看 arp 缓存，这样就能得到比较完整的网段内计算机 IP 地址与 MAC 地址的对应关系了。

- Anti ARP Sniffer

另一个有效防护 ARP 病毒的工具是 Anti ARP Sniffer。使用 Anti ARP Sniffer 可以防止利用 ARP 技术进行数据包截取，防止利用 ARP 技术发送地址冲突数据包。只需要在主窗口的“网关地址”文本框中输入网关 IP 地址，单击“枚举 MAC”按钮将会显示出网关的 MAC 地址。再单击“自动防护”按钮即可保护当前网卡与该网关的通信不会被第三方监听。如果发生了 ARP 欺骗，则会在窗口中显示，根据显示的欺骗主机 IP 地址可以很快找到 ARP 病毒源主机。

目前还有一些专门针对 ARP 病毒攻击的防火墙软件，如彩影软件的 ARP 防火墙。ARP 防火墙采用系统内核层拦截技术和主动防御技术，六大功能模块（拦截外部攻击、拦截 IP 冲突、拦截对外攻击、监测 ARP 缓存、主动防御、锁定攻击者）互相配合，可以彻底解决 ARP 欺骗、ARP 攻击带来的问题，从而保证通信安全（保证通信数据不被网管软件、恶意软件监听和控制）、保证网络畅通。它也分单机版（其实就是前面介绍的 Anti ARP Sniffer）和网络版两种，单机版只能保护一台主机，而网络版则可以保护整个网络。具体可以到以下地址查看相关产品：http://www.antiarp.com/。趋势科技的 OfficeScan 客户端防火墙也具备监控并预防 ARP 欺骗的功能。

另外，通过 Icesword（冰刃）工具可以查找隐藏的进程、服务和文件，对查找 ARP 病毒源有所帮助。这款工具软件可用于清除灰鸽子木马。

2．ARP 病毒的预防

预防 ARP 病毒的解决方案主要有以下两种：

- 手动绑定 IP 地址和 MAC 地址

对客户机、网关服务器的静态 IP 地址和 MAC 地址进行绑定，或者编写 IP 地址和 MAC 地址绑定批处理文件，以自启动批处理文件方式存到“启动”文件夹中。

这里的绑定文件采用记本事、Word 等文本编辑工具即可。

（1）在所有的客户端机器上进行网关服务器的 IP 地址与 MAC 地址的静态绑定。

首先在网关服务器（代理主机）的主机上查看本机 MAC 地址，然后运用“arp -s *IP 地址 MAC 地址 类型*”命令在客户机上对网关服务器进行绑定。绑定类型默认为 static（静态），可以不输入。如网关服务器的 IP 地址为 192.168.0.1，MAC 地址为 aa-aa-aa-aa-aa-11，则绑定命令为：

```
arp -s 192.168.0.1 aa-aa-aa-aa-aa-11
```

如有必要，还建议在客户机上进行所有其他客户机的 IP 地址和 MAC 地址绑定，但通常不用这么做，因为 ARP 主要欺骗的是网关服务器，它才是用户上网的关键。

（2）在网关服务器（代理主机）的主机上进行客户机 IP 地址与 MAC 地址的静态绑定。

首先在所有的客户端机上查看 IP 地址和 MAC 地址，查看命令同上。然后在代理主机上进行所有客户端服务器的 ARP 静态绑定，绑定方法也同上。

（3）以上静态绑定最后做成一个 Windows 自启动批处理文件，放在各主机的“启动”文件夹中，让计算机一启动就执行以上操作，保证配置不丢失。

【经验之谈】如果不是放在“启动”文件夹中让绑定文件每次在启动计算机时自动运行，而是在 DOS 命令窗口中运行以上绑定命令，则重启系统后所有原来所做的绑定都将失效，必须重新绑定，很麻烦。

- 在交换机、路由器或防火墙内进行 IP 地址与 MAC 地址的绑定

有些交换机、路由器或防火墙具有 MAC 地址和 IP 地址的绑定功能，但通常也只是对网关服务器的 IP 地址与 MAC 地址进行绑定，不能对网络中的所有主机进行绑定。具体将在下节通过示例介绍。

10.6 Cisco 设备基于端口的 MAC 地址绑定

前面介绍了基于主机的 MAC 地址和 IP 地址的绑定方法，其实这种绑定效果不是很好，因为主机是经常要重启的。而重启后，这些绑定是会失效的。尽管可以放在自动启动项中，但每

次启动都必须重新加载这个启动项。在网络设备上绑定是目前主要的一种端口 MAC 地址和 IP 地址绑定方式，因为网络设备一般极少重启。

在网络设备上，MAC 地址绑定主要有两种方式：基于端口的 MAC 地址绑定和基于 IP 地址的 MAC 地址绑定（其实还有一种，就是端口、MAC 地址和 IP 地址三者同时绑定）。前者主要是在交换机上进行配置，后者既可以在交换机上配置，也可以在路由器和防火墙上进行配置。基于交换机端口绑定 MAC 地址后，就只有该 MAC 地址主机才能访问所绑定的交换机端口，防止其他主机访问该端口上的主机；基于 IP 地址的 MAC 地址绑定，则只有具有正确的 MAC 地址与 IP 地址绑定关系的数据包才允许进行正常的网络通信，防止其他 IP 地址用户仿冒合法用户的 MAC 地址。如果同时进行了端口、MAC 地址和 IP 地址绑定，则只有符合三者绑定关系的数据包才能访问相应端口。

但不同品牌设备的 MAC 地址绑定方法有些不同（其实原理是一样的），在此仅以最主流的 Cisco 交换机、路由器和防火墙的 MAC 地址绑定方法进行介绍。

10.6.1 基于端口的单一 MAC 地址绑定的基本配置步骤

在 Cisco 设备上为了实现基于端口的绑定，开发了一种 Port-Secruity（端口安全）的技术。因为 Cisco 的交换机、路由器和防火墙的 MAC 地址绑定方法基本上都一样，所以在此仅以 Cisco 交换机的 MAC 地址绑定配置为例进行介绍。

为了增强安全性，可以将主机 MAC 地址和端口地址绑定起来作为安全地址，防止 MAC 地址被非法与其他端口形成映射关系。当然也可以只指定 MAC 地址和 IP 地址，而不绑定端口地址。利用端口安全这个特性，可以通过限制允许访问交换机上某个端口的主机 MAC 地址和 IP 地址（可选）来实现严格控制对该端口所连主机或设备的访问。当为安全端口（打开了端口安全功能的端口）配置了具体的安全地址后，则除了源地址为这些安全地址的包外，这个端口将不转发其他任何报文。此外，还可以限制一个端口上能包含的安全地址的最大个数。如果一个端口被配置为一个安全端口，当其安全地址的数目已经达到允许的最大个数后，如果该端口收到一个源地址不属于端口上的安全地址的包时，所传送的报文将被丢弃，并发送违例通知或关闭相应端口。如果将最大个数设置为 1，并且为该端口配置一个安全地址，则只有配置了该端口安全 MAC 地址的主机或设备才能连接访问这个端口，独享该端口的全部带宽。

配置了基于端口的 MAC 地址绑定后，当发现发送数据包的主机的 MAC 地址与交换机相应端口上绑定的 MAC 地址不同时，交换机相应的端口将关闭，数据包将丢弃。但给端口绑定 MAC 地址时，端口模式必须为 access（访问）或 Trunk（中继）模式。

【注意】 这里的基于端口的 MAC 地址绑定并不是把某个 MAC 地址固定配置在交换机的某个端口上，而是限定能够访问该端口的主机 MAC 地址。

Cisco 交换机上基于端口的 MAC 地址绑定的具体配置步骤如下：

（1）Switch#**con t** #进入全局配置模式

（2）Switch(config)#**int** *interface-id* #进入相应端口的端口配置模式

（3）Switch(config-if)#**switchport mode access** #设置以上端口为访问模式（如果确定接口已经 #处于 **access** 模式，则此步骤可以省略）

（4）Switch(config-if)#**switchport port-security** #在以上端口上启用端口安全特性

（5）Switch(config-if)#**switchport port-security mac-address** *mac* #把 MAC 地址绑定在 *interface-id* #端口上

（6）Switch(config-if)#**switchport port-security maximum value** #设置端口上可以容纳的安全地址 #的最大个数，一般范围是 1～132（不同厂家这个数值略微有所不同），也可以不配置

（7）Switch(config-if)# switchport port-security violation {protect | restrict | shutdown} #设置处理违例 #的方式

选择 **protect** 可选项时，则保护端口，当安全地址个数满后，安全端口将丢弃来源于非安全地址范围内的地址的所有数据包；选择 **restrict** 可选项时，当违例产生时，将发送一个警告通知给管理员，但非安全地址的通信仍将进行；当选择 **shutdown** 可选项时，当违例产生时，将关闭端口，并发送一个警告通知给管理员。默认行为是关闭端口。

【注意】 当端口因为违例而被关闭后，管理员可以在全局配置模式下使用 **errdisable recovery** 命令来将端口从错误状态中恢复过来，重新激活该端口。

```
（8）Switch(config-if)#end                          #返回到特权模式
（9）Switch#show port-security interface            #查看交换机的端口安全端口配置，验证以上所做的配置
（10）Switch#wr                                     #保存配置
```

当然，你可以在一系列端口上配置端口安全，下面是一个示例：

```
Switch)# config t                                   #进入全局配置模式
Switch(config)# int range f0/1 – 24                 #选定 f0/1～f0/24 这 24 个端口
Switch(config-if)#switchport mode access
Switch(config-if)# switchport port-security
```

然后再按上述步骤配置这些端口上允许访问的源主机 MAC 地址。

10.6.2　基于端口的单一 MAC 地址绑定配置示例

下面以 Cisco Catalyst 3550 型号交换机为例介绍基于端口的 MAC 地址绑定配置方法。示例中是指定快速以太网端口 f0/1 为安全端口，设置允许通过的源 MAC 地址数为 1，即仅 00-10-15-d10-4r-c1 这个 MAC 地址，非此源 MAC 地址的数据包通过时关闭该端口。具体配置步骤如下：

```
（1）Cisco3550#conf t
（2）Cisco3550 (config)#int f0/1
（3）Cisco3550 (config-if)#switchport mode access            #指定 f0/1 端口为访问模式
（4）Cisco3550 (config-if)#switchport port-security mac-address 00-10-15-d10-4r-c1   #把 MAC 地址
     #00-00-10-15-d10-4r-c1 绑定在 f0/1 端口上
（5）Cisco3550 (config-if)#switchport port-security maximum 1   #限制 f0/1 端口允许通过的源
     #MAC 地址数为 1，也就是仅允许源 MAC 地址为 00-10-15-d10-4r-c1 的数据包通过。当然，此
     #处也可以不#配置，不限制允许通过的最大源 MAC 地址数
（6）Cisco3550 (config-if)#switchport port-security violation shutdown   #发现数据包中源 MAC 地
     #址与上述配置不符时，关闭端口
```

10.6.3　基于端口的多 MAC 地址绑定配置思路

上面介绍的是一个端口对应一个 MAC 地址的绑定配置方法。如果要在一个端口上绑定多个 MAC 地址，又该如何配置呢？这时就需要用到基于 MAC 地址的扩展 ACL（访问控制列表）了。

基于端口的多 MAC 地址绑定的基本配置思路如下（有关 ACL 的配置命令及具体配置方法参见本系列丛书的《金牌网管师（中级）大中型企业网络组建、配置与管理》一书）：

```
（1）Switch#con t          #进入全局配置模式
（2）Switch(config)#mac access-list extended {access-list_name}      #以 access-list_name 名定义一条
     #基于 MAC 地址的扩展 ACL，并进入 access-list 配置模式
（3）Switch(config)#{deny | permit} {any | host source MAC address} {any | host destination MAC
address}   #在 access-list 配置模式下声明对任意源 MAC 地址或指定的源 MAC 地址、对任意目的 MAC 地
     #址或指定的目的 MAC 地址的报文设置允许其通过或拒绝的条件。注意这里的 MAC 地址要以
```

```
#3 个点分段（每段 4 位）表示，下同
（4）Switch(config)#end            #退回到特权模式
（5）Switch#show access-lists [access-list_name]     #显示该访问控制列表配置，如果不指定 access-
#list 及 access-list_name 参数，则显示所有访问控制列表
【说明】如果不想查看所配置的 MAC ACL，则（4）和（5）两步可以省略，不执行
（6）Switch(config)#interface interface-id               #进入端口配置模式
（7）Switch(config-if )#mac access-group access-list_name in     #在以上端口上启用该扩展 ACL
（8）Switch(config-if )#end
（9）Switch#copy running-config startup-config           #保存配置
```

下面是一个基于端口和 MAC 地址的扩展 ACL 配置示例。示例中定义 MAC 地址为 0000.1111.2222 的主机可以访问网络中的所有主机，也就是它可以访问交换机的所有端口，但只允许 MAC 地址为 2222.3333.4444 和 3333.4444.5555 这两个 MAC 地址的主机访问 MAC 地址为 0000.1111.2222 的主机。

```
（1）Switch(config)#mac access-list extended mac20          #定义一个 MAC 地址扩展访问控制列表，
                                                           #并且命名该列表名为 mac20
（2）Switch(config)#permit host 0000.1111.2222 any         #定义 MAC 地址为 0001.abcd.2345 的主
#机可以访问任意主机，也就是它可以访问连接到交换机所有其他端口上的主机
（3）Switch(config)#permit host 2222.3333.4444  3333.4444.5555 host  0000.1111.2222  #定义只允
#许 MAC 地址为 2222.3333.4444 或 3333.4444.5555 的主机才可以访问 MAC 地址为
0000.1111.2222 的主机
（4）Switch(config)#interface fa0/1                        #进入 f0/1 端口的端口配置模式
（5）Switch(config-if )#mac access-group mac20 in          #在 f0/1 端口入方向上应用名为 mac20 的
                                                           #扩展访问列表
```

如果不想用这个访问列表了，则可以随时在全局配置模式下删除，命令如下：

```
Switch(config)#no mac access-list extended  access-list
```

10.7 Cisco 设备基于 IP 地址的 MAC 地址绑定

在端口安全里，还可以绑定 IP 或 MAC 或一起绑定，还可以设置安全地址的老化时间等。上节已介绍到，在 Cisco 交换机上进行基于端口的 MAC 地址绑定，但有时并不是需要基于端口的，而是基于 IP 地址的 MAC 地址绑定。但要想在 2950 系列交换机上实现 MAC 地址与端口或者 MAC 地址与 IP 地址绑定需要使用增强的软件镜像（Enhanced Image）。本节介绍的方法同样适用于 Cisco 交换机、路由器和防火墙的 MAC 地址绑定。

10.7.1 一对一的 MAC 地址与 IP 地址绑定

如果是想把一个 MAC 地址仅绑定一个 IP 地址主机，则很简单，只需要用以下命令：

```
arp IP add mac arpa intID
```

其中的 *IP add* 为要绑定的 IP 地址，*mac* 为要绑定的 MAC 地址，*intID* 为要绑定的端口；arpa 指定该 ARP 数据包采用 ARPA（Advanced Research Project Agency，美国国防部高级研究计划署，是以太网的前身，在此代表 802.3 系列以太网）封装方式，它是 IEEE 802.3 以太网的默认封装格式，另外两种是 probe 和 snap，前者采用的是 IEEE 802.3 网络的 HP-Probe 协议封装，后者采用的是支持 RFC 1402 的 FDDI 和令牌环网络的 arp 报文进行封装。由此可见它可以同时实现 MAC 地址、IP 地址和端口的三重绑定，例如：

```
Switch (config)#arp 10.130.201.50 0000.11111.2222 arpa f3/1
```

通过以上示例可将 IP 地址 10.130.201.50 与 MAC 地址 0000.11111.2222，以及 f3/1 这个快速以太网端口绑定在一起。它的作用相当于：在快速以太网 3/1 端口上，能与它连接的 IP 地址只能是 10.130.201.50，主机 MAC 地址只能是 0000.11111.2222，其他通信请求一律拒绝。

10.7.2 一对多或者多对多的 MAC 地址与 IP 地址绑定示例

以上是一对一的绑定，如果要实现一对多或者多对多的 MAC 地址与 IP 地址绑定，就需要用到基于 MAC 协议的扩展 ACL 和基于 IP 协议的扩展 ACL 了。基本思路就是先分别创建基于 MAC 的扩展 ACL 和基于 IP 的扩展 ACL，并配置相应的访问策略规则，然后进入相应的交换机端口，启用这两个扩展 ACL 即可。

下面是一个示例。示例中设定在 f0/10 快速以太网端口上允许 MAC 地址为 0000.11111.2222 或 IP 地址为 192.168.0.1 的主机访问网络中的任意主机，而且网络中的其他主机都可以访问这两台主机（或者所指的是一台主机）。

具体的配置步骤如下：

```
（1）Switch(config)mac access-list extended mac20          #定义一个基于 MAC 地址的扩展 ACL，
                                                           #并且命名该列表名称为 mac20
（2）Switch(config)permit host 0000.11111.2222 any         #定义 MAC 地址为 0000.11111.2222 的主
                                                           #机可以访问网络中的任意主机
（3）Switch(config)permit any host 0000.11111.2222         #定义所有主机可以访问 MAC 地址为
                                                           0000.11111.2222 的主机
（4）Switch(config)ip access-list extended ip30            #定义一个基于 IP 地址的扩展 ACL，并
                                                           #且命名该列表名称为 ip30
（5）Switch(config)permit 192.168.0.1 0.0.0.0 any          #定义 IP 地址为 192.168.0.1 的主机可以
                                                           #访问任意主机
（6）Switch(config)Permit any 192.168.0.1 0.0.0.0          #定义所有主机可以访问 IP 地址为
                                                           #192.168.0.1 的主机
（7）Switch(config-if)interface f0/10                      #进入 f0/1 端口配置模式
（8）Switch(config-if)mac access-group mac20 in            #在该端口的流入方向上启用名为 mac20
                                                           #的扩展 ACL
（9）Switch(config-if)ip access-group ip30 in              #在该端口的流入方向上启用名为 ip30 的
                                                           #扩展 ACL
```

如果前面创建的扩展 ACL 不想再用了，可以使用以下命令删除：

```
Switch(config)no mac access-list extended mac20            #清除名为 mac20 的扩展 ACL
Switch(config)no ip access-group ip30 in                   #清除名为 ip30 的扩展 ACL
```

第 11 章

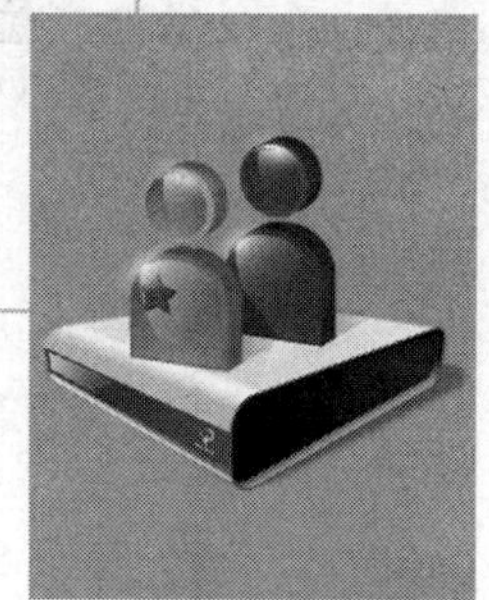

网络层 Kerberos 和 IPSec 安全方案及应用配置

说到网络安全，大家一定会自然想到，对外网的安全防护肯定要比内网的重要，就像我们的一个家庭，甚至一个国家，肯定主要还是防止外来入侵一样。毕竟相互通信的网络一般来说是属于不同组织的，而且 OSI/RM 网络层是网络安全的边界，就像现实生活中国与邻国之间的国界一样。也正因为如此，网络层的主要安全设备——防火墙的防御机制就是防外不防内。

网络层主要解决的就是不同网络间通信的身份认证问题，就像我们造访别人家敲他们的大门时，对方首先会问你是谁，然后你说出你的名字，如果对方认识你或者认为你不会有安全威胁时会打开大门让你进入他们的家。网络间的访问也一样，只有对方认为你是授权允许访问的用户才可以访问对方网络。

网络层除了需要进行身份认证外，为了确保数据通信的安全，往往还会有像数据加密和数据完整性检查等功能，也是本章和下章将要介绍的网络层主要安全协议（如 Kerberos、IPSec、证书服务和 PKI 等）的 3 个主要功能。本章介绍 Kerberos 和 IPSec 安全方案及相应的应用配置方法。

教学（自学）课时安排

课时安排	本章老师共需安排 4 个授课课时。	
授课课时	主要内容	重点
1	①主要的身份认证方式 ②单点登录身份认证执行方式 ③Kerberos v5 身份认证机制 ④Kerberos v5 身份认证的优点与缺点	①主要的身份认证方式 ②单点登录身份认证执行方式 ③Kerberos v5 身份认证机制
2	①利用 kerberos 进行本地登录的原理 ②利用 Kerberos 进行域登录的原理 ③Kerberos v5 身份认证的策略配置 ④IPSec 的两种使用模式 ⑤IPSec 的 AH 协议 ⑥IPSec 的 ESP 协议	①利用 kerberos 进行本地登录的原理 ②利用 Kerberos 进行域登录的原理 ③Kerberos v5 身份认证的策略配置 ④IPSec 的两种使用模式 ⑤IPSec 的 AH 协议 ⑥IPSec 的 ESP 协议
3	①IPSec 策略规则 ②IPSec 安全通信方案的主要应用 ③配置 IPSec 应用方案前的准备 ④配置 IPSec 安全应用方案的基本步骤	①IPSec 策略规则 ②IPSec 安全通信方案的主要应用 ③配置 IPSec 应用方案前的准备 ④配置 IPSec 安全应用方案的基本步骤
4	①IPSec 在 Web 服务器访问限制中的应用配置 ②IPSec 在数据库服务器访问限制中的应用配置 ③IPSec 在阻止 NetBIOS 攻击中的应用配置 ④IPSec 在保护远程访问通信中的应用配置	①IPSec 在 Web 服务器访问限制中的应用配置 ②IPSec 在数据库服务器访问限制中的应用配置 ③IPSec 在阻止 NetBIOS 攻击中的应用配置 ④IPSec 在保护远程访问通信中的应用配置

11.1 身份认证概述

身份认证是系统安全的一个基础方面，用于确认尝试登录域或访问网络资源的用户身份，是 OSI/RM 网络层最广泛采用的，也是最重要的安全保护措施。最简单的身份认证方式就是密码认证，如在第 10 章介绍的 WLAN 预共享密钥认证方式。这里只需要输入原始的密码即可，无需输入用户账户，因为此时相当于所有用户都使用相同的用户账户和密码。在我们进入操作系统前也需要进行身份认证，此时不仅要输入密码，还需要与密码相匹配的用户账户。下面先来了解一下，在计算机网络中当前主要可用的身份认证方式有哪些，以便我们在设计身份认证方案时选用。

11.1.1 主要的身份认证方式

总的来说，身份认证不外乎就是密码认证（或称“口令认证”）、账户/密码认证、账户/密钥认证、证书认证、生物认证这么几种。在此先简单了解一下这几种身份认证方式。这些身份认证类型的具体技术和应用将在相应节后面介绍。

- 密码认证

“密码认证”就像我们前面提到的 WLAN 预共享密码认证，只要输入大家共享的密码即可通过身份认证连接相应的 WLAN 网络。单纯使用密码进行身份认证的应用非常少，因为它太不安全了。就是现在的 WLAN 网络连接，除非确认周围用户都是安全可信的，否则一般不会仅采用以前通用的预共享密钥进行身份认证，最多是在网络连接时采用，到具体的资源访问时还是会结合其他身份认证方式，如 IEEE 802.1x 认证协议（它是结合采用了“账户/密钥认证”和“证书认证”两种认证方式）。

- 账户/密码认证

“账户/密码认证”是最常采用的，用户需要正确输入自己用来登录或者访问资源的用户账户和密码才能通过身份认证进入操作系统。如我们日常在使用像 ADSL、Cable Modem 等之类的互联网接入时也是通过输入账户和密码进行连接的。

“账户/密码认证”目前也比较少单独使用，除非是那些安全级别要求不高的应用环境。因为用户密码一般位数不会很高（通常是 8 位以内），否则用户难以记住（通常出于安全考虑，不能把密码记在某个地方），而且用户取密码经常是采用有特征的字符或数字串，如生日、电话号码、银行卡号的一部分等，很容易泄漏或破解。而且一般的密码是不加密的，通过监控类的工具软件（如 Sniffer）截取了密码信息后就直接得到了密码，非常不安全。即使能保证用户密码不被泄漏，由于密码是静态的数据，在验证过程中需要在计算机内存中和网络中传输，而每次验证使用的验证信息都是相同的，很容易被驻留在计算机内存中的木马程序或网络中的监听设备截获。所以现在 ISP 提供的互联网接入账户信息通常也不再是直接采用“账户/密码”认证方式，而采用下面将要介绍的“账户/密钥”认证方式，如中国电信的星空极速 ADSL 接入就对用户的密码进行加密。

- 账户/密钥认证

“账户/密钥认证”其实与前面介绍的“账户/密码认证”方式差不多，只不过这里所用的不是明文的密码，而是经过指定的密钥生成协议（如第 10 章中介绍的 SHA、MD5 等协议）转换加密后的密码，称之为“密钥”。“密钥”虽然一般也是由正常字符组成，但不能直接从密钥中得到原始的密码，而且有的密钥可以动态生成，进一步确保了密码的安全。“账户/密钥认证”方式最常见的应用就是我们目前到处可见的 IC 智能卡认证方式。还有我们使用的文件加密和数字签名也是一种密钥认证方式。在 Windows NT 核心操作系统的用户登录中所采用的 Kerberos 协议也是基于密钥认证方式的。“密钥认证”有对称和非对称之分，对称密钥是指加密和解密用的是同一个密钥，非对称密钥指的是加密和解密必须用配套的不同密钥（以“公钥”和“私钥”来区分）进行。所以说，“密钥”不仅可用于身份认证，还可用于数据加密。

虽然“账户/密钥”认证方式比起前面介绍的“账户/密码”认证方式来说要安全一些，但其实对于用户来说是一样的，因为加密过程是在软件内部自动进行，对用户来说是透明的，所以总的来说也不是很安全，特别是对于静态密钥类型的身份认证方式。而且，以密钥加密的用户密码，通过监控类工具软件同样可以破解，如星空极速加密的用户账户密码就可以在 Sniffer 下暴露无遗。

- 证书认证

“证书认证”方式则是目前高级认证中最常用的一种认证方式。其实它是从“密钥认证”方式演变而来的，因为其中用来认证的核心内容就是用户和密钥。在证书内容中，除了密钥之外，还有相应用户的账户信息、生成证书的软件系统信息、证书颁发机构、证书有效期等内容。而且这些内容都是有专门的加密协议进行加密的，很难非法破解其中的内容，所以证书认证方式是一种比较安全的网络认证方式。

目前应用证书进行身份认证的安全技术比较多，如常见的 IPSec（IP 安全）协议、TLS/SSL（传输层安全/套接字层协议）、PKI 公钥结构，以及其他一些安全协议。

- 生物认证

“生物认证”是目前安全级别最高的一种认证方式。它采用的是个体的生物特征信息进行识别和认证，如人的指纹、语音，甚至 DNA 等。因为这些特征对于每个人来说，基本上独一无二，而且容易通过软件系统来识别。如在日常的应用中，我们在一些高档应用中见到的指纹或语音密码保险箱、指纹或语音密码锁等。正因为这些生物特征的独一无二，才使得这种认证方式的安全级别最高，最不容易破解。

本章和下章将介绍一些当前主流的网络层认证和加密技术，本章介绍的是 Kerberos 和 IPSec 安全保护方案及应用配置，下章将介绍证书服务和基于证书服务的 PKI 安全保护方案及应用配置。

11.1.2 单点登录身份认证执行方式

Windows 服务器系统以及其他一些应用服务器系统（如 Web 服务器系统、数据库系统等）的身份认证可针对网络资源的访问启用“单点登录”（Single Sign-on，SSO）。采用单点登录后，用户可以使用一个密码或智能卡一次登录到 Windows 域，然后向域中的任何计算机验证身份。身份认证的重要功能就是它对单点登录的支持。

单点登录是一种方便用户访问多个系统的技术，用户只需要在登录时进行一次注册，就可以在一个网络中自由访问，不必重复输入用户名和密码来确定身份。单点登录的实质就是安全上下文（Security Context）或凭证（Credential）在多个应用系统之间的传递或共享。当用户登录系统时，客户端软件根据用户的凭证（如用户名和密码）为用户建立一个安全上下文，安全上下文包含用于验证用户的安全信息，系统用这个安全上下文和安全策略来判断用户是否具有访问系统资源的权限。Kerberos v5 身份认证协议提供一个在客户端与服务器端之间、服务器与服务器之间的双向身份认证机制。

单点登录在安全性方面提供了两个主要优点：①对用户而言，单个密码或智能卡的使用减少了混乱，提高了工作效率；②对管理员而言，由于管理员只需要为每个用户管理一个账户，因此域用户所要求的管理支持减少了。

包括单点登录在内的身份认证，分两个过程执行：交互式登录和网络身份认证。成功的用户身份认证取决于这两个过程。

1．交互式登录

交互式登录过程向域账户或本地计算机确认用户的身份。这一过程根据用户账户的类型而不同：

● 使用域账户

域用户可以通过存储在 Active Directory 目录服务中的单一注册凭据使用密码或智能卡登录到网络。如果使用域账户登录，被授权的用户可以访问该域以及任何信任域中的资源。如果使用密码登录到域账户，将使用 Kerberos v5 进行身份认证；如果使用智能卡，则将结合使用 Kerberos v5 身份认证和证书。

● 使用本地计算机账户

本地用户可以通过存储在安全账户管理器（SAM，本地安全账户数据库）中的凭据登录到本地计算机。任何工作站或成员服务器均可以存储本地用户账户，但这些账户只能用于访问该本地计算机。

2．网络身份认证

网络身份认证向用户尝试访问的任何网络服务确认用户的身份证明。为了提供这种类型的身份认证，安全系统支持多种不同的身份认证机制，包括 Kerberos v5、安全套接字层/传输层安全性（SSL/TLS）以及为了与 Windows NT 4.0 兼容而提供的 NTLM。

网络身份认证对于使用域账户的用户来说不可见。使用本地计算机账户的用户每次访问网络资源时，必须提供凭据（如用户名和密码），而使用域账户，则用户就具有了可用于单一登录的凭据。

在尝试对用户进行身份认证时，根据各种因素的不同，可以使用多种行业标准类型的身份认证。如 Windows Server 2003 家族支持的身份认证类型包括 Kerberos、NTLM、TLS/SSL、摘要式和 Passport 等，Windows 2000 系统也基本上支持这些类型，只是协议版本上有些区别。

11.2　Kerberos 身份认证

Kerberos 其实是希腊神话中看守地狱大门的三头猛犬的名字，这头猛犬除了比一般狗多出两个狗头外，还有喷火和喷硫酸的特异功能。据传说，除非是像海格力士这号超级肌肉男，否则一般寻常百姓绝非 Kerberos 的对手。由于 Kerberos 象征着看门、守卫的意思，因此当初 MIT（Massachusetts Institute of Technology，麻省理工学院）阿西娜小组便以此来命名他们所开发的认证协议。第一个公开发行的是 Kerberos v4 身份认证协议，在得到广泛的工业应用和重视后，作者开发了 Kerberos v5 身份认证协议。

Kerberos 可用来为网络上的各种服务器提供认证服务，使得口令不再是以明文方式在网络上传输，并且连接之间的通信是加密的。但它与将在第 12 章中介绍的 PKI 认证的原理不一样：PKI 使用公钥机制（非对称加密机制），kerberos 基于私钥机制（对称加密机制）。Kerberos 称为可信的第三方验证协议，这就意味着它运行在独立于任何客户机或服务器的服务器之上。

11.2.1　Kerberos v5 身份认证机制

Kerberos 身份认证协议的当前版本是 Kerberos v5。Kerberos v5 是域内主要的安全身份认证协议。Kerberos v5 协议可验证请求身份认证的用户标识（也就是对客户端身份进行认证），以及提供请求身份认证的服务器（也就是对服务器身份进行认证）。这种双重认证也就是通常所说的“相互身份认证”（在 NTLM 身份认证机制中，它只是对客户端进行的单向身份认证）。Kerberos v5 身份认证协议提供一种在客户机和服务器之间，或者一个服务器与其他服务器之间进行相互身份认证的机制。

Kerberos v5 协议假设在客户端和服务器之间初始传输是在可能被镜像或者修改的开放网络上进行的。这种开放网络环境的典型案例就是基于互联网的应用，黑客可以轻易地入侵到客户端或服务器端，对合法的客户端和服务器通信进行破坏。

Kerberos v5 身份认证机制主要体现在其用于访问网络服务的票证（Ticket），其实就相当于我们现实生活中的各种“门票”。这些票证包含认证符（Authenticator）、经过加密的数据，其中包括加密的密码。除了输入密码或智能卡凭据，整个身份认证过程对用户都是不可见的，也就是透明的。

Kerberos v5 中的一项重要服务是密钥分发中心（Key Distribution Center，KDC），它是作为通信双方信任的第三方，身份认证的任务就是由它负责的。Kerberos KDC 使用活动目录服务数据库作为它的安全账户数据库。活动目录是默认 NTLM 和 Kerberos 身份认证方式所必需的。KDC 作为 Active Directory 目录服务的一部分在每个域控制器上运行，存储了所有客户端密码和其他账户信息。

当 Windows 2000 Server/Server 2003 采用 Kerberos v5 协议作为安全支持提供程序（Security Support Provider，SSP）时，可以通过 SSPI（Security Support Provider Interface，安全支持提供程序接口）进行安全访问。另外，Windows 2000 Server/Server 2003 支持通过智能卡上的公钥证书进行身份认证初始化。

Kerberos v5 服务安装在每个域控制器上，Kerberos 客户端则安装在每个工作站和服务器上。每个域控制器作为 KDC 使用。客户端使用域名服务（DNS）定位最近的可用域控制器。域控制器在用户登录会话中作为该用户的首选 KDC 运行。如果首选 KDC 不可用，系统将定位备用的 KDC 来提供身份认证。

要理解 Kerberos v5 的基本身份认证机制，首先要明白的一点就是它是采用对称加密机制的，也就是加密和解密过程使用的是相同密钥。现假设在一个域网络上有两台计算机：客户端与服务器端。客户端与服务器端各自拥有一把相同的密钥 Key（当然，也不会有其他人拥有这同一把 Key），而且双方事先已经协调好要使用什么样的算法。最后，客户端与服务器端的时间误差必须同步化（这是有关时间戳方面的，在本章后面将具体介绍）。在上述条件下，客户端与服务器端就可以进行相互验证，验证步骤如图 11-1 所示。

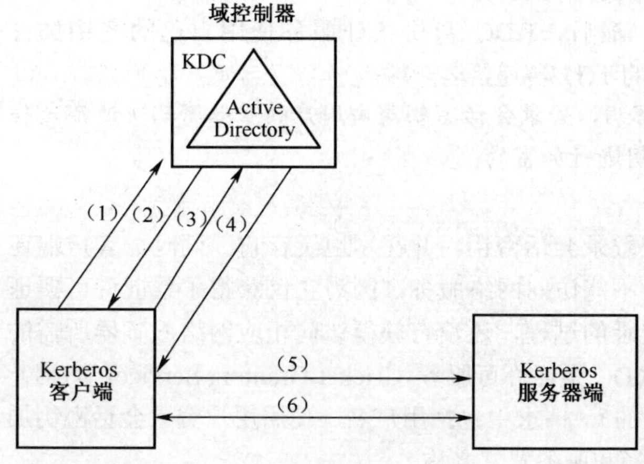

图 11-1 Kerberos v5 身份认证机制

基本步骤为：客户端向 KDC 申请票证许可票证（TGT）→KDC 响应 TGT 申请请求，发回加密的 TGT 和会话密钥→客户端解密获取 TGT 和登录会话密钥，并向 KDC 发送服务票证（ST）请求→KDC 响应 ST 请求，发回加密的 ST 和会话密钥→客户端使用 ST 和登录会话密钥向 Kerberos 服务器发送服务访问请求→Kerberos 服务器通过 ST 和服务会话密钥验证客户端身份，并把认证符返回给客户端，由客户端验证服务器。整个过程可分为两个大的步骤：首先是 KDC 获取网络登录所需的 TGT 和登录会话密钥，然后是从 KDC 获取进行网络服务访问所需的 ST 和服务会话密钥。其中涉及到两个票证：票证许可票证（TGT）、服务票证（ST），以及两个会话密钥：登录会话密钥和服务会话密钥。

详细的认证步骤说明如下（对应图中的（1）～（6））：

（1）客户端从 KDC 请求 TGT。

在用户试图通过提供用户凭据登录到客户端时，如果已启用了 Kerberos 身份认证协议，则客户端计算机上的 Kerberos 服务向密钥分发中心（KDC）发送一个 Kerberos 身份认证服务请求，以期获得 TGT（Ticket-Granting Ticket，票证许可票证）。该请求包含用户名、请求 TGT 所需的服务信息，以及使用用户长效密钥（Long-term Key，通常是指密码）加密的时间戳。在 Windows 2000 Server 或 Windows Server 2003 操作系统上，域控制器充当 KDC，而 Active Directory 充当宿主安全账户数据库。在这里要注意，时间戳是由用户长效密钥（通常是指用户密码）进行加密的。

【说明】在 Kerberos v5 中主要有两类密钥：一是长效密钥（Long-term Key），二是短效密钥（Short-term Key）。长效密钥通常是指密码，一般来说是不会经常更改密码的；短效密钥一般是指具体会话过程中使用的会话密钥。长效密钥可能长期保持不变，比如你的密码，可能几年都不曾改变。这样的 Key 以及由此派生的 Key 都称为长效密钥。对长效密钥的使用是有原则的，即被长效密钥加密的数据不应该在网络上传输。原因很简单，一旦这些被长效密钥加密的数据包被恶意的网络监听者（黑客）截获，则黑客就可以通过计算获得你用于加密的长效密钥，因为任何加密算法都不可能做到绝对保密。由于被长效密钥加密的数据包不能用于网络传送，所以我们使用另一种短效密钥来加密需要进行网络传输的数据。由于这种 Key 只在一段时间内有效，即使被加密的数据包被黑客截获，等他把 Key 计算出来的时候，这个 Key 早就已经过期了，相对来说安全了很多。

（2）KDC 发送加密的 TGT 和登录会话密钥。

KDC 为来自 Active Directory 的用户获取长效密钥（即密码），然后解密随 Kerberos 身份认证请求一起传送的时间戳。如果该时间戳有效，则用户是有效用户。KDC 身份认证服务创建一个登录会话密钥，并使用用户的长效密钥对该副本进行加密。然后，KDC 身份认证服务再创建一个 TGT，它包括用户信息和会话密钥。最后，KDC 身份认证服务使用自己的密钥加密 TGT，并将加密的登录会话密钥副本和加密的 TGT 传递给客户端。

【注意】时间戳的解密也是用用户长效密钥，登录会话密钥是由用户的长效密钥（通常是指用户密码）进行加密的，TGT 是由 KDC 密钥进行加密的。

（3）客户端向 KDC TGS 请求 ST。

客户端使用其长效密钥（即密码）解密登录会话密钥，并在本地缓存它。同时，客户端还将加密的 TGT 存储在它的缓存中。这时还不能访问网络服务，因为它仅获得了票证许可票证（TGT）和登录会话密钥，仅完成了网络登录的过程，还没有获得访问相应网络服务器所需的服务票证（Service Ticket，ST）。客户端向 KDC 票证许可服务（Ticket-Granting Service，TGS）发送一个服务票证请求（ST 是由 TGS 颁发的），请求中包括用户名、使用用户登录会话密钥加密的认证符、TGT，以及用户想访问的服务（和服务器）名称。

【注意】认证符是由用户登录会话密钥进行加密的。

（4）TGS 发送加密的服务会话密钥和 ST。

KDC 使用自己创建的登录会话密钥解密认证符（通常是时间戳）。如果验证者消息成功解密，则 TGS 从 TGT 提取用户信息，并使用用户信息创建一个用于访问对应服务的服务会话密钥。它使用该用户的登录会话密钥对该服务会话密钥的一个副本进行加密，创建一个具有服务会话密钥和用户信息的服务票证（ST），然后使用该服务的长效密钥（密码）对该服务票证进行加密，并将加密的服务会话密钥和服务票证返回给客户端。

【注意】认证符是由登录会话密钥解密的，服务会话密钥是由用户登录会话密钥加密的，服务票证是用服务的长效密钥加密的。

（5）客户端发送访问网络服务请求。

客户端访问服务时，向 Kerberos 服务器发送一个请求。该请求包含身份认证消息（时间戳），并用服务会话密钥和服务票证进行加密。

【注意】服务请求消息是由服务会话密钥和服务票证加密的。

（6）服务器与客户端进行相互验证。

Kerberos 服务器使用服务会话密钥和服务票证解密认证符，并计算时间戳。然后与认证符中的时间戳进行比较，如果误差在允许的范围内（通常为 5 分钟），则通过测试，服务器使用服务会话密钥对认证符（时间戳）进行加密，然后将认证符传回到客户端。客户端用服务会话密钥解密时间戳，如果该时间戳与原始时间戳相同，则该服务是真正的，客户端继续连接。注意，这是一个双向、相互的身份认证过程。

【注意】认证符是由服务会话密钥和服务票证解密的，而返回给客户端的时间戳是用服务会话密钥加密的，在客户端同样是用服务会话密钥解密时间戳的。

11.2.2 Kerberos v5 身份认证的优点与缺点

Kerberos v5 相对以前 Windows NT 4.0 时代的 NTLM（Windows NT 局域网管理器）身份认证方式来讲，具有明显的优势，但与其他身份认证方式相比，又具有一定的缺点。

1．Kerberos v5 身份认证的优点

Kerberos v5 协议比 NTLM 身份认证方式更安全、更具弹性、更有效率，具有表现如下：

- 支持相互身份认证

通过使用 Kerberos 协议，通信双方都可以对对方进行身份认证。尽管 NTLM 可以让服务器校验客户端身份，但它不能让客户端校验服务器的身份，也不能使一台服务器校验另一台服务器的身份。NTLM 身份认证是设计用于服务器是可信的网络环境中的，而 Kerberos v5 协议没有这种假设。当客户端使用 Kerberos v5 协议对特定服务器上的特定服务进行身份认证时，Kerberos 为客户端提供网络上恶意代码不会模拟该服务的保证。

- 支持委派身份认证

Windows 服务可按照客户的意愿模仿客户端访问网络资源。在许多情况下，一个服务可以为客户端完成本地计算机上的资源访问。NTLM 和 Kerberos v5 协议都可以为一个服务在本地模仿客户端提供所需的信息。但有些分布式应用是按以上这种模仿机制设计的，在其他计算机上连接后端服务时，前端服务必须模仿客户端。Kerberos v5 协议包括代理机制，以使一个服务在连接到其他服务时去模仿客户端。这一点，NTLM 是做不到的。

- 为服务器提供更有效的验证

Kerberos 身份认证提供优于 NTLM 身份认证的改进的性能。虽然我们一再地说 Kerberos 是一个涉及到 3 方的认证过程：客户端、服务器、KDC。但是一旦客户端获得用户访问某个服务器的 Ticket（票证），该服务器就能根据这个 Ticket 实现对客户端的验证，而无须 KDC 的再次

参与。和传统的基于 Windows NT 4.0 的每个完全依赖信赖的第三方的 NTLM 比较，具有较大的性能提升。因为在 NTLM 身份认证方式中，应用服务器必须连接到域控制器才能对客户端进行身份认证。也就是说，在 Kerberos v5 身份认证中，一些应用，服务器是不需要与域控制器连接的。取而代之的是，服务器是通过检验客户端提供的凭证来进行身份认证的。客户端一旦从特定服务器上获得了信任，则以后可以通过网络登录再次使用这个凭证。用可恢复的服务票证取代了身份认证通行证。

- 简化的信任管理

具有多个域的网络不再需要一组复杂的显式、点对点信任关系，只需要用一个 Kerberos 服务器即可实现多域的用户身份认证。

- 互操作性

Microsoft 实现的 Kerberos 协议基于向 Internet 工程任务组（IETF）推荐的标准跟踪规范。因此，Windows 2003 中协议的实现为与其他同样采用 Kerberos 协议的网络系统（如 UNIX 和 Linux 系统）的互操作奠定了基础。这一点，在本系列丛书的《金牌网管师（中级）大中型企业网络组建、配置与管理》一书第 7 章的 ads 模式 Linux Samba 服务器配置中就有体现了。在这种模式下的 Samba 服务器所采用的是基于 Kerberos 协议的领域认证。

2. Kerberos v5 身份认证协议的缺点

Kerberos 身份认证协议的缺点主要体现在以下几个方面：

- 安全性较差

Kerberos 身份认证采用的是对称加密机制，加密和解密使用的是相同的密钥，交换密钥时的安全性比较难以保障。

- 口令容易破解

Kerberos 服务器与用户共享的服务会话密钥是用户的口令，服务器在响应时不验证用户的真实性，是直接假设只有合法的用户才拥有该口令。如果攻击者截获了响应消息，则很容易形成密码攻击。

- 容易出现服务器性能瓶颈

Kerberos 中的 AS（身份认证服务）和 TGS 是集中式管理，容易形成瓶颈，系统的性能和安全也严重依赖于 AS 和 TGS 的性能和安全。在 AS 和 TGS 前应该有访问控制，以增强 AS 和 TGS 的安全性。

- 密钥管理比较困难

随着用户数的增加，密钥管理变得更复杂。Kerberos 拥有每个用户的口令字的散列值，AS 与 TGS 负责用户间通信密钥的分配。假设有 n 个用户想同时通信，则需要维护 n×(n-1)/2 个密钥。

11.3 Kerberos 应用原理与配置示例

在理解了以上基础知识和基本的 Kerberos 身份认证原理后，本节就要结合具体的应用示例介绍各部分的详细身份认证过程，这样就可以更深层次地理解 Kerberos 身份认证原理。本节将介绍 Kerberos 协议在 Windows 本地登录和域登录之间的身份认证原理，以及在 Windows Server 2003 中启用 Kerberos 协议的配置方法。

11.3.1 利用 kerberos 进行本地登录的原理

用户可以使用域账户或本地计算机账户登录计算机。当用户以本地计算机账户登录时，用户凭证是通过本地账户数据库进行鉴别的。因为本地计算机不能担当 KDC 角色，同时，本地登录不需要网络访问（如与 KDC 联系），所以本地身份认证是使用 NTLM 来验证账户的。

图 11-2 所示是 Windows Server 2003 系统中利用 Kerberos 协议进行本地登录的身份认证过程（步骤序号对应图中的数字序号）。

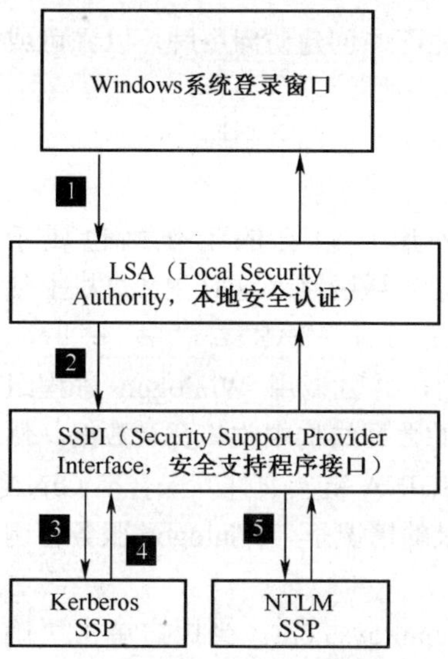

图 11-2　本地登录的 Kerberos 身份认证过程

（1）在图形识别与验证（Graphical Identification and Authentication，GINA）动态链接库连接收集到用户登录信息后，它将传递这些信息到 LSA，以便进行身份认证。

（2）LSA 简单地传递这些信息到 SSPI。该接口负责与 Kerberos 和 NTLM 服务沟通。

（3）SSPI 不能确定用户是本地登录还是用域账户进行的域登录。因为 SSP 是默认的身份认证程序，身份认证请求首先传递到 Kerberos SSP。

（4）Kerberos SSP 校验登录的目标名称是本地计算机名。如果这样，即用户不是登录域，Kerberos SSP 返回一个错误消息到 SSPI，交回给 GINA 处理，使服务器登录不可用。如果是想登录域，Kerberos SSP 将继续处理。

（5）如果登录本地计算机，GINA 将会让提交请求。SSPI 现在可以发送请求到下一个安全提供程序——NTLM。NTLM SSP 会将请求交给 Netlogon 服务针对 LSAM（Local Security Account Manager，本地安全账户管理器）数据库进行身份认证。使用 NTLM SSP 的身份认证过程与 Windows NT 系统的身份认证方法是相同的。

11.3.2　利用 Kerberos 进行域登录的原理和示例

如果用户是域成员，则账户数据库是位于域控制器上的。如果你正在你所属域的域控制器上登录域，则就像本地登录过程一样。如果你是在成员服务器或者其他域的域控制器上登录域，则 Kerberos 身份认证将在可能时使用。用户从不直接访问系统（如通过网络访问），系统会按照相应用户的资源许可模仿用户访问系统资源。

1．域登录身份认证基本原理

域用户访问他们自己工作站的身份认证过程与访问网络资源的身份认证是一样的，也就是说，用户必须获得本地工作站的有效票证。域用户在本地工作站的域登录过程如下：

（1）客户端发送 Kerberos 身份认证请求，然后从 KDC 中获得 TGT 票证。

（2）客户端利用 TGT 票证来向 KDC 发送本地工作站的服务票证请求，然后得到本地工作站的服务票证。

（3）网络资源的服务票证将依据访问的是系统资源还是服务资源来决定采用系统或服务密钥进行加密。工作站在加入域时就已创建了系统密钥，工作站的服务票证是用系统密钥加密的。

（4）本地 ISA（本地安全认证机构）从服务票证中包括的凭证中创建访问令牌，以许可或者禁止用户访问。

2．域用户的工作站登录 Kerberos 身份认证示例

假设用户在 tailspintoys.com 域中有自己的网络账户，用户自己的工作站也属于 tailspintoys.com 域。用户通过按 Ctrl+Alt+DEL 组合键登录界面登录域网络（这时在计算机上使用的是标准 Windows 配置中的安全口令序列（Secure Attention Sequence，SAS））。

作为 SAS 的响应，工作站的 Winlogon 服务切换登录桌面，并且调用 Winlogon 进程组件——GINA 链接文件。GINA（图形识别与验证）从封装用户的数据结构中收集登录数据，然后发送这些数据到 LSA 进行校验。也可以是由其他部分（如 MSGINA 链接文件）来替换 GINA 链接文件，但这是在操作系统已提供标准的 MSGINA 组件时登录的情况下。Winlogon 服务将调用它，然后 GINA 在对话框中显示标准的登录信息。

用户输入用户名和密码，在域列表中选择要登录的域 tailspintoys.com。当用户单击“确认”按钮后，MSGINA 返回登录信息到 Winlogon 服务。再由 Winlogon 发送这些信息到 LSA，以确认是否为合法用户。这个过程是所有用户的标准登录过程，不管所用的身份认证方法是什么。这部分所需用到的 Kerberos 密钥如图 11-3 所示。

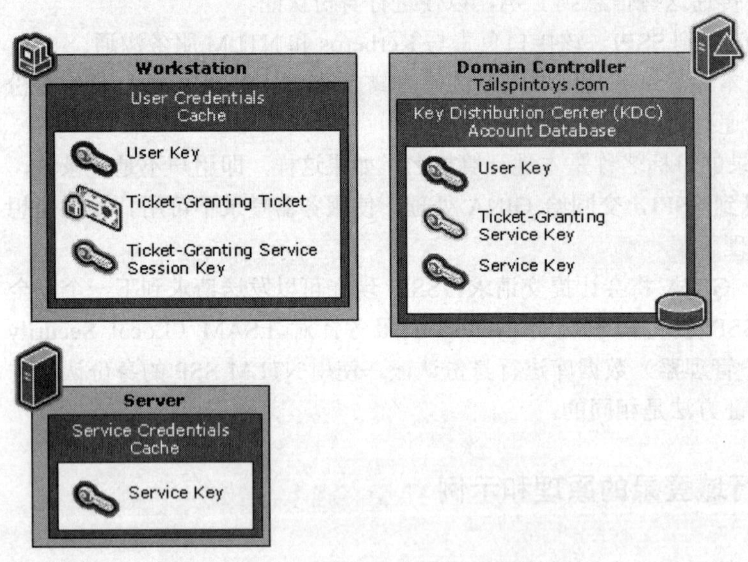

图 11-3　单域身份认证所用的 Kerberos 密钥

下面是单域身份认证的基本过程（多域环境下的 Kerberos 身份认证比较复杂，在此不作介绍）：

（1）当用户已经在本地工作站上登录后，企图使用远程服务器的服务。这样，用户的凭证缓存将有一个 TGT 和域用户账户在其中的会话密钥。这个 TGT 用来为服务请求票证。因为 TGT 将在几个小时内过期，Kerberos 客户端必须在请求其他票证前检查 TGT 失效的时间。如果 TGT 已经过期，则 Kerberos 客户端必须连同 TGT 一起发送一个 KRB_AS_REQ 请求。KRB_TGS_REQ 请求的发送过程及所包括的内容如图 11-4 所示。

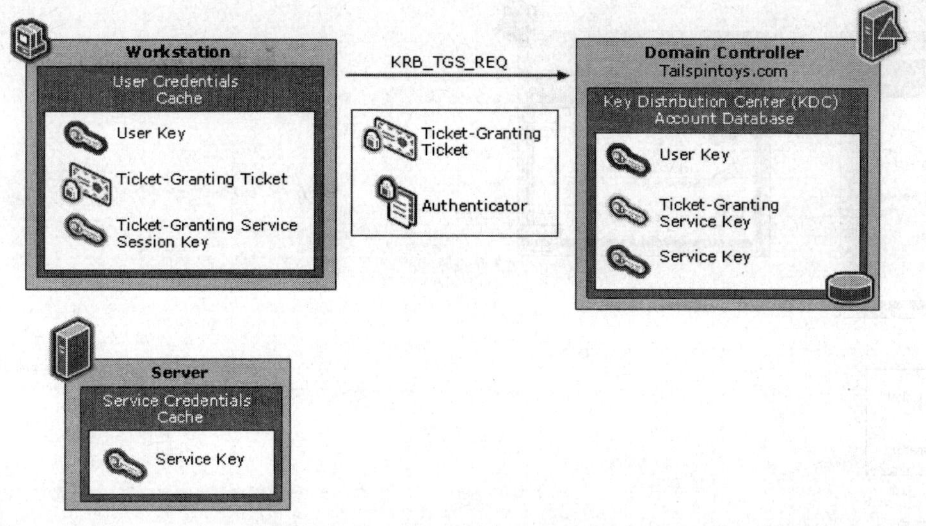

图 11-4　KRB_TGS_REQ 请求发送

在用户工作站中的 Kerberos 客户端通过发送给 KDC 一个 Kerberos 票证许可服务请求消息（KRB_TGS_REQ）来请求服务凭证。消息包括用户名、用用户长效密钥加密的认证符、在工作站登录 AS 交换中获得的 TGT，以及用户所需票证对应的服务名。

（2）当 KDC 接收到 KRB_TGS_REQ 消息后，用自己保密的密钥解密出 TGT，从中取出用户的 TGS 会话密钥（也就是前面所说的“登录会话密钥”）。KDC 使用 TGS 会话密钥来解密认证符，并对其进行验证。如果认证符通过验证，KDC 从 TGT 中取出用户的身份认证数据，为客户端创建另一个用于访问对应服务的会话密钥（也就是前面所说的“服务会话密钥”）。KDC 用用户的 TGS 会话密钥加密其中的一个副本，连同用户的身份认证数据把另一个服务会话密钥插入到服务票证中，然后用服务密钥加密票证。KDC 以票证许可服务（KRB_TGS_REP）消息发送这些凭证到客户端，以响应客户端。KRB_TGS_REP 消息发送及所包括的内容如图 11-5 所示。

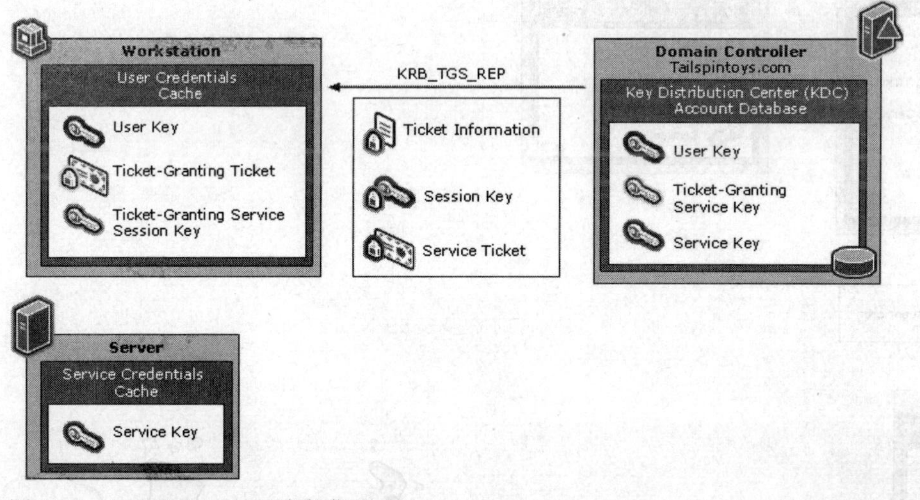

图 11-5　KRB_TGS_REP 消息发送

（3）当 Kerberos 客户端收到响应的 KRB_TGS_REP 后，使用用户的 TGS 会话密钥解密服务会话密钥，以备应用服务时所需，同时在凭证缓存中存储这个服务会话密钥。用户工作站的 Kerberos 客户端以发送 Kerberos 应用请求（KRB_AP_REQ）消息方式向服务器发出服务请求。KRB_AP_REQ 请求发送及所包括的内容如图 11-6 所示。

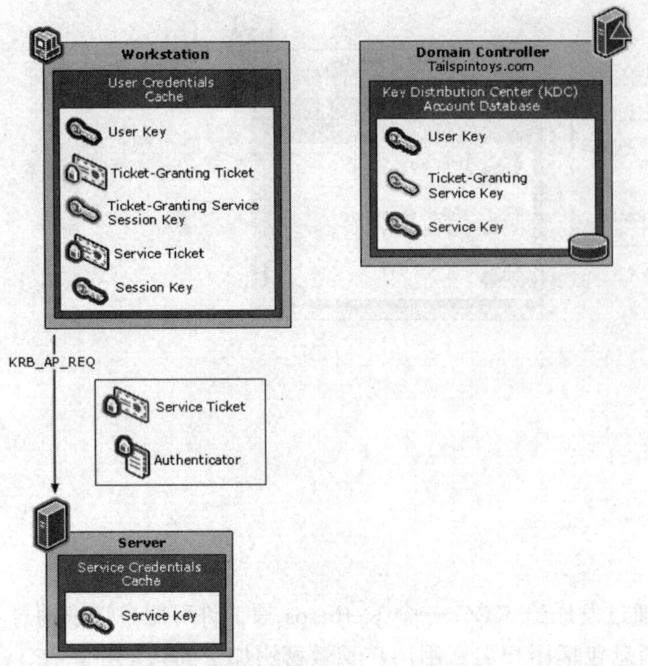

图 11-6　KRB_AP_REQ 消息发送

（4）Kerberos 服务器接收到 KRB_AP_REQ 请求后，解密票证，并从中取出用户的身份认证数据和服务会话密钥。服务使用这个会话密钥解密用户认证符，然后评估其中的时间戳。如果认证符通过评估，服务会在客户端请求中查找相互身份认证标志。如果设置了相互身份认证标志，服务使用会话密钥加密从用户认证符中得到的时间戳，并以发送 Kerberos 应用响应（KRB_AP_REP）请求的方式响应客户端；如果没有找到相互身份认证标志，则无需响应。KRB_AP_REP 消息发送过程及所包括的内容如图 11-7 所示。

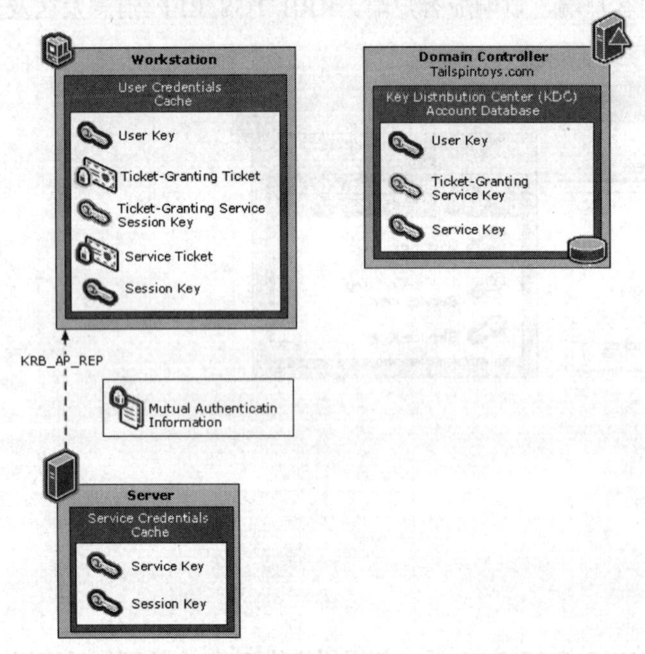

图 11-7　KRB_AP_REP 消息发送

（5）当用户工作站中的客户端接收到服务器端发来的 KRB_AP_REP 响应消息后，它以与服务共享的服务会话密钥解密服务的认证符，并且与客户端原始认证符中的时间戳进行比较，如果一致，则客户端知道服务是真实的。

（6）客户端从 Kerberos 服务票证中构建服务访问令牌，Windows Server 2003 的令牌创建进程就与早期的 Windows 系统一样。然后服务器使用 Kerberos 身份认证协议进行身份认证，PAC 是从服务票证中得到的，并且用于创建用户访问令牌。

11.3.3 Kerberos v5 身份认证的策略配置

Kerberos v5 身份认证协议在安装期间是为所有加入 Windows Server 2003 或 Windows 2000 域的计算机默认启用的，而且不可禁止。Kerberos 可对域内的资源和驻留在受信任的域中的资源提供单一登录，而且一般不需要手动启用 Kerberos 策略，除非在此之前你手动禁用了 Kerberos 策略。

Kerberos 协议的启用和安全设置是在组策略的计算机配置→Windows 设置→账户策略→Kerberos 策略项下进行的，如图 11-8 所示，但仅在域组策略中有，不存在于本地计算机策略中。

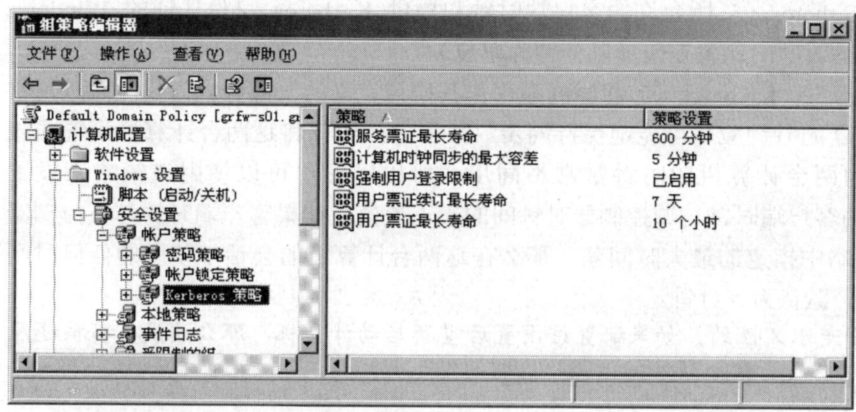

图 11-8 域组策略中的 Kerberos 策略

使用 Kerberos v5 进行成功的身份认证要求客户端和服务器计算机都必须运行 Windows 2000、Windows Server 2003 家族或 Windows XP Professional 操作系统。如果客户端系统尝试向运行其他版本的 Windows 操作系统的服务器进行身份认证，那么将使用 NTLM 协议作为身份认证机制。

Kerberos 策略主要包含以下几个部分：

- 强制用户登录限制
- 服务票证最长寿命
- 用户票证最长寿命
- 用户票证续订最长寿命
- 计算机时钟同步的最大容差

1．强制用户登录限制

本安全设置确定 Kerberos v5 密钥分发中心（KDC）是否要根据用户账户的用户权限来验证每一个会话票证请求。验证每一个会话票证请求是可选的，因为额外的步骤需要花费时间，并可能降低服务的网络访问速度。默认是已启用的。

2．服务票证最长寿命

该安全设置确定使用所授予的会话票证可访问特定服务的最长时间（以分钟为单位）。该设置必须大于 10 分钟并且小于或等于“用户票证最长寿命”策略项的设置。

如果客户端请求服务器连接时出示的会话票证已过期，服务器将返回错误消息。该客户端必须从 Kerberos v5 密钥分发中心（KDC）请求新的会话票证。然而一旦连接通过了身份认证，该会话票证是否仍然有效就无关紧要了。会话票证仅用于验证和服务器的新建连接。如果用于验证连接的会话票证在连接时过期，则当前的操作不会中断。默认值为 600 分钟（10 小时）。

3．用户票证最长寿命

该安全设置确定用户票证许可票证（TGT）的最长使用时间（单位为小时）。用户的 TGT 期满后，必须申请新的或“续订”现有的用户票证。默认值为 10 小时。

4．用户票证续订最长寿命

该安全设置确定可以续订用户票证许可票证（TGT）的期限（以天为单位），默认值为 7 天。

5．计算机时钟同步的最大容差

本安全设置确定 Kerberos v5 所允许的客户端时钟和提供 Kerberos 身份认证的 Windows Server 2003 域控制器上的时间的最大差值（以分钟为单位）。

为了防止“轮番攻击”，Kerberos v5 将时间戳用作其协议定义的一部分。为使时间戳正常工作，客户端和域控制器的时钟应尽可能地保持同步。换言之，应该将这两台计算机设置成相同的时间和日期。因为两台计算机的时钟常常不同步，所以管理员可以使用该策略来设置 Kerberos v5 所能接受的客户端时钟与域控制器时钟间的最大差值。如果客户端时钟与域控制器时钟间的差值小于该策略中指定的最大时间差，那么在这两台计算机的会话中使用的任何时间戳都将被认为是可信的。默认为 5 分钟。

【注意】该设置并不是永久性的。如果配置该设置后重新启动计算机，那么该设置将被还原为默认值。

11.4 IPSec 协议

IPSec（IP Security，IP 安全）是针对 IP 网络所提出的安全性协议，其用途就是保护 IP 网络通信的安全。IPSec 协议工作在 TCP/IP 参考模型中的网际层（对应 OSI/RM 的网络层），如图 11-9 所示。IPSec 协议支持网络层数据完整性检查、数据机密保护、数据源身份认证和重发保护，可以为绝大多数 TCP/IP 族协议提供安全服务。因为 IPSec 可以应用于许多具体应用中，同时又因为 IPSec 是对应用层透明的，所以无需为每个使用 TCP/IP 协议的应用分别配置。

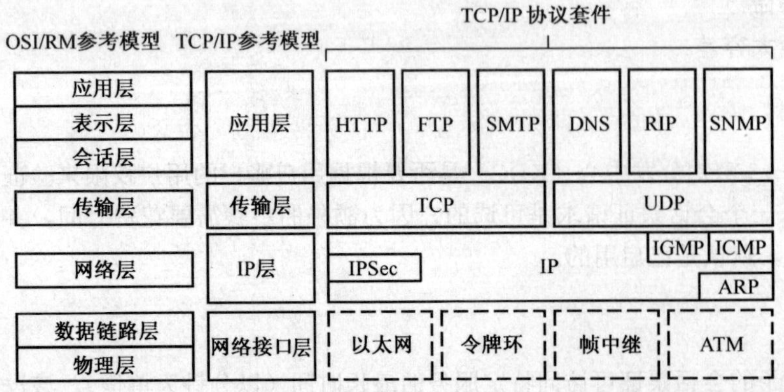

图 11-9 IPSec 在 OSI/RM 和 TCP/IP 参考模型中的对应位置

总的来说，IPSec 协议所提供的安全保护措施主要有 3 个：数据加密、完整性检验和用户身份认证。但后两者其实所采用的方法都是一样的，即加密。所以 IPSec 最终就是实现两种功能：认证功能（Authentication）和保密功能（Confidentiality）。所谓认证，是指确认通信双方的身份，以及确保双方之间传输的数据未受他人破坏或篡改；保密则是将通信内容予以加密，防止网络上的第三者读取通信内容。认证与保密的核心都是加密算法，都涉及到密钥管理（Key Management）。因此，IPSec 也规定了如何交换密钥，以便建立与管理加密时所需的各类密钥。

11.4.1 IPSec 的两种使用模式

IPSec 提供了两种使用模式：传输模式（Transport Mode）和隧道模式（Tunnel Mode）。

1．传输模式

传输模式是 IPSec 两种模式中较常用的。它仅加密或认证上层协议（如传输层和应用层）的数据，是确保点对点主机间通信流安全而采用的方法。例如，在局域网中有两台计算机 A 与 B，A 与 B 可直接建立联机（不必经由路由器或防火墙），且 A 与 B 具有处理 IPSec 封包的能力时，则可以使用 IPSec 的传输模式。这时 IPSec 协议是在系统软件中实现的，不是在网络设备中实现的，所以 IPSec 协议可以在局域网中使用。

在传输模式中，对等端互相验证对方的身份（第一阶段），然后建立通信量签名和加密参数（第二阶段）。该模式将根据链接的筛选器操作的详细信息对计算机间发生的与筛选器列表中指定的特征相匹配的任何通信量进行签名和/或加密。传输模式确保了两台计算机间的通信没有被篡改且仍然处于保密状态。

IPSec 传输模式不创建新的数据包，只保护现有的数据包。IPSec 驱动程序仅在原始 IP 报头后插入 IPSec 报头。原始 IP 报头已保留下来，并且其余的数据包经 AH 或 ESP 加密处理也保存下来。IPSec 筛选器控制什么通信流被 IPSec 阻止、允许或封装。IPSec 筛选器指定源和目标 IP 地址（或子网）、协议（如 ICMP 或 TCP）及源和目标端口。这样，筛选器即可非常准确地应用于一台计算机，也可应用于所有可能的目标地址和协议。

传输模式旨在通过自动更新使用“我的 IP 地址”配置的筛选器来适应动态 IP 地址。与下面将要介绍的 IPSec 隧道模式相比，其开销更低，且总体上更易于使用。因此，IKE 协商传输模式是授权入站 IPSec 保护的连接的有效方式。在 L2TP IPSec VPN 中，保护客户端和 VPN 服务器之间的 L2TP 通信量的是传输模式，而不是隧道模式。

【注意】IPSec 安全关联模式和数据包封装方法之间没有任何关系。传输模式和隧道模式安全关联都可以使用 AH 或 ESP，或兼用 AH 和 ESP。

2．隧道模式

IPSec 隧道模式专门用于保护通过不可信的网络（如互联网）传输的站点到站点通信，通常用于 VPN 网关静态 IP 地址间的网关对网关 VPN 隧道。每个站点都配置了一个 IPSec 网关，用来将通信量路由到其他站点。当一个站点中的计算机需要与其他站点中的计算机进行通信时，通信量要经过 IPSec 网关（也可能先经过各个站点间的路由器，然后再到达本地网关）。在网关中，将根据规则中筛选器操作的详细信息把出站通信量封装在一个完整的新数据包内并加以保护。当然，网关已执行了它们的第一阶段身份认证，并建立了它们的第二阶段签名/加密安全关联。在 Windows Server 2003 的 IPSec 中，隧道模式只支持路由和远程访问服务（RRAS）网关上的站点到站点 VPN，而不支持任何类型的客户端到客户端或客户端到服务器通信。所以要使用 IPSec 隧道模式，必须是网络对网络的远程网络连接，而不能是单机对单机或者单机对网络的应用中。

IPSec 的隧道模式会对整个 IP 封包进行加密或认证，然后在最外面再加上一个新的 IP 报头。当 IPSec 联机两端的计算机有一端或两端不具有处理 IPSec 封包能力，而必须通过具有 IPSec 能力的路由器或防火墙来代为处理 IPSec 封包时（也就是需要使用 IPSec 策略代理时），即必须使用隧道模式。

隧道模式创建了带有 IPSec 报头的新 IP 报头。带有原始 IP 报头的原始数据包被完全封装为组成一个隧道数据包。对于服务器和域隔离方案，隧道模式可用于确保从静态 IP 服务器到支持 IPSec 的路由器的通信流的安全。这在目标主机不支持 IPSec 时很有必要。

在这两种工作模式中，IPSec 协议要用到两个自己的基本安全协议作为每个数据包的报头，为每个 IP 数据包提供数据与标识保护。这两个安全协议就是 AH（Authentication Header，身份认证报头）协议和 ESP（Encapsulating Security Payload，数据封装加密）协议。AH 协议主要提供认证的功能，ESP 协议主要提供加密的功能，也可以选择性地再加上认证的功能。但无论选择哪种安全协议，都必须配合使用 IPSec 的 Internet 密钥交换（Internet Key Exchange，IKE）协议。

11.4.2 IPSec 的 AH 协议

AH 协议可对整个数据包（IP 报头与数据包中的数据载荷）提供身份认证、完整性与抗回放保护。但是它不提供保密性，即它不对数据进行加密。数据可以读取，但是禁止修改。AH 使用加密哈希算法签名数据包以求得完整性。AH 可提供封包认证的功能。封包认证有两层含义：

- 确保 IP 封包的完整性（确认 IP 封包在传送途中未曾遭篡改）。
- 确认 IP 封包发送者的身份。

【注意】封包认证无法防止网络上的第三者窥伺封包内容。若不想让其他人读取封包内容，必须使用 ESP 封包加密的机制。

当只要求完整性而不要求机密性时，AH 安全关联会很有用。AH 计算整个数据包（包括含有源和目标地址的 IP 报头）的 SHA1 或 MD5 数字签名，然后将此签名添加到数据包。接收方计算自己的签名版本，并与报头中存储的签名进行比较。如果匹配，则说明数据包没有被修改。

1. AH 协议算法

AH 支持 HMAC-MD5-96 和 HMAC-SHA-1-9 这两种 HMAC（Hash Message Authentication Code，哈希消息认证代码）算法。HMAC 可视为哈希函数与对称式加密法的结合。哈希函数与对称式加密法都可用来认证资料。哈希函数运算速度较快，但较不安全；对称式加密法运算速度较慢（相对于哈希函数），但较为安全。HMAC 则兼具了哈希函数与对称式加密法的优点，不仅运算速度较快，且安全性也很高。此外，HMAC 不受美国输出法令的限制，因此可以广泛地在全球使用。

HMAC 实际上的工作原理如图 11-10 所示。计算 HMAC 需要一个哈希函数 hash（可以是 MD5 或 SHA-1）和一个密钥 key。用 L 表示 hash 函数输出字符串长（MD5 是 16），用 B 表示数据块的长度（MD5 和 SHA-1 的分割数据块长都是 64）。密钥 key 的长度可以小于等于数据块长 B，如果大于数据块长度，可以使用 hash 函数对 key 进行转换，结果就是一个 L 长的 key。HMAC 所产生的值叫做 MAC（Message Authentication Code，消息认证代码）或 ICV（Integrity Check Value，完整性验证值），其实与哈希函数所产生的哈希值意义相近，只是 HMAC 的算法更加安全。

2. AH 协议报头格式

在 IP 报头中使用 IP 协议 ID 51 来标识 AH。AH 可以独立使用，也可以与“封装式安全措施载荷（ESP）”协议组合使用。AH 报头格式如图 11-11 所示。

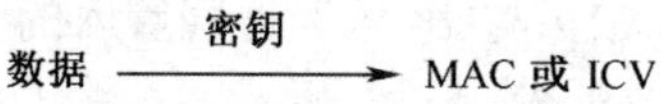

密钥
数据 ——→ MAC 或 ICV

图 11-10　HMAC 的架构

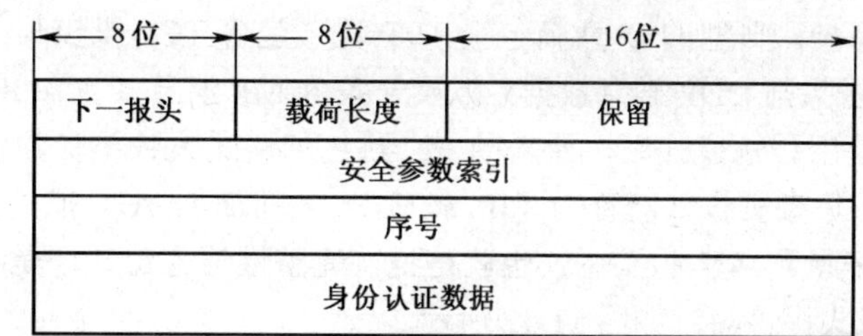

图 11-11　AH 报头格式

以上字段说明如下：

- 下一报头（Next Header）

记载后续报头的类型，占 8 位。使用 IP 协议 ID 来标识 IP 载荷。例如，值 6 表示 TCP。

- 载荷长度

记载 IP 载荷的长度，占 8 位。

- 保留（Reserved）

保留将来之用，占 16 位。

- 安全参数索引（Security Parameters Index，SPI）

用来识别安全关联，占 32 位。与目标地址及安全协议（AH 或 ESP）组合使用，以确保通信的正确安全关联。接收方使用该值确定数据包是使用哪一安全关联标识的。

- 序号（Sequence Number）

IP 封包序号，可用来防止回放攻击，占 32 位。序号是 32 位、递增的数字（从 1 开始），它表示通过通信的安全关联所发送的数据包数。在快速模式安全关联的生存期内序号不能重复。接收方将检查该字段，以确认使用该数字的安全关联数据包还没有被接收过。如果数据包已经被接收过，则拒绝接收该数据包。

- 身份认证数据（Authentication Data）

存储 IP 封包的 ICV 或 MAC，用来进行消息完整性验证，长度不定。接收方计算 ICV 值并对照发送方计算的值校验它，以验证完整性。ICV 是通过 IP 报头、AH 报头和 IP 载荷来计算的。

3．AH 认证步骤

AH 提供数据的完整性验证和身份认证双重认证功能。例如，使用计算机 A 的 Alice 将数据发送给使用计算机 B 的 Bob。通过完整性来保护 IP 报头、AH 报头和数据。这意味着 Bob 可以确定确实是 Alice 发送的数据，并且数据未被修改。使用 AH 认证功能的步骤大致如下：

（1）传送端与接收端首先经由密钥交换协议让双方各自有一把相同的工作密钥（Ks）。

（2）传送端利用 Ks 计算封包数据的 ICV，然后将 ICV 附在封包内的 AH 报头中，一起送给接收端。

（3）接收端利用 Ks 计算封包数据的 ICV，然后与传送端附在封包内的 ICV 相互比对。若两者不同，代表这个封包有问题；若两者相同，即完成封包确认的动作。

4．AH 的传输模式与隧道模式

AH 协议同时支持 IPSec 的传输模式和隧道模式，但传输模式是 AH 的默认模式，用于进行端对端（End-to-End）的通信（如用于客户端和服务器之间的通信）。使用此模式时，传送端与接收端都必须移植 IPSec 功能。若要建立局域网内两台计算机的 IPSec 联机，则可使用传输模式。

（1）AH 的传输模式。

当使用传输模式时，IPSec 只对 IP 载荷进行加密。传输模式通过 AH 或 ESP 报头对 IP 载荷提供保护。典型的 IP 载荷包括 TCP 段（包含 TCP 报头与 TCP 段数据）、一条 UDP 消息（包含 UDP 报头与 UDP 消息数据）以及一条 ICMP 消息（包含 ICMP 报头与 ICMP 消息数据）。

使用传输模式时，原来的 IP 封包的格式大致不变，仅在原有的 IP 报头与 TCP、UDP、ICMP 等数据报（统称为“IP 载荷”）之间加上 AH 报头。然后针对整个封包计算 ICV，再将 ICV 记录到 AH 报头中。也就是说，完整性与身份认证是通过在 IP 报头与 IP 载荷之间置入的 AH 报头提供的，如图 11-12 所示。

AH 为了完整性而对整个数据包进行签名，除了在传输过程中可能更改的 IP 报头中的某些字段之外（如“生存时间”（TTL）和“服务类型”（QoS）字段）。如果除了 AH 外还在使用另一个 IPSec 报头，则会在所有其他 IPSec 报头前插入 AH 报头。

（2）AH 的隧道模式。

隧道模式又称为端到中间点（End-to-Intermediate）模式。AH 隧道模式用 AH 和新的 IP 报头封装 IP 数据包，并且为数据包完整性检查和身份认证提供签名。使用 IPSec 隧道模式时，IPSec 对 IP 报头和有效载荷进行加密，而传输模式只对 IP 有效载荷进行加密。通过将其当作 AH 或 ESP 有效载荷，隧道模式提供对整个 IP 数据包的保护。使用隧道模式时，会通过 AH 或 ESP 报头与其他 IP 报头来封装整个 IP 数据包。外部 IP 报头的 IP 地址是隧道终节点，封装的 IP 报头的 IP 地址是最终源地址与目标地址。

IPSec 隧道模式对于保护不同网络之间的通信（当通信必须经过中间的不受信任的网络时）十分有用。隧道模式主要用来与不支持 L2TP/IPSec 或 PPTP 连接的网关或终端系统进行互操作。使用此模式时，传送端与接收端有一方未移植 IPSec 功能，而必须通过其他装置来处理。例如，传送端具有 IPSec 功能，接收端本身没有 IPSec 功能，但接收端所在的局域网路由器有 IPSec 功能，这时就适合使用隧道模式。可以在下列配置中使用隧道模式：

- 网关到网关
- 服务器到网关
- 服务器到服务器

使用隧道模式时，会在原来的 IP 报头前加上新的 IP 报头和 AH 报头，然后针对整个封包计算 ICV，再将 ICV 记录到 AH 报头中，如图 11-13 所示。

图 11-12　AH 传输模式的封包　　图 11-13　AH 隧道模式的封包

5．AH 的防止回放攻击功能

不论是 AH 还是 ESP 协议都提供防止回放攻击的功能，运作的方式与原理相同，在此就作一个统一介绍。在下节介绍 ESP 协议时，不再介绍它的防止回放攻击功能，参照本小点的内容即可。

所谓回放攻击（Replayed Attack）是指第三者从网络中截取认证信息，并在稍后原封不动地将信息送出，以假扮该信息的原始送出者。回放攻击并不属于密码学/密码破解的范畴，因此认证协议必须使用额外的信息来加以防范。

相对于面向连接（也就是通常所说的“有连接”）传输的 TCP 协议，IP 属于非面向连接（也就是通常所说的“无连接”）传输的协议，在封包传送过程中，不会确认每一个封包是否已完整送达目的地，即使接收一方没收到某个 IP 封包，也不会要求传送一方回放封包。因此，传统的 IP 封包特别容易遭受回放攻击。有鉴于此，IPSec 利用序号（Sequence Number）字段将每个封包加以编号，以防止回放攻击。

假设现在 A 要使用 IPSec 身份认证报头来传送数据给 B。当 A、B 之间的安全关联决定后，以该安全关联所送出的封包会从 0 开始逐一按顺序编号，这些编号会记录在序号字段中。序号字段的长度为 32 位，因此，当编号超过 2^{32}-1 时，A、B 之间必须重新协调新的安全关联，使序号字段再从 0 开始编起。

在 B 端则必须设有封包窗口大小（Window Size）的机制。封包窗口大小是一个固定的常数，默认值为 64。这个机制的主要原理就是接收一方必须记录所收到 IPSec 封包的编号，并据此检查封包是否有问题。封包窗口大小会随着新收到的封包而往前移。例如，B 目前所收到封包的最大编号为 N，则 B 会记录编号 N 至编号 N-63 封包的接收状态，如图 11-14 所示。

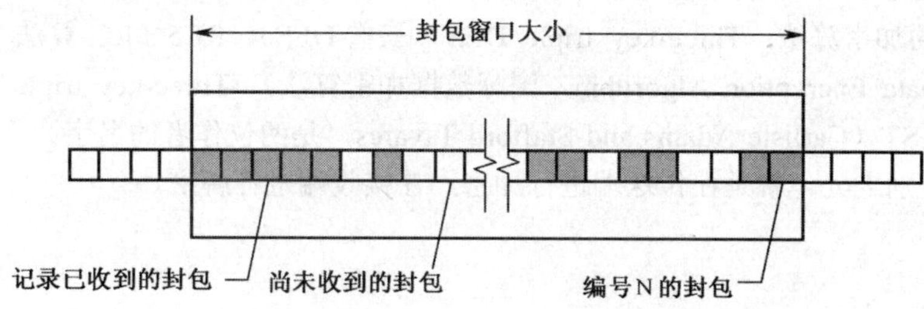

图 11-14　接收方所收到封包最大编号为 N 时的情形

如果收到的封包位于窗口大小内（例如编号为 N-2 的封包），经过认证无误后则加以记录。如果收到的封包位于窗口大小的左侧，或是在窗口大小内但与先前已收到的封包编号重复，则丢弃该封包，并记录此事件。

如果收到的封包位于窗口大小的右侧，经过认证无误后，将窗口右端往右顺序移至新收到封包的位置，并记录该封包。但总的窗口大小仍是 N 个封包，如图 11-15 所示。

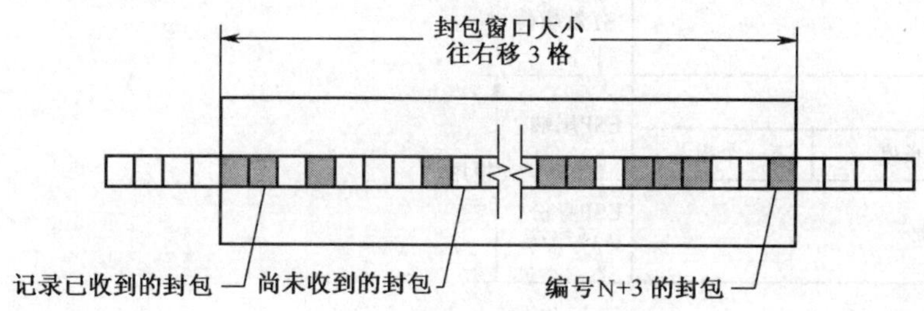

图 11-15　收到编号为 N+3 的封包，封包窗口往右移 3 个单位

通过上述机制，接收端可控制所有收到的 IPSec 封包，有效地防止了回放攻击。

11.4.3　IPSec 的 ESP 协议

ESP（封装安全载荷）协议不仅为 IP 载荷提供身份认证、完整性和抗重发保护，还提供封包加密功能，也可选择性地再加上认证的功能。传输模式中的 ESP 不对整个数据包进行签名，只对 IP 载荷（而不对 IP 报头）进行保护。ESP 可以独立使用，也可与 AH 组合使用。

在要求保密性时，可以使用 ESP 安全关联。ESP 将协商双方之间交换的用于加密它们之间的通信量的 DES 或 3DES（三重 DES）会话密钥。还可以在 ESP 中指定 SHA1 或 MD5 数字签名。请注意，AH 的数字签名涵盖整个数据包，但与此不同，ESP 加密计算和签名计算都只包括各个数据包的载荷和 TCP/UDP 报头部分，而不包括 IP 报头。例如，使用计算机 A 的 Alice 将数据发送给使用计算机 B 的 Bob。对 IP 有效载荷进行加密和签名以保护其完整性。收到并在完整性验证过程结束后，数据包中的数据载荷便被解密。于是 Bob 可以确定确实是 Alice 发送的数据并且数据未被修改，没有其他人能够读取这些数据。

1. ESP 算法

ESP 支持 CBC（Cipher Block Chaining，密码块链）模式的 DES（Data Encryption Standard，数据加密标准）加密算法。

DES 是由 IBM 研发的加密方法，在 1977 年经美国官方采用而成为加密标准。标准版的 DES 使用 64 位的区块加密（Block Cipher）与 56 位的密钥，在当时可以说是相当安全的加密法。不过，近年来随着计算机硬件运算能力的快速进步，加上破解密码的技术也日新月异，DES 已经称不上是很安全的算法了。DES 后来衍生出许多版本，后来版本的加密能力都远胜过 DES。以下是 ESP 协议所支持的加密算法：Three-key triple DES（三重 DES）、RC5（RC 算法版本 5）、IDEA（International Data Encryption Algorithm，国际数据加密算法）、Three-key triple IDEA（三密钥三倍 IDEA）、CAST（Carlisle Adams and Stafford Tavares，是两位作者的名字）。ESP 使用的加密步骤没有什么特别之处，就是在传送端进行加密，在接收端进行解密。

2. ESP 封包格式

在整个 ESP 数据包中，包括了 ESP 报头、有效载荷数据和 ESP 报尾 3 部分。在 IP 报头中使用 IP 协议 ID 50 标识 ESP。ESP 报头置于 IP 载荷之前，ESP 尾端与 ESP 验证尾端置于 IP 载荷之后，如图 11-16 所示。

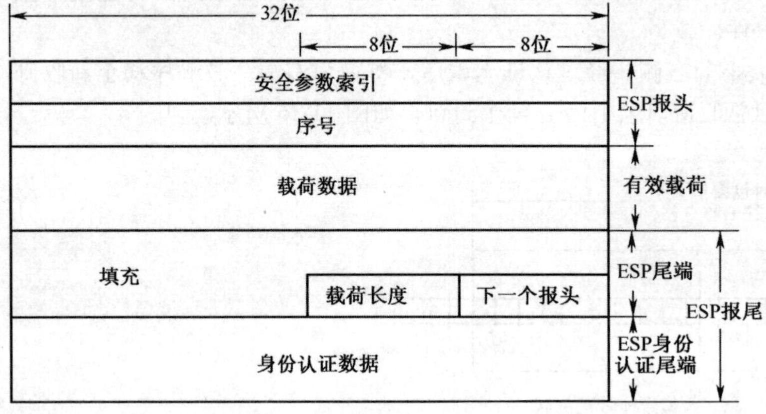

图 11-16　ESP 封包格式

（1）ESP 报头。

ESP 报头中主要包括 SPI（Security Parameters Index，安全参数索引）和 SN（Sequence Number，序列号）两个字段。SPI 字段用来识别安全关联，占 32 位。在与目标地址及安全协议（AH 或 ESP）组合使用时，可确保通信的正确安全关联。接收方使用 SPI 字段值确定应该使用哪个安全关联标识此数据包。

SN 字段是 IP 封包序列号，占 32 位。它通过通信的快速模式安全关联所发送的数据包数，快速模式安全关联的生存期内不能重复。它可用来防止回放攻击，为数据包提供抗回放保护。接收方通过检查 SN 字段，可确认使用该数字的安全关联数据包有没有被接收过，如果数据包已经被接收过，则拒绝接收该数据包。

（2）ESP 报尾。

ESP 报尾又分两部分：ESP 尾端和 ESP 身份认证尾端。

在 ESP 尾端部分又包括以下字段：

- 填充（Padding）

该字段是为了将 Payload Data 字段补足成一定的长度，以符合加密法对区块的要求，确保使用填充字节加密的载荷可达加密算法所需的字节边界。大小在 0～255 个字节之间。

- 载荷长度（Pad Length）

该字段用来标记填充字段的长度（以字节为单位），占 8 位。在使用填充字节的加密载荷解密之后，接收方使用该字段来删除填充字节。

- 下一个报头（Next Header）

该字段用来标记后续报头的数据类型，如 TCP 或 UDP，占 8 位。

在 ESP 身份认证尾端中只包括一个“身份认证数据”（Authentication Data）字段。“身份认证数据”字段用来记载 ICV，长度不定。包括 ICV，也就是消息认证代码，它用来校验消息的完整性，并用于身份认证。接收方通过 ESP 头、有效载荷和 ESP 尾端字段值来计算 ICV 值。

（3）有效载荷数据（Payload Data）。

指封包所载荷的数据，内容包括上层协议的报头，以及实际要传送的数据，长度不定。但这既不属于 ESP 报头，也不属于 ESP 报尾。

3．传输模式与隧道模式

ESP 协议与 AH 协议一样，也支持传输模式与隧道模式两种使用模式。

（1）ESP 的传输模式。

在 ESP 的传输模式中，是采用 ESP 报头对 IP 载荷和 ESP 报尾部分信息进行加密的，然后再利用 ESP 报尾的身份认证数据对包括 ESP 报头、IP 载荷、ESP 报尾 3 个部分进行签名的，如图 11-17 所示。传输模式中的 ESP 不对整个数据包进行签名，只对 IP 载荷（而不对 IP 报头）进行保护，可为 IP 载荷提供保护。数据包的签名部分表示数据包的完整性和身份认证签名是在哪里进行的；数据包的加密部分表示什么信息受到机密性保护。IP 报头未签名，也不必加以保护，以防修改。要为 IP 报头提供数据完整性和身份认证，则要将 ESP 与 AH 结合使用。

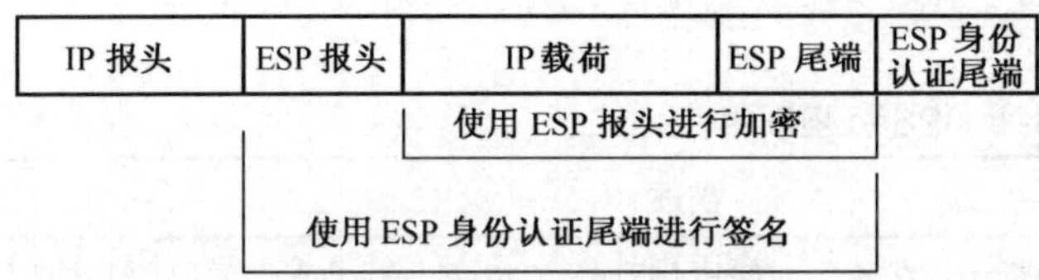

图 11-17　ESP 传输模式的封包格式

（2）ESP 的隧道模式。

ESP 隧道模式采用 ESP 报头、新产生的 IP 报头和 ESP 报尾身份认证数据来封装 IP 数据包，如图 11-18 所示。数据包的签名部分表示对数据包进行签名，以获得完整性并进行身份认证的位置；数据包的加密部分表示受到机密性保护的信息。由于为数据包添加了隧道新 IP 报头，因此会对 ESP 报头之后的所有内容进行签名（ESP 认证尾端除外），因为这些内容此时已封装在隧道数据包中。数据包的原始报头置于 ESP 报头之后。而在加密之前，会在整个数据包上附加 ESP 尾端，ESP 报头之后的所有内容都会被加密（包括原始报头，但 ESP 认证尾端除外）。原始报头此时被视为数据包的数据部分的一部分。然后，会将整个 ESP 有效载荷封装在未加密的新隧道报头内。新隧道报头内的信息只用来将数据包从源地址发送到隧道终节点。

如果通过公用网络（如互联网）发送数据包，则数据包会路由到接收方 Intranet 的网关的 IP 地址。网关对数据包进行解密、丢弃 ESP 报头，并使用原始 IP 报头将数据包路由到 Intranet 计算机。

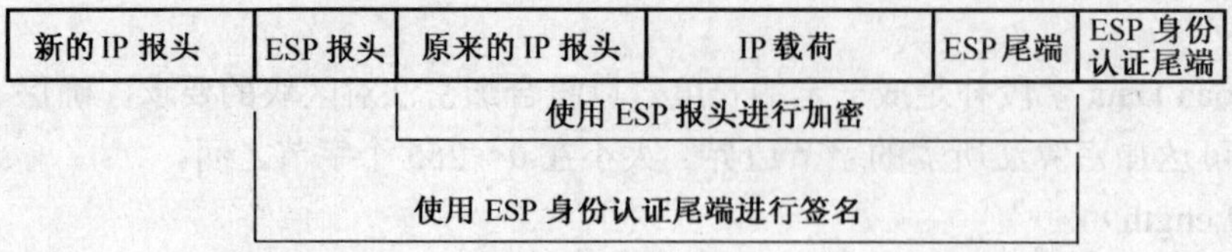

新的 IP 报头	ESP 报头	原来的 IP 报头	IP 载荷	ESP 尾端	ESP 身份认证尾端

使用 ESP 报头进行加密

使用 ESP 身份认证尾端进行签名

图 11-18　ESP 隧道模式的封包格式

进行隧道操作时，ESP 与 AH 可组合使用，从而为隧道 IP 数据包提供保密性，同时为整个数据包提供完整性和身份认证。

11.5　IPSec 协议应用方案设计与配置思路

IPSec 协议是一个可以在许多情形下用来帮助提高网络通信安全的通用安全技术，但都需要在复杂的 IPSec 策略配置基础上平衡考虑安全性需求，因为 IPSec 协议筛选机制需要消耗较多的系统和网络带宽资源。另外，由于一些适当标准的缺乏，IPSec 对一些类型的连接（如异构系统间的连接）并不支持。本部分讨论建议或不建议使用 IPSec 的情形、选择 IPSec 所需的一些特定考虑，以及 IPSec 应用的一些应用配置示例。

11.5.1　IPSec 策略规则

IPSec 规则联合 IKE 协商一个或多个筛选器参数，实际上就是一个个具体的筛选规则，与平时配置 ACL 时的 ACL 规则项一样。它定了通信类型、对应的通信源、目的地址，以及要执行的通信处理操作。

IPSec 规则组件

表 11-1 描述了 IPSec 规则的组件。

表 11-1　IPSec 规则组件

组件	描述
筛选器列表（Filter list）	筛选器列表包含描述一个或多个为要应用操作（允许、阻止或安全协商）通信类型的预定义筛选器。筛选器列表是通过在 IPSec 策略中的 IPSec 规则属性对话框中双击相应规则，在打开的对话框中选择“IP 筛选器列表”选项卡进行配置的，如图 11-19 所示
筛选器操作（Filter action）	筛选器操作定义了数据通信的安全需求。筛选器操作可以为包所匹配的筛选器列表配置允许通信、阻止通信或以 IPSec 协商安全通信。如果选择了安全协商，则必须配置安全方法和顺序：初始流入非安全通信是否接受；不支持 IPSec 的计算机间非安全通信是否允许；是否使用完全向前保密（Perfect Forward Secrecy，PFS）。PFS 是一种决定主密钥已有的密钥材料是否可以用来传递新的会话密钥的机制。会话密钥 PFS 完成新的 Diffie-Hellman 密钥交换，以产生新的主密钥材料，以替代使用主密钥密钥材料来传递更多的会话密钥。 协商设置是在 IPSec 策略中的 IPSec 规则属性对话框的“筛选器操作”选项卡中配置的，如图 11-20 所示。注意，筛选器的具体操作不是此对话框中列表框中所列出的默认 3 种可选的筛选器操作：Permit（允许）、Request Security（Optional）（可选请求安全）、Require Security（需要安全），而是通过双击具体的筛选器操作项，打开如图 11-21 所示的筛选器操作配置选项对话框进行选择设置的。筛选器操作项可以自己创建，也可以对默认的筛选器操作项设置进行修改

NOTES

续表

组件	描述
身份认证方法（Authentication method）	IPSec 规则包含一个或多个身份认证方法，可以按照个人喜好列表，用来保护 IKE 协商。可用的身份认证方法包括：Kerberos v5 协议、指定 CA 中颁发的证书、预共享密钥。协商数据是在 IPSec 策略中的 IPSec 规则属性对话框的“身份认证方法”选项卡中配置的，如图 11-22 所示
隧道终点（Tunnel endpoint）	是到目标 IPSec 隧道通信（当采用隧道模式时）的端点，到了这个端点，通信将关闭。它是在 IP 筛选器列表中有设置的。需要用两条规则来描述 IPSec 隧道：入方向通信规则，隧道终点是隧道另一端的 IP 地址或子网；出方向通信规则，隧道终点是本地 IP 地址或子网。隧道终点是在 IPSec 策略中的 IPSec 规则属性对话框的“隧道设置”选项卡中配置的，如图 11-23 所示
连接类型（Connection type）	连接类型设置指出规则仅应用在局域网或拨号连接，或者以上全部的两种连接。连接类型是在 IPSec 策略的 IPSec 规则属性对话框的“连接类型”选项卡中配置的，如图 11-24 所示

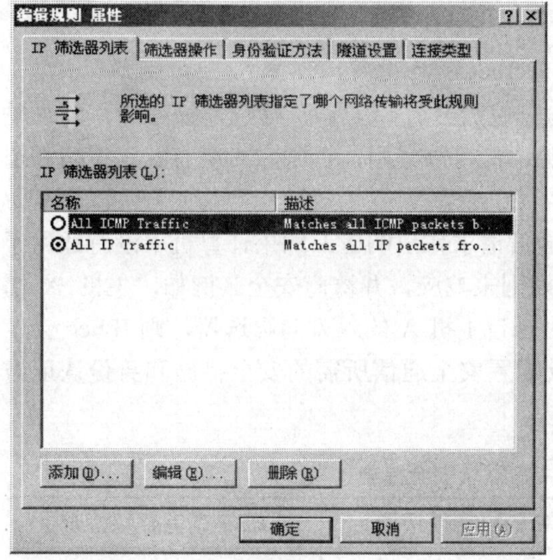

图 11-19 “IP 筛选器列表”选项卡

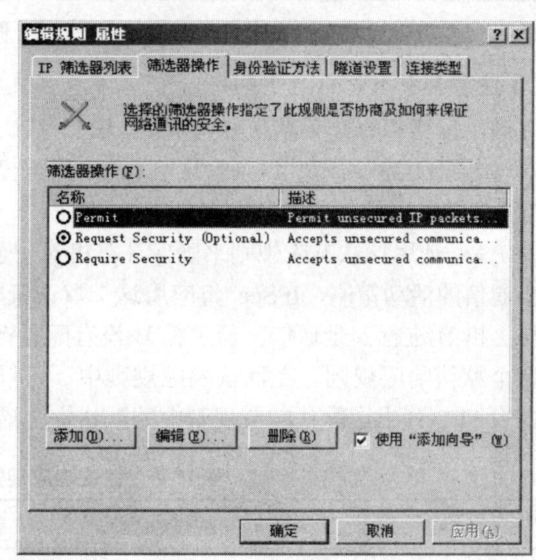

图 11-20 “筛选器操作”选项卡

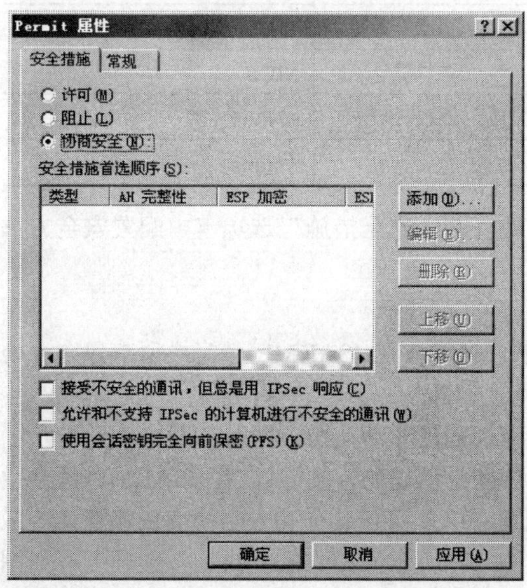

图 11-21 “安全措施”选项卡

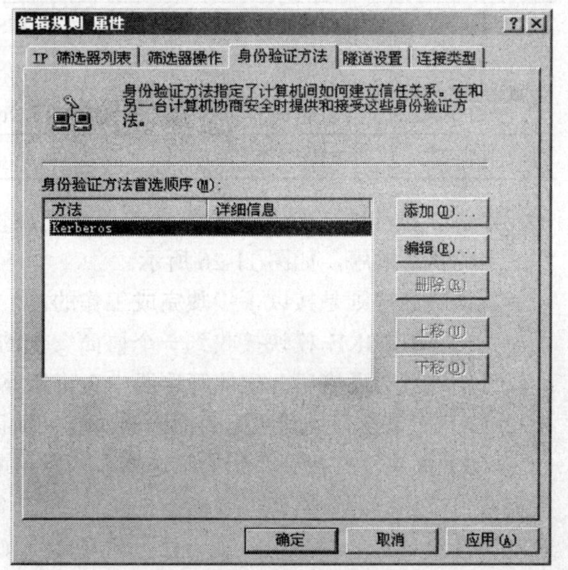

图 11-22 “身份认证方法”选项卡

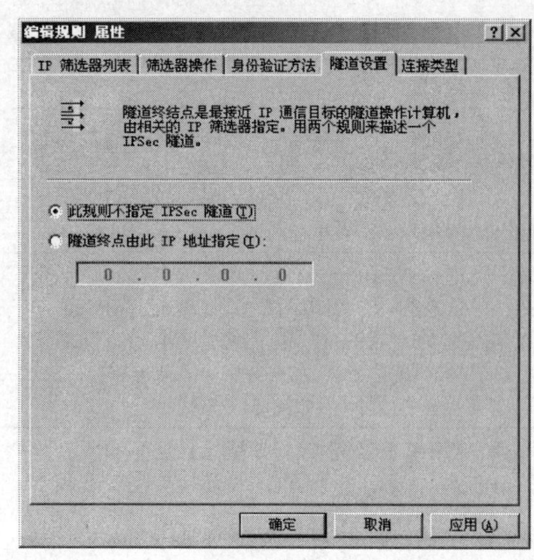

图 11-23 “隧道设置”选项卡

图 11-24 “连接类型”选项卡

【注意】*在 Windows XP Home 版本中，不支持 Kerberos v5 身份认证方式。*

每个策略都有一条默认响应规则。这个默认响应规则名为<动态>，筛选器操作为“默认响应”，如图 11-25 所示。这条默认响应规则不能删除，但可以禁用，否则它对所有默认策略和通过 IPSec 策略向导创建的策略都是有效的。

IPSec 使用默认响应规则来确保计算机对安全通信请求作出响应。如果计算机中没有适用于安全通信的活动策略，IPSec 将应用这个默认策略规则来响应，并协商安全。例如，主机 A 需要与主机 B 进行安全通信，但主机 B 没有配置针对来自主机 A 的入方向筛选器，则 IPSec 会使用这个默认响应规则。在默认响应规则中，可以仅配置安全通信所需的安全措施和身份认证方法。表 11-2 列出了默认响应规则中的默认安全措施。

表 11-2 默认响应规则中的默认安全措施

类型	AH 的完整性检查	ESP 的机密性保护	ESP 的完整性检查
加密和完整性	<None>	3DES	SHA1
自定义	<None>	3DES	MD5
自定义	<None>	DES	SHA1
自定义	<None>	DES	MD5
自定义	SHA1	<None>	<None>
自定义	MD5	<None>	<None>

你可以在 IPSec 策略插件默认响应规则属性对话框的“安全措施”选项卡中配置安全方法和适当的执行顺序，如图 11-26 所示。

默认响应规则是按以下步骤完成工作的：

（1）如果 IKE 模块接收到一个协商安全的请求，它将从在 ISAKMP 消息中所有包含源地址或目的地址的通信所匹配的筛选器中查询策略代理。

（2）如果没有找到匹配的筛选器，而且默认响应规则是非活动的，则 IKE 协商失败。

（3）如果没有找到匹配的筛选器，而默认响应规则是活动的，则 IKE 在 ISAKMP 消息中指定通信中相应的策略代理中动态创建一个 IP 筛选器。IKE 身份认证和安全协商依赖默认响应规则属性对话框的“身份认证方法”选项卡（如图 11-27 所示）和“安全措施”选项卡（如图 11-26 所示），在其中进行设置。

可以使用 IP 安全策略向导为默认响应规则配置默认身份认证方法。

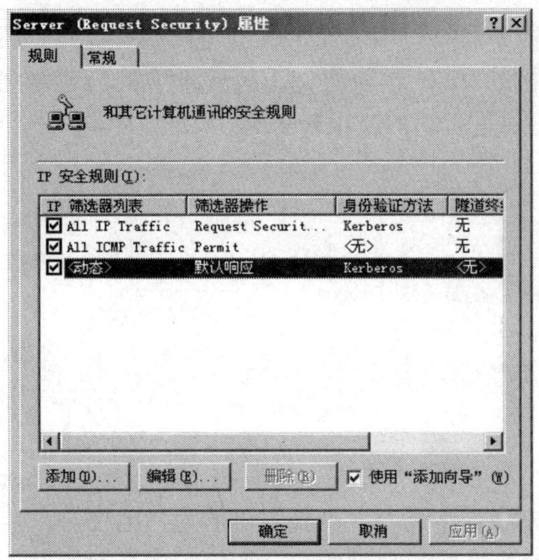

图 11-25　默认响应规则

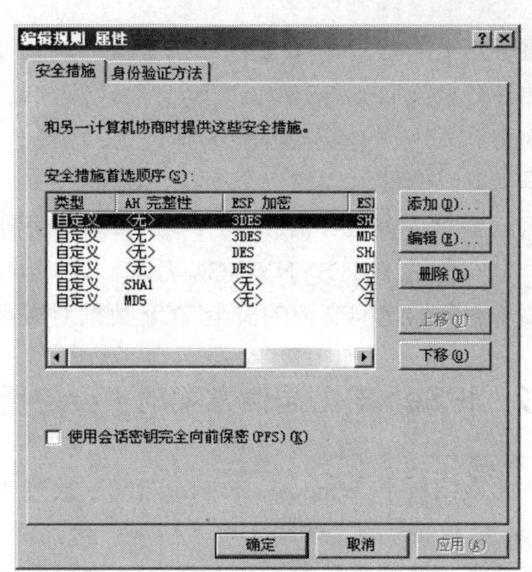

图 11-26　“安全措施”选项卡

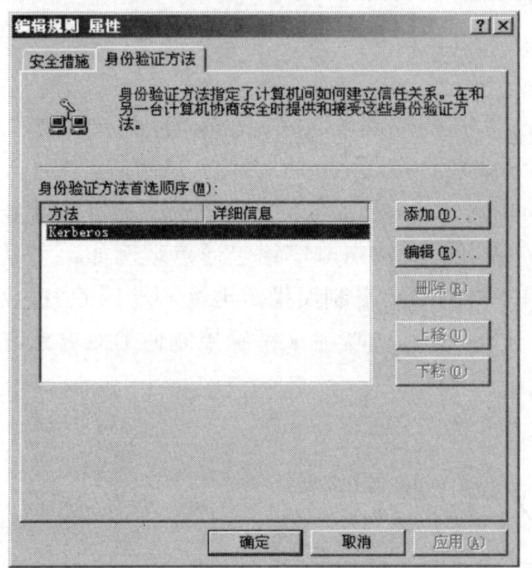

图 11-27　“身份认证方法”选项卡

典型情况下，当一组服务器用策略配置在他们与所有其他 IP 地址主机之间安全通信时，就会使用默认响应规则来接受非安全通信，但响应时使用安全通信。如果客户端计算机是以默认规则配置的，当客户机与服务器通信时，通信是安全的（从客户端发送到服务器的第一个包除外）；当客户机与其他主机通信时，则通信都是非安全的。

例如，一个客户端计算机通过使用 TCP 协议与一台服务器进行可靠的数据交换。TCP 连接的建立是通过 3 个 TCP 片段交换完成的，它们是：SYN （synchronize，同步）、SYN-ACK（synchronize-acknowledgement，同步确认）、ACK（acknowledgement，响应）。

因为客户端计算机与服务器之间的通信并没有直接的规则来确保通信安全，客户端发送非安全的 SYN 片段到服务器，服务器接收到 SYN 片段，然后检查该片段中包括的 IP 地址。它发现与相应 IP 地址对应的筛选器中规定，无论是发送到，还是接收来自任何地址的通信都需要安全通信。可是，筛选器操作同时也允许服务器接受非安全通信，以安全通信方式进行响应。因此，由客户端发送、服务器接收的 SYN 片段最终被发送到服务器的 TCP/IP 协议栈中。

服务器上的 TCP/IP 协议以 SYN-ACK 片段对客户端作出响应。响应 IP 包首先发送到服务器的 IPSec 驱动里，检查筛选器设置，需要安全通信。IPSec 驱动注意到在它自己和客户端之间没有活动的 SSA。IPSec 驱动为安全通信向 IKE 模块请求协商 SA。

服务器上的 IKE 模块发送一个 ISAKMP 片段到客户端，开始为安全通信协商 SA 过程。当客户端计算机接收到 ISAKMP 消息后，客户端计算机的 IKE 模块查询策略代理中的筛选器列表。因为它发现没有直接匹配的筛选器和默认响应规则是活动的，IKE 模块为出、入客户端和服务器计算机的通信创建一个动态筛选器。

IKE 继续依据服务器和客户端计算机上的策略设置进行协商。在 IKE 协商完成后，服务器发送一个安全的 TCP SYNY-ACK 片段到客户端。客户端以一个安全的 TCP ACK 片段和可以在客户端与服务器之间交换的安全 TCP 数据对服务器进行响应。

11.5.2 IPSec 安全通信方案的主要应用

下面介绍对于 Windows Server 2003 家族 IPSec 实现的推荐方案。推荐将 Windows Server 2003 家族 IPSec 的实现用于以下情况：包筛选、保护特定路径上主机到主机的通信的安全、两个分离林之间域控制器的安全通信、通过 ISA 安全 NAT 进行的端到端安全通信、安全服务器、为远程访问和站点到站点 VPN 连接中使用 L2TP/IPSec。

1. 包筛选

IPSec 为终端系统提供受限的防火墙功能。还可以使用带有“Internet 连接防火墙”、“Windows 防火墙”和“路由和远程访问”服务的 IPSec 来允许或阻止入站或出站通信。

IPSec 可以通过主机包筛选为终端系统提供有限的防火墙功能。可以配置基于源和目的地址（包括通信协议类型和端口号）的 IPSec 策略去允许或者阻止特定非广播包通信。例如，可以按图 11-28 所示设置，这是一个需要在连接内/外部网络路由器上限制仅指定地址和端口的 IP 数据包可以通过的 IPSec 策略应用示例。可以通过使用 IPSec 包筛选功能来精确控制通信双方允许通信的类型来加强网络通信安全保护能力。

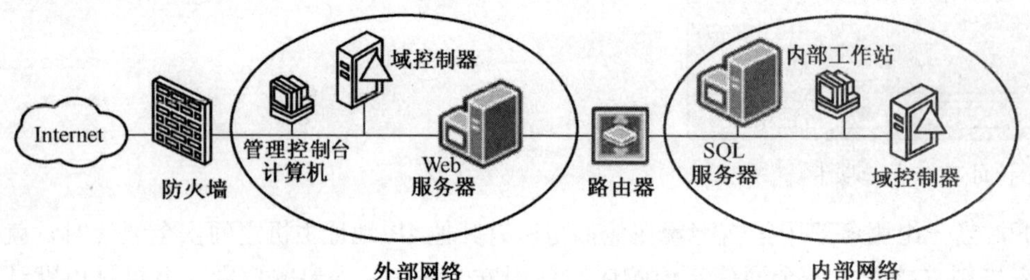

图 11-28 IPSec 包筛选功能的典型应用示例

在以上示例中，可以创建以下 IPSec 包筛选策略：

- 内部网络域管理员可以分配基于活动目录的 IPSec 策略去阻止所有来自外部网络的通信，外部网络管理员可以指派一个基于活动目录的 IPSec 策略来阻止所有到内部网络的通信。
- 内部网络中运行 SQL 服务器的管理员可以创建专门的一个基于活动目录的 IPSec 允许到外部网络中的 Web 应用服务器的结构化查询协议通信。
- 外部网络中的 Web 服务器管理员可以创建专门的一个基于活动目录的 IPSec 策略允许到内部网络的 SQL 服务器的通信。
- 外部网络中的 Web 服务器管理员可以创建专门的一个基于活动目录的 IPSec 策略来阻止所有来自互联网上采用 TCP 协议 80 端口的 HTTP 或 HTTPS Web 访问。这就是当防火墙万一出现崩溃或者遭受攻击时另外的安全保障。
- 外部网络域管理员可以阻止所有到管理控制台计算机的通信，但是允许到外部网络的通信。

也可以使用 IPSec 的 IP 包筛选功能、路由器的基本 NAT 和防火，以及远程访问服务来允许或阻止流入或者流出通信，或者使用 Windows 系统自带的 Windows 防火墙提供状态包筛选。为了确保进行正确的 IPSec 安全关联的互联网密钥交换（IKE）管理，必须配置 Windows 防火墙去允许 UDP 500 和 4500 端口的通信，因为这是 IKE 消息传递所必需的。

2. 保护特定路径上主机到主机的通信的安全

可以使用 IPSec 为服务器或其他静态 IP 地址或子地址之间的通信提供共同的身份认证和加密保护。IPSec 可以在非广播的源 IP 地址到非广播的目的 IP 地址之间建立信任和安全通信，这也就是通常所说的点对点全通信。例如，可以在 Web 服务器和位于不同站点的数据库服务器或者域控制器之间建立安全通信。如图 11-29 所示，是一个仅需要发送和接收的计算机双方配置 IPSec 策略的示例。客户端和服务器端计算机独立处理自己端的安全，而假设通过中间设备进行的通信是不安全的。

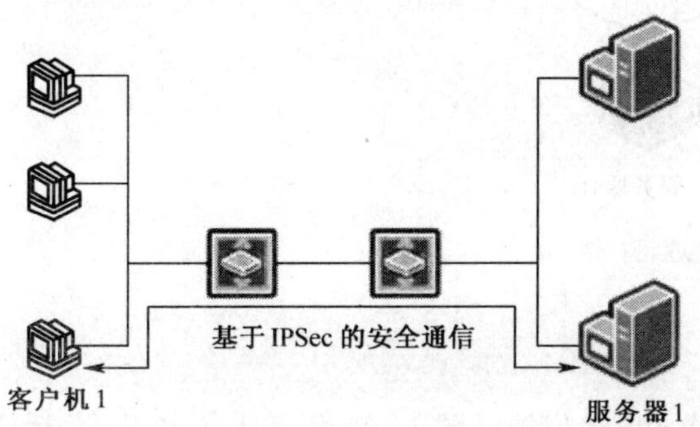

图 11-29　客户端与服务器端之间的 IPSec 安全通信

3. 两个分离林之间域控制器的安全通信

图 11-30 所示是一个两个林的域控制器是受对方启用了 IPSec 策略的防火墙的通信控制示例。除此之外，使用 IPSec 增强在两个分离林中的域控制器之间的通信安全。也可以使用 IPSec 保护在同一个域中的两个域控制器，以及父域与子域间的通信。

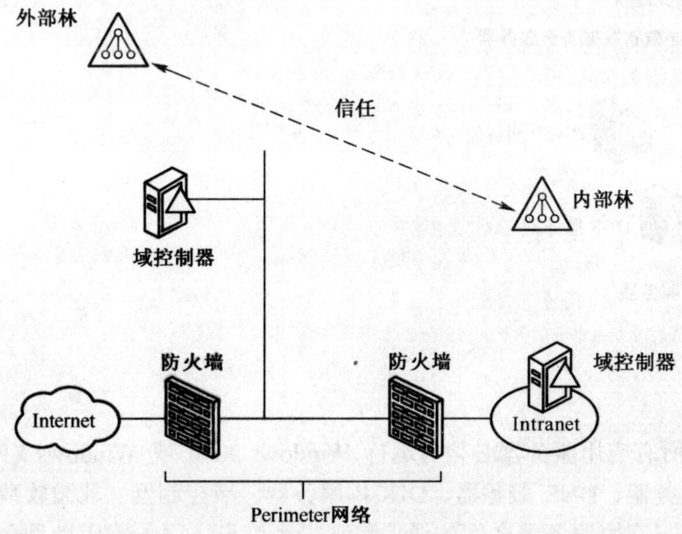

图 11-30　不同林域控制器之间的安全保护

4．通过 ISA 安全 NAT 进行的端到端安全通信

Windows Server 2003 支持 IPSec NAT 穿越（NAT-T）。IPSec NAT-T 允许通过 IPSec 安全通信，也可以通过 NAT 穿越。例如，可以使用 IPSec 传输模式在运行 ISA 服务器和 NAT 服务的计算机之间提供安全的主机到主机通信，而在两主机间无需进行包筛选。IPSec 传输模式通常用来保护主机间的通信，以及位于同一个局域网或者通过广域网连接的局域网间的通信安全。图 11-31 中，两台计算机都是运行 Windows Server 2003 系统和提供 NAT 功能的 ISA 服务器。在服务器 A 上的 IPSec 策略是仅允许与 IP 地址为服务器 B 的进行安全通信，同时在服务器 B 上的 IPSec 策略是配置允许与 IP 地址为服务器 A 的进行安全通信。

图 11-31　通过 ISA 安全 NAT 使用 IPSec NAT-T 的安全通信

5．安全服务器

可以为所有客户端计算机到服务器的访问请求 IPSec 保护。图 11-32 所示为在 IPSec 传输模式中，在线商务应用服务器上的安全保护方式。

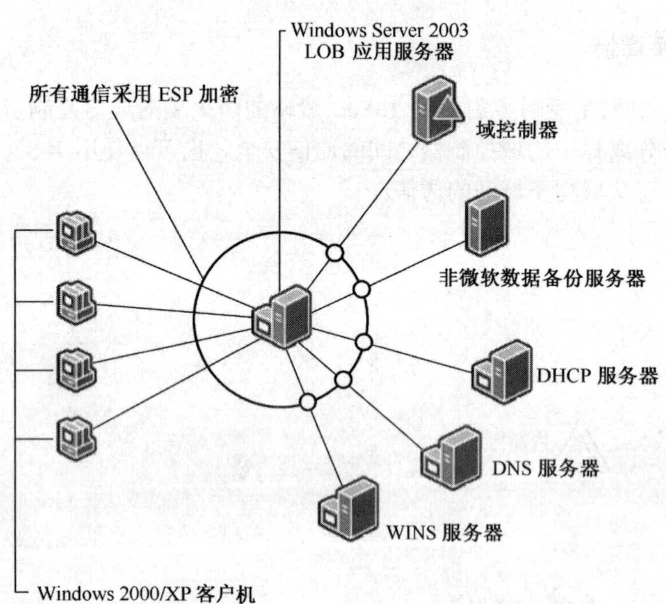

图 11-32　安全服务器的 IPSec 应用

在这种应用情形中，内部网络的所有应用服务器必须与运行 Windows 2000 或 Windows XP Professional 系统的客户端、WINS 服务器、DNS 服务器、DHCP 服务器、域控制器、非微软数据备份服务器进行通信。因为客户端与应用服务器之间的通信包含机密信息，服务器应当只允许与域中的其他成员进行会话，所以客户端计算机用户是本公司员工，想要访问应用服务器以查看他们的薪水信息。网络管理员使用需要 ESP 加密的 IPSec 策略，仅允许域活动目录中信任

的计算机进行会话。

在这种应用中，其他允许的通信一般还包括：

- 在 WINS、DNS、DHCP 和应用服务器之间的通信是允许的，因为 WINS、DNS、DHCP 服务器必须为最广泛的客户端操作系统提供服务，而有些客户端系统可能不支持 IPSec。
- 域控制器与应用服务器之间的通信是允许的，因为使用 IPSec 保护这两者的通信安全是不建议的。
- 非微软数据备份服务器和应用服务器之间的通信是允许的，因为非微软数据备份服务器不支持 IPSec。

6. 为远程访问和站点到站点 VPN 连接中使用 L2TP/IPSec

可以在所有 VPN 环境中应用 L2TP/IPSec，而并不需要为 IPSec 策略做任何配置和部署。L2TP 和 IPSec 两者之间的共同点就是在远程访问客户端和公司网络之间通过互联网的安全通信，以及在分支机构之间的安全通信。

【注意】 Windows IPSec 支持 IPSec 的传输模式和隧道模式。尽管 VPN 通常是指隧道方式，但在 L2TP/IPSec VPN 连接中使用的是 IPSec 传输模式，IPSec 隧道模式最主要应用在保护站点到站点的网络通信安全上，如通过互联网的站点到站点网络通信。

- 在远程访问 VPN 连接中使用 L2TP/IPSec

在通过互联网的远程访问客户端和公司网络之间的通信通常建议采用安全通信方式。例如客户端可能是一个经常在外的采购商，或者员工是在家里工作的。在图 11-33 中，远程网关是为公司内部网络（Intranet）边缘提供安全保护的服务器；远程客户端是一个经常在外而又需要经常访问内部网络资源的用户；ISP 为客户端访问互联网提供途经；ISP 提供的 L2TP/IPSec 服务是用来构建 VPN 隧道、帮助保护数据通过互联网的。

图 11-33 客户端远程访问 L2TP/IPSec VPN 示例

- 在站点到站点 VPN 连接中使用 L2TP/IPSec

一个大的公司通常有多个需要相互通信的站点。例如，在上海和广州两地的分公司。在这种情形下，L2TP/IPSec 就可以为站点之间的 VPN 连接，帮助保护站点间的数据通信安全。在图 11-34 中，运行 Windows Server 2003 系统的路由器（通信双方边缘都有一个这样的路由器）提供了边缘安全服务。路由器上连接的是租用专线、拨号或者其他类型的互联网接入线路。L2TP/IPSec VPN 隧道仅在路由器之间运行，保护通过互联网的数据通信。

图 11-34 站点到站点 L2TP/IPSec VPN 示例

- 非微软网关的站点到站点 IPSec 隧道

如果网关或者终端系统不支持 L2TP/IPSec 或 PPTP（Point-to-Point Tunneling Protocol，点对点隧道协议）的站点到站点 VPN 连接，则可以以隧道模式来使用 IPSec。这样，发送到网关的数据的整个 IP 数据报都将重新进行封装，形成一个由 IPSec 协议保护的新的 IP 数据包。图 11-35 所示是一个站点到站点 IPSec 隧道应用的示例。在这个示例中，通信是在供应商站点（Site A）客户计算机和公司总部站点（Site B）FTP 服务器之间进行的。供应商使用非微软的 IPSec 网关，而公司总部是使用运行 Windows Server 2003 系统的服务器作为网关的。IPSec 隧道是在非微软网关和运行 Windows Server 2003 系统的网关之间提供安全通信。

【注意】Windows Server 2003 操作系统的原始发行版中不包括 Windows 防火墙。"Internet 连接防火墙"只包括在 Windows Server 2003 Standard Edition 和 Windows Server 2003 Enterprise Edition 的原始发行版中。

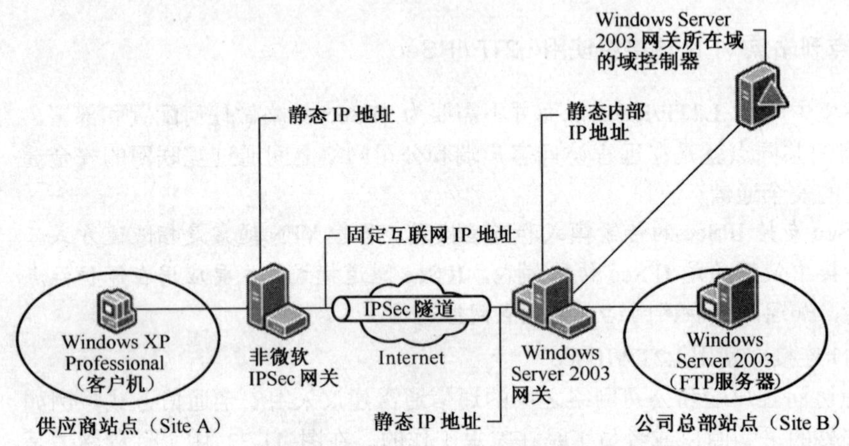

图 11-35 在站点间建立网关到网关的 IPSec 隧道示例

11.5.3 不推荐使用 IPSec 协议保护的应用方案

当使用 IPSec 身份认证和数据保护功能时，Windows 2000、Windows XP 以及 Windows Server 2003 家族中的策略管理模型最适用于服务器到服务器和客户端到服务器的情况（其中一个终节点具有一个静态地址）。在大型的网络部署中，当策略在两个终端系统上都与动态地址相关时，以及在某些动态的情况中，策略管理的复杂性都使部署 IPSec 较为困难。因此，不推荐在以下情况中使用 IPSec：

- 保护域成员及其域控制器之间通信的安全

因为该情况所需的 IPSec 策略配置和管理很复杂，所以不推荐使用 IPSec 来保护域成员及其域控制器之间通信的安全。

- 保护网络中所有通信的安全

为了保护网络中多个或所有计算机的安全，而在所有客户端计算机和所有服务器之间配置 IPSec 通信是很困难的。IPSec 无法协商多播和广播通信的安全。来自实时通信、需要 ICMP 的应用程序以及对等应用程序的通信可能与 IPSec 不兼容。因此，不推荐使用 IPSec 来保护网络中所有通信的安全。

此外，IPSec 协议及实现具有在如下情况中需要进行特殊考虑的特点：

- 保护通过无线 802.11 网络的通信的安全

没有为移动客户端进行 IPSec 策略的配置优化，因此不推荐将 IPSec 作为唯一的方法来保护通过无线 802.11 网络发送的通信的安全，而推荐使用 IEEE 802.1x 身份认证。802.1x 通过提供对集中式用户标识、身份认证、动态密钥管理和记账的支持来提高安全性并使部署较为容易。在客户端在同一个网络的访问点间漫游的情况中，IPSec 可以同 802.11 和 802.1x 结合使用。在漫游导致客户端 IP 地址发生了变化的情况中，IPSec 安全关联将变为无效，并将重新协商新的安全关联。

- 以隧道模式为远程访问 VPN 连接使用 IPSec

不推荐将 IPSec 以隧道模式用于远程访问 VPN 方案，而推荐将 L2TP/IPSec 或 PPTP 用于远程访问 VPN 连接。

下面是使用 IPSec 策略的几种常见应用及配置方法：

- 使用 IPSec 来限制供客户端用来连接 IIS Web 服务器的通信协议及连接端口。
- 使用 IPSec 来限制供客户端用来连接 SQL Server 的通信协议及连接端口。
- 使用 IPSec 来提供服务器对服务器验证。

11.5.4 配置 IPSec 应用方案前的准备

在开始配置 IPSec 应用方案之前，应该对以下事项有一个清楚的认识：

- 识别所需采用 IPSec 安全通信的通信协议及连接端口需求

在建立和套用 IPSec 策略来阻止连接端口与通信协议之前，请先确认需要保护的通信，包括每日操作所用的连接端口和通信协议，考虑远程管理、应用程序通信与验证的通信协议及连接端口需求。这在配置筛选器列表中是必须要配置的。

- IPSec 无法保障所有通信的安全性

有些 IP 数据传输类型不适用于筛选作业，其中包括多播/广播 IP 数据包、用于提供 QoS（Quality of Service，服务质量）的 RSVP（Resource Reservation Protocol，资源保留协议）通信，以及在 IPSec 中自身所需的 IKE 和 Kerberos 密钥协议通信流。

- 在防火墙中需要开放 IPSec 所用的端口

如果防火墙分隔两个用来保障通信信道安全的主机，那么此防火墙将开放下列连接端口：

  - 用于 IPSec 封装安全通信协议（ESP）数据传输的 TCP 连接端口 50
  - 用于 IPSec 验证报头（AH）数据传输的 TCP 连接端口 51
  - 用于 IKE 交换数据传输的 UDP 连接端口 500

- 筛选器列表、筛选器操作及规则

IPSec 策略是由一组筛选器列表、筛选器操作与规则组成的。筛选器列表的作用在于比对数据传输。其中包含：

  - 来源 IP 地址或地址范围
  - 目的地 IP 地址或地址范围
  - IP 通信协议，如 TCP、UDP 或“any”
  - 来源与目的地连接端口（限 TCP 或 UDP）

筛选器操作会指定当调用特定筛选器列表时所要采取的操作，这些操作如下：

  - 许可：数据传输不安全，不需要介入即可传送及接收。
  - 阻止：禁止数据传输。
  - 协商安全：各端点必须同意并使用安全的方法展开通信。如果没有双方同意的方法，则无法通信；如果协商失败，则可以指定允许不安全通信或停止所有通信。

规则能让筛选器与筛选器操作产生关联，IPSec 策略可以定义规则。

11.5.5 配置 IPSec 安全应用方案的基本步骤

在 Windows Server 2003 及以前版本中，配置 IPSec 策略时，先要确定所需保护的对象以及所处的网络环境。如果仅是要保护单台服务器或主机的通信，则需要在相应服务器或主机上的“本地计算机 IP 安全策略”或者“本地组策略”的“IP 安全策略”中配置（也可以通过 MMC 调用该管理单元）；如果是要保护整个域网络，则需要在默认域组策略中的“IP 安全策略”中配置。

【说明】“本地安全策略”是本地组策略中的一部分，无论是在本地安全策略中配置，还是在本地组策略的“IP 安全策略”中配置，都会同时在两者的控制台中显示。所以，对于为本地计算机配置的 IP 安全策略，只需要选择其中的一个位置配置即可。

IPSec 策略的基本配置步骤是（无论是在 Windows IPSec 中还是在网络设备的 IPSec 协议配置中，基本步骤都一样）：

（1）创建所需的 IP 筛选器操作。

（2）创建所需的 IP 筛选器列表。一个 IP 筛选器列表可以包括一个或多个 IP 筛选器。

（3）创建与前两步创建的筛选器操作和筛选器列表关联的 IP 安全规则。一个 IPSec 策略可以包括一个或多个 IP 安全规则，一个 IP 安全规则仅可以包括一个 IP 筛选器列表和一个 IP 筛选器操作。

（4）指派 IPSec 策略。在一台主机上，同一时间只能指派一个 IPSec 策略，因为不同的 IPSec 可能会发生冲突。

【注意】第 1 步和第 2 步的顺序不是固定的，而且也是完全独立、没有关联的，因为它们是策略的不同方面。筛选器操作和筛选器列表可以被多个 IPSec 策略重复调用，只要与相应的策略所需的操作或者筛选内容相匹配即可。而且，如果是域网络，在域组策略或者域安全策略中配置的 IPSec 策略与本地组策略或本地安全策略相冲突时，域组策略或者域安全策略中的配置将覆盖本地的。

这里要着重说明的是，一般使用 IPSec 的安全通信需要配置至少两个筛选器操作（也就是“许可”和“阻止”的，还可以有第三个“协商安全”的）；也需要创建对应数目的筛选器列表，以便与对应的筛选器操作匹配，最后同样需要创建对应数目的 IPSec 策略，它又是用来与以上筛选器操作、筛选器列表相匹配的。而且 IPSec 策略的执行顺序不是按先后顺序的，而是按匹配紧密度来先后执行的：先执行与策略中设置的源/目的地址最匹配的策略，最后是匹配紧密度最松的策略。所以通常需要明确配置一个“任意地址－任意地址”的策略，并且指定它是许可还是阻止或协商安全，否则所有不与前面已执行策略匹配的通信将按默认规则响应。这也是下面各节分别创建了两个筛选器操作、两个筛选器列表和两个 IPSec 策略的原因。

11.6 IPSec 在 Web 服务器访问限制中的应用配置示例

本示例要求使用 IPSec 限制只允许通过 TCP 80（针对 HTTP 数据传输）和 443（针对使用 SSL 的 HTTPS 数据传输）两端口对 Web 服务器进行访问。对于直接连接互联网的 Web 服务器而言，这是最常见的应用需求。

按下面的方法进行配置之后，通信作业便会限制为连接端口 80 和 443，对应的操作系统为 Windows Server 2003。创建 IPSec 策略的基本步骤参见上节。下面介绍本示例的具体配置步骤。

11.6.1 创建两个筛选器操作

首先为本示例创建两个筛选器操作：一个是允许对 Web 服务器进行访问的，另一个是阻止访问 Web 服务器的，名称分别为“允许的筛选器操作”和“阻止的筛选器操作”。前者用于后面创建的 Web 服务器 IPSec 策略中的允许访问 Web 服务器的 IPSec 安全规则；后者用于后面创建的 Web 服务器 IPSec 策略中的阻止访问 Web 服务器的 IPSec 安全规则。

为本示例创建筛选器操作的具体配置步骤如下：

（1）在“运行”窗口中输入 gpedit.msc 命令，打开本地组策略控制台，然后导航到“计算机配置”→“Windows 设置”→“IP 安全策略，在本地计算机上”位置，如图 11-36 所示。默认是有 3 条没有指派的 IPSec 策略，分别是：服务器（请求安全）、客户端（仅响应）和安全服务器（需要安全）。

【说明】也可以在“管理工具”中运行“本地安全策略”工具，也可得到“IP 安全策略，在本地计算机上”项，如图 11-37 所示。如果是在 Windows XP 系统，则“本地安全策略”管理工具是在“控制面板”的“管理工具”项中，如图 11-38 所示。

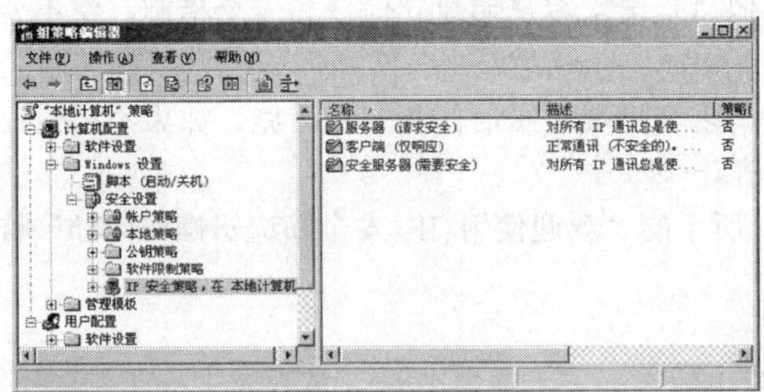

图 11-36　本地组策略中的“IP 安全策略”

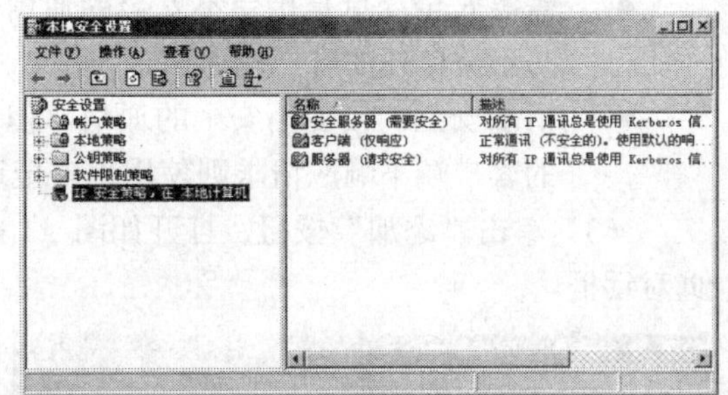

图 11-37　“本地安全策略”控制台

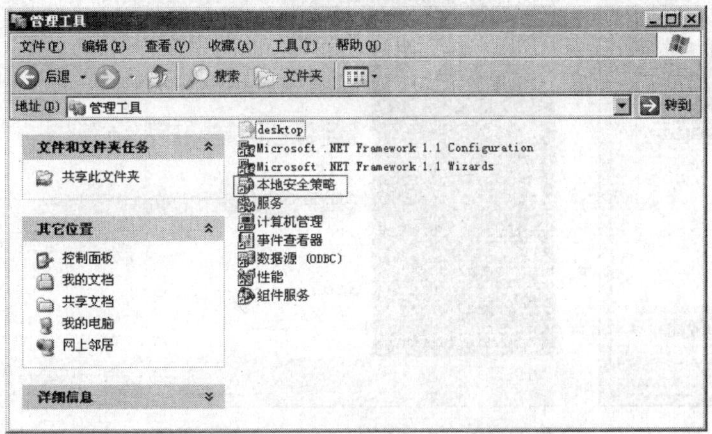

图 11-38　控制面板“管理工具”中的“本地安全策略”

- 服务器（请求安全）

本策略默认是要求对所有 IP 通信总是使用 Kerberos 信任请求安全。允许与不响应请求的客户端的不安全通信。注意，这里是允许不安全的通信。此时该计算机可作为提供服务的服务器使用，可以与通信对方以默认的 Kerberos 身份认证协议协商进行安全通信，但仍允许非安全的通信发生，所以安全级别较低。

- 客户端（仅响应）

本策略是正常通信（不安全的）的 IPSec 策略，使用默认的响应规则与请求安全的服务器协商，规定只有与服务器的请求协议和端口通信是安全的。注意，这里也是允许不安全的通信。此时计算机仅作为通信的客户端，可以被动地使用默认响应规则与发起安全通信请求的对方进行安全协商，但主要仍是非安全通信，因为它不主动发起安全协商，而是采用默认的非安全通信方式。

- 安全服务器（需要安全）

本策略是要求对所有 IP 通信总是使用 Kerberos 信任请求安全，不允许与不被信任的客户端的不安全通信。注意，这里是不允许不安全的通信，要求的安全级别更高，主要是用于需要全面安全通信的服务器与服务器通信、服务器与客户端通信。

可以通过修改以上 3 条默认的 IPSec 策略来实现本示例的 IPSec 策略配置，但比较麻烦，因为本示例中的参数要求与默认策略中的参数要求存在相当大的差别，所以还是另外创建更方便、快捷些。

（2）在“IP 安全策略，在本地计算机上”上右击，在弹出的快捷菜单中选择“管理 IP 筛选器列表和筛选器操作”选项，在弹出的对话框中选择“管理筛选器操作”选项卡，如图 11-39 所示。显示的是默认的 3 条筛选器操作：许可、需要安全和请求安全（可选）。

- 许可：是允许不安全的 IP 包经过。
- 需要安全：总是接受不安全的通信，但总是请求客户端建立信任和安全措施。将不会与不被信任的客户端通信。
- 请求安全：接受不安全的通信，但是请求客户端建立信任和安全措施。如果不被信任的客户端不响应请求则使用不安全通信。

（3）单击“添加”按钮，打开如图 11-40 所示的“欢迎使用 IP 安全筛选器操作向导”首页对话框。

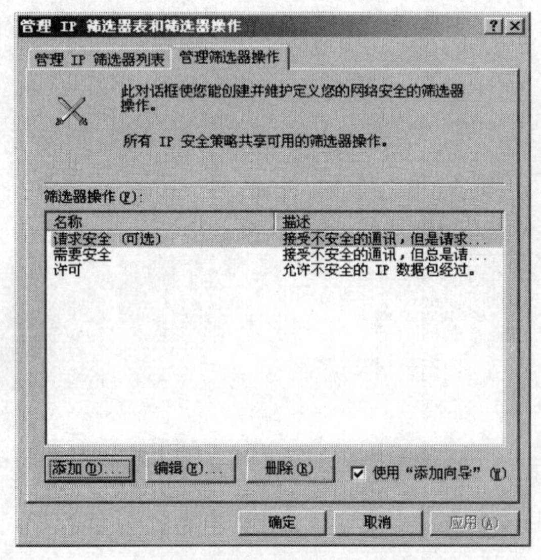

图 11-39 “管理 IP 筛选器列表和筛选器操作”对话框的“管理筛选器操作”选项卡

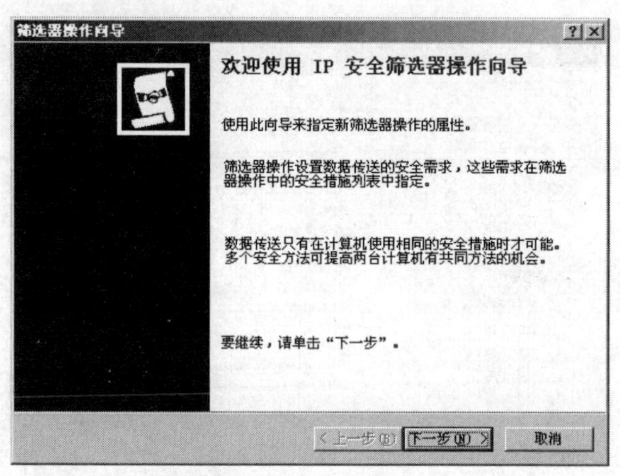

图 11-40 “欢迎使用 IP 安全筛选器操作向导”对话框

（4）单击“下一步”按钮，弹出如图 11-41 所示的对话框。在“名称”文本框中输入该筛选器操作的名称，当然要具有代表性，以便于识别。本示例中名称为“允许的筛选器操作”，因为此筛选器操作是用来允许数据传输的。

（5）单击“下一步”按钮，弹出如图 11-42 所示的对话框。在这里要选择具体的筛选器操作行为，本示例选择“许可”单选项。允许不协商 IP 安全就可以进行通信，这是针对所有通过 80 和 443 两个 TCP 端口进行的 Web 服务器访问而言的，因为对于 Web 服务器来说，用户端不可能都配置了相应的 IPSec 安全通信策略。

- 许可：指定不协商 IP 安全时可以进行通信，可以在不协商或不应用 IP 安全的情况下传输或接收允许的通信量。
- 阻止：指定在不协商或不应用 IP 安全的情况下阻止通信，受阻的通信将被无提示地丢弃。
- 协商安全：指定使用 IP 安全性来协商和保护通信，并指定使用安全方法的列表来确定保护通信的方法。

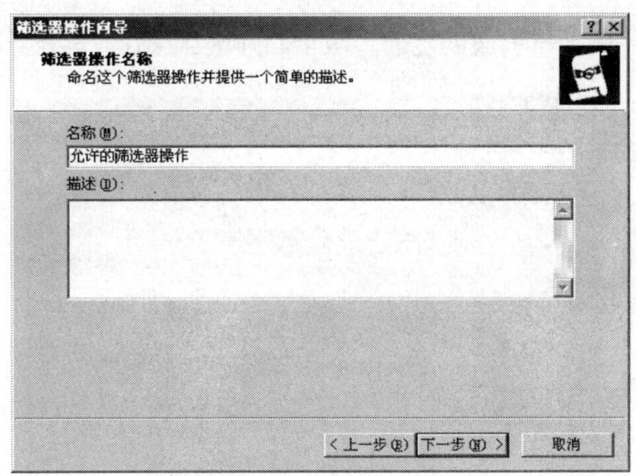

图 11-41　“筛选器操作名称”对话框

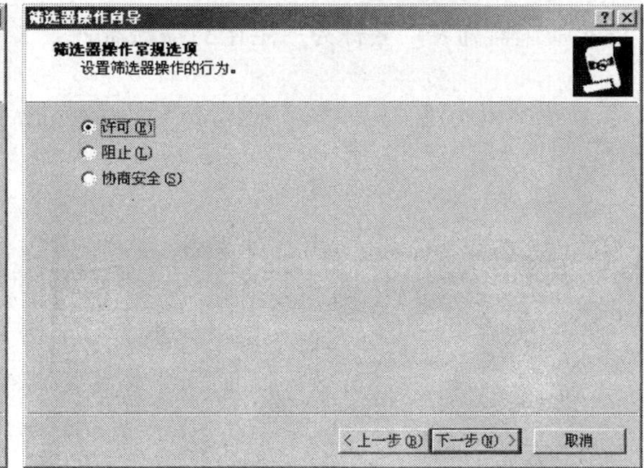

图 11-42　“筛选器操作常规选项”对话框

（6）单击“下一步”按钮，弹出如图 11-43 所示的向导完成对话框。直接单击“完成”按钮，返回到如图 11-37 所示的对话框，不过此时会显示新创建的筛选器操作，如图 11-44 所示。

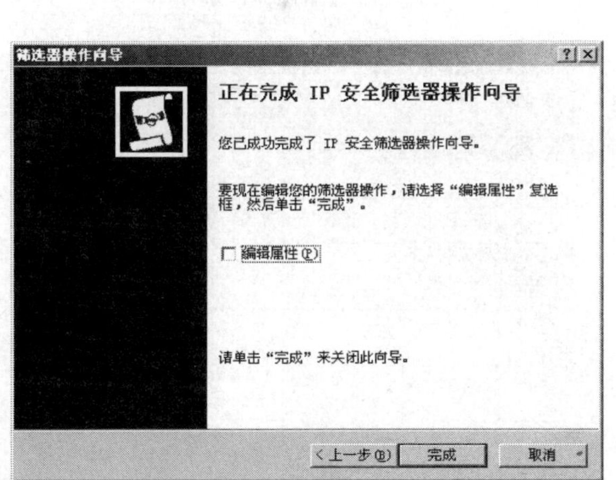

图 11-43　“正在完成 IP 安全筛选器操作向导”对话框

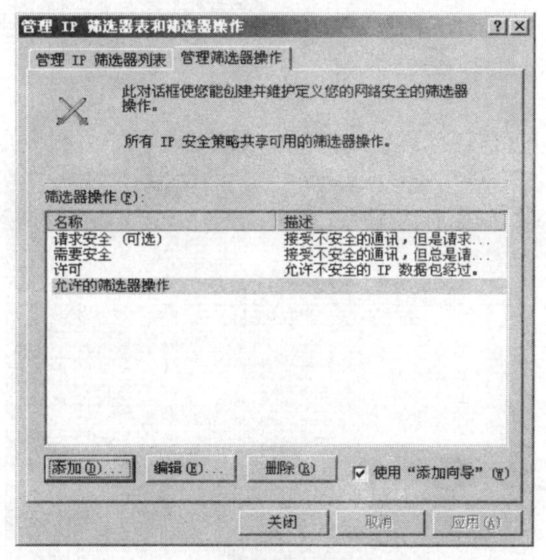

图 11-44　添加新创建的筛选器操作后的“管理筛选器操作”选项卡

（7）重复第 3～6 步操作，另外创建一条新的筛选器操作，名称为“阻止的筛选器操作”，在如图 11-42 所示的对话框中要选择“阻止”单选项（如图 11-45 所示），指定在不协商或不应用 IP 安全的情况下阻止通信。这是针对所有通过非 80 和 443 号 TCP 端口进行的 Web 服务器访问的通信而言的。完成所需的两项筛选器操作后的“管理筛选器操作”选项卡如图 11-46 所示。

当然，在这里还可以重新对上面创建的筛选器操作进行编辑，方法是双击相应的筛选器操作项，即弹出如图 11-47 所示的对话框。在这里有两个选项卡：在“安全措施”选项卡中可以重新编辑配置筛选器操作类型，在“常规”选项卡中可以重新编辑配置筛选器的名称和描述，如图 11-48 所示。

11.6.2　创建 IP 筛选器列表

这里也需要创建两个筛选器列表：一个用于所有目的地址为本地服务器地址，通信端口为 80 和 443 TCP 端口进行的通信的筛选器列表，名称为“允许的筛选器列表”，用于与上面创建的“允许的筛选器操作”匹配；另一个是所有目的地址为本地服务器地址，而通信端口为任意的通

信的筛选器列表，名称为“阻止的筛选器列表”，用于与上面创建的“阻止的筛选器操作”匹配。

图 11-45　创建阻止筛选器操作时的筛选器操作类型选择对话框

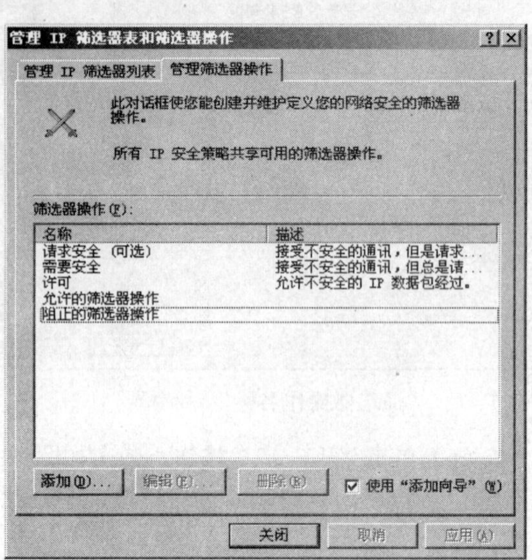

图 11-46　创建两项筛选器操作后的“管理筛选器操作”选项卡

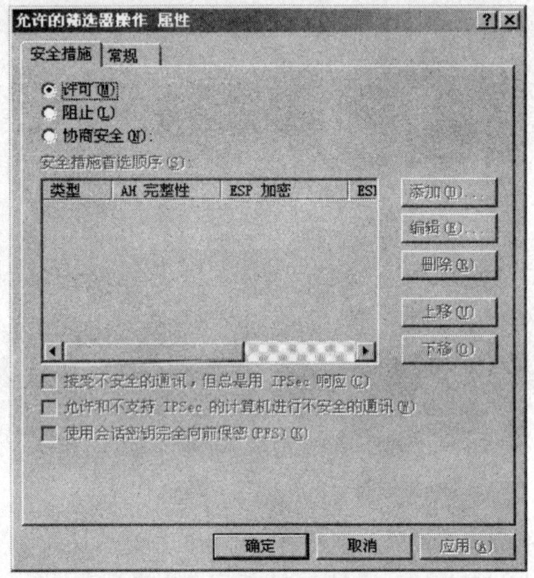

图 11-47　筛选器操作属性对话框的“安全措施”选项卡

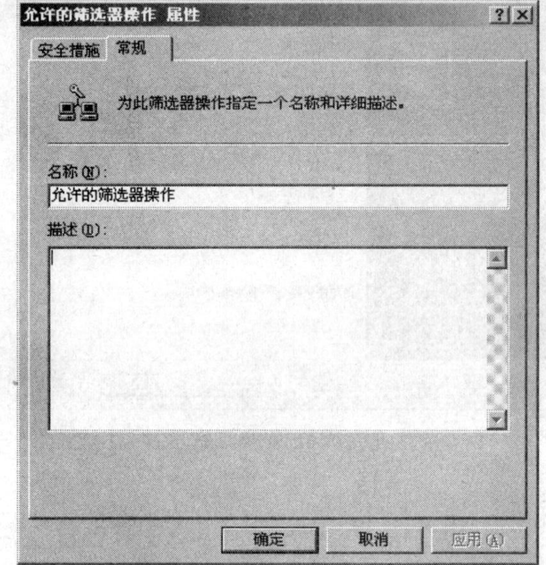

图 11-48　筛选器操作属性对话框的“常规”选项卡

为本示例创建筛选器列表的具体配置步骤如下：

（1）在图 11-46 所示的对话框中选择“管理 IP 筛选器列表”选项卡，如图 11-49 所示，显示了默认的两条筛选器列表。

（2）单击“添加”按钮，弹出如图 11-50 所示的对话框。在“名称”文本框中输入筛选器列表的名称，也是要有代表性。本步创建的是 Web 服务器访问的筛选，所以在此配置的名称为“允许的筛选器列表”。因为还没有添加筛选器，所以此项筛选器列表中的“筛选器”列表框中显示为空。

（3）单击“添加”按钮，弹出如图 11-51 所示的“欢迎使用 IP 筛选器向导”首页对话框。

（4）单击“下一步”按钮，弹出如图 11-52 所示的对话框。在这里可以为新创建的 IP 筛选器配置描述性说明。在这里按默认选择“镜像”复选项，以保护通信过程的双方交互通信。

【说明】“镜像”复选项用来指定是否希望自动创建配置筛选器的镜像副本。镜像筛选器是配置与筛选器完全相反的副本。例如，如果为筛选器配置了“我的 IP 地址”的源和“任何 IP

地址”的目标，则启用“镜像”复选项后将自动创建具有“任何 IP 地址”源和“我的 IP 地址”目标的另一个筛选器。在 Windows XP 中没有图 11-52 所示的对话框，也就没有“镜像”复选项的选择，但系统已默认选择了“镜像”选项，如果要取消这个功能，则可以通过编辑相应的筛选器，在弹出的如图 11-53 所示的对话框中取消对“镜像”复选项的选择。但如果正在为隧道通信配置筛选器，则请清除此选项。当配置了隧道 IPSec 规则且启用了隧道时，镜像筛选器不会被自动创建。当使用隧道时，必须手动建立两个筛选器列表：一个列表定义了通过隧道传送的所有通信量，另一个列表定义了通过隧道收到的所有通信量。下一步，必须创建两个规则，一个规则对应一个筛选器列表。

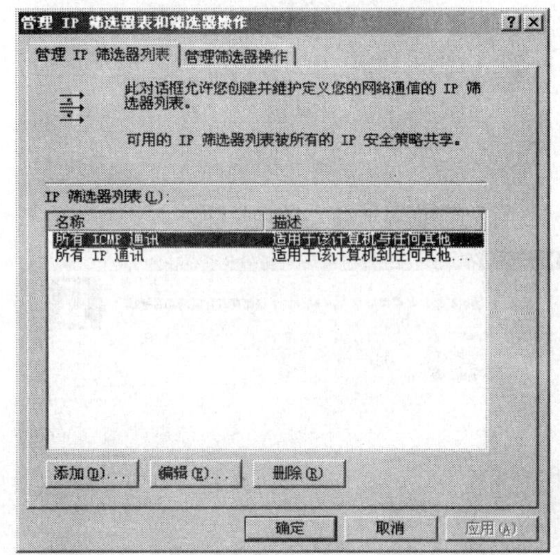

图 11-49 “管理 IP 筛选器列表和筛选器操作”对话框的“管理 IP 筛选器列表”选项卡

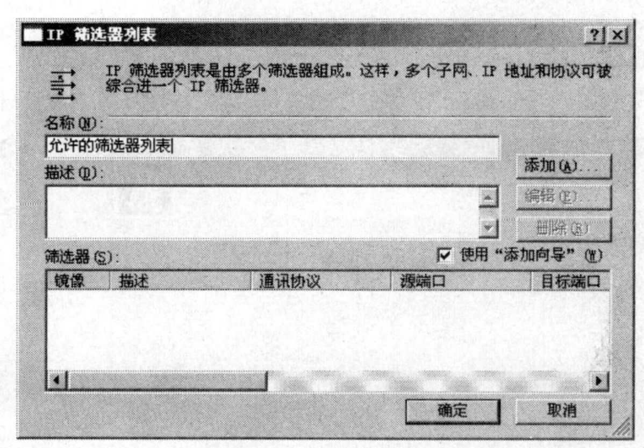

图 11-50 “IP 筛选器列表”对话框

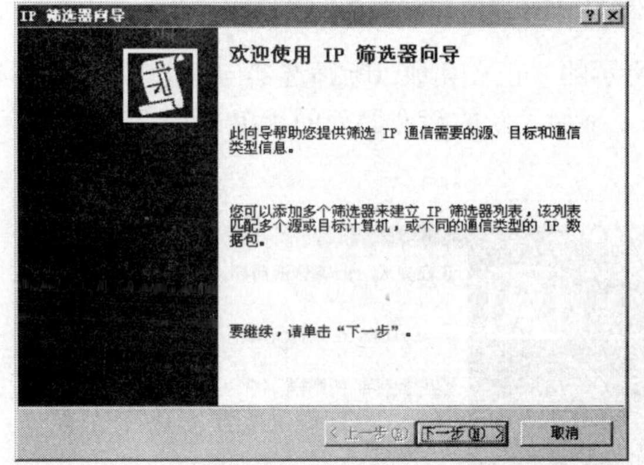

图 11-51 “欢迎使用 IP 筛选器向导”对话框

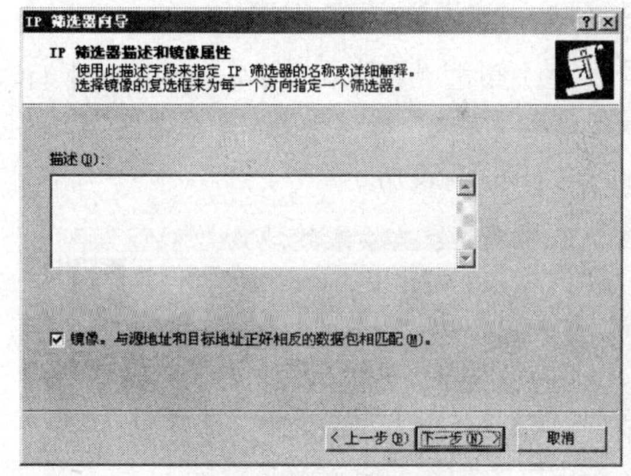

图 11-52 “IP 筛选器描述和镜像属性”对话框

（5）单击“下一步”按钮，弹出如图 11-54 所示的对话框。在“源地址”下拉列表框中选择“任何 IP 地址”选项，因为这里创建的是对 Web 服务器的访问。

（6）单击“下一步”按钮，弹出如图 11-55 所示的对话框。在“目标地址”下拉列表框中选择“我的 IP 地址”选项。

（7）单击“下一步”按钮，弹出如图 11-56 所示的对话框。在“选择协议类型”下拉列表框中选择 TCP 选项，因为这里是要为 TCP 80 端口配置筛选器列表。

（8）单击“下一步”按钮，弹出如图 11-57 所示的对话框。选择“到此端口”单选项，然后在下面的文本框中指定端口 80，因为这是设置到 Web 服务器的 80 号端口的通信筛选。其他按默认设置。

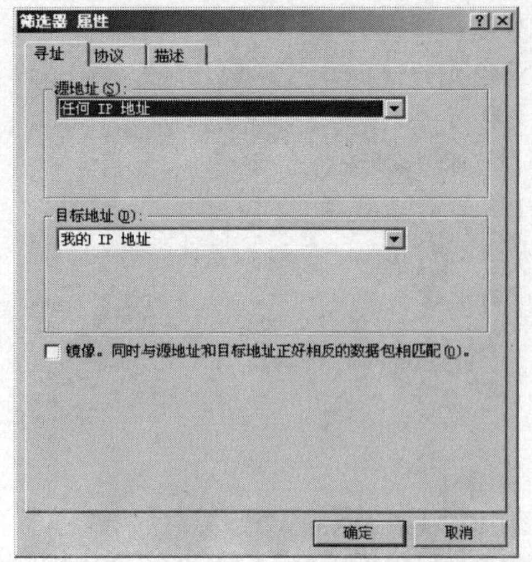

图 11-53 Windows XP 系统中的“筛选器 属性”对话框

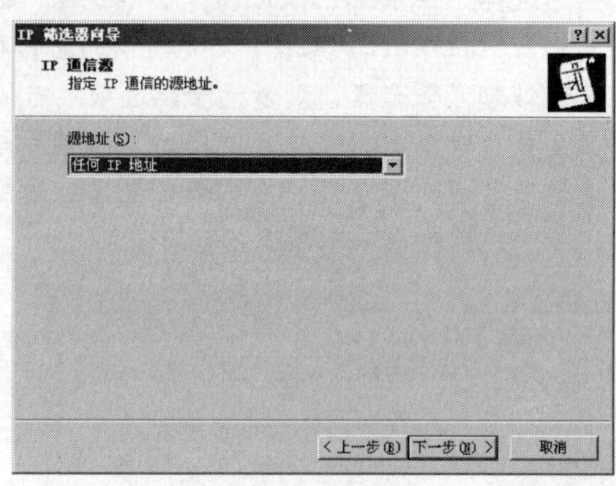

图 11-54 “IP 通信源”对话框

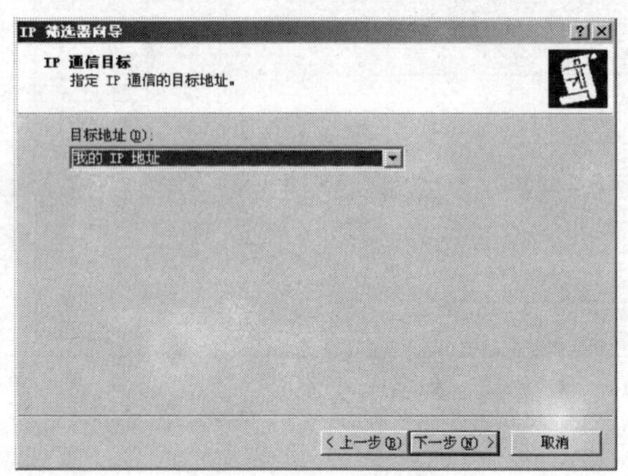

图 11-55 “IP 通信目标”对话框

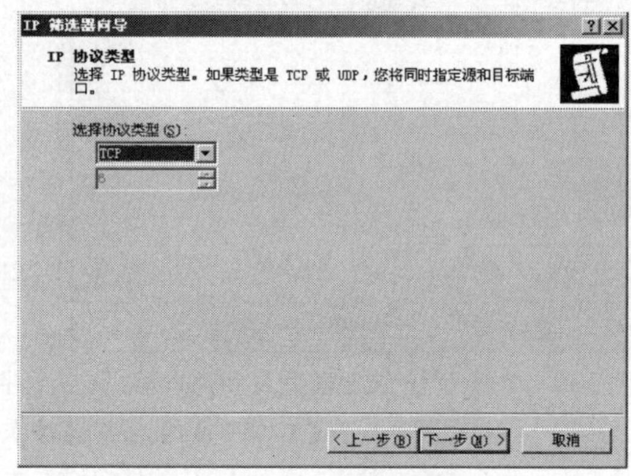

图 11-56 “IP 协议类型”对话框

（9）单击“下一步”按钮，弹出如图 11-58 所示的“正在完成 IP 筛选器向导”对话框。直接单击“完成”按钮完成一个筛选器列表的创建。添加了新的筛选器后的“IP 筛选器列表”对话框如图 11-59 所示。

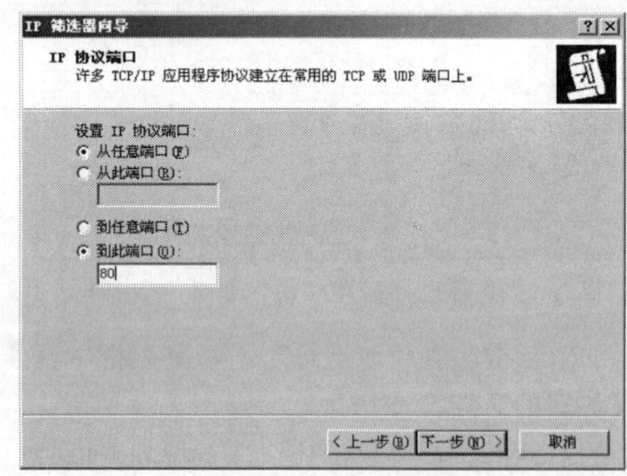

图 11-57 “IP 协议端口”对话框

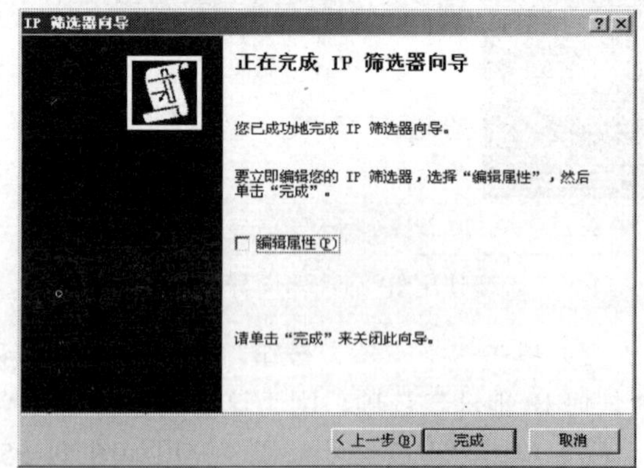

图 11-58 “正在完成 IP 筛选器向导”对话框

（10）重复第 3～9 步的操作，新建一个用于在 TCP 443 端口通信筛选的筛选器，因为这也是允许访问 Web 服务器的一种方式。

在这个筛选器的创建过程中在对应的对话框中要使用以下配置：

- 来源地址：任何 IP 地址
- 目的地址：我的 IP 地址

- 通信协议：TCP
- 来源端口：从任意端口
- 目标端口：到此端口（443）

最后的筛选器列表对话框如图 11-60 所示。

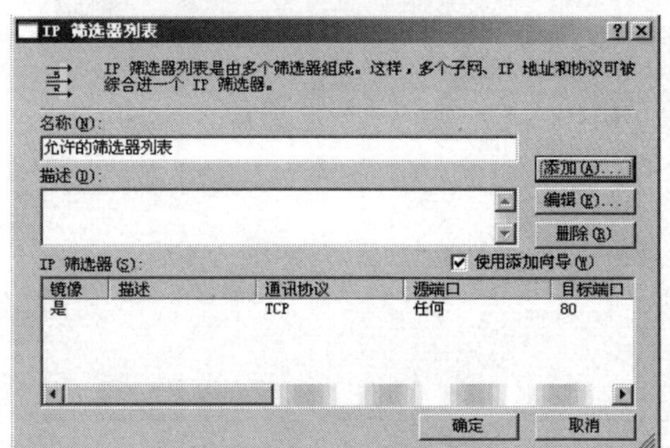

图 11-59　添加了新的筛选器后的“IP 筛选器列表”对话框

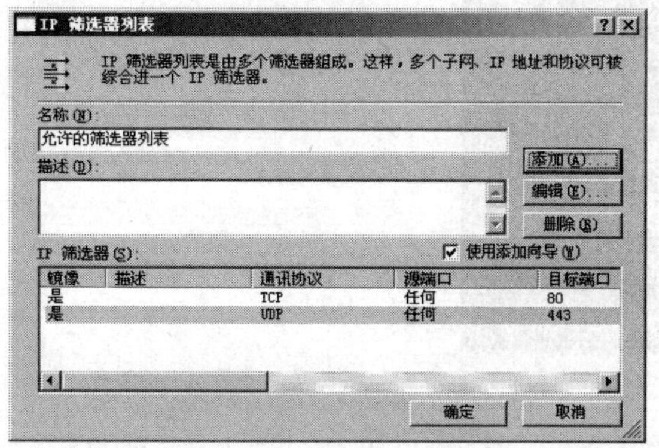

图 11-60　创建完两个筛选器后的“IP 筛选器列表”对话框

（11）重复第 2～9 步的操作，新建一个适用于源地址为“任何 IP 地址”，目的地址为“我的 IP 地址”，协议类型为“任意”的通信筛选器列表，名称为“阻止的筛选器列表”，如图 11-61 所示。

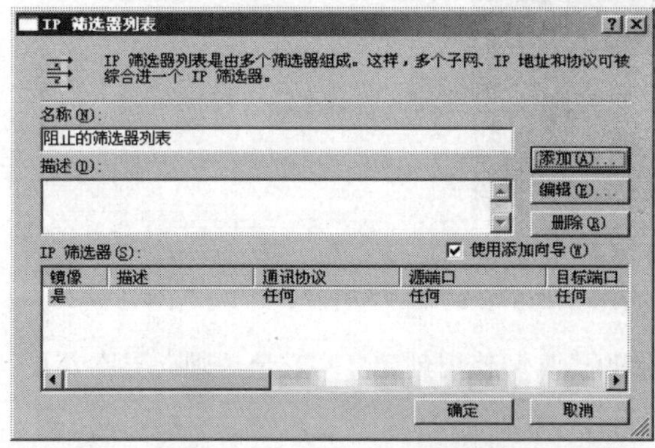

图 11-61　新建了适用于所有通信的筛选器列表后的“IP 筛选器列表”对话框

11.6.3　创建和指派 IPSec 策略

建立筛选器操作和筛选器列表后，必须建立策略及规则，以便让筛选器与筛选器操作产生关联，最后完成 IPSec 策略的指派。具体的步骤如下：

（1）在图 11-36 所示的组策略控制台的“IP 安全策略，在本地计算机上”上右击，在弹出的快捷菜单中选择“创建 IP 安全策略”选项，弹出如图 11-62 所示的“欢迎使用 IP 安全策略向导”首页对话框。

（2）单击“下一步”按钮，弹出如图 11-63 所示的对话框。在“名称”文本框中输入新 IPSec 策略的名称，本示例为“Web 服务器 IP 安全策略”。必要时也可以配置“描述”，如本示例的“适用于 Web 服务器的 IPSec 策略，可接受来自任何人的数据传输到 TCP/80 与 TCP/443”。

（3）单击“下一步”按钮，弹出如图 11-64 所示的对话框。清除对“激活默认响应规则”复选项的选择（有关默认响应规则参见本章前面的介绍），以便直接按本规则响应。

（4）单击“下一步”按钮，弹出如图 11-65 所示的“正在完成 IP 安全策略向导”对话框。单击“完成”按钮，如果没有清除对“编辑属性”复选项的选择，则会弹出如图 11-66 所示的对话框。在其中显示了默认且不能删除的动态安全规则。

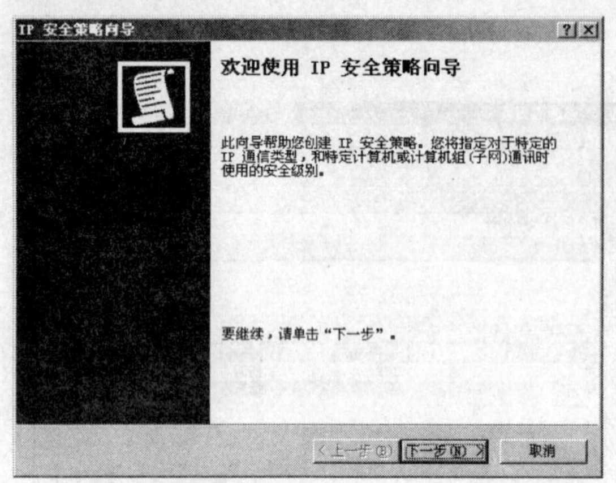

图 11-62　“欢迎使用 IP 安全策略向导”对话框

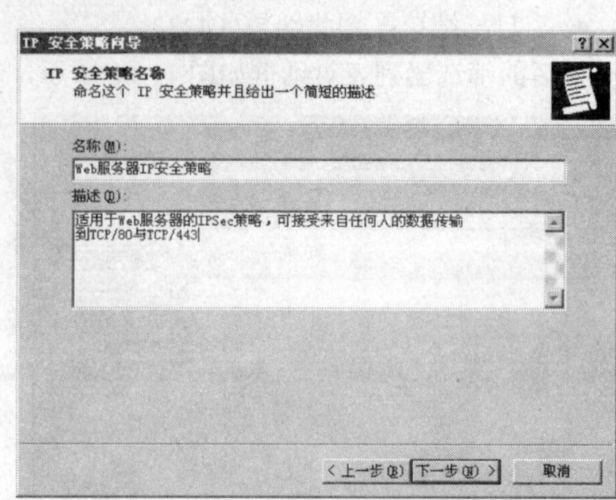

图 11-63　“IP 安全策略名称”对话框

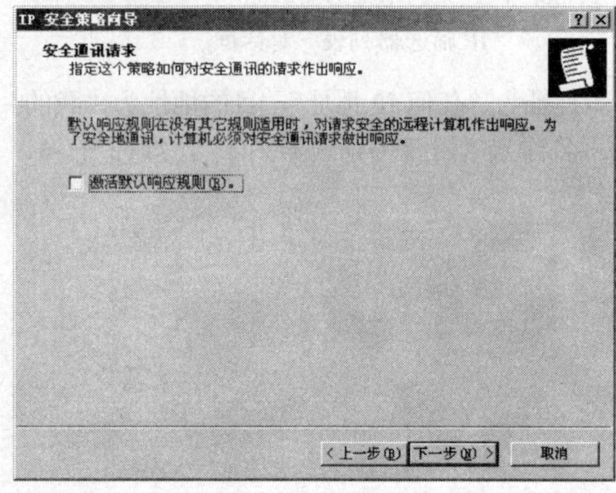

图 11-64　“安全通信请求”对话框

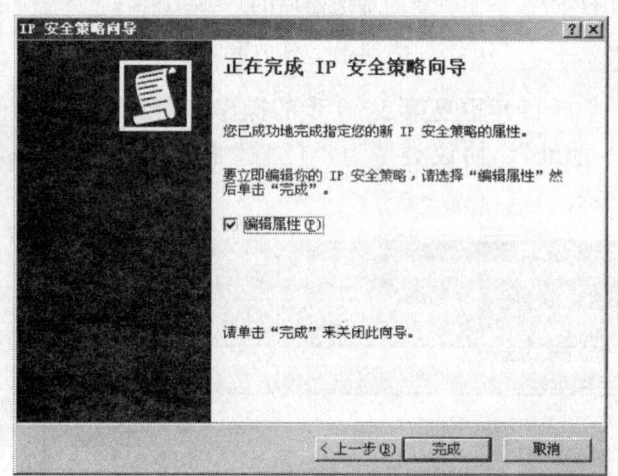

图 11-65　“正在完成 IP 安全策略向导”对话框

（5）单击“添加”按钮，弹出如图 11-67 所示的“欢迎使用创建 IP 安全规则向导”首页对话框。

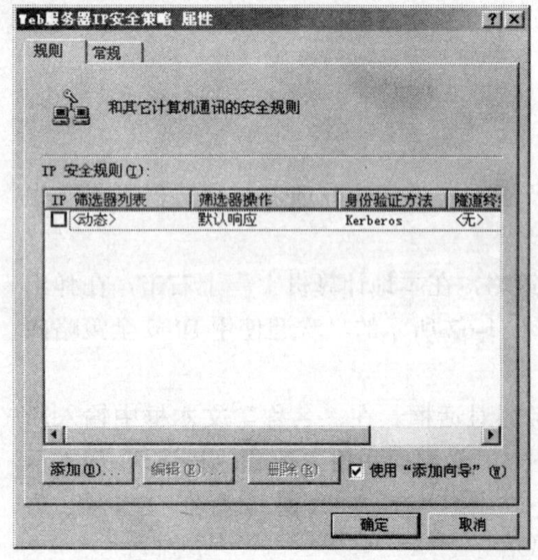

图 11-66　新创建的 IP 安全策略属性对话框的“规则”选项卡

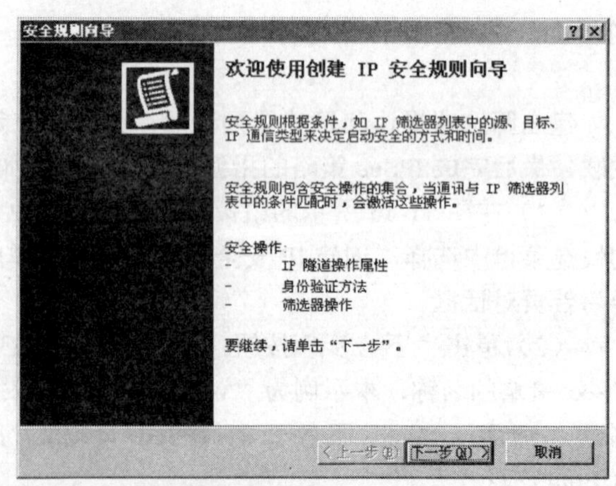

图 11-67　“欢迎使用创建 IP 安全规则向导”对话框

（6）单击“下一步”按钮，弹出如图 11-68 所示的对话框。在这里要选择是否使用隧道通信模式，如果选择了该模式，则要设置隧道终点。此处是不采用隧道模式而直接采用传输模式通信（因为用户不是通过 VPN 方式进行访问的），所以选择“此规则不指定隧道”单选项。

（7）单击“下一步”按钮，弹出如图 11-69 所示的对话框。选择“所有网络连接”单选项，因为无论用户采用何种网络连接方式访问 Web 服务器，都采用相同的筛选规则。根据需要选择即可。

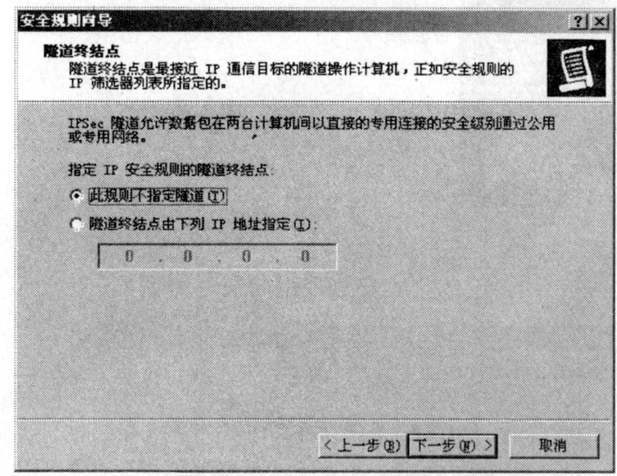

图 11-68 “隧道终节点”对话框

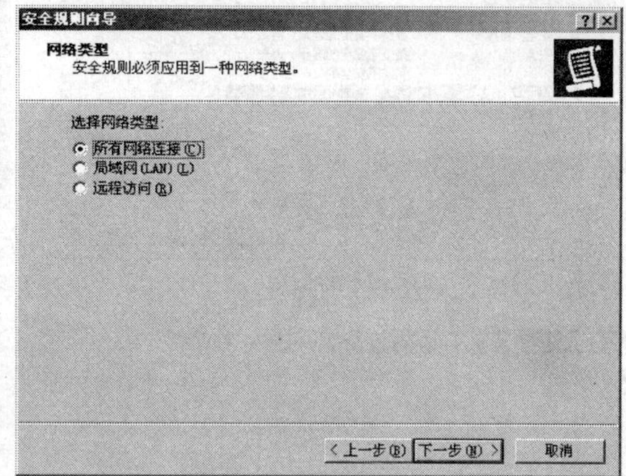

图 11-69 “网络类型”对话框

（8）单击“下一步”按钮，弹出如图 11-70 所示的对话框。选择上面创建的筛选器列表“允许的筛选器列表”选项。

【注意】如果是在非域网络中，在第 8 步之前还有一个身份认证方法选择对话框，如图 11-71 所示。要求选择一种 IPSec 安全通信的身份认证方法。有 Kerberos v5 协议、证书和预共享密钥 3 种，根据当前的网络环境适当选择即可。在非域网络中，只能选择后面两种之一。

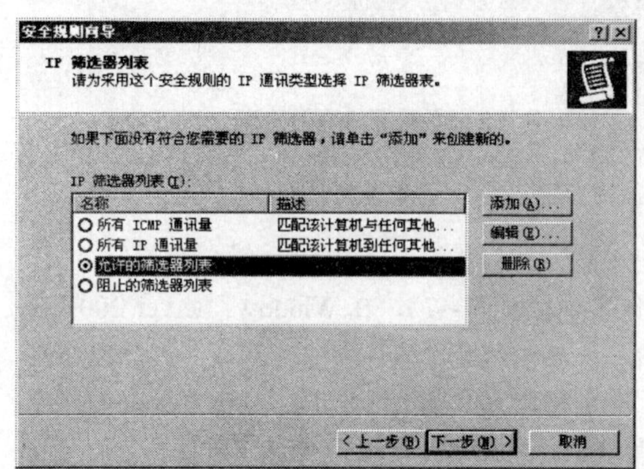

图 11-70 “IP 筛选器列表”对话框

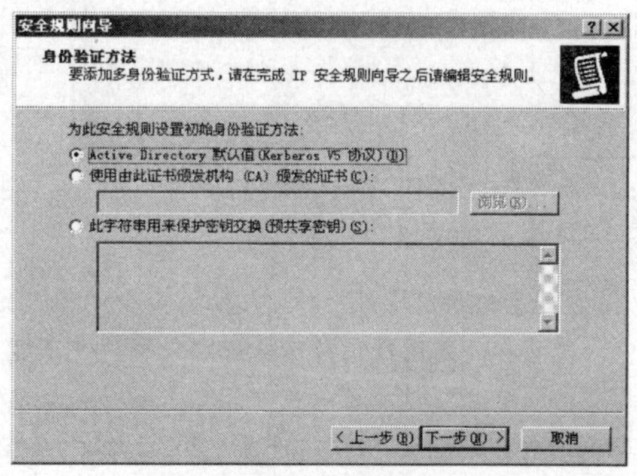

图 11-71 非域网络中的身份认证方法选择对话框

（9）单击“下一步”按钮，弹出如图 11-72 所示的对话框。首先选择“允许的筛选器操作”选项。

（10）单击“下一步”按钮，弹出如图 11-73 所示的“正在完成安全规则向导”对话框。单击“完成”按钮即完成了允许访问 Web 服务器的 IP 安全规则创建。

（11）重复第 5～9 步的操作，配置阻止访问 Web 服务器的安全规则。此时选择的筛选器列表为“所有通信的筛选器列表”，选择的筛选器操作为“阻止其他通信的筛选器操作”，分别参见图 11-71 和图 11-72。

最后的 Web 服务器 IP 安全策略如图 11-74 所示，包括了两项安全规则：允许的筛选器列表和阻止的筛选器列表。双击它们，可以打开相应规则的属性编辑对话框，如图 11-75 所示。默认是不采用身份认证方法的，这非常适合互联网 Web 服务器的通信要求。在这里又可以对规则中的各筛选器列表、筛选器操作、身份认证方法、隧道设置和连接类型属性一一进行重新配置，具体是在相应的选项卡中进行。

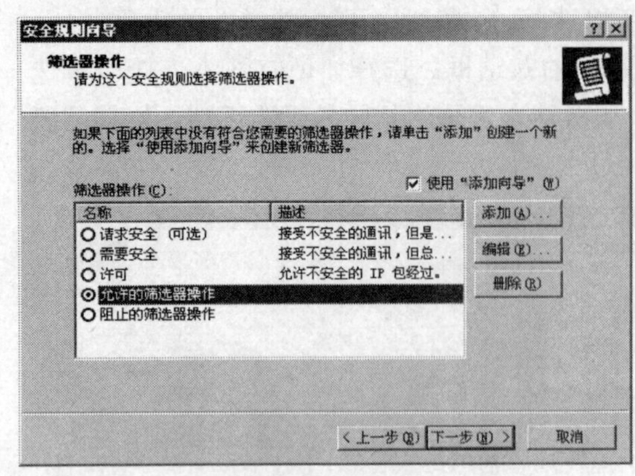

图 11-72 “筛选器操作”对话框

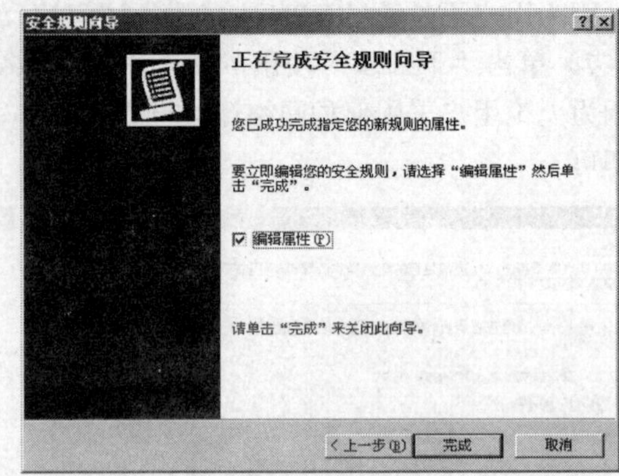

图 11-73 “正在完成安全规则向导”对话框

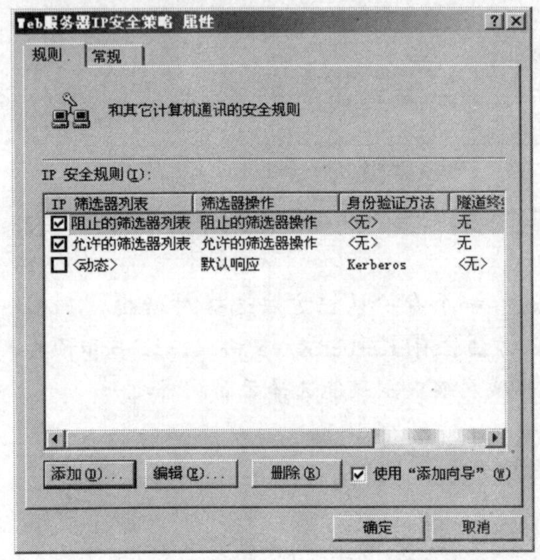

图 11-74 添加了两项 IP 安全规则后的 Web 服务器 IP 安全策略

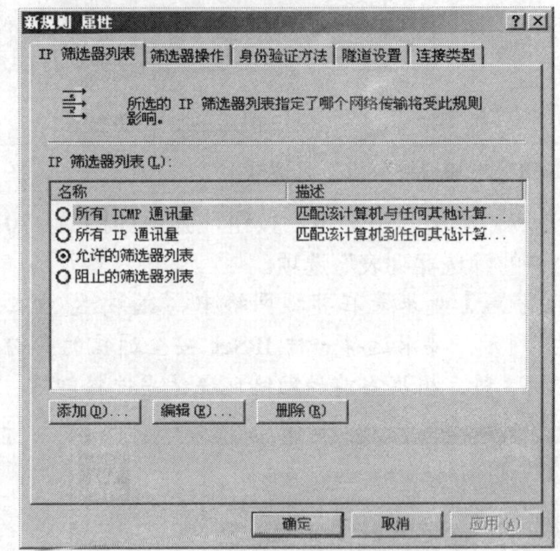

图 11-75 IP 安全规则属性对话框

【注意】对于“许可”和“阻止”类型的筛选器操作（参见图 11-47），在 Windows Server 2003 系统中，是直接不采用任何身份认证方式的，也不能重新配置其他的身份认证方法。只有筛选器操作类型为“协商安全”时才可以在“身份认证方法”选项卡中重新配置身份认证方法。而在 Windows XP 及 Windows 2000 中，对于“许可”和“阻止”类型的筛选器操作都可以配置身份认证方法。

创建好的 Web 服务器 IP 安全策略在组策略或者本地安全策略中的显示如图 11-76 所示。默认是没有指派，也就是没有启用的。如果要启用此策略来保护 Web 服务器的通信安全，则在该策略上右击，在弹出的快捷菜单中选择“指派”选项即可。但此时原来已指派的策略将不再指派了，因为在同一台机器上同一时刻只能指派一个 IPSec 策略。

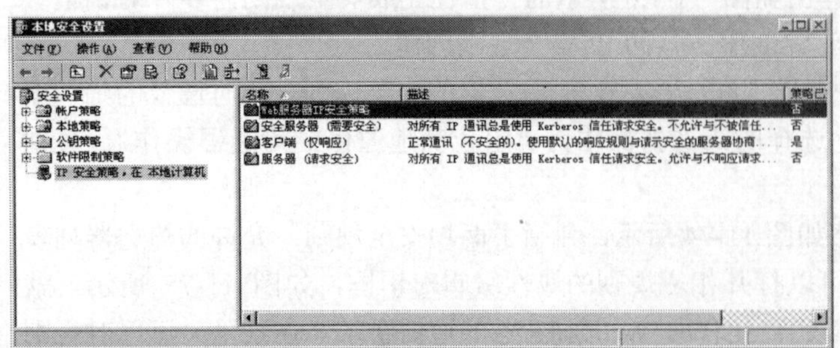

图 11-76 在本地安全策略中新创建的 Web 服务器 IP 安全策略

11.7 IPSec 的其他应用方案示例

下面再介绍几个 IPSec 协议的具体应用示例。因为基本的配置方法与上节介绍的 IPSec 在 Web 服务器访问控制方面的应用配置方法类似，所以本节介绍的应用不再介绍详细的配置步骤，仅介绍各主要部分的对应配置。

11.7.1 IPSec 在数据库服务器访问限制中的应用配置示例

本示例要求，SQL 数据库服务器只允许 TCP 端口 1433 的数据通信和 UDP 端口 1434 的交互通信。配置步骤允许与上例一样，也是先创建两个筛选器操作：一是让服务器只允许 TCP 端口 1433 和 UDP 端口 1434 的访问，二是阻止其他端口的通信；然后再创建两个筛选器列表：一是比对所有数据传输，二是包含两个筛选器，分别比对目的地为连接端口 1433 的 TCP 数据传输与 UDP 数据传输；最后利用前面创建的两个筛选器操作和两个筛选器列表创建 SQL 数据库服务器的 IP 安全策略，并成功指派。因为基本方法与上例完全一样，所以在此仅给出关键配置信息。

（1）创建两个筛选器操作：一是筛选器操作类型为“允许”，二是筛选器操作类型为“阻止”。具体的创建方法参见 11.6 节。

（2）按上节介绍的方法创建两个筛选器列表和筛选器。以下是本步的具体筛选器配置。

- 输入下列设定值，以建立允许 TCP 使用端口 1433 的筛选器：
  - 来源地址：任何 IP 地址
  - 目的地址：我的 IP 地址
  - 协议类型：TCP
  - 源端口：从任意端口
  - 目的端口：1433
- 输入下列设定值，以建立允许 UDP 使用端口 1434 的筛选器：
  - 来源地址：任何 IP 地址
  - 目的地址：我的 IP 地址
  - 协议类型：UDP
  - 源端口：从任意端口
  - 目的端口：1434
- 输入下列设定值，以建立阻止其他类型通信的筛选器列表：
  - 源地址：任何 IP 地址
  - 目的地址：我的 IP 地址
  - 协议类型：任意

（3）按上节介绍的方法建立并套用 IPSec 策略，创建 SQL 数据库服务器的 IP 安全策略。

11.7.2 IPSec 在阻止 NetBIOS 攻击中的应用配置示例

我们知道，NetBIOS 协议在局域网文件共享中是必不可少的，但同时它又存在许多安全漏洞，黑客可以很容易实现基于 NetBIOS 协议的 137 和 138 UDP 端口或者 139 和 445 TCP 端口获得主机信息，从而为下一步攻击打下基础。为此，对于放在互联网中的各类服务器，建议最好关闭这些端口的使用，以防这类攻击的发生。在 Windows IPSec 中的 IP 安全策略可以很容易达到这个目的。下面也仅给出基本的配置步骤，因为具体的配置方法与 11.6 节中的完全相同。

（1）创建两个筛选器操作：一个是用于与阻止来自 137 和 138 UDP 端口、139 和 445 TCP 端口通信筛选器列表关联的“阻止”类型的筛选器操作，另一个是允许所有其他端口通信的“允许”类型的筛选器操作。这一步不涉及具体的配置信息，只是操作类型的选择，方法与 11.6 节介绍的完全相同，不再赘述。

【注意】如果在当前服务器的其他策略中已经配置了这两个筛选器操作，则不必重复进行，只需在需要时直接调用即可。如在服务器中已配置了 11.6 节中的 Web 服务器 IP 安全策略，则不必再重新创建这两个筛选器操作了。

（2）创建两个筛选器列表，一是阻止来自 137 和 138 UDP 端口、139 和 445 TCP 端口的通信筛选器列表，此处取名为“阻止 NetBIOS 服务的 IP 筛选器列表”，它包括 4 个筛选器，分别对应以上 4 个端口；二是允许目的地址为“我的 IP 地址”的所有通信的筛选器列表，取名为“允许其他通信的 IP 筛选器列表”。

以上阻止 NetBIOS 服务的 4 个筛选器配置如下（全部采用镜像配置）：

- 输入下列设定值，以建立阻止来自 137 号 UDP 端口通信的筛选器：
  - 来源地址：任何 IP 地址
  - 目的地址：我的 IP 地址
  - 协议类型：UDP
  - 源端口：任意
  - 目的端口：137
- 输入下列设定值，以建立阻止来自 138 号 UDP 端口通信的筛选器：
  - 来源地址：任何 IP 地址
  - 目的地址：我的 IP 地址
  - 协议类型：UDP
  - 源端口：从任意端口
  - 目的端口：138
- 输入下列设定值，以建立阻止来自 139 号 TCP 端口通信的筛选器：
  - 来源地址：任何 IP 地址
  - 目的地址：我的 IP 地址
  - 协议类型：TCP
  - 源端口：从任意端口
  - 目的端口：139
- 输入下列设定值，以建立阻止来自 445 号 UDP 端口通信的筛选器：
  - 来源地址：任何 IP 地址
  - 目的地址：我的 IP 地址
  - 协议类型：TCP
  - 源端口：从任意端口
  - 目的端口：445

阻止类筛选器列表最终配置如图 11-77 所示。

- 输入下列设定值，以建立允许其他通信的筛选器：
  - 来源地址：任何 IP 地址
  - 目的地址：我的 IP 地址
  - 协议类型：任意

允许类筛选器列表最终配置如图 11-78 所示。

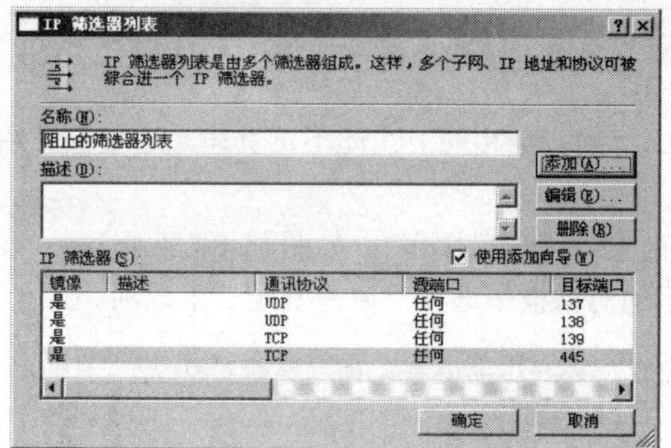

图 11-77　阻止 NetBIOS 服务的 4 个筛选器列表配置

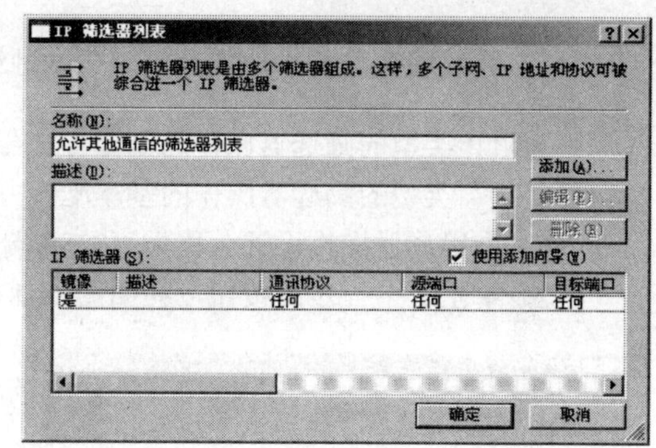

图 11-78　允许其他通信的筛选器列表配置

（3）利用前面创建的筛选器操作和筛选器列表创建阻止 NetBIOS 服务的 IP 安全策略中的 IP 安全规则。不采用隧道通信方式，最终配置如图 11-79 所示（也是不采用任何身份认证方法的）。

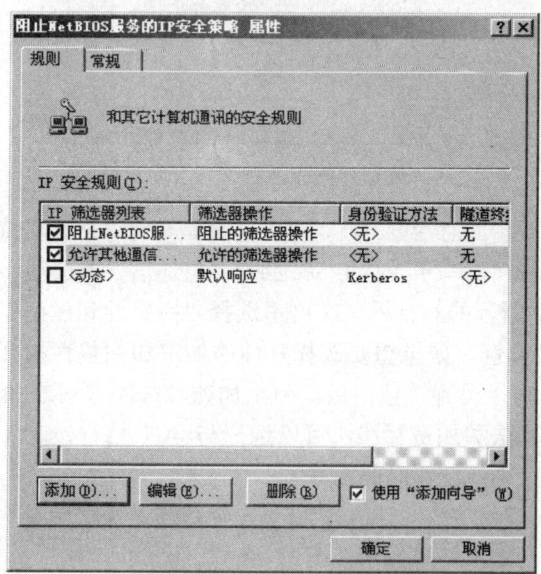

图 11-79　最终的阻止 NetBIOS 服务的 IP 安全策略属性对话框

（4）在本地安全策略或者组策略中指派所创建的 IPSec 策略，使它生效。

11.7.3　IPSec 在保护远程访问通信中的应用配置示例

Windows 系统中的终端服务或远程桌面（Windows Server 2003 中终端服务的一种应用，都是采用 3389 TCP 端口进行的）为远程用户访问本地终端服务器提供了便利，但同时也带来了安全风险。一些非法用户通过一些工具软件远程连接服务器，或者窃取终端服务或远程访问中的用户数据。为了保护终端服务或远程访问通信安全，需要对这类通信的数据进行加密，同时采用适当的身份认证方法对连接用户身份进行验证，阻止终端服务的其他端口通信。

本示例的安全要求与前面几个示例不同。前面几个示例中只是对特定端口开放或阻止，本示例要求对数据进行加密，并且采用身份认证方式。对通信计算机也有要求，必须支持 IPSec 安全协议。

本示例的基本步骤是：先创建一个“协商安全”类型的筛选器操作和一个“阻止”类型的筛选器操作；然后再创建两个筛选器列表：一个是允许 3389 TCP 端口通信的筛选器列表，一个是阻止其他所有类型通信的筛选器列表；最后利用前面创建的筛选器操作和筛选器列表创建终端服务器的 IP 安全策略。

1. 在终端服务器的本地安全策略或本地组策略上创建上述两个筛选器操作

因为阻止类型的筛选器操作的创建方法与 11.6 节的完全相同，在此不再赘述。这里仅介绍“协商安全”类型的筛选器操作的基本配置方法。

（1）为筛选器操作设置名称为“3389 端口协商安全筛选器操作”，如图 11-80 所示。

（2）单击“下一步”按钮，在如图 11-81 所示的对话框中选择“协商安全”单选项。

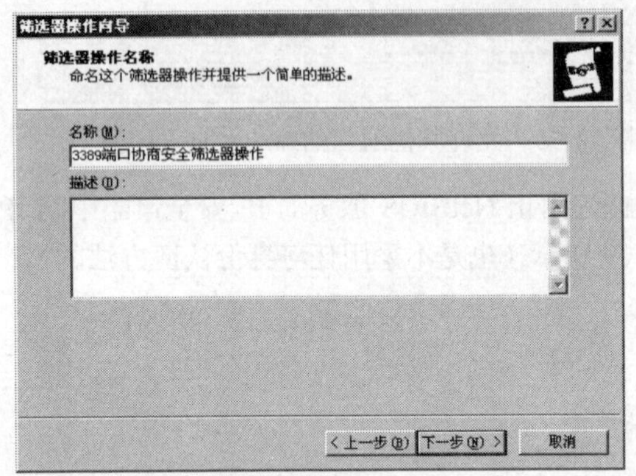

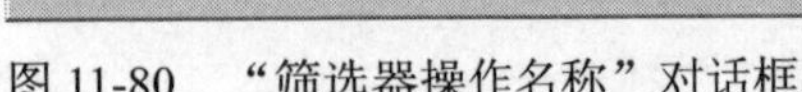
图 11-80 “筛选器操作名称”对话框

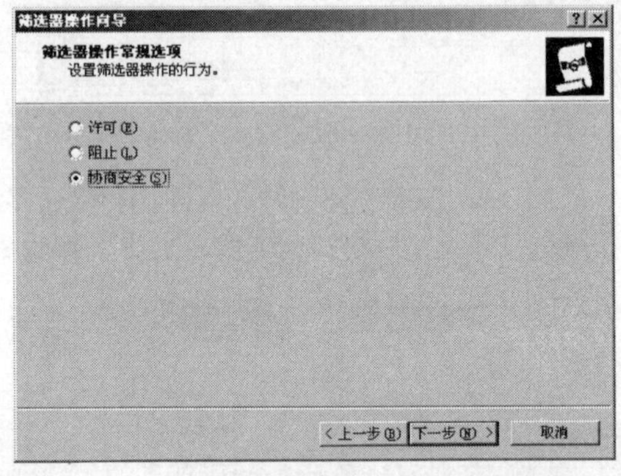

图 11-81 “筛选器操作常规选项”对话框

（3）单击“下一步”按钮，弹出如图 11-82 所示的对话框。在这里要选择是否允许与不支持 IPSec 的计算机进行通信，在此选择不允许，即选择“不与不支持 IPSec 的计算机通信”单选项。

（4）单击“下一步”按钮，弹出如图 11-83 所示的对话框。在这里选择“完整性和加密”单选项，对通信数据进行加密，并且提供完整性检查。如果想要选择具体的加密和完整性检查算法，则在对话框中选择“自定义”单选项，单击“设置”按钮后，弹出如图 11-84 所示的对话框。在这里可以自定义设置 ESP 完整性检查算法和加密算法，可以选择与 AH 协议一起工作，还可以设置生成新密钥的间隔（以通信数据大小或持续时间衡量）。

（5）单击“下一步”按钮，弹出如图 11-85 所示的“正在完成 IP 安全筛选器操作向导”对话框。单击“完成”按钮，完成筛选器操作的创建，结果显示在图 11-86 中。

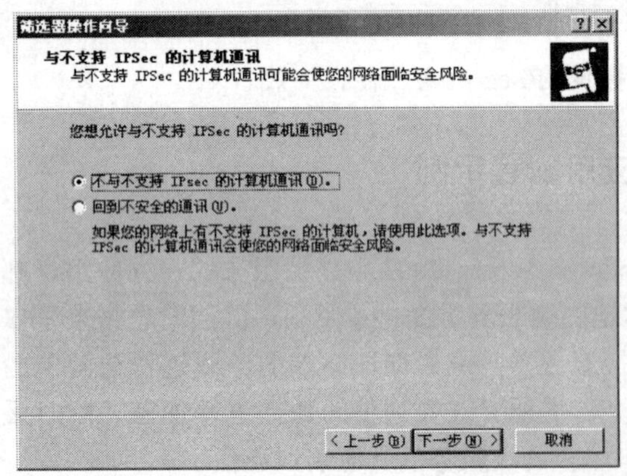

图 11-82 “与不支持 IPSec 的计算机通信”对话框

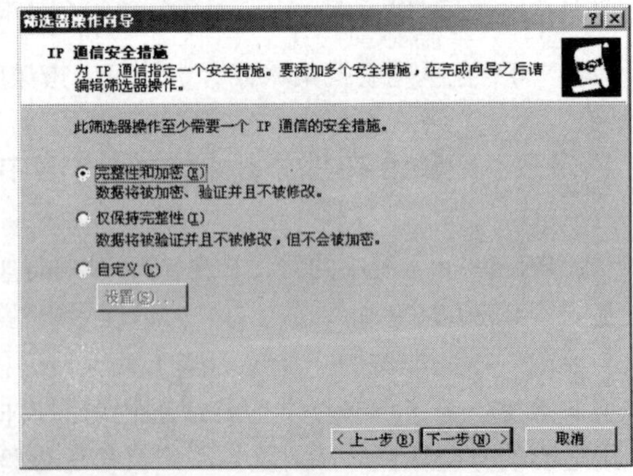

图 11-83 “IP 通信安全措施”对话框

2. 创建两个筛选器列表

这两个筛选器列表中一个是在 3389 TCP 端口通信的筛选器列表，另一个是所有 IP 数据包通信的筛选器列表。所有数据包筛选器列表的创建与前面几节介绍的所有类型数据包通信筛选器列表的创建方法一样。终端服务、远程桌面访问所用的 3389 TCP 端口通信筛选器列表的创建方法与前面几节介绍的 80、443 等端口的筛选器列表的创建方法完全一样，不再赘述。两个筛选器列表的基本配置信息分别如下：

- 输入下列设定值，以建立允许来自 3389 号 UDP 端口通信的筛选器：
  - 来源地址：任何 IP 地址
  - 目的地址：我的 IP 地址
  - 协议类型：TCP
  - 源端口：从任意端口
  - 目的端口：3389
- 输入下列设定值，以建立阻止所有通信的筛选器：
  - 来源地址：任何 IP 地址
  - 目的地址：我的 IP 地址
  - 协议类型：任意

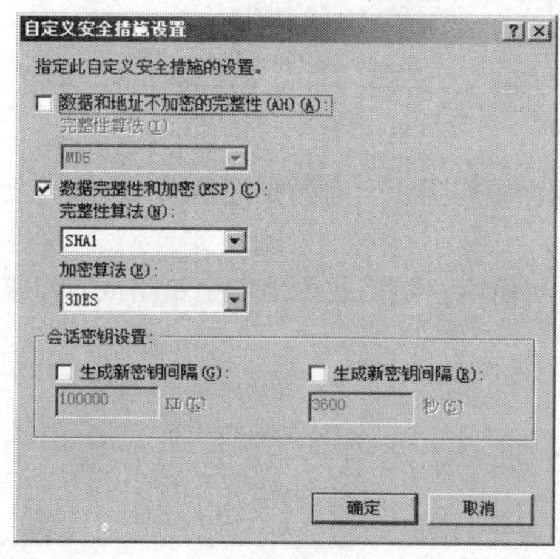

图 11-84 “自定义安全措施设置”对话框

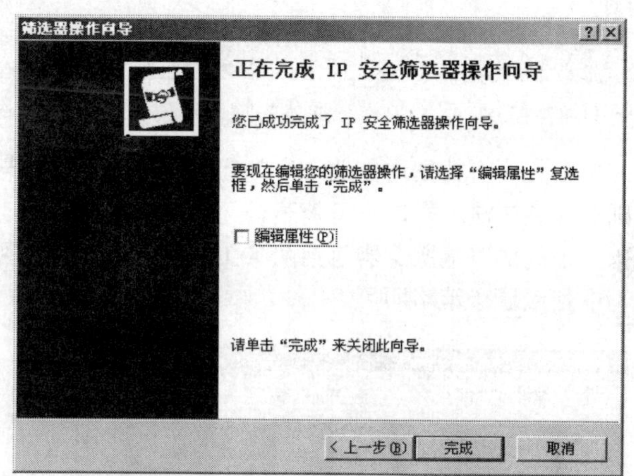

图 11-85 正在完成 IP 安全筛选器操作向导”对话框

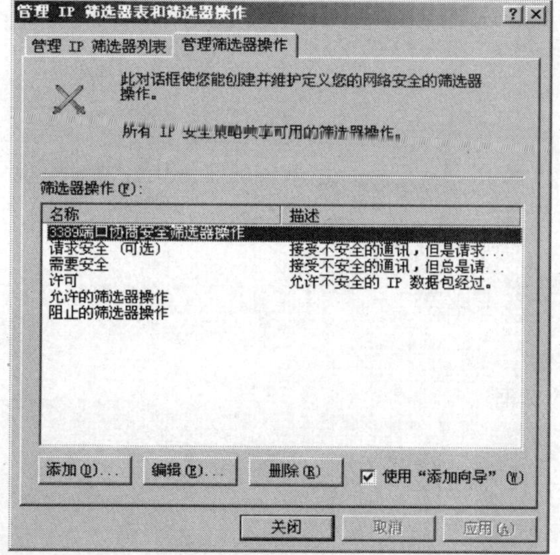

图 11-86 3389 号端口协商安全通信的筛选器操作

创建好后的筛选器列表如图 11-87 所示。

3. 创建终端服务器的 IP 安全策略

利用前面创建的筛选器操作和筛选器列表创建终端服务器的 IP 安全策略。在这个策略的创建过程中，因为不是直接采用“许可”或者“阻止”类型的筛选器操作，所以需要选择身份认证方法，如图 11-88 所示。如果是域网络，则可以直接采用活动目录中的 Kerberos v5 协议进行，也可以采用证书，但不建议选择预共享密钥身份认证方法。在此选择默认的 Kerberos v5 协议进行身份认证。其他过程与前面几节介绍的示例配置方法一样，不再赘述。

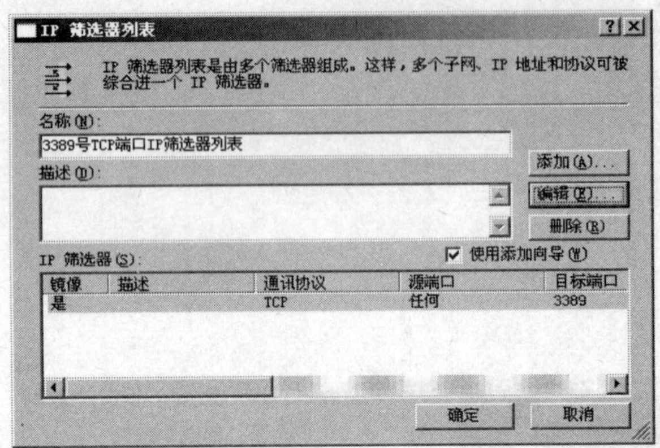

图 11-87 3389 号 TCP 端口通信的筛选器列表

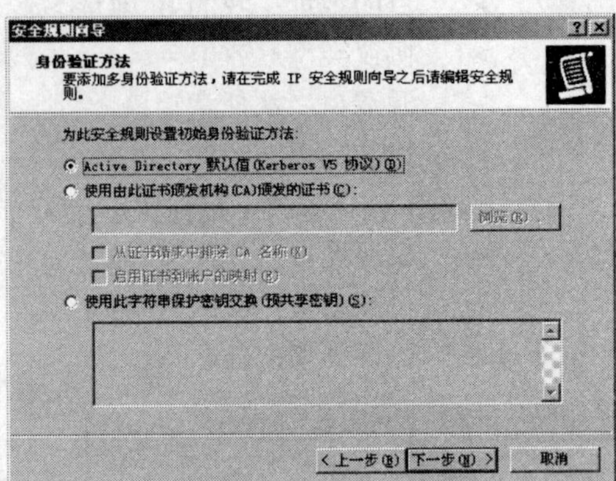

图 11-88 “身份认证方法”对话框

阻止所有数据通信的 IP 安全规则的创建方法与前面介绍的阻止所有数据通信的 IP 安全规则的配置方法一样，不再赘述。

最终的终端服务器包括两条 IP 安全规则，如图 11-89 所示。最后在本地安全策略或者组策略中指派这个策略即可。

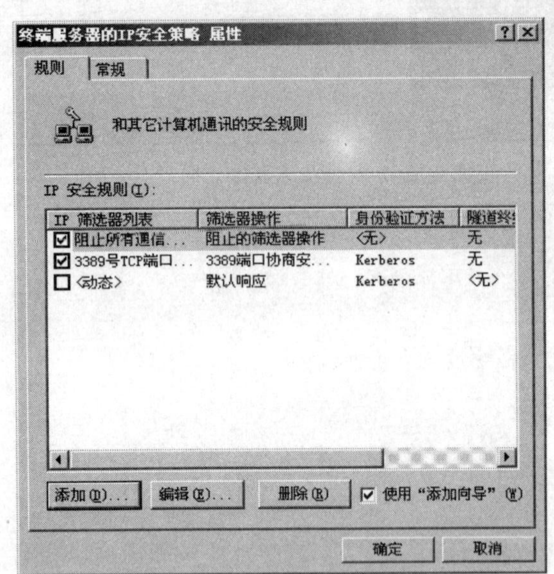

图 11-89 最终的“终端服务器的 IP 安全策略 属性”对话框

第 12 章

网络层证书服务和 PKI 安全方案及应用配置

上一章介绍了网络层的 Kerberos 和 IPSec 这两个身份认证协议的工作原理及应用配置，本章接着介绍网络层的另两种协议——证书服务和 PKI 的工作原理及应用配置。说到证书，大家都知道一些它的基本用途，如身份认证、加密和数字签名，但是却很少有人知道它与“证书服务”之间的关系。更比较少有人知道，这两者各自的体系架构、工作原理，以及对应的关键技术。

对于一个网络管理员来说，我们可能仅需要了解它们的基本用途及相应配置方法即可，但是作为一个网络工程师就不能这么要求自己了，因为我们所面对的是安全系统设置，而不再是具体的安全配置。当然作为网络工程师的我们是需要掌握各个安全方案中的网络安全选项配置方法，但这不是我们目前才需要学习的，而是在初级网管师阶段就应当完成的。

PKI 可以说是证书服务，以及上一章介绍的 Kerberos 和 IPSec 安全协议的综合应用。本章要介绍的是在微软 Windows Server 2003 系统中的 PKI 工作原理及应用配置。

教学（自学）课时安排

课时安排	本章老师共需安排 5 个授课课时。	
授课课时	主要内容	重点
1	①证书的主要功能和应用 ②Windows Server 2003 系统 PKI 体系基础功能设施 ③Windows Server 2003 系统 PKI 体系规划和部署基本流程	①证书的主要功能和应用 ②Windows Server 2003 系统 PKI 体系基础功能设施 ③Windows Server 2003 系统 PKI 体系规划和部署基本流程
2	①定义证书需求	①定义证书需求
3	①证书颁发机构层次结构设计	①证书颁发机构层次结构设计
4	①扩展证书颁发机构结构 ②定义证书配置文件	①扩展证书颁发机构结构 ②定义证书配置文件
5	①创建证书管理规划	①创建证书管理规划

12.1 证书和证书服务基础

这里所说的“证书”（Certification）就是指我们平常所说的“数字证书”。数字证书是一种用来证明个人、计算机和其他网络实体的一致性的电子信任。

数字证书的功能与身份证件，如我们日常所见的护照（PassPort）、驾驶执照（Drivers' License）的功能类似。护照和驾驶执照是由信任的政府机构颁发的，而数字证书是由信任的证书颁发机构（Certification Authorities，CA）颁发的。证书颁发机构可以是本组织，也可以是第三方组织，当然经过公证的第三方组织的颁发机构适用面更广。

当有人申请护照或驾驶执照时，政府机构会审核他们的请求，只有满足一定条件后才会给他们颁发护照或驾驶执照；在颁发证书之前，CA 或者 CA 管理员也必须审核请求的资格，只有证书申请者同样必须满足所有申请条件后，CA 才可能给申请者颁发证书。

像护照或者驾驶执照这样的身份证书一样，证书可以校验持有者的身份。当证书被其他人所持有时，证书会根据证书中的以下内容信息来验证持有人的身份标识：

- 标识所有者的个人信息
- 颁发机构（CA）的签名
- 用来鉴别和联系颁发机构的信息

12.1.1 证书概述

证书是一种数字签名的声明，它将公钥的值绑定到持有对应私钥的个人、设备或服务的标识。目前，大多数普通用途的证书基于 X.509 v3 证书标准。

可以为各种功能颁发证书，例如 Web 用户身份认证、Web 服务器身份认证、安全电子邮件（使用安全/多用途 Internet 邮件扩展（S/MIME））、Internet 协议安全（IPSec）、传输层安全性（TLS）以及代码签名等。证书还可以从一个证书颁发机构（CA）颁发给另一个证书颁发机构，以便建立证书层次结构。当然证书颁发机构自身也有一个由自己签名的证书，那就是后面将要用到的 CA 证书。

接收证书的实体是证书的“使用者”。证书的颁发者和签名者是证书颁发机构。证书通常包含以下信息：

- 使用者的公钥值
- 使用者标识信息（如名称和电子邮件地址）
- 有效期（证书的有效时间，也称“生存周期”）
- 颁发者标识信息
- 颁发者的数字签名

证书只有在指定的期限内才有效；每个证书都包含“有效起始日期”和“有效终止日期”，这两个值设置了有效期的期限。一旦到了证书的有效期，到期证书的使用者就必须申请一个新的证书。更新的方法可以是独立重新申请，也可以是采用原来的密钥或者用新的密钥续订。

某些情况下有必要吊消证书中所声明的绑定关系，这时可以由颁发者吊销该证书。每个颁发者维护一个证书吊销列表（CRL），程序可以使用该列表检查任意给定证书的有效性。

证书的主要好处之一是主机不必再为单个使用者维护一套密码，这些单个使用者进行访问的先决条件只是需要通过网络上的身份认证。而使用证书的主机则只需要在证书颁发者中建立信任。

当主机（如安全 Web 服务器）指派某个颁发者为受信任的根证书颁发机构时，主机实际上是信任该颁发者过去用来建立所颁发证书绑定关系的策略。事实上，主机信任颁发者已经验证了证书使用者的标识。主机通过将包含颁发者公钥的颁发者自签名证书放到主机的受信任根证书颁发机构的证书存储上，将该颁发者指定为受信任的根证书颁发机构即可。中间的或从属的证书颁发机构（这些都将在本章后面介绍）受到信任的条件是，他们拥有从受信任根证书颁发机构开始的有效证书路径（有效路径的约定可以通过后面将要介绍的"路径约束"功能来实现）。

12.1.2 证书的主要功能

私钥和公钥网络被越来越多地用来进行机密数据通信和安全交易。它们需要对通信终端用户、计算机或者服务标识有更高的信任要求。另外，在网络内部，重要的通信也需要借用数字证书来保护。尽管账户和密码可以为网络终端实体提供一定级别的标识鉴别，但是他们不能为数据传输提供安全保护。相比之下，数字证书和公钥加密提供更高级别的身份认证，并对数据通信提供加密保护。

众多提供程序的证书和证书服务被用来为各种应用和用户方案提供更强健的安全保护。Windows Server 2003 系统的证书服务在公钥加密技术的基础上可以为各种组织的内/外部应用提供增强的安全保护，其中主要包括：

- 身份认证：验证某人或设备的身份。
- 隐私保护：确保该信息仅可用于指定用户。
- 加密数据：掩饰信息，使未授权的读者无法了解其中的内容。
- 数字签名：证实消息发送者是消息中声称的真实好友，并且所发送的消息未被篡改。

1．身份认证

身份认证对于保证通信安全十分重要。用户必须在与别人通信时有能力向他们证实自己的身份，并且在必要时也能够验证别人的身份。网络上的身份认证很复杂，因为通信各方在通信时没有物理的接触。这会让不道德者有机会截取消息或冒充他人或实体。

证书是常用的身份认证凭据。证书使用加密技术来解决通信过程中缺乏物理联系的问题。使用这些技术可以限制不道德者截获、篡改或伪造消息的可能性。这些加密技术使得证书难以被篡改。因此，某个实体要冒充他人是很困难的。

证书中的数据包括来自证书主体的公钥和私钥对中的公用加密密钥。对于用发送方的私钥签署的消息，消息接收方可以用发送方的公钥验证其真实性。该密钥可以在一份发送方的证书中找到。使用证书上的公钥来验证签名，可以证实签名是否是使用证书主体的私钥生成的。如果发送方一直很小心并且保持了私钥的机密性，接收方就可以相信消息发送方的身份。

以下是一些提供身份认证的证书方式（其中有些本书的前面已经介绍或者后面即将介绍到）：

- 通过 TLS（Transport Layer Security，传输层安全）或 SSL（Secure Sockets Layer，安全套接字层）进行的安全 Web 网站访问
- 通过 TLS/SSL 进行的服务器访问
- Windows Server 2003 域的登录访问
- 无线网络中的客户端身份认证
- 通过互联网构建的 VPN 连接的客户端身份认证
- IPSec（Internet Protocol Security，互联网协议安全）

【说明】有关 TLS/SSL 将在第 13 章介绍，有关 Windows Server 2003 的 Kerberos 登录访问和 IPSec 在第 11 章已作了介绍。

2．隐私保护

网络（如 Internet）上的通信容易受到未知的、可能还是有恶意的用户的监视。公用网络对于未加密的敏感信息来说是危险的，因为任何人都可以访问网络，并分析在两点间传输的数

据。即使是专用的局域网（LAN）也容易被有意的入侵者物理连接到网络上。因此，如果在任何类型的网络上的计算设备之间传输敏感信息，用户几乎肯定需要使用一些加密方法来保证数据的隐秘性。

公钥加密不用于加密大量数据。实际上，数据通常由密钥加密来保护，而密钥则用数据接收方的公钥加密。然后，经过加密的密钥加密的数据本身将被传输给接收方。接收方将使用私钥解密密钥，然后使用密钥来解密消息本身。

证书使用很多不同方法来保证所传输数据的机密性。使用证书的常用保密协议有：

- 安全/多用途 Internet 邮件扩展（S/MIME）
- 传输层安全性（TLS）
- Internet 协议安全性（IPSec）。

3．加密数据

可以将加密看做是把某些贵重的东西锁到有钥匙的保险箱中。相反，解密可以理解为打开保险箱，取出贵重物品。在计算机上，以电子邮件、磁盘上的文件以及网络上传输的文件等形式存在的敏感数据都可以用密钥加密。加密的数据和加密数据的密钥都是很难以理解的。

通常，公钥加密不用于加密大量数据，但是公钥加密确实提供了有效的方法。现假设 Bob 要向 Alice 发送大量加密文件。由于操作原因，他将使用对称密钥算法（如数据加密标准，DES）加密数据。为了发送加密的数据以及安全地解密数据所需的 DES 密钥，Bob 将使用从 Alice 的证书中获得的她的公钥来对密钥进行加密。因为她的公钥被用来加密密钥，而具有对应私钥的 Alice 就是唯一能够解密 DES 密钥从而解密 DES 加密数据的人。

证书可以通过不同方法使得在网络中传输的数据保密，典型的方法包括：

- S/MIME（Secure Multipurpose Internet Mail Extensions，安全多作用因特网扩展）协议
- TLS（Transport Layer Security，传输层安全）
- EFS（Encrypting File System，加密文件系统）

4．数字签名（也称数据完整性检查）

数字签名是一种确保数据完整性和原始性的方法。数字签名可以提供有力的证据，表明自从数据被签名以来数据尚未发生更改，并且它可以确认对数据签名的人或实体的身份。数字签名实现了完整性和认可性这两项重要的安全功能，而这是实施安全电子商务的基本要求。

当数据以明文或未加密形式分发时，通常使用数字签名。这种情况下，由于消息本身的敏感性无法保证加密，因此必须确保数据仍然保持其原来的格式，并且不是由冒名者发送的，因为在分布式计算环境中，网络上具有适当访问权的任何人无论是否被授权都可以很容易读取或改变纯文本。

12.1.3　证书的主要应用

因为证书通常用来为实现安全的信息交换建立标识并创建信任，所以证书颁发机构（CA）可以把证书颁发给人员、设备（如计算机）和计算机上运行的服务（如 IPSec）。

某些情况下，计算机必须能够在高度信任涉及交易的其他设备、服务或个人的标识的情况下进行信息交换。而在另外一些情况下，人们需要在高度信任涉及交易的其他个人、计算机或服务的标识的情况下进行信息交换。运行在计算机上的应用程序和服务也需要频繁地确认它们正在访问的信息来自可信任的信息源。

当两个实体（包括设备、个人、应用程序或服务）试图建立标识和信任时，如果两个实体都信任相同的证书颁发机构，则能够在它们之间实现标识和信任的结合。当某个证书使用者提

供了由受信任的 CA 所颁发的证书之后，试图与之建立信任的实体通过将证书使用者的证书保存在它自己的证书存储中，并且（如果适用）使用包含在证书中的公钥来加密会话密钥以便使所有与证书使用者进行的后续通信都是安全的，就可以继续进行信息交换。

证书主要包括本节后面介绍的几个方面。

1. Web 网站的安全访问

在 Web 网站的安全访问中，我们见的最多的就是银行网站的访问（现在网上银行比较普遍了）和电子商务网站（如淘宝网店、网上炒股和证券等）的访问，他们均需要使用有效证书才能进行相关的网上交易。

使用 Internet 进行联机银行业务时，知道您的 Web 浏览器正在与银行的 Web 服务器直接和安全地通信就是很重要的。在发生安全的交易之前，您的 Web 浏览器必须能够完成 Web 服务器的身份认证。也就是说，进行交易之前，Web 服务器必须能够向您的客户端 Web 浏览器证明它的身份。IE 浏览器使用安全套接字层（SSL）来加密消息并在 Internet 上安全地传输它们，而大多数其他新式 Web 浏览器和 Web 服务器也使用该技术。有关 IE 浏览器中的 SSL 的应用配置参见第 13 章。

当您使用启用 SSL 的浏览器连接到联机银行的 Web 服务器时，如果该服务器拥有证书颁发机构（如 Verisign）颁发的服务器证书，那么将发生如下事件：

（1）您使用 Web 浏览器访问银行的安全联机银行登录网页。

如果使用的是 IE，一个锁形图标将出现在浏览器状态栏的右下角，以表示浏览器连接到的是安全网站。其他浏览器以其他方式表示安全连接。

（2）银行的 Web 服务器将服务器证书自动地发送到您的 Web 浏览器。

（3）为了验证 Web 服务器的身份，您的 Web 浏览器将检查您计算机中的证书存储。

如果向银行颁发证书的证书颁发机构是可信任的，则交易可以继续，并且将把银行证书保存在您的证书存储中。

（4）要加密与银行 Web 服务器的所有通信，您的 Web 浏览器可以创建唯一的会话密钥。

您的 Web 浏览器用银行 Web 服务器证书来加密该会话密钥，以便只有银行 Web 服务器可以读取您的浏览器所发送的消息（这些消息中的一部分将包含您的登录名和密码，以及其他敏感信息，所以该等级的安全性是必需的）。

（5）建立安全会话，且在您的 Web 浏览器和银行的 Web 服务器之间以安全方式发送敏感信息。

2. 软件代码签名

当您将软件代码从 Internet 上下载、在公司 Intranet 上安装，或者购买光盘并安装在计算机上时，还可以用证书来确认这些软件代码的真实性。无签名软件（没有有效的软件发布者证书的软件）可能会给计算机和存储在计算机上的信息带来安全风险。

如果已经有信任的证书颁发机构所颁发的有效证书对软件进行了签名，您就知道软件代码没有被篡改，可以安全地安装在计算机上。在软件安装期间，系统会提示您确认是否信任软件制造商（如 Microsoft Corporation）。您还可以看到其他选项，问您是否始终信任来自特定软件制造商的软件内容。如果您选择信任该制造商的内容，那么他们的证书将存入您的证书存储中，并且他们的其他软件产品就可以在预定义的信任环境下安装到您的计算机上。在预定义信任的环境中，您可以安装制造商的软件，而不会被提示是否信任他们，因为您的计算机上的证书已声明您信任该软件的制造商。

与其他证书一样，这些用来确认软件真实性和软件发布者身份的证书还可以用于其他用途。例如，如果把“证书”控制台设置为按用途查看证书，则“代码签名”文件夹可能包含由

Microsoft 根证书颁发机构颁发给 Microsoft Windows 硬件兼容性的证书，如图 12-1 所示。这个证书有 3 个用途：

- 确保软件来自该软件发布商
- 保护软件在发布之后不发生改变
- 提供 Windows 硬件驱动程序验证

【说明】打开证书控制台有两种方法：一是在 MMC 中添加“证书”管理单元，这种方式可以选择基于用户账户或者计算机账户来打开“证书”控制台；二是直接在“运行”窗口中输入 certmgr.msc 控制台命令，不过此时打开的只是当前用户的“证书”控制台（参见图 12-1）。

要以用途方式来显示证书（也就是图 12-1 中所示的格式），则需要先定位于“证书－当前用户”根节点（如果是其他类型的证书控制台，则要选择对应的根节点），然后执行“查看”→“选项”命令，在弹出的如图 12-2 所示对话框的“查看模式”区域中选择“证书目的”单选项，最后单击“确定”按钮。

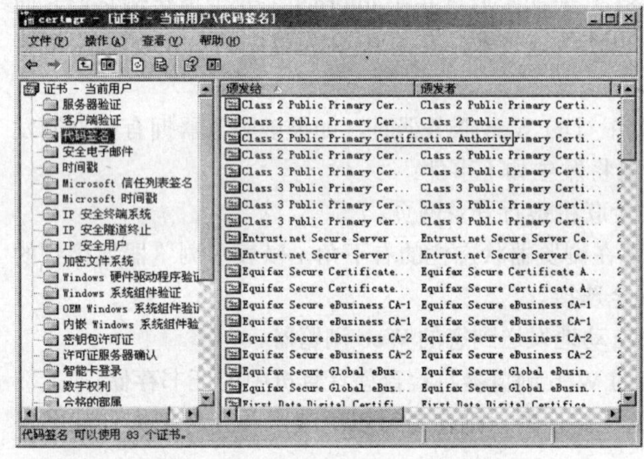

图 12-1 “证书”控制台的“代码签名”窗口

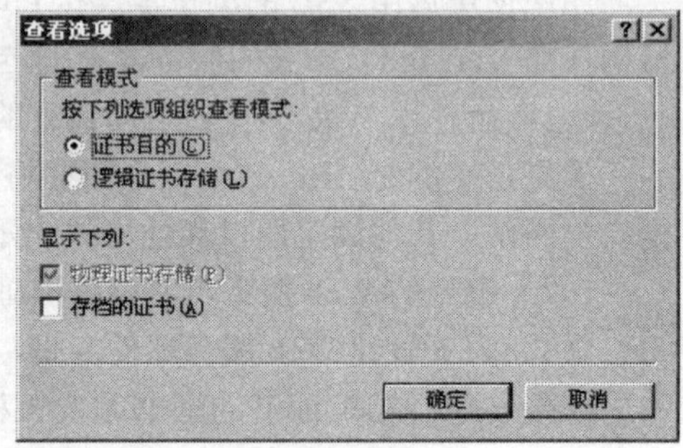

图 12-2 “查看选项”对话框

3．在组织内部的应用

很多组织安装有自己的证书颁发机构，并将证书颁发给内部的设备、服务和雇员，以创建更安全的计算环境。大型组织可能有多个证书颁发机构，它们被设置在指向某个根证书颁发机构的分层结构中。这样，雇员的证书存储中就可能有多个由各种内部证书颁发机构所颁发的证书，而所有这些证书颁发机构均通过到根证书颁发机构的证书路径共享一个信任链接。

当雇员利用虚拟专用网络（VPN）从家里登录到组织的网络时，VPN 服务器可以提供服务器证书以建立自己的标识。因为 VPN 用户信任公司的根证书颁发机构，而公司根证书颁发机构为 VPN 服务器和 VPN 访问用户或客户端计算机颁发了证书，所以客户端计算机可以使用该 VPN 连接，并且 VPN 服务器和 VPN 用户可以进行相互验证。这些身份认证是在数据可以经过 VPN 连接进行交换之前发生的。可以通过交换计算机证书进行计算机级别的身份认证，或者通过使用点对点协议（PPP）身份认证方法进行用户级别的身份认证。对于 L2TP（第二层隧道协议）/IPSec 连接，客户端和服务器双方均需要计算机证书。

4．个人应用

您可以向商业证书颁发机构（如 Verisign）购买证书，以便发送经过安全加密或数字签名以证明真实性的个人电子邮件。一旦您购买了证书并且用它来对电子邮件进行数字签名，则邮件收件人就可以确认邮件在传输过程中没有发生改变，并且邮件是来自于您的。当然，先要假设邮件收件人信任为您颁发证书的证书颁发机构。

如果您加密了电子邮件，则没有人可以在传输过程中阅读邮件，而只有邮件收件人可以解密和阅读邮件。

5．应用证书的应用程序

大多数电子邮件客户端允许您自动地签名或加密电子邮件，或者分别地加密或签名邮件。允许对电子邮件进行数字签名或加密的 Microsoft 应用程序是 Outlook 2000、Outlook Express 和 Outlook 98。

许多 Windows 应用程序都使用证书，如 Internet 信息服务（IIS）。IIS 证书存储与 CryptoAPI 存储集成在一起。“证书”控制台提供单个项目位置，允许管理员存储、备份和配置服务器证书。这需要在如图 12-2 所示对话框的“查看模式”区域中选择“逻辑证书存储”单选项，然后选择激活的“物理证书存储”复选项，这样就会在每一项证书下面都出现实际的证书存储位置，如图 12-3 所示。证书存储位置可以是注册表、组策略、计算机、活动目录。

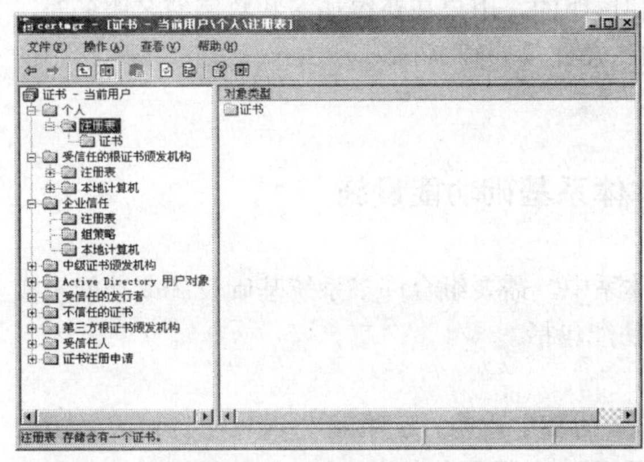

图 12-3　证书的物理存储位置

IIS 附有 3 个安全任务向导，可简化维护安全网站所需的大多数安全任务。可使用在如图 12-4 所示对话框中单击“服务器证书”按钮打开的“Web 服务器证书向导”来管理 IIS 中的安全套接字层（SSL）功能和服务器证书，在服务器和用户浏览器间协商安全链接时使用证书；可使用在如图 12-4 所示的对话框中单击“编辑”按钮打开如图 12-5 所示的对话框，然后选择“启用证书信任列表”复选项，最后单击“新建”按钮打开的“CTL 向导”管理证书信任列表（CTL），证书信任列表是每个网站或虚拟目录的受信任的证书颁发机构的列表；可使用“IIS 权限向导”向网站、虚拟目录和服务器上的文件指派 Web 和 NTFS 访问权限。“IIS 权限向导”需要先安装 IIS 权限向导程序 mark（在 Apps\Iispermwizard\x86 文件夹中运行 setup 即可），然后在相应网站、虚拟目录或服务器上右击，在弹出的快捷菜单中选择“所有任务”→“权限向导”选项打开。

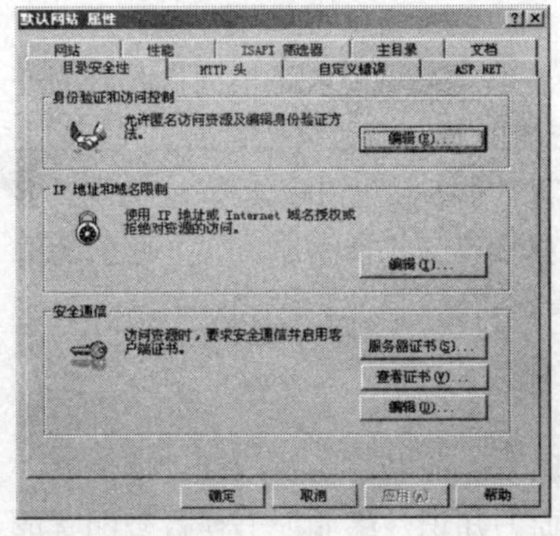

图 12-4　网站属性对话框的“目录安全性”选项卡

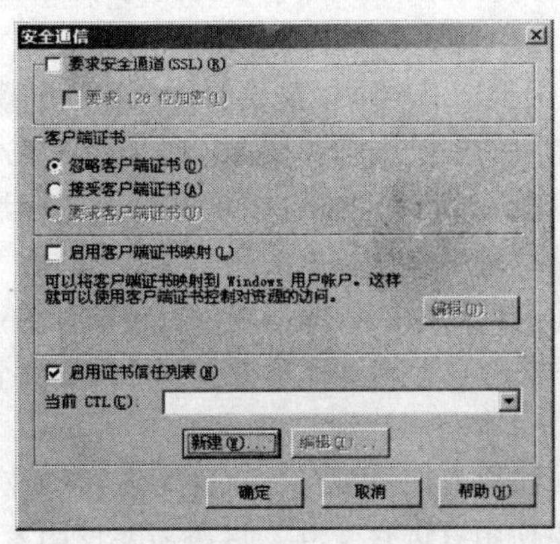

图 12-5　“安全通信”对话框

12.2 Windows Server 2003 系统 PKI 体系

PKI（Public Key Infrastructure，公钥基础设施）是一个包括数字证书、证书颁发机构（CA）和其他注册机构（RA）的体系，用于管理密钥和证书。它通过使用公钥加密技术，对电子交易中涉及每一方的合法性进行验证和身份认证。尽管各种 PKI 标准正作为电子商务不可或缺的部分而被广泛实施，但 PKI 标准仍在发展中。

从广义上讲，所有提供公钥加密和数字签名服务的系统都可以叫做 PKI 系统。设计 PKI 体系的主要目的是通过自动管理密钥和证书，可以为用户建立起一个安全的网络运行环境，使用户可以在多种应用环境下方便地使用加密和数字签名技术，从而保证网上数据的机密性、完整性、有效性。数据的机密性是指数据在传输过程中不能被非授权者偷看，并确保数据的完整性和有效性。一个有效的 PKI 系统必须是安全的和透明的，用户在获得加密和数字签名服务时，不需要详细地了解 PKI 是怎样管理证书和密钥的。在此仅介绍 Windows Server 2003 域网络中的 PKI 体系设计思路和方法。

12.2.1 Windows Server 2003 系统 PKI 体系基础功能设施

在 Windows Server 2003 家族系统的 PKI 体系中，需要组合许多系统基础设施或功能来实现，PKI 不是单独的一种功能。这些基础设施或功能包括：

- 证书

证书是证明证书持有人身份的颁发机构所颁发的数字声明。证书将公钥与拥有相应私钥的个人身份、计算机或服务绑在一起。证书由各种公钥安全服务和在如 Internet 的网络上提供身份认证、数据完整性和安全通信的应用程序使用。

Windows Server 2003 证书处理所使用的标准证书格式是 X.509 v3。X.509 证书包括接受证书的个人或实体的有关信息、证书的有关信息，以及有关证书颁发机构的可选信息。使用者信息可能包括实体名称、公钥和公钥算法。用户可以使用证书 MMC 控制台管理证书。

- 证书服务

在 Windows Server 2003 标准版/企业版/数据中心版中，证书服务是用来创建和管理证书颁发机构（CA）的组件。CA 负责建立和确定证件持有者的身份。如果证书不再有效，CA 会吊销证书，并发布由证书验证者使用的证书吊销列表（CRL）。最简单的 PKI 设计只有一个根 CA。然而实际上，部署 PKI 的大多数单位会使用多个 CA，这些 CA 被组织成证书层次结构。

管理员可以使用“证书颁发机构”MMC 控制台来管理证书服务。

- 证书模板

CA 根据证书申请中提供的信息和证书模板中的设置颁发证书。证书模板是根据接收到的证书申请使用的一组规则和设置。对于企业 CA 可以颁发的每一类证书，都必须配置证书模板。

可以在 Windows Server 2003 企业版和数据中心版企业 CA 中自定义证书模板，证书模板存放在活动目录中以让林中的所有 CA 使用。这样，管理员可以选择与“证书服务”一起安装的一个或多个默认模板，或创建为特定的任务或角色自定义的模板。

管理员可以使用证书模板 MMC 控制台管理证书模板。

- 证书自动注册

自动注册允许管理员配置使用者自动注册证书、检索已颁发的证书，以及续订过期证书，而不需要使用者进行交互。这不需要使用者具有证书操作方面的知识，除非证书模板被配置成与使用者进行交互或者 CSP 要求进行交互（如通过智能卡 CSP）。这样可以使客户使用证书的经历变得很简单，并最大限度地减少了管理任务。

管理员可以通过配置证书模板和CA设置配置自动注册。

- Web注册页面

这些是证书服务的独立组件。这些网页是安装 CA 时默认安装的，允许证书申请者使用Web浏览器递交证书申请。另外，也可以在未安装证书颁发机构的运行 Windows 的服务器上安装CA网页。在这种情况下，系统使用网页将证书申请交给CA，不管是什么原因，您都不希望申请者直接访问 CA。如果选择为组织创建自定义的网页以访问 CA，那么操作系统中提供的网页可作为范例。

- 智能卡支持

Windows Server 2003支持通过智能卡上的证书进行登录，并使用智能卡存储证书和私钥。智能卡可以用于 Web 身份认证、发送安全的电子邮件、建立无线网络和其他与公钥加密相关的活动。

- 公钥策略

在Windows Server 2003中可以使用组策略自动给使用者分发证书，建立公用受信任的证书颁发机构，以及管理EFS（加密文件系统）的恢复策略。

- 名称约束

名称约束指定一组允许和排除的名称空间，评估证书申请时，合格的从属 CA 及其下级使用名称约束。从合格的从属 CA 申请证书的用户，可以由进行申请的证书模板需要的一个或多个名称空间来标识。名称约束是使用您的网络中的名称空间来定义的，例如DNS域名。通过允许或排除名称空间，合格的从属CA允许或排除可由该名称空间标识的所有对象接收它的证书。

名称约束适用于名称空间的子树。允许的名称约束定义 CA 可在其中颁发证书的名称空间。排除的名称约束用来排除允许的名称空间的子空间。例如，具有允许的名称约束gz.grfw.com的CA，可以拥有一个排除的名称约束PRODU.gz.grfw.com。在这种情况下，该CA及其下级将为gz.grfw.com名称空间内的用户颁发证书，但不为PRODU.gz.grfw.com名称空间内的用户颁发证书。

- 策略映射

策略映射，允许将一个信任层次结构中的证书策略对象标识符映射为内部/外部网络中另一个信任层次结构中使用的策略对象标识符。策略映射在合格的从属 CA 的 CA 证书申请中定义。合格的从属 CA 上配置的每对策略，指出将它的信任层次结构的策略与其他信任层次结构中的策略同样看待。

12.2.2 Windows Server 2003系统PKI体系规划和部署的基本流程

规划和部署满足组织当前及将来需求的 PKI 并非轻而易举。因为，通常 PKI 不是为单个孤立的安全问题提供解决方案。相反，组织会部署 PKI 来处理许多内部安全需求以及商业安全需求，以便与外部客户或商业伙伴合作。

图12-6显示了规划和部署PKI的6个基本流程和步骤，包括：定义证书需求→设计证书颁发机构层次结构→扩展证书颁发机构层次结构→定义证书配置文件选项→创建证书管理规划→部署PKI。下面是这些主要步骤的简单介绍。

（1）定义证书需求：此步骤涉及方案中要解决的安全需求问题。这是由具体的应用和需要增强安全性的用户、这些用户所在的位置，以及所需的增强安全性的程度决定的。开始创建PKI之前，必须先定义安全和业务需求。

（2）设计证书颁发机构的层次结构：基于各种因素，您必须创建证书颁发机构（CA）的基础设施。此步骤包括定义信任模型、确定需要多少CA、如何管理这些CA，以及如何通过引入其他 CA 或与其他组织建立信任关系来扩展 PKI 等。此外，此步骤还讨论 PKI 如何与 IT 基础设施中的其他技术（如 Active Directory 目录服务和 IIS）集成。

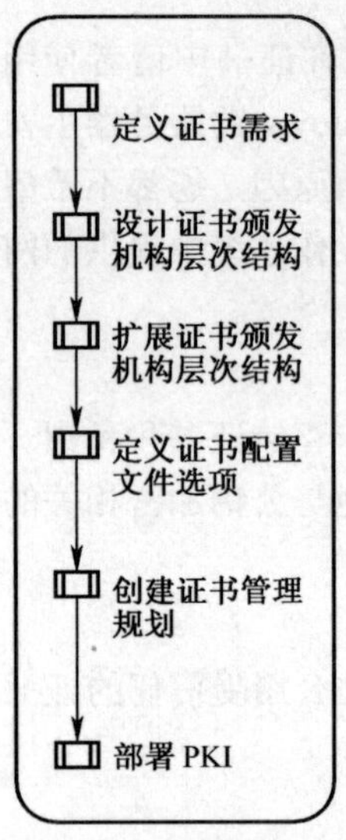

图 12-6 规划和部署 PKI 的基本流程

（3）扩展证书颁发机构层次结构（可选步骤）：可以使用根 CA 层次结构应用于许多 PKI 应用。不管怎么样，你可能会发现，你的 PKI 需要许多简单根 CA 层次结构来组合使用。例如，你可能需要扩展你的 CA 层次结构来满足新加入的合作、合并、商务，或者其他地理因素需求。

（4）配置证书配置文件：此步骤包括决定使用的证书类型、与这些证书关联的密钥的强度、证书的有效期，以及这些证书是否可以续订。

（5）创建证书管理规划：此步骤定义如何将证书颁发给最终用户、如何处理证书申请，以及如何管理和分发证书吊销列表（CRL）。

（6）部署应用 PKI：在你的 PKI 已经设计好，并且经过测试验证可用后，可以部署应用你的 PKI 在你的真实应用环境中了。本章不介绍此步骤。

本章所介绍的内容同时适用于有线 LAN 和无线 LAN（WLAN）网络，但更适合 WLAN，因为 WLAN 对网络的安全要求更高。下面各节将分别介绍以上步骤中的前 5 个步骤。

12.3 定义证书需求

可以使用 Windows Server 2003 系统 PKI 体系提供广泛的强壮、可扩展、基于加密的网络和信息安全方案。本节定义 PKI 颁发证书的用途以及各个用途的安全要求，主要涉及 3 个子步骤：

- 确定安全应用需求
- 确定用户、计算机和服务的证书需求
- 文档化证书策略和证书实施声明

12.3.1 确定安全应用需求

PKI 设计过程中的第一步是确定要使用证书的应用程序的列表。应该记录每项应用所需的证书类型，以及该应用需要的证书的大致数量。在这一阶段，无需指定证书的任何细节信息，只需提供简单描述即可。在 Windows Server 2003 中 PKI 支持以下安全应用：数字签名、安全电子邮件、互联网身份认证、IPSec 安全通信、智能卡登录、EFS 用户和恢复证书、802.1x 身份认证。

下面是证书在安全应用中需要考虑的几个方面。

1. 确定安全应用所需的证书

表 12-1 显示了安全网络应用所需的基本证书类型和要求。当在林中安装了 Windows 2003 企业 CA 时 PKI 还会向域控制器颁发证书。当然，将来你可以扩展 PKI，表 12-2 显示了部分将来在 PKI 扩展应用中可能需要颁发的证书。

表 12-1 安全 LAN 应用解决方案的基本证书要求

应用程序	证书类型	证书数量
安全 LAN 通信	用户的客户端身份认证证书	所有需要访问 LAN 的用户
	计算机的客户端身份认证证书	所有 LAN 计算机
	IAS 服务器的服务器身份认证证书	所有 IAS 服务器
Active Directory 通信	域控制器身份认证	林中的所有域控制器

表 12-2 未来可能的证书要求

应用程序	证书类型	证书数量
客户端访问虚拟专用网络（VPN）	计算机客户端身份认证（IPSec）	所有远程 VPN 客户端
分支到分支 VPN	VPN 服务器身份认证（IPSec）	所有 VPN 路由器
IP 安全性（IPSec）	计算机客户端身份认证	所有要求 IPSec 的客户端和服务器计算机
安全 Web	对访问 Intranet Web 应用程序的用户的身份认证	所有用户
	Intranet Web 服务器	安全 Intranet Web 服务器
加密文件系统（EFS）	EFS 用户	所有用户
	EFS 数据恢复	恢复代理
安全电子邮件	安全/多用途 Internet 邮件扩展（S/MIME）签名和加密	所有电子邮件用户
	密钥恢复	恢复代理
智能卡	智能卡登录	域用户
代码签名	内部代码和宏签名	代码发布管理员

2. 组合证书用途

可以将多个应用功能（或用途）组合到一个证书中，这样用一个证书就可以签署电子邮件、登录网络以及授予对某项应用的访问权。组合用途可以节省证书和目录服务器的管理和存储开支。当然，多用途证书也有一些缺点。例如，不同的应用程序可能需要不同的证书审批过程。使用多个证书的原因大多数是技术性的，但是主要原因是，不同的应用通常要求不同的证书安全级别；也就是说，证书使用者的证书可能会绑定不同的确定性。这体现在以下其中一项或全部各项中的区别：证书审批过程、密钥长度、密钥存储机制、证书有效期限。

由于这一原因，组合安全性级别相同的证书用途通常是最好的策略。本章所介绍的方案中使用的客户端身份认证证书类型包括其他标准应用（如 IPSec 和计算机身份认证）的用途。当为其他证书用途定义要求时，可以包括这些用途，然后重新颁发证书（这将要求强制续订，你可以从证书模板定义）。但是，IAS 服务器证书被看做是“中确定性”证书。由未经授权的服务器证书带来的威胁比非法客户端证书带来的威胁大得多。因此，应该更谨慎地处理服务器证书，建议不要将它们与低确定性应用组合。

【说明】“确定性”是指证书的颁发策略，在 Windows Server 2003 系统中添加证书颁发策略时预定义了 4 个颁发策略，包括：

- 所有颁发策略（对象标识符为 2.5.29.32.0）

“所有颁发策略”OID（对象标识符）指示颁发策略包含所有其他的颁发策略。通常，此 OID 只分配给 CA 证书。

- 低确定性（对象标识符为 1.3.6.1.4.1.311.21.8.x.y.z.1.400）

“低确定性”OID 一般表示不包含任何额外安全要求的颁发证书。OID 的 x.y.z 部分是一个随机生成的数字序列，它对每个 Windows Server 2003 林都是唯一的。

- 中确定性（对象标识符为 1.3.6.1.4.1.311.21.8.x.y.z.1.401）

“中确定性”OID 一般表示可能具有额外的颁发安全要求的证书。例如，在与智能卡颁发者面对面会议中颁发的智能卡证书可视为中确定性的证书，并包含中确定性的 OID。OID 的 x.y.z 部分是一个随机生成的数字序列，它对每个 Windows Server 2003 林都是唯一的。

- 高确定性（对象标识符为 1.3.6.1.4.1.311.21.8.x.y.z.1.402）

“高确定性”OID 一般表示包含最高安全性要求的颁发证书。例如，密钥恢复代理证书允许证书持有者从 Windows Server 2003 企业 CA 恢复私钥资料。密钥恢复代理证书的颁发则可能需要额外的后台检查和指定审批者的数字签名。OID 的 x.y.z 部分是一个随机生成的数字序列，它对每个 Windows Server 2003 林也都是唯一的。

3．定义证书安全要求

可以将证书的安全性看做绑定证书的使用者和证书本身的强度。它反映可以在多大程度上相信使用证书的人（或设备）就是证书中命名的使用者。这个安全性主要衡量两个指标：

- 注册和证书注册过程的严格程度。例如，需要本人亲自到场并出示附带照片的 ID 才可以获得证书，还是只需要拥有一个电子邮件地址就足够了。
- 存储私钥的方式。复制或破解密钥越困难，就越可以肯定原所有人（即证书使用者）仍独自拥有该证书。

这两者之间密切相关，因为如果始终不能真正确定私钥所有者的身份，那么花费高昂代价保护私钥就根本没有意义。同样地，如果密钥在注册后以不安全的方式存储，那么即使费尽心机地在注册过程中进行广泛的背景检查和 DNA 指纹鉴定也几乎毫无价值。但是，获得较高的证书确定性需要花费成本，并且对于许多证书使用而言，经常没有必要。如果除了证书属于授权域用户外，不需要对该证书具有更高级别的保证，那么完全可以使用域凭据作为注册证据来注册证书。

应当记录证书策略和实施声明中所使用的安全性的含义。一般来说是按表 12-3 所示定义 3 个安全性级别。

表 12-3 证书安全性级别

级别	注册要求	密钥存储要求
低（标准型）	根据域或其他基于密码的识别过程进行自动批准	软件密钥
中	证书管理员批准，可视 ID 检查（智能卡）或者注册官签名	软件密钥或硬件防篡改令牌（智能卡或 USB 令牌）
高	指定的注册官签名和证书管理员批准	硬件防篡改令牌（智能卡或 USB 令牌）

这些类别之间有些重叠，也并不是严格的技术上的分类，而是策略上的分类。在您的组织中，这些类别之间的分界依据是您对证书操作方式的决策。一般说来，高安全性的证书较少见，而标准安全性的证书则比较常见。

通过划分为不同的使用者类型，可将表 12-3 中定义的安全性类别进一步细分。常见类别有：

- 计算机：组织中的任何计算机或设备。
- 内部用户：表示全职雇员或者被视为等同的职员（如合同工等）。
- 外部用户：表示任何位于组织外部，但与之有某种业务或法律关系的实体（如业务伙伴或客户）。

进行这种分类的原因是这些不同的使用者类型应用的证书策略通常有很大差别，即颁发、吊销、续订证书等的条件差别很大。即使您没有给定类别的证书规划，也可能需要记录将要应用于该类别的证书策略，以便能够正确地制订策略和 CPS。表 12-4 描述了安全性和使用者类别的组合结果。

表 12-4　证书安全类别

证书安全类别		安全类别的特征示例	证书类型示例
计算机证书	标准确定性计算机证书	–根据计算机域凭据进行自动批准 –年度续订	–WLAN 计算机 –IPSec
	中确定性计算机证书	–要求证书管理员批准 –软件密钥存储 –年度续订	–Web 服务器 –IAS 服务器身份认证
	高确定性计算机证书	–要求证书管理员批准 –硬件安全模块（HSM）密钥存储	–证书颁发机构 –安全时间服务 –注册机构
内部用户证书	标准确定性内部用户证书	–根据用户域凭据进行自动批准 –年度续订	EFS 用户
	中确定性内部用户证书	–要求证书管理员或注册官批准 –智能卡或软件密钥存储 –年度续订	–安全电子邮件 –低中等价值的财政授权 –智能卡登录 –内部代码签名 –数据恢复代理 –密钥恢复代理
	高确定性内部用户证书	–要求对证书使用者进行物理 ID 验证 –要求证书管理员批准 –请求时要求注册官签名 –智能卡密钥存储 –六个月续订	–高价值财政授权 –商业代码签名
外部（用户）证书	标准确定性外部证书	–根据预先指定的密码自动批准 –年度续订	客户端身份认证（向 Internet 网站验证）
	中等级别外部证书	–要求证书管理员批准 –智能卡密钥存储 –六个月续订	企业对企业（B2B）财政授权
	高确定性外部证书	–要求对证书使用者进行物理 ID 验证 –要求证书管理员批准 –请求时要求注册官签名 –智能卡密钥存储 –六个月续订	价值非常高的 B2B 交易

对不同的证书使用者类型分别对待并没有技术上的原因。但是，通常会为不同的使用者类型定义不同的安全策略。例如，内部雇员的权限与其他组织中的职员不同。不同的证书策略（以及它们在不同 CPS 中的体现）可能会影响有关为颁发这些不同证书类型而如何构建 CA 方面的决策。

还应考虑是否由同一个管理员对向这 3 个类别的证书用户（PKI 术语中称为“终端实体”）颁发的证书负最终责任。在许多组织中，可以证明一台计算机是合法域成员的人与可以证明合作伙伴公司身份的人不是同一个人。应当在 CPS 中记录这些责任关系。

4．定义应用程序证书安全性

上一小点定义的证书安全类别可用于对该设计的证书类型进行分类。表 12-5 中列出了这些类型。

表 12-5　证书安全要求

证书类型	安全类别	操作系统平台	逻辑位置	审批	密钥大小	有效期
客户端身份认证一用户	标准确定性计算机证书	–Windows XP –Windows Server 2003	内部	自动（域控制器身份认证）	中	中
客户端身份认证一计算机	标准确定性用户证书		内部	自动（域控制器身份认证）	中	中
IAS 服务器身份认证	中确定性计算机证书		内部	手动	中	中

12.3.2　确定证书需求

在定义好了你的组织在网络应用中所需要的安全技术后，你需要定义用户、计算机和这些技术对应的服务目录，以及你所需提供的证书服务。例如，证书使用可能基于部门、位置、组织结构，或者以上三者的组合，或者组织中某种证书应用中的所有用户或计算机。

1．确定用户证书需求所需要的考虑

为每个你已经定义的组，需要考虑如下事项：

- 颁发的证书类型：这是基于你的组织和你的 PKI 结构设计需求而确定的。
- 需要证书的用户、计算机和应用数量：这个数量可以包括整个组织中的一个或多个用户、计算机、应用。
- 需要证书的用户、计算机和应用位置：不同的证书方案可能需要远程办公用户或者移动用户。例如，你可以想要限制一个国家或地区的用户使用他们的证书访问另一个国家或地区的组织的内部商务数据。
- 需要证书的用户、计算机和应用所需的安全级别：与敏感信息打交道的用户通常比其他用户需要更高的安全级别。
- 每个用户、计算机和应用所需的证书数量：在有些情况下，一个证书可以适合所有需求，而在另一些情况下，你需要为特定的应用配置多个证书，满足特定的安全需求。
- 规划的每个证书的注册需求：例如，需要用户提供一个或多个物理标识，如驱动协议，还是可以仅简单地提供一封电子邮件来申请。

2．定义证书客户端

对上节中列出的应用，应该定义将使用证书的客户端。这里的“客户端”是指任何使用

PKI 颁发的证书的人员、软件进程或设备，而不是仅指人员。例如，客户端包括用户、服务器、工作站和网络设备。为了解如何使用颁发的证书，必须考虑两个主要客户端类别：证书使用者（或终端实体）和其他证书用户。

"终端实体"是指具有由 PKI 颁发的证书的客户端。在颁发相应证书的证书模板属性对话框的"使用者名称"选项卡中的"将这一信息包括在另一个使用者名称"选项下面有一个或多个可选项，如用户主体名称（UPN）、服务的主体名称（SPN）、电子邮件名或 DNS 名，将客户端标识为该证书的所有者。另一类证书用户是指可能需要验证终端实体的证书，或者要在目录中查找证书，但 PKI 并不向其颁发证书的客户端。

例如，在安全网站上购物的 Internet 用户是该网站的安全套接字层（SSL）证书的用户。但是，该网站是证书终端实体，其身份被编码到证书的"使用者"字段中。只有证书使用者有权使用证书私钥，其他证书用户则不能。"证书使用者"也几乎总是自己的证书和（通常情况）其他证书的证书用户。"终端实体"是正确的技术术语，但本章的大多数地方也有使用术语"证书使用者"的。

对于证书使用者和证书用户，都应当通过回答下列问题来对各个客户端类型进行分类：

- 客户端是一个人、一台计算机或设备，还是一个软件进程？
- 证书将在什么平台（操作系统版本）上使用？
- 客户端的网络位置在哪里？例如，它是连接到内部局域网、位于合作伙伴组织中，还是在 Internet 上？
- 该客户端是域成员吗？如果是，是位于与 CA 不同的域中，还是在不同的林中？是不受信任的域吗？
- 该客户端需要执行何种类型的操作？例如，注册证书、使用证书签名、验证证书信任、在目录中查找证书，以及检查证书吊销状态。

这种分类将影响许多设计决策，例如如何颁发证书、对给定证书的信任级别，以及如何发布证书吊销信息。在许多应用程序中，证书的用户将是同一组客户端，但角色相反。例如，IAS 服务器成了客户端证书的用户，需要验证这些证书。验证通常包括验证证书是否链接到信任根 CA 以及客户端提供的签名和客户端证书中的公钥是否匹配，还可能需要对证书进行吊销检查。

12.3.3 文档化证书策略和证书实施声明

设计 PKI 时，应当记录有关如何在组织中颁发和使用证书的决定。这些决定称为证书策略。记录这些决定的文档称为证书策略（CP）声明和证书实施声明（CPS）。

证书策略是一组指导 PKI 如何操作的规则。例如，它记录证书对特定客户端组或普通安全需求的应用的适用性。证书实施声明是组织用于管理它所颁发的证书的实施声明。它描述在组织系统体系结构和操作程序环境中，如何解释组织的证书策略。CP 是组织级的文档。但是，CPS 是特定于 CA 的（尽管当 CA 执行相同作业时可能使用公用 CPS，例如因性能或复原原因将 CA 负载分发到多个服务器时）。

证书策略声明通常包括以下几个方面：

- 用户如何在 CA 中进行身份认证。
- 颁发政策：用于当 CA 可能存在安全风险或者被用于其他目的时的约束。
- 证书的确定用途。
- 私钥管理需求，如存储在智能卡中或者其他硬件设备中。
- 私钥是否要被导出或者存档。
- 用户证书需求，包括用户私钥在丢失或者存在安全威胁时必须采取的措施。

- 证书注册或续订需求处理方式。
- 公钥和私钥对的最小长度。

对于某些组织和证书用途，CP 和 CPS 被视为法律文档或法律免责声明。撰写这些文档通常需要专业的法律意见，这超出了本书范畴。不过，将哪一个文档作为 PKI 的构成部分并没有严格的要求。如果没有特定的法律或商业原因，可以不必花费时间和资金来制订和维护正式的证书策略和实施声明。也就是说本步其实可以不进行。

尽管可能不需要正式的 CP 或 CPS，但仍应将证书策略和操作规范记录成文档。证书策略应当成为您的组织的整体安全策略的一部分，操作规范应当成为安全管理过程的组成部分。这可以称为非正式 CPS。应当根据 PKI 的预期用途确定是否要制订正式的策略声明和 CPS。如果需要正式的 CPS，则很可能需要发布它，并在 CA 证书中加以引用。虽然本章中没有包括有关撰写正式的 CPS 的指导，但是在实际的 PKI 设计中，这一步是不可缺少的。一般情况下不需要发布非正式 CPS。在本章其余部分中，会经常提到在您的 CPS 中记录决定。这些说明对于正式和非正式 CPS 同样适用。

12.3.4 定义证书应用需求步骤示例

为了帮助大家实施本步操作，现例举一个示例进行说明。在本示例中，因为组织中有大量独立使用证书服务的商务单元，所以组织决定采用 PKI。这些商务单元使用相似的结构，包括许多相同的组件，如 CA 和证书模板，并且有相似的目的。所以，组织开发以中心公司作为 PKI 的根，允许其他商务单元采用证书服务，以满足他们特定的需求。

本示例中的组织针对以下应用选择使用证书服务：电子邮件、互联网身份认证、EFS、软件代码标记、智能卡登录。图 12-7 所示为本示例中的用户证书需求摘要。

用户证书需求摘要

起草人　　日期

表中第1列是需要证书的用户、计算机、服务、商务单元，或者网络角色所属组；第2列是相应组所需颁发的证书数量；第3列是相应组用户是内部网络员工，还是外部客户；第4列是相应组用户证书的应用；第5列是对应组所需的安全级别（分高、中和低三级）

组	证书数量	用户位置	证书应用	安全级别
普通用户	45,000	内部	E-mail, EFS	中
管理员和开发部	250	内部	Smart card logon, code signing	高
计算机	45,000	内部	Wireless Authentication	高
合作伙伴	35	外部	Internet Authentication	高

图 12-7　证书需求摘要示例

本示例中组织的具体安全需求如下：

- 组织中的所有用户需要使用证书，以便于工作中进行安全电子邮件通信。
- 个别加入到本组织的商务单元需要使用互联网身份认证，在本地网络和合作伙伴网络中进行数据共享。
- 所有用户都要能够使用 EFS。
- 开发部门和网络管理员组人员必须为客户端应用和组织脚本使用软件代码标记。
- 管理员组需要在他们执行某项任务（如管理域控制器）前使用智能卡登录。

本示例中组织的安全需求分类如下：

- 媒体安全：包括电子邮件和 EFS 证书。
- 内部高安全：包括软件代码标记和智能卡登录证书，以及网络管理员组和开发部门组所用的服务器。
- 外部高安全：包括互联网身份认证证书和组织用户与加入的合作伙伴网络间的共享需求。

12.4 证书颁发机构层次结构设计

为了支持组织基于证书的网络应用程序，必须建立一个 CA 链接框架，这个框架负责根据需要颁发、验证、续订和吊销证书。反过来，CA 依赖基本 IT 基础设施进行证书使用者身份认证、证书发行，以及证书吊销信息发布等事务。

在你的组织中，为了支持基于证书的应用，必须建立一个负责在需要时颁发、确认、更新和吊销证书的 CA 链接框架。建立 CA 基础设施的目的是，在为组织维持最佳安全水平的同时，为用户提供可靠的服务，为管理员提供可管理性，以及提供同时满足当前和未来需要的灵活性。设计 CA 层次结构包括 5 个子步骤：规划核心 CA 选项、选择信任模式、在信任层次结构中定义 CA 角色、建立 CA 命名协定、选择 CA 数据库位置。

12.4.1 规划核心 CA 选项

根 CA 是 PKI 体系中最核心的，或者说是主要 CA。在可以建立适合组织安全需求和证书需求的 CA 结构之前，需要确定一系列可用的核心 CA 选项，这一步非常重要。具体包括如下 CA 结构设计详细步骤：设计根 CA→选择内部与第三方 CA→评估 CA 容量、性能和弹性需求→PKI 管理模式确定→CA 类型和角色确定→整体活动目录结构分析与确定→CA 安全性分析与确定→CA 数量确定。

1. 设计根 CA

根 CA 角色在任何组织中都非常重要。它是组织中的所有用户和设备都明确信任的角色。许多安全决策（例如，是否允许某人登录、是否信任电子邮件、是否允许指定金额的证券交易等）最终都依赖于这个根的安全性和提供其身份的私钥。由于有这么多操作依赖于根，因此更改根密钥和证书可能非常复杂，并且容易出错，可能会导致应用和用户的服务长时间中断。因此，强烈要求尽可能保护根 CA 私钥。实现此目的最佳的方法之一是将 CA 与网络断开（也就是通常所说的“脱机”），使其不易访问（实施此保护措施的同时应采取相应措施来限制对服务器的物理访问）。可以通过专用的硬件安全模块（HSM）来进一步增强对 CA 密钥的保护。这为脱机 CA 提供了额外的密钥安全，同时极大地提高了联机 CA 的安全性。

【注意】*应考虑对根 CA 使用 HSM，以增强 CA 密钥的安全性。可以在安装 CA 后添加 HSM，但在最初即进行此操作要简单且安全得多。如果要以后安装 HSM，应当使用新的密钥续订 CA，即使许多供应商允许您导入现有密钥。*

根 CA 证书自动分发给活动目录林成员。通过将 CA 证书导入证书颁发机构容器中，林中所有域的成员（计算机和用户）都将该证书安装到了他们的本地受信任根 CA 存储中。对于所有需要整林信任范围的内部根 CA，这是建议使用的方法。

在建立 CA 层次结构前，必须确定以下事项：

- 在组织中谁负责根证书的颁发。例如，指定中心 IT、分支公司 IT 部门或者第三方组织负责这个职责。

- 根CA位置在哪里？
- 谁来管理根证书颁发？
- 根CA是仅用来验证其他CA，还是也要接受从证书服务器来的用户请求。

在确认了以上事项后，可以定义其他 CA 角色，包括如何管理他们，以及他们之间的信任关系。通常，除内部根，还需要分发一些信任范围受限的更多的根，这将在本章后面的扩展CA结构设计一节中介绍。要将根 CA 证书分发给其他平台上或林之外的用户和计算机，必须手动安装证书，或者使用其他方法将根证书分发给用户和计算机。

2. 选择内部与第三方CA

可以使用内部根作为 PKI 的信任标记，或者使用第三方商业 CA 的服务达到相同的目的。使用第三方根意味着您的颁发 CA 由商业根 CA 认证（通常通过一个或多个中间 CA）。因此，颁发的所有证书的信任标记最终都来自此外部根CA。

（1）使用内部CA和第三方CA各自的优缺点。

如果组织中基于的证书应用主要是内部用户之间，则建议采用内部CA。它的好处主要体现在以下几个方面：

- 允许组织通过自身的安全策略进行直接的控制。
- 允许组织综合考虑自身的证书策略和全局安全策略。
- 与组织的活动目录有机结合。
- 可以以极低的费用扩展包括附加功能和用户数量。

使用内部CA的缺点包括：

- 组织必须管理它自己的证书。
- 开发内部CA可能比由第三方直接提供所花的时间更长。
- 组织必须负责PKI问题的解决。

如果组织中基于证书的应用主要用来与外部客户的数据通信，则建议采用第三方CA。采用第三方CA的好处主要包括：

- 在处理外部安全事务时，为客户端提供更高的可信度。
- 可使组织利用专业服务提供商的经验。
- 允许组织在开发内部PKI管理平台时使用基于证书的安全技术。
- 允许组织享用提供商的技术支持。

采用第三方CA的主要缺点包括：

- 需要较高的费用。
- 可能需要两个不同的开发标准：一个用于内部证书颁发，另一个用于商业证书颁发。
- 在配置和管理证书方面仅有较少的弹性。
- 组织必须访问第三方CA才能访问CRL。
- 不允许自动注册。
- 第三方CA仅允许有限地与内部目录服务、组织应用结合。

多数情况下，可能需要同时使用内部和第三方CA。

（2）定义外部证书信任。

对于证书属性的描述而言，“谁”是指哪个是证书颁发机构；“什么”是指你需要控制的证书用途和其他证书特征；“多久”是由根 CA 证书的有效期限决定，或者在某些情况下由所创建的特殊交叉信任证书的有效期限决定。

可能需要在与其他组织建立新的业务关系或者需要为您的用户启用某些功能（例如，委托 Web 证书启用安全 HTTP 会话）时，更改您的组织与外部各方的默认信任关系。达到此目的的方法有多种：

- 在您的内部根和要信任的CA证书之间创建合格的从属关系（也称为交叉认证）。

【说明】交叉认证是指为与两个根CA相链接的CA颁发从属CA证书的过程。其中涉及到一个名为“交叉证书颁发机构证书”的术语，它是指一个CA为另一个CA的签名密钥对颁发的证书，在本章后面有专门的介绍。

这要求您的其中一个内部CA对外部CA证书进行重新签名。这样可以有效地将该外部CA作为签名CA的受信任下级添加到您的内部PKI中。可以限制证书的类型，精确地限制证书的使用和策略、使用者名称的类型或者您将信任的颁发策略。

- 创建证书信任列表（CTL）

这使您可以定义一个受信任根CA的列表，并指定信任这些CA的目的（如安全电子邮件）。然后可以使用活动目录组策略对象（GPO）部署CTL。虽然这种方法很方便，但是它属于Microsoft专有，只有运行Windows 2000、Windows Server 2003或更新版本的客户端才能使用CTL。此选项仅影响应用该CTL GPO的域中的客户端。

- 将根CA证书安装到活动目录受信任证书颁发机构存储（位于配置容器中）中

这会为林中的所有用户和设备在根CA（以及所有从属CA）中创建无条件的信任。但在授予此类型的信任前应特别谨慎。仅对在您自己的组织控制之下的CA使用此方法。

- 使用组策略将受信任根CA证书部署给用户或计算机的子集

这类似于上一个选项，但能够让您更加确定谁和什么设备将收到受信任的根（即该GPO的目标用户或计算机）。此选项仅影响应用该GPO的域中的用户。

- 使用Microsoft根证书更新服务

Update Root Certificates（根证书更新服务）是默认安装的可选组件，旨在使商业证书提供商能够轻松地向大量用户发布新的根。如果要管理受信任根CA，应考虑在公司的所有系统上禁用此服务。可使用以下命令删除该组件：

```
sysocmgr /i:sysoc.inf /u:X:\MSSScripts\OC_RemoveRootUpdate.txt
```

X为Windows系统所安装的磁盘盘符。

- 可以使用组策略来禁用第三方受信任根

与以上其他项不同，这是一种限制信任而非增加信任的方法。每台运行Windows的计算机（以及使用这些计算机的用户）都会继承一组默认安装的根（这在其他操作系统和许多平台上的Web浏览器中也很常见）。可以使用组策略禁用这些根中的自动信任。可以使用前面介绍的其中一种机制来有选择地重新添加您需要的受信任根（根据您的安全需要，附加或不附加限制）。

【注意】有些根证书无法禁用。这是因为操作系统依赖它们来维护驱动程序签名策略等事项。此组策略设置无法禁用这些必需的根。

3. 评估CA容量、性能和可扩展需求

组织必须明确可接受的CA性能。为了确定CA数量和组织中CA结构中的配置，需要在组织中评估组织中的CA容量、性能和可扩展性。这些具体包括：

- 需要颁发和更新的证书数量
- 颁发证书的密钥长度
- 你的CA所使用的硬件类型
- 需要支持的客户计算机数量和配置
- 网络连接的质量

（1）CA的通用硬件配置要求。

在Windows Server 2003系统CA服务器中，单一运行在双处理器、512MB以上内存的部门CA服务器，每天可以颁发超过200万标准密钥长度证书。即使是非常规大小的CA密钥，单个

适当硬件配置的独立 CA 每天能够发行超过 75 万张用户证书。所以，对于目前普遍的服务器硬件配置来说，CA 服务器的硬件要求是完全可以满足证书颁发需求的。

许多组织中，CA 性能的主要限制是物理存储空间和客户连接 CA 的网络质量。如果太多客户试图通过网络连接方式访问你的 CA，自动注册请求可以被延时。当然，另一个重要的因素是网络中的 CA 角色服务器数量。如果 CA 服务器在网络中运行超过一个功能，例如它同时也是域控制器，这样将给 CA 能力带来负面影响，也将使 CA 服务器的委托管理变得更加复杂。基于这个考虑，除非你的组织是非常小的公司，否则你的 CA 最好仅担当证书服务器角色。

（2）根 CA 的硬件配置要求。

根 CA 不需要 Windows Server 2003 企业版的附加功能。因此，可以使用 Windows Server 2003 的标准版。在硬件方面，根 CA 的硬件要求很低，计算机只需要满足运行 Windows Server 2003 的最低要求即可。根 CA 硬件的重要特征是长期的可靠性和可维护性。根 CA 通常驻留在寿命很长但大多数时间处于关闭状态的计算机中。当然，当打开计算机电源时，它要能够稳定启动。为对可能出现的硬件故障采取措施，您将需要能够方便地更换组件（可能在计算机型号停用几年后）。

（3）颁发 CA 的硬件配置要求。

虽然对颁发 CA 有一些性能要求，但由于这种 CA 的工作负载通常不高，因此要求相对较低。性能测试表明，即使在负载很高时，对于企业 CA 来说，其限制通常在于与活动目录的交互（而不是 CA 本身）。因此，硬件性能要求很低。与根 CA 一样，可靠性和可维护性是选择硬件时的主要考虑因素。

证书服务使用与活动目录相同的数据库技术，因此适用许多相同的性能标准。对于大多数组织来说，一条好的原则是使用与活动目录域控制器相同的硬件规范。与根 CA 相反，颁发 CA 要求 Windows Server 2003 企业版的附加功能，以支持可编辑证书模板和用户证书自动注册。

（4）客户机的硬件配置要求。

客户机的硬件配置也会影响 CA 证书颁发的性能。当选择或者评估你的 CA 客户机硬件配置性能时，建议考虑以下方面：

- 密钥长度：所需的证书密钥越长，对 CA 证书服务器和客户机的 CPU 的要求越高。
- 网络带宽：通常需要 100Mb/s 以上的网络带宽才能避免出现瓶颈。

在规划你的 CA 结构时，也需要确保你的设计是具有弹性的，足以适应你的组织中的一切改变。使用多 CA 是一种确保你的 PKI 结构可以支持企业弹性扩展的有效方法。

4．PKI 管理模式

在规划你的 CA 结构时，需要明白在 Windows Server 2003 中可用的 CA 类型和他们可以担当的角色。Windows Server 2003 证书服务支持以下两种类型的 CA：企业（Enterprise）CA 和独立（Stand-alone）CA。

企业 CA 和独立 CA 可以配置担当根 CA 或从属 CA。从属 CA 可以进一步被配置成中间 CA（也有称为“策略 CA”的）或者颁发 CA。这两种模式之间的主要区别是：企业 CA 依靠活动目录存储配置信息，可以将活动目录用作注册颁发机构，且可以自动将已颁发的证书发布到该目录中。独立 CA 可以将证书和 CRL 发布到该目录中，但是依赖于活动目录的存在。

在创建你的 CA 结构时，你需要确定所需采用的 CA 类型，为每一个 CA 定义专门的角色。

- 企业 CA

企业 CA 是与活动目录集成的。他们发布证书和 CRL 到活动目录。企业 CA 使用存储在活动目录中的信息，包括用户账户和安全组，可以允许或拒绝证书请求。企业 CA 使用证书模板。当颁发证书时，企业 CA 使用证书模板中的信息产生带有适当配置属性和相应类型的证书。

如果要想采用自动证书审批和用户证书注册，则需要使用企业 CA 来颁发证书。另外，只有企业 CA 可以为智能卡登录用户颁发证书，因为这个过程需要智能卡证书可以自动映射到活动目录中的用户账户中。

- 独立 CA

独立 CA 不需要活动目录，也不使用证书模板。如果你使用 CA，所有请求证书类型的信息都必须包括在证书请求中。默认情况下，所有向独立 CA 发出的证书请求都将排队等候管理员的批准。可以配置独立 CA 在请示时自动颁发证书，但这会带来大的安全风险，通常不建议，因为这些请求是没有经过身份认证的。

从性能层次来看，使用独立 CA 自动颁发证书可以比企业 CA 效率更高。但除非你正在使用自动颁发，使用独立 CA 来发布大量证书将会给管理员带来巨大的工作压力，因为管理员需要手动审核资格，然后才能确定是允许还是拒绝每个证书请求。基于这方面的原因，独立 CA 最好应用在外部或者互联网的公钥安全应用上，当用户没有 Windows 2000 或 Windows Server 2003 系统账户，并且要颁发和管理的证书量比较少时。

在使用第三方目录服务或者在活动目录不可用时，必须使用独立 CA 来颁发证书。

5. CA 类型和角色

CA 的种类有很多，总体上分为根 CA 和从属 CA。在从属 CA 中又有中间 CA（通常是第一个从属 CA）、其他层次 CA（最后一个层次通常是作为 RA（注册授权）等角色。

（1）根 CA。

根 CA 是证书层次结构中的顶端，必须被组织中的客户无条件地信任。所有证书链都终止于根 CA。无论你是使用企业 CA 还是独立 CA，均需要指派一个根 CA。因为在证书层次结构中已没有更高层的 CA，由根 CA 颁发的证书主体也就是证书的颁发者。同样，因为在到达自签名的 CA 时证书链终止，所以自签名的 CA 都是根 CA。Windows Server 2003 仅允许你指派一个自签名的 CA 作为根 CA。可以在企业层次或者本地层由具体 IT 管理员来指派一个 CA 作为信任的根 CA。

根 CA 服务器作为基础是依赖你的 CA 信任模式的。它确保主体公钥属于所颁发证书所包含的主体标识信息。不同的 CA 模式也可以通过使用不同的标准来校验它们的关系，所以它对于在选择校验公钥授权信任前理解根 CA 策略和进程是非常重要的。

根 CA 是 CA 层次结构中最重要的 CA。如果你的根 CA 存在安全威胁，那么组织层次结构中的其他 CA 和证书都将面临风险。可以通过根 CA 脱机方式来最大限度地保障根 CA 安全，使用从属 CA 为其他从属 CA 或者终端用户颁发证书。

根 CA 证书自动分发给活动目录林成员。通过将 CA 证书导入证书颁发机构容器中，林中所有域的成员（计算机和用户）都将该证书安装到了他们的本地受信任根 CA 存储中。对于所有需要整林信任范围的内部根 CA，这是建议使用的方法。

通常，除内部根，还需要分发一些信任范围受限更多的根。要将您的根 CA 证书分发给其他平台上或林之外的用户和计算机，必须手动安装证书或者使用其他方法将根证书分发给用户和计算机。

（2）从属 CA。

CA 如果不是根 CA，就认为它是从属 CA。在 CA 层次结构中，第一个从属 CA 是从根 CA 中获得 CA 证书的。第一个从属 CA 可以使用这个密钥为其他从属 CA 颁发证书。高级别的从属 CA 通常被作为中间 CA。中间 CA 是直接隶属于根 CA 的，但也可以作为一个或者更多从属 CA 的服务器。

中间 CA 有时也常被称为“策略 CA”，因为它通常被用来根据策略特征对证书进行分类。例如，分类策略包括 CA 提供者的信任水平或者 CA 所在位置。策略 CA 可以脱机，也可以不脱机。

【经验之谈】多数组织是使用一个根 CA 和两个策略 CA，一个用于支持内部用户，另一个用于支持外部用户。

在 CA 层次中的下一级别统称为颁发 CA。颁发 CA 为用户和计算机颁发证书，是总是在线的。在许多 CA 层次中，最低层次的从属 CA 是被 RA（注册授权）所替代的，它可以 CA 的中间媒介对应用证书、开启证书吊销请求用户的身份进行验证，并在密钥帮助中提供帮助。不像 CA，RA 不发布证书和 CRL，它仅仅帮助处理 CA 的一些任务。

出于下列原因，颁发 CA 将配置为企业 CA：

- 解决方案中使用的证书类型需要证书自动注册和自动审批。
- 解决方案中需要证书模板，它们通过简化对多种证书类型的管理（通常跨多个 CA）而产生可观的效益。
- IAS 需要活动目录执行受信任证书映射，以便对无线客户端进行身份认证。必须在 NTAuth 存储中注册 CA 才能允许此操作。
- 需要将证书自动发布到对应的用户或计算机对象。
- CA 需要受信任来源，以便获取证书请求和颁发的证书中使用的使用者名称信息。活动目录可以从该目录中存储的用户和计算机属性中提供此信息。
- 将来可能需要智能卡登录证书。

只要根 CA 具有较高的确定性，就可以选择在以后添加确定性更高的颁发 CA，以颁发价值更高的证书。可以与现有的标准 CA 一起维护高确定性 CA。但是，如果根 CA 是在安全性相对较低的环境中安装和配置的，而后来希望颁发高价值证书，则很可能需要重新安装根 CA 或者创建新的根 CA。

如果让根 CA 脱机，那么就不可能利用它进行日常的证书颁发。要创建可用于进行日常证书颁发的 CA，根 CA 需要允许从属 CA 代表它颁发证书。这样，从属 CA 就能够继承根 CA 的受信任属性，而不会使根 CA 密钥受到安全性威胁。

（3）建议的 CA 层次结构根 CA 证书分发。

定义信任模型并选择根 CA 策略后，就可以规划 CA 基础设施的其余部分了。为此，必须定义组织中的 CA 层次结构，在您的组织中指派不同 CA 担当不同角色。可将 CA 配置为根 CA 或从属 CA。而从属 CA 可以是颁发 CA 或中间 CA（中间 CA 指颁发 CA 和根 CA 之间的中间信任步骤）。

图 12-8 所示为建议的层次结构。当前实施包括根 CA 和一个颁发 CA。颁发 CA 主要为计算机或用户颁发标准确定性证书（如图中的“标准证书”）以及为计算机颁发价值更高的证书（如图中的“中值证书”）。此设计允许你部署一个功能全面的 PKI，能够支持安全无线 LAN 身份认证（802.1x），而硬件、软件和管理成本的费用相对较低。可以以多种方式扩展这个简单的基础设施设计，以适应不同要求。

颁发 CA 将被初始配置为颁发以下类型的证书：

- 客户端身份认证——用户
- 客户端身份认证——计算机
- IAS 服务器身份认证

前两个是标准证书，可以根据用户或计算机的域凭据自动颁发。拥有这些证书而与使用者的绑定并不比拥有有效域用户名和密码而与使用者的绑定更牢固。但是，使用证书代替域名和密码有安全性和其他技术上的优势，注意这一点很重要。

IAS 服务器身份认证被归类为中确定性的证书，因为 IAS 服务器执行的功能是高安全级的。颁发这种类型的证书通常包括对请求的有效性进行额外检查，并需要证书管理员的批准。

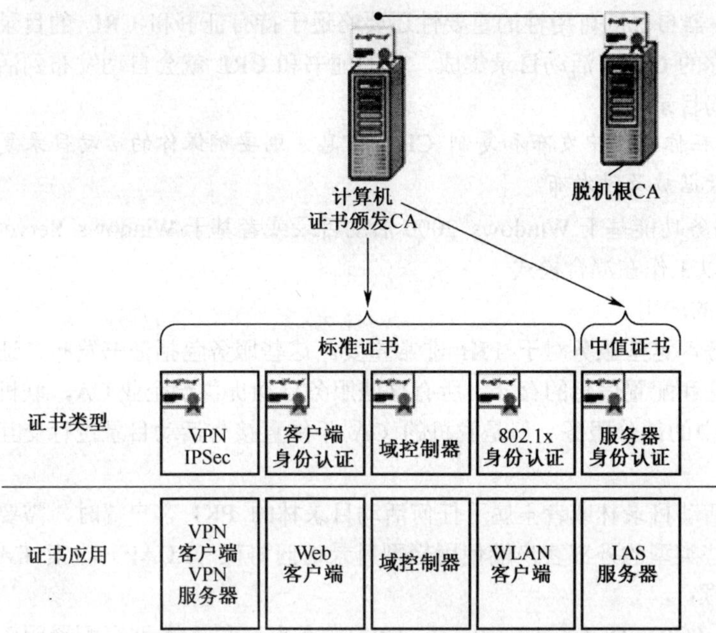

图 12-8　建议的证书颁发机构层次结构

6. 整体活动目录结构设计

活动目录与 PKI 的关系是非常紧密的，特别是在企业 CA 结构中。在配置 CA 选项时，就不得不对组织中活动目录的相关方面进行全面的考虑。

（1）活动目录结构设计的一般考虑。

你的 CA 结构是与你组织中的 Windows 环境域结构无关的。例如，一个 CA 可以服务于从多个域中发送的请求，或者多个 CA 可以为单个域服务。一个独立 CA 的 CA 层次结构可以跨越多个活动目录林。如果可能，在你设计你的组织的活动目录结构时，应把你的 PKI 需求考虑到账户中去。活动目录和 PKI 技术会影响以下每个方面：

- 林中的企业 CA

这样的情况下，企业 CA 仅可以为林中的计算机和用户颁发证书。另外，在部署好后，你不能改变 CA 名称或计算机。而且，计算机不能从一个域或林移到另一个域或林。因为组织中的许多安全配置是基于林级别的，企业 CA 的安全也是与所属林相关的。出于这种原因，每个林需要它自己的企业 CA。

【注意】如果独立模式 CA 颁发的证书在活动目录中发布，这些独立模式 CA 不能在不使他们所颁发的证书失效的前提下被重命名或者从林中移除。但是，你可以在工作组环境中重命名独立模式 CA，而不会对他们所颁发的证书有任何影响。

- 证书存储影响活动目录的大小

如果你把证书存储在用户对象中，则目录大小和复制时间都会不断增加。因为用户证书属性包括了所有用户证书数据，带有多值属性的证书活动目录会为所有证书进行复制。

- 用户或证书识别错误

如果你在你的专有名称（DN）和用户主体名称（UPN）中没有采用统一的命名规范，就会发生这种错误现象。

- 企业 CA 依赖现存的活动目录架构

如果你的活动目录架构是基于 Windows 2000 的，则可能需要升级到支持 Windows Server 2003 证书服务功能，例如版本 2 模板。

对于长文件的证书，CA 服务器自己的可用性的重要性还要略逊于持有证书和 CRL 的目录服务可用性的重要性。如果你使你的 CA 与活动目录集成，你的证书和 CRL 就会自动发布到活动目录中，而且通过林复制到全局目录中。

【注意】如果你使用活动目录在你组织中发布和复制 CRL 信息，则要确保你的活动目录复制计划和策略可靠，以确保这些数据被及时发布。

Windows Server 2003 证书服务功能基于 Windows 2000 活动目录或者基于 Windows Server 2003 活动目录都可以实现，也可以工作在混合模式。

（2）活动目录在证书服务中的应用。

活动目录提供了许多不同服务，这些服务对于 PKI 非常重要。这些服务包括证书发布、证书注册、证书账户映射，以及信任和配置信息的存储。所有这些服务自动提供给企业 CA，联机的独立 CA 也可以利用这些服务中的部分服务。但是脱机的 CA 不能直接与活动目录进行交互来存储和检索信息。

在支持属于其他不受信任的活动目录林或者不属于任何活动目录林的 PKI 客户端时，需要考虑一些事项。如果想要允许这些类型的外部客户端使用轻型目录访问协议（LDAP）检索 CA 证书和 CRL，则必须考虑以下事项：

- 外部客户端需要为 CDP（CRL Distribution Point，CRL 发布点）和 AIA 路径配置明确的 LDAP 主机名。
- 默认情况下，外部客户端将无法在活动目录上执行匿名 LDAP 查询。必须更改林的 dsHeuristics 值，并向 Anonymous 账户授予明确的访问权。

【注意】这将在林中的所有域控制器上允许匿名 LDAP（但是未经身份认证的客户端只能访问 Anonymous 账户具有明确权限的项目）。在继续此操作之前，仔细考虑允许对您的目录进行未经身份认证的访问会意味着什么。

- 外部客户端将不继承在该目录中配置的受信任根信息，您必须使用一些其他方法配置此信息。

如果需要为 Internet 客户端提供证书查找，例如为支持电子邮件证书查找，则可能需要创建单独的 LDAP 目录，由 Internet 客户端使用。出于安全方面的考虑，强烈建议不要使用前面所述的方法对内部活动目录林启用匿名 LDAP。相反，创建单独的活动目录林，并使用 LDAP 数据交换格式（LDIFDE）工具元目录产品（如 Microsoft Metadirectory Services，MMS）或其他目录同步产品从内部林复制信息。

7. CA 安全性考虑

本节讨论 CA 的安全性，包括操作系统和物理安全性、合格的从属功能、CA 的安全性管理，以及使用 HSM 保护 CA 密钥。

（1）操作系统安全性。

CA 的安全是通过使用 Windows 安全策略确保的。这方面的内容非常广，根 CA 的安全设置是使用安全模板直接应用的，而颁发 CA 的设置是使用组策略应用的。

（2）物理安全性。

CA 服务器的物理安全性至关重要。除非可以控制对这些服务器的基本物理访问，否则任何网络或操作系统安全都没有作用。

根 CA 应当放置在对服务器的访问受到严格控制的位置。对 CA 的访问应当尽可能限制（每年 2～3 次），并且只有这些时候才需要打开服务器电源。这意味着可将服务器存储在不具备服务器室的标准计算机设施的安全存储室。例如，存储室不需要网络连接、复杂的服务器配套装置或特殊的电源和温度管理。

颁发 CA 也应放置在物理访问受到严格控制的位置。物理安全性很重要，这是因为如果攻击者可以物理访问计算机，那么破坏安全性的方法就有很多种（超过通过网络可能进行的攻击）。由于此服务器需要持续联机，因此应当存储在具有标准计算机服务器室设施（温度控制、电源管理、空气过滤、消防等功能）的位置。

如有可能，应为两种服务器都选择可免受外部风险损坏（如火灾、水灾等）的位置。另外，同样重要的是，控制对备份、密钥材料和其他配置数据的物理访问，并确保它们的物理安全。应将这些信息存储在服务器本身以外的位置，以便能够在整个站点不可用的情况下（如发生自然灾害或火灾时）进行 CA 恢复。

（3）配置合格的从属证书。

通过合格的从属功能，可以对从属 CA 实施证书颁发约束，并对它们颁发的证书实施使用约束。通过合格的从属功能，还可以根据特定的证书需求调整从属 CA，从而更有效地管理公钥基础设施（PKI）。

通过合格的从属功能，还可以在不同的信任层次结构中的 CA 之间建立信任。这种信任关系也称为交叉证书。通过这种信任关系，合格的从属不限于从属 CA。不同层次结构之间的信任，可以使用一个层次结构中的从属 CA 和另一个层次结构中的根 CA 来建立。

每一个合格的从属约束都添加了附加的信任条件，更严格地定义了 CA 的作用域。这些条件是在合格从属 CA 证书的证书扩展中定义的。安装合格从属 CA 时，在其 CA 证书中定义了如表 12-6 所示的扩展。

表 12-6　安装合格的从属 CA 时附加的扩展

扩展	描述
名称约束	在颁发证书时，限制合格从属 CA 以及部署所允许的或排除的名称空间
策略	对于证书使用，定义可接受的颁发和应用策略的列表。这些策略在证书中由对象标识符（也被称为 OID）来标识
策略映射	允许一个域中的策略映射到另一个域的策略中
策略约束	限制对其应用策略的证书层次结构中的从属级别数。这些扩展只与颁发和应用策略一起使用

对合格从属 CA 实施的所有约束都是在 CA 证书完整申请中定义的，CA 证书用于安装合格从属 CA。完整申请是使用信息文件（.inf 文件）生成的 CMC 证书申请。所有合格从属 CA 策略、约束和映射，都可以使用信息文件（.inf）来定义。为了在安装之后修改在合格从属 CA 上实施的策略和约束，该合格从属 CA 的父 CA 的管理员必须为合格从属 CA 重新颁发 CA 证书，从而重新安装它。

8．确定 CA 数量

在你已经确定你的组织的应用和用户需求后，可以开始评估一下需要开发的 CA 数量。如果你的组织只有非常有限的证书需求、少量的用户和较少的扩展需求，则单一 CA 可能更适合你的组织。使用单一 CA，仍然可以适应各种自定义需求、配置证书模板和使用角色分离。如果证书服务的可用性和分布功能是优先考虑的，则必须部署多个 CA。如果你想为不同用途用不同的 CA 来颁发证，则你也可能需要多个 CA。

确定 CA 数量需求，可以按照以下几个方面来考虑：

- 你需要多个 CA 吗？

如果你仅支持单一应用和位置，并且如果不需要百分之百的 CA 性能保证，则可以使用单一 CA，否则可能需要多个根 CA 和多个从属 CA。

- 如果你需要多个 CA，那么需要多少个根 CA？

建议你在每个信任站上仅配置一个根 CA。这是因为这样可以降低费用，并且减少为了保证

CA 安全而做的工作。在多个根 CA 中，根的维护工作将成为大的工作负担。

需要分散安全管理模式的组织，例如带有分支机构的大的集团公司，并且不强制中心化管理，则需要多个根 CA。

- 需要多少个中间 CA 或策略 CA？
- 需要多少个颁发 CA 或 RA？

中间 CA 和颁发 CA 的数量的确定依赖于以下几个方面：

> 用途：颁发的证书可以有多种用途，例如安全电子邮件、网络身份认证等。每种用途可能需要包括不同的颁发策略。为管理每个独立的策略配置分离的 CA。

> 组织结构和地址分布：必须按照终端实体或者它在组织中的物理位置配置不同的证书颁发策略。可以创建分离的从属 CA 来管理这些策略。

> 证书负载的分担：可以部署多个颁发 CA 来分担证书颁发工作量，以适应站点、网络和服务器的实际性能。例如，如果两个站点间的网络链接是比较慢的或者中断的，则可能需要在每个站点放置一个颁发 CA，以适应证书服务的性能和可用性需求。

> 灵活配置需求：你可能要为 CA 环境（如密钥长度、物理保护、阻止网络攻击等）在安全性和可用性方面做一个平衡选择。例如，你可以为那些安全风险较高的中间 CA 和颁发 CA 经常更新密钥和证书，而无需改变已确定的根信任关系。同样，当你使用多个从属 CA 时，可以只更新 CA 层次中的一个从属 CA，而不会影响其他从属 CA 与根 CA 之间的关系。

> 冗余服务的需求：如果一个企业 CA 失效，且有冗余配置，则可以使其他颁发 CA 为用户提供不间断的服务。

【注意】不能在一个服务器上安装多个 CA。

前面的 8 个小点是专门介绍 PKI 规划和部署过程的第二个主要步骤——设计证书颁发机构层次结构这个大项中“规划核心 CA 选项”的 8 个主要方面。下面继续介绍第二大主要步骤中的另一个主要方面——选择信任模式。

12.4.2 选择信任模式

Windows Server 2003 PKI 是基于 CA 明确信任和命名标准的层次结构模型的。这种类型的信任模式提供了可测量性，易管理，充分适应第三方 CA 产品不断增长的需求。

在层次结构的 CA 模式中，多个 CA 会被定义成明确的“父－子”关系。子 CA 是由父颁发证书 CA 对其公钥中的标识进行鉴别的。

在层次结构 CA 模式中，可以最小化你所需要用于校验证书的根 CA。同时，层次结构 CA 允许你灵活创建所需的从属颁发 CA。

基本的 CA 信任层次结构包括：

- 根信任模式：在根信任模式中，一个 CA 要么是根 CA，要么是从属 CA，可以采用脱机方式为根 CA 提供高安全保障。
- 网络（或者交叉证书）信任模式：在网络信任模式中，每个 CA 既是根 CA，又是从属 CA。
- 混合信任模式：混合信任模式包含上面介绍的根信任模式和网络信任模式两种。

你的 PKI 信任层次结构必须基于以上 3 种信任模式之一。在你的 CA 结构中，具体要求如何选择，你需要基于组织商业应用中的信任结构和组织中为 IT 管理员委派职责的方法。也就是说，你的信任模式必须基于以下一个或者多个组合：标识质量、组织结构、用户位置。

1. 根信任模式

在根信任模式中，根 CA 是信任的终点，并且拥有自签名的证书。根 CA 为所有相接的从属 CA 颁发证书。如果需要，还可以对他们的从属 CA 轮流颁发证书。从属 CA 是信任其父 CA 的私密签名的。图 12-9 所示是一个根信任模式层次结构示例。

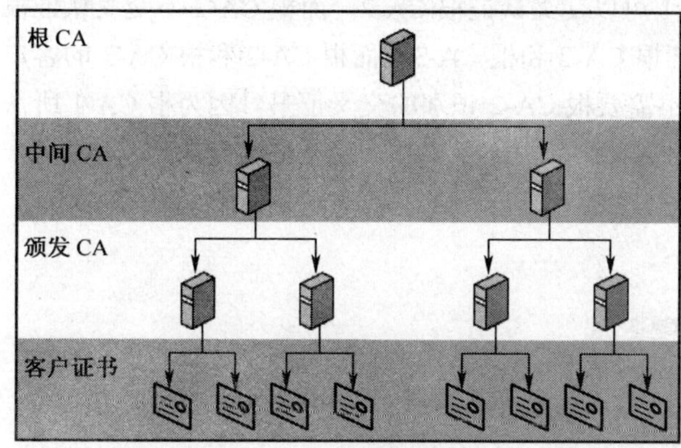

图 12-9　根信任模式 CA 层次结构示例

众多软件产品和服务提供商（包括微软公司），都支持根信任层次结构。通过注册方式，可以添加新的 CA 到根信任层次结构中的任何位置。如果要创建一个新的信任层次结构，仅需要信任新 PKI 中的根 CA 即可，这样就可以信任新层次结构中的所有从属 CA。

根信任模式使你可以分割风险、管理证书颁发进程。根信任层次结构比其他层次结构更具有弹性，更易于管理，因为每个 CA 服务在层次结构中担当一个角色，操作不依赖于其他 CA。

在根信任层次结构中的每个 CA 要么是根 CA，要么是从属 CA，永远也不可能同时具备两种角色。每个 CA 负责自己区域中的请求处理和颁发用自己的密钥签名的证书；每个 CA 负责自己区域中的证书吊销，并把 CRL 发布到最近位置；每个 CA 可以被组织中不同部门的不同人员独立管理。

因为在根信任层次结构中的 CA 可以在线或者离线（脱机），所以根信任层次结构在部署和管理 PKI 方面提供了更大的灵活性。可以通过 CA 脱机来保护 CA 私钥。因为脱机的 CA 通常是仅用来为其他 CA 颁发证书的根 CA 或策略 CA，使这些 CA 脱机并不会影响层次结构中的其他 CA 工作。

因为大多数协议传递证书链是把可信任的根 CA 作为终点的，所以根信任层次结构在确定哪个 CA 是证书链中可信任的终点方面提供了更加明确的方法。

【注意】在根信任模式中，如果根 CA 证书失效，则所有由根 CA 或者其从属 CA 颁发的证书都将同时失效。

2. 网络信任模式

如果在你的组织中有多个、分布的 IT 部门，则你可能不能建立单一的信任根。在这种情形下，可以采用网络信任模式。在这种信任模式中，所有 CA 都是自签名的，CA 之间的信任关系是基于交叉证书（Cross-Certificate）的。交叉证书是一种特殊的证书，用来为其他非相关 CA 之间建立双向信任或者有资格一方的单向信任。

网络信任模式可以作为一种层次结构，是因为交叉证书本质意义上还是根信任模式中的从属 CA 证书。交叉证书 CA 是交叉证书的颁发者和主体。

因为交叉证书是一种从一个 CA 到另一个 CA 的逻辑从属，网络信任模式在一个层次结构中有效，在交叉认证 PKI 中，根 CA 同时又是交叉对方的从属 CA。不像根信任模式，网络信任对于全局目录（如活动目录）不是必需的。在一个网络信任层次结构中，全局目录只有本质意义。没有全局目录，交叉证书需要在 PKI 中的所有客户端上预安装，否则无法找到它们。

图 12-10 所示是一个网络信任模式层次结构示例。图中根 CA 之间的信任是双向的，也就是说根 CA-1 颁发一个信任的交叉证书给根 CA-2，根 CA-2 也颁发一个信任的交叉证书给根 CA-1。也可以通过吊销他们的交叉证书来废除信任。但交叉认证不需要双向信任，交叉认证 CA 不需要被验证 CA 的协助。例如，根 CA-1 可以交叉认证根 CA-2，而根 CA-2 不交叉认证根 CA-1。在这种情形下，根 CA-1 的客户会信任根 CA-2 和根 CA-3，而根 CA-2 和根 CA-3 的客户不信任根 CA-1。为此，根 CA-1 创建一个并不需要根 CA-2 识别的交叉证书，因为根 CA-1 所需要的仅是根 CA-2 的公钥证书。这是单方向的交叉认证，一个 CA 交叉认证另一个 CA，但另一个不做相反的操作。

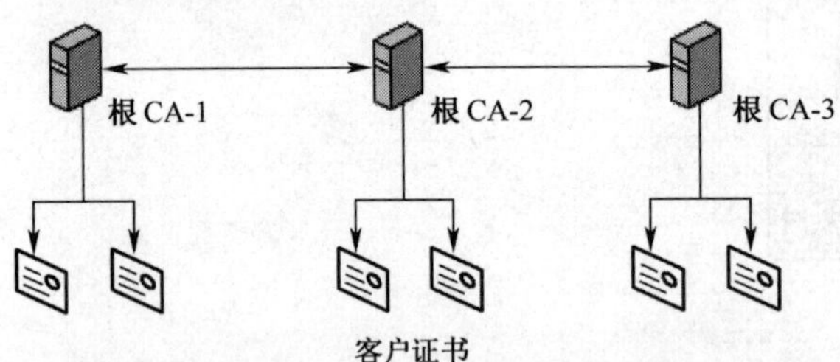

图 12-10 网络信任模式 CA 层次结构示例

总体来说，双向交叉证书通常是首选的，尽管这样一来需要管理更多的交叉关系、更多的交叉证书。在交叉认证 CA 之间的全信任是指客户信任所有其他 CA 颁发的证书，而不管证书的用途如何。在 Windows Server 2003 本地环境中，都可以通过证书类型来过滤证书。也可以在 CA 之间通过合格的从属功能部署有限信任，可以执行名称约束、策略约束、策略镜像和路径约束。具体可以参见本章后面将要介绍的“扩展证书颁发机构结构”。

交叉信任使你可以为两个没有任何一个 PKI 从属另一个 PKI 的 PKI 之间创建桥梁。因为交叉认证是一个 PKI 直接从属于另一个 PKI，信任点不会改变。网络信任模式，在维护和管理方面要比根信任模式困难得多。

3．混合信任模式

有些组织可能会发现，单纯的根信任模式有太多限制，因为没有单个 CA 可以为所有其他 CA 服务。同时，单纯的网络信任模式如果有太多不同 CA 的信任关系，可能变得太复杂。如果使用混合信任模式，则可以仅对某些 CA 使用交叉认证，这样一来，就充分利用了根信任模式和网络信任模式两者的优点。

4．基于组织结构的信任层次结构

尽管基于标识质量的两个或者三个层次信任层次结构对于大多数组织来说是有效的，但也有一些组织需要部署一个基于组织管理结构的三层 CA 信任层次结构。

在基于组织结构的信任层次结构中，颁发 CA 是配置用来支持不同组织区分的，例如永久雇员和签约人。这种颁发策略，可能是基于组织中的用户账户，所以他们会比那些独立签约人、临时雇员或者外部商业伙伴具有更强的安全性。图 12-11 所示是一个基于组织结构的根信任层次结构示例。

如果你的证书需要按照组织单元而改变，则请设计基于组织结构的信任层次结构。例如，所有雇员接收某些证书、所有合作伙伴接收不同配置的证书等。但如果你需要定义太多不同的需求组，则请不要使用这种类型，这时基于证书用途的信任层次结构更加有效。

5．基于位置的信任层次结构

有些组织可能发现它需要采用一个基于位置的三层信任层次结构。这种配置允许区域管理员来管理所划定区域中的用户证书请求，如北京、上海和广州三地。图 12-12 所示是一个基于位置的信任层次结构示例。

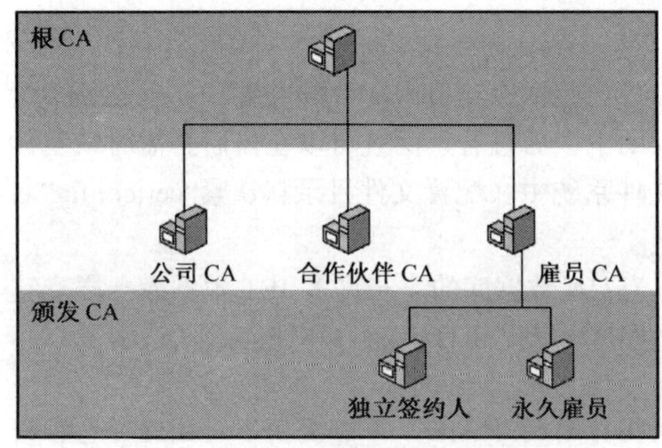

图 12-11　基于组织结构的根信任层次结构示例

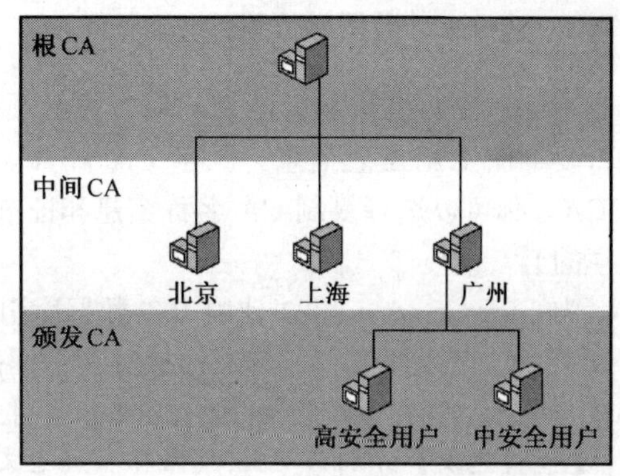

图 12-12　基于位置的信任层次结构示例

12.4.3　CA 层次结构设计中的其他步骤

在 CA 层次结构设计中，除了前面几个大的子步骤外，还需要考虑后面的几个小步骤，这样可以使得 CA 结构设计更加完善与合理。

1．在信任层次结构中定义 CA 角色

在你已经为你的组织设计好信任层次结构后，必须定义你的根、策略和颁发 CA 角色。例如，根 CA 可能用于签名、验证或者吊销从属 CA 等。中间 CA 或者策略 CA 可以为内部或者外部客户提供服务，或者在大的组织中，可能还会提供其他专门的功能。颁发 CA 和 RA 可按照他们所服务的客户或者他们所颁发的证书来定义。

可以为中间 CA 或者颁发 CA 选择以下一些或者所有角色：

- 中间 CA：验证从属 CA 的证书颁发。
- 末端 CA：为大多数的基本操作颁发证书，如无需标识检查的用户身份验证。独立 CA 主要用作中间 CA 和末端 CA 角色。
- 基本安全 CA：为没有特殊安全要求的用户、计算机颁发基于活动目录标识检查的证书。
- 中安全 CA：按照指定的要求为在活动目录中有有效标识的用户、计算机颁发证书。
- 高安全 CA：按照高安全要求为必须经过按照物理信任检查标识校验的用户或计算机颁发证书。Note 企业 CA 主要用于基本安全、中安全和高安全 CA 角色。

2．建立命名协定

在为你组织配置 CA 之前，必须建立 CA 命名协定。CA 名称不能超过 64 个字符。可以创建一个使用任何 Unicode 标准字符的名称，也可能需要使用 ANSI 标准字符。CA 名称不一定要与所属的计算机名称一样。

在配置一个服务器担当 CA 时，你所指定的 CA 名称将在所有该 CA 颁发的证书上得到反映。基于这个考虑，你如果不为 CA 的通用名称使用完全合格域名（Fully Qualified Domain

Name，FQDN）就非常重要了。这样一来，拥有证书副本的恶意用户也不能标识和使用 CA 的 FQDN 来创建一个潜在的安全攻击。

【注意】在安装了证书服务，并且没有使所有已颁发的证书无效的情况下，你不能更改服务器名称的。在安装了证书服务后，想要更改服务器名称，你必须卸载 CA，在改变了服务器名称后再重新安装，再由 CA 重新颁发所有的证书。但是在重命名域时，是不必重新安装 CA 的，只需要重新配置 CA 以支持名称更改。

3．选择 CA 数据库位置

当你在我的组织中安装 CA 时，你必须指定 CA 数据库和日志文件的位置。你也必须指定是否要存储 CA 配置信息。保存 CA 配置信息有助于以后查看，而且可以在日后必需时恢复你的 CA。你可以选择复制 CA 名称信息和证书到文件系统中（配置文件目录默认紧“certconfig”名共享的）。

Windows Server 2003 使用 JET 数据库引擎作为 CA 数据库的。与许多 JET 数据库一样，它可以随意地把数据库和日志文件放置在不同的磁盘中，以提高容错能力和性能。默认情况下，所有文件是放置在系统目录下的 certlog 子目录中。

【经验之谈】分别为 CA 数据库和日志文件使用分离的 RAID，可以提高不同备份时的容错能力。

12.4.4 CA 层次结构设计示例

为了使大家对上面各小节介绍的方法有一个全局的认识，并且从宏观角度了解 CA 结构的基本设计考虑与方法，在此也例举一个简单的示例。这里假设一个组织已定义了它的证书需求，创建了 CA 层次结构链，可以按需分发证书，在适当的时候还可吊销或者拒绝证书。

在创建 CA 结构过程中，该组织把以下元素加入到了账户中：

- 组织的安全管理模式。例如，安全管理由组织总部负责，但是个别商业单元也为个别项目和商业关系创建并支持他们自己所需的安全需求。有些单元采用完全自治操作，但需要向组织总部 IT 汇报。
- 组织的活动目录结构。因为本示例的组织中只是一个单一林逻辑结构，CA 结构设计就比较简单。现有的单一林结构允许他们基于地理位置、带宽、多个域中的客户来设置 CA。例如，一个或多个 CA 用来支持在广州分公司的用户。
- 第三方 CA 的可能应用。组织非常关心 IT 费用和更喜欢管理自己的安全结构。这就需要在创建和管理自己的 CA 结构过程中特别小心。在为加入和合作商业伙伴配置 PKI 时，可能需要对两个 CA 结构进行合并，而不需要依赖第三方 CA。

尽管该组织部署了活动目录，但却把独立根 CA 放在一个工作组中，这样反而比放在域中好，因为这样可以提高根 CA 的安全性。同样，使根 CA 脱机，放置在仅使用智能卡进行身份认证的管理员可以访问到的地方。

在根 CA 的直接下面，示例中的组织添加了 3 个策略 CA，一个用于对组织中那些所有需要高安全标准的证书进行签名，包括软件代码签名、智能卡登录和在互联网上进行身份认证的证书。第二个策略 CA 对组织中所有需要中安全标准的证书进行签名，如电子邮件和 EFS 证书。第三个策略 CA 为那些负责外部环境合作伙伴颁发证书的 CA 进行签名。这 3 个策略 CA 都是脱机的。

图 12-13 所示是本示例中的组织中的 CA 结构，表 12-7 所示为本示例的 CA 配置摘要。

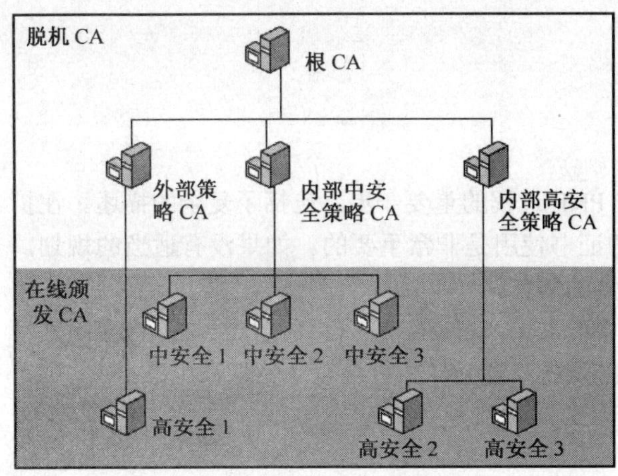

图 12-13 本示例的组织结构

表 12-7 CA 配置摘要

CA	名称	状态	角色	工作组或域
根 CA	RtCA01	脱机	独立	工作组
内部中安全策略 CA	PolCA01	脱机	独立	工作组
内部高安全策略 CA	PolCA02	脱机	独立	工作组
外部高安全策略 CA	PolCA03	脱机	独立	工作组
内部中安全颁发 CA-1	IsCA01	在线	成员服务器	域
内部中安全颁发 CA-2	CA06	在线	成员服务器	域
内部中安全颁发 CA-3	CA07	在线	成员服务器	域
内部高安全颁发 CA-2	CA08	在线	成员服务器	域
内部高安全颁发 CA-3	CA09	在线	成员服务器	域
外部高安全颁发 CA-1	CA01	在线	成员服务器	域

12.5 扩展证书颁发机构结构

通常，每个 CA 应用一个 CPS（证书策略和操作）。虽然在单个 CA 中可以容纳管理不同使用者类型的不同策略，但这会使 CPS 非常复杂且通常很难正确实施。为颁发不同策略和安全要求涉及的证书而扩展此 PKI 的策略是为主要使用者类型创建其他颁发 CA。

用于扩展 CA 基础设施的这个策略包含一些假设：

- CA 基础设施管理将集中化：即不需要按组织或地理划分来委派 CA 的控制。
- 在整个组织中使用通用证书标准：即给定类型的证书的用途和策略通常在整个组织中已被接受和认可。
- 不需要与现有 PKI 的互操作性。
- 对于所有的不同证书类型（以及可能需要的任何其他证书类型）需要不同的安全级别和策略。

如果这些假设对于您的组织无效，则很可能需要比这更复杂的结构。

可以使用根 CA 层次结构来进行许多 PKI 应用。可以发现你的 PKI 对于简单的根 CA 层次结构来说太复杂了。例如，你可能需要扩展你的 CA 结构来适应加入合作、合并、不同地区或者其他商业需求。扩展 CA 结构包括 3 个主要步骤：评估影响扩展信任的因素、选择一个扩展证书颁发机构配置、限制计划外的信任。

12.5.1 评估影响扩展信任的因素

扩展和精炼你的信任层次结构是创建安全 PKI 过程的重要一步，包括了复杂的描述。在扩展组织的 CA 结构之前定义适当或者不适当的证书使用是非常重要的。如果没有适当的规划，则可能会为商业伙伴和用户赋予比你希望的更多的信任。

如果想要接到你已制定的包含外部 PKI 的 Windows Server 2003 信任层次结构，许多因素将影响它们的协作性。在扩展你的 CA 结构前，需要在双方 PKI 中评估以下特性和标准：

- 标准支持
- 算法支持
- CRL 分发点（CRL Distribution Point，CDP）
- 颁发信息访问（Authority Information Access，AIA）
- 颁发密钥标识符（Authority Key Identifier，AKI）
- 证书扩展
- 密钥长度
- 增强密钥用途（Extended Key Usage，EKU）
- 目录集成

确定是否所有要建立的 PKI 都支持这些特性和标准，并如何解释这些区别。下面对以上各方面进行简单介绍。

1．标准支持

在 Windows Server 2003 和其他 PKI 应用之间，许多标准为它们的协作提供了基本的支持。为了支持第三方与 Windows Server 2003 API 协同工作，Microsoft 支持以下支持：

- PKIX：定义互联网上的 PKI 协作标准。
- X.509：描述证书格式的标准。
- PKCS：提供公钥信息交换标准。
- TLS：在传输层为互联网用户提供安全身份认证通道。
- S/MIME：为互联网安全电子邮件通信提供服务的标准。
- Kerberos：是一种身份认证协议，为大规模网络身份认证提供对称密钥架构，上一章已经介绍。
- PC/SC：为集成的智能卡和智能卡读卡器提供服务的标准。

大多数 PKI 开发商已经采用以上多个或者全部的 PKI 标准。不同的开发商，可能执行这些标准的方式不同。当它可能要在你的组织 PKI 所链接的外部 PKI 上执行时，对于你的组织现在的 PKI 可能要做适当修改。基于这方面的原因，强烈建议你对外部 PKI 进行评估，以确定它是否与你的评估要求符合。

2．算法支持

算法支持对于 PKI 去屏蔽许多不同硬件厂商和提供硬件提取层非常重要，所以应用程序并不知道密钥所存储的位置。

Windows Server 2003 使用 CryptoAPI 为应用程序抽象化基于硬件的密钥管理，并使用 PC/SC 标准替代 PKCS#11 去与智能卡和读取器通信。许多第三方 CA 有他们自己的加密 API，并使用 PKCS#11 作为与像智能卡这样的硬件的令牌通信接口。因为 Windows 2000 和 Windows Server 2003 需要硬件设备支持拔插和电源管理特征，PC/SC 包括了这些易用性特征，Windows

Server 2003 不支持 PKCS#11。

【注意】Windows Server 2003 PKI 可以使用第三方 CPS，并且可以为具有由第三方 CPS 产生的密钥的用户注册。

3．CRL 分发点

在证书中的 CRL 分发点（CDP）扩展标识了证书如何获得吊销信息。如果一个 CDP 并不是总是有效，证书链构建可以被延时，给用户带来不便。如果在证书中指定的分发点中的 CRL 不可用，CRL 检索可能失败，并且可能被认为证书无效。

【经验之谈】建议为所有的 CA 发布 CDP URL，以便有需要的用户了解颁发的证书是否已被吊销。

需要将所有第三方 CRL 支持与 Windows Server 2003 的 CRL 支持进行比较。例如，第三方 PKI 可能不支持 Windows Server 2003 CRL 过程，包括使用增量 CRL。相反，Windows Server 2003 PKI 可能不支持第三方 PKI 处理 CRL 的方法。你的扩展 PKI 部署规划需要具体了解这些区别。

通常，在配置 CDP 扩展时，建议考虑以下事项：

- 如果可能，使用活动目录来支持内部网络客户端。
- 使用 LDAP 目录来支持商业合作伙伴和商业客户。
- 建议使用 HTTP 分发点，特别是对于用于外部 PKI 的证书。

4．颁发信息访问（AIA）

颁发信息访问（AIA）扩展对于一个 CA 最近发布的 CA 证书来说是一个指针。AIA 扩展帮助客户端在链构建过程中动态查找 CA 证书。Windows Server 2003 PKI 使用这些扩展来辅助构建有效证书的信任链。

建议你为所有用户可能需要实时检索 CA 证书的 PKI 发布 AIA URL。无论 CA 是在线还是脱机，也无论 CA 是根 CA 还是中间 CA 或者颁发 CA，使用 AIA 扩展可以最小化 PKI 客户端遇到未经验证的证书链或者证书吊销数据的可能性。否则，可能会导致不成功的 VPN 连接、失败的智能卡登录或者未经验证的电子邮件签名。

有些第三方 PKI 并不支持 AIA 扩展。在这种情况下，需要分发双方证书到域客户端，以便在链构建过程开始前证书是有效的。交叉证书也必须在本地域客户端中是可用的，因为在证书参数中没有指定可以从哪里得到交叉证书。

5．颁发密钥标识符（AKI）

颁发密钥标识符（AKI）扩展为标识用于对 CRL 签名的 CA 公钥提供了一种方法。这个标识符可以基于主体密钥标识符（Subject Key Identifier，SKI），也可以是基于颁发名称和由 CRL 颁发者颁发的证书序列号。AKI 扩展在一个 CRL 颁发者有超过一个签名密钥时特别有用。

一个组织如果想要 PKI 证书用于其他 Windows Server 2003 PKI，必须用唯一密钥标识符、颁发者名称和序列号配置 AKI 扩展。Windows Server 2003 PKI 首先试图使用颁发者名称和序列号来构建证书链，然后才是主体密钥标识符。

【说明】默认情况下，Windows Server 2003 并不会自动添加颁发者名称和序列号到 AKI 扩展中。这些数据必须依靠 Certutil.exe 命令手动添加，尽管在多数情况下是不需要这样做的。

6．证书扩展

并不是所有证书扩展都得到普遍的识别。如果一个 CA 不能识别需求中的证书扩展，并且该证书请求已标识为高安全级别，则该请求将被拒绝。除非想要限制该证书仅在指定无需要扩展的应用中，否则你要评估你的证书扩展，因为它限制了协同工作能力。

7. 密钥长度

在不同 PKI 支持不同的最长和最短密钥长度时，协作性就会出现问题。确保你的内部 PKI 与外部 PKI 支持所需的加密密钥。

8. 增强密钥用途（EKU）

EKU 扩展指示包括在证书中可以使用的公钥用途。Windows Server 2003 PKI 使用 EKU 扩展来指示证书支持特殊用途，如 IPSec、EFS 文件加密备份。其他组织的 EKU 扩展可能有其他不同用途。

9. 目录集成

Windows Server 2003 PKI 证书可以被发布到任何目录或存储位置，尽管默认 CA 退出模块仅支持活动目录。默认情况下，Windows Server 2003 PKI 依靠活动目录和 LDAP 进行身份认证，包括智能卡登录和证书自动注册、证书管理。

使用 Microsoft 证书服务，证书颁发的第三方 CA 可以与存储在活动目录中的 Windows Server 2003 用户账户关联。这是可能的，因为像 IE 和 IIS 这样的互联网应用可以用于验证存储在活动目录中的用户，依据的是证书中的 UPN 名称信息。与证书映射的用户账户提供了用户在服务器上的访问权限信息。这对于基于 Web 界面的应用和第三方 CA 是个非常有用的特征，因为它依靠 Windows Server 2003 本地身份认证模式的公钥技术提供了强健的身份认证功能。例如，要使外部和远程访问用户无需应用程序和证书支持就可以管理访问权限，管理员可以使用合作伙伴的证书，并且通过一对一或者多对一映射方式（具体将在本章后面介绍）把这些证书映射到活动目录账户上。

12.5.2 选择扩展 CA 结构配置

可以使用以下 3 种配置之一来创建和扩展 CA 信任结构：

- 第三方根 CA：使用第三方 CA 作为新扩展的 CA 层次的根 CA，在两组织间共享。
- 新的根 CA：建立你自己的新的根 CA 来连接两组织的 CA 层次结构。
- 交叉证书和合格的从属：保持现有 CA 层次结构独立，但是使用交叉证书和合格的从属功能来完成两组织间所需的信任。

以上每种方法都有利、有弊。如果你需要扩展你的 CA 结构来包括第三方 PKI，则需要评估你的组织的需求来确定采用最适宜的方法。

1. 使用第三方根 CA 配置

如果要在多个伙伴中同时进行交叉认证，从现有的第三方根 CA 中构建一个新的公钥层次结构是适宜的解决方案。第三方根 CA 用来构建新的公钥层次结构，为多个组织提供特定所需的服务。图 12-14 所示是一个从现有根 CA 扩展 CA 结构的示例。在这个示例中，组织 A 和组织 B 各自维护自己的 PKI，并共享这个用于特定商业需求的新的 PKI。

这种方法的优势就是你可以为维护组织特定服务类型的新结构单独划分职责。在共享的结构中，你组织中创建的中间 CA 和颁发 CA 可以从你现有的内部 PKI 中分离出去。这样，外部 PKI 功能就不能威胁到内部 PKI，共享扩展结构的组织间就无需在他们现有的 PKI 中共享信任。

这种方法的缺点是需要创建新的层次结构，并且在管理需求上是与各组织原有结构独立的。尽管许多可以把管理负荷分担到第三方，但这种方法仍会带来较大的附加成本。而且这个费用可能在每新增一个需要独立共享 PKI 的商业关系时倍增。

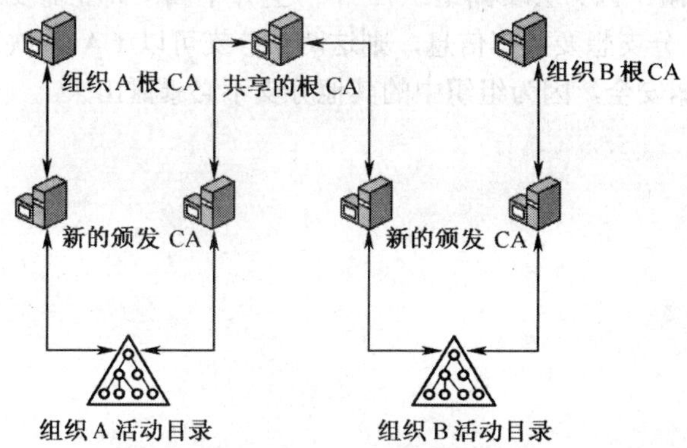

图 12-14　使用第三方根 CA 扩展示例

需要像规划现有的内部 PKI 一样，为基于现有的根 CA 扩展 PKI。也就是说，必须确定中间 CA 和颁发 CA 的位置、如何管理他们、如何去保护他们等。这样一来，你必须与你的商业伙伴和根 CA 提供组织合作，共同决定。

第三方 CA 可以由信任层次结构中的所有或者部分 CA 形成。确保第三方 CA 可以与你现有的 CA 结构同时工作，最好先在实验环境中进行测试。

【说明】*有些 PKI 不支持与根信任 CA 层次结构同时工作的 CA 信任模式。Windows 2000 和多数商业 CA 支持根信任 CA 层次结构。*

如果一个独立 CA 不是域成员，而是在一个工作组中，则根 CA 证书必须手动添加到域组策略中。相反，当在域成员中安装独立 CA 时，CA 证书是被添加到域中的信任根 CA 组策略中的。

可以为其他根 CA 手动添加证书到信任根 CA 组策略中。这些根 CA 就成了组策略范围内计算机信任的根 CA。例如，如果在证书层次结构中，要使用第三方 CA 当作根 CA，则必须为第三方 CA 添加证书到信任根 CA 的组策略中。

2．使用新的 CA 配置

你或者你的合作伙伴组织可以创建一个新的根 CA 来建立扩展 CA 结构，以支持你的商业需求。扩展 CA 结构与基于第三方根 CA 扩展结构类似。在新的根 CA 配置中，你和你的合作伙伴组织必须创建一个安全的管理结构，并且为管理和维护扩展 PKI 单独划分职责。如果一个组织担当此职责，另一个组织必须信任他的合作伙伴。

这种方法比起第三方 CA 扩展方法来说更加经济。另外，可以使用 Windows 更新来分发新的根证书，提高了可靠性，降低了成本。

为新根 CA 扩展结构的考虑与现有内部 PKI 应用的考虑相似。你和你的合作伙伴组织共同负责创建根 CA 管理策略，并强制新根的完整性。

3．使用交叉认证配置

使用交叉认证扩展 CA 结构不需要创建独立的 PKI，取而代之的是交叉证书和合格的从属功能，以此使两组织在现有公钥结构中传递信任关系。

交叉认证创建一个在两个 CA 之间的共享信任，不共享一个公共的根 CA。这些 CA 交换他们的交叉证书，以允许他们的组织相互沟通。这样，组织无须创建和管理另外的根 CA。使用交叉认证扩展 PKI 的好处是低成本、高弹性，因为你可以在层次结构中的任何级别上交叉认证。如果两个组织的 PKI 不存在公共根 CA，则交叉认证可能是最好的选择。

图 12-15 所示是一个在组织 1 根 CA 和组织 2 从属 CA 之间基于交叉认证的扩展 CA 结构示

例。图中如果组织 2 的一个分支想要与组织 1 共享信息，则这个组织 2 的分支可以用组织 1 的根 CA 进行交叉认证。这样，就会带来安全风险，因为会暴露组织 1 中一些并不属于商业需要的资源。另一方面，如果组织 1 分支和组织 2 分支想要共享信息，则这两个分支可以 CA 层次结构中较低级别的 CA 进行交叉认证。这样更加安全，因为组织中的其他分支不必暴露出来。

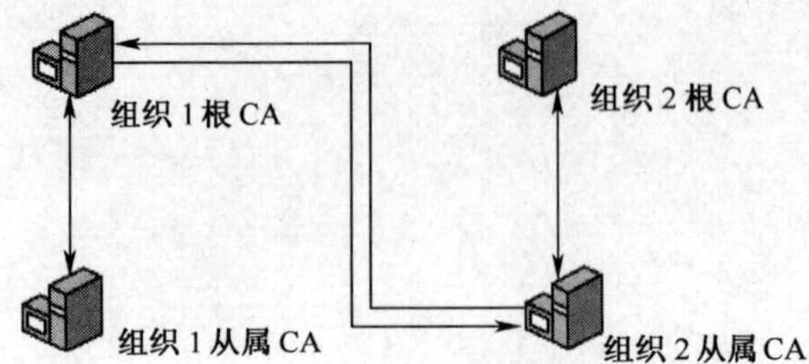

图 12-15　交叉认证的扩展 CA 结构示例

交叉认证比其他扩展 CA 结构的方法管理难度更大，还可能带来外部用户无意中访问到内部网络中本来不允许访问的资源的风险。如果一个组织卷入了大量不同信任级别和不同应用的交叉认证关系，则管理的工作量可能会极大地增加。

12.5.3　限制计划外的信任

当扩展的 CA 结构超出了你组织 PKI 的边界时，你可能会在不经意中创建了计划外的信任关系。计划外信任可能在以下情况下发生：

- 允许证书为非指定的应用使用证书。
- 允许故意地扩展证书使用时间。
- 信任商业伙伴的扩展商业伙伴。

例如，如果公司 A 依靠不受约束的交叉证书信任公司 B，而公司 B 又信任公司 C，这样一来，公司 A 就在无意识下信任了公司 C。但这就会发生严重问题，因为在公司 A 和公司 B 交叉认证时，公司 A 并不能意识到公司 B 没有按照它自己使用的证书中的要求作相同级别的控制。

为了限制计划外的信任关系和潜在的安全风险，可以使用 CA 约束在你的交叉认证关系中设置限制。在 Windows Server 2003 系统中，这种约束可以基于：

- 使用和路径长度（基本约束）
- 名称
- 颁发策略
- 应用策略
- 策略镜像

在配置你的 CA 和终端用户证书时采用这些约束，具体参见本节后面的“合格的从属证书”介绍。

1．使用证书信任列表来限制计划外信任

可以使用证书信任列表（CTL）来限制计划外的信任。在 Windows 2000 环境中，CTL 是限制计划外信任关系的主要方法。

CTL 是一个由信任实体签名的预先确定的证书列表。CTL 包括证书哈希和实际证书名称列表。在多数情况下，CTL 是一个证书内容哈希列表。CTL 允许你来限制由外部 CA 颁发、可使用的证书的用途，以及这些证书的有效期。

- 从指定的不需要根 CA 主信任的 CA 中创建信任证书

例如，可以在外部网络中使用证书信任列表来信任某个商业 CA 颁发的证书。如果映射所颁发的证书到活动目录中的账户中，则可以给需要访问受限的外部资源的用户授予适当的权限。这是可以实现的，因为他们具有由信任的商业 CA 颁发的证书。

- 限制由信任 CA 颁发的证书的使用权限

例如，可以在外部网络中使用证书信任列表来限制在应用（如安全电子邮件）中的使用权限。

- 控制第三方证书和 CA 的有效期

例如，商业伙伴 CA 具有 5 年的生存周期，所颁发的证书的生存周期为 1 年。当然，你可以创建一个只有 6 个月生存周期的证书列表来限制由你信任的外部商业伙伴 CA 颁发的证书的有效时间。

可以使用 CTL 去允许用户来信任商业伙伴 CA 颁发的证书，限制这些证书的使用。也可以使用 CTL 来控制由你的商业合作伙伴管理的外部网络 CA 颁发的证书的信任。

【说明】在定义 CTL 后，它必须以组策略方式被应用到客户计算机中。它在域组策略中的位置是计算机配置→Windows 设置→公钥策略→企业信任下面。

2．合格的从属证书

你创建的证书定义可以用来定义证书模板和颁发证书，而不必再进行任何自定义。但是，你可能需要通过限定颁发 CA 证书的委派来限制 CA 可以颁发的证书的范围。在 12.4.1 节中讨论了合格的从属证书可用于在您的组织内控制信任范围和用途，方法是在您组织的 CA 基础设施和外部组织的 CA 基础设施间创建交叉证书。可以使用此技术限制您自己的 CA 层次结构中的证书类型和某些证书属性。在颁发 CA 中可以约束任何下列对象：

- 基本约束：定义策略标识符和策略映射所需的和所允许的证书路径长度。
- 名称约束：定义合格的从属 CA 及其从属 CA 允许或排除的名称空间的范围。
- 颁发策略：定义您的组织对证书中提供的身份信任的程度。这些策略在证书中是由 OID 标识的。
- 应用程序策略：定义可以与某些证书结合使用的应用程序。

这些规则被编码在根（或中间）CA 颁发的证书中，如果不续订 CA 证书，则不能绕过这些规则。当需要委派对 CA 的控制但必须限定 CA 可以颁发的证书种类时，此功能非常有用。

12.6 定义证书配置文件

在规划好你的 CA 结构之后，即可开始为满足你组织的用户需求和安全需求而定义证书配置选项。定义证书配置选项的基本步骤包括：选择证书模板、选择证书安全选项、选择合格的从属（此步为可选项）。对于需要的每个证书类型，应该为每种类型的证书准备证书配置文件。然后，可以将配置文件参数配置到证书模板中，从而控制将由您的 CA 颁发的证书类型。

【注意】独立 CA 不使用证书模板。必须通过以下方法创建请求：使用工具（如 Certreq.exe）、使用 Web 注册页面中的表单、以编程方式构建。如果是使用单机 CA，仍应为每个证书类型定义证书配置文件，并在构建单机 CA 的证书申请时使用这些配置文件。

证书配置文件定义包括以下所有内容：模板名称和显示名称、证书密钥长度、证书有效期、可选证书扩展、注册和续订策略、与有效期相关的策略、与应用程序使用相关的策略、与密钥使用相关的策略、与密钥存档相关的策略、证书授权、使用者名称创建、证书注册代理、密钥创建、密钥和 CSP 类型。密钥长度、有效期、密钥创建选项以及注册和授权策略都由本章前面说明的所需的证书安全级别和应用要求决定。

12.6.1 选择证书模板

你所部署的证书服务和安全需求显著影响你组织中所需颁发的证书类型。可以颁发多种证书类型来满足不同的安全需求。

Windows Server 2000 和 Windows Server 2003 系统的证书模板为所有可以从 Windows 企业 CA 请求的证书提供了默认的内容。这些证书模板是存储在活动目录中的，独立 CA 不能使用。

证书模板可以为单用途或多用途服务。单用途证书模板生产的证书可以被用于单一应用，如智能卡登录证书模板是设计仅用于智能卡登录的。而多用途模板产生的证书可以被用于多个应用，如 SSL、S/MIME 和 EFS。例如，用户证书可以被用于用户身份认证和 EFS 加密。

在 Windows 2000 和 Windows Server 2003 系统中，支持单用途和多用户证书模板。但是 Windows 2000 和 Windows Server 2003 标准版仅支持版本 1 模板，仅具有可读性，不能被编辑和扩展。Windows Server 2003 企业版支持版本 2 模板，允许你创建新的模板、克隆已有模板、替换正在使用的模板。有关两个版本的证书模板信息请参见 Windows Server 2003 系统中的相关帮助文档。

【注意】如果已经使用了版本 1 模板，则可以把它们升级到版本 2 模板。对于版本 1 模板，根域管理员必须具有完全控制权限，以便完成升级过程。但在升级完成后，域管理员并不需要对模板具有完全控制权限。必须升级你的林活动目录架构到 Windows Server 2003 系统，以便支持版本 2 模板，但不必升级所有域控制器到 Windows Server 2003 来完成架构升级。

证书模板可以仅在运行的服务器是企业 CA 时被使用。企业 CA 可以颁发基于证书模板的各种类型的证书。可以配置每个企业 CA 仅颁发指定类型的证书。12.2.4 节已经介绍了 Windows Server 2003 系统的各种主要的证书模板及用途，参见即可。

尽管主要的 CA 相关任务是由 CA 自己的管理员负责的，但有些任务，包括证书模板管理是通过活动目录来控制的。这就是证书模板的委派管理。委派证书模板管理的方法如下：

（1）在 CA 控制台的证书模板节点上右击，在弹出的快捷菜单中选择“管理”选项。

（2）双击证书模板。

（3）单击“安全”选项卡，在“允许”区域中选择“读取”和“写入”权限选项。

12.6.2 选择证书安全选项

你的证书安全需求考虑是基于以下 4 个主要方面的：

- 攻击风险

你的网络安全，由 CA 信任链保护的网络资源价值、基本的攻击成本等所有影响你的证书需要的安全因素构成。

- 你对你的证书用户的信任度

通常，对用户的信任度越低，证书和 CRL 的生存周期越短，续订控制得更严。例如，你可能对临时用户的信任要远低于对普通商业用户的信任，所以你可能为临时用户设置更短的证书生存周期，更严格控制他们的证书续订。

- 管理证书和 CA 更新的工作量

为了减少对 CA 更新的管理需求，可以为你的证书信任层次结构指定长的、安全的生存周期。

- 证书的商业价值

可以为用于更重要的数据（如购销合同）证书配置用于电子邮件的证书更严格的使用限制。

由微软证书服务颁发的标准证书设置可适合于大多数安全需求。当然，可能需要为你组织中某个用户组用户配置更强健的安全设置。例如，可以为用于保护重要信息的证书设置更长的私钥和更短的证书生存周期。

为了确保满足你组织的安全需求，需要配置以下设置：①CA 和所颁发的证书的加密算法和私钥长度；②证书和他们的密钥的有效期；③证书更新和续订的频率。

1．选择加密算法和密钥长度

Windows 2000 和 Windows Server 2003 系统支持几种其他 PKI 产品也支持的著名加密算法。在安装 Windows Server 2003 CA 时，可以在 384 位到 16384 位之间依据你所选择的 CSP 来选择 CA 密钥长度。典型情况下，用户证书具有 1024 位密钥，根 CA 具有 4096 位密钥。

可以选择的密钥长度是由你所选择的加密算法决定的。表 12-8 列出了在 Windows Server 2003 系统中支持的加密算法，以及它们最短和最长的密钥长度。

表 12-8　Windows Server 2003 系统中支持的加密算法及密钥长度

加密算法	最短密钥长度	最长密钥长度
RSA	384 位	16384 位
DSA	512 位	1024 位

在多数情况下，默认的密钥长度是在安全性和 CA 性能之间取一个可以接受的平衡值。为了在不牺牲 CA 性能的前提下提供最大程度的保护，要为 CA 选择最大长度的密钥。但对于 CA 证书来说，最短的密钥也应不短于 1024 位。

【注意】产生大的密钥会给计算机处理器带来高的负荷，也会为额外的证书签名操作增加大量时间。在证书大小方面，密钥长度的影响很小。但对于智能卡部署来说，它却是非常重要的考虑，因为受到了卡容量的限制。

通常，只要双方 PKI 都支持相同的一个常用密钥长度范围，公钥和私钥长度不影响他们的互用性，但是如果一个 PKI 支持大的公钥密钥，而另一个不支持，则两个 PKI 不能交换对称密钥、签名或校验数据。

【注意】在 PKI 之间进行密钥交换和数字签名时不需要相同的公钥和私钥长度，对称密钥算法也一样。如果使用了不同的密钥长度，必须在双方环境中都同时支持这两种密钥长度。但当 PKI 不支持相同的密钥长度时，有些应用不能解密其他应用加密的数据。另外，如果两个应用之间不能在对待密钥长度方面取得一致，PKI 之间可能就不能在应用之间建立安全通信通道（如 SSL 和 TLS）。

如果一个 PKI 使用基于一个如 RSA 算法的公/私钥对，则所有 PKI 操作都可以使用这个密钥对进行。但是，单一密钥对可能不能满足组织或者它的算法选择需求。基于这种原因，Windows Server 2003 同时支持单一密钥对和双密钥对。一个好的 PKI 结构应该具有足够的弹性，可以使用足够多或者足够少的密钥对来满足应用需求。

2．建立证书和密钥生存周期

证书的生存周期受许多因素影响，如证书类型、组织的安全需求、行业标准、政府政策。通常，长的密钥支持更长的证书生存周期和密钥生存周期。在建立证书和密钥生存周期时，必须考虑密钥破解的难易程度和可能遭受的潜在安全风险。通常，CA 和它的私钥越安全，证书的生存周期可以更长。脱机工作的 CA 和存储在封锁的位置或者数据中心是最安全的。

而且，越强健的加密技术支持越长的密钥生存周期。如果通过使用智能卡或者其他硬件加密服务产品，则可以延长密钥生存周期。有些加密技术可以提供强健的安全性，因为它们采用了强健的加密算法。例如，可以为安全电子邮件和 Web 浏览使用用户登录智能卡或者 FIPS（Federal Information Processing Standard，联邦信息处理标准）140-1 加密卡。

你的 CA 层次结构预防攻击的能力越弱，就需要越长的 CA 私钥和越短的密钥生存周期。组织通常对他们自己的雇员的信任度要远高于组织外人员，如果你要为外部用户颁发证书，则可能需要缩短这些证书的生存周期。

每个证书的有效期是在证书颁发时定义好的。企业 CA 证书的生存周期是基于证书请求的证书模板类型而定的。多数证书模板指定了 1 年的生存周期。也有一些版本 1 证书模板指定了 2 年的生存周期，如 CEP 加密（脱机请求）、注册代理、注册代理（计算机）、注册代理（脱机请求）、IPSec、IPSec（脱机请求）、路由器（脱机请求）、Web 服务器证书。以下两种证书模板指定了 5 年的生存周期：域控制器和从属 CA 证书。由独立 CA 颁发的证书生存周期是由系统注册表中 CA 的设置决定的。企业根 CA 证书和企业独立根 CA 有一个默认 2 年的生存周期。当然，也可以在 CA 安装时为 CA 指定一个不同的生存周期。确认证书请求和颁发证书的父 CA 确定从属 CA 证书的生存周期。

3. 建立证书续订策略

CA 在达到其生存周期前将一直发布和更新证书。CA 颁发的证书只有在到达其生存周期才会过期，除非：用新的密钥对更新来延长其生存周期；在过期前吊销证书；CA 无法验证证书的有效性。

证书生存周期是与你的组织 PKI 安全息息相关的，主要是基于以下原因：

- 一段时间后，加密的密钥越来越容易受到安全攻击。通常密钥的生存周期越长，所面临的安全风险越高。为了降低风险，可以建立一个允许密钥使用的最长生存周期，并且在到期前用新的密钥对来更新证书。
- 当一个 CA 证书过期后，所有依赖该 CA 进行确认的从属 CA 将同时过期。
- 当一个 CA 证书更新后，所有由该 CA 颁发的证书将在一段时间后被更新。

为了降低私钥的安全风险，证书的私钥和公钥对可以在每次证书更新时被更新，不使它们到达生存周期。可以为 CA 分配一个新的密钥对或者仍使用原来的密钥对来更新 CA 证书。如果创建一个新的密钥对，而原来的证书还没有过期，则证书必须有一个新的主体密钥标识符（Subject Key Identifier，SKI）和一个独立的 CRL。用新密钥对更新证书不能基于一些硬件 CSP，因为它将受到密钥存储禁止限制，或者将花费更长的时间。

证书生存周期影响着网络中可以承受的证书续订请求传输的数量。对于通过慢连接访问网络的远程办公用户，可能需要延长证书生存周期，以减少证书续订的请求数量和频次。

按照以下两个方面的考虑来建立证书续订策略：①要续订哪个证书，如果是任意，则允许它们更新吗？②在它们的密钥过期前允许的更新频次是多大？

通常，使用的证书密钥长度越长，面临的安全风险越低，可以有更长的生存周期，在生存周期内仅需要一次左右的续订；而密钥长度一般，生存周期短的证书，反而更新频率会更高些。

除了要为你的 Windows Server 2003 CA 定义证书生存周期外，还需要确认证书生存周期和续订不会超出在它们上面 CA 层次结构的生存周期。默认情况下，根 CA 证书比它的从属 CA 有更长的生存周期。这是因为 Windows Server 2003 CA 不能颁发超过自己证书有效期的证书。如果证书请求中指定的生存周期超过了 CA 自身证书的终止日期，则 CA 就会截去超出部分，而以 CA 自己证书的终止日期作为颁发证书的终止日期。

例如，如果一个根 CA 证书的终止日期是 2012 年元月 2 日，则它 CA 链中的从属 CA 就不能颁发超过这个日期的证书。如果一个中间 CA 有一个终止日期为 2009 年元月 2 日的证书，则这个中间 CA 链从属 CA 也就不能颁发超过这个日期的证书。如果一个颁发 CA 有一个终止日期为 2009 年元月 2 日的证书，则这个颁发 CA 就不能颁发超过这个日期的证书。

如果一个 CA 证书的终止日期为 2006 年元月 2 日，而它在 2004 年 8 月 1 日接收到一个有效期为一年的证书请求，则它会颁发一个终止日期为 2005 年 7 月 31 日的证书。但如果是在 2005 年 8 月 1 日接收到这个需要有效期为一年的证书请求，则所颁发的证书的终止日期仍为 2006 年元月 2 日，而不会是 2006 年 7 月 31 日。

一个终止日期为 2008 年元月 2 日，有效期为 5 年的 Windows Server 2003 CA 可以为在 2007 年元月 2 日前接收到的请求颁发为期一年的证书，或者为在 2006 年元月 2 日前接收到的请求颁发为期两年的证书。过了 2006 年元月 2 日，就不可能再颁发为期两年的证书了。同样，过了 2007 年元月 2 日，也就不能再颁发为期一年的证书，最终的终止日期仍是 CA 的终止日期——2008 年元月 2 日。

在你的证书层次结构中嵌套越多，证书生存周期就越短。为你的证书结构配置一个证书生存周期，可以避免过短的证书生存周期，使证书续订有序循环。如果为 CA 层次结构指定一个长的生存周期，而后来发现 CA 存在不安全因素，则可以用短的生存周期更新你的 CA 层次结构，以降低安全风险。

12.6.3 使用合格的从属来限制证书

通常，你所颁发的许多证书是不需要带任何自定义选项的。但是，你可能想要限制你的证书对于从属证书交叉认证外部 CA 有效，或者终端用户应用的范围。可以通过以下方法来限制证书：

- 定义从属 CA 所颁发的证书的名称空间。
- 指定由合格的从属 CA 颁发的可接受证书列表。
- 创建独立证书层次结构之间的信任。

合格的从属功能可以限制组织中可接受的由合格的从属 CA 或者合格的从属 CA 链中 CA 颁发的证书。这些都可以通过在 Policy.inf 文件中定义以下选项实现：

- 基本约束：定义需求的证书路径长度和允许的策略标识及映射。
- 名称约束：定义由合格的从属 CA 和它的从属 CA 允许或者拒绝的名称空间范围。
- 颁发策略：定义组织信任的证书标识范围。这些策略是由证书中的对象标识符进行标识的。
- 应用策略：定义可以与某个证书协同工作的应用。

【说明】Policy.inf 不同于 CAPolicy.inf 文件。Policy.inf 文件影响合格的从属功能，而 CAPolicy.inf 文件影响 CA 证书。

另外，如果试图连接不同的 PKI，无论是在你的组织内，还是在第三方 CA，都需要使用策略镜像功能来实现在你的组织中已定义的策略约束和另一个 PKI 中定义的策略约束同步。使用约束扩展和策略镜像使你可以更有效地控制证书用途和管理你组织中的证书。

合格的从属允许你确保在一个 CA 颁发或者在一个应用中使用证书时应用指定的约束。这些约束确保所有由 CA 颁发的证书应用你已定义的策略限制。

根 CA 将应用所有策略，可以使用中间 CA 来颁发启用不同安全级别的证书，如安全、中安全等。这个你所定义的安全策略是由对象标识符标识的。当某个对象标识符被应用到 CA 证书时，则该层次结构链中所有在这个 CA 下面的证书必须把该对象标识符作为他们对象标识符的一部分。如果创建了一个不带任何有效策略的证书链，则链中 CA 所颁发的所有证书都将认为是无效的。但是，如果创建一个不带任何策略对象标识符的证书链，则链中 CA 所颁发的证书被认为是与任何策略标识符匹配的。

图 12-16 显示了策略是如何应用到 CA 的。策略和每个合格的从属 CA 的约束的关系是父 CA 策略和约束子集的关系。

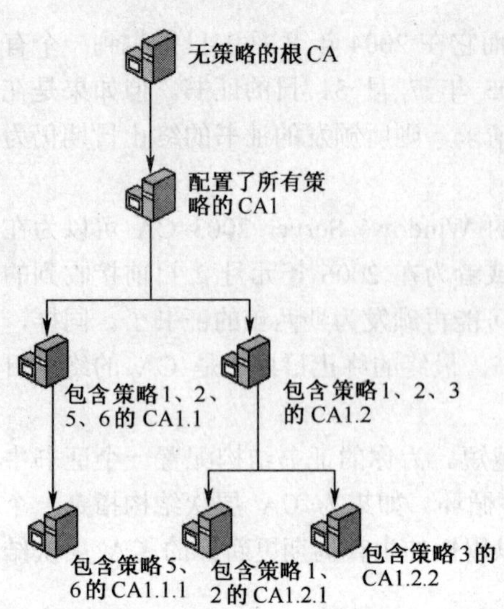

图 12-16　策略应用到 CA 的流程

1．使用基本约束

基本约束允许一个应用确定一个证书是否是可以被证书链引擎用来构建证书路径或者终端证书的 CA 证书。也可以使用基本约束来限制在 CA 路径下可以包括的 CA 证书数量的最大值。例如，在 CAPolicy.inf 文件的基本约束部分设置了一个零长度的路径，则仅允许由指定 CA 颁发的证书包括在 CA 路径中。一个只有两级长度的路径仅允许在 CA 路径中包括三级 CA 证书，任何包括超过三级 CA 的证书路径都将被忽略。

如果你不想要信任创建在你的组织 CA 层次结构下的 CA，则可以使用基本约束。如果信任你的商业伙伴和所有现有 CA 颁发的证书，但是不想信任由他们授权的所有附加 CA 颁发的证书时，则可以在交叉认证关系中使用基本约束。

2．使用名称约束

名称约束允许你指定由合格的从属 CA 颁发的证书中哪些名称空间是允许的或拒绝的。在合格的从属 CA 接收到一个请求时，它将比较在主体中提供的名称和配置名称约束中的主体别名字段，来决定这个名称是否允许。在设计你的 PKI 时，需要确定哪些客户和商业单元可以注册和使用那些证书。许多组织，所选择的用户、计算机和服务是指定活动目录域和子域成员。

可以配置基于以下名称格式类型的名称约束：X.500 目录名称、DNS 域名、电子邮件和用户主体名称（UPN）、通用资源标识（URI）和 IP 地址。

可以配置名称约束以达到以下结果：

（1）允许：证书请求包含了在颁发者的 CA 名称约束扩展中的所有允许列表中的名称。

（2）不允许：证书请求包含了一个不在颁发者的 CA 名称约束扩展中的允许列表中的名称。

（3）拒绝：证书请求包含了一个在颁发者的 CA 名称约束扩展中的拒绝列表中的名称。

CA 证书可以包括应用到所有发向 CA 的证书请求的名称约束。每个请求都将与允许或者拒绝名称列表比较，以确定在证书中的名称是否允许、不允许、拒绝或者没有定义。当在证书中包括了名称约束时，以下规则将被应用到主体名称（Subject Name）和主体别名（Subject Alternate Name）字段中：

- 排除的名称空间优先许可的名称空间处理

合格的从属 CA 将不为在排除名称空间中的用户颁发证书，即使用户也是在允许名称空间中的。例如，一个用户可能在允许的活动目录名称空间.contoso.com 中，但是他同时在排除的

DNS 名称空间.uvw.contoso.com 中。排除的名称空间将覆盖允许的活动目录名称空间，使得该用户的证书请求失败。

● 如果在 CA 证书中存在名称约束扩展，则所有名称约束必须以适当的格式呈现

任何没有包括的名称格式都将被认为与所有可能性的格式匹配。例如，如果 DNS 名称约束是不存在的，则这个条目就当作 DNS=""来处理。

● 所有名称约束都将被考虑，即使他们没有说明

对于名称约束列表来说，应用是没有优先级的。基于这种原因，没有设置的名称约束不会被当作通配符来处理。例如，如果仅限制了 DNS 名称空间，则名称约束扩展设置其余的名称约束允许使用所有名称空间，而不会也按照 DNS 名称约束那样来匹配。

● 名称约束将应用到主体名称扩展和任意现有的主体别名扩展中

例如，如果有一个由 DNS 域名和电子邮件别名标识的用户，则名称约束将同时应用到这两个地方。

● 名称约束应用到证书请求中的所有名称

在证书请求中"主体"或"主体别名"扩展字段中的每个名称都至少要与名称类型的名称约束列表匹配一次。包括"主体"或"主体别名"扩展字段的证书请求不与名称类型约束列表匹配则被拒绝。

● 名称约束不区分大小写

例如.contoso.com 与 CONTOSO.COM 或 ConToso.Com 是一样的效果。

【注意】*名称约束的确认是由 CA 完成的，而不是在客户端。但只有 Windows XP 和 Windows Server 2003 客户端才可以使用名称约束功能。*

3. 使用颁发策略

可以使用颁发策略来定义组织信任证书中提供的标识的范围。例如，可以设置一个颁发策略确保仅信任在网络管理员的面对面会议中颁发的证书，例如在颁发智能卡证书时。

对象标识符（OID）必须描述你所定义的每一项颁发策略。在一个已颁发证书的颁发策略对象标识符内部，显示了该证书是在满足与颁发策略对象标识符关联的颁发要求下颁发的。可以使用指定的证书模板来定义一个或多个颁发策略对象标识符，以适用于所有证书的颁发。Windows Server 2003 包括 4 个预定义的颁发策略，具体参见 12.5.1 节。

【说明】*颁发策略仅在 Windows Server 2003 CA 中有效，Windows 2000 不支持颁发策略。*

另外，可以创建你自己的对象标识符来扮演自定义的颁发策略。例如，两个组织在购/销关系上比较难以处理，则可以定义一个自定义的对象标识符来为指定的购买金额扮演数字签名证书。这样一来，可以为购买金额在 100000～500000 美元之间的购买行为定义一个对象标识符，为超过 500000 美元购买金额的行为定义另一个对象标识符。应用程序可以使用这些对象标识符来识别某人是否持有针对特定购买金额的相应签名授权。

（1）应用策略映射。

在许多情形下，两个组织的管理员定义他们自己的策略和对象标识符。有时这些策略是一致的，但也有时在这两个组织中的策略之间有一些小的差别。这时，就需要与另一个组织的管理员协商，在交叉认证关系建立前定义相同策略的期限。这就称为"策略映射"。它允许一个域中的策略映射到另一个域的策略中。

策略映射使得两个应用类似策略的组织协同工作，但是部署了不同的对象标识符。如果一个公司的策略标识符（如 1.2.3.4）扮演一个特定的功能，而另一个对象标识符（如 11.22.33.44）扮演相同的功能，则它们可以映射，同时 11.22.33.44 和 1.2.3.4 这两个对象标识符是可互换的。包含此映射的合格的从属 CA 称为颁发 CA（Issuer CA），而策略已被映射的从属 CA 称为主体 CA（Subject CA）。主体 CA 中的一些或者所有策略映射到颁发 CA 策略中，颁发

CA 有效从属这个主体 CA。映射的结果是颁发 CA 信任层次结构中的用户和计算机可以使用他们自己的证书路径来验证主体 CA 信任层次结构中的用户和计算机。相互独立的信任层次结构可以在同一个内部网络或分离的 PKI 环境中。

应用策略映射的基本步骤如下：

1）以你要建立的信任关系标识信任层次结构。

2）在两个信任关系上存在问题的信任层次结构中建立相同的确认级别。

3）在两个信任关系上有问题的信任层次结构中获取颁发和应用策略对象标识符。

4）在分离的信任层次结构中映射颁发和应用策略对象标识符，并在 CA 证书请求中为安装在你的信任层次结构中的合格的从属 CA 的 CA 证书请求定义他们的策略约束。

5）以你的信任层次结构中的策略、策略映射和映射约束来安装合格的从属 CA。

（2）约束策略映射。

可以通过设置参数来精确定义策略映射，指定在合格的从属 CA 中定义的颁发策略如何影响合格的从属 CA 下的其他 CA。这些参数对限制规划外的信任关系有帮助。下面两个设置选项可以用来定义这种信任关系：

- 需要明确的策略

指定在明确策略存在前可以在证书层次结构中存在的证书数量。例如，如果这个明确的策略是配置为第三层设置，则定义的颁发策略必须在第三层结构中存在。在合格的从属 CA 中被定义为第一层。

- 约束策略映射

指定在不再允许策略映射之前可以在路径中出现的附加证书数量。例如，一个三层的约束策略映射值限制策略仅可以映射到合格的从属 CA 的第三层。

4．使用应用策略

证书提供了不针对具体应用的重要信息。你可能需要定义哪个应用可以与证书一起工作。应用策略允许你确保证书仅应用到你指定的应用程序中。应用程序也可以被限制仅可接受包含指定应用策略的证书。当应用程序接收到从用户发来的签名信息时，应用程序就同时接收到了签名信息中私钥关联的证书，确保应用策略扩展包含应用程序所需要的对象标识符。

应用策略类似于证书中的增强密钥用途（EKU）扩展，因为两者均使用了一个或多个对象标识符来规定证书中的公钥必须如何被应用。Windows Server 2003 支持 EKU 来支持使用此扩展的 PKI，但是用应用策略取代了 EKU，因为应用策略与 EKU 功能类似。

应用策略是 Microsoft 专用的，它与 EKU 用途类似。如果证书同时包含应用策略扩展和 EKU 扩展，则 EKU 扩展将被忽略。如果证书中仅包含 EKU 扩展，则 EKU 扩展将按应用策略扩展进行应用。如果证书包含应用策略扩展和 EKU 的特性，则证书仅启用 EKU 标识符和应用策略标识符共有的特性。

【注意】如果正在颁发同时包含应用策略和 KEU 扩展的证书，则需要确保这两个扩展包含相同的对象标识符。

5．使用策略约束和映射

有多种方法可以用来限制计划外信任，具体如何选择就比较头痛了。可使用名称约束来限制计划外域信任。如果你的组织有多个域，如 grfw.com 和 gz.grfw.com，你可能仅想把交叉证书映射到 grfw.com 域 CA 中，而不想映射到 gz.grfw.com 域 CA 上。而如果你有 5 个不同的域，想把交叉证书应用到其中的 3 个，路径约束则可以提供更灵活的解决方案。如果在组织中存在可传递信任创建问题，则可以采用路径约束。例如，如果有一个用户可以自由安装从属 CA 的环境，而你又没有强健的安全指引来控制 CA 的创建和管理。

策略约束是最有效的约束选项，无论是对内还是对外。如果你的商业伙伴的安全标准不像你组织中的那么强健，名称和路径约束在某些交叉认证关系中可能不能为你提供有效的保护。例如，组织 A 可能有一个所有用户证书必须由管理员手动确认的策略，而组织 B 只要有电子邮件账户，就可以采取自动确认证书请求。组织 A 的安全管理员必须确保组织 B 中的用户证书以组织 A 中的高安全标准来访问资源。两个组织间可以通过策略约束来实现。

如果在你的组织中已经部署策略采用交叉认证，则建议使用策略映射。但在你组织中的策略限制比其他组织策略更严格，或者相反时，使用策略映射的益处不大。在这种情况下，可以使用策略约束来取代策略映射，以实现限制你的信任关系。

12.6.4 配置证书示例

同样，为了使大家对本节介绍的内容有更实际的应用理解，在此也介绍一个具体的示例。现假设一个组织已定义了证书需求、内部 PKI 配置和外部 PKI 结构。它需要确定证书生存周期、加密密钥长度、续订策略和其他限制。表 12-9 显示了一个示例组织中的证书设计描述。

表 12-9 示例组织中的证书设计

证书名称和用途	密钥长度（位）	证书生存周期	私钥续订策略
独立根 CA	4096	10 年	至少每隔 10 年更新一次，以确保可以颁发 10 年有效期的策略 CA 证书。至少每隔 20 年要更新一次密钥
独立策略 CA	2048	5 年	至少每隔 5 年更新一次，以确保可以颁发 5 年有效期的从属颁发 CA 证书。至少每隔 10 年要更新一次密钥
负责颁发中级安全证书的企业颁发 CA	2048	5 年	至少每隔 3 年更新一次，以确保可以颁发完整的 2 年有效期的证书。至少每隔 5 年要更新一次密钥
负责颁发高级安全证书的企业颁发 CA	2048	5 年	至少每 4 年更新一次，以确保可以颁发完整的 1 年有效期的证书。至少每隔 5 年要更新一次密钥
负责颁发外部证书的企业颁发 CA	2048	5 年	同上
安全电子邮件和浏览器证书	1024	1 年	至少每隔 2 年要用新密钥更新一次
智能卡证书	1024	1 年	同上
管理员证书	1024	1 年	同上
安全 Web 服务器证书	1024	2 年	同上
用于外部商业伙伴的用户证书	1024	6 个月	至少每隔 1 年要用新密钥更新一次

在该示例组织中，所有证书可均由 Windows Server 2003 CA 颁发。用于工作于商业伙伴的用户证书也可以由 Windows Server 2003 CA 或者商业伙伴组织自己的 CA 颁发。CTL 允许外部域信任商业伙伴证书。在适当环境中，采用独立 CA 为 CA 配置更合适的生存周期。以新密钥进行证书续订限制了密钥的使用时间，以降低密钥受到攻击的风险。

组织没有特殊的安全需求，与商业伙伴组织采用了相同的密钥算法，所以他们接受为每个类型 CA 和证书建立的默认加密算法。

颁发给示例组织商业伙伴的证书采用名称空间约束，是通过指定路径长度和应用来完成的。另外，示例组织使用策略映射来指定需要颁发证书来访问示例自身组织资源的商业伙伴用户的身份认证流程要求。

12.7　创建证书管理规划

为组织配置证书后，必须创建在整个证书生存周期中管理证书的规划。创建证书管理规划包括以下方面的决策：①如何选择证书注册和续订方法；②如何将证书映射到用户账户；③如何管理和分发 CRL；④确定用于恢复加密数据的策略。

12.7.1　选择注册和续订方法

为了注册证书，需要指定证书注册和续订的方法。注册包括配置权限使安全管理员有指定证书模板注册的权限，或者委派证书管理员审核每一个证书请求和颁发，或者拒绝颁发证书。微软的证书服务支持在管理员需要的时候手动处理证书请求，如果不需要手动处理也可采取自动方式。

目前在 Windows Server 2003 系统中，证书注册和续订的方法主要有两种：一种是自动注册和续订方式，一种是采用向导或者网页的手动注册和续订方式。

1．选择自动或者手动提交请求

是选择以自动方式还是以手动方式产生证书请求，要依据所要使用的证书类型、要注册的客户端数量和类型而定。例如，如果想要所有用户或计算机使用某一个类型的证书，由你自己去为每个证书手动请求显然是不现实的。另外，为所有用户或计算机同时产生新的证书将带来巨大的网络流量，可以一次只为一个组织单元配置证书请求来控制由此带来的网络流量影响。

另一方面，你可能想要让用户或管理员请求某个高安全证书，例如，用于数字签名或管理任务。这样可以通过这些证书提高管理控制能力，特别是在证书可以由一个用户或计算机 OU 或者安全组成员不受限使用的情况下。

可以通过使用以下一个选项的证书提高控制能力，限制用户证书请求：

- 限制访问特定的证书模板：为每个证书模板配置动态访问控制列表（DACL），使得仅主要的安全人员具有注册和读取模板的权限。
- 计算机证书的自动部署：配置组策略，通过在组策略自动证书请求设置选项中添加证书模板来为需要的计算机自动颁发证书。

【说明】自动注册对于计算机和 IPSec 证书的颁发与续订特别有用。

2．选择自动或手动确认

在 Windows Server 2003 CA 中用户可以自动或手动方式提交证书请求。请求是一直保持的，直到管理员确认，当证书请求已经确认时，自动注册过程可以按照证书模板中的配置自动安装证书或者自动续订证书。

多数情况下，选择与证书请求相同的证书请求确认方式，但当然不是总是这样。例如，如果已配置了适当的组策略，并在证书模板中配置了 DACL 约束，则你可能决定自动确认手动提交的证书请求。相反，在有些情形下，也有可能需要手动对自动提交的证书请求进行确认。

【经验之谈】可以使用强的身份认证来平衡自动注册所带来的安全风险。在强身份认证下，证书模板使用指定的策略对象标识来为证书请求提供附加的签名。例如，可以设置一个需要使用智能卡为自动注册请求提供强身份认证方法的策略，或者可以请求为自动证书请求进行手动确认，以便管理员可以仔细审核这些请求。

总的来说，通常是按以下方式处理的：

- 对于日常大量的证书，如电子邮件证书，自动确认是比较好的选择，只要证书请求已被验证具有有效的域凭据。
- 在需要高安全管理的时候，例如为软件代码签名的证书，建议采服手动方式确认证书请求。使用证书请求向导，可以评估每个证书请求，也可以把这项职责委派给其他管理员。

3．选择注册和续订用户界面

证书请求和确认的用户界面的选择是依据你选择自动或手动证书和确认方法而定的。如果决定为证书请求和确认都使用自动方式，则必须使用用户界面模式。如果证书请求或者确认都是或者只是其中之一采用手动方式，则必须在 Web 注册支持和证书请求向导这两种用户界面中做出选择。Web 注册支持页面对于用户来说更加容易使用，用户可以在 Web 注册页面中完成以下工作：

- 请求并获取一个基本的用户证书
- 通过使用高级选项，请求并获得其他类型的证书
- 使用证书请求文件请求证书
- 使用证书续订请求文件更新证书
- 以文件形式保存证书请求
- 以文件形式保存所颁发的证书
- 检查正在等待处理的证书请求
- 找回 CA 证书
- 从 CA 中找回最近吊销的证书
- 代表其他用户（管理员信任的）请求智能卡证书

管理员可能更愿意使用证书请求和续订向导。可以在证书控制台中使用这个向导，也可以在客户端创建这个证书控制台，委派信任的用户使用这个向导。除非在一个组织与其他组织之间使用了防火墙，否则可以灵活地使用证书控制台或 Web 注册界面。如果在 CA 与请求的客户端之间使用了防火墙，则必须通过 Web 注册界面来请求证书，或者在确保 135 和控制台 DCOM 通信所需的 1024 以上的动态端口是开放的前提下，可以使用证书控制台中的证书请求和续订向导。

是选择 Web 注册界面，还是证书请求和续订向导，可能需要准备一个文档来描述用户如何来请求证书、在请求证书后用户的期望是什么（如自动注册或者等待管理员确认），以及在他们得到证书后可以如何使用这些证书。

12.7.2 将证书映射到用户账户

在已经决定如何来分配你的证书时，必须确定如何使这些证书与客户端关联起来，这些客户端可以是计算机、内部用户或外部用户。需要为许多类型的证书使用证书映射功能，如智能卡登录就是证书映射的一种典型应用。

1．证书映射概述

如果你的组织中安装了活动目录，则可以基于域或组织单位（OU）来映射证书到客户端。但必须确定如何定义证书中的主体和颁发者名称信息，因为这些将直接在 PKI 中应用。例如，如果在一个证书中不包括电子邮件地址名称作为主体或主体别名的一部分，则一些比较老式的电子邮件应用不能接受使用了证书进行数字签名或加密的电子邮件。

证书映射为用户身份认证提供了一种更安全的方法。在证书映射支持下，可把一个证书链

接到一个指定的用户账户。服务器应用可以使用公钥技术依据证书对用户进行身份认证。

证书与证书中指定的使用者之间的映射是较大的主题，有两个重要方面需要考虑：

- 在颁发证书之前如何确认证书使用者的身份？
- 如何从目录中提供的信息发现证书使用者的身份？

第一个问题涉及如何进行证书注册过程。第二个问题涉及证书用户（应用和服务）如何将证书使用者的身份正确映射到可以使用的另一身份。如域控制器如何从用户的智能卡证书中识别用户，以便让用户登录到域中并构建访问令牌？电子邮件用户如何发现希望向其发送安全电子邮件的收件人的证书？

大多数证书自动映射到活动目录安全主体（用户和计算机），这是注册过程的构成部分。活动目录定义证书的使用者名称和使用者备用名称，以便在证书和证书中命名的安全主体之间创建隐含的映射关系。使用者备用名称包含用户的 UPN 或电子邮件名称，以及服务主体名称（SPN）或者计算机或计算机进程的 DNS 主机名。UPN 和 SPN 值在活动目录林中是唯一的。电子邮件和 DNS 名称应该是全局唯一的（虽然活动目录不强制这一点）。其他 Windows 服务（如 IIS 和 IAS）也可执行至用户或计算机身份的证书映射。

【说明】证书映射与证书发布无关。证书映射表示证书的某个属性（通常是使用者备用名称）唯一地标识目录中的某个对象。IAS 服务器可使用这一点来从提交的证书中确定用户或计算机的身份。IAS 使用此隐含映射代替在目录中查找证书。证书发布及证书查询功能是描述证书在目录中的实际存储位置，并将它作为用户或计算机对象的属性。这样用户可以在目录中搜索某个人员，并检索属于该人员的证书。

也可以使用“Active Directory 用户和计算机”管理控制台将其他证书手动导入或映射到用户或计算机对象。相反地，也有许多不需要直接映射至目录对象的示例，包括以下各项：

- 主要标识符是网站的 DNS 主机名的 Web 服务器
- 证书颁发到没有等同活动目录的实体（如其他组织中的路由器或用户）

CA 是不需要映射到计算机对象的情况的特例。但是，这些证书几乎总是映射到活动目录 AIA 和受信任的证书颁发机构容器中的“证书颁发机构”对象。

当使用了证书映射功能后，活动目录中的用户可以基于映射证书的许可进行身份认证，并且依据这个身份认证得到许可和相应的权限。

2．证书映射方式

可以使用以下两种方式为用户账户进行证书映射：

- 一对一映射：这将创建一个特定的证书对应一个特定的 Windows 2000 或 Windows Server 2003 系统用户账户的关联。
- 多对一映射：这将创建从一个特定 CA 中所颁发的所有证书对应一个 Windows 2000 或 Windows Server 2003 系统中用户账户的关联。

也可以使用证书映射为不在活动目录中的外部用户进行身份认证。

（1）使用一对一映射。

一对一映射比下面将要介绍的多对一映射的管理难度更大。在需要比较少量用户使用证书时，可以采用一对一映射方式。如果决定为大量用户使用一对一映射，则可以使用 ASP 技术创建一个 Web 注册页面来进行自动映射，这样可以大大减少管理员的工作量。

（2）使用多对一映射。

多对一映射特别适用于在有大量用户需要访问你网络中的资源时的身份认证情形，如内部 Web 站点。为这些用户颁发的证书必须链接到你的站点、域，或者组织单位（OU）或林的信任根。可以设置规则来把所有这些由该 CA 颁发的证书映射到 Windows Server 2003 系统中的一个用户账户上。

映射规则将检查包含在用户证书中的信息，如用户组织和颁发 CA，来决定这些信息是否与规则中的条件匹配。当用户证书的信息与条件匹配时，则可以成功映射证书到一个指定的用户账户上。在相应用户账户上的所有许可设置就将应用于所有持有从信任 CA 颁发的证书的用户。

可以为需要访问你组织的网络资源的不同组使用分离的多对一证书映射。可以基于客户端所拥有的与映射规则匹配的有效证书配置不同许可和权限的用户账户。例如，可以映射你的雇员到一个账户，允许读取访问整个 Web 站点，而映射你的商业伙伴雇员到另一个用户账户，仅允许访问非机密信息和他们自己的信息。

（3）选择 IIS 或活动目录映射。

可以使用 IIS 或活动目录创建你的映射。当使用 IIS 创建映射时，证书将与 IIS 数据库中维护的规则列表进行比较，直到它发现一个规则与显示的账户信息匹配。可以为每个 Web 服务器配置 IIS 映射。如果仅需要有限数量的映射或者在每个 Web 服务器上需要不同的映射，则建议采用这种映射类型。

在 IIS 中配置证书一对一或多对一映射的方法是，在 IIS 中相应网站属性对话框的“目录安全性”选项卡（如图 12-17 所示）中单击“安全通信”区域中的“编辑”按钮，弹出如图 12-18 所示的对话框；在其中选择“启用客户端证书映射”复选项，然后单击“编辑”按钮，弹出如图 12-19 所示的对话框，其中有“一对一”和“多对一”两个选项卡，分别用于配置一对一证书映射和多对一证书映射。

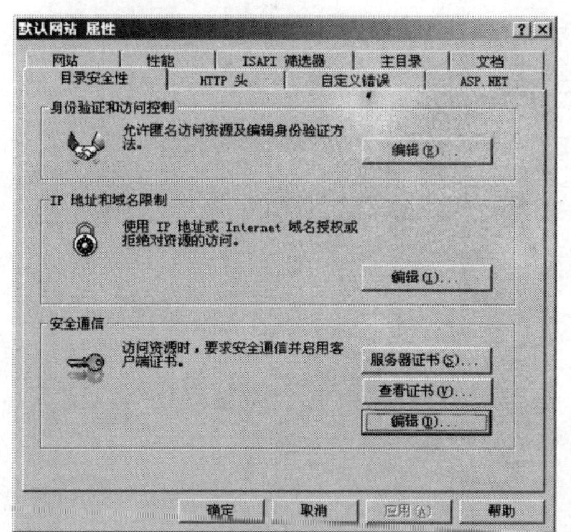

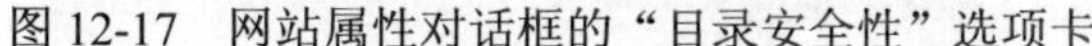
图 12-17　网站属性对话框的“目录安全性”选项卡

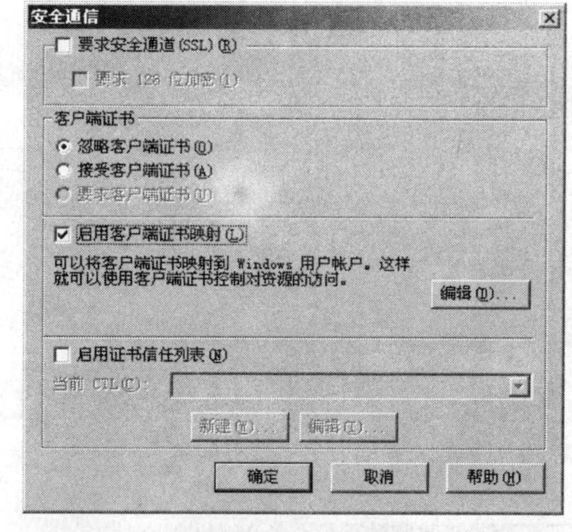

图 12-18　“安全通信”对话框

在 IIS 中添加一对一证书映射的方法是：单击“一对一”选项卡中的“添加”按钮，在弹出的对话框中选择要映射到账户的证书文件，单击“确定”按钮后弹出如图 12-20 所示的对话框，在其中输入映射名称、要映射的用户账户名称和密码。在此只可以选择用户账户。

在 IIS 中添加多对一证书映射的方法是：在如图 12-21 所示的“多对一”选项卡（如果要使用通配符，则要选中“匹配客户证书时使用通配符”复选项）中单击“添加”按钮，弹出如图 12-22 所示的对话框（如果要使用通配符，则选择“启用通配符规则”复选项，还可以对所使用的通配符规则进行描述，当然也可以不输入），单击“下一步”按钮，弹出如图 12-23 所示的对话框；再单击“新建”按钮，弹出如图 12-24 所示的对话框，在其中配置匹配规则元素，包括要匹配的“证书字段”、“子字段”和匹配“条件”（“子字段”的部分选项说明在图中右半部分。如本示例中选择证书字段中“使用者”下的“电子邮件”地址作为匹配的字段，条件是格式为*.lycb.com（使用了通配符*））；然后单击“确定”按钮，返回到图 12-23 所示的对话框（不过此时已添加了一个规则），然后单击“下一步”按钮，弹出如图 12-25 所示的对话框，如果想要让满足条件的用户允许访问，则选择“接受此证书用于登录身份认证”单选项，然后在下面的“账户”和“密码”文本框中输入要映射的用户账户信息；如果是要拒绝满足条件的用户访问，则直接选择“拒绝访问”单选项；最后单击“完成”按钮完成一个多对一证书映射过程。完成后仍可以重新编辑规则，方法是在图 12-21 所示的选项卡中选择相应的规则，然后单击“编辑规则”按钮，在弹出的如图 12-26 所示对话框的各选项卡中一一配置即可。

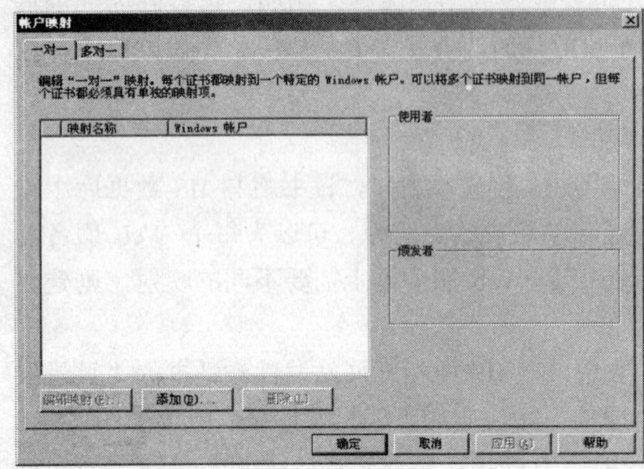

图 12-19　“账户映射”对话框的“一对一”选项卡

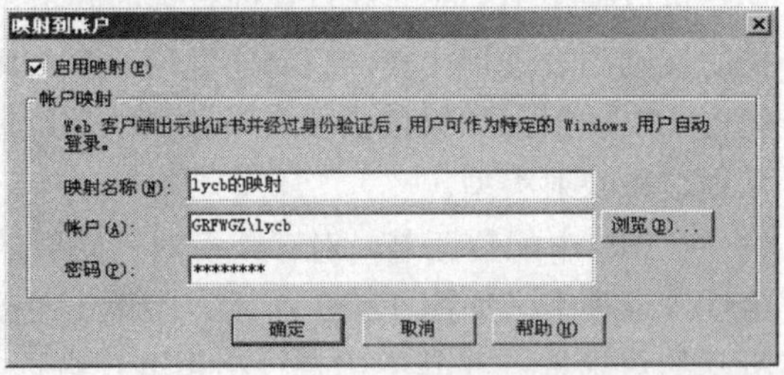

图 12-20　“映射到账户”对话框

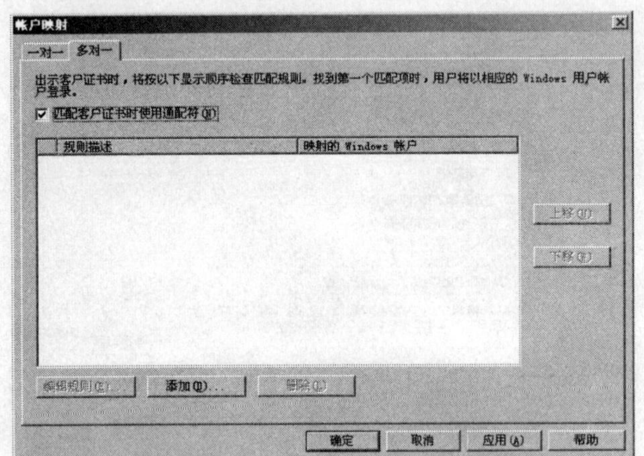

图 12-21　“账户映射”对话框的“多对一”选项卡

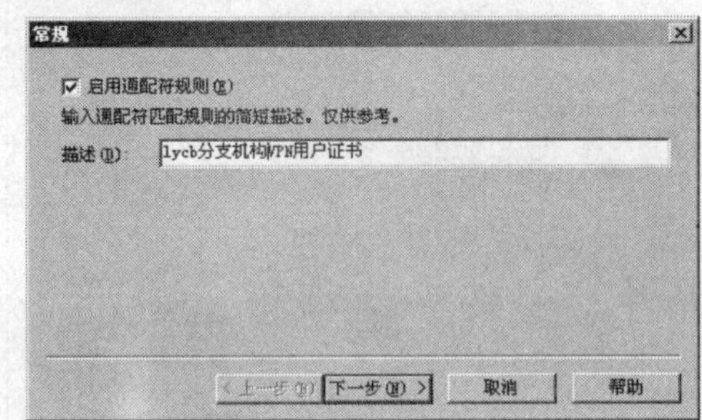

图 12-22　“常规”对话框

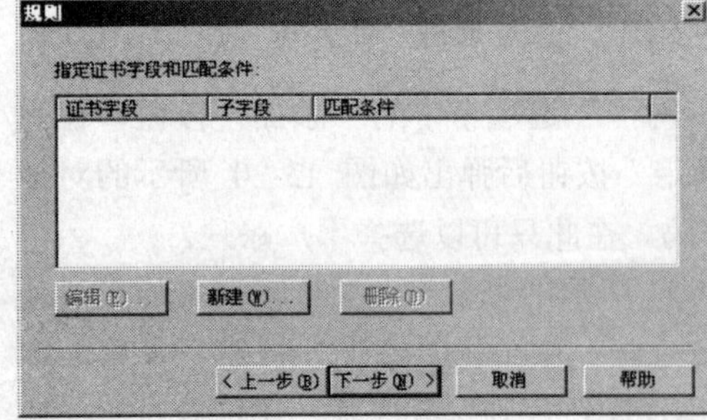

图 12-23　“规则”对话框

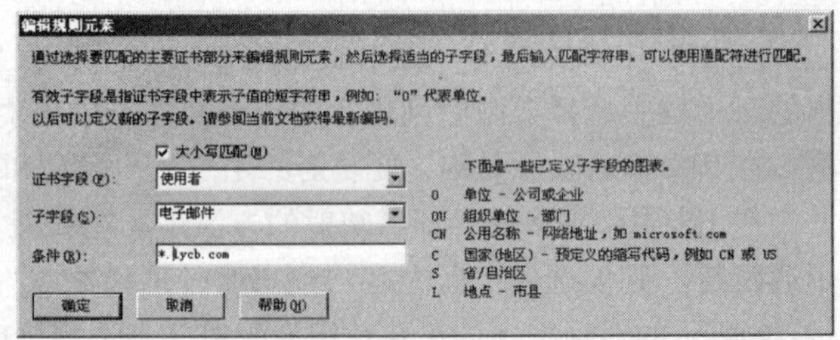

图 12-24　“编辑规则元素”对话框

在活动目录映射中，当 IIS 服务器接收到一个用户证书时，它将传递这个证书到活动目录中映射的指定 Windows 2000 或 Windows Server 2003 用户账户上，以进行比较。

在活动目录中映射证书的方法是，在“Active Directory 用户和计算机”管理单元中执行“查看”→“高级功能”命令，然后在要映射证书的用户或计算机账户上右击，在弹出的快捷菜单中选择“名称映射”选项，弹出如图 12-27 所示的对话框。在其中为相应的用户或计算机账户添加证书（只能添加 X.509 类型证书）。

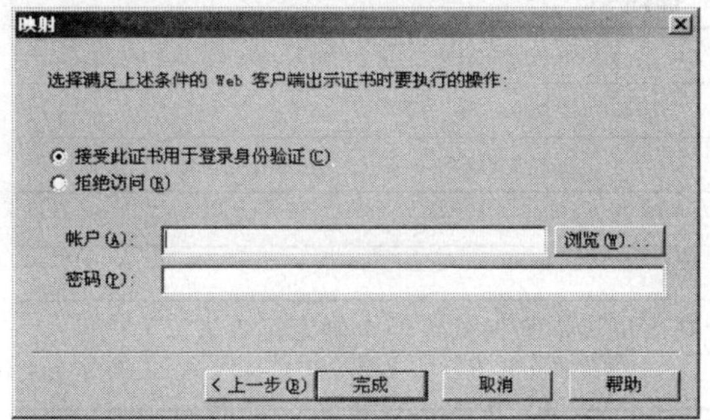

图 12-25　“映射”对话框

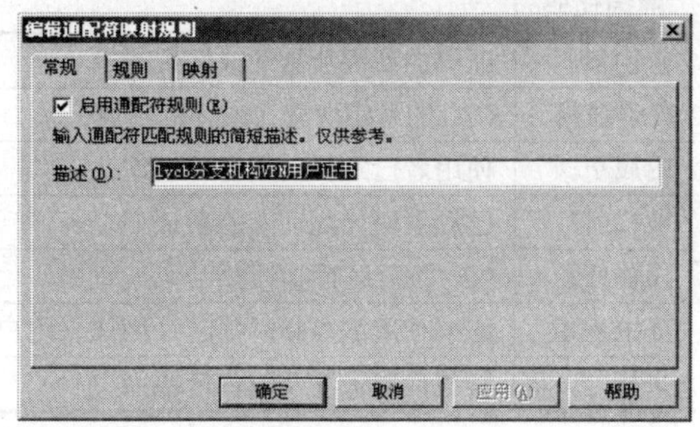

图 12-26　“编辑通配符映射规则”对话框

可以以两种方式来创建活动目录映射：可以依据 UPN 映射（在如图 12-28 所示的“Kerberos 名称”选项卡中进行）；如果 UPN 映射不可行，可以手动映射证书到一个用户账户上（在如图 12-27 所示的“X.509 证书”选项卡中进行）。

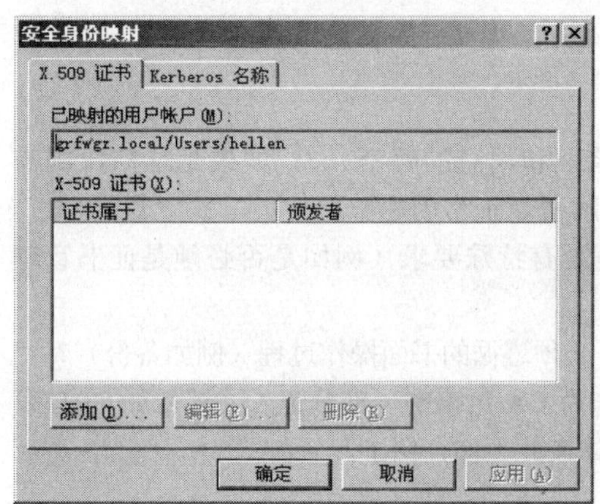

图 12-27　“安全身份映射”对话框的“X.509 证书”选项卡

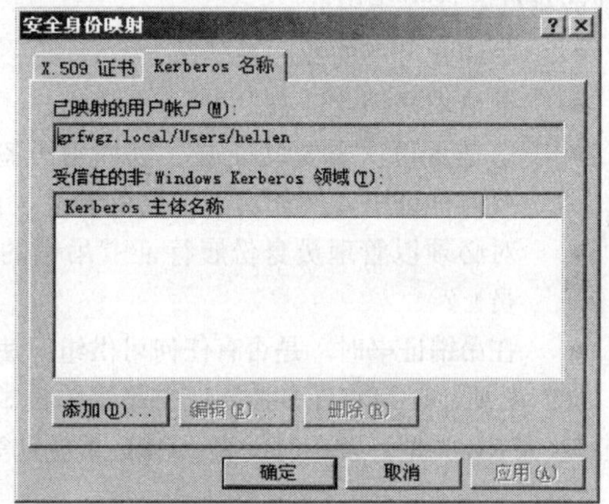

图 12-28　“安全身份映射”对话框的“Kerberos 名称”选项卡

当所有 IIS 服务器中映射的账户都是相同的时候，建议采用活动目录映射类型。活动目录映射比 IIS 映射维护起来更容易，因为仅需要在一个位置上（也是活动目录中）创建映射，而无需在多个 IIS 服务器上分别创建。

12.7.3　创建证书吊销策略

所有证书都有指定的生存周期。在一些情形中，可能需要在证书达到终止日期前使它无效。为证书吊销创建策略需要完成以下任务：

- 定义准许证书吊销的条件
- 选择一个证书吊销列表（CRL）发布位置
- 选择要使用的 CRL 类型
- 建立发布 CRL 时间表
- 创建一个缓存 CRL 有效期

部分证书策略将包括定义保证证书吊销的条件。这可能因各种证书而不同，并且很可能因证书的确定性和使用者类型不同以及 CA 不同而不同。

还应记录证书吊销时如何使用吊销原因代码。表 12-10 描述了不同的原因代码。

表 12-10　证书吊销代码

原因代码	描述
密钥泄露	证书的私钥泄露（或怀疑泄露）
CA 泄露	CA 的私钥泄露（或怀疑泄露）
附属更改	使用者已经移动到另一组织
被代替	已颁发取代此证书的新证书
操作停止	CA 不再运行
证书保留	证书使用需要临时挂起（例如，用户忘记将智能卡放在何处，但不确定是否丢失）
未指定	其他代码未涉及的任何原因

【经验之谈】应避免使用“证书保留”原因代码，除非情况表明确实需要使用。如果先保留证书然后再发布，则不可能在给定的时间确定证书的吊销状态（从而无法确定此证书所做的任何签名的有效性）。

作为吊销过程的一部分，应该确保对下列问题的回答进行记录（这些问题通常存储在更改管理或事件管理日志中）：

- 吊销此证书的原因是什么？
- 谁请求吊销此证书？
- 您是否再次需要此证书（例如用于签名的验证和消息的解密）？ 如果是这样，则需要何种证书（例如用于签名的验证、消息的解密、正常用途）？
- 对必须以管理员身份履行证书吊销的人员是否有特殊要求（例如是否必须是证书管理员）？
- 在吊销证书时，是否有任何可供组织使用的、必须遵循的书面操作过程（例如备份）？

如有必要，还可将许多控制证书吊销的技术参数作为 CA 策略的一部分记入文档，如 CRL 发布位置、CRL 类型、发布时间表、CRL 重叠期等。具体在此不作介绍了。

1．定义证书吊销的条件

并不是所有 PKI 都需要支持发布 CRL。例如，如果你的证书仅提供低或者中等安全需求，而且不太可能被滥用，或者这些证书只有较短的生存周期，则可能不需要创建和发布 CRL。如果你的证书需要高的安全性，而且生存周期较长，足以带来安全风险，则需要创建和发布 CRL。

在创建证书吊销计划前，要在组织中定义证明吊销证书是必需的情形。例如，可以选择在以下任一情形下吊销证书：

- 非授权用户已取得了访问证书私钥的权限。
- 非授权用户已取得了访问 CA 的权限。
- 证书标准已经改变。例如，某个雇员已移到另一个部门中。
- 证书已经被取代。例如，你可能决定用一个不同的加密协议或者更长的密钥来发布新的证书，以取代原来的证书。
- 颁发该证书的 CA 已不再工作了。
- 证书处于保留状态。当一个证书已被吊销后，不能重新被更新。但如果证书的状态不正常，则可以吊销它，在需要时也可以废除吊销，或者以后因为其他原因再次吊销。
- 用户滥用他们的安全权限或者用户私钥处于非安全状态（如智能卡丢失等）。
- 计算机被替换或者从服务永久移除，或者计算机私钥处于非安全状态。

2．选择 CRL 发布位置

为 CRL 发布选择一个位置包括要回答以下几个问题：

- CRL 是适用于内部、外部，还是所有环境中？

CRL 将在可以访问有效或者无效证书的位置发布。如果 PKI 是在组织防火墙内部，证书是发布在活动目录中，则 LDAP 协议可以用来发布 CRL。如果证书要应用于组织外用户，或者如果没有目录服务，HTTP 协议可以用来为 Web 服务器发布 CRL，因为 HTTP 通信比 LDAP 通信更容易穿透防火墙。

- 你需要多个 CRL 发布位置来实现容错或者支持更多数量地理位置分散的客户吗？

如果回答是肯定的，则选择域控制器和 Web 服务器来提供更广的覆盖和提高响应速度。这样一来，如果一个 CRL 发布点不可用，其他发布点的信息仍是可用的。

3．选择 CRL 发布点

因为 CRL 仅在限制时间内有效，PKI 客户端需要定期检索新的 CRL。Windows Server 2003 PKI 应用从可以得到 CRL 对象所对应的 URL 所指向的网络位置查找 CRL 发布点范围。因为企业 CA 的 CRL 是存储在活动目录中，所以它们可以通过 LDAP 协议来访问。而独立 CA 中的 CRL 是存储在服务器的一个目录中，所以它们可以通过 HTTP、FTP 等协议，当 CA 在线时来访问，所以你应该在安装 CA 后就设置 CRL 发布点。

在 CRL 手动发布或者按照所编制的计划发布时，系统账户写入 CRL 到它的发布点。所以，必须确保 CA 的系统账户有权限写入 CRL 发布点。

可以使用证书颁发机构控制台来编辑 CRL 发布点。在这种方法中，可以改变 CRL 发布的位置，以满足你组织中的用户需求。必须从 CA 配置文件夹中移动 CRL 发布点到 Web 服务器，以改变 CRL 位置，同时必须移动每个新的 CRL 到新的发布点，否则在当前 CRL 过期后 CRL 传输通道将中断。

【说明】*在根 CA 中，也必须在 CAPolicy.inf 中编辑 CRL 发布点，以便根 CA 证书可以正确获取 CDP（CRL 发布点）和 AIA（颁发信息访问）路径。*

如果你正在互联网上使用证书，则必须为所有不局限于在内部网络使用的证书配备至少有一个可以访问的 HTTP 位置。

4．选择 CRL 类型

Windows Server 2003 包括两种 CRL 类型：基本 CRL 和增量 CRL。基本 CRL 包括完整的吊销证书列表，所以它们的容量可能会在使用大量证书的组织中迅速增长。因为容量快速增长的 CRL 传输需要消耗大量的网络带宽，所以必须在吊销过期证书与所付出的时间和网络资源费用上做出一个权衡选择。

增量 CRL 可以简化你的 CRL 管理。增量 CRL 是包含完整的基本 CRL 中的吊销状态的更改列表的 CRL。由于增量 CRL 是一个更改列表，不是整个 CRL 的重复，因此它们通常要小得多，所产生的复制通信比大型的基本 CRL 生成的复制通信小得多。结合基本 CRL 和增量 CRL，你可以检验你组织中 CRL 的有效性，减轻 CRL 管理员的负担。

是否结合使用增量 CRL 与基本 CRL，需要考虑以下几个方面：

- 兼容性：仅 Windows XP 客户端可以识别增量 CRL。
- 容量：如果要吊销大量的证书，在大小方面，你的增量 CRL 就会与基本 CRL 接近。所以，在基本 CRL 发布日期内有大量证书吊销，使用增量 CRL 的用处不大。
- 在线状态：在 CA 脱机状态下，最好不要使用增量 CRL。

5．建立 CRL 发布时间表

CA 发布的 CRL 列出了按照创建的发布时间表已经吊销的一系列证书。发布的频率是依据在给定的期限内发生变化的数量和你组织中需要维护的最近吊销信息量来确定的。

当创建你的 CRL 策略时，需要为 CRL 指定发布时间表。默认情况下，企业 CA 每周发布 CRL 到活动目录，独立 CA 和企业 CA 每周发布 CRL 到 CA 服务器的目录上，你可以指定某个 CRL 每周发布到 Web 页面，就像发布到活动目录一样，而另一些 CRL 每日发布。

如果使用增量 CRL，典型的发布计划是：每周发布基本 CRL 或者每天发布增量 CRL。

6．选择缓存 CRL 有效期

为了减少检索 CRL 所需的网络带宽，CRL 属性中指定的证书的 CRL 会缓存在使用证书的客户端系统中。可以通过设置 CRL 生存周期来控制客户端检索升级 CRL 的计划。

CRL 发布与客户端使用最近的 CRL 是无关的。客户端并不从它的发布点检索新的 CRL，除非缓存的 CRL 已经过期。所以，当设置 CRL 有效期时，要确保在所期望的和实际的 CRL 生存周期间寻求平衡。只有一种方法用来强制客户端在客户端的 CRL 缓存过期前从 CRL 发布点检索最近的 CRL，那就是清除 CRL 缓存。

12.7.4 密钥和数据恢复

如果密钥对和证书因为系统失效而丢失了，则需要花费许多时间和代价来替换它们和它们所保护的数据。基于这个原因，作为你的证书管理规划的一部分，你需要评估一下因为密钥对丢失和所保护的数据不能打开而造成的损失，建立密钥和数据恢复策略。

数据恢复是一个允许加密的数据被数据拥有者以外的其他人解密的过程。数据恢复并不意味着私钥已经恢复，但密钥恢复是数据恢复的一种方法。如果需要在你的组织允许进行数据恢复，则使用数据恢复，但是并不是需要有权使用用户的私钥。

密钥恢复允许信任的代理获取使用用户的私钥的权限。基于这种原因，如果你的组织允许某个人而不是原始请求人来获取使用其他用户私钥时，建议使用密钥恢复。如果组织策略允许取回用户私钥和证书，则使用密钥恢复。

Windows Server 2003 包括新的证书模板以支持密钥恢复代理角色。一个 Windows Server 2003 CA 可以仅使用配置了适当格式、没有过期的密钥恢复代理证书。要完成密钥恢复，需要完成以下工作：配置密钥恢复代理证书模板；配置 CA 允许密钥存储；注册和存储用户。如果你的组织想要除了原始用户以外阻止其他所有人访问用户数据，则建议不要使用数据恢复或密钥恢复。

1．配置密钥恢复代理证书

在配置一个密钥恢复代理证书前，必须决定哪个用户或组具有读取和注册密钥恢复代理证书模板的权限。默认情况下，仅企业管理员或域管理员可以请求一个密钥恢复代理证书。如果要改变这种默认设置，则需要为其他用户或组在模板上配置新的读取和注册权限。

必须配置企业 CA 来颁发密钥恢复代理证书。当已在密钥恢复代理模板上配置了权限，并且授权企业 CA 来颁发这个密钥恢复代理证书后，具有相应权限的用户就可以请求一个密钥恢复代理证书。也必须为密钥恢复代理证书选择一个加密密钥长度。具有 2048 位长度是比较适宜的。8192 位或者更长的密钥需要客户端 CSP 花费几个小时来产生，而且在密钥存档时，会使 CA 上的公钥操作比较慢。必须标记这个密钥是可导出的，以便密钥恢复代理可以从工作站本地导出私钥到软盘或者其他安全的存储介质中。同时也建议用强密码来保护密钥恢复代理证书的私钥。可以用智能卡来作为密钥恢复代理。

默认的密钥恢复代理证书模板需要手动为密钥恢复代理证书请求进行确认。如果证书管理员手动确认所有密钥恢复代理证书请求时，这是建议的方式。证书管理员可能选择使用比可用的密钥恢复代理证书更少的密钥恢复代理，这样就不会使个别密钥恢复代理可以解密 CA 数据库中所有的私钥。CA 随机选择密钥恢复代理证书，以确保密钥恢复代理的选择是不可猜测的。

在应用密钥存档时需要注意以下两个问题：

（1）在 Windows Server 2003 中的内置模板不允许密钥存档。必须创建新的版本 2 模板（仅在 Windows Server 2003 企业版及以后的 Windows 服务器系统中支持），以支持用户存档注册。

（2）尽管可以为私钥存档配置加密服务程序，但仅可以存档基于 RSA 算法 CSP 产生的密钥。DSS 和 Diffie-Hellman CSP 不支持密钥存档。

2．建立密钥恢复代理策略

允许除用户本身外的其他人来恢复密钥，以阻止安全风险。尽管你信任你的管理员，但对于他为其他用户进行密钥恢复的信任仍是有限的。例如，你的密钥恢复代理（可能是管理员）可能离开了公司，可能会备份他原来所代理恢复的密钥。所以，建议你小心监控你的密钥恢复计划。

建议限制任一作为密钥恢复代理的个别服务器的时间，或者考虑区分几个服务器之间使用智能卡完成密钥恢复任务的职责和需求。另外，使用以下密钥恢复策略：

- 如果你知道一个密钥已经有安全风险，请立即吊销它。
- 不恢复高安全需求或者与高安全需求证书关联的密钥和证书。
- 不存档和恢复用于签名的私钥。

如果可能，仅在原来证书吊销后恢复加密密钥。在恢复时发行新的密钥。吊销可以确保用户仍可以用旧密钥解密数据，但不能再用旧密钥加密数据。

12.7.5 创建证书管理规划示例

只有在完成了包括注册和更新证书策略、对用户账户的映射策略、吊销证书和发布 CRL，以及使用密钥恢复的管理规划后，你组织中的 PKI 才是安全的、有效的。许多组织是以每一个证书类型的安全关联和可预见的证书请求量作为证书注册和续订方法的基础的。例如，一个组织是按以下描述来部署证书和续订策略的：

- 自动注册是电子邮件和 EFS 证书请求首选的注册方法，适用于大多数活跃的证书。仅已经经过网络身份认证的客户端可以请求证书。
- 所有需要执行网络管理和软件开发的证书请求需要手动进行确认。
- 对于加入的合作伙伴的证书颁发请求也需要手动确认。
- 组织中的普通用户证书是按照域用户成员分布进行分配的。

高安全证书的分发是强制使用一对一映射方式。这就进一步加强了这些证书配置的使用限制。同时，为了提高组织定义哪些共享文件和其他资源对他们加入的合作伙伴是可用的能力，到活动目录中单一账户的多对一映射约束加入的合作伙伴证书的使用。

同样，组织也关心与高安全证书关联的 CRL 的有效期。所以，他们决定每天为 CA 发布一次基本 CRL，增量 CRL 每天两个小时发布一次，或者在需要时随时发布增量 CRL。因为网络带宽和复制可能会影响到基本 CRL 和增量 CRL 发布到远程办公室，他们为中等安全级别 CA 选择了稍为宽松的发布时间表，新的基本 CRL 一周发布一次，而增量 CRL 在每个工作日结束时发布一次。在工作日结束时发布增量 CRL 可以确保更新信息在晚上进行复制，而在第二天一上班即可使用。

第 13 章

传输层安全方案及应用配置

OSI/RM 的传输层的主要作用就是保证数据安全、可靠地从一端传到另一端。要实现数据安全、可靠地传输就必须采用相应的安全措施，其中 TLS/SSL 就是传输层的一个最主要应用的安全协议。除此之外，其实还有像 SSH、SOCKS 都是属于传输层的安全协议。在 WLAN 网络中，也有对应的 TLS 协议，那就是 WTLS（WLAN 传输层安全协议）。本章要分别对它们进行介绍，其中主要介绍 TLS/SSL 安全协议。

TLS/SSL 协议是工作在 OSI/RM 传输层的安全协议（也有把它们看成是工作在应用层的，那是因为它们还可以应用于应用层软件应用上）。它不仅可以为网络通信中的数据提供强健的安全加密保护，还可以结合证书服务，提供强健的身份认证、数据签名和隐私保护。目前在各种互联网应用中应用非常广泛，如安全的 Web 网站访问、安全电子邮件通信、安全的网络远程访问和 SQL 通信等。

SSH 是一种在不安全网络上用于安全远程登录和其他安全网络服务的协议。它提供了对安全远程登录、安全文件传输和安全 TCP/IP 和 X-Window 系统通信流进行转发的支持。它可以自动加密、认证并压缩所传输的数据。而 SOCKS 是一种基于传输层的网络代理协议。它设计用于在 TCP 和 UDP 领域为 C/S 模式应用程序提供一个框架，以快捷而又安全地使用网络防火墙服务。

教学（自学）课时安排

课时安排	本章老师共需安排 3 个授课课时。	
授课课时	主要内容	重点
1	①TLS/SSL 简介 ②TLS 与 SSL 的区别 ③常见的 TLS/SSL 应用 ④Windows Server 2003 安全通道 SSPI 体系架构 ⑤Windows Server 2003 TLS/SSL 体系架构	①TLS 与 SSL 的区别 ②Windows Server 2003 安全通道 SSPI 体系架构 ③Windows Server 2003 TLS/SSL 体系架构
2	①Windows Server 2003 CA 的安装 ②生成和提交证书申请 ③证书的颁发和导出 ④在 Web 服务器上安装证书 ⑤在 Web 服务器上启用 SSL	①Windows Server 2003 CA 的安装 ②生成和提交证书申请 ③证书的颁发和导出 ④在 Web 服务器上安装证书 ⑤在 Web 服务器上启用 SSL
3	①WAP 的主要特点和体系架构 ②WAP 架构与 WWW 架构的比较 ③WAP 安全机制 ④WTLS 体系架构 ⑤WTLS 的安全功能 ⑥SSH 和 SOCKS 协议	①WAP 的主要特点和体系架构 ②WTLS 体系架构 ③SSH 和 SOCKS 协议

13.1 TLS/SSL 基础

大家可能对 SSL（Secure Sockets Layer，安全套接字层）这种安全技术比较熟悉，因为可以在像 VPN、远程访问、电子邮件、数据库访问等许多方面见到它的踪影。SSL 其实就是以前 Sockets（套接字）接口的安全通信方案，最初是由 Netscape（网景）公司开发的安全技术。而这里同时出现的 TLS 则是 IETF（Internet Engineering Task Force，互联网工程任务组）在基于网景公司 SSL 最新版本——SSL 3.0 而开发的新的安全技术标准。目前 TLS 的最新版本为 1.0。之所以把这两种技术放在一起，是因为它们中绝大多数原理和技术都是一样的。

【注意】虽然说 SSL 和 TLS 是建立在 OSI/RM 的传输层，也就是通常所说的是传输层安全协议，但其实它们是介于 OSI/RM 应用层和真正的传输层之间的附加层的。

13.1.1 TLS/SSL 简介

当需要把机密数据发送到非信任网络时，就会遇到安全性问题。此时，可以使用 TLS/SSL（Transport Layer Security/ Secure Sockets Layer，传输层安全/安全套接字层）对服务器和客户端进行身份认证，同时还可以对通信双方的数据进行加密。SSL 协议 2.0/3.0 版本和 PCT（Private Communications Transport，专用通信传输）协议都是基于公钥加密技术的，是在 SChannel（Security Channel，安全通道）认证协议套件中提供的。所有安全通道协议都是基于客户端/服务器模式的。

【说明】安全通道是微软安全程序包的一部分，提供身份认证服务，以便在客户端和服务器之间提供安全的通信。Windows 安全程序包是实现安全套接字层（SSL）和传输层安全（TLS）Internet 标准身份认证协议的安全支持提供程序（SSP）。SChannel 技术支持以下公钥基础协议：SSL 2.0/3.0、TLS 1.0 和 PCT 1.0。

TLS/SSL 其实包括了两种协议，即 TLS 和 SSL。TLS 构建于公钥基础设施基础之上，使用公/私钥对来为数据提供加密和完整性检查，使用 X.509 证书进行身份认证。TLS 协议目前最高版本为 1.0，SSL 的最高版本为 3.0。TLS 1.0 是在 SSL 3.0 基础上开发而成的。TLS 1.0 和 SSL 3.0 主要功能和工作原理方面均基本相同，所以在此一并介绍。通过介绍 TLS/SSL 这个组合协议即可全面了解 TLS 1.0 和 SSL 3.0 的工作原理。但因为 TLS 是由 IETF 发布的公开标准，所以可以得到广泛的支持。可以预计，将来会全面替代 SSL。

许多安全协议，如 Kerberos v5 是依据单个密钥对数据进行加解密的。所以，这些协议要依靠安全的密钥交换。在 Kerberos v5 协议中，是通过从 KDC（密钥分配中心）得到的令牌来实现的。这就要求每个使用 Kerberos 协议的用户在 KDC 中注册，这对于像用户来自全球，拥有数百万用户的电子商务网站来说，是非常不切实际的。TLS 信赖的是公钥基础设施（PKI），使用两个密钥对数据进行加密、解密。当使用其中一个进行加密时，就必须使用另一个来进行解密。这样的加密原理的好处就是不需要提供安全的密钥交换。

PKI 中的私钥只能由注册者拥有，公钥则可以公布于众。如果某人要发送私密消息到密钥拥有者，则可以使用接收者的公钥对数据进行加密，然后接收者可以使用其私钥对数据进行解密。密钥对还可以用于进行数据完整性检查。密钥拥有者可以在发送数据前附上用自己私钥进行的签名。创建一个包括计算数据哈希，并用私钥加密数据的数字签名。任何拥有发送数据者公钥的人都可通过解密数据签名来验证数据是来自正确的发送者。另外，接收者可以使用与发送者相同的算法对接收到的数据进行哈希计算，如果计算的结果与附加在数据签名上的哈希一致，则接收者可以确认数据在传送过程中没有被修改。

在 TLS/SSL 认证过程中，TLS/SSL 客户端发送一个消息到 TLS/SSL 服务器，服务器以进行自认证的消息响应客户端。客户端和服务器完成额外的会话密钥交换，结束整个认证会话过程。当认证完成后，在服务器端与客户端使用在认证过程中建立的对称密钥的 SSL 安全通信就建立起来了。

在有多个服务器为客户端提供认证的情况下，TLS/SSL 不需要在域控制器（如微软的 Windows 活动目录服务）或者数据库中保存服务器密钥。客户端使用可信任的根证书颁发机构颁发的证书（在安装了 Windows Server 2003 系统后就自动装载）来确认服务器的可信任性。所以，除非用户需要由服务器来认证，用户在建立与服务器之间的安全连接前并不需要创建相应账户。

TLS 和 SSL 协议广泛应用于 Web 浏览器和 Web 服务器之间（也就是通常所说的 B/S 模式，实际上就是客户端/服务器（C/S）模式）基于 HTTPS 协议的互联网安全传输。TLS/SSL 也可以应用于其他应用层协议，如 FTP、LDAP 和 SMTP 协议。TLS/SSL 可以为像通过互联网这样的公共网络进行的网络通信提供服务器身份认证、客户端身份认证和数据完整性检查等安全措施。另外，它不仅可应用于有线网络，目前在 WLAN 无线网络传输中也有类似的扩展安全传输标准——WTLS。这些都将在本章后面具体介绍。

13.1.2 TLS 与 SSL 的区别

前面说到了，IETF 开发的 TLS 1.0 是在网景公司开发的 SSL 3.0 基础（实际上更接近 SSL 3.1）上开发的，是对 SSL 3.0 的改进，所以它们之间存在紧密的联系。但 SSL 3.0 和 TLS 1.0 之间仍存在一些细微的差别。而且尽管差别很小，但两者仍不可完全互换。如果通信双方不能同时支持这两个协议，则他们会协商一个都支持的协议来实现安全通信。

TLS 1.0 相对 SSL 3.0 的主要改进如下：

- 在 TLS 中是以加密哈希的 HMAC（Hash Message Authentication Code，哈希消息认证代码）算法替代了 SSL 消息的 MAC（Message Authentication Code，消息认证代码）算法。HMAC 比 MAC 更加安全，是在 MAC 基础上增强了完整性值的检查，而且哈希功能使得消息的破解难度更大。
- TLS 是在 RFC 2246 中定义的标准，SSL 是网景公司开发的技术。
- 在 TLS 中添加了许多新的报警消息。
- 在 TLS 中，不总是需要包括来自根 CA 的证书，可以使用信任的第三方中间认证方式。因为 SSL 是网景公司开发的技术，不是通用标准，所以它只能使用来自根 CA 的证书。
- TLS 需要指定与块密码算法一起使用的填充块值，但微软 TLS 中使用的 RC4 算法是一种流密码，所以这种修改也不是固定的。
- TLS RFC 中不包括 Fortezza 算法，因为 Fortezza 算法还没有对公众开放。

【说明】Fortezza 是 OSI 协议簇的成员。它也有加密程序，但最少采用 56 位元编码密钥，较之 SSL 及 PCT 所用的 40 位元编码密钥安全得多。除此之外，Fortezza 的优胜之处是加入了为验证过程而设的令牌（token）新功能。

- 两者在一些消息字段中存在细微的差别。

具体区别将在本章后面的内容中体现。

13.1.3 常见的 TLS/SSL 应用

学技术的目的就是为了应用，况且本书就是在讲安全系统设计，所以了解 TLS/SSL 技术的应用，对于我们进行网络安全系统设计非常必要。许多人认为 TLS 或 SSL 是用于 Web 浏览器提供安全浏览的协议。其实，它们也是可用来进行身份认证和数据加密保护的协议。例如，可以使用 TLS/SSL 进行如下工作：

- 电子商务 Web 网站的 SSL 安全交易
- 在基于 SSL 安全保障的 Web 网站上对客户端访问进行身份认证
- 远程访问
- SQL 访问通信
- 电子邮件通信

当然这并不是 TLS/SSL 应用的全部列表，事实上，通过 SSPI（Security Service Provider Interface，安全服务提供商接口）可以进行的应用都可以通过 TLS/SSL 协议来实现。许多应用在利用 TLS/SSL 协议特性后，应用能力得到了进一步改进。

1. 电子商务 Web 网站的 SSL 安全交易

这是 SSL 在浏览器和 Web 服务器之间应用的一种典型应用。例如，在一个电子商务商店站点上，客户需要提供他们的信用卡号。SSL 协议首先要确保 Web 站点的证书是有效的，然后发送客户信用卡信息当作密码文本。在这种应用中，服务证书是网站自己的、可信任的，而通过证书进行的身份认证则仅对服务器进行。此时，TLS/SSL 协议必须在 Web 页面上得到支持，如数据交易时所用的订单页面。

2. 在 SSL 安全 Web 网站的客户端身份认证

在这种应用中，客户端和服务器上 CA 颁发的证书首先需要互信。在安全通道中，客户端证书可以一对一或者多对一地映射到可以由“Active Directory 用户和计算机”控制台管理的 Windows Server 2003 用户或计算机账户上。这样，用户可以在 Web 站点上进行身份认证，而无需提供用户账户和密码。

多对一映射有多个用处，例如你有几个用户要进行商业机密访问，则可以创建一个组，把用户证书映射到这个组中，然后给予这个组适当的访问权限。

在一对一映射中，在客户登录时，服务器便具有客户端证书的副本，由服务器来对证书标识进行校验。一对一映射是个人保密的典型应用，如银行站点仅允许有权限的个体对当前账户进行浏览。

3. 远程访问

在这种应用中，远程交换通常是使用安全通道的。当用户远程登录到你的 Windows 系统或网络时，你可以使用 TLS/SSL 技术提供身份认证和数据加密保护。用户可以更加安全地在家里、旅途中访问他们的邮件或者企业应用，降低泄露私密信息到互联网其他用户的风险。

4. SQL 访问

在微软的 SQL 服务器中，可能需要在客户端连接到 SQL 服务器进行身份认证。客户端和服务器都可以配置成在它们之间的数据传输中需要加密数据。一些敏感信息，如财务和内部数据库可以得到保护，防止非法用户访问和泄露网络中的信息。

5. 电子邮件

当使用 Exchange 服务器时，在数据从内部或互联网上的一个服务器到达另一个服务器的过程中，可以使用安全通道来进行保护。全面的端到端安全可能需要使用 S/MIME 协议（但不是绝对的），帮助在服务器到服务器交换中允许公司使用互联网在集团公司各分支机构、合作伙伴中安全地传输电子邮件。

13.2 Windows Server 2003 TLS/SSL 体系架构

TLS/SSL 是使用基于证书的身份认证和对称密钥进行身份认证和安全数据传输的。本节将以 Windows Server 2003 系统中的 TLS/SSL 协议为例介绍 TLS/SSL 协议的工作原理。

Windows Server 2003 操作系统可以选择使用 TLS 1.0、SSL 3.0 和 SSL 2.0 三个相关安全协议通过互联网来提供身份认证和安全通信保障。

以上这 3 个协议是通过使用证书和以多种可能的加密套件进行的安全通信提供身份认证的。常见的加密套件是指像密钥交换（Key Exchange）、整批加密（Bulk Encryption）和消息完整性（Message Integrity）的协议组合。因为身份认证依靠的数字签名、像 Verisign 之类的证书颁发机构（CA）是安全通道的重要组成部分。

13.2.1 安全通道 SSPI 体系架构

Windows Server 2003 操作系统执行由安全支持提供商（SSP）提供的 TLS/SSL 协议，在操作系统中安全通道是以一个动态链接库文件形式出现的。具体要求应用哪个 SSP，要根据连接另一端计算机的兼容能力和具体应用的安全配置而定。微软的 SSPI 是 Windows Server 2003 身份认证的基础。也就是说，身份认证所需的应用和基础结构服务是通过 SSPI 来提供的。

在 Windows Server 2003 中默认的 SSP 是 Kerberos、NTLM（NT LAN Manager，NT 局域网管理器）、数字通道和以 DLL 链接库形式作为 SSPI 的一部分集成的协商身份认证协议（Negotiate Authentication Protocol）。另外，如果他们是互操作的，SSP 也可以集成在 SSPI 中。具体如图 13-1 所示，这也就是 SSPI 的体系架构。

在 Windows Server 2003 操作系统中，SSPI 在客户端和服务器端之间的通信通道中提供了一种身份认证机制。当通信双方需要进行身份认证，以可以进行更安全通信时，将身份认证请求路由到 SSPI 上，完成身份认证，而不管当前使用的网络通信协议是什么。SSPI 返回一个透明的二进制大对象（Binary Large Object，BLOB），然后在应用进程中传输，在另一端可以传输到 SSPI 层。这样，SSPI 使得计算机或网络上的应用去使用不同的可用安全模式，无需改变与安全系统连接的接口。

1. SSP 组件

表 13-1 描述了图 13-1 中 SSP 层所包括的组件。表中的每一个协议在 Windows Server 2003 中都实现了在非安全网络环境中进行安全通信的不同方法。

表 13-1 SSP 组件

组件	描述
Kerberos v5 身份认证	是一种用密码或者智能卡进行交互登录的工业标准协议，也是 Windows 2000 和 Windows Server 2003 系统服务的首选身份认证方法
NTLM 身份认证	是一个用于与 Windows 2000 以前版本 Windows 系统兼容的挑战－响应协议。
摘要身份认证	是一种用于 Windows Server 2003 系统 LDAP 和 Web 服务身份认证的工业标准。它是通过网络中的 MD5（Message Digest 5）哈希或者消息摘要来传递信任
安全通道	执行 SSL 和 TLS 的 SSP。安全通道常应用于跨单位网络环境的应用中，如 Web 基础服务器身份认证。在这种环境下，用户都希望通过使用 VPN 实现安全访问服务器或者单位局域网
协商	可以用来协商特定的身份认证协议的 SSP。当一个应用调用 SSPI 来登录网络时，应用可以指定一个 SSP 来处理这个请求。如果应用指定采用协商方式，则开始对请求进行协商分析，并挑选最好的 SSP 在基于客户端安全策略配置的基础上来处理这个请求

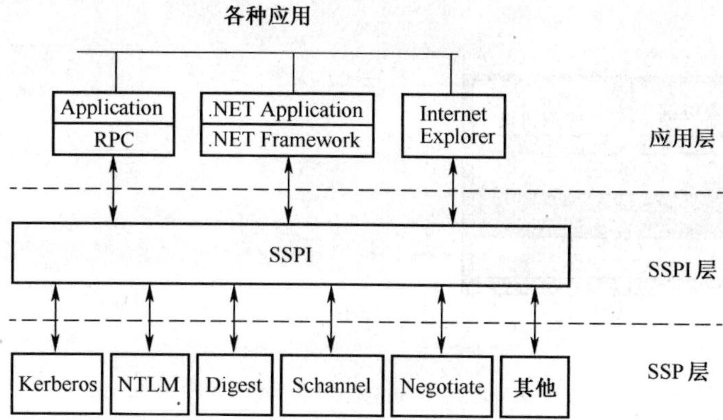

图 13-1　SSPI 体系架构

2．安全通道 SSP

可以为面向 Web 服务的访问使用安全通道 SSP，如电子邮件或者个人主页。

安全通道 SSP 使用公钥证书进行身份认证。在它的套件中，包括了 4 个身份认证协议。当到了身份认证阶段后，它会按照以下优先级顺序选择 4 个协议中的一个来执行：TLS 1.0、SSL 3.0、PCT 和 SSL 2.0。在 Windows Server 2003 系统中，PCT 默认是关闭的。PCT 已经被 SSL 3.0、TLS 协议所取代。安全通道 SSP 仅向后兼容支持 PCT 1.0，但是这个协议可能在将来的版本中不被支持。

安全通道将选择一个通信双方都支持的、最适合的身份认证协议。例如，如果服务器端支持所有这 4 个身份认证，而客户端仅支持 SSL 3.0 和 PCT，这样安全通道将选择 SSL 3.0 作为身份认证协议。

13.2.2　TLS/SSL 体系架构

安全通道身份认证协议套件是基于公钥加密基础上的。安全通道套件包括 TLS、SSL 3.0、SSL 2.0 和 PCT。所有安全通道协议都是基于客房机/服务器模式的。安全通道客户端发送一个消息到服务器，而服务器以为自己提供身份认证所必需要的信息进行响应。客户端和服务器完成附加的会话密钥交换和最后的身份认证对话。当身份认证完成后，使用在身份认证过程中建立的密钥就可以开始服务器和客户端之间的安全通信了。

安全通道不需要在域控制器或者像活动目录之类的数据库中存储服务器密钥。客户端必须要确保身份认证信任的有效性。安全通道使用安装 Windows Server 2003 系统后创建并装载的根 CA 证书来确认信任。所以，在身份认证和与服务器建立健全安全连接前，用户不需要建立账户。

TLS/SSL 安全协议在应用协议层和 TCP/IP 层中是分层的。TCP/IP 层可以安全地发送应用数据到传输层。因为 TCP/IP 层是工作在应用层和传输层之间，TLS/SSL 可以支持多个应用层协议。

TLS/SSL 假设使用的是面向连接传输，如 TCP 传输。TLS/SSL 协议允许客户端/服务器应用检测以下安全风险：消息篡改、消息拦截、消息伪造。

TLS/SSL 协议可以分成两层，第一层包含各种具体的应用协议和 3 个握手子协议：握手协议（Handshake Protocol）、修改密码规范协议（Change Cipher Spec Protocol）和报警协议（Alert Protocol）的握手层。第二层是记录协议。图 13-2 显示了 TLS/SSL 协议的组成，亦即 TLS/SSL 协议的体系架构。下面先对这些协议的基本作用进行简单介绍。各协议的具体工作原理将自下节开始进行详细介绍。

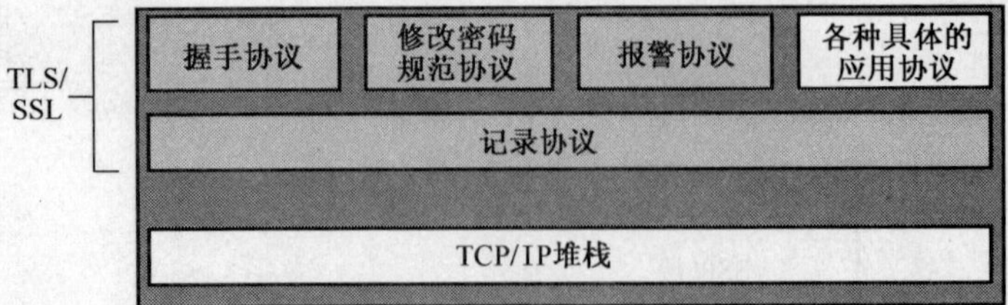

图 13-2　TLS/SSL 体系架构

● 记录协议

本协议是一个从相邻层接收原始数据的协议，仅在连接状态下运行。当开始一个安全会话时，连接状态初始化为 NULL（空）。逻辑上存在两种状态：当前状态和未决状态，记录在当前状态下处理。它将所接收到的数据进行压缩、加/解密、身份认证和数据完整性检查，然后向上层转交或向下层发送。本协议进行的有关处理完全按照在握手协议中通信双方所协商一致的处理流程和算法进行。

● 握手协议

所有与安全相关的参数都是在握手阶段协商一致的。这些参数包括：协议版本号、使用的加密算法、身份认证信息和由公钥技术生成的密钥材料。握手阶段从客户端与服务器进行 Hello 消息应答开始，在两个 Hello 消息中，通信双方商定一致的会话方式。当客户端发送 Client Hello（客户端 Hello）消息以后，就等待接收由服务器发送而来的 Server Hello Done（服务器 Hello 完成）消息。服务器如果需要向客户端提供身份认证，可以发一个代表自己的服务器证书给客户端，也可以要求客户端提供身份认证所需的证书。

● 报警协议

报警类型是 WTLS 记录层支持的内容类型之一，报警消息传送的内容为信息错误的严重程度及告警描述。记录协议的报警消息主要有警告、危急、致命 3 种。报警消息使用当前的安全状态发送，如果报警消息的类型是“致命”，则双方将结束安全链接。同时，其他使用安全会话的链接可以继续，但会话标识必须设成无效，从而使失败的链接不能被用于建立新的安全链接。当报警消息的类型为“危急”时，当前的安全链接结束，而其他使用安全会话的链接可以继续，会话标记可以用于建立新的安全链接。

● 修改密码规范协议

此协议用来在 TLS/SSL 安全会话的双方间进行加密策略改变的通知，仅使用一种称为“修改密码规范”的消息。消息中包含一个字节，值为 1。此消息在双方的安全参数协商一致后，在握手阶段由客户端或服务器发送给对方实体，用于通知对方：以后的数据记录将采用新协商的密码规范和密钥。当消息到达时，发送消息的一方设定当前的写状态为未决状态，接收消息的一方设定当前的读状态为未决状态。

13.3　TLS/SSL 在 IIS Web 服务器中的应用

TLS/SSL 的一个主要应用就是在各种 Web 服务器访问方面的应用。本节介绍微软 Windows Server 2003 系统中 IIS 6.0 Web 网站中 SSL 的应用配置。本示例环境为 Windows Server 2003 域网络中的 IIS 6.0 Web 网站。主要包括以下基本步骤：

（1）安装 CA。

（2）生成证书申请。

（3）提交和颁发证书申请。

（4）颁布、下载或导出证书。

（5）在 Web 服务器上安装证书。

（6）启用 SSL 访问配置。

本节所介绍的方法适用于以下产品和技术：

- Windows XP、Windows 2000 Server（Service Pack 3）、Windows Server 2003 及更高版本的操作系统
- IIS 5.0 及以上版本。
- Microsoft 证书服务（如果您需要生成自己的证书）。

如果想生成自己的证书，则必须能够访问某个证书颁发机构（CA），如 Microsoft 证书服务。如果不希望生成自己的证书，则必须决定将向哪个商业证书颁发机构申请 SSL 证书。大多数证书颁发机构（CA）会就此服务收费。

13.3.1 安装 CA

在此以 Windows Server 2003 系统自带的 CA 为例介绍 CA 的安装、配置方法。这是在安装"证书服务"组件中进行的。如果你的系统中已经安装了证书服务，则可以略过此步。下面仅介绍基本的证书服务安装和 CA 配置方法。

（1）打开控制面板，双击"添加或删除程序"项，然后单击"添加/删除 Windows 组件"按钮，打开 Windows 组件安装向导。在其中选择"证书服务"选项，如图 13-3 所示。

（2）单击"下一步"按钮，弹出如图 13-4 所示的 CA 配置对话框。在这里要选择 CA 类型，在此以选择安装企业根 CA 为例进行介绍。

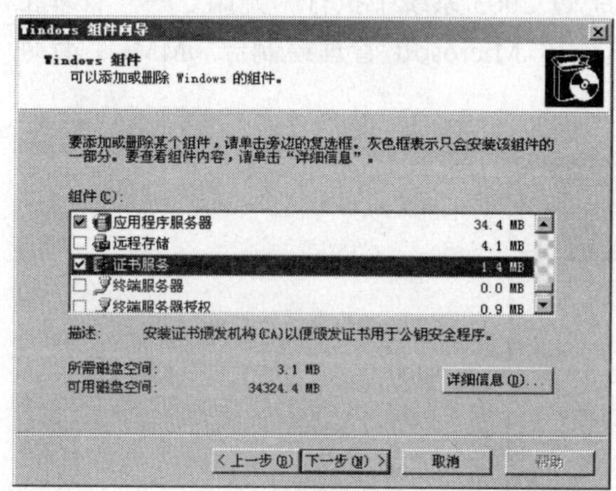

图 13-3 "证书服务"组件安装对话框

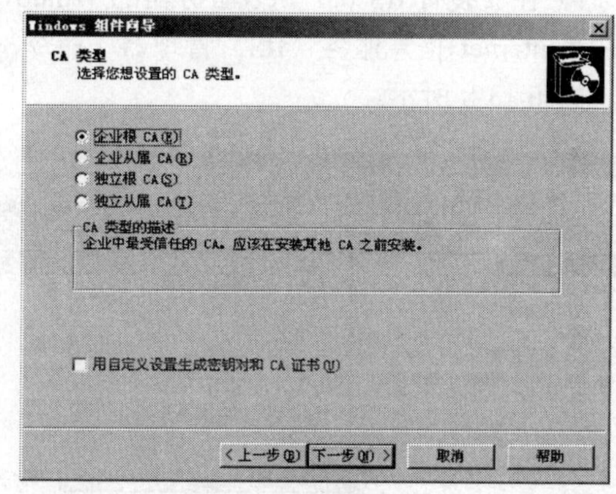

图 13-4 "CA 类型"对话框

（3）单击"下一步"按钮，弹出如图 13-5 所示的对话框。在这里只需配置根 CA 的名称和有效期限。"可分辨名称信息"栏按自动默认显示的即可。

（4）单击"下一步"按钮，弹出如图 13-6 所示的对话框。在这里可选择配置证书数据库和证书数据库日志文件的存放位置。通常按默认位置即可。如果要更改，则一定要记住只能是在 NTFS 格式的磁盘分区上。

（5）单击"下一步"按钮，如果你系统中的 IIS 正在运行，则会弹出如图 13-7 所示的提示框，要求先暂停 IIS 的运行。因为证书服务要嵌套在 IIS 中，这也是我们可以在 IIS 中使用证书服务的关键。

（6）单击"确定"按钮开始"证书服务"组件程序的安装，一直到本向导结束。

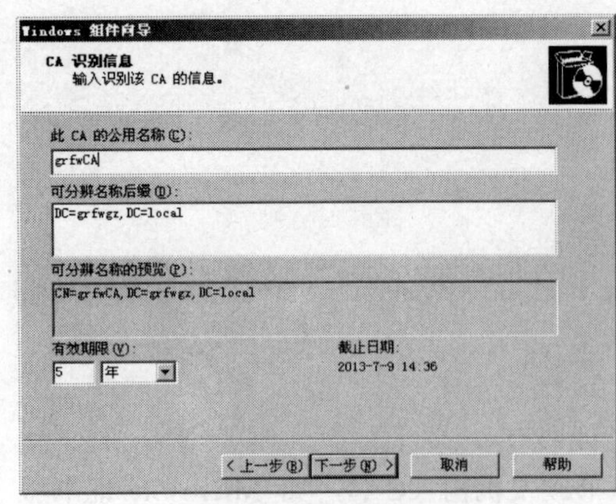

图 13-5 “CA 识别信息”对话框

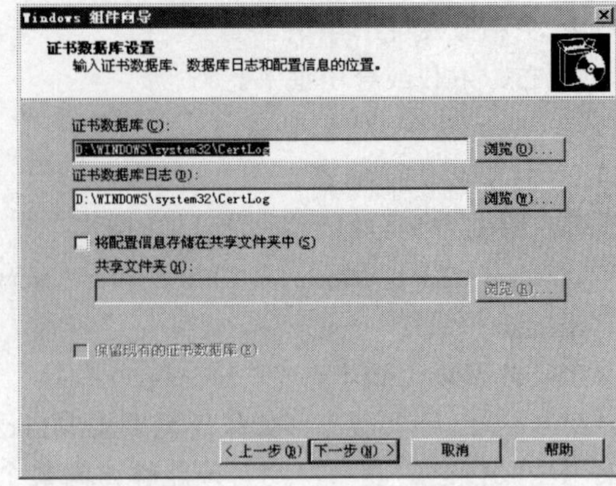

图 13-6 “证书数据库设置”对话框

图 13-7 关闭 IIS 的提示框

13.3.2 生成证书申请

此过程创建一个新的证书申请，此申请可发送到证书颁发机构（CA）进行处理。如果成功，CA 将给你发回一个包含有效证书的文件。具体步骤如下：

（1）在安装有 IIS 6.0 Web 服务器的 Windows Server 2003 系统中执行“开始”→“管理工具”→“Internet 信息服务（IIS）管理器”命令，启动 IIS Microsoft 管理控制台（MMC）管理单元，如图 13-8 所示。

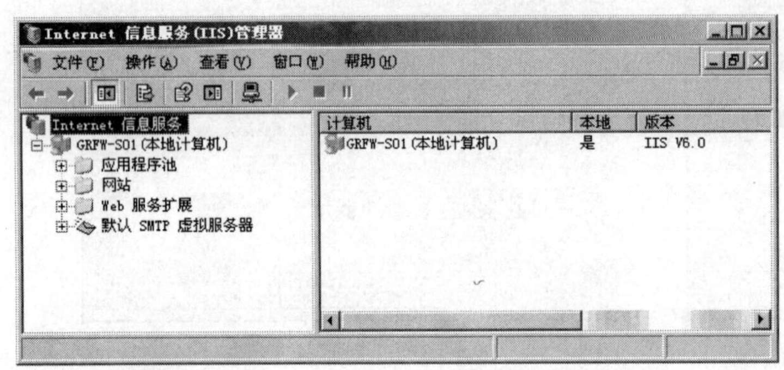

图 13-8 IIS 控制台

（2）展开要配置 TLS/SSL 的 Web 服务器名，选择要安装证书的 Web 站点。在此以默认创建的站点为例进行介绍，其他站点的配置方法是完全一样的。

（3）在该 Web 站点上右击，在弹出的快捷菜单中选择“属性”选项，在弹出的对话框中选择“目录安全性”选项卡，如图 13-9 所示。

（4）单击“安全通信”区域中的“服务器证书”按钮，启动如图 13-10 所示的 Web 服务器证书向导。

【经验之谈】如果此选项卡中的“服务器证书”按钮不可选择，可能是因为你选择了虚拟目录、目录或文件。返回第 2 步，重新选择 Web 站点即可。

（5）单击“下一步”按钮，弹出如图 13-11 所示的对话框。在此选择“新建证书”单选项。

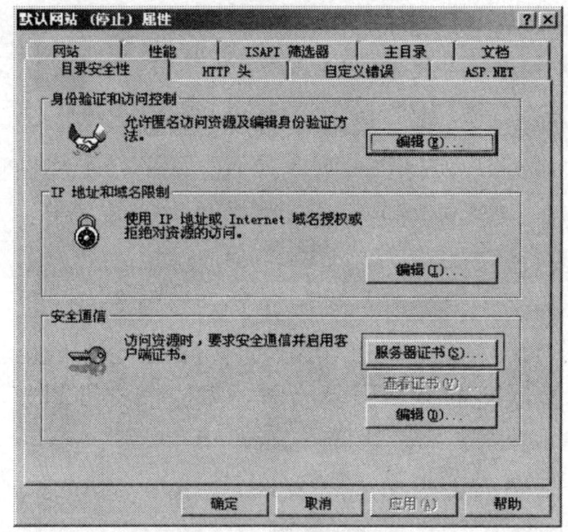

图 13-9　IIS Web 属性对话框的“目录安全性”选项卡

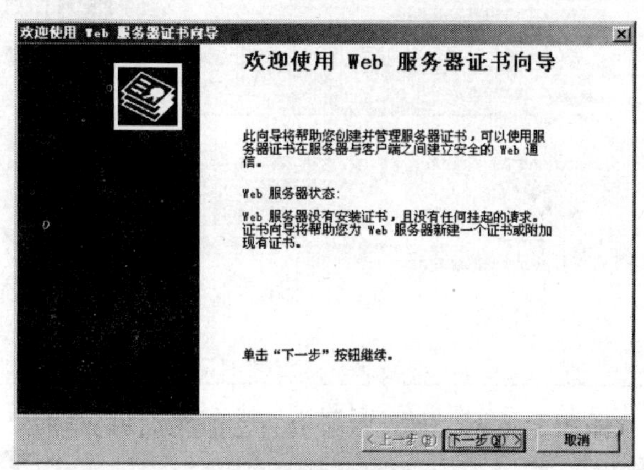

图 13-10　“欢迎使用 Web 服务器证书向导”对话框

（6）单击“下一步”按钮，弹出如图 13-12 所示的对话框。选择“现在准备证书请求，但稍后发送”单选项。该选项总是可用的。“立即将证书请求发送到联机证书颁发机构”单选项仅当 Web 服务器当前可以在为颁发 Web 服务器证书的 Windows Server 2003 域中访问一个或多个 Microsoft 证书服务器时才可用。

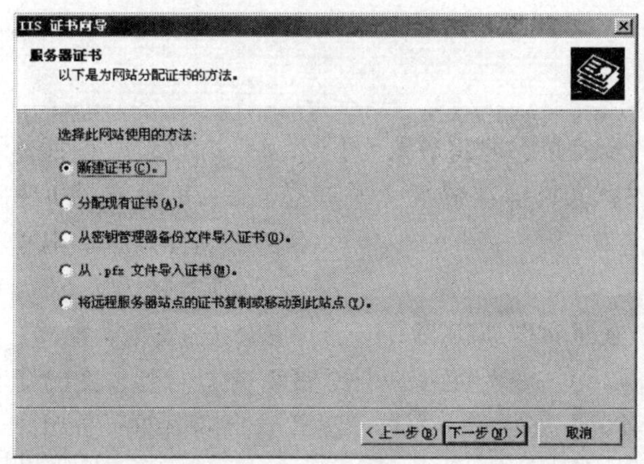

图 13-11　“服务器证书”对话框

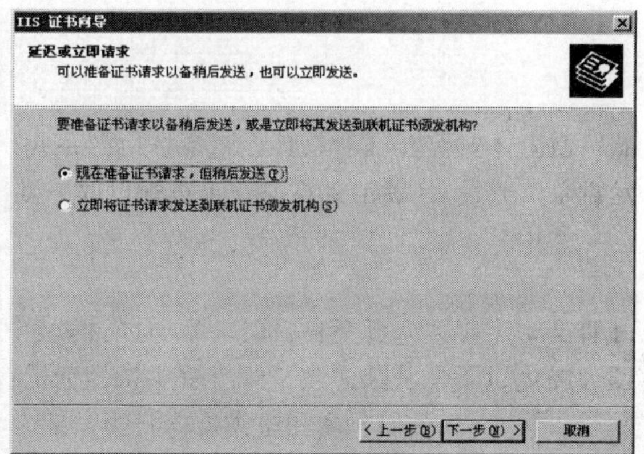

图 13-12　“延迟或立即请求”对话框

（7）单击“下一步”按钮，弹出如图 13-13 所示的对话框。在“名称”文本框中输入证书的描述性名称（在此以“默认 Web 网站证书”为例），在“位长”组合框中输入密钥的位长（在此以默认的 1024 位为例）。证书名称不在证书中使用，但作为友好名称以助于管理员识别。

（8）单击“下一步”按钮，弹出如图 13-14 所示的对话框。在这里要为证书配置使用单位和部门。

（9）单击“下一步”按钮，弹出如图 13-15 所示的对话框。在“公用名称”文本框中输入你的站点的公用名，如示例的 www.lycb.com。公用名称是证书最重要的信息之一，它是 Web 站点的 DNS 名称（即用户在浏览你的站点时输入的名称）。如果证书名称与站点名称不匹配，当用户浏览到你的站点时，将报告证书问题。如果你的站点是内部站点，并且用户是通过计算机名称浏览的，则请输入计算机的 NetBIOS 或 DNS 名称。

（10）单击“下一步”按钮，弹出如图 13-16 所示的对话框。在这里要填上你公司所在的地理信息。

（11）单击“下一步”按钮，弹出如图 13-17 所示的对话框。在这里要输入证书请求文件保存的位置和文件名。

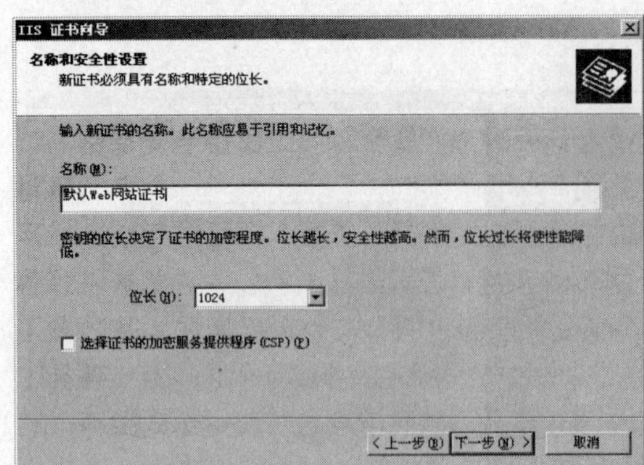

图 13-13　“名称和安全性设置”对话框

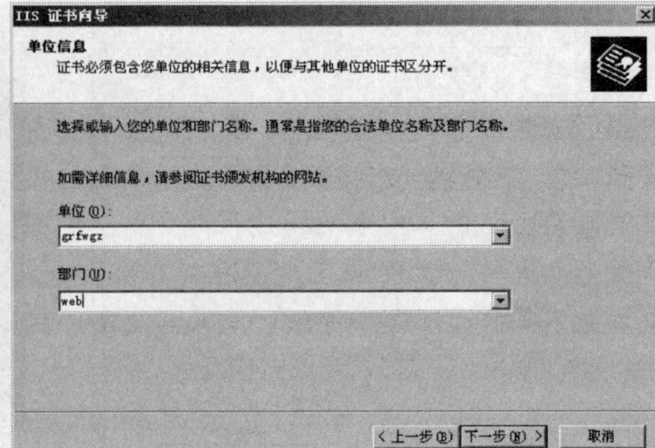

图 13-14　“单位信息”对话框

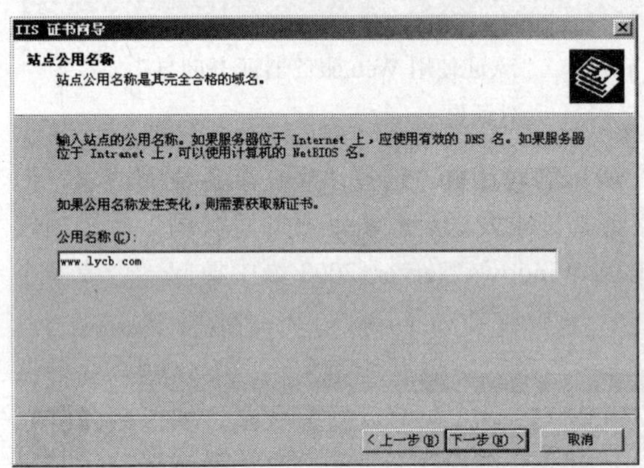

图 13-15　“站点公用名称”对话框

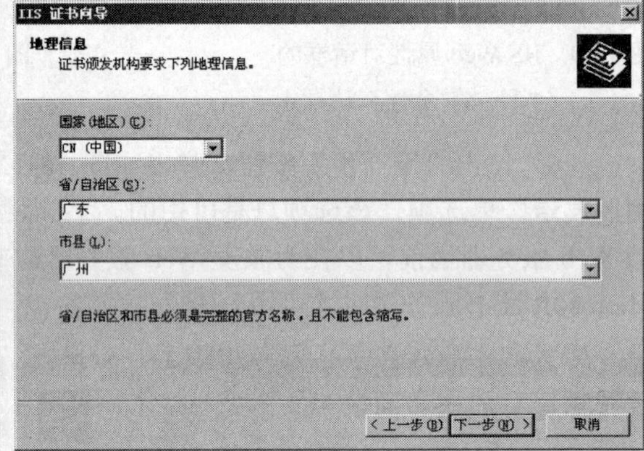

图 13-16　“地理信息”对话框

（12）单击“下一步”按钮，弹出如图 13-18 所示的对话框。在这里显示了你所申请的证书请求信息摘要。

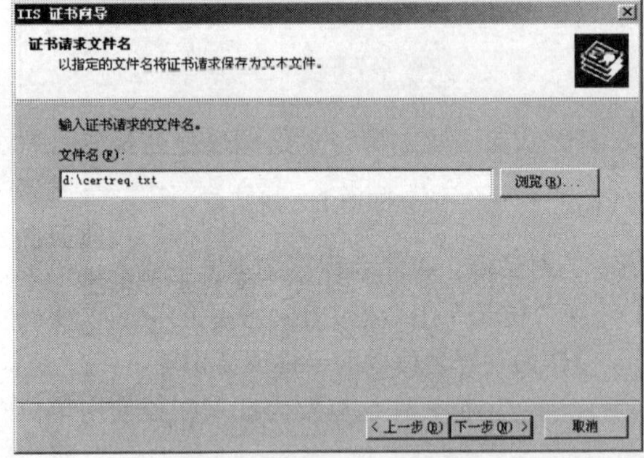

图 13-17　“证书请求文件名”对话框

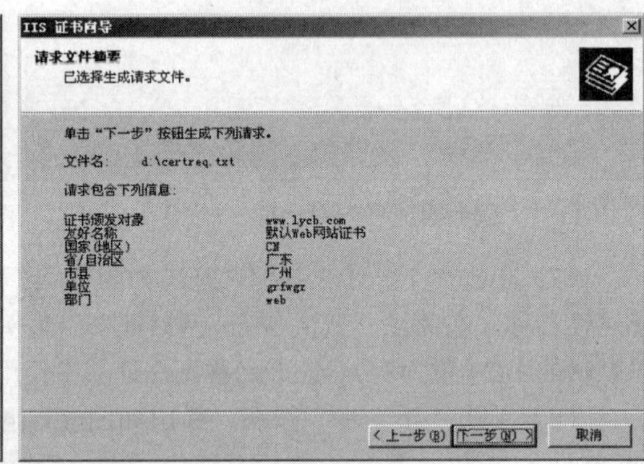

图 13-18　“请求文件摘要”对话框

（13）单击“下一步”按钮，弹出如图 13-19 所示的向导完成对话框，单击“完成”按钮完成证书请求创建过程。接下来就是下节要进行的任务——向 CA 正式提交证书申请。

13.3.3　提交证书申请

此过程使用 Microsoft 证书服务提交在前面的过程中生成的证书申请。具体步骤如下：

（1）使用“记事本”打开在前面的过程中生成的证书文件，将它的整个内容复制到剪贴板中。

（2）启动浏览器，在地址栏中输入 http://*hostname*/CertSrv，其中 *hostname* 是运行 Microsoft 证

书服务的计算机的名称，如本例为 http://grfw-s01/CertSrv，按 Enter 键后弹出如图 13-20 所示的登录对话框。输入证书服务器管理员账户和密码并单击“确定”按钮即可打开如图 13-21 所示的证书申请 Web 页面。

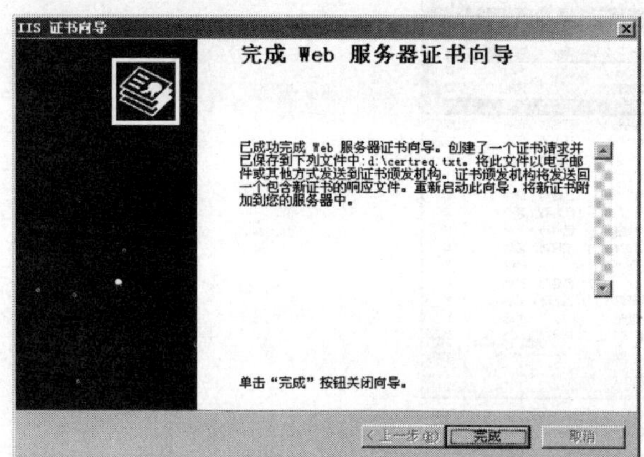

图 13-19 “完成 Web 服务器证书向导”对话框

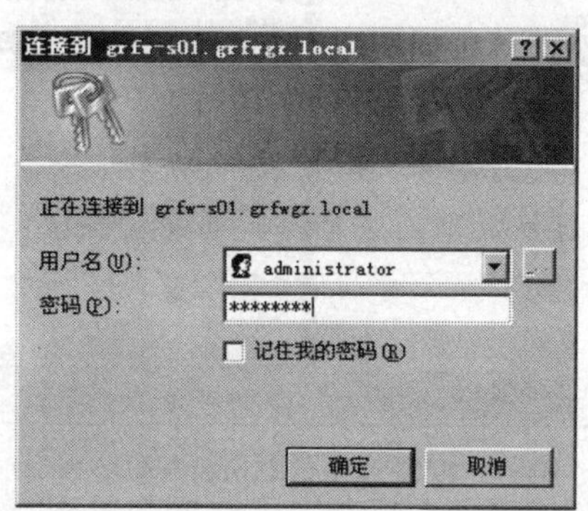

图 13-20 进入证书 Web 页面的登录对话框

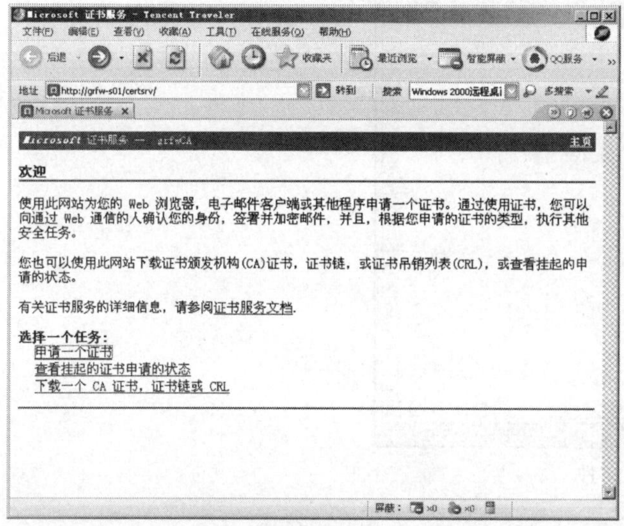

图 13-21 证书申请 Web 页面

【经验之谈】如果通过以上方法不能成功打开这个证书申请 Web 页面，则要在 IIS 中查看“默认网站”是否已在运行。如果发现 IIS 中默认网站总是运行不了，在排除了网站标识（主要是端口）与其他在 IIS 中的网站相冲突的前提下，则要检查是否正在运行其他 Web 服务器程序（如安装了像 Apache 之类的其他 Web 服务器程序），此时仅在状态栏中退出服务是不够的，还需要在“服务”控制台中找到对应的服务，然后关闭或禁止它。如图 13-22 所示就是在“服务”控制台中禁止安装的 Apache Web 服务器服务。因为证书申请的 Web 页面是在 IIS 的“默认网站”中，如图 13-23 所示。

（3）在图 13-21 所示的证书申请 Web 页面中单击“申请一个证书”链接，打开如图 13-24 所示的页面。

（4）单击“高级证书申请”链接，打开如图 13-25 所示的页面。

（5）单击“使用 base64 编码的 CMC 或 PKCS #10 文件提交一个证书申请，或使用……”链接，打开如图 13-26 所示的页面。在“保存的申请”文本框中粘贴前面复制的证书申请内容，在“证书模板”下拉列表框中选择“Web 服务器”选项。

（6）单击“提交”按钮，即得到如图 13-27 所示的“证书已颁发”页面。这样就完成了证书申请的提交和颁发。在这里可以下载证书和证书链，以便以后使用。

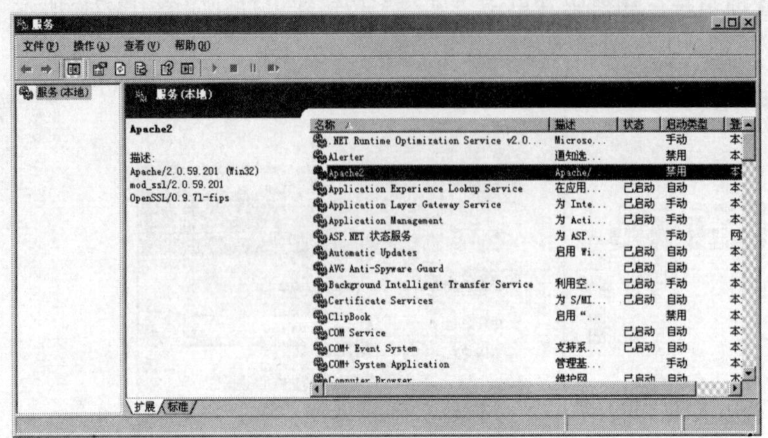

图 13-22 “服务”控制台中的 Apache 服务

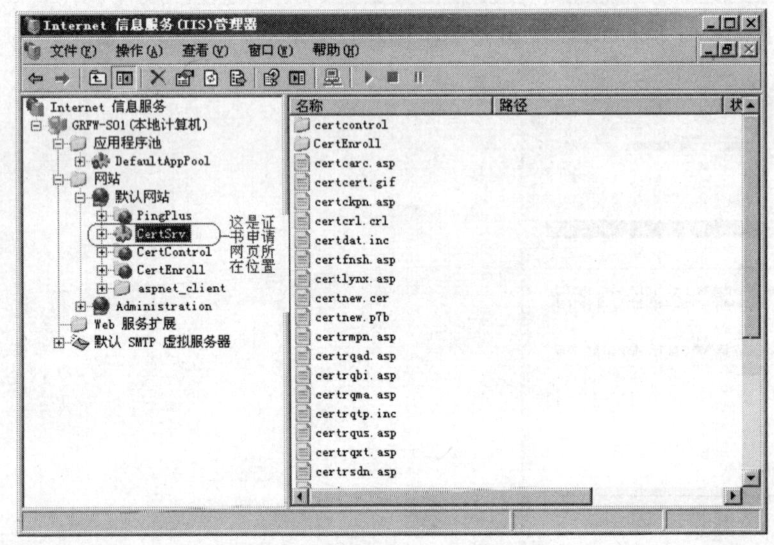

图 13-23 “默认网站”中的证书服务 Web 页面文件

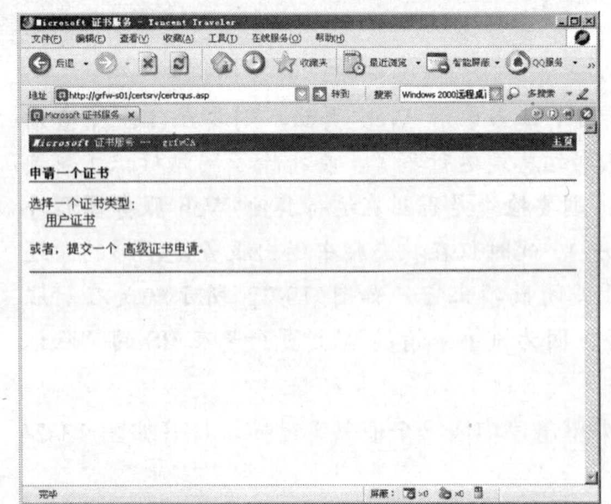

图 13-24 “申请一个证书”页面

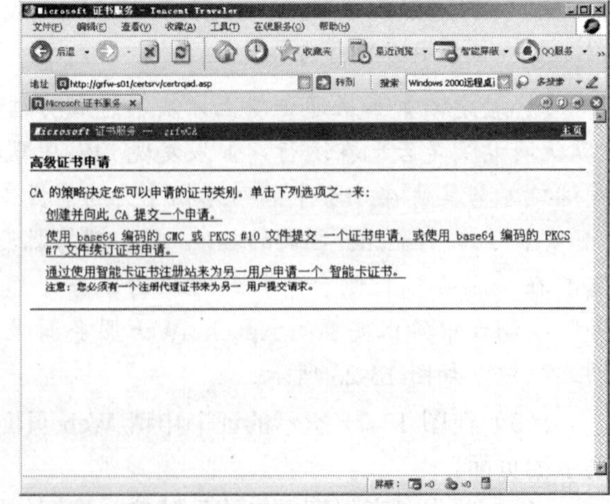

图 13-25 “高级证书申请”页面

【说明】如果是 Windows 2000 系统，则在提交证书申请后不会马上颁发证书，也就不会显示如图 13-27 所示的“证书已颁发”页面，而是出现如图 13-28 所示的“证书挂起”页面。需要由证书服务器管理员在“证书颁发机构”控制台中手动颁发证书。具体在下节说明。

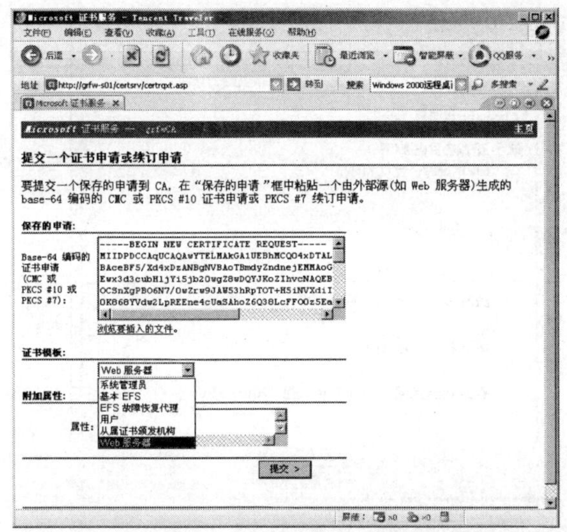

图 13-26　“提交一个证书申请或续订申请”页面

图 13-27　“证书已颁发”页面

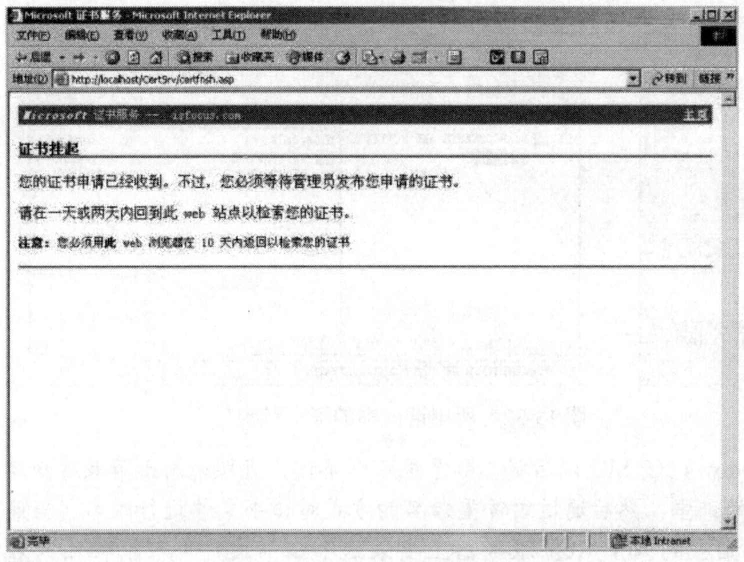

图 13-28　Windows 2000 系统中的“证书挂起”页面

（7）单击“下载证书”链接，弹出如图 13-29 所示的对话框。在这里询问你是保存证书，还是想打开证书。因为在后面的证书安装过程中需要用到证书文件，所以在此单击“保存”按钮以文件形式保存证书。不过，采用此方法保存的证书文件名是一样的——certnew.cer。保存的位置是与你前面提供的证书申请文件保存位置是一样的。

如果想要查看证书信息，直接单击“打开”按钮即可打开证书文件，如图 13-30 所示。如果想查看所申请的证书的证书链（证书链其实就是指证书之间的上下级关系，有点类似文件夹与子文件夹和文件之间的关系）中包括了哪些证书，则可以在图 13-27 所示的页面中单击“下载证书链”链接，弹出如图 13-31 所示的对话框。这里的名称也是统一的，同样可以保存或查看证书链。单击“打开”按钮，打开如图 13-32 所示的窗口，在这里可以查看所申请的证书的证书链情况。

13.3.4　证书的颁发和导出

本节的目的就是把申请到的证书以文件形式保存起来，因为在 Web 服务器安装证书时需要用到证书文件。

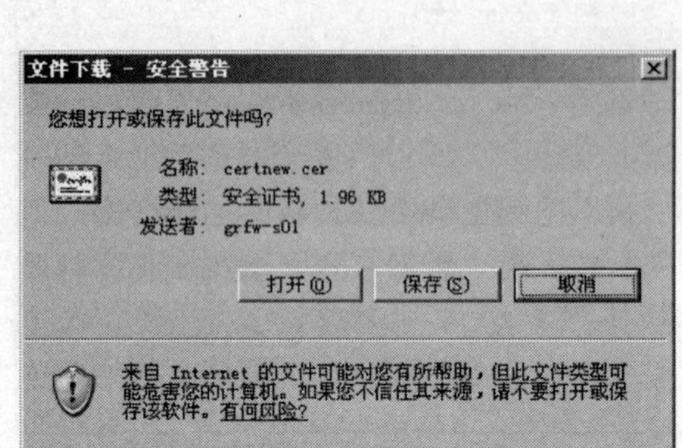

图 13-29　证书下载对话框

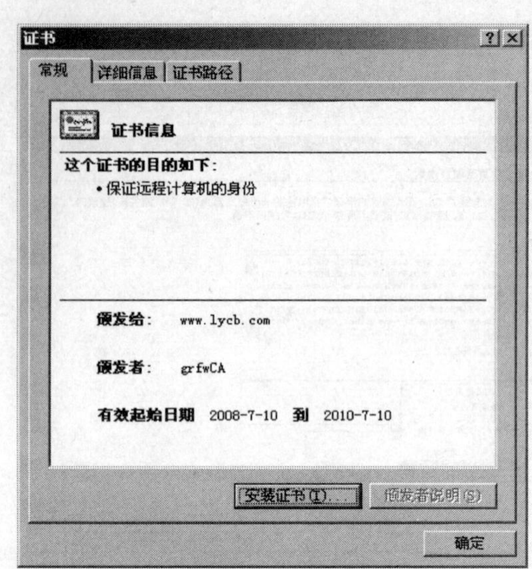

图 13-30　打开的申请证书文件

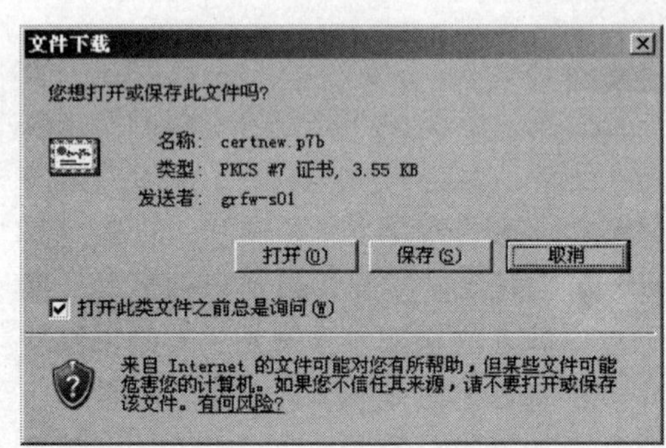

图 13-31　证书链下载对话框

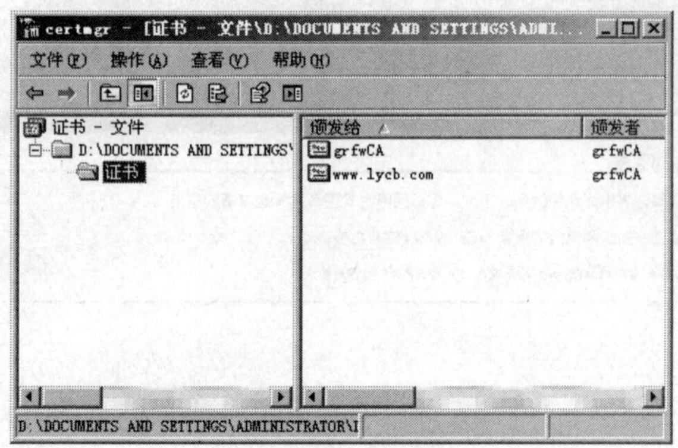

图 13-32　所申请证书的证书链窗口

【说明】事实上本步对于 Windows XP SP2 以后版本的系统可以略过，直接采用上节最后介绍的证书下载方法来保存所申请到的证书，然后通过文件重命名的方式对证书文件进行改名（当然也可以不重命名），最后直接在相应的 IIS Web 服务器上安装这个证书文件即可。但因为在 Windows 2000 系统中，通过 Web 网页申请证书时不是马上颁发的（参见图 13-28），所以不能直接用上节介绍的方法下载、保存证书。所以，本节介绍的方法更适用于 Windows 2000 系统。

证书导出是在“证书颁发机构”管理工具控制台中进行的，如图 13-33 所示，打开的方法是直接执行“开始”→“管理工具”→“证书颁发机构”命令。

证书导出的具体步骤如下：

（1）如果是 Windows 2000 版本系统，在申请证书后没有马上颁发证书，则先要在图 13-33 所示的“证书颁发机构”窗口的“挂起的申请”（在 Windows 2000 系统中，该容器名为“待定的证书”）容器中看一下，如果发现上节申请的证书在里面，则表示证书还没有颁发。在它上面右击，在弹出的快捷菜单中选择“所有任务”→“颁发”选项。

（2）在图 13-33 所示的“证书颁发机构”控制台窗口中选择“颁发的证书”容器，在其中找到刚才申请、颁发的证书，仍参见图 13-33。

（3）双击刚才颁发的证书，在弹出的对话框中选择“详细信息”选项卡，如图 13-34 所示。

（4）单击“复制到文件”按钮，弹出如图 13-35 所示的证书导出向导首页对话框。

（5）单击“下一步”按钮，弹出如图 13-36 所示的对话框。在其中要选择导出证书的格式。我们可以选择其中的两种 X.509 格式证书类型，在此以选择“Base64 编码 X.509（.CER）”单选项为例进行介绍。

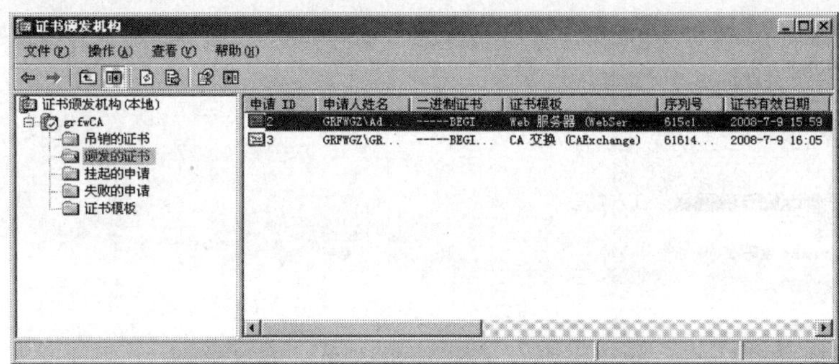

图 13-33 “证书颁发机构”窗口

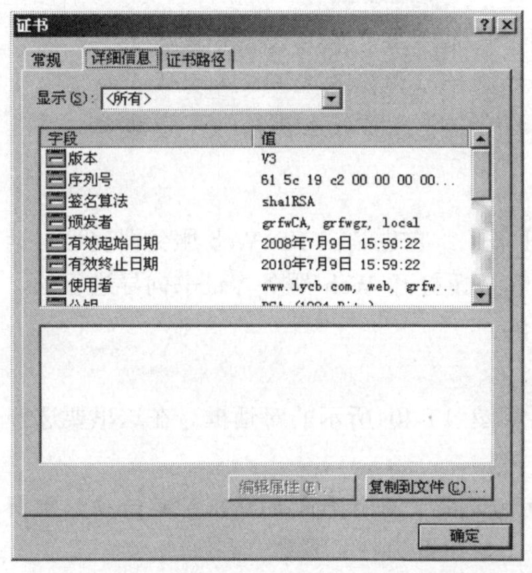

图 13-34 证书文件属性对话框的“详细信息”选项卡

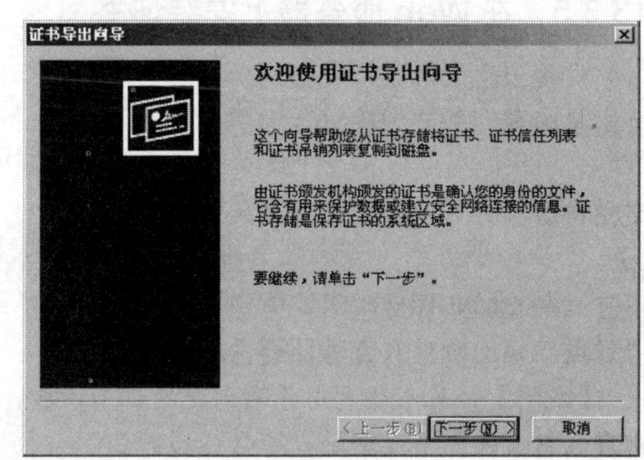

图 13-35 “欢迎使用证书导出向导”对话框

（6）单击“下一步”按钮，弹出如图 13-37 所示的对话框。在这里要指定证书导出后的证书文件保存位置和证书名称。这里就可以随意指定了（较上节介绍的证书下载方法方便很多），但证书扩展名必须为.cer。

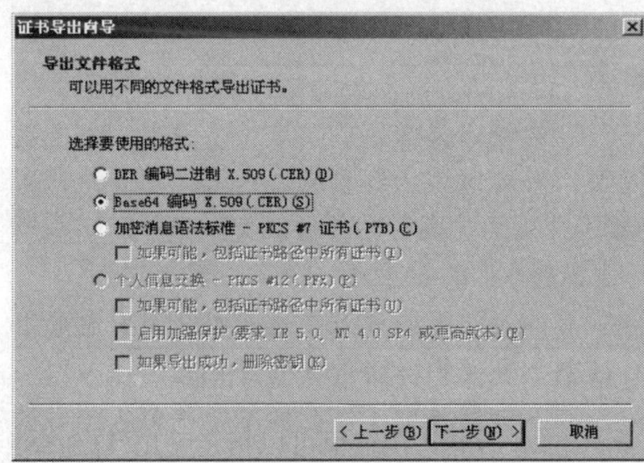

图 13-36 “导出文件格式”对话框

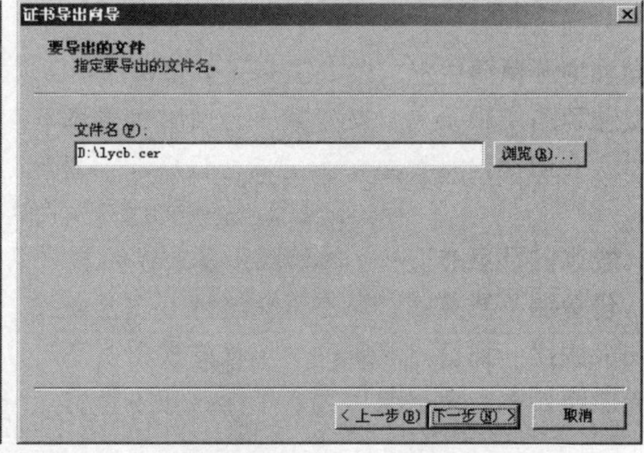

图 13-37 “要导出的文件”对话框

（7）单击“下一步”按钮，弹出如图 13-38 所示的向导完成对话框。在这里显示了导出的证书文件摘要信息，如证书文件保存路径、证书文件名、是否导出了私钥、所采用的加密技术和编码格式等。

（8）单击“完成”按钮，会弹出一个如图 13-39 所示的导出成功提示框。

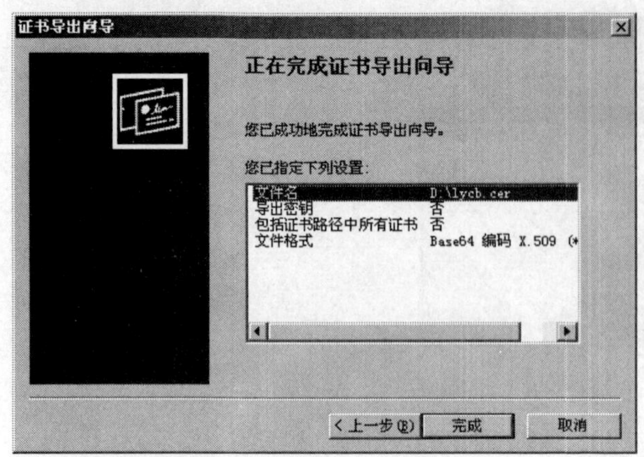

图 13-38 “正在完成证书导出向导”对话框

图 13-39 证书导出成功提示框

13.3.5 在 Web 服务器上安装证书

有了证书文件后，就可以在 Web 服务器上安装证书了。它也是在 IIS Web 服务器属性对话框的“目录完全性”选项卡中通过单击“服务器证书”按钮打开 Web 服务器证书向导进行的，不过此时显示的选项与没有创建证书申请前是不一样的。

在 Web 服务器上安装证书的具体步骤如下：

（1）在图 13-10 中单击“下一步”按钮，弹出如图 13-40 所示的对话框。在这里要选择“处理挂起的请求并安装证书”单选项。

【说明】如果不想利用原来创建的证书请求，则可以选择“删除挂起的请求”单选项，重新创建证书请求。

（2）单击“下一步”按钮，弹出如图 13-41 所示的对话框。在这里要输入前面通过证书下载或者证书导出得到的申请证书文件。

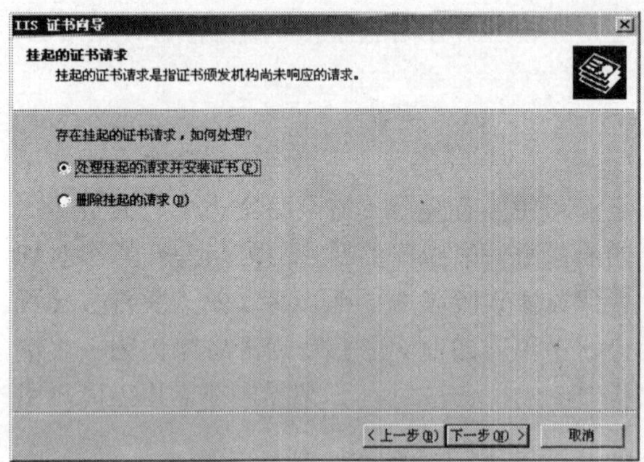

图 13-40 “挂起的证书请求”对话框

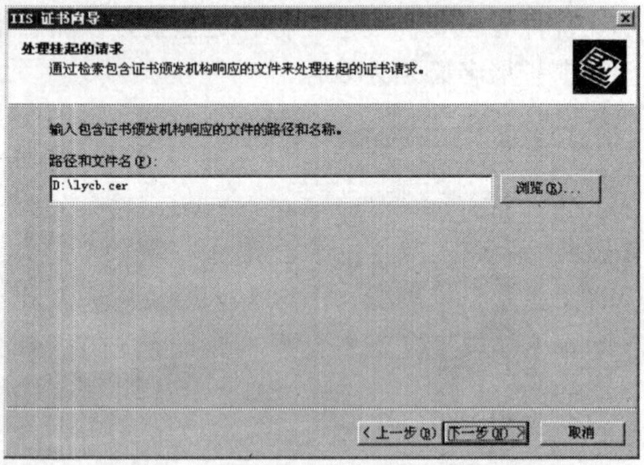

图 13-41 “处理挂起的请求”对话框

（3）单击“下一步”按钮，弹出如图 13-42 所示的对话框。在这里可以指定使用 TLS/SSL 时使用的网络端口，默认是 TCP 443。也可以人为更改，但更改后，下次用户访问时就要在地址后面指定所配置的 SSL 端口，而不能仅以 https 来标识了。下面将具体介绍。

（4）单击“下一步”按钮，弹出如图 13-43 所示的对话框。这里显示了证书的摘要。

（5）单击“下一步”按钮，弹出如图 13-44 所示的 Web 服务器证书向导完成对话框，并提示已在相应的 Web 服务器上安装了证书。如果要删除证书、替换或更新证书可以重新运行该向导。单击“完成”按钮，完成证书安装的全过程。

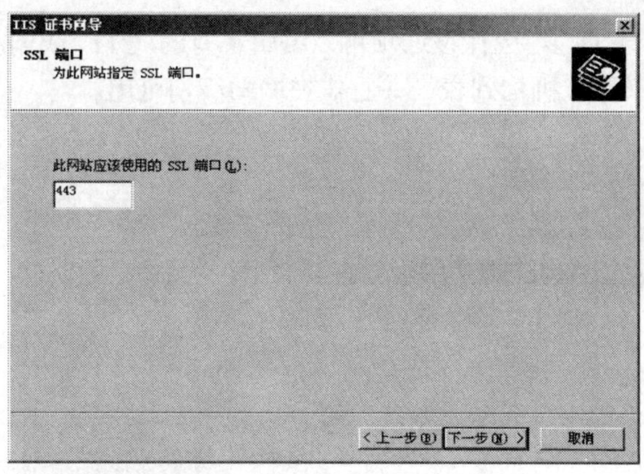

图 13-42 “SSL 端口”对话框

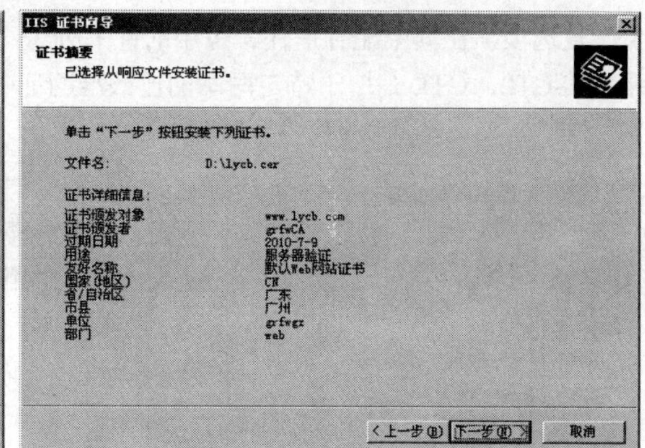

图 13-43 “证书摘要”对话框

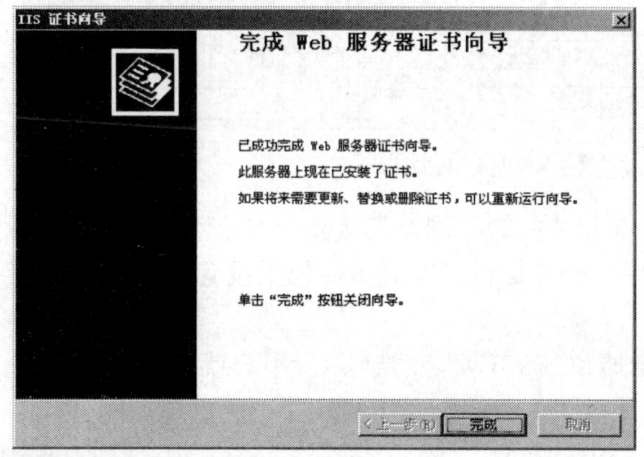

图 13-44 “完成 Web 服务器证书向导”对话框

13.3.6 在 Web 服务器上启用 SSL

这是 Web 服务器采用 SSL 访问的最后配置步骤。这个配置过程很简单，实际上只需要简单的一步，那就是重新打开相应 Web 服务器属性对话框的“目录安全性”选项卡，然后单击“编辑”按钮，弹出如图 13-45 所示的对话框，选择“要求安全通道（SSL）”复选项。当然也可以对其他选项进行配置。

如是否要对 Web 服务器通信进行加密，如果需要则选择“要求 128 位加密”复选项。另外，还可以选择是否需要对客户端进行身份认证，如果要允许 Web 服务器客户端以匿名方式访问，则按默认选择“忽略客户端证书”单选项；如果对于客户端证书是可有可无的，则选择“接受客户端证书”单选项，具有客户端证书的用户可以被映射；没有客户端证书的用户可以使用其他身份认证方法；如果强制要进行客户端身份认证，仅允许具有有效客户端证书的用户进行连接（一般是针对仅供专网内用户访问的 Web 服务器而言），没有有效客户端证书的用户被拒绝访问该站点。选择该选项从而要求设置客户端证书前，必须选择“要求安全通道（SSL）”复选项。

如果想要控制客户端对 Web 服务器访问，以客户端证书对客户端进行身份认证，则要选择“启用客户端证书映射”复选项，把当前证书服务器上已颁发的证书映射到客户端用户账户上。此时可单击“编辑”按钮，弹出如图 13-46 所示的对话框。在这里可以进行一对一（一个证书只映射到一个特定的用户账户上，但一个用户账户可以映射多个证书）或者多对一（一个证书可以映射到多个用户账户上，具体证书是由哪个用户账户使用则要根据匹配原则来进行匹配）的证书映射。有关“一对一”和“多对一”证书映射的原理和作用参见本章前面的介绍。

如果要限制 Web 服务器使用的证书，则可以选择图 13-45 所示对话框中的“启用证书信任列表”复选项，在其中配置信任、可用的证书列表（CTL）。选择该选项可以编辑现有的 CTL 或创建新的 CTL。CTL 是用于特定网站的已核准的证书颁发机构列表，并且仅在网站级别可用。

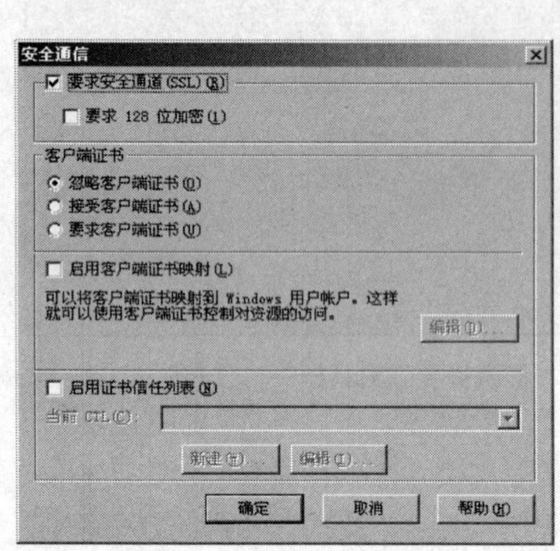

图 13-45 “安全通信”对话框

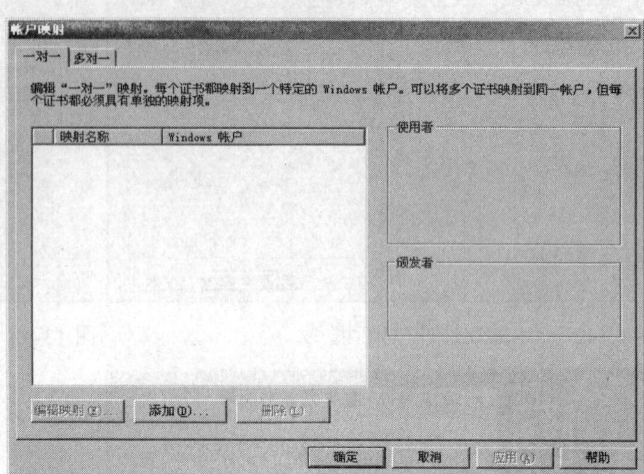

图 13-46 “账户映射”对话框

然后再在相应 Web 网站的如图 13-47 所示属性对话框的“网站”选项卡（在 Windows 2000 系统中称为“Web 站点”选项卡）中验证 SSL 端口配置是否已经显示。如果没有，直接把所配置的 SSL 端口输入在“SSL 端口”文本框中。

通过以上配置后（关键是选择了“要求安全通道（SSL）”复选项），用户就不能再使用原来的 HTTP 方式来访问 Web 服务器了，而必须是以 HTTPS 协议访问，否则会出现如图 13-48 所示的错误提示。

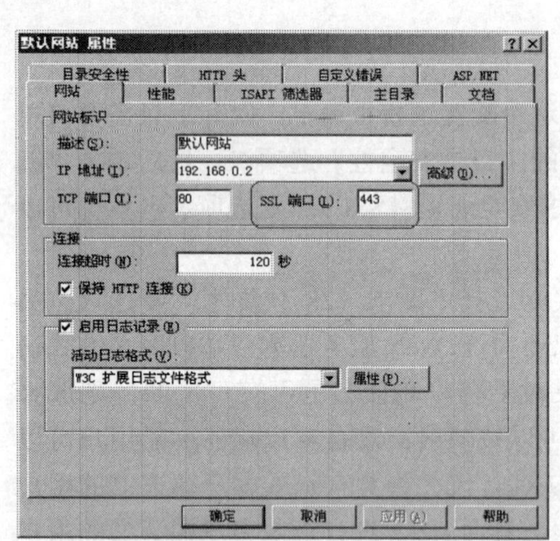

图 13-47 网站属性对话框的“网站”选项卡

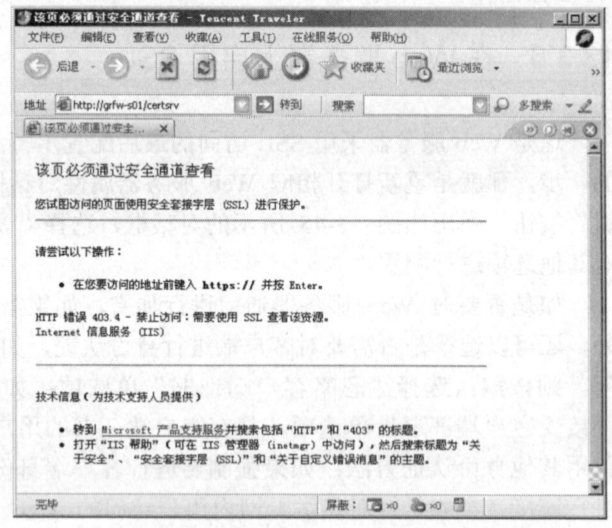

图 13-48 以非 https 格式访问安全网站时的错误提示

如果改变了 SSL 默认使用的 443 TCP 端口，则在输入地址时后面还要加上所指定的新 SSL 端口，如 https://www.lycb.com:8089，表示采用了 8089 TCP 端口为 SSL 端口。

13.4 WLAN 网络中的传输层安全协议 WTLS

前面介绍了基于有线网络中安全传输协议——TLS 的体系架构和工作原理，本节要介绍的是目前的另一种新型网络应用——无线网络应用中安全传输协议——WTLS（Wireless Transport Layer Security，无线传输层安全）的体系架构和工作原理。从名称上看，好象与有线网络中的TLS 极为相似，只是所应用的网络类型不同而已，但事实上虽然存在着许多相似之处，也还是存在着比较大的区别。

在介绍 WTLS 体系架构之前，先来简单了解一下 WTLS 所服务的网络应用——WAP（Wireless Aplication Protocol，无线应用协议）。

13.4.1 WAP 的主要特点和体系架构

WAP 是一种无线应用协议，是一个使用户借助无线手持设备，如掌上电脑、手机、呼机、双向广播、智能电话等，获取信息的全球性的开放安全标准。其实它是与我们日常所使用的WWW 服务是一样的，只不过它应用的设备不是 PC 机，而是移动设备，如 WAP 手机。

WAP 定义可通用的平台，把目前 Internet 上 HTML 语言的信息转换成用 WML 描述的信息，显示在移动电话或者其他手持设备的显示屏上。多种网络，也就是说，它不依赖某种网络而存在，今天的 WAP 服务在 3G 到来后仍然可能继续存在，不过传输速率更快，协议标准也会随之升级。目前最新版本为 WAP 2.0。

1. WAP 主要特点

WAP 实际上是指无线移动设备上的互联网应用，它与有线网络应用的区别不仅体现在无线上，还体现在设备比较小、传输带宽小等方面。具体而言，WAP 具有以下几方面的主要特点：

- 新建一系列传输和安全标准

新建的 WAP 协议包括：WAE（Wireless Application Environment，无线应用环境）、WSL（Wireless Session Layer，无线会话层）、WTLS（Wireless Transport Layer Security，无线传输层安全）、WTL（Wireless Transport Layer，无线传输层）、WDP（Wireless Datagram Protocol，无线数据报协议）、WML（Wireless Markup Language，无线标记语言）等。其中，WAE 层含有微型浏览器、WML、WMLScript 的解释器等功能；WTLS 层为无线电子商务及无线加密传输数据时提供安全方面的基本功能。

- 可最大限度地利用小屏幕

WAP 充分利用了诸如 XML、UDP 和 IP 等 Internet 标准，在有线网络中现有的 HTTP 和TLS 等 Internet 标准之上新建了对应的标准，但进行了优化，克服了原无线环境下低带宽、高延迟和连接稳定性差的弊病。因为 WAP 需要原来传送极大的文本数据信息，所以原有的 Internet 标准，如 HTML、HTTP、TLS 和 TCP 用于移动网络是远远不能满足要求的。标准的 HTML 内容已不可能有效地显示在袖珍手机和寻呼机狭小的屏幕上。WML 和 WMLScript 用于制作 WAP 内容，这样可最大限度地利用小屏幕显示。

- 可使所需资源最小，而使提供的资源最多

轻巧的 WAP 规程栈式存储器的设计可使需要的带宽达到最小化，同时使能提供 WAP 内容的无线网络类型达到最多。WAP 使得那些持有小型无线设备诸如可浏览 Internet 的移动电话和PDA 等的用户也能实现移动上网以获取信息。WAP 顾及到了那些设备所受的限制并考虑到了这些用户对于灵活性的要求。

2. WAP 体系架构

WAP（无线应用协议）是如今无线 Internet 的主要实现技术，包括：无线应用环境（Wireless Application Environment，WAE）、无线会话协议（Wireless Session Protocol，WSP）、无线传输协议（Wireless Transaction Protocol，WTP）、无线传输层安全（Wireless Transport

Layer Security，WTLS）协议、无线数据报协议（Wireless Datagram Protocol，WDP）5 个协议，四个层次（自上至下依次为：应用层、会话层、安全层和传输层），如图 13-49 所示。

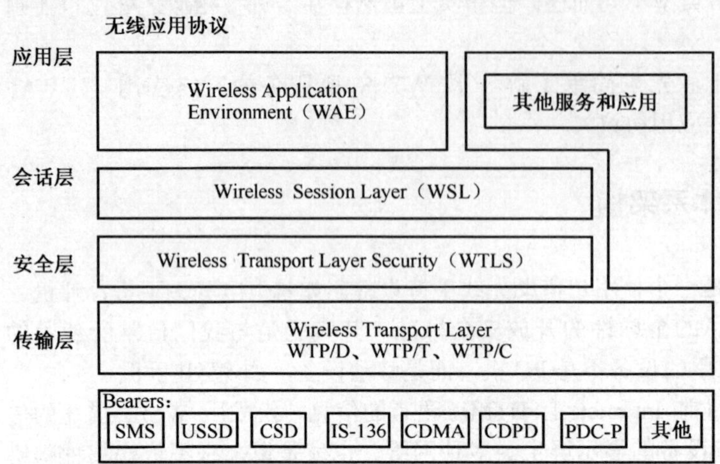

图 13-49　WAP 协议架构

下面对以上 5 个协议和相关服务分别进行介绍。5 个 WAP 协议如下：

- 无线应用环境（WAE）：是无线应用协议组的最高层，它结合了 WWW 和移动电信技术，提供了运营者和服务提供商能共同运作的环境，为手持客户设备构造应用和服务。WAE 包含了包括功能不只像以前规定的 WML 和 WMLScript 的微浏览器，也包含无线电话应用（Wireless Telephony Application，无线电话应用）和无线电话应用接口（Wireless Telephony Application Interface，WTAI），以及内容格式包括明确定义的数据格式、图像、电话簿记录和日历信息。
- 无线会话协议（WSP）：为上层的 WAP 应用提供面向连接的、基于会话的通信服务，或基于 WDP 无连接的、可靠的通信服务。WSP 协议已经为高延迟、低带宽的网络进行了特别优化。WAP 为两种会话服务提供统一的接口：一个是在传输层协议 WTP 之上的面向连接的服务；另一个是在安全或非安全数据报服务（WDP）之上的非连接服务。
- 无线传输协议（WTP）：提供一种轻量级的面向事务处理的服务，专门优化，并适用于移动终端的设计。WTP 包括 3 种子协议，为上层提供 3 种不同的服务。它们分别是：基于数据报协议（Datagram Protocol）的 WTP/D 协议、面向事务处理协议（Transaction-Oriented Protocol）的 WTP/T 协议和面向连接协议（Connection-Oriented Protocol）的 WTP/C 协议。
- 无线传输层安全协议（WTLS）：是根据工业标准 TLS 协议而制定的安全协议。WTLS 是设计使用在传输层之上的安全层，并针对较小频宽的通信环境作修正。WTLS 的功能类似于本章前面介绍的 WWW 网站所使用的 TLS/SSL 加密传输技术，WTLS 可以确保数据在传输的过程中经过编码、加密处理，以避免黑客在数据传输过程中窃取保敏性数据。
- 无线数据报协议（WDP）：用于传输数据、发送和接收消息，是作为 WTP 协议的一个子协议而存在的。它可以向 WAP 的上层协议提供服务支持，并保持通信的透明性，同时能够独立运行下部无线网络。在保持传输接口和基本特性一致的情况下，WDP 采用中间网关可以实现全局工作的互用性，从而实现无线数据的顺利传输。

图 13-49 最下面的 Bearers 是指应用 WAP 的标准，也就是 WAP 网络类型，属于网络层，但不属于 WAP 架构之中。

3．WAP 应用网络结构

WAP 网络结构由 3 部分组成，即 WAP 网关、WAP 手机和 WAP 内容服务器。其中，WAP 网关起着“翻译”协议的作用，是联系 GSM 网与 Internet 的桥梁；WAP 内容服务器可以存储大量信息，以供 WAP 手机用户来访问、浏览和查询等；WAP 手机为用户提供了上网用的微浏览器及信息、命令的输入方式等。对于 Web 服务器这类 WAP 应用，最典型的网络结构如图 13-50 所示。当用户从 WAP 手机键入想要访问的 WAP 内容服务器的 URL 后，信号经过无线网络以 WAP 协议方式发送请求至 WAP 网关，然后经过网关的“翻译”处理，再以 HTTP 协议方式与 WAP 内容服务器交互，最后 WAP 网关将服务器返回的内容压缩、编码成二进制流，并返回到客户的 WAP 手机屏幕上。

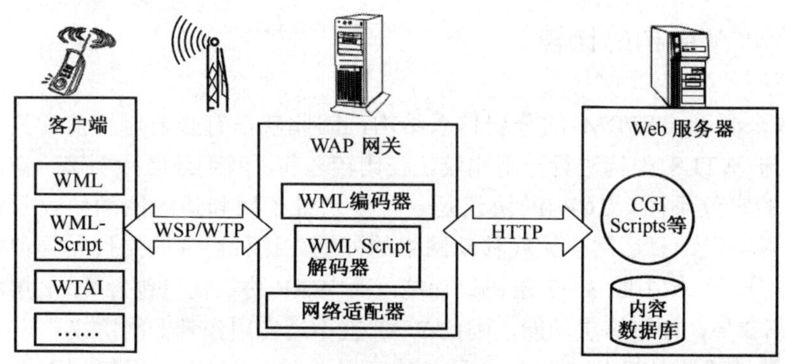

图 13-50　WAP Web 服务器访问的典型网络结构

对于一些应用服务器来说，它不必采用 HTTP 协议进行访问，可以直接通过 WSP/WTP 协议进行数据传输，其网络结构如图 13-51 所示。

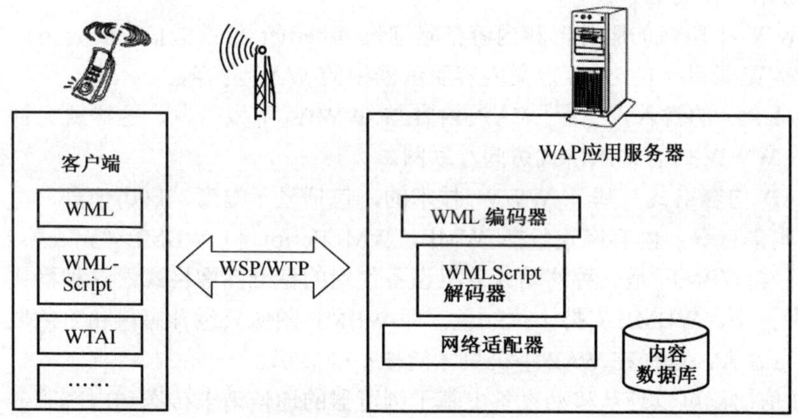

图 13-51　WAP 应用服务器访问的典型网络结构

4．WAP 组件

WAP 定义了以下组件，可以为内容和服务提供商开发无线终端服务：

- 微型浏览器（WML 浏览器）

微型浏览器是安装在用户移动终端（如 WAP 手机）上的，可以像用 IE 浏览器一样进行网页浏览和数据下载。整个过程与在 PC 机上用 HTTP 协议进行 HTML 网页浏览和下载非常类似。在这种 WAP 应用中，是以 WML 取代 PC 机上使用的 HTML，WML 是由类似 HTML 的 XML 演变而来的。

- 类似 JavaScript 的 WMLScript

WMLScript 语言是用来提供客户端智能到 WML 环境，可以精减空中的数据传输。

- WTA 的 WTAI

WTAI 是一个用来进行电话通信和网络访问的电话接口。通过这个接口，移动终端可以控制和使用电话通信、发送附加的服务字符和短信等。基本的电话服务可以被使用和集成在脚本中，以建立更多的服务。

- 内容格式

定义移动终端设备在 WAP 环境中可接收的不同信息的不同内容格式，如 WBMP、电子名片。

- 分层通信堆栈

WAP 体系架构是分层通信堆栈结构的，包括传输层、安全层和会话层。

13.4.2 WAP 架构与 WWW 架构的比较

我们知道，任何协议都来源于 OSI/RM 的分层体系结构，因此就很有必要对目前常见的 OSI/RM、TCP/IP 协议架构与 WTLS 架构进行一下比较。在比较之前，我们还必须明确一点，TCP/IP 协议和 WAP 协议的定位不同，TCP/IP 协议是一种涉及骨干网和边缘网的协议，而 WAP 协议是一种边缘和接入协议，只适用于无线移动网络的外围。这种协议的定位差异使得 TCP/IP 协议栈包含 OSI/RM 分层结构中的 3～7 层协议功能，而 WAP 协议栈只包含 4～7 层的功能。由于在 WAP 中缺乏第 3 层，即网络层功能，因此 WAP 就不适合用作骨干网协议。

WWW 和 WAP 架构可以说都是 TCP/IP 架构的一种具体应用，而且 WWW 协议和 WAP 协议在模型上存在着许多类似之处。WAP 内容和应用是一套基于熟悉的 WWW 服务内容格式基础上建立的内容格式规范。内容传输是使用一套基于 WWW 通信协议的标准通信协议。WAP 定义了一套标准组件，在移动终端和网络服务器上建立通信连接。这些标准包括（与 WWW 的模型是一样的，只是具体内容不一样而已）：

- 标准命名模型：WWW 上所有的服务器和内容都是通过 Internet 标准的信息指定方法进行命名的，以 WWW 标准下的 URL 定义内容服务器中的 WAP 内容。
- 内容键入：主要指 URL 的键入，所有 WAP 内容与 WWW 类型一致，这样就允许 WAP 用户以熟悉的 WWW 内容键入格式访问互联网。
- 标准内容格式：WAP 内容格式是基于 WWW 技术的，包括显示幅度、日历信息、电子名片、图像和脚本语言等。内容格式包括 WML、WMLScript 和 WBMP（Wireless Bitmap，无线位图）。WBMP 是一种移动计算机设备使用的标准图像格式，这种格式特定使用于 WAP 网页中。WBMP 支持 1 位颜色，即 WBMP 图像只包含黑色和白色像素，而且不能制作得过大，这样在 WAP 手机里才能被正确显示。
- 标准协议：WAP 通信协议可以使从移动设备中基于浏览器的通信请求传送到内容服务器上。

WWW 架构和 WAP 架构的对比如图 13-52 所示。从中可以看出，基本的层次是一样的，都包括：应用层、会话层、安全层和传输层 4 层，只是两协议架构中各层所使用的子协议不同而已。

WAP 内容类型和协议已为手持无线设备进行了优化。WAP 优化了在无线域和 Internet 之间连接的代理技术。WAP 代理主要有以下两种：

- 协议网关：协议网关负责解释从 WAP 协议堆栈（如 WSP、WTP、WTS 和 WDP）中来的请求，参见图 13-51 所示，对应 WWW 协议堆栈中的 HTTP 和 TCP/IP 协议。
- 内容编码器和解码器：内容编码器对 WAP 内容、WML 页面和 WMLScript 程序以适当的格式进行编码，减小数据大小，以便适合无线网络传输。

WAP 网关与使用 WAP 协议堆栈的手机进行会话，并把它所接收到的请求转换成普通的 HTTP 格式。这样，内容提供商可以使用任何 HTTP 服务器，要充分利用现有的 HTTP 服务进行管理。这样的体系结构能确保手机用户可以浏览更广泛的 WAP 内容和应用。WAP 代理允许内容和应用集成在现有的 WWW 服务器上，使用 CGI 这样的 WWW 脚本语言进行二次开发。

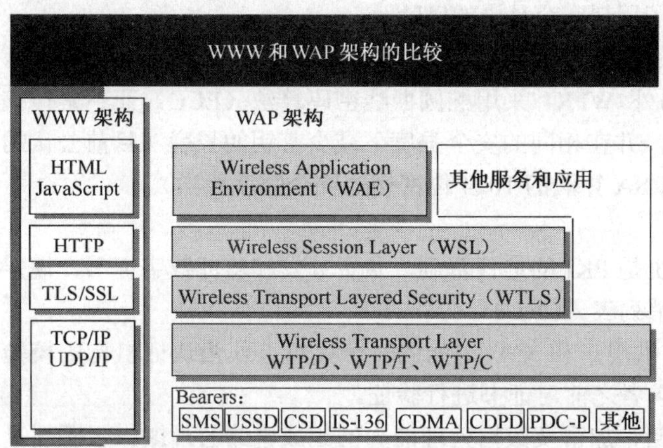

图 13-52 WWW 架构与 WAP 架构的比较

13.4.3 WAP 安全机制

WAP 的安全机制主要包括 WTLS 协议、WAP 身份认证模块 WIM（WAP Identify Module）、WML 脚本加密接口 WMLSCrypt（WML Script Crypto API）和 WPKI（Wireless PKI）。这 4 种安全机制可以实现移动电子商务所需的数据保密性、数据完整性、交易方的认证与授权和不可抵赖性 4 个方面的信息安全特征。

1．4 个安全协议

下面介绍一下 WAP 安全机制中的 4 个安全协议。

- WTLS 协议

WTLS 是以 TLS 标准为基础发展而来的，并针对无线网络环境中的连接方式、计算能力、带宽限制等特点进行了优化，支持数据报服务，支持优化的分组大小以及握手、动态密钥更新；提供了身份认证、密钥交换、数据加密和数据完整性检查 4 项主要功能，可以确保在 WAP 终端和 WAP 网关之间的安全通信。

- WAP 身份认证模块 WIM

为了便于客户端的验证，新一代的 WAP 电话提供了 WIM。WIM 包含了 WTLS 客户端和服务器端采用 X.509 格式证书相互进行验证的功能，并嵌入了对公开密钥加密技术的支持（RSA 是强制的，而 ECC 是可选的）。WIM 是安装在 WAP 终端设备中的一种无法被篡改的计算机芯片，用来支持 WTLS 协议并提供应用层面的安全功能，存放和处理使用者的身份认证信息（密钥或证书）。目前，WIM 大多使用智能卡芯片来实现，带有 WIM 的 SIM 卡由 SIM 卡的颁发商提供。

- WMLSCrypt

WMLSCrypt 是一个应用编程接口，使用该接口可以访问 WML 脚本加密库中的安全函数（如密钥对的生成、数字签名及处理 PKI 中常用的一些数据对象的函数）。WML 脚本加密接口由 WML 脚本加密库来支持，WML 脚本加密库中的常用函数有：生成密钥对、存储密钥和其他私人数据、控制对存放的密钥和数据的访问、生成和验证数字签名、加密和解密数据。WML 脚本加密库一般使用 WIM 模块来提供密码运算支持。

- WPKI 无线公钥基础设施

WPKI 是对传统基于 X.509 公钥基础设施 PKI 的优化和扩展，它将互联网电子商务中 PKI 的安全机制引入到移动电子商务中，采用公钥基础设施、证书管理策略、软件和硬件等技术，有效建立安全和值得信赖的无线网络通信环境。WPKI 技术满足移动电子商务安全的要求，即保密性、完整性、真实性、不可抵赖性，消除了用户在交易中的风险。

WPKI 主要对 PKI 协议、证书格式、加密算法和密钥进行了精简优化。WPKI 还采用了压缩的证书格式，从而减少了存储容量。另外 WPKI 采用椭圆曲线密码算法（ECC）而不是传统的 RSA 算法，这可以大大提高运算效率，并在相同的安全强度下减少密钥的长度（目前公认的结论是 ECC 的 163 位密钥的安全强度和 RSA 算法的 1024 位密钥的安全强度相当）。

WPKI 技术主要包含以下几个方面：

- 认证机构（CA）：CA 系统是 PKI 的信任基础，负责分发和验证数字证书、规定证书有效期、发布证书吊销列表（CRL）。
- 注册机构（RA）：RA 提供用户和 CA 之间的一个接口。作为认证机构的校验者，在数字证书分发给请求者之前对证书进行验证。
- 智能卡：智能卡将具有存储、加密及数据处理能力的集成电路芯片镶嵌于塑料基片中，具有体积小、难以破解等特点，在生产过程、访问控制方面有很强的安全保障。很多种需要客户端认证的应用都可以使用智能卡来实现。并且，智能卡也是存储移动电子商务密钥及相关数字证书的最佳选择。

2. WAP 安全构架模型

由上述 WAP 的 4 种安全机制（WTLS、WIM、WMLSCrypt 和 WPKI）形成的一种 WAP 的安全构架模型如图 13-53 所示。

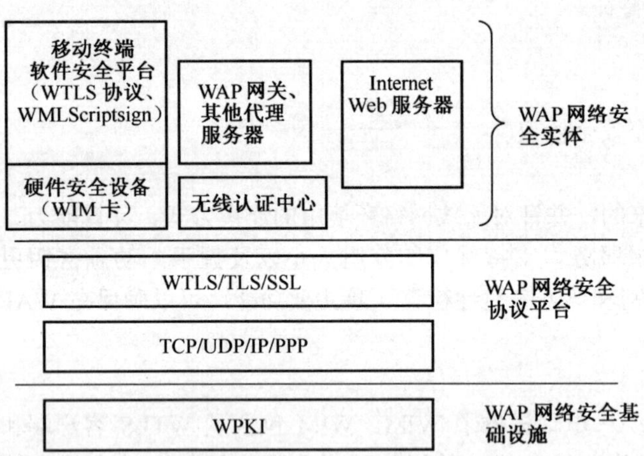

图 13-53　WAP 安全架构模型

其中，WPKI 是 WAP 网络安全的基础设施，是上层安全协议能有效实施的基础，一切基于身份认证的应用都需要 WPKI 的支持。它可与 WTLS、TCP/IP、WMLScriptsign 相互结合，实现身份认证、私钥签名等功能。WAP 网络安全协议平台由 WTLS 协议以及有线环境下位于传输层上的安全协议 TLS、SSL 和 TCP/IP 协议组成。WAP 网络安全实体是底层安全协议的实际应用者，相互之间的关系由具体的 WAP 应用架构模型的下层的 WAP 网络安全协议共同决定。当该安全构架运用于实际移动电子商务时，这些安全实体间的关系即体现为交易方（移动终端、Web 服务器）和其他受信任方（WAP 网关、代理和无线认证中心）。

通过 WPKI 的不同认证方式来实现不同的安全等级：WPKI 针对 WTLS 的 3 种不同的安全级别：WTLS Class2、WTLS Class3 和 SignText。其中，WTLS Class2 提供了移动终端对无线网关的认证能力，客户端可以匿名访问；WTLS Class3 提供双向认证，即 WAP 网关和终端相互认证，移动终端利用自己的私钥进行签名；SignText 模式与 WTLS Class3 过程相同，只是移动终端对一则消息进行数字签名后用 WMLScript 发送给服务器。

利用 WAP 网关来实现不同的安全服务：

- 一般安全模式（双区安全模式）

这种模式将 WAP 网关建在无线网的边缘，它将有线网和无线网连接起来，并把使用 WTLS 加密的数据转换成使用 TLS 加密的数据，数据在 WTLS 和 TLS 保护区是安全的。但由于传输的加密数据在 WAP 网关是被解密的，这必然存在着安全间隙，这种模式只能解决数据传输过程中的安全。

- 端到端安全模式

实现端到端的安全可以从两个方面入手：一是把 WAP 网关变成应用服务提供商完全可以控制的（如通过具有 WAP 网关功能的 Web 服务器解决）；二是将加密数据在 WAP 网关透明传输（这种模式仍需要 Web 服务器有解析 WAP 协议的功能）。另外，对于 WAP 2.0 标准，由于其与有线网络协议的兼容性增强，可以直接使用 IP、优化的 TCP 协议，其安全层协议可以直接使用有线网络的 TLS 协议来实现端到端的安全连接。

13.4.4 WTLS 体系架构

从上节的介绍我们已经知道，WTLS 是 WAP 架构安全机制中的一个安全子协议。WAP 的安全机制除了 WTLS 子协议外，还包括 WAP 身份认证模块 WIM、WML 脚本加密接口 WMLSCrypt 和 WPKI。上节介绍了这 4 种安全机制共同构成的 WAP 安全体系架构，本节专门介绍 WTLS 子协议。

1．WTLS 简介

WTLS 是以安全协议 TLS 1.0 标准为基础发展而来的，提供通信双方数据的机密性、完整性和通信双方的鉴权机制。WTLS 的作用是保证传输层的安全，是作为 WAP 协议栈传输层次向应用层提供数据安全传输服务的接口。WTLS 在 TLS 的基础上，根据无线环境、长距离、低带宽、自身的适用范围等增加了一些新的特性，如对数据报的支持、握手协议的优化和动态密钥刷新等。

WTLS 协议是一个分层协议，它从上层获取需要传送的消息，压缩或不压缩这些数据，使用一个 MAC 加密，然后传送结果。在从下层接收到数据后，进行解密、验证，然后解压缩，最后发送到高层的客户端那里。

在 WTLS 协议层中，一个协议数据单元（PDU）被称为一个记录。若干个记录可以被封装在一个数据包中传送。例如，多条握手消息可以在一个数据包中被统一发送出去，提高了数据传输效率。

WTLS 协议里定义了两个连接状态：未决状态和当前状态。系统开始处于未决状态，当握手协议设置了安全参数、产生了密钥后，就可以转到当前状态，这样一个连接就建立起来了，可以处理所有的记录。另外每当处理完一个记录后，当前状态都需要更新。记录层的功能是对称的，客户端和服务器完全一样。

2．WTLS 体系架构

WTLS 协议分为 5 个子协议：应用协议（Application Protocol）、报警协议（Alert Protocol）、握手协议（HandShake Protocol）、修改密码规范协议（Change Cipher Spec Protocol）和记录协议（Record Protocol）。这 5 个子协议以及它们与 WAP 体系架构中其他层的关系如图

13-54 所示。对比本章前面介绍的 TLS/SSL 体系架构可以发现，它们的基本结构是完全一样的。同样，在这其中，应用协议是指各种具体的应用协议，不属于 WTLS 协议的架构之中。各子协议的具体要求功能参见 13.2.2 节的相关内容，在此不再赘述。

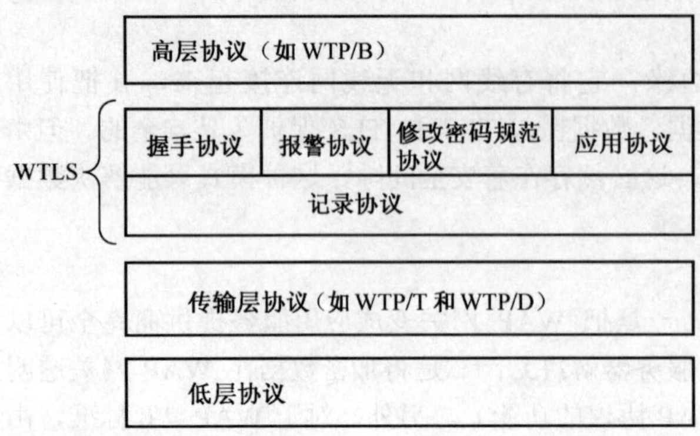

图 13-54 WTLS 协议结构

WTLS 能够提供以下 3 种类别的安全服务：

- 第一类服务：能使用交换的公共密钥建立安全传输，使用对称算法加密、解密数据，检查数据完整性，可以建立安全通信的通道，但没有对通信双方的身份进行鉴权。
- 第二类服务：交换服务器证书，完成对服务器身份的验证。
- 第三类服务：交换客户机证书。在服务器身份认证的基础上又增加了对客户端身份的验证，对恶意的用户冒充也能进行抗击。

从第一类服务到第三类服务安全级别逐级增高，可以根据应用对安全级别的要求选择性地实现某一级别的安全服务。通常应该对这 3 种类别的服务都能支持，在握手协商的过程中由客户端与服务端共同协商选定一个类别。

13.4.5 WTLS 的安全功能

WTLS 是基于 TLS 1.0 而来，所以它们之间的安全功能也基本上一样，总体来说也是数据加密、身份认证、密钥交换、数据完整性检查这 4 个方面。

- 数据加密

WTLS 的保密性依靠加密通信通道来实现，所使用的加密方法和计算共享密钥所需的值在握手时进行交换。首先，客户端和服务器交换 Hello 消息，此后客户端和服务器交换预主密钥（Pre Master Secret），这个值用来计算主密钥（Master Secret），计算所使用的加密算法在服务器的 Hello 消息中进行选择。在这条消息中，服务器通知客户端已经选择了一个密码组，客户端向服务器提供一个密码组列表。如果服务器未发现合适的密码组，则握手失败，连接关闭。当前常用的大批量加密算法有：支持 40、56 和 128 位密钥的 RC5，支持 40 和 56 位密钥的 DES，支持 40、56 和 128 位密钥的 3DES 和 IDEA。所有的算法都是分组加密算法，加密密钥在密钥分组的基础上进行操作，密钥分组根据协商的密钥刷新频率在一段时间后重新运算。

- 身份认证

WTLS 的身份认证与 TLS/SSL 一样也是依靠证书来实现的。身份认证可以在客户端和服务器之间进行，也可以在服务器允许的情况下仅对服务器进行验证，在需要时，服务器还可以要求客户端提供自己的证书以对客户端进行身份认证。但在 WTLS 规范中，身份认证是可选的。

当前，WTLS 所支持的证书类型包括：X.509 v3、X9.68 和 WTLS 证书，这与 TLS/SSL 所支持的证书类型有所区别，主要体现在专门为 WAP 应用中提供的 WTLS 证书。在客户端和服务器之间交换 Hello 消息之后，身份认证过程随即开始。当使用验证时，服务器发送服务证书消息给客户端。根据 WTLS 规范，为了优化流量和客户处理，服务器一次只发送一个证书。

- 密钥交换

为了保证安全的联系通道，加密密钥或计算密钥的初始值（也称密钥材料）必须以安全方式进行交换。由此可见，WTLS 与 TLS/SSL 一样，不是直接进行密钥交换，而仅交换密钥生成的材料，进一步保证了密钥交换自身的安全性。

WTLS 的密钥交换机制提供了一种匿名交换密钥的方法。在密钥交换过程中，服务器发送包含服务器公钥的服务器密钥交换消息（Server Key Exchange Message）。密钥交换算法可能是 RSA、Diffie-Hellman 或 ECDH（Elliptic Curve Diffie-Hellman，椭圆曲线 Diffie-Hellman）。在 RSA 和匿名 RSA 中，客户端用服务器的公钥加密预主密钥，并在客户密钥交换消息中将其返回给服务器。在基于 Diffie-Hellman 的算法中，客户端和服务器在一个私钥和相应的公钥基础上计算预主密钥。如果客户端列出了它所支持的用密码写的密钥交换方法，服务器可以选择是使用基于客户请求的方法还是定义另一种方法。如果客户端并未提出任何方法，则服务器必须指明。

- 数据完整性检查

数据完整性检查通过使用消息验证编码（MAC）而得到保证（在 TLS 中还支持 HMAC 算法）。客户端发送一系列支持的 MAC 算法，服务器在返回的 Hello 消息中标出所选择的算法。WTLS 支持通用的 MAC 算法，MAC 在压缩的 WTLS 数据上产生。

因为这些功能的基本工作原理与 TLS/SSL 差不多，所以在此不再赘述。下面通过介绍 WTLS 和 TLS 之间的区别来体现以上功能在工作原理上的区别。

13.4.6 WTLS 与 TLS 的区别

另外我们知道，WTLS 是基于本章前面介绍的 TLS 协议而专门针对无线网络应用开发的安全协议。所以它们之间的确存在着许多共同或者相似之处，但在它们之间不仅存在区别，而且区别还很大，这主要是受所应用的网络环境决定的。它们的区别主要体现以下几个方面：

- 支持的传输层协议不同

WTLS 与 TLS 最显著的不同就是：TLS 需要一个可靠的传输层，所以使用 OSI 传输层中的 TCP 协议，TLS 无法在 UDP 上工作。而 WAP 协议栈没有提供可靠的传输层，选择了 OSI 传输层中的 UDP 协议，但它同样支持 TCP 协议，以适应在有线和无线混合的网络环境中提供全面的安全传输服务。WAP 只在协议栈的上层通过 WTP 和 WSP 实现了可靠性。WTLS 工作在 WDP 和 UDP 之上。WTLS 帧中定义了序列号，而这在 TLS 中是不存在的。该序列号确保 WTLS 可以工作在不可靠的传输层上。WTLS 不支持数据的分片和重装，它将这个工作交给了下层协议处理。与此不同的是，TLS 可以对上层协议的数据包进行分片。

- 身份认证方式有所区别

WTLS 允许通过匿名方式或证书对客户端与服务器进行认证，而 TLS 中这是不允许的，至少是对服务器不允许以匿名方式进行身份认证。在 WAP 中，一共定义了 3 类 WTLS：匿名验证、服务器验证、双向验证。

  - 匿名验证：这一类验证方式中，客户端登录到服务器中，但客户端和服务器均无法确认对方的身份。在这类身份认证方式中，必须支持公钥交换、加密和消息认证码（MAC），而客户端证书、服务器证书和共享加密密钥都是可选的，这就是真正的匿名方式。这一类可以选择通过证书实现客户端和服务器的认证，但不是必需的。
  - 服务器验证：这类身份认证方式中，客户端需要验证服务器的身份，但服务器无需验证客户端的身份。也就是服务器必须提供它自己的证书，而客户端不需要提交证书，以匿名方式进行登录。

➢ 双向验证：这类身份认证方式同时要求客户端和服务器提供自己用于身份认证的证书。

目前大多数 WAP 应用是采用第一类（匿名验证方式）和第二类（服务器验证方式）身份认证方式。第二类验证方式的基本步骤如下：

（1）WAP 终端用户向 WAP 网关发送证书请求消息。

（2）WAP 网关将自己的证书（包括网关的公钥）发送给 WAP 终端用户。

（3）WAP 终端用户取出 WAP 网关的证书和公钥，生成一个随机数（客户端随机数）。

（4）用产生的随机数和网关公钥对要发送的消息进行加密，发送给 WAP 网关。

（5）WAP 网关收到加密的消息后用自己的私钥即可解密。

● 新增了专用证书类型

TLS 是使用标准的 X.509 证书，而 WTLS 定义了新的专为移动设备使用的证书——WTLS 证书。虽然 WTLS 仍可以使用 X.509 证书，但是多数移动设备并不支持它，因为它的体积太大。WTLS 证书更适合于移动终端贫乏的存储资源。WTLS 证书与 X.509 证书的格式对比如表 13-2 所示。从中可以看出，在 WTLS 中，原来在 X.509 证书中的许多字段是没有设计的，这就是它之所以能减小体积的根本原因。

表 13-2 WTLS 证书与 X.509 证书的比较

X.509 证书	WTLS 证书
版本	版本
序列号	无
算法标识	算法标识
颁发者名称	颁发者名称
有效时期	有效时期
证书所有者（属主）	属主
属主公钥	属主公钥
颁发者 ID	无
属主 ID	无
颁发者签名	颁发者签名

13.5 SSH 和 SOCKS 协议

在传输层，除了前面介绍的 TLS、SSL、WTLS 外，还有两种比较常用的安全协议，即 SSH 和 SOCKS 协议。这两种安全协议在 Linux、UNIX 操作系统和网络设备中支持的比较多，Windows 系统中的应用比较少，而且基本上是客户端应用。由于本书篇幅限制，在此仅对这两种协议进行简单介绍，至于具体的应用配置在此不作介绍。

13.5.1 SSH 协议

SSH（Secure Shell，安全外壳）协议是由 IETF 制定的建立在应用层和传输层基础上的安全协议，目前最新的版本为 2.0，即 SSH-2。

我们知道，传统的网络服务程序，如 FTP、POP 和 Telnet 通信其本质上都是不安全的，因为它们在网络上用明文传送数据、用户账号和用户口令，很容易受到中间人（man-in-the-middle）攻击方式的攻击。就是在这种明文方式的数据通信中，可能存在另一个人或者一台机器冒充真正的服务器接收用户传送给服务器的数据，然后再冒充用户把数据传送给真正的服务器。

如果在这些通信中采用了 SSH 协议，则可以专为远程登录会话和其他网络服务提供安全保障，因为通过 SSH 可以对所有传输的数据进行加密，也能够防止 DNS 欺骗和 IP 地址之类的欺骗。这样就可以有效地防止远程管理过程中的信息泄露问题。

SSH 的另一个主要优点是它可以为在其通道中传输的数据提供压缩服务，使得数据传输速度更快。SSH 有很多功能，它既可以代替 Telnet，又可以为 FTP、POP 甚至 PPP 提供一个安全的"通道"。SSH 协议之所以有这些功能，当然离不开它本身体系架构中的基本功能组件，那就是它所包含的 3 个基本协议（另外，它还能为许多高层的网络安全应用协议提供扩展的支持）：

- 传输层协议（The Transport Layer Protocol，SSH-TRANS）：传输层协议提供服务器认证、数据机密性、信息完整性验证等的支持。它通常是工作在 TCP/IP 连接之上，但也用于其他实时数据流之上。
- 用户认证协议（The User Authentication Protocol，SSH-USERAUTH）：用户认证协议为服务器提供客户端的身份鉴别，它工作在传输层协议之上。
- 连接协议（The Connection Protocol，SSH-CONNECT）：连接协议将加密的信息隧道复用成若干个逻辑通道，提供给更高层的应用协议使用，它工作在用户认证协议之上。

各种高层应用协议可以相对地独立于 SSH 基本体系之外，并依靠这个基本框架，通过连接协议使用 SSH 的安全机制。

SSH 分为两部分：客户端部分和服务端部分。服务端是一个守护进程（Demon），它在后台运行并响应来自客户端的连接请求。服务端一般是 sshd 进程，提供了对远程连接的处理，一般包括公共密钥认证、密钥交换、对称密钥加密和非安全连接。客户端包含 SSH 程序以及像 SCP（远程拷贝）、SLOGIN（安全远程登录）、SFTP（安全文件传输）等其他的应用程序。

SSH 服务端和客户端的工作机制大致是本地的客户端发送一个连接请求到远程的服务端，服务端检查申请的包和 IP 地址，再发送密钥给 SSH 的客户端，本地再将密钥发回给服务端，自此连接建立。在客户端来看，SSH 提供以下两种级别的安全验证：

- 基于密码的安全验证：这种级别中，知道账号和密码就可以登录到远程主机，并且所有传输的数据都会被加密。但是，可能会有别的服务器在冒充真正的服务器，无法避免被"中间人"攻击。
- 基于密钥的安全验证：这种级别中，需要依靠密钥，也就是你必须为自己创建一对密钥，并把公有密钥放在需要访问的服务器上。客户端软件会向服务器发出请求，请求用你的密钥进行安全验证。服务器收到请求之后，先在该服务器的用户根目录下寻找你的公有密钥，然后把它和你发送过来的公有密钥进行比较。如果两个密匙一致，服务器就用公有密钥加密"质询"（Challenge）并把它发送给客户端软件，从而避免被"中间人"攻击。

在服务端，SSH 也提供安全验证。在第一种方案中，主机将自己的公有密钥分发给相关的客户端，客户端在访问主机时则使用该主机的公有密钥来加密数据，主机则使用自己的私有密钥来解密数据，从而实现主机密钥认证，确定客户端的可靠身份。在第二种方案中，存在一个密钥认证中心，所有提供服务的主机都将自己的公有密钥提交给认证中心，而任何作为客户端的主机则只要保存一份认证中心的公有密钥即可。在这种模式下，客户端必须访问认证中心然后才能访问服务器主机。

Windows 平台下的 SSH 服务器软件 WinSSHD5.1 的下载地址为 http://www.itrj.cn/downinfo/5574.html。

Windows 平台下的 SSH 服务器软件 F-Secure SSH Server 的下载地址为 http://www.cncode.com/

downinfo/587.html。

Windows 平台下的 SSH 客户端软件 F-Secure SSH Client v5.4.56 的下载地址为 http://www.crsky.com/soft/4896.html。

Windows 平台下的 SSH 客户端软件 SSH Secure Shell Client v3.2.9 的下载地址为 http://www.webjx.com/htmldata/2007-08-08/1186561890.html。

Linux 平台下一般都是自带 SSH 服务器和客户端软件的，至少是自带 SSH 客户端软件，服务器端软件可以选择 OpenSSH 5.0 以上版本，下载地址为 http://mac.xdowns.com/soft/63.html。

13.5.2 SOCKS 协议

SOCKS（Socket Security，套接字安全）是一种基于传输层的网络代理协议，主要用于客户端与外网服务器之间通信的中间传递。根据 OSI 模型，SOCKS 是位于应用层与传输层之间的中间层（也有称之为工作在会话层的）。当防火墙后的客户端要访问外部的服务器时，就跟 SOCKS 代理服务器连接。这个代理服务器控制客户端访问外网的资格，允许的话，则将客户端的请求发往外部的服务器。

SOCKS 协议最初由 Devid Koblas 开发，而后由 NEC 的 Ying-Da Lee 将其扩展到版本 4。最新协议是版本 5。SOCKS 4 只为基于 TCP 传输协议的客户机/服务器应用程序（包括 Telnet、FTP，以及流行的信息发现协议，如 HTTP、WAIS 和 Gopher）提供了安全的防火墙传输。SOCKS 版本 5 在 RFC1928 中定义，它扩展了 SOCKS 版本 4，包括了 UDP，并扩展了其框架，包括了对通用健壮的认证方案的提供；并扩展了寻址方案，包括了域名和 IPv6 地址。如我们常用的 QQ 使用的是 UDP 协议，所以它不能使用 SOCKS 4 代理，而像国外的 ICQ 使用的是 TCP 协议，所以就可以使用 SOCKS 4 代理。

SOCKS 是通过在应用程序中用特殊版本替代标准网络系统调用来工作的（这是为什么 SOCKS 有时候也叫做应用程序级代理的原因）。这些新的系统调用在已知端口上（通常为 1080/TCP）打开到一个 SOCKS 代理服务器（由用户在应用程序中配置或在系统配置文件中指定）的连接。如果连接请求成功，则客户机进入一个使用认证方法的协商，用选定的方法认证，然后发送一个中继请求。SOCKS 服务器评价该请求，并建立适当的连接或拒绝它。当建立了与 SOCKS 服务器的连接之后，客户机应用程序把用户想要连接的机器名和端口号发送给服务器。由 SOCKS 服务器实际连接远程主机，然后透明地在客户机和远程主机之间来回移动数据。用户甚至都不知道 SOCKS 服务器位于该循环中。

SOCKS 协议所描述的是一种内部主机（使用私有 IP 地址）通过 SOCKS 服务器获得完全的 Internet 访问的方法。具体机制如下：用一台运行 SOCKS 的服务器（双宿主主机）连接内部网和 Internet，内部网主机使用的都是私有的 IP 地址。在内部网主机请求访问 Internet 时，首先和 SOCKS 服务器建立一个 SOCKS 通道，然后再将请求通过这个通道发送给 SOCKS 服务器；SOCKS 服务器在收到客户请求后，向客户请求的 Internet 主机发出请求，得到响应后，SOCKS 服务器再通过原先建立的 SOCKS 通道将数据返回给客户。当然在建立 SOCKS 通道的过程中可能有一个用户认证的过程。

SOCKS 不要求应用程序遵循特定的操作系统平台，SOCKS 代理与应用层代理、HTTP 层代理不同，SOCKS 代理只是简单地传递数据包，而不必关心是何种应用协议（如 FTP、HTTP 和 NNTP 请求）。所以，SOCKS 代理比其他应用层代理要快得多。它通常绑定在代理服务器的 1080 端口上。如果你在企业网或校园网上，需要透过防火墙或通过代理服务器访问 Internet 则可能需要使用 SOCKS。

简单来说，HTTP 代理是用来浏览网页用的，其端口一般是 80 和 8080；而 SOCKS 5 代理可以看成是一种全能的代理，不管是 Telnet、FTP 还是 IRC 聊天都可以用它，这类代理的端口通常是 1080。正因为如此，SOCKS 和一般的应用层代理服务器是完全不同的。一般的应用层代理服务器工作在应用层，并且针对不同的网络应用提供不同的处理方法，如 HTTP、FTP、SMTP 等，这样一旦有新的网络应用出现时，应用层代理服务器就不能提供对该应用的代理，因此应用层代理服务器的可扩展性并不好。与应用层代理服务器不同的是，SOCKS 代理服务器旨在提供一种广义的代理服务，它与具体的应用无关，不管再出现什么新的应用都能提供代理服务，因为 SOCKS 代理工作在线路层（即应用层和传输层之间），这和单纯工作在网络层或传输层的 IP 欺骗（或者叫做网络地址转换 NAT）又有所不同，因为 SOCKS 不能提供网络层网关服务，如 ICMP 包转发等。

通常按照不同的用途选择不同的代理：浏览器用 HTTP 或 SOCKS 代理、下载软件用 HTTP 或 SOCKS 代理、上传软件用 FTP 或 SOCKS 代理、其他方面（聊天、MUD 游戏等）一般用 SOCKS 代理。有些 Windows 应用程序，如 IE、OICQ 等本身就支持 SOCKS 代理服务器，但是更多的 Windows 应用程序是不提供对 SOCKS 代理服务器的支持的，这时候我们就可以利用一些相应的工具来使得这些应用程序可以使用 SOCKS 代理服务器。其中最常用的工具有 SOCKS 5 和 Sockscap，可以从网上下载它们。对于 UNIX 或 Linux 系统，一般都可以在相应发行版的官方网站上下载最新的 SOCKS 5 版本，如 RedHat 的官方网站就可以下载 SOCKS 5 的 RPM 程序包。

第 14 章

Web 服务器安全系统设计与配置

Web 服务器是最典型的网络应用服务器之一，而 Web 服务器的安全又成了 Web 系统设计的焦点。面对当前安全环境如此复杂的 Internet，如何确保 Web 服务器的安全就成了各种 Web 服务器系统设计的最基本也是最重要的考虑。

有许多读者认为，Web 服务器的安全考虑就是 Web 服务器属性中的那些安全配置选项。这是非常错误和片面的。Web 服务器的安全考虑远不是这些安全属性选项配置这么简单。它涉及到方方面面，除了安全属性选项外，还包括 Web 服务器组件、扩展服务的安装与更新、端口和服务的开放、用户权限、Web 服务器配置文件、资源共享、服务器日志、注册表、组策略等许多方面。当然像身份认证方式和安全传输协议的选择更是必不可少。

本章将全面描述 Web 服务器安全系统的设计策略，并针对微软的 IIS Web 服务器系统的安全设计提供一种系统而又可重复使用的安全系统设计方法，使用它可成功配置安全的 Web 服务器。

教学（自学）课时安排

课时安排	本章老师共需安排 2 个授课课时。	
授课课时	主要内容	重点
1	①Web 服务器的安全威胁与对策分析 ②程序修补和更新 ③禁用不需要的服务 ④禁用或正确使用账户	①Web 服务器的安全威胁与对策分析 ②程序修补和更新 ③禁用不需要的服务 ④禁用或正确使用账户
2	①正确配置文件和目录访问权限 ②正确配置和使用审核与日志记录 ③正确配置站点和虚拟目录 ④正确配置脚本映射和 ISAPI 过滤器 ⑤正确配置 IIS 元数据库和服务器证书	①正确配置文件和目录访问权限 ②正确配置和使用审核与日志记录 ③正确配置站点和虚拟目录

14.1 Web 服务器的安全威胁与对策分析

由于攻击者可以远程攻击，因此 Web 服务器常常是攻击对象。如果了解 Web 服务器的威胁，并努力制定相应的对策，那么你就可以预见很多攻击，进而阻止日渐增加的攻击者。

Web 服务器的主要威胁包括：主机枚举、拒绝服务、未经授权的访问、随意代码执行、特权提升，以及病毒、蠕虫、木马的入侵。图 14-1 汇总了目前流行的 Web 服务器攻击和常见安全漏洞。后面将具体分析这些主要的 Web 服务器安全威胁。

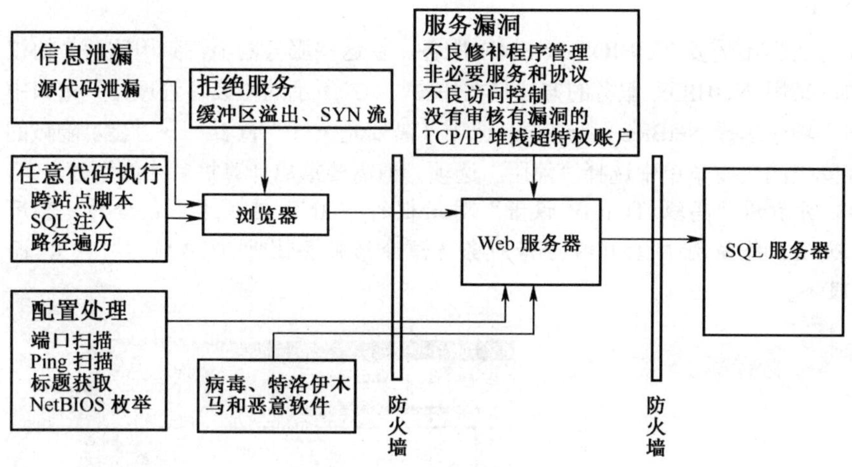

图 14-1　Web 服务器的主要威胁和常见漏洞

14.1.1　主机枚举攻击及防御策略

主机枚举是一种非法收集 Web 站点相关信息的探测过程。攻击者可以利用这些探测到的重要信息攻击已知站点的薄弱点。这是最常采用的一种攻击方式，也是最容易实现的攻击方式之一。

1. 存在的漏洞

致使服务器容易受到主机枚举攻击的常见漏洞包括：

（1）不必要的服务或协议。操作系统的安装过程中仅可以有极少的服务或协议安装选择余地，一般都是默认安装了大量的服务和协议。这对于仅用于特殊应用的功能服务器来说，无论从服务器的安全性还是从这些多余的服务或协议对整体服务器性能的影响（因为这些服务和协议都是需要消耗系统资源的）角度来考虑，都是非常不合适的。

（2）打开的端口。一台计算机上默认开启的端口数有 6 万多个，也就相当于有 6 万多扇进入 Web 服务器的大门，这显然不符合高安全通信的要求。通常在 Web 服务器上仅保留几个必需的端口，其他的都要关闭。特别是像前面介绍的危险系数非常大的 NetBIOS 协议所对应的 137/138 UDP 端口和 139/445 TCP 端口。当然，为了安全起见，可以关闭认为不需要的所有端口。关闭这些端口的方法当然是只在防火墙开启允许通信的端口，这样其他的端口就相当于关闭了。

2．可能遭遇的攻击

常见的主机枚举攻击包括：

（1）端口扫描。现在有各种端口扫描工具（如 ScanPort、Nmap 和 X-Scan 等），可以很快地扫描目标主机上打开的端口。

（2）Ping 扫射（pingsweep）。Ping 扫射是通过一些工具（如超级 ping）软件不停地对目标主机执行 ping 操作，可以造成目的主机因响应不过来而瘫痪。

（3）NetBIOS 和服务器消息块（SMB）枚举。边界网络中的服务器应禁用所有不必要的协议，包括 NetBIOS 和服务器消息块（SMB）。NetBIOS 使用以下端口：UDP/137（NetBIOS 名称服务）、UDP/138（NetBIOS 数据报服务）、TCP/139（NetBIOS 会话服务），SMB 使用以下端口：TCP/139、TCP/445。

Web 服务器和 DNS 服务器不需要 NetBIOS 或 SMB 服务。在这些服务器上，禁用这两个协议可以缓解用户枚举的威胁。禁用 NetBIOS 服务的方法是在如图 14-2 所示的“设备管理器”窗口中的“非即插即用驱动程序”项中选择 NetBios over Tcpip 选项（需要先执行“查看”→“显示隐藏的设备”命令）并右击，在弹出的快捷菜单中选择“停用”选项。但需要重启计算机后才能生效。

【注意】在如图 14-3 所示的“高级 TCP/IP 设置”对话框的 WINS 选项卡中包含的“禁用 TCP/IP 上的 NetBIOS”选项只能禁用 NetBIOS 会话服务（该会话服务侦听 TCP 端口 139），而不能完全禁用 NetBIOS 服务。

图 14-2 “设备管理器”窗口中的 NetBios over Tcpip 选项

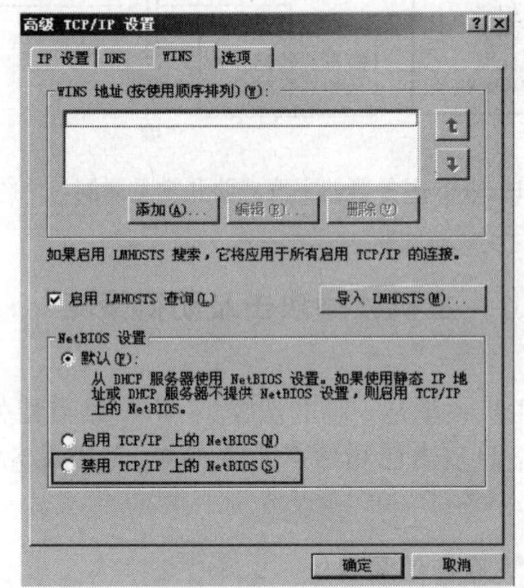

图 14-3 “高级 TCP/IP 设置”对话框的 WINS 选项卡

禁用 SMB 服务的方法是在 Web 服务器的本地连接属性对话框中卸载“Microsoft Networks 文件和打印共享”和“Microsoft Networks 客户端”两个选项。此操作禁用 TCP/445 和 UDP/445 端口上的 SMB 直接主机侦听器。

3．安全对策

针对主机枚举攻击的特点和主要攻击方式，有效的对策有：禁用不必要的服务或协议（如 NetBIOS 和 SMB）、阻止所有不必要的端口、阻止 Internet 控制消息协议（ICMP）通信。这两个服务的禁用配置在前面已作了介绍。

在 Web 服务器中，实际上除了 Web 服务本身所涉及的相关服务和协议（如 HTTP、HTTPS、SSL、TLS、IPSec 等）以外，其他服务和协议都是不需要的，如最容易受攻击的

NetBIOS 协议、Computer Browser（计算机浏览器）服务、Server（服务器）服务、本地 RPC 服务等，因为它们主要用于局域网内部。如果不要配置路由和远程访问服务，最好也禁用 RRAS（路由和远程访问服务）。

端口的关闭可以有几种方法，选择最适用的一种。一种方法是在“TCP/IP 筛选”对话框中配置只允许的 TCP、UDP、IP 协议端口或协议，如图 14-4 所示。这里的配置不是很方便，因为要么是全允许，要么是一个个添加允许的端口，而不能直接配置要禁止的端口，不能灵活配置。可以通过防火墙来直接关闭不需要的端口，如 Windows 防火墙的端口关闭方法是在如图 14-5 所示的对话框中单击“添加端口”按钮，在弹出的对话框中进行配置。还可以通过防火墙的 ACL 或者 IP 安全策略来过滤特定端口的通信。

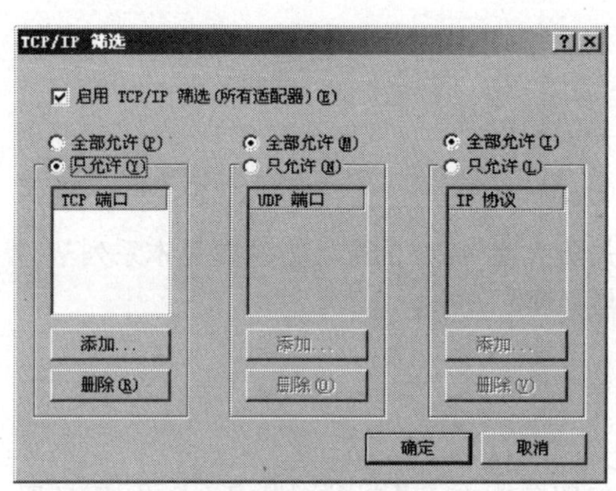

图 14-4　“TCP/IP 筛选”对话框

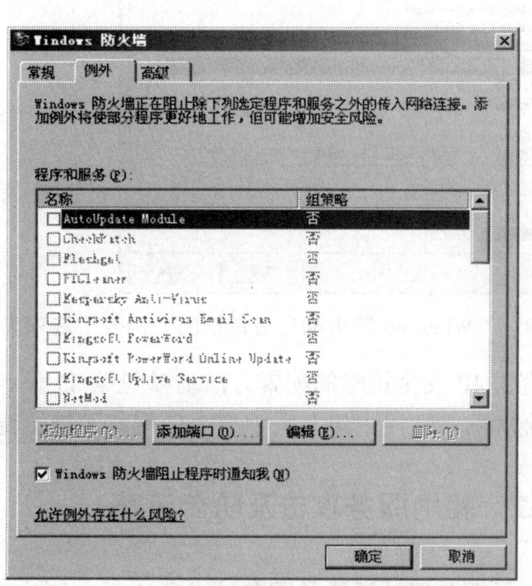

图 14-5　“Windows 防火墙”对话框的“例外”选项卡

如果在 Windows 防火墙或其他工具软件或设备上配置了禁止 ICMP 协议通信，则可以禁止这种 Ping 扫射攻击，配置方法是在图 14-5 所示的对话框中单击“高级”选项卡（如图 14-6 所示），然后单击 ICMP 区域中的“设置”按钮，在弹出的如图 14-7 所示的对话框中取消对所有选项的选择。

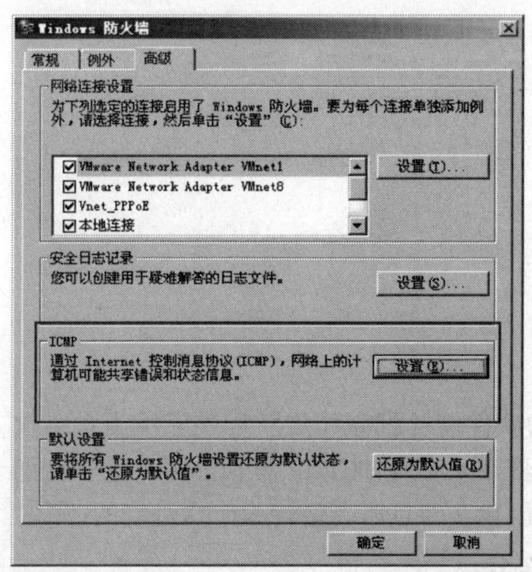

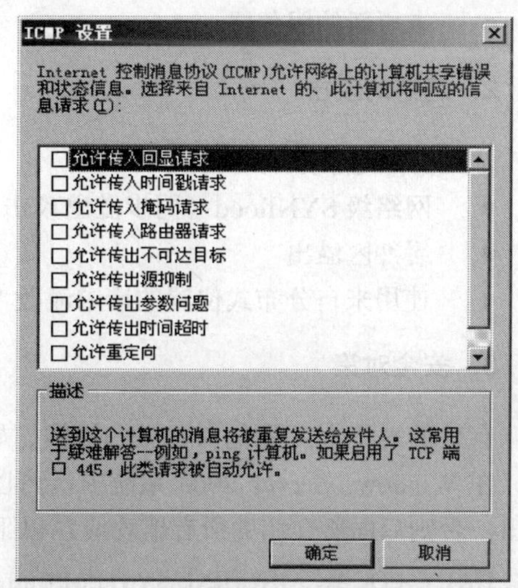

图 14-6　“Windows 防火墙”对话框的“高级”选项卡　　图 14-7　“ICMP 设置”对话框

但要注意的是，默认情况下，“ICMP 设置”对话框中的“允许传入回显请求”选项是强制打开的，不能取消。这是由于在防火墙上启用了 TCP/445 端口，这时需要先在“Windows 防火墙的”对话框的“例外”选项卡中取消对“文件和打印机共享”复选项的选择，如图 14-8 所示。然后再打开如图 14-7 所示的对话框就可以发现“允许传入回显请求”选项是可以取消的了。

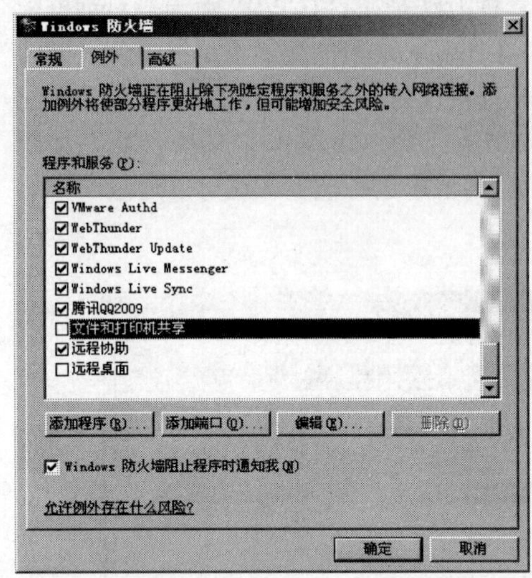

图 14-8 “Windows 防火墙”对话框的“例外”选项卡

有关 IP 安全策略的配置方法请参见第 11 章，有关防火墙 ACL 的配置方法参见本系列丛书的《金牌网管师（中级）大中型企业网络组建、配置与管理》一书。

14.1.2 拒绝服务攻击及防御策略

如果服务器被泛滥的服务请求所充斥，则出现拒绝服务攻击。此时的威胁是，Web 服务器因负荷过重而无法响应合法的客户端请求。这是典型的黑客攻击类型。

1．存在的漏洞

导致拒绝服务攻击增加的可能漏洞包括：

- 薄弱的 TCP/IP 堆栈配置
- 未更新的服务器

2．遭遇的攻击

常见的拒绝服务攻击包括：

- 网络级 SYNflood（同步溢出攻击）
- 缓冲区溢出
- 使用来自分布式位置的请求淹没 Web 服务器

3．安全对策

有效的对策有：强化 TCP/IP 堆栈、始终将最新的软件修补程序和更新程序应用于系统软件。在 Windows Server 2003 系统中，可以通过编辑注册表来实现 TCP/IP 堆栈加固。除非特别指出，否则后面所介绍的所有值均应在以下注册表项下创建，而且所有值均为十六进制的：

```
HKEY_LOCAL_MACHINE\SYSTEM\CurrentControlSet\Services
```

（1）数值名称：SynAttackProtect

项：Tcpip\Parameters

数值类型：REG_DWORD

有效范围：0、1

默认值：0

该注册表值可使传输控制协议（TCP）调整 SYN-ACKS 的重新传输。配置该值后，如果出现 SYN 攻击（拒绝服务攻击的一种），连接响应超时时间将更短。如果设置为 0（默认值），则无 SYN 攻击防护；设置为 1，则可以更有效地抵御 SYN 攻击。将 SynAttackProtect 设置为 1 时，如果系统检测到存在 SYN 攻击，连接响应的超时时间将更短。Windows Server 2003 系统使用以下值确定是否存在攻击：

- TcpMaxPortsExhausted
- TCPMaxHalfOpen
- TCPMaxHalfOpenRetried

（2）数值名称：EnableDeadGWDetect

项：Tcpip\Parameters

数值类型：REG_DWORD

有效范围：0（False）、1（True）

默认值：1（True）

如果将 EnableDeadGWDetect 设置为 1，则允许 TCP 执行失效网关检测。启用失效网关检测时，如果多个连接出现困难，TCP 可能会要求 Internet 协议（IP）切换到备份网关。可以在“TCP/IP 配置”对话框（“控制面板”的“网络”工具中）的“高级”部分中定义备份网关。建议用户将 EnableDeadGWDetect 值设置为 0。如果不将该值设置为 0，则攻击可能会强制服务器切换网关，而切换到的新网关可能并不是用户打算使用的网关。

（3）数值名称：EnablePMTUDiscovery

项：Tcpip\Parameters

数值类型：REG_DWORD

有效范围：0（False）、1（True）

默认值：1（True）

如果将 EnablePMTUDiscovery 设置为 1，则 TCP 将尝试发现经由远程主机路径传输的最大传输单位（MTU）或最大数据包大小。通过发现路径的 MTU 并将 TCP 段限制到这一大小，TCP 可以沿着连接具有不同 MTU 用户网络的路径删除路由器上的碎片。碎片会对 TCP 的吞吐量产生不利影响。建议将 EnablePMTUDiscovery 设置为 0，这样 576 字节的 MTU 将应用于本地子网中所有非主机的连接。如果不将该值设置为 0，攻击者可能会强制 MTU 值变得非常小，从而导致堆栈的负荷过大。同样要注意，将 EnablePMTUDiscovery 设置为 0 将对 TCP/IP 的性能和吞吐量产生负面影响。

（4）数值名称：KeepAliveTime

项：Tcpip\Parameters

数值类型：REG_DWORD（时间，以毫秒为单位）

有效范围：1～0xFFFFFFFF

默认值：7200000（两个小时）

该值控制 TCP 通过发送“保持活动”的数据包来验证空闲连接仍然完好无损的频率。如果仍能连接到远程计算机，该计算机就会对“保持活动”的数据包作出应答。默认情况下，不发送“保持活动”的数据包，可以使用程序在连接上配置该值。建议将该值设置为 300000（5 分钟）。

（5）数值名称：NoNameReleaseOnDemand

项：Netbt\Parameters

数值类型：REG_DWORD

有效范围：0（False）、1（True）

默认值：0（False）

该值确定计算机在收到名称释放请求时是否释放其 NetBIOS 名称。添加该值的目的是让管理员能够保护计算机免受恶意的名称释放攻击。建议将 NoNameReleaseOnDemand 值设置为 1。

14.1.3 其他攻击及预防策略

除了前面两节介绍的主机枚举攻击和拒绝服务攻击外，还有一些常见的入侵或攻击类型，如未经授权的访问、随意代码执行、特权提升、病毒/木马入侵等，在此一并进行介绍。

1．未经授权的访问及对策

如果权限不合适的用户访问了受限的信息或执行了受限的操作，则出现未经授权的访问。

（1）存在的漏洞。

导致未经授权访问的常见漏洞包括：

- 薄弱的 IIS Web 访问控制（包括 Web 权限）
- 薄弱的 NTFS 文件访问权限

（2）安全对策。

有效的对策有：使用安全的 Web 服务器访问权限、使用 NTFS 文件访问权限和使用.NET Framework 访问控制机制（包括 URL 授权）。有关 ISS Web 服务器身份认证和 NTFS 文件访问权限的配置参见本系列丛书的《金牌网管师（初级）中小型企业网络组建、配置与管理》一书。

2．随意代码执行及对策

如果攻击者在你的服务器中运行恶意代码来损害服务器资源，或者向下游系统发起其他攻击，则出现代码执行攻击。

（1）存在的漏洞。

可导致恶意代码执行的漏洞包括：

- 薄弱的 IIS 配置
- 未修补的 Web 服务器操作系统

（2）遭遇的攻击。

常见的代码执行攻击包括：

- 路径遍历
- 导致代码注入的缓冲区溢出

（3）安全对策。

有效的对策有：配置 IIS 拒绝带有“../”的 URL（防止路径遍历）、使用限制性访问控制列表（ACL）锁定系统命令和实用工具（如 IISLockdown，将在本章后面具体介绍）、安装新的修补程序和更新程序。有关 IIS Web 服务器的安全配置参见本系列丛书的《金牌网管师（初级）中小型企业网络组建、配置与管理》一书。

3．特权提升及对策

如果攻击者使用特权进程账户运行代码，则出现特权提升攻击。

（1）存在的漏洞。

导致 Web 服务器易受特权提升攻击的常见漏洞包括：

- 过度授权进程账户

- 过度授权服务账户

（2）安全对策。

有效的对策有：使用特权最少的账户运行进程、使用特权最少的服务和用户账户运行进程。

4．病毒、蠕虫和木马及对策

恶意代码有几种变体，具体包括：

- 病毒：即执行恶意操作并导致操作系统或应用程序中断的程序。
- 木马：具有主动攻击功能的破坏性程序。
- 恶意软件：会给计算机系统运行带来不利影响的软件，典型的有非法控件、浏览器挟持软件、自动拨号软件、网络钓鱼软件等。

在很多情况下，恶意代码直至耗尽了系统资源，并因此减慢或终止了其他程序的运行后才被发现。例如，红色代码、震荡波、冲击波等都是危害性极大、臭名昭著的蠕虫，它们依赖ISAPI 筛选器中的缓冲区溢出漏洞。

（1）存在的漏洞。

导致易受病毒、蠕虫和特洛伊木马攻击的常见漏洞包括：

- 未更新的服务器
- 运行不必要的服务
- 未更新的病毒、木马和恶意软件防护系统
- 使用不必要的 ISAPI 筛选器和扩展

（2）安全对策。

有效的对策有：提示应用程序安装最新的软件修补程序，以及病毒、木马和恶意软件防护程序；禁用无用的功能（如无用的 ISAPI 筛选器和扩展）；使用特权最少的账户运行进程来减小危害发生时的破坏范围。

14.2 安全 Web 服务器检查表

为了确保 Web 服务器的安全，必须应用很多配置设置来减少服务器受攻击的漏洞。但究竟在何处开始、何时才算完成呢？最佳的方法是，对必须采取的预防措施和必须配置的设置进行分类。通过分类，可以从上到下系统地安排保护过程，或者选择特定的类别完成特定的步骤。下面以列表的方式列出 Web 服务器所需检查的各种选项。

本检查表可帮助你实现安全的 Web 服务器或者用作相应模块的快速评估快照。当然，这里所列出的检查项目并不是固定的，随着软件和硬件技术的升级，检查项目可能也要同步更新。本节仅列出基本的检查项目，具体解释说明将在后面各节介绍。

14.2.1 程序修补和更新

一般来说，比较著名品牌的系统软件（包括操作系统和应用软件）都会不定期地发布一些封睹安全漏洞的补丁，如微软的 Windows 系统、Office 系统和 Exchange 系统等。这些安全漏洞一般用户只能依靠它们，因为这类安全因素对于绝大多数用户来说都是无能为力的。如常用的 Windows 系统，Microsoft 公司就经常会针对具体的安全隐患而发布一些安全漏洞补丁，我们要及时地下载并安装这些补丁。

现在新的 Windows 系统（如 Windows XP 和 Windows Server 2003 等）中已有了自动更新功

能，开启了自动更新功能，在连接了互联网的情况下系统会自动检测到最新的补丁。只需在“控制面板”窗口中双击“自动更新”选项，在弹出的如图 14-9 所示的对话框中选择“自动”单选项，然后在下面设置自动更新的频率即可。

除了软件自身的更新功能外，现在还有许多工具软件提供了搜索计算机中所安装的软件的更新版本功能，如 360 安全卫士（奇虎公司）和金山毒霸杀病毒软件就都有这方面的功能。360 安全卫士可以检测包括操作系统和主要应用软件中的安全漏洞。这一功能是在它的“修复漏洞”功能项中，如图 14-10 所示。检测到后选择相应的操作系统安全漏洞，还可以立即通过自动下载安全补丁进行修复。360 安全卫士也可以对应用软件进行更新，如图 14-11 所示。当然这要确保你的 360 安全卫士本身处于最新版本状态。

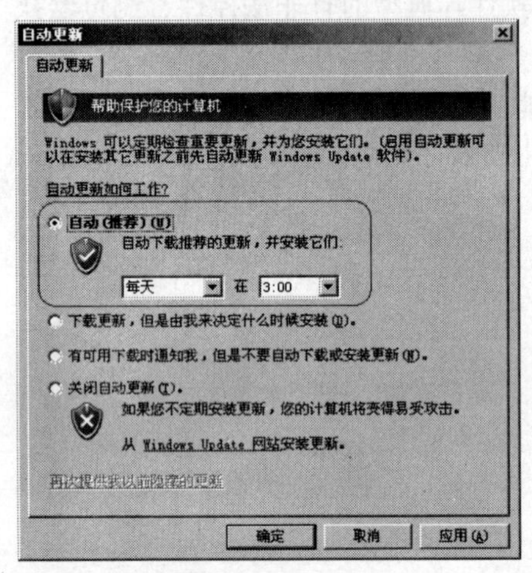

图 14-9 Windows XP 系统中的“自动更新”对话框

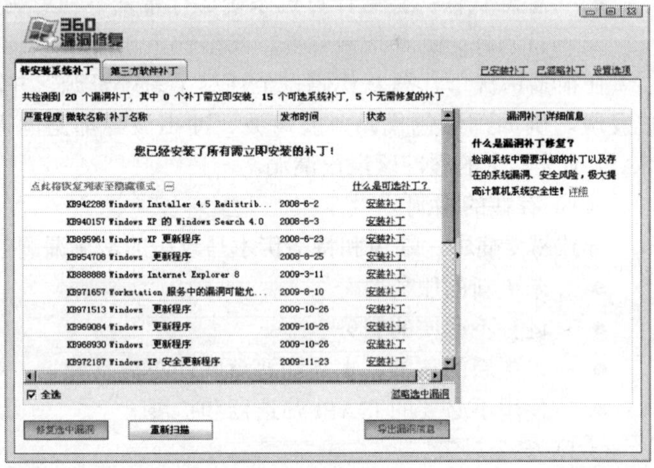

图 14-10 360 安全卫士的系统漏洞修复功能

图 14-11 360 安全卫士的软件更新功能

微软的一些操作系统和应用软件也可以借助于 MBSA（Microsoft Baseline Security Analyzer，Microsoft 基准安全分析器）进行补丁检查和安装。该工具允许用户扫描一台或多台基于 Windows 的计算机，以发现常见的安全方面的配置错误。MBSA 将扫描基于 Windows 的计算机，并检查操作系统和已安装的其他组件（如 IIS 和 SQL Server），以发现安全方面的配置错误，并及时通过推荐的安全更新进行修补。目前 MBSA 的最新版本为 2.1，可以在以下地址下载：http://www.microsoft.com/downloads/details.aspx?FamilyID=F32921AF-9DBE-4DCE-889E-ECF997EB18E9&displaylang=en。

14.2.2 安装 IISLockdown

如果你的 IIS Web 服务器是基于 IIS 4.0 或 IIS 5.0 的，则建议安装 IISLockdown 和 URLScan 工具，以帮助提高 Web 服务器的安全性，但如果是 IIS 6.0 的则不需要，也运行不了 IISLockdown。因为在 IIS 6.0 中已针对 IIS 4.0 或 IIS 5.0 中的一些弱点进行了改进，没必要再用 IISLockdown 和 URLScan 了。

- IISLockdown 已经在服务器上运行。IISLockdown 有 3 项主要功能：
  - 禁用或删除不必要的 IIS 服务和组件。
  - 修改默认配置，提高系统文件和 Web 内容目录的安全性。
  - 用其中的 URLScan 过滤 HTTP 请求。
- 安装 URLScan 并进行配置。使用 URLScan 可以增强 Web 服务器抵御常见攻击（如拒绝服务和目录遍历）的能力。

【说明】IISLockd.exe 可以从以下网址免费下载（很小，约 280KB）：http://www.microsoft.com/technet/Security/tools/locktool.mspx。可以在运行 IISLockdown （IISLockd.exe）时安装 URLScan 2.1，只需在运行 IISLockdown 向导（IISLockd.exe）时选择安装 URLScan 2.1 即可；也可以独立安装它。要在不运行 IISLockdown 的情况下安装 URLScan，需要手动从 IISLockdown 工具中提取它。首先，需要将 IISLockd.exe 保存到一个目录下。要提取 URLScan 安装文件，需要从安装 IISLockd.exe 的目录处的命令行运行以下命令：

```
iislockd.exe /q /c
```

这时解包 URLScan.exe，即 URLScan 安装程序。程序安装后会有一个配置向导，在该向导中主要是要选择一种最接近你的安全需求的 Web 服务器配置模板。但是要注意，要运行 IISLockdown 或 URLScan 程序必须已经安装了 IIS 组件。

14.2.3 禁用不需要的服务

在一个组织内部网络中，应确保其尽可能安全地运行服务。如果组织实施了策略和最佳做法，则可以帮助防止攻击者利用不安全的服务。利用这些漏洞，攻击者可以访问服务在以下情况下进行身份验证时使用的用户名和密码：服务启动或连接到域中的其他计算机时。在最坏的情况下，未经授权的用户可以获得域级管理员访问权限。

Windows 服务是在当前已登录用户会话以外的会话中运行的可执行程序。它们在后台运行，与任何用户会话无关。服务可以在计算机启动时自动启动，可以将其暂停和重新启动，并且服务本身不显示任何用户界面（UI），但它们通常与 UI 通信来控制和管理该服务。由于具有这种行为，服务非常适合在服务器上使用，也非常适合以下场合：当需要不会干扰使用同一台计算机进行工作的其他用户的长期功能时。除了 Microsoft 已创建的服务外，很多第三方供应商也将其产品设计为作为在后台持续运行的服务进行部署。

在发行 Windows 2000 操作系统之前，访问网络资源的服务需要使用域用户账户向它们使用的每个远程服务器验证自己的身份，因为“本地系统”账户无法在网络上进行身份验证。在发行 Windows 2000 系统后，修改了“本地系统”账户，以允许其对网络资源进行身份验证（就像域用户账户一样），但它使用计算机凭据进行身份验证（注意，计算机账户实际上就是没有 UserAccountControl 属性的用户账户，因此计算机账户可以像用户账户一样登录并访问资源）。

由于这些更改，“本地系统”账户已成为服务部署中较常使用的账户之一。

在发行 Windows Server 2003 后，情况又有所改变，它添加了以下两个类似于“本地系统”的新内置账户类型：“网络服务”账户和“本地服务”账户。新的“网络服务”账户进行远程身份验证时也使用计算机的凭据，但是在服务器本身上的权限级别大大降低，因此它没有本地管理员权限；新的“本地服务”账户与“网络服务”账户一样也减少了权限，无法对网络资源进行身份验证。

1. 服务的安全漏洞考虑

由于服务在启动时以无人参与的方式运行，因此非常适用于服务器类型的应用程序，如 Web 服务。不过，这种特性也具有缺点，因为用户可能不知道服务正在运行。尽管某些服务可能会打开一个用户可见的窗口或对话框，但服务通常很少或不会进行用户交互，因此用户可能运行了很多默认服务，并且根本没有意识到潜在的安全风险。Internet 蠕虫（如 Nimda）就是利用了用户可能在不知情的情况下在其工作站上运行了 Web 服务器这一事实。感染了病毒的工作站可通过 Internet 将蠕虫传播到成千上万台计算机中。

某些服务，特别是企业管理工具（如 Microsoft Systems Management Server、Microsoft Operations Manager 和 Tivoli）使用的那些服务需要使用域用户账户登录，原因是它们通常需要对整个域进行访问，也可能需要访问其他受信任域。在其他情况下，使用域用户账户来运行服务曾经是一种标准做法，但最近各组织已将其视为一种安全风险了。每个使用域或本地用户账户的服务的用户名和密码信息都存储在注册表中，当攻击者获得计算机的管理权限时，就可以利用这些信息。结果，只要将服务配置为以用户身份登录，便会出现安全漏洞。

由于将服务配置为以域用户账户登录时始终会产生安全漏洞，因此利用该漏洞的潜在风险会随以下各种因素而增加：

- 将特定域用户账户配置为运行服务的服务器数

在管理完善的服务器环境中，所有服务器都应该同样安全。如果某个组织不能为其所有的服务器提供同样的安全保护，每个安全性较低的服务器被攻击者利用的潜在安全风险就会增加。运行域验证的服务的服务器越多，某人利用安全漏洞的可能性就会越大。例如，在某个组织内的数百或数千个服务器上，一个服务可能会使用同一域账户对其自身的身份进行验证。因此，如果攻击者攻陷其中的一台服务器，窃取了该服务使用的用户名和密码，则攻击者可以获得运行该服务的所有其他服务器的访问权限。

- 配置为运行某个服务的任何域用户账户的网络权限的范围

权限的范围越大，受到威胁的资源数就会越多。域管理员账户的风险很大，因为网络漏洞的范围是位于域中的所有计算机，其中包括域控制器。此外，如果该域用户账户在一个或多个其他服务器上拥有本地管理员权限，则存在重复利用安全漏洞的潜在风险。

保护管理员级别账户所访问的网络资源特别重要，因为域管理员凭据方面的漏洞所造成的破坏容易在域中被传递、被扩大和升级。在域中的所有计算机上，这些凭据通常用于交互式或远程登录，因此如果泄露了这些凭据，域中的所有计算机都会受到攻击威胁。

2. 服务存在的安全漏洞

存在几种不同的服务漏洞情况，每一种情况具有不同的安全风险级别。服务的安全漏洞优先级人为地设为如下几种：

- 严重风险级别：这种情况会立即危及公司的安全。
- 高风险级别：这种情况会危及公司的安全，但不会立即危及安全。
- 中风险级别：这种情况也很重要，但是安全漏洞不涉及高安全性服务器。
- 低风险级别：如果你消除记录，忽略这种情况，则对安全目标不会有什么影响。

服务是攻击者访问本地服务器或网络上其他服务器的主要漏洞点。如果不需要使用特定服务，则应该将其禁用。通过禁用不必要的服务，可以迅速且有效地减少受攻击面，并且由于没有运行这些多余的服务，还可以进一步提高性能。

要成功地保护服务，必须了解其漏洞，并将服务受到漏洞威胁的风险降至最低。

3．可作为服务登录账户的系统账户

服务必须以某一账户登录，以访问操作系统中的资源和对象。如果为服务分配的账户没有相应的登录权限，Microsoft 管理控制台（MMC）的“服务”管理单元将自动为该账户授予在所管理的计算机上所需的“作为服务登录”用户权限。Windows Server 2003 包括以下 3 个内置本地账户，它们分别用作不同系统服务的登录账户：“本地系统”账户、“本地服务”账户、“网络服务”账户。

- “本地系统”账户

“本地系统”账户是预定义的本地账户，它可以启动服务，并为该服务提供安全上下文。这是一个功能强大的账户，它具有计算机的完全访问权限，在用于域控制器上运行的服务时，它还包含对目录服务的访问权限。该账户用作网络上的主机账户，因此就像任何其他域账户一样可以访问网络资源。在网络上，该账户显示为 DOMAIN\<计算机名>$。如果某个服务使用域控制器上的“本地系统”账户进行登录，则它具有该域控制器本身的“本地系统”访问权限。如果域控制器受到攻击，则可能会允许恶意用户随意更改域中的内容。默认情况下，Windows Server 2003 将一些服务配置为作为“本地系统”账户登录。该账户的实际名称是 NT AUTHORITY\System，并且它不包含管理员需要管理的密码。

- “本地服务”账户

“本地服务”账户是一种特殊的内置账户，它具有较少的权限，与经过身份验证的本地用户账户类似。如果攻击者利用单个服务或进程，这种受限的访问权限有助于保护计算机。以“本地服务”账户运行的服务作为空会话来访问网络资源，即它使用匿名凭据。该账户的实际名称是 NT AUTHORITY\LocalService，并且它不包含管理员需要管理的密码。

- “网络服务”账户

“网络服务”账户是一种特殊的内置账户，它具有较少的权限，与经过身份验证的用户账户类似。如果攻击者利用单个服务或进程，这种受限的访问权限有助于保护计算机。以“网络服务”账户运行的服务使用计算机账户的凭据来访问网络资源，这与“本地系统”服务访问网络资源的方式相同。该账户的实际名称是 NT AUTHORITY\NetworkService，并且它不包含管理员需要管理的密码。

【注意】如果更改了默认服务设置，则可能会使某些密钥服务不能正常运行。在更改默认设置为自动启动的服务的“启动类型”和“登录为”设置时，务必要小心谨慎，这一点是特别重要的。

4．可作为服务登录的用户账户

有些用户账户类别可以作为服务登录，每个类别具有其独特的功能和权限。

- 本地用户账户

该类别包含在计算机上本地创建的账户，例如使用“本地用户和组”管理控制台。这些账户在本地计算机上具有非常有限的权限，除非你为其特别授予更高的权限或者将其添加到已拥有这些权限的组中。

- 本地管理员账户

该类别包含在计算机上首次安装 Windows Server 2003 或 Windows XP 系统时创建并使用的内置管理员账户。它还包含以后创建并添加到内置 Administrators 组中的任何其他用户账户。该

组的成员具有本地计算机的完全且不受限制的访问权限。

- 域用户账户

该类别包含在域中创建的账户，例如通过使用“Active Directory 用户和计算机”管理控制台。这些账户在域中具有非常有限的权限，除非你为其特别授予更高的权限或者将其添加到已具有这些权限的组中。

- 域管理员账户

此类别包含首次安装活动目录时创建和使用的内置域管理员账户。它还包含以后创建并添加到内置本地 Administrators 组或者 Domain Admins 或 Enterprise Admins 组中的任何其他用户账户。这些组的成员具有域的完全且不受限制的访问权限，对于 Enterprise Admins 组而言，则为整个林的完全且不受限制的访问权限。

5. 了解您的系统

要了解您的计算机是否安全，必须知道计算机上运行的服务及其属性。该信息对帮助保护服务器安全来说至关重要。请考虑为服务和计算机上运行的服务的服务属性设置编制表格的价值，以便立即评估风险。编制这样的表格最初可能是一个既长又复杂的过程，但是这些努力是值得的，因为这对了解不同服务器角色的“已知正确配置”的属性至关重要。

有几种工具可以帮助你创建服务属性和运行服务的列表。这些工具包括：

- 服务控制器工具（sc.exe）

这个命令行工具是 Windows Server 2003 和 Windows XP 附带提供的。它提供了一种从命令行中与“服务控制管理器”组件进行通信的方法，以便查询和设置服务的属性。注意，要在命令行中运行，而不能在“运行”窗口中运行，否则无法进行查询工作。如果要查询各服务的状态，可在命令行中运行 sc query 命令，得到如图 14-12 所示的查询列表，显示了各服务的类型和当前状态等信息。

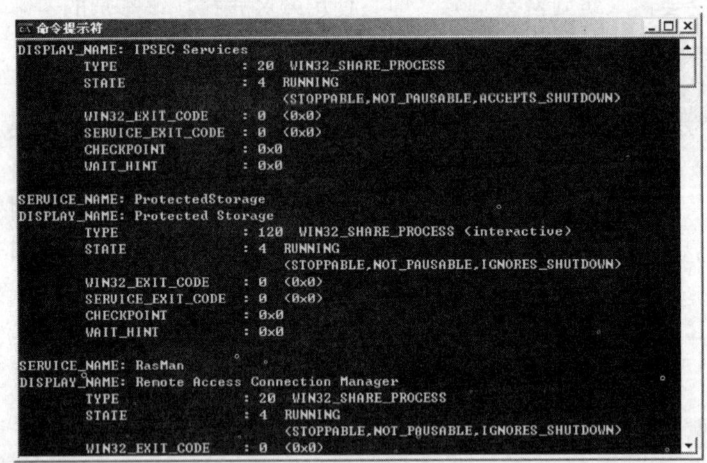

图 14-12　运行 sc query 命令后的显示

- Windows Management Instrumentation（WMI）

这是一个预先安装的 Windows Server 2003 和 Windows XP 操作系统组件，它在企业环境中提供管理信息和控制。通过使用行业标准，系统管理员可以使用 WMI 来查询和设置有关桌面计算机、应用程序、网络以及其他企业组件的信息。有些管理工具支持 WMI，其中包括“系统信息”和“服务”控制台的“依存关系”组件。服务依存关系用于确定当前服务所依赖的服务以及依赖于当前服务的服务。系统管理员还可以使用 WMI 脚本来自动完成管理任务。

- Windows Management Instrumentation 命令行（WMIC）

WMI 包含一个命令行工具 WMIC，它为 WMI 提供了一个简单的命令行界面以查询和远程管理运行 Windows 操作系统的计算机。可以通过在命令提示符下键入 wmic 来调用 WMIC。例如，要检索名为 Server1 的服务器的服务信息，请在命令提示符下键入以下命令：

```
wmic /output:c:\services.htm /node:server1 service list full / format:htable
```

可以使用 IE 浏览器来检查生成的 c:\services.htm 文件，该文件的格式为超文本标记语言（HTML）表。如果服务器名称中包含空格或特殊字符，请在运行 wmic 命令时用引号将名称引起来。

【说明】还可以使用另一个名为 sclist.exe 的命令行工具，它包含在 Windows 2000 Server 资源工具包中。该工具可以显示当前运行的服务、已停止的服务、本地和远程计算机上的所有服务。sclist.exe 可以确定在物理远程计算机或未连接监视器的计算机上运行的服务，如在服务器机架中运行的服务。

6．使用最小权限原则

最小权限原则规定，你为实体分配完成其工作所需的最少数量的访问权限，而不分配任何其他权限。在 Windows Server 2003 系统中，该原则同时适用于用户账户和计算机账户，因为在活动目录中，用户账户和计算机账户都是安全主体，这意味着可以同时为它们分配权限。

该原则非常有效的一个原因是，它强制你评估网络资源和潜在的安全风险。你必须了解特定计算机或用户实际需要的访问权限，然后验证是否只应用了所需的权限。

为了更安全地运行服务，组织需要使用最小权限方法来部署服务。应尽可能以“本地服务”账户运行服务，以使账户只能获得单个计算机的访问权限，而不是整个域的访问权限。需要经过身份验证的网络访问的服务可能需要使用“网络服务”账户，因此应该使用“本地系统”账户来部署需要更广泛实现的服务。如果确定需要域管理员账户来部署服务，则应该将部署该服务的服务器视为“高安全性服务器”，并使用与其他高度敏感的网络资源（如域控制器）相同的保护措施进行保护。

微软在发行 Windows Server 2003 之前就已经进行了全面测试，以确保核心操作系统服务已作为最小权限账户运行，因此通常无需修改这些服务。应该将重点放在确保不属于操作系统的服务（如作为其他服务器产品组件提供的服务，例如 Microsoft SQL Server 和 Microsoft Operations Manager）以及第三方软件制造商提供的服务的安全上。

可以使用 Windows Server 2003 中的组策略来控制可以在一台或多台计算机上运行的特定服务。为此，请打开包含要配置的计算机的组织单位的组策略对象。浏览到“计算机配置”→“Windows 设置”→“安全设置”→“系统服务”节点，然后打开要控制的服务的“属性”对话框，在其中定义服务启动模式（自动、手动、禁用），然后设置控制哪些用户账户可以对该服务执行特定操作的安全权限，如停止或启动服务。

在计算机中实施最小权限原则时，可以将其与“了解您的系统”规则配合使用。如果你不了解实际运行的服务，那么如何知道你的计算机是否运行最少数量的服务呢？通过结合这两个原则，管理人员可以评估在计算机上运行的服务、服务状态以及每个服务器正在使用的凭据，然后有条不紊地将每个可能的服务更改为所需的最小权限。请对计算机进行监视，确保没有在未使用正确的更改控制操作规程的情况下添加任何新服务。

7．使用最少服务原则

最少服务原则规定，任何联网设备上可用的操作系统和网络协议应当仅运行支持业务应用所切实必需的服务和协议。例如，如果服务器不需要托管任何 Web 应用程序，则应该删除或禁用万维网服务。大多数操作系统和程序在其默认配置中安装的服务和协议都比通常使用情况下实际所需的服务和协议多得多。

设置新服务器的最佳方法是在步骤中包含系统管理员关闭操作系统中所有不必要的服务。例如，在 Windows Server 2003 之前的 Windows 操作系统中，关闭 Alerter 和 Messenger 服务是很常见的做法。此外，还要确保将服务正确放置在网络上。例如，不应该将 Routing and Remote Access Service 或 Internet 信息服务（IIS）放置在域控制器上，因为它们运行的后台服务可能会增加域控制器遭受攻击的可能性。通常建议，除了作为域控制器成功运行所需的那些服务外，不应该在域控制器上运行任何其他服务。

14.2.4 禁用不需要的协议

避免使用不必要的协议可降低遭受攻击的可能性。.NET Framework 可通过 Machine.config 文件中的设置提供对协议的粒度控制。例如，可以控制 Web 服务是否使用 HTTP GET、POST 或 SOAP。Machine.config 位于%windir%\Microsoft.NET\Framework\{版本}\CONFIG。可以使用任何文本或 XML 编辑器（如记事本）编辑 XML 配置文件。XML 标记区分大小写，请务必使用正确的大小写。

- 如果应用程序不使用 Web DAV 和 CGI，则禁用它们。
- 强化 TCP/IP 堆栈，参见 14.1.2 节介绍。
- 禁用 NetBIOS 和 SMB（关闭 137、138、139 和 445 号端口），参见 14.1.1 节介绍。

14.2.5 禁用或正确使用账户

必须删除不用的账户，因为攻击者可能发现这些账户并加以利用。必须使用强密码。弱密码增加了强力攻击或字典攻击的成功概率。使用最少的特权，攻击者可利用特权较多的账户访问未经授权的资源。

- 删除或禁用不使用的账户

攻击者可以利用不用的账户及其权限获取访问服务器的机会。审核服务器中的本地账户，然后禁用那些不用的账户。如果禁用账户不产生任何问题，则请删除该账户（已删除的账户是无法恢复的）。在生产服务器中禁用账户之前，请先在测试服务器中禁用这些账户，确保禁用账户不会在应用程序操作方面产生负面影响。

【注意】Administrator 账户和 Guest 账户无法删除，但可以改名。

- 禁用 Guest 账户

Guest 账户在用户匿名连接计算机时使用。为了限制计算机的匿名连接，请禁用该账户。在默认情况下，Windows 2000/Server 2003 系统禁用 Guest 账户。要检查是否启用。

- 重命名 Administrator 账户

默认的本地 Administrator 账户由于享有很高的计算机控制权限，因此常常是攻击者利用的目标。为了增强安全性，请重命名默认的 Administrator 账户并设置强密码。

如果仅用于执行本地管理，请在服务器组策略中将该账户配置为拒绝网络登录权限，并要求管理员以交互方式登录。这将防止用户（无意或有意）使用 Administrator 账户从远程位置登录服务器。

- 禁用 IUSR 账户

禁用默认的匿名 Internet 用户账户 IUSR_*MACHINE*。该账户在 IIS 安装过程中创建。安装 IIS 时服务器的 NetBIOS 名称是 *MACHINE*。

- 创建自定义的匿名 Web 账户

如果应用程序支持匿名访问（例如使用表单身份认证之类的自定义身份认证机制时），请创建自定义的、特权最少的匿名账户。如果要运行 IISLockdown，请将自定义用户添加至已创建的 Web Anonymous Users 组。IISLockdown 拒绝访问系统实用工具，并拒绝写入 Web Anonymous Users 组的 Web 内容目录。可以为 Web 改用其他的匿名访问账户，配置方法是在相应 Web 服务器的“目录安全性”选项卡中的“身份认证和访问控制”区域中单击“编辑”按钮，在弹出的如图 14-13 所示的对话框中进行配置，替换原来所用的 IUSR_*MACHINE* 账户。

如果要在 Web 服务器中驻留多个 Web 应用程序，则可能希望使用多个匿名账户（每个应用程序使用一个）来单独保护和审核每个应用程序的操作。

- 强制强密码策略

为了对抗攻击者施加给应用程序的密码猜测和强力字典攻击，请应用强密码策略。这是在如图 14-14 所示的“组策略”窗口中的“密码策略”中设置的。注意，如果是域网络，则用户密码策略必须在域组策略中设置才有效。表 14-1 列出了默认的和建议的密码策略设置。

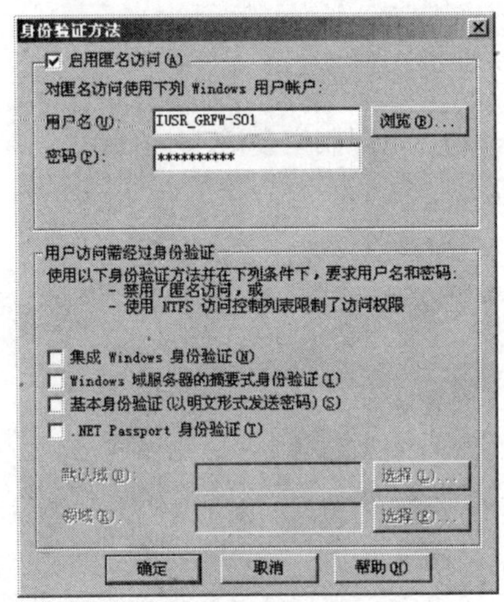

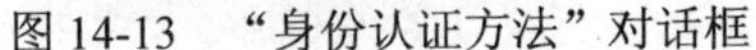

图 14-13 “身份认证方法”对话框

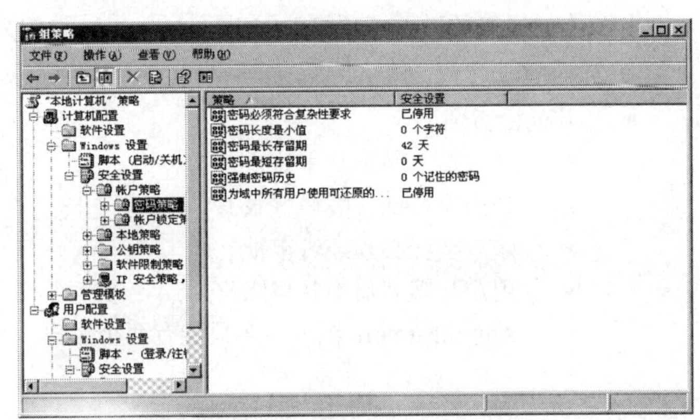

图 14-14 组策略中的“密码策略”选项

表 14-1 密码策略的默认设置和建议设置

密码策略	默认设置	建议最低设置
强制密码历史	1 个记住的密码	24 个记住的密码
密码最长使用期限	42 天	42 天
密码最短使用期限	0 天	2 天
最短密码长度	0 个字符	8 个字符
密码必须满足复杂性要求	禁用	启用
用可还原的加密来存储密码（针对域中的所有用户）	禁用	禁用

- 限制远程登录

在组策略“用户权利指派”的“从网络访问此计算机”策略项中删除 Everyone 组，限制可远程登录服务器的用户，如图 14-15 所示。

- 禁用空会话（匿名登录）

为了防止匿名访问，请禁用空会话。这些会话是在两台计算机之间建立的未经身份认证的会话或匿名会话。除非禁用空会话，否则攻击者可匿名（无须进行身份认证）连接你的服务器。

一旦攻击者建立了空会话，他（或她）就可以实施各种攻击，包括使用枚举技术来收集目标计算机中与系统相关的信息（这些信息大大帮助了攻击者发起后续攻击）。可通过空会话返回的信息类型包括域、信任细节、共享、用户信息（包括组和用户权限）、注册表项等。

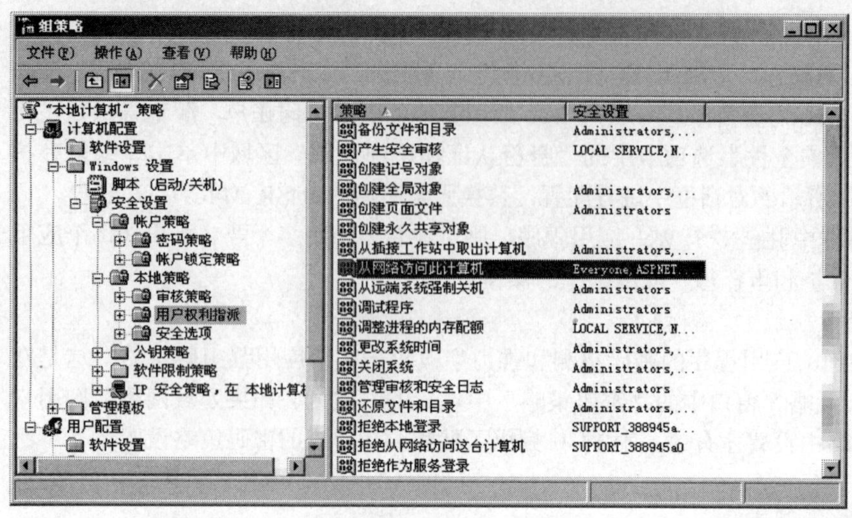

图 14-15　组策略中的"从网络访问此计算机"策略项

如果在注册表的以下子项将 RestrictAnonymous 设置为 1，则可以限制空会话：

```
HKLM\System\CurrentControlSet\Control\LSA\RestrictAnonymous=1
```

- 其他检查项
  - ➢ 管理员之间不共享账户
  - ➢ 禁用空会话（匿名登录）
  - ➢ 账户委派必须经过审批
  - ➢ 用户和管理员不共享账户
  - ➢ Administrators 组中最多只能有两个账户

14.2.6　正确配置文件和目录访问权限

将 Web 服务器系统安装在 NTFS 文件系统分区中有助于借助 NTFS 权限来限制访问。使用强大的访问控制可确保文件和目录不受攻击。在大多数情况下，许可访问特定的账户要比拒绝访问特定的账户更有效。请尽可能在目录级设置访问权限。文件一旦添加到文件夹中便继承了文件夹的相应权限，因此你无需再完成任何设置。

- 限制 Everyone 组（不允许访问\WINNT\system32 或 Web 目录）

在 Windows 2000 中，默认 NTFS 权限可授予 Everyone 组成员完全控制很多关键位置（包括根目录、\inetpub 和 \inetpub\scripts）的权限，在 Windows XP 及以后版本中作了改进。

将根目录（\）的完全控制权限授予 Administrator 账户，然后从以下目录删除 Everyone 组的访问权限：

- ➢ 根目录（\）
- ➢ 系统目录（\WINNT\system32）
- ➢ Framework 工具目录（\WINNT\Microsoft.NET\Framework\{版本}）
- ➢ Web 站点根目录和所有内容目录（默认值是\inetpub*）
- ➢ 限制访问 IIS 匿名账户

匿名账户是众所周知的。攻击者可利用这种众所周知的账户执行恶意操作。要确保匿名账户的安全，请执行下列操作：

- ➢ 拒绝对 Web 内容目录的写入访问，确保该账户不能写入内容目录。
- ➢ 限制对系统工具的访问，尤其是限制对\WINNT\System32 中的命令行工具的访问。
- ➢ 将权限分配给组，而不是单独的账户。比较好的做法是，将用户分配到组，然后将权限应用于组而非单独的账户。对于匿名账户，请创建一个组，然后将匿名账户添加到该组，再显式拒绝该组访问关键的目录和文件。通过将权限分配给组，可以更轻松地更改匿名账户或创建其他匿名账户（因为你不必重新创建这些权限）。

【注意】如果安装了 IISLockdown，则通过将拒绝写入控制项（ACE）应用于 Web Anonymous Users 和 Web Applications 组，从而拒绝匿名账户对内容目录进行写入访问。此外，它还在命令行工具中添加了拒绝执行 ACL。

- 在不同的应用程序中使用不同的账户

如果要在 Web 服务器中驻留多个应用程序，请在每个应用程序中使用不同的匿名账户。将账户添加到一个匿名 Web 用户组，例如 IISLockdown 创建的 Web Anonymous Users 组，然后使用该组配置 NTFS 权限。

- 保护或删除工具、实用工具和 SDK

SDK 和资源工具包不应安装在 Web 生产服务器中。如果存在，请将其删除。

  - 确保在服务器中仅安装.NET Framework 可重新分发的软件包，且不安装任何 SDK 实用工具。不要在生产服务器中安装 Visual Studio .NET。
  - 确保对功能强大的系统工具和实用工具（如\Program Files 目录中的系统工具和实用工具）的访问有一定限制。使用 IISLockdown 可以做到这一点。
  - 调试工具不应在 Web 服务器中可用。如果必须进行生产调试，应创建一个包含必要调试工具的 CD。

- 删除示例文件

通常，示例应用程序（\WINNT\Help\IISHelp、\Inetpub\IISSamples）都不使用级别较高的安全设置来配置。攻击者有可能利用示例应用程序或配置本身的漏洞来对你的 Web 站点进行攻击。删除示例应用程序可减少 Web 服务器受攻击的区域。

- 其他检查项
  - 请考虑删除不必要的数据源名称（DSN）。这些数据源包含了应用程序用来连接 OLE DB 数据源的明文连接详细信息。只有 Web 应用程序必需的 DSN 才应安装在 Web 服务器中。
  - 在 NTFS 卷上包含 Web 服务器的文件和目录，便于权限设置。
  - 网站内容位于非系统的 NTFS 卷上。
  - 日志文件位于 NTFS 格式的非系统卷上，而且不与网站内容位于同一个卷上。
  - 如果不需要进行网站的远程管理，则可删除 IIS 管理应用程序（\WINNT\System32\Inetsrv\IISAdmin）。

14.2.7 删除不必要的共享和正确使用共享

删除所有不使用的共享，然后强化必需共享的 NTFS 权限。在默认情况下，所有的用户都有完全控制新创建的文件共享的权限。强化这些默认权限可确保只有授权用户才能访问共享中的文件。除了明显的共享权限外，还可以将 NTFS ACL 用于共享中的文件和文件夹。

- 删除所有不必要的共享（包括默认的管理共享）

删除所有不必要的共享。要查看或删除共享和相关联的权限，可以在如图 14-16 所示的“计算机管理”控制台的“共享”窗口中进行。

- 限制对必要共享的访问（Everyone 组没有访问权）

在共享文件的 NTFS 访问权限列表中删除 Everyone 组，然后授予特定的权限。如果不限制可访问共享的用户，则使用 Everyone 组。

- 如果不需要管理性共享（C$和 Admin$），则删除它们。

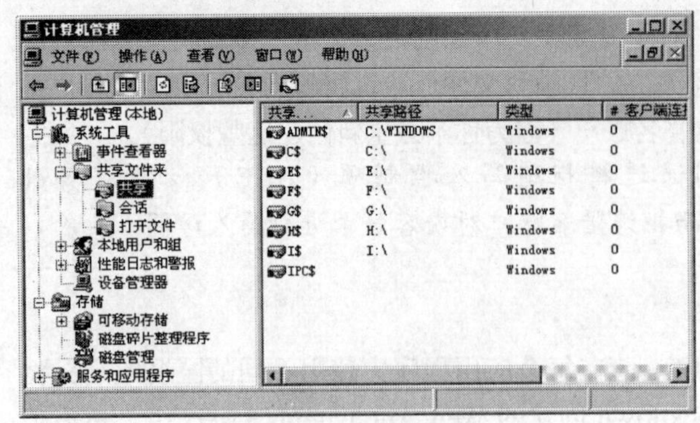

图 14-16 “计算机管理”控制台的“共享”窗口

14.2.8 限制端口

在服务器中运行的服务将使用特定的端口，以便为传入请求提供服务。关闭所有不必要的端口，然后执行常规的审核来检测处于侦听状态的新端口（这些端口指出了未经授权的访问和安全漏洞）。

- 面向 Internet 的接口限制使用 80 号端口（如果使用 SSL，则还可允许使用 443 号端口）

限定出站通信使用端口 80（对于 HTTP）和端口 443（对于 HTTPS（SSL））。对于出站（面向 Internet）的网卡，使用 IPSec 或 TCP/IP 筛选。通过 TCP/IP 进行筛选的配置对话框如图 14-17 所示，它是在网络连接属性对话框中打开的。有关通过 IPSec 限制端口使用的配置方法参见第 11 章。

在防火墙中也可以限制端口的使用，如在 Windows 防火墙中可以在如图 14-18 所示对话框的“例外”选项卡中单击“添加端口”按钮，弹出如图 14-19 所示的对话框，在其中可以添加允许通信的端口（有的是通过添加相应的服务来添加允许的端口的，如添加 HTTP 服务则相当于添加了允许 80 号端口）。

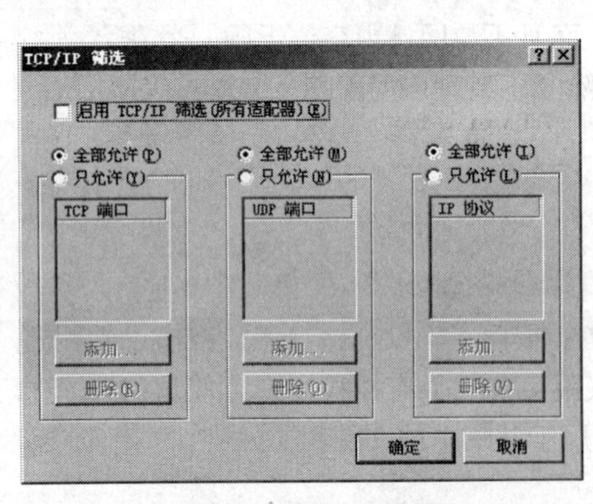

图 14-17 “TCP/IP 筛选”对话框

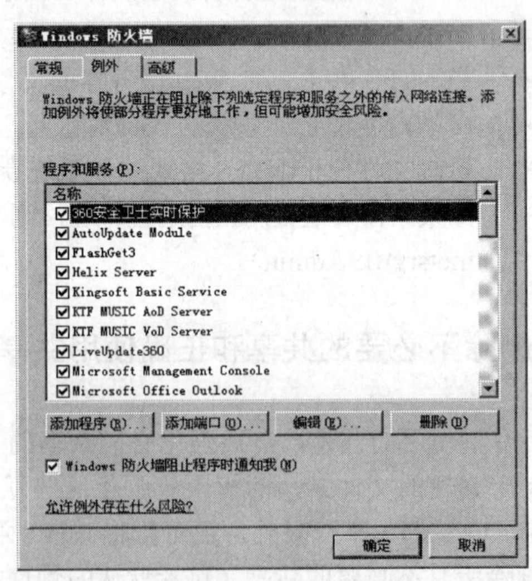

图 14-18 “Windows 防火墙”对话框的“例外”选项卡

- 对 Intranet 通信进行加密（如使用 SSL）

对于内部（面向 Intranet）的网卡，如果你没有安全的数据中心，但又要在计算机间传递敏感信息，则必须考虑是加密通信还是限制 Web 服务器和下游服务器（如应用程序服务器或数据库服务器）的通信。加密网络通信可以解决网络窃听带来的威胁。如果认为风险很小，则可以选择不对通信进行加密。但使用的加密类型也会影响要解决的威胁类型。例如，SSL 是应用程序级加密，而 IPSec 是传输层加密。因此，SSL 可对抗来自同一计算机另一进程的数据篡改或信息泄漏威胁，尤其是使用不同账户（与网络窃听的账户相比）运行的进程。

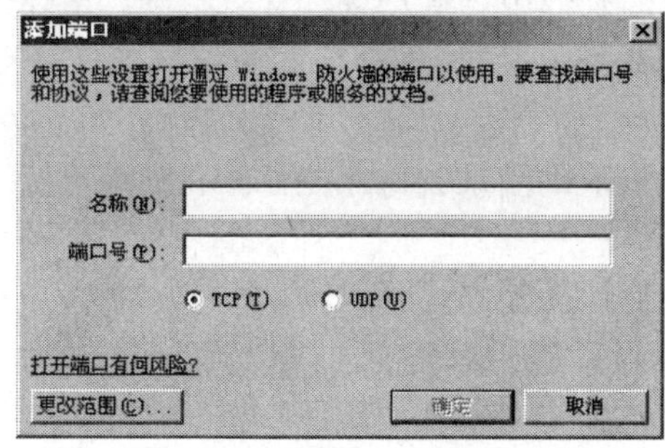

图 14-19 “添加端口”对话框

有关 SSL 及其应用配置的内容参见第 13 章。

14.2.9 正确配置注册表

注册表是很多重要服务器配置设置的存储库。因此，必须确保只有经过授权的管理员才能访问它。如果攻击者能编辑注册表，则他（或她）可以重新配置你的服务器，然后破坏其安全性。

- 在“服务”控制台中禁用 Remote Resistry 服务，以限制用户进行远程注册表访问

Winreg 键可以决定注册表键是否可用于远程访问。在默认情况下，该键可防止用户远程查看注册表中的大多数键，只有特权较高的用户才能修改它。在 Windows 2000 中，远程注册表访问在默认情况下限定给 Administrators 和 Backup operators 组的成员。管理员拥有完全控制权限，备份操作员拥有只读访问权限。

下面的注册表位置的相关权限决定了可远程访问注册表的人。

```
HKEY_LOCAL_MACHINE\SYSTEM\CurrentControlSet\Control\SecurePipeServers\winreg
```

要查看该注册表键的权限，请运行 Regedt32.exe，找到该键，然后执行“编辑”→“权限”命令，在弹出的对话框中即可查看各用户或组对该注册表项的访问权限。

- 保护 SAM 的安全，这只适用于独立服务器

独立服务器可将账户名称和单向（不可逆）密码哈希值（LMHash）保存在本地安全账户管理器（SAM）数据库中。SAM 是注册表的一部分。通常，只有 Administrators 组的成员才能访问账户信息。

虽然密码实际上并未保存在 SAM 中，密码哈希值也不可逆，但如果攻击者获得了 SAM 数据库的副本，该攻击者便可以使用强力密码技术取得有效的用户名和密码。

通过在注册表的如下位置中创建键项（不是值）NoLMHash，可以限制在 SAM 中存储 LMHash：HKEY_LOCAL_MACHINE \CurrentControlSet\Control\LSA\NoLMHash。

14.2.10 正确配置和使用审核与日志记录

尽管审核过程不能防止系统受攻击，但它是明确入侵者和进行中等攻击的重要辅助方法，且可以帮助你诊断攻击踪迹。在 Web 服务器中启用级别最低的审核，然后使用 NTFS 权限保护日志文件，确保攻击者无法借助任何方式删除或更新日志文件来达到掩盖踪迹的目的。使用 IIS W3C 扩展日志文件格式审核。

- 审核失败的登录尝试

这是在组策略的“审核策略”中配置的，如图 14-20 所示。这需要在对应级别的组策略中

进行配置。登录失败将作为事件记录在 Windows 安全事件日志中。下面的事件 ID 是可疑的：

- 531：表示使用禁用账户进行登录尝试。
- 529：表示使用未知的用户账户或密码无效的有效用户账户进行登录尝试。上述审核事件数量的意外增加表示存在密码猜测企图。

● 记录所有失败的登录尝试

同样是在组策略的“审核策略”中配置的。只有记录失败的登录尝试才能检测和跟踪可疑行为。

● 记录文件系统中的所有失败操作

在文件系统中使用 NTFS 审核可以检测恶意企图。本过程包括两个步骤：①启用“审核对象”的“失败”策略；②在对应文件或文件夹的“安全”选项卡中单击“高级”按钮，在弹出的对话框中选择“审核”选项卡，单击“添加”按钮，添加 everyone 组，然后选择所有的“失败”复选项，如图 14-21 所示。

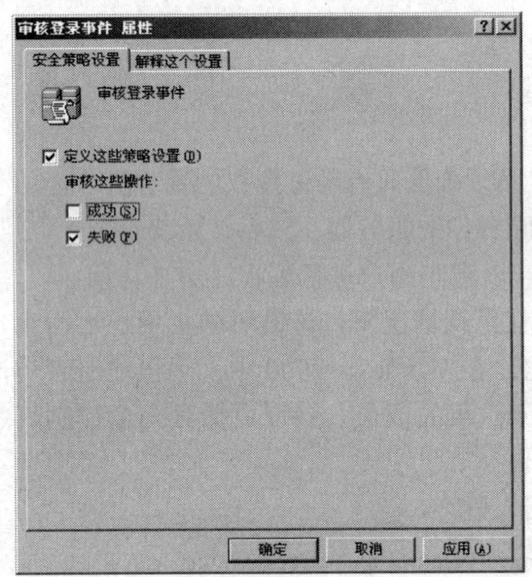

图 14-20 “审核登录事件 属性”对话框的“安全策略设置”选项卡

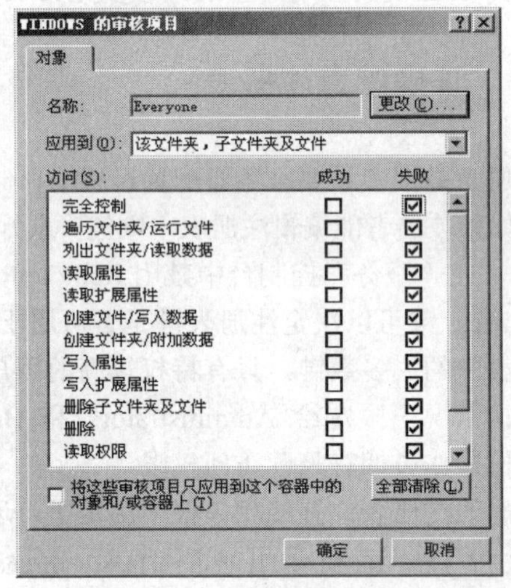

图 14-21 “Windows 的审核项目”对话框

● 重新定位 IIS 日志文件并加以保护

通过移动和重命名 IIS 日志文件，可以使攻击者更难掩盖自己的踪迹。攻击者必须先找到日志文件，然后才能改变日志文件。要使攻击者的任务更难以执行，请使用 NTFS 权限保护日志文件。

将 IIS 日志文件目录移动到与 Web 站点所在卷不同的卷，然后重命名。不要使用系统卷。接着，将以下 NTFS 权限应用于日志文件文件夹和子文件夹。重定位的方法是在 Web 服务器属性对话框的“Web 站点”选项卡中单击“日志”区域中的“配置”按钮弹出的如图 14-22 所示的对话框中进行的。日志文件的访问权限限定为 administratrors、system 组用户为完全控制权限，而 Backup Operators 组只有读取权限。删除其他用户的访问权限。

● 定期存档和分析日志文件

为了方便脱机分析 IIS 日志文件，可以使用脚本将日志文件从 IIS 服务器中自动删除，同时确保安全。必须至少每 24 小时删除一次日志文件。自动执行的脚本可以使用 FTP、SMTP、HTTP 或 SMB 从服务器计算机中传输日志文件。但是，如果要启用其中的一种协议，请确保启用的安全性，避免产生任何其他攻击。使用 IPSec 策略保护端口和通道。

● 审核对 metabase.bin 文件的访问

审核 Everyone 组对 IIS metabase.bin 文件（位于\WINNT\System32\inetsrv\）的所有失败访问。对 \Metabase 备份文件夹（元数据库的备份副本），执行同样的操作。审核配置方法参见前面“记录文件系统中的所有失败操作”项中介绍的方法。

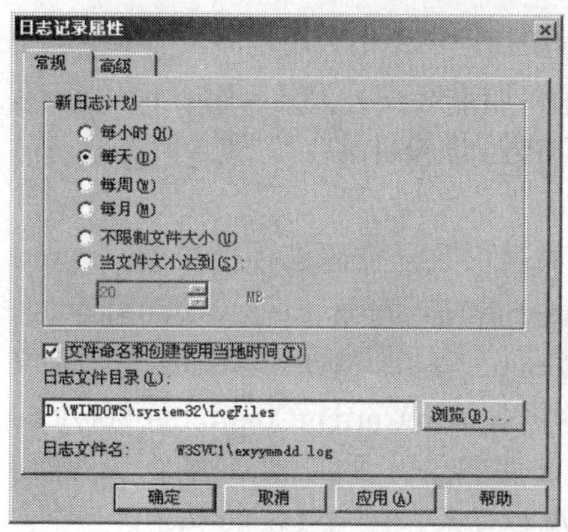

图 14-22 “日志记录属性”对话框的“常规”选项卡

● 配置 IIS 以便对 W3C 扩展日志文件格式进行审核

在 Web 站点“属性”对话框的“Web 站点”选项卡中选择“W3C 扩展日志文件格式”，然后选择诸如“URI 资源”和“URI 查询”之类的“扩展属性”。

14.2.11 正确配置站点和虚拟目录

将 Web 根目录和虚拟目录重定位至非系统分区，防止目录遍历攻击。这些攻击的攻击者可以执行操作系统程序和实用工具。跨驱动器遍历是不可能的。例如，此方法可确保将来允许攻击者访问系统文件的所有规范化蠕虫病毒都失败。例如，如果攻击者给出包含以下路径的 URL，则请求将失败：

```
/scripts/..%5c../winnt/system32/cmd.exe
```

● 将网站放在非系统分区上

不要使用默认的\inetpub\wwwroot 目录。例如，如果系统安装在 C:驱动器，请将站点和内容目录移至 D:驱动器。这样做可以缓解无法预料的规范化问题和目录遍历攻击风险。

● 禁用“父路径”设置

该 IIS 元数据库设置禁止在类似 MapPath 这种函数的脚本和应用程序调用中使用“..”，这有助于防止目录遍历攻击，方法是：在 Web 服务器属性对话框的“主目录”选项卡中单击“应用程序”区域中的“配置”按钮，在弹出的对话框中选择“选项”选项卡（如图 14-23 所示），然后清除对“启用父路径”复选项的选择。

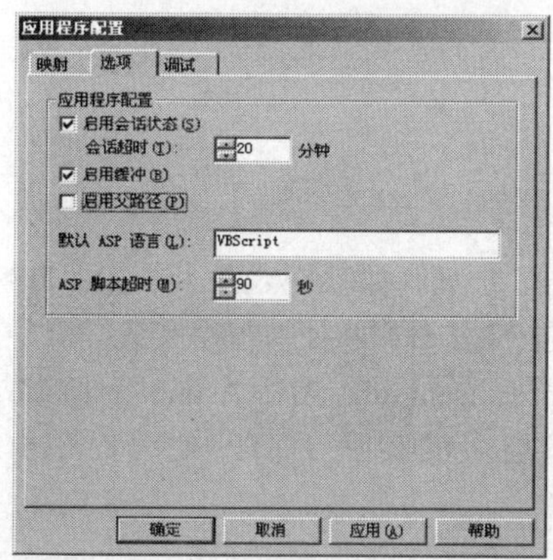

图 14-23 “应用程序配置”对话框的“选项”选项卡

● 删除可能危险的虚拟目录

示例应用程序在默认情况下不安装，且不应该在 Web 服务器中安装。删除所有示例应用程序，包括仅能使用 http://localhost 或 http://127.0.0.1 从本地计算机访问的示例应用程序。从服务器中删除下列虚拟目录：IISSamples、IISAdmin、IISHelp 和 Scripts。如果安装了 IISLockdown，则在其中提供了一个选项来删除 Scripts、IISSamples、IISAdmin 和 IISHelp 虚拟目录。

- 删除 MSADC 虚拟目录（RDS）或对其加以保护

远程数据服务（RDS）是一个组件，它允许通过 IIS 对远程数据资源进行受控的 Internet 访问。RDS 接口由 Msadcs.dll 提供，Msadcs.dll 位于 program files\common files\system\Msadc。要删除 RDS 支持需要进行两项操作：①在\Program Files\Common Files\System\Msadc 下删除文件和目录；②删除注册表项 HKEY_LOCAL_MACHINE\System\CurrentControlSet\Services\W3SVC\Parameters\ADCLaunch。

【注意】IISLockdown 提供了一个选项来删除 MSADC 虚拟目录。但 IISLockdown 仅删除虚拟目录，不删除文件或注册表项。

要确保 RDS 安全，请执行下列操作：

（1）删除以下位置中的示例：\Progam Files\Common Files\System\Msadc\Samples。

（2）删除注册表项 HKEY_LOCAL_MACHINE\System\CurrentControlSet\Services\ W3SVC\Parameters\ADCLaunch\VbBusObj.VbBusObjCls。

（3）在 IIS 中禁用 MSADC 虚拟目录的匿名访问。

（4）在如下位置创建 HandlerRequired 注册表项：HKEY_LOCAL_MACHINE\Software\Microsoft\DataFactory\HandlerInfo\。

（5）创建一个新的 DWORD 值，将它设置为 1（1 代表安全模式，0 代表不安全模式）。

可以使用注册表脚本文件 Handsafe.reg 更改注册表项。该脚本文件位于 msadc 目录：\Program Files\Common Files\System\msadc。

- 设置 Web 权限

Web 权限在 IIS 管理单元中配置，并在 IIS 元数据库中维护。Web 权限不是 NTFS 权限。

  - 包含目录没有读 Web 权限。
  - 允许匿名访问的虚拟目录限制了匿名账户的写权限和执行 Web 权限。
  - 只有支持内容创作的文件夹才具有脚本源访问权限。
  - 只有支持内容创作的文件夹才具有写访问权限，而且需要将这样的文件夹配置为进行身份认证（如果需要，应进行 SSL 加密）。

- 如果不使用 Front Page Server Extensions（FPSE），则删除它们；如果使用它们，则更新它们，并限制对 FPSE 的访问

14.2.12 正确配置脚本映射和 ISAPI 过滤器

1. 脚本映射配置

脚本映射可将特定文件扩展名（如.asp）与处理它的 ISAPI 扩展（如 Asp.dll）相关联。IIS 的配置要支持各种扩展名，其中包括.asp、.shtm、.hdc 等。ASP.NET HTTP 处理程序大致等价于 ISAPI 扩展。在 IIS 中，文件扩展名（如 .aspx）先映射至 Aspnet_isapi.dll，然后 Aspnet_isapi.dll 再将请求转发至 ASP.NET 工作进程。之后，处理文件扩展名的实际 HTTP 处理程序由 Machine.config 或 Web.config 中的<HttpHandler> 映射确定。

- 映射 IIS 文件扩展名

在 IIS Web 中，重要的 IIS 文件扩展名包括：.asp、.asa、.cer、.cdx、.htr、.idc、.shtm、.shtml、.stm 和.printer。

如果不使用上述扩展名中的任何一个，请将该扩展名映射至 IISLockdown 提供的

404.dll。例如，如果不希望为客户端提供 ASP 页，请将 .asp 映射至 404.dll。

通过将文件扩展名映射至 404.dll，可防止通过 HTTP 返回和下载文件。如果请求文件的扩展名已映射至 404.dll，系统显示一个 Web 页，其中包含消息“HTTP 404 - 未找到文件”。建议将不使用的扩展名映射至 404.dll，而不是删除映射。如果删除映射，而文件又误留在服务器中（或错放在服务器中），则请求该文件时系统可明文显示文件，因为 IIS 不知道如何处理它。

将文件扩展名映射至 404.dll 的方法是，在 Web 服务器属性对话框的“主目录”选项卡中单击“配置”按钮，在弹出的对话框中选择“应用程序映射”选贡卡（如图 14-24 所示），在其中选择一个扩展名，然后单击“编辑”按钮，在弹出的对话框中单击“浏览”按钮并导航到 \WINNT\system32\inetsrv\404.dll。

- 映射.NET Framework 文件扩展名

下列 .NET Framework 文件扩展名都映射至 aspnet_isapi.dll：.asax、.ascx、.ashx、.asmx、.aspx、.axd、.vsdisco、.jsl、.java、.vjsproj、.rem、.soap、.config、.cs、.csproj、.vb、.vbproj、.webinfo、.licx、.resx 和 .resources。

.NET Framework 保护的文件扩展名不应由客户端直接调用，做法是将它们与 Machine.config 中的 System.Web.HttpForbiddenHandler 关联。在默认情况下，下面的文件扩展名将映射至 System.Web.HttpForbiddenHandler：.asax、.ascx、.config、.cs、.csproj、.vb、.vbproj、.webinfo、.asp、.licx、.resx 和 .resources。

2．ISAPI 筛选器配置

以前，ISAPI 筛选器中的漏洞可以导致重大的 IIS 利用攻击。全新安装 IIS 之后，不再有多余的 ISAPI 筛选器，尽管.NET Framework 安装了 ASP.NET ISAPI 筛选器（Aspnet_filter.dll，该筛选器被加载至 IIS 进程地址空间（Inetinfo.exe），作用是支持无 cookie 的会话状态管理）。

如果应用程序无需支持无 cookie 的会话状态，且未将<sessionState>元素的 cookieless 属性设置为 true，则可以删除该筛选器。

- 从服务器中删除不必要或不使用的 ISAPI 过滤器

删除的方法是，在 IIS 中 Web 服务器的“网站”选项属性对话框（不是 Web 站点属性对话框）中选择“ISAPI 筛选器”选项卡（如图 14-25 所示），在其中选择不需要的删除即可。

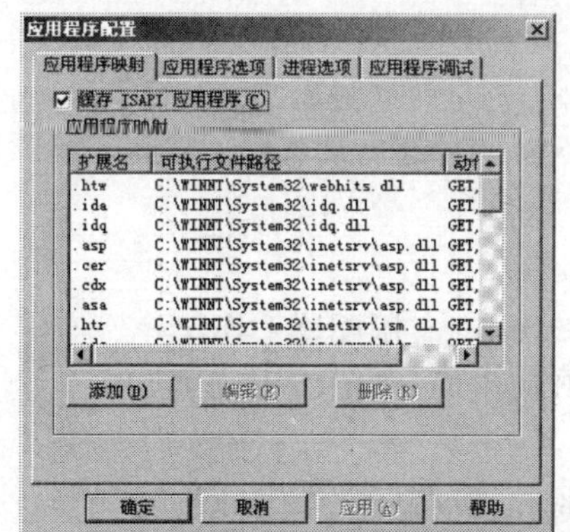

图 14-24 “应用程序配置”对话框的“应用程序映射”选项卡

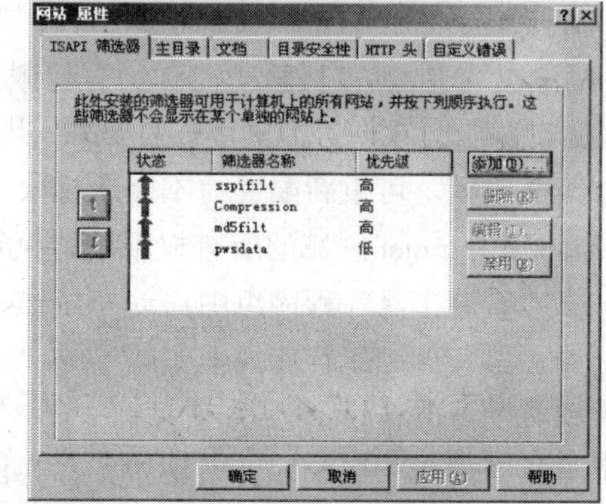

图 14-25 “网站 属性”对话框的“ISAPI 筛选器”选项卡

14.2.13 正确配置 IIS 元数据库和服务器证书

1．IIS 数据库配置

安全性和其他 IIS 配置设置都在 IIS 元数据库文件中维护。强化 IIS 元数据库（以及备份元数据库文件）的 NTFS 权限可确保攻击者无法以任何方式（例如对于特定的虚拟目录禁用身份认证）修改你的 IIS 配置。

- 通过使用 NTFS 权限限制对元数据库的访问

在位于\WINNT\system32\inetsrv 目录中的 IIS 元数据库文件（Metabase.bin）中设置仅系统管理员组和本地系统账户具有完全控制的 NTFS 权限，删除其他所有用户的权限。

- 限制 IIS 横幅信息（在内容位置中禁用 IP 地址）

横幅信息可以显示对攻击者有帮助的软件版本和其他信息。横幅信息可以显示你运行的软件，它允许攻击者利用已知的软件漏洞。

2．Web 服务器证书配置

如果 Web 应用程序通过端口 443 支持 HTTPS（SSL），则必须安装服务器证书。这项要求是会话协商过程（出现在客户端建立安全 HTTPS 会话时）的一部分。

有效的证书可提供安全的身份认证，客户端因此可信任与之通信的服务器。此外，有效的证书还可提供安全的通信，保证了在网络中传输的敏感数据依然机密，且不会被篡改。

- 证书日期范围应该是有效的
- 证书用作预期目的（例如服务器证书不要用于电子邮件）
- 对于受信任的根颁发机构，证书的公钥始终是有效的
- 尚未吊销证书

有关证书在 Web 服务器中的应用请参见第 13 章。

14.2.14 代码访问安全性

计算机级代码访问安全策略由 Security.config 文件中的设置确定，该文件位于：%windir%\Microsoft.NET\Framework\{版本}\CONFIG。

运行下面的命令，确保在你的服务器中启用代码访问安全性：

```
caspol -s On
```

- 在服务器上启用代码访问安全性
- 已从本地 Intranet 区域中删除所有权限

本地 Intranet 区域将权限应用于在 UNC 共享或内部 Web 站点中运行的代码。将此区域与 Nothing 权限集关联，可重新配置为不授予权限。

要删除本地 Intranet 区域的所有权限，请执行以下操作：

（1）从“管理工具”程序组中启动 Microsoft .NET Framework 1.1 版配置工具。

（2）单击定位到“运行库安全策略”→“计算机”→“代码组”→All_Code 节点。

（3）选择 LocalIntranet_Zone 选项。

（4）单击“编辑代码组属性”按钮，在弹出的对话框中选择“权限集”选项卡。

（5）从“权限”下拉列表框中选择 Nothing，然后单击“确定”按钮。

以上总体过程如图 14-26 所示。

- 已从 Internet 区域中删除所有权限

Internet 区域将代码访问权限应用于通过 Internet 下载的代码。在 Web 服务器中，应将此区域重新配置为不授予权限，方法是使其与 Nothing 权限集关联。重复上一节“删除本地 Intranet 区域的所有权限”中的步骤，只是将 Internet_Zone 设置为 Nothing 权限集。

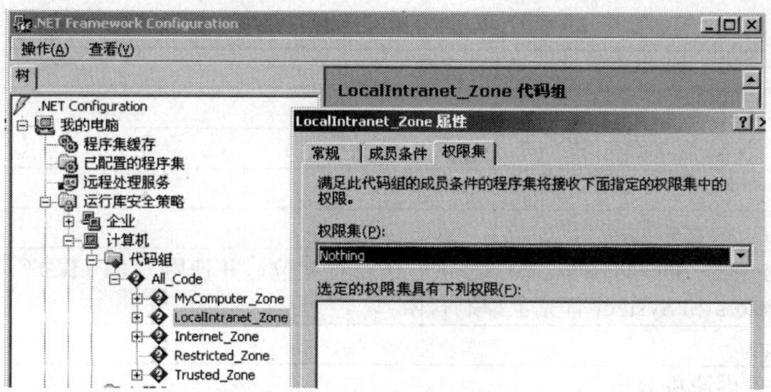

图 14-26　将 LocalIntranet_Zone 代码权限设置为 Nothing 的组合对话框

14.2.15　IIS Web 服务器的整体安全检查表

最后给出 IIS Web 服务器的整体安全检查表，如表 14-2 所示。

表 14-2　IIS Web 服务器的整体安全检查表

检查类别	安全配置建议
修补程序和更新程序	Windows、IIS 和.NET Framework 中应用了最新的 Service Pack 和修补程序
服务	禁用不需要的服务
	NNTP、SMTP 和 FTP 也被禁用（除非需要）
	禁用或保护 WebDAV（如果使用）
	服务账户特权最少
	如果不需要 ASP.NET Session State Service，则禁用它
协议	服务器未启用 NetBIOS 和 SMB 协议
	已强化 TCP 堆栈
账户	已删除不使用的账户
	禁用了 Guest 账户
	默认的 administrator 账户已重命名，且使用强密码
	禁用默认的匿名账户（IUSR_Machine）
	自定义匿名账户用于匿名访问
	强制强密码策略
	限制远程登录
	禁用空会话（匿名登录）
	需要时对账户委派进行审批
	不使用共享账户
	限制本地 administrators 组的成员（理想情况是两个成员）
	要求管理员以交互方式登录（或实施安全的远程管理解决方案）
文件和目录	Everyone 组没有系统、Web 或工具目录的访问权限。匿名账户没有 Web 站点内容目录和系统实用工具的访问权限
	删除或保护工具、实用工具和 SDK
	删除示例文件
	删除不需要的 DSN
共享	已从服务器中删除不使用的共享
	对必需共享的访问已经过保护（除非必要，否则不在 Everyone 组启用共享）
	如果不需要管理共享（C$和 Admin$），则删除它们
端口	阻止除 80 和 443（SSL）以外的所有端口，尤其是易受攻击的端口 135～139 和 445

续表

检查类别	安全配置建议
注册表	防止注册表的远程管理
	已保护了 SAM（仅限独立服务器）
审核和日志记录	将登录失败记入日志
	记录 Everyone 组访问对象时的失败
	将日志文件从%systemroot%\system32\LogFiles 进行重定位，并使用 ACL 保护它们：Administrators 和 System 有完全控制权限
	启用 IIS 日志记录
	定期存档日志文件供脱机分析
	对访问 metabase.bin 文件的情况进行审核
	配置 IIS 进行 W3C 扩展日志文件格式审核
IIS	
站点和虚拟目录	Web 根目录和虚拟目录分别位于与系统卷不同的卷
	禁用父路径设置
	已删除危险的虚拟目录（IIS Samples、MSADC、IISHelp、Scripts 和 IISAdmin）
	已删除或保护 RDS
	Web 权限限制不适当的访问
	限制 Include 目录使用“读取”Web 权限
	限制匿名访问文件夹使用“写入”和“执行”Web 权限
	允许内容创作的安全文件夹可以使用“脚本源访问”Web 权限，但所有其他文件夹不能使用这些权限
	如果不需要 FPSE，则删除它
脚本映射	不使用的脚本映射都映射至 404.dll：.idq、.htw、.ida、.shtml、.shtm、.stm、idc、.htr、.printer。注意，404.dll 在运行 IIS Lockdown 工具时安装
ISAPI 筛选器	已删除不使用的 ISAPI 筛选器
IIS 元数据库	已使用 NTFS 权限对 IIS 元数据库的访问进行了限制
	横幅信息已限制，隐藏 HTTP 响应标头中的内容位置
Machine.config	
HttpForbiddenHandler	受保护的资源都映射至 System.Web.HttpForbiddenHandler
远程处理	已禁用.NET 远程处理 <httpHandlers> <add verb="*" path="*.rem" type="System.Web.HttpForbiddenHandler"/> <add verb="*" path="*.soap" type="System.Web.HttpForbiddenHandler"/> </httpHandlers>
跟踪	跟踪信息和详细错误信息都不返回至客户端： <trace enabled="false">
编译	禁用调试编译： <compilation debug="false"/>
customErrors	不将错误详细信息返回至客户端： <customErrors mode="On" /> 一般错误页将错误写入事件日志
sessionState	如果不需要会话状态，则禁用它： <sessionState mode="Off" />
代码访问安全性	
代码访问安全性	已在计算机中启用代码访问安全性： caspol -s On
LocalIntranet_Zone	本地 Intranet 区域没有权限： PermissionSet=Nothing
Internet_Zone	Internet 区域没有权限： PermissionSet=Nothing

第三篇

网络存储子系统设计篇

本篇将介绍网络系统设计中的另一个子系统——网络存储子系统的规划与设计。这个子系统的设计对于绝大多数中小型企业网络来说是无需专门设计的，可能会附加在网络通信子系统中一起考虑。

说到网络存储，大家可能还比较陌生，而且一般只是在较大型的企业网络中才可能需要专门设计这样一个子系统。在绝大多数中小型企业网络中，所采用的基本上仍是本地存储方式，如直接挂载在服务器上的磁盘、磁带或者可擦写光盘存储。所谓“网络存储”就是通过网络进行的远程存储。在这里又有两种存储方式：一种是以专门的存储服务器进行的 NAS（网络附加存储）网络存储方式，另一种是为数据存储专门构建一个高速存储网络的 SAN（存储区域网络）网络存储方式。一般的企业网络，能部署 NAS 存储方式就不错了，SAN 存储方式则一般只有大型企业网络才可能采用，一方面较小的企业网络在存储方面没有如此高的要求，另一方面 SAN 存储方式需要专门部署一个存储网络，成本较高。

为了使大家能学到比较全面的存储知识，在这个子系统设计中，主要介绍了网络存储中的基础——数据存储技术（如各种新型的服务器磁盘接口技术、磁盘阵列技术、数据备份与恢复等）、NAS 和 SAN 存储技术，同时也将例举一些最新的 NAS 和 SAN 存储方案。

第 15 章

网络存储基础

本章要介绍的都是与网络存储相关的一些基础知识，如 3 种数据存储方式、各种主流的服务器磁盘接口技术，以及磁盘阵列（RAID）级别（或模式）。这些都是学习网络存储必备的基础知识，特别是像 3 种数据存储方式的特性，以及各种磁盘阵列级别的特性和存储原理。

教学（自学）课时安排

课时安排	本章老师共需安排 3 个授课课时。	
授课课时	主要内容	重点
1	①3 种主流的数据存储方式 ②SCSI 接口简介 ③SCSI 设备连接	①3 种主流的数据存储方式 ②SCSI 接口简介 ③SCSI 设备连接
2	①SATA 简介 ②SATA 技术特性 ③SATA II 标准 ④eSATA 规范 ⑤SAS 接口简介 ⑥SAS 接口结构 ⑦SAS 接口的设备连接	①SATA 简介 ②SATA 技术特性 ③SATA II 标准 ④SAS 接口简介 ⑤SAS 接口结构
3	①各种 RAID 级别特性 ②各种 RAID 级别比较	①各种 RAID 级别特性 ②各种 RAID 级别比较

15.1 3种主流的数据存储方式

网络存储的基础就是数据存储。数据存储可以是本地的，也可以是通过网络进行的。数据存储就是根据不同的应用环境通过采取合理、安全、有效的方式将数据保存到某些介质上并能保证有效地访问。总的来讲可以包含两方面的含义：一方面它是数据临时或长期驻留的物理媒介；另一方面，它是保证数据完整、高效、安全存放的方式或行为。数据存储就是把这两个方面结合起来，向客户提供一套数据存放解决方案。

说到数据存储，最先想到的就是PC机上的那块硬盘了。因为PC机中的数据基本上都是存储在这块磁盘中，它的好坏直接影响着计算机的正常使用和数据保存得是否完好，甚至影响着人们工作和生活的正常进行。而对于企业用户来说，其服务器中的数据比起个人用户PC机磁盘中的数据更为重要。有的企业就是因为服务器中长期积累下来的商务数据丢失，无法恢复而关门大吉，所造成的损失是无法估量的。

随着企业网络应用时间的延长和网络应用数据量的不断增大，各企业已明显感觉到自己的服务器存储容量和存储性能滞后于企业网络应用需求的发展，特别是那些流媒体企业，如电信企业、金融公司、多媒体网站、电视台、唱片公司等。它们越来越感觉到需要一种扩展性能更强、存储性能更高的存储解决方案。在这种应用需求下，两种性能不一、满足不同层次用户需求的存储解决方案诞生了，即NAS和SAN。加上传统的DAS，就是当前主要的3种数据存储方式。

15.1.1 DAS数据存储方式

最早采用的一种数据存储方式就是DAS（Direct Attached Storage，直接附加存储）。这种存储方式的服务器结构如同PC机架构，外部数据存储设备（如磁盘阵列、光盘机、磁带机等）都直接挂接在服务器内部总线上，数据存储设备是整个服务器结构的一部分，同样服务器也担负着整个网络的数据存储职责。在网络中各服务器的数据存储设备都是独立的。DAS存储方式的结构如图15-1所示。

图15-1　DAS存储结构

DAS存储方案主要在PC机和早期的服务器上使用。由于当时对数据存储的需求并不大，单个服务器的存储能力就可以满足日常数据存储需求，因此在低档网络中的应用还是相当普遍的。但由于这种存储方案中的存储设备都是直接挂接在服务器上，随着需求的不断扩大，越来越多的存储设备和服务器被添加进来，DAS环境将导致服务器和存储孤岛数量的激增，资源利用率低下。在该环境中，数据共享和存储设备的扩展能力均受到了严重的限制。

另外，在这种存储方式中，数据存储任务也由服务器担当，使得服务器的性能受到相当大的影响，十分不利于存储设备的增加和存储更复杂的多媒体数据流。所以这种存储方案在目前来说已不再是主流，只是在一些小型网络中应用。

在服务器上，DAS 存储方式主要适用于以下环境：

- 小型网络

因为网络规模较小、数据存储量小，且也不是很复杂，采用这种存储方式对服务器的影响不会很大。并且这种存储方式也最经济，适合拥有小型网络的企业用户选用。

- 地理位置分散的网络

虽然企业总体网络规模较大，但在地理分布上很分散（如商店或银行的分支），通过 SAN 或 NAS 在它们之间进行互联非常困难，此时各分支机构的服务器也可采用 DAS 存储方式。这样，一方面可以降低成本，另一方面也可以说是一种无奈的选择。

- 特殊应用服务器

在一些特殊应用服务器上，如微软的集群服务器或某些数据库使用的“原始分区”，均要求存储设备直接连接到应用服务器上，此时也就只能在这些应用服务器上采取这种存储方式了。

15.1.2 NAS 数据存储方式

NAS（Network Attached Storage，网络附加存储）方式全面改进了以前低效的 DAS 存储方式。它采用独立于系统服务器、单独为网络数据存储而开发的一种文件服务器来连接所有存储设备，形成一个专用的存储网络。这样数据存储就不再是系统服务器的附属，而是作为独立的网络节点而存在于网络之中，可由所有网络用户共享。NAS 存储方式的网络结构如图 15-2 所示。

图 15-2 NAS 存储结构

1. NAS 的特点

NAS 存储的特点如下：

- 存储设备通过标准的网络拓扑结构连接，可以无需存储服务器而直接与企业网络连接。
- 不依赖通信子网的通用操作系统，而是采用一个面向用户设计的、专门用于数据存储的简化操作系统。
- 内置与通信子网系统连接所需的协议，整个存储系统的管理和设置较为简单。

在 NAS 方案中主要的设备包括存储设备（如磁盘阵列、可刻录 CD 或 DVD 驱动器、磁带驱动器或可移动的存储介质）和集成在一起的 NAS 服务器。在这种方式中，由于存储设备不是直接与系统服务器连接，所以存储容量可以较好地扩展。同时由于这种网络存储是由 NAS 服务器独立承担的，所以对原来的网络服务器的性能基本上没什么影响，可确保整个网络性能不受影响。

总的来说，NAS 存储方式从两方面改善了数据的可用性：①即使相应的应用服务器不再工作了，仍然可以读出数据；②NAS 服务器稳定性比较好，因为它不是采用通用的庞大操作系统而是专门设计的简易操作系统，所需占用的硬件资源都比较少。

2. NAS 的优点

综合比较起来，NAS 存储方式具有以下几方面的明显优点：

- 真正的即插即用

NAS 存储系统是作为网络中的节点而独立存在的，所以它具有真正的即插即用特性。同时 NAS 服务器特殊的文件系统可以实现异构平台之间的数据级共享，如 Windows NT、Linux、UNIX 等。

- 存储系统部署简单

NAS 可无需网络文件服务器而直接上网，不依赖通用的操作系统，而是采用一个面向用户设计的、专门用于数据存储的简化操作系统，内置了与网络连接所需的协议，因此使整个系统的管理和设置较为简单，不必另外配备高水平的网管人员。

- 存储设备位置非常灵活

NAS 设备可放置在工作组内，靠近数据中心的应用服务器，也可放在其他地点，通过物理链路与网络连接起来。无需应用服务器的干预，NAS 设备允许用户在网络上存取数据，这样既可减小 CPU 的开销，又能显著改善网络的性能。

- 管理容易且成本低

NAS 数据存储方式是基于现有企业以太局域网设计的，按照传统的 TCP/IP 协议进行通信，面向消息传递，以文件的 I/O 方式进行数据传输。所以，在 LAN 环境下，NAS 已经完全可以实现异构平台之间的数据级共享，如 Windows 2000 Server、Windows Server 2003、Linux、UNIX 等平台的共享。基于这种种原因，NAS 存储方案对于企业来说，使用和维护成本就相当低了，管理和维护工作完全可以由现有网管员担当。

3. NAS 的缺点

在具有以上优点的同时，采用传统的 IP 以太网技术也给 NAS 方案带来了致命的缺点，主要表现在以下两个方面：

- 存储性能较低

尽管它相对传统的 DAS 存储方式在性能上有了较大提高，但仍只适用于较小网络规模或者较低数据流量的网络数据存储。因为它与下面将要介绍的将备份数据流从 LAN 中转移出去的 SAN 不同，NAS 仍使用 LAN 网络进行备份和恢复。NAS 是将存储事务由并行 SCSI 连接转移到了网络上，这就是说 LAN 除了必须处理正常的最终用户传输流外，还必须处理包括备份操作的存储磁盘请求。

- 投资成本较高而可靠度不高

在 NAS 方案中必须配置专用文件服务器，后期扩容成本较高。另外，一般文件服务器没有高可用配置，存在单点故障，且基于网络协议的访问方式对存储系统的数据安全构成威胁，所以 NAS 技术不能满足可靠度为 99.999%的数据存储系统的要求。

15.1.3 SAN 数据存储方式

1991 年，IBM 公司在 S/390 服务器中推出了 ESCON（Enterprise System Connection，企业级系统连接）技术。它是基于光纤介质，最大传输速率达 17 MB/s 的服务器访问存储器的一种连接方式。在此基础上，进一步推出了功能更强的 ESCON Director（一种 FC Switch），构建了一套最原始的 SAN（Storage Area Network，存储区域网络）系统。

为了更好地满足各类应用从容量、性能、可用性、数据安全、数据共享、数据整合等方面对存储提出的要求，必须采用网络化的存储体系。存储网络化顺应了计算机服务器体系结构网络化的趋势，即目前的内部总线架构将逐渐走向消亡，改为向交换式（fabrics）网络化方向发展。

SAN 存储方式最开始的支撑技术是光纤通道（Fibre Channel，FC）技术。它是 ANSI（美国国家标准学会）为网络和通道 I/O 接口建立的一个标准集成。FC 技术支持 HIPPI、IPI、SCSI、IP、ATM 等多种高级协议，其最大特性是将网络和设备的通信协议与传输物理介质隔离开，这样多种协议可在同一个物理连接上同时传送，使得系统建设的成本和复杂程度大大降低。

光纤通道支持多种拓扑结构，主要有点到点（Point-to-Point）、仲裁环（FC-AL）和交换式网络结构（FC-XS）3 种。点到点方式的例子是一台主机与一台磁盘阵列通过光纤通道连接，可以实现 DAS 应用。在 FC-XS 交换式架构下，主机和存储装置之间通过智能型的光纤通道交换器连接，并通过存储网络的管理软件进行统一管理。

SAN 与前面介绍的 NAS 完全不同。它不是把所有的存储设备集中安装在一个专门的 NAS 服务器中，而是将这些存储设备单独通过光纤交换机连接起来，形成一个光纤通道的存储子网，然后再与企业现有局域网进行连接。SAN 存储方式的网络结构如图 15-3 所示。

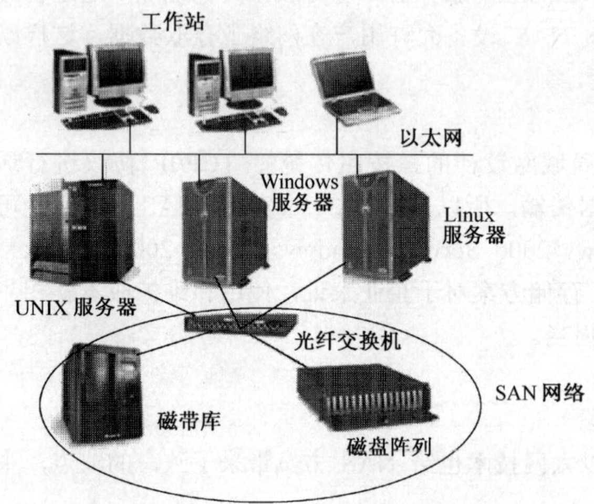

图 15-3　SAN 存储结构

最开始的 SAN 是通过光纤通道连接到一群计算机上，在该网络中提供了多主机连接，但并不是通过标准的网络拓扑。在这种方案中，实现 SAN 的硬件基础设施是光纤通道，用光纤通道构筑的 SAN 由以下 3 部分构成：

- 存储和备份设备：包括磁带库、磁盘阵列和光盘库等。
- 光纤通道网络连接部件：包括主机总线适配卡（Host Bus Adapter，HBA）、光缆集线器/交换机、光纤通道和 SCSI 间的桥接器（Bridge）等。
- 应用和管理软件：包括备份软件、存储资源管理软件和存储设备管理软件。

由此可以看出，在 SAN 解决方案中，除存储设备外，其关键部件就是网络连接部件——光纤交换机。但要明确的一点是 SAN 不是建立在现有 IP 网络基础上的，而是采用全新的 FC 通信协议，所以组建和管理这种存储网络需要非常专业的管理员才能胜任（这是管理成本高的一个原因），并且还要求网络服务商能提供专业的技术支持。

光纤通道协议的最大特性是将网络和设备的通信协议与传输物理介质隔离开，这样多种协议可在同一个物理连接上同时传送，高性能存储系统和宽带网络使用单 I/O 接口，但这种 SAN 存储系统成本比较昂贵，于是就有了下章将要介绍的基于 IP 协议基础上的 IP-SAN 存储方案。

15.2 SCSI 接口

无论采用以上哪种数据存储方式，都少不了的是各种服务器磁盘这种最基本的数据存储介质。目前在服务器领域，使用最多的是 SCSI（Small Computer System Interface，小型计算机系统接口）、SATA（Serial ATA，串行 ATA）和 SAS（Serial Attached SCSI，串行 SCSI）3 种接口的磁盘。

15.2.1 SCSI 接口简介

SCSI 一开始只是应用于小型计算机（IBM 的一种服务器叫法，相对于大型机而言），后来在服务器硬盘及像 CD/DVD-ROM、CD-R/RW、扫描仪和磁带机等外设中广泛应用。

SCSI 接口技术经历了多个版本的发展，目前主流应用的仍是 2002 年发布的 Ultra-320 SCSI，接口带宽为 320MB/s。虽然 2003 年出现过 Ultra-640 SCSI（带宽达到了 640MB/s），但不知什么原因，并没有走入实质应用。相对 PC 机中常用的 IDE（ATA）接口来说（目前最快的为 133 MB/s），SCSI 接口的传输速率具有明显的优势，所以在服务器中通常采用 SCSI 接口的磁盘，而不是 PC 机常用的 IDE 接口磁盘。不过目前新的 SATA2（串行 IDE，速率达到了 300MB/s）和 SAS（串行 SCSI，1.0 版本的速率达到了 300MB/s，2.0 版本达到了 600MB/s）接口正在服务器中得到广泛应用。

另外，相对于 IDE 接口，除了具有传输速率优势外，SCSI 接口也较好地解决了多设备挂接问题。常见 PC 主板的 IDE 接口只支持挂接 4 个 IDE 设备，但是一个 SCSI-2 以上的接口可以挂接 15 个以上的设备，对于服务器这种需要海量存储的系统来说优势非常明显。

前面已说到，SCSI 接口不仅用于内置的 SCSI 磁盘，还可用于外置设备，如 CD/DVD-ROM、磁带机等。与 IDE 硬盘一样，在服务器主板上也会有 SCSI 接口控制器，用于通过 SCSI 电缆连接 SCSI 内置设备。内置 SCSI 数据电缆接口用来连接内置 SCSI 外围设备，如磁盘、磁带机等，它主要有 50 针和 68 针之分。外置 SCSI 数据电缆接口用来连接外置 SCSI 外围设备，如磁盘、MO、CD-ROM 等，通常有 50 针、68 针和 80 针之分。但目前的内置 SCSI 硬盘基本上都是使用单排 68 针和双排 80 针的 SCSI-3 控制器。

如图 15-4 所示是服务器主板上内置 68 针的 SCSI 硬盘控制器接口，对应的内置 68 针 SCSI 接口电缆如图 15-5 所示。电缆的针状端插入到图 15-4 所示的服务器主板的 SCSI 控制器接口上，另一端连接到如图 15-6 所示的内置 SCSI 硬盘接口上。

图 15-4　服务器主板上的内置 68 针 SCSI 控制器接口

图 15-5　内置 68 针 SCSI 接口的数据电缆

内部设备通过带状电缆连接到 SCSI 控制器，外部 SCSI 设备使用一条粗的圆形电缆（如图 15-7 所示）以菊花链形式连接到控制器。在菊花链中，每个设备都依次连接到下一个设备。因此，外部 SCSI 设备通常具有两个 SCSI 连接器，分别连接前后两个设备。在外部 SCSI 数据电缆中，一端是 68 针的，另一端是 50 针的。

图 15-6 内置 68 针 SCSI 接口硬盘

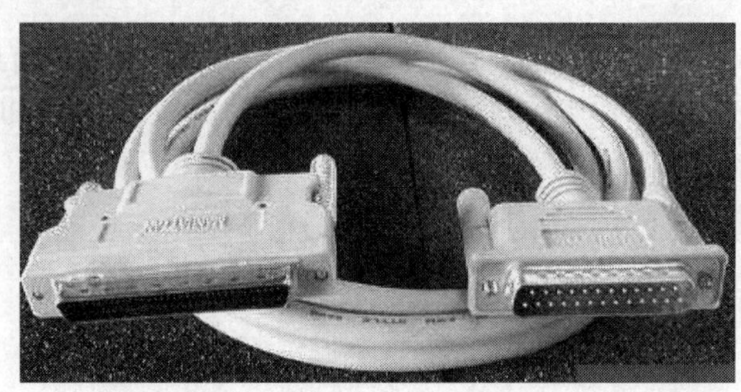

图 15-7 外置 SCSI 电缆

如果服务器上没有提供 SCSI 控制器，则可以通过在 PCI 或者 PCI-X、PCI-E 插槽上插入 SCSI 控制卡来提供 SCSI 控制器和 SCSI 接口。目前它主要也有 50 针、68 针和 80 针之分，如图 15-8 所示是一块 68 针的 SCSI 控制卡。

图 15-8 SCSI 控制卡

15.2.2 SCSI 设备连接

IDE 接口是非常易于使用的，只要设定主设备和从设备就可以使用，而 SCSI 的使用则比较麻烦，需要进行“终结”设置才能使用。所谓“终结”就是在最后一个 SCSI 设备上设置一个跳线或安装一个终结器（如图 15-9 所示），通知 SCSI 控制器 SCSI 总线到此处就结束了。终结器发挥着 SCSI 的一个重要特性，它代表着 SCSI 通道的结束。在串接许多 SCSI 外围设备连成一条 SCSI 通道后，最前和最后的两台 SCSI 外围设备的终结器都要设置成终结状态（Enabled），否则全部的 SCSI 外围设备均无法正常工作。这一点与细同轴电缆组网中的阻抗匹配器类似。终结器能告诉 SCSI 主控制器整条总线在何处终结，并发出一个反射信号给控制器，必须在两个物理终端作一个终结信号才能使用 SCSI 总线。

SCSI 总线采用的是一种并行总线结构，SCSI 设备也是并行连接的，如图 15-10 和图 15-11 所示。各 SCSI 磁盘设备都具有两个 SCSI 接口，分别用于连接上、下级 SCSI 设备。在最后一个 SCSI 设备上要安装一个终结器。

另外，在前面也已说到，每个 8 位的 SCSI 控制器所连接的 SCSI 电缆最多可以连接 8 个设备（除去主板控制器接口所连接的主板外，还可以连接 7 个 SCSI 设备）；每个 16 位的 SCSI 控制器接口所连接的 SCSI 电缆最多可以连接 16 个设备（除去主板控制器接口所连接的主板外，还可以连接 15 个 SCSI 设备）。在这 8 个或 16 个设备中，每个 SCSI 设备都必须具有唯一的标识符（ID）才能正常工作。例如，如果总线是 16 位的，能够支持 16 个设备，则通过硬件或软件设置指定的设备 ID 的范围为 0～15，通常是用如图 15-12 所示的 4 个 SCSI ID 跳线（也称 SCSI 地址跳线）插针来设置的。各地址的跳线设置如图 15-13 所示。主板上的 SCSI 控制器本身必须使用其中一个 ID，而且通常是最高的那一个（也就是 ID 号为 7 或 15 的那个），而将其他 ID 留给总线上的其他 15 个设备使用。但 SCSI 设备的连接顺序与 SCSI ID 无关。

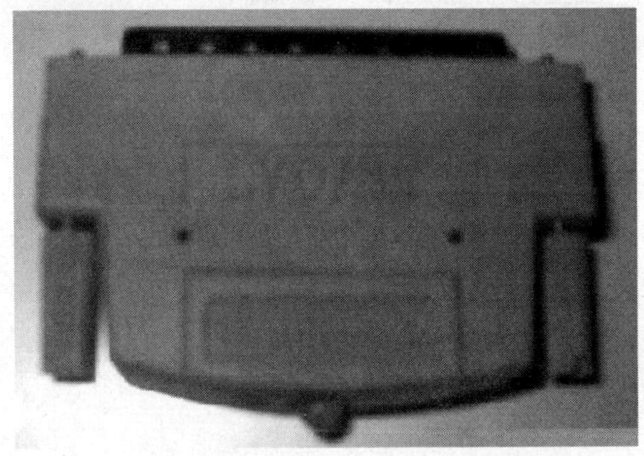

图 15-9　SCSI 终结器

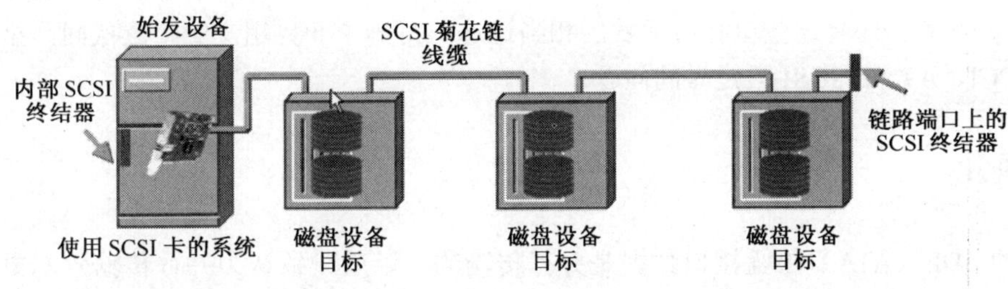

图 15-10　SCSI 设备并行连接示意图

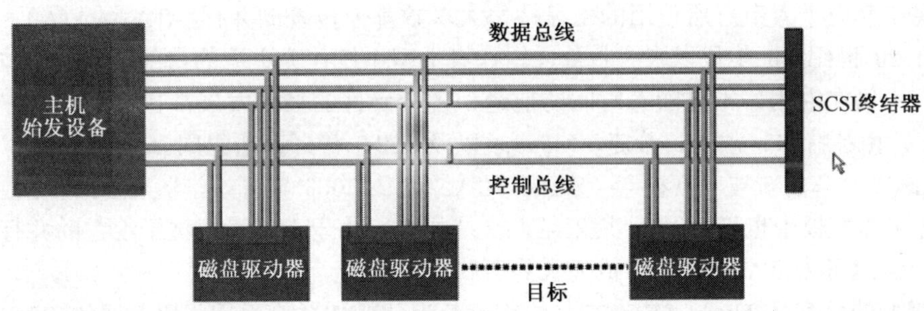

图 15-11　SCSI 数据电缆连接示意图

16 位 SCSI 控制卡在出厂时默认的中断值是 10 或 11，在使用时如果没有硬件冲突则不用设置。如果有多个 SCSI 设备，一般 SCSI 磁盘的 ID 号排在最前，这个主磁盘的 ID 号尽量为 0，而光驱或 CD-RW 的 ID 排在磁盘后面，设在 4 以前为好，而其他 SCSI 设备可随后依次排列。如果计算机中有其他的 SCSI 磁盘或光驱，那么就要确保新安装的 SCSI 磁盘或光驱有一个唯一的 ID 号。SCSI 数据电缆的连接都比较方便，接线时数据线的红色边要对应着 1 号针（与 IDE 电缆的连接一样）。

最后，还要为 SCSI 磁盘安装驱动程序（大多数 SCSI 磁盘都带有自己的驱动程序和套装应用软件），根据这些程序的提示可以很容易地安装 SCSI 磁盘，这一点相对于即插即用的 IDE 磁盘来说要复杂一些。

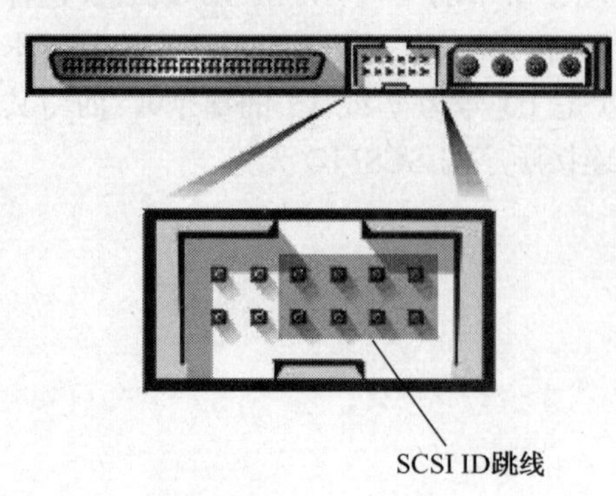

图 15-12　SCSI 硬盘上的 SCSI ID 跳线

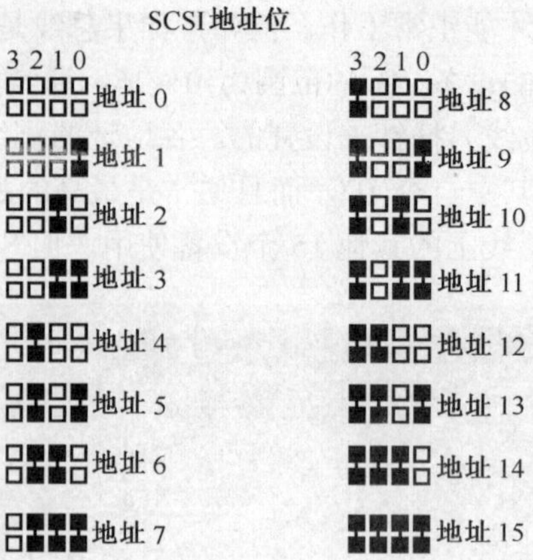

SCSI地址位

3 2 1 0　地址 0　地址 1　地址 2　地址 3　地址 4　地址 5　地址 6　地址 7

3 2 1 0　地址 8　地址 9　地址 10　地址 11　地址 12　地址 13　地址 14　地址 15

图 15-13　SCSI 的 ID 跳线设置

15.3　SATA 接口

SATA 可以说是打响了串行时代的第一炮。在它的带领下，许多新型基于串行指令的接口和总线技术层出不穷，如服务器中的 InfiniBand、PCI-E 总是串行的，本章后面将要介绍的 SAS（串行 SCSI）也是串行的。而且这些串行技术发展相当迅速，得到了业界用户的广泛认同，全面取代并行时代的 PCI、ATA、SCSI 只是时间问题。

15.3.1　SATA 简介

我们目前使用的 IDE（ATA）磁盘接口数据是并行传输的。以前一致认为并行传输效率更高，因为它可以在同一时刻传输多位数据。但事实上经过实践证明，并行传输有极大的局限性，主要体现在接口复杂、工作频率难以提高上，最终的结果就是传输性能无法提高。

就目前而言，现在普通个人用户所使用的磁盘接口大多数都为传统的并行 ATA（PATA），这样的规格技术是自 20 世纪 80 年代以来一直被应用在桌上型系统作为主流的内部存储互连技术。虽然这种接口技术仍在沿用，不过随着时间的前进，各个硬件的技术发展都在不断向前。在这种整体大环境下，由英特尔、戴尔、希捷、Maxtor 以及 APT 等厂商所组成 serialata.org，于 2000 年推出了就磁盘而言的新技术规格——Serial ATA。而从 2003 年开始，随着 Intel 等主板厂家在其主流芯片组的主板中也将 SATA 规范纳入支持标准，由于在技术上优于现在的并行 ATA（PATA），所以 SATA 取代 PATA 规范将成为大势所趋。

ATA 接口目前最新的标准是 Ultra ATA/133，传输速率为 133MB/s，而用于服务器的 SCSI 也是采用并行传输，目前最新的标准为 Ultra 320 SCSI，速率为 320MB/s。2000 年出现的 SATA（SATA 标准图标如图 15-14 所示）经过几年的发展，目前技术已经成熟，已从第一代的 SATA 发展到了现在的 SATA II（目前 SATA-IO 组织的最新版本为 SATA 2.6），其传输性能也从第一代的 1.5Gb/s（也就是通常见到的 150MB/s）发展到了第二代的 3.0Gb/s（即通常所说的 300MB/s）。而且 SATA 接口像 SCSI 接口那样具有支持热插拔、传输速度快、执行效率高等诸多特点，所以目前 SATA 接口在服务器磁盘中也是广泛应用。

2006 年 9 月，40 家全球领先的计算机部件和外围设备制造商宣布共同组建“Serial ATA 技术全球组织”（SATA-IO），该组织致力于保持 SATA 技术开发、一体合理传播。有了 SATA-IO 组织后，胃口更大了，不仅想通过 SATA 标准全面取代并行的 ATA 内置磁盘接口，还想蚕食目前专门用于外置设备接口的 USB 和 IEEE 1394，那就是 SATA-IO 组织新推出的外置型 SATA （eSATA）接口，标准图标如图 15-15 所示。

图 15-14　SATA 标准图标

图 15-15　eSATA 标准图标

15.3.2　SATA 的技术特性

SATA 的技术特性主要体现在接口、指令传输方式和数据传输速率、冗余校验等方面。

1．SATA 的物理接口结构

SATA 的磁盘接口如图 15-16 所示，其连接电缆接头如图 15-17 所示，两者的连接示意图如图 15-18 所示。SATA 电缆和 ATA（也就是通常所说的 IDE）电缆的对比如图 15-19 所示（窄的为 SATA 电缆，宽的为 ATA 电缆），SATA 与 ATA 电缆连接器的对比如图 15-20 所示（的为 SATA 电缆连接器，宽的为 ATA 电缆连接器）。SATA 1.0 版本插座与连接器外观均为 L 型，1.1 版本之后取消了 L 型结构，直接是“一”字型的结构，为的是与 SAS 结构保持一致。

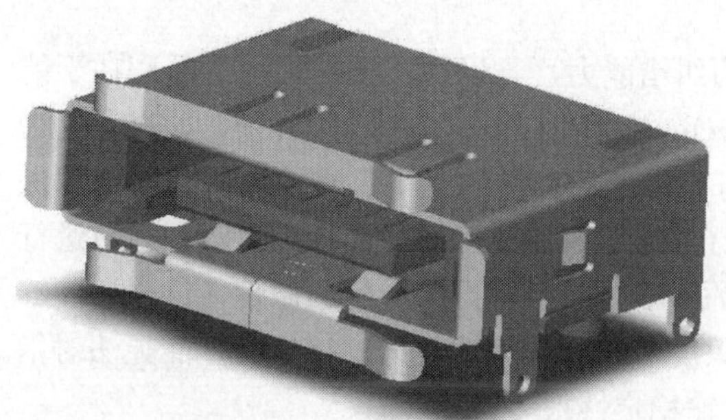

图 15-16　SATA 接口

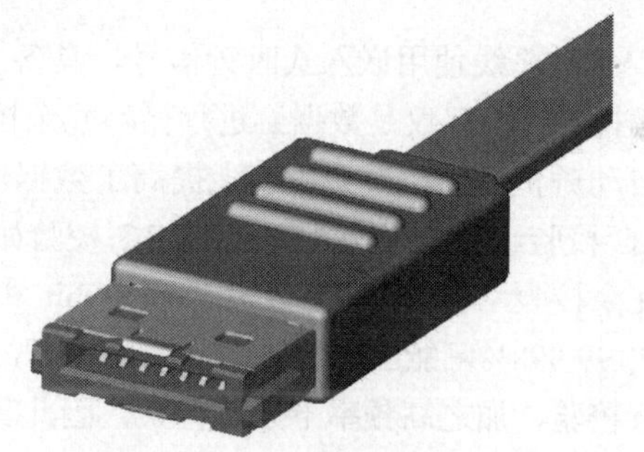

图 15-17　SATA 电缆连接器

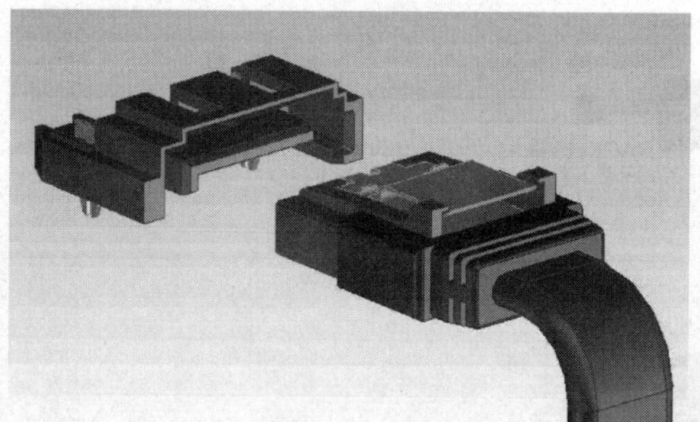

图 15-18　SATA 连接器与 SATA 插座的连接示意图

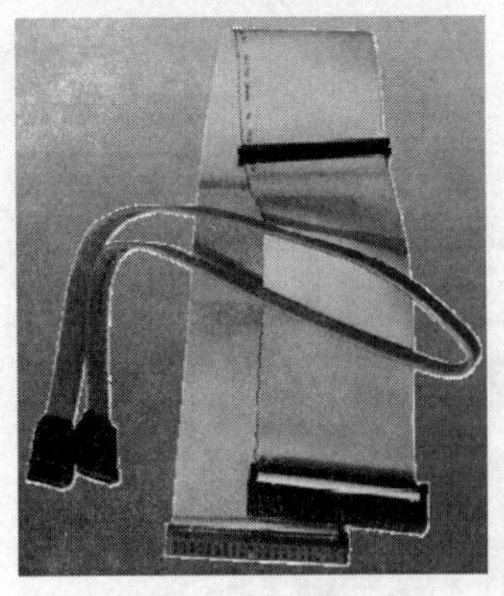

图 15-19　SATA 电缆与 ATA 电缆对比

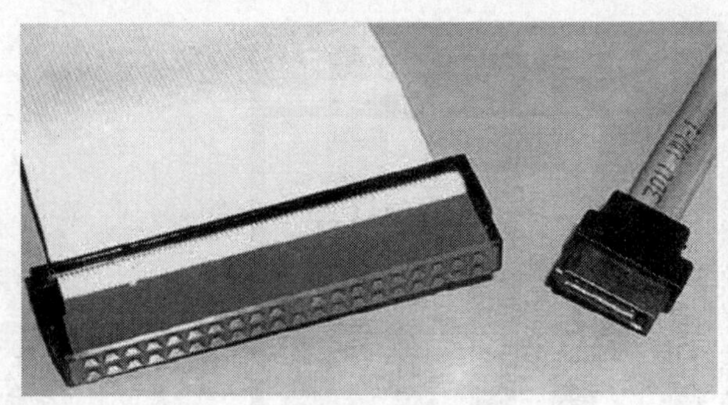

图 15-20　SATA 与 ATA 电缆连接器对比

SATA 接口的物理设计是以光纤通道（Fibre Channel，FC）为基础的，采用四芯接线，需求的电压低至 250mV（最高 500mV），是传统并行 ATA 接口的 5V 电压的 1/200。在连接形式上，除了传统的点对点形式外，SATA 还支持“星型”连接，这样就可以给 RAID 这样的高级应用提供设计上的便利。在实际的使用中，SATA 的主机总线适配器（Host Bus Adapter，HBA）就好像网络上的交换机一样，可以实现以通道的形式和单独的每个磁盘通信，即每个 SATA 磁盘都独占一个传输通道，所以不存在像并行 ATA 那样的主/从控制的问题。

SATA 接线较传统的并行 ATA 接线要简单得多，而且容易收放，对机箱内的气流及散热有明显的改善。而且，SATA 磁盘与始终被困在机箱之内的并行 ATA 不同，扩充性很强，即可以外置（如新近推出的 Esata），外置式的机柜（JBOD）不仅可提供更好的散热及插拔功能，而且更可以多重连接来防止单点故障。另外，由于 SATA 与 FC 的设计基本一样，所以传输速度可用不同的通道来做保证，这在服务器和网络存储上具有重要意义。

2．SATA 的 CRC 校验

SATA 总线使用嵌入式时钟信号，具备了更强的纠错能力，与以往相比其最大的区别在于能对传输指令（不仅仅是数据）进行循环冗余校验（Cyclic Redundancy Check，CRC）。如果发现错误会自动矫正，这在很大程度上提高了数据传输的可靠性。而以前的 ATA 接口技术仅对数据进行 CRC 校验。ATA 和 SATA 的 CRC 校验如图 15-21 所示。SATA 可同时对指令及数据封包进行循环冗余校验，不仅可以检测出所有单 bit 和双 bit 的错误，而且根据统计学的原理，这样还能够检测出 99.998%可能出现的错误。相比之下，PATA 只能对来回传输的数据进行校验，而无法对指令进行校验，加之高频率下干扰甚大，因此其数据传输稳定性很差。

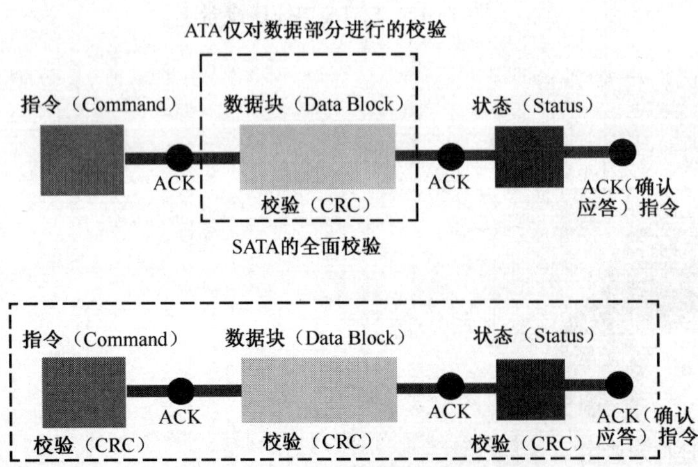

图 15-21　ATA 和 SATA 的 CRC 校验比较

3．SATA 的数据传输模式和性能

与并行 ATA 相比，SATA 的主要优势就是其传输性能的提高。SATA 以连续串行的方式传送数据，可以在较少的位宽下使用较高的工作频率来提高数据传输的带宽。SATA 一次只会传送 1 位数据，这样能减少 SATA 接口的针脚数目，使连接电缆数目变少，效率也会更高。同时，通过提高工作频率来达到最终传输性能的提高。

SATA 仅用 4 支针脚就能完成以前 ATA 所有的工作，分别用于连接电缆、连接地线、发送数据和接收数据，同时这样的架构还能降低系统能耗和系统复杂性。另外，SATA 的起点更高、发展潜力更大，SATA 1.0 定义的数据传输率可达 150MB/s，这比目前最快的并行 ATA（即 ATA/133）所能达到的 133MB/s 最高数据传输率还高，而在已经发布的 Serial ATA 2.0 的数据传输率将达到 300MB/s，最终 Serial ATA 3.0 将实现 600MB/s 的最高数据传输率。而 ATA 接口受工作频率的限制，已不再可能有新的版本了。

在此有必要对 SATA 的数据传输率作一下说明。就串行通信而言，数据传输率是指串行接口数据传输的实际比特率，SATA 1.0 的传输率是 1.5Gb/s，SATA 2.0 的传输率是 3.0Gb/s。与其他高速串行接口一样，SATA 接口也采用了一套用来确保数据流特性的编码机制，即 8b/10b 编码机制。这套编码机制就是将原本每字节所包含的 8 位数据（即 1Byte=8bit）编码成 10 位数据（即 1Byte=10bit）。这样一来，Serial ATA 接口的每字节串行数据流就包含了 10 位数据，所以才从上面的 1.5Gb/s 得出 150MB/s，3.0Gb/s 得出 300MB/s。千万不要认为这是错误的。计算方法如下：

	1500（时钟频率为 1500MHz）
×	1（每秒传送 1 位数据）
×	80%（采用了 8b/10b 编码方式）
/	8（每个字节等于 8 位）
=	150MB/s

15.3.3　SATA II 标准

SATA II 标准是在 SATA 的基础上发展起来的，其主要特征是外部传输率从第一代 SATA 的 1.5Gb/s（150MB/s）提高到了 3Gb/s（300MB/s），此外还采用了像 NCQ（Native Command Queuing，本地命令队列）、可维护性设备管理（Enclosure Management）、端口多路器（Port Multiplier）、Port Selector（端口选择器）和可升级到 SAS（串行 SCSI）等一系列新技术。也可以这么说，单纯的外部传输率达到 3Gb/s 并不是真正的 SATA II。

1．NCQ 技术

SATA II 的关键技术就是 3Gb/s 的外部传输率和 NCQ 技术。NCQ 技术可以对磁盘的指令执行顺序进行优化，避免像传统磁盘那样机械地按照接收指令的先后顺序移动磁头读写磁盘的不同位置，与此相反，它会在接收命令后对其进行排序，排序后的磁头将以高效率的顺序进行寻址，从而避免磁头反复移动带来的损耗，延长磁盘寿命。

要理解 NCQ 的作用，我们还是从磁盘的读写原理讲起。

我们知道，磁盘结构上有很大部分是机械的，其性能一定受到机械部件特性（如马达转速）等的影响，所以磁盘速度始终只能慢慢提高。也正因为如此，有人认为像 SATA、SAS 这样的高速率接口对于提高磁盘本身读写性能来说并没有实际意义。的确如此，但 SATA 和 SAS 这样的高速接口在服务器领域中的磁盘阵列中非常有用。如图 15-22 所示就是 SATA 接口在

RAID 中的应用。图中阵列中的多个 SATA 磁盘通过一块 SATA 控制卡连接起来，确保了多个磁盘的读写性能需求。

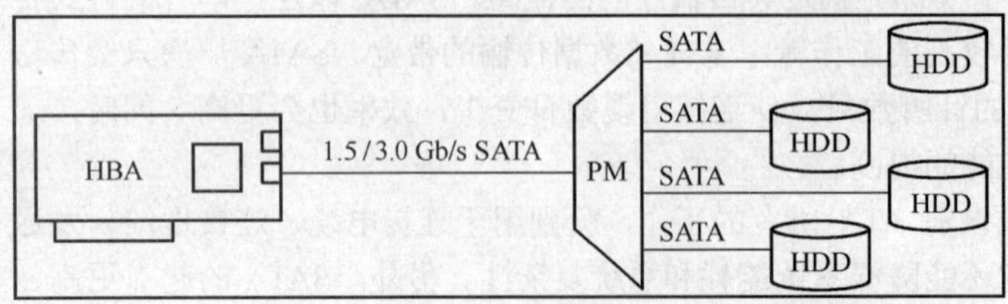

图 15-22　SATA 在 SATA RAID 中的应用

磁盘写数据时是从磁碟的最外圈开始往内圈写，一圈为一个磁道（Track），所有盘片（Platter，即平时所说的单碟）、面（一个碟有两个面）上同一磁道即组成一个柱面（Cylinder）。磁盘的写操作就是按照由外向内的顺序进行的。但磁盘的读操作不可能是按写操作同样的顺序进行的，因为我们所打开的文件所处的位置是随机的。这样一来就肯定存在一个磁道寻址的延时。要减少寻址时间，一般的做法是对任务重新排序。

除了磁道寻址延时，还有一个地方需要耗费时间，那就是当磁头找到正确的磁道后，却错过了起始 LBA（Logical Block Addressing，逻辑块寻址），就会产生旋转等待时间。这就是通常所说的转动延时。转动延时一般是磁盘转得越快，这个延时就越短。要减少转动延时，一般的办法是提高转速，但是我们知道提高转速很难，否则我们不会到现在还在用 7200 转的磁盘。除了这个办法还有两个办法：优化排序和乱序执行。

以上两个延时加起来就是我们遇到的总延时，当然是越小越好。以前的做法是优化排序任务从而减少寻道时间，但是后来发现追求最小寻道时间会导致转动延迟变大，两者相加不一定是最小的。所以后来提出了一种综合考虑寻道和转动的优化方法，这种方法就称为 tagged command queuing，SATA II 对 tagged command queuingc 又进行了优化，也就得到了现在的 Native Command Queuing（NCQ）。

在 NCQ 中又引入 3 种新技术以保证 NCQ 的效率，即 Race-Free Status Return、Interrupt Aggregation 和 First Party DMA（FPDMA）。

- Race-Free Status Return（空转自由状态返回）

在 ATA 中，如果控制器没有对磁盘发出下一个命令，磁盘是不能发回之前命令的执行状态的，这会造成额外的延迟。为此，SATA II 免除了这项限制，允许各磁盘端随时报告命令执行状态，所以命令执行完毕信息的回报可以达成高度的管道化，甚至做到数个命令同时回传的程度。

- Interrupt Aggregation（中断聚合）

在 ATA 的 DMA 传输模式下，磁盘通知传输结束会引起一个中断（Interrupt），造成延迟。在 SATA II 中提供了中断聚集机制：如果磁盘同一时间内完成多组命令，这些命令完成所引起的中断就可以聚集在一起，大幅减少中断的数目，这对于降低中断延迟有极大的贡献。

- First Party DMA（FPDMA，主控 DMA）

当 ATA 的磁盘准备要传输数据时，会发出中断信号告知控制器，然后控制器对磁盘发出服务命令。当上述动作完成后，控制器的驱动程序就进行直接内存存取（DMA）通道的设定，这个过程也会造成一定的延时。SATA II 允许磁盘端自行建立 DMA 传输通道，不需要驱动程序介入，通过 DMA setup FIS（Frame Information Block，框架信息模块）直接对控制器送出需求通知，DMA 引擎即可进行数据传输。

【注意】并不是所有 SATA 磁盘都可以使用 NCQ 技术，除了磁盘本身要支持 NCQ 之外，还要求主板芯片组的 SATA 控制器支持 NCQ。此外，NCQ 技术不支持 FAT 文件系统，只支持 NTFS 文件系统。

2. Port Multiplier 技术

SATA 1.0 的一个缺点就是可连接性不好，即连接多个硬盘的扩展性不好。因为在 SATA 1.0 规范中，一个 SATA 接口只能连接一个设备。在 SATA 2.0 中引入了 Port Multiplier 的概念。它是一种可以在一个控制器上扩展多个 SATA 设备的技术，可以把一个活动主机连接多路复用（Multiplexed）至多个设备连接，相当于一个 SATA 的 Hub，如图 15-23 所示。它采用 4 位宽度的 Port Multiplier 端口字段，其中控制端口占用一个地址，因此最多能输出 15（2^4-1）个设备连接，与并行 SCSI 一样。但 Port Multiplier 不允许级联，上行端口只有一个，而且只能有一个活动的主机连接，这就限制了其上行带宽，主要用于为端口不足的系统增加可连接设备的数量。Port Multiplier 技术对需要多硬盘的用户很有用，不过目前提供这种功能的芯片组极少。

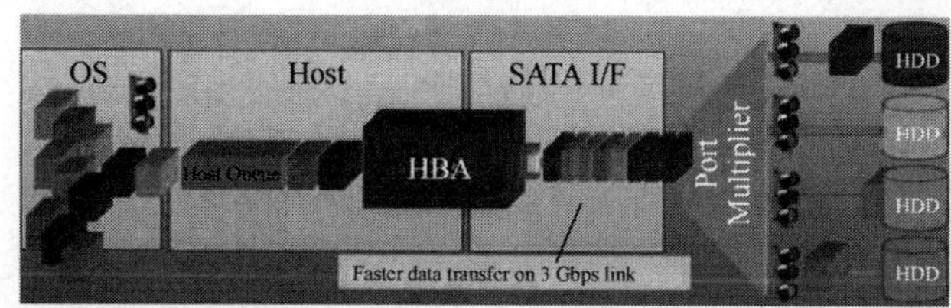

图 15-23 SATA II 的 Port Multiplier 应用

Port Multiplier 的链路层与物理层兼具 SATA 1.0 主机和（外围）设备的能力，连接到其上的 SATA 1.0 设备无需做出改变，也不用增加新的 FIS 类型。

3. 端口选择器（Port Selector）

SATA II 扩展规范还具备了 Port Selector（端口选择器）功能。Port Selector 是一种数据冗余保护方案，使用 Port Selector 可使 Host（主）端口的两个独立 SATA Port 连接至同一设备，以建立连接设备端的备份路径。也就是说，端口选择器为一个硬盘提供两条连线连接到控制器，其中一条是用来冗余的。这种设计的好处是万一其中一条连线断了，还有另一条可以连接。由此看来，不但可以用 RAID 防止硬盘损坏，还能用这个 Port Selector 来防止连接线损坏。

15.3.4 eSATA 规范

虽然支持热插拔、规格更强的 SATA 规范已经推出了很久，但在主流市场中它一直无缘涉及移动存储市场。而且，目前绝大部分 PC 系统以及零售的主板上都没有配置标准的外部 SATA 接口；市场上也几乎买不到提供 SATA 外部接口的移动存储装置。如果直接用内置的 SATA 磁盘应用在外部，一则缺少方便的电力连接装置，二则本身也缺乏有效的保护，因为磁盘 PCB 板也完全暴露在外面；而且由于 SATA 线缆只能插拔几十次，这也似乎与移动的需求并不匹配。这一切皆是因为最初的 SATA 接口规范是直接针对机箱内设计考虑的。

eSATA 并不是什么新技术，只是外置式 SATA II 规范，是 SATA 标准的延伸，是一种扩展 SATA 接口，用来连接外部而不是内部 SATA 设备。简单地说，就是通过 eSATA 技术让外部 I/O 接口使用 SATA II 功能。如有 eSATA 接口时，就可以轻松地将 SATA II 磁盘插到 eSATA 接口，而不用打开机箱更换 SATA II 磁盘，如图 15-24 所示。

eSATA 的出现将使得用户可以在计算机外部连接 SATA 磁盘，而不像过去只能局限于计算机内部。而且大有全面取代当前 USB 和 IEEE 1394 接口之势。因为目前在传输率上 USB 2.0 最快可达 480Mb/s（相当于 60MB/s，没有采用 8b/10b 编码方式），IEEE 1394 为 400Mb/s（相当于 100MB/s，采用了 8b/10b 编码方式），而 eSATA 最高可提供 3000Mb/s（相当于 300MB/s，采用了 8b/10b 编码方式）的数据传输速度。eSATA 的连接性能远远高于 USB 2.0 和 IEEE 1394（三者的对比如图 15-25 所示），并且依然保持方便的热插拔功能，用户无需关机便能随时接上或移除 SATA 装置，十分方便。

图 15-24 eSATA 磁盘与主板的连接

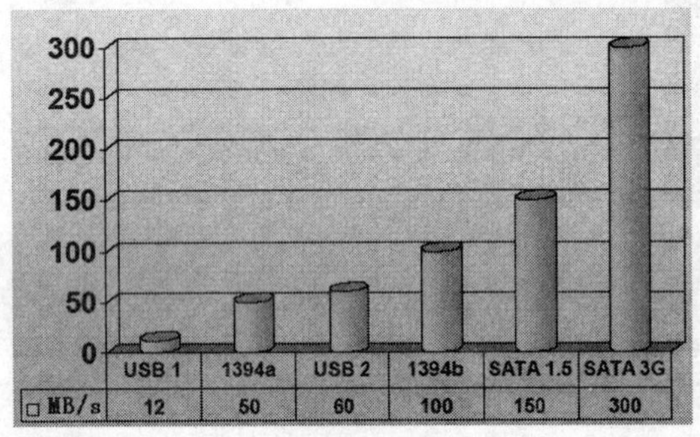

图 15-25 eSATA 与 USB、IEEE 1394 接口速率的对比

但要注意，尽管目前理论上 eSATA 接口与内置的 SATA II 接口一样可以达到 3Gb/s 的传输率，不过实际应用上，受磁盘内部传输率及主板的制约，实际数据传输可能介于 1.5Gb/s～3Gb/s 之间，但仍高于 IEEE 1394、USB 2.0 的传输速率。

15.4 SAS 接口

在“串行”的东风之下，因为看到了 SATA 推出的成功，研究开发并行 SCSI 的 T10 组织也最终考虑参照 SATA 的研发思路，开发一种串行的 SCSI 接口。这就是本节所要介绍的 SAS（Serial Attached SCSI，串行附加 SCSI）。并行 SCSI 的优点在于完善的命令集，SATA 的长处则是串行的物理层，Serial Attached SCSI 正是将这二者结合在了一起。SAS 的最新 Logo 标志如图 15-26 所示。

图 15-26 SAS 接口标志

2002 年 4 月 25 日，SAS 的第一个草案问世了，同年 5 月 6 日 ANSI T10 技术委员会就同意接受该草案，并立即展开 SAS 标准的制订工作。2002 年 10 月 23 日，SATA 市场初露端倪的时

候，Intel 向 T10 委员会递交了让 SAS 支持 Serial ATA II：Extensions to Serial ATA 1.0 的提议。到了 2003 年 1 月 20 日，SATA 在 Server I/O 2003 上正式宣布与 SATA II 工作组达成合作，共同致力于 SAS 与 SATA 硬盘的系统级兼容。SAS 的设计上使用了 Serial ATA II：Extensions to Serial ATA 1.0 定义的增强型的物理接口设计，并在其基础上运行 SCSI 指令集，因此 SAS 的起步速率就从 3Gb/s 开始。2003 年 7 月 10 日，T10 技术委员会公布了 SAS 1.1 工作草案的第一个修订本，主要增加了 4 位宽度的内部连接器，并增加了链路/传输层重试特性以加速流式磁带驱动器等的性能。

15.4.1 SAS 接口简介

SAS（串行连接 SCSI）是新一代的 SCSI 技术，与现行的 SATA 硬盘一样，都是采用串行技术以获得更高的传输速度，并通过缩短连接线来改善内部空间等。SAS 是并行 SCSI 接口之后开发出的全新接口。

1. SAS 1.1 规范

SAS 的第一个发布版本 SAS 1.1 接口改善了存储系统的效能、可用性和扩充性，并且提供与 SATA 硬盘的兼容性。与并行 SCSI 接口相比，SAS 不仅在接口速度上得到了显著提升（现在主流 Ultra 320 SCSI 速度为 320MB/s，而 SAS 1.1 的起步速度就达到 300MB/s（相当于 3Gb/s），未来会达到 600MB/s（相当于 6Gb/s），甚至更高），而且由于采用了串行线缆，SAS 接口不仅可以实现更长的连接距离（最长为 6m），还能够提高抗干扰能力，并且这种细细的线缆还可以显著改善机箱内部的散热情况。

SAS 的域、设备及端口完全继承了 SCSI 和 ATA 的相应概念。虽然接口和线缆的电气规格取自 SATA，但点对点连接的距离延长至 10m，而连接对象也不再局限于启动设备（可理解为适配器）或目标设备（可理解为硬盘或光驱等），还可以是 Expander 设备。Expander 设备可以理解为路由器，它具有至少两个外部端口。根据路由能力复杂程度的不同，Expander 设备分为 Fanout（输出）和 Edge（边缘）两类：每个 SAS 域至多有一个 Fanout Expander 设备，它能连接的 Edge Expander、启动端口或目标端口不超过 64 个；每个 Edge Expander 设备可连接的 Fanout Expander 设备不能超过一个，可连接的启动端口或目标端口则可达 64 个。只有在 SAS 域里没有其他 Expander 设备时，才允许两个 Edge Expander 设备互连。

SAS 定义了 3 个协议：SSP（Serial SCSI Protocol，串行 SCSI 协议）、STP（Serial ATA Tunneled Protocol，SATA 管道协议）和 SMP（Serial Management Protocol，串行管理协议）。其中 STP 为 SATA 增加了多目标寻址和多启动访问（一个目标），使 SATA 设备能够用在 SAS 环境中。在 SAS 域中，SCSI 启动端口及目标端口均使用 SSP，而只有支持 STP 的启动端口才能访问 SATA 目标端口，前提是该目标端口连接的 Expander 设备要具有 STP 转 SATA 功能。

SSP 是一个全双工（Full Duplex）的协议，这对交换架构是必不可少的。单个物理连接（可理解为一条 SATA 线缆）内部的两对数据线分别用于发送和接收，二者不能同时进行，即所谓半双工（Half Duplex）；不过 SAS 允许两个设备间建立基于多条（1、2、…、n）物理连接（可理解为 SATA 线缆）的宽物理连接，从而使全双工成为可能。

又由于启动设备具有 2 个（及以上）的端口是很正常的，所以 SAS 还为目标设备定义了双端口（Dual Port）。启动设备和目标设备的多个端口都可以连接到不同的 Expander 设备，从而提供更强的容错能力。

2. SAS 2.0 规范

下一代的 SAS（SAS 2.0）接口标准虽然还没有正式发布，但已有一些硬盘厂商开发了基于 SAS 2.0 的高转速服务器硬盘。对比 SAS 1.0 来说，SAS 2.0 在性能方面得到了全面提升。首先，带宽由 3Gb/s 提升到 6Gb/s，传输速率提升了一倍。SAS 2.0 在性能提升的同时并没有增加功耗，在 3Gb/s SAS 中每个端口 1Gb/s 的耗电量是 2.7W，而在 6Gb/s SAS 中每个端口 1Gb/s 的耗电量降低为 1.6W。

其次，考虑到在中端存储系统中会有机架到机架结构的应用需求，于是原来的线缆长度由 6m 增加到 10m，6Gb/s SAS 线缆长度达到 10m 可谓是一举克服了之前线缆过短的问题；同时，加长线缆不但获得了更快的传输速率，而且能得到更优秀的信噪比，还可以重复使用 3Gb/s SAS 的背板。6Gb/s SAS 除了传输速率提升一倍外，还具备更优秀的可扩展性，同时具有一些新特性，如扩展器分区、扩展时钟、支持能提高可靠性的 T10 信息保护模式、长距离线缆的诊断反馈均衡器和复用技术等。

目前在速率方面 SAS 接口的主要竞争对手就是 FC 接口和 SATA 2.0 接口。FC 接口可以满足高性能、高可靠性和高扩展性的存储需要，但其昂贵的价格一直让用户望而却步；SATA 虽然在价格上有很大的优势，但在性能和可靠性方面差强人意。随着 SAS 技术走入 2.0 时代，带宽大大增加、传输速度更快、散热量降低、可靠性更高，分区制功能赋予了以 SAS 技术为基础的网络存储分段存储的能力，使得 SAS 不仅在功能上能够与 FC 媲美，还能够向下兼容 SATA，能够更好地满足不同性价比的存储需求。

15.4.2 SAS 接口结构

SAS 外部连接器接口和板卡接口借用了 InfiniBand 总线电缆的设计，如图 15-27 所示（在此仅以已发布的 SAS 1.1 标准接口为例进行介绍）。尽管这个只有以前并行 SCSI 接口的一半大，但这种端口被称为“四路宽端口”。目前来说，3Gb/s 的 SAS 标准，单工模式下可以达到 12Gb/s 的带宽，也就是 4×3Gb/s SAS 通道（即 SAS 的宽端口模式），如图 15-28 所示。SAS 技术与 SATA、FC 一样，都采用 8b/10b 编码机制，所以 12Gb/s 的物理层带宽换算到应用层就是 1.2GB/s。

图 15-27 SAS 接口

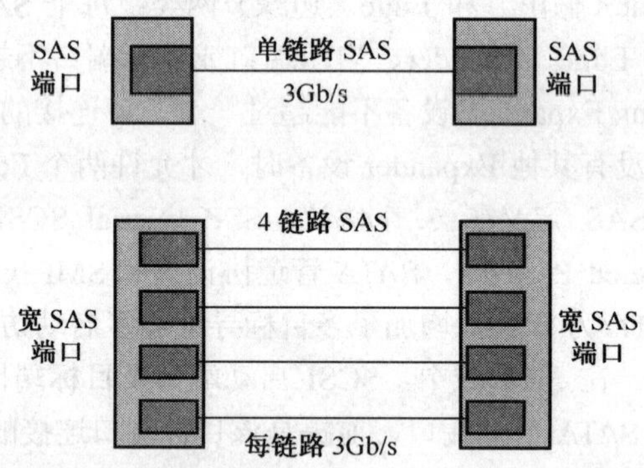

图 15-28 两种 SAS 链路

而 SAS 支持全双工，这样一来单链路 SAS 1.1 就可以实现 6Gb/s 传输速率，4 链路宽端口模式下则可实现 24Gb/s 传输速率。另外，SATA 使用 SAS 控制器的信号子集，因此 SAS 控制器支持 SATA 磁盘。SAS 磁盘传输速率可以达到 3Gb/s，每个 SAS 电缆有 4 根电缆，2 根输入 2 根输出。SAS 可以同时进行数据的读写，全双工的数据操作提高了数据的吞吐效率。

SAS 磁盘上的端口也与并行 SCSI 有很大区别，却与 SATA 磁盘端口的外观非常像。而且的确 SAS 的接口技术可以向下兼容 SATA 1.1/2.0，因为 SAS 端口的物理层就是直接采用 SATA 端口物理层的。这样一来，SAS 技术的发展迅速得多。

在 SAS 端口中，接脚较多（14 针）的一组是电源接口，接脚较少（7 针）的一组是 SAS 磁盘主端口，位置都与 SATA 磁盘电源和通信端口完全一致。SAS 磁盘与 SATA 磁盘接口的唯一区别是 SAS 磁盘还有第二个冗余端口（在插座背面），而 SATA 磁盘只有一个端口。如图 15-29 所示是 SAS 1.1 和 SATA 1.1/2.0 接口的对比。SAS 磁盘增加第二冗余端口并不是为了支持宽链接（2-wide），而是通过给它们赋予不同的 SAS 地址（WWN）来让双端口分属两个（冗余的）域，以防系统出现单点故障，从而提高可用性。

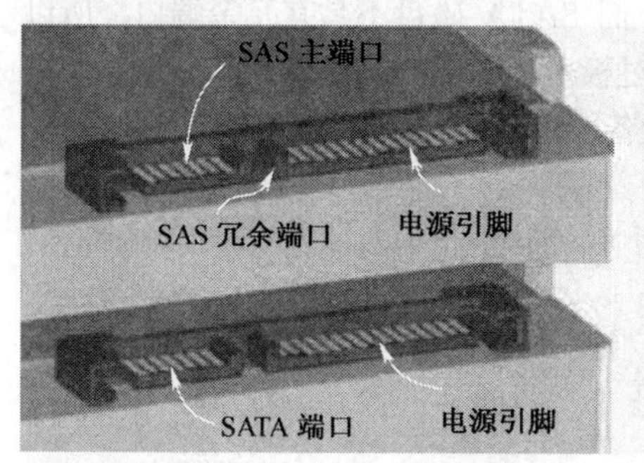

图 15-29　SAS 接口与 SATA 接口对比

SAS 第二端口位于连接器的背面，只有 SATA 端口（亦即 SAS 第一端口）的 2/3，因此其 7 个接脚及间距均明显变窄（见图 15-29 右图）。SATA 插座在 SAS 第二端口的位置有一凸起，这样既可以保证 SATA 设备插入 SAS 插座，又能避免误将 SAS 设备插入 SATA 插座。

在物理层，SAS 接口和 SATA 接口（从第二版开始）完全兼容，SATA 磁盘可以直接使用在 SAS 的环境中。当然物理连接的一致只是 SAS 兼容 SATA 的必要条件。实际上，在整个 SAS 协议栈中从物理层到应用层都贯穿着一套用来兼容 SATA 的协议。这就是 STP（Serial ATA Tunneling Protocol，SATA 隧道协议）协议。从这个命名可以看出，SAS 兼容 SATA 的方式其实就是在从磁盘端到主机端的整条链路上为 SATA 磁盘特地开辟出一条隧道。从接口标准上来说，SATA 是 SAS 的一个子标准，SAS 接口向下兼容 SATA 接口，但 SATA 接口却不能向上兼容 SAS 接口。因此 SATA 磁盘可以直接在 SAS 控制器上被操控，但是 SAS 磁盘却不能直接使用在 SATA 的环境中，因为 SATA 控制器并不能对 SAS 磁盘进行控制。

15.4.3 SAS 接口的设备连接

接口的设备和连接方式支持能力是由接口协议层完成的。前面已经提到，在协议层，SAS 接口由 3 种类型协议组成，根据连接的不同设备使用相应的协议进行数据传输。其中串行 SCSI 协议（SSP）用于传输 SCSI 命令，全双工，让 SCSI 运行在增强的 SATA 物理层上；串行 ATA 隧道协议（Serial ATA Tunneled Protocol，STP）为 SATA 增加多目标寻址和多发起者访问，以适应 SAS 环境的需要；串行管理协议（Serial Management Protocol，SMP）用于发现和管理扩展器（Expander）。因此在这 3 种协议的配合下，SAS 可以和 SATA 以及部分 SCSI 设备无缝结合。

在 SAS 系统中，每一个 SAS 端口最多可以连接 16256 个外部设备，并且 SAS 采取直接的点到点的串行传输方式，传输的速率高达 3Gb/s，以后会有 6Gb/s 乃至 12Gb/s 的高速接口出现。SAS 的接口也做了较大的改进，它同时提供了 3.5 英寸和 2.5 英寸的接口，因此能够适合不同服务器环境的需求。

SAS 系统的背板（Backplane）既可以连接具有双端口、高性能的 SAS 磁盘，也可以连接高容量、低成本的 SATA 磁盘，所以 SAS 磁盘和 SATA 磁盘可以同时存在于一个存储系统之中。但需要注意的是，尽管 SAS 磁盘使用与 SATA 相同的接口，但是 SAS 接口使用较多的信号，所以 SATA 系统并不兼容 SAS，SAS 磁盘不能直接连接到 SATA 背板上，也不能与 SATA 控制器连接。但 SAS 控制器可以支持 SAS 和 SATA 磁盘。SAS 兼容 SATA 的能力非常重要，系统集成商和用户可以根据实际需要在大容量/高性价比的 SATA 磁盘与高性能/高可用性的 SAS 磁盘之间自由选择。由于 SAS 系统的兼容性，使用户能够运用不同接口的磁盘来满足各类应用在容量上或效能上的需求，因此在扩充存储系统时拥有更多的弹性，让存储设备发挥最大的投资效益。

SAS 接口可通过 SAS 扩展器（SAS Expanders）来连接更多的 SAS 或 SATA 设备，如图 15-30 所示。在这里，SAS 磁盘可以通过双端口冗余连接，而 SATA 磁盘不具有冗余端口，所以只能与一个扩展器连接。目前的扩展器以 12 端口居多，不过板卡厂商的产品研发计划显示，未来会有 28、36 端口的扩展器引入，来连接 SAS 设备、主机设备或者其他的 SAS 扩展器。

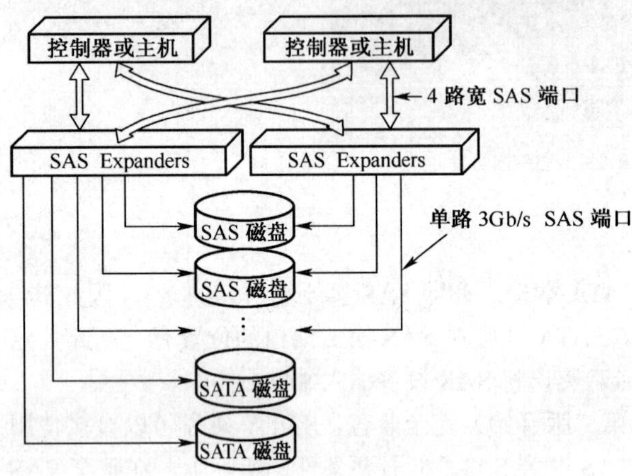

图 15-30　通过 SAS 扩展器的 SAS 设备连接

SAS 扩展器把 SATA 的点对点连接扩展至 SAS 的多发起者/多目标，然而 SATA 协议仅支持单发起者/单目标，STP 协议的任务就是让发起者能够通过扩展器访问 SATA 目标。在这里要具体介绍一下。对 SATA 来说，发起者（Initiator）必须是主机控制器，目标（Target）只能是外围存储设备；SAS 却灵活许多，外围设备同样能够成为发起者，主机控制器也可以当作目标。造成这种差别的根源在于 SAS 继承了 SCSI 对等（Peer-to-Peer）的传统，即发起者和目标地位平等，在建立连接和传输数据时没有主从之分。SAS 磁盘执行 SCSI 扩展拷贝命令时，其 SSP 协议允许一块磁盘直接与其他磁盘建立连接，在没有主机参与的情况下发送 SCSI 命令并传输数据。对等是 SAS 很容易地就能在单个物理链接上实现全双工的主要原因，但它的优点并不限于此。

STP 在发起者与最远的也就是连接 SATA 设备的扩展器端口（STP 目标端口）之间建立起一条通路（隧道），传输标准的 SATA 1.0 帧，因此在 SATA 设备看来，自己连接的就是 SATA 主机适配器。如果发起者端口识别出与其直接相连的是一台 SATA 设备，则只使用 SATA 协议通信。

另一个对等的例子是 RAID 卡。SAS 允许两块（冗余的）RAID 卡连接到同一 SAS 域中互相通信，这个通信路径将两块 RAID 卡联系在一起，如果其中一块 RAID 卡发生故障，另一块就会接替它的动作而不用担心数据损坏。相比之下，SATA 和 ATA 一样由主机起控制作用，外围设备只是被动地响应请求，即所谓“非对等”。也就是说，SATA 协议没有允许两块主机适配器相互沟通或在两块磁盘间建立直接通信路径的机制。

另外，仔细对比一下 SAS 和 SATA 磁盘接口就可以发现，SAS 接口多了一个冗余端口。如果将 SATA 磁盘直接插入 SAS 背板，那么背板上的冗余端口将会悬空，也就是说 SATA 磁盘只连接在一个控制器上。这样虽然阵列控制器或主机可以使用这些 SATA 磁盘，但从结构上将无法实现冗余。为了实现 SAS 与 SATA 磁盘的完全兼容，使得 SATA 也能像 SAS 磁盘那样连接多个扩展器，实现冗余，有厂商开发了一种称为“端口选择器”的设备（其实是一块电路板，如图 15-31 所示），这就是 SATA II 中的新技术。

通过在 SATA 磁盘托架上加上这块端口选择器电路板就可以实现与 SAS 磁盘类似的连接，

如图 15-32 所示。其作用就是将 SATA 磁盘上的单端口与两路 SAS 同时连接，从而保证前端控制器或主机故障切换时，SATA 磁盘仍然能保持连接。

图 15-31　SATA 磁盘托架上的端口选择器

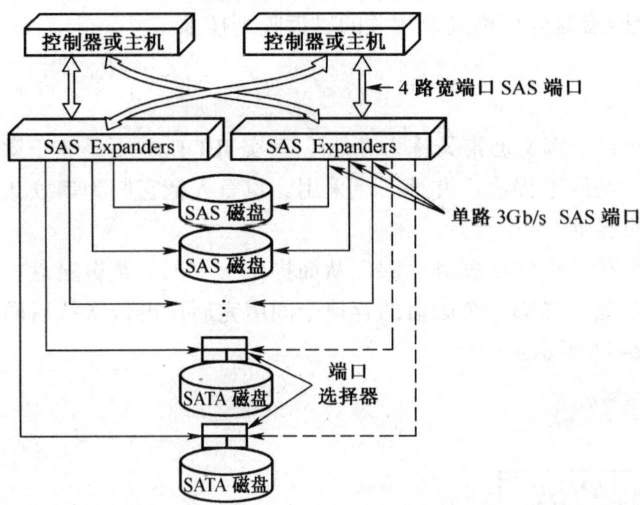

图 15-32　SAS 系统中采用端口选择器后的 SATA 磁盘连接

在图 15-32 所示的 SAS 环境中，SATA 设备同样有高可用性需求，即允许两个主机适配器连接到一台 SATA 磁盘上，避免主机适配器成为单点故障源。与 SAS 的双端口不同，在任何时刻都只能由一个主机适配器独享此 SATA 通道。磁盘的控制权由系统软件检测哪个主机适配器处于“活动”状态决定。在端口选择器支持下，任何时刻只有一个端口处于活动状态，在切换端口之前磁盘的所有行为都必须停止。端口选择器的设计取决于子系统厂商，可以两边分别是 SAS（双端口）和 SATA 连接器，也有可能把端口选择器放在背板上，或者干脆将其集成到磁盘上配合统一的背板连接器使用。

15.5　磁盘阵列（RAID）

RAID（Redundant Array of Independent Disk，独立冗余磁盘阵列）简称“磁盘阵列”。通俗地讲，RAID 就是按照一定的形式和方案组织起来的存储设备。使用 RAID 如同使用一个磁盘一样，但磁盘阵列却能获得比单个存储设备更高的速度、更好的稳定性、更大的存储能力，以及一定的数据安全保护能力。它是一项最基础，同时也是应用最广泛的服务器技术。

RAID 的实现可以有硬件和软件两种不同的方式：硬件方式就是通过 RAID 控制器实现；软件方式则是通过软件把服务器中的多个磁盘组合起来，实现条带化快速数据存储和安全冗余。硬件 RAID 通常是利用服务器主板上所集成的 RAID 控制器或者单独购买 RAID 控制卡，连接多个独立磁盘实现的。现在除了 SCSI 接口磁盘可以配置 RAID 外，像 IDE（ATA）和 SATA（串行 ATA)、SAS（串行 SCSI）接口的磁盘都可以配置了。硬件 RAID 性能较好，应用也较广，特别适合于需要高速数据存储和安全冗余的环境，但价格较贵。

软件 RAID 是利用操作系统（如微软的 Windows 2000、Windows Server 2003 等）和第三方存储软件开发商的软件来实现 RAID 的。它无需另外购买 RAID 控制卡，也可以在无 RAID 控制器的主板上实现。这种软件 RAID 的实现方式成本较低，但配置复杂，同时性能较低，仅适合小规模的数据存储网络使用。有关 Windows Server 2003 系统中软件 RAID 的配置参见本系列丛书的《金牌网管师（初级）中小型企业网络组建、配置与管理》一书。

15.5.1 主要 RAID 模式

根据磁盘和 RAID 卡之间不同的组合方式可配置不同的 RAID 模式，实现不同的磁盘性能改变。下面来全面介绍当前主要应用的一些磁盘阵列模式及相关的磁盘阵列技术。

1．JBOD 模式

JBOD（Just Bundle of Disks，简单磁盘捆绑）通常又称为 Span。其实 JBOD 并不是真正意义上的 RAID 模式，只是在近几年才被一些厂家提出，并被广泛采用。也有人把它归为串联式的 RAID 0，其目的纯粹是为了增加磁盘的容量。

Span 是在逻辑上把几个物理磁盘一个接一个地串联到一起，从而提供一个大的逻辑磁盘。Span 上的数据简单地从第一个磁盘开始存储，当第一个磁盘的存储空间用完后，再依次从后面的磁盘开始存储数据。其存储原理如图 15-33 所示。

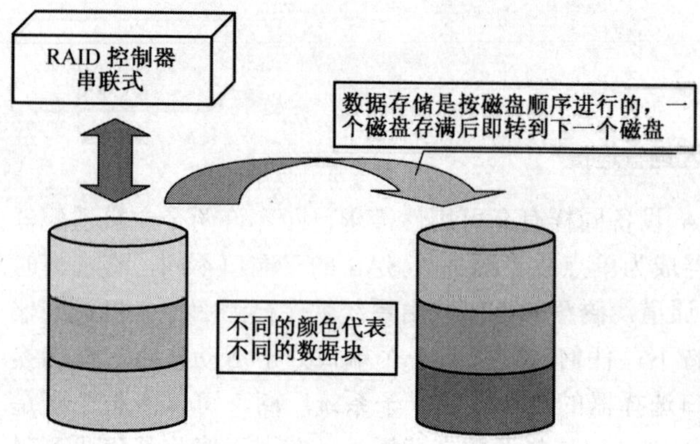

图 15-33　JBOD 模式的存储原理

Span 的存取性能完全等同于对单一磁盘的存取操作，并不提供数据安全保障，只是简单地提供一种利用磁盘空间的方法。Span 的存储容量等于组成 Span 的所有磁盘的容量总和。

2．RAID 0（无差错控制的条带化阵列）

RAID 0 又称为 Stripe（条带化）或 Striping（带区集），是所有 RAID 规格中速度最快但可靠性最差的磁盘阵列模式。RAID 0 不仅可以将多块磁盘连接起来形成一个容量更大的存储设备，而且还可以获得呈倍数级增长的性能提升。如连接的是两块磁盘，则性能为单磁盘的两倍；如果连接的是三块，则性能是单磁盘的 3 倍，但通常最多只能连接 4 块磁盘，所以最多可提高磁盘读写性能到单磁盘的 4 倍。

与串联式 JBOD 模式的顺序读写不同，并行模式的 RAID 0 在读写时可同时对多个磁盘进行并行操作。写入时，数据会以设定的交叉存储区域（即带区集，Striping）的大小为单位均匀分割成等量的数据块，然后被分别存放到几个磁盘中；而在读取时，目标数据则被同时从多块磁盘中取出并经控制器组合成完整的文件。

在这种磁盘阵列中，数据条带以系统规定的“段”为单位依次写入多个磁盘，例如，数据段A写入磁盘0，段B写入磁盘1，段C写入磁盘2等，依此类推。当一个数据条带的最后一个数据段在最后一个磁盘中写完后，再返回到磁盘 1 的下一可用磁盘空间继续写下一个数据条带，依此类推，直到本次所存数据全部存储完毕。存储原理如图15-34所示。

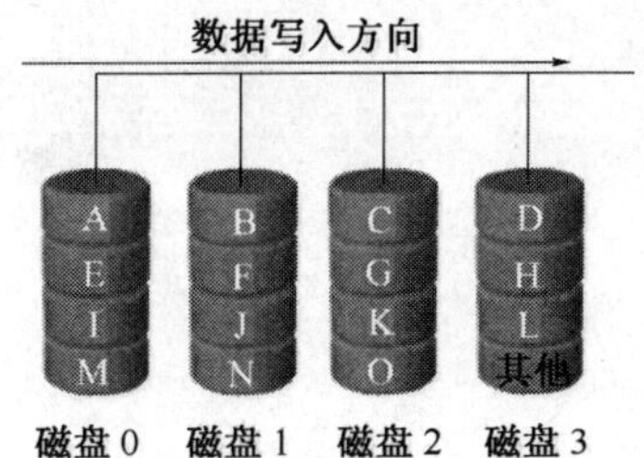

图15-34　RAID 0存储原理

由于采用了磁盘分段的方法，分割数据可以将 I/O 负载平均分配到所有的驱动器中，即把数据立即写入（读出）多个磁盘，因此它的速度比较快，使得性能显著提高。实际上，数据的传输是按顺序进行的，但多个读（或写）操作则可以相互重迭进行。这就是说，正当段 A 在写入驱动器0时，段B写入驱动器1的操作也开始了；而当段B还在驱动器1进行写操作时，段 C 数据已送到驱动器 2 中了。如此类推，这样在同一时刻可以有几个盘（甚至是所有的盘）同时写数据。因为数据送入驱动器的速度要远大于写入物理盘的速度，理论上性能可以提高 N-1倍（N为阵列磁盘数），目前这一阵列模式最多可连接4个磁盘，所以最多可提高性能3倍。但是，RAID 0 却没有数据保护能力，可靠性仅为单磁盘系统的 1/N。如果一个磁盘出现故障，那么数据就会全盘丢失，因为它并没有采取数据冗余措施。例如，假使一个文件的段 A 在驱动器0，段B在驱动器1，段C在驱动器2，则只要驱动器0、1、2中有一个产生故障，就会引起问题。如果驱动器1出现故障，则我们只能从驱动器中物理地取得段A和段C的数据，中间的段B的数据就不能恢复了。因此，RAID 0不适用于关键任务环境，但非常适用于视频、图像的制作和编辑。

【说明】在RAID 0级别中，至少需要存在两块磁盘。RAID 0系统的性能如何与带区集的分配密切相关呢？带区过大，可能一块磁盘上的带区空间就可以满足大多数数据操作，这样读写操作就主要集中在单块磁盘上，无法充分发挥并行操作的优势；若带区过小，任何读写指令又可能引发大量的操作，这很容易令控制器和 IDE 总线负荷超载，严重影响系统性能。因此，在创建带区集时，大家应当根据实际应用的需要，慎重选择带区的容量。具体的原则如下：假如小容量、频繁的数据操作较多，那么带区就应该小些；相反，对于诸如视频处理等大容量数据操作，大一些的带区集会较为理想。

3．RAID 1（镜像结构）

如果说RAID 0为了取得高性能而牺牲了安全性，那么RAID 1便恰好相反。RAID 1的设计目的是打造一个安全性极高的存储系统。简言之，它使用一个磁盘作为主磁盘的实时镜像，以确保在主磁盘出现故障时数据能及时从镜像磁盘中得到恢复，提高了数据存储的安全性。但也因此而损失了至少一半容量——镜像磁盘只能作为主磁盘的备份，真正有效的容量只能仅来自一个主磁盘。

RAID 1 也被称为“镜像”，因为它是将一个磁盘上的数据完全复制到另一个磁盘上，百分之百地实现数据冗余。可以说它是走向了RAID 0的另一个极端。我们知道，RAID 0只考虑了增加磁盘容量和提高磁盘读写性能，但却没有采取任何数据冗余措施，使得 RAID 0 没有任何数据安全保障，一旦阵列中的某一个磁盘出现了故障，则整个阵列中的数据都可能遭到破坏，不能恢复。而此处的 RAID 1 则采取了 100%的数据冗余，把阵列中的一个磁盘上的数据全部动态复制下来。这样即使其中一个磁盘发生故障，仍能完整地进行数据恢复。但它却不能提高磁盘容量，也不能提高磁盘读写性能，因为数据在同一时刻仍只是写入一个磁盘中。RAID 1 的存储原理如图 15-35 所示。

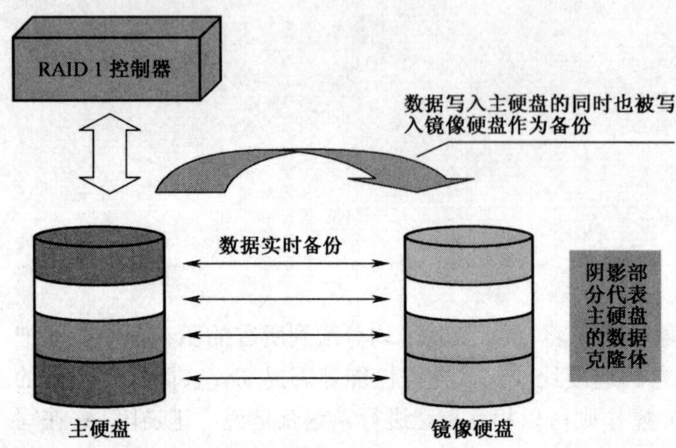

图 15-35　RAID 1 存储原理

由此可见，RAID 1 的优点就是可以提供 100%的数据冗余，数据安全比较有保障。RAID 1 的缺点是不能提高磁盘的读写性能，而且磁盘利用率低，只有 50%。相对来说成本也就要比单个无冗余磁盘贵一倍，因为必须购买另一个磁盘用作第一个磁盘的镜像。RAID 1 可以由软件或硬件方式实现，也是需要两块磁盘。

【经验之谈】RAID 1 阵列模式也可采用多块磁盘，但必须是对称的，也就是说磁盘数必须是偶数。无论是 RAID 0 还是 RAID 1，专家的建议都是采用两块（或更多）完全相同的磁盘来组建。然而有时不得不面对这样一种情况——必须采用两块容量和速度不一致的磁盘来配置 RAID。这个时候，根据 RAID 定义的规则，系统将以容量最小的磁盘的容量为依据，以速度最低的磁盘的速度为标准速度来建立 RAID 系统，这也是其他 RAID 模式所共同遵守的一个原则。

4．RAID 2（带海明码校验）

前面介绍的 RAID 0 的磁盘分段改善了磁盘子系统的性能，因为向磁盘读写数据的速度与磁盘子系统中磁盘数目成正比地增加，但它的缺点是磁盘子系统中任一磁盘的故障都会导致整个计算系统失败。在 RAID 1 中，是把整个分段的磁盘子系统用作镜像，如果已经用了 4 个磁盘进行分段，可以再增加 4 个分段的磁盘作为原来 4 个磁盘的镜像，很明显这是昂贵的（虽然可能比镜像一个昂贵的大磁盘要便宜）。是否可以不用镜像而用其他的数据冗余方法来提供高容错性能呢？经过专家们的研究，最终发现有一种奇偶码模式可以达到此目的，即外加专用奇偶校验盘（如在 RAID 2 和 RAID 3 中），或者把奇偶校验数据分布在磁盘阵列的全部磁盘中，也就是采用分布式奇偶校验数据（如在 RAID 5 中）。

RAID 2 是为大型机和超级计算机开发的带海明码校验磁盘阵列，这主要是由这种级别的 RAID 的特点决定的。因为在这种 RAID 模式中，磁盘驱动器组中的第 1 个、第 2 个、第 4 个……第 2^n 个磁盘驱动器是专门的校验盘，用于校验和纠错，余下的才用于数据存储，所以磁盘利用率相当低。如图 15-36 所示，在由 7 个磁盘驱动器组建的 RAID 2 中，3 个磁盘驱动器是校验盘，其余的 4 个用于存放数据。

由于有多个磁盘专门用于校验，所以磁盘的利用率比较低，而且是磁盘组中的磁盘数越少，磁盘的利用率越低。RAID 2 在大数据量的读写方面具有极高的性能，但在对少量数据进行读写时性能表现反而不好，所以 RAID 2 在实际中较少使用。RAID 2 所需的磁盘数至少是 3 块。

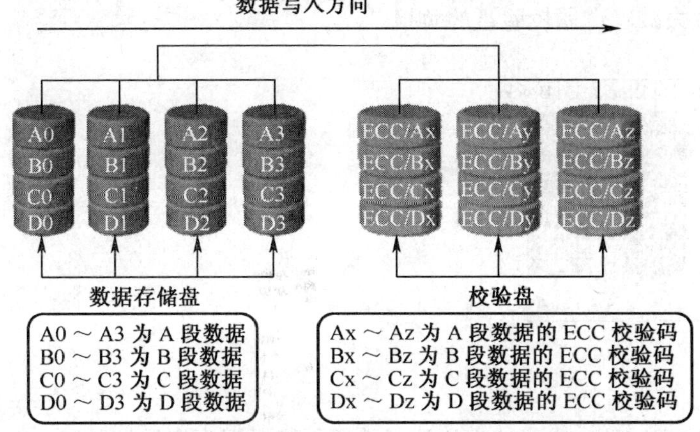

图 15-36　RAID 2 存储原理

5．RAID 3（带奇偶校验码的并行传送）

RAID 3 为带有专用奇偶位（Parity）的条带，是 RAID 0 的一种改进模式。它也采用了上面介绍的 RAID 2 模式中的奇偶校验技术。在每个条带片上都有相当于一“块”那么大的空间用来存储冗余信息，即奇偶位。也就是相对于 RAID 0 中的“条带”来说多了一个存储奇偶校验位的“块”，需要专门一块磁盘来存储，如图 15-37 所示。奇偶位是编码信息，如果某个磁盘的数据有误或者磁盘发生故障，则可以用它来恢复数据。在数据密集型环境或单一用户环境中，组建 RAID 3 对访问较长的连续记录有利。配置 RAID 3 至少需要 3 块磁盘。

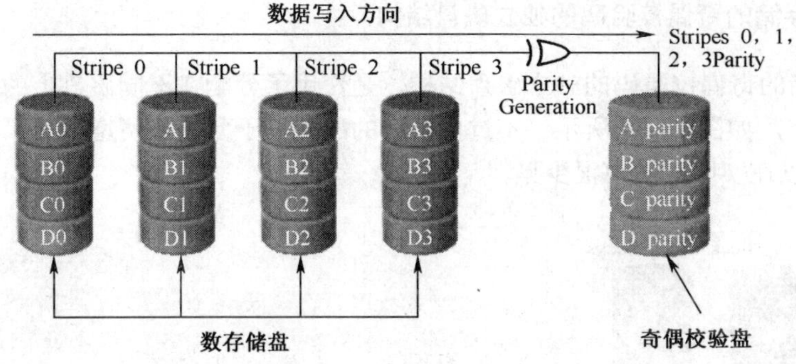

图 15-37　RAID 3 存储原理

6．RAID 4（带奇偶校验码的独立磁盘结构）

RAID 4 是带奇偶校验码的独立磁盘结构，与 RAID 3 很相似。不同的是 RAID 4 对数据的访问是按数据块进行的，也就是按磁盘进行的，每次是一个盘。RAID 3 是一次一横条（条带），而 RAID 4 是一次一竖条。所以 RAID 3 常需要访问阵列中所有的磁盘驱动器，而 RAID 4 只需要访问有用的磁盘驱动器，这样读数据的速度大大提高了。但在写数据方面，需要将从数据磁盘驱动器和校验磁盘驱动器中恢复出的旧数据与新数据进行校验，然后再将更新后的数据和检验位写入磁盘驱动器，所以处理时间较 RAID 3 长。配置 RAID 4 也至少需要 3 块磁盘。

7．RAID 5（分布式奇偶校验的独立磁盘结构）

RAID 5 被称为“带分布式奇偶位的条带”，是目前应用最广的一种磁盘阵列模式。它与

RAID 3 比较类似，每个条带上也都有相当于一个“块”那么大的地方被用来存放奇偶位。但与 RAID 3 不同的是，RAID 5 把奇偶位信息随机地分布在所有的磁盘上，而并非单独用一个磁盘来存储（如图 15-38 所示），这样可大大减轻奇偶校验盘的负担。

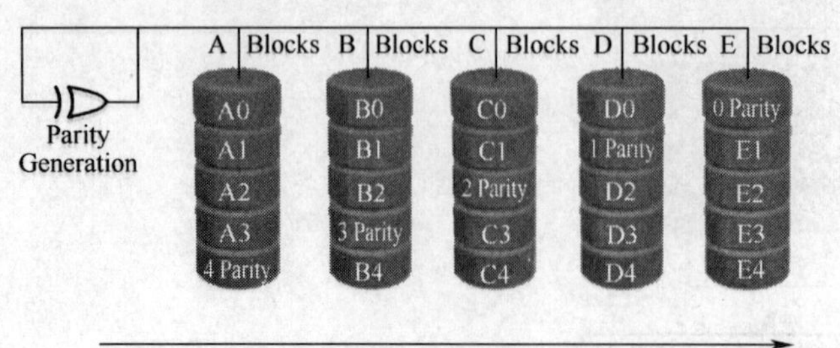

图 15-38　RAID 5 存储原理

RAID 5 的读出效率很高，写入效率一般，块式的集体访问效率不错。因为奇偶校验码分布在不同的磁盘上，所以提高了可靠性。但是它对数据传输的并行性问题解决得不好，而且控制器的设计也相当困难。RAID 5 与 RAID 3 相比，重要的区别在于 RAID 3 每进行一次数据传输，需要涉及所有的阵列盘，而对于 RAID 5 来说，大部分数据传输只需要对一块磁盘进行操作，而且可实现并行操作。在 RAID 5 中有“写损失”，即每一次写操作，将产生 4 个实际的读/写操作，其中两次读旧的数据及奇偶信息，两次写新的数据及奇偶信息。

RAID 5 级别尽管有一些容量上的损失，但却能提供较为完美的整体性能，既可有相当程度上的磁盘读写性能和容量的提高，同时又提供了一定程度上的数据安全冗余，因而是被广泛采用的一种磁盘阵列方案。它适合于输入/输出密集、高读/写比率的应用程序，如事务处理等。

配置 RAID 5 也必须至少有 3 块磁盘。

8．RAID 6（带有两种分布存储的奇偶校验码的独立磁盘结构）

RAID 6 是带有两种分布存储的奇偶校验码的独立磁盘结构，是使用了分配在不同磁盘上的第二种奇偶校验的增强型 RAID 5，如图 15-39 所示。不过由于它的配置过于复杂，所增加的第二个奇偶校验并不是很实用，所以在实际应用中很少见。

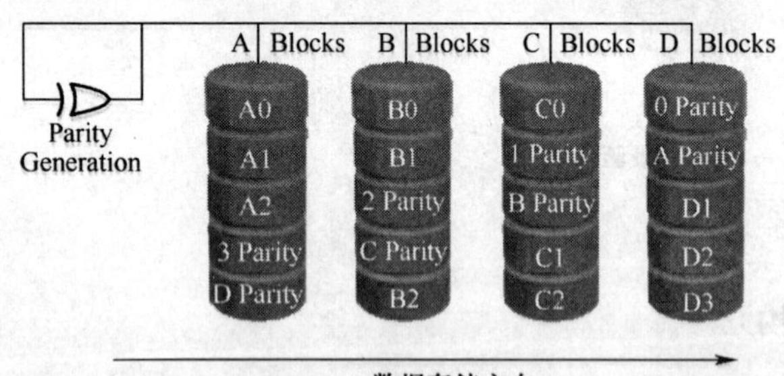

图 15-39　RAID 6 存储原理

很明显 RAID 6 的优点就是由于采取了两种奇偶校验方法，增强了数据冗余能力，所以它能承受多个驱动器同时出现故障，数据安全更有保障。RAID 6 的缺点相比来说更为明显：首先，由于引入了第二种奇偶校验，所以整个磁盘阵列的磁盘利用率比 RAID 5 还要低（至少需要 4 块磁盘）；其次，由于采用两种奇偶校验，计算奇偶校验值和验证数据正确性所花费的时间和系统资源比较多，造成系统的负载较重，大大降低了整体磁盘性能；最后，系统需要一个极为复杂的 RAID 控制器。但目前好象有声音显示，RAID 6 不久后将全面取代 RAID 5 成为 RAID 主流，其原因是，新型的 RAID 6 技术增加了智能校验技术，使得奇偶校验性能大幅提高。

9. RAID 7（优化的高速数据传送磁盘结构）

RAID 7 自身带有智能化实时操作系统和用于存储管理的软件工具，可完全独立于主机运行，不占用主机 CPU 资源。RAID 7 存储计算机操作系统（Storage Computer Operating System）是一套实时事件驱动操作系统，主要用来进行系统初始化和安排 RAID 7 磁盘阵列的所有数据传输，并把它们转换到相应的物理存储驱动器上。通过存储计算机操作系统来设定和控制读写速度，可使主机 I/O 传递性能达到最佳。如果一个磁盘出现故障，还可自动执行恢复操作，并可管理备份磁盘的重建过程。

RAID 7 采用的是非同步访问方式，极大地减轻了数据写瓶颈，提高了 I/O 速度。所谓非同步访问，即 RAID 7 的每个 I/O 接口都有一条专用的高速通道，作为数据或控制信息的流通路径，因此可独立地控制自身系统中每个磁盘的数据存取。如果 RAID 7 有 N 个磁盘，那么除去一个校验盘（用于冗余计算）外，可同时处理 N-1 个主机系统随机发出的读/写指令，从而显著地改善了 I/O 应用，如图 15-40 所示。

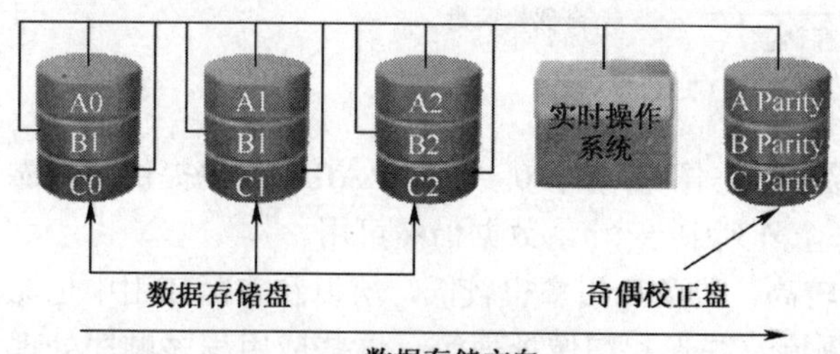

图 15-40　RAID 7 存储原理

RAID 7 系统内置的实时操作系统还可以自动对主机发送过来的读/写指令进行优化处理，以智能化方式将可能被读取的数据预先读入快速缓存中，从而大大减少了磁头的转动次数，提高了 I/O 速度。RAID 7 可帮助用户有效地管理日益庞大的数据存储系统，并使系统的运行效率提高至少一倍以上，满足了各类用户的不同需求。但配置相当复杂、成本高，在实际应用中也比较少见。

10. RAID 10（RAID 0+1）（高可靠性与高效磁盘结构）

前面介绍的 RAID 0 虽然有高性能，但安全性差，而 RAID 1 刚好相反，能否把两者结合起来呢？这便产生了两者的综合体：RAID 0+1 模式（也被称为“镜像阵列条带”）。

RAID 0+1 模式既具有 RAID 0 的高性能，又具有 RAID 1 的安全性，而实现 RAID 0+1 模式的方法是将两组 RAID 0 的磁盘阵列互为镜像，形成一个 RAID 1 阵列，这样每次写入数据时，RAID 控制器会将数据同时写入两组 RAID 0 阵列中，如图 15-41 所示。尽管 RAID 0+1 兼具 RAID 0 的高速度和 RAID 1 的高安全性的优点，但它至少需要 4 个磁盘，成本较高，而且容量利用率也只有 50%，普通用户是无法承受的。目前多见于既要求高性能又要求安全性的视频服务器系统中。

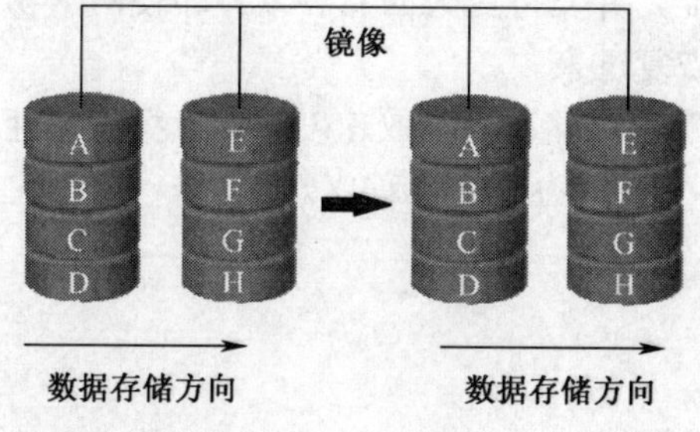

图 15-41　RAID 10 存储原理

11. RAID 30

RAID 30 也被称为“专用奇偶位阵列条带”。它具有 RAID 0 和 RAID 3 的特性，由两组 RAID 3 的磁盘（每组 3 个磁盘）组成阵列，使用专用奇偶位，而这两组磁盘再组成一个 RAID 0 的阵列，实现跨磁盘抽取数据，如图 15-42 所示。

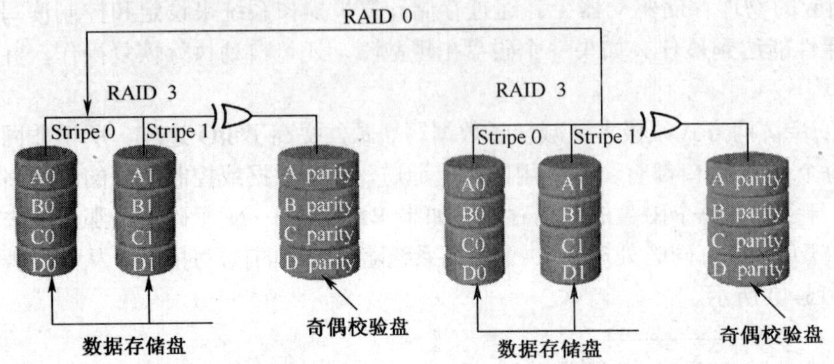

图 15-42　RAID 30 存储原理

RAID 30 提供容错能力，并支持更大的卷容量。像 RAID 10 一样，RAID 30 也提供高可靠性，因为即使有两个物理磁盘驱动器失效（每个阵列中一个），数据仍然可用。

RAID 30 至少要有 6 个磁盘，配置成本较高，磁盘利用率也较低，所以在实际应用中也比较少见。它最适合非交互的应用程序，如视频流、图形和图像处理等。这些应用程序顺序处理大型文件，而且要求高可用性和高速度。

12. RAID 50

RAID 50 被称为“分布奇偶位阵列条带”，与 RAID 30 类似，但它同时具有 RAID 5 和 RAID 0 的特性。它由两组 RAID 5 磁盘组成（每组最少 3 个磁盘），每一组都使用了分布式奇偶位，而两组 RAID 5 磁盘再组建成 RAID 0 模式，实现跨磁盘抽取数据，如图 15-43 所示。

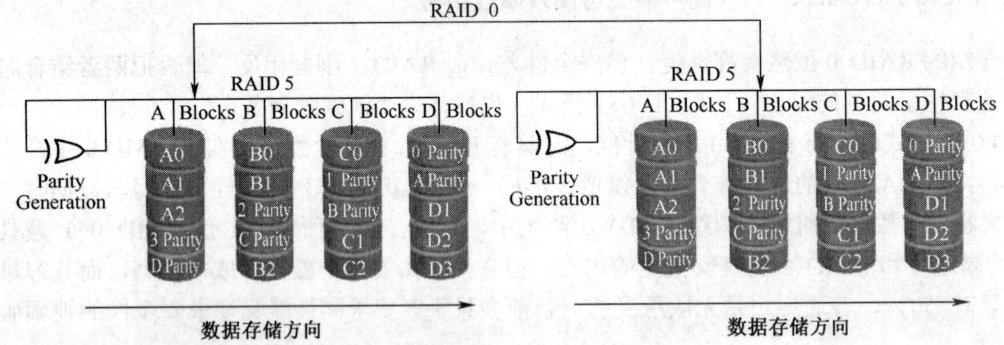

图 15-43　RAID 50 存储原理

RAID 50 提供可靠的数据存储功能和优秀的整体性能，并支持更大的卷容量。即使两个物理磁盘发生故障（每个阵列中一个），数据也可以顺利地恢复过来。

RAID 50 最少需要 6 个驱动器。它最适合需要高可靠性存储、高读取速度、高数据传输性能的应用。这些应用包括多事务处理和有许多用户存取小文件的办公应用程序。

15.5.2　主要 RAID 模式比较

上节所介绍的各种 RAID 模式的综合对比如表 15-1 所示。

表 15-1　RAID 模式比较

项目 \ RAID 模式	RAID 0	RAID 1	RAID 2	RAID 3	RAID 4	RAID 5	RAID 6	RAID 7	RAID 10	RAID 30	RAID 50
名称	条带阵列	镜像阵列	带海明码校验磁盘阵列	专用校验条带阵列	专用校验独立磁盘结构	分散校验条带阵列	分布存储的奇偶校验码独立磁盘结构	优化的高速数据传送磁盘结构	跨越镜像阵列	跨越专用校验阵列	跨越分散校验阵列
允许故障	否	是	是	是	是	是	是	是	是	是	是
冗余类型	无	副本	校验	校验	校验	校验	校验	校验	副本	校验	校验
热备用操作	不可	可以	可以	可以	可以	可以	可以	可以	可以	可以	可以
磁盘数量	2 块以上	2 块以上（偶数）	3 块以上	3 块以上	3 块以上	3 块以上	4 块	3 块以上	4 块以上	6 块以上	6 块以上
可用容量	最大	最小	较小	中间	中间	中间	较小	较大	较小	中间	中间
减少容量	无	50%	不定	一个磁盘	一个磁盘	一个磁盘	每个阵列中两个磁盘	每个阵列中一个磁盘	50%	每个阵列中一个磁盘	每个阵列中一个磁盘
读性能	高（盘的数量决定）	中间	大数据量高，小数据量低	高	高	高	较低	较高	中间	高	高
安全性	最差	最好	较好	好	好	好	好	较好	较好	较好	好
典型应用	无故障的迅速读写	允许故障的小文件、随机数据写入	大容量数据存储	允许故障的大文件、连续数据传输	允许故障的大文件、连续数据传输	允许故障的小文件、随机数据传输	要求数据安全性较高的应用	大容量复杂数据存储	允许故障高速度小文件、随机数据写入	允许故障高速度大文件、连续数据传输	允许故障高速度小文件、随机数据传输

第 16 章

SAN 网络存储

SAN 存储是当前应用最广，也是最具应用前景的网络存储技术。它是通过构建专门的数据存储网络来实现数据高速、稳定、可靠地存储。

在 SAN 存储技术的发展历程中，最开始采用的是基于光纤通道（FC）的 SAN 存储网络，称为 FC-SAN。这种方案的优点就是数据传输速率高、稳定可靠，因为采用的是高性能的光纤传输通道。但这种方案有一个非常致命的弱点，那就是成本太高，因为在这种 FC-SAN 方案中 SAN 存储网络与现有 LAN 网络的连接，以及 SAN 存储网络内部各设备间的连接都是通过光纤进行的，包括服务器硬盘都可能是采用 FC 接口的。另外，这种基于 FC 协议的 SAN 方案与现有基于 IP 协议的 LAN 网络之间运行在不同通道，所以部署起来也比较麻烦。但在没有出现后面的各种 IP-SAN 存储方案之前，FC-SAN 几乎成了 SAN 的代名词。当然这也制约了当时 SAN 技术的应用，更不要说普及了。

随着像 iSCSI、FCIP 等这样的基于 IP 通道的存储协议出现后，原来的 FC-SAN 就面临了巨大挑战，同时也使得 SAN 存储方案得到了拓展和更好地推广。这就是现在的各种 IP-SAN 存储方案。因为这种 SAN 存储网络与现有的 LAN 网络都是基于 IP 协议通道的，所以更加兼容，更加容易部署。本章将全面介绍 FC-SAN 和各种 IP-SAN 技术及应用。

教学（自学）课时安排

课时安排	本章老师共需安排 3 个授课课时。	
授课课时	主要内容	重点
1	①SAN 基本特性 ②光纤通道（FC）基础 ③FC 体系结构和标准 ④FC 的 3 种主要拓扑架构	①光纤通道（FC）基础 ②FC 体系结构和标准 ③FC 的 3 种主要拓扑架构
2	①光纤通道端口类型 ②FC-SAN 的主要设备 ③光纤集线器和交换机 ④IP 存储 ⑤iSCSI-SAN	①光纤通道端口类型 ②FC-SAN 的主要设备 ③IP 存储 ④iSCSI-SAN
3	①FCIP-SAN ②IFCP-SAN ③3 种 IP-SAN 存储的比较 ④FCoE-SAN	①FCIP-SAN ②IFCP-SAN ③3 种 IP-SAN 存储的比较 ④FCoE-SAN

16.1 SAN 基础

SAN（Storage Area Network，存储区域网络）是一个由存储设备和系统部件（包括用于管理存储的服务器、用于连接各存储设备的 HBA 卡和 SAN 交换机等）构成的网络。SAN 是关联存储设备和服务器的网络，与我们常见的以太网类似。以太网由服务器、以太网卡、以太网集线器/交换机和工作站组成；而 SAN 由服务器、HBA 卡、集线器/交换机和存储设备组成（目前已有 SAN 路由器，实现了 SAN 网络由“二层”向“三层”扩展）。基本的网络结构如图 16-1 所示。

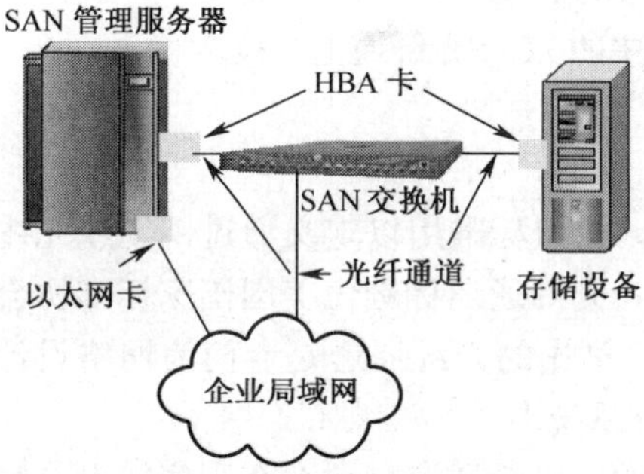

图 16-1　SAN 网络结构

在 SAN 网络中，所有与数据存储有关的通信都在一个与应用网络隔离的单独的网络上完成，用来集中和共享存储资源。SAN 不但提供了对数据设备的高性能连接，提高了数据备份速度，还增加了对存储系统的冗余连接，提供了对高可用群集系统的支持。

16.1.1 SAN 的基本特性

SAN 一开始是被定义为互连存储设备和服务器的专用光纤通道（Fibre Channel，FC）网络，所以最初的 SAN 实际上就是基于光纤通道的 FC-SAN。它在这些设备之间提供端到端的通信，并允许多台服务器独立地访问同一个存储设备。但 SAN 与 DAS、NAS 的数据传输方式是完全不同的，DAS 和 NAS 是以文件（File）的方式进行传输的，就像我们在自己的主机中打开文件一样，而 SAN 是以数据块（Block）的方式进行传输的。

光纤通道是一个连接异构系统和外设的可扩展数据通道，它支持几乎不限量的设备互相连接，并允许基于不同协议的传输操作同时进行。光纤通道支持的速度最大可以达到 10Gb/s（目前 SCSI 连接的最高速率仅为 320MB/s，相当于 2.56Gb/s），系统与外设之间的距离最大达到 10km，而 SCSI 只支持 25m。

与局域网非常类似，SAN 提高了计算机存储资源的可扩展性和可靠性，使实施的成本更低，管理更轻松。与存储子系统直接连接服务器（DAS）不同，专用存储网络介于服务器与存储子系统之间。

SAN 被视为迈向完全开放、联合的计算环境进程的第一步。通过 SAN 的存储设备网络，大量用户可以通过多个冗余通道同时访问存储子系统。这种连接架构极大地减少了数据传输对 LAN 和主机资源的占用。SAN 存储设备包括网络连接设备、磁盘阵列、磁带库或光盘库。在 SAN 中，存储子系统不专属于特定的服务器，区别于它们在直连存储（DAS）架构中的连接方式。

为了充分地利用 SAN，客户必须了解如何管理 SAN，即如何精确计量和利用 SAN 的性能，这就是存储区域管理（SAM）过程。随着企业向以网络为中心的模式转变，为用户提供高级别的自我管理、自我调优和自我修复功能，SAM 将成为未来的焦点。其基本特点如下：

- 自我管理环境功能自动监控和管理存储容量及数据，并做出有关何时分配存储容量、报告/升级事件等决定。
- 自我调优环境功能能够满足不同服务级别的要求，尤其是在性能方面。
- 自我修复环境功能能够主动地避免宕机，不必因设备故障而重新进行磁带装载。

16.1.2 光纤通道（FC）基础

最初的 SAN 就是基于光纤通道的 FC-SAN，所以在当初可以说 FC-SAN 是 SAN 的代名词。尽管有人声称 FC-SAN 将面临死亡，将很快被淘汰，但事实证明，FC-SAN 并不会像这些人士所认为的那样，笔者认为发出如此呼声的多数还是出于产品市场的竞争。至少在近 5 年内，FC-SAN 还将与 IP-SAN 共存。为此，这里先专门介绍 FC-SAN 中的 FC（光纤通道）技术。

1. FC 概述

光纤通道（Fibre Channel）其实是对一组标准的称呼，这组标准用以定义通过铜缆或光缆进行串行通信从而将网络上的各节点相连接所采用的机制。光纤通道标准由美国国家标准协会（ANSI）开发，为服务器与存储设备之间提供高速连接。早先的光纤通道是专门为网络设计的，随着数据存储在带宽上的需求提高，才逐渐应用到存储系统上。

光纤通道是为像服务器这样的多硬盘系统环境而设计的。光纤通道配置存在于底板上。底板是一个承载物，承载有印刷电路板（PCB）、多硬盘插座和光纤通道主机总线适配器（HBA）。底板可直接连接至硬盘（不用电缆），并且为硬盘提供电源和控制系统内部所有硬盘上数据的输入和输出。

光纤通道可以采用铜轴电缆和光纤作为连接设备，大多采用光纤媒介，而传统的铜缆（如双绞线）等则可以用于小规模的网络连接部署。但采用铜缆的光纤通道有着铜媒介一样的老毛病，如传输距离短、易受电磁干扰（EMI）影响等。采用光缆作为传输介质时，其传输速率目前最高可以达到 8 Gb/s，不久的将来可能会达到 10 Gb/s，与以太网一样。

FC 尤其适用于服务器共享存储设备的连接以及存储控制器和驱动器之间的内部连接。光纤通道要比 SCSI 快 3 倍，已经开始代替 SCSI 在服务器和集群存储设备之间充当传输接口。光纤通道更加灵活，如果用光纤作为传输介质的话，设备间距可远至 10km。近距离传输不需要光纤，因为使用同轴电缆和普通双绞线，光纤通道也可以工作。

光纤通道接口可以被简单地看做是传输支持命令的装置。它并不知道被传输信息的内容和含义，只是简单地编制 SCSI 命令。例如，把信息包传输到适当的设备，并提供纠错以确保信息到达其目的地的准确性。与网络不同的是，光纤通道是独立的拓扑架构，没有编码方法、时钟速度、数据封装、域名格式和帧长度限制。光纤通道可以适当减轻系统生产厂商维护当前不同的通道及网络的负担，这是因为它提供了一个有关网络、存储及数据转换的标准。

2. FC 相对 SCSI 通道的优势

与传统的 SCSI 通道相比，FC 所具有的优势主要体现在以下几个方面：

（1）高速。

FC 具有很高的吞吐量（超过 100 MB/s），其吞吐量是目前使用最普遍的 Ultra 320 SCSI 通道的 3 倍以上，是 Ultra 160 SCSI 通道的 6 倍，相当于现在 10 G 位以太网的速率。至于双环结构，其吞吐量可达 200 MB/s。额外的双环提供了一个集合的带宽，它能支持一个引人注目的高吞吐量，提供数据存储管理并使数据流被适当地编址。

（2）低成本。

FC 不同于 SCSI 通道，它无需终端处理，而 SCSI 通道需要其每一个节点拥有对终端管理的处理功能。在光纤通道中，这些管理功能被一些存在于光纤结构中的特殊服务器处理，并不是必须由每一个节点来处理。另外，光纤通道可以使用现有的系统和软件，只需添加一个光纤通道 HBA。虽然当前 HBA 驱动程序使用 SCSI 命令，但将来 HBA 驱动程序的增强功能会支持为光纤通道指定的其他协议，包括 IP。使用光纤通道软件还可以得到其他光纤通道增强功能。所以总的来说，光纤通道还是一个简单而低成本的系统。

（3）点对点连接。

FC 建立于设备间点对点的连接之上，每一个光纤通道端口使用一对光纤，一根从端口传出数据，另一根则接收数据，为每一个连接提供足够的带宽。它采用线路转换建立多重连接，从而解决了当前网络连接的拥挤问题。由于传输与控制协议被隔离开，一个混合的拓扑架构（点对点连接、环路、交叉点转换）得以实现，而 SCSI 通道属于并行连接。

（4）分布式设备连接。

通过 FC，计算机和存储系统可以更高效地分离和分布，而不需要添加额外的支持服务器。当支持分布式配置时，光纤通道提高了灾难恢复和规划能力，更快的速度和更长的传输距离使其可以应用于远程备份系统。相比之下，SCSI 则需要额外的服务器。

（5）电缆连接容易，而且更远。

由于 FC 电缆比 SCSI 电缆更小且更轻便，因此它可以铺设到墙壁的管道中。尽管光缆比较贵，但是它传递数据的距离比铜缆远，并且不易受到电磁干扰。光缆还减少了电磁辐射，更符合 FCC 规范。

（6）寻址能力更强。

与 SCSI 相比，FC 寻址有以下优点：

- 提供了更多数目的地址：1600 万（光纤网络）或 127（FC 环路）对，而 SCSI 最多为 16 个。
- FC 通道可检测地址冲突，在发生冲突时可以自动分配新地址。
- 可通过 WWN（全球编号）跟踪设备或节点。

在常规操作期间，设备的地址是不变的。只有在设备通信中断时，FC 地址才改变。因此，在常规操作时，系统软件不需要花费额外的时间来跟踪设备地址。

所有 FC 设备都使用它们的 WWN 来标识。系统软件使用 WWN 来定位设备，而不管这些设备与系统连接的方式如何，因此每次重新配置系统时无需重新配置该软件。另外，追踪设备的能力可以避免由于意外访问系统中的错误设备而造成的数据丢失或损坏。这对于存储区域网络（SAN）系统的开发是一个非常重要的条件。

3. FC 的主要不足

在 FC 技术具有传输性能上的优势的同时，由于技术本身的原因，在进行 SAN 配置时还存在以下主要不足之处：

（1）构建、维护的成本高、时间长。

因为采用的是全新的 FC 协议，需要构建一个与企业原有网络完全不同的网络。企业原有网络是构建在 IP 基础上的，因而构建 SAN 时就意味着构建一个与原有网络完全不同的网络，增加了构建成本，所需的时间更长，也缺乏相应训练有素的专业人员。

（2）互操作性不强。

尽管各厂商的 FC-SAN 都采用光纤通道协议，但协议的具体实现在各个厂商间有所不同，因而各个厂商的设备之间的互操作性问题不能很好地解决。

（3）缺乏统一标准。

到目前为止，在 FC-SAN 方面还没有一个统一的管理标准，各个厂商有自己的管理工具，造成管理上的困难。

（4）地理位置的限制。

FC 光纤通道理论上最长的传输距离为 10 km 左右，虽然较本地连接中的传统以太网扩展了许多，但在互联网存储应用中仍会形成信息孤岛。

16.2 FC 体系结构和标准

在对 FC 这种新型的通道技术有了基本的了解后，下面再来深入了解这一通道技术的体系结构，只有这样才能更全面地理解它的工作原理及优越性。

16.2.1 FC 体系结构

FC 技术规范共有 5 层：FC-0～FC-4，如图 16-2 所示。FC 的这种结构定义了多层功能级，但是所分的层不能直接映射到 OSI 参考模型的层上。FC 的 5 层被分别定义为：物理媒介和传输速率、编码方式、帧协议和流控制、通用服务、上级协议（ULP）接口。

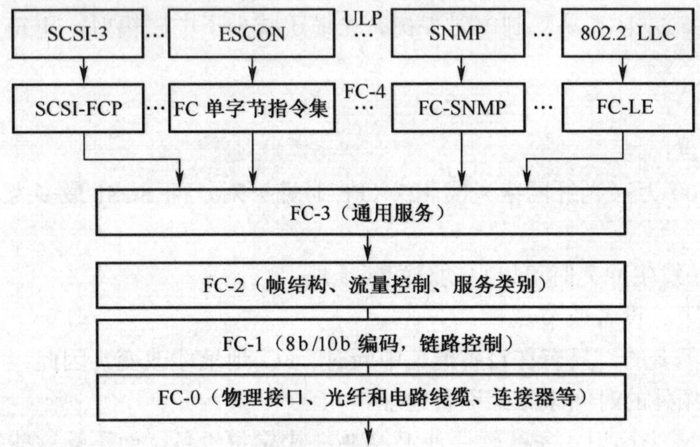

图 16-2 光纤通道体系结构模式

1．FC-0

FC-0 是物理层底层标准。FC-0 层定义了连接的物理端口特性，包括介质和连接器（驱动器、接收机、发送机等）的物理特性、电气特性和光特性、传输速率以及其他的一些连接端口特性。物理介质有光纤、双绞线和同轴电缆。带有 ECL 的铜芯同轴电缆用于高速、短距离传输；双绞线用于 25 MB/s 数据传输，距离可达 50m，带有激光和 LED 传导的光纤用于长距离的传输，光纤通道的数据误码率低于 10^{-12}，它具有严格的抖动容许规定和保证串行 I/O 电路能够进行正常管理的其他一些电气条件。

2．FC-1（链路控制）

FC-1 根据 ANSIX3T11 标准，规定了 8b/10b 的编码/解码方式和传输协议，包括串行编码、解码规则、特殊字符和错误控制。传输编码必须是直流平衡以符合接收单元的电气要求。特殊字符确保在串行比特流中出现的是短字符长度和一定的跳变信号，以便时钟恢复。8b/10b 码在现实中的应用是稳定和简单的。

3. FC-2（帧协议）

FC-2 层定义了传输机制，包括帧定位、帧头内容、使用规则、流量控制等。光纤通道数据帧长度可变，可扩展地址。用于传输数据的光纤通道数据帧长度最大达 2K，因此非常适用于大容量数据的传输。帧头内容包括控制信息、源地址、目的地址、传输序列标识和交换设备等。64 字节可选帧头用于其他类型网络在光纤通道上传输时的协议映射。光纤通道依赖数据帧头的内容来引发操作，如把到达的数据发送到一个正确的缓冲区里。

4. FC-3（通用服务）

FC-3 提供具有高级特性的通用服务，即端口间的结构协议和流动控制。它定义了 3 种服务：条块化（Striping）、搜索组（Hunt Group）和多路播放（Broadcast Multicast）。条块化的目的是为了利用多个端口在多个连接上并行传输，这样传输带宽能扩展到相应的倍数。搜索组用于多个端口去响应一个相同名字地址的情况，它通过降低到达“占线”的端口的概率来提高效率。多路播放用于将一个信息传递到多个目的地址。

5. FC-4（ULP 映射）

它是光纤通道标准中定义的最高等级，固定了光纤通道的底层与高层协议（ULP）之间的映射关系以及与现行标准的应用接口。这里的现行标准包括现有的所有通道标准和网络协议，如 SCSI 接口和 IP、ATM、HIPPI 等。

FC 具有如下特点：①提供 266Mb/s～4Gb/s 的传输带宽；②支持超过 10 公里的传输距离；③高带宽对距离不敏感；④适用范围广，从点到点的小系统到超大型系统都能适用；⑤支持上面提到的多种高速通信协议，同时还由于 FC 将网络和设备的通信协议与传输物理介质隔离开，这样具备多种协议在同一个物理连接上同时传送的特性，目前视频服务器中多采用 IP 协议；⑥支持各类传输介质。

16.2.2 FC 标准

与 FC 结构对应，FC 的每一层都有相应的标准支持。它们是由光纤通道物理和信号标准、美国国家标准协会 ANSI X3.230-1994 文件和 ISO 标准 14165-1 文件进行描述的。主要的光纤通道（FC）标准如下：

- FC-AL（Fibre Channel Arbitrated Loop，光纤通道仲裁环）：它定义了光纤通道架构所需的必要条件，此架构是建立在廉价、分布式、易扩展的拓扑架构上的。仲裁环路（Arbitrated Loop）是一个共享的 100 Mb/s（将来还会提高）光纤通道传输链路，支持 126 个设备和 1 个到架构中的接入端口。
- FC-SW（FC Switch Fabric and Switch Control Requirements，光纤通道交换架构和交换控制请求）：它定义了构建基于交换式拓扑架构的光纤交换网络所需的必要条件。
- FC-SW-2（Fibre Channel-Switch Fabric-2，第二代光纤通道交换）：它定义了光纤通道第二代交换网络规范，具体包括：最短路径优先、和 FC-GS-2 中公共服务同等的一系列服务、由 FC-PH-x 定义的流控制模型、多点传输路径选择，以及其他的一些在使用第一代 FC-SW 规范中得到的经验。其关键是实现了对现有 FC-SW 的兼容，但某些基于 FC-SW-2 规范的功能还是无法在只满足 FC-SW 规范的交换机上实现。
- FC-PH（Fibre Channel Physical and Signaling Interface，光纤通道物理层和信号传输接口）：它定义了和计算机直连时的 FC-0、FC-1 和 FC-2 级别的机械、光学、信号协议的详细规范，支持铜缆和光纤两种介质，传输速率为 100 Mb/s，最大传输距离为

1km。这种接口支持 IPI、SCSI 和 HIPPI 等协议。

- FC-PH-2（Fibre Channel 2nd Generation Physical Interface，第二代光纤通道物理接口）：它是 FC-PH 的增强版，加入了对广播、多点传输、条带、别名地址、带宽保证、搜索组和延迟服务的支持。
- FC-PH-3（Fibre Channel 3rd Generation Physical Interface，第三代光纤通道物理接口）：它定义了光纤通道的第三代物理接口。
- FC-GS（FC Generic Services，光纤通道通用服务）：它为光纤通道架构中的管理和控制定义了一系列基础的服务。
- FC-GS-2（Fibre Channel 2nd Generation Generic Services，光纤通道第二代通用服务）：相对 FC-GS 标准来说，加强了对光纤通道架构的管理和控制，加入了对分布式目录服务、安全服务、管理服务的支持。
- FC-FLA（Fibre Channel Fabric Loop Attachment，光纤通道光纤环附加）：它是现有的光纤环和光纤交换协议的子集，为光纤环和光纤交换混合构建的网络提供了高效的创建、控制、管理支持。
- FC-FG（FC Fabric Generic Requirements，光纤通道光纤通用请求）：它为光纤通道中的交换结构（Fabric）进行了定义，以完成一整体系统中多重光纤接口的互连，并对点对点直连、仲裁环、分布式交换网中的网络初始化、地址分配和错误检测等进行了定义。
- FC-FS（Fibre Channel Framing and Signaling，光纤通道架构和信号传输）：它说明了 FC 帧格式和光纤通道的基本控制特性。
- SCSI-FCP（Small Computer System Interface-Fibre Channel Protocol，小型计算机系统接口光纤通道协议）：它定义使用光纤通道接口的 SCSI-3 指令协议的操作。

16.3 FC 的 3 种主要拓扑架构

FC 支持 3 种设备连接架构：点对点、仲裁环和交换式。

16.3.1 点对点架构

点对点（Point-to-Point）架构是一个简单的 100 MB/s 带宽的连接方式（如图 16-3 所示），通常用于光纤卡和存储系统之间的直接连接。点对点拓扑架构是最简单的一种拓扑架构，允许两节点之间直接通信。这种架构常用于将一台存储设备直接连接到一台服务器的环境。点对点的连接方式虽然架构简单，且能提供高速传输能力，但在扩充性方面受到限制。如果想在点对点的环境中新增任何存储设备，只能在服务器上安装多个适配卡，并分别与每台机器建立连接。

点对点连接架构是光纤通道设备“N”端口之间的专用连接，所有链路带宽都分派给两个节点之间的通信，是适用于小规模存储设备的方案，不具备共享功能，其简易连接架构如图 16-4 所示。它是最基本、最简单的架构，两个 N_Port 直接对接，一个 N_Port 的传送端（TX）接到另一个 N_Port 的接收端（RX），反之，其接收端则连接到他方的传送端。采用这种架构，基本上只能建立只有两个装置的系统，当然，这两个装置也拥有全部的带宽（采用 100 MB/s 或 200 MB/s 双向传输的话）。

在典型的点对点连接配置中会包括一个发送器（TX 端口）和一个接收器（RX 端口），两者之间的最大距离可达 500m（不使用附加设备）。在通常情况下，光纤卡和存储设备的端口会采用铜线连接或短波光信号连接的接口。采用铜线连接端口的连接方式时，最远连接距离是30m；采用短波光信号的连接方式时，最远连接距离是 500m。采用点对点连接方式，用户可以进行很简单的配置。

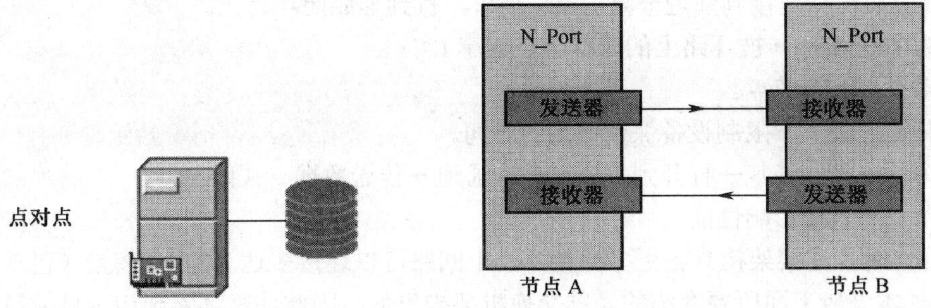

图 16-3　点对点连接　　图 16-4　点对点连接简易架构图

【注意】N_Port：每一个光纤通道的装置都被称为 Node，每一个 Node 都具备一个（或以上的）连接端口（Port（s）），Node 中的每个连接端口被称为 N_Port，也就是 Node Port。

就实际的应用来说，系统能够做全双工（Full Duplex）传输的机会不是很大。例如，服务器在某一时间点上，不是从存储系统读取数据，就是把数据写入存储系统中，能够一边读同时又一边写的机会实在太少了。而且就目前最标准的 33 MHz、32 位 PCI 架构的服务器而言，其PCI 总线的带宽也不过 132 MB/s，要消化 200 MB/s 的数据传输率实在不太实际。所以，点对点的连接架构虽然也算是 SAN 的一种，但是实质上属于直接连接存储系统 DAS，只不过把 SCSI或 IDE 换成了 FC 而已。

点对点连接的架构仅适合在存储系统建置初期，在容量需求还不是很大的时候做一个保守的投资，同时又保留将来系统的扩充能力（Scalability）。但是在选择主机适配卡（HBA）以及外围设备的时候，就必须特别注意其规格，确定其所提供的驱动程序以及固件（Firmware，Microcode）能够支持未来扩充至 Arbitrated Loop 以及 Switched Fabric 的能力，以免造成投资的浪费，甚至存储系统必须整个重新设置的局面。

16.3.2　光纤通道仲裁环架构

光纤通道环（FC Arbitrated Loop，FC-AL）拓扑架构（如图 16-5 所示）允许用户在一个环路中配置 126 个设备。环路中的任何设备以仲裁的方式进行设备间的通信。当环路中的两个设备之间通信时，其他设备无法进行通信。在一个由单一环路连接而成的光纤通道仲裁环路中，如果某个节点或设备失效，将会引起整个环路的失效。其简易网络架构如图 16-6 所示。

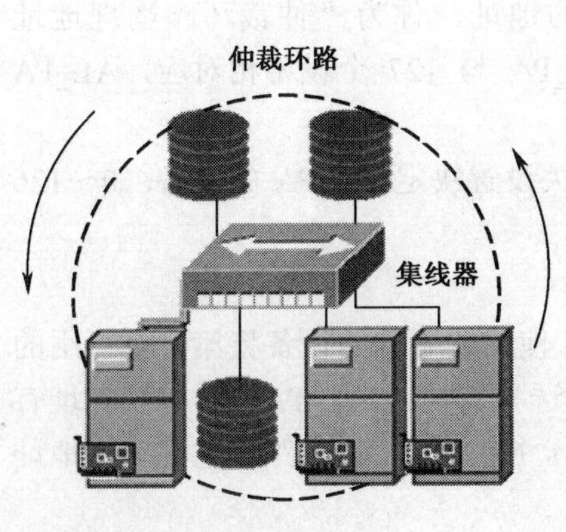

图 16-5　仲裁环路连接

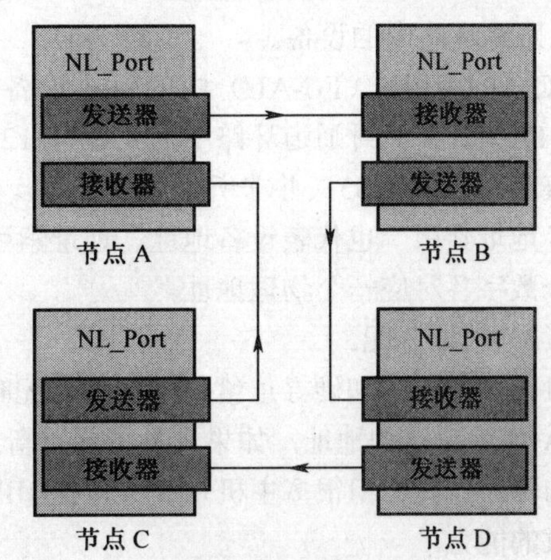

图 16-6　仲裁环路连接简易架构图

1. FC-AL 架构特点

FC-AL 架构连接方式具有以下几方面的特点：

- 每个节点的 TX 端口连接到邻近节点的 RX 端口，直到形成闭环为止。
- 最大带宽为 100 MB/s（被环路上的所有节点共享）。
- 环路上最多有 126 个节点。
- 不是令牌传输方案，不限制设备保留控制的时间。
- 操作顺序为环路控制仲裁→打开到目标设备的通道→传送数据→关闭。
- 环路上的节点数直接影响性能。

仲裁环路架构比点对点连接架构具备更多弹性，一个回路可以连接多达 127 个装置（包括自己）；同时其单位成本又较下面所要介绍的光纤交换机架构更低，因此仲裁环路架构是目前最被广泛应用的架构。

AL 实体架构就像既有的 FDDI（光纤分布式数据接口）及 Token Ring（令牌环网）一样，第一个 NL_Port 的传送端连接到第二个 NL_Port 的接收端，第二个 NL_Port 的传送端再连接到下一个 NL_Port 的接收端，依此类推，一直到最后一个 NL_Port 的传送端连接到第一个 NL_Port 的接收端。如此，便形成一个封闭的回路。

【说明】仲裁环路中所使用的 NL_Port 端口定义如下：一个 N_Port 如果是连接到 Arbitrated Loop，则被称为 NL_Port，也就是 Node Loop Port 的意思。

在一个 AL 架构中，所有装置都共同分享整体带宽（100 MB/s）。因此回路架构越大（即装置总数越多），每个装置分享到的带宽也就相对越小。当然，在同一时间点上，并不是回路上的每一个装置都需要传输数据，因此，真正活跃节点（Active Nodes）的数目决定了整个回路的平均带宽。例如，拿两部服务器共同连接 40 部 JBOD 磁盘驱动器的系统来说，如果每个服务器的 HBA 都可以执行 8 个 Concurrent Threads（并发线程），则总共可能同时有 16 个活跃节点，所以每个节点可以分享的带宽就是约 6.6 MB/s，对于现在的 FC 磁盘驱动器具备超过 30 MB/s 的性能来说，算是相当委屈的。

2. 部署 FC-AL 所需注意的地方

在 FC 仲裁环路中需要注意以下几个方面：

（1）FC 环路中的设备地址。

所有 FC 设备都有一个全球唯一的标识符，称为全球名称（WWN），这些名称是由厂商指定并在 IEEE 注册的。光纤通道设备分为端口（连接点）和节点（数据传输的源和目的），设备的所有端口和节点都有用来验证 AL_PA 的唯一 WWN。用户无法配置 WWN，但可以使用 WWN 跟踪环路中的设备。

FC 仲裁环路（FC-AL）中的每个设备都有一个唯一的地址，称为“仲裁环路物理地址（AL_PA）”。在光纤通道环路中，允许有 127 个有效的 AL_PA 与 127 个设备相对应，AL_PA 的取值范围为 0～255（并非所有值都有效）。

“地址索引”也代表设备地址。地址索引用于由外部开关设置决定 AL_PA 的设备。0～126 的每个数字各对应一个物理地址。

（2）地址分配。

可使用软寻址和硬寻址给每个设备分配唯一的 AL_PA。使用软寻址的设备将第一个可用的 AL_PA 作为自己的地址，如果设备稍后重新启动，它可能会选择其他的 AL_PA。尽管软寻址有简单的环路设置，但很多主机系统（包括 HP-UX 和 Windows NT）都不具备跟踪这种动态地址的更改的能力。

硬寻址虽然解决了动态更改 AL_PA 的问题，但是在设置时需要用户更多的干预，用户必须为每个设备选择一个 AL_PA。当设备连接到环路后，它会尝试使用用户指定的 AL_PA。如果设备稍后重新启动，它会使用相同的 AL_PA。使用该寻址方式所获得的地址比较稳定。

（3）地址冲突。

当所有设备都使用软寻址时，不会发生地址冲突。但如果连接到同一个环路中的设备超过 127 个，这些额外的设备将进入非参与状态，在该状态中如果不重新配置环路，这些设备就不能进行通信。使用硬寻址时，如果多个设备试图使用同一个 AL_PA，则会发生地址冲突。这时，其中一个设备会使用指定的 AL_PA，其他设备根据硬件的不同情况，或者使用第一个可用的 AL_PA，或者进入非参与状态。

（4）仲裁环路集线器模式。

在多主机的情况下，环路连接一般通过光纤集线器来实现。环路连接中的每个设备都会映射一个地址，当有一个节点加入到环路中时，会产生一个 LIP（Loop Initialize Process）。通过 LIP，环路中的所有节点都将进入一种 open-init（开放的环路初始化）状态。在此状态下，它们的仲裁环路地址（AL_PA）会被重新分配。于是，每个节点会“步行”整个环路，标识同一环路中的其他节点，并建立映像。当环路中某个节点发生变化后，其他各节点必须以 LIP 的方式重新初始化。由于 LIP 的原因，当一个节点加入或从环路中移走时，环路会进入停止状态，以使相关节点的地址被重新分配。因此，采用简单的环路连接，不但使系统不安全，还不易管理。如果您的企业的关键任务对安全性和性能的要求很高的话，则不适合采用光纤通道集线器的连接方式。不过，这种可以让光纤通道设备互联的方案很经济。

【说明】用集线器连接的环路被看做是一个有别于仲裁环路的环路拓扑架构。实际上，仲裁环和集线器连接的环路在原理上是一样的。

仲裁环路集线器主要有以下几方面的特性：

- 闭环体系架构。
- 未向专用设备分配光纤通道地址。
- 无源，协议层以下由端口控制，不涉及集线器的环路。
- 大多数环路为小规模的 5～30 台设备的环路。
- 使用不会发生物理层中断的热插拔设备（将导致 LIP 环路插入）。

（5）仲裁环路设备状态。

设备状态从设备的角度报告光纤通道环路的状态。环路通畅状态表明光纤通道设备已获得一个 AL_PA，并做好了发送和接收数据的准备。环路断开状态表明设备未与环路成功连接。光纤通道设备将不断重试以重新建立与环路的连接。用户可以使用光纤集线器、交换机或 HBA 的管理工具来帮助确定环路断开的原因。

如果出现环路断开状态，设备操作很可能已中断或终止。某些主机应用程序可能无法从这种状态中自动恢复。某些光纤集线器和交换机可通过添加或删除设备来防止中断。

16.3.3 交换式架构

交换式架构（Switch Frame）就是以交换机连接的网络中每个节点连接的路线如同织物上的经纬线，每个节点通过光纤通道交换机与其他节点进行一对一的通信，每对节点之间的连接带宽是 100 MB/s，其网络架构如图 16-7 所示。从理论上讲，交换式光纤网络中可以容纳 1550 万个节点。交换式架构的简易连接架构如图 16-8 所示。

交换拓扑架构的主要特性如下：

- 每个端口拥有 100/200 MB/s 的带宽。
- 每个端口的成本非常高（通常为 1000～2000 美元）。
- 添加新设备可以增加总的带宽。
- 高达 1600 多万可能的地址。

● 支持分区功能。

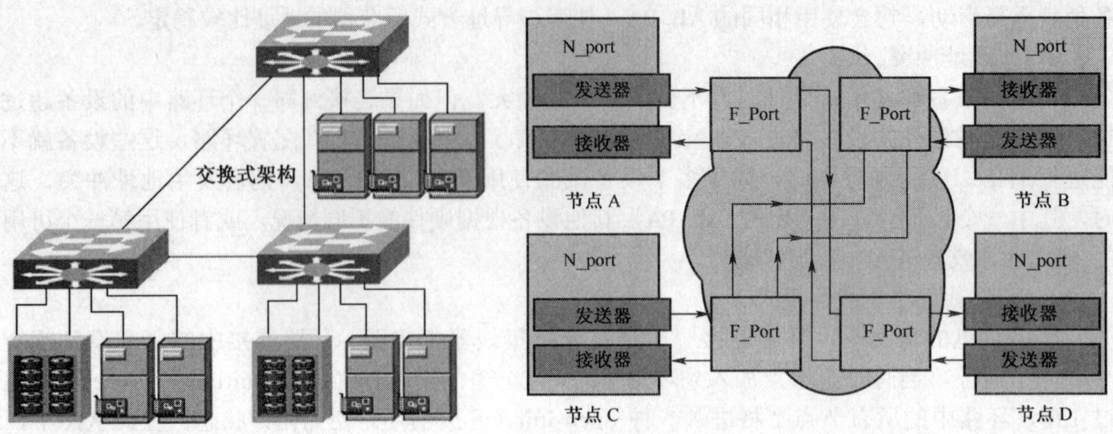

图 16-7 FC 交换式架构

图 16-8 交换式架构的简易连接架构图

交换式架构是利用光纤通道交换机为主干建成的交织网络系统。交换机中的每一个 P 端口都拥有独立的带宽。光纤最重要的特点就是能够让多个传输同时进行，整个光纤的有效带宽就是可同时建立的链接（Links）带宽的总和。例如，一个 110 端口的交换机最多可支持 8 个同时联机，其总带宽可达 800 MB/s（或 1.6 Gb/s 全双工）。

为了有效提升光纤交换式架构的性能，光纤通道交换机一般都是应用 Cut-Through 交换机制。Cut-Through 技术，是在信息帧（Frame）送进 Switch 的时候，先判别其目的地地址，随即便将其传送到目的地，而不是等到整个信息帧都接收完再进行判别。如此，可在最短的延迟时间内将 Frame 转送出去。

光纤交换式架构和仲裁环路的区别，除了环路将带宽分享，而光纤是带宽加总之外，另一个显著的差别就是可寻址的数目。在仲裁环路中，最多只能有 127 个装置，但是在交换式架构中，每个 N_Port 都被指定一个 24 位的地址，因此理论上一个交换式架构可支持多达 1600 万个 N_Ports。

FC-SW 标准的寻址模式把 24 位的地址分为 3 个部分：最高的 8 位作为 Domain Address（域地址），中间的 8 位作为 Area Address（区域地址），最低的 8 位作为 Port Address（端口地址）。由于域地址中有许多是保留的，实际可用的数目为 236 个，因此一个 Fabric 中最多可以有 236 个交换机连接在一起；而区域地址用来区别群组的 F_Ports（Fabric Ports）或是个别连接回路的 FL_Port（Fabric Loop Port）；端口地址则被指派到最终的 N_Ports 或 NL_Ports。区域地址和端口地址都各有 256 个，因此整个交换光纤网络可以连接 236×256×256=15466496 个端口。

上述的寻址模式，最重要的目的是在多重交换机的光纤交换架构系统中，让路由机制只需判断一个字节的域地址，便可以知道该把帧送往哪个交换机，而不必判别完整的 3 个字节地址，这样大大提升了路由效率。

在拥有多重交换机，复杂度高的 Fabric 系统中，重要的课题是如何实现 Inter-Switch Link 的容错功能。解决的方法一般是采用交错连接，也就是每个交换机用两个端口分别和两个不同的交换机连接，Fabric 中所有的交换机都互相交错连接。如此，任何一条交换机－交换机的连接断掉了，都有另外一个替代路径可用。

Fabric 的交换机，除具备基本的新增、移除及动态寻址等功能之外，为了有效地支持大型存储系统网络，还支持许多更进一步的功能，如 Simple Name Server、State Change Notification 和 Fabric Zoning 等。

16.4 光纤通道设备

了解了光纤通道的 3 种主要拓扑架构后，再来了解一些主要的光纤通道设备，这在 FC-

SAN 中是必不可少的。先来了解 FC 设备的主要端口类型。

16.4.1 光纤通道端口类型

上面介绍了 SAN 网络连接的 3 种主要拓扑架构，从中可以知道，在不同的连接中所采用的端口并不一样。在点对点连接方式中，网络设备需要提供 N 型端口；而在光纤环路连接方式中，设备需要提供 NL 型端口；在交换连接方式中，网络设备需要提供 N 型端口，而光纤交换机则需要提供 F 型端口。在这几种连接方式的混合组合中，在一个光纤环路连接到另外一个交换式结构时，交换式结构总需要一个 FL 型端口；当两个交换式结构之间相互连接时，需要两个交换结构都分别提供一个 E 型端口。因此，在光纤连接的网络存储结构中，一共包括 N 型、NL 型、F 型、FL 型和 E 型这 5 种端口类型，如图 16-9 所示。

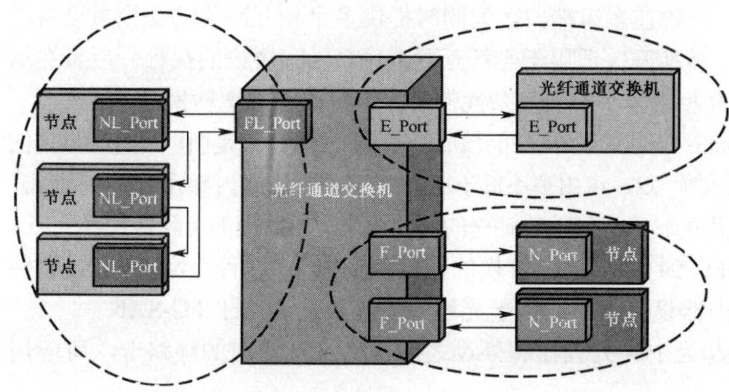

图 16-9 光纤通道连接端口类型

其中 N 型、NL 型端口是网络主机和网络存储设备需要具备的工作机制，F 型、FL 型和 E 型端口是光纤交换机需要提供的。如图 16-10 所示是 Dell 的一款服务器的光纤通道接口前面板。

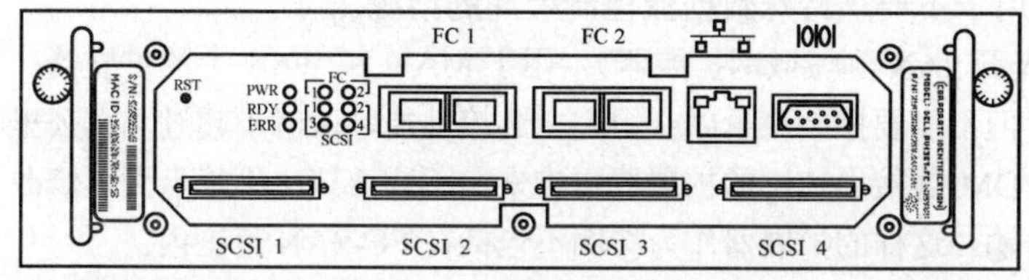

图 16-10 Dell PowerVault 136T 服务器 FC 前面板

从上面的分析中大家不难发现，在不同的工作环境和工作条件下，即使是相同的光纤卡或相同的光纤通道磁盘阵列，甚至是相同的光纤交换机，它们内部的工作原理可能是完全不同的。这就要求参与网络连接的各种连接设备必须要具有自动判断、识别以及能够自动动态调整工作原理的能力。目前，一些光纤交换机可以提供一种叫做 G 型端口的工作连接方式，而这个 G 就是代表 Global，中文含义就是“全”的意思，也就是说这个 G 端口可以提供 F 型、FL 型和 E 型 3 种类型的工作方式，而且这种 G 端口可以完全自动侦测工作环境，也能够根据实际的工作环境来自动动态调整其内部的工作机制，整个过程不需要人工行为来干预。目前这种 G 型端口已经成为业界的事实标准，得到了各个光纤交换机厂商和外围设备厂商的支持。这种统一标准的普及大大增强了光纤设备的易用性、可操作性和控制性，这为光纤通道技术的迅速推广和普及奠定了很好的基础。

16.4.2 FC-SAN 的主要设备

目前常用的 FC 存储多采用铜线传输，只有在进行远距离传输时才必须使用真正的光纤。

铜线最长可支持 30m 的传输距离，多模光纤（MMF）可以支持 2km 的传输距离，而单模光纤（SMF）可以支持长达 10km 的传输距离。

现在，基于 FC 的集线器、交换机、网桥、路由器和网关等产品陆续推出，为 SAN 不断向前发展推波助澜。FC-SAN 设备主要有以下几类：

- Access Hub（访问集线器）：一种可支持多个同时发生的 FC-AL 环路转换的集线器产品。在集线器中可提供具有集中管理、活动支持因素冗余和自动恢复功能的高端口数（等于或超过 32）转换产品。控制器是具有高可用性的单独单位，而如果要使转换器获得同等程度的可用性，就需要单独冗余。
- Managed Hub（管理集线器）：一种集线器设备，通过与软件共同发挥作用，采用网络管理技术提供拓扑和 Hub 状况，进行环路和 Hub 诊断。其带宽状况与 Access Hub 一致。
- FC Switch（光纤交换机）：一种在多组端口之间同时提供多个相互联络的交换机设备。转换开关要求有管理能力。转换开关适用于光纤互联或 FC-AL 协议的执行。后者在满足 FC-AL 协议设备要求，并相应减小安装复杂性的情况下提供全带宽转换开关。
- High-availability Core Switching Products（高性能核心交换机产品）：它是由以下特征界定的交换产品，即端口数等于或大于 32，可用率不低于 99.999%，至少有内部冗余和热固件升降级能力，具有可对高度可用的转换进行功能补充的结构模块、可共用的边际转换器。
- FC-SCSI Storage Router（FC 到 SCSI 通道转换的存储路由器）：一种为原有 SCSI 存储设备提供双向连通性的路由器设备，不适用于光纤通道连接，适用于 FC-SAN。
- HBA：计算机中与总线一起为中央处理器和外设之间提供连接通道的环路卡，可应用在不同的总线结构上。
- FC-SAN Extender（光纤 SAN 扩展器）：在 FC 结构中，用于连接其他网络中特定点到点的连接，以及相离的 FC-SAN 之间的端口对端口传输的设备。
- FC-SAN-LAN Extender（光纤 SAN 到以太局域网扩展器）：用于范围不超过 10km 的 LAN 之间的扩展，特别适用于不要求特殊数据流控制缓冲的情况。
- FC-SAN-MAN Extender（光纤 SAN 到城域网扩展器）：用于 MAN 和 WAN 上的扩展器，适用范围限于需要足够缓存但不需要控制流量以获得完全连接性能，范围不超过几百公里的 MAN 和 WAN 上。DWDM 连接上使用的扩展器可为采用不同协议、不能点到点修改功能的主机提供光学数据传输。这样的扩展器作为特例不包括在 FC-SAN 范围内。
- FC-SAN-WAN Extender（光纤 SAN 到广域网扩展器）：专为范围超过数百公里，并对可提供完整链接性能的数据流控制有特殊要求的 WAN 网络设计的扩展器。
- FC HDD（光纤通道磁盘）：利用了 FC-AL（光纤仲裁环）协议，可以连接到相应的 FC-AL 控制器上。
- FC Storage Subsystem（光纤存储子系统）：一种嵌入式存储系统，内部有嵌入式的采用 RAID 技术的 I/O 控制器，外接主机接口采用 FC 接口，内部可以采用 IDE、SCSI 和 FC-AL 的硬盘，用来提供海量数据存储能力。

16.4.3 光纤集线器和交换机

光纤集线器和交换机用于组建不同的光纤通道拓扑。光纤集线器用于组建仲裁环路，而交换机用于组建光纤网络。光纤集线器和交换机的外部物理电缆配置是相同的。它们都使用物理的星型配置，星型的每个分支末端有一个设备。光纤集线器和交换机在其端口与其他端口的内在连接方式上有所不同。光纤集线器连接比交换机连接更简单，所以设计和制作光纤集线器要相对便宜。而交换机可以提供更高的性能和连通性。

1．光纤集线器

光纤集线器上的光纤通道端口以串行方式连接，一个端口的输出与下一个端口的输入相连，形成一个环路，参见图 16-11。为了与环路建立连接，每个光纤通道设备都与光纤集线器上的单个端口相连。要组建更大的环路，可以把不同光纤集线器上的端口连接起来。因为一个光纤集线器上的所有端口在一个环路中都是相连的，所以当多个光纤集线器互连时，联合的光纤集线器上的所有端口依然可以形成一个环路。这种方案被称为级联光纤集线器。当级联的光纤集线器超过一定数目时，某些光纤集线器可能无法正常工作。在缺少良好的信号再生的情况下，通常任意两个设备之间的光纤集线器的数目最多为 3 个。如果有过多的光纤集线器级联，光纤通道内的信号就会严重衰减，以至无法保证传输的可靠性。

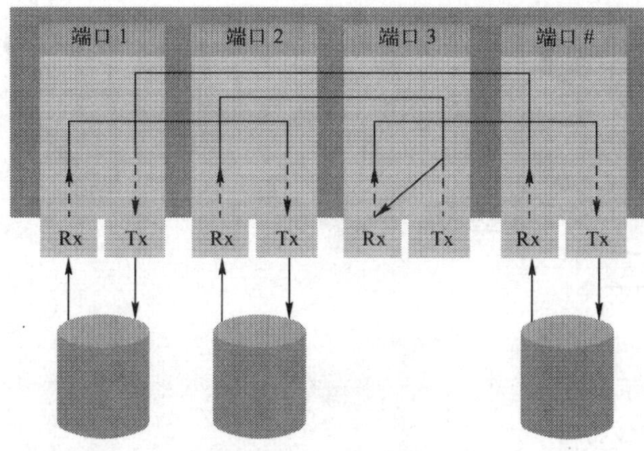

图 16-11　光纤集线器光纤通道端口的连接

除了通过端口物理地组建环路外，光纤集线器还可以隔离有故障的或已断开连接的端口。使用光纤集线器组建环路不要求所有端口都处于连接状态，也不要求打开所有设备。光纤集线器也可使用多种连接介质组建环路。例如，一所建筑物内部的所有光纤通道设备可以使用短光波连接，而在建筑物之间可以通过长光波连接。光纤集线器的不足之处是性能方面的局限性。在仲裁环路中，只有两个设备可以同时通信，因此，每个设备最大的平均吞吐量也仅仅是该环路所有带宽的一小部分。

2．光纤交换机

光纤集线器的某些优点，交换机也同样具备。交换机可通过多种连接介质将不同的设备连接起来。此外，交换机允许系统在一个或多个端口断开连接或关闭的情况下正常工作。与光纤集线器不同，交换机允许所有设备访问光纤通道系统的全部带宽，这一点与以太网上的集线器与交换机的区别一样。向一个设计合理的光纤网络中添加设备不会对光纤网络的性能产生任何影响。但是，交换机比光纤集线器更加复杂和昂贵。通过光纤集线器，一个端口连接到下一个端口形成一个环路。通过交换机，一个端口可以与其他交换机上的所有端口以一种逻辑的或物理的交叉方式连接，即交换机间的连接（ISL），如图 16-12 所示。因此，交换机上的所有端口都可以互相连接，而不需要任何中介端口。

交换机也可以再生数据信号，这样就避免了级联带来的问题。交换机的互连比光纤集线器更为复杂。对于光纤集线器而言，在任意两个光纤集线器之间只有一个连接。对于交换机，则需要多个连接以维持光纤网络的全部带宽。和光纤集线器类似，交换机可以有允许连接的“分区”。分区是一种管理方法，用于控制光纤集线器或交换机上的哪些端口可以和其他端口通信。分区操作由系统管理员和主机应用程序控制。磁带库在分区系统和非分区系统上执行的功能相同。

对于光纤集线器，分区功能可以将一个较大的环路分割为多个较小的独立环路。对于交换机，分区可以限制允许访问的端口。出于某些原因，系统管理员或应用程序要对访问进行限制，包括设置计算机系统的安全性、对计算机系统包含敏感数据的磁盘设置访问限制。分区还允许不同计算机系统共存于同一网络上。例如，连接到 Windows NT 计算机的 NT 设备可以和连接到 UNIX 计算机的 UNIX 设备共存。对于光纤网络，某些端口可以跨分区共享。作为公共端口，磁带库既可以对 NT 系统也可以对 UNIX 系统进行备份。但是，由于仲裁环路协议运行方式的本质要求，该功能不适用于环路。

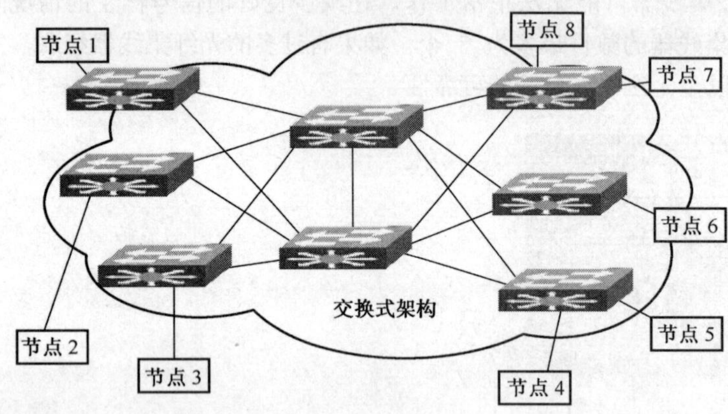

图 16-12　光纤交换机间的连接

光纤集线器或交换机的分区功能优势如下：

- 分区以外的干扰不会影响分区内的设备。
- 在对磁带驱动器进行备份时，即使打开或关闭系统内分区以外的其他端口，应用程序也不会中断与磁带驱动器的通信。
- 分区可以动态完成，允许应用程序只选择用于通信的设备，这样就提高了整个系统的可靠性。

【注意】并非所有系统和子系统都支持分区。此功能只能在为它设计的体系结构中使用。光纤通道磁带库无需附加的功能，就可以直接在分区环境中工作。

16.5　IP SAN 存储基础

由于 FC-SAN 的高昂价格和自身的种种不足，使得 SAN 技术并不能得到真正意义上的广泛应用。为了提高 SAN 的普及度，充分利用 SAN 本身所具有的架构优势，许多存储和网络设备商开始考虑摒弃“陌生”的 FC，而在熟悉、廉价的 IP 网络上继续享受 SAN 架构所带来的存储性能优势。这就导致了 Storage over IP（简称 SoIP，即“IP 存储”）的诞生。

16.5.1　IP 存储概述

简单来讲，IP 存储就是使用 IP 协议而不是光纤通道协议把服务器与存储设备连接起来的技术。IP 存储是基于 IP 网络来实现数据块级存储的方式。除了已获通过的 iSCSI 标准，还有 FCIP、iFCP 等标准。而 iSCSI 发展最快，已经成了 IP 存储一个有力的代表。基于 iSCSI 的 SAN（iSCSI SAN）的目的就是要使用本地 iSCSI 导向器和 iSCSI 目标来建立 SAN。

为了在引发器和目标之间支持一个 iSCSI 会话，需要建立一个或多个 TCP 连接。TCP 连接确保 SCSI 命令、状态和 iSCSI 数据包所携带的数据单元（PDU）的顺序发送。PDU 封装了标准 SCSI

CDB（Command Descriptor Block，指令描述块）来传送命令或数据。在 iSCSI 边界，iSCSI 的 PDU 描述了一个新的信息结构，这与 FC 的 FCP（Fibre Channel Protocol）层是完全不同的。

因为每个主机和存储资源都支持以太网接口和 iSCSI 协议栈，因此，设备可以直接连接到以太网交换机或 IP 路由器上。在这方面，iSCSI 端节点只显示为另一个 IP 实体。通过标准 IP 的实现，到 IP 网络的直接连接将建立连接和维护连接完整性的责任交给了端设备，这和依靠 FC 的 Fabric 交换机或 iFCP（Internet Fibre Channel Protocol）网桥来监督设备的状态不同。因此，一个 iSCSI 端设备必须具有额外的逻辑来预先处理 SAN。

除了具备优先处理 SAN 的逻辑结构、支持 IP 协议传输，iSCSI 还规范允许 IP 层以下的功能层提供诸如 IPSec 数据加密功能。规范允许可选的数据和数据控制机制同步，它们可能位于 iSCSI 层以下。iSCSI 层的目的是确保 iSCSI 数据和命令的有序接收，并且在数据直接写入应用程序内存时调节丢失的数据报。如果没有这样一种机制，iSCSI 设备可能需要更大的缓冲区，还可能需要多个复制操作来保存数据，并且需要在将它们传给顶层应用程序以前进行数据序列的重新组织。

与光纤通道一样，IP 存储是可交换的。而且，与光纤通道不同的是，IP 网络是成熟的，不存在互操作性问题，而这正是 FC-SAN 最头痛的。IP 已经被 IT 业界广泛认可，有非常多的网络管理软件和服务产品可供使用。

在 IP 存储方案中数据的传输是在 IP 网络中块级进行的，使得服务器可以通过 IP 网络连接 SCSI 设备，并且像使用本地的设备一样，无需关心设备的地址或位置。整个存储网络连接则是以 IP 和以太网为骨干，是以廉价而成熟的 IP 和以太网技术替代了 FC-SAN 中的光纤通道（FC）技术。这样的存储方案就同时具有了成熟性和开放性，使企业在制定和实现安全的数据存储策略和方案时有了更大的选择空间。同时，IP 存储也消除了企业在设计传统 SAN 方案时所必须面对的产品兼容性和连接性方面的问题。因为它们所采用的是 IP 通信协议，而这一标准的设备和系统都是相互兼容的。基于 IP 存储技术的新型 SAN，兼具了 FC-SAN 的高性能和传统 NAS 的数据共享优势，为新的数据应用方式提供了更加先进的结构平台。

【注意】这里所说的 IP SAN 存储并不是指整个 SAN 存储系统都是采用 IP 通道的，而是指不同 SAN 之间的互联是采用 IP 通道进行的；各 SAN 内部仍是以 FC 通道协议进行数据通信，也就是说它并不是一个纯 IP 网络。

16.5.2　IP 存储的优势和面临的挑战

相对于 FC 的 FC-SAN 存储来说，基于 IP 协议的 IP-SAN 存储具有的优势主要体现在以下两个方面：

（1）构建、维护的成本低、时间短。因为采用目前广为应用，且比较成熟的 IP 技术，故构建简便，所需的时间短。另外可以充分利用目前在 IP 网络方面已有的大量设备、投资等，并且新购置的设备也不再需要价格昂贵的专门光纤通道设备，所以总体网络部署成本低了许多。还有，企业可以利用现有的网络管理人员，无需像 FC-SAN 那样需要另请或特别培训管理人员来维护，因而可以大大降低维护和管理费用。

（2）可随意存取。IP SAN 允许数据存储在企业网络的任何地方，可在任何地方存取，没有地理位置的限制，很方便地实现远程备份、镜像和灾难恢复等。

但是要注意，尽管 IP 存储标准早已建立且应用，但将其真正广泛应用到存储环境中还需要解决以下几个关键技术点：

- 如何在 IP 网络上传送块数据

FC 存储协议具有的特点是，高速、低延迟、短距离，计算机是所有外部设备的控制者，因而计算机和存储设备是主从关系，适合传送大块数据（Block Data）；从网络协议来看，IP 协议具有低速、高延迟、长距离的特点，适合传输大量的小块消息（Message）。

- TCP 负载空闲

由于 IP 协议无法确保提交到对方，而将 TCP 作为底层传输的 3 种 IP 存储协议则需要在拥挤的、远距离的 IP 空间中确保传输的可靠性。由于 IP 包可以打乱次序传送，因此 TCP 层需要重新修正次序，以提交到上一层的协议中（如 SCSI）。TCP 完成这一任务的典型操作是使用重调顺序缓冲器，将数据包的顺序完全整理为正确方式，完成这一操作后，TCP 层将数据发送到下一层。这些处理都需要消耗主机的 CPU 资源，同时增加事务处理的延时，事实上，与典型的 FC 或 SCSI 块传输相比，需要更多的 I/O 处理，一种称之为 TCP 负载空闲引擎 TCP Off-loading Engine（TOE）的设备可将主机的处理器负载降低，随着新技术的应用，希望 TOE 技术能最终解决这一问题。

- 存储性能

尽管 IP 存储产品可以高速运行，但 IP 存储令人向往的最大优势是 IP 的灵活性，而高速性能则排在第二位。如前所述，TOE 可以减少服务器的处理负载，但由于 TOE 设备较新，其硬件成本及复杂程度都比标准网卡更高。其广泛应用可能会由于性能价格比过低而受阻。像那些增强的 iHBA 都需要进一步改进，已达到光纤通道的技术水平。

- 存储安全性

企业网络中最重要的还是数据，相对局域网内部的服务器来说，SAN 中保存的数据才是企业的命根子。所以对于 SAN 中数据的安全应当格外重视。当存储设备通过 IP 架构进行远距离连接时，安全性变得愈加重要。生产厂家必须明确产品的安全级别，并确保其安全性。在 IP 存储产品广泛应用之前，这一问题是 IETF 亟待解决的。

尽管当各种 IP 存储标准得到批准时，明确要求 IP 存储协议的所有实施都必须包括可靠的安全性（实现加密数据完整性和保密性），但事实上，目前的 IP 存储协议仍无法从根本上保障 SAN 中的数据安全。

窃听是 IP 协议存在的安全漏洞，而这正是 IESG（IETF 的 Internet 工程指导小组）坚持加密能力的原因。还有一些厂商认为，依靠 IPSec 解决 IP 存储安全问题并没有抓住问题的关键。尽管 IPSec 可以保护在 IP 网络上传输的存储数据的安全，正如它保护 IP VPN 上传输的数据那样，但是它没有采取任何保护存储设备上的数据的措施。保护存储设备上的数据需要使用采用 3DES 或高级加密标准（AES）的加密芯片。

- 存储设备的互联性

基于 IP 存储的技术并没有被所有厂家共同使用，虽然这个协议的标准早已被 IETF 公布，但并不能保证厂家之间使用相同的协议或技术。为了保证这些产品能够相互配合得更好，必须保证厂家之间采用相同的协议，使各厂家产品具有良好的互联性。

16.6 iSCSI-SAN

以前我们知道 SCSI 控制卡可以连接多个设备，形成自己的网络。但它仅局限于与所附加的主机进行通信，不能在以太网上共享。由于 SCSI 接口设备的广泛使用，SCSI 的优势已得到了广泛的认同。于是就有厂商设想，是否可以通过 SCSI 协议组成网络，并且可以直接放在成熟的以太网上，作为网络节点互联共享。经过对原有 SCSI 协议的改进，就推出了 iSCSI 这样一个全新的协议。它就可以实现以上愿望。

基于 iSCSI 协议的 IP-SAN 是把用户的请求转换成 SCSI 代码，并将数据封装进 IP 包内在以太网内进行传输。为了连接地理位置分散的 SAN，FCIP 协议（本章后面将要介绍）只能用于光纤通道技术的连接，而 iSCSI 可在现有以太网上运行。

16.6.1 iSCSI 协议基础

iSCSI-SAN 方案由 Cisco 和 IBM 两家发起，由 Adaptec、Cisco、HP、IBM 和 Quantum 等公司共同倡导。它提供基于 TCP 传输，将数据驻留于 SCSI 设备的方法。iSCSI 标准草案在 2001 年推出，并经过多次论证和修改，于 2002 年提交 IETF，在 2003 年 2 月，iSCSI 标准正式定稿发布。

iSCSI 技术重要的贡献在于其对传统技术的继承和发展上：一方面，SCSI 技术是被磁盘、磁带等设备广泛采用的存储标准，从 1986 年诞生起到现在仍然保持着良好的发展势头；另一方面，继续沿用成熟的 TCP/IP 协议。TCP/IP 在网络方面是最通用、最成熟的协议，且 IP 网络的基础建设非常完善。这两点为 iSCSI 的无限扩展提供了坚实的基础。

IP 网络的普及性将使数据可以通过 LAN、WAN 或 Internet 利用新型 IP 存储协议传输，iSCSI 正是在这个思想的指导下进行研究和开发的。iSCSI 是基于 IP 协议的技术标准，实现了 SCSI 和 TCP/IP 协议的连接，对于以局域网为网络环境的用户，只需要不多的投资就可以方便、快捷地对信息和数据进行交互式传输和管理。

在支持 iSCSI 的 SAN 系统中，用户在 SCSI 存储设备上发出保存或索取数据命令，操作系统对这个请求进行处理，并将这个请求转换为一条或多条 SCSI 命令，送给目标 SCSI 控制卡。命令和数据被封装起来，形成一条由 iSCSI 包头开头的字节串，封装起来的数据被传送到 TCP/IP 层后，由 TCP/IP 将封装起来的数据分为适于网络传输的包。如果需要，则对封装的 SCSI 命令还可以先进行加密，然后在不安全的网络上传送。iSCSI 协议基本网络连接如图 16-13 所示，体系结构如图 16-14 所示。

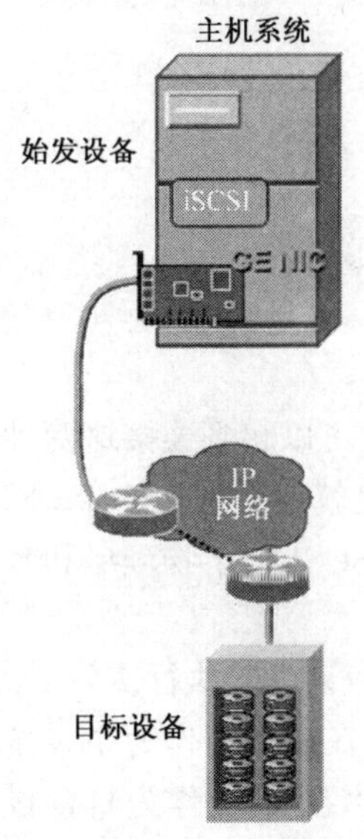

图 16-13 iSCSI 网络连接

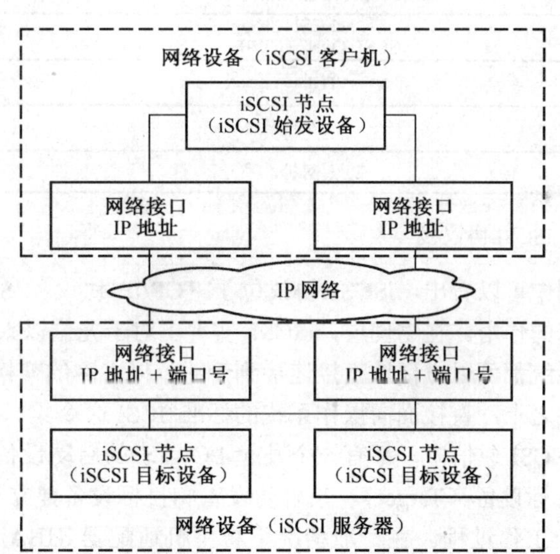

图 16-14 iSCSI 体系结构

数据包可以在局域网或 Internet 上传送。在接收存储控制器上，数据包重新被组合。然后，存储控制器利用 iSCSI 报头将 SCSI 控制命令和数据发送到相应的磁盘驱动器上，磁盘驱动器再执行初始计算机或应用所请求的功能。如果发送的是数据请求，那么将数据从磁盘驱动器上取出，然后再封装并发送给发出请求的计算机。全部过程对于用户来说是透明的。

尽管 SCSI 命令的执行和数据准备可以通过使用标准 TCP/IP 和现成的网络控制卡的软件来完成，但在利用软件完成封装、解封的情况下，在主机处理器上实现这些功能需要很多的 CPU 周期来处理数据和 SCSI 命令。将这些事务交给专用硬件处理，则可以将对系统性能的影响降低到最小程度。因此，在 iSCSI 标准下，最有可能出现的是执行 SCSI 命令和完成数据准备的专用

iSCSI 控制卡。

iSCSI 虽然并不改变传统标准通信方案和网络基础架构的设置，但需要额外的千兆光纤以太网路由器及复杂的相关路由器软件来支撑，通过网络，以 IP 数据形式实现存储设备中 SCSI 数据的传输。目前常见的 iSCSI 设备有如下几类：

- FC-SAN iSCSI gateway（FC-SAN 到 iSCSI 协议网关）：是基于 FC 和 TCP/IP 的网络之间的桥梁，是用于提供 FC 和 iSCSI 协议之间的翻译的设备。
- iSCSI-FC converter（iSCSI 到 FC 的转换器）：是用于将 FC 目标端口转换成 IP 端口的转换器，支持 iSCSI 协议。
- iSCSI initiator（iSCSI 发起设备）：通常是一种扩展卡，用于 CPU SCSI 存储任务和 iSCSI 协议之间的翻译转换，并可为以 TCP/IP 为基础的网络提供物理界面。
- iSCSI HBA（iSCSI 主机总线适配器）：一种 iSCSI 起始器，既可用于处理存储堆，也可用于 TCP/IP 流的控制。后者特别可用于硬件加速。

16.6.2 iSCSI 协议栈和数据包封装

我们知道，任何一个协议都有其层次性架构，iSCSI 也不例外。iSCSI 也有一个清晰的层次结构。根据 OSI 模型，iSCSI 的协议栈如图 16-15 所示。

SCSI 应用（文件系统、数据库）		
SCSI 块指令	SCSI 流指令	其他 SCSI 指令
SCSI 指令、数据和状态		
iSCSI SCSI Over TCP/IP		
TCP		
IP		
以太网等		

图 16-15　iSCSI 协议栈

从图中可以看出，iSCSI 协议位于 TCP/IP 协议和 SCSI 协议的中间，可以起到连接这两种协议网络的作用。在物理层，iSCSI 实现了对千兆位以太网接口的支持，这就使所有支持 iSCSI 接口的系统都可以方便地直接连接到千兆位以太网的交换机或路由器上。iSCSI 位于物理层和数据链路层之上，直接面向操作系统的标准 SCSI 命令集。

在 iSCSI 通信中，都有一个发起 I/O 请求的启动设备（Initiator）和响应请求并执行实际 I/O 操作的目标设备（Target）。在启动设备和目标设备建立连接后，目标设备在操作中作为主设备控制整个工作过程。在一般情况下将主机适配器 HBA 作为启动设备，磁盘/磁带作为目标设备。iSCSI 使用类似 URL 的 iSCSI 名字来唯一鉴别启动设备和目标设备。地址会随着启动设备和目标设备的移动而改变，但名字始终是不变的。

支持 iSCSI 的服务器一般都有一块专用的 iSCSI HBA 主机适配器。所有的 SCSI 命令都被封装成 iSCSI 协议数据单元（PDU），iSCSI 会利用 Internet TCP 层所提供的可靠传输机制，一旦加上 TCP/IP 包头，所封装的命令就会被看做是普通的 IP 数据包在 IP 网络上进行传输。与 iSCSI 相关的两个重要规范，一个是 iSCSI 管理信息基础（MIB），另一个是因特网存储名字服务器 iSNS。前者主要对 iSCSI 设备实现基于 SNMP 的管理，而后者主要用于解决网络存储环境中存储设备的发现和名字服务问题。

iSCSI 为基于 IP 协议的数据单元（即 iSCSI Protocol Data Units，iSCSI PDU）提供了一个在

SCSI 的命令结构内的映像机制，SCSI 的命令及参数被填充在一定长度的数据块内进行传输。一个 iSCSI 翻译器取得 SCSI CDB（命令描述块），并将其映像为 iSCSI PDU，在 TCP 连接上发送到一个目标 iSCSI 设备。翻译器通过连接 ID 识别由一组映像 SCSI 连接的 TCP 连接。从发起设备和目标设备的角度来看，它们就像是在一个普通的 SCSI 链上通信一样。发起设备或目标设备可以是一个 iSCSI 设备（如网络连接的存储器），能够用 TCP 直接在 Internet 上通信。iSCSI PDU 的类型包括以下几种：

- iSCSI 指令和应答。
- 任务管理功能请求和应答。
- SCSI 数据输出和 SCSI 数据输入。
- 准备传输（R2T）。
- iSCSI 事件数据。
- 文本请求和应答。
- 登录请求和应答。
- 退出请求和应答。

iSCSI 协议的数据包封装格式如图 16-16 所示。

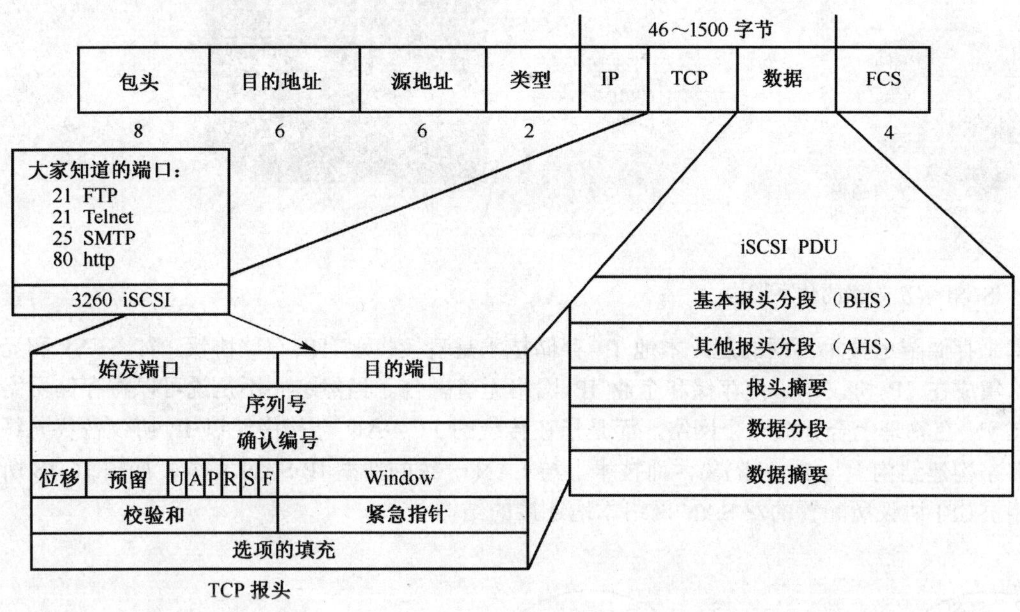

图 16-16 iSCSI 数据包封装格式

16.6.3 iSCSI-SAN 应用方案体系架构

目前，iSCSI-SAN 技术的实现主要有以下 3 种方式：

（1）纯软件方式：采用通用以太网卡实现网络连接，主机 CPU 通过运行软件完成 iSCSI 层和 TCP/IP 协议栈的功能。由于采用标准网卡，因此这种方式的硬件成本最低。但主机的运行开销大大增加，造成主机系统性能下降。实验表明，当通信量增大时，主机 CPU 的利用率可达 90%以上。

（2）智能 iSCSI 网卡实现方式：采用特定的智能网卡，iSCSI 层的功能由主机来完成，而 TCP/IP 协议栈的功能由网卡来完成。和纯软件方式相比，部分降低了主机的运行开销。

（3）iSCSI HBA 卡实现方式：iSCSI 层和 TCP/IP 协议栈的功能均由主机总线适配器来完成，对主机 CPU 的需求最少，相对主机而言，一个标准的 SCSI HBA 可以在各种操作系统平台上应用。Intel 所做的实验表明，在这种方式下，能以 87.5 Mb/s 的速度通过 iSCSI 传输数据，而 CPU 的利用率不超过 5%。该方式的缺点是，主机不能通过该 iSCSI HBA 卡完成广义网络任务。

iSCSI 应用方案的基本体系架构如图 16-17 所示。为提高性能，主流存储厂商一般都采用硬件方式实现 iSCSI。例如，IBM 推出了基于 iSCSI 标准的网络存储产品 IP Storage 200i，它可直接接入以太网，适用于数据密集型 LAN 应用。思科公司则针对安全性开发了支持 IPSec 技术的 iSCSI 芯片组，配置在交换机或路由器中。作为 SCSI 适配器的老牌厂商，Adaptec 公司将 iSCSI 技术整合到基于 ASIC 的适配卡和芯片（ASA-7211）中，使数据传输率高达 2 Gb/s（全双工）。总之，以上产品可成功地组建 iSCSI 存储系统，并已得到实验验证。

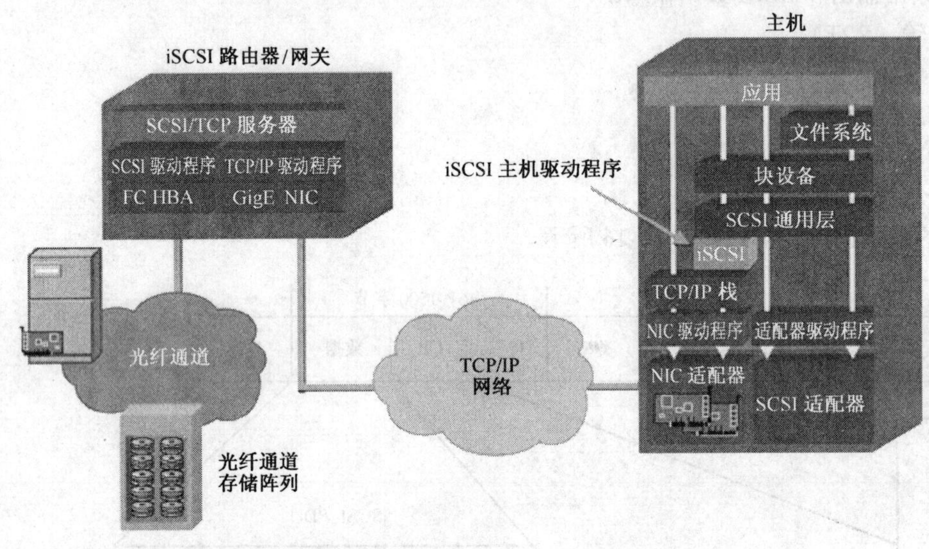

图 16-17　iSCSI 解决方案的体系架构

与基于存储隧道技术不同的是，本地 IP 存储技术是直接将现有的存储协议，如 SCSI 和光纤通道，集成在 IP 协议中，使存储和企业 IP 网络无缝融合。当然这并不是说可以将存储网络和企业 LAN 在物理上合并成一个网络，而是指在传统的 FC-SAN 结构中，以 IP 协议替代光纤通道协议来构建结构上与 LAN 隔离，而技术上与 LAN 一致的新型 IP SAN 系统。如图 16-18 所示是利用 iSCSI 协议所配置的双 SAN 网络本地连接的结构。

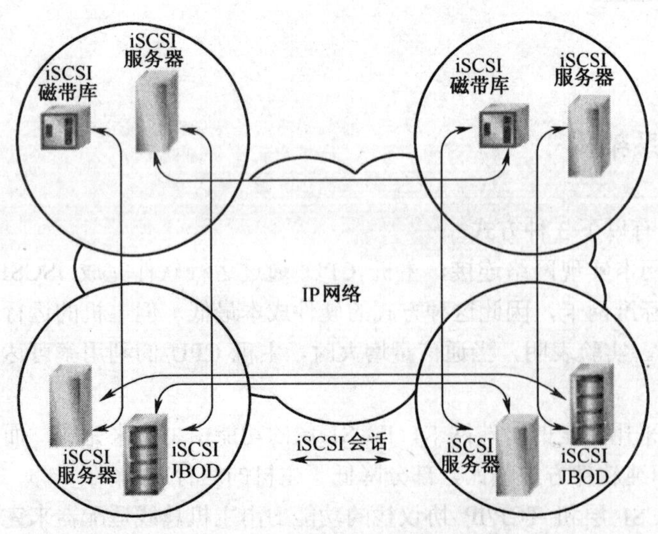

图 16-18　iSCSI 的本地 IP SAN 网络结构

在这种 IP SAN 中，用户不仅可以在保证性能的同时有效地降低成本，而且以往用户在 IP 网络上获得的维护经验、技巧都可以直接应用在 IP SAN 上。另外，无比丰富的 IP 网络维护和管理工具，使得对 IP SAN 的网络的维护像对企业 LAN 一样轻松而方便。同时，由于它基于熟悉的 IP 技术，应用、维护和管理人员都无需经过大量而又复杂的培训就能轻松掌握，大大节省了企业的网络维护、管理和培训成本。

与存储隧道技术相比，本地 IP 存储技术具有显著的优势。

- 应用、维护和管理更容易

与企业传统 LAN 一体化的管理界面，使得 IP SAN 可以和企业 IP 网络完全整合，这无论是对应用人员还是对维护、管理人员来说都具有非常重要的意义。

- 可充分利用现有资源

用户在这种存储技术中，面对的是以前已非常熟悉的 IP 协议和以太网。而且，由于存在各种 IP 通用设备，保证了用户可以具有非常广泛的选择空间。另外，由于本地 IP 存储技术可以充分利用现有存储设备，这样传统的 SCSI 存储设备和新购置的光纤存储设备都可以在 IP SAN 中被利用起来。

- 可自由选择访问方式

在 IP SAN 中，只要主机和存储系统都能提供标准接口，任何位置的主机就都可以访问任何位置的数据。访问的方式可以是类似 NAS 结构中的通过 NFS、CIFS 等共享协议访问，也可以是类似本地连接和传统 SAN 中的本地设备级访问。

16.6.4　iSCSI-SAN 的优缺点

任何技术都没有绝对的优势，也没有绝对的弱势。iSCSI-SAN 的出现给存储界带来了新的生机，其优势还是主要的，弱势相信随着技术的发展也会被逐步克服。

1. iSCSI 的优点

iSCSI 协议与 FC 及其他协议相比具有一定的优势，也正因为如此，得到广泛的用户认可。其优势主要表现在以下几个方面：

（1）与光纤通道相比，在连接距离上比 FC-SAN 强，它可突破 FC-SAN 目前的 10km 极限，扩展到整个 WAN 上。

另外，iSCSI 更加经济。其成本的节约又体现在以下几个方面：

- 因为使用的是传统的 IP，用户有良好的使用基础，所以在培训方面的费用可大大降低，而且也不必设立单独的岗位。
- iSCSI 可利用现有的、容易理解的 TCP/IP 基础设施来构筑 SAN，网络部署成本将大大降低。
- 随着千兆位以太网的应用，用户将可得到传输速率为 1 Gb/s 的存储网络，而不需要改变现有的基础设施，在维护和管理方面同样可降低成本。

（2）相对其他协议来说，iSCSI 技术具有如下优势：

- 带宽高：随着技术的进步，IP 网络的带宽的发展相当迅速，1 Gb/s 的以太网早已大量占据市场，10 Gb/s 以太网的应用也已开始启动。而且，该协议得到 IBM、Cisco、Intel、Brocade 和 Adaptec 等业界巨头的支持，发展前景良好。
- 可用性强：在技术实施方面，iSCSI 以稳健、有效的 IP 及以太网架构为骨干，使网络的可用性大大增强。
- 投资成本低：iSCSI 是基于 IP 协议的技术标准，实现了 SCSI 和 TCP/IP 协议的连接，对于以局域网为网络环境的用户，只需要不多的投资，就可以方便、快捷地对信息和数据进行交互式传输及管理。

- 功能强：完全解决了数据远程复制（Data Replication）及灾难恢复（Disaster Recovery）的难题。
- 安全性高：以往的 FC-SAN 及 DAS 大都是在管制的环境内，安全要求相对较低。iSCSI 却将这种概念颠倒过来，让存储的数据在互联网内流通，令用户感到需要提升安全要求。而 iSCSI 已内建了支持 IPSEL 的机制，并且在芯片层面执行有关指令，确保了安全性。

2．iSCSI 的不足

首先，iSCSI 封装的是 SCSI 协议，与其他的存储协议，如 FC 协议不兼容，因此与目前流行的 FC-SAN 的融合问题还没有解决。

其次，从广域网来说，速度仍不理想。如果 iSCSI 能够解决在 IP 网络上占用带宽的限制问题，并有效实施差错控制，则 IP 存储将成为存储领域最具希望的发展方向。

最后，iSCSI 的相关技术和产品正处于发展阶段，用户可选择的余地较小。

iSCSI 的出现具有重要意义。iSCSI 在连通性上给存储应用带来了极大的优势，iSCSI-FC 存储路由器和 iSCSI 转换器的转换端口将为 FC-SAN 和支持 FC 的存储网络提供必要的 IP 接入能力。

16.7　FCIP-SAN

因为 FC-SAN 自身的一些不足，严重影响了 SAN 存储的普及应用，所以在 FC-SAN 的基础上又诞生了许多新的存储技术，甚至是标准。本节所介绍的 FCIP 就是一种基于 FC 协议的新技术。

16.7.1　FCIP 协议基础

在现有的企业级存储架构中，FC-SAN 的份量还是比较重的，如何将企业中分散的 FC 网络通过类似隧道的办法连接成一个统一的存储网络，就成为企业普遍关心的问题。FCIP 协议就是在这样的应用需求背景下诞生的。

1．FCIP 协议简介

FCIP（Fiber Channel over IP，基于 IP 的光纤通道）最初是由 Brocade 通信系统公司、Gadzoox 网络、Lucent 科技、McData 及 Qlogic 公司共同提出的。同时，Brocade 与 Gadzoox 也是向 ANSI 提交“光纤骨干网方案”的厂商。光纤骨干网方案相对基于 IP 的光纤方案而言，支持地域更广，性能也更高。目前这一标准还未得到正式批准。

FCIP 技术的核心，是把光纤通道协议帧包裹在 IP 数据包中，在千兆位以太网、SONET 或 ATM LAN、WAN 或城域网（MAN）中传递。网络中的其他设备接收后，由专用设备进行解包还原。FCIP 协议实质上就是采用存储隧道技术的 IP SAN 方案。采用 FCIP 这种模式可实现利用目前的 IP 协议和设施来连接异地两个光纤 SAN 隧道，用以解决两个 SAN 环境的互联问题。这一隧道传输技术是使用 FCIP 网关来实现的。一般通过光纤通道交换机的扩展端口连接到每个 SAN 上，所有前往远程地点的存储业务均通过共同的隧道。接收端的光纤通道交换机负责引导每个帧前往适当的光纤通道端点设备。FCIP-SAN 的网络体系结构如图 16-19 所示。

FCIP 协议利用 IP 网络通过数据通道在 SAN 设备之间实现光纤通道协议的数据传输，把真正的全球数据镜像与光纤通道 SAN 的灵活性、IP 网络的低成本相结合，降低远程操作的成本，从而把成本节省和数据保护都提升到了一个新的高度。FCIP 协议提供了一种在 TCP/IP 协议中封装 FC 帧的标准方式，消除了光纤通道目前存在的距离限制因素，允许通过基于 IP 的网络，包括 LAN、MAN 和 WAN 互连 FC-SAN 的信息“孤岛”。

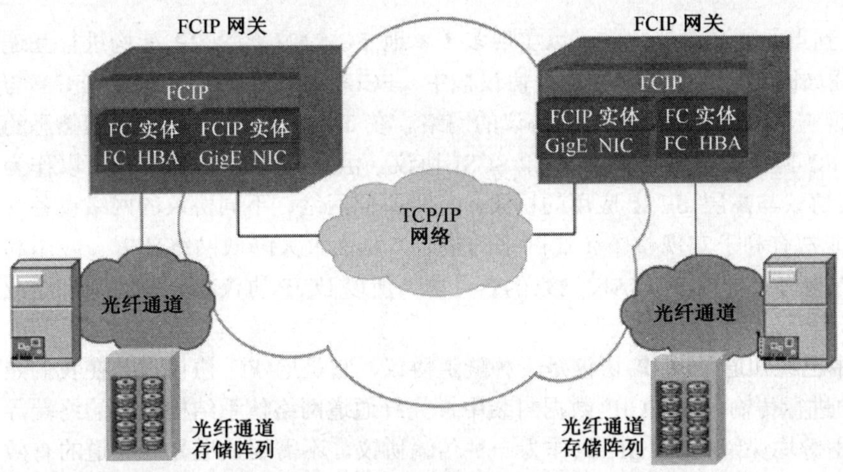

图 16-19　FCIP-SAN 体系结构

在管理上，FCIP 使用了服务定位协议（SLP）来确定 IP 网络中的 FCIP 网关，不支持 iSNS（因特网存储名称服务器）。在安全保障上，FCIP 使用 IPSec 的自动密钥管理协议和 Internet 密钥管理来处理安全密钥的创建和管理问题。

FCIP 具有实现纠错和检测的优点，即如果 IP 网络错误率高，就重试。这是在一条低性能、高错误率的 IP 网络上连接 SAN 的理想途径。在这种 IP 存储方案中，IP 网络管理工具可以在隧道的任何一侧监测网关，但不能监测在隧道内移动的个别光纤通道事务。因此这些工具在隧道的每侧都会观察到两个 FCIP 网关，但它们之间的通信就像是在单一源点和目的地之间，而不是在多个存储主机和目标之间的通信。

FCIP 解决方案为用户有效管理业务连续系统提供了各种更为灵活的方式，能够进行实时的数据远程复制，可以在光纤通道控制器的基础上为用户提供具有容灾能力、无单点故障的 SAN 解决方案，使用户能够在现有的 IT 基础设施上运用 IP 联网技术，把区域性 SAN 作为更广阔的全国甚至全球性基础设施中的一个数据恢复站点。

由于 FCIP 数据恢复应用能够运行在现有的网络基础架构之上，因此，用户在规划业务连续性时，不需要为光纤通道中的数据量分配专用光缆。通过 FCIP 解决方案，企业用户可以把 SAN 的范围扩展到数据中心之外，利用各种低成本、性能优异的远程存储应用，优化其在基础架构上的投资。

2. FCIP 协议的优缺点

FCIP 协议的优点就是相对在两个 SAN 孤岛之间采用专用的光纤连接，IP 隧道由于利用了公用 IP 网络，故成本大大降低。

FCIP 协议的缺点主要表现在以下 3 个方面：

- 仅仅是将孤立的 SAN 孤岛通过 IP 网络连接起来，没有解决单个 FC-SAN 的设备的互操作性问题和管理问题。本地的 SAN 仍是采用 FC 技术。
- 采用该技术使得数据对管理系统不可见，因此传统的管理工具和技术将不可用，必须采用单独的工具和方法来管理。
- 相对而言，IP 通道的带宽远低于 FC。

16.7.2 FCIP 协议栈和数据封装

FCIP 协议是一个点到点的隧道协议，它可以实现多个本地 FC-SAN 经由 IP 架构进行互连并对其管理。它的协议栈如图 16-20 所示。在这个协议栈中，FCIP 协议处于光纤通道（FC）与 TCP 协议之间，也就是说它可以连接这两种不同协议的网络。在 TCP 协议的下层有我们熟悉的 IP 和以太网协议，而在 FC 协议的上层则有 FCP 和 SCSI 协议。由此可见，FCIP 协议可以作为联系底层的 IP 和以太网协议与高层 SCSI 应用的桥梁，实现不同网络、不同协议的网络设备互连和应用融合。这样就非常有利于实现整个企业网络的整合，从而大大降低网络部署、应用和维护管理成本，特别是在有多个异地 FC-SAN 网络的企业中。所以 FCIP 协议在一些大中型企业中得到比较广泛的应用。

我们从前面的介绍中已经知道，FCIP 协议是一种隧道协议，它是把 FC 协议封装在我们熟悉的、廉价的 IP 协议中进行传输。在 FCIP 数据封装中，光纤通道网络体系结构提供的终端寻址、地址解析、信息路由等均保留不变，IP 只作为一种传输协议，不需要知道光纤通道的有效负载，光纤通道交换不需要知道 IP。整个封装格式如图 16-21 所示。在这个封装中，FC 数据可以原封不动地作为 IP 数据包中的数据进行封装。其中加入了 FCIP 协议数据报，以告诉 IP 协议如何来传输 FC 中的数据。其报头格式如图 16-22 所示。

SCSI 应用（文件系统、数据库）		
SCSI 块指令	SCSI 流指令	其他 SCSI 指令
SCSI 指令、数据的状态		
FCP SCSI over FC		
光纤通道		
FCIP		
TCP		
IP		
以太网等		

图 16-20　FCIP 协议栈

以太网报头	IP 校验和	TCP	FCIP	FC 数据……	CRC

图 16-21　FCIP 封装

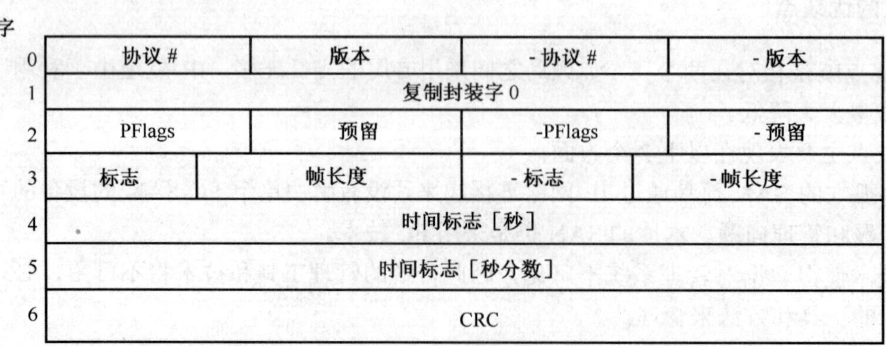

字						
0	协议 #	版本		- 协议 #	- 版本	
1	复制封装字 0					
2	PFlags	预留		-PFlags	- 预留	
3	标志	帧长度		- 标志	- 帧长度	
4	时间标志［秒］					
5	时间标志［秒分数］					
6	CRC					

图 16-22　FCIP 报头格式

整个 FCIP 的通信过程是由其数据引擎推动的，如图 16-23 所示。图中的 FCIP LEP 是 FCIP

Link Endpoint（FCIP 链接端点）的意思。其实整个通信过程就包括“封装引擎”和“解包引擎”两个过程。首先是在发起 FCIP 链接端点对 FC 协议进行封装，然后通过 TCP/IP 协议网络进行传输，到达终端 FCIP 链接端点再进行解包，读出其中的数据引擎，执行其中的 FC 指令。

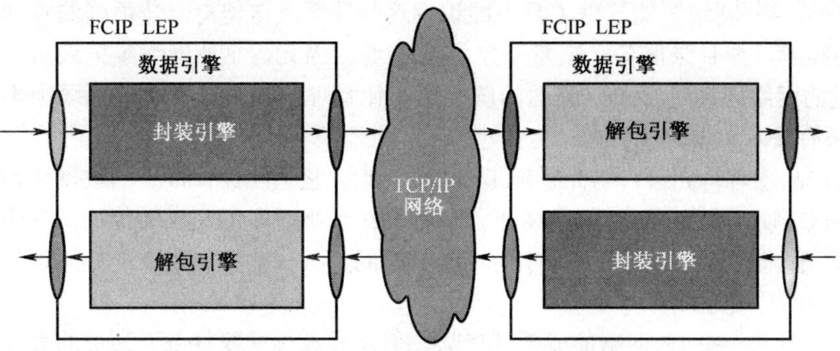

图 16-23　FCIP 通信原理

在 FCIP 数据引擎中包括 4 个部分：FC 发送器出入口、FC 接收器出入口、已封装的帧发送器出入口、已封装的帧接收器出入口。

16.7.3　FCIP-SAN 存储

FCIP 技术是将 IP 协议作为连接异地两个光纤 SAN 的隧道，用以解决两个 SAN 网络互联的问题。这一技术主要应用于异地 SAN 网络的连接，一方面可以有针对性地降低成本，另一方面还可无限扩大连接距离（因为 FC 的理论极限距离为 10km）。如图 16-24 所示是一个 FCIP 协议的网络结构，其中的两个 SAN 就是通过 IP 隧道进行连接的。

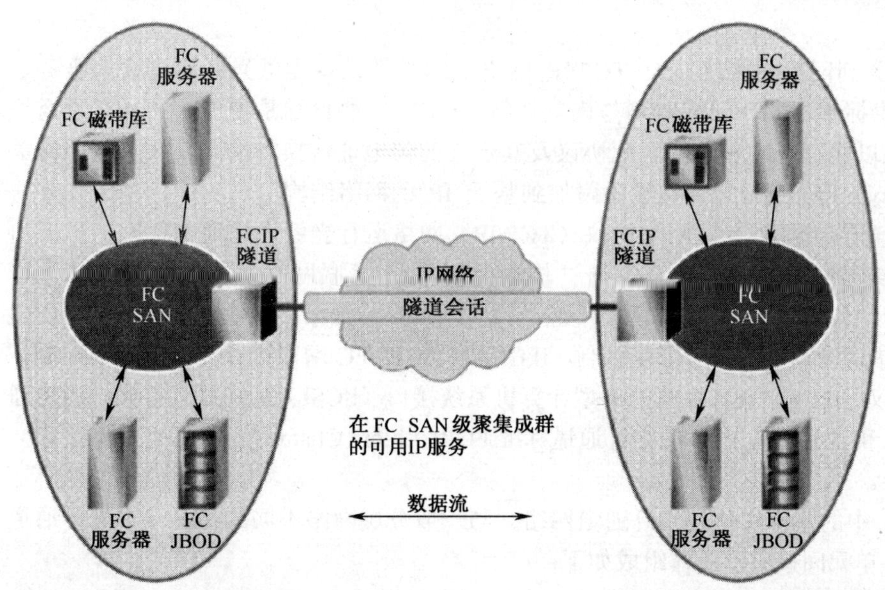

图 16-24　FCIP 的存储隧道网络结构

在这种 IP 存储方案中，光纤通道协议帧被包裹在 IP 数据包中传输。数据包被传输到远端 SAN 后由专用设备解包，还原成光纤通道协议帧。由于这种技术提供的是两个 SAN 之间点到点的连接通信，从功能上讲，这是一种类似于光纤的专用连接技术，只是所采用的协议不再是 FC，而是大家熟悉的 IP，而且在距离上可无限扩展。

这一 IP 存储方式的最大优势在于可以利用现有的城域网和广域网，并可充分利用现有的宽带资源。但同时又不得不明白的是，虽然 IP 网络技术非常普及，其管理和控制机制也相对完善，但利用 IP 网络进行传输的存储隧道技术却无法充分利用这些优势。其原因主要在于嵌入 IP 数据包中的光纤通道协议帧，IP 网络智能管理工具不能识别这些数据，这使得一些很好的管理控制机制无法应用于这种技术，如目录服务、流量监控、QoS 等。因此，企业网络维护人员几乎不可能对包含存储隧道的网络环境进行单一界面的统一集中化管理。因为在该存储网络中不能全面应用 IP 网络上的所有技术和工具优势。

目前的这种存储隧道产品还有待完善，与光纤通道 SAN 相比，它只能提供很小的数据传输带宽。专业测试机构的测试表明，一个在光纤 SAN 上，只需两三个小时即可完成的传输，在两个光纤 SAN 之间以 OC-3 标准传输则需要 14 个小时左右的时间，其传输性能大大降低。这是目前存储隧道产品比较典型的传输速度。

总之，存储隧道技术借用了一些 IP 网络的成熟性优势，但是并没有摆脱复杂而昂贵的光纤通道产品。

16.8 iFCP-SAN

除了以上介绍的两种 IP 存储协议外，还有一种，那就是 iFCP（Internet Fibre Channel Protocol，因特网光纤通道协议）协议。它也是一种基于 TCP/IP 网络运行光纤通道（Fibre Channel）通信的标准，目前暂未正式获得通过。iFCP 协议具备网关功能，可将光纤通道 RAID 阵列、交换机以及服务器连接到 IP 存储网，而不需要额外的基础架构投资。

16.8.1 iFCP 协议基础

iFCP 是一种网关到网关的协议，为 TCP/IP 网络上的光纤设备提供光纤通道通信服务。iFCP 使用 TCP 提供拥塞控制、差错监测与恢复功能。iFCP 主要目标是使现有的光纤通道设备能够在 IP 网络上以线速互联和组网。此协议及其定义的帧地址转换方法允许通过透明网关（Transparent Gateway）将光纤通道存储设备附加到基于 IP 的网络结构。

iFCP 是基于传输控制协议/互联网络协议（TCP/IP）网络运行光纤通道通信标准的扩展协议。在同一本地存储局域网（SAN）或者通过传输控制协议/互联网络协议在 Internet 上，Internet 光纤通道协议（iFCP）将可以实现光纤通道设备间的存储数据流畅收发。通过运用内建的 TCP 拥塞控制、错误检测以及故障修复机制，iFCP 同样能在 FC 网中进行完整的错误控制。Internet 光纤通道协议（iFCP）兼容目前的小型计算机系统接口（SCSI）和网络运行光纤通道通信标准。它不但可以和当前的基于 IP 的光纤通道标准 FCIP（Fibre Channel over IP）草案互联，也可以取代这个标准。

光纤通道（FC）中的基本实体是光纤通道网络。与一般分层网络不同的是，一个光纤通道包含功能单元以及各单元间接口。具体组成如下：

- N_Port：光纤通道流量终点。
- FC Device：N_Port 访问的光纤通道设备。
- Fabric Port：光纤网络接口，连接 N_Port。
- 在 N_Ports 间传输帧流量的网络结构。

iFCP 协议支持在 IP 网络上实现光纤通道功能，其中 IP 组件和技术取代了光纤通道交换和路由选择结构。iFCP 协议层的主要功能是在本地和远程 N_Port 间传输光纤通道帧映像。当帧被传输到远程 N_Port 时，iFCP 层开始封装并路由光纤通道帧。光纤通道帧包括每一个光纤通道信息单元，通过预先确定的 TCP 连接在 IP 网络上传输。

当从 IP 网络接收到光纤通道帧映像后，iFCP 层就会拆封并将每个帧传送到适当的 N_Port。iFCP 层主要负责处理以下各种流量：

- FC-4 帧映像：与光纤通道应用协议相关联。
- FC-2 帧：包括光纤通道上的链路服务请求和响应。
- 光纤通道广播帧。

iFCP 控制信息主要用来建立、管理或终止 iFCP 会话服务。iFCP 协议具有一些基于 IP 的光纤通道标准（FCIP）不具备的特点。比如说，FCIP 为一类简单的隧道协议，它能将两个 FC 网连接起来，形成更大的光纤交换网。FCIP 类似于用于扩展第二层网络的桥接解决方案，它本身不具备 iFCP 特有的故障隔离功能。由于 iFCP 能够取代和兼容 FCIP，因此 iFCP 具有更强的灵活性。iFCP 的典型应用是用于 SAN 对 SAN 互连。这时 FC 网连接到 iFCP 网关，通信依次通过城域网（MAN）或 WAN 进行。

16.8.2 iFCP-SAN 存储

iFCP SAN 存储的网络体系架构如图 16-25 所示。在图中，存储设备没有被限制在光纤通道 SAN 的 IP 网络中分布。iFCP 存储交换机直接接替 FC-SAN 中的光纤通道交换机，这就意味着 iFCP 交换机也具有 SNS（存储名称服务器）功能，为终端节点提供名称发现服务，这就是 iSNS。

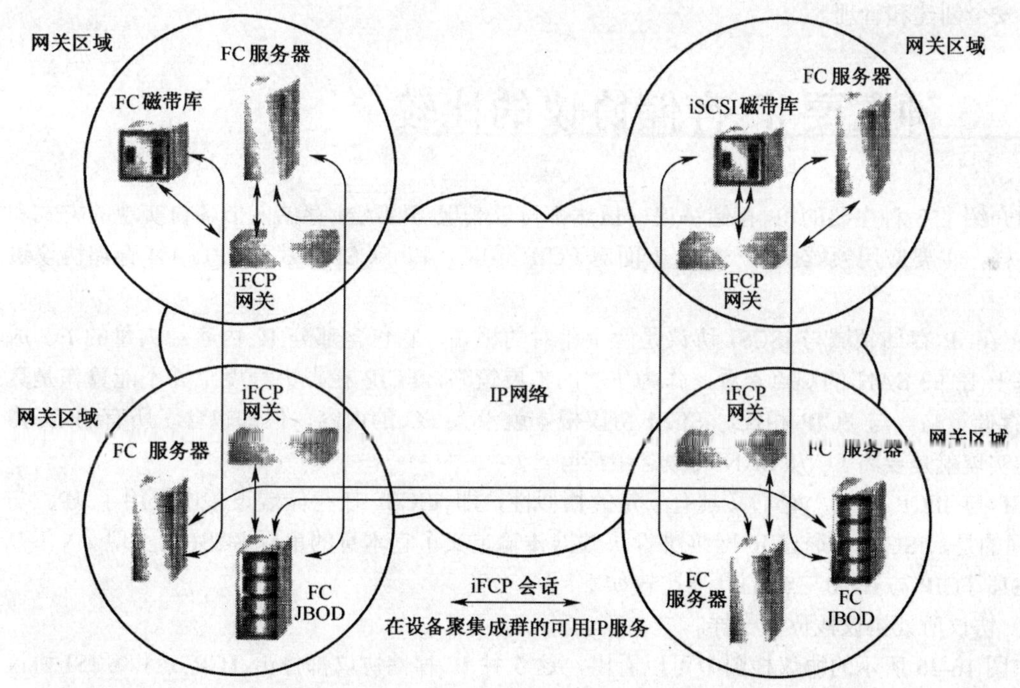

图 16-25 iFCP 网络体系架构

在 iFCP 交换机中指派 4 个字节的 IP 地址给每一个光纤通道终端节点。当光纤通道设备发送一个 SNS 名称查询时，这个请求将被 iFCP 交换机截住，并由 iSNS 服务器进行解释。在光纤通道层，一个适用的目标地址表将返回给发起者，此时其余 IP 的光纤通道地址表句柄就映射光纤通道地址，以便相应的 IP 地址可以通过 IP 网络传到目标设备。

iFCP 的工作原理是，将 FC 数据以 IP 包形式封装，并将 IP 地址映射到分离光纤通道设备。由于在 IP 网中每类光纤通道设备都有其独特标识，因而能够与位于 IP 网其他节点的设备单独进行存储数据收发。光纤通道信号在 iFCP 网关处终止，信号转换后存储通信在 IP 网中进行，这样 iFCP 就打破了传统光纤通道网的距离（约为 10km）限制。

iFCP 有别于前面介绍的 FCIP 协议。FCIP 为一类简单的隧道协议，它可将两个光纤通道网连接起来，形成更大的光纤交换网。FCIP 类似于用于扩展第二层网络的桥接解决方案，但它不具备 iFCP 标准特有的故障隔离功能。

当不同的光纤通道网互联时，每个 iFCP 网关域都能作为一个自治系统独立运作，它的操作配置对整个 IP 网和其他 iFCP 网关域都是透明的。当位于 iFCP 网关的两节点间进行存储数据通信时，首先运用内部光纤通道协议，历经多 iFCP 网关的通信随后被封装进 iFCP，然后映射到不同 IP 地址，数据即可通过 IP 网进行交换或路由传输了。通过 IP 网进行通信的每对 FC 节点间都确立一个分离 iFCP 会话，使 iFCP 精确地实现了对 QoS 参数的矫正。

通过运用内建的 TCP 拥塞控制、错误检测以及故障修复机制，iFCP 同样能在光纤通道网中进行完整的错误控制。同时，所有情况下的错误控制都在会话层进行，因而不会对其他设备间潜在的存储通信产生任何影响。

iFCP 的典型应用与 FCIP 类似，也是用于 SAN 对 SAN 互连。这时光纤通道网连接到 iFCP 网关，通信依次通过城域网（MAN）或 WAN 进行。iSNS 易于实现对 TCP/IP 网中的 iSCSI 和光纤通道设备的自动识别、管理和配置。

在安全性方面，这种新型 IP 存储标准整合了基本的分区、逻辑单元号隐蔽和分区隔离技术，以及其他在 IP 网中广为运用、形成产业标准的安全特性。iFCP 依赖于 IPSec 提供认证、加密和数据完整性校验功能，并运用 IPSec 自动密钥管理协议 IKM（Internet Key Management）进行密钥的安全创建和管理。

16.9 3 种主要 IP 存储协议的比较

前面介绍了 3 种主要的 IP 存储协议，虽然都可以实现 IP SAN 存储，但各自实现的方式和条件不一样，主要应用领域也不一样。下面对 FCIP、iFCP 和 iSCSI 这 3 种 IP SAN 存储协议进行比较。

FCIP 在 IP 存储领域与 iSCSI 协议是两个相对的极端，它包含部分 IP 内容和大量的 FC 成分。从基于 IP 的 SAN 的观点来看，作为 FC 的扩展策略，FCIP 在很大程度上并不能算作是真正的 IP 存储策略。与 FCIP 相反，iSCSI 协议根本就没有 FC 的内容，但却包含了所有的 IP 内容，它的实现就是要将 FC 从 SAN 的概念中清除。

iSCSI 与 iFCP 相比，它们又具有一定的相似性，即 iSCSI 在存储端设备中采用了 IP。与 iFCP 不同的是，iSCSI 为通过 IP 网络进行块数据传输定义了它本身的串行 SCSI 的实现。

iSCSI、FCIP 与 iFCP 三者的具体比较如下：

（1）协议所处协议栈位置一样。

在如图 16-26 所示的协议栈图中可以看出，这 3 种 IP 存储协议都位于 TCP/IP 和 SCSI 协议之间，都起着桥梁作用。不同的只是它们各自协议本身不一样。

（2）主要应用领域不同。

iSCSI 用于在基于 IP 的存储设备之间建立连接及管理连接，在现有的 IP 网络上封装 SCSI 数据进行传输。而 FCIP 和 iFCP 协议则主要用于将数据备份到几十甚至数百公里之外的远程数据中心的远距离 IP 存储。这样一来，传统的 Internet 网络连接可在白天传送电子邮件或做其他用途，而在晚上或信息流量比较低的时间段内可用于高速备份。这样做，唯一增加的成本就是交换机。而 McDATA 和 Brocade 等厂商在 FCIP 和 iFCP 之间做出了不同的选择。相对来说，FCIP 用于连接地理上分散的 FC-SAN，仅仅适用于需要互连时使用 IP 的两个或多个 FC 交换的